■ 2008年10月，国务院南水北调工程建设委员会第三次全体会议在北京召开，国务院副总理、国务院南水北调工程建设委员会主任李克强主持会议并讲话。国务院副总理、国务院南水北调工程建设委员会副主任回良玉出席会议。 （新华社 供稿）

■ 2008年6月，中共中央政治局常委李长春在北京参观南水北调中线工程陶岔渠首、水源地河南南阳生态文明建设图片展。 （孙少斌 摄）

■ 2008年1月，国务院南水北调办主任张基尧考察南水北调东线一期工程江都三站改造工程。

（综合司　供稿）

■ 2008年12月，国务院南水北调办主任张基尧考察南水北调中线一期干线工程穿黄工程。

（余培松　摄）

■ 2008年11月，国务院南水北调办主任张基尧到南水北调东线一期干线工程穿黄河工程工地慰问工程建设者。

（山东省南水北调建管局　供稿）

■ 2008年12月，国务院南水北调办副主任李津成考察南水北调东线徐州三八河污水处理厂。

（普利锋　摄）

■ 2008年8月，国务院南水北调办副主任宁远考察南水北调中线一期水源工程丹江口水库大坝加高工程。 （中线水源公司　供稿）

■ 2008年6月，国务院南水北调办副主任张野在南水北调中线一期干线工程安阳段6431标段检查防汛工作。 （余培松　摄）

■ 2008年6月，水利部部长陈雷考察南水北调中线一期水源工程丹江口水库大坝加高工程。

（中线水源公司　供稿）

■ 2008年11月，国家文物局副局长童明康考察南水北调中线一期工程河南淅川县考古发掘工地。

（国家文物局　供稿）

■ 2008年1月，江苏省副省长黄莉新考察南水北调东线一期工程淮阴三站。

（江苏省南水北调办　供稿）

■ 2008年11月，山东省省长姜大明、山东省副省长贾万志听取南水北调东线一期工程济南市区段工程建设工作情况汇报。

（高德刚　摄）

■ 2008年12月，天津市副市长李文喜检查南水北调中线一期工程天津干线工程征地拆迁工作。
（张建华　摄）

■ 2008年3月，河北省副省长张和考察南水北调中线一期干线工程京石段应急供水工程河北段工程。
（王志文　摄）

■ 2008年5月，河南省省委书记徐光春考察南水北调中线一期干线工程穿黄工程。

（余培松 摄）

■ 2008年8月，湖北省省长李鸿忠考察南水北调中线一期水源工程丹江口水库大坝加高工程移民工作。

（中线水源公司 供稿）

■ 2008年9月，国务院南水北调办主任张基尧、北京市市委常委牛有成、河北省人民政府副秘书长赵金平共同启动南水北调中线一期干线工程京石段应急供水工程建成通水按钮。

（北京市南水北调办　供稿）

■ 2008年11月，国务院南水北调办、国家发展和改革委员会、监察部、环境保护部、住房和城乡建设部、水利部联合对南水北调东线一期工程江苏段治污工作阶段性目标进行考核。

（江苏省南水北调办　供稿）

■ 2008年7月，国务院南水北调工程建设委员会专家委员会组织专家检查南水北调中线一期工程南阳膨胀土试验段工程。

（岳松涛　摄）

■ 2008年4月，南水北调中线一期工程考古发掘项目“湖北省郧县辽瓦店子遗址”入选2007年度全国十大考古新发现。

（湖北省移民局　供稿）

■ 2008年10月，南水北调东线一期工程江苏省徐州市截污导流工程开工建设。

（江苏省南水北调办　供稿）

■ 2008年12月，南水北调东线一期工程山东省济宁市截污导流工程开工建设。

（高德刚　摄）

■ 2008年11月，南水北调东线一期工程济南市区段工程开工建设。

（高德刚　摄）

■ 2008年11月，南水北调中线一期工程天津干线工程开工建设。

（张建华　摄）

■ 2008年12月，南水北调中线一期干线工程河南段黄河北连线建设誓师动员大会召开。

（余培松　摄）

■ 2008年9月，南水北调中线一期干线工程总干渠南阳膨胀土试验段工程开工建设。

（余培松　摄）

■ 2008年9月，南水北调东线一期工程江都四站更新改造工程开工建设。

（江苏水源公司　供稿）

■ 2008年1月，建设中的南水北调东线一期工程淮阴三站工程。

（江苏省南水北调办　供稿）

■ 2008年5月，南水北调东线一期工程骆马湖水资源控制工程外景。

（缪宜江　摄）

■ 2008年10月，南水北调东线一期工程刘山泵站外景。　(缪宜江　摄)

■ 2008年12月，南水北调东线一期工程蔺家坝泵站工程施工现场远眺。

（江苏省南水北调办　供稿）

■ 2008年3月，南水北调东线一期工程宿迁截污导流工程施工现场。

（江苏省南水北调办　供稿）

■ 2008年1月，南水北调东线一期工程台儿庄泵站工程施工现场。

（高德刚　摄）

■ 2008年2月，南水北调东线一期工程二级坝泵站工程施工现场。

（台儿庄建管处　供稿）

■ 2008年12月，南水北调东线一期工程济南市区段工程施工现场。

（山东省南水北调建管局　供稿）

■ 2008年12月，南水北调东线一期工程临沂截污导流工程施工现场。

（山东省南水北调建管局　供稿）

2008年4月，南水北调中线一期干线工程总干渠安阳段安阳河倒虹吸工程施工现场。

（余培松　摄）

2008年4月，南水北调中线一期干线工程总干渠安阳段5标混凝土衬砌施工现场。

（余培松　摄）

■ 2008年5月，南水北调中线一期干线工程总干渠潞王坟试验段施工现场。

（余培松　摄）

■ 2008年3月，南水北调中线一期干线工程穿黄工程南岸竖井衬砌施工现场。

（王志文　摄）

■ 2008年10月，南水北调中线一期水源工程丹江口水库大坝加高工程施工现场。

（班静东　摄）

■ 2008年11月，建设中的南水北调中线一期水源工程丹江口水库大坝加高工程远景。

（班静东　摄）

■ 2008年6月，南水北调东线一期干线工程穿黄河工程进行爆破实验。 （赵亮亮 摄）

■ 2008年6月，南水北调中线一期干线工程京石段应急供水工程北京段进行试通水。 （李娟 摄）

■ 2008年9月，南水北调东线一期工程淮安四站具备投入运行条件。（李松柏　摄）

■ 2008年9月，已建成通水的南水北调东线一期工程济平干渠。

（高德刚　摄）

■ 2008年6月，已建成使用的南水北调东线南四湖支流薛城大沙河流域污染综合治理工程。

（任志远　摄）

■ 2008年12月，通水后的南水北调中线一期工程京石段应急供水工程滹沱河倒虹吸工程。

（宋波　摄）

■ 2008年11月，通水后的南水北调中线一期干线工程京石段应急供水工程釜山隧洞工程。

（宋波　摄）

■ 2008年10月，建成通水的南水北调中线一期干线工程京石段应急供水工程北京段团城湖明渠工程。

（宋波　摄）

CHINA SOUTH-TO-NORTH WATER DIVERSION PROJECT CONSTRUCTION YEARBOOK

中国南水北调工程建设年鉴

2009

《中国南水北调工程建设年鉴》编纂委员会

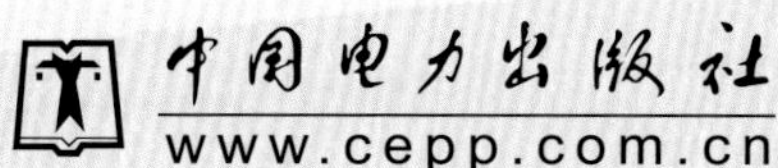

图书在版编目（CIP）数据

中国南水北调工程建设年鉴. 2009 /《中国南水北调工程建设年鉴》编纂委员会编. —北京：中国电力出版社，2009

ISBN 978-7-5083-9321-6

Ⅰ. 中…　Ⅱ. 中…　Ⅲ. 南水北调-水利工程-中国-2009-年鉴　Ⅳ. TV68-54

中国版本图书馆 CIP 数据核字（2009）第 143175 号

中国电力出版社出版、发行

（北京三里河路 6 号　100044　http://www.cepp.com.cn）

北京盛通印刷股份有限公司印刷

各地新华书店经售

*

2009 年 10 月第一版　　2009 年 10 月北京第一次印刷

787 毫米×1092 毫米　16 开本　47.625 印张　1158 千字　24 彩页

印数 0001—4000 册　　定价 **230.00** 元

《中国南水北调工程建设年鉴》
编纂委员会

《中国南水北调工程建设年鉴》编纂委员会办公室

编　辑　部

编 辑 说 明

一、《中国南水北调工程建设年鉴》是由国务院南水北调工程建设委员会办公室主办的专业年鉴，是逐年集中反映南水北调工程建设、生态环境、征地移民以及投融资等过程中的重要事件、技术资料、统计报表的资料性工具书，自 2005 年起每年编印一册。

二、《中国南水北调工程建设年鉴 2009》记载 2008 年的事件，设 10 个篇目：要事纪实、政策法规·重要文件、综合管理、东线工程、中线工程、西线工程、配套工程、队伍建设、统计资料、大事记。另有重要活动剪影和英文目录。

三、本年鉴所载内容实行文责自负。年鉴内容、技术数据及是否涉密等均经撰稿人所在单位把关审定。

四、本年鉴一律使用法定计量单位。技术术语、专业名词、标点符号等使用力求符合规范要求或约定俗成。单位名称首次出现时使用全称，再次出现时使用规范的简称。

五、本年鉴力求内容全面、资料准确、整体规范、文字简练，并注重实用性、可读性和连续性。

《中国南水北调工程建设年鉴》编辑部

2009 年 9 月

篇　　目

目　录

贰 政策法规·重要文件

叁 综合管理

肆 东线工程

治污工程 ……………………………… 392

新开工项目介绍 ……………………… 400

伍 中线工程

陆　西线工程

柒　配套工程

捌 队伍建设

玖 统计资料

拾 大事记

壹 要事纪实

IMPORTANT EVENT RECORDS

重要讲话

国务院南水北调办主任张基尧在南水北调中线京石段应急供水工程建成通水仪式上的讲话

（2008 年 9 月 28 日）

各位来宾、同志们：

在北京奥运会和残奥会获得巨大成功、国庆59周年即将到来之际，经过全体建设者4年多的团结奋战，南水北调中线京石段应急供水工程已经顺利建成。今天，我们在这里隆重举行京石段工程建成通水仪式。首先，我代表国务院南水北调办，对京石段工程的顺利建成通水表示热烈祝贺！

南水北调工程是缓解我国北方地区水资源短缺、促进水资源优化配置的重大战略性基础设施，对于深入贯彻落实科学发展观，促进经济、社会和生态协调发展具有十分重大的意义。京石段工程是南水北调中线工程的重要组成部分，是为保证首都供水安全优先安排的单项工程。2003 年底，经国务院批准，京石段工程开工建设。2008 年 5 月，工程建成并通过临时通水验收。

作为中线工程中先期开工建成、发挥效益的工程，它的建成通水，不仅对于保障首都供水安全具有重要作用，同时也为南水北调东、中线其他项目的建设提供了借鉴，标志着南水北调中线工程取得了阶段性胜利，是全体建设者认真践行“三个代表”重要思想、用科学发展观指导工程建设取得的重大成果。

在京石段工程建成通水的重要时刻，我们不能忘记，4 年多来，在党中央、国务院的亲切关怀和国务院南水北调建委的正确领导下，国务院有关部门密切配合、全力支持，及时研究问题、解决困难，为工程建设搭建了重要的协调平台；我们不能忘记，4 年多来，北京市、河北省各级政府认真落实国务院南水北调建委的决议，积极落实征地拆迁任务，沿线群众识大体、顾大局，以国家利益为重，积极支持配合工程建设，为工程建设创造了良好的外部环境；我们不能忘记，4 年多来，项目法人及北京、河北两省市委托建管单位认真落实中央确定的建设管理体制，切实负起责任，使工程建设管理有序、运行高效；我们更不能忘记，4 年多来，全体工程建设者团结拼搏，无私奉献，顶酷暑、冒严寒、耐寂寞，不怕疲劳、不分昼夜地奋战在工地上，克服了种种困难，为工程按期完工做出了重要贡献。可以说，在工程建成通水的滚滚水流中，饱含着京冀两地人民的深厚情谊，也饱含着全体工程建设者付出的心血和汗水！在此，我代表国务院南水北调办，向为京石段工程建成通水做出贡献的国家发展改革委、财政部、水利部、公安部、国土资源部、环境保护部等国务院有关部门，北京、河北两省市地方各级政府以及全体建设者，表示衷心的感谢和崇高的敬意！

京石段工程顺利建成通水，是对南水北调以往工作的一次集中检阅，也是对几年来各方面共同努力成果的充分肯定。希望全体建设者继续发扬连续作战的精神，以更加认真负责的态度和更加饱满的热情，做好通水后的各项工作。首先，认真做好京石段工程运行和调度管理。项目法人和两省市南水北调建管机构要强化责任，协调一致，搞好工作衔接，把临时通水当作永久通水来管理，

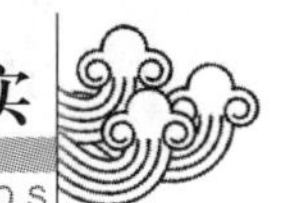

坚持高标准、严要求，确保调度有序、运行高效，努力提高工程运行管理水平。第二，切实做好京石段工程安全工作。两省市南水北调办会同项目法人要充分发挥工程建设过程中形成的工程安保协调机制，发挥南水北调系统和公安部门的合力，加强工程保卫，维护良好社会环境；要以人为本，增强沿线群众的安全意识，加强通水安全设施建设，杜绝安全事故的发生。第三，切实完善工程通水后续工作。希望有关部门和沿线各级地方政府继续加强协调，妥善处理好征地拆迁及其他遗留问题；项目法人要抓住有利施工季节，尽快推进边坡衬砌、堤顶道路、安全防护网、供电通信设施等剩余工程建设，同时做好冰期输水方案的研究，确保冬季输水安全。第四，认真总结京石段工程建设过程中的经验教训，在查找问题、分析原因的基础上，认真研究和落实改进措施，不断积累工程建设经验，为东、中线其他项目建设做好充分准备。

同志们，南水北调工程功在当代，利在千秋。建设南水北调工程，促进我国水资源优化配置，实现经济社会全面、协调、可持续发展，责任重大，使命光荣。京石段工程的建成通水，只是万里长征迈出的第一步。随着可行性研究总报告的批复，更多的项目将会开工建设，南水北调工程将迎来新一轮的建设高潮，今后的建设任务将会更加艰巨。让我们更加紧密地团结在以胡锦涛同志为总书记的党中央周围，深入贯彻落实科学发展观，按照国务院南水北调建委的决策和部署，开拓进取，扎实工作，又好又快地建设南水北调工程，为全面建设小康社会、构建社会主义和谐社会做出新的、更大的贡献！

谢谢大家。

国务院南水北调办主任张基尧在南水北调中线北京段工程建设总结表彰大会上的讲话

（2008 年 11 月 28 日）

尊敬的郭金龙市长、同志们：

值此南水北调中线一期干线工程北京段建成通水之际，北京市召开总结表彰大会，全面总结 4 年多来北京段工程建设工作，表彰先进，激励广大工程建设者，充分体现了市委、市政府对南水北调工作的高度重视和一贯支持。首先，我代表国务院南水北调办，向今天获奖的先进集体和个人表示热烈的祝贺！向长期以来一直关心和支持南水北调工程建设的市委、市政府，社会各界和各有关方面致以诚挚的谢意！

南水北调工程是关系国计民生的重要基础设施。兴建南水北调工程是党中央、国务院着眼于缓解我国北方水资源短缺形势而采取的一项战略性决策。工程建成后，将构筑我国“四横三纵、南北调配、东西互济”的水资源配置体系，对于促进和保障国民经济和社会发展具有重要意义。南水北调中线一期干线工程北京段是为缓解北京水资源供需矛盾、保障首都供水安全，在中线一期工程中先期建设的京石段工程的一部分。工程自 2003 年年底开工以来，按照国务院南水北调建委的统 部署，在北京市委、市政府的正确领导下，经过全体建设者 4 年多坚持不懈的努力，完成了建设任务，顺利实现了通水目标。北京段工程率先建成通水，实现了中央关于南水北调工程建设既定的战略部署，缓解了北京日益严峻的水资源短缺状况，激励了南水北调工程建设者的建设热情，增强了社会各界对南水北调工程的信心，是深入贯彻落实科学发展观的具体体现。

南水北调中线一期工程北京段作为南水

北调中线工程中率先开工的项目，在当前体制转型、经济增长、利益交织、矛盾凸显的新的社会条件下，面对新的建设管理体制、群众征地拆迁诉求、极具挑战性的工程技术难题、错综复杂的关系协调，以及所处的首都特殊位置，其建设过程中所遇到的困难和挑战是前所未有的，参建各方在工程建设中密切配合，相互支持，积极协调，团结奋战，克服各种苦难，强化项目管理，注重质量和安全，妥善处理工程建设中遇到的各种问题，确保了工程建设顺利推进。沿线各级地方政府切实履行政府职责、各有关部门和单位发扬团结协作精神，全力支持工程建设，在征地拆迁、施工环境保障等方面做出了积极贡献。在工程建设中，涌现出很多事迹感人的先进集体和先进个人，今天大会上获得表彰奖励的就是他们当中的代表。

在南水北调中线一期干线工程北京段的建设过程中，体现出的是全体建设者高度的责任感、使命感、团结拼搏的精神和较高的管理水平，体现出的是沿线各级地方政府、单位和广大群众服务国家重点工程、顾全大局、无私奉献的首都意识和精神风貌。北京段工程的建成，为南水北调中线一期工程总体建设目标的实现奠定了坚实基础，对长期以来关心和支持南水北调工程建设的社会各界做出了积极回应；北京段工程的顺利通水，让首都人民早日感受到了调水带来的效益，实现了全体工程建设者对社会的郑重承诺；北京段工程的建设实践，探索并积累了大量有重要价值的建设管理经验，丰富和完善了南水北调建设管理模式的形式和内涵，必将为整个南水北调工程建设提供有价值的借鉴。

可以说，北京段工程建设的 4 年，是解放思想、实事求是、与时俱进、开拓创新的 4 年；是创新建设管理体制、探索建设管理新模式并在实践中不断深化完善的 4 年；是统筹各方、团结共建，工程建设管理各项工作取得丰硕成果的 4 年。这些成绩的取得，是坚决执行党中央、国务院和国务院南水北调建委决策部署的结果，是北京市委、市政府正确领导的结果，是北京市有关部门、沿线各级地方政府通力合作、团结共建的结果，是北京市南水北调办、项目法人、参建单位和全体建设者顽强拼搏、勇于开拓的结果。在此，向北京市委、市政府，向为北京段工程建设做出突出贡献的沿线各级地方政府、有关部门和广大群众，以及全体工程参建者表示崇高的敬意和衷心的感谢！

南水北调中线一期干线工程北京段的建成通水，是对全体工程建设者们几年来辛勤工作的充分肯定，也是对做好下一步南水北调工作的鼓舞和鞭策。当前，国际金融危机不断蔓延，面对复杂多变的国际国内经济形势，党中央、国务院审时度势、高瞻远瞩，做出了进一步增加国内基础设施建设投资、扩大内需、促进经济平稳较快增长的重要决策，南水北调工程建设面临新的发展机遇。前不久，国务院召开常务会议，批准了南水北调东、中线一期工程可行性研究总报告，为新一轮建设高潮的到来创造了前提。国务院南水北调建委召开第三次全体会议，确定了工程建设的总体目标，要求全面加快南水北调工程建设步伐，优质高效、又好又快地建设南水北调工程，为我们加快推进工程建设各项工作奠定了基础，同时也提出了新的、更高的要求。

南水北调中线一期干线工程北京段虽然已经完建，但部分收尾工程、运行调度管理和市内配套工程建设的任务还很繁重。希望北京市南水北调系统和有关方面以北京段工程建成通水为契机，按照国务院南水北调建委的部署和要求，发扬成绩，克服不足，不怕疲劳，连续作战，以更加饱满的政治热情和更加认真负责的工作态度，做好各项后续工作。

一是切实做好永久供电、自动化系统等剩余收尾工程，保证工程质量，控制工程投资，全面完成北京段工程建设任务。

二是配合项目法人认真做好北京段工程的运行和调度管理，加强领导，落实责任，强化安全检查和监测，确保调度协调有序、运行安全高效，努力提高工程运行管理水平，发挥工程效益。

三是认真做好规划，制定切实有效的措施，加快市内配套工程建设，妥善处理好进度与质量安全的关系、调水与治污的关系、工程建设与移民安置的关系、局部和整体的关系，早日发挥南水北调工程的整体效益。

四是认真做好北京段工程征地拆迁等有关收尾工作，妥善处理遗留问题，积极化解矛盾，为工程顺利调度运行和社会稳定创造良好条件。

五是全面梳理和总结北京段工程的建设管理经验，从思想认识、工作责任、管理方法等方面认真分析研究，总结有益经验，为南水北调后续工程建设提供借鉴。

同志们，南水北调工程是科学论证、科学规划、科学建设、科学运行管理的工程。南水北调中线一期干线工程北京段的顺利建成通水，是深入贯彻落实科学发展观的成功实践。让我们按照国务院南水北调建委的决策和部署，携手并肩，共同努力，为南水北调工程建设和首都经济社会发展做出新的、更大的贡献！

谢谢大家。

国务院南水北调办主任张基尧在河南省南水北调丹江口库区移民安置动员大会上的讲话

（2008 年 11 月 7 日）

尊敬的光春书记、庚茂省长，各位来宾、同志们：

10 月 21 日，国务院第 32 次常务会议审议批准了《南水北调中、东线一期工程可行性研究总报告》，10 月 31 日，国务院南水北调工程建设委员会第三次全体会议进一步研究部署南水北调工作，全面加快南水北调工程建设，南水北调工程建设迎来了崭新的局面。今天，河南省委、省政府积极响应党中央、国务院号召，隆重召开河南省南水北调丹江口库区移民安置动员大会，率先启动库区移民试点工作，揭开了丹江口库区移民搬迁工作的序幕，标志着丹江口库区移民安置工作开始进入了实施阶段。这是南水北调工程建设和库区移民安置工作的一件大事！在此，我代表国务院南水北调办对长期以来大力支持南水北调工程建设的河南省各级党委、政府和有关部门表示衷心的感谢！向河南省各级移民干部和广大库区移民群众致以亲切的慰问！

下面，我讲几点意见。

一、充分认识丹江口水库移民安置工作的重要性和特殊性

在党中央、国务院的正确领导下，南水北调工程正朝着又好又快的目标快速推进。丹江口库区移民安置工作，事关南水北调工程建设的大局，是南水北调中线工程成败的关键，是库区人民群众改善生产生活条件的迫切要求，也是贯彻落实科学发展观、提高汉江中下游防洪能力、维护库区社会稳定的需要。1958 年，国家批准开工建设丹江口水利枢纽初期工程，工程建设历时 15 年至 1973 年竣工，累计搬迁安置了约 38 万水库移民。广大移民群众舍小家、顾大家，为国家经济建设做出了重大贡献。进入 21 世纪，为解决我国北方地区水资源短缺，促进经济社会可持续发展，实现我国水资源优化配置，党中央、国务院决定兴建南水北调工程。2002 年，国家批准了《南水北调工程总体规划》，确定丹江口水库作为南水北调工程中线水源地，通过大坝加高工程将初期工程的正常蓄水位 157m 提高至 170m，规划搬迁安置库区移民近 34 万人。库区移民规模大、投资多，移民工

作涉及面广、政策性强，既是一项社会性、技术性、经济性很强的管理工作，又是一项直接涉及群众利益的极为复杂的民生工程，也是贯彻科学发展观最具体、最直接、最深入的实践。做好库区移民安置工作，意义重大。

丹江口库区移民安置工作有其特殊性，既有初期工程移民，又有大坝加高工程移民；既有初期工程移民遗留问题的延续，又有大坝加高工程移民搬迁安置；既有涉及初期工程库区基础设施建设的补偿和迁建，又有大坝加高工程库区社会建设；既有征地补偿和移民生产生活安置，又有移民后期扶持政策的衔接等，情况复杂，矛盾交织。多年来，由于种种原因，库区经济社会发展滞后，遗留问题较多，移民群众生产生活条件普遍较差。移民搬迁工作的滞后，又在很大程度上制约了库区经济发展和库区移民生活水平的提高，甚至还影响了库区社会稳定。

改革开放30年来，我国经济社会实现了快速发展，也发生了深刻变化。随着城乡建设的不断发展和社会主义新农村建设的不断推进，与其他地区相比，库区社会经济发展滞后，反差较大。地方政府及广大库区移民群众早日搬迁、改善生产生活条件、走向致富道路的愿望日益强烈。为妥善处理好丹江口库区移民问题，实现库区移民尽早搬迁的要求，探索新形势下移民工作的新思路、新办法，2007年9月，国务院研究同意先行启动库区移民试点工作，2008年10月，移民试点规划方案得到批准。目前，移民安置试点工作实施的条件已经具备，需尽快启动。

二、充分认识移民安置试点工作的重要意义

国务院南水北调工程建设委员会第三次全体会议研究确定南水北调工程建设目标调整为：东线一期工程2013年通水，中线一期工程2013年主体工程完工、2014年汛后通水。库区移民搬迁安置工作已经成为中线工程建设的控制性项目。启动实施移民试点工作，对于搞好下一步的移民搬迁工作具有十分重要的意义。

一是坚定信心。通过启动库区移民试点工作，坚定在新形势下做好移民安置工作、又好又快建设南水北调工程的信心，鼓舞士气。

二是总结经验。通过试点不断发现新形势下移民工作的新情况和新问题，探索总结库区移民经验，寻求库区移民一些特殊问题的解决办法，研究完善现有政策，为做好下一步移民工作提供借鉴，创造条件。

三是锻炼队伍。河南省在组织实施小浪底等大型水库移民工作中积累了很多好的经验，对做好丹江口库区移民安置工作有很好的借鉴作用。目前，移民安置工作面临着很多新情况、新问题，我们要进一步解放思想，与时俱进，把试点工作作为锻炼移民干部队伍的有效途径。

四是推动工程进展。通过试点工作的顺利推进，进一步加快全库区移民安置工作进度，在保证质量、控制成本的基础上，加快南水北调工程建设的进度，为早日实现南水北调中线工程通水目标创造条件。

丹江口库区移民试点工作是党中央、国务院体察民情、关注民生，结合南水北调工程实际做出的一项重要决策。当前，丹江口水库大坝加高工程进展已经过半，坝区移民搬迁安置工作已经完成。因此，各级政府和移民部门要充分认识库区移民试点工作的重要性和紧迫性，认真做好库区移民试点工作，为下一步全面开展库区移民工作奠定良好基础。

三、以科学发展观为指导，把以人为本的思想贯彻到移民安置工作的始终

党的十七大对深入贯彻落实科学发展观提出了新的要求。河南省库区移民约16.5万人，搬迁安置工作涉及省内20多个县（市、区）。库区移民工作关系千家万户，涉及范围

广、社会性强、政治责任大，要按照科学发展观的要求指导和检查我们的工作，站在以人为本的高度考虑和解决涉及群众利益的现实问题，使科学发展观的新要求在库区移民工作中得到全面贯彻落实。

一是站在各方利益的结合点上考虑问题，谋划工作。库区移民工作既涉及土地调整和移民搬迁补偿，也涉及城镇迁建和工矿企业复建。从长远讲，南水北调工程造福子孙后代，但对库区移民和安置地群众来讲，在搬迁安置的过程中势必涉及移民和安置区群众的利益。学习实践科学发展观，就是要改变以往一切为国家重点工程让路的特权思想和先满足工程建设再研究库区移民实际困难的做法，把库区移民工作摆到与工程建设同样重要的位置。库区移民规划阶段就要充分听取地方政府和广大移民群众的意见，依照国家政策和可能条件，尽可能满足移民群众的要求。要把为亿万群众谋长远利益和给库区群众当前谋福祉紧密结合起来，处理好库区移民与迁入地居民以及淹没线上留置农民的关系，在充分发动地方政府做好群众工作的基础上，把对各方面造成的不利影响和损失减到最小。要充分利用移民安置的契机，改善移民生产生活条件，努力构建和谐的移民安置环境，使库区社会经济得到不断发展。

二是努力在解决涉及移民群众利益的问题上有新突破。胡锦涛总书记在9月19日重要讲话中指出：确保在全党开展深入学习实践科学发展观活动取得实效，就是要坚持突出实践特色，努力在解决群众反映强烈、影响和制约科学发展的突出问题上取得新突破，就是要把科学发展观的新要求、发展阶段的新变化、人民群众的新期待紧密结合起来。目前，库区移民工作中的不少政策规定仍滞后于科学发展观的要求和库区群众的愿望，南水北调办及各级征地移民部门要认真贯彻十七届三中全会精神，深入调查研究，广泛听取群众意见，加强与相关部门的配合。当前，就移民远迁后淹没线上剩余的成片林木果树、农村留置人口生产安置、村组区划整合等移民群众最关心、最直接、最需要解决的重大问题，按照科学发展观的要求进行专题研究，提出处理意见和建议。

三是充分利用现有政策和体制条件解决库区移民的实际问题，把工作的立足点放在用足、用活政策上。当前，要严格遵循国务院批准的《南水北调中、东线一期工程可行性研究总报告》及建委会批准的南水北调工程征地移民体制和补偿标准，切实做好初步设计规划和移民实施方案，把移民试点中的成果体现到全库区移民初步设计规划中，尽量减少缺漏，防止规划与实施脱节；要正确处理好移民生活安置与生产安置的关系，切实把生产发展的措施落到实处；要利用好农村移民安置补偿费、基本预备费，解决好移民群众的差异性问题；要正确处理好移民迁建与新农村建设的关系，把移民资金与新农村建设、扶贫开发、基础设施建设等资金结合起来，统筹规划，分类筹资，分步建设。

做好移民安置工作，一靠政策，二靠机制。我们要坚持按照“建委会领导、省级政府负责、县为基础、项目法人参与”的移民工作管理体制，加大对基层地方政府的支持，把移民工作的重点放在基层。基层政府要把解决库区移民问题与思想政治工作结合起来，加大对南水北调工程的宣传力度，增强移民群众的主人翁意识，提高移民政策和标准的透明度，提高移民个人补偿费兑付的透明度，提高解决移民差异性问题的透明度，关心移民群众疾苦，解决移民群众困难，使南水北调工程真正成为库区移民满意的工程，成为惠及子孙后代的民生工程。

总之，当前实施库区移民搬迁安置工作，一定要站在保稳定、保民生的高度，把更多的精力放在处理好、保护好库区移民的利益上，安排好库区移民的生产生活，切实保护移民群众的合法权益，努力实现“搬得出、稳得住、能发展”的库区移民安置目标。

四、加强领导，团结协作，努力完成库区移民试点任务

做好丹江口库区移民安置工作，是党中央、国务院交给我们的一项光荣而艰巨的历史任务。按照国务院南水北调工程建设委员会第三次会议确定的南水北调工程建设目标，移民安置任务要在2013年底完成，时间紧、任务重、责任大。各级各部门必须认识到，征地移民安置工作事关库区群众的切身利益，事关南水北调工程建设全局。要坚持以人为本、执政为民，做深入细致的工作，保障群众的合法权益，为工程建设创造良好条件。

一是要加强领导，明确责任。按照国务院颁布的《大中型水利水电工程建设征地补偿和移民安置条例》和国务院南水北调建委制定的《南水北调工程建设征地补偿和移民安置办法》，库区移民安置工作的责任在各级地方政府，请各级地方政府要加强领导，征地移民部门要切实负起责任，主动开展工作，认真解决问题，国务院南水北调办及有关部门要全力支持、指导、帮助，努力实现移民任务和移民投资“双包干”的工作目标，确保按期完成库区移民安置任务。

二是要团结配合，充分发挥各职能部门的作用。要认真遵循现阶段有关征地移民政策和规定，抓紧组织有关职能部门参与编制库区移民实施方案，整合项目和资金，协调做好迁出地和迁入地的衔接工作，为今后大规模移民搬迁工作提供保障。在实施工作中，各级地方政府和部门要建立多层次、多方位的协调机制，相互支持和配合，共同推进移民搬迁安置工作。同时，还要建立应对突发事件的处置机制和工作预案，密切关注移民思想动态，积极排查化解矛盾纠纷，努力化解移民工作中出现的重大问题，确保库区和安置区的社会稳定。

三是要加强移民资金的管理和监督。移民资金是高压线，丹江口库区移民资金数额巨大，如何管好用好这些资金，不仅关系到移民补偿投资效益，也关系到移民资金安全和干部安全。各级各部门要严格执行《南水北调工程建设征地补偿和移民安置资金管理办法》，加强移民项目和资金全过程的管理、监督和检查，严格移民项目和资金的审查和审批，确保移民资金都用在移民项目上。要严格按照基本建设程序规定，对移民专项设施实行招标投标制和建设监理制，切实做好审计、稽察及验收等方面的工作。同时，要加强移民管理机构和基层组织干部队伍的自身建设，加强和改进工作作风，提高防腐拒腐能力，干干净净做事，清清白白做人。各级审计、监察、纪检部门要加强对移民项目、资金和干部队伍的检查监督，确保库区移民工程安全、资金安全和干部安全。

同志们，丹江口库区移民安置工作充满着挑战和希望，我们正站在南水北调工程建设新的起点上，肩负着重大的历史使命。让我们更加紧密地团结在以胡锦涛同志为总书记的党中央周围，深入贯彻落实科学发展观，坚持以人为本，扎扎实实做好工作，为确保丹江口库区移民工作的顺利实施，为全面建设小康社会做出新的贡献！

国务院南水北调办主任张基尧在湖北省南水北调丹江口库区移民试点动员大会上的讲话

（2008年11月25日）

同志们：

10月下旬，国务院常务会议、南水北调工程建设委员会第三次全体会议相继召开，研究解决了制约南水北调工程建设的主要问题。南水北调工程建设迎来一个全新的建设时期。湖北省丹江口库区移民试点动员大会的召开，是这一时期的重要标志，是南水北调中线工程建设历史进程中的一件大事，湖北省委、省政府对试点工作给予了高度重视。刚才，鸿忠省长对湖北省移民试点进行了动员，对试点各项工作进行了全面部署，提出了明确的要求。在此，我代表国务院南水北调办对长期以来大力支持南水北调工程建设的湖北省各级党委、政府和有关部门表示衷心的感谢！向湖北省各级移民干部和广大库区移民群众致以亲切的慰问！

下面，我讲三点意见。

一、充分认识丹江口库区移民安置工作的重要性和紧迫性

10 月 31 日，国务院南水北调建委召开了第三次全体会议，全面回顾总结了南水北调工程建设取得的成绩和经验，分析存在的问题，对下一步工作进行了部署，提出了新的要求。会议对南水北调东、中线一期工程建设目标进行了调整，要求东线一期工程 2013 年通水，中线一期工程 2013 年主体工程完工，2014 年汛后通水。会议强调要切实做好征地移民安置和污染防治工作，全面加快工程建设进度，把南水北调工程建设成为优质、节俭、廉洁的工程。国务院南水北调工程建设委员会第三次全体会议的召开为南水北调工作指明了方向。

实现国务院南水北调工程建设委员会第三次全体会议确定的工程建设目标，时间紧、任务重，需要通过艰苦地努力才能达到。南水北调工程热点在建设，重点是水质，难点是移民。丹江口库区移民安置工作，事关和谐社会建设和南水北调中线工程建设大局，事关库区人民的切身利益，是以人为本，科学发展观最现实、最直接、最具体的体现。移民安置工作做好了，广大移民群众能够安居乐业，中线工程如期通水就有了基本保障。

要做好丹江口库区移民安置工作，首先要认真分析丹江口库区移民安置工作的特殊性。与以往水库移民安置不同的，一是移民构成复杂。丹江口库区移民中，既有这次大坝加高，库区水位提升形成的新移民，也有丹江口水库早期建设中后靠安置需要二次搬迁的或外迁后因各种原因返迁的老移民，形成了复杂的人员构成。二是政策的把握要求高。新移民、老移民、返迁移民，一次搬迁、二次搬迁的移民，在这次集中搬迁中，要做到不同对象、新老政策的平衡衔接，需要准确把握政策，实事求是处理好各种矛盾。三是新时期移民工作要求高。深入贯彻落实科学发展观，构建社会主义和谐社会，面对移民搬迁中的新情况、新问题，研究新政策，转换新方式，采用新办法。要把以人为本、和谐发展的理念切实贯彻到移民安置工作中去，让移民移得出、稳得住、能发展、可致富，这对丹江口库区和移民安置工作提出了新的、更高的要求。

正是由于丹江口库区移民安置工作的特殊性，为了积极稳妥地做好这项工作，经中央批准，在大规模移民安置展开之前，先行开展试点工作。通过试点工作，一是研究完善现有政策，摸索总结经验，寻求丹江口库区移民安置中一些特殊问题的解决办法，为下一步工作提供借鉴。二是完善移民工作体系和工作制度，摸索工作方法，提高下一步大规模移民安置的工作效率。三是把湖北省在三峡移民工作中积累的经验，与丹江口库区移民安置的实际结合起来，锻炼库区基层移民干部队伍，为大规模搬迁工作打好基础。四是形成示范效应，增强移民群众的信心和自觉性，为库区移民安置工作的顺利进行创造条件。

因此，在今后的工作中，要充分认识南水北调工程建设面临的时代要求、历史责任和丹江口库区移民安置工作的特殊性，进一步提高对移民安置工作重要性和紧迫性的认识，增强做好移民工作的责任感，以对移民负责和对国家高度负责的精神，齐心协力做好移民试点工作。

二、把科学发展的理念贯彻移民安置工作的始终

丹江口库区移民规模大、投资多，移民

工作政策性强，涉及面广，既是一项社会性、技术性、经济性很强的管理工作，又是一项直接涉及群众利益、极为复杂的民生工程。湖北省库区移民约17.9万人，搬迁安置工作涉及省内30多个县（市、区），库区移民情况各异，搬出区与安置区衔接工作量大，各项工作千头万绪。我们必须坚持以科学发展观为指导，把以人为本的理念贯穿于移民安置工作的全过程。

（一）把移民安置工作纳入南水北调工程建设的全局统筹考虑

南水北调东中线一期工程可行性研究总报告的批复为大规模工程建设奠定了基础，丹江口库区移民试点规划的批准，为大规模移民安置的实施创造了条件。未来五年，南水北调干线工程建设、湖北汉江中下游工程建设和丹江口库区移民安置工作都将进入实施的高峰期，任务十分繁重。库区移民安置工作是中线工程发挥效益的前提，是社会和谐的保证，南水北调有关部门要把库区移民安置工作摆在重要位置，与工程建设、水源地保护同谋划，同安排，同检查。加强移民安置工作的协调，保证移民安置工作资金。库区各级人民政府要把移民安置工作摆在优先位置，纳入政府工作的重要议事日程，加强领导，落实责任，全面部署，着力推动。

（二）移民安置工作要始终坚持以人为本

在移民安置工作中全面贯彻落实科学发展观的各项要求，要牢固树立以人为本的理念。由于历史原因和丹江口水库提高蓄水位的需要，库区基础设施、生产生活设施建设长期处于停顿状态，经济社会发展滞后，移民群众迫切希望尽早搬迁，尽快开始新的生活。但是，故土难舍，故乡难离，广大移民群众离开了祖辈生活的故土、熟悉的环境，在生产和生活各方面都要重新开始，眷恋之情浓烈，对迁入地生疏的环境及生活习惯差异存有疑虑。我们各级政府、广大移民工作干部，应当充分体谅移民群众的心情，在工作要中饱含真情，悉心倾听群众的呼声，想群众所想、急群众所急，认真解决群众的合理诉求，及时研究解决移民安置中的问题。同时，要通过各种方式教育引导移民群众，发扬艰苦奋斗、自力更生的创业精神，服从国家建设大局，自觉奉献，主动搬迁，在党和政府带领下，建设新的美好家园。

（三）加强解释与宣传，认真落实移民安置政策

从以往的工作经验看，工作中出现问题多的地方，一是办事政策不透明，群众心里没数；二是工作方法简单，造成群众对干部的不信任；三是执行政策打折扣，办事不公平，群众合法的利益受侵害；四是个别基层政府不作为甚至反作为。从而造成政策执行难、工作推动难、移民安居难。试点工作要避免出现这种情况。切实做好移民安置初步设计规划和实施方案，把移民试点的成果体现到库区移民安置规划中，用好、用足、用活有关政策，尽量减少缺漏，防止规划与实施脱节。要加强政策的解释与宣传，加强工作程序的规范，抓好政策执行环节，加大政策执行的力度，提高政策的透明度和公信力，使党和国家政策家喻户晓，使广大移民群众对自己的合法利益心中有数，使我们的工作程序、过程和结果让群众信服，要从一开始就着力形成相互信任、良性互动的局面。

（四）认真研究新情况，着力解决移民安置中的新老问题

丹江口库区移民安置比以往大型水利工程都要复杂，存在许多需要在实践中探索和解决的问题。试点的过程，就是新情况、新问题发现与解决的过程，也是不断积累经验的过程。问题发现要快，解决问题的措施要实。要避免问题久拖不决，小问题积累成大问题，小矛盾演变成大矛盾，个案问题酿成全局性的问题。要加强政策研究的力度，根据客观环境的变化，对带有普遍性的问题及时提出政策建议，把解决问题的过程，作为

完善政策和措施的过程，对工作中取得的经验，要及时加以总结，对所形成的成果，上升到政策的层面，用以规范和指导今后的工作。

（五）积极创造、维护和谐的移民安置环境

移民安置工作涉及库区千家万户，涉及群众切身利益，事关移民群众的安居乐业、库区和安置区的社会稳定和长治久安，关系当地经济社会的长远发展。因此，创造、维护和谐的移民安置环境十分重要。在加强政策解释和宣传、积极解决群众合理诉求的同时，要十分重视库区社情民意的调查与掌握，建立信息灵敏、反应迅速的工作机制，及时化解可能出现的社会矛盾。要充分做好迁出区移民和迁入区原居民两方面的工作，加快新社区社会关系的建立和群众之间的融合，早日形成和谐的自然环境、人居环境和经济社会发展环境。要高度关注各种非政府组织及人员在库区的活动，对恶意散布不实消息，蒙蔽和煽动不明真相移民群众的行为和当事人要予以坚决的揭露和打击，动员和组织广大移民群众，自觉维护良好的社会秩序和移民安置环境。

（六）研究探索新形势下移民安置工作的有效途径

改革开放30年来，我国经济高速发展，社会全面进步，广大农村的面貌也发生了翻天覆地的变化，社会保障体系由城市逐渐覆盖到农村，在实现全面建设小康社会的历史进程中，让农民分享改革开放的成果，逐步缩小城乡二元经济的差距，实现全国人民的共同富裕，是一个历史性任务。党的十一届三中全会，对农村改革作出了全面的部署，面对新的形势，要研究如何把移民安置同小城镇建设结合起来，同新农村建设结合起来，同特色产业的发展结合起来，同提高移民人口素质、改善劳动力结构结合起来，同当地经济社会发展全局结合起来，实现移民安置工作的新突破、新跨越，是摆在我们面前的崭新课题。希望在试点工作实践中，加强新思路、新方法、新途径的探索，加强宏观综合政策的研究，取得积极有效的成果。

三、加强领导，团结配合，努力完成库区移民任务

做好丹江口库区移民安置工作，是党中央、国务院交给我们的一项光荣而艰巨的任务。实现国务院南水北调工程建设委员会第三次会议确定的南水北调建设目标，库区移民安置任务时间紧、任务重、责任大。各级各部门必须要团结协作，周密安排，攻坚克难，狠抓落实，共同推进丹江口库区移民试点工作的顺利完成，共同推进库区移民安置目标的实现。

一要加强领导，明确责任。按照国务院颁布的《大中型水利水电工程建设征地补偿和移民安置条例》和国务院南水北调建委制定的《南水北调工程建设征地补偿和移民安置办法》，库区移民安置工作的责任在各级地方政府，请各级地方政府要加强领导，落实责任，形成一级对一级负责的责任体系，征地移民部门要深入基层，阳光运作，主动开展工作，认真解决问题，国务院南水北调办及有关部门要全力支持、指导、帮助，努力实现移民任务和移民投资“双包干”的工作目标，确保按期完成库区移民安置任务。

二要团结配合，充分发挥各职能部门的作用。要认真遵循现阶段有关征地移民政策和规定，抓紧组织省内有关职能部门参与编制库区移民实施方案，整合项目和资金，加强对库区移民的扶持，协调做好迁出地和迁入地的衔接工作，处理好移民安置与社会主义新农村建设的关系，在做好移民生活安置的同时，切实做好移民生产发展的各项工作，为今后大规模移民搬迁工作提供保障。在实施工作中，各级地方政府和部门要建立多层次、多方位的协调机制，相互支持和配合，共同推进移民搬迁安置工作。同时，还要建立应对突发事件的处置机制和工作预案，密切关注移民思想动态，积极排查化解矛盾纠纷，努力化解移民工作中出现的重大问题，确保库区和安置区的社会稳定。

三要加强移民资金的管理和监督，确保库区移民工程安全、资金安全和干部安全。移民资金是高压线，丹江口库区移民资金数额巨大，如何管好用好这些资金，不仅关系到移民补偿投资效益，也关系到库区移民工程安全、资金安全和干部安全。各级各部门要严格执行《南水北调工程建设征地补偿和移民安置资金管理办法》，加强移民项目和资金的管理，加强监督检查，严格移民项目和资金的审查和审批，确保移民资金用在移民项目上。要严格按照基本建设程序规定，对移民专项设施实行招标投标制和建设监理制。同时，要加强移民管理机构和基层组织干部队伍的自身建设，加强和改进工作作风，提高防腐拒腐能力，干干净净做事，清清白白做人。各级审计、监察、纪检部门要加强对移民项目、资金和干部队伍的检查监督，确保库区移民工程安全、资金安全和干部安全。

四要切实做好移民安置信息的建档立案工作。移民档案是移民安置各项工作的基础。移民家庭状况、迁出地实物登记、财产状况、补偿情况、迁入地安置情况乃至后续的扶持政策到位情况等，都要建立翔实的档案记录。做好移民档案工作，既是对移民安置工作负责，更是对广大移民群众负责。要建立健全移民档案管理规章制度，建立统一完善的建档标准、方便快捷的核查手段，为移民安置过程管理和后续管理，提供良好的基础。基层政府和各移民部门要高度重视，把这项工作抓实抓好。

同志们，丹江口库区移民安置工作充满着挑战和希望，我们正站在南水北调工程建设新的起点上，肩负着重大的历史使命。让我们更加紧密地团结在以胡锦涛同志为总书记的党中央周围，深入贯彻落实科学发展观，坚持以人为本，扎扎实实做好工作，为确保丹江口库区移民工作的顺利实施，为全面建设小康社会做出新的贡献！

国务院南水北调办主任张基尧在河南省南水北调中线工程黄河北连线建设誓师动员大会上的讲话

（2008 年 12 月 26 日）

同志们：

值此南水北调中线黄羑段工程开工之际，河南省委、省政府隆重召开河南省南水北调中线工程黄河北连线建设誓师动员大会，进一步明确建设目标，部署工作任务，动员全省各级地方政府和社会各界关心支持南水北调工程建设，激励广大工程建设者在工程建设中建功立业，充分体现了河南省委、省政府对南水北调工程建设的高度重视。在此，我代表国务院南水北调办，向黄羑段工程顺利开工表示热烈的祝贺！向全体工程建设者表示诚挚的慰问！

前不久，国务院常务会议和南水北调工程建设委员会第三次全体会议相继召开，审议批准了南水北调东、中线一期工程可行性研究总报告，明确了东、中线一期工程总体建设目标。国务院领导对南水北调工程建设提出了明确要求，强调要在保证质量、安全和控制投资的前提下，全面加快南水北调工程建设步伐，优质高效、廉洁节俭地建设南水北调工程。尤其是在当前国际金融经济形势动荡、对我国经济不利影响增大的情况下，要通过加快工程建设，保持合理的投资规模，促进经济平稳较快增长。两次重要会议的召开，为南水北调工程全面展开、加快建设提供了新的契机，提出了新的更高的要求。面对复杂的国际国内经济形势，河南省委、省政府积极响应党中央、国务院号召，率先启

动了丹江口库区移民试点工作，全面加快了河南省南水北调工程建设步伐。这对于贯彻落实党的十七届三中全会精神，从河南实际出发，深入实施可持续发展战略，贯彻扩大内需的方针，促进经济平稳较快增长，具有十分重要的战略意义和现实意义。

南水北调河南段工程是南水北调中线工程的重要组成部分，在整个中线工程建设中具有重要地位。河南既是南水北调中线工程的水源地，又是受水区，是投资最多、任务最重、责任最大的省份。自2006年南水北调河南段工程开工建设以来，各项工作稳步推进，成效显著。穿黄工程、安阳段工程、南阳试验段、新乡潞王坟试验段等在建工程进展顺利，征地拆迁工作和谐推进，库区移民安置工作顺利启动，水污染防治和水土保持工作深入进展，水源地水质保护工作的监督、执法力度加大，丹江口水库水质稳定保持在Ⅱ类水质标准。在河南南水北调各项工作中，始终深入贯彻落实科学发展观，确立并牢牢把握南水北调工作中以人为本、统筹兼顾、逐级负责、严格管理等基本原则，走出了一条科学建设、团结建设、和谐建设的新路子，形成了良好的政治氛围、社会氛围和建设氛围。这些成绩的取得，得益于河南省委、省政府坚强有力的领导，得益于工程沿线各地市区县党委和政府的大力支持，得益于全省广大人民群众的全力配合和社会各界的关心帮助。在此，我代表国务院南水北调办，向长期以来一直关心和支持南水北调工程建设的河南省委、省政府，河南社会各界和各有关方面致以衷心的感谢！

经过各方积极努力，今天，黄羑段工程顺利实现开工建设，这标志着河南省南水北调黄河以北干线工程已进入全面实施阶段。黄羑段工程全长近200km，是继中线京石段工程建成通水后，又一段连线建设的控制性工程。工程沿途穿越大量城市乡镇，各类建筑物及交叉基础设施众多，人口密集，征地拆迁工作量大，面临的困难和挑战非常多，工程建设任务十分艰巨。在黄羑段工程建设中，一定要认真落实国务院和国务院南水北调建委的部署，坚持质量第一、安全第一，进一步强化质量和安全意识，加强质量安全监督检查，严格质量安全责任制和终身追究制，切实保证工程建设质量和安全生产；一定要认真落实工程投资静态控制和动态管理规定，优化设计，规范市场，创新工艺，强化管理，努力降低工程建设成本，切实控制工程建设投资规模；一定要扎实做好征地搬迁工作，坚持文明施工，促进和谐建设，维护人民群众合法权益，切实维护良好的工程建设环境和稳定的社会秩序；一定要加强建设资金的管理、监督和审计，加强制度建设，严格制度落实，确保建设资金使用规范、合理、透明，杜绝截留挪用资金和贪污腐败现象。在确保工程质量、安全和有效控制投资的前提下，要充分利用当前国家扩大内需的有利条件和生产资料价格低廉的机遇，加速推进黄羑段工程建设。

在做好黄羑段工程建设的同时，希望河南省南水北调办和有关部门要抓紧做好新开工项目准备工作，积极编制工程建设网络计划，促进更多项目早日开工，保证在建项目均衡生产，有序建设。要切实做好2009年拟开工项目征地移民及其他各项准备工作，为工程顺利开工提供有力保障。要扎实推进丹江口库区移民试点工作，为全面展开库区移民安置工作积累经验，为库区移民“搬得出、稳得住、能发展、可致富”打下坚实基础。要始终坚持“三先三后”的原则，加快水源区水污染防治和水土保持项目建设，努力加大库区及沿线点源、面源污染治理督查及执法力度，争取水污染防治与水土保持规划项目早日发挥效益，确保南水北调水源地水质安全。要加速推进省内配套工程可行性研究，适时开工建设配套工程，使配套工程与干线工程同步建设、同步见效，造福沿线人民群众。

我相信，在党中央、国务院的亲切关怀下，在国务院南水北调建委的正确领导和河南省委、省政府的大力支持下，经过全体工程建设者的共同努力，南水北调河南段工程一定能够建设成为质量一流、节俭高效、和谐廉洁的工程，为实现全面建设小康社会目标、促进河南经济社会健康发展做出新的贡献！

国务院南水北调办主任张基尧在南水北调系统廉政工作会议上的讲话

（2008 年 12 月 17 日）

同志们：

这次南水北调系统廉政工作会议，是在加快推进南水北调工程建设的关键阶段召开的一次十分重要的会议。会议的主要任务是：以科学发展观为指导，深入贯彻中央纪委二次全会和国务院廉政工作会议精神，落实国务院第 32 次常务会议和国务院南水北调工程建设委员会第三次全体会议的部署，总结南水北调系统廉政工作，研究进一步加强廉政建设的措施，对全系统下一步廉政工作做出部署。

刚才，四位项目法人作了汇报发言。国家预防腐败局的同志讲了话，对做好南水北调系统廉政工作提出了很好的意见。下面，我讲四点意见。

一、南水北调系统廉政工作的基本情况

南水北调工程开工建设以来，全系统坚持以科学发展观为指导，认真贯彻历次中央纪委全会和国务院廉政工作会议精神，紧紧围绕南水北调工程建设开展廉政工作和反腐败斗争，廉政建设取得明显成效，为南水北调工程建设顺利实施提供了有力保证。

（一）着力构建以“三个安全”为重点的廉政工作格局

国务院南水北调办组建伊始，办党组就着眼工程建设大局，研究采取措施，着力构建南水北调系统廉政工作格局。

一是明确提出确保“工程安全、资金安全、干部安全”的总体目标要求，为建设一流工程、廉政工程奠定了坚实的思想基础。各级南水北调办、移民机构、项目法人以及建管单位领导班子结合本部门、本单位实际，紧紧围绕办党组提出的“三个安全”目标要求，明确了各自廉政工作目标，逐步建立、健全了廉政工作体系。

二是建立健全廉政工作组织机构。国务院南水北调办组建了机关纪委，负责国务院南水北调办机关和直属单位廉政工作。各省（市）南水北调办、项目法人等也相继建立廉政工作组织机构。江苏省纪委、监察厅组建了南水北调东线江苏段工程纪检监察工作组；河南省南水北调办及时组建了监察审计室；中线水源公司成立了纪委，设置了纪检监察审计处，并从监理、设计、施工单位聘任了特约监督员；湖北省南水北调建管局成立了以局长为组长的廉政建设工作领导小组；中线建管局在成立党组的同时，设立了纪检组，最近又成立了监察部，并健全了机关纪委，完善了廉政工作机构。

三是切实加强对廉政工作的领导。各单位都把廉政工作摆上重要日程，主要领导亲自抓，分管领导靠前抓，职能部门牵头负责，有关部门齐抓共管，相互配合，形成合力。办党组坚持把反腐倡廉理论学习作为中心组学习的重要内容，定期安排专题学习。办党组成员利用各种专业会议、学习培训进行廉政教育，把廉政内容渗透到各项业务工作中去，廉政工作与业务工作一同部署，一同落实，一同检查。各级南水北调办事机构、移民机构和项目法人领导班子争做廉洁从政的表率。河南省南水北调办制定了年度《党风廉政建设责任目标》，对廉政工作逐项分解，逐项检查。江苏省南水北调办、山东省南水北调建管局领导班子注重加强廉政建设责任

制，使各级领导清醒认识领导干部应承担的廉政责任。

（二）深入开展廉政宣传教育，促进干部廉洁自律

加强廉政宣传教育是反腐倡廉建设的基础工程。近年来，在廉政宣传教育方面，南水北调系统突出工程建设这个重点，创新载体，完善机制，努力夯实源头防腐基础。

一是认真组织党员干部学习中央纪委全会、国务院廉政工作会议精神，深入领会精神实质。南水北调系统各单位要全面加强新形势下的党员干部作风建设，尤其要认真组织党员干部对照胡锦涛同志提出的“不思进取、得过且过，漠视群众、脱离实际，形式主义、官僚主义，弄虚作假、虚报浮夸，铺张浪费、贪图享受，阳奉阴违、我行我素，独断专行、软弱涣散，以权谋私、骄奢淫逸”八个方面的问题和“要勤奋好学、学以致用，要心系群众、服务人民，要真抓实干、务求实效，要艰苦奋斗、勤俭节约，要顾全大局、令行禁止，要发扬民主、团结共事，要秉公用权、廉洁从政，要生活正派、情趣健康”八个方面良好风气的要求，深入查找自身存在的不足，认真进行自我剖析。同时，组织广大党员干部深入学习《中国共产党党内监督条例（试行）》、《中国共产党纪律处分条例》和中央一系列重要文件以及党员干部廉洁从政的有关规定，不断增强南水北调系统广大党员干部廉政建设方面的政治意识、大局意识和责任意识。

二是结合南水北调工作实际，大力加强廉政文化宣传和警示教育。为适应新的形势，各单位采取灵活多样的形式，强化廉政宣传教育效果。北京市南水北调办会同北京市人民检察院、房山区人民检察院共同开展“安全生产和预防职务犯罪课题研究”，把构建警示训诫防线作为加强廉政工作的一项具体举措。天津市南水北调办与天津市人民检察院共同组建南水北调工程预防职务犯罪工作联络组，建立联席会议制，共同研究开展预防职务犯罪工作。湖北省移民局每年5月主动参与在全省范围内开展的党风廉政宣传教育月活动。山东省南水北调建管局和中线建管局分别开展了“争做廉政勤政楷模，促进南水北调工作全面提速”和“筑思想防线、树良好形象、保三个安全”的廉政主题教育实践活动，积极推进廉洁文化进机关、进项目、进合同、进家庭。江苏水源公司深入开展“廉政文化进工地”活动，在施工现场醒目位置都设置了廉政建设警示牌，还组织党员干部到监狱进行警示教育，收到明显效果。

三是着力加强领导干部廉洁自律工作，进一步规范党员领导干部从政行为。坚持从小处着手，防微杜渐，提高领导干部的廉洁自律意识。坚决贯彻落实“从严治党、从严治政”的方针，严格执行中纪委《关于严格禁止领导干部利用职务上的便利谋取不正当利益的若干规定》。在工程建设实践中，各级南水北调办事机构都建立和健全了对重大决策、重要干部任免、重大项目安排和大额度资金使用集体研究决策的制度，规范了党员领导干部的从政行为，努力减少违纪现象的发生。

（三）着力加强南水北调系统廉政规章制度建设

根据中央要求，结合南水北调工程建设实际，国务院南水北调办制定了《中共国务院南水北调办公室党组关于构建教育、制度、监督并重的惩治和预防腐败体系实施意见》和《关于在南水北调工程建设中开展预防职务犯罪的意见》。今年，又根据中央要求，制定了《国务院南水北调办党组建立健全惩治和预防腐败体系2008～2012年工作要点》。南水北调各单位也相继制定了实施意见，明确了南水北调系统廉政建设和反腐败斗争的指导思想、工作目标、基本原则和主要任务。

为加强和规范南水北调工程建设管理，国务院南水北调办制定了规范工程招标投标

活动的意见、工程建设资金管理办法、移民资金管理办法等规章制度。南水北调各单位也结合本地区、本部门、本单位实际，分别制定出台了涉及招标投标管理、非招标项目采购、合同价款结算支付、有关费用开支管理等工程建设重点环节促进廉政工作的有关规定，逐步完善了南水北调系统廉政制度体系。

（四）积极规范南水北调工程建设市场秩序

一是在南水北调工程建设中严格实行项目法人责任制。明确了项目法人对主体工程质量、进度、安全、资金使用负总责。不断完善《南水北调工程建设管理的若干意见》配套制度，先后出台了委托项目管理、代建项目管理等办法，要求项目法人与委托、代建项目建管单位签订委托、代建合同，进一步明确了项目法人与建管单位职责。

二是在南水北调工程建设中严格实行招标投标制、建设监理制、合同管理制，不断加强建筑市场管理。规范了工程招标投标活动、建筑市场管理、施工招标标段划分、施工单位信用管理等，明确通过招标方式择优选择承担南水北调工程项目管理、勘测（包括勘察和测绘）设计、监理、施工等建设业务的单位，实施合同管理。办公室依法对南水北调主体工程项目合同执行情况实施监督管理。

三是督促南水北调工程建设市场主体切实履行投标承诺与合同义务，打击转包、违法分包，严肃处理违法、违纪行为。南水北调工程建设市场实行严格的公告公示制度，对收到的招标投标举报，严肃、认真、负责地开展调查，依法进行处理，维护南水北调工程正常的招标投标工作秩序和环境。

（五）切实加强南水北调工程建设资金管理

根据南水北调工程特点、管理体制和资金运行特点，在南水北调系统逐步建立了一整套相互制约又相互补充的资金管理体系，为资金安全、有效使用奠定了基础。

一是加强财务制度建设。国务院南水北调办先后出台了财务经济方面的规章制度累计 18 项。各单位也相继在国务院南水北调办的指导下制定了 100 多项财务经济方面的制度。各单位认真执行各项规章制度，对不符合、不适应工程建设资金管理需要的规章制度及时梳理规范。江苏水源公司还将财经制度的执行情况纳入公司各现场管理单位的年度考核目标。

二是加强预算管理、强化预算执行。国务院南水北调办专门制定了预算管理办法、项目支出预算编制程序和规定，细化项目支出预算，并加强对预算执行的监督，做到预算细化与预算执行相衔接，预算管理逐步规范化、科学化。中线水源公司按照基建财务预算管理的要求，编制了相应的财务预算和公司年度基建支出预算指标，并落实到各责任部门。中线建管局每年初由预算委员会审议当年资金预算，并对直管项目建管单位的管理费实行预算控制。

三是严格工程建设资金支付管理。各单位严格按照基本建设财务制度和征地移民资金会计核算办法的有关规定，规范工程建设资金支付的程序和手续，均建立了一套严格的资金支付审批程序，防范资金支付过程中的各种风险。河南省移民办坚持移民补偿和资金兑现张榜公示。江苏水源公司和中线建管局实行集中统筹使用建设资金，工程建设资金不在现场管理机构滞留，减少了资金管理风险。2007 年，国家审计署对南水北调工程进行了全面审计，资金使用管理情况总体较好，未发现重大违规、违纪问题。

（六）深入开展南水北调系统治理商业贿赂专项工作

一是加强对治理商业贿赂专项工作的组织领导。国务院南水北调办和各单位均成立了开展治理商业贿赂专项工作领导小组和办

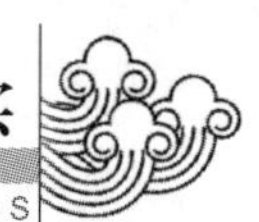

事机构。国务院南水北调办机关专门成立了政府采购领域治理商业贿赂领导小组办公室，督促严格执行政府采购法以及财政部、国管局关于政府采购工作的相关规定。河北省南水北调办在建立治理商业贿赂专项工作组织机构的基础上，多次举办处级干部专题学习班，切实提高治理商业贿赂的政策理论和工作水平。

二是积极展开治理商业贿赂各项工作。南水北调系统各单位制定了南水北调系统治理商业贿赂专项工作实施方案及关于开展不正当交易行为自查自纠的实施细则和工作方案，明确了重点岗位、重点环节、重点行为、时间安排、保障措施以及各级各部门的责任，扎扎实实开展了对不正当交易行为的自查自纠工作。通过治理商业贿赂专项工作，各单位对商业贿赂行为及隐患进行了排查，未发现南水北调工程建设中存在重大商业贿赂案件。

三是认真开展治理商业贿赂专项检查，巩固治理成果。2006 年，办公室分别对沿线 7 省（市）南水北调办事机构、4 个项目法人及有关建设管理单位等开展了治理商业贿赂专项检查。2007 年，全系统对前一阶段治理商业贿赂专项工作情况进行了总结，治理商业贿赂专项工作开展总体情况较好，初步形成了防止不正当交易行为的长效机制。

（七）狠抓领导干部作风建设，落实廉政建设责任制

一是大力加强领导干部作风建设。在廉洁从政上，继续落实党政领导干部不准收受现金、有价证券和支付凭证的规定和领导干部配偶、子女从业的有关规定，杜绝以各种名义用公款吃喝娱乐和用车住房上以权谋私的问题；在行政管理上，坚决克服形式主义、官僚主义，严格控制各种名目的节庆、评比达标活动，精简会议和文件，加强因公出国（境）管理，严把出国组团审批关。

二是认真抓好中央《关于对党员领导干部进行诫勉谈话和函询的暂行办法》和《关于党员领导干部述职述廉的暂行规定》的贯彻落实。严格执行“四大纪律、八项要求”和述职述廉、民主评议、诫勉谈话和函询等制度，开展了领导干部个人重大事项报告集中登记工作，不断提高领导干部民主生活会质量。河南省南水北调办及时组织对新任命的领导干部进行集体谈话，要求大家要耐得住寂寞、守得住清贫、经得起考验。

三是认真贯彻执行廉政建设责任制。办党组制定了《党风廉政建设责任制实施办法》，认真抓好责任分解、责任考核和责任追究三个环节。南水北调系统各单位也都认真落实廉政责任制实施办法，及时签订《党风廉政建设责任书》，积极组织开展述职述廉报告，取得了实实在在的效果。

四是积极发挥《廉政合同》促进《工程合同》执行的保障作用。坚持在签订《工程合同》的同时签订《廉政合同》，将《廉政合同》摆到与《工程合同》同等重要的地位。通过各单位对《廉政合同》执行情况的检查，尚未发现违反《廉政合同》的现象。

（八）积极发挥举报调查、查办案件、专项稽察、审计和信访的重要监督作用

一是及时查处涉及办公室党员干部的人民群众来信来访、举报调查、上级转办的重要案件。截至目前，国务院南水北调办共受理办理各类举报 159 件，并对举报进行了重点调查，在徐州、德州、上海、保定等地严厉打击了一批不法分子，协助公安部门破获了一批诈骗大案，为工程建设的顺利推进提供了保障。

二是加强在建项目的经常性稽察。国务院南水北调办每年按照年度计划精心组织稽察，及时发现工程建设存在的问题，注重稽察整改意见的落实工作，尽量把问题和隐患消除在萌芽状态，进一步规范工程建设的各项程序，减少了腐败浪费的机会和途径。

三是加强对工程建设资金使用情况的专

项审计。国务院南水北调办已连续4年安排专项审计，对各项目法人、建设管理单位及已开工项目都进行了专项审计。各移民机构、项目法人也通过内部审计监督机构或委托中介机构对单位本部和所属各单位的资金使用情况进行检查监督，以保证资金的安全、高效使用。

四是建立内部会计审核程序，加强内部会计监督。各单位制定了一系列行之有效的内部会计审核程序和内部管理制度，以规范本单位会计核算工作，客观真实地反映工程建设资金运转情况，保证会计信息真实、完整。会计管理越来越规范，稽察、审计发现的问题越来越少。

回顾几年来南水北调系统的廉政工作，主要有以下几点体会：

（1）必须始终坚持把廉政建设摆到南水北调工作的重要日程，以科学发展观为统领，按照建设廉洁工程的要求，不断加强廉政建设，与工程建设任务同部署、同落实、同检查，确保实现“三个安全”。

（2）必须始终不断健全和完善领导体制、工作机制和规章制度，调动各部门、各方面的积极性，形成覆盖广泛、齐抓共管、措施得力的反腐倡廉体系和工作机制。

（3）必须始终坚持夯实干部队伍思想道德教育这个基础，采取多种形式加强廉政宣传教育，搞好面向南水北调系统的廉政文化建设，形成廉洁从政的良好氛围。

（4）必须始终坚持惩防并举、注重预防，建立健全惩治和预防腐败体系。坚持完善制度，做到有法可依；不断强化监督机制，形成完善的监督体系。

（5）必须始终坚持突出重点，抓住关键环节、重点岗位，以规范和制约权力为核心，与依法行政相结合，不断加强规范建设市场、建设资金监管等重点领域的廉政建设，确保工程和资金安全。

（6）必须始终坚持加强对南水北调工程建设的全方位监督，发挥审计、稽察、举报、信访等的工作合力，将廉政建设贯穿于工程建设的始终，落实到各个环节。

在充分肯定廉政建设成绩的同时，我们也应清醒地看到，南水北调系统廉政建设和反腐败工作还存在一些薄弱环节，反腐倡廉建设的任务比以往更加艰巨。尤其在当前工程建设领域腐败案件高发、频发的情况下，南水北调系统违规、违纪案件举报还时有发生，各级领导干部廉洁从政的意识有待进一步加强，招标投标、资金存付运作、管理费会议费使用、工程款结算等环节有待进一步规范，廉政建设责任制需要进一步落实，一些单位监督管理力量还比较薄弱，反腐倡廉任重而道远。这些都需要在下步工作中认真研究，努力加以解决。

二、深刻认识加强南水北调系统廉政工作的重要性和紧迫性，把思想和行动统一到中央要求和建委会部署上来

当前，南水北调工程建设迎来了难得的历史发展机遇。前不久召开的国务院常务会议和国务院南水北调工程建设委员会第三次全体会议，对事关工程建设的一系列重大问题作出决策，对工程建设提出了新的更高要求。南水北调工程建设进入一个新的发展阶段，新的建设高潮正在形成。面对新的形势和任务，进一步加强南水北调系统廉政建设和反腐败工作十分重要、十分迫切。

（一）加强南水北调系统廉政工作是贯彻落实党中央、国务院决策的一项重大政治任务

党的十七大第一次把反腐倡廉建设同思想建设、组织建设、作风建设、制度建设一起确定为党的建设的基本任务，这是从提高党的执政能力、保持和发展党的先进性的全局高度作出的重大决策。胡锦涛总书记在中央纪委二次全会上发表的重要讲话，从党和国家事业发展全局和战略的高度，精辟分析了当前廉政建设和反腐败斗争面临的形势，

深刻阐述了新形势下加强反腐倡廉建设的重要性和紧迫性，明确了当前和今后一个时期加强反腐倡廉工作的指导思想、工作原则、基本要求和主要任务，强调要注意把握和体现改革创新、惩防并举、统筹推进、重在建设的基本要求，坚持加强思想道德建设与加强制度建设相结合、严肃查办大案要案与切实解决损害群众切身利益的问题相结合、廉政建设与勤政建设相结合、对干部的监督与发挥干部主观能动性相结合，号召全党把反腐倡廉建设放在更加突出的位置，更加坚决地惩治腐败，更加有效地预防腐败。最近，胡锦涛总书记对做好廉政工作又做出重要批示，要求“毫不松懈地抓好党风廉政建设和反腐败斗争，严格执行党风廉政建设责任制。”

2007 年 7 月，温家宝总理在国家审计署对南水北调工程全面审计后的审计报告上批示：“我们不仅要把南水北调建成一个高质量、高效益的工程，而且要建成一个廉洁、节俭的工程，使其经得住历史的考验”。2008 年 10 月 21 日，温家宝总理在国务院第 32 次常务会议上进一步强调：“强化预算管理。根据工程建设进度，要把资金预算管理落实到工程建设的每个环节，切实提高资金使用效益。落实监督检查。加强对工程建设的质量监督检查和费用审计，监督检查要经常化，确保工程建设廉洁高效。”

最近，李克强副总理在南水北调工程建设委员会第三次全体会议上强调：“加强施工、人员和资金管理，加大监督和审计力度，确保建设资金使用合理、透明，杜绝出现截留挪用资金和贪污腐败现象”。

我们要认真学习、深刻领会、全面贯彻胡锦涛总书记、温家宝总理和李克强副总理的重要讲话和批示精神，从政治、全局、战略的高度，充分认识在南水北调工程建设中加强廉政工作的重要性和紧迫性，把思想和行动统一到党中央国务院的决策部署上来。

（二）加强全系统廉政建设是南水北调工程建设的必然要求

南水北调工程是中华民族史上一项造福当代、惠及后人的伟大工程，是事关我国经济社会发展全局的一项战略性工程，受到党中央、国务院的高度重视。在南水北调工作中深入开展反腐败斗争、有效预防和坚决惩治腐败，直接关系到实现“三个安全”、“优质高效节俭廉洁工程”的建设目标，直接关系到南水北调工程形象，直接关系到南水北调工程建设的成败。南水北调工程规模大，战线长，资金投入巨额，管理层次多，在当前建筑市场十分复杂的形势下，反腐败面临的挑战严峻。在工程建设中，腐败的产生往往和工程建设招投标过程不讲规则和资金的违规使用紧密联系在一起。如果对廉政工作在思想观念、制度保障、工作措施上稍有松懈，就可能出现严重后果，影响正常的建设秩序，干扰又好又快建设南水北调工程的目标。只有不断加强廉政工作，才能为工程建设的顺利推进提供保障。

（三）加强廉政建设是适应当前全面加快南水北调工程建设新形势的迫切需要

为应对当前国际金融危机，扩大内需，拉动经济增长，党中央国务院做出了加快南水北调工程建设的决定。按照国务院南水北调工程建设委员会第三次全体会议确定的工程建设目标和总体可研投资安排，在未来几年，工程建设投资平均每年约 400 多亿元，相当于南水北调开工建设以来平均投资强度的 10 倍左右。以往工程建设经验告诉我们，越是在工程建设的高峰期，越是工程建设、移民环保等工作任务繁重，越需要更加重视和认真做好廉政建设工作。廉政工作做好了，就会有力地促进和保障工程建设；反之，工程建设将会受到严重影响和干扰。特别在当前工程建设领域腐败案件高发、频发的复杂形势下，资金管理、招标投标、设备物资采购等关键环节还存在着发生问题的隐患，一些不法分子和别有用心的人也伺机在南水北调工程中打开缺口，谋取利益。我们一定要以对党和人民高度负责的精神，正确认识和处理工程建设与廉政建设的辩证关系，一手抓工程建设，一手抓廉政工作，以廉政建设的成效促进和保障南水北调工程又好又快建设。

（四）加强廉政建设是推动南水北调系统作风建设的迫切需要

加强作风建设，关系到南水北调系统党的执政能力建设和“廉洁、勤政、务实、高效”的政府形象建设。良好的作风能够在工程建设中产生强大的影响力和凝聚力，为工程建设注入强大的动力。当前，南水北调系统作风建设总的是好的，特别是通过开展保持共产党员先进性教育活动、加强社会主义荣辱观教育和正在开展的学习实践科学发展观活动，广大党员干部党性修养明显增强，思想作风、工作作风、学风、领导作风和生活作风明显改善，为工程建设的顺利推进起到了积极的促进作用。

但是，我们也要清醒地看到，我们的一些同志在大局意识、责任意识、协作意识、奉献意识方面还需进一步加强，在依法行政、转变作风、服务基层、服务工程等方面还需要做出进一步努力。在工程建设中，大力加强廉政建设，通过深入持久的廉政勤政教育，坚持高起点定位、高标准要求、高效率运作，使队伍作风进一步转变、整体素质进一步提高、工作能力进一步增强，才能有效地推进各项职能向项目管理转变，履行好肩负的神圣使命，确保工程建设各项政策措施落到实处，才能为工程建设提供坚实的思想、作风、组织和人才保障。

三、齐抓共管，突出重点，扎实做好2009年南水北调廉政工作

2009年是贯彻国务院南水北调工程建设委员会第三次全体会议精神的第一年，是南水北调工程建设大规模展开的关键一年，起着承上启下的关键作用。站在新的起点上加强全系统廉政建设，对于优质高效、又好又快推进南水北调工程建设具有十分重要的作用。

2009年南水北调系统廉政工作的总体思路是：高举中国特色社会主义伟大旗帜，坚持以中国特色社会主义理论体系为指导，牢固树立和全面落实科学发展观，坚持“标本兼治、综合治理、惩防并举、注重预防”的方针，以完善教育、制度、监督并重的惩治和预防腐败体系为重点，在坚决惩治腐败的同时，更加注重治本，更加注重预防，更加注重制度建设，围绕中心，服务大局，改革创新，狠抓落实，努力形成拒腐防变长效机制、反腐倡廉制度体系、权力运行监控机制，按照建设廉洁工程的目标，努力实现工程建设“三个安全”。

2009年在反腐倡廉工作中要重点做好以下几个方面的工作。

（一）认真开展对国务院南水北调工程建设委员会第三次全体会议关于南水北调工程建设决策部署落实情况的监督检查

国务院南水北调工程建设委员会第三次全体会议对加快东中线一期工程提出了新的明确要求，作出了一系列重要工作部署。之后，各省（市）相继召开本省（市）南水北调建委或领导小组会议，结合各地实际分别作了部署和安排。当前，各级南水北调办事机构要紧密结合本地区、本部门、本单位南水北调工程建设的中心任务，认真开展对国务院南水北调工程建设委员会第三次全体会议和各省（市）党委、政府有关决策部署落实情况的监督检查工作，推动各项决策部署的落实，确保加快工程建设各项政策措施尽快启动、早日实施。同时，要深入到工程建设管理的各个项目和环节，围绕改善工程管理、提高工作效率，加强效能监督，促进管理创新，进一步提升各级工程建设管理机构的效能。通过各层次、各环节的监督检查，

确保国务院南水北调建委各项决策部署真正落实到位。

（二）深入开展廉政宣传教育，加强领导干部廉洁自律工作

加强宣传教育是增强各级党员干部廉政意识的基础性工作，必须采取措施，深入持久地抓紧、抓好，营造良好的廉政工作氛围。

一是要把廉政建设宣传教育纳入各级党组织宣传教育的总体部署。要把学习和遵守《中国共产党章程》作为重要内容，以树立正确的权力观为重点，着力进行党的优良传统和作风教育、社会主义荣辱观教育、廉洁自律教育，深化党规党纪教育，增强党员干部廉洁自律、廉洁从政的自觉性，筑牢拒腐防变的思想道德防线。要紧紧围绕社会主义核心价值体系建设，在南水北调系统内大力倡导、宣传廉政文化，形成“以廉为荣、以贪为耻”的良好风尚。

二是以党员领导干部为重点，深入开展廉政教育。南水北调系统各级领导干部要认真学习《中国共产党章程》、《中国共产党党内监督条例（试行）》、《中国共产党纪律处分条例》等党内法规和国家法律法规，切实加强工程建设领域法律法规的学习，增强法制观念和纪律意识，牢固树立正确的权力观、地位观、利益观，讲党性、重品行、做表率，常修为政之德，常思贪欲之害，常怀律己之心。

三是适应时代发展要求，创新廉政宣传教育。要不断丰富廉政宣传教育的内容，健全宣传教育机制，明确廉政宣传教育责任分工，形成整体工作合力。在各级党组理论学习中，应专题安排廉政建设理论学习；在提拔干部、录用人员时，应按规定进行廉政谈话；定期举办领导干部廉洁从政教育专题培训班；在领导干部任职培训、干部在职培训中，开设廉政教育课程；在开展重大业务、专项检查和招标投标等工作和安排出国（境）之前，进行专门的廉政教育；深入开展典型示范教育和警示教育。以进机关、进工地、进家庭为媒介，广泛开展群众性的廉政文化教育活动。

（三）结合南水北调工程建设实际，不断推进廉政建设制度创新，着力从源头上预防和治理腐败

制度建设带有根本性。我们要在南水北调系统廉政制度建设取得成效的基础上，加大制度创新及落实力度，适应新形势的需要，不断健全和完善南水北调廉政工作制度体系。

一是在南水北调系统各级党组推行党务公开制度，健全党内情况通报、情况反映、重大决策征求意见制度。积极贯彻落实《中国共产党党员领导干部廉洁从政若干准则（试行）》、《国有企业领导人员廉洁从业若干规定（试行）》、《中华人民共和国政府采购法实施条例》、《财政资金支付条例》和国家公职人员从政行为方面的法律法规，加强各级机关效能建设，积极推进政务公开、办事公开和党务公开，不断增强工作的透明度、公信力和执行力。

二是积极完善和认真贯彻执行廉政建设责任制的各项规定。要认真学习贯彻胡锦涛总书记最近在落实廉政建设责任制方面做出的重要批示精神，充分认识廉政建设责任制是深入推进廉政建设和反腐败斗争的一项基础性制度，扎实推进惩治和预防反腐败体系建设。要将廉政建设各项任务分解落实到党政领导班子成员和有关单位，做到职责划分清晰、责任要求明确、工作任务具体、完成时限清楚、保障措施有力，形成科学合理、协调有效的廉政建设责任体系。进一步完善廉政合同条款，强化廉政合同的约束力，特别是加强委托、代建项目廉政合同执行情况的监督检查，加强直管项目廉政责任书履行情况的监督检查。进一步完善反腐倡廉目标责任考评机制，将责任制目标完成情况与干部考核、选拔、任用和评先表彰有机结合起来，作为全面考核干部的重要依据。进一步

严格执行责任追究制度，把维护党的政治纪律作为廉政建设责任制的重要内容，对没有完成目标责任的单位和个人，要按照有关规定严肃处理，确保责任制的权威性。

三是积极健全和完善南水北调工程建设管理体制和运行机制，阻塞腐败漏洞。严格按照项目法人责任制、招标投标制、建设监理制和合同管理制的要求，进一步突出项目法人的主体地位作用，进一步发挥各级南水北调办事机构的监管作用。按照科学发展观的要求，对照检查规范工程建设管理的规章制度和技术标准体系，完善奖惩机制，建立奖惩制度，加强对参建单位的监督管理。要以深入学习实践科学发展观为契机，及时梳理现有的南水北调工程建设管理制度，特别是完善南水北调工程建设项目招标投标制度，实施严格的资格预审、招标公告发布、投标、评标定标以及评标专家管理制度和惩戒办法。充分发挥专家委员会的作用，加大对重大战略问题的技术咨询，不断提高行政监管的有效性和权威性。加大制度落实的跟踪和检查落实，狠抓工程建设质量、安全责任制，促进廉政建设。遵循“公开、公平、公正”的原则，进一步建立健全南水北调工程建设征地补偿和移民安置有关制度，维护被征地农民和移民的合法权益，防止侵害人民群众利益的现象发生。严格南水北调工程建设预算管理，进一步推进国库集中支付制度，进一步规范政府采购行为，完善相关制度。

四是规范和加强委托代建项目廉政建设。进一步明确项目法人与委托代建项目建设管理单位对委托代建项目的廉政责任。委托代建项目建设管理单位要形成报告制度，定期向项目法人报告完善廉政制度措施、年度廉政工作、取得的廉政效果以及接受审计、稽察等外部监督检查的情况。委托代建项目验收时，要提交廉政总结报告，一并验收。委托代建项目发生重大案件的，要将有关责任单位违规违纪行为纳入南水北调工程信用管理，记录其不良行为，作为市场准入、招标评标等工作中对其资信评价的重要依据。

（四）加强对权力运行的制约和监督，确保权力正确行使

一是要加强对领导机关、领导干部特别是各级领导班子主要负责人的监督。重点监督领导干部违反规定收送现金、有价证券、支付凭证和收受干股，违反规定插手工程建设市场交易活动等以权谋私问题。监督检查领导干部配偶、子女个人从业有关规定的执行情况。深化领导干部经济责任审计，积极探索司局级以下领导干部离任审计。

二是要加强关键环节、重点岗位和关键权力的制约和监督，确保权力正确行使。要建立健全决策权、执行权、监督权既相互制约又相互协调的权力结构，形成结构合理、配置科学、程序严密、制约有效的权力运行机制，及时发现和纠正领导干部执行政治纪律、经济纪律、工作纪律、群众纪律等方面的问题。对招标投标、工程结算、财务会计等重要岗位实行定期不定期交流，完善和健全符合南水北调工程特点的工程结算和资金支付办法，在保证资金安全的同时，切实保证干部安全。

三是要加大对重大事项决策、重大项目安排、重要干部任免、大额资金使用情况的监督。要建立健全南水北调工程项目重大事项决策、重大项目安排、重要干部任免、大额度资金使用等管理工作内部决策机制，坚持做到重大事项集体决策。要积极推进干部人事制度改革，适时制定领导班子和领导干部综合考核评价办法，对权力运行进行制度约束。

四是要进一步加强和改进党内监督，发挥其他监督主体的作用。积极落实《中国共产党党内监督条例（试行）》，切实改进民主生活会的方式方法，加强领导班子成员之间的相互监督。坚持领导干部参加双重组织生活会制度，接受党员群众的监督。执行党员

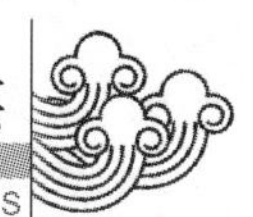

领导干部报告个人有关事项的规定，落实领导干部述职述廉、诫勉谈话和函询制度。推进党务公开，尊重党员主体地位，落实党员在党内监督中的责任和权利，营造党内民主讨论环境。认真贯彻《中国共产党党员权利保障条例》，切实保障党员批评、建议、检举等的权利。发挥民主党派和无党派人士的监督作用，认真听取他们的批评和建议。认真办理人大、政协委员的提案和建议。发挥工会、共青团、妇委会等的监督作用，支持和保证群众监督。

（五）进一步规范南水北调工程建设市场秩序

牢固树立和全面贯彻落实科学发展观，坚持“公开、公平、公正”原则，落实责任，完善机制，抓好招标投标中领导干部的廉洁自律，强化管理，突出重点，狠抓落实，进一步规范南水北调工程建设市场秩序。

一是继续完善与《南水北调工程建设管理的若干意见》配套的相关制度，督促有关单位深入落实，从制度上遏制腐败现象的发生。

二是严格市场准入制度，强化招标投标监管和市场主体信用管理，建立南水北调工程施工单位信用档案，及时将市场主体在工地现场的表现反映到建设市场管理中，加强建设市场和工地现场“两场联动”。

三是创新完善市场功能和各项监管方式，确保南水北调工程成为阳光工程、廉洁工程，遏制腐败现象的发生。

（六）切实加强工程建设资金管理

南水北调工程投资规模巨大，加强资金监管、确保资金安全是我们面临的一项十分重要的任务。

一是要进一步加强完善资金管理。各单位要根据国务院南水北调建委、财政部和国务院南水北调办颁发的资金管理制度和办法，制定实施办法和贯彻落实措施。要积极开展财务经济政策研究，完善投资控制和资金监管机制，为加强南水北调工程建设资金管理、控制工程投资、确保资金安全提供制度保障，真正实现“靠制度管人、以制度管事”的目标。

二是要进一步严格执行财经制度。要不断强化制度的贯彻执行，不断提高制度执行中的权威性和严肃性，制度制定后，一定要严格执行，绝不能束之高阁和流于形式。

三是要进一步加强工程建设资金的日常管理。资金日常管理是一项长期工作，特别要进一步加强合同管理、资金支付审核、会计监督等各方面的工作，确保按规定的程序审批和使用工程建设资金。

四是要进一步加强稽察、审计监督，做好稽察、审计整改意见的落实。各级南水北调办事机构、移民机构和项目法人要积极配合各项稽察、审计工作，并认真落实整改意见，认真总结经验教训，完善管理制度，避免类似问题重复出现。国务院南水北调办要加强对整改意见落实情况的检查，并定期组织对整改落实情况的复查；要认真梳理归纳历次稽察、审计工作中的经验得失，进而提出完善体制机制、加强制度建设的意见和建议，促进稽察、审计成果得到最大程度的发挥。

（七）继续开展治理商业贿赂专项活动，坚决查处违纪违法案件，严格依纪依法办案

按照中央治理商业贿赂领导小组的统一安排，要深入开展全系统的治理商业贿赂工作。要经常性地开展自查自纠，堵塞管理漏洞，建立长效机制。严肃查处在工程建设领域官商勾结、权钱交易和严重侵害群众利益的案件；严肃查处规避招标、虚假招标及违法转包分包的案件；严厉打击在工程建设资金管理使用中的违法违纪行为；严肃查处因腐败或失职、渎职造成的工程质量和重大经济损失问题、工程安全事故和严重损害群众利益的案件。通过查办违法违纪案件、惩处腐败分子，严肃党的纪律，使广大党员干部

受到教育。通过查办案件分析发生问题的原因和薄弱环节，督促有关单位及时完善制度，加强管理，堵塞漏洞。

四、进一步加强对廉政建设工作的领导，确保取得扎实成效

在全面加快南水北调工程建设的新形势下，抓好南水北调系统廉政建设，关键在于加强领导，明确责任，落实措施，把中央纪委二次全会精神、国务院廉政工作会议提出的要求和部署真正落到实处。

（一）以科学发展观为统领，统筹谋划南水北调系统廉政建设

当前，全党正在开展深入学习实践科学发展观活动，我们要以学习实践科学发展观为契机，把科学发展观的要求贯穿于廉政工作的全过程，体现在惩治和预防腐败的各项工作中。南水北调系统内各级党组织和纪检监察机构要正确把握本部门、本地区南水北调工程建设的形势和特点，全面了解工程建设情况与热点，更加自觉地把廉政工作放在南水北调工程建设的全局中去谋划和部署，不断探索和拓宽服务南水北调工程建设科学发展的有效途径。要把廉政工作寓于南水北调各项制度措施之中，切实做到一同部署、一同考核、一同落实，同步推进，协调发展。

（二）巩固和完善廉政建设的领导体制和工作机制

廉政建设是一项系统工程，必须坚持和完善党委（党组）统一领导、党政齐抓共管、纪委组织协调、相关部门各负其责、依靠群众支持参与的领导体制和工作机制。党政一把手要履行第一责任人的政治职责，对廉政建设负总责。领导班子其他成员要抓好自己职责范围内的反腐倡廉建设。要发挥好纪检、监察、审计等专门部门的作用，同时也要充分发挥其他部门的职能作用，共同推进反腐倡廉建设。要认真贯彻党员权利保障条例，尊重党员主体地位，推进党务公开，使广大党员更多、更好地了解和参与党内事务。要扩大职工参与范围，保障职工的知情权、参与权、表达权、监督权。要进一步畅通信访渠道。要充分发挥舆论监督的作用。

（三）进一步加强各级纪检监察和稽察队伍建设

南水北调系统各级领导干部要一如既往地重视、关心纪检监察和稽察干部队伍建设，加强对纪检监察和稽察干部的培养、交流、选拔、任用，加大轮岗和交流力度，加强多岗位的使用和锻炼，及时选拔优秀干部充实到纪检监察和稽察战线上来，及时把优秀的纪检监察和稽察干部交流到其他部门的重要岗位上去，为他们健康成长和全面提高创造条件。要在工作上给予支持帮助，做他们坚强的政治后盾，为这支队伍充分发挥作用创造良好的环境和条件。要在生活上关心爱护他们，帮助解决生活困难和后顾之忧。

广大纪检监察和稽察干部要坚持用科学发展观武装头脑、指导实践、推动工作，牢牢把握廉政工作的政治方向。要以改革创新的精神进一步加强自身建设，认真学习纪检监察和稽察工作的理论和业务知识，不断提高理论素养、完善知识结构、增强业务本领。要积极探索和掌握做好新形势下纪检监察和稽察工作的规律，增强工作的主动性、前瞻性和创造性。要模范遵守党的纪律和国家法律法规，自觉接受组织和群众监督，切实担负起党和人民赋予的神圣职责。

同志们，在南水北调工程建设加快进行的重要阶段，做好南水北调系统廉政工作责任重大、意义深远，抓好廉政建设是全系统党员干部一项重大的政治责任。让我们高举中国特色社会主义伟大旗帜，振奋精神，坚定信心，开拓创新，扎实工作，深入做好南水北调系统廉政工作，为优质、高效、节俭、廉洁地推进工程建设做出新的贡献！

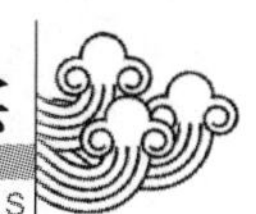

北京市市长郭金龙在南水北调中线北京段工程建设总结表彰大会上的讲话

（2008 年 11 月 28 日）

同志们：

兴建南水北调工程，是党中央、国务院根据我国经济社会发展需要作出的重大决策，是造福当代、惠及后人的宏伟事业。在国务院南水北调工程建委的指导下，在中央有关部门和兄弟省市的大力支持下，经过各相关委办局、沿线各级政府和广大建设者 4 年半的艰苦努力，北京段工程现已建成通水，并于今年 9 月成功实现冀水进京，有效缓解了水资源紧缺状况，圆满实现了预期目标。

4 年半来，国务院南水北调办、水利部、国家发展改革委等中央部门对北京工作给予了全力支持，北京市有关部门通力协作、密切配合，及时研究解决各种困难和问题，积极探索形成了多部门、跨区域、及时高效的协作联动机制，保证了工程建设高效运转。各级政府认真落实征地拆迁任务，沿线群众识大体、顾大局，积极支持配合，为工程建设创造了良好的外部环境。全体工程建设者团结拼搏、无私奉献，不怕疲劳、不分昼夜地奋战在工地上，为工程按期建成通水做出了重要贡献。在此，我代表北京市政府和全市人民，向长期以来给予北京工作大力支持的中央有关部门和兄弟省市表示衷心的感谢！向获得表彰的先进集体和个人表示热烈的祝贺！向北京段工程的全体建设者、工作者、参与者致以崇高的敬意！

南水北调工程进行跨区域、跨流域调水，是保证北方地区可持续发展的全国性水资源配置工程，具有十分重要的现实意义和战略意义，对首都全面履行“四个服务”职责、促进可持续发展具有不可替代的作用。北京市各有关部门、区县和全体建设者，要继续发扬连续作战的精神，以更加认真负责的态度、更加饱满的热情，全力做好南水北调市内工程建设的各项工作。

一是认真落实国务院对南水北调工作的部署和要求。10 月 31 日，李克强副总理主持召开了国务院南水北调工程建设委员会第三次全体会议，强调要全面贯彻党的十七大和十七届三中全会精神，深入贯彻落实科学发展观，以对国家对人民高度负责的精神，认真总结经验，加强监督管理，在确保建设质量和提高资金效益的前提下，加快南水北调工程建设步伐，促进经济平稳较快增长和全面协调可持续发展。北京是这项宏伟工程的直接受益城市，要坚决贯彻国务院会议精神，优质高效地完成好各项工作任务，确保南水北调工程建设成果惠及人民群众，为促进首都可持续发展提供有力保障。

二是加快推进市内配套工程建设。中央已经确定了南水北调中线工程建设目标，中线一期工程将于 2013 年完成主体工程，2014 年汛后通水。我们要以 2013 年具备接纳 10 亿方调水能力为目标，在干线工程完工的基础上，积极推进南干渠工程、调蓄工程、10 个水厂新建扩建及其配水管网等市内配套工程建设。要继续坚持质量第一，精心设计、精心施工、精心管理，高标准、高效率地按期完成各项工程建设任务。同时，切实做到善始善终，妥善解决好征地拆迁等遗留问题，尽快完成干线工程扫尾工作。

三是提前研究接纳调水相关工作。在抓好工程建设的同时，更要抓好已建成项目的管理，使其发挥最佳作用。要针对工程建设管理和应急调水过程中出现的新情况，把问题考虑在前，把工作准备在前，特别是要认真研究市内水厂处理、管网输送与接纳水源水质的适应问题，及早组织力量，抓好关键技术、工艺的攻关，提出应对和解决问题的方案，确保届时调水到京后顺畅、高效利用。

四是始终把节水、治污放在首位。实现水资源可持续利用，节水是关键，治污是根本。要按照中央确定的“先节水后调水、先治污后通水、先环保后用水”原则，坚持向观念要水、向机制要水、向科技要水，继续加大节水工作力度，在全社会树立科学用水、合理用水、保护水资源的意识；加快污水治理，提高再生水的利用率，建设循环水务；认真落实节水、治污的各项法规规定，并综合运用经济、法律和行政手段，推进节约用水、污水治理和中水回用工作；积极推动水资源综合利用科技创新和新技术成果的转化运用，确保城市用水安全，展示首都可持续发展新形象。

五是进一步加强组织领导，完善体制机制。继续坚持南水北调中线干线工程建设中摸索出的协作联动机制，强化部门责任，密切协调配合，共同推进市内配套工程建设。有关部门要落实中央关于扩大内需、保持经济平稳较快增长的决策部署，把南水北调工程作为扩大投资的重点项目，加快相关配套项目审批、统筹做好各项工作。有关单位要切实承担起项目法人责任，积极筹措建设资金，保证新建、扩建水厂及配水管网建设顺利推进。

同志们，加快南水北调工程建设，利在当代，功在千秋。我们要继续发扬不畏艰难、踏实奉献、精益求精、勇于创新的良好作风，在国务院南水北调建委的指导和市委的领导下，再接再厉，扎实工作，高质量、高水平地完成各项任务，为保障北京供水安全和促进首都可持续发展做出更大的贡献！

江苏省省长罗志军在省辖淮河流域暨南水北调东线水污染防治工作会议上的讲话

（2008 年 8 月 10 日）

今天这个淮河流域暨南水北调东线水污染防治工作会议，应该说非常重要。本来省委、省政府要求，省委工作会议以后，关键是抓落实，近期不再召开全省性的工作会议。这两天又正是奥运会开幕后紧张进行的时候，为了确保奥运期间的社会稳定，各地都有很多的任务。但这件事实在是关系重大而且时间紧迫，所以下决心用半天的时间开一个短会，进一步加大工作落实力度。我们还特别请沿淮几个市的市长和分管同志一并参加会议，后面克志同志还要作专门部署，我主要是从工作上提几点要求。

一、要把淮河流域暨南水北调东线水污染防治摆上更加重要的位置

这些年来，在淮河流域暨南水北调东线水污染治理方面，大家做了大量的工作，取得了不少成绩，然而跟我们希望达到的程度相比较，差距还比较大。现在“十一五”已经过半，但“十五”国家交给我们的治理任务还没有完成。所以，在这个问题上，我们各级领导干部必须要有更加强烈的紧迫感，全力以赴抓好这件功在当代、惠及千秋的大事。

首先，加大水污染防治工作力度，是我们服从服务全国发展大局的客观需要。南水北调东线工程全长 1100 多 km，其中近 1/3 流经我省淮河流域，淮河流域的水质状况直接关系着南水北调供水安全。我到省里工作的时候，第一次列席国务院常务会议，讨论的就是南水北调问题。当时超支了将近 500 个亿，总理为此让审计署做了专项审计，评估一下这些年来南水北调工程是否达到了预期的效果，这样追加几百个亿的措施是不是管用。最后这个评估报告讲，工程本身是好的，超支的因素是多方面的。一方面是时间跨度比较长，成本增加的幅度较大，特别是土地、人员等支出加大。但也有可能是一个失败的工程，南水北调不是引不来水，而是引来的水能不能喝。当时就让山东、江苏两个省长表态，当然是环保部长先表态。环保部长说，只要按照我们的要求，把工程做到位，应该说水质是能达到标准的。我当时表态，我们江苏省调出去的水肯定符合标准。总理特别交代，地方政府要负责完成工作任务，达到治污要求，交给下游的水要确保达标，最后交给北京的水必须是能够饮用的水。这不能含糊，否则这个上千亿的工程就是一个失败工程，贻害子孙后代。决策的过程是慎重的，操作的过程更应该到位，这样才能保证水质达到标准。所以，我们要从服务全国大局的高度来看待这个事情，牢固确立大局意识，采取强有力的措施，高标准做好这项工作，保证南水北调是个合格的工程。

其次，加大水污染防治工作力度，是实现又好又快发展的必然要求。淮河流域和南水北调东线涉及我省苏中、苏北8个省辖市32个县（市），土地面积占全省的70%以上，人口占全省的60%以上。目前，苏中、苏北地区正处于工业化、城市化加速期，经济增长的内生动力逐步增强，在全省经济发展大局中的地位越来越重要。我刚才讲到，这方面既有一个服务大局、保障南水北调工程是一个合格工程和达标工程的问题，更有一个接受教训、提高自觉性的问题。实际上南水北调江苏段工程首先是为了解决好我们苏北地区本身饮水问题，也是为了解决好全省70%以上地方的水环境问题。如果这部分水质搞好了，江苏省大部分的水质就搞好了；如果这部分水质搞不好，对我们自己全面达小康、向现代化迈进都是严重的阻碍。我们讲苏中、苏北有后发优势，不能再走苏南那样“先污染后治理”的老路，就必须在现有的环境容量下实现跨越式发展。从这段时间太湖治理的过程大家就可以看到，投入的资金总量是巨大的，所付出的代价是惨重的。在座的各个县、市在这个认同度上要达成共识，认真吸取经验教训，为自己的家乡、自己的子孙后代负责，为自己的发展创造更好的条件和环境。

第三，加大水污染防治工作力度，也是人民群众的热切期盼。让人民群众喝上干净的水、呼吸新鲜的空气、吃上放心的食物，是各级政府的职责所在。现在我们接到的投诉，相当一部分是环境污染，尤其是水污染问题。在这个问题上，我们应该有高度的政治意识。我们正进行学习实践科学发展观活动试点，以人为本是科学发展观的核心内容，全面协调可持续发展是科学发展观的基本要求。我们必须要有对人民群众长远负责的态度，这样才能真正得到广大人民群众的认可和赞同。发展不仅仅是为了一个GDP数字和财政收入，而是取决于人民群众的拥护，在于使人民群众能够更多的受益，使我们这个地区得到长期可持续的发展，这跟我们的治淮应该说有直接的关系。

二、要确保淮河流域暨南水北调东线水污染防治取得新突破

刚才我讲了，现在“十五”期间的工程还没有完成，“十一五”国家淮河流域水污染防治规划已经出来了，时间很紧，任务很重，压力很大，我们必须按照国家防治规划的要求，努力做到“三个确保”。

一是确保重点治污工程建设达到进度要求。治理淮河流域水污染，工程建设是关键，主要是两大块。一块是“十五”计划结转下来的项目。这些项目没完成有多方面的原因，但如果“十一五”时期还不能完成，无论如何都无法交代。省政府已经转发了省环保厅等部门制定的《淮河流域“十五”治污工程完善和重点断面水质达标方案》，并配套了

7.2亿元资金。希望各地高度重视，按照该方案的要求，加大投入力度，加强资源调配，按期、保质完成工程建设任务。还有一块是“十一五”规划项目。在这些项目中，任务最重的是污水处理设施建设。这些年来，各地积极探索运用市场手段，吸引了大量社会资本投资污水处理厂，形成了日处理200万t污水的能力。现在，除响水县、灌南县以外，每个县城都有了污水处理厂。但由于新建和改造管网投入巨大，不少污水处理厂的处理负荷不高，工程效益发挥得不够好。“十一五”期间，我省淮河流域还要新建69座污水处理厂，管网配套仍然是最突出的一个问题。各地一定要把管网建设放在突出位置，按照厂网同步立项、同步建设、同步验收的要求，切实做好污水管网的规划、改造和建设工作，想方设法提高污水截流和收集能力。省扶持资金要重点用于支持污水管网建设，进一步提高补助比例。对污水处理厂的建设，也要简化审批手续，保障土地供应，加快建设速度，早日形成能力。

二是确保重点河流断面水质稳定达标。重点河流的断面水质达标率是反映淮河流域水污染治理成效的重要指标，也是列入国家考核的主要内容。目前，国家考核我省淮河流域的重点断面有45个，“十一五”期间又增加了11个城市重点水域控制断面和34个集中式饮用水源地，治理达标任务非常繁重。各地要严格按照国家和省下达的治理规划和方案，切实加强重点河流和湖泊的综合治理，特别是对目前还不能达标的重点断面，要采取更严厉、更有效的措施，确保在规定时间内实现稳定达标。同时，要坚持把饮水安全作为淮河治理的重中之重，深入开展饮用水源地专项整治，进一步排查和整治威胁饮水安全的隐患。今年4月份以来，淮河流域已经发生4起危及饮水安全的事件，给我们敲响了警钟。我省地处淮河下游，每逢汛期常受上游污染之害，历史上曾发生过多起重大水污染事故，给人民群众的生产生活带来了严重影响。当前淮河仍处于汛期，各地、各部门一定要把防洪和抗污紧密结合起来，合理调控闸坝，加强水质监测，完善应急预案，认真做好各项应急准备。县级以上城市都要开辟水量、水质有保证的备用水源，努力提高供水保障和抵御风险的能力。

三是确保产业结构调整取得重要进展。调整优化经济结构，是从源头上减少污染排放的治本之策。要把水污染治理作为促进产业结构调整的重要机遇，建立健全污染减排、水质达标的倒逼机制，着力推进经济发展方式的转变。要继续严格把好项目审核关。实施最严格的环境影响评价和环保审查制度，对擅自降低环保门槛、违法违规审批项目的地区，不仅要实施区域限批，还要追究审批人员和部门领导的责任。积极引导产业有序转移，对符合产业政策和环保标准的项目要给予大力扶持；对工艺落后、污染严重的项目坚决不予审批，严防污染转移。要高起点、高标准地建设工业园区环保基础设施，加强污染集中控制，避免走先分散后集聚的弯路。继续加大落后产能淘汰力度，切实加强对化工、造纸、酿造、制革、印染等污染严重行业的治理，坚决完成小化工关闭任务。对必须关停的企业，要妥善安置职工，保证社会稳定。继续加强农业面源污染控制，大力推动绿色、无公害和有机农产品的规模化生产，引导农民科学使用化肥、农药、饲料等农业投入品。积极推广生态养殖技术，切实加强农业废弃物的综合利用，努力实现农民增收和污染减排的双重效益。

三、坚决落实淮河流域暨南水北调东线水污染防治各项措施

今后两年多时间，是淮河流域和南水北调东线水污染防治攻坚克难的关键时期，各有关地区和部门一定要切实加强组织领导，加大统筹协调力度，确保实现水污染防治的阶段性目标。

一要组织落实到位。水污染防治工作牵涉面广，政策性强，推进难度很大。必须进一步强化水污染防治工作责任制和问责制，形成一级抓一级、层层抓落实的工作格局。淮河流域各市、县要对本行政区域水环境质量负总责，政府主要领导是治污的第一责任人，分管领导是重要责任人，真正做到治理污染、守土有责。克志同志请我来参加这个会，我再向各市、县表明这个态度，政府抓项目、抓经济增长、抓财政收入是重要的，但污染治理同样重要，否则项目上的越多，最后付出的代价越大。我们已经尝到了这方面的苦头，淮河流域各市、县千万不能重复这样一个过程。各相关部门要强化责任，通力合作，形成齐抓共管的局面。省淮河流域水污染防治领导小组要调整充实组成人员，及时协调处理重大事项，切实担负起统筹协调、督促检查和指导服务的责任。对“十五”结转和重点断面水质达标工程，要倒排工期，跟踪进度，确保如期完成任务；对列入“十一五”规划的治污项目，从项目建议书、可行性研究总报告、建设施工到最后的竣工验收，都要明确责任主体，做到责任到人，不折不扣地把治理目标任务落实到位。

二要资金筹措到位。从各地反映的情况看，资金不足是影响治污目标实现的主要因素。据测算，仅“十一五”期间各类工程项目就需要130亿元的投资。我省淮河流域属于经济欠发达地区，地方财力普遍不足，仅仅依靠政府投入是远远不够的，必须坚持政府引导、企业为主、社会参与的原则，多渠道筹集治污资金。首先，省财政该拿的钱，一定要及时足额拨付到位。各类环保专项资金要把淮河治理作为重点，今年的补助项目要尽快安排下达。今后还要根据财力状况和水污染防治工作的实际需要，进一步加大对淮河流域治污的投入。要积极争取国家资金支持，饮用水源保护、污水处理厂建设等重点治污工程，要尽可能纳入国家“三湖三河”专项资金补助的“大盘子”，用足、用好国家对重点流域水污染防治的资金扶持政策。第二，需要地方资金配套的，地方政府必须切实负起责任。落实环保优先方针，必须首先落实环保投入。把淮河治理好了，最终获益的是沿淮地区的经济发展，得到实惠的是沿淮地区的老百姓。沿淮各市、县要积极调整财政支出结构，努力增加环保投入。地方财政再紧张，也要保证水污染治理的资金需求，这个钱迟早要投，早投早主动，早投早受益。第三，能够运用市场机制解决的，要尽量发挥市场机制的作用。要总结近年来利用市场机制促进环保基础设施建设的经验，加强政策引导，吸引更多的社会资金进入环保领域，推进污染治理的企业化、市场化、产业化进程。

这里还要着重强调两个问题。一个是南水北调治污基金征收工作。2006年，省政府决定通过提高水资源费征收标准和财政资金专项安排渠道，筹集25个亿的南水北调治污基金。由于种种原因，征收工作进展很不理想。各市、县政府要牢固树立大局观念，严格执行各项征收政策，确保基金征足、收齐。省政府已经明确，由水利部门直接负责基金征收工作。各级水利部门要切实负起责任，加大征收力度，全力以赴完成征收任务。各级财政部门要切实加强管理，做好基金入库和缴省工作，对不按规定上缴的，省财政和水利部门要采取行政措施予以追缴。再一个是加大水污染治理的市场化运作力度。淮河治污投入巨大，仅靠省、市、县财政拿不出这么多资金。成功的经验是政府拿出部分资金引导，更多的是通过市场化运作带动多元化投入。我们很多污水处理厂市场化运作得不错，但相关的投入没有到位，管网不配套，污水处理厂建好了，污水不能收集进去，不能形成真正的治污效果，同样也不能形成良性的回报收益。省政府给的最大政策，我认为不是给了多少钱，这个钱真正到县里的是有限的，更多的是给了收费政策，这个政策只要落实到位，是能够满足多元化投入回报要求的。根据我们的经验，在这方面动手得早，相对来讲效果就好。大家在这个问题上要交流成功的经验，可以采取一些多元化的方式，有一定的资金流量，有一定的回报条件，是可以满足这个要求的。大家要进一步解放思想，坚持创新，把这项工作做好。

三要督查考核到位。各地、各有关部门要切实转变工作作风，建立健全水污染防治工作督查制度，每项工作都要有阶段性的目标任务，有量化的年度考核指标。要把水污染防治工作完成情况纳入流域各市、县小康建设指标考核内容，作为党政主要领导干部政绩考核评价的重要内容，实行“一票否决”。进一步完善淮河流域治污工作报告制度，流域各市每年要向省政府报告水污染防治工作进展情况。省环保厅要会同有关部门对各市落实“十一五”治污规划的情况进行评估，评估结果由省政府进行通报。切实加大环境执法力度，深入开展环保专项行动，严厉打击环境违法行为。加强环境监测能力建设，抓紧规划完善淮河流域水环境监测和污染源自动在线监控网络，为环境执法监督提供科学依据。各级司法部门要积极介入重大环境违法案件的办理工作，依法追究环境犯罪者的法律责任，真正起到震慑和警戒作用。要动员社会各界积极参与环境保护，完善公众举报制度，加强新闻舆论监督，努力形成水污染治理的整体合力和良好氛围。最近，省委、省政府确定的新的科学发展观考核标准也有这方面的内容，希望大家认真研究一下。我们对传统的经济指标淡化了，分量减轻了，但是对环境的要求大大增强了，四个指标一个都没减，单项列入而且成为考核的重点。沿淮各市也要在完善监督考核机制上下工夫，层层分解任务，保证治污工程按期完成，保证在我们这一任上对得起我们的工作。

做好淮河流域暨南水北调东线水污染防治工作，任务艰巨，责任重大。我们要深入贯彻落实科学发展观，按照党中央、国务院的决策和部署，以更大的决心、更高的标准、更硬的措施，坚决打好淮河流域暨南水北调东线水污染防治攻坚战，为推动科学发展、建设美好江苏做出更大的贡献！

河南省省委书记徐光春在河南省南水北调丹江口库区移民安置动员大会上的讲话

（2008 年 11 月 7 日）

尊敬的基尧主任、张野副主任，同志们：

今天，我们召开河南省南水北调丹江口库区移民安置动员大会，全面贯彻国务院第32次常务会议和南水北调工程建设委员会第三次会议的精神，动员部署我省丹江口库区移民安置工作，标志着库区移民搬迁安置工作正式拉开了序幕。这是南水北调工程移民征迁史上的一件大事，也是我们全面贯彻落实十七大和十七届三中全会精神、深入学习实践科学发展观的实际行动。借此机会，我代表河南省委、省政府和河南人民，向长期关心支持河南工作的国务院南水北调办、水利部等部门的领导和同志们表示衷心的感谢！向为南水北调工程做出重要贡献和常年奋战在移民征迁工作第一线的同志们表示亲切的慰问！

南水北调工程是党中央、国务院决策实施的重大战略性基础设施项目，也是关系国家可持续发展和长治久安的千秋伟业。南水北调工程是中华民族史上的一项伟大的工程，也是迄今为止世界上最大的水利工程之一。工程的实施对缓解我国北方地区水资源短缺、增强水资源调节能力，实现全国范围内水资源的优化配置、改善生态环境，保障经济社会全面协调可持续发展，具有重大的现实意

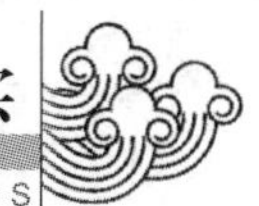

义和深远的历史意义。特别是中线工程建设，对于有效缓解华北尤其是京津地区的严重缺水状况，推动我国生产力合理布局和产业结构优化调整，既十分重要又十分紧迫。党中央、国务院对中线工程高度重视，今年5月温家宝总理到南阳考察工作时，专门听取了中线工程建设情况汇报，明确指示要把南水北调中线工程建设成一流工程、生态工程、廉洁工程、利民工程，为我们指明了方向、提供了动力、明确了要求。我们一定要深刻领会中央领导同志的重要指示精神，充分认识南水北调工程特别是中线工程建设的重大意义，把思想统一起来、力量凝聚起来，切实增强责任感、使命感和紧迫感，扎实做好我省中线工程建设的各项工作。

做好库区移民安置工作是确保工程顺利推进的重要前提，是维护群众切身利益的重要举措。南水北调工程重在建设、贵在环保、难在移民，移民是工程顺利推进的关键环节。自2005年中线工程在我省境内开工建设以来，我们已经完成了4个开工项目的移民征迁任务，为下一步工作打下了坚实的基础，也积累了一些好的经验和做法。但大量的移民征迁工作就要全面展开了，未来5年丹江口库区要完成16.5万移民的搬迁安置任务，高峰期每年移民超过4万人，移民强度超过了小浪底和三峡工程，在国内外都是不多见的，任务十分艰巨。移民安置涉及我省6个省辖市、25个县市区，涉及城集镇、企业拆迁和大量的专项设施恢复改建，需要调整大量建设用地和生产用地，各种利益和矛盾错综复杂。还要看到，现在我们面临的移民工作形势也跟以前不完全一样了，党中央、国务院对做好移民工作提出了更高的要求，广大群众对移民工作也有了更高的期盼。工程沿线的干部群众对工程的心情可以说是既盼又害怕，既有喜又有忧，既希望工程建设能带来更多的好处，又害怕补偿标准低、搬迁安置不好，今后的生产生活没有保障。可以说，工程建设中的移民工作是一项十分艰巨、十分复杂的系统工程，我们将要面对的困难和问题是前所未有的。丹江口库区移民安置，事关中线工程建设的成败，事关移民群众的切身利益和全省社会大局的和谐稳定，是工程建设的难点、热点和焦点。工程建设必定会引起媒体的广泛关注，同时，我们工作中可能出现的一些问题，尤其是涉及群众利益的问题也会成为媒体关注的焦点，处理不好就会造成工作上的被动。我们一定要清醒认识移民安置工作面临的形势和任务，既要充分估计困难和挑战，防止盲目乐观、准备不足，又要坚定信念、增强信心，变压力为动力、化挑战为机遇，坚决完成库区移民安置任务，确保实现加快中线工程建设进度的目标。

关于移民安置的具体工作，刚才张基尧同志、郭庚茂同志和刘伟平同志都讲了很好的意见，作出了安排部署，我完全赞同。南阳、郑州两市和淅川、许昌两县的负责同志也作了表态发言。下面，我着重强调一下库区移民安置工作中要把握和处理好的几个关系。

一是要把握和处理好国家大局和河南自身利益的关系。南水北调工程建设既是水资源重新分配的过程，也是各方利益关系调整的过程。确保南水北调工程顺利推进，实现国家的、全局的、长远的利益，难免会牺牲个人的、局部的、眼前的利益。尽管我省要做出一些牺牲、付出一些代价，在一些方面甚至要经历一定的“阵痛”，特别是库区大量移民群众离开故土、异地安置，生产生活暂时会受到一定影响，但从长远来看，对国家和河南省的发展、对移民群众的生产生活是有益的，总的来说是利大于弊。我们一定要从党和国家工作大局出发，正确处理局部利益与整体利益、个人利益与集体利益、当前利益与长远利益的关系，为集体、为社会、为国家做出应有的贡献。

二是要把握和处理好工程建设与河南省经济发展的关系。一方面，要看到中线工程建设难免要占用土地、搬迁群众，使我们承受一定的压力；另一方面，更要看到中线工程建设有利于缓解我省水资源紧张状况、改善沿线地区生态环境、推动经济结构调整，有利于促进农村富余劳动力转移、加快新农村建设。特别是在当前国际金融市场剧烈动荡、全球经济增长总体放缓、外部需求大幅减弱的背景下，中线工程建设有利于扩大投资规模、创造就业机会、拉动经济增长，对我省来说是一次渡难关、促发展的大好机会。各地方有关部门一定要把推进工程建设与加快经济发展有机结合起来，及早谋划、及早动手，紧紧围绕工程建设和移民安置，统筹安排好相关产业和项目布局，充分激发建筑、材料供应和劳务等市场的活力，最大限度地发挥重大项目建设的规模效应和倍增效应，努力实现双赢。

三是要把握和处理好以人为本与自觉奉献的关系。以人为本是科学发展观的核心，实现好、维护好、发展好最广大人民的根本利益是我们一切工作的出发点和落脚点。移民群众为工程建设、国家发展付出了牺牲、做出了奉献，安排好他们的生产生活是各级党委、政府应尽的职责。我们要设身处地为移民群众着想，了解他们的意愿、倾听他们的呼声，带着深厚的感情做好过细的工作，把移民群众的事情办好，确保移民安置后生产条件有明显的改善、生活质量有明显提高。同时，也要注意通过各种方式教育引导移民群众发扬无私奉献精神，自觉服从大局、服务大局，积极搬迁、主动搬迁，正确对待搬迁安置过程中出现的问题，正确对待生产生活中出现的困难，积极行动起来，在党和政府带领下建设更加美好的家园。

四是要把握和处理好原居民与库区移民的关系。一方面，库区移民的安置不可避免的会对安置区原居民的生产生活带来一些影响；另外一方面，移民群众离开自己原来的家园，社会网络、心理习惯、生存体系和生活方式都发生了改变，需要在社会的帮助下加快自我调整，尽快适应新的生活环境。各级党委、政府既要通过宣传教育，使原居民理解安置移民、接受安置移民，真正把移民群众当作同村人来对待，当作自己的亲人来对待，千方百计地帮助他们克服困难，又要引导移民群众积极主动与原居民衔接、融合，尽快融入当地的社会。要注意采取必要的行政、法律、经济等有效手段，排除一切障碍和干扰，营造和谐的移民安置环境。要坚持对库区移民与原居民一视同仁，加强了解和管理，细致、周密、扎实地处理好每一个工作环节，为移民提供良好的生产生活条件，使经济社会发展尽快步入正常的轨道。

五是要把握和处理好移民新村建设与新农村建设的关系。建设社会主义新农村是推动我省农村改革发展的重大战略任务，移民新村建设既是新农村建设的重要组成部分，又是加快新农村建设难得的机会。要坚持高标准、高起点，抓紧制定移民新村建设的整体规划，安排好村镇布局、产业发展，搞好基础设施和文化活动场所建设。既要满足现阶段搬迁安置的需要，又要统筹考虑长远发展的需要，绝不能简单应付让群众一迁了之，而不考虑下一步的发展。既要调动移民群众建设美好家园的积极性，发挥他们的主体作用，又要整合资源，加大扶持支持力度，在涉农资金、涉农项目安排上向库区移民倾斜。要把移民新村建设和新农村建设有机结合起来，统筹考虑，通过各方面的共同努力，使移民新村成为我省新农村建设的一道亮丽风景。

六是要把握和处理好移民搬迁与社会稳定的关系。移民搬迁安置问题处理得好不好，直接关系到全省改革发展稳定的大局。多年来，我省坚持把维护稳定放在移民安置工作的重要位置，为工程建设和经济发展创造了

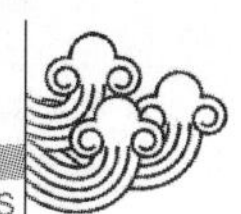

良好环境。做好移民安置工作，使移民移得出、稳得住、能致富，是一项长期任务，这就决定了做好移民群众的和谐稳定工作也是一项长期的任务。各级党委、政府要加强思想政治工作，对库区移民和安置区群众进行深入、细致地宣传发动，讲究策略，注意方法，把工作着力点放在减少矛盾、缓解矛盾、解决矛盾上，努力把矛盾化解在萌芽状态、消除于未发之时，避免事态扩大、矛盾激化。要以认真负责的态度解决好移民群众和安置地群众的实际问题，严防别有用心的人趁机捣乱，煽动甚至组织、策划群众上访闹事。要制定各种预案，密切关注、及时掌握社会舆情和移民动态，妥善处理好各种矛盾纠纷和突发事件，坚决维护库区和安置区社会稳定，实现和谐搬迁。面对移民工作的新形势、新任务，面对层出不穷的新情况、新问题，既要认真总结成功的做法和经验，又要不断创新工作思路、工作方式、工作方法。毛主席是善于做群众工作的，他指出："政策和策略是党的生命，务必充分注意，万万不可粗心大意。"只讲政策不讲策略，政策很难顺利实施；只讲策略没有政策，工作就很难推进，在实际工作中要把二者有机结合起来，绝不能出现因为符合国家政策和法律规定就不讲策略、盲目乱干的现象。去年我省有一个市在拆迁时做了大量工作，结果却因为最后仅剩的一户不搬而采取了简单强硬措施，造成了很坏的影响，这样的教训一定要汲取。

七是要把握和处理好落实政策和严肃纪律的关系。为保证移民顺利搬迁，国家出台了一系列的优惠政策，要保证把这些政策落到实处、惠及于民，就必须严明纪律。要坚持公平、公正、公开，把相关政策向群众讲清楚、让群众搞明白，自觉接受群众监督，确保措施落实到位、资金补偿到位。移民资金的安排和使用是一条"高压线"，一定要严格依法操作，做到专款专用、专户管理、精打细算、公开透明。我们要大力推进村务公开，对移民的补贴和相关安排张榜公布，坚决杜绝暗箱操作。对违法违规挤占、挪用、截留移民资金的单位或个人，一经发现要一查到底、严肃处理，绝不姑息迁就。同时还要追究领导人的责任。像南水北调这样的大工程，稍有疏忽，哪怕是工程建设中一个小环节的腐败现象，都有可能被媒体无限扩大，最后演变成"腐败工程"、"工程越大、腐败越多"等负面舆论，不仅给工程建设带来不利影响，而且使党和政府的形象受到损害。对此，我们要高度重视，纪检、监察部门要全面介入，确保南水北调中线工程成为廉洁工程。

各级党委政府要把做好移民安置工作作为一项严肃的政治任务切实抓紧、抓好。要抽调人员组织精干、得力、高效的领导班子，确保有人管事，有人办事，有人负责；要完善移民工作责任考核制、责任追究制和监督检查机制，确保认识到位、领导到位、责任到位。对国务院南水北调办、水源公司和省委、省政府部署的工作任务，一定要不折不扣地按计划完成，任何地方、任何单位、任何部门都不能谈条件、讲价钱，不能推诿扯皮。省委办公厅、省政府办公厅和各有关部门要加强对库区移民安置工作的督促检查，及时协调解决重点、难点问题。各有关方面要强化服务意识、协作意识，保障工程建设和移民安置工作高效、有序、快速推进。

同志们，南水北调工程是功在当代、利在千秋的宏伟事业。做好库区移民安置工作是党中央、国务院交给我们的重大任务。我们一定要在以胡锦涛同志为总书记的党中央的坚强领导下，高举中国特色社会主义伟大旗帜，全面贯彻党的十七大和十七届三中全会精神，深入贯彻落实科学发展观，以对党和人民高度负责的精神，扎实做好库区移民安置工作，以实际行动和优异成绩向党中央、国务院和全省人民交上一份满意的答卷！

河南省代省长郭庚茂在河南省南水北调丹江口库区移民安置动员大会上的讲话

（2008 年 11 月 7 日）

同志们：

这次会议的任务是：贯彻国务院第 32 次常务会议和国务院南水北调工程建设委员会第三次会议精神，对我省丹江口库区移民安置工作进行动员和部署，全面做好移民安置工作，为加快推进南水北调中线工程建设提供保障。国家有关部委对这次会议高度重视，国务院南水北调办张基尧主任、张野副主任和水利部移民开发局刘伟平局长亲临大会进行指导，并将作重要讲话。这次会议上，省政府将与有关省辖市政府签订丹江口库区移民安置责任书；徐光春书记最后要作重要讲话，大家一定要认真贯彻落实。下面，我先讲几点意见。

一、统一思想，提高认识，增强做好丹江口库区移民安置工作的责任感和紧迫感

南水北调中线工程是优化我国水资源配置，保障经济社会可持续发展的重大战略性基础设施。党中央、国务院对南水北调中线工程建设高度重视，胡锦涛总书记、温家宝总理多次作出重要批示，强调要将其建设成一流工程、廉政工程、生态工程、利民工程、和谐工程。在当前国际、国内新的发展形势下，10 月 21 日，国务院召开第 32 次常务会议，研究通过了南水北调中线一期工程可行性研究总报告，决定加大投资力度，加快建设进度；10 月 31 日，国务院南水北调建委召开第三次会议，确定 2013 年完成工程建设和征地移民工作，2014 年实现通水目标，并提出了 2009 年度工程建设计划，拟开工建设中线一期穿漳工程、漳河北至古运河南工程、陶岔渠首及沙河南、沙河南至黄河南部分工程，形成投资高潮，并对下一步征地拆迁和移民安置工作作了具体部署。

我省既是南水北调中线工程的水源地，又是受水区，是渠道最长、移民最多、占地最多、文物点最多、投资最大、计划用水量最大的省份，也是任务最重、责任最大的省份。南水北调中线一期工程总干渠在河南境内长 731km，静态投资约 670 亿元；配套工程估算静态总投资 90.2 亿元；在河南省建设用地 60.3 万亩，拆迁房屋 476.2 万 m^2；分配河南省水量 37.7 亿 m^3，约占输水总量的 40%。目前，南水北调中线工程河南段建设进展顺利，在建工程有穿黄、安阳、新乡潞王坟膨胀岩实验段、南阳膨胀土试验段等 4 项，拟建工程主要有黄河北至河北渠段、穿漳段等 2 项，工程总长度 195.3km，总投资 170 亿元，拟于 11 月底开工建设。

丹江口水库大坝加高后，我省将新增农村移民 15.6 万人，移民安置涉及 6 个省辖市、25 个县市区、135 个乡镇、698 个行政村；需建设移民安置点 569 个，调整建设用地 1.7 万亩、生产用地 17.2 万亩，再加上城集镇、企业拆迁和大量专项设施恢复改建等，工程任务十分繁重。按照国家要求，丹江口库区移民要在 2013 年全部完成，2014 年完成验收。我省的具体工作目标是：今年启动移民试点，明年完成移民试点 1.1 万人的搬迁安置，从 2010 年到 2013 年，用 4 年时间完成剩余安置任务。初步估算，我省丹江口库区移民任务高峰期每年要安置 4 万余人，其中仅淅川县每年的移民强度就超过小浪底和三峡工程。各有关省辖市的具体安置任务是：南阳市 96 006 人，平顶山市 7199 人，许昌市 14 209 人，漯河市 5024 人，郑州市 17 430 人，新乡市 16 210 人。

移民安置工作是南水北调中线工程建设的重要组成部分，也是整个工程建设的难点。移民安置工作的成效，事关中线工程建设成败，事关库区群众切身利益，事关社会大局

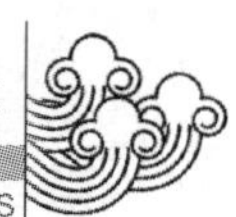

稳定。今后几年，我省将成为南水北调工程建设和征地移民工作的主战场，可以说时间紧、任务重、难度大、要求高。各方面一定要认识到，南水北调工程建设既能有效缓解华北地区特别是北京、天津的水资源短缺状况，又能促进沿线地区经济社会又好又快发展；我们既要做出一些牺牲、付出一些代价，又能获得巨大收益和回报。支持、搞好南水北调中线工程建设，既是为国家做贡献，又是为我们自身谋发展。还要认识到，支持加快南水北调中线工程建设，既是造福沿线人民的千秋伟业，又是当前应对危机、拉动投资、改善民生、扩大内需的重大举措。做好南水北调工程建设各项工作，对我们既是一种工作压力和挑战，更是一个发展动力和难得的机遇。各级各部门一定要从南水北调中线工程建设全局和全省经济社会发展大局出发，统一思想、提高认识，进一步增强责任感、使命感和紧迫感，以对国家和人民高度负责的态度，倾全省之力支持工程建设，确保征地拆迁和移民安置任务圆满完成。

二、坚持以科学发展观为指导，全力做好移民安置各项工作

做好南水北调中线工程河南段工作，总的来说，我们要抓住机遇，积极引导，乘势调整，兴利除弊，统筹推进，努力走出一条既能圆满完成工程建设任务，又能实现生态良好、经济发展、民生改善和社会和谐的路子。做好包括移民在内的南水北调中线工程建设各项工作，贯彻好科学发展观，必须把握好以下原则：一是坚持以人为本。要把全局需要和群众现实利益结合起来，既要引导群众着眼长远、顾全大局，又要切实保护好群众的合法权益，妥善解决因工程实施给群众带来的实际困难和问题，实现和谐征迁。二是坚持统筹兼顾。把移民与建设、建设与使用、水利与生态、干线与配套、南水北调中线工程与其他建设工程有机结合起来，充分发挥南水北调中线工程建设的综合效应。三是坚持逐级负责。既要服从统一领导，又要依靠地方各级党委、政府做好工作。在工程实施中，既统一规划、统一协调、统筹安排，也给各级留有一定的余地，以便根据实际情况妥善处理好工程建设中遇到的实际困难和问题，调动地方的积极性。四是坚持严格管理。始终把工程质量作为生命线，健全工程招投标、监督检查、财务审计等各项规章制度，形成责任权利相统一的制度体系，实行科学决策、民主管理、阳光运作。

当前，在移民安置方面要重点抓好以下几项工作：

（一）要确保完成移民安置试点搬迁任务

开展库区移民安置试点，是探索移民安置经验、为库区移民大规模搬迁安置创造条件的重要途径。我省移民试点涉及淅川县8个乡镇10个移民村10 627人；外迁安置区涉及6个省辖市的10个县市，规划移民安置点14个，新村占地1345亩，生产用地13 156亩。各市、县移民安置试点工作具体任务是：南阳市邓州、唐河、新野、社旗4个县市规划移民安置点5个，安置移民4170人；淅川县内投亲靠友安置119人；平顶山市宝丰县规划安置点2个，安置移民942人；漯河市临颍县规划安置点1个，安置移民567人；许昌市许昌县规划安置点1个，安置移民1377人。郑州市中牟、荥阳2个县市规划安置点3个，安置移民2537人；新乡市原阳县规划安置点2个，安置移民915人。

按照国务院南水北调办的要求，结合实际，我省移民试点工作的总体安排是：今年年底前完成移民新村征地及“三通一平”工作，开始房屋基础建设；明年9月底前完成移民房屋建设和新村基础设施、公益设施建设，完成移民搬迁，生产用地划拨到位，承包到户；明年年底前完成移民安置收尾工作，开始后期扶持，总结移民试点工作经验，修改完善有关管理办法，推广指导整个库区移民的搬迁安置。各有关方面要按照国家和我省的统一部署，明确任务，分解责任，周密部署，扎实工作，确保试点任务圆满完成，为全面推开库区移民安置工作积累经验。

（二）要把移民安置同新农村建设相结合

丹江口库区移民试点规划已经过国家批复，各级各部门要严格遵照执行。在具体实施过程中，要把移民安置同社会主义新农村建设相结合，把移民资金同新农村建设资金、各项支农惠农资金和城镇建设资金捆绑使用，做好“渠道不乱、用途不变、整合使用、各计其功”，努力把移民新村建设成社会主义新农村的示范村。移民住房要以移民自主建设建造，不得强行规定建房标准。各有关市县要加强对移民建房的协调、指导和服务，加强基础设施建设的管理和监督，预防质量和安全事故，确保建房进度和质量。要注意控制好移民新村建设的规模和标准，避免因贪大求高而形成“半拉子”工程。安置地县级人民政府要加强对移民安置主要建筑材料市场的监管，依法查处借机哄抬物价、强买强卖的行为。

（三）要努力使移民“搬得出、稳得住、能发展、可致富”

要在做好移民新村建设的同时，引导移民积极发展二、三产业及种植、林果、养殖业等，使移民尽快从生产开发中得到实惠。各涉农部门要按照职责分工，在土地整理、水利设施配套、特色种养加工等方面提供资金、技术支持，积极为移民发展生产创造基本条件。要加强对移民的技能培训，将其纳入培训计划，加强就业指导，加大劳务输出力度，争取每户移民至少转移一个劳动力，拓宽移民收入渠道。各有关市县特别是安置地政府，要加强对移民安置用地调整工作的领导协调力度，严格按照批准规划确定的地块、地类、数量和补偿标准，将移民生产用地调整到位，为移民发展生产奠定基础。丹江口库区和移民安置区政府要密切配合，做好移民搬迁的宣传发动、组织协调和服务工作，协调好移民的就学、就医等工作，确保移民搬迁后能够及早纳入安置地管理，尽快融入当地社会。

（四）要全面完成库区移民初步设计的修订和实施规划的编制

移民安置规划是移民安置工作实施的基础和前提，是国家各项政策落到实处的具体体现。规划编制工作要正确处理国家、集体和个人的关系，坚持移民当前利益和长远利益相结合，顾全大局与维护移民利益相结合，促进库区和移民安置区经济社会可持续发展。要进一步补充完善移民安置规划，编制新的投资概算，确保明年3月底完成初设报告的编制和报批。移民安置实施规划的编制，要进一步优化移民安置方案，实现移民村组与安置点的具体对接，确保明年年底前完成。各级政府要抓好移民安置方案的优化，选择水土资源丰富、基础设施较好、经济社会比较发达的地方安置移民。有条件的地方，要尽量选择城镇附近、主要交通干道附近、工业区附近以及其他条件较好的地方，作为移民安置区。同时，要对区位偏远、水土条件较差、安置人数过少的安置点进行整合。要耐心、细致地听取移民群众的意见，按照“公开、公平、公正”的原则，合理确定移民村组与安置点的对接方案。要精心组织，责任到人，打破常规，特事特办，确保初步设计和实施规划按计划、高质量完成，确保移民安置规划切实可行，不留后遗症。

三、加强领导，狠抓落实，确保丹江口库区移民试点和安置任务圆满完成

做好征地移民安置工作，必须加强组织领导，强化监督检查，形成工作合力，狠抓工作落实，确保移民安置工作顺利推进，向国家和人民交一份满意的答卷。

（一）加强领导，强化责任

各级党委政府要切实加强对丹江口库区移民安置工作的领导，并将其作为政治任务摆上重要议事日程，主要领导要亲自挂帅，

分管领导要靠前指挥。要统筹兼顾，突出重点，明确分工，加强协调，齐心协力把丹江口库区移民安置好。省南水北调办、省政府移民办要尽快研究制定移民安置有关管理办法，落实移民安置规划，兑现各项移民政策，维护移民的合法权益。省政府移民领导小组其他成员单位要按照各自职责，不折不扣地落实省政府制定的丹江口库区移民安置优惠政策，在项目、技术、资金上向库区和移民安置区倾斜，帮助移民尽快恢复生产和生活。各地要按照与省政府签订的责任书要求，抽出精兵强将，充实移民工作队伍，做到遇事有人管、工作有人抓。要建立移民工作奖惩制度，激励先进，鞭策落后。南阳市、淅川县作为移民源头，要把移民工作作为今后一个时期的工作重点，动员全社会资源和力量，确保搬得出、稳得住，确保试点工作成功。

（二）严格管理，加强检查

要牢固树立"百年大计，质量第一，移民工程无小事"的意识，做到思想上高度重视、组织上严密安排、工作上检查监督，切实严把工程质量关、施工监理关、竣工验收关，加强对移民工程的管理监督，确保工程质量和施工安全。要在确保工程质量的前提下，加快工程建设进度。这次移民安置投入资金多、涉及方面广、持续时间长，必须加强监督管理，确保每一分钱都用在"刀刃"上。要严格规范移民资金的财务管理，做到专款专用、专户核算，确保移民资金发放到移民手中。审计、监察、财政部门要进一步加大对移民资金的监管力度，督促各级移民部门依法行政、规范操作、透明办事，并主动接受社会监督，确保移民资金安全，提高资金使用效益。

（三）认真组织，周密部署

移民搬迁阶段最容易引发安全事故，要按照"不伤、不掉、不忘一人，安全事故为零"的要求，做到警钟长鸣、常抓不懈，确保移民搬迁接运工作万无一失。交通部门要制定周密细致、安全可靠、切实可行的接运方案，确保道路畅通。安监部门要加强搬迁全过程的监督管理，全力做好各种预警预报工作，将各类安全隐患消除在萌芽状态。公安部门要制定处置突发事件的应急处理预案和切实可行的应对措施，对无理取闹、滋扰生事、影响库区大局稳定的不法分子，要坚决打击、决不手软。

（四）讲究方法，营造氛围

做好移民安置工作，既要坚持依法行政，严格按照有关法律法规办事，确保各项政策落实，又要注意工作方法，充分理解移民群众"恋土恋家、故土难离"的观念，及时了解群众的意见和想法，把握好政策尺度，维护好群众合法权益，让群众感受到党和政府的温暖。要结合计划生育、户籍管理，特别是移民后期扶持等政策，面对面地做好思想工作，做到理解群众、团结群众、争取群众、依靠群众，确保移民安置工作在稳定的前提下顺利进行。要教育广大移民群众顾全大局，在国家的支持和帮助下，自力更生、艰苦创业、重建家园，积极融入当地经济社会。各级宣传部门和新闻媒体要充分利用广播、电视、报纸、宣传车、板报、公开信等载体，加强移民安置宣传工作，大力宣传征地、建房等补偿政策和后期扶持政策，力争做到家喻户晓，动员全社会支持南水北调工程建设，为工程建设和移民安置营造良好的舆论氛围。

同志们，丹江口库区移民安置工作，事关国家南水北调中线工程建设大局，事关全省经济社会又好又快发展。让我们在党中央、国务院的正确领导下，在国务院南水北调办、水利部等有关部委的指导下，按照省委、省政府的统一部署，服从大局，全面动员，迅速行动，狠抓落实，圆满完成工程建设和移民安置任务，为推进"两大跨越"、实现中原崛起做出新的、更大的贡献！

湖北省省长李鸿忠在湖北省南水北调丹江口库区移民试点动员大会上的讲话

（2008 年 11 月 25 日）

同志们：

省政府召开这次会议，是全省南水北调中线工程丹江口水库移民工作总体的动员和誓师大会，以今天这个会议为标志，这场战役正式展开。刚才，汤涛同志代表省委、省政府就移民试点工作作了全面的部署，讲的意见很好，我都完全赞同。我们要按照汤涛同志刚才作的部署扎扎实实抓落实。国务院南水北调办对我们这次动员大会和湖北省丹江口水库移民工作高度重视，张基尧主任亲赴湖北参加我们这次会议，刚才作了重要讲话。张主任来到湖北，深入基层，亲临移民工作第一线，首先给我们带来了党中央、国务院和国务院南水北调办对我们的关怀、关心、鼓舞和理解。张主任强调，南水北调中线工程，热点是建设，重点是水质，难点是移民。今天张主任亲临我们这个会议，就是表示了对南水北调这项工作当中的难点的重视和理解，理解就是鼓励，就是鼓舞，就是对我们一线做移民具体工作的同志的关心、关怀。第二，张主任给我们带来了推动工作的动力，把中央和南水北调办的精神带来了，而且对我们如何做好这项工作提出了要求。我们要把张主任的关心化为做好工作的动力，张主任在讲话中提出的意见和要求，我们要认真贯彻落实，这是我们做好移民工作的指导思想、方针政策。第三，张主任也给我们带来了好消息，南水北调中线工程的配套工程——兴隆水利枢纽工程，已经正式批复。这项工作对于我们也非常重要，特别是在当前国际金融危机的背景下，党中央、国务院及时、英明、果断地启动内需，扩大需求，是适应当前形势的应对之策。下面，我就汤涛同志刚才讲的几点意见和如何贯彻落实张主任的意见，再重点强调几点。

一、要继续提高做好移民工作的认识，坚定做好移民工作的信心

南水北调中线工程，热点是建设，重点是水质，难点是移民。湖北省是移民大省，很多同志做了多年的移民工作，亲身体验到移民工作的难度。今天召开这个会议，表明省委、省政府下决心一定要把南水北调中线工程的移民工作做好，罗书记对开好这个会议，专门嘱咐我要做好强调。要做好丹江口水库的移民试点工作，实现首战告捷，主要是 3 个方面：

第一，要有责任心。刚才汤涛同志与 4 个市的政府负责同志签订了责任书，这是一种形式，这是省委、省政府赋予的职责。要有责任心，首先，必须树立大局观念。南水北调工程是国家经济社会发展的重大工程，这项工程的显示度和长城一样宏伟壮观，但在今天它的意义直接关系到我们国家的经济社会能不能可持续发展，是一个全局性的问题，是党中央、国务院赋予我们的职责。刚才签订责任书和省委、省政府在温家宝总理面前作的承诺，与向党中央、国务院、南水北调办作的承诺分量是一样的。作为一名党的领导干部、政府的工作人员，要想保持自己的主动，体现自己的应尽之责，就是要在党和国家要求我们行使职责的时候，认真履行职责，在职责面前就是接受军令，要坚决执行，坚决落实。完成好这个任务，就是讲政治、讲大局，就会永远保持主动。其次，要认识到这是我们湖北省发展的现实需要。湖北省的优势在于水，难点在于水，短板在于水，工作很重要的任务也在于水。南水北调工程调用湖北省的水资源，国家相应给予了大量的优惠政策和资金支持，以此来治水和推动湖北省的发展，引江济汉工程建成后是全国乃至全球的环形黄金水道，直接影响

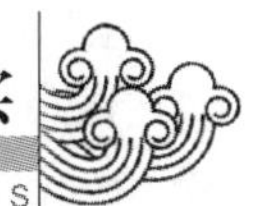

和推动湖北省的经济发展，我们要尽职尽责，配合好、抓好。再次，要认识到这是我们的工作任务。今天的会议就是下达任务，做什么，怎么做，实现什么样的目标，都已经明确，我们要把对大局的负责、对中央的承诺和省委、省政府签订的责任书，落实在具体工作中，认真抓好贯彻落实。

第二，要有爱心、有感情。湖北省水资源十分丰富，独特的区位、地貌和气候特点，决定了湖北既得益于水，又受制于水。兴修水利，防治水患，历来是我省经济社会发展中的头等大事。新中国成立以来，我省兴建了一大批水利水电工程，在防洪、发电、灌溉、供水、旅游等方面发挥了巨大效益，有力地促进了全省乃至全国经济社会的发展。在多年的水库建设过程中，产生了众多水库移民，全省农村移民总人数在300万人以上，移民数量居全国第二位。广大水库移民为了国家经济建设，顾大局、舍小家，告别祖祖辈辈生活的故乡，离开几代人辛苦建设的家园，经济上的损失、感情上的割舍和生产生活方式的改变，都是莫大的挑战和考验。俗话说“故土难离”，广大移民付出的不仅仅是金钱与汗水，还有更多的是感情与泪水。正是他们的牺牲和奉献，才保障了国家经济建设和社会发展。我们要感谢他们，永远铭记他们的牺牲和奉献。水库移民属政府行为的非自愿性移民，移民的贫困是次生性贫困。我省大多数水库移民产生于20世纪50年代后期到70年代末，受当时特定历史条件限制，移民安置补偿政策不统一，补偿标准普遍偏低，国家对移民欠账较多，移民遗留问题较多，包括20世纪50年代末60年代初，三峡试验坝陆水水库的移民，我们现在还在做工作。在感情的问题上，中央领导为我们树立了榜样。咸宁的赤壁市是中央政治局常委、中纪委书记贺国强同志学习实践科学发展观活动的联系点，当贺国强同志了解到赤壁市柳山湖等几个镇移民的困难后，投入了巨大的感情，立即指示国务院三峡工程建设委员会办公室协调国家有关部委解决了很多问题，中央领导为我们树立了光辉的榜样。历届省委、省政府都把库区和移民安置区作为全省扶贫攻坚的主战场，认真贯彻落实国家制定的一系列政策措施，逐步加大对水库移民的扶持力度。2007年，罗书记两次到赤壁市调查研究，推动省委、省政府对移民危房进行改造，现在柳山湖镇改造后，面貌发生了很大的变化。各级党委和政府在水库移民搬迁安置和库区经济发展等方面，做了大量艰苦、细致的工作，对促进库区、移民安置区经济社会发展，改善移民生产生活条件发挥了重大作用。但必须清醒地看到，目前全省库区和移民安置区的经济社会发展还相对滞后，生态环境差、移民贫困程度深、生存空间小、发展能力弱等问题比较突出。对这些问题，我们务必引起高度重视，要以深厚的感情理解支持，进一步加大扶持力度，帮助库区尽快改变落后面貌，不断提高移民群众的生活水平。讲深厚感情，要按照科学发展观的要求，以人为本。移民群众是国家经济建设的功臣，理应受到全社会的尊重和关爱。各级党委、政府和各级领导干部都要以科学发展观为指导，加深对移民群众的感情，设身处地地理解他们的困难和苦衷，把移民的冷暖始终放在心上，牢固树立“移民工作无小事”的观念，认真履行职能职责。有多深厚的感情就有多大的工作力度，就有多细致的工作力度，要自觉地把移民的事情当成党委政府的大事、全社会的大事来办，扎扎实实地解决移民群众最关心、最直接、最现实的利益问题。

第三，要树立做好移民工作的坚定信心。移民工作是难点，我们理解做移民工作的难处，做好移民工作要有信心，信心首先来自于党中央、国务院南水北调办的关怀、鼓励和鼓舞。除了精神上的鼓舞，直接的就是资金、政策上的支持。南水北调工程是国家的重点工程，有党中央、国务院做坚强后盾，我们应该有信心。在全国经济发展格局当中，我们处于中游位置，和当年建设三峡和隔河岩水库那个年代相比，经过改革开放30年的积累，我们在物质上，在承受能力上，和过去不可同日而语。我们和移民、和人民群众共享改革发展成果，可靠的经济基础和物质保障坚定了我们做好工作的信心。湖北省是移民大省，长期做移民的工作，相对于其他地方积累了丰富的移民工作经验，这也为我们做好移民工作坚定了信心。

二、要本着“优越、优先、优厚”的原则落实移民政策

移民政策是有条款的，是由国家规定的白纸黑字。但是，在政策之上，有一个思想和理念的问题，落实政策是做好工作的一个方面，还要在理念上、思想上树立“优越、优先、优厚”的原则，这样才能落实好移民政策。移民政策有硬的一面，就是国家和省里的规定；还有软的一面，就是倾斜、调度各种资源达到安置移民的目的。这也是一种更大的政策。

一是要在全社会体现出移民群众的优越性。没有移民群众的牺牲奉献，就没有水利水电事业的飞速发展，更没有国家经济建设的辉煌成就。移民所做的特殊贡献，决定了其身份的特殊性和不可攀比性。各级党委、政府和各级领导干部，对移民要高看一眼，政治上要把他们摆到应有的地位，让移民在心理上有优越感。要坚持正确的舆论导向，大力弘扬移民精神，广泛宣传移民群众的先进事迹，积极倡导“学习移民精神、自觉为社会奉献”的时代风尚，让更多的群众理解和尊重移民，主动关心、支持移民工作，在全社会营造“尊重移民、关爱移民”的良好氛围。

二是要在落实国家扶农惠民政策中体现出移民优先。由于当前国家财力有限，移民补偿标准相对较低，移民搬迁的具体情况又有很大不同，会给部分移民带来收入的减少和生产生活水平的下降。要让移民在新的起点上实现新的发展，就要保证移民优先享受国家的政策扶持，落实好移民待遇和公民待遇，包括国家对移民的前期补偿和后期扶持，要给够打足；国家和省里的惠农惠民政策，要在移民群众中优先安排和落实，凡是普通群众享受到的权利待遇，移民要同等享受、优先享受。特别是近期国务院出台扩大内需、保持经济平稳较快发展的10项政策措施，比如农村基础设施建设、农村危房改造试点、家电产品下乡活动等，要优先安排给移民安置点和移民群众。各级政府和省直有关部门要对现有政策规定进行认真梳理，保证移民的政策优先享受权得到落实。

三是要在享受各种待遇中体现出移民更优厚。给移民多拿一点、多做一点，不是对他们的恩赐，而是移民理应得到的补偿。各级政府和有关部门要按照“移民优厚”的原则，对涉及移民的利益问题，在制定和调整政策时要适当放宽、优先保障，在建设项目上要优先安排，在资金支持上要重点倾斜。移民与其他群众同等享受的各种待遇，移民要适当优厚，要与非移民拉开一定差距，真正体现优越性。要按照科学发展观的要求，坚持从实际出发，创新体制机制，完善政策措施，创造性地解决移民工作中遗留的难点问题，破解制约移民工作科学发展的突出问题，真正把移民工程建设成为落实科学发展观的典范工程，把移民工程建设成为民生工程的典范工程，把移民工程建设成为社会主义新农村建设的典范工程，确保国家制定的移民搬迁安置任务如期完成，确保移民搬迁后的收入高于现在，确保移民搬迁后的生活水平好于现在，确保移民搬迁后的生存环境优于现在。

三、切实加强南水北调中线工程移民试点工作的组织领导

我省南水北调中线工程移民试点工作，关系到工程建设的顺利推进和向京津地区送水目标能否按期实现，是为后续大规模移民积累经验、探索方法、锻炼队伍的工作，各级党委、政府务必要高度重视，精心组织，扎实推进。

一是政府主要领导要挂帅亲自抓。这次试点工作，情况复杂，任务繁重，时间紧迫。为了切实加强移民搬迁安置工作的组织领导，省政府成立了由省直28个部门组成的移民工作领导小组，由我任组长，宪生、汤涛同志任副组长，对南水北调中线工程移民工作实行统一领导、统一指挥、统一协调。各地也要成立相应的领导小组，政府主要领导同志要亲自挂帅，拿出相当的精力抓试点工作，重大问题要亲自参与研究决策，重要环节要亲自过问把关，重点工作要亲自督促指导，确保试点工作不走弯路、不发生大的失误。省移民工作领导小组各成员单位主要领导要亲自参与这项工作，并明确一名分管领导具体负责。要认真履行职责，加强协调配合，形成整体合力，确保省委、省政府的决策得到贯彻落实。

二是要精心组织，积极推进。丹江口库区移民试点工作经过前期准备，启动条件已基本具备。但是，我们要充分估计实施过程中可能遇到的困难，把情况考虑得更复杂一些，把困难和挑战想得严重一些，把应对措施制定得更周密一些。要对试点规划的方案，进一步分解细化，把任务落实到点，把责任明确到人，扎实抓好各阶段工作任务的落实，及时协调解决搬迁过程中出现的新情况、新问题，确保试点工作有条不紊地推进。要特别注意做好移民搬迁转移过程中的组织工作，确保移民的财产和生命安全万无一失。

三是要加强指导，严格监督。移民搬迁安置试点情况复杂，工作涉及面广，是一项系统性工程。试点市、县（农场）要抽调得力干部参与专班工作，加强对这次移民试点工作的指导和监督。省直相关部门要自觉服从、服务于试点工作大局，积极主动为移民搬迁安置搞好服务。要严明纪律，严格各项管理，确保工程建设质量、移民资金安全，对失职、渎职和发生其他严重问题的，要严肃追究相关责任人的责任。这里要着重强调有关的财经纪律，大量的移民经费是国家用于重点工程建设的经费，要确保足额到位，该用在工程上的必须用到工程上，该给移民的一分不能少，不能有中间克扣环节，任何人不能违规、违法违反用途动用一分钱的移民经费。各级政府有财政渠道，工资和运行经费有单独渠道，移民经费只能保证工程建设和兑现给移民，谁动用移民资金就追究谁的责任，这是一个非常严肃的问题。

能否顺利完成这次试点工作的任务，主要依靠各级地方政府和基层干部。今天，十堰、襄樊、荆门和黄冈4市的主要领导，各相关县、市（区）的主要领导和相关的镇、办、农场领导都参加了这个会议，下一步工作今天部署之后，主要靠你们抓好贯彻落实，寄希望于同志们，能否首战告捷也要依靠同志们的努力。因此，做好后面的工作会很辛苦，我代表省委、省政府和罗书记理解大家，向同志们表示慰问。

同志们，当前全省上下正在全面贯彻落实党的十七届三中全会精神，深入开展学习实践科学发展观活动，丹江口库区移民搬迁安置试点工作为我们提供了很好的实践平台。我们一定要以科学发展观为指导，精心组织，开拓创新，扎实工作，为库区安置区长远发展和实现全面建设小康社会的目标做出更大的贡献，向党中央、国务院和移民群众交上一份满意的答卷！

湖北省副省长汤涛在湖北省南水北调丹江口库区移民试点动员大会上的讲话

（2008年11月25日）

同志们：

在全省上下认真贯彻落实党的十七届三中全会精神，南水北调中线工程可行性研究总报告刚刚批复，各项建设进程加快之际，我们召开全省南水北调中线工程丹江口库区移民试点动员会议，意义重大。本次会议的主要任务是：认真贯彻国务院第204次常务会议和国务院南水北调工程建设委员会第三次会议精神，全面安排部署我省丹江口库区移民试点工作。省移民局汪元良同志对这次移民试点工作的主要依据，即试点规划和实施中需要注意的几个问题，作了书面说明，已经印发给大家；国务院南水北调办张基尧主任今天亲自出席我省的会议，并将对我省丹江口库区移民试点工作作重要指示，李鸿忠省长还要作重要讲话，请各地各部门认真学习领会，抓好贯彻落实。下面，我先讲几点意见。

一、统一思想，高点定位，切实增强移民试点工作认识

我省南水北调中线工程移民从2002年开始各项前期准备工作，已经顺利完成了实物指标调查、移民规划编制、坝区移民搬迁、外迁试点准备四大任务，目前进入了正式启动库区移民试点阶段。自2007年以来，围绕库区移民试点工作，库区和安置区各级政府和省有关部门做了大量艰苦、细致的工作，组织了试点考察，明确了试点范围，编制了试点规划，研究了试点政策，为库区移民试点的正式实施奠定了良好的基础，已经具备了全面启动移民试点工作的条件。但从目前掌握的情况看，少数地方对丹江口库区移民试点工作重要性、艰巨性和紧迫性的认识还有一定差距，工作的力度还很不够，这将直接影响整个试点工作的顺利推进。对此，我们要高度重视，库区和安置区各级政府和省有关部门要以科学发展观为指导，进一步深化对丹江口库区移民试点工作的认识，更加自觉、更加科学、更加扎实地做好移民试点各项工作。

（一）要切实增强对移民试点工作重要性的认识

南水北调中线工程建设，成败在水质、关键在移民、政策是保障。丹江口库区移民安置是南水北调中线工程的重要组成部分，广大移民群众为支持国家重点工程建设做出了特殊贡献，付出了很大牺牲，有的是二次移民，至今生产生活仍很困难。妥善安置好、发展好移民群众的生产生活，是各级人民政府义不容辞的责任。党中央、国务院和省委、省政府十分关心和重视南水北调中线移民问题。2002年5月，温家宝总理视察丹江口库区时强调，要解决好移民的生产生活问题，切实把移民安置好、稳定住。最近，省委书记罗清泉同志在全省领导班子思想政治建设会上专门强调了各级领导要切实负起责任，认真做好丹江口库区移民搬迁安置和稳定工作。今年8月，省长李鸿忠同志在考察丹江口库区移民工作时明确提出“优越、优先、优厚”和“四个确保”的工作要求。库区安置区各级政府及省有关部门要按照中央和省委、省政府的要求，站在讲政治、讲大局的高度，切实增强库区移民试点工作重要性的认识。

一是库区移民试点工作关系到整个库区移民工作和南水北调中线工程建设的成败。根据国务院南水北调建委赋予我省开展库区移民试点，为后续库区大规模移民搬迁安置探索和积累经验的要求，这次试点是对整个库区移民工作的一次探索和尝试，意义重大，借鉴作用十分重要，只许成功，不许失败。

二是建设水利工程的历史经验要求我们必须把移民工作放在重要位置。建设水利工程最大的难事是移民工作，在三峡工程建设中，百万移民搬迁安置落实为三峡工程顺利建成奠定了坚实的基础，有很多值得借鉴的、好的经验。南水北调中线工程移民工作的难度超过三峡工程，需要付出更为艰苦的努力来做好这项工作，对此我们一定要有充分的思想准备。

三是省委、省政府的承诺要求我们必须完成好丹江口库区移民工作任务。2002年5

月，省委、省政府郑重向温家宝总理承诺保证完成丹江口库区移民任务；2005 年 4 月，省政府与国务院南水北调办签订了《南水北调主体工程建设征地补偿和移民安置责任书》，这些都要求我们必须切实增强对库区移民试点工作重要性的认识，扎实工作，保证工程建设顺利进行。

（二）要切实增强对移民试点工作艰巨性的认识

万事开头难，库区移民试点是整个丹江口库区移民工作的开篇和序幕，对这一工作的艰巨性我们不可低估。一是移民安置预期与客观现实存在差距，可能影响移民的搬迁安置，需要做大量思想工作。二是多方复杂利益需求与有限移民投资存在差距，可能影响试点工作的协调推进，需要统筹兼顾妥善处理。三是移民试点规划与具体实施操作存在差距，可能影响试点工作的顺利开展，需要我们在坚持规划总体框架的基础上适当进行调整和完善。因此，我们必须对可能存在的困难估计得更充分一些，在思想上和措施上做好足够的准备，才能把握工作的主动权，才能经受得住艰巨工作的考验。

（三）要切实增强对移民试点工作紧迫性的认识

经过多年的准备，我省丹江口库区移民试点工作已进入正式实施阶段，当前必须抓紧启动，加快推进。2008 年 1 月，国务院第 204 次常务会议同意尽快实施丹江口库区移民试点工作；6 月，国务院南水北调办郑州会议要求尽快启动丹江口库区移民试点工作。南水北调中线工程总体安排是到 2013 年基本结束，只有 5 年多的时间，我省要完成库区将近 17.9 万人的搬迁安置，搬迁强度大，安置任务重，容不得半点松懈。库区移民试点工作从现在开始启动，在一年的时间内要全面完成 1 万多人的搬迁安置，时间紧，任务重，库区安置区各级政府和省有关部门要切实增强紧迫感和责任感，迅速全力以赴地投入到移民试点工作中来，确保移民试点工作任务按期完成。

二、认清形势，明确目标，科学推进移民试点工作

党中央各项惠民政策的出台，落实科学发展观和构建和谐社会的要求，市场经济的发展和民主法制的进步，特别是党的十七届三中全会关于加快农村改革发展的新精神，使移民工作的外部环境发生了新的变化，对做好移民工作也提出了更高的要求。对此，我们必须要有清醒的认识，要严格遵循移民工作规律，把握科学发展观的要求，科学确立试点工作的指导思想、基本原则和工作目标。

（一）要清醒认识移民试点工作新形势

从目前来看，我省库区移民试点工作面临的形势是机遇与困难并存，有利条件与不利因素兼具。从有利条件来看，一是由于前期准备工作比较充分，移民试点规划得到了基本肯定，大多数移民群众有了搬迁的思想准备，库区安置区各级政府及各部门正在积极开展有关试点移民搬迁安置的准备工作，目前全省已具备了全面启动移民试点的条件。二是库区安置区各级政府和广大移民群众要求尽快实施移民搬迁安置，尽早改变生产生活条件的愿望十分迫切，移民试点具备了良好的社会基础和外部环境。三是多年来我省的移民工作实践，积累探索了一些好的移民工作经验。从不利因素来看，一是移民思想存在顾虑。部分移民不愿再受搬迁之苦，担心搬迁后经济收入下降，生活方式难以适应，扶贫政策待遇不再享受；部分村组干部担心丢官失职，待遇下降。二是投资补偿仍有缺口。试点规划相比过去，在补偿项目和标准上都有所突破。但是，由于受到国家征地移民补偿相关法规的限制，规划仍然存在移民个人补偿偏低、考虑长远发展不够、有些损失没有计列的问题。三是搬迁安置任务繁重。迁出地和迁入地要一年内完成 1 万多移民的搬迁和生产生活安置，工作任务十分繁重，维护稳定压力较大。

（二）要科学确立移民试点工作指导思想

这次移民试点工作的指导思想是：以党的十七届三中全会为指导，深入贯彻落实科学发展观，切实维护好移民的合法权益，确保移民收入高于现在、确保移民生活水平好于现在、确保移民生存环境优于现在，实现移民群众眼前利益与长远利益的统一，促进库区、安置区经济社会可持续发展。

（三）要始终坚持移民试点工作基本原则

这次移民试点工作要坚持“四个原则”：一是坚持规划先行。在国家和省南水北调移民试点规划的基础上，库区和安置区各级政府都要制定试点工作方案和实施计划，确保安置村建设和新农村建设结合起来，并纳入当地新农村建设示范工程。二是坚持统筹兼顾。要坚持以农业安置为主，其他安置形式为辅，努力做到“四个结合”，即解决好移民的困难与维护好长远利益相结合，国家帮扶与移民自力更生相结合，前期补偿补助与后期扶持相结合，顾全大局与兼顾国家、集体、个人利益相结合。三是坚持各负其责。移民搬迁工作由库区各级政府负责，控制性项目由所在县（市）负责，安置和后续生产生活由安置区各级政府负责，各项政策落实由相关主管部门负责。四是坚持优惠政策。按照“优越、优先、优厚”的要求，对移民和移民新村建设实行优惠政策，原有规划和计划要优先安排，重点倾斜；现有政策要做好衔接，未来政策调整要优先保障，限制性政策适度放宽。

（四）要全面把握移民试点工作总体目标

这次移民试点工作的总体目标是：确保移民“搬得出、稳得住、能发展”，实现“五个一”的安置目标。一是每人有一份稳产、高效的口粮田，解决移民吃饭问题。安置区政府要通过调整土地，搞好土地整理和农田水利设施配套，确保每人有一份不少于1.5亩稳产、高效的口粮田。二是每户有一个良好的居住环境，解决移民安居问题。安置区政府要按照“统一规划、分户自建”的原则建设移民安置住房。要统筹规划搞好饮水、供电、道路、广播电视、学校、医院等配套设施，使移民有一个生产方便、生活便利，设施齐全、环境优美的人居环境。三是每户建一口沼气池，解决移民烧柴问题。通过统筹国家补偿、省里补贴和移民个人的投入，平均每户新建一口沼气池。四是每人享受一份国家后期扶持补助，解决移民生活困难问题。按照国家现行的后期扶持政策，移民从完成搬迁之日起纳入后期扶持范围，每人每年直补600元，连续扶持20年。五是每户培训转移一个劳动力，解决移民就业问题。在移民自愿的基础上，对符合条件的移民户，通过政府引导，优先免费订单培训，实现平均每户培训转移一个劳动力。

三、以人为本，统筹兼顾，全面完成移民试点工作任务

这次移民试点的任务和进度安排为：2008年11月～2009年2月，完成外迁移民安置区居民点“三通一平”基础设施建设和学校、医院的增容工作；2009年3月，开始移民自主建房，2009年9月底前，完成移民搬迁安置和外迁安置区责任田划分工作，农田水利设施基本配套，确保移民能够住新房、有田种，移民子女能够在外迁安置区入学；2008年11月，启动大坝施工影响区搬迁复建工作，力争2009年春节前完成；启动丹江口市习均大桥和郧县汉江二桥的前期工作，力争在库区大规模搬迁前完成建设任务。围绕这次移民试点的工作进度和任务，库区安置区各级政府要统筹兼顾，加强协调，扎实推进，认真抓好以下3个方面的工作：

（一）扎实抓好搬迁工作，确保移民“搬得出”

“搬得出”是移民试点工作的第一步。库区各级政府要切实负起责任，认真做好试点

移民搬迁各项工作，确保按时完成搬迁任务。

一是要严格确定外迁对象。要严格按照试点规划确定外迁对象，规划外迁的人口必须外迁。外迁安置到农场的农民，其农民身份不变。要妥善安排随迁公职人员，公职人员的父母、子女或配偶是外迁移民的，由本人自愿选择或迁或留；如果要求随迁的，有关库区和安置区县级劳动、人事部门要相互衔接，安置区负责给予妥善安排。

二是精心组织动员搬迁。要深入乡镇村组，层层进行组织动员，在移民群众中开展耐心、细致的思想政治工作，引导移民自觉搬迁；要通过多种宣传形式和载体，营造有利于移民搬迁的氛围，促进搬迁工作的顺利开展；要根据移民试点任务和进度安排，针对移民具体情况，精心制定分期分批搬迁实施计划，有序组织移民搬迁；要树立移民党员和村组干部积极搬迁的典型，充分发挥他们的带头作用，加快搬迁进度；要进村入户了解移民搬迁实际困难，及时采取措施妥善解决。省政府决定从库区耕地占用税中留取部分资金对按时完成搬迁建房的移民进行奖励，鼓励移民主动积极搬迁。

三是组建专班强力推动。库区各级政府要抽调精兵强将，组成强有力的工作专班，进驻搬迁乡镇、村组，深入一线研究、协调、指导移民搬迁工作；要组织干部采取分片包干和包村包户的措施推动移民搬迁工作；各相关部门要紧密协作，大力支持配合，共同推进搬迁工作。

四是严格执行移民政策。政策是保障，既定政策执行的好坏关系到移民试点工作的成败。在执行移民试点各项政策中，要坚持阳光操作，实行淹没实物指标、补偿标准、安置方案、移民政策、办事程序、办事结果等全部公开，充分保障移民的知情权、参与权和监督权，最大程度调动移民搬迁的积极性，确保移民试点工作依法依规进行。

五是妥善处理有关问题。对影响移民搬迁的一些问题，省直及库区各有关部门要从大局出发，本着“一切服务于移民、一切方便于移民”的原则，积极帮助解决，使移民放心搬迁。外迁移民淹没线上承包的园地和林地问题，由省林业局会同库区县级政府依照国家和省林权制度改革有关规定，研究办法予以妥善处理；移民群众的债权债务问题，由库区县级政府在实地调研的基础上出台办法妥善处理。

（二）认真落实安置工作，确保移民“稳得住”

对整个试点工作来讲，落实好外迁移民的生产生活安置，使移民生存有依靠、生产有门路、生活有着落、生计有保障是重中之重，是移民“稳得住”的基本保障。安置区各级政府必须把移民安置工作抓紧、抓细，落到实处。

一是足额保证移民生产资料。土地是农民的命根子。温家宝总理在国务院南水北调工程建设委员会二次会议上谈到征地移民问题时强调，“给多少钱不如给一份地”。我们一定要保证外迁移民有一定数量且较高标准的生产资料，安排每个移民原则上不少于1.5亩耕园地，满足移民生产生活的基本需求。要从移民生产安置费中安排部分资金用于扶持移民发展生产。同时，各地要落实移民安置区的农田水利建设项目，完善农业生产的基础设施配套。生产资料划分到户后，各地要给移民及时办理土地承包经营合同，保障移民的土地承包权、生产自主权和经营收益权。

二是切实抓好移民生活安置。房屋建设是移民民生的基础之一，保证住有所居是最基本的移民生活安置要求。要坚持移民建房用地标准，实行统一规划，集中安置，分户自建；建设部门要加强移民自建房屋质量监督，确保安全居住；在移民建房中要加以引导，防止相互攀比，举债建房，影响生产生活的总体安排；对移民居民点建设免收行政性收费和减收服务性收费，免征移民住房建安营业税。各安置区要在移民购买材料、办理建房手续、划拨宅基地等方面提供便利服务。有关部门要为移民及时办理土地证和房产证，按照国家政策搞好户籍迁移、优抚救助、行政区划、退役士兵安置、计划生育、合作医疗、后期扶持等资料交接。相关部门要开展联合办公，集中办理，搞好服务。

三是不断完善基础设施建设。切实用好现有移民资金中的基础设施费，以安置区现有的水、电、路、邮政、广播、通信等基础设施和学校、医院等公共设施为基础，适当进行增容、改造和扩建，着力改善移民生产生活条件，满足外迁移民安置的需要，使外迁移民都有一个稳定、良好的生产生活环境。

四是妥善安排移民子女入学。搬迁当年，安置区县级政府负责安排解决移民学生外迁后上学问题。属义务教育阶段的，按照就近入学的原则，安排到其辖区公办学校同年级就读，自愿留级的按照学籍管理规定办理；属高中教育阶段的，按照同级同类互转的原则，由安置区县级政府落实学校就读；要重视特殊学生的教育。移民学生中招录取时，要给予适当照顾。省教育厅要研究移民学生中招、高招优录政策。

五是搞好外迁村组干部安置。移民外迁后担任村组干部的，享受与安置区当地村组干部相同的待遇。现职的村组干部外迁后没有任职的，若符合库区或安置区享受退职干部待遇条件的，按安置区退职干部享受待遇；不符合享受退职干部待遇条件的，享受原迁出地现职干部经济待遇至本届期满，任职年限连续计算。已享受库区退职待遇且搬迁后未任职的村组干部，保留其库区有关待遇。

（三）努力做好发展工作，确保移民“能发展”

移民的发展致富，是移民长治久安的根本保证。库区安置区各级政府要认真贯彻落实《中共中央关于推进农村改革发展若干重大问题的决定》，用好用足中央最近出台的扩大内需的十大政策，结合各地经济发展现状，积极探索实现移民富裕发展的有效途径，努力推动安置区经济又好又快发展。

一是全面延续各项惠农政策。库区安置区政府要做好政策衔接工作，确保国家和省的各项惠农政策地执行在移民外迁安置的过程中不间断。在移民外迁安置的当年，各项政策由库区政府落实，次年由安置区政府落实，保证移民享受与安置区居民同样的惠农政策，安置区政府为接收移民增加的经费报省财政审核后，统筹安排考虑。

二是加大基础设施建设投入。安置区各级政府和省有关部门，要把移民试点村建设与新农村建设结合起来，大力支持移民试点村建设。要按照“用途不变、渠道不乱、整合使用、各计其功”的原则，项目优先向安置区安排，资金向安置区倾斜，并戴帽下达到移民试点村，着力改善移民生产生活条件。省交通厅要把移民试点村道路建设纳入“十一五”规划，并安排建设补助资金；省扶贫办要把“国家和省级贫困县整村推进”项目向移民试点村倾斜；省建设厅要将移民试点村纳入全省“百镇千村”示范工程范围，对村庄规划、建筑风格、村庄环境整治给予指导，并在“百镇千村”示范工程专项补助资金安排上予以支持；省卫生厅要优先将移民试点村村级卫生室建设纳入建设计划，支持不断完善公共医疗卫生服务功能，保证移民病有所医。

三是大力扶持移民农业生产。发展农业生产，事关移民切身利益，省有关部门要加强协调，大力支持库区安置区发展农业生产。省发展改革委要在安排建设项目时向库区安置区倾斜；省财政厅要对库区安置区农业综合开发项目申报中予以支持，对外迁移民所涉及的上级财政补助和地方配套资金部分，由迁出地和迁入地政府共同确认各项基数后，省级财政下达各项指标时予以划转；省国土资源厅要在统一规划的前提下，支持库区安置区高产农田土地整理项目建设；省农业厅要重点支持库区安置区的优势特色农业板块基地和农村沼气池国债项目建设；省水利厅要把库区安置区的农村安全饮水工程和农田水利建设优先纳入计划；省林业局要将2009年5个移民安置区各50万元的新村绿化资金落实到位，并加强技术指导；各级农业发展银行要加大对库区安置区农业开发和农村基础设施建设信贷支持力度。安置区各级政府要采取切实措施，加强对移民发展生产的扶持力度，要积极帮助移民困难户解决缺农具、缺技术、缺资金的问题，组织当地居民开展“一帮一”活动，扶持移民发展生产，帮助移民平稳过渡，尽快融入当地社会。

四是积极帮助移民创业就业。各地各有关部门要高度重视移民就业创业工作，落实移民就业专项资金扶持和移民享受省有关再就业扶持政策，在同等条件下优先做好移民就业。库区安置区各有关部门要为参加转移就业培训的移民提供培训补贴，免费介绍就业，实现平均每户培训转移一个劳动力目标。农村金融机构要创造条件，为自主创业的移民提供小额担保贷款；要积极扶持和引导移民发展特色农业、高效农业、生态农业，切实增加移民收入，改善移民生产生活条件。

五是努力加快安置区经济发展。客观上讲，安置区接收移民安置是要做出一些牺牲、付出一定的人财物力，但也要看到它为地方经济发展带来的契机，通过一定数量的移民投资，同其他渠道资金捆绑使用，可以盘活土地资源，改善基础设施，促进生产发展。要研究接受移民工作与地方发展相结合，用好这个机遇，既安置好移民，又发展了自己，同时，安置区经济整体的不断发展，为移民就业增收创造好的环境，最终实现移民与安置区的整体发展和共同富裕。

四、加强领导，落实责任，保障实现移民试点工作目标

这次移民试点工作是有关库区安置区经济社会中的一件大事，时间紧，任务重，要求高。各地必须把做好试点工作作为近期一项重大政治任务和经济工作抓紧、抓实，确保全面实现试点工作目标和按期向国家交账。

（一）加强领导，明确责任

为加强对这次移民试点工作的领导，省政府成立南水北调中线工程丹江口水库移民工作领导小组，李鸿忠省长任组长，宪生常务副省长和我任副组长，省委、省政府有关部门主要负责人为成员，负责移民工作的组织领导、协调和检查督导。领导小组办公室设在省移民局，办公室要切实负起统筹安排、指导协调、综合服务、监督管理的职责。同时，有关市（县、区）和农场也要成立领导小组，负责做好辖区内的移民安置工作。库区安置区县级政府是移民试点的实施主体、工作主体、责任主体，各级职能部门要各司其责，密切协作。要落实“五为主”的管理责任，即农村移民搬迁以所在地乡镇政府为主、集镇搬迁以所在地政府为主、单位搬迁以单位为主、企业搬迁以企业法人或所属主管部门为主、专业项目复建以行业主管部门为主。搬迁移交前移民工作由库区政府负责，交接后移民工作由安置区政府负责；黄湖、邓林农场的移民安置，由省移民局牵头，会同库区安置区各级政府和农场组成移民安置工作小组，统一协调，共同安置。移民居民点的规划建设和落实生产资料以农场为主，社会管理以当地政府为主。

（二）严格监管，严肃纪律

库区安置区各级政府和省有关部门要严格执行南水北调工程移民安置管理的有关规定，对移民资金和任务实行全过程监督监测。建立以监察部门牵头，移民、审计、监察、建设银行参加的移民资金监督网。监察、审计部门要窗口前移，加大移民资金监督和审计力度。移民工程要落实项目法人责任制、招标投标制、建设监理制和合同管理制。省移民局要会同有关部门抓紧制定移民资金管理使用监管办法和移民安置工程质量管理标准和验收标准，经省人民政府批准后执行。严格执行移民试点相关的各项规定，严肃移民工作纪律。对违反移民工作纪律的各种行为，要严肃处理；涉及犯罪的，依法移送司法机关查处。

（三）抓好队伍建设，维护社会稳定

开展丹江口库区移民试点是一项新的工作，必须有稳定的机构、队伍和经费作为保障。库区安置区各地要进一步健全移民管理机构，充实移民工作力量，落实工作经费，保障移民试点工作顺利推进。同时要加强移民干部队伍培训，着力提高移民干部的业务素质和工作能力，满足现阶段移民工作实际需要。各级领导要深入一线，靠前指挥，及时发现移民搬迁安置过程中可能出现的各种新情况、新问题，及早发现不稳定的苗头，研究解决的措施，果断处置突发情况，把矛盾化解在萌芽状态。要认真落实《湖北省突发公共事件总体应急预案》和《湖北省移民群体性事件应急预案》，落实防控措施，确保移民试点安全、稳定，不发生群体上访事件，为完成试点任务提供稳定的社会保障。

（四）加强督导检查

这次试点工作关系到整个南水北调中线工程移民大局，任务十分繁重，加强督导检查工作十分重要。能否按期完成这项重大的政治任务，也是对各级政府执行力的一次检验和考核，各地务必高度重视、精心组织，切实抓好各项工作的落实。省丹江口库区移民工作领导小组将组织专班，定期不定期地深入库区安置区督办检查移民搬迁安置工作的进度和质量，及时协调解决工作中存在的共性问题和突出困难。

同志们，做好丹江口库区移民试点工作责任重大，使命光荣。让我们在国务院南水北调办的精心指导下，在省委、省政府的坚强领导下，以更加坚定的信心、更加振奋的精神、更加有力的措施，精心组织，扎实工作，全面完成移民试点工作任务，为南水北调中线工程建设做出新的贡献！

重　要　事　件

国务院总理温家宝赴河南考察就做好南水北调工作作出重要指示

2008年5月10～12日，温家宝总理赴河南省考察期间，在专门听取河南省南水北调办主任王树山就河南省南水北调工程的汇报后，就做好南水北调工程建设作出重要指示。

11日下午，在河南省南阳市卧龙区王村乡沪陕高速潦河立交桥上，温家宝总理专门听取了河南省南水北调办主任王树山就河南省南水北调中线干线河南段主体工程、水源地保护、移民安置、配套工程等情况的汇报，得知南水北调中线干线建设工程、配套工程、水源地保护工程正在有条不紊地进行，河南作为移民最多、线路最长的地方，响亮地提出要打造“一流工程”、“民心工程”、“绿色工程”、“富民工程”和“和谐工程”，温家宝赞许地说：“你们这个目标提得好！要把南水北调工程建成一流工程，就是要确保质量；要建成生态工程，就是要确保水质；要建成廉政工程，就是要经得起审计和检查，不乱花一分钱，不出一起案件；还要建成利民工程，就是要让沿线人民都受益，把移民安置好，这是工程能否得到群众拥护的标准。南水北调工程经过河南省，河南省既有贡献，又得益处，相比而言，贡献更大，从水源地保护到移民安置，承担了比较繁重的任务。

现在南水北调工程正处在关键时期，一定要科学规划、精心施工，确保得到经济效益、社会效益和生态效益。”

温家宝还对河南省在工程实施中尽量减少占用耕地的做法表示充分肯定，他说：“把南水北调工程建设成为生态工程，还包括节约用地、保护耕地，要借助工程的实施合理地开发利用和整理土地。全世界都在关注南水北调工程，把一渠清水送到北京，各个环节都要特别注意，丝毫马虎不得。”

中共中央政治局常委李长春参观南水北调中线工程渠首、水源地河南南阳生态文明建设大型图片展

2008年6月27日，中共中央政治局常委李长春来到中国人民军事博物馆，观看了南水北调中线工程渠首、水源地河南南阳生态文明建设大型图片展。国务院南水北调办主任张基尧、国务院南水北调办副主任李津成、国家文物局局长单霁翔、河南省委副书记陈全国陪同参观。

展览分为“碧水丹心话源头”、“浓墨重彩看南阳”两个部分。“碧水丹心话源头”部分包括“世纪工程”、“碧水青山”、“倾情奉献”、“一水同饮”等4个专题。“世纪工程”专题介绍了南水北调中线工程概况、决策过程和重大意义；“碧水青山”专题介绍了库区所处的地理位置、自然风光、水质、地质和森林覆盖率等情况；“倾情奉献”专题介绍了南阳人民为确保一渠清水送北京所做出的巨大努力和无私奉献；“一水同饮”专题介绍了北京、河南经济交流合作情况。“浓墨重彩看南阳”部分包括“楚风汉韵”和“奋进南阳”两个专题。“楚风汉韵”专题介绍了南阳深厚的历史文化底蕴和丰富的人文资源；“奋进南阳”专题介绍了南阳经济社会发展的成果。

参观过程中，李长春详细询问、了解南水北调工程建设进展情况，对河南人民为南水北调工程所做出的贡献给予了充分肯定，并非常关心地仔细询问了库区移民搬迁工作进展情况。他叮嘱说：“一定要搞好服务，提供保障，努力把南水北调中线工程建设成为一流工程、生态工程、利民工程，确保一渠清水送北京。”

国务院南水北调工程建设委员会第三次全体会议在北京召开

2008年10月31日，国务院南水北调工程建设委员会第三次全体会议在北京召开。中共中央政治局常委、国务院副总理、国务院南水北调建委主任李克强主持会议并讲话。他强调，要全面贯彻党的十七大和十七届三中全会精神，深入贯彻落实科学发展观，以对国家、对人民高度负责的精神，认真总结经验，加强监督管理，在确保建设质量和提高资金效益的前提下，加快南水北调工程建设步伐，统筹做好征地移民、治污环保、文物保护等工作，优质、高效、又好又快地推进南水北调工程建设，促进经济平稳较快增长和全面协调可持续发展。中共中央政治局委员、国务院副总理、国务院南水北调建委副主任回良玉出席会议并讲话。

会议听取了关于南水北调工程建设进展、基本做法、建设经验、存在问题以及工程水价有关情况的汇报，并确定了最新建设目标：东线一期工程2013年通水；中线一期工程2013年主体工程完工，2014年汛后通水。

国务院南水北调建委全体成员及有关部门和单位、南水北调东线和中线沿线有关省市的负责人参加了会议。

举世瞩目的南水北调工程自2002年底开

工以来，工程建设迈出了实质性步伐，建设管理体制和工作机制逐步完善，控制性工程进展顺利，部分项目顺利完工并开始发挥效益，京石段工程建成通水有效提高了首都北京水资源的保障能力。同时，东线水污染治理和中线水源保护得到加强，征地移民和文物保护等工作稳步推进。

国务院第32次常务会议审议批准南水北调东、中线一期工程可行性研究总报告

2008年10月21日，国务院第32次常务会议审议批准了南水北调东、中线一期工程可行性研究总报告，并决定对南水北调东、中线一期工程加大力度、加快进度。会议还要求认真总结南水北调工程开工以来的经验，坚持“三先三后”原则，确保工程建设质量，控制好工程建设投资，努力加快工程建设，使南水北调工程经得起历史和人民的检验。

《南水北调东线一期工程可行性研究总报告》由淮河水利委员会会同海河水利委员会编制完成，并于2005年11月通过了水利部组织的审查，经修改完善后上报国家发展改革委。2006年7月，国家发展改革委委托中国国际工程咨询公司对报告进行了评估。《南水北调中线一期工程可行性研究总报告》由长江水利委员会组织编制完成，并于2005年9月通过了水利部组织的审查，经修改完善后上报国家发展改革委。2006年3月，国家发展改革委委托中国国际工程咨询公司对报告进行了评估。

南水北调东、中线一期工程可行性研究总报告的批准，解决了长期以来制约工程全面推进的关键问题，理顺了工程建设程序，为工程在更大范围内全面展开，更加合理地统筹进度、控制投资、实现有序建设奠定了基础。

“大型渠道混凝土机械化衬砌成型技术与设备”获国家科学技术进步奖二等奖

在2008年1月8日召开的国家科学技术奖励大会上，山东省南水北调建管局组织完成的“大型渠道混凝土机械化衬砌成型技术与设备”项目荣获国家科学技术进步奖二等奖。

“大型渠道混凝土机械化衬砌成型技术与设备”是山东省南水北调建管局结合南水北调山东段工程建设实际，自主研发的项目，该项目共取得国家发明专利4项、实用新型专利7项，填补了我国大型渠道机械化衬砌成型技术、设备和工艺等方面空白，不仅结束了我国引进机械化衬砌设备的历史，还打破了欧美设备垄断国际市场的局面，在应用于南水北调东线、中线工程以及大型平原水库、大型灌区建设的同时，还两批销往国外，应用于巴基斯坦国家重点工程——卡其水渠。该项技术成果获得2006年山东省科学技术进步一等奖，这次在国家科学技术奖励大会上又获殊荣，获得2007年度国家科学技术进步奖二等奖。

山东省南水北调建管局在工程建设中，始终把推进科技创新作为确保工程质量、加快工程进度、节约工程投资和提高工程效益的重要措施来抓，与省内外10多家科研机构、高等院校、设计和施工单位通力合作，结合工程建设中的技术难题，在工程优化设计，渠道防渗漏、防冻胀、防扬压、防湿陷技术，大型渠道混凝土衬砌机械化成型技术，高性能混凝土新技术，生态修复新技术等方面进行了10多项试验研究和技术创新研究，取得多项重大成果。在取得以上科研成果的基础上，结合南水北调工程建设实际，又成

功申报“十一五”国家重大科技支撑计划项目2项、国家重大技术引进与转化“948”计划项目3项、山东省自主创新重大科技专项计划项目1项。

南水北调工程验收工作暨培训会议在北京召开

为研究部署做好南水北调工程验收工作，2008年1月9～11日，国务院南水北调办在北京组织召开南水北调工程验收工作暨培训会议。各省（直辖市）南水北调办事机构、南水北调各项目法人、委托（代建）项目建设管理单位、各省（直辖市）质量监督站、南水北调办机关有关司和直属事业单位等110余名代表参加了会议和业务培训。

会议指出，在党中央、国务院的高度重视下，在国务院南水北调建委及国务院南水北调办党组的正确领导和地方各级政府的大力支持下，经过广大建设者的共同努力，南水北调工程建设整体进展顺利，取得阶段性成果，积累了丰富的经验，为做好南水北调工程各个阶段的验收工作及下一步大规模开展南水北调后续工程建设奠定了基础，创造了良好的条件。

会议强调，验收工作作为南水北调工程建设程序的重要环节，是保障南水北调工程质量的重要手段，也是全面检验南水北调工程建设成效的需要，做好验收工作具有十分重要的意义。同时，南水北调工程验收工作时间紧、任务重，各参建单位要进一步认清形势，把握主动，精心组织，科学安排，扎实做好各阶段验收工作。一要统一思想，提高认识，加强领导，精心组织；二要明确权责，分级管理，各负其责，密切配合；三要制定并严格执行验收计划，突出工作重点，及时完成各阶段的验收任务；四要认真执行规程规范，严格验收工作程序；五要及时组织做好专项验收；六要做好工程安全评估工作；七要充分发挥专家在验收中的技术支撑作用；八要正确处理好专项验收、安全评估与设计单元工程（完工）竣工验收、设计单元工程完工（竣工）验收和合同验收、验收进度与验收质量、工程验收、试运行管理与工程建设等的关系，保证南水北调工程验收工作的顺利开展。

此次培训会还邀请专家就《南水北调工程验收管理规定》、《南水北调工程验收工作导则》、《南水北调工程验收安全评估导则》等有关规程规范进行详细解读，就长江三峡工程验收工作实践经验等进行专门讲解。

2008年南水北调工程建设工作会议在南京召开

2008年1月17～18日，南水北调工程建设工作会议在南京召开，传达国务院常务会议精神，落实有关南水北调工程建设的工作要求，部署2008年工程建设任务。国务院南水北调办党组书记、主任张基尧作工作报告。江苏省委常委、副省长黄莉新到会致词。国务院南水北调办副主任李津成主持会议并作总结，国务院南水北调办副主任张野、主任助理孙永波出席。国务院有关部委的同志应邀出席会议。

张基尧指出，国务院南水北调工程建设委员会第二次全体会议部署的各项工作已经完成，南水北调工程建设各项工作取得了显著进展，工程建设总体形势良好。目前，已初步构建了南水北调工程和谐建设环境；符合南水北调工程特点的组织机构、管理体制、建设协调机制和配套制度已经建立；前期工作明显加强；控制性工程建设不断取得新突破，在建工程进展顺利；建筑市场逐步规范，建设管理明显加强；资金管理进一步完善，基金收缴逐步展开；征地拆迁工作稳步推进；东线治污、中线水源保护工作取得明显成效；文物保护滞后于工程建设的局面得到扭转；

惩治和预防腐败体系已经构筑，党风廉政建设成效显现；党的建设和精神文明建设成效显著。实践证明，做好南水北调工作，必须做到“六个坚持”。坚持科学发展、和谐建设，以科学发展观来统领南水北调工程建设的全局；坚持党和国家的各项方针、政策以及南水北调建委的工作部署；坚持遵循社会经济发展规律和工程建设规律；坚持统筹兼顾，正确处理好工程建设与前期工作、征地移民、文物保护、治污的关系；坚持求真务实的工作作风；坚持发挥党的政治思想工作优势。

张基尧强调，当前南水北调工作面临着难得的发展机遇，进入了一个新阶段，为实现南水北调工程建设又好又快发展创造了有利条件。一是党中央、国务院高度重视南水北调工程建设。党的十七大为南水北调工程各项工作提供了重要指针。1月上旬，国务院召开常务会议，对南水北调工程建设等重大问题研究决策，为南水北调工程建设全面、持续、有序展开奠定了基础。二是国务院有关部门及地方政府大力支持和配合，各省（市）南水北调办事机构、移民环保机构和项目法人团结协作、和谐共建，为南水北调工程建设提供了良好的环境。三是南水北调工程建设管理体制和协调机制逐步形成，各层次南水北调管理机构和协调机制已经建立，规章制度逐步完善，并在实践中逐步成熟，为南水北调工程建设提供了体制和机制保证。四是计划、资金渠道通畅，为南水北调工程建设提供了资金保证。五是京石段等工程先行建设取得的经验，为后续工程建设提供了重要借鉴。六是全体工程建设者的工作热情和献身精神，为南水北调工程建设提供了工作保证。

围绕实现2008年南水北调各项工作目标，张基尧对做好2008年南水北调工作提出了明确要求。一要加强前期工作，切实提高初步设计质量。二要提高工程管理水平，保证工程质量和安全。三要加强资金管理，有效控制工程投资。四要完善移民规划，落实移民政策，着力创造无障碍施工环境。五要加强东线治污的监督和中线水源地保护，促进治污保洁工作顺利进展。六要加强干部思想作风建设，为南水北调工程提供人才支持和组织、思想、作风保证。

李津成在总结讲话中指出，这次南水北调工程建设工作会议务实高效，达到了预期目的，对做好当前和今后一个时期的南水北调工作，必将起到重要的促进作用。

李津成对贯彻落实会议精神提出要求。一要加强领导，进一步统一思想。要立足南水北调工程建设全局，深入贯彻落实科学发展观，统筹兼顾，把思想进一步统一到中央的部署上来，把“三先三后”原则真正落实到工程建设实践中去，充分发挥南水北调工程治污环保对全国重点流域水污染治理的辐射带动作用，为建设资源节约型、环境友好型社会做出贡献；要抓住机遇，乘势而上，加快工程建设步伐，保证工程质量和安全；要加强协调、完善政策，创造和谐建设环境；要严守纪律，廉政节俭，树立工程崇高形象。二要细化全年工作计划，狠抓落实。三要突出重点，确保主要目标实现。要紧紧抓住决定工程建设的重大程序和政策性问题的解决，落实国务院常务会议决定，推动筹资方案落实，促进可行性研究总报告早日批复；修改完善“静态控制动态管理”规定，尽快报国务院审定实施；切实提高初设质量、加快审批速度，促进拟开工单项工程早日开工。要紧紧抓住中线京石段应急供水工程等关键工程的形象进度，确保奥运会前能通水、通好水，为奥运会成功举办做出贡献；对东、中线其他关键性节点工程，也要积极推进，确保按时保质完成，提高工程优良率；扎实稳妥地开展丹江口水库移民试点工作，为全面完成库区移民任务奠定基础。各地区、各单位要以对党和人民高度负责的精神，紧紧抓住东线治污、中线水源保护等关键工作不放，加强资金的筹集和治污工程建设计划的落实，改善水质状况，实现建设“清水走廊”、“绿色走廊”的目标。

南水北调各项目法人、东中线一期工程沿线7个省市南水北调办（建管局）负责同志参加会议并作情况交流，河南省移民办、湖北省移民局，江苏、山东省东线治污领导小组办公室负责同志参加会议。

丹江口库区移民试点工作座谈会在郑州召开

2008年1月26日，国务院南水北调办在郑州召开南水北调中线工程丹江口库区移民试点工作座谈会，传达国务院常务会议精神，听取河南、湖北两省移民主管部门、中线水源公司、长江勘测规划设计研究院关于移民试点方案编制工作进展情况的汇报。国务院南水北调办主任张基尧出席座谈会并作重要讲话，河南省副省长刘满仓出席会议并讲话，国务院南水北调办副主任张野主持会议。

张基尧在讲话中强调，要以党的十七大精神为指导，深入贯彻落实科学发展观，全面贯彻国务院常务会议精神，切实做好丹江口库区移民试点工作。他指出，丹江口库区移民试点工作是党中央、国务院体察民情、关注民生，结合南水北调工程实际作出的一项重要决策，是加快南水北调工程建设和维护库区移民群众切身利益的需要。我们必须充分认识库区移民的重要性、紧迫性，通过库区移民试点工作，发现问题、总结经验、增强信心，提高在新形势下处置和解决移民问题的能力。

张基尧强调，丹江口库区移民规划必须以全面落实科学发展观为总揽，以人为本，落实国家移民政策。在工作中处理好移民规划与方案实施、地方政府责任与项目法人参与、严格执行国家政策与关注移民群众合理利益诉求、移民搬迁与新农村建设、迁出地与安置区协调、移民规划质量与进度等6个方面的关系。

张基尧要求，认真研究库区移民工作中出现的新情况、新问题，关注民生、心系群众，妥善解决群众合理诉求，开拓创新、勇于探索，稳步推进丹江口库区移民试点工作。

张野在总结讲话中要求各有关单位要认真学习、领会张基尧主任的讲话精神，在库区移民试点工作中全面落实科学发展观，把移民试点方案编制与实施结合起来，确保试点方案规划质量，为试点移民的顺利搬迁创造条件。

中线水源公司，河南省南水北调办、移民办，湖北省南水北调办、移民局，长江勘测规划设计研究院有关负责同志参加会议。此前，河南省委书记徐光春，省委副书记、省长李成玉会见了张基尧主任一行。

南水北调工程2008年度安全生产工作暨文明工地表彰会议在丹江口召开

2008年3月4～5日，南水北调工程2008年度安全生产工作暨文明工地表彰会议在湖北省丹江口市召开。国务院南水北调办副主任张野出席会议并作重要讲话。

张野要求，各单位要以落实“隐患治理年”行动为契机，牢固树立安全发展理念，在思想上更加重视安全生产工作，在行动上更加自觉地抓好安全生产，在工作上更加扎实地落实安全措施，扎扎实实做好2008年度安全生产各项工作，促进南水北调工程又好又快建设。2007年，南水北调工程参建各方坚持“安全第一、预防为主、综合治理”的方针，全面贯彻落实国家安全生产法律法规及工作部署，加强组织领导，落实安全责任，安全生产保障体系和考核制度进一步完善，安全生产专项行动全面展开，重要时段安全生产工作得以加强，文明工地创建活动初见成效。在参建各方的共同努力下，南水北调工程安全生产工作成效显著，全年未发生群死、群伤重特大事故和较大以上安全事故，安全生产整体处于受控状态。

结合南水北调工程建设实际，张野明确提出2008年度南水北调工程安全生产总体工作思路是：认真贯彻党的十七大精神，全面贯彻落实科学发展观，自觉坚持“安全发展”指导原则和“安全第一、预防为主、综合治理”方针，落实责任，健全体系，完善机制，强化管理，突出重点，狠抓落实，有效防范遏制重特大事故，最大限度地减少伤亡事故，推动南水北调工程又好又快建设。明确2008年安全生产工作任务是：杜绝群死、群伤重特大事故发生，力争避免和减少较大事故的发生，工程建设百亿产值死亡率低于全国工程建设领域平均水平；加强监管和隐患治理力度，建立目标考核，坚决防止因赶工而出现违规、违章操作，在确保安全生产的前提下，实现南水北调工程年度建设目标。

围绕以上工作思路和目标任务，张野要求重点抓好8项工作：一是进一步落实安全生产责任制；二是加强应急预案体系建设，提高应急管理水平；三是建立安全生产目标考核制度，构建长效机制；四是继续加强重大危险源管理；五是大力开展安全生产“隐患治理年”专项行动；六是切实加强以农民工教育为重点的安全教育培训；七是加强和规范劳务分包及劳务用工管理；八是继续深入开展好文明工地创建活动。

会议还对2006、2007年度南水北调文明工地创建获奖单位进行表彰。国务院南水北调办有关司负责人，南水北调工程沿线各项目法人单位和各省、直辖市南水北调办负责人及部分参建单位代表参加了此次会议。

南水北调中线一期干线工程穿黄工程上游线隧洞盾构机正式掘进

2008年3月15日上午9时，中线一期干线工程穿黄工程上游线隧洞盾构机正式掘进。

中线穿黄隧洞采用双洞平行布置，隧洞轴线间距为28m，两条隧洞结构相同，单洞成型直径7m。根据黄河流向，两条隧洞分别命名为上游线隧洞和下游线隧洞。穿黄工程上游线隧洞盾构掘进，标志着穿黄隧洞施工全面展开，穿黄工程建设进入全新阶段。

穿黄工程两条隧洞采用2台盾构机平行掘进，下游线隧洞盾构掘进目前完成80多m，上游线隧洞之所以选择在这个时间开始掘进，是为工程施工安全的需要，也是工程进度总体安排的需要。2台盾构机在轴线间距28m的情况下，尤其是在有着40多m水压的条件下，2台盾构机施工相互会有扰动，2台盾构机沿隧洞径向必须保持一定的安全距离。下游线隧洞盾构机正在安装后配套台车，上游线盾构机这时掘进可以综合安排外方施工人员工作，并且可以使得盾构机后配套台车安装和盾构掘进都高效、有序地进行。

2008年是中线穿黄工程建设关键的一年，根据进度计划安排，两条隧洞要各完成1000多m的盾构掘进施工，南、北岸渠道的土方施工要全部完成，渠道要开始混凝土衬砌施工，另外南、北岸渠道的11座跨渠建筑物要全部建成。伴随着穿黄工程上游线隧洞的正式掘进，穿黄隧洞施工全面展开，工程建设进入了一个全新的阶段。

2008年南水北调工程稽察专家培训会在北京召开

2008年3月18日，国务院南水北调办在北京组织召开2008年南水北调工程稽察专家培训会。国务院南水北调办副主任张野出席开幕式并作重要讲话，要求不断提高稽察工作水平，保障南水北调工程建设规范、有序进行。

2003年以来，国务院南水北调办按照“客观、公正、高效”的原则组织开展的在建项目稽察工作，起到了规范南水北调工程建设行为的作用。张野在讲话中肯定了几年来稽察工作取得的成绩，对稽察专家多年来的辛勤努力表示感谢。张野对今后的稽察工作提出了3点要求：一是要继续保持稽察工作的严肃性和严谨性，不断提高稽察工作的权威性；二是要认真学习，广泛交流，集思广益，不断提高稽察工作水平；三是要努力改善稽察工作方式方法，创造和谐的工程建设环境。

培训会由国务院南水北调办监督司和监管中心共同组织，会期一周，有关稽察专家、稽察工作人员60余人参加培训。会上对2007年度优秀稽察专家进行了表彰，并特邀有关专家和领导就南水北调工程验收、专项设计、资金财务管理等内容进行培训和交流。

南水北调中线一期干线工程京石段应急供水工程临时通水工作领导小组第一次会议在北京召开

为加强对南水北调中线一期干线工程京石段应急供水工程临时通水工作的领导，国务院南水北调办成立了南水北调中线京石段应急供水工程临时通水工作领导小组。2008年3月26日上午，国务院南水北调办主任、领导小组组长张基尧在北京主持召开领导小组第一次会议，研究部署中线京石段应急供水工程临时通水有关工作。会议首先听取了中线建管局关于中线京石段临时通水工作情况的汇报。领导小组办公室4个专业组负责同志分别就下一阶段工作汇报了各自的工作打算。国务院南水北调办副主任李津成、宁远、张野，主任助理孙永波出席会议并讲话。

会议经过讨论认为，中线京石段应急供水工程战线长、时间紧、任务重，要在保证工程质量的前提下，采取有效措施，加快工程建设进度；要统筹兼顾，突出重点，及时研究和解决工程建设中存在的问题，为临时通水创造工程条件；要认真编制调度方案和各项安全保障预案，并切实抓好落实；要加强协调，争取工程沿线地方政府及其有关部门和沿线群众的大力支持，为工程建设营造良好氛围。

张基尧在讲话中强调，要充分认识中线京石段应急供水工程临时通水的重要意义。他指出，中线京石段应急供水工程是为缓解北京城市缺水状况，优先安排建设的项目。京石段应急工程临时通水，是京石段工程建设的需要，是对南水北调工程建设的检验，有助于总结工程建设经验，提高工程建设水平。当前中线京石段应急供水工程临时通水已经进入倒计时，京石段工程建设是所有工程建设的当务之急、重中之重。领导小组全体人员要提高认识，明确目标，落实措施，保障供水安全。各专业组要做到统一思想、完善组织、细化方案、严密措施，保证工程安全、供水安全和社会安全，如期实现京石段应急工程临时通水目标。

中线京石段应急供水工程临时通水工作领导小组成员、领导小组办公室及其各专业组负责人参加会议，各专业组工作人员列席会议。

国务院南水北调办主任张基尧一行考察南水北调中线一期干线工程京石段应急供水工程

2008 年 4 月 23 ~ 25 日，国务院南水北调办主任张基尧，副主任李津成、张野一行考察了南水北调中线一期干线工程京石段应急供水工程建设现场，并与河北省政府进行了座谈，就进一步做好中线河北段工程建设交换了意见。河北省委副书记、代省长胡春华，副省长宋恩华出席座谈会，副省长张和陪同考察。

张基尧一行先后考察了南水北调中线京石段惠南庄泵站、代建四标、S47 标、S41 标、直管六标、漕河渡槽、S34 标、S26 标、S25 标、S11 标、滹沱河倒虹吸等工程现场。每到一处，张基尧都详细询问工程施工的进度、质量以及存在的困难和问题，与现场的设计、施工、监理及建设管理人员亲切交谈，并向一线建设者表示慰问。

座谈中，张基尧对河北省南水北调工作给予了充分肯定。张基尧指出，下一步南水北调中线河北段要着力抓好 5 方面的工作：一要抓好京石段（河北段）工程的收尾工作，整治施工环境，提高临时通水水平；二要处理好工程合同、征地移民等方面的遗留问题，实现工程沿线的长期和谐；三要进一步研究防洪预案，确保工程度汛安全；四要进一步总结京石段工程建设的经验和教训，促进南水北调后续工作取得更好的建设成果；五要加快河北石家庄以南段的初步设计和征地移民实施方案的编制，尽快促进石家庄以南段初步设计的批复和工程开工。

座谈时，张基尧还就河北省南水北调工程建设资金、京石段临时通水调度以及桥梁通车管理等问题提出了意见和要求。

国务院南水北调办有关司负责同志、中线建管局及河北省南水北调办负责同志陪同考察。

南水北调中线一期干线工程京石段应急供水工程通过临时通水验收

2008 年 5 月 20 日，南水北调中线一期干线工程京石段应急供水工程通过国务院南水北调办组织的临时通水验收。至此，南水北调中线先期开工建设的京石段应急供水工程具备临时通水条件。国务院南水北调办主任张基尧出席验收总结会，并作重要讲话，副主任张野作为验收工作领导小组组长主持验收工作。会议开始时，与会专家及代表向四川汶川地震遇难同胞悼念默哀。

南水北调中线京石段应急供水工程南起河北省石家庄，北至北京团城湖，是结合向北京应急供水优先安排的工程，除担负向北京应急供水任务外，还担负南水北调中线一期工程全线贯通后的输水任务。工程建成后，可联合调度河北省岗南、黄壁庄、王快、西大洋 4 座水库，具备向北京应急供水的能力。

京石段工程自 2003 年 12 月 30 日开工建设以来，全面实行项目法人责任制、招标投标制、建设监理制、合同管理制，经过广大建设者 4 年多来的艰苦奋斗，全长 307.442km 的主体工程建设已基本完成，具备临时通水条件。

京石段应急供水工程累计完成土石方开挖 12 150.8 万 m^3，土石方回填 5079.4 万 m^3，混凝土浇筑 429.3 万 m^3；完成单元工程 82 258 个，其中合格率 100%，优良率 91.9%；完成永久征地 5 万亩，临时用地 4.9 万亩，拆迁房屋 44.8 万 m^2，拆迁工业企业 402 个，拆建专项设施 1793 处，文物挖掘 11.5 万 m^2，搬迁安置人口 4.9 万人。

在经过分部工程验收、项目法人验收和临时通水技术性初步验收等验收程序后，

2008年5月16～20日，国务院南水北调办组织对南水北调中线京石段应急供水工程进行了临时通水验收。经过验收组认真、细致地工作，形成并通过了南水北调中线京石段应急供水工程临时通水验收鉴定书。验收专家组认为，本次验收项目中，与临时通水有关的工程已完成或采取临时措施，满足临时通水要求。南水北调中线干线京石段应急供水工程已经具备临时通水条件，予以验收。

5月20日，随着验收组成员和被验收单位代表在临时通水验收鉴定书上签字，南水北调中线京石段应急供水工程完成临时通水前各项建设任务，实现了“2008年4月基本完成工程建设、5月具备临时通水条件”的工程建设目标。

河南省南水北调中线一期水源工程水源地水质保护工作会议在河南淅川召开

2008年5月20～21日，河南省政府在河南省淅川县召开河南省南水北调中线一期水源工程水源地水质保护工作会议，学习贯彻温家宝总理来河南视察时关于南水北调工作的重要讲话精神，回顾总结河南省南水北调中线工程水源地水质保护工作的成效和经验，客观分析存在的问题和不足，对下步工作进行再动员、再部署，切实保障南水北调中线工程水源地水质安全。副省长刘满仓出席会议并作重要讲话。会议期间，与会代表考察淅川县污染治理项目和水土保持项目现场。

刘满仓在讲话中指出，眼下，距离近期水质保护时限仅有不到3年的时间，南阳、洛阳、三门峡3市政府要彻底清理整顿污染源，全面实施污染物总量控制和排污许可证制度；要严把项目审批和验收关，严格控制新污染源；要加大对重点污染企业的监管力度，加快城镇基础设施建设，控制城镇生活污染；要加快规划项目实施；积极开展水土保持，严格控制矿产资源开发；要大力调整经济结构布局，治理面源污染。

刘满仓强调，要认真贯彻落实温家宝总理来河南视察时的要求，把南水北调中线工程建设成“一流工程、廉政工程、生态工程、利民工程、和谐工程”。全省各有关部门要肩负使命，把水污染防治作为水质保护工作的重中之重，确保水质安全，清水长流。

河南省南水北调办传达了温总理的讲话要点和国务院南水北调办张基尧主任的批示精神，通报了河南省水源地水污染防治和水土保持工作情况，并提出了明确要求。

国务院南水北调办环境与移民司、河南省发展改革委、水利厅、环保局和南阳、洛阳、三门峡3市政府负责同志发言。河南省财政厅、南水北调办、国土厅、建设厅、林业厅、旅游局、畜牧局等省直有关部门负责同志，南阳、洛阳、三门峡3市有关部门负责同志，淅川、西峡、内乡、邓州、卢氏、栾川6县（市）政府及有关部门负责同志参加了会议。

南水北调中线一期干线工程京石段应急供水工程临时通水工作领导小组第二次会议在北京召开

2008年5月27日，国务院南水北调办主任、中线一期干线工程京石段应急供水工程临时通水领导小组组长张基尧主持召开南水北调中线京石段应急供水工程临时通水工作领导小组第二次会议。会议听取了领导小组办公室各专业组前一阶段工作情况汇报和下一步工作安排，研究、讨论了京石段应急供水工程后续工程建设等各项工作，明确了工作重点，提出了工作要求。国务院南水北调办副主任、领导小组副组长李津成、宁远、张野，总工程师沈凤生出席会议并讲话。

会议充分肯定了领导小组第一次会议以来京石段应急供水工程建设取得的成绩。会议认为，在参建各方的共同努力下，京石段应急供水工程已实现了与临时通水有关的各项工程建设目标，通过了临时通水验收，工程质量符合设计要求，具备通水条件。

会议分析了当前京石段应急供水工程建设面临的形势，强调推迟通水给进一步做好各项工作赢得了时间，同时也提出更高的要求。有关各方要保持高昂的精神状态，提高工作的自觉性和积极性，努力做好各项工作，使工程设施更完善、管理更健全，努力实现更高水平的通水。

对京石段工程后续各项工作，张基尧要求：一是认真梳理工程建设遗留问题，统筹安排好京石段后续工程建设；二是对验收中提出的问题认真整改，切实做到不留隐患，万无一失；三是进一步完善运行调度方案，切实做好通水前的各项运行准备；四是处理好工程合同、征地移民等方面的遗留问题，实现工程沿线的长期和谐；五是认真总结京石段工程建设的经验和教训，从思想认识、工作责任、行为方法等方面查找原因和危害，研究制定改进措施和方案，不断提高工作水平；六是进一步加强京石段应急供水工程调度运行管理体制和应急供水管理方式的研究，提高供水管理水平。

李津成、宁远、张野、沈凤生分别就相关问题提出了工作要求。中线京石段应急工程临时通水工作领导小组成员、领导小组办公室及其各专业组负责人参加了会议。

南水北调中线一期干线工程天津干线（天津段）两侧水源保护区划定方案发布实施

2008 年 5 月 28 日，天津市人民政府批准了《南水北调中线天津干线（天津段）两侧水源保护区划定方案》，在南水北调中线沿线四省市中率先发布了其境内工程段两侧一、二级水源保护区范围，明确规定水源保护区范围内的禁止行为，为加强调水水质保障、输水设施安全维护以及沿线生态建设提供了基础。

按照国务院南水北调办、国家环保总局、水利部和国土资源部联合印发的《关于划定南水北调中线一期工程总干渠两侧水源保护区工作的通知》的要求，依据《中华人民共和国水法》、《中华人民共和国水污染防治法》等法律法规，天津市南水北调办、水利局、环保局、国土房管局和规划局联合制定了《南水北调中线天津干线（天津段）两侧水源保护区划定方案》，划定南水北调中线天津干线天津境内段工程暗渠两侧一、二级水源保护区范围，明确规定水源保护区范围内的禁止行为。

一级水源保护区范围为自工程输水暗渠箱涵外缘向两侧各外延 50m，在此区域内禁止新建、扩建与供水设施和保护水源无关的建设项目；禁止排放油类、酸液、碱液和含有放射性物质的废水、医疗废水及有毒有害废液；禁止倾倒、填埋、堆置和存放工业废渣、垃圾、粪便等固体废弃物和其他有毒有害废弃物；禁止设置油库、墓地；禁止在组织农业种植中利用污水灌溉、利用含有有毒有害污染物的污泥作为肥料、喷洒剧毒和高残留农药等活动。二级水源保护区范围为自一级水源保护区边线向两侧外延 150m，在此区域内禁止新建、扩建化工、电镀、皮革、造纸、冶炼、放射性、印染、染料、炼焦、炼油及其他有严重污染的建设项目，已建成的要限期治理、转产或搬迁；禁止利用渗坑、渗井、裂隙、溶洞以及漫流等方式排放工业废水、医疗废水和其他有毒有害废水；禁止将剧毒、持久性和放射性废物以及含有金属废物等的危险废物直接倾倒或埋入地下，已排放、倾倒和填埋的，要按照国家有关法律法规在限期内治理；禁止设置生活垃圾、医疗垃圾、工业危险废物、粪便和易溶、有毒有害等危险废物的集中转运、堆放、填埋和焚烧设施，设置危险品转运和储存设施，新建加油站及油库，已设置的上述场站要限期搬迁；禁止建立墓地和掩埋动物尸体；禁止在组织农业种植中利用污水灌溉、利用含有毒有害污染物的污泥作为肥料、喷洒剧毒和高残留农药等活动；禁止利用无防雨、防渗措施的堆放场所堆放、储存化工原料、矿物油类及有毒有害矿产品。

方案要求：天津市有关部门应严格管理，控制输水沿线两侧水源保护区内的开发建设性活动；工程建设单位要严格履行建设程序的有关规定；沿线区政府要加强对已建项目的管理，避免生产、生活活动对南水北调工程调水水质造成影响。

国务院南水北调办组织开展在建工程安全度汛和安全生产工作检查

为深入贯彻国务院关于进一步加强安全生产工作有关精神，落实南水北调工程在建项目安全度汛各项准备工作，确保度汛安全，2008年6月3~6日，国务院南水北调办组成两个检查组分别对南水北调中线河南境内安阳段工程、中线穿黄工程和丹江口大坝加高工程进行了检查。检查期间，河南省副省长史济春、刘满仓会见国务院南水北调办副主任张野一行，并就有关问题交换了意见。

张野率组实地详细查看了施工现场，听取了各有关单位防汛及安全生产工作的汇报，对各参建单位防汛组织机构、施工度汛方案、度汛应急预案、防汛抢险队伍及物资准备、安全生产隐患治理等工作的落实情况进行了全面检查，并与各参建单位就进一步做好度汛和安全生产工作进行了座谈，交换了意见。

张野在检查中要求，各参建单位要从维护社会稳定和谐、保障和促进经济社会可持续发展的高度，充分认识做好安全度汛工作的重要性和艰巨性。要坚决克服麻痹思想和侥幸心理，立足于“来大水，防大汛”，从思想上、工作上、作风上、措施上全力做好防大汛、抗大洪的各项准备，切实做好安全度汛各项工作，确保工程安全和人身安全。要切实贯彻落实南水北调办关于2008年安全生产工作的一系列部署，扎实做好安全生产工作，排查治理各类安全生产隐患，在确保工程质量安全的前提下，推动工程又好又快建设。要认真做好本职工作，以实际行动支持灾区重建，迎接奥运会的胜利召开。

从此次检查情况看，南水北调工程各参建单位重视防洪度汛工作。建立健全了组织机构，成立了防汛抢险队伍，制定了防汛预案，建立了汛期值班制度和险情上报制度，储备了一定数量的防汛抢险物资、器材和设备，加强了与当地防汛部门的沟通联系，工程形象进度和安全度汛准备工作基本满足度汛要求。

南水北调工程初步设计工作座谈会在北京召开

2008年6月11~12日，南水北调工程初步设计工作座谈会在北京召开。国务院南水北调办主任张基尧、副主任宁远出席会议并作重要讲话。

张基尧在讲话中指出，党中央、国务院高度重视南水北调工程建设。最近，国务院领导就南水北调工程建设作出多次重要批示，对南水北调工程建设提出了明确要求。京石段工程已具备通水条件，东、中线工程可行性研究总报告批复在即，南水北调工程建设将面临新的建设局面，此次座谈会是在这种关键时期召开的一次重要会议。通过讨论、交流，对初步设计工作进行研究，查找问题，分析原因，研究措施，实现了“统一思想、交流经验、明确任务、初步落实措施”的会议目的。当前南水北调工程建设正处于关键时期，加强设计单元工程的初步设计工作是各项工作的重中之重。南水北调工程初步设计工作是建设世界一流工程的基础和保障，直接关系到工程的质量和效益。加快初步设计进度和提高初步设计质量，是摆在我们面前一个繁重而艰巨的任务，需要全力以赴地抓紧、抓好。各项目法人、各地南水北调办、设计单位要进一步统一思想，提高认识，充实力量，加快初步设计工作进度，提高初步设计工作质量，为南水北调工程建设的顺利推进创造条件。

宁远在讲话中指出，南水北调工程自开工建设以来，初步设计各项工作有序推进，取得了一大批设计成果，有力地促进了南水北调工程建设。要综合考虑前期工作、工程建设、运行管理要求，统筹兼顾各方面工作，将初步设计组织工作抓紧、抓实，切实提高设计质量，加快工作进度。一是进一步加强初步设计组织管理。按照南水北调办颁发的《南水北调工程初步设计管理办法》、《加强南水北调工程初步设计管理，提高设计质量的若干意见》的有关要求，进一步加强初步设计组织管理，落实责任。要充分组织好设计力量，合理利用各种设计资源，将初步设计工作抓紧、抓实、抓好，全面落实初步设计工作计划。要加强与地方政府和有关部门、设计单位的协调配合，落实有关专项设计方案。二是提高设计质量，加快工作进度。要落实南水北调工程初步设计质量管理责任制。各项目法人、勘测设计单位都要明确责任人，分别对初步设计成果质量负责。三是设计审查单位要严格把关，在审查过程中，处理好进度与质量的关系，在确保设计质量的前提下，加快审查工作进度，有效缩短工作周期。

国务院南水北调办总工程师沈凤生，机关各司和设计管理中心、东中线一期工程沿线南水北调办、南水北调各项目法人的负责同志，有关勘测、设计单位的代表参加了会议。水利部调水局、水利部水规总院负责同志应邀参加了会议。

南水北调工程征地移民工作会议在郑州召开

2008 年 6 月 24 日，南水北调工程征地移民工作会议在郑州召开。会议总结了南水北调工程自开工以来征地移民工作的经验教训，表彰先进单位和先进个人，部署下一步工作。国务院南水北调办主任张基尧出席会议并作重要讲话。河南省副省长刘满仓到会致辞。国务院南水北调办副主任张野主持会议。

张基尧指出，南水北调工程开工建设 5 年多来，在国务院南水北调建委的正确领导下，在国务院南水北调建委各成员单位和沿线地方各级人民政府的大力支持下，南水北调征地移民工作扎实推进，维护被征地农民、拆迁居民和移民的合法权益，保障工程沿线建设环境和社会稳定，满足工程建设的需要，有力地促进了南水北调工程建设。同时，也积累了很多好的经验和做法，涌现出一批征地移民工作的先进集体和先进个人。

张基尧回顾了南水北调工程自开工以来，在体制、机制、制度、组织建设以及前期工作、建设进度等方面取得的各项进展。他认为“建委会领导、省级人民政府负责、县为基础、项目法人参与”的征地移民管理体制得以落实并在实践中逐步完善，推动了征地移民工作的稳步进行，妥善解决了征迁群众的生产、生活安置，营造了无障碍施工环境，促进了工程建设。

张基尧分析了当前南水北调征地移民工作面临的形势和任务。他要求在工作中正确处理规划与实施、进度与质量、永久与临时征地、省级政府负责与县为基础、移民与专项设施迁建、农业安置与非农业安置、地方政府负责与项目法人参与的关系。

张基尧重点部署近期启动库区移民试点工作。他要求河南、湖北两省加强领导，移民部门精心组织，落实搬迁计划，制定实施细则，研究新形势下库区移民工作的新情况、新问题，切实协调好迁入、迁出两地基层政府，做好住房建设与实施搬迁、生活安置与生产安置的有效衔接，抓好时机，不误农时和孩子就学，有序组织，稳步推进，务求丹江口库区移民试点工作取得显著成果。

张野宣读了对先进单位和先进个人的表彰决定。他说，经组织推荐、综合评议和公示，决定授予北京市南水北调工程拆迁办等49个单位“南水北调工程征地移民工作先进单位”称号，授予于文亮等85人“南水北调工程征地移民工作先进个人”称号；希望各有关单位和工作人员要学习借鉴获奖单位和个人的先进事迹和成功经验，改进工作方法和工作作风，提高工作水平和工作业绩，为南水北调工程建设做出更大贡献。

刘满仓在讲话中表示，河南省作为南水北调工程中占地面积最大、既有库区又有干线、拆迁居民和移民人口最多的省，任务艰巨。河南省将坚决按照国务院南水北调建委的部署，扎实做好征地移民工作，维护工程建设环境，保障工程建设的顺利实施。

南水北调东、中线一期工程沿线省市地方南水北调办及征地移民主管部门，有关建设项目法人以及专项迁建、征地移民监理监测单位的先进单位和先进个人代表近100人参加了会议。

国务院南水北调办主任张基尧一行在河南省考察调研

2008年6月24～26日，国务院南水北调办主任张基尧、副主任张野一行在河南省考察、调研，分别考察调研了南水北调中线穿黄工程、河南省水利勘测设计研究有限公司、黄河勘测规划设计有限公司，并与河南省有关领导进行了座谈，河南省副省长刘满仓陪同调研。

6月24日，张基尧一行先后查看了穿黄工程1:1仿真试验现场及穿黄隧洞施工现场，察看了穿黄隧洞的盾构施工情况，了解现行的管片生产情况，询问工程施工的进度、质量以及存在的困难和问题。参观完施工现场后，张基尧与穿黄工程参建各方代表进行了座谈。在座谈中，张基尧对穿黄工程取得的成绩给予了充分肯定。他指出，穿黄工程在全体建设者的努力下，克服了重重困难，先后解决了管片拼装问题及老管片应用问题，隧洞掘进步入正常施工阶段，1:1仿真试验也取得了一定进展。穿黄工程建设这些成绩的取得，为中线工程下一步掀起新的施工高潮打下了良好的基础。对穿黄工程的下一步工作，张基尧提出了具体要求：一是要统一思想、明确目标，切实努力开创穿黄工程建设新局面。参建各方要继续发扬攻坚克难的精神，团结协作，分清职责，排除一切干扰，进一步凝聚力量，共同开创中线穿黄工程建设新局面。二是要保证质量、安全第一，稳步推进隧洞掘进施工。穿黄工程地质复杂，技术复杂，建设各方要加强安全监督，落实安全责任，做好安全预案，超前考虑盾构施工中可能遇到的不安全因素，确保实现工程建设安全、可靠。三是要精心准备、提前安排、措施得当，协调解决好管片生产进度与盾构机掘进的关系。四是要进一步做好1:1

仿真试验。1∶1仿真试验是一项技术含量高、试验周期长、试验任务明确、紧密结合实践的科研项目，为下一步衬砌施工提供设计参数，起到指导施工的重要作用。

6月25～26日，张基尧一行先后到河南省水利勘测设计研究有限公司、黄河勘测规划设计有限公司调研，就南水北调中线工作勘测设计工作进行座谈，并亲切慰问从事南水北调工程勘测设计工作的有关人员。

张基尧在讲话中充分肯定了河南省水利勘测设计研究有限公司、黄河勘测规划设计有限公司在南水北调工程勘测设计工作中所取得的成绩，并致以谢意。他指出，南水北调工程建设中也存在一些亟须解决的问题，比如前期工作滞后，东、中线可行性研究总报告及已批复单项可行性研究的部分工程初步设计尚未批复等，制约着工程建设的顺利进行。南水北调工程勘测设计工作至关重要，要加快建设步伐，建设一流工程，必须加强前期工作，加强南水北调管理机构、项目法人与南水北调工程设计单位的联系，加强对设计阶段工作的协调。

张基尧强调，从事南水北调工程勘测设计工作的单位要明确和落实设计责任，建立初步设计质量保证体系，为工程勘测设计工作提供制度保障；要处理好设计规范和实事求是、工程安全和科学经济、重点部位和一般部位的关系，初步设计责任制和吸纳多方意见的关系，优化配置设计力量与充分利用社会资源的关系；要认清形势，加强协作，建立及时、有效的协调机制，加快初步设计工作进度，提高初步设计工作质量，开创南水北调工程初步设计工作的新局面。

期间，河南省委副书记、代省长郭庚茂会见了张基尧一行。国务院南水北调办总工程师沈凤生和机关各司、直属单位、中线建管局、河南省政府办公厅的负责同志参加了调研。

国家四部委调研南水北调东线航运船舶码头污染防治工作

2008年6月25～27日，国家发展改革委、交通运输部、环境保护部、国务院南水北调办联合组成调研组，调研山东省济宁市和江苏省宿迁市、淮安市南水北调东线航运船舶码头污染治理工作。

调研组实地考察了山东省京杭运河济宁港跃进沟码头，并与山东省、市有关部门进行了座谈，听取了山东省交通厅航运管理局及济宁市航运管理局关于航运污染防治工作的情况汇报。调研组强调，必须高度重视南水北调东线航运船舶码头污染问题，采取有力措施予以解决。一是加强宣传，提高认识。目前，航运污染源主要是营运过程中产生的船舶垃圾、生活污水、船舶油类污染物、船舶有害排气和噪声污染以及港口作业产生的粉尘污染等，要达到国家确定的南水北调干线Ⅲ类水质目标，必须加大宣传教育力度，增强全社会水路交通环保意识。二是加强硬件设施建设。按照南水北调东线工程对水污染防治的要求，推广标准化船型，建设船用垃圾回收站，对生活垃圾及油（污）水进行收集处理。取缔小码头，建设大型现代化环保型港口，使用现代化的封闭式装卸设备等。三是加大监管力度。相关行业要加强部门联动，加强对船舶违法排污的跟踪监管，完善污染防治制度，打击违法排污行为，建立起船舶航运污染防治的长效机制。

调研组随后考察了江苏省宿迁市、淮安市航运污染治理工作。调研组指出，南水北调东线成败的关键在于治污，大运河船舶污染治理工作又是治污工程中的一项重要工程，工程进展得快慢、实施得好坏，直接关系到南水北调东线输水干线水质能否按期持续稳定达到地表Ⅲ类水标准。江苏省要在上一阶段大运河污染治理取得很好成效的基础上，进一步加强已建垃圾收集站、油废水收集站等设施的管理，进一步研究运河船舶垃圾收集处理工作的长效运行机制和管理体制，进一步研究、制定船舶污染的应急措施，要以南水北调治污工程的实施为契机，切实提升京杭运河江苏段的整体水环境。

全国人大常委会执法检查组检查南水北调东线一期工程山东段工程贯彻《环境影响评价法》情况

2008年7月7~8日，全国人大常委会委员、全国人大环资委主任委员汪光焘，全国人大环资委副主任委员张文台带领全国人大常委会执法检查组，来山东省检查《中华人民共和国环境影响评价法》的贯彻实施情况。8日上午，检查组一行先后到南水北调东线工程新薛河人工湿地、橡胶坝工程进行了实地察看，并听取了有关工作情况汇报。

按照《环境影响评价法》和水利部有关南水北调工程前期工作要求，南水北调东线一期工程山东段11个单项工程中（含截污导流工程），除管理信息系统工程融合在各单项工程外，其余10个单项工程均委托有相应资质的环评单位进行了环境影响评价，并分别通过了水利部预审和省环境保护主管部门初审，除率先开工的项目进行单项批复外，其他项目最终由国家环保总局总体批复，工程建设全部按规定办理了环评手续。

在工程建设过程中，山东省严格按照环保主管部门对环评的批复要求，一方面在工程设计中严格落实相关工程措施，另一方面在工程建设中对环境保护工作实行了全过程管理。从招标开始，到工程施工，一直到工程结束后的验收工作，在各个环节上强化环境保护措施。2008年初，已建成的济平干渠工程通过了原国家环境保护总局组织的环保专项验收。

南水北调中线一期干线工程京石段应急供水工程建设协调会议在北京召开

2008年7月8日，国务院南水北调办在北京召开南水北调中线一期干线工程京石段应急供水工程建设协调会议，传达贯彻党中央有关社会稳定、奥运安保的会议精神，听取中线建管局、北京市南水北调办、河北省南水北调办关于奥运会期间京石段应急供水工程有关社会稳定、工程安全工作的汇报，研究部署京石段应急供水工程建设和沿线维稳安保工作。国务院南水北调办主任张基尧出席会议并作重要讲话，副主任李津成传达中央有关会议精神，副主任宁远、张野出席会议。

张基尧在讲话中充分肯定京石段应急供水工程建设取得的成绩，全面分析京石段应急供水工程安全稳定的工作形势。他指出，京石段应急供水工程经过4年多的建设，已通过临时通水验收，具备应急通水条件。中线建管局和河北、北京两省市围绕遗留工程建设、工程管理、征地移民和环境保护等方面做了大量工作。一是遗留工程建设取得明显进展。左岸排水建筑物除山南庄渡槽外汛前已基本完工；渠道主体工程过水断面以上的边坡和渠道外坡护砌正抓紧进行；8处采取临时通水措施的建筑物中，部分正在拆除并恢复到原设计方案，交通桥正抓紧施工；金属结构、机电设备安装调试及临时通水验收遗留问题处理工作有序开展。二是工程安全保障措施逐步落实。工程度汛措施基本满足要求，工程安全防护设施逐步完善，在危险地段和重要建筑物附近设置安全警示牌和提示标志，配备了专用消防设施等。三是社会环境基本稳定。及时下达征地移民资金，足额发放集体和个人补偿费；认真开展矛盾纠纷排查化解工作，加强施工范围社会治安管理；严厉打击各类违法犯罪活动，整治施工工地及周边治安秩序，为确保工程建设顺利进行和维护沿线地区社会稳定发挥了重要作用。

张基尧强调：要采取有效措施，确保工程安全；要妥善处理社会矛盾，维护社会稳定；要认真贯彻中央有关会议精神，做好工程沿线矛盾纠纷的排查化解，以扎实工作保障平安奥运目标的实现。

国务院南水北调办机关各司、直属事业单位、中线建管局、北京市南水北调办、河北省南水北调办负责同志参加了会议。

南水北调东线一期工程解台泵站工程通过试运行验收

2008年8月4日，南水北调东线一期工程解台泵站通过项目法人组织的试运行验收，这标志着解台泵站工程已全部建成，可以投入运行发挥工程效益。

2008年8月3～4日，江苏水源公司在徐州市主持召开解台泵站机组试运行验收会。江苏省水利厅、省南水北调办、南水北调工程江苏质量监督站、省水利建设工程质量检测站，徐州市水利局、南水北调办，徐州水文分局，徐州贾汪区水利局、南水北调办，徐州市供电公司，以及该工程建设、设计、施工、设备制造及工程委托管理等单位的代表和特邀专家组成工程验收委员会，分为主机及辅机、电气设备及自动化、土建、水文水情等4个专业技术组，对解台泵站工程进行泵站机组试运行验收。

验收委员会听取了工程建设、设计、监理、施工等单位的工作报告，审查了试运行工作组预试运行工作报告及试运行准备情况后，同意开展机组试运行。验收委会员通过查看工程运行情况、查阅工程档案资料，审查试运行工作报告，听取各专业技术组验收意见后，经过充分讨论，同意解台泵站工程通过机组试运行验收，可正式移交管理单位管理运用。

解台泵站的建成，将与刘山站、蔺家坝站联合运行，共同实现出骆马湖125m^3/s，入下级湖75m^3/s的调水目标，同时能够排泄徐州地区和微山湖湖西地区756km^2的涝水，这将为南水北调东线工程发挥梯级输水骨干作用，并将为地方经济发挥显著的社会效益。

江苏省辖淮河流域暨南水北调东线水污染防治工作会议在南京召开

2008年8月10日，江苏省辖淮河流域暨南水北调东线水污染防治工作会议在南京举行。江苏省委书记梁保华作出重要批示，江苏省委副书记、省长罗志军出席会议并讲话，江苏省委常委、常务副省长赵克志主持会议并讲话。会议要求各地各有关部门以更大的决心、更高的标准、更硬的措施，坚决打好淮河流域暨南水北调东线水污染防治攻坚战。

梁保华在批示中指出，淮河流域是国家治理“三河三湖”的重点之一，也是南水北调东线工程的必经之地。经过多年努力，江苏省淮河流域水污染防治工作取得了积极成效，但水环境形势依然严峻，治污任务十分繁重。希望各地各有关部门继续坚持“环保优先”方针，加大防治淮河流域水污染工作力度，严把环境准入门槛，狠抓重点河流整治，加快治污工程建设，严格环境执法，确保实现国家下达的治污目标，努力为“推动科学发展、建设美好江苏”做出更大的贡献。

罗志军在讲话中要求，把淮河流域暨南水北调东线水污染防治摆上更加重要的位置，按照国家淮河流域“十一五”水污染防治规划的要求，坚持标本兼治、综合治理，突出防治重点，落实关键措施，全力以赴抓好这件功在当代、惠及千秋的大事。

赵克志在讲话中强调，淮河流域治污工作只能加强、不能放松，工程建设只能加强、不能延缓。

“十一五”水污染防治目标是：到2010年，淮河流域45个考核断面和11个城市重点水域控制断面水质全部达标；34个集中式饮用水源地达到地表水Ⅲ类标准；COD排放量控制在31.69万t，氨氮排放量控制在3.01万t，较2005年分别削减15.6%和23.3%。2008年要确保2个跨省断面水质稳定达标，其余43个断面水质达标率达到85%，南水北调东线14个控制断面水质全部达到目标要求。

江苏省淮河流域8市、37个县（市、区）政府，省、市、县有关部门主要负责人和分管负责人参加了会议。

南水北调中线一期干线工程京石段应急供水工程临时通水工作领导小组第三次会议在北京召开

2008年8月27日，国务院南水北调办主任、中线一期干线工程京石段临时通水领导小组组长张基尧在北京主持召开南水北调中线京石段应急工程临时通水工作领导小组第三次会议。会议听取了领导小组办公室各专业组前一阶段工作情况的汇报和下一步工作安排，以及北京市南水北调办、河北省南水北调办关于临时通水准备工作情况的汇报，研究部署了通水前的各项工作，明确了工作重点，提出了工作要求。国务院南水北调办副主任、领导小组副组长李津成、宁远、张野，沈凤生总工程师出席了会议并讲话。

会议肯定了前一段京石段工程建设取得的成绩。会议认为，自京石段临时通水目标确定以来，参建各方紧密围绕通水目标，积极推进工程建设，认真落实各项运行准备工作，为京石段应急供水工程临时通水创造了有利条件，奠定了可靠基础。

会议强调，京石段应急供水工程作为南水北调中线干线率先实施的工程项目，担负着缓解北京用水紧张局面、保障首都供水安全的历史重任。顺利实现京石段临时通水目标，是缓解首都北京水资源短缺，回应社会各界关注南水北调工程建设，进一步振奋建设者精神，展现南水北调工程建设阶段成果的需要。有关各方要进一步提高对通水工作的认识，集中力量，切实做好各项准备工作，确保通水目标的顺利实现。

对下一步工作，张基尧要求：一是各有关单位要进一步统一思想，提高认识，认真贯彻落实国务院领导的有关批示精神，集中精力做好通水各项准备工作，努力实现科学、安全通水；二是要以保证安全为前提，切实抓好渠道边坡衬砌、安全防护网安装、跨渠桥梁及堤顶道路建设等剩余尾工建设，进一步完善工程形象面貌；三是要加快应急调度运行方案的审查、批复，做好应急供水和长期供水的有效衔接，积极推进永久用电系统、自动化系统的建设，进一步节约调度成本，提高运行调度的安全性；四是要加强参建各方的协调配合，建立完善、高效的协调制度，形成紧张有序、协调有力的工作局面，努力做到计划周密、信息反馈及时、督促落实有力；五是要进一步完善应急预案，落实各项保障措施，加大通水期间的安全管理力度，切实做好各项安全工作，保证工程安全、水质安全、社会周边环境安全，维护沿线地区社会稳定；六是要做好京石段临时通水宣传准备工作，拟订宣传提纲，统一宣传口径，完善宣传方案；七是要加强冰期输水研究，适时对冰期输水作出决策。

李津成、宁远、张野、沈凤生分别就相关问题提出了工作要求。南水北调中线京石段应急工程通水工作领导小组成员、领导小组办公室及其各专业组负责人，北京市南水北调办、河北省南水北调办负责同志参加了会议。

水利部部长陈雷考察南水北调中线一期水源工程

2008年9月1~2日，水利部部长陈雷考察南水北调中线一期水源工程。

9月1日下午，陈雷对南水北调中线取水口陶岔渠首枢纽进行考察，他详细了解陶岔渠首枢纽工程的前期准备工作，并看望陶岔枢纽的管理人员。随后，陈雷对丹江口库区、丹江口大坝加高工程进行考察。在大坝加高工程右岸施工现场，陈雷仔细了解工程建设情况，慰问奋战在施工一线的建设者，并对右岸混凝土坝段和土石坝施工进行考察。

9月2日，陈雷听取中线水源公司关于南水北调中线水源工程建设管理情况的汇报并发表讲话，对中线水源工程的建设管理给予高度评价。他指出，丹江口大坝加高工程是中线水源工程的核心，是南水北调中线重要的节点和控制性工程，在中线水源公司及全体参建单位的共同努力下，工程建设取得了令人瞩目的成绩：一是前期准备工程进展顺利；二是开工及时，做到了前期准备工程和主体工程同年开工建设；三是工程进展顺利，54个需要加高的混凝土坝段已经有37个加高至新坝顶高程，右岸土石坝除坝头连接部位外，已达到176.6m的设计高程，左岸土石坝填筑高程已达到167m；四是施工质量优良，截至2008年7月底，共完成主体单元工程9679个，其中优良9070个，优良率93.70%，没有发生质量事故，安全受控，保证了度汛安全；五是加强建设管理与建设资金管理，资金使用规范。

陈雷要求，中线水源公司要加大工作力度，科学安排工期，加强工程建设管理，切实抓好丹江口大坝加高工程建设，确保南水北调中线水源工程顺利实施，早日实现供水目标。

水利部长江水利委员会、中线水源公司负责同志参加了汇报会。

国务院南水北调办等五部委联合发文加强南水北调东线京杭运河段航运水污染综合治理工作

为进一步促进南水北调东线京杭运河段航运污染综合治理工作，2008年6月25~27日，国务院南水北调办联合国家发展改革委、交通运输部和环境保护部等部门的有关司局及专家组成联合调研组，对南水北调东线工程沿线航运船舶码头污染治理工作进行了调研。在调研及协调的基础上，2008年9月3日，国务院南水北调办、国家发展改革委、交通运输部、环境保护部、住房和城乡建设部联合印发了《关于加强南水北调东线京杭运河段航运水污染综合治理工作的通知》（综环移函［2008］277号）。

通知指出，京杭运河作为我国南北运输大通道之一，在促进物质文化交流和经济社会发展方面发挥了重要作用。随着我国国民经济的发展，京杭运河水上运输日趋繁忙，南水北调东线工程实施以后，京杭运河又被赋予向北方输送生产生活用水的功能。加强航运水污染综合治理是内河水运现代化建设的内在要求，也是保障南水北调东线输水水质安全的重要措施。南水北调东线工程沿线江苏、山东两省应进一步提高思想认识，切实加强组织领导，采取综合治理措施，防治航运业带来的污染，满足输水对水质的要求，努力将南水北调东线京杭运河段建设成“清水廊道”。

通知要求，两省有关部门要进一步推进船型标准化进程，逐步实现污染物船内封闭、收集上岸，同时，要科学规划、合理布局南水北调东线京杭运河段港口建设，整合现有港口岸线资源，统一规划规模化、集约化、环保型的现代化公用港区，有条件的新建作业区尽量远离调水主通道。两省有关部门要进一步加强航运环保法规和船舶防污知识的宣传力度，提高广大船员及全社会防污治污意识。建立船舶污染物接收处理和运营管理机制，确保已建的船舶垃圾和污（油）水回收站正常运转。两省之间要加强协调，努力做到目标一致、政策一致、步调一致。

通知强调，两省要进一步加大现场监管力度，加强船舶防污设备日常检查，加快船舶防污监管的信息化建设，实现沿线多地区和多部门污染防治信息的共享。同时建立、健全《南水北调东线京杭运河段船舶污染事故应急预案》，加快建设船舶污染防治应急体系，提高危险品船舶事故应急处置能力。

通知提出，江苏、山东两省要组织有关部门，根据南水北调东线京杭运河段水污染综合治理工作的实际情况，尽快研究提出有关航运水污染防治设施建设方案，经国务院有关部门研究论证后，纳入《京杭运河航运综合治理发展建设规划》。

南水北调东线一期工程江都四站更新改造工程正式开工建设

2008年9月3日，南水北调东线一期工程江都四站更新改造工程正式开工建设。

江都四站更新改造工程是江都站改造工程建设项目之一，该工程投资6286万元，计划2010年汛前竣工，改造项目主要有：更换7台套水泵电机；更换高低压电气设备；监控、视频系统重新安装；更换辅机设备，进水侧检修门槽处理；更换检修闸门；混凝土碳化处理；翼墙裂缝修补；扩建控制楼1200m^{2}等。

江都站改造工程，是在原有工程基础上进行改造。江都泵站是南水北调东线工程的第一级抽水泵站。工程主要包括：江都三站、四站更新改造；江都变电所更新改造；西闸加固；东、西闸间河道疏浚扩挖等。工程概算投资2.53亿元，工程总工期为36个月。江都站改造工程完成后，江都站年运行时间最高将达8000h，抽水总量约115亿m^3，这将对解决我国北方地区水资源紧缺问题、改善生态环境、促进经济社会的可持续发展起到十分重要的作用。

南水北调东线一期工程淮安四站工程通过试运行验收

2008年9月9日，南水北调东线一期工程淮安四站工程通过项目法人组织的试运行验收，这标志着淮安四站工程可以投入运行发挥工程效益。这也是继解台站后，东线江苏段2008年度又一个具备投入运行条件的泵站工程。

2008年9月8~9日，江苏水源公司在淮安市主持召开了淮安四站工程泵站机组试运行验收会。省水利厅厅长、省南水北调办主任吕振霖亲自到现场启动机组运行并发表了重要讲话。省南水北调办副主任张劲松、江苏水源公司董事长邓东升等参加验收会议。省水利厅、省防汛指挥部办公室、省河道管理局、南水北调工程江苏质量监督站、省水利建设工程质量检测站、省灌溉总渠管理处，淮安市水利局、南水北调征迁办，淮安供电公司，楚州区水利局、南水北调征迁办，以及该工程建设、设计、施工、设备制造及工程委托管理等单位的代表和特邀专家组成工程验收委员会，分为辅机金属结构、电气设备、土建、水文水情等4个专业技术组，对淮安四站工程进行泵站机组试运行验收。

验收委员会听取工程建设、设计、监理、施工等单位的工作报告，审查试运行工作组预试运行工作报告及试运行准备情况，同意开展机组试运行。验收委员会通过查看工程运行情况、查阅工程档案资料，审查试运行工作报告，听取各专业技术组验收意见后，经过充分讨论，同意淮安四站泵站工程通过机组试运行验收，可正式移交管理单位管理运用。

淮安四站设计流量为100m^3/s，泵站总装机4台套立式全调节轴流泵（其中1台备机），配4台套立式同步电机，工程总投资15 669万元。该泵站主体工程2006年2月开工建设，2008年1月通过泵站主体水下工程阶段验收，2008年8月通过议标委托江苏省灌溉总渠管理处为该项工程的运行管理单位。

淮安四站工程位于江苏省淮安市楚州区三堡乡境内里运河与灌溉总渠交汇处，与已建成的淮安一、二、三站共同组成南水北调东线一期工程的第二个梯级。淮安四站的建成，使新河输水专线与里运河形成淮安梯级双线送水的格局，扩大淮安站总规模至300m^3/s，从而为尽快实现东线规划所确定的第一期工程调水目标提供重要保证。同时，可以提高白马湖地区区域排涝能力，为地方经济发展发挥社会效益。

南水北调东线一期工程南四湖水资源控制工程建设协调领导小组第五次会议在北京召开

为加快南四湖水资源控制工程建设步伐，2008年9月11日，在北京召开南水北调东线一期工程南四湖水资源控制工程建设协调领导小组第五次会议，由国务院南水北调办副主任张野主持。会议对姚楼河闸、杨官屯河闸、大沙河闸和潘庄引河闸征地拆迁和建设实施中的有关问题进行了研究讨论，对近期工作进行了部署，形成了会议纪要。

会议肯定了南四湖水资源控制工程建设协调领导小组第四次会议（以下简称领导小组第四次会议）召开以来，南四湖水资源控制工程建设各项工作取得的成绩。

会议对近期工作作出了部署安排，提出了具体的工作目标和有关要求。

会议要求，有关各方要深入贯彻落实国务院第204次常务会议和领导小组第四次会议精神，按照领导小组第四次会议和本次会议确定的工程建设目标和工作计划，加大工作力度，切实加快工程建设进度。

国务院南水北调办投资计划司、经济与财务司、建设管理司、环境与移民司，南水北调工程设计管理中心，江苏省南水北调办，山东省南水北调建管局，江苏水源公司、山东干线公司、淮委治淮工程建设管理局，中水淮河规划设计研究有限公司负责同志参加了会议。

河北省向北京市应急供水工程正式启动

2008年9月18日上午10时，河北省黄壁庄水库开启闸门，开始利用南水北调中线京石段应急供水工程向北京市实施应急供水。本次调水水源地为河北省岗南、黄壁庄和王快3座大型水库，调水目的地为北京市团城湖。

近年由于连续干旱，北京市水资源供需形势十分严峻。为了解决2008年北京供水安全问题，弥补北京市当地供水水源地的供水缺口，在党中央、国务院的亲切关怀下，在水利部、国家发展改革委和国务院南水北调办的积极组织协调下，经北京市与河北省多次联系沟通，两省市本着“团结治水、互相理解、互谅互让”的原则，就2008年河北省向北京市应急供水问题达成了共识，并签订了供水协议。

调水线路为南水北调中线京石段应急供水工程总干渠，以及总干渠与黄壁庄、王快水库的连接渠。黄壁庄水库至中线总干渠线路长18km，由石津干渠段和连接渠段组成；

王快水库至中线总干渠线路长31km，包括沙河总干渠段和连接渠段两部分；南水北调中线京石段应急供水工程，南起河北省滹沱河南侧古运河，北至北京市团城湖。

本次从河北省岗南、黄壁庄、王快3座水库共调水3亿m^3，岗南、黄壁庄为梯级水库，两库联合调度，岗南、黄壁庄两库出库水量2亿m^3，入南水北调总干渠1.8亿m^3；王快水库出库水量1亿m^3，入南水北调总干渠0.8亿m^3。

向北京市供水水质要求河北省出库水质和入中线总干渠水质达Ⅲ类以上。目前，河北省3座大型水库水质均为Ⅱ类以上。为了提高水质保证率，河北省已于9月17日下午4时启动从岗南水库向黄壁庄水库补水，初始流量40m^3/s，18日上午10时达到80m^3/s左右。

河北省水库的放水时间为2008年9月18日~2009年3月10日，共计174天。其中黄壁庄水库放水日期为2008年9月18日~2009年1月13日；王快水库放水日期为2009年1月13日~3月10日。

为了确保应急调水的顺利实施，9月15~17日，水利部副部长矫勇、南水北调办副主任宁远带领检查组，到河北、北京两省市对应急调水的各项准备工作进行了检查，并对下一步的工作提出了明确要求。检查组要求有关各级政府要充分认识这次调水工作的重要性，精心组织好这次调水任务，要在水量、水质、安全、稳定等方面做好保障工作。一是建立应急调水工作责任制，逐级落实责任；二是加强科学调度，保证调水水量和工程的安全运行；三是加强水量水质的监测，建立水量水质信息报送机制；四是强化保护工作，尤其是水质方面，要防止排污和垃圾等进入干渠；五是加强输水安全保卫工作，确保调水期间不出安全事故；六是做好维护农民利益工作，确保社会稳定。

南水北调中线一期工程南阳膨胀土试验段工程开工建设

2008年9月26日，南水北调中线一期工程南阳膨胀土试验段工程开工建设。国务院南水北调办副主任宁远、河南省人大常委会副主任铁代生、河南省副省长刘满仓、河南省政协副主席靳绥东等出席开工仪式。河南省省长助理何东成主持会议。

南水北调中线总干渠穿越膨胀（岩）土渠段累计近400km，膨胀（岩）土是一种具有特殊性质的（岩）土，其处理技术难度、处理工程量和投资都比较大，是南水北调中线工程面临的关键技术问题之一。为了验证可行性研究阶段提出的处理方案，进一步研究膨胀土的处理措施，尽可能控制工程投资，减少占地及环境影响，在中线总干渠典型膨胀土渠段选择适当渠段，建设试验段工程，提前开展现场试验，提出既经济可靠又便于实施的膨胀土处理措施，为其他膨胀土渠段设计和建设提供依据。试验的主要目的是寻找替代换土方案的其他工程措施，最大限度节约土地资源和降低工程成本。

南阳市位于南水北调中线工程的源头，既是水源地又是受水区，是河南省渠道最长、移民最多、占地最多的省辖市。南阳膨胀土试验段工程，是南水北调中线干线工程黄河南的首开项目，是实现中线河南段“黄河北连线、黄河南布点”建设目标的关键一环。该工程的开工建设，标志着黄河以南南水北调中线工程建设进入新的阶段。

南水北调中线一期工程为一等工程，该试验段总干渠渠道及公路交叉建筑物为1级建筑物，附属建筑物为3级建筑物，临时工程为4级建筑物。渠线总长2.05km，跨渠公路桥1座，生产桥1座。设计洪水标准为50年一遇，校核洪水标准为200年一遇。本渠段膨胀土渠道及公路交叉建筑物地震设计烈度采用Ⅶ度。工程总工期24个月。

南水北调中线一期工程京石段应急供水工程举行通水仪式

2008年9月28日，南水北调中线一期工程京石段应急供水工程建成通水仪式在河北省与北京市交界的北拒马河暗渠工程现场举行。国务院南水北调办主任张基尧，副主任李津成、张野，中共北京市委常委牛有成，河北省人民政府副秘书长赵金平，以及国家发展改革委、公安部、财政部、环境保护部、水利部等部门代表出席仪式。

张基尧在通水仪式上宣布，南水北调工程建设取得阶段性成果，中线京石段工程开始运行并发挥效益。京石段工程除近期担负向北京市应急供水任务外，还将担负南水北调中线一期工程全线贯通后的输水任务。

南水北调中线京石段应急供水工程在2008年经过分部工程验收、项目法人验收、临时通水验收程序后，于2008年5月具备通水条件。

这次调水从岗南水库、黄壁庄水库和王快水库放水，分别经石津干渠、沙河灌区总干渠、连接渠进入京石段工程总干渠，然后由京石段工程总干渠输水至北京市，通水线路总长305.9km，其中河北省225.5km，北京市80.4km。京石段工程总干渠与黄壁庄的连接渠长18km，与王快水库的连接渠长31km。本次调水从2008年9月18日开始放水，28日进入北京，至2009年3月中下旬放水结束，历时6个月。河北省3座水库放水3亿m^3，抵达北京市水质要求达到国家地表水Ⅲ类以上标准。

南水北调中线京石段应急供水工程开始运行并发挥效益，标志着南水北调工程建设取得阶段性成果，在中线全线通水前先期形成华北地区水资源配置新的通道和能力，将缓解北京市水资源短缺状况，提高首都供水安全保障水平，有利于优化配置水资源、抵御严重自然灾害。

南水北调东线一期工程刘山泵站工程通过试运行验收

2008年10月14日，南水北调东线一期工程刘山泵站工程通过江苏水源公司组织的试运行验收，这标志着刘山站工程可以投入运行发挥工程效益，这也是南水北调东线江苏段2008年度继解台站、淮安四站之后第三个具备投入运行条件的泵站工程。刘山站将与解台站、蔺家坝站联合运行共同实现出骆马湖125m^3/s、入下级湖75m^3/s的调水目标。

2008年10月13～14日，江苏水源公司在刘山站主持召开了南水北调东线一期刘山泵站工程试运行验收会。江苏省水利厅、江苏省防汛抗旱指挥部办公室、江苏省南水北调办、江苏省河道管理局、江苏省南水北调工程江苏质量监督站、江苏省水利建设工程质量检测站，徐州市水利局、徐州市南水北调办，徐州市供电公司、邳州市供电公司、邳州市水利局、邳州市南水北调办以及该工程建设、设计、施工、设备制造及工程管理等单位的代表和特邀专家组成工程验收委员会，设立主辅机及金属结构、电气设备、土建、水文水情等4个专业技术组，对刘山站工程进行泵站机组试运行验收。

验收委员会听取工程建设、设计、监理施工等单位的工作报告，审查试运行工作组预试运行工作报告及试运行准备情况，同意开启机组试运行。验收委员会通过查看工程运行情况、查阅工程档案资料，审查试运行工作报告，听取各专业技术组验收意见后，经过充分讨论，同意刘山泵站工程通过机组试运行验收，可正式移交管理单位管理运用。

目前，南水北调工程江苏段进入扫尾阶段，泵站工程建设基本完成，工程建设体现了体制创新、技术创新、运行管理制度创新，刘山站继解台站、淮安四站后再次试运行成功，标志着东线江苏段大型泵站工程建设水平又上升到了一个新的台阶。

南水北调中线京石段应急供水工程临时通水工作领导小组第四次工作会议在北京召开

2008 年 10 月 16 日，国务院南水北调办主任、京石段应急供水工程临时通水领导小组组长张基尧在北京主持召开南水北调中线京石段应急工程临时通水工作领导小组第四次工作会议。会议听取了领导小组办公室各专业组前一阶段的工作情况汇报和下一步工作安排，以及中线建管局、北京市南水北调办、河北省南水北调办关于京石段应急供水工程建成通水工作情况的汇报，研究部署通水期间各项工作，明确了工作重点，提出了工作要求。国务院南水北调办副主任、领导小组副组长李津成、宁远、张野，总工程师沈凤生出席会议并讲话。

会议肯定了前一段京石段工程建设取得的成绩及工程通水的实施效果。2008 年 9 月 18 日，河北两水库开始放水并进入京石段总干渠，9 月 28 日抵达北京市。截至 10 月 15 日，河北放水约 3800 万 m^3，抵达北京水量约 2100 万 m^3，抵达北京水质达到本次调水要求的国家地表水Ⅲ类以上标准。

会议强调，京石段工程建成并通水是南水北调工程建设的阶段性成果，将缓解北京水资源短缺状况，提高首都北京供水安全保障水平。京石段工程建成通水，取得了良好的社会效益和工程效益，积累了丰富的建设和管理经验，为下一步南水北调工程建设提供了借鉴，也必将促进南水北调工程更多项目开工建设。

对京石段工程下一步工作，张基尧提出明确要求：一是坚持“以人为本”科学理念，贯彻落实科学发展观，切实保护好沿线人民群众的生命安全；二是加强工程巡视，切实保障工程安全；三是加强运行调度的协调，努力实现供水目标；四是抓住有利时机，加快京石段剩余工程建设；五是做好征地拆迁和维护稳定等工作，要加快工程临时用地的退交工作，维护沿线群众利益。

李津成、宁远、张野、沈凤生分别就相关问题提出了工作要求。领导小组成员、领导小组办公室及其各专业组负责人，北京市南水北调办、河北省南水北调办负责同志参加了会议。

国家五部委联合调研南水北调东线治污考核和航运水污染综合治理工作

2008 年 10 月 20 ~ 22 日，由国务院南水北调办、水利部、住房和城乡建设部、环境保护部和交通运输部组成的联合调研组，赴山东、江苏两省调研南水北调东线治污考核和航运水污染综合治理工作。

在山东调研期间，调研组听取了山东省及济宁市关于航运水污染综合治理有关情况的汇报，先后到邹城市污水处理厂、滕州市截污导流工程建设工地、鲁南化肥厂等实地考察了山东省污水处理和回用设施运行情况及截污导流工程建设情况。调研组指出，京杭大运河作为南水北调东线输水渠道，水质问题关系到南水北调工程的成败，需进一步加强东线京杭运河段水污染综合治理工作。要根据京杭运河段水污染综合治理工作的实际情况，按照国家五部委联合下发的《关于加强南水北调东线京杭运河段航运水污染综合治理工作的通知》要求，进一步提高思想认识，切实加强组织领导，各部门密切合作，尽快制定航运水污染防治设施建设方案并加以落实，确保将京杭运河段建设成“清水廊道”。调研组要求，山东省截污导流工程在下一步工程建设中，要牢固树立“质量第一”的理念，规范管理，严格工程质量、进度、资金控制，精心组织施工，确保工程顺利实施。山东省交通厅、环保局、南水北调建管局，济宁、枣庄两市有关部门负责同志陪同调研。

在江苏省调研期间，调研组考察了贾汪、大吴污水处理厂和建平造纸厂，详细询问了污水收集、处理和排放情况，并和江苏省及徐州市有关部门同志进行了座谈。江苏省有关部门和徐州市分别就治污工程建设、南水北调水污染防治和大运河航运综合整治等工作进行了汇报。调研组充分肯定了江苏省在南水北调治污工程建设、水污染防治和航运综合整治方面所做的工作，认为江苏省的工作卓有成效。要求在上一阶段工作的基础上，进一步抓紧筹集治污基金，加快治污工程建设的扫尾工作，加强航运污染综合治理，实现南水北调水质稳定达到Ⅲ类水的目标。在座谈会上，与会人员还对《南水北调东线工程治污工作考核办法（草稿）》进行了详细讨论。江苏省南水北调办、建设厅、环保厅、地方海事局，徐州市相关部门负责同志陪同调研。

山东省辖淮河流域及南水北调沿线黄河以南段水污染防治工作调度会在枣庄召开

2008 年 10 月 22 日，山东省辖淮河流域及南水北调沿线黄河以南段水污染防治工作调度会在枣庄市召开。山东省发展改革委、建设厅、环保局负责人及枣庄、淄博、济宁、泰安、日照、莱芜、临沂、菏泽 8 个市分管副市长、环保局长参加会议。会议由山东省环保局刘富春局长主持，副省长李兆前作了重要讲话。各区（市）分管区（市）长、环保局长参加了会议。

会上，各市分管市长汇报了水污染防治情况，山东省建设厅通报了山东省城市污水处理厂建设运营情况，省环保局张波副局长通报了流域治污情况。

李兆前指出，要充分认识当前山东省淮河流域及南水北调沿线治污工作的严峻形势。与 2000 年相比，淮河流域 28 个考核断面 2007 年 COD_{Mn} 平均浓度下降了 80.2%，NH_3—N 平均浓度下降了 63.9%，但与 2008 年重点流域“十一五”规划考核要求还有一定的差距，存在着水质现状较考核目标有很大差距、治污项目完成率低、部分企业违法排污现象仍时有发生等突出矛盾和问题，形势十分严峻，治理工作任务仍很艰巨，必须进一步加大工作力度，切实巩固已有治理成果，努力实现水环境质量的持续改善。

李兆前强调，要全力以赴抓好淮河流域及南水北调沿线污染综合治理，加强领导，努力做好各项检查准备工作。

南水北调东线一期工程徐州市截污导流工程开工建设

2008 年 10 月 25 日，南水北调东线一期工程江苏徐州市截污导流工程开工建设。这标志江苏省实现了东线截污导流工程全部开工建设的目标，也标志着江苏省控制单元治污方案确定的 5 类 102 项治污项目全面开工建设。

国务院南水北调办主任张基尧向开工仪式致信祝贺。江苏省副省长、徐州市委书记徐鸣出席开工仪式并宣布工程开工。江苏省水利厅厅长、省南水北调办主任吕振霖，徐州市市长曹新平出席开工仪式并讲话。

徐州市截污导流工程是南水北调东线一期工程的重要组成部分，是向北方地区输送清洁水源的重要工程保障措施。工程的任务是在徐州市实施产业结构调整、工业综合治理、城市污水处理等综合整治工程的同时，利用现有的河渠和新开部分渠道等，建立运河沿线区域尾水“蓄存、导流、回用”体系，将京杭运河不牢河段、中运河邳州段、房亭河等对南水北调东线工程有影响的区域尾水通过工程性措施，进行收集、处理、回用、导流，剩余尾水经新沂河北偏泓入海，使南水北调输水干线徐州段水质达到地表水Ⅲ类标准，并保证导流工程沿线尾水受水区域的水环境安全。兴建徐州市截污导流工程，不仅是确保南水北调东线干线水质持续稳定达标的关键工程措施，也是改善徐州市区水生态环境、实现供水安全、促进区域经济社会与资源环境协调发展的重要保障。

徐州市截污导流工程的开工建设，将对南水北调东线治污工作起到重要的促进作用。

南水北调工程建设投资管理座谈会在南京召开

2008 年 11 月 5 日，国务院南水北调办在江苏南京组织召开南水北调工程建设投资管理座谈会。会议的主要任务是：传达、贯彻国务院第 32 次常务会议和国务院南水北调工程建设委员会第三次全体会议精神，分析南水北调工程建设投资管理情况，总结交流投资管理工作经验，进一步加强投资管理工作，切实提高资金使用效益，努力把南水北调工程建设成为优质、高效、节俭、廉洁工程。国务院南水北调办主任张基尧出席会议并作重要讲话。江苏省委常委、副省长黄莉新出席会议并致辞。国务院南水北调办副主任宁远、张野出席会议。

张基尧在讲话中总结了前一阶段南水北调工程建设投资管理工作经验，对于南水北调工程建设投资管理提出了明确要求，并提出了当前要重点抓好的几项工作。张基尧强调，要充分认识加强投资管理对于又好又快建设南水北调工程的重要性。

国务院南水北调办机关各司、各直属单位，南水北调东、中线一期工程沿线 7 省（市）办事机构，河南、湖北省移民局（办），各项目法人单位负责人参加了会议。

河南省南水北调丹江口库区移民安置动员大会在郑州召开

2008 年 11 月 7 日，河南省南水北调丹江口库区移民安置动员大会在郑州召开，国务院南水北调办主任张基尧出席大会并作重要讲话。河南省委书记、省人大常委会主任徐光春，省委副书记、代省长郭庚茂出席会议并分别讲话。国务院南水北调办副主任张野，河南省领导王文超、铁代生、刘满仓、王平及河南省军区副司令员曹建新等出席会议。

河南省率先启动库区移民试点工作、揭开库区移民搬迁序幕，标志着丹江口库区移民搬迁安置工作开始进入了实施阶段。丹江口库区移民规模大、投资多，移民工作政策性强、涉及面广，既是一项兼具社会性、技术性、经济性的实施和管理工作，又是一项直接涉及群众利益的极为复杂的工作，同时，丹江口库区移民问题具有特殊性。妥善处理好丹江口库区移民问题，实现库区移民尽早搬迁的要求，是体现以人为本科学发展观的最直接、最深入、最具体的重要方面。

会上，河南省副省长刘满仓代表河南省政府向 6 省辖市政府颁发了南水北调丹江口库区移民安置工作责任书。

财政部、国土资源部、水利部、环境保护部、国家文物局有关部门负责同志，河南省直有关单位负责同志，丹江口库区移民安置工作涉及的河南 6 省辖市主要负责同志以及南水北调、移民部门主要负责同志，25 个县（市、区）主要负责同志参加了会议。

南水北调东线一期工程济南市区段输水工程开工建设

2008 年 11 月 12 日，南水北调东线一期工程济南市区段工程正式开工，这是南水北调东线一期工程山东段落实国务院南水北调工程建设委员会第三次全体会议精神、加快工程建设步伐的重要举措，标志着南水北调东线山东段工程进入了新的建设阶段。

国务院南水北调办主任张基尧在开工仪式上强调：要精心组织，精心施工，努力把济南市区段工程建成质量一流、节俭高效、和谐廉洁的工程。山东省委副书记、省长姜大明出席开工仪式并讲话。山东省副省长贾万志出席开工仪式。

济南市区段输水工程是南水北调东线一期工程济南—引黄济青段工程的重要组成部分，是南水北调工程穿越省会城市的重要项目。工程西起睦里庄，东至小清河洪家园桥，全长 27.914km。

济南—引黄济青段工程是沟通南水北调南北输水干线和胶东输水干线的关键性工程。该工程上接已建成的济平干渠工程，下至小清河分洪道子槽引黄济青上节制闸，输水线路全长 150.5km，途径济南市、滨州市、淄博市。

南水北调东线济南市区段输水工程的开工建设，将为加快构筑山东“T”字形调水大动脉，实现长江水、黄河水、淮河水与当地水的联合调度和优化配置打下坚实的基础，促进当地经济社会又好又快发展。同时，该段工程将与济南市的小清河综合治理工程同步建设，有利于节省大量资金，减少对人民群众正常生产生活的影响，确保早日发挥工程效益。

开工仪式前，山东省南水北调建管局和济南市政府签订了《南水北调东线一期济南市区段工程征地移民投资包干协议》。

国务院南水北调办主任张基尧调研南水北调东线一期工程穿黄河工程

2008 年 11 月 12 日上午，参加完南水北调东线一期工程济南市区段开工仪式后，国务院南水北调办主任张基尧在山东省副省长贾万志的陪同下，深入东线穿黄河工程施工现场进行调研，并看望慰问了工程建设者。张基尧强调，要认真贯彻落实党中央提出的科学发展观，又好又快地完成穿越黄河施工任务，并从加快工程建设进度、保证工程建设质量、全面确保安全生产、营造和谐施工环境四方面提出了具体要求。

下午，张基尧在济南会见山东省委书记姜异康。山东省委常委、秘书长王敏，副省长贾万志参加会见。姜异康提到，南水北调东线工程对山东意义重大，东线一期济南市区段工程的启动，对扩大内需、带动地方经济发展具有很大推动作用。希望国务院南水北调办对山东工作多支持、多指导，山东省也将积极配合，全力以赴，共同把南水北调这一造福人民的工程建设好。

张基尧在会见时说，山东省是南水北调东线工程的关键地区，自 2002 年济平干渠工程开工以来，山东省委、省政府高度重视南水北调工作工程建设进展顺利，取得了积极成效，水污染治理成果显著。南水北调东线一期济南市区段工程开工，揭开了山东省境内南水北调工程建设新的一页，是山东省贯彻国务院南水北调工程建设委员会第三次全体会议的具体体现。国务院南水北调办将在国务院和国务院南水北调建委的领导下，一如既往地加强和地方政府的联系，做好各项工作促进工程建设，努力实现 2013 年东线通水目标，使这一造福子孙的伟大工程早日发挥效益，实实在在地为人民百姓造福。

河北省南水北调工程建设委员会第二次会议在石家庄召开

2008年11月12日，河北省委副书记、代省长胡春华主持召开河北省南水北调工程建设委员会第二次会议。会议听取了河北省南水北调办关于南水北调工程建设情况的汇报，研究了有关问题，代省长胡春华、副省长张和作了重要讲话。

胡春华指出，南水北调工程是缓解河北省水资源短缺的重大工程。南水北调工程建成后，将大大改善河北省水资源条件，对南水北调受水区乃至全省经济社会发展具有重要意义。要认真贯彻国务院南水北调工程建设委员会第三次全体会议精神和扩大内需的十项措施，抓住国家实施投资拉动难得的历史机遇，从长远考虑，从大局考虑，高度重视南水北调工程建设，加快工程建设进度。一要做实、做细主体工程征迁安置工作，确保石家庄古运河至漳河北段工程建设顺利实施；二要加快河北省配套工程建设，积极争取国家对河北省配套工程建设的支持，使廊坊、赞善两条新开干渠争取列为主体工程；三要加快研究供水价格机制，按照地上水、地下水、外来水、本地水资源统一管理、统一价格的思路，研究制定相关办法。

河北省发展改革委、财政厅、国土资源厅、水利厅、南水北调办等成员单位负责同志参加了会议。

河北省人民政府常务会议审议通过《河北省南水北调配套工程规划》

2008年11月14日，河北省政府召开常务会议。会议听取了河北省南水北调办袁福主任关于《河北省南水北调配套工程规划》的汇报，经审议，通过该规划。2008年11月26日，河北省人民政府（冀政函［2008］118号）批复了《河北省南水北调配套工程规划》。

根据批复的工程规划报告，南水北调中线一期工程调水规模95亿m^3，其中分配河北省毛水量34.7亿m^3，南水北调中线总干渠和天津干渠在河北省共设置分水口门43个，口门分水量30.39亿m^3。根据国家确定的中线一期工程供水目标和河北省实际，《河北省南水北调配套工程规划》提出河北省供水目标包括石家庄、邯郸、邢台、保定、廊坊、沧州、衡水7个省辖市，88个县（市），15个工业区和2个农场，共112个供水目标。

配套工程规划提出构建以“两纵六横十库”为骨架的供水网络体系。“两纵”为中线总干渠和东线总干渠（或引黄干渠）。“六横”为从总干渠往东输水的邯沧干渠、赞善干渠、石津干渠、沙河干渠、廊坊干渠5条跨市干渠和国家负责建设的天津干渠。“十库”为大浪淀、千顷洼、广阳水库（新建）、白洋淀4座平原调蓄水库和东武仕、朱庄、岗南、黄壁庄、王快、西大洋6座西部山区补偿调节水库。在这一总体框架下，再布置101条引水管道与城市供水公司的净水厂、输水管网衔接，形成河北省中南部平原四通八达、南北调剂、东西互补、地表地下联调的供水网络体系。

配套工程建设共需完成土方22 122万m^3，砌石59.6万m^3，混凝土及钢筋混凝土440万m^3。估算工程总投资323.27亿元。

南水北调中线一期干线工程天津干线工程开工建设

2008年11月17日，随着天津市西青区杨柳青镇大柳滩村西北工程现场施工机械平地挖起第一铲土，南水北调中线一期干线工程天津干线工程开工建设，这标志着南水北调中线工程进入全面开工建设的新阶段。

国务院南水北调办主任张基尧出席开工仪式并讲话。天津市委副书记、市长黄兴国宣布工程开工。国务院南水北调办副主任张野出席开工仪式。水利部总工程师刘宁，天津市委常委、滨海新区管委会主任苟利军，天津市人大副主任孙海麟，天津市政府副市长熊建平，天津市政协副主任何荣林出席开工仪式。

天津干线工程是南水北调中线工程的重要组成部分，是中线工程向天津供水的关键性项目，在整个中线工程建设中具有重要地位。工程的开工建设，标志着中线干线工程已全线开工，南水北调工程建设进入了一个新的阶段。

此次开工的天津境内工程从武清区王庆坨镇西南位置开始，至西青区曹庄北出口闸，是天津干线工程最末端，担负南水北调中线一期工程贯通后向天津市供水的任务。工程与沿线河流、公路、铁路交叉均采用立交布置，全长23.945km，总投资14.77亿元。

南水北调中线天津干线工程的开工建设，对于缓解天津水资源短缺，促进经济社会全面、协调、可持续发展具有重要作用。

国务院南水北调办有关司负责同志参加了开工仪式。

国家六部委联合对南水北调东线治污工作阶段性目标进行考核

2008年11月24～29日，国务院南水北调办副主任李津成率由国家发展改革委、监察部、环境保护部、住房和城乡建设部、水利部和南水北调办有关负责同志组成的联合考核组，对南水北调东线江苏、山东两省治污工作阶段性目标进行考核。

考核分为现场察看和技术考核两部分。考核组在江苏现场察看了新通扬运河江都西闸、洪泽湖、复新河沙庄桥断面水质、水源区芒稻河两岸流域综合整治、江都截污导流工程、淮安市第二污水处理厂等治污工程；在山东现场察看了南四湖和洸府河东石佛断面水质、新薛河入湖口人工湿地水质净化工程、兖矿集团矿山和化工水污染防治等9个治污工程。在调取、查阅部分资料的基础上，分别核定了江苏、山东两省各控制单元治污考核分值。期间，考核组分别与江苏、山东两省领导及相关省直部门负责同志和扬州、淮安、徐州、济宁、邹城等市县负责同志就学习实践科学发展观，保障东线一期输水水质安全，加快治污工程建设，促进区域经济社会可持续发展，广泛、深入地交换了意见。

李津成指出，在江苏、山东两省的高度重视下，东线治污成效显著。江苏、山东两省在保持经济高增长的同时，主要污染物呈现下降的趋势，断面水质明显好转。

李津成在考核中强调，希望江苏、山东两省继续深化科学治理措施，抓住大好机遇，进一步深化治污工作，提高治理程度和水平，确保2013年通水时水质达标。

湖北省南水北调丹江口库区移民试点工作动员会议在武汉召开

2008年11月25日，湖北省南水北调丹江口库区移民试点工作动员会议在武汉召开，标志着南水北调中线水源地丹江口库区移民试点工作全面启动。

国务院南水北调办主任张基尧，湖北省委副书记、省长李鸿忠出席会议并作重要讲话。湖北省委常委、常务副省长李宪生，湖北省委常委、副省长汤涛出席会议。

张基尧在讲话中指出，丹江口库区移民安置工作，事关和谐社会建设和南水北调中线工程建设大局，事关库区人民的切身利益，是以人为本、科学发展最现实、最直接、最具体的体现。必须坚持以科学发展观为指导，把以人为本的理念贯穿于移民安置工作的全过程。

张基尧强调，各级各部门要团结协作，周密安排，攻坚克难，狠抓落实，共同推进丹江口库区移民试点工作的顺利完成，共同推进库区移民安置目标的实现。

李鸿忠强调，要按照“优越、优先、优厚”、“对移民高看一眼、厚爱三分”的原则，认真落实好各项移民政策，确保移民收入高于现在、生活水平好于现在、生存环境优于现在，将移民工程建设成为学习实践科学发展观、改善民生和社会主义新农村建设的典范工程。各级党委、政府和相关部门要切实加强领导，落实责任，周密谋划，精心组织，严格管理，加强监督，确保试点工作有条不紊顺利推进。

丹江口水库移民工作是南水北调中线工程成败的关键，党中央、国务院高度重视丹江口库区移民工作。丹江口库区移民安置坚持开发性移民方针，采取前期补偿、补助与后期扶持相结合的办法，使移民生活水平达到或超过原有水平。为实现库区移民尽早搬迁要求，加快丹江口库区移民实施进度，保证中线一期主体工程建设计划目标的实现，2008 年 10 月，国务院南水北调办下发了《关于开展丹江口库区移民安置试点工作的通知》，湖北、河南两省据此启动移民试点工作。

丹江口库区移民试点的范围以农村移民为主，包括移民搬迁的控制性项目和大坝加高施工需要搬迁安置的移民项目。试点任务包括河南、湖北两省三县移民搬迁安置 23 085 人，其中河南省 10 627 人，湖北省 12 458 人。移民试点总投资 252 847 万元，其中河南省 97 948 万元，湖北省 154 899 万元。

试点工作计划于 2008 年底前完成居民点新址征地和“三通一平”等基础设施建设，力争开始移民建房工作；2009 年 9 月底前，完成移民村基础设施建设和移民生产用地调整及移民搬迁工作；2009 年年底前全面完成移民试点工作任务。

国务院南水北调办有关司、事业单位负责同志参加了动员大会。

国务院南水北调办主任张基尧深入湖北省丹江口库区移民试点市县考察

2008 年 11 月 25～27 日，国务院南水北调办主任张基尧率队赴湖北省丹江口库区移民试点市县现场考察指导工作，湖北省人大副主任刘友凡陪同考察。

张基尧一行先后考察了黄湖农场、襄樊市襄阳区龙王镇等移民安置点，走访了十堰市郧县移民村等移民迁出点，查看了汉江二桥等移民工程。每到一处，张基尧都认真听取现场负责人的情况汇报，详细询问移民安置计划和具体实施方案，并就如何做好移民安置工作、如何把移民安置与新农村建设有机结合起来等问题，与各级地方政府广泛、深入地交换了意见。

在考察黄湖农场移民安置点时，张基尧在仔细地听取当地同志关于安置点规划情况汇报后指出，一切安置工作要从移民群众的利益出发，安置规划要方便移民的生产生活、就学、就医，要有利于节约土地。移民居住点的摆布要适当集中，以利于基础设施的配套建设，不能搞分散安置。一开始就要按照新农村建设的要求上水平，要符合当前农村撤村并居的趋势。

在走访十堰市郧县城关镇金岗村移民迁出点时，张基尧深入田间地头，了解移民群众的想法，听取他们的诉求。当听到移民群众反映，今年由于重庆柑橘寄生虫的影响，造成柑橘产区普遍滞销的情况，张基尧来到老乡的橘园，看到满山满园已成熟的黄澄澄的柑橘因滞销而无法采摘，心情十分沉重。他呼吁全社会都应当关心农民的困难，要采取切实措施，帮助橘农度过眼前的难关，让柑橘丰产后真正做到丰收，维护好群众的利益。

考察中，张基尧对湖北省各级党委、政府对南水北调尤其是丹江口库区移民工作的高度重视表示了感谢，强调了移民试点工作的重要性。

张基尧指出，丹江口库区移民任务重、困难多，实际工作中还会面临诸多问题。这就要求各级地方政府和移民干部在工作中要认真用好、用活已有政策，设身处地地站在移民群众立场上思考问题，在政策允许的范围内，尽可能为广大移民群众办实事，解决实际问题。要满怀深情地做好移民思想工作，使移民群众能够主动维护国家利益，支持南水北调工程，服从大局，主动搬迁。要把移民安置与新农村建设有机结合，统一规划，分别筹资，分步建设，最终实现新农村建设的目标。

国务院南水北调办有关司、事业单位，湖北省南水北调办、移民局负责同志参加了考察。

南水北调中线一期干线工程北京段工程建设总结表彰大会在北京召开

2008年11月28日，南水北调中线一期干线工程北京段工程建设总结表彰大会在北京隆重举行。国务院南水北调办主任张基尧，北京市委副书记、市长郭金龙出席大会并讲话。国务院南水北调办副主任张野，北京市委常委、统战部长牛有成以及国家发展改革委、水利部和北京市有关部门负责人出席会议。大会由北京市副市长赵凤桐主持。

南水北调中线北京段起自房山拒马河，经房山区，穿永定河，过丰台，沿西四环北上，至颐和园团城湖，全长80.4km，全部为地下管涵。北京段设计流量50m^3/s，年供水10亿m^3。工程于2003年12月30日开工，今年4月28日主体工程基本完工，通过了临时通水技术验收。南水北调中线北京段工程同时具备通水、消纳、供水能力，实现了安全、优质、又好又快的建设目标。

张基尧指出，北京段工程建设的4年，是解放思想、实事求是、与时俱进、开拓创新的4年，是创新建设管理体制、探索建设管理新模式并在实践中不断深化完善的4年，是统筹各方、团结共建，工程建设管理各项工作取得丰硕成果的4年。

对下一阶段工作，张基尧强调，北京市南水北调系统和有关方面要以北京段工程建成通水为契机，做好各项后续工作。一要切实做好永久供电、自动化系统等剩余收尾工程，保证工程质量；二要认真做好北京段工程的运行和调度管理，提高运行管理水平；三要认真做好规划，加快市内配套工程建设，发挥工程整体效益；四要认真做好征地拆迁等有关收尾工作，为工程顺利调度运行和社会稳定创造良好条件；五要全面梳理总结建设管理经验，为后续工程建设提供借鉴。

郭金龙在讲话中说，南水北调工程对首都全面履行“四个服务”职责、促进可持续发展具有不可替代的作用。北京市有关部门、区县和全体建设者要继续发扬连续作战的精神，全力做好南水北调市内工程建设的各项工作。要认真落实国务院部署和要求，优质、高效地完成好工作任务，确保南水北调工程建设成果惠及人民群众，为促进首都可持续发展提供有力保障。要加快推进市内配套工程建设，继续坚持质量第一，精心设计、精心施工、精心管理，高标准、高效率地按期

完成各项工程建设任务。要提前研究接纳调水相关工作，及早组织力量，抓好关键技术、工艺的攻关，提出应对和解决问题的方案，确保届时调水到京后顺畅、高效利用。要始终把节水、治污放在首位，在全社会树立科学用水、合理用水、保护水资源的意识，提高再生水利用率，建设循环水务。要进一步加强组织领导，完善体制机制，把南水北调工程作为扩大投资的重点项目，加快相关配套项目审批，积极筹措建设资金，保证新建、扩建水厂及配水管网建设顺利推进。

会上，北京市委常委、统战部长牛有成宣读了优秀建设集体和优秀建设者表彰决定，获奖者代表上台领奖并发言。

国务院南水北调办有关司负责同志和北京市有关部门、有关区县负责同志及工程参建各方代表参加了表彰大会。

国务院南水北调办传达贯彻中央经济工作会议精神部署南水北调近期工作

2008年12月10日，国务院南水北调办召开机关各司、各事业单位负责同志会议，传达贯彻中央经济工作会议精神，部署南水北调近期有关工作。国务院南水北调办党组书记、主任张基尧在会上传达了胡锦涛、温家宝等中央领导同志的重要讲话，并就贯彻落实会议精神、做好南水北调近期工作进行部署。国务院南水北调办党组成员、副主任李津成、宁远、张野出席会议。

张基尧在会上强调，中央经济工作会议是在国内外经济发展遇到困难的情况下召开的重要会议，对统一思想、增强信心、保持经济增长具有重要的促进作用。张基尧要求，要结合南水北调工程建设实际，落实好会议精神。一是要认清形势，统一思想。要将思想和行动统一到党中央、国务院对国内外经济形势的分析判断上来，统一到党中央、国务院关于保持经济平稳较快发展的部署上来，统一到优质、高效、又好又快建设南水北调工程上来，以南水北调工程建设成绩为国家经济社会发展做出贡献。二是坚持工程质量与建设速度的统一。南水北调工程建设要始终把质量放在首位，在保证工程质量的基础上加快工程建设。积极妥善做好征地移民、治污环保等工作。在质量与速度发生矛盾时，速度要服从于质量，千方百计提高投资效益。三是要贯彻以人为本理念，关注民生。要按照中央有关要求和国家政策，妥善处理好工程征地搬迁、移民安置等工作，充分利用好现有政策，切实解决工程沿线群众关心的突出问题，维护沿线群众合法权益，确保工程沿线社会和谐稳定。四是进一步加强各项工作统筹协调。南水北调工程重点是建设，热点是水质，难点是移民，要统筹做好各方面的工作，既促进扩大内需，又促进治污环保，保证全面实现南水北调工程建设目标。

国务院南水北调办总工程师沈凤生，机关各司、直属各单位和中线建管局负责同志参加了会议。

南水北调东线一期工程蔺家坝泵站工程通过试运行验收

2008年12月13日，南水北调东线一期工程蔺家坝泵站工程通过项目法人组织的试运行验收。这是继解台站、淮安四站、刘山站后，东线江苏段2008年度第四个具备投入运行条件的泵站工程。

2008年12月12～13日，江苏水源公司在徐州市工程建设现场主持召开蔺家坝泵站机组试运行验收会。国务院南水北调办、水利部淮河水利委员会，水利部淮委沂沭泗管理局，江苏省防汛防旱指挥部办公室、江苏省南水北调办、南水北调工程江苏质量监督站，徐州市水利局、南水北调办，铜山县水利局、南水北调办，铜山县供电公司、沛县地方海事处，以及建设、设计、施工、监理与设备制造等单位代表和特邀专家组成工程验收委员会，同时设立主辅机及金属结构、电气设备、土建、水文水情等4个专业技术组，对蔺家坝泵站机组进行试运行验收。

验收委员会听取工程建设、设计、监理、施工等单位的工作报告，审查试运行工作组预试运行工作报告及试运行准备情况，同意开启机组试运行。验收委员会通过查看工程运行情况、查阅工程档案资料，审查试运行工作报告，听取各专业技术组验收意见后，经过充分讨论，同意蔺家坝泵站工程通过机组试运行验收。

蔺家坝泵站是南水北调东线工程的第九级泵站，也是东线江苏段送水出省最后一级梯级泵站。工程位于江苏省徐州市铜山县境内，采用堤后式正交方案布置，主要任务是向南四湖下级湖输水并结合地方排涝。

蔺家坝泵站工程建成试运行成功，标志着该站主体工程已经建成，具备投入运行条件。蔺家坝泵站工程的建成，标志着已具备向南四湖供水条件。蔺家坝泵站同时也是南水北调第一个建成通过试运行验收的贯流泵站工程。该项工程的建成，标志着江苏省南水北调2008年度4个大型泵站已全部按计划完成。

2009年南水北调工程建设工作会议在济南召开

2008年12月15～16日，国务院南水北调办在济南召开2009年南水北调工程建设工作会议，贯彻落实中央经济工作会议、国务院第32次常务会议和国务院南水北调建委第三次全体会议精神，总结工程建设各项工作，研究部署2009年南水北调工程建设任务，进一步统一思想，全面推进南水北调工程优质、高效、又好又快地建设。国务院南水北调办党组书记、主任张基尧出席会议并作重要讲话。国务院南水北调办党组成员、副主任李津成主持会议。国务院南水北调办党组成员、副主任张野出席会议。山东省副省长贾万志到会致辞。国务院有关部门负责同志应邀出席会议。

张基尧全面总结了南水北调工程开工建设六年来各项工作取得的成绩。他指出，自2002年12月南水北调工程开工以来，在党中央、国务院的亲切关怀和国务院南水北调建委的正确领导下，在国务院有关部门、沿线各级地方政府的积极配合支持下，经过各级南水北调办、移民环保机构、各项目法人、设计单位、建管单位以及全体参建者的共同努力，工程建设各项工作稳步推进，制约工程建设的一些重大问题逐步得到解决，南水北调工程建设取得了显著进展。前期工作不断突破，东、中线一期工程可行性研究总报告已于2008年11月经国务院批复；工程建设顺利进展，中线京石段工程已建成通水，所有在建工程质量满足设计要求，安全生产处于受控状态；征地移民工作稳步推进，文物保护工作也得到加强；治污环保工作成效明显；资金管理和工程监督不断加强；党的建设和精神文明建设不断深化。

张基尧在传达国务院第32次常务会议和国务院南水北调工程建设委员会第三次全体会议精神后，全面分析了南水北调工作面临的发展机遇和挑战，明确了下一阶段南水北调工程建设的总体思路：以科学发展观为指导，认真贯彻国务院第32次常务会议和国务院南水北调工程建设委员会第三次全体会议精神，切实落实各项工作部署，以全面加快工程建设为中心，以圆满完成工程建设为目标，以促进控制性项目开工为重点，以移民安稳和治污环保工作为保障，提高设计质量，加快项目审批，强化质量安全管理，严格监督和审计，优化设计，规范市场，降低成本，控制投资，优质、高效、又好又快地建设南

水北调工程。

张基尧强调，为实现国务院南水北调建委提出的工程建设目标，下一阶段要切实改进和加强以下工作：一是加强工程建设管理，切实保证工程质量和安全；二是优化设计，加强监管，有效控制工程投资；三是通盘考虑、细化措施，全面加快工程建设；四是明确责任，深入细致，切实做好建设征地和移民安置工作；五是坚持“三先三后”原则，加强治污环保工作；六是加强队伍建设，造就适应工程建设需要的高素质的干部队伍。

张基尧指出，2009 年是南水北调工程新的建设目标明确后的第一年，是工程建设的关键一年。国务院南水北调工程建设委员会第三次全体会议明确了 2009 年南水北调工程建设目标和任务：在加快在建工程建设进度的基础上，中线开工建设穿漳工程、漳河北至古运河南工程、陶岔渠首及兴隆枢纽工程、陶岔渠首至沙河南、沙河南至黄河南部分工程，东线开工建设南四湖至东平湖工程、长江至骆马湖段其他工程，并保证工程质量符合要求，安全生产万无一失，投资控制合理有效，社会秩序和谐稳定。

为全面完成 2009 年工程建设任务，按期实现国务院南水北调建委确定的工程建设总体目标，张基尧强调应做好以下工作：一是抓紧做好南水北调工程建设计划和年度计划的编制工作；二是在保证设计质量的前提下，加快初步设计编制工作进度，加强对设计单位的指导和监督管理，明确质量奖惩措施，切实提高初步设计报告一审通过率；三是尽快研究落实概算核定工作方案，尽快启动概算核定工作；四是加强对南水北调工程建设基金征收的协调，促进大型水利工程建设基金方案的早日出台；五是加强协调配合，努力推进干线工程征迁工作，加快丹江口库区移民试点工作和初步设计阶段征地移民规划的编制审查协调；六是认真做好新开工项目的招标投标工作，加强工程建设管理，完善工程质量、安全生产监管体系；七是贯彻落实南水北调工程投资静态控制和动态管理规定，加强项目预算编制和年度价差测报工作；八是加强对工程管理机构和工程管理设施规划、设计的指导；九是切实做好丹江口库区及上游水污染防治和水土保持项目的调整和实施。

李津成在总结讲话中指出，这次会议是在深入开展学习实践科学发展观活动，贯彻落实中央经济工作会议、国务院常务会议和国务院南水北调工程建设委员会第三次全体会议精神的重要时刻召开的一次十分重要的会议。这次会议，是一次统一思想、振奋精神、坚定信心的会议，是一次学习交流、相互激励、凝聚力量的会议，是一次明确目标、明确任务、推动落实的会议。会议的成功召开，对做好当前和今后一个时期南水北调工作，将起到十分重要的促进作用。

李津成指出，这次会议取得了预期效果。一是提高了认识，振奋了精神；二是交流了经验，理清了思路。

李津成强调，要采取切实可行措施，把这次会议精神贯彻落实好。第一，全面加快工程建设是当前南水北调各项工作的当务之急；第二，务必高度重视工程质量和安全生产；第三，务必高度重视征地移民和治污环保等社会层面的工作；第四，务必高度重视廉洁节俭地建设南水北调工程。

最后，李津成就落实好这次会议精神提出了三点要求：一是加强领导，统一思想；二是分解任务，狠抓落实；三是加强队伍建设，促进科学发展。

国务院南水北调办机关各司、各直属单位，南水北调东、中线一期工程沿线 7 省（市）办事机构，河南、湖北省移民局（办），江苏、山东两省东线治污领导小组办公室，各项目法人单位负责同志参加了会议。会前，山东省省委副书记、省长姜大明，副省长贾万志，政府秘书长张万青会见了张基尧一行。

国务院南水北调办主任张基尧到山东省水利勘测设计院调研

2008 年 12 月 16 日，国务院南水北调办主任张基尧一行到山东省水利勘测设计院调研，就南水北调工程勘测设计工作进行座谈，并亲切看望和慰问从事南水北调工程勘测设计工作的一线设计人员。

张基尧在座谈中简要介绍了南水北调工程的重要意义和工程建设进展情况。他指出，东线山东段工程在山东省委、省政府的领导下，经过各方共同努力，工程建设取得了显著成绩：济平干渠工程已经建成通水并开始发挥效益，韩庄运河段工程、南四湖水资源控及水质监测工程、穿黄河工程、截污导流工程、济南市区段工程等在建工程正在稳步推进，水污染治理成效日益显现。

张基尧在听取山东省水利勘测设计院工作情况汇报后，充分肯定了山东省水利勘测设计院多年来在山东省水利勘测规划设计领域，特别是在南水北调工程勘测设计工作中所取得的成绩。他指出，南水北调工程勘测设计工作至关重要，没有一流的设计，就没有一流的施工。要加快建设步伐，建设一流工程，必须重视设计工作。在南水北调工程设计中，设计人员付出了艰辛的努力，取得了很大成绩，为工程开工和建设提供了条件，但也应看到南水北调设计工作也存在设计方案单一、比选论证不充分、设计缺漏项较多、节约土地资源控制工程投资不够、征地拆迁及专项设施迁建协调不充分、设计对方便运行管理考虑不足等问题。

对下一步南水北调工程设计工作，张基尧主任要求：一是增强设计单位的社会责任感和企业荣誉感，完善设计质量控制等有关制度，强化责任体系；二是依法依规加强现场勘测，深入实地开展设计工作，切忌闭门造车，保证设计为施工服务，为工程服务的目标；三是进行多方案的科学选比，突出工程特点和时代要求，不给设计造成遗憾，不给运行留下缺陷；四是严格组织，精心设计，把提交技术可行、投资可控、运行可靠的设计成果放在突出位置，努力提高设计质量和审查一次通过率；五是加强设计阶段征地移民和专项设施迁建的协调，不回避矛盾，不放弃责任，积极争取省市南水北调办及项目法人的支持，尽量少把问题遗留到工程建设阶段；六是正确处理质量与进度、安全与投资、建设设计与运行设计、企业效益与社会责任、行业标准与实事求是、南水北调设计与其他工程设计的关系；七是认真做好现场设代工作，加强现场设代力量，明确责任、权限，主动为项目法人服务，为工程建设服务，及时解决现场设计问题。

国务院南水北调办总工程师沈凤生、南水北调建委专家委秘书长和机关有关司、直属单位负责同志参加了调研。

南水北调东线一期工程二级坝泵站工程建设专题会议在济南召开

2008 年 12 月 16 日，国务院南水北调办在济南组织召开专题会议，研究南水北调东线一期工程二级坝泵站工程建设有关问题，国务院南水北调办副主任张野出席会议并讲话。会议听取了山东干线公司、山东省水利勘测设计院、山东省南水北调建管局的情况汇报，提出了又好又快建设二级坝泵站工程的意见。

张野指出，一直以来，山东省对南水北调工程建设是高度重视的，做了大量卓有成效的工作，有力地促进了工程建设的进度，保证了工程建设质量和安全，国务院南水北调办对山东省南水北调方面的工作是满意的。有关单位对二级坝泵站工程的建设和重大问

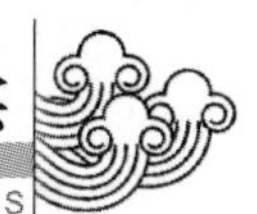

题的研究、协调也是到位的，取得了初步成效。对会议研究的二级坝泵站工程建设问题，他要求：一是要高度重视煤矿开采可能对二级坝工程带来的安全隐患问题，下大力气，进一步加大协调力度，狠抓问题研究及应对措施的落实，切实消除隐患；二是相关施工、设计、监理单位要协调配合，扎实做好加快工程建设的各项准备工作，提前研究施工组织设计、施工工艺、施工设备配备与设计方案的有效衔接问题，把技术措施做实、做细，确保工程建设质量；三是要加强安全生产管理，进一步建立健全安全生产事故应急预案，不留死角，不留隐患，确保工程建设安全。

最后，张野强调指出，当前南水北调工程建设正迎来快速建设的大好时机，希望山东省有关方面抓住机遇，狠抓前期工作质量，加快项目开工，加强项目现场管理，争取在南水北调工程建设中发挥更大作用，为国民经济和社会发展做出更大的贡献。

国务院南水北调办总工程师沈凤生出席了会议。国务院南水北调办建设管理司、监督司负责同志，山东省南水北调建管局负责同志，山东省水利勘测设计院、山东干线公司、二级坝泵站工程项目建设管理、施工单位、现场设计的代表参加了会议。

南水北调系统廉政建设工作会议在济南召开

2008年12月17日，国务院南水北调办在济南召开南水北调系统廉政建设工作会议，深入学习实践科学发展观，传达贯彻中央纪委二次全会和国务院廉政工作会议精神，落实国务院第32次常务会议和国务院南水北调工程建设委员会第三次全体会议的具体要求，总结南水北调工程开工建设以来全系统廉政工作情况，安排部署下阶段廉政建设任务。国务院南水北调办党组书记、主任张基尧出席会议并作重要讲话。国务院南水北调办党组成员、副主任李津成主持会议。国务院南水北调办党组成员、副主任张野，国务院南水北调办总工程师沈凤生，山东省人民政府办公厅副主任高洪波出席会议。国家预防腐败局办公室副局级监察专员韩平满应邀出席会议并讲话。

张基尧在讲话中全面总结了近年来南水北调系统廉政工作基本情况。他指出，南水北调东、中线一期工程开工建设以来，紧紧围绕南水北调工程建设中心工作，廉政建设各项工作取得明显成效，为南水北调工程建设顺利实施提供了有力保证。

张基尧指出，南水北调系统做到了“六个必须坚持”：一是必须始终坚持把廉政建设摆到南水北调工作的重要日程，以科学发展观为统领，按照建设廉政工程的要求，不断加强廉政工作，与工程建设任务同部署、同落实、同检查，确保实现“三个安全”；二是必须始终不断健全和完善领导体制、工作机制和规章制度，调动各部门、各方面的积极性，形成覆盖广泛、齐抓共管、措施得力的反腐倡廉体系和工作机制；三是必须始终坚持夯实干部队伍思想道德教育，不断加强各级领导干部和广大职工廉政意识，切实提高对廉政建设长期性、重要性、艰巨性、紧迫性的认识；四是必须始终坚持惩防并举、注重预防，建立健全惩治和预防腐败体系；五是必须始终坚持突出重点，抓住关键环节、重点岗位，以规范和制约权力为核心，与依法行政相结合，不断加强重点领域的廉政工作，要切实抓好规范建设市场、建设资金监管等关键环节，常抓不懈，警钟长鸣；六是必须始终坚持加强对南水北调工程建设的全方位监督，发挥审计、稽察、举报、信访等工作合力，将廉政建设贯穿于工程建设的始终，落实到各个环节。

张基尧在讲话中明确提出2009年南水北调系统廉政工作的总体思路：高举中国特色社会主义伟大旗帜，坚持以中国特色社会主义理论体系为指导，牢固树立和全面落实科学发展观，坚持“标本兼治、综合治理、惩防并举、注重预防”的方针，以完善教育、制度、监督并重的惩治和预防腐败体系为重点，在坚决惩治腐败的同时，更加注重治本，更加注重预防，更加注重制度建设，围绕中心，服务大局，改革创新，狠抓落实，努力形成拒腐防变长效机制、反腐倡廉制度体系、权力运行监控机制，按照建成廉政工程的目标，努力实现工程建设“三个安全”。

张基尧强调，2009 年南水北调系统廉政工作要重点做好以下工作：一是要认真开展对国务院南水北调工程建设委员会第三次全体会议和各省市政府有关决策部署落实情况的督促检查；二是要继续深入开展廉政宣传教育，加强领导干部廉洁自律工作；三是要结合南水北调工程建设实际，不断推进廉政建设制度创新，着力从源头上预防和治理腐败；四是要进一步加强对权力运行的制约和监督，确保权力正确行使；五是要进一步规范南水北调工程建设市场秩序；六是要切实加强工程建设资金管理；七是要继续开展治理商业贿赂专项活动，坚决查处违纪违法案件，严格依纪依法办案。

国务院南水北调办机关各司、各直属单位，南水北调东、中线一期工程沿线 7 省（市）办事机构，河南、湖北省移民局（办），江苏、山东省东线治污领导小组办公室，各项目法人单位负责同志参加了会议。

丹江口库区及上游水污染防治和水土保持部际联席会议第二次全体会议在北京召开

为贯彻落实国务院南水北调工程建设委员会第三次全体会议精神，进一步加快《丹江口库区及上游水污染防治和水土保持规划》（以下简称《规划》）实施进度，2008 年 12 月 19 日，丹江口库区及上游水污染防治和水土保持部际联席会议（以下简称联席会议）召集人、国家发展改革委副主任杜鹰在北京主持召开第二次全体会议，研究《规划》实施的有关问题。湖北、河南、陕西省政府，科技部、监察部、财政部、国土资源部、环境保护部、住房城乡建设部、水利部、农业部、国家林业局、国务院南水北调办等单位的有关负责同志参加了会议。

湖北、河南、陕西 3 省政府的负责同志首先汇报了第一次联席会议以来《规划》实施进展情况、存在的问题及下一步工作打算。此后，国务院各部委的负责同志就 3 省所提的问题分别发表了意见和建议，对中线水源地保护存在的《规划》修编、库区经济社会发展基金、水源地生态补偿、库区社会经济发展规划等问题进行了研究讨论。最后，杜鹰作了总结讲话。

杜鹰指出，目前丹江口库区及上游水污染治理和水土保持工作总体进度较慢，诸多基本关系尚需理顺。自 2006 年初《规划》开始实施至 2008 年底的 3 年时间内（规划期为 5 年），投资下达了 1/3，项目实施了 1/4。当前存在的突出问题是《规划》开工项目少、实施进度较慢，部分工业点源治理项目亟需做出必要的调整。因此，要加快推进中线水源地水污染防治和水土保持工作，需开展以下几个方面的工作。一是加大《规划》实施力度，确保中线水源地水质达标。二是抓紧开展《规划》的修编工作。由于《规划》制定时间较早，规划中的项目在实施过程中发生了变化，尤其是一些工业点源项目变化较大，需在科学论证的基础上重新核定。同时，要在修订过程中，根据调水的时间对规划期做重新考虑。三是抓紧编制《丹江口库区及上游经济社会发展规划》，将陕西省加入到规划之内，实现两个规划的范围一致。

杜鹰还就 3 省所提的生态补偿机制、提高水价、垃圾清漂船、生态移民、汉江中下

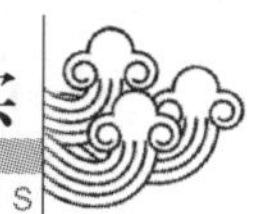

游生态环境保护等问题进行了协调部署。

南水北调中线一期干线工程在建工程质量管理现场会在河北省召开

2008年12月22日，南水北调中线一期干线工程在建工程质量管理现场会在河北省召开。国务院南水北调办主任张基尧出席会议并作重要讲话，国务院南水北调办副主任张野出席会议并讲话。

张基尧指出，从事南水北调工程建设的各有关单位要充分认识建设南水北调工程的意义，充分认识质量管理在工程建设中的重要地位。

对南水北调工程质量管理工作，张基尧提出明确要求。一是要切实加强社会责任，行业道德和企业诚信。南水北调工程各项目法人、设计、施工、监理及建设管理有关单位要以对社会负责的政治觉悟、对行业负责的荣誉感和为企业争光的责任感进一步提高做好质量管理工作的自觉性和主动性，进一步增强工作责任感和历史使命感，强化管理，落实责任。二是严格禁止工程转包和违法分包。要及时检查纠正工程建设中存在的转包、违法分包现象，发现问题及时补救。三是切实落实质量责任制。建立质量责任保证体系，认真落实施工质量“三检制”，保证工作做实、做细、做到位。

张野在讲话中强调做好工程质量意义重大，指出了工程质量管理方面存在的有关问题，并对切实保证工程质量提出了具体要求。

国务院南水北调办建设管理司、监督司负责同志，中线干线工程沿线南水北调办、中线建管局负责同志及工程参建单位代表120余人参加了会议。

国务院南水北调办主任张基尧考察南水北调中线一期干线工程穿黄工程

2008年12月25日，国务院南水北调办主任张基尧、副主任张野考察南水北调中线一期干线工程穿黄工程，并慰问一线建设者。河南省副省长张大卫、刘满仓陪同考察慰问。

张基尧主任一行首先察看了穿黄工程南岸Ⅰ标施工现场、Ⅱ标1∶1仿真试验现场，然后赴北岸进入距地面40多m深的隧洞内，仔细察看了穿黄隧洞盾构施工情况及管片安装情况。每到一处，张基尧都与现场的设计、施工、监理及管理人员亲切交谈，向奋战在一线的建设者表示慰问并致以节日祝福，详细询问工程进度、质量以及存在的困难，鼓励建设者发扬成绩，再接再厉，争取穿黄工程有新的突破。

察看完工程施工现场后，张基尧一行与中线穿黄工程参建各方代表和职工、工程所在地市政府负责同志进行了座谈。张基尧在座谈会上强调，要充分认识南水北调工程和中线穿黄工程建设的重大意义，对中线穿黄工程取得的成绩给予充分肯定。

张基尧在讲话中全面分析了中线穿黄工程面临的挑战：一是工程建设项目上由单一项目向多个项目拓展，管理层次上由低层次向综合管理层次拓展；二是征地移民工作面临着形势变化、政策调整及人民群众诉求不断增加，应按照以人为本、建设社会主义和谐社会的要求，进一步做好相关工作；三是建筑物形式多样，地质、环境条件差异较大，管理跨度、深度不断增加，技术问题将更加复杂；四是工程建设与运行管理需要相互协调、相互促进，要努力实现建设、运行、管理的统筹兼顾和有序衔接。

对中线穿黄工程下一步工作，张基尧提

出了具体要求：一是要按照国务院南水北调建委会确定的中线一期工程建设目标，调整和完善穿黄工程建设进度计划，进一步优化现场建设资源，细化各项工作措施，确保如期实现建设目标；二是要确保安全，稳妥掘进，提前谋划，做好预案；三是要落实责任，完善体系，突出重点，保证质量；四是要加快仿真试验相关工作；五是要进一步加强内外协调；六是参建单位要关心工程建设者的工作、生活和身心健康，积极创造条件丰富工地文化生活，认真落实国家有关支付农民工工资的政策，按时足额支付农民工工资，维护农民工的合法权益。

刘满仓代表河南省政府向广大建设者致以新年的问候和节日的祝福。他要求工程沿线各级政府及有关部门要牢固树立支持、参与和服务南水北调工程的意识，精心组织，科学安排，全程监管，及时跟踪，全力以赴做好河南境内南水北调工程有关工作，努力打造一流施工环境，为中线工程建设做出新的、更大的贡献。

国务院南水北调办有关司、中线建管局负责同志，河南省政府办公厅、省南水北调办、焦作市政府有关负责同志陪同考察。

南水北调中线一期干线工程黄河北—羑河北工程开工建设

2008 年 12 月 26 日，河南省召开南水北调中线一期干线工程黄河北连线建设誓师动员大会，动员全省各级地方政府和社会各界关心支持南水北调工程建设，激励广大工程建设者在南水北调工程建设中建功立业。中线黄河北—羑河北工程（简称黄羑段工程）同日开工建设，标志着河南省南水北调黄河以北干线工程已进入全面实施阶段。

国务院南水北调办主任张基尧出席动员大会并作重要讲话。河南省委书记、省人大常委会主任徐光春出席会议并宣布黄羑段工程开工。河南省委副书记、代省长郭庚茂作动员讲话。国务院南水北调办副主任张野、河南省政协主席王全书、河南省人大常委会常务副主任李柏拴、河南省副省长刘满仓出席动员大会。河南省南水北调办主任王树山在会上介绍了中线河南段工程建设情况，中线建管局局长石春先和河南段参建单位代表、各地市负责同志分别在会上发言。

黄羑段工程是继中线京石段工程建成通水后，又一段连线建设的控制性工程。它的开工建设，标志着河南省南水北调黄河以北干线工程已进入全面实施阶段。

南水北调中线工程对缓解河南省水资源严重短缺局面，促进产业结构调整，改善生态环境，推进社会主义新农村建设，推动旅游产业发展，确保河南省经济社会全面、协调、可持续发展具有十分重要的意义。

南水北调中线工程从加坝扩容后的丹江口水库陶岔渠首闸引水，沿线开挖渠道，沿京广铁路西侧北上，全线自流到北京、天津。自 2003 年开工建设以来，南水北调中线石家庄至北京的应急供水工程已建成通水，丹江口水库大坝加高工程混凝土坝 54 个坝段中已有 45 个坝段加高到新坝顶高程，河南境内的穿黄河工程、安阳段工程、南阳试验段工程建设进展顺利。

此次开工建设的黄羑段工程担负着向黄河以北地区的输供水任务。工程起点为黄河北岸穿黄工程出口，终点为汤阴县驸马营村羑河交叉建筑物出口，线路全长 195.252km（不含潞王坟膨胀岩土试验段 1.5km，其中渠道总长 179.612km，建筑物总长 15.640km），各类交叉建筑物 279 座。工程由全挖、全填、半挖半填土质渠道、岩质及土岩结合渠道和河渠交叉工程、左岸排水工程、渠渠交叉工程、公路和铁路交叉工程、控制工程等建筑物组成，所有交叉工程均采用立交布置型式。

该段除承担向黄河以北的输水任务外，还可以向河南省焦作、新乡、濮阳、鹤壁4个省辖市和辉县、卫辉2个县级市及温县、修武等县供水。

国务院南水北调办有关司、水利部有关单位负责同志，河南省南水北调中线工程建设领导小组全体成员及有关部门，河南省焦作、新乡、鹤壁、安阳等市负责同志参加了会议。

南水北调东线一期工程山东段截污导流工程全面开工建设

2008年12月31日，南水北调东线一期工程山东省济宁市截污导流工程开工仪式在济宁任城区老运河畔举行。至此，山东省21项截污导流工程全部开工，实现了2008年内全部开工建设的目标。

南水北调东线山东段截污导流工程建成后，对保证输水水质达到地表水Ⅲ类水质，大大改善工程沿线区域水环境和促进山东生态省建设具有重要意义，同时在工程范围内将改善农业灌溉条件，改善河道防洪除涝能力，改善景观生态环境。南水北调东线一期工程山东段截污导流工程是国务院批准的《南水北调东线工程治理规划》和山东省人民政府批复的《南水北调东线工程山东段控制单元治污方案》中提出的“治、用、保”污染综合防治体系的组成部分。截污导流工程在山东省又称中水截蓄导用工程，其主要作用是将污染治理达标后的中水截、导、蓄、用，在调水期间使其不进入或少进入调水干线，以保证干线工程输水水质。

山东省截污导流工程共涉及南水北调东线山东段邳苍洪道、韩庄运河、峄城大沙河、薛城小沙河、城郭河、老运河济宁段、泗河、老运河微山段、西支河、老万福河、洙水河、老运河梁山段、东鱼河、洸府河、小运河、卫运河等17个控制单元，分散在7个市、30个县（市、区）。分别是临沂市的邳苍分洪道截污导流工程，枣庄市的小季河、峄城大沙河、薛城小沙河、新薛河、薛城大沙河、城郭河、北沙河截污导流工程，济宁市的济宁城区、曲阜市、微山县、鱼台县、金乡县、嘉祥县、梁山县截污导流工程，菏泽市的东鱼河截污导流工程，泰安市的宁阳县截污导流工程，聊城市的金堤河、临清汇通河截污导流工程，德州市的武城县、夏津县截污导流工程，共21个，工程总投资12.3亿元。工程建成后每年调水期共拦蓄水3.06亿m^3、径流1.39亿m^3。在保证调水水质的同时，为区域内近185.3亩农田提供灌溉水源。

CHINA SOUTH-TO-NORTH WATER DIVERSION PROJECT CONSTRUCTION YEARBOOK

贰 政策法规·重要文件

POLICIES,LAWS AND REGULA-
TIONS·IMPORTANT FILES

政 策 法 规

国务院南水北调工程建设委员会

南水北调工程投资静态控制和动态管理规定

2008 年 6 月 18 日
（国调委发［2008］1 号）

第一章 总 则

第一条 为加强南水北调工程投资管理，严格控制工程成本，建立工程投资约束激励机制，依据国家基本建设和资金财务管理的相关法律法规，制定本规定。

第二条 本规定所称静态投资是指国家批准的南水北调工程初步设计概算静态投资。

本规定所称动态投资是指在南水北调工程建设实施过程中建设期贷款利息以及因价格、国家政策调整（含税费、建设期贷款利率、汇率等）和设计变更等因素变化发生超出原批准静态投资的投资。

第三条 本规定适用于由南水北调东线江苏水源有限责任公司、南水北调东线山东干线有限责任公司、南水北调中线水源有限责任公司、南水北调中线干线工程建设管理局负责建设管理的南水北调主体工程以及湖北省南水北调工程建设管理局负责建设管理的汉江中下游治理工程（上述单位统称项目法人），南水北调东线治污工程和截污导流工程、中线丹江口库区及上游水污染防治和水土保持工程除外。

第四条 项目法人是南水北调工程实行投资静态控制、动态管理的责任主体，对其管理的南水北调工程建设全过程投资控制负责，各级项目建设管理单位对所负责建设工程的投资控制承担相应责任。

第五条 本规定及相关配套办法是对南水北调工程进行核查、稽察和审计的依据之一。

第二章 静 态 投 资 控 制

第六条 项目法人以静态投资为依据，通过采取设计优化、完善概算结构、组织编报项目管理预算、科学组织施工、加强建设管理等措施，将投资控制在其管理的各设计单元工程静态投资总和的范围内。

第七条 项目法人负责组织编制其管理的设计单元工程项目管理预算，项目管理预算不得突破该设计单元工程静态投资，并作为工程项目建设和投资静态控制的依据。

第八条 项目管理预算按照“总量控制、合理调整”的原则，结合南水北调工程建设管理体制和工程招标实际情况编制。项目管理预算编制办法由国务院南水北调工程建设委员会办公室（以下简称南水北调办）制定。

第九条 项目管理预算原则上以设计单元工程为编制单元，由项目法人负责委托具有相应资质的单位，在主体建筑工程招标完成后 45 个工作日内编制完成。

第十条 项目管理预算由项目法人报南水北调办批准，抄送发展改革委、财政部、审计署等部门。

第十一条 项目法人应根据工程建设目标和批准的项目管理预算，及时组织制订总体建设方案，合理安排各年度建设投资，报

南水北调办核备。

第十二条 项目法人应在满足工程功能、安全标准、质量要求等前提下，实行设计优化，鼓励采用新技术、新工艺、新材料，控制工程量增加，降低工程建设投资。

第十三条 项目法人要加强设计变更管理，认真履行设计变更审批程序，严格执行关于设计变更管理的有关规定，并制定相应的管理办法和措施，切实控制工程建设投资。

第十四条 工程建设发生设计变更所增加的投资，应在该设计单元工程内解决，不得突破该工程静态投资。确属重大设计变更且所增加的投资超出该设计单元工程静态投资部分，经批准纳入动态投资管理。

第十五条 项目法人和各级项目建设管理单位要加强项目管理预算中预备费的管理和使用，严格执行有关管理办法。

第十六条 项目法人和各级项目建设管理单位要按国家有关规定加强项目建设管理费的管理和使用，项目建设管理费不得突破批准的项目管理预算中的相应额度。

第三章 动态投资管理

第十七条 项目法人对工程建设实施过程中发生的动态投资，通过逐年编报年度价差报告、据实计列建设期贷款利息投资、严格设计变更管理等措施，对动态投资进行有效管理。

第十八条 动态投资利用国务院批准的南水北调工程动态投资和工程建设结余投资调剂解决。

设计单元工程发生的动态投资应在本设计单元工程动态投资和结余投资内解决；不足部分经南水北调办批准利用其他设计单元工程结余投资调剂解决。

第十九条 国家批准的各设计单元工程初步设计概算中的价差预备费和建设期贷款利息实行专项管理。

第二十条 南水北调办以国家逐年批准的综合价格指数和年度价差作为核定工程建设年度价差的依据。对工程建设实施过程中因价格变动发生的年度价差，由项目法人负责委托具有相应资质的单位，根据南水北调办制订的工程价差报告编制办法，逐年编制年度价差报告。

南水北调工程水库建设征地移民补偿投资价差管理办法和年度价差报告编制办法由南水北调办商有关部门另行制定。

建设期贷款利息按实际发生数额据实计列，并纳入年度动态投资管理。

第二十一条 项目法人应在每年6月底以前将上年度价差报告报送南水北调办。

南水北调办负责组织对各项目法人报送的年度价差报告进行审查，综合汇总后形成南水北调工程综合价格指数和年度价差，报发展改革委批准。

第二十二条 根据批准的综合价格指数和年度价差，南水北调办将年度价差报告批复至各项目法人，将认定的年度价差投资从国务院批准的南水北调工程动态投资中列支，并纳入年度投资计划管理。

第二十三条 经批准的各年度价差之和超出国家批准的价差预备费额度时，超出部分利用工程结余投资解决。

第二十四条 据实计列的建设期贷款利息之和超出国家批准的建设期贷款利息额度时，超出部分利用工程结余投资解决。

第二十五条 因重大设计变更等因素变化引起投资增加且超出国家批准的静态投资额度时，超出部分由南水北调办报发展改革委核定，利用其他设计单元工程结余投资调剂解决。

第二十六条 按批准的建设工期完工的工程，合理计列待运行期发生的贷款利息及管理维护费用，相关投资利用工程结余投资解决。

第二十七条 南水北调工程的动态投资原则上按国务院批准的南水北调工程动态投

资执行，如确因价格变动、国家政策调整等因素导致动态投资无法满足工程需要，报国务院统筹研究解决。

第四章　投资控制考评

第二十八条　建立健全投资控制管理的激励和约束机制，在确保工程质量、安全和工期前提下，南水北调办对项目法人所管理设计单元工程进行投资控制考评，建立投资控制奖惩制度。

第二十九条　投资控制考评是以静态投资加上经批准的年度价差之和，与工程实际完成投资（不含据实计列的建设期贷款利息投资等）进行比较，若有剩余称为结余投资，并对结余投资情况进行分析，属优化设计、技术创新、科学组织施工等管理措施形成的结余投资按规定比例用于奖励、弥补工程投资缺口等。由于管理不善等主观因素造成超支的按规定给予处罚，超支情节严重的依据相关规定对有关责任人和责任单位给予行政处罚。

具体奖惩办法由财政部会同南水北调办制定。

第三十条　项目法人对完工的设计单元工程，根据南水北调办颁布的工程初步设计概算和项目管理预算执行情况分析报告编制办法，组织编制初步设计概算和项目管理预算执行情况分析报告，评价投资控制情况，报南水北调办。

第三十一条　形成结余投资的设计单元工程，项目法人在报初步设计概算和项目管理预算执行情况分析报告的基础上，分析说明结余投资情况和具体数额，报南水北调办批准。

第三十二条　项目法人要根据直接管理、委托管理、代建管理的管理模式，对项目建设管理单位分别进行投资控制考评。具体考评办法由项目法人制定，报南水北调办核准。

第五章　附　　则

第三十三条　项目法人可在本规定的基础上，结合所管理工程项目特点和建设管理模式，制订相应实施细则，报南水北调办核备。

第三十四条　本规定由南水北调办商有关部门负责解释。

第三十五条　本规定自发布之日起施行。

国家文物局

南水北调东、中线一期工程文物保护管理办法

2008 年 2 月 4 日
（文物保发［2008］8 号）

第一条　南水北调东、中线一期工程（以下简称“南水北调工程”）文物保护工作是南水北调工程建设的重要组成部分。为了进一步加强南水北调工程文物保护工作的管理，保护我国历史文化遗产，确保工程建设和文物保护工作顺利进行，根据《中华人民共和国文物保护法》等法律、法规，结合南水北调工程的实际情况，制定本办法。

第二条　本办法适用于南水北调工程永久占地范围内的文物保护与管理工作。

第三条　国家文物局负责对南水北调工程文物保护工作进行协调、指导和监督。

国务院南水北调工程建设委员会办公室（以下简称“国务院南水北调办”）参与指导、协调、监督南水北调工程文物保护工作。

国家文物局会同国务院南水北调办等有关部门共同组成工作协调小组，就南水北调

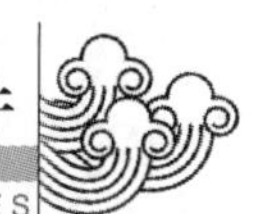

工程文物保护工作中出现的重大问题进行研究协商。工程涉及的有关省市可参照建立相应的协调机制。

第四条 省级文物行政部门是本辖区南水北调工程文物保护工作的责任主体，具体负责文物保护工作的组织实施和管理。

省级征地移民主管部门和项目法人等配合做好南水北调工程的文物保护工作。

第五条 南水北调工程考古发掘工作应严格遵守《考古发掘管理办法》和国家文物局《关于加强基本建设工程中考古发掘工作的指导意见》的相关规定。

承担考古发掘项目的考古发掘资质单位应与省级文物行政部门签订工作协议，并严格按照协议规定开展工作，不得转让所承担的发掘项目，同一考古发掘领队每年负责的考古发掘项目不得超过两项。

第六条 省级文物行政部门在组织实施考古发掘项目的过程中，可根据项目实际情况，对少数项目的工作量予以调整，调整结果需报省级征地移民主管部门、项目法人和国家文物局备案。

第七条 南水北调工程中的地面文物保护工作应严格遵守《文物保护工程管理办法》等有关规定。对迁移保护的地面文物应依法办理相关手续。

第八条 对列入迁移保护的民居类文物建筑，应按照国家有关法规政策，由地方文物部门同产权人签订有关协议，划清产权归属，做好价值登记及补偿工作。

第九条 为确保文物保护工作质量，南水北调工程文物保护项目实行监理制度，应根据实际情况和需要开展综合监理或单项文物保护项目监理。具体监理办法由各省级文物行政部门组织制定。

监理工作要严格依照《中华人民共和国文物保护法》和《考古发掘管理办法》、《田野考古工作规程》以及其他相关法律、法规进行。

第十条 省级文物行政部门应组织对本辖区内南水北调文物保护项目进行检查和统计，并接受省级人民政府和国家有关部门组织的检查。

检查和统计过程中，要加强对文物保护工作进展情况、各项规程执行情况、工作计划执行情况、经费使用情况以及文物与人员安全情况等的检查和统计，确保文物保护工作符合有关法规和规范的要求。检查和统计情况应定期报送国家文物局，同时抄送省级征地移民主管部门和项目法人。

第十一条 省级文物行政部门应会同省级征地移民主管部门对本辖区内的南水北调工程文物保护项目进行验收。验收工作应包括项目完成情况、经费使用情况等。

第十二条 在工程建设期间，省级文物行政部门应会同省级征地移民主管部门制订文物保护应急预案，确保工程施工中的文物安全。

第十三条 在工程建设过程中发现文物，施工单位应按照《文物保护法》的规定，做好现场保护工作，相关责任人要及时将有关情况分别向省文物行政部门和项目法人报告，协商文物保护措施。发现重要文物时，省级文物行政部门应及时向国家文物局报告。

第十四条 省级文物行政部门应制定办法，采取措施，加强对辖区内南水北调工程涉及的出土文物标本、文物建筑构件及相关文物资料的管理，并按有关规定建立科学档案。

第十五条 考古发掘资料及出土文物标本，在发掘单位按规定编写出版发掘报告后，由省级文物行政部门统一指定文物收藏单位保管。须作鉴定或测试的文物标本，应按相关规定办理。

第十六条 南水北调工程文物保护资金的使用和管理应严格遵守有关规定。

第十七条 在南水北调工程文物保护工作过程中，有下列情形之一的单位或个人，国家文物局会同国务院南水北调办给予表彰和奖励：

（一）认真执行文物法律、法规，保护文物成绩显著的；

（二）取得重要发现和重要研究成果的；

（三）在文物安全保卫方面有突出贡献，抢救文物有功的；

（四）在工程建设过程中，发现文物及时报告的；

（五）考古工地和地面文物设计、施工项目质量优秀的；

（六）为保护文物与破坏、盗窃文物的违法犯罪行为作斗争事迹显著的。

第十八条 有下列行为之一的，将分别视情况给予相应的处罚；构成犯罪的，移交司法机关追究刑事责任。

（一）盗掘古遗址、古墓葬、偷盗文物及故意拆除、破坏地面文物的；

（二）在工程建设施工或移民搬迁中发现文物隐匿不报，或不听劝阻，强行施工，造成文物损坏或丢失的；

（三）工作中严重失职，给文物造成较大损失的；

（四）贪污、挪用南水北调工程文物保护专项经费的。

第十九条 南水北调地方配套工程涉及的文物保护工作由省级文物行政部门参照此办法制订相关管理办法。

第二十条 本办法由国家文物局和国务院南水北调办负责解释。

第二十一条 本办法自公布之日起施行。

南水北调工程建设文物保护资金管理办法

2008年2月23日

（文物保发［2008］10号）

第一条 为规范南水北调工程建设文物保护资金管理，提高资金使用效率，确保南水北调工程建设中文物得到有效保护，根据《南水北调工程建设征地补偿和移民安置资金管理办法》和相关法规，制定本办法。

第二条 本办法适用于南水北调主体工程建设征地补偿和移民安置资金中用于文物保护方面资金的使用、管理和监督。

本办法所称文物保护资金是指国家批复的南水北调工程文物保护投资。

第三条 文物保护资金管理遵循责权统一、计划管理、专款专用、包干使用的原则。

第四条 省级文物行政部门是南水北调工程文物保护资金管理的责任主体。

第五条 文物保护资金实行包干使用，由省级征地移民主管部门与省级文物行政部门签订文物保护投资包干协议。

第六条 文物保护投资包干协议包括以下内容：

（一）文物保护任务的具体内容；

（二）文物保护工作的进度要求；

（三）文物保护资金包干额度和费用组成；

（四）文物保护资金拨（支）付方式；

（五）双方的责任、权利和义务。

第七条 文物保护项目实施中，在不突破包干资金的前提下，确因项目变更需调整资金的，由省级文物行政部门会同省级征地移民主管部门审批后实施，并报项目法人、国务院南水北调办公室和国家文物局备案。

第八条 文物保护资金中实施管理费、监理费、技术培训费等间接费，在国家批复概算范围内，由省级文物行政部门根据文物保护投资包干协议确定的工作内容及有关单位参与文物保护工作的职责和工作量合理安排。

第九条 文物保护资金中预备费及不可预见费的50%按照年度投资计划匹配下达，由省级文物行政部门负责使用和管理；其余50%的使用由省级文物行政部门提出申请，报省级征地移民主管部门，省级征地移民主管部门会同项目法人核定后，由项目法人报国务院南水北调办公室审批。

第十条 各省（市）全部完成本辖区内南水北调工程建设文物保护任务后，包干结余资金应用于南水北调工程文物保护后续工作。南水北调工程文物保护后续工作项目，经项目法人报国务院南水北调办公室和国家文物局核备后，由省级文物行政部门会同省级移民主管部门审批。

第十一条 对于工程建设中新发现的文物点，其所需的文物保护资金在项目资金结余或文物保护预备费（含不可预见费）中解决。

第十二条 年度文物保护投资计划纳入年度征地移民投资计划管理。项目法人和省级征地移民主管部门、各级文物行政部门应及时拨付资金。

第十三条 各级文物行政部门、各文物保护项目承担单位应按照财政部《南水北调工程征地移民资金会计核算办法》中的规定，加强文物保护资金的财务管理，设立专门的财务管理机构或配备会计人员，建立完善的财务内控制度，加强会计核算，对文物保护资金实行专用账户管理。

第十四条 各级文物行政部门、各文物项目承担单位应确保文物保护资金专项用于南水北调工程文物保护工作，任何部门、单位和个人不得截留、挤占、挪用文物保护资金。不得超标准、超规模使用文物保护资金。

第十五条 省级文物行政部门应当加强内部审计和检查，定期向本级人民政府、省级征地移民主管部门和项目法人报告文物保护资金使用情况。

项目法人、省级征地移民主管部门应对文物保护资金使用和管理等进行监督检查。

第十六条 文物保护资金到位及使用情况应接受审计、监察、财政等部门依法进行的审计、检查、监察和监督，并按要求及时提供有关资料。

第十七条 对审计、检查和监督中发现的问题，责任单位应及时整改。违反本办法规定，截留、挤占、挪用文物保护资金的单位，应依法给予行政处罚；对直接负责的主管领导和责任人，应依据相关法律、法规和规章追究其法律责任，构成犯罪的，移交司法机关追究刑事责任。

第十八条 省级文物行政部门应依据本办法制定文物保护资金管理办法实施细则，并报国家文物局和国务院南水北调办公室备案。

第十九条 本办法由国家文物局、国务院南水北调办公室负责解释。

第二十条 本办法自颁发之日起施行。

国务院南水北调工程建设委员会办公室

南水北调工程建设资金管理办法

2008年9月5日

（国调办经财［2008］135号）

第一章 总　　则

第一条 为规范南水北调工程建设资金管理，切实管好、用好南水北调工程建设资金，提高投资效益，依据国家法律法规及财经制度，结合南水北调工程特点，制定本办法。

第二条 本办法适用南水北调主体工程是指由南水北调东线江苏水源有限责任公司、南水北调东线山东干线有限责任公司、南水北调中线水源有限责任公司、南水北调中线干线工程建设管理局负责建设管理的主体工程以及湖北省南水北调工程建设管理局负责建设管理的汉江中下游治理工程（上述单位统称项目法人)。南水北调主体工程中的东线治污工程和截污导流工程、中线丹江口库区及上游水污染防治和水土保持工程除外。

南水北调主体工程中的征地补偿和移民安置工程的资金管理按照国务院南水北调工程建设委员会办公室(以下简称国务院南水北调办)颁发的《南水北调工程建设征地补偿和移民安置资金管理办法(试行)》(国调办经财［2005］39号)执行。

第三条 工程建设资金管理的原则是:统筹安排,分级管理;制度健全,程序规范;专款专用,讲求效益;职责清晰,各负其责。

第四条 项目法人应严格执行有关法律法规和财经制度,对工程建设资金实行全过程管理,应符合以下基本要求:

(一)依法筹集、拨(支)付、使用资金;

(二)按工程概算和项目管理预算控制投资;

(三)执行投资计划和基本建设支出预算;

(四)依据合同按程序结算支付价款;

(五)依据基本建设财务会计制度核算工程成本;

(六)加强监督检查。

第五条 项目法人对资金的筹集和使用负总责,实行代建制和委托制建设管理单位对所负责建设管理工程的资金使用负责。

项目法人和建设管理单位要建立资金管理责任制度。

第六条 项目法人和建设管理单位应设置专门的财务管理机构,负责工程建设资金管理。

第二章 筹资管理

第七条 工程建设资金通过中央预算内资金(含中央预算内专项资金,下同)、南水北调工程基金、银行贷款等多渠道筹集。项目法人应依据经批准的工程建设资金筹资方案筹集工程建设资金。

第八条 南水北调工程实行资本金制度,资本金由中央预算内资金和南水北调工程基金组成。项目法人应依据下达的年度投资计划和年度基本建设支出预算申请中央预算内资金和南水北调工程基金拨款,落实资本金。

第九条 项目法人应依据年度投资计划、工程建设进度及与银行(银团)签订的贷款合同,落实信贷资金。

第十条 项目法人应合理安排年度资金使用结构,提高资金使用效率。

第三章 投资控制管理

第十一条 南水北调工程投资应依据《南水北调工程投资静态控制动态管理规定》进行控制管理。

第十二条 项目法人应以批准的初步设计概算确定的投资额作为投资控制的依据;依据《南水北调工程投资静态控制和动态管理规定》编制项目管理预算的,以批准的项目管理预算作为投资控制的依据。

实行代建制和委托制的设计单元工程,建设管理单位以委托合同约定的建设内容所对应的投资额作为投资控制依据。

第十三条 工程建设过程中发生的价差、建设期贷款利息、国家重大政策调整增减投资等实行动态管理。

第十四条 项目法人应按照批准的初步设计组织建设,不得擅自扩大建设规模、增加建设内容、提高建设标准,不得突破概算或项目管理预算。

第十五条 工程投资不得突破经批准的设计单元工程初步概算中的静态投资,确属重大设计变更且所增加的投资超出该设计单元工程静态投资部分,经批准纳入动态投资管理。

第十六条 项目法人和建设管理单位应加强项目建设管理费的管理和使用,项目建设管理费不得突破经批准的项目管理预算中

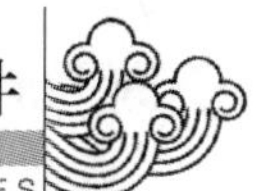

的相应额度。

第十七条 设计单元工程发生的动态投资应在本设计单元工程动态投资和节余投资内解决；不足部分经国务院南水北调办批准利用同一项目法人管辖的其他设计单元工程节余资金调剂解决。

第十八条 项目法人和建设管理单位应严格控制投资，支出节余或超支实行奖惩，投资控制奖惩按照财政部、国务院南水北调办制定的《南水北调工程投资控制奖惩办法》执行。

第四章 预 算 管 理

第十九条 工程建设资金中的中央预算内资金和南水北调工程基金纳入财政基本建设支出预算管理。

第二十条 项目法人应根据国务院南水北调办下达的年度投资计划，结合工程建设的有关情况，编制工程年度基本建设支出预算，报国务院南水北调办。

第二十一条 年度基本建设支出预算由项目法人组织实施。

项目法人应依据下达的年度基本建设支出预算，编制月、季度项目用款计划报国务院南水北调办。

第二十二条 经批准的年度基本建设支出预算应严格执行，不得随意调整。确需调整的，应按原申报程序报批。

第二十三条 实行委托制和代建制的建设管理单位应编制所负责建设管理工程的年度、季度资金使用计划报项目法人，纳入项目法人的用款计划。

第五章 合 同 管 理

第二十四条 南水北调工程建设管理实行合同管理制，工程建设管理过程中的对外经济事项均应纳入合同管理。

第二十五条 项目法人和建设管理单位应依据法律法规和国务院南水北调办有关合同管理规定，制定合同管理办法，规范合同的立项、谈判、签订、备案、履行、变更、争议调解、验收、存档及印章管理等行为。

合同应由法定代表人签署；委托他人签署合同的，必须由法定代表人书面授权。

合同立项和签订应实行内部会签制度。

合同专用章应由专人保管，并建立严格的用印制度。

第二十六条 合同应采用规范性合同范本。

确无可适用的规范性合同范本，可以制定专门的合同文本。金额较大的合同项目应组织有关法律、合同、经济、技术等方面专家严格审查合同条款。

第二十七条 项目法人应接受国务院南水北调办对项目合同执行情况的监督管理。项目法人签订特别重要和金额巨大的项目合同，应接受国务院南水北调办派员监督。

第二十八条 项目法人和建设管理单位应严格履行合同约定的责任和义务。

合同条件发生变化，应按程序变更合同或签订补充合同。

第二十九条 项目法人和建设管理单位应加强合同履行的过程控制和管理，建立合同管理台账和合同档案，做到合同管理台账明晰准确、合同档案完整。

第三十条 项目法人应加强对建设管理单位合同管理的指导、监督与检查。

第六章 支 付 管 理

第三十一条 项目法人应依据工程建设进度及资金支付需要，分次申请中央预算内资金和南水北调工程基金拨款。资金拨付申请应说明申请资金规模的理由，报告上次已拨付到位资金的使用、结余情况和本次申请资金的使用计划。

项目法人按建设管理委托合同约定和工程建设进度向实行代建制和委托制的建设管理单位支付建设资金。

第三十二条 项目法人和建设管理单位应依据相关法规和制度，制定工程建设资金支付管理办法，明确支付审核责任和程序等，规范工程建设资金支付行为。

第三十三条 项目法人和建设管理单位应依据合同约定支付合同价款。合同价款一律通过银行结算，不得用现金支付。

第三十四条 合同价款必须支付到合同约定的户名及账号。收款方变更户名、开户银行及账号，应出具盖有其法人公章、法定代表人签字的书面证明。

第三十五条 支付合同尾款前，应全面清理合同执行和验收情况，妥善处理遗留问题。

第七章 财 务 会 计

第三十六条 项目法人和建设管理单位应严格执行财政部颁发的《基本建设财务管理规定》和《国有建设单位会计制度》。项目法人应依据相关法律法规和规章制度，结合本单位管理特点制定内部财务管理和会计核算方面的制度。

第三十七条 项目法人和项目建设管理单位应依法设置会计账簿，实施会计监督，正确核算工程建设成本，合理分摊费用，按时编制会计报表，及时、准确、完整地反映工程建设资金的使用情况。

项目法人和建设管理单位法定代表人对本单位会计工作和会计资料的真实性、完整性负责。

第三十八条 项目法人和建设管理单位所有资金的收支应纳入财务部门统一核算和管理，严禁设立账外账、“小金库”。

第三十九条 项目法人和建设管理单位对建设资金实行专户存储、专户管理，在一家商业银行开设一个基本建设资金账户，用于建设资金的结算。不得多头开户。

项目法人开设、变更、撤销银行账户，应报国务院南水北调办备案。建设管理单位开设、变更、撤销银行账户应报项目法人备案。

第四十条 项目法人和建设管理单位应按照批准的工程初步设计概算（或项目管理预算）费用项目和标准控制支出，严格执行财政部规定的成本费用开支范围和标准。

第四十一条 项目法人对中央预算内资金和南水北调工程基金应分别以中央资本金和地方资本金单独反映。

第四十二条 项目法人和建设管理单位要正确核算建设成本，以设计单元工程为成本核算对象，归集建设成本。凡能分清成本核算对象的成本费用，直接计入相关设计单元工程成本；需由多个设计单元工程分摊的公共费用，年度终了时按各设计单元工程当年实际完成投资额进行预分摊，竣工财务决算时再按实际应分摊数进行调整。

第四十三条 项目法人和建设管理单位会计核算明细项目设置应与概算（或项目管理预算）、计划统计报表对应项目保持衔接。

第四十四条 各建设管理单位应按时向项目法人报送财务会计报告，项目法人审核汇总后报国务院南水北调办。报告内容完整，数字真实准确，严禁弄虚作假。

第四十五条 项目法人和建设管理单位应按财政部和国家档案局的有关会计档案管理办法，建立健全会计档案的立卷、归档、保管、调阅和销毁等管理制度，加强会计档案管理工作。

第八章 竣工（完工）财务决算

第四十六条 设计单元工程完工后，项目建设管理单位应在设计单元工程验收前编制完工财务决算；项目法人管辖的全部工程竣工后，项目法人应在东、中线一期工程竣工验收前编制竣工财务决算。

一个设计单元工程由两个及以上建设管理单位共同实施的，各项目建设管理单位应完成其所实施部分完工财务决算后，由项目法人指定建设管理单位汇编该设计单元工程完工财务决算。

第四十七条 项目法人和建设管理单位应从工程开工之日起，指定专人收集、整理和核对竣工财务决算资料。编制竣工（完工）财务决算前，应全面清理基本建设项目档案资料、盘点核实财产物资、清偿债权债务，做好账务处理，做到账账、账证、账实、账表相符。

第四十八条 项目法人和建设管理单位应落实竣工（完工）财务决算编制的组织和人员，明确财务会计、计划统计、工程技术、设备物资等部门的相应职责。设计、施工、监理等单位应及时提供有关资料，做好配合工作。

第四十九条 项目法人和建设管理单位的法定代表人对本单位编制的竣工（完工）财务决算的真实性、完整性负责。

第五十条 南水北调工程竣工（完工）财务决算的具体规定，由国务院南水北调办另行制定。

第九章 监督与检查

第五十一条 项目法人和建设管理单位要加强对资金的使用管理的内部监督与检查。认真检查国家有关法律法规、财经制度、内部控制制度和岗位责任制的执行情况，对监督检查发现的问题及时纠正。

第五十二条 项目法人和建设管理单位应建立重大事项报告制度。在工程建设过程中，发现下列资金管理的重大事项应及时向国务院南水北调办书面报告。

（一）重大金额索赔；

（二）资金使用管理中的重大违纪问题；

（三）其他涉及资金管理的重大事项。

第五十三条 项目法人和建设管理单位应主动接受外部监督与检查，积极配合国务院南水北调办和国家监督检查机构对建设资金使用情况的审计、稽察及专项检查，如实提供资料，实事求是说明情况和问题，按照监督与检查的意见及时整改，并将整改情况反馈给国务院南水北调办。

第十章 附 则

第五十四条 本办法自发布之日起执行。

第五十五条 本办法由国务院南水北调办负责解释。

南水北调工程竣工（完工）财务决算编制规定

2008年10月13日

（国调办经财［2008］159号）

第一章 总 则

第一条 为规范南水北调工程竣工（完工）财务决算编制行为，反映工程建设成果，考核概算和项目管理预算执行情况，核定资产价值，根据财政部《基本建设财务管理规定》及相关法规制度，结合南水北调工程实际情况，制定本规定。

第二条 本规定适用于由南水北调东线江苏水源有限责任公司、南水北调东线山东干线有限责任公司、南水北调中线水源有限责任公司、南水北调中线干线工程建设管理局负责建设管理的南水北调东线、中线一期主体工程和湖北省南水北调工程建设管理局负责建设管理的汉江中下游治理工程（上述项目建设管理单位统称项目法人）完工财务决算和竣工财务决算的编制。东线治污工程、截污导流工程、中线丹江口库区及上游水污染防治和水土保持工程除外。

第三条 南水北调工程竣工（完工）财务决算包括南水北调工程征地补偿和移民安置项目竣工（完工）财务决算，分为南水北调工程完工财务决算、南水北调工程竣工财务决算。

第四条 设计单元工程完工后编制完工

财务决算。完工财务决算由项目建设管理单位负责编制。

一个设计单元工程由两个及两个以上项目建设管理单位共同实施的，各项目建设管理单位完成所实施部分的完工财务决算后，由项目法人指定的项目建设管理单位汇编该设计单元工程完工财务决算。

项目法人管辖的工程全部竣工后编制竣工财务决算。竣工财务决算由项目法人负责编制。

征地补偿和移民安置项目竣工（完工）财务决算按设计单元工程由省级征地移民机构组织编制。

第五条 完工财务决算应在设计单元工程完工验收前完成；竣工财务决算应在东线、中线一期主体工程竣工验收前完成。

征地补偿和移民安置项目竣工（完工）财务决算应在征地移民专项验收前完成。专项验收时间确定后，项目法人应提前6个月通知有关省级征地移民管理机构。

第六条 项目法人或项目建设管理单位、省级征地移民机构应落实竣工（完工）财务决算编制的组织和人员，明确财务会计、计划统计、合同管理、工程技术、设备物资等有关部门的相应职责。设计、施工、监理等单位应及时提供有关资料，做好配合工作。

项目法人或项目建设管理单位、省（直辖市）级征地移民机构的法定代表人对本单位编制的竣工（完工）财务决算的真实性、完整性负责。

第二章 编 制 依 据

第七条 竣工（完工）财务决算编制的依据主要包括：

（一）国家有关法律法规及规章制度；

（二）经批准的可行性研究报告；

（三）经批准的初步设计文件及概算和项目管理预算；

（四）历年下达的年度投资计划、基本建设支出预算；

（五）会计核算及财务管理资料，以及历年会计决算资料；

（六）招标文件；

（七）项目合同及工程价款结算资料；

（八）年度价差审批文件；

（九）其他有关资料。

第三章 编 制 内 容

第八条 竣工（完工）财务决算主要由封面及目录、工程平面示意图及重要工程照片、财务决算说明书和财务决算报表组成。

第九条 财务决算说明书反映以下主要内容：

（一）工程基本情况；

（二）投资计划、基本建设支出预算和资金到位情况；

（三）概算（项目管理预算）执行情况及分析；

（四）投资动态管理情况；

（五）招标情况；

（六）合同、协议履行情况；

（七）征地补偿和移民安置情况；

（八）预备费使用情况；

（九）基建结余资金形成及分配情况；

（十）预留的尾工投资及费用情况；

（十一）财务管理情况及其经验、问题和建议；

（十二）历次审计、稽察及其整改情况；

（十三）其他需说明的事项；

（十四）编表说明。

第十条 完工财务决算报表包括：

（一）设计单元工程概况表，反映设计单元工程主要特性、建设过程和建设成果等基本情况；

（二）设计单元工程完工财务决算表，反映设计单元工程的财务收支状况；

（三）设计单元工程投资分析表，反映设计单元工程概算（项目管理预算）执行情况；

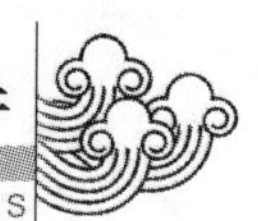

（四）设计单元工程尾工及预留费用表，反映预计纳入完工财务决算的尾工及预留费用明细情况；

（五）设计单元工程待核销基建支出表，反映设计单元工程发生的待核销基建支出明细情况；

（六）设计单元工程转出投资表，反映设计单元工程发生的转出投资明细情况；

（七）设计单元工程交付使用资产总表，反映设计单元工程交付使用资产的总体情况；

（八）设计单元工程交付使用资产明细表，反映设计单元工程交付使用资产的明细情况。

完工财务决算报表格式见附1。

第十一条 竣工财务决算报表包括：

（一）南水北调工程概况表，反映项目法人所实施工程的主要特性、建设过程和建设成果等基本情况；

（二）南水北调工程竣工财务决算表，反映项目法人所实施工程的财务收支状况；

（三）南水北调工程投资分析表，反映项目法人所实施工程的概算（项目管理预算）执行情况；

（四）南水北调工程尾工及预留费用表，反映项目法人所实施工程的尾工及预留费用明细情况；

（五）南水北调工程待核销基建支出及转出投资表，反映项目法人所实施工程的待核销基建支出和转出投资情况；

（六）南水北调工程交付使用资产总表，反映项目法人所实施工程交付使用资产的总体情况；

（七）南水北调工程交付使用资产明细表，反映项目法人所实施工程交付使用资产的明细情况。

竣工财务决算报表格式见附2。

第十二条 征地补偿和移民安置项目竣工（完工）财务决算报表包括：

（一）征地补偿和移民安置项目概况表，反映征地补偿和移民安置项目主要特性、实施过程、完成的实物量等基本情况；

（二）资金平衡表，反映征地补偿和移民安置项目全部资金来源和资金占用情况；

（三）征地移民资金支出总表，反映征地补偿和移民安置项目投资完成总体情况；

（四）农村移民安置支出明细表，反映征地补偿和移民安置项目农村移民安置投资完成情况；

（五）城集镇迁建支出明细表，反映征地补偿和移民安置项目城集镇移民迁建投资完成情况；

（六）工业企业迁建支出明细表，反映征地补偿和移民安置项目工业企业迁建投资完成情况；

（七）专业项目复建支出明细表，反映征地补偿和移民安置项目专业项目复建投资完成情况。

征地补偿和移民安置项目竣工（完工）财务决算报表格式见附3。

第四章 编制方法和要求

第十三条 项目法人或项目建设管理单位、省级征地移民机构应做好竣工（完工）财务决算编制前的各项基础工作，主要包括：

（一）收集整理与竣工（完工）财务决算编制相关的工程项目资料；

（二）财务清理；

（三）概算（项目管理预算）与会计核算口径的对应分析；

（四）确定竣工（完工）财务决算基准日；

（五）分摊待摊投资和借款利息等公共费用；

（六）计列尾工投资及预留费用。

第十四条 财务清理主要包括以下内容：

（一）清理合同、协议；

（二）清理债权债务；

（三）清理投资结余；

（四）清理应移交的资产；

（五）其他需要清理的内容。

第十五条 会计核算应与概算（项目管理预算）的费用构成在口径上保持一致。

完工财务决算按概算（项目管理预算）二级项目分析考核概算（项目管理预算）执行情况；竣工财务决算按设计单元工程分析考核概算（项目管理预算）执行情况。

第十六条 与工程建设成本、资产价值相关联的会计业务应在竣工（完工）财务决算基准日之前入账。

编制竣工财务决算时，对完工财务决算的部分财务指标应按统一的基准日进行调整。

第十七条 待摊投资和借款利息等公共费用按项目法人确定的分摊项目和数额计入设计单元工程建设成本，纳入竣工（完工）财务决算。

第十八条 预留的尾工投资及费用应满足工程建设和项目管理的需要，以项目概算（项目管理预算）、合同等为依据合理计列，纳入竣工（完工）财务决算。

计入完工财务决算的尾工投资和预留费用的具体项目和数额报项目法人批准。

计入竣工财务决算的尾工投资和预留费用的具体项目和数额报国务院南水北调工程建设委员会办公室（以下简称国务院南水北调办）备案。

预留的尾工投资和费用不得超过该项目概算的3%。

第十九条 征地移民机构按包干数编制征地补偿和移民安置项目竣工（完工）财务决算。项目法人编制竣工（完工）财务决算时按概算数反映征地补偿和移民安置情况。

第二十条 编制完工财务决算时，可暂不核定资产价值，但应做好资产价值核定的相关基础工作。

代建、委托建设管理机构应在负责实施的全部设计单元工程完工验收后，将有关会计核算资料移交给项目法人。

第二十一条 待摊投资由受益的交付使用资产共同负担。其中：能够确定由某项资产负担的待摊投资，直接计入该资产价值；不能直接计入资产价值的待摊投资，按分摊对象价值占所有应分摊对象价值总和的比例分摊计入受益的各项资产价值。

第二十二条 按实际发生数比例分摊待摊投资的计算公式为：

$$\text{分配率} = \frac{\text{待摊投资合计（扣除直接计入的部分）}}{\text{待摊投资分摊对象的实际价值合计}} \times 100\%$$

第二十三条 待摊投资的分摊对象为：

（一）房屋、建筑物；

（二）需要安装的设备；

（三）其他分摊对象。

征地补偿和移民安置费用只计入相关的房屋、建筑物价值。设备等资产不分摊该项费用。

第二十四条 交付使用资产应以具有独立使用价值的固定资产、流动资产、无形资产和递延资产作为计算和交付对象。

独立使用价值的确定依据是具有较完整的使用功能，能够按照设计要求，独立地发挥作用。

第二十五条 报表填列应做到数据真实、可靠，表内、表间钩稽关系一致，补充资料齐全，不得缺页漏项。

财务决算说明书应认真编写，做到内容全面、重点突出，反映工程实际和特点。

第五章 决 算 审 批

第二十六条 完工财务决算经项目法人审核后报国务院南水北调办核准，国务院南水北调办将委托中介机构进行完工财务决算审计。

竣工财务决算经国务院南水北调办审核后报财政部审批。

征地补偿和移民安置项目竣工（完工）财务决算报项目法人，同时抄报国务院南水北调办。

第六章　附　　则

第二十七条　各项目法人可根据本规定制定实施办法，并报国务院南水北调办备案。

第二十八条　本规定由国务院南水北调办负责解释。

第二十九条　本规定自发布之日起执行。

附1. 南水北调工程完工财务决算报表（略）

附2. 南水北调工程竣工财务决算报表（略）

附3. 南水北调工程征地补偿和移民安置项目竣工（完工）财务决算报表（略）

南水北调工程建设安全生产目标考核管理办法

2008年5月30日

（国调办建管［2008］83号）

第一条　为进一步强化安全生产目标管理，落实安全生产责任制，防止和减少生产安全事故，保证南水北调工程建设顺利进行，根据《中华人民共和国安全生产法》、《建设工程安全生产管理条例》、《国务院关于进一步加强安全生产工作的决定》、《南水北调工程建设管理的若干意见》和《南水北调工程建设重特大安全事故应急预案》等有关法律法规和规章制度，结合南水北调工程建设实际，制定本办法。

第二条　本办法适用于南水北调东、中线一期主体工程建设安全生产目标考核。

第三条　安全生产目标考核对象分别为项目法人、建设管理单位（包括代建单位、委托建设单位，下同）、勘察（测）设计单位、监理单位、施工单位等工程参建单位。

第四条　安全生产目标考核工作由国务院南水北调工程建设委员会办公室（以下简称南水北调办）统一领导，省（直辖市）南水北调办事机构、项目法人分级负责组织实施。其中：

1. 南水北调办负责对项目法人进行安全生产目标考核；

2. 相关省南水北调办事机构受南水北调办委托，负责对东线工程和汉江下游治理工程项目法人进行安全生产目标考核；

3. 相关省（直辖市）南水北调办事机构会同项目法人，负责对中线干线工程委托项目建设管理单位进行安全生产目标考核；

4. 项目法人（或建设管理单位）负责对直管和代建工程建设管理单位进行安全生产目标考核，协同相关省（直辖市）南水北调办事机构负责对委托项目建设管理单位进行安全生产目标考核；

5. 项目建设管理单位负责对设计、监理、施工等参建单位进行安全生产目标考核。

第五条　安全生产目标考核分为安全生产工作目标和生产安全事故控制指标考核。其中，安全生产工作目标分为通用目标和项目适用性目标。生产安全事故实际发生率超过控制指标时，考核对象的安全生产目标考核结果为不合格。

安全生产目标考核合格是参加文明工地评选的必备条件。

第六条　通用目标是考核对象应当完成的安全生产目标（详见附件1），考核采用合格制。考核组织单位可以在附件的基础上根据考核需要，经南水北调办同意增加考核项目。考核项目中有一项不具备时，则考核结果为不合格。

第七条　项目适用性目标考核是在通用目标考核合格的基础上，根据工程项目具体情况进行的评估考核，考核采用四级等级制（Ⅰ、Ⅱ、Ⅲ、Ⅳ）。考核组织单位可以在附件的基础上根据考核需要增加考核项目以及细化考核内容和权重。

第八条 安全生产目标考核采取自查自评与组织考核相结合、年度考核与日常考核相结合的办法。安全生产目标考核应当每年至少进行一次。

第九条 南水北调办以及省（直辖市）南水北调办事机构组织的安全生产目标考核由有关工作人员以及专家组成的考核工作组负责。考核工作组成员实行回避制度。

考核工作组成员在考核工作中应当诚信公正、恪尽职守。

第十条 考核工作组有权向有关单位和人员了解安全生产情况，并要求其提供相关文件、资料，有关单位和人员不得拒绝。有关单位和个人应对反映的情况以及提供的相关文件和资料的真实性负责。

第十一条 通用目标考核不合格的单位应当及时进行整顿，限期达到合格标准。年度通用目标考核不合格或发生造成人员死亡的一般及等级以上生产安全事故的直接责任单位，不得评先评优。发生较大生产安全事故时，取消负有直接责任的单位［包括代建、施工、勘察（测）设计、监理等单位］一年内参加南水北调主体工程有关项目的投标资格。发生重、特大安全事故时，由有关部门按照国家有关法律法规暂扣或者吊销直接责任单位有关证照，并取消其二至三年内参加南水北调主体工程有关项目的投标资格。生产安全事故等级执行国务院《生产安全事故报告和调查处理条例》的有关规定。

第十二条 考核对象通用目标考核合格且未发生造成人员死亡的一般及等级以上生产安全事故或事故非直接责任单位，适用性目标考核结果分为四个等级，其中Ⅰ级，应当90%以上（包括本数，下同）的考核内容评估为A级，没有D级；Ⅱ级，应当80%以上的考核内容评估为A级，没有D级；Ⅲ级，考核内容评估为D级的不超过20%；Ⅳ级，考核内容评估为D级的超过20%以上。考核结果为Ⅳ级的单位应当进行整顿。

第十三条 南水北调办将在考核结果为Ⅰ级的单位中评选安全生产管理优秀单位，并对单位以及相关人员予以表彰和奖励。

第十四条 被评为优秀的设计、监理、施工等单位，在参与南水北调工程其他项目投标时，其业绩评分根据南水北调办有关规定可适当加分。

第十五条 南水北调办组织的安全生产目标考核以及评选结果将在中国南水北调网公示7天。公示期间有异议的，由南水北调办建设管理司组织进行复审。

第十六条 本办法由南水北调办负责解释。

第十七条 本办法自印发之日起施行。

南水北调工程建设期完工项目运行管理与维修养护办法

2008年10月28日
（国调办建管［2008］173号）

第一章 总 则

第一条 为规范南水北调工程建设期完工项目运行管理与维修养护工作，建立职能清晰、权责明确的工程运行管理与维修养护体制，确保建设期完工项目完好和良性运行，根据《水利工程管理体制改革实施意见》（国办发［2002］45号）、《南水北调工程建设管理的若干意见》（国调委发［2004］5号）和《南水北调工程投资静态控制和动态管理规定》（国调委发［2008］1号）等有关规定，制定本办法。

第二条 本办法所称建设期，是指南水北调东、中线一期主体工程开工至竣工验收完毕。

完工项目，是指建设期内通过完工（竣工）验收的设计单元工程。

运行管理单位，是指承担完工项目日常运行管理的单位。

维修养护单位，是指承担完工项目日常维修养护与专项维修养护的单位。

专项维修养护是指工程量较大、技术要求较高或维修养护费用在50万元及以上需要集中维修养护的项目。

第三条 本办法适用于南水北调工程东、中线一期主体工程（不包括截污导流工程）建设期完工项目的运行管理与维修养护工作。

第四条 国务院南水北调工程建设委员会办公室（以下简称“南水北调办”）负责完工项目运行管理与维修养护等有关重大问题的协调，依法对完工项目的运行管理和相关费用的使用等进行监督管理。

有关省（直辖市）南水北调办事机构根据南水北调办的委托，承担相应监督管理工作。

第五条 项目法人负责所辖范围内的南水北调东、中线一期主体工程完工项目的管理、运行和维护，保证工程安全和效益发挥。

第二章 运行管理

第六条 完工项目的运行管理可采用项目法人直接运行管理或委托有关单位运行管理等方式进行。具体运行管理方案由项目法人根据工程实际需要和项目特点等情况研究提出，报南水北调办批准后实施。

第七条 完工项目采用直接运行管理的，项目法人要本着精简、高效的原则，建立健全工程运行管理机构，严格控制人员编制。

项目法人应明确各级运行管理机构的责任和目标要求，完善管理制度，建立有效的约束和激励机制，使管理责任、工作绩效与运行管理人员的切身利益紧密挂钩。

项目法人应注意工程项目建设责任与完工项目运行管理责任有机划分与衔接，为工程竣工验收后的运行管理创造条件。

第八条 完工项目采用委托运行管理的，项目法人可以采用直接谈判或招标方式选择运行管理单位。

受委托的运行管理单位应具备以下基本条件：

（1）法人或具有独立签订合同权利的其他组织。

（2）具有类似完工项目的运行管理经历。

（3）组织机构完善，人员结构合理。具有运行管理所需的有关专业技术人员和管理人员。

（4）在技术、经济、财务、合同、档案管理等方面有完善的管理制度，财务状况良好。

（5）国家规定的其他条件。

项目法人在确定运行管理单位后报南水北调办备案，同时抄送完工项目所在省（直辖市）南水北调办事机构。

第三章 维修养护

第九条 项目法人以及运行管理单位应按照管养分离的原则，做好完工项目的日常维修养护和专项维修养护，提高维修养护水平，降低运行成本。

第十条 项目法人或运行管理单位应按照国家有关规定通过招标、竞争性谈判等方式择优选择专业化维修养护单位。其中，在南水北调工程建设期没有运行管理任务的设计单元工程完工后，由项目法人招标选择维修养护单位。

维修养护单位应具备以下基本条件：

（1）法人或具有独立签订合同权利的其他组织。

（2）具有类似项目的维修养护业绩。

（3）组织机构完善，人员结构合理。具有维修养护管理所需的技术力量、必要的监测手段及其相应的装备。

（4）国家规定的其他条件。

第四章 运行管理与维修养护责任

第十一条 项目法人应落实运行管理以及维修养护费用，对完工项目运行管理单位的机构设置、人员配备以及运行管理费用使用情况进行监督检查，对完工项目运行管理日常工作进行考核。

第十二条 完工项目运行管理单位承担完工项目的具体运行管理工作，确保完工项目处于完好状态，对完工项目的管理效果、工程安全负直接责任。

完工项目运行管理单位应按照国家有关规定以及维修养护委托合同，对完工项目的维修养护工作进行监督检查，对维修养护单位完成的维修养护项目进行验收。

第十三条 维修养护单位依据国家有关规定以及签订的委托合同，接受依法进行的监督检查和考核，保证维修养护项目满足合同要求。

第十四条 运行管理单位以及维修养护单位负责运行管理以及维修养护资料的整编归档工作，按照国家有关规定和委托合同的要求，编报有关完工项目运行管理以及维修养护的信息表、统计表等资料，定期报项目法人或运行管理单位。

第十五条 发生超标准洪水等自然灾害、发生重大险情及其他突发事件，运行管理单位应与项目法人及时协商并开展完工项目的保护和维修养护相关工作。

第五章 运行管理与维修养护费用

第十六条 完工项目的运行成本包括运行管理费用和维修养护费用。

运行管理费用，采用委托运行管理的，应在项目法人与运行管理单位签订的委托合同中明确，遵循补偿成本，合理利润的原则确定。采用直接运行管理的，项目法人按照国家有关规定和标准确定。

维修养护费用应在项目法人、运行管理单位与维修养护单位签订的合同中明确。

第十七条 完工项目运行管理与维修养护费用应合理计列。

完工项目未投入运行的，相关费用按照《南水北调工程投资静态控制和动态管理规定》（简称“动静管理”）和其他渠道解决。

完工项目投入运行的，相关费用首先由运行收益和受益方解决；不足部分，按照“动静管理”渠道解决。

纳入“动静管理”的相关费用，均须经南水北调办批准。

第十八条 项目法人应建立健全运行维护费用的约束和激励机制，提高费用使用效益。委托运行管理的完工项目要按照委托合同要求，及时、足额划拨运行管理与维修养护费用。

运行管理单位应按照合同及时验收维修养护项目并支付维修养护费用。不得滞留、挪用维修养护费用。

第十九条 项目法人制定相应的运行管理与维修养护费用管理使用制度，及时、准确、完整地反映项目运行管理与维修养护费用的使用情况，并接受监督检查。

第六章 监 督 管 理

第二十条 建立完工项目运行管理考核制度。完工项目运行管理的考核对象是完工项目运行单位或项目法人设立的运行管理机构。

建立完工项目维修养护信誉考核制度，信用考核对象是维修养护单位。

第二十一条 项目法人依据国家有关规定和合同负责对管理机构、委托运行管理单位、维修养护单位进行监督管理和考核。

第二十二条 项目法人建立奖惩机制，建立运行维护工作考核目标与指标体系，合理确定考核指标体系的内容和要求，督促运行管理单位和维修养护单位履行合同义务并对完工项目的运行管理以及维修养护进行效果评估考核，依据评估与考核情况给予奖惩。

第二十三条 项目法人、运行管理单位、维修养护单位以及有关人员因人为失误给完工项目的运行工作造成损失时，按照国家有关法律、行政法规和规章，依法给予处罚；构成犯罪的，依法追究刑事责任。对维修养护单位可以同时给予禁止参加今后南水北调工程维修养护工作的处罚。

第七章　附　　则

第二十四条　完工项目的施工质量保修期内的有关质量保修工作和费用应按照有关合同或验收鉴定书的要求进行。

第二十五条　本办法由南水北调办负责解释。

第二十六条　本办法自印发之日起施行。

沿线各省（直辖市）

天津市南水北调工程建设主体资信确认管理规定

2008年1月16日

（津调水建［2008］2号）

第一条　为规范天津市南水北调工程（以下简称市南水北调工程）各建设主体的交易行为，加强市场准入和招标投标活动的管理，根据《南水北调工程建设管理的若干意见》和《南水北调天津市配套工程建设管理办法》等有关规定，制定本规定。

第二条　本规定适用于参加市南水北调工程建设的建设主体的资信确认管理。

建设主体是指从事工程建设的项目管理、勘测、设计、监理、施工、重要材料和设备供应等单位。

资信确认是指核备建设主体参加建设交易活动应具备的资质、业绩、信用及从业人员等资格条件的工作。

第三条　天津市南水北调工程建设委员会办公室负责建设主体资信确认管理工作，委托天津市水利工程建设交易管理中心作为资信确认档案管理部门，负责资信确认资料的见证、登记建档、动态管理等具体工作。

第四条　建设主体在参加市南水北调工程建设交易活动前应办理资信确认手续。办理资信确认手续应具备以下条件：

（一）必须具备独立法人资格；

（二）具有相应的资质或资格；

（三）具有相应的经历（业绩）；

（四）主要从业人员应具有相应的执业资格或经历（业绩）；

（五）法律、法规规定的其他条件。

第五条　办理资信确认手续时，应填写注册登记表，并按照国家或行业相关规定提交如下资料：

（一）营业执照或法人证书；

（二）组织机构代码证；

（三）资质证书或资格证书；

（四）相关工程经历（业绩）证明材料，包括合同书、发包人证明、质量证书、获奖证书等；

（五）从业人员相关执业资格证书及经历（业绩）证明材料；

（六）授权委托书；

（七）按规定要求提交的其他资料。

第六条　资信确认档案管理部门对建设主体提交的资料进行核实，符合要求的，予以办理确认手续，同时为其建立资信确认档案，及时将确认的资信材料登记备案。

第七条　资信确认档案实行动态管理，建设主体资信业绩发生变化时，应及时办理更新或补充手续。

潜在投标人在购买招标文件时，按照招

标信息的要求，应提供的资格材料，资信确认档案中已有的部分无需重复提供。

潜在投标人获取招标后，应按照招标文件的要求，及时办理资信确认档案的更新或补充手续。

第八条 在评标过程中，评标委员会应核实投标文件中资信业绩与资信确认档案的一致性，如有不一致，以资信确认档案为准。

第九条 建设主体提供虚假、伪造材料的，作为不良行为记录备案。

第十条 资信确认档案管理部门应根据相关规定查询建设主体有无其他不良行为记录，查询结果及时登记。

第十一条 发现建设主体有不良行为记录的，资信确认档案管理部门及时报送主管部门作出处理决定。

主管部门和相关行政处罚单位应将建设主体处罚决定通报资信确认档案管理部门记录备案。

第十二条 本规定自印发之日起施行。

天津市南水北调工程造价管理规定

2008年1月16日

（津调水建［2008］3号）

第一条 为加强天津市南水北调工程（以下简称市南水北调工程）建设项目的造价管理，规范工程计价行为，根据《南水北调天津市配套工程建设管理办法》和有关规定，结合工程建设的实际情况，制定本规定。

第二条 本规定适用于市南水北调工程建设项目的造价管理，天津干线工程参照执行。

第三条 凡从事市南水北调工程建设项目造价管理（以下简称造价管理）的单位和个人，应遵守本规定。

第四条 本规定所称造价管理，是指市南水北调工程建设项目的设计概算、项目管理预算、招标标底、合同价款、施工图预算、工程结算（竣工决算中的工程部分）等编制活动的管理。

第五条 造价管理实行“概算控制，预算管理”原则，控制标准执行国家相关行业的现行标准。

第六条 天津市南水北调工程建设委员会办公室（以下简称市调水办）负责市南水北调工程的造价管理，组织投资估算的编报，审批项目法人组织编制的设计概算、项目管理预算、设计变更引起的造价调整、动用预备费申请及工程结算。

第七条 市南水北调工程初步设计概算批复后，项目法人应组织招标设计，工程招标设计完成后10个工作日内编制完成项目管理预算并报市调水办审批。

项目管理预算必须控制在批准的设计概算投资总额之内。

项目管理预算可按整个项目一次编制完成，也可根据主体工程年度投资计划分期编制招标工程的项目管理预算，待各招标项目的项目管理预算编制完成后，汇总编制项目管理总预算。

第八条 项目管理预算应依据批准的初步设计概算、年度投资计划、项目的分标方案，并参照现行《水利工程实施阶段造价管理办法》编制。

项目管理预算包括建安工程采购费、设备采购费、专项工程采购费、技术服务采购费、地方政府包干项目投资、项目法人管理费用、预留风险费用（可调剂预留费用和基本预备费）和建设期融资利息等内容。

第九条 项目管理预算中的建安工程采购费、设备采购费、专项工程采购费、技术服务采购费经批准后，作为项目法人招标阶段投资控制的最高限额。

地方政府包干项目投资按设计概算值计列，作为签订征地拆迁投资包干协议的最高限额。

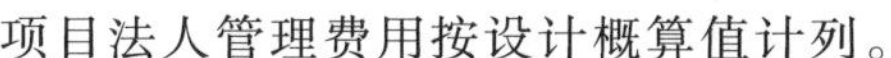

项目法人管理费用按设计概算值计列。

预留风险费用主要用于解决工程实施过程中发生的设计变更、概算漏项及不可预见费用，其中基本预备费按设计概算值计列，可调剂预留费用按设计概算静态投资与项目管理预算静态投资总额之间的差额计列。

建设期融资利息按设计概算值计列。

第十条 项目管理预算中建安工程采购费、设备采购费、专项工程采购费、技术服务采购费与相应招标项目签订的合同价款之间的差额，由项目法人负责管理并按有关规定使用。

第十一条 因工程重大设计变更或概算漏项等原因引起的合同价款调整、单位工程之间的概算调整、基本预备费使用，项目法人提出意见，由市调水办按照有关规定进行审核或报批。

第十二条 项目法人应在工程完工验收后14个工作日内编制工程结算文件，报市调水办审查批准。

第十三条 工程造价管理实行工程造价专业人员持证上岗制度。项目法人、勘察设计、监理、施工、技术咨询等单位均应具备一定数量的与其资质等级相适应的工程造价专业人员，工程造价专业人员须具备造价工程师资格。

第十四条 从事市南水北调工程造价咨询的单位，应具有与其承揽的咨询业务相适应的从业资质，未取得资质证书的，不得从事市南水北调工程造价咨询业务。

第十五条 本规定自印发之日起施行。

山东省南水北调工程建设征地移民资金管理指导意见

2008年7月28日

（鲁调水计财字［2008］35号）

为规范南水北调工程征地移民资金管理，确保资金安全，针对历次审计、检查中出现的问题，根据国务院南水北调办公室有关规定，结合山东实际情况，制定本指导意见。

一、机构设置

第一条 南水北调工程征地移民资金是南水北调主体工程资金的重要组成部分，南水北调东线山东干线有限责任公司（以下简称山东干线公司）是山东境内主体工程项目法人，统一负责山东境内征地移民资金的筹集。

第二条 依据国务院确定的“国务院南水北调工程建设委员会领导、省级人民政府负责、县为基础、项目法人参与”的南水北调工程征地移民管理体制，山东干线公司、各级征地移民主管部门应各司其职、各负其责，加强征地移民资金管理。

省级南水北调工程征地移民主管部门为山东省南水北调工程建设管理局（简称省南水北调局），依据与山东干线公司签订的征地移民投资包干协议，负责山东境内南水北调工程征地移民资金的管理和监督。

市级南水北调工程征地移民主管部门为各市南水北调工程办事机构，负责本市南水北调工程征地移民资金的管理和监督。

县（区）级南水北调工程征地移民主管部门为县（区）南水北调工程办事机构，是征地移民资金的基础单位，具体负责本县（区）征地移民资金的管理与会计核算。

乡（镇）、村为报账单位。报账单位是指征地移民资金使用的基层组织单位。

二、资金管理

第三条 征地移民资金的拨付、兑付程序。

山东干线公司依据与省南水北调局签订的征地移民投资包干协议，按照批准下达的年度征地移民投资计划和征地移民工作进度，及时将资金支付给省南水北调局。

省南水北调局根据征地移民实施方案和工作进度，及时向下一级南水北调工程办事机构拨付资金。

市级南水北调工程办事机构根据上级下达的征地移民实施方案和工作进度，及时向下一级南水北调工程办事机构拨付资金。

县（区）级南水北调工程办事机构收到上级拨付的征地移民资金后，按照上级下达的征地移民资金实施方案，核对报账单位的兑付方案，兑付手续完备后，将征地移民资金兑付到报账单位。对补偿给集体的资金，可由县（区）级南水北调工程办事机构直接兑付报账单位；对补偿给个人的资金，可由县（区）级南水北调工程办事机构直接兑付或通过报账单位统一兑付到个人。

第四条 各级南水北调工程办事机构应对本辖区内的征地移民资金的管理和使用情况负责，并设立专门的财务机构、配备专职会计人员，建立完善的财务内控制度，加强票据、印章管理，实行会计、出纳分设，严格资金收支程序，严肃财经纪律，严禁设立小金库。

第五条 各级南水北调工程办事机构应严格执行经上级批准的征地移民实施方案，不得超标准、超规模使用征地移民资金，不得改变征地移民资金使用性质。

第六条 各级南水北调工程办事机构对征地移民资金形成的银行存款利息收入，应用于征地移民工作，不得挪作他用。

第七条 各级南水北调工程办事机构应确保征地移民资金专项用于南水北调工程征地移民工作，任何部门、单位和个人不得截留、挤占、挪用征地移民资金，不得用征地移民资金为任何单位或个人提供借（贷）款抵押、担保。

三、账 户 管 理

第八条 各级南水北调工程办事机构应在一家国有或国家控股商业银行开设征地移民资金专用账户，专门用于征地移民资金的管理。严禁出借银行账户，严禁多头开户，严禁公款私存。

第九条 省南水北调局开设、变更、撤销银行账户报国务院南水北调办公室备案，市、县（区）级南水北调工程办事机构开设、变更、撤销银行账户报上一级南水北调工程办事机构备案。其中省南水北调局直接拨款的县（区）级南水北调工程办事机构开设、变更、撤销银行账户报省南水北调局备案。

四、会 计 核 算

第十条 各级南水北调工程办事机构应严格执行《南水北调工程征地移民资金会计核算办法》（财政部财会［2005］19号），使用统一的会计科目、设置专门的会计账簿，专门核算征地移民资金。

第十一条 征地移民资金的会计核算应正确划分会计期间，会计期间分为年度、季度和月份。会计年度自公历1月1日起至12月31日止。

第十二条 各级南水北调工程办事机构应当建立账务处理程序制度，使本单位的账务组织、凭证传递和会计核算形式科学合理，有利于相互制约，保证会计工作有序进行。

第十三条 各级南水北调工程办事机构应对征地移民资金的拨付、日常财务收支、往来款项等重要经济业务建立审批制度，明确审批程序和有关人员的审批权限，并认真贯彻执行。

第十四条 各级南水北调工程办事机构可根据会计核算和管理工作内容，自行设置三级以下明细会计科目，必要时可建立辅助账。

第十五条 会计期末，下级南水北调工程办事机构应按规定逐级向上报征地移民资金会计报表。省南水北调局负责汇总山东境内征地移民资金会计报表并报送山东干线公司。

第十六条 各级南水北调工程办事机构应按照国家有关规定建立、保管征地移民资

金会计档案，确保档案资料的完整、准确和安全。

五、报账单位财务管理

第十七条 报账单位对征地移民的调查、补偿、安置、资金兑付、集体资金使用分配方案等情况应及时张榜公布，接受群众监督。

第十八条 补偿给个人的资金，其兑付原始资料应由县（区）级南水北调工程办事机构存档，作为会计核算的依据。支付时，要经领取人员签字，并由兑付单位张榜公示。

第十九条 土地补偿费和集体财产补偿费应由报账单位设置专账管理，土地补偿费和集体财产补偿费应切实用于发展生产和集体公益事业（如修建生产道路、生活用水设施、环境卫生整治、征地农民养老保险等），严禁以各种名目挪用、挤占，不得用于非生产性开支（如办公费、报刊费、人员工资等）。

第二十条 支出土地补偿费和集体财产补偿费事项决策时应经村民会议或村民代表会议讨论通过，并以村民易于理解和接受的方式，定期公布，接受社会和群众监督。进行项目实施时，应经村民会议或者村民代表会议讨论通过，完善经济合同和有关必要的手续，严格管理。

第二十一条 报账单位应及时向县（区）级南水北调工程办事机构报送原始兑付方案和土地补偿费和集体财产补偿费的收支情况。

六、监　督　检　查

第二十二条 省南水北调局定期对直接拨付资金的各市、县（区）南水北调工程办事机构的征地移民资金到位、管理使用情况进行审计、检查。必要时，延伸审计、检查到报账单位。

第二十三条 各市、县（区）南水北调工程办事机构应定期对本辖区内征地移民资金管理使用情况审计和检查，定期向本级人民政府、上级主管部门报告征地移民资金管理使用情况。

第二十四条 各级南水北调工程办事机构应接受国家、省有关部门对征地移民资金的监督、检查，并按要求及时提供有关资料。

第二十五条 对审计、检查中发现的问题，责任单位应及时整改。因违反规定，截留、挤占、挪用征地移民资金的单位，应依法给予行政处罚；对负直接责任的主管领导和责任人，应依据相关法律、法规追究其法律责任，构成犯罪的依法追究其刑事责任。

第二十六条 本指导意见由省南水北调局计财处负责解释。

第二十七条 本指导意见自印发之日起执行。

河南省南水北调中线工程建设领导小组办公室工程建设项目审计办法

2008 年 8 月 6 日

（豫调办［2008］33 号）

第一章　总　　则

第一条 为加强和规范河南省南水北调中线工程建设领导小组办公室（以下简称省南水北调办）工程建设项目审计工作，保证工程建设资金、真实、合法、有效使用，根据《中华人民共和国审计法》、《审计署关于内部审计工作的规定》等相关法律法规和规章制度，结合省南水北调工程建设的实际，制定本办法。

第二条 本办法适用于省南水北调办工程建设项目审计。凡中央和省全部或部分投资建设，且属省南水北调办管理或由省南水北调办主持验收的建设项目，省南水北调办监察审计室为建设项目审计主体，并依据本办法对建设项目实施审计监督。

第三条 监察审计室对建设项目的审计

属于内部审计，适用内部审计准则，监察审计室在省南水北调办主任领导下开展工作，负责向主任报告工作。各有关部门，应当支持和配合监察审计室做好建设项目的审计工作。

第二章 审计种类及内容

第四条 建设项目审计按建设管理过程分为开工审计、建设期间审计和竣工审计。

第五条 开工审计内容。

（一）建设项目建议书、可行性研究报告、初步设计报告批准情况的真实性、合法性和完整性。

（二）是否按规定组建了现场建管机构，各项管理制度是否按规定建立，是否满足建设管理的实际需要。

（三）建设项目投资来源是否全部落实或拟订安排，年度投资计划是否下达，开工所需建设资金是否到位。

（四）施工准备工作是否完成，主要包括设计、监理、征地拆迁及施工合同是否按规定签订，征地拆迁工作是否满足施工条件、有无违反国家政策、侵占群众利益的行为。

（五）其他需要审计的内容。

第六条 建设期间审计内容。

（一）计划下达、资金来源及到位情况。

1. 计划下达及分解依据的真实性和合法性；

2. 资金来源是否列入投资计划和预算；

3. 用款计划申请的内容是否合法，依据是否充分，程序是否规范；

4. 建设资金是否按规定开户存储。

（二）招标投标审计。

1. 建设项目招标、投标、开标、评标及中标的程序和内容是否真实、合法；

2. 标段划分是否合理，必须招标的项目是否全部招标，是否有规避招标的行为；

3. 招标前，招标报告是否向主管部门备案，招标结果是否报主管部门备案；

4. 招标方式是否符合规定，自行招标是否经批准同意，代理招标机构是否具有相应的资质。

（三）合同管理审计。

1. 建设项目勘察、设计、施工、监理、采购等合同的订立、履行、变更及转让、终止的真实性和合法性；

2. 是否建立合同管理制度及其执行情况；

3. 合同示范文本及通用条款的执行情况。

（四）设计及概算执行情况审计。

1. 设计是否按批准的文件编制和调整；

2. 设计重大变更和设计漏项较多的项目是否由于设计准备不充分或设计深度不够造成的；

3. 设计现场服务和设计变更签证是否及时到位；

4. 重大设计变更是否履行报批手续；

5. 概算执行及调整的真实性和合法性；

6. 预备费的批准及使用情况。

（五）会计报表的真实性、完整性和及时性，重大事项是否执行了及时报告制度。

（六）其他需要审计的内容。

第七条 竣工审计的内容。

除开工审计和建设期间审计内容外，重点审计以下内容：

（一）工程建设支出审计。

1. 工程成本的真实性和合法性；

2. 成本核算对象是否合理，是否有利于交付使用资产价值的计算；

3. 单位管理费的管理使用情况；

4. 成本控制制度的制定及其有效性。

（二）工程价款结算审计。

1. 工程价款结算是否以合同为依据；

2. 是否按规定的程序和手续结算；

3. 工程价款的支付是否取得发票，支付方式是否符合规定；

4. 设计变更部分的工程量和单价计算是否真实、工程价款结算是否合规；

5. 工程结算是否按规定保留质量保证金；

6. 有无故意拖欠工程款的行为。

（三）工程建设收入和节（结）余资金审计。

1. 工程建设收入和节（结）余资金的内容是否真实和合法；

2. 工程建设收入和节（结）余资金是否按规定进行分配、上交和使用。

（四）建设项目尾工及预留费用的真实性和合法性。

（五）建设项目的交付使用资产的真实性和合法性，移交手续是否完备。

（六）竣工财务决算和竣工决算说明书是否符合相关编制要求。

（七）其他需要审计的内容。

第八条 实行建设项目竣工必审制度。建设单位在申请工程验收前10日内应向监察审计室提交竣工验收申请报告和竣工决算报告初稿，否则不得进行竣工审计。未按要求办理竣工审计，不得对其组织项目竣工验收。竣工审计主要包括工程竣工结算审计和财务决算审计。监察审计室在职权范围内按要求对竣工建设项目进行竣工审计。

第九条 建设项目竣工审计是建设项目审计的最终结果，一经审计确认，建设单位不得另行开支费用，对另行支付的费用应报经省南水北调办同意，否则视同违纪并限期纠正。

第十条 监察审计室对委托社会审计机构办理的工程竣工结算、财务决算审计进行质量监督和审计复核，在认同社会审计机构所出具的审计结果后，下达审计结论和审计意见，经济与财务处应依据审计决定和审计意见，办理财务决算的审核上报工作。

第三章 审计职责分工

第十一条 省南水北调办监察审计室职责

（一）负责监督、检查和协调建设项目审计业务；

（二）负责省南水北调办主持验收的建设项目的开工审计、期间审计和竣工审计以及委托社会审计机构业务及其管理；

（三）承办省南水北调办领导安排的审计事项。

第四章 审计计划

第十二条 监察审计室根据本单位年度工程建设项目投资计划、工程进度、审计资源等情况，制订年度内部审计计划，并报经主任批准后实施。

第十三条 对审计或检查中发现问题比较突出的项目应重点安排审计；根据需要，可以对建设项目安排开工审计，大、中型建设项目必须每年安排一次建设期间审计；所有建设项目必须实施竣工审计。

第十四条 监察审计室在制定审计计划前，应同投资计划处、财务处、建设管理处等有关处室充分协调，尽量避免重复检查。

第五章 审计管理

第十五条 建设项目，一般由监察审计室组织专业人员和审计人员组成审计组进行审计，也可以由监察审计室委托社会审计机构承担。

第十六条 组成建设项目审计组的审计人员，应当具有内部审计资格和具备一定的会计、经济、工程等专业技术资格。

第十七条 建设项目中从事建设、勘察、设计、施工、监理、采购、供货等单位凡与建设项目审计有关的财务收支，应当接受监察审计室审计的调查，并有义务提供有关证明材料。

第十八条 建设项目期间审计及竣工审计按照“谁主持验收、谁审计”的原则实行必审制度。属于国务院南水北调办、中线建管局验收的工程竣工项目，监察审计室则配合完成其审计任务。

第六章 审 计 实 施

第十九条 监察审计室应在实施审计前下达审计通知书。审计通知书由监察审计室根据批准的年度内部审计计划编制，由主任负责签发。审计通知书的基本内容和编制要求按《内部审计具体准则——审计通知》的有关规定办理。

审计通知书一般在实施审计前3日送达。特殊情况可在实施审计时送达。

第二十条 监察审计室或受委托的社会审计机构对建设项目进行审计时，应组建审计组，审计组应在了解项目基本情况的基础上，拟定审计实施方案。

审计实施方案包括：审计目的、范围；审计方法和程序；审计内容及重点；审计专业人员构成及分工；审计时间安排及其他有关内容。

第二十一条 被审单位应当积极配合审计或受委托的社会审计机构的审计工作，按照要求向审计组提供下列相应的资料，并对提供资料的真实性、完整性与及时性负责。

（一）项目基本情况、建设管理及财务管理等与审计内容有关的书面汇报材料。

（二）项目建议书、可行性研究报告及初步设计的批准文件。

（三）项目的预算（概算）批复资料及项目预算资料。

（四）项目年度投资计划、申请用款计划和批复文件。

（五）项目合同文本、招标投标有关文件和资料。

（六）项目的施工图纸和设计变更的资料。

（七）内控制度及有关资料。

（八）项目有关的财务账簿、凭证、报表、竣工财务决算、工程价款结算资料及历次审计或检查发现的问题及整改情况等资料。

（九）参建单位的质量管理资料和工程监理资料。

（十）建设单位人员名单及职责划分情况。

（十一）审计需要提供的其他资料。

第二十二条 审计实施过程中，审计组应收集审计证据，记录审计工作日记和审计工作底稿。

第二十三条 审计终结后，应当及时提交审计报告，并征求被审计项目领导的意见。

第二十四条 审计报告由审计组报送监察审计室；受委托的社会审计机构完成的审计报告，应报送监察审计室。

第二十五条 委托社会审计的费用应列入预算，一般由财务支付，但在监察审计室委托社会审计费用未列入年度预算时，可由被审计单位在项目成本中列支。

第七章 审 计 结 果 处 理

第二十六条 监察审计室根据建设项目审计报告和被审计项目的书面反馈意见，提出建设项目审计决定或审计意见、审计建议。

第二十七条 被审单位必须执行监察审计室下达的审计决定和审计意见，并采纳审计建议。对其执行情况要在下达30日内，以书面形式报送监察审计室，并抄送有关部门。

第二十八条 审计组在审计工作中发现建设资金被截留、挪用、挤占及转移，重大质量事故，较大金额的索赔等重大问题，应及时处理并向监察审计室报告。

第二十九条 工程建设项目审计决定和审计意见可以作为对建设项目领导进行任期经济责任审计的重要依据和参考。监察审计室应按照干部管理权限，组织对建设项目领导的任期或离任经济责任审计，坚持任期3年必审和离任必审的原则。

第八章 罚 则

第三十条 建设项目领导和有关责任人员违反建设规定和财经法规的，监察审计室

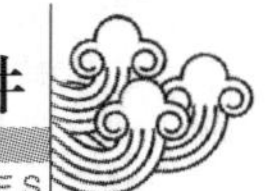

应当向办领导提出追究责任的建议。

第三十一条 建设项目有关责任人员干扰、阻挠、破坏建设项目审计，监察审计室应当给予警告和制止，必要时向办领导提出处理、处罚的建议。对审计人员进行打击报复的有关责任人，追究责任。

第三十二条 审计人员办理建设项目审计业务，应当客观公正、实事求是、廉洁奉公。对滥用职权、徇私舞弊、玩忽职守、隐瞒审计中发现的问题的审计人员，追究其责任。

第三十三条 受委托的社会审计机构及其工作人员不按委托要求组织审计，导致应发现问题而未被发现，或在审计活动中弄虚作假、隐瞒存在问题的，委托的监察审计室应当追究其责任，收回委托的审计费用，5 年内不得委托其承担审计业务，并向有关行业管理部门建议取消其资格，对造成损失的，根据情节进行处理，直至依法追究法律责任。

第九章 附 则

第三十四条 本办法由省南水北调办负责解释。

第三十五条 本办法自印发之日起施行。

河南省南水北调中线工程建设领导小组办公室工程建设项目招标投标审计办法

2008 年 8 月 6 日

（豫调办［2008］33 号）

第一章 总 则

第一条 为加强河南省南水北调中线工程建设领导小组办公室（以下简称省南水北调办）工程建设项目招标投标的审计监督，规范省南水北调办招标投标行为，提高投资效益，根据《中华人民共和国审计法》、《中华人民共和国招标投标法》、《中华人民共和国政府采购法》等法律、法规，结合省南水北调工作实际，制定本办法。

第二条 监察审计室在省南水北调办主任直接领导下，依法对本单位工程建设项目的招标投标工作进行审计监督。

第三条 本办法适用于省南水北调办工程建设项目的勘察设计、施工、监理以及与省南水北调办工程建设项目有关的重要设备、材料采购等的招标投标的审计监督。

第四条 监察审计室根据工作需要，对省南水北调办工程建设项目的招标投标进行事前、事中、事后的审计监督。对有关招标投标的重要事项进行专项审计或审计调查。

第二章 审 计 职 责

第五条 在招标投标审计中，审计部门具有以下职责：

（一）对招标人、招标代理机构及有关人员执行招标投标有关法律、法规和行业制度的情况进行审计监督。

（二）对招标项目评标委员会成员执行招标投标有关法律、法规和行业制度的情况进行审计监督。

（三）对属于审计监督对象的投标人及有关人员遵守招标投标有关法律、法规和行业制度的情况进行审计监督。

（四）对与招标投标项目有关的投资管理和资金运行情况进行审计监督。

（五）协同监督处查处招标投标中的违法违纪行为。

第三章 审 计 权 限

第六条 在招标投标审计中，监察审计室具有以下权限：

（一）有权参加招标人或其代理机构组织的资格预审、开标、评标、定标等活动，招标人或其代理机构应当通知监察审计室参加。

（二）有权要求招标人或其代理机构提供与招标投标活动有关的文件、资料，招标人或其代理机构应当按照监察审计室的要求提供相关文件、资料。

（三）对招标人或其代理机构正在进行的违反国家法律、法规规定的招标投标行为，有权予以纠正或制止。

（四）有权向招标人、投标人、招标代理机构等调查了解与招标投标有关的情况。

（五）监督检查招标投标结果执行情况。

第四章 审 计 内 容

第七条 监察审计室对省南水北调办工程建设项目招标投标中的下列事项进行审计监督：

（一）招标项目前期工作是否符合我省南水北调中线工程建设项目管理规定，是否履行规定的审批程序。

（二）招标项目资金计划是否落实，资金来源是否符合规定。

（三）招标文件确定的工程建设项目的标准、建设内容和投资是否符合批准的设计文件。

（四）与招标投标有关的取费是否符合规定。

（五）招标人与中标人是否签订书面合同，所签合同是否真实、合法。

（六）与工程建设项目招标投标有关的其他经济事项。

第八条 监察审计室会同监督处，对招标投标中的下列事项进行审计监督：

（一）招标项目的招标方式、招标范围是否符合规定。

（二）招标人是否符合规定的招标条件，招标代理机构是否具有相应资质，招标代理合同是否真实、合法。

（三）招标项目的招标、投标、开标、评标和中标程序是否合法。

（四）招标项目评标委员会、评标专家的产生及人员组成、评标标准和评标方法是否符合规定。

（五）对招投标过程中泄露保密资料、泄露标底、串通招标、串通投标、规避招标、歧视排斥投标等违法行为进行审计监督。

（六）对勘察、设计、施工单位转包、违法分包和监理单位违法转让监理业务，以及无证或借用资质承接工程业务等违法违规行为进行审计监督。

第九条 监察审计室和审计人员对招标投标工作中涉及保密的事项负有保密责任。

第五章 审 计 程 序

第十条 招标人编制的年度招标工作计划，以及省南水北调办重大工程建设项目的招投标文件，应当报送监察审计室备案。

第十一条 监察审计室根据年度审计工作计划、招标人年度招标计划和招标项目具体情况，确定招标投标项目审计计划，经省南水北调办主任批准后实施审计。

第十二条 监察审计室根据审计项目计划确定的审计事项组成审计组，并在实施审计三日前，向被审计部门送达审计通知书。

被审计部门以及与招标投标活动有关的单位、部门，应当配合监察审计室的工作，并提供必要的工作条件。

第十三条 审计人员通过审查招标投标文件、合同、会计资料，以及向有关单位和个人进行调查等方式实施审计，并取得证明材料。

第十四条 审计组对招标投标事项实施审计后，应当写出审计报告。审计报告应当征求被审计部门的意见。被审计部门应当自接到审计报告之日起10日内，将其书面意见送交审计组。

第十五条 监察审计室审定审计报告，对审计事项作出评价，出具审计意见书；对违反国家规定的招标投标行为，需要依法给予处理、处罚的，在职权范围内作出审计决定或者向局领导提出处理、处罚意见。

被审计部门应当执行审计决定并将结果反馈监察审计室；有关部门对监察审计室提出的处理、处罚意见应及时进行研究，并将

结果反馈监察审计室。

第六章　罚　　则

第十六条　被审计部门违反本办法，拒绝或者拖延提供与审计事项有关的资料，或者拒绝、阻碍审计工作的，监察审计室责令改正；拒不改正的，可以通报批评，对负有直接责任的主管人员和其他直接责任人员提出给予行政处分的建议，被审计部门应当及时作出处理，并将结果抄送监察审计室。

第十七条　被审计部门拒不执行审计决定的，对负有直接责任的主管人员和其他直接责任人员提出给予行政处分的建议，被审计部门应当及时作出处理，并将结果抄送监察审计室。

第十八条　招标人、招标代理机构及其有关人员违反国家招标投标的法律、法规的，依照《中华人民共和国招标投标法》予以处理。

第十九条　审计人员滥用职权、徇私舞弊、玩忽职守，涉嫌犯罪的，依法移送司法机关处理；不构成犯罪的，给予行政处分。

第七章　附　　则

第二十条　本办法由省南水北调办负责解释，河南省南水北调中线工程建设管理局参照执行。

第二十一条　本办法自印发之日起施行。

河南省南水北调中线工程建设领导小组办公室委托社会中介机构审计业务管理办法

2008 年 8 月 6 日
（豫调办［2008］33 号）

第一章　总　　则

第一条　为规范河南省南水北调中线工程建设领导小组办公室（以下简称省南水北调办）委托社会中介机构审计业务，明确内部审计职责，加强内部管理和监督，根据《中华人民共和国审计法》、《中华人民共和国会计法》和《审计署关于内部审计工作的规定》，结合省南水北调工程建设实际，制定本办法。

第二条　本办法所称社会中介机构，是指经国家有关部门批准成立的，具有独立执业资格的会计师事务所。

第三条　委托社会中介机构进行审计业务，是利用社会资源加强内部审计工作的有效途径。省南水北调办监察审计室具体负责组织和管理委托社会中介机构进行的审计业务。

第二章　资　质　管　理

第四条　省南水北调办监察审计室选择信誉高、经验丰富、服务质量好、对需审计事项熟悉的社会中介机构参与审计工作。社会中介机构的执业资格必须符合如下标准：

（一）在我国境内依法成立，具有法人资格和承担民事责任的能力，内部机构健全，管理制度完善。

（二）具有良好的职业道德记录和信誉，能够遵守与审计业务有关的职业道德规范。

（三）具有执行该项审计业务必要的资质、能力、资源和丰富的审计经验。

第五条　具有以下情形之一的社会中介机构，省南水北调办监察审计室不得委托其实施审计：

（一）不具备相应资质和能力的。

（二）三年内因违法、违规执业而受到国家有关部门（财政、审计、监察、税务、工商、证券监管、银行监管等）查处惩罚，或尚未解除从业限制的。

第三章　委托方式和程序

第六条　省南水北调办监察审计室每年年初编制年度委托审计计划，列入年度工作计划，报省南水北调办主任审批。因故未能列入年度工作计划的审计项目如需要委托审计，列入单项委托审计计划，报主任审批。委托审计所需经费列入省南水北调办本年度财务预算。

第七条 委托审计可采取直接委托和公开招标委托两种方式。

（一）直接委托是指委托人根据审计项目要求的审计资质和条件，直接委托社会中介机构进行审计的方式。

（二）公开招标委托是指委托人或其代理机构以招标公告的方式，邀请潜在的社会中介机构参加投标，并按招标投标程序选定社会中介机构的方式。

第八条 省南水北调办监察审计室选定社会中介机构后，双方就审计业务约定条款达成一致意见，签订审计业务约定书，并要求社会审计机构出具审计诚信承诺函。

第四章 业务管理

第九条 社会中介机构承办委托审计业务一般包括以下几个方面：单位负责人经济责任审计、在建工程审计、工程结算审计及其他审计事项。但办领导专门批示交办，上级纪检监察部门交办的专项审计业务一般不对外委托。

第十条 委托审计合同签订后，省南水北调办监察审计室即向被审计单位下达审计通知书，将审计的目的、范围、内容、时间、方式和执行委托审计任务的社会中介机构名称以及具体要求等通知被审计单位。

第十一条 受托社会中介机构及其工作人员应严格遵守独立审计准则和职业道德，依法实施审计，客观公正、保守被审计对象的商业秘密。并按照审计业务约定书的要求，向省南水北调办监察审计室提供客观、真实、全面的审计报告。

第十二条 被审计单位和社会中介机构应在审计报告报送之前，认真沟通，并及时反馈意见。社会中介机构与被审计单位对审计报告中反映的问题有不同意见时，应将各自的意见及理由在审计报告中说明；有较大争议时，由监察审计室协调解决。

第十三条 受托社会中介机构将审计报告连同被审计单位的反馈意见一并报送监察审计室，监察审计室对提交的审计报告和反馈意见进行复核、审定，征求相关业务部门意见，呈报送省南水北调办主任批准，下达审计决定书。

第五章 质量控制

第十四条 省南水北调办监察审计室必要时组织力量对委托审计情况进行质量检查或复审。若受托的社会中介机构工作质量达不到或者不符合审计业务约定书的要求，提供的审计报告严重失实，审计结论意见不准确，且拒绝进行重新审计或纠正的，应终止其委托审计业务，收回支付的审计费用，并保留追究社会中介机构违约责任的权利。

第十五条 受托社会中介机构对其审计行为及审计结果应承担审计业务书约定的法律责任。在实施审计过程中发现以下情形的，监察审计室有权更换社会中介机构：

（一）在资质材料中故意隐瞒与重要事实不相符的。

（二）将受托业务转包或分包给其他社会中介机构的。

（三）被国家有关部门处罚的。

第十六条 受托社会中介机构应将涉及审计结果和审计结论的证据材料送交监察审计室，其中属于直属单位负责人经济责任审计业务，送交监察审计室的证据材料应包括审计底稿原件。监察审计室要按照相关规定对上述资料进行严格审核。

第十七条 省南水北调办监察审计室应做好委托审计项目审计档案的接收、登记、归档工作。

第六章 附则

第十八条 本办法由省南水北调办负责

解释，河南省南水北调中线工程建设管理局参照执行。

第十九条 本办法自印发之日起施行。

河南省南水北调中线工程建设领导小组办公室项目竣工决算审计暂行办法

2008年8月6日
（豫调办［2008］33号）

第一章 总 则

第一条 为规范河南省南水北调中线工程建设领导小组办公室（以下简称省南水北调办）工程建设项目竣工决算审计，提高省南水北调办工程建设项目管理水平，根据《中华人民共和国审计法》、《审计署关于内部审计工作的规定》等有关法律、法规和规章，结合我省南水北调工程建设实际，制定本暂行办法。

第二条 本办法所称省南水北调办工程建设项目竣工决算审计，是指我省南水北调中线工程建设项目正式竣工验收前，局监察审计室对其竣工决算的真实性、合法性和效益性进行的内部审计监督。

第二章 审 计 内 容

第三条 省南水北调办工程建设项目竣工决算审计应包括：工程建设项目竣工财务决算报表审计、工程建设项目投资及概算执行情况审计、工程建设项目收入支出审计、工程建设项目交付使用资产情况审计、工程建设项目结余资金审计、工程建设项目和机电物资招投标执行情况审计。

第四条 省南水北调办工程建设项目竣工财务决算报表审计的主要内容：

（一）“工程建设竣工项目概况表”、“工程建设项目财务决算表”、“工程建设项目年度财务决算表”、“工程建设项目竣工成本表”、“工程建设项目待核销基建支出表”、“工程建设竣工项目转出投资表”、“工程建设项目竣工交付使用资产表”的编制的真实性、完整性和合法性。

（二）竣工财务决算说明书的真实性、准确性及完整性。

第五条 工程建设项目投资及概算执行情况审计的主要内容：

（一）各种资金渠道投入的实际金额，资金不到位的数额及原因。

（二）实际投资完成额。

（三）概算审批、执行的真实性和合法性。

（四）概算调整的真实性和合法性。包括概算调整的原则、各种调整系数、设计变更和估算增加的费用等。

（五）核实建设项目超概算的金额，分析原因，并审查扩大规模、提高标准和计划外投资的情况；审查弥补资金缺口的来源，有无挤占、挪用其他建设资金和专项资金的情况。

第六条 工程建设项目收入支出审计的主要内容：

工程建设项目收入的来源、分配、上缴和留成使用情况的真实性和合法性。

建筑安装工程支出、设备投资支出、待摊投资支出、其他投资支出、待核销基建支出和转出投资列支的内容和费用摊提的真实性、合法性和效益性。

第七条 工程建设项目交付使用资产情况审计的主要内容：

（一）交付使用的固定资产、流动资产是否真实，手续是否完备。

（二）交付使用的无形资产的计价依据。

（三）交付使用的递延资产的情况。

第八条 工程建设项目结余资金审计的主要内容：

（一）银行存款、现金和其他货币资金的情况。

（二）尚未使用的财政直接支付和授权支付额度情况。

（三）各项债权债务的真实性，有无转移、挪用建设资金和债权债务清理不及时等问题，呆账坏账的处理情况等。

第九条 工程建设项目和机电物资招投标执行情况审计的主要内容：

（一）工程勘测、设计、施工及物资采购是否按照规定进行了招标。

（二）所订合同或协议的相关条款是否完备，是否全面履行。

（三）合同变更、解除是否按规定履行了必要的手续。

（四）对违约者是否依照有关条款追究责任等。

第三章 审 计 管 理

第十条 工程建设项目的竣工决算审计，一般由监察审计室组织专业审计组进行审计；也可以由监察审计室委托具有专业审计资质的社会审计机构承担。监察审计室应当依照本办法及内部审计工作的有关规定，对被委托的社会审计机构办理的工程建设项目竣工决算审计加强指导和监督。

第十一条 参加工程建设项目竣工决算审计的审计人员应当具有内部审计资格和业务工作能力，应当具备一定的会计、经济、工程等专业技术资格。

社会审计机构受委托承担工程建设项目竣工决算审计，应将参加审计人员的名单及执业经历等资料书面报局监察审计室审查和备案。

第十二条 工程建设项目法人在申请进行竣工决算审计前，应通过相关经济合同预留部分工程尾款，待竣工决算审计结论下达后再予清算。

第十三条 工程建设项目中从事建设、勘察、设计、施工、监理、采购、供货等单位与竣工决算审计有关的财务收支，应当接受审计组的审计调查，并提供有关证明材料。

第十四条 工程建设项目竣工决算未经审计，不得办理工程建设项目竣工验收。

第十五条 工程建设项目竣工决算审计意见和审计决定，可以作为工程建设项目法人代表进行任期经济责任审计的重要依据和参考。

第十六条 列入国家审计机关审计计划的工程建设项目竣工决算审计，监察审计室可以根据需要，在国家审计机关审计前进行预审。

第四章 审 计 程 序

第十七条 工程建设项目竣工决算审计，由监察审计室负责组织实施。工程建设项目法人应在工程建设项目竣工财务决算编制完成后10日内向监察审计室提出工程建设项目竣工决算审计书面申请。监察审计室应在接到工程建设项目法人竣工决算申请后10日内提出安排意见。

第十八条 监察审计室或受委托的社会审计机构对工程建设项目进行竣工决算审计，应当事先拟定审计实施方案，组织审计组，并向被审计单位下达审计通知书，审计通知书应当于审计组进驻被审计单位3日前送达。

第十九条 工程建设项目法人应当积极配合监察审计室或被其委托的社会审计机构的审计工作，并按照审计需要提供下列资料：

（一）工程建设项目建议书、可行性研究报告。

（二）工程建设项目初步设计的批准文件。

（三）工程建设项目的预算（概算）批复资料。

（四）工程建设项目的年度投资计划或资金筹措文件。

（五）工程建设项目的合同文本和招标、投标有关文件和资料。

（六）工程建设项目的施工图纸和设计变

更的资料。

（七）工程建设项目的内控制度。

（八）工程建设项目有关的财务账簿、凭证、报表及工程结算资料。

（九）工程建设项目的竣工初步验收报告。

（十）工程建设项目工程竣工财务决算报表。

（十一）需要提供的其他资料。

工程建设项目法人应对提供资料的真实性、完整性、及时性负责。

第二十条 审计组或受委托的社会审计机构对工程建设项目竣工决算审计终结后，应当及时提出审计报告，并征求被审计的工程建设项目法人的意见。

第二十一条 监察审计室根据工程建设项目竣工决算审计报告、被审计单位的书面反馈意见，提出工程建设项目竣工决算审计意见书和审计决定。

第二十二条 监察审计室应及时下达工程建设项目竣工决算审计意见书和审计决定。工程建设项目法人必须执行审计意见书和审计决定，按照审计的要求进行整改，并在60日内以书面形式将整改情况报告监察审计室。

工程建设项目竣工决算审计意见书和审计决定作为主持组织竣工验收的审计依据。

第五章 罚 则

第二十三条 工程建设项目法人违反工程建设规定和财经法规的，监察审计室应当建议有关主管部门按照法律、法规和有关规章的规定予以处理、处罚。

第二十四条 工程建设项目法人单位有关责任人员违反财经法规、财经纪律和本办法规定，应当追究责任的，监察审计室应当向有关部门提出追究责任的建议。

第二十五条 工程建设项目法人单位有关责任人员干扰、阻止、破坏工程建设项目竣工决算审计，监察审计室应当给予警告和制止，必要时向有关部门提出处理、处罚的建议。对工程基本建设项目竣工决算审计人员进行打击报复的有关责任人，依法追究责任。

第二十六条 审计人员办理工程建设项目竣工决算审计，应当客观公正、实事求是、廉洁奉公。对滥用职权、徇私舞弊、玩忽职守的审计人员，追究主要负责人和直接责任人的责任。

第六章 附 则

第二十七条 本办法由省南水北调办负责解释。

第二十八条 本办法自印发之日起施行。

河南省南水北调中线工程建设管理局验收管理办法

2008年8月6日

（豫调建［2008］8号）

第一章 总 则

第一条 为加强河南省南水北调工程验收管理工作，明确验收职责，规范验收行为，根据国务院南水北调工程建设委员会办公室（以下简称国务院南水北调办）《南水北调工程委托项目管理办法（试行）》（国调办建管［2004］79号）、《南水北调工程验收管理规定》（国调办建管［2006］13号）和国家有关规范、规定，结合河南省南水北调工程建设的特点，制定本办法。

第二条 本办法适用于河南省管理的南水北调中线干线工程竣工验收前的各项验收工作，竣工验收按照国家有关规定执行。配套工程验收工作可参照执行。

第三条 南水北调工程验收分为单元工程验收、分部工程验收、单位工程验收、合同项目完成验收、设计单元工程完工验收和竣工验收以及国家规定的有关专项验收。工程建设过程中可根据需要，适当增加阶段验收以及其他类型的验收。

第四条 工程具备验收条件时，应及时组织验收。未经验收或验收不合格的工程不得交付使用或进行后续工程施工。

第五条 验收工作的依据是国家有关法律、法规、规程和技术标准，国务院南水北调办公室的有关文件、规定，经批准的工程设计文件及相应的工程设计变更、修改文件、图纸，工程项目划分文件以及施工合同等。

第六条 验收工作由验收主持单位组织的验收委员会（或工作组）负责。验收结论须经过三分之二以上验收委员会（或工作组）成员同意。验收委员会（或工作组）成员对验收结论的保留意见应在验收成果性文件上明确记载并有其本人签字。

第七条 验收中发现的不影响验收结论的问题，其处理意见由验收委员会（或工作组）协商确定，必要时报请验收主持单位或其上级主管部门决定。

第八条 河南省南水北调中线工程建设领导小组办公室根据国务院南水北调办的委托，承担河南省管理的南水北调工程设计单元完工验收前各项验收活动的组织协调和监督管理工作。

第九条 河南省南水北调中线工程建设管理局（以下简称省建管局）组建的现场项目建设管理处（以下简称项目建管处），在项目主体工程批准开工后，应及时编制工程验收工作方案和计划（格式见附录1），报省建管局审批。

第二章 单元工程验收

第十条 单元工程验收由施工单位经三检（即班组长、工地质检员、专职质检员检验）合格后，填写单元工程质量评定表，由监理单位复核认可，并评定质量等级。监理单位应每月将已评定的单元工程质量结果报项目建管处核备。

第十一条 重要隐蔽单元工程及关键部位单元工程质量经施工单位自评合格、监理单位抽检后，由监理单位主持，项目建管处、监理、设计、施工等单位组成联合小组，共同检查核定其质量等级并填写签证表，报质量监督机构核备。重要隐蔽单元工程（关键部位单元工程）质量等级签证表格式见附录2。

第十二条 单元工程验收的主要成果性文件是“单元工程质量评定表”。

第十三条 施工单位必须严格执行“三检制”和工程质量评定标准，认真填写各种表格。单元工程验收资料作为分部工程验收的依据，待合同项目全部完成后，一并移交项目建管处。

第三章 分部工程验收

第十四条 分部工程验收的基础是单元工程验收。分部工程验收应具备的主要条件是：

（一）分部工程的所有单元工程已经完成。

（二）单元工程已经完成质量检验与评定且全部合格，有关质量缺陷已经处理完毕或有下阶段处理意见。

（三）验收所需要的资料已经满足要求。

（四）合同中约定的其他条件。

第十五条 分部工程验收由监理单位主持，验收工作组由设计、勘测（需要时）、监理、施工、主要设备供应（制造）、项目建管处等单位有关专业技术人员组成。验收前验收主持单位应通知质量监督机构。施工单位应提前做好各项验收资料的准备工作，并提出建议验收时间报监理单位，由监理单位通知各参验单位选派专业技术人员参加（应具有中级以上技术职称和相应的专业知识），每个单位以不超过2人为宜。

第十六条 分部工程验收的主要工作是：

（一）检查单元工程的质量检验与评定是

否符合有关规定。

（二）检查工程完成情况。

（三）鉴定工程质量是否满足国家强制性标准要求以及是否达到合同约定的标准。

（四）对分部工程质量进行评定。

（五）对遗留问题提出处理意见。

（六）对验收中发现的问题提出处理要求并落实责任处理单位。

（七）讨论并最终形成“分部工程验收签证书”。

第十七条 分部工程验收的图纸、资料和成果是竣工验收资料的组成部分，必须按竣工验收标准制备。

第十八条 分部工程验收的主要成果性文件是“分部工程验收签证书”，其格式见附录3。验收工作组成员应在签证书的正本上签字，正本数量按项目建管处、参加验收单位和质量监督机构各一份以及归档所需要的份数确定。

第十九条 项目建管处应在分部工程通过验收之日起30个工作日内，将“分部工程验收签证书”正本报质量监督机构核备。

第二十条 质量监督机构在收到“分部工程验收签证书”之日起30个工作日内，将载有质量监督机构核备意见的签证书除自留一份存档外，其余正本返回项目建管处。项目建管处在收到之日起15个工作日内分送有关单位。

第二十一条 当质量监督机构对分部工程验收工作或验收结论持有异议并提出进一步处理意见时，项目建管处应组织参加验收单位及时处理并将处理意见落实情况反馈质量监督机构。

第二十二条 分部工程验收时所提出的遗留问题的处理情况应有完整的记录，经相关责任单位代表签字后，随“分部工程验收签证书”一并归档。

第四章 单位工程验收

第二十三条 单位工程完成并具备验收条件时，施工单位应向项目建管处提出单位工程验收申请报告，申请报告格式见附录4。项目建管处应自收到单位工程完成验收申请报告之日起15个工作日内决定是否同意进行完成验收，不同意验收应明确理由。

第二十四条 单位工程验收的基础是分部工程验收。单位工程验收应具备的主要条件是：

（一）主要分部工程已经完成并通过分部工程验收。

（二）其他分部工程已经完成或基本完成，遗留尾工不影响分部工程的质量评定结论。

（三）分部工程验收遗留问题已经处理完毕并经过验收，未处理的遗留问题应有充分的理由并有下阶段处理意见。

（四）验收所需的资料满足要求，包括施工图纸以及竣工图纸。

（五）施工场地已经进行清理。

（六）合同中约定的其他条件。

第二十五条 单位工程验收由项目建管处主持，验收工作组由设计、勘测（需要时）、监理、施工、主要设备供应（制造）、运行管理等工程参建单位的代表组成。必要时，可邀请上述单位以外的专家参加。

第二十六条 单位工程验收的主要工作是：

（一）检查工程完成情况。

（二）检查分部工程验收遗留问题处理情况。

（三）对单位工程质量进行检验与评定。

（四）对遗留问题提出处理意见。

（五）对验收中发现的问题提出处理要求并落实责任处理单位。

（六）检查可以投入使用的单位工程是否具备安全运行条件。

（七）讨论并最终形成“单位工程验收鉴定书”。

第二十七条 项目建管处应在单位工程

验收前15个工作日通知质量监督机构，主要单位工程验收还应通知验收监督管理部门，但上述参加人员不在验收的主要成果性文件上签字。

第二十八条 单位工程验收的主要成果性文件是“单位工程验收鉴定书”，其格式见附录5。验收工作组成员应在鉴定书的正本上签字，正本数量按参加验收单位、质量监督机构、验收监督管理部门各一份及归档所需要的份数确定。

第二十九条 项目建管处应自单位工程通过验收之日起30个工作日内，将“单位工程验收鉴定书”报项目质量监督机构核备。

第三十条 质量监督机构在收到“单位工程验收鉴定书”之日起30个工作日内，将载有质量监督机构核备意见的鉴定书除自留一份存档外，其余正本返回项目建管处。

第三十一条 项目建管处应在收到核实后的“单位工程验收鉴定书”之日起30个工作日，将其报验收监督管理部门备案并行文发送有关单位。

第五章 合同项目完成验收

第三十二条 合同项目完成并具备验收条件时，施工单位应向项目建管处提出合同项目完成验收申请报告，申请报告格式可参照附录4。项目建管处审查是否具备合同项目完成验收条件，并报告省建管局。省建管局应自收到合同项目完成验收申请报告之日起15个工作日内决定是否同意进行合同项目完成验收。

第三十三条 合同项目完成验收时，省建管局应提前15个工作日通知质量监督机构和验收监督管理部门，但上述参加验收人员不在验收的主要成果性文件上签字。

第三十四条 合同项目完成验收应具备的主要条件是：

（一）合同范围内的工程项目和工作已经按合同文件的要求完成，但经项目建管处同意列入保修期完成的尾工除外。

（二）工程项目已经完成合同文件要求进行的各种验收。

（三）施工现场已经进行了清理并符合合同文件要求。

（四）已经试运行（或部分投入使用）的工程安全可靠，符合合同文件的要求。

（五）工程有关观测仪器和设备已经按设计要求安装和调试，并已经测得初始值及施工期各项观测值。

（六）历次验收发现的问题及质量缺陷已处理完毕。

（七）验收资料已整理完毕并满足验收要求，包括施工图纸和竣工图。

（八）合同中约定的其他条件。

第三十五条 合同项目完成验收由省建管局主持。验收工作组由设计、勘测（需要时）、监理、施工、运行管理、主要设备供应（制造）、项目建管处、主管单位的代表组成，必要时可邀请参建单位以外的专家参加。

第三十六条 项目建管处应在合同项目完成验收会14天前将验收资料送达验收工作组成员单位各1套。

第三十七条 合同项目完成验收的主要工作是：

（一）检查合同范围内工程项目和工作完成情况。

（二）检查施工现场清理情况。

（三）检查验收资料整理情况。

（四）检查施工期工程投入使用或试运行情况。

（五）检查合同完工结算情况。

（六）审查有关验收报告。

（七）确定合同范围内项目遗留尾工和处理意见。

（八）对验收中发现的问题提出处理要求并落实责任处理单位。

（九）对合同项目工程质量进行检验和评定。

（十）讨论并最终形成“合同项目完成验收鉴定书”。

第三十八条 合同项目完成验收会一般程序：

（一）召开预备会，确定合同项目完成验收工作组成员名单，成立合同项目完成验收各专业技术组。

（二）召开大会，宣布验收会议程，宣布验收工作组成员和各专业技术组成员名单，听取项目建管处、设计、施工、监理、质量监督等单位的工作报告。

（三）看工程声像资料、文字资料。

（四）分专业技术组检查工程，讨论并形成专业技术组工作报告。

（五）召开大会，听取各专业技术组工作报告。

（六）召开验收工作组会议，协调处理有关问题，讨论“合同项目完成验收鉴定书”初稿。

（七）召开大会，宣读“合同项目完成验收鉴定书”，合同项目完成验收工作组成员在“合同项目完成验收鉴定书”上签字。

第三十九条 合同项目完成验收的主要成果性文件是“合同项目完成验收鉴定书”，其格式见附录6。验收工作组成员应在鉴定书的正本上签字，正本数量按参加验收单位、质量监督机构、验收监督管理部门各一份以及归档所需要的份数确定。

第四十条 省建管局应自合同项目完成验收通过之日起30个工作日内，将“合同项目完成验收鉴定书”报质量监督机构核备。

第四十一条 质量监督机构在收到“合同项目完成验收鉴定书”之日起30个工作日内，将载有质量监督机构核备意见的鉴定书除自留一份存档外，其余正本返回省建管局。

第四十二条 省建管局应在收到核备后的“合同项目完成验收鉴定书”之日起30个工作日，将其报验收监督管理部门备案并行文发送有关单位。

第六章 专项验收与安全评估

第四十三条 专项验收是指按照国家有关规定，列入南水北调工程建设的专项工程以及有特殊内容要求的专门项目的验收。包括水土保持验收、环境保护验收、征地补偿和移民安置验收、工程档案验收以及国家规定的其他专项验收。

第四十四条 专项验收与安全评估按主管部门制定的有关验收办法执行。项目建管处应做好专项验收与安全评估的有关准备和配合工作。

第七章 设计单元工程完工验收

第四十五条 设计单元工程完工验收由国务院南水北调办或其委托的单位主持，验收工作按照国务院南水北调办《南水北调工程验收管理规定》执行。

第四十六条 省建管局、勘察、设计、施工、监理、运行管理等工程参建单位做好验收的有关准备和配合工作，派代表出席验收会议，负责报告情况和解答验收委员会提出的问题。作为被验收单位在有关验收成果性文件上签字。

第八章 验　收　责　任

第四十七条 项目建管处及其他各参建单位应对其提交的验收资料真实性、完整性负责，由于验收资料不真实、不完整等原因导致有关验收结论有误的，由资料提供单位承担直接责任。

第四十八条 验收委员会（或工作组）成员在验收工作中违反有关规定，情节较轻的，给予警告并责令改正；违反纪律、玩忽职守、徇私舞弊，情节较重的，依照规定给予或移交有关部门（单位）给予处分；后果严重、构成犯罪的，依法追究刑事责任。

第四十九条 项目建管处违反规定，不及时组织验收或对不具备条件的工程组织验收时，由验收监督部门责令改正并按有关规定予以处罚。

第九章　工　程　移　交

第五十条　工程移交包括施工单位向省建管局移交和省建管局向南水北调中线干线工程建设管理局移交。移交的内容包括工程实体和其他固定资产以及应移交的工程建设档案等。

第五十一条　工程通过合同项目完成验收，且遗留问题处理完毕并经验收后，省建管局与施工单位应在合同约定的时间内完成工程移交工作。

工程办理具体移交手续后，施工单位应向省建管局递交经过施工单位法定代表人签字的"工程质量保修书"，其格式见附录7。

在施工单位递交了"工程质量保修书"以及完成施工场地清理后，省建管局向施工单位颁发经过单位法定代表人签字的"合同项目完成证书"，其格式见附录8。

工程质量保修期以工程通过合同项目完成验收或完成工程移交后开始计算，但合同另有约定的除外。对工程不同项目可以根据项目完成情况分别计算保修期，也可以按全部合同项目完成后计算保修期。

第五十二条　设计单元工程完工验收通过后，省建管局将设计单元工程移交南水北调中线干线工程建设管理局统一管理。

第五十三条　工程参建单位应完善工程移交手续。工程移交时，交接双方应有完整的文字记录并有双方代表签字。

第五十四条　工程移交后，如发现隐蔽性的影响工程安全运行和使用功能的重大质量问题，由工程项目接收单位组织工程参建单位共同分析研究，查明原因，并提出处理意见。

第五十五条　工程移交后，如发生由于设计、施工、材料及设备等方面原因造成的重大质量问题，应由工程项目接收单位负责组织处理，其他工程参建单位按照各自合同确定的责任承担具体处理工作和相应的处理经费。

第十章　附　　则

第五十六条　验收过程中的有关程序及质量评定执行水利行业现行有关规定、技术标准以及国务院南水北调办制定的补充规定和技术性文件。验收应提供的资料目录及验收应准备的备查资料目录见附录9、附录10。

第五十七条　本办法由省建管局负责解释。

第五十八条　本办法自印发之日起施行，原验收管理办法同时废止。

湖北省南水北调工程招标投标管理实施细则

2008年1月8日
（鄂调水办［2008］1号）

第一章　总　　则

第一条　为加强我省南水北调工程招标投标管理，规范招标投标行为，根据《中华人民共和国招标投标法》、国务院南水北调工程建设委员会《关于印发〈南水北调工程建设管理的若干意见〉的通知》（国调委发［2004］5号）、《国务院南水北调办关于进一步规范南水北调工程招标投标活动的意见》（国调办建管［2005］103号）及《湖北省人民政府办公厅关于印发湖北省南水北调汉江中下游治理工程建设管理实施意见的通知》（鄂政办发［2006］69号）等相关规定，制定本细则。

第二条　本细则适用于南水北调汉江中下游治理工程（指兴隆水利枢纽、引江济汉、部分闸站改造和局部航道整治等工程，以下简称"省南水北调工程"）的招标投标工作。

第三条　省南水北调工程领导小组办公

室（以下简称“省南水北调办”）根据国务院南水北调工程建设委员会办公室（以下简称“国务院南水北调办”）《关于委托承担汉江中下游治理工程建设部分行政监督管理工作的函》（国调办建管［2005］55号），对省南水北调工程建设项目招标投标活动进行监督管理，并向国务院南水北调办负责，接受国务院南水北调办的指导和检查。

省南水北调工程建设管理局（以下简称“省南水北调局”）作为省南水北调工程建设项目法人（即招标人），成立局招标委员会，负责省南水北调工程招标工作。招标委员会下设办公室，作为招标委员会的办事机构，负责招投标活动的组织协调和日常管理工作。省南水北调局的招标工作接受相关部门的监督和指导。

第四条 省南水北调工程勘察设计、监理、施工、货物（包括重要设备、材料等，以下简称“货物”）、咨询服务等项目，达到下列标准之一的，必须进行招标：

（一）勘察设计、监理等服务的采购，单项合同估算价在50万元人民币以上的。

（二）施工单项合同估算价在200万元人民币以上的。

（三）货物采购单项合同估算价在100万元人民币以上的。

（四）单项合同估算价低于第（一）、（二）、（三）项规定的标准，但项目总投资额在3000万元人民币以上的。

第五条 省南水北调工程建设采用项目法人直接管理、代建制和授权委托管理相结合的管理模式。直接管理项目的招标工作由省南水北调局负责，项目建设管理单位协助省南水北调局组织现场踏勘和招标答疑等具体工作；代建制项目的设计、监理招标由省南水北调局负责，施工和货物招标由代建单位承担，省南水北调局按有关程序负责监管；委托制项目的设计、监理、施工、货物招标由省南水北调局负责，委托单位参与。

第二章 招　标

第六条 招标分为公开招标和邀请招标。省南水北调工程招标一般应采用公开招标方式，并积极推行招标代理制。拟采取邀请招标的项目必须报经省南水北调办核准，并报国务院南水北调办及有关部门备案。招标人拟自行招标的，须具有自行招标的条件和能力，并按有关规定和管理权限经核准后才能办理自行招标事宜。

第七条 招标程序：

（一）分标方案核准。

（二）编制招标文件。

（三）发布招标信息（招标公告或投标邀请书）。

（四）发售资格预审文件。

（五）按规定日期接受潜在投标人递交的资格预审文件。

（六）组织对潜在投标人资格预审文件进行审核。

（七）发售招标文件。

（八）组织购买招标文件的潜在投标人现场踏勘。

（九）接受投标人对招标文件有关问题要求澄清的函件，对问题进行澄清，并书面通知所有潜在投标人。

（十）组织成立评标委员会。

（十一）在规定时间和地点，接受符合招标文件要求的投标文件。

（十二）组织开标评标会。

（十三）确定中标人。

（十四）发中标通知书。

（十五）提交招标投标情况的书面总结报告。

（十六）合同谈判，订立书面合同。

第八条 招标条件：

（一）勘察设计（勘察、测量、初步设计、技施设计）招标应具备的条件：

1. 按照国家有关规定需要履行项目审批

手续的，已履行审批手续，取得批准；

2. 勘察设计所需资金已有明确安排；

3. 所必需的勘察设计基础资料已经收集完成；

4. 勘察设计分标方案已经核准；

5. 法律法规规定的其他条件已经具备。

（二）监理招标应具备的条件：

1. 初步设计已经批准（或已通过技术审查）；

2. 监理所需资金已有明确安排；

3. 监理分标方案已经核准；

4. 有招标所需的设计图纸及技术资料。

（三）施工招标应具备的条件：

1. 初步设计已经批准；

2. 建设资金来源已落实或年度投资计划已经安排；

3. 满足招标要求的设计文件已经具备，施工图纸交付已有明确安排；

4. 施工分标方案已经核准；

5. 有关建设项目永久征地、临时征地和移民搬迁的实施、安置工作已有明确安排。

（四）货物招标应具备的条件：

1. 初步设计已经批准；

2. 货物技术经济指标已经基本确定；

3. 货物采购招标分标方案已经核准；

4. 货物所需资金已有明确安排。

（五）项目代建管理招标应具备的条件：

1. 初步设计已经批准（或已通过技术审查且初步设计概算已经核定）；

2. 项目代建管理方案已经核准。

（六）其他招标应具备法律法规和国家关于南水北调工程建设有关规定要求的相应条件。

第九条 工程项目分标方案必须在招标公告发布前20日报经省南水北调办核准，并报国务院南水北调办备案。分标方案主要应包括项目概况、标段划分原则、标段划分理由、分标情况（含标段内容、工期、相应概算等）、必要的图纸等内容。

第十条 采用代理招标的，招标人一般宜采用竞争方式择优选择招标代理机构，并在委托合同中明确须遵守的南水北调工程招标投标有关规定。招标代理机构应具备相应的资质，并不得与被代理招标项目的投标人有隶属关系或者其他利益关系。

第十一条 采用公开招标方式的项目，招标公告应在国务院南水北调办网站、中国政府采购网、湖北南水北调网等媒体发布。

1. 招标人应在预定发布招标公告日期前3个工作日将招标公告及相关材料报国务院南水北调办及省南水北调办。相关材料应包括招标项目名称及概况、招标已具备的条件、招标计划安排、评标委员会组建方案、招标文件（含评标方法和标准）；代理机构名称及联系人、联系方式；发布公告的时间和其他必要内容。

2. 招标公告在正式媒介发布至发售招标文件或资格预审文件的时间间隔不少于5个工作日；招标文件或资格预审文件发售期限，最短不应少于5个工作日。

3. 招标公告应载明招标人及招标代理机构的名称和地址，招标项目的性质、内容、数量、实施地点和工期（供货、服务时间）要求，对投标人的资格和经历（业绩）要求，开标时间和地点以及获取投标文件的办法等事项，但不得限制潜在投标人的数量。

第十二条 招标人或受委托的招标代理机构在投标人购买招标文件之前要对其进行资格预审，并提出资格审查报告，经审查人员签字确认。投标人应具备的主要条件如下：

1. 具有独立订立合同的权利；

2. 具有履行合同的能力，包括专业、技术资格能力，资金、设备和其他物质设施状况，管理能力，经验、信誉和相应的从业人员；

3. 没有处于被责令停业、投标资格被取消、财产被接管冻结、破产等状态；

4. 在最近3年内没有骗取中标和严重违

约及出现重大工程质量问题；

5. 拟派遣到项目现场管理的项目经理必须具备一级建造师资格和3年以上从事大型或中型水利水电工程施工的经历；

6. 法律、法规规定的其他资格条件。

第十三条 项目法人根据招标项目的特点和需要，编制或委托有资质的招标代理机构编制招标文件。招标文件应规定实质性要求和条件，说明不满足其中任何一项实质性要求和条件的投标将被拒绝，并用醒目方式标明；对标的物的技术、标准和质量有特殊要求的，招标文件中应提出相应要求。招标文件一般包含下列内容：

1. 投标邀请书；

2. 投标人须知；

3. 合同主要条款；

4. 投标文件格式；

5. 采用工程量清单招标的，应提供工程量清单；

6. 技术条款；

7. 设计图纸；

8. 评标标准和方法；

9. 投标辅助资料。

第十四条 招标人对已经发出的招标文件进行必要的澄清或者修改的，应在招标文件要求的投标文件截止日期至少15日前，以书面形式通知所有投标人；否则投标文件截止日期相应延后。

投标人对招标文件如有疑问，应在投标截止时间10日前向招标人提出；招标人对投标人疑问进行回复的，应在投标截止时间5日前以书面形式向所有投标人进行一致的解答。

招标人的澄清、修改或解答的内容为招标文件的组成部分。

第十五条 招标人及代理机构根据招标项目的具体情况，可以组织已经购买了招标文件的潜在投标人踏勘项目现场，但不得单独或者分别组织现场踏勘。潜在投标人依据招标人介绍的情况作出的判断和决策，由投标人自行负责。

第十六条 根据项目特点由项目法人决定是否编制标底（在招标书的评标办法中应载明是否设标底或者采取限价招标）。项目招标采用标底或成本价的，招标人应按照有利于工程建设和投资控制的原则，根据批准的设计、概算（估算），依据有关规定，结合市场供求状况，综合考虑工期、质量等方面的因素合理确定。标底或成本价编制过程和结果在开标前必须严格保密，在开标时予以公布。标底或成本价由项目法人或委托中介机构编制。任何单位和个人不得强制招标人编制或报审标底，或干预其确定标底。南水北调工程项目招标鼓励推行无标底招标。

第十七条 自招标文件开始发出之日起至投标人提交投标文件截止之日止，最短不得少于20日。

招标文件应按其制作成本确定售价，监理招标文件每套售价不超过1000元人民币，其他招标文件每套售价不超过3000元人民币。

第十八条 招标文件中应明确投标保证金金额，一般不超过合同估算价的千分之七，但勘测设计招标最高不应超过10万元人民币，其他招标最高不应超过80万元人民币，最低不应低于3万元人民币。

第三章 投　　标

第十九条 招标人要按照国家有关规定和国务院南水北调办的有关要求，认真核验招标代理、勘测设计、监理、施工、货物供应等单位的资质（资格）和经历（业绩），确保资质和业绩一致的单位参与招标投标活动。

第二十条 法定代表人为同一个人的两个及两个以上法人，母公司、全资子公司及其控股公司，都不得在同一次招标中同时投标。

两个以上法人或者其他组织可以组成一

个联合体，以一个投标人的身份共同投标。联合体各方均应具备承担招标项目的相应能力和相应的资质（资格）条件。由同一专业的单位组成的联合体，按照资质（资格）等级较低的单位确定资质（资格）等级。联合体各方应签订共同投标协议，明确约定各方拟承担的工作和责任，并将共同投标协议连同招标文件一并提交招标人。联合体各方签订共同投标协议后，不得再以自己名义单独投标，也不得参加其他联合体在同一项目中投标。

第二十一条 投标人应按照招标文件的要求编写投标文件，投标文件必须对招标文件提出的实质性要求和条件作出响应。拟在中标后将中标项目的部分非主体、非关键性工作进行分包的，应在投标文件中载明。

投标文件应在投标截止时间前，将投标文件密封送达指定地点。招标人收到投标文件后，应向投标人出具标明签收人和签收时间的凭证，在开标前任何单位和个人不得开启投标文件。

投标人在投标截止时间前，可以按照招标文件的规定补充、修改、替代或者撤回已提交的投标文件，并书面通知招标人。在提交投标文件截止时间后，投标人不得补充、修改、替代或者撤回其投标文件。投标人补充、修改、替代投标文件的，招标人不得接受。

第二十二条 提交投标文件的投标人少于3个的，招标人应依法重新招标。重新招标后投标人仍少于3个的，经批准后可以不再进行招标，或者仅对合格投标人进行开标和评标。

评标委员会根据国家有关规定和招标文件否决不合格投标或者界定为废标后，有效投标不足3个的，由评标委员会决定是否继续进行评标或重新招标。决定重新招标的，招标人应自决定之时起2日内将有关情况报省南水北调办。

第二十三条 投标人在递交投标文件的同时，应按照投标文件要求的方式和金额，将投标保证金随投标文件提交招标人。

第二十四条 投标人应对递交的资质（资格）预审文件及投标文件中有关资料的真实性负责。

禁止任何投标人串通投标或招标人与投标人串通投标的行为。

第四章 评标标准与方法

第二十五条 评标标准和方法应在招标文件中载明，在评标时不得另行制定或修改、补充任何评标标准和方法。招标人在同一个项目中，对所有投标人评标标准和方法必须相同。

第二十六条 评标标准分为技术标准和商务标准，一般包含以下内容：

（一）勘察设计标评标标准：

1. 投标人的业绩和资信；

2. 勘察总工程师、设计总工程师的经历；

3. 人力资源配备；

4. 技术方案和技术创新；

5. 质量标准和质量管理措施；

6. 技术支持与保障；

7. 投标价格和评标价格；

8. 财务状况；

9. 组织实施方案及进度安排。

（二）监理标评标标准：

1. 投标人的业绩和资信；

2. 项目总监理工程师经历及主要监理人员情况；

3. 监理规划（大纲）；

4. 投标价格和评标价格；

5. 财务状况。

（三）施工标评标标准：

1. 施工方案（或施工组织设计）与工期；

2. 投标价格与评标价格；

3. 施工项目经理及技术负责人的经历；

4. 组织机构及主要管理人员；

5. 主要施工设备；

6. 质量标准、质量和安全管理措施；

7. 投标人的业绩、类似工程经历和资信；

8. 财务状况。

（四）货物标评标标准：

1. 投标价格和评标价格；

2. 质量标准及质量管理措施；

3. 组织供应计划；

4. 售后服务；

5. 投标人的业绩和资信；

6. 财务状况。

第二十七条 评标方法可采用综合评分法、综合最低评标价法、合理最低投标价法、综合评议法及两阶段评标法。

第五章 开标和评标

第二十八条 开标由招标人或其委托的招标代理机构主持，邀请所有投标人参加。开标应在招标文件确定的时间和地点公开进行。

第二十九条 评标委员会由招标人组建，负责评标活动，向招标人推荐中标候选人或者根据招标人的授权直接确定中标人。

评标委员会的人数为5人以上单数，其中技术、经济等方面的专家不得少于成员总数的三分之二，并按照《南水北调工程评标专家和评标专家库管理办法》确定。

评标委员会设负责人的，由评标委员会成员推举产生或者由招标人确定。评标需要分组的，如评标委员会负责人是招标人代表，则招标人代表不再担任各组负责人。评标委员会负责人、各组负责人与评标委员会的其他成员有同等的表决权。

评标委员会成员不得与投标人有利害关系。所指利害关系包括：是投标人负责人的近亲属；在5年内与投标人曾有工作关系；与投标人有其他社会关系或经济利益关系。评标专家的回避性检查在评标专家抽取时进行；招标人评标代表的回避性检查在开标前进行，招标人应向省南水北调办提供其评标代表近5年的简历。评标委员会成员发现需要回避时，应主动回避。

第三十条 南水北调工程评标专家库评标专家抽取程序为：招标人在抽取评标专家前确定抽取评标专家的人数、专业分布。开标前3~4天，招标人代表经单位介绍，提供已获取招标文件的潜在投标人名单，在南水北调工程评标专家库抽取评标专家。原则上同一单位、同一地区抽取的评标专家不超过1人（同一地区不同主管部门的单位除外），尽可能来自不同类型（性质）的单位（如建设管理、招标代理、设计、监理、施工等）。招标人按规定指定专家作为其代表进入评标委员会的，专家所在单位的入库评标专家不再抽取作为该项目的评标专家。

评标委员会成员应在开标前集中，并在开标前进行不少于半天的评标培训。培训内容应包括有关招标投标法律法规、所评标项目背景和概况、评标工作程序及赋分要求、评标工作纪律要求等。评标培训内容不得有妨碍评标公正性的任何倾向性意见或暗示。评标委员会成员应签署遵守评标工作纪律、承担评标工作相应职责、与投标人无利害关系的书面承诺。

招标人应给予评标专家合理的劳务报酬，并负责评标专家参加评标工作时的交通、食宿等费用。

第三十一条 开标一般按以下程序进行：

1. 在招标文件确定的时间停止接收投标文件，开始开标；

2. 宣布开标人员名单；

3. 确认投标人法定代表人或授权代表人是否在场；

4. 宣布投标文件开启顺序；

5. 依开标顺序，由投标人代表检查投标文件密封情况，也可由委托的公证机构检查并公证后，由工作人员启封投标文件；

6. 宣布投标要素，并作记录，同时由投标人代表签字确认；

7. 对上述工作进行记录，存档备查。

第三十二条 评标工作一般按以下程序进行：

1. 招标人宣布评标委员会成员名单；

2. 确定主任委员；

3. 招标人宣布有关评标纪律；

4. 在主任委员主持下，根据需要，成立有关专业组和工作组；

5. 听取招标人介绍招标文件；

6. 组织评标人员学习评标标准和方法；

7. 经评标委员会讨论，并经二分之一以上委员同意，提出需投标人澄清的问题，以书面形式送达投标人；

8. 对需要文字澄清的问题，投标人应以书面形式送达评标委员会；

9. 评标委员会按招标文件确定的评标标准和方法，对投标文件进行评审，确定中标候选人推荐顺序；

10. 在评标委员会三分之二以上委员同意并签字的情况下，通过评标委员会工作报告，并报招标人。评标委员会工作报告附件包括有关评标的往来澄清函、有关评标资料及推荐意见等。

第三十三条 招标人对有下列情况之一的投标文件，可以拒绝或按无效标处理：

1. 投标文件密封不符合招标文件要求的；

2. 逾期送达的；

3. 投标人法定代表人或授权代表人未参加开标会议的；

4. 未按招标文件规定加盖单位公章和法定代表人（或其授权人）的签字（或印鉴）的；

5. 招标文件规定不得标明投标人名称，但投标文件上标明投标人名称或有任何可能透露投标人名称的标记的；

6. 未按招标文件要求编写或字迹模糊导致无法确认关键技术方案、关键工期、关键工程质量保证措施、投标价格的；

7. 未按规定缴纳投标保证金的；

8. 超出招标文件规定，违反国家有关规定的；

9. 投标人提供虚假资料的；

10. 其他法律法规规定或违反招标文件明确规定的。

第三十四条 评标委员会经过评审，认为所有投标文件都不符合招标文件要求时，可以否决所有投标，招标人应重新组织招标。对已经参加投标的单位，重新参加投标不应再收取招标文件费。

第三十五条 评标委员会应当根据招标文件规定的评标方法和标准，对投标文件进行系统地评审和比较。招标文件中没有规定的方法和标准不得作为评标的依据。

评标委员会应当审查每一投标文件是否对招标文件提出的所有实质性要求和条件作出响应。未能在实质上响应的投标，应作废标处理。对投标人提交的经历（业绩）证明等材料，必要时应进行查证、核实。

评标委员会可以书面方式要求投标人对投标文件中含义不明确、对同类问题表述不一致或者有明显文字和计算错误的内容作必要的澄清、说明或补正，但不得向投标人提出带有暗示性或诱导性的问题，或向其明确投标文件中的遗漏和其他错误。投标人的澄清、说明或补正不能改变投标文件的实质性内容。

评标委员会推荐的中标候选人应当限定在1～3名，并标明排列顺序。

第三十六条 评标委员会完成评标后，应向招标人提出书面评标报告。评标报告由评标委员会全体成员签字。对评标结论持有异议的评标委员可以书面方式阐述其不同意见和理由。评标委员会成员拒绝在评标报告上签字且不陈述其不同意见和理由的，视为同意评标结论。评标委员会应对此作出书面说明并记录在案。评标报告应如实记载以下内容：

1. 基本情况和数据表；

2. 评标委员会成员名单；

3. 开标记录；

4. 符合要求的投标一览表；

5. 废标情况说明（如有）；

6. 评标标准、方法；

7. 经评审的价格或者评分比较一览表；

8. 经评审的投标人排序；

9. 推荐的中标候选人名单与签订合同前要处理的事宜；

10. 澄清、说明、补正事项纪要。

第六章 中 标

第三十七条 招标人须在评标结束后的1个工作日内，填写《评标结果公示表》（格式见附件1）并在国务院南水北调办网站上公示评标结果，各项填写内容须与评标报告一致。

第三十八条 招标人可授权评标委员会直接确定中标人，也可根据评标委员会提出的书面评标报告和推荐的中标候选人顺序确定中标人。当招标人确定的中标人与评标委员会推荐的中标候选人顺序不一致时，应有充足的理由，并按项目管理权限报有关主管部门备案。

第三十九条 中标人确定后，招标人应向中标人发出中标通知书，并同时将中标结果通知所有未中标的投标人。中标通知书对招标人和中标人具有法律约束力。中标通知书发出后，招标人改变中标结果或者中标人放弃中标的，应承担法律责任。

第四十条 招标人和中标人应自中标通知书发出之日起30日内，按照招标文件和中标人的投标文件订立书面合同。招标人和中标人不得再行订立背离招标实质性内容的其他协议。中标人应严格按照合同约定投入投标时承诺的人员和设备等资源参加工程建设。

招标人应在签订合同后5个工作日内，向中标人和未中标的投标人退还投标保证金，并通过有关媒体发布中标信息。

第四十一条 招标人应自确定中标人之日起15日内向国务院南水北调办及省南水北调办提交招标投标情况的书面报告。书面报告应包括的内容有：

1. 招标范围；

2. 招标方式和发布招标公告的媒介；

3. 评标委员会的组成和评标报告；

4. 中标结果［中标信息表格式见附件2（略）］。

第四十二条 合同中确定的建设规模、建设标准、建设内容应严格控制在批准的初步设计及概算文件范围内；合同价格确需超出批准的初步设计及概算文件范围的，招标人应在招标前或中标合同签订前，报国务院南水北调办审查同意。

第四十三条 招标人不得指定分包人。

中标人不得转包或违法分包，一经发现，可要求其改正；拒不改正的，可终止合同，并报请国务院南水北调办或有关省（直辖市）南水北调办查处。

第七章 附 则

第四十四条 违反招标投标有关规定的，必须依照有关规定进行处理；违反法律的，依法追究法律责任。

第四十五条 本细则由省南水北调办负责解释。

第四十六条 本细则自发布之日起施行。

湖北省南水北调工程质量监督管理实施细则

2008年1月8日

（鄂调水办［2008］1号）

第一章 总 则

第一条 为加强我省南水北调汉江中下游治理工程（以下简称“省南水北调工程”）的质量监督工作，规范质量监督行为，保证工程质量，根据《建设工程质量管理条例》、国务院南水北调工程建设委员会办公室（以下简称“国务院南水北调办”）《关于印发〈南水北调工程质量监督管理办法〉的通知》（国调办建管［2005］33 号）、《关于印发〈南水北调工程建设质量监督费管理办法〉的通知》（国调办经财［2005］78 号）和《省人民政府办公厅关于印发湖北省南水北调汉江中下游治理工程建设管理实施意见的通知》（鄂政办发［2006］69 号）等相关规定，制定本细则。

第二条 受国务院南水北调办委托，省南水北调工程领导小组办公室（以下简称“省南水北调办”）对省南水北调工程质量实施强制性监督管理，并接受国务院南水北调办的监督和指导。

第三条 省南水北调工程建设管理局（以下简称“省南水北调局”）、项目建设管理单位及勘测设计、监理、施工、设备供应等单位依照法律法规承担工程质量责任，并接受监督。

第二章 机构和人员

第四条 省南水北调办受国务院南水北调办委托，承担南水北调工程湖北质量监督站（以下简称“省质量监督站”）的具体组建和日常管理工作。

第五条 省南水北调办的质量监督职责与任务是：

（一）贯彻执行国家和国务院南水北调办有关工程建设质量管理的方针政策和法律法规。

（二）拟定工程质量监督与检测的有关规定或实施办法，并组织监督实施。

（三）负责对工程建设责任主体质量管理行为和质量监督实施机构责任落实情况进行监督检查。

（四）负责批准设立质量监督项目站。

第六条 省质量监督站的主要职责与任务为：

（一）贯彻执行国家和国务院南水北调办有关工程建设质量管理的方针政策和法律法规。

（二）设立质量监督项目站或组织巡回检查组并向南水北调办报批或备案。

（三）办理工程质量监督手续，直接对有关工程项目实施质量监督，组织工程质量检测。

（四）监督受监工程质量事故的处理。

（五）参加受监工程的施工合同验收、设计单元工程完工验收和部分工程完工（通水）验收，出具工程质量监督意见，签署对工程质量的评价意见。

（六）定期向国务院南水北调办和省南水北调办汇总报送工程质量监督信息，组织交流工程质量监督工作经验，组织发布南水北调工程质量监督信息。

第七条 南水北调工程质量监督项目站是省质量监督站在重要项目设立并派驻项目建设现场进行质量监督的派出机构；质量监督巡回抽查组是由省质量监督站进行质量监督巡回抽查时组成的工作组织。二者的主要职责和任务是：

（一）在主管质量监督机构领导下，对受监工程行使质量监督。

（二）对施工单位的质量保证体系、监理单位的质量控制（检查）体系与质量检测手段进行抽查。

（三）对监理单位上报的项目划分情况进行审查和审批，并报主管质量监督机构核备。

（四）参加重要隐蔽工程及关键部位的工程验收，并出具质量评价意见。

（五）有权对工程质量进行抽检并责令不合格工程返工。

（六）参加相关工程验收。

（七）及时上报在质量监督中发现的重大问题；对工程各阶段质量监督工作进行总结；具体组织受监工程项目的质量检查工作等。

第八条 省质量监督站站长由国务院南水北调办任命，副站长及其他人员、项目站站长由省南水北调办任命，报国务院南水北

调办备案。省质量监督站及其质量监督人员由国务院南水北调办考核；质量监督项目站、巡回抽查组及其质量监督人员由省南水北调办负责考核并报国务院南水北调办备案。

第九条 从事南水北调工程质量监督的人员必须具备以下条件：

（一）坚持原则，责任心强，身体健康。

（二）取得工程师及以上专业技术职称，或具有大专以上学历并有5年以上从事水利水电工程建设、设计、施工、监理、咨询等工作的经历。

（三）熟悉水利工程建设管理工作。

（四）经过有关机构培训并通过国务院南水北调办考核合格，获得相应证书。

第十条 质量监督机构可根据需要，聘任符合条件的工程技术人员作为工程项目的专职或兼职质量监督员，但质量监督员不能是省南水北调局及受监项目的项目建设管理、监理、设计、施工、设备制造等单位的工程技术人员，也不得与上述单位存在经济利益关系。

第三章 质 量 监 督

第十一条 南水北调工程开工前应办理质量监督手续。自工程开工前办理质量监督手续始，到项目通过完工验收止，为南水北调工程的质量监督期（含合同质量保修期）。

第十二条 省南水北调工程项目，由省南水北调局或项目建设管理单位在工程开工前到省质量监督站办理质量监督手续，并由省质量监督站报国务院南水北调办备案。

省南水北调局或受其委托的项目建设管理单位办理质量监督手续时，需填报《南水北调工程质量监督申请书》（格式见附件1），同时提交以下材料：

（一）工程项目建设有关审批文件（复印件）。

（二）省南水北调局或项目建设管理单位与监理、设计、施工等单位签订的合同（复印件）。

（三）项目管理、监理、设计、施工、设备供应等单位的基本情况和工程质量管理组织情况，相关人员执业资格证书等资料。

（四）必要的设计文件、施工设计图纸和监理规划或监理实施细则。

（五）其他需要的文件资料。

工程实施中与质量监督相关的文件、纪要、变更通知、图纸等应随时或根据要求及时提交质量监督机构。

项目开工后签订的监理、设计、施工合同，一般应在合同签订后10个工作日内将复印件提交质量监督机构。

第十三条 省质量监督站收到《南水北调工程质量监督申请书》后10个工作日之内，经审核并报国务院南水北调办备案后，办理《南水北调工程质量监督书》（格式见附件2）。

第十四条 省质量监督站应结合工程项目实际，制订质量监督计划或质量监督实施细则，明确监督重点，并在质量监督手续办理完毕后20个工作日内印送省南水北调局或项目建设管理单位。省南水北调局或项目建设管理单位在收到质量监督实施细则后应及时书面通知工程参建各方。

第十五条 南水北调工程质量监督采用巡回抽查和派驻项目站现场监督相结合的工作方式进行，建安工程量超过5亿元人民币的工程建设项目，派驻项目站。具体工作方式由省质量监督站在办理质量监督手续时确定。

第十六条 南水北调工程质量监督的主要依据：

（一）法律法规和国家关于南水北调工程建设管理的政策。

（二）工程建设标准强制性条文。

（三）经批准的工程设计文件。

（四）其他重要文件。

第十七条 南水北调工程项目质量监督

的主要工作内容：

（一）制订质量监督年度计划。

（二）对工程项目划分进行确认。

（三）对责任主体和有关机构履行质量管理责任、建立质量保证体系及进行质量管理行为的监督检查。

（四）对工程实体质量的监督抽查。

（五）对施工技术资料、监理资料以及检测报告等有关工程质量文件和资料的监督检查。

（六）对工程施工质量验收情况的监督检查。

（七）按照工程建设标准强制性条文的要求，做好相关工作。

（八）提交工程质量监督报告。

（九）其他规定内容。

第十八条 工程质量监督报告是质量监督工作的成果。工程质量监督报告应根据质量监督情况，客观反映责任主体和有关机构履行质量责任的行为及检查到的工程实体质量的情况。工程质量监督报告由项目站或巡回抽查组编写，其负责人审定签字并加盖公章。工程竣工验收前，质量监督的有关工作信息应每季度汇总报告一次。工程质量监督报告应包括以下内容：

（一）工程概况和监督工作概况。

（二）对责任主体和有关机构建立质量保证体系和质量管理行为及执行工程建设强制性标准的检查情况。

（三）工程实体质量监督抽查（包括监督检测）情况。

（四）工程质量技术档案和施工管理资料抽查情况。

（五）工程质量问题的整改和质量事故处理情况。

（六）各方质量责任主体及相关有资格的人员的不良记录内容。

（七）工程质量验收监督检查情况。

（八）按照工程建设标准强制性条文的要求开展工作情况。

（九）其他应当包含的内容。

第十九条 工程质量监督的权限：

（一）对省南水北调局或项目建设管理单位、监理、设计、施工等责任主体的资质（资格）等级、经营范围进行核查，发现越级承包、转包或违法分包工程等不符合规定或合同要求的，责成省南水北调局或项目建设管理单位限期改正。

（二）质量监督人员持证进入施工现场执行质量监督。对工程有关部位进行检查，调阅省南水北调局或项目建设管理单位、监理和施工单位的质量检测成果、检查记录和监理日志、施工记录等相关资料。

（三）对违反技术规程、规范、质量标准或设计文件的，责成责任单位采取纠正措施。

（四）对使用未经检验或检验不合格的设备、材料及半成品或构配件等，责成责任单位采取纠正措施。

（五）报请有关部门或司法机关调查追究造成重大工程质量事故的单位和个人的相关责任。

第二十条 工程质量监督检测是工程质量监督工程实体质量抽查的重要手段，由监督人员根据工程重要程度和现场质量情况进行随机抽查；质量监督机构也可委托经国务院南水北调办同意的质量检测单位进行监督检测。被检查、检测单位应按要求提供有关资料并配合工作。

第二十一条 工程质量检测机构可根据工程质量监督机构的委托，承担以下主要任务：

（一）核查受监工程参建单位的试验室装备、人员资质（资格）、试验方法及成果等。

（二）根据需要对工程质量进行抽样检测，提出检测报告。

（三）参与工程质量事故分析和研究处理方案。

（四）质量监督机构委托的其他任务。

工程质量检测单位所出具的鉴定报告必须实事求是，数据准确可靠，并对出具的数据和报告负法律责任。

第四章　工程质量监督费

第二十二条　南水北调工程质量监督费属行政事业性收费，纳入中央财政预算，实行"收支两条线"管理，遵循"统收统支、预算管理、总量控制"的原则。南水北调工程建设质量监督费由国务院南水北调办委托南水北调工程建设监管中心（以下简称"监管中心"）统一收支。

第二十三条　省南水北调工程质量监督费的收费标准按国家有关批准文件执行。

第二十四条　省南水北调局和项目建设管理单位在办理质量监督手续时，应确定质量监督费缴纳计划。质量监督费缴纳计划依据收费标准和下列规定确定：

（一）工期24个月以内的工程项目，质量监督费应在开工年度一次性全额缴纳。

（二）工期36个月以内的工程项目，质量监督费在开工年度缴纳60%，其余在以后年度按年均衡缴纳。

（三）工期超过36个月的工程项目，质量监督费在开工年度缴纳50%，其余在以后年度按年均衡缴纳。

在工程完工验收前应缴清该工程全部质量监督费。

第二十五条　根据国务院南水北调办批准的质量监督报告书和质量监督费缴纳计划，监管中心向省南水北调局或项目建设管理单位发出质量监督费缴款通知书，省南水北调局或项目建设管理单位应在质量监督费缴款通知书规定的时间内，将质量监督费缴入财政部为监管中心开设的中央财政汇缴专户。

第二十六条　质量监督费作为项目支出，纳入部门预算。质量监督费开支范围为：

（一）人员费，包括质量监督机构专职人员的工资、津贴、加班、保险、劳保、福利、奖金、差旅费等。

（二）设备费，包括质量检测设备、工器具及交通工具、办公设备的购置、维修、保养费用等。

（三）办公费，包括办公用房租赁、办公用品、水电、印刷、通讯、图书资料购置费用等。

（四）巡查费，包括临时外聘巡回检查人员劳务费、津贴、保险费、差旅费等。

（五）抽检费，包括工程质量监督检测、试验及质量监督工作检查的费用。

（六）会务费，包括开展质量监督工作发生的各项会议经费。

（七）培训费，包括质量监督人员的调研、教育、培训费用。

（八）课题费，包括有关质量监督管理政策的研究制定、质量监督技术研究等课题研究费。

（九）其他用于质量监督工作所必需的费用。

第二十七条　省质量监督站依据预算管理的要求和年度质量监督计划，编制质量监督年度经费支出预算，报国务院南水北调办，抄报监管中心，经南水北调办审核后，纳入国务院南水北调办年度预算。

第二十八条　省质量监督费的使用应严格执行国务院南水北调办的质量监督费年度预算和有关国库集中支付、政府采购制度规定，在监管中心的控制下组织实施。

第二十九条　质量监督费应实行专款专用，独立核算，任何单位或个人不得截留、挪用、坐收坐支，也不得擅自提高收费标准，扩大收费范围和开支范围。如因情况变化，需要调整预算的，必须按照预算审批程序，经过批准后方可调整。

第三十条　质量监督机构和省南水北调局及项目建设管理单位应加强对质量监督费的收缴和支出管理的内部监督检查，制定相关内部控制制度，明确管理责任，并主动接受和积极配合物价、财政、审计部门和国务院南水北调办的监督与检查。

第五章 奖 惩

第三十一条 省南水北调局或项目建设管理单位未按规定办理质量监督手续而擅自开工的，由国务院南水北调办和省南水北调办对责任单位通报批评，并责令限期改正。

第三十二条 对伪造质量数据、提供与事实不符结论或弄虚作假的，视情节轻重，由省质量监督站提请国务院南水北调办对责任单位和责任人按有关规定进行处罚，构成犯罪的由司法机关依法追究其刑事责任。

第三十三条 对在工程质量管理和质量监督工作中做出突出成绩的单位和个人，由省南水北调办给予表彰和奖励。质量监督人员滥用职权、玩忽职守、徇私舞弊的，视情节轻重，依法给予行政处分，构成犯罪的由司法机关依法追究其刑事责任。

第六章 附 则

第三十四条 本细则由省南水北调办负责解释。

第三十五条 本细则自发布之日起施行。

湖北省南水北调工程安全生产管理细则

2008 年 1 月 15 日
（鄂调水办［2008］2 号）

第一章 总 则

第一条 为加强和规范我省南水北调汉江中下游治理工程（以下简称“省南水北调工程”）建设安全生产管理工作，有效控制各类安全生产事故，保障从业人员的安全、健康和国家财产免遭损失，依据国家《安全生产法》、《建筑工程安全生产管理条例》和国务院南水北调工程建设委员会《关于印发〈南水北调工程建设管理的若干意见〉的通知》（国调委发［2004］5 号）、《省人民政府办公厅关于印发湖北省南水北调汉江中下游治理工程建设管理实施意见的通知》（鄂政办发［2006］69 号），制定本细则。

第二条 省南水北调局是省南水北调工程安全生产的责任主体，其主要负责人是安全生产的第一责任人。

第三条 各工程参建单位的法定代表人是其所承担的工程实施项目安全生产的第一责任人。各单位必须建立健全安全生产组织体系，落实安全生产责任制，实行安全生产目标承诺制度。

第四条 各工程参建单位应依据国家法律、法规和相应的技术标准，制定安全生产管理规章制度和保障安全生产的方案、措施。

第二章 安全生产承诺和管理目标

第五条 各工程参建单位法定代表人代表单位作出公开、明确的安全生产承诺。

安全生产承诺的内容包括保证遵守国家法律、法规；不发生重大安全生产事故；避免人员伤亡和财产损失；安全生产资源保证等。

安全生产承诺采用签订安全生产责任书等形式。

第六条 省南水北调局研究确定省南水北调工程安全生产管理工作的整体方案和思路，提出总要求。

第七条 省南水北调工程安全生产总体目标为杜绝以下重大事故：

（一）重大人身伤亡事故。

（二）重大施工机械设备事故。

（三）重大火灾事故。

（四）重大垮（坍）塌事故。

（五）特大交通事故。

第八条 各工程参建单位应根据所承担的职责，制定相应的安全生产目标。

第三章　安全生产机构和职责

第九条　省南水北调局对省南水北调工程安全生产负总责。其主要职责是：

（一）贯彻执行国家、省政府有关安全生产的方针、政策、法律法规和标准。

（二）制定、审批和发布省南水北调工程各类安全生产规章制度。

（三）批准重大安全生产技术方案和实施措施，核定重大安全设施的经费，为安全生产、文明施工创造条件。

（四）建立安全生产管理机构，监督各项目建设管理单位、施工单位建立健全安全生产管理机构和规章制度。

（五）监督审查各施工单位主要负责人和安全生产专职管理人员的安全生产管理资格。

（六）监督各参建单位对职工进行安全生产教育、执行安全生产规章制度、为职工办理工伤保险、提供劳动防护用品等情况。

第十条　省南水北调局成立省南水北调工程安全生产委员会（以下简称安委会），配备必要的人员，明确相关人员职责。

安委会下设办公室，作为安委会的办事机构，负责日常的安全生产监督、协调和事故统计工作，完成安委会交办的事项。

第十一条　项目建设管理单位对承担的建设项目安全生产负直接责任。其主要职责是：

（一）贯彻执行国家、省政府和省南水北调局有关安全生产的方针、政策、法律法规、标准和规章制度。

（二）代表省南水北调局与施工、材料及设备供应等单位签定安全生产协议。

（三）负责监督和管理施工现场日常的安全生产工作，定期向省南水北调局报告工程建设的安全生产情况。

（四）负责监督各项安全生产规章制度、安全生产技术措施、事故预防措施的落实和上级有关安全生产指示的贯彻执行。

（五）组织经常性的安全生产检查，对发现的问题限期整改并监督整改措施的落实。

（六）参加或协助组织事故调查及处理工作。

（七）协调解决各施工单位在交叉作业中存在的安全施工问题。

（八）定期召开安全生产会议，发布安全生产简报。

（九）建立工程项目安全生产管理档案。

第十二条　施工、材料及设备供应等单位的安全生产职责是：

（一）负责承包工程项目的施工安全，接受监理单位的监督管理。

（二）贯彻执行国家、省政府和省南水北调局有关安全生产的方针、政策、法律法规、标准和规章制度。

（三）建立健全安全生产管理机构、安全生产管理工作体系和安全生产管理制度。

（四）提供施工所需的安全生产资源。

（五）按照工程（或设备安装）的总造价配备专职安全生产管理人员：5000万元以下的工程至少1人，5000万~1亿元的工程至少2人，1亿元以上的工程至少3人。专职安全生产管理人员必须取得安全生产管理资质。

（六）编制施工组织设计时，应制订安全技术方案、措施及经费计划。重大安全生产技术方案、措施应经监理单位审核，报项目建设管理单位审定；特别重大的应报安委会审批。

（七）对全体职工（包括临时用工人员）进行安全生产教育和技术培训，坚持先培训后上岗和特殊工种持证上岗的制度。

（八）定期组织施工现场安全生产检查，发现问题及时整改。

（九）对施工的安全生产技术措施、安全生产防护设施、工器具、运输设备和特种设备进行专门管理和检查。

（十）为职工办理工伤保险，提供劳动防护用品。

（十一）制定应急预案，当事故或紧急情况发生时根据预案采取应急措施。

（十二）组织或协助各类事故的调查处理。

第十三条 监理单位的安全生产职责是：

（一）负责对项目的安全生产工作进行现场监督管理。

（二）督促检查施工单位建立健全安全生产管理工作体系和安全生产管理制度；督促检查施工单位认真执行国家安全生产法律、法规、标准和规章制度。

（三）审查批准施工单位制定的安全生产技术措施和防护措施。

（四）发现施工单位存在安全事故隐患的，应当及时要求整改；情况严重的，应要求施工单位暂时停止施工，并及时报项目建设管理单位。

（五）检查工程的防汛度汛措施。

（六）定期组织安全生产检查，发现重大问题可向项目建设管理单位提出处理建议，一般问题有权进行现场处理。

（七）参加安全事故的调查分析，审查施工单位的安全事故报告及报表，监督施工单位对安全事故的处理。

（八）定期向项目建设管理单位报告安全生产情况，编制安全生产统计报表。

第十四条 勘测、设计单位的安全生产职责是：

（一）工程设计必须符合国家标准和部颁规程、规范，保证工程安全。

（二）工程设计必须充分考虑施工条件和施工技术对安全生产的影响，施工风险较大的项目，必须通过优化设计保证安全生产，必要时应参与编制重大安全生产技术方案、措施。

（三）对施工中遇到影响安全的各种险情，及时向项目建设管理单位提出防护措施建议。

（四）协助对重大、特别重大事故的调查处理。

第四章 应 急 响 应

第十五条 各工程参建单位应建立事故或紧急情况应急响应预案。应急响应实行分级管理，各项目建设管理单位建立相应的应急指挥系统，根据施工情况建立局部应急预案。应急预案应覆盖重大危险源、危险化学品、爆破器材、特种设备以及施工过程中可能发生的紧急情况。

第十六条 应急预案的制定必须符合实际情况，具备所需的应急指挥系统、应急装备和设施、通信系统、应急保障等，满足应急的要求，具备应急能力。

第十七条 各工程参建单位必须加强应急预案的培训，定期组织有关人员对应急预案进行演练。

第五章 监 督 检 查

第十八条 省南水北调局、项目建设管理单位对工程施工过程的安全生产管理情况进行定期和不定期监督检查，检查实行省南水北调局、项目建设管理单位组织和施工单位自查相结合的形式。

第十九条 省南水北调局每半年至少组织一次安全生产检查；项目建设管理单位每季度至少组织一次安全生产检查；其他单位可自行组织检查。

第二十条 省南水北调局、项目建设管理单位、监理单位组织安全生产检查时，对检查对象的安全生产工作须作出明确评价。定期安全生产检查，应由组织单位的主要负责人主持。

第二十一条 安全生产检查的主要内容应以查思想、查制度、查纪律、查隐患、查整改为主，同时将文明工地建设纳入检查

范围。

第二十二条 对安全生产检查中发现的重大隐患，应填写“安全隐患整改通知单”，限期整改。对因故不能立即整改的问题，应采取临时措施，并制订整改措施计划报检查组备案。

第六章 事故调查和处理

第二十三条 本细则所称事故，是指省南水北调工程施工中发生的人身伤亡事故、设备事故、火灾事故等。

第二十四条 人身事故划分：

轻伤事故：指一次事故中只发生轻伤的事故。

重伤事故：指一次事故中发生的重伤（包括伴有轻伤）、无死亡的事故。

一般伤亡事故：指一次死亡1～2人（多人事故时包括轻伤和重伤）的事故。

重大伤亡事故：指一次死亡3～9人的事故。

特大伤亡事故：指一次死亡10人以上（含10人）的事故。

特别重大事故：指一次死亡50人以上（含50人）的事故。

第二十五条 非人身伤亡事故分类：

一般事故：指一次事故直接经济损失（不扣除保险公司赔偿，下同）1万元以上、10万元以下（不含10万元）的事故。

较大事故：指一次事故直接经济损失10万元以上、100万元以下（不含100万元）的事故。

重大事故：指一次事故直接经济损失100万元以上、1000万元以下（不含1000万元）的事故。

特大事故：指一次事故直接经济损失1000万元以上的事故。

第二十六条 发生事故后，事故现场有关人员应立即报告本单位负责人和项目建设管理单位，并同时上报监理单位；项目建设管理单位立即报告当地政府和省南水北调局；省南水北调局在事故发生后2h内报告省南水北调办。

紧急情况下，事故报告单位可越级上报。

事故报告应包括事故发生的时间、地点、单位；事故简要经过、伤亡情况及经济损失初步估算；事故发生原因的初步判断；事故发生后采取的措施及事故控制情况。

第二十七条 事故发生后，隐瞒不报、谎报或迟报的，由主管部门或单位对有关人员给予相应处分，构成犯罪的，依法追究刑事责任。

第二十八条 事故的处理必须贯彻事故原因未查清楚不放过、事故责任者和周围的群众未受到教育不放过、未制定防止事故重复发生的措施不放过、事故责任者未受处理不放过等“四不放过”的原则。省南水北调局以及各工程参建单位对发生的事故，应在查清原因、分清责任的基础上，按照有关办法对事故责任人进行处理，落实整改措施，建立事故档案。

第二十九条 各相关单位对管辖范围内的事故按照月报、半年报和年报的办法向项目建设管理单位上报，项目建设管理单位汇总上报省南水北调局。

第七章 附 则

第三十条 本细则由省南水北调局负责解释。

第三十一条 本细则自发布之日起执行。

南水北调项目法人单位

丹江口大坝加高工程施工质量缺陷处理管理办法

2008 年 9 月 11 日
（中水源工［2008］127 号）

第一章　总　　则

第一条　为加强南水北调中线丹江口大坝加高工程质量管理，规范施工质量缺陷处理行为，明确施工质量缺陷处理程序和参建各方职责，根据《水利水电工程施工质量检验与评定标准》（SL 176—2007）、《水利工程质量事故处理暂行规定》（水利部第 9 号令）、《丹江口大坝加高工程质量管理办法（试行）》（中水源工［2006］33 号）和国务院南水北调办关于质量事故和缺陷处理的有关规定，特制定本办法。

第二条　质量缺陷指对工程质量有影响，但小于一般质量事故，经过处理后不影响工程正常使用和寿命的质量问题。

第三条　本办法适用于南水北调丹江口大坝加高工程新坝体施工质量缺陷处理的管理。

第四条　参建各方应根据自己的质量管理职责做好施工质量事故及缺陷处理管理工作。

第五条　质量缺陷发展为质量事故的，对质量事故的处理应按照《水利工程质量事故处理暂行规定》和《丹江口大坝加高工程质量管理办法（试行）》中的有关规定执行。

第二章　施工质量缺陷分类

第六条　施工质量缺陷按缺陷影响程度、处理的方式和直接经济损失的大小分为记录施工质量缺陷、一般施工质量缺陷、较大施工质量缺陷三类。施工质量缺陷分类标准见附录 1（略）。

记录施工质量缺陷（Ⅰ类质量缺陷）是指由于施工工艺不严造成的或外观局部产生缺陷，对工程使用、安全和耐久性无影响，可以不进行处理或不宜进行处理的质量缺陷。

一般施工质量缺陷（Ⅱ类质量缺陷）是指既影响外观又影响工程耐久性，造成少量经济损失，通过打磨、修补、补强等办法可以补救的质量缺陷。

较大施工质量缺陷（Ⅲ类质量缺陷）是指既影响外观和耐久性，有影响工程安全和使用功能，对工期有一定影响，造成较多的经济损失，采取加固补强或返工处理等措施后不影响工程正常使用的质量缺陷。

第三章　施工质量缺陷处理管理职责

第七条　施工单位施工质量缺陷处理管理职责：

1. 负责施工质量缺陷的描述记录、报告。
2. 参加施工质量缺陷的调查、原因分析。
3. 负责Ⅰ类、Ⅱ类质量缺陷处理方案的制定。
4. 编制施工质量缺陷处理措施。
5. 负责施工质量缺陷处理施工，并作好相应的质量自检工作。
6. 负责编制施工质量缺陷处理工作报告，移交验收资料。

第八条　监理单位施工质量缺陷处理管理职责：

1. 组织施工质量缺陷的调查和原因分析，Ⅲ类质量缺陷报告。
2. 负责Ⅱ类质量缺陷处理方案的审批，组织Ⅲ类质量缺陷处理方案的审查，并负责

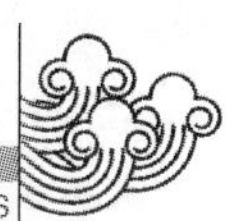

审批。

3. 负责施工质量缺陷处理工作必要的旁站监理及质量抽测。

4. 组织施工质量缺陷处理的验收。

5. 负责未能及时处理的质量缺陷备案工作。

6. 负责对施工单位缺陷归档资料的审查和本单位资料收集、整理和归档工作，并将Ⅲ类质量缺陷处理资料整理报水源公司备案。

7. 将施工质量缺陷的发生及处理信息在监理月报中反映。

8. 对Ⅱ类质量缺陷处理不力和发生Ⅲ类质量缺陷或多次发生Ⅱ类质量缺陷的施工单位进行通报批评。

第九条 设计单位施工质量缺陷处理管理职责：

1. 参加Ⅲ类质量缺陷原因分析、处理方案的讨论。

2. 提出Ⅲ类质量缺陷处理技术文件。

3. 负责Ⅲ类质量缺陷处理设计变更。

4. 参加Ⅲ类质量缺陷处理结果的验收。

第十条 水源公司施工质量缺陷处理管理职责：

1. 水源公司工程部具体负责施工质量缺陷处理的监督工作。

2. 参加Ⅲ类质量缺陷的调查、原因分析及处理方案的讨论。

3. 必要时聘请专家对Ⅲ类质量缺陷处理方案进行咨询。

4. 参加Ⅲ类质量缺陷处理结果的质量评定与验收。

5. 对Ⅲ类质量缺陷的处理报质量监督机构备案。

6. 对Ⅲ类质量缺陷处理不力或多次发生Ⅲ类质量缺陷的施工、监理单位进行通报批评。

第四章 施工质量缺陷处理的管理

第十一条 施工单位应编制常见施工质量缺陷处理预案并报监理审批，监理单位应制定质量缺陷处理细则。

第十二条 施工质量缺陷处理的一般程序：

1. 施工质量缺陷的发现与报告。

2. 施工质量缺陷调查、描述记录与原因分析。

3. 施工质量缺陷处理方案的制定与审批。

4. 施工质量缺陷的处理。

5. 施工质量缺陷处理的质量检查与验收。

6. 施工质量缺陷处理备案。

7. 施工质量缺陷处理资料的归档。

丹江口大坝加高工程施工质量缺陷处理程序见附录2（略）。

第十三条 施工质量缺陷的发现与报告。

1. 施工单位发现质量缺陷，应及时向监理单位口头报告，然后书面报告；监理单位接到报告后或发现质量缺陷后，依据质量缺陷性质和严重程度，决定是否发出暂停施工令和向水源公司报告。丹江口大坝加高工程施工质量缺陷报告单格式详见附录3（略）。

2. 发生Ⅱ类质量缺陷，施工单位应在48h内写出书面材料向监理单位报告，监理单位接到报告后，监理工程师应及时到现场检查核实。

3. 发生Ⅲ类质量缺陷，监理单位应在72h将缺陷情况、发生的原因及处理建议向水源公司提出书面报告。

第十四条 施工质量缺陷调查、描述记录及原因分析。

1. Ⅰ类质量缺陷由施工单位调查、描述记录并存档。

2. Ⅱ类质量缺陷由监理单位组织施工单位技术人员进行调查，查明原因，研究处理措施，提出缺陷调查分析报告，报水源公司核备。

3. Ⅲ类质量缺陷由监理单位组织有关单位技术人员进行调查，查明原因，研究处理措施，提出处理建议，向水源公司提出缺陷调查分析报告，并报质量监督机构备案。

4. 注意缺陷跟踪监测。施工和监理单位应对那些不断变化，可能发展的质量缺陷要注意观测和记录，并及时分析处理。同时，对那些表面的质量缺陷，宜进一步查清内部质量情况，确定问题性质是否转化。

5. 施工质量缺陷调查的主要内容：

1）查明缺陷发生的原因，财产损失情况和对后续工程的影响；

2）查明质量缺陷的发生范围、严重程度和性质，并做好书面记录和必要的影像记录；

3）查明缺陷的责任单位和主要责任人；

4）提出缺陷处理的措施和建议。

施工质量缺陷调查分析报告提纲详见附录4（略）。

第十五条 施工质量缺陷处理方案的制定与审批。

1. 应对施工质量缺陷提出处理方案和防止类似施工质量缺陷的具体措施。

2. Ⅱ类及以下质量缺陷由施工单位提出处理措施，报监理单位审批。

3. Ⅲ类质量缺陷，由监理单位组织有关单位研究处理方案，必要时经专家咨询，并征求设计单位同意，经总监理工程师批准签发处理方案，报水源公司核备和质量监督机构备案。

4. 质量缺陷处理方案需要进行设计变更或设计单位验算的，由原设计单位提出设计变更方案或协助验算。

第十六条 施工质量缺陷的处理。

1. 发生施工质量缺陷后，施工单位应及时检查记录，严禁私自掩盖和处理。

2. 施工质量缺陷处理前，施工单位应编制“施工质量缺陷处理措施或作业指导书”，并向作业人员进行技术交底。

3. 施工单位应严格按批准的处理方案（措施）和相关的质量标准进行处理，严格实行“三检制”，做好施工记录。处理过程中需要进行实体质量检测的，未进行质量检测（查）前严禁私自覆盖。

4. 监理单位应加强质量缺陷处理的质量控制，应安排必要的质量抽测和旁站监理。

第十七条 施工质量缺陷处理的质量评定与验收。

1. 发生施工质量缺陷的单元工程，缺陷处理完成后按照有关规定重新评定其质量等级。

2. 施工质量缺陷处理工作完成后，施工单位应提出验收申请，并提交缺陷处理自检、缺陷处理测量、缺陷处理工作报告等资料。施工质量缺陷处理工作报告提纲详见附录5（略）。

3. 施工质量缺陷处理验收应以缺陷处理方案、合同文件规定的质量标准及相关验收标准、规定为依据。

4. Ⅱ类及以下质量缺陷处理的验收，首先由施工单位按照处理方案进行自验，再由监理单位复核并签发“施工质量缺陷处理验收合格证”；Ⅲ类质量缺陷处理的验收，首先由施工单位对照处理方案进行自验，然后由监理组织业主、设计、施工单位组成联合验收小组共同验收并签发“丹江口大坝加高工程施工质量缺陷处理验收合格证”。施工质量缺陷处理验收合格证见附录6（略）。

第十八条 施工质量缺陷的备案。

1. 严格实行施工质量缺陷备案制度，施工质量缺陷备案形式详见附录7“丹江口大坝加高工程施工质量缺陷备案表”。

2. Ⅱ类质量缺陷处理备案表由监理单位编制上报水源公司备案。

3. Ⅲ类质量缺陷处理备案表由监理单位编制上报水源公司，由水源公司报质量监督机构备案。

第十九条 施工质量缺陷处理资料的归档。工程各参建单位应加强施工质量缺陷处理资料的管理，水源公司、设计、监理、施工等单位应妥善保管属于各自管理范围内的

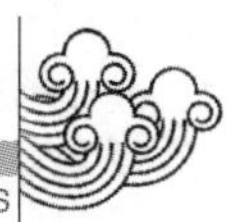

施工质量缺陷处理记录、质检资料和验收资料，建立施工质量缺陷台账，并按工程档案管理的有关规定收集、整理和归档。

第五章　附　　则

第二十条　本办法由水源公司工程部负责解释，本办法从发布之日起实行。

南水北调中线水源有限责任公司设计变更管理办法

2008年12月7日

（中水源工［2008］135号）

第一章　总　　则

第一条　为加强和规范南水北调中线水源工程的设计变更管理，依据国家现行有关法律法规制定本办法。

第二条　本办法适用南水北调中线水源有限责任公司（以下简称“公司”）以及与公司有合同关系且负有设计变更责任和义务的相关单位，包括：设计单位、施工监理单位、施工承包商、设备制造商、材料供应商等。

第三条　公司为设计变更管理的责任主体，设计单位为设计变更工作的责任主体，其他相关单位为设计变更的实施主体，以上单位均有提出设计变更建议的权利和对设计变更进行审核并提出审核意见的义务。

第二章　设计变更管理原则与管理机构及职责

第四条　设计变更管理是项目建设管理的一个重要内容，设计变更关系项目质量、安全、功能正常发挥、投资效益高低乃至成败，公司相关部门、设计变更相关单位必须高度重视。

第五条　公司对设计变更管理实行公司总工负责制和“统一领导，分级分类负责，归口管理”原则。

第六条　在公司统一领导下，工程设计变更归口公司工程部管理，由公司总工负责。设计变更涉及到方案的概估算与社会经济财务比较分析时，公司计划部、财务部按照分工负责相关工作。

第七条　公司全面负责统一协调相关单位对南水北调中线水源工程项目的实施。其在设计变更方面的主要职责是：

（一）认真研究已被国家有关部委审查批准的可行性研究报告和初步设计报告，研究国际国内先进的设计案例，结合现场实际情况和需要审查设计变更建议报告，督促设计单位及时提出设计变更报告。

（二）组织设计变更报告的审查和上报。

（三）及时组织落实设计变更审查意见，补充、修改、完善设计变更报告并按时上报修订设计变更报告，配合有关部委和审查单位对修订设计变更报告进行复核。

（四）组织实施设计变更，对设计变更实施情况进行监督检查和上报。

第三章　设计变更相关单位职责

第八条　南水北调中线水源工程的设计单位对由其承担的相应项目的勘测、规划、可行性研究、初步设计、招标设计直至技施设计的全过程的设计质量负有全面的、直接的责任。设计单位在设计变更方面的主要职责为：

（一）遵循国家法律法规和设计质量标准，建立、健全并全面履行设计质量保证体系，提高设计质量，确保设计成果的安全可靠性、经济合理性和技术可行性。承担由于设计深度和质量等原因造成的设计变更费用和责任。因重大设计漏项而产生设计变更时，还应减收相应部分的勘测设计费。

（二）在必要时向公司提交设计变更建议报告，接受公司的委托和要求向公司提交设计变更报告。根据需要，及时派出相关专业人员参加公司组织的和有关部委组织的设计变更论证审查，并依据审查批复意见补充修改完善设计变更报告，及时提交修订设计变更报告。

（三）及时按照设计变更报告审查批准意见进行设计变更，提交正式的设计变更图纸及其相关设计文件资料，必须经过其内部严格审查并做到审签手续完备，对设计变更前后的设计成果负责。设计变更要符合项目实施进度的要求，相关专业人员要积极深入现场做好技术交底和跟踪设计。

第九条 其他相关单位在项目实施过程中，应本着对国家负责，对项目负责，对人民的生命财产负责的精神，认真研究项目的设计图纸资料文件和现场实际情况，在认为必要时应及时向公司提出设计变更建议报告，及时落实公司和有关部委的审查意见，负责实施设计变更，向公司反馈上报设计变更实施情况。其中，由施工承包商、设备制造商、材料供应商提出的设计变更建议报告，应先交监理单位进行初步审查并提出初步审查意见，申报单位在按监理单位提出的初步审查意见对设计变更建议报告进行补充修改完善的基础上，编制正式的设计变更建议报告，通过监理单位向公司报送。

第四章 设计变更及其分类

第十条 设计变更是指在南水北调中线水源工程项目实施前和实施过程中整体的或局部的改变已被国家有关部委审查批准的可行性研究报告和初步设计报告中确定的规划设计、初步设计，以及改变由公司组织审查批准的整体的或单项的技术设计的情形。设计变更分为重大设计变更和一般设计变更。

第十一条 重大设计变更是指改变已被国家有关部委审查批准的可行性研究报告和初步设计报告所确定的规划设计、初步设计中，涉及南水北调水源工程任务和规模，工程等别及建筑物级别、设计标准，工程布置及建筑物结构、用途，以及重大增补项，超概算投资等方面的设计变更。发生下述情形之一皆属重大设计变更：

（一）工程任务和规模。

1. 输水工程任务、供水量、保证率、调度运行原则发生变化。

2. 水库工程任务、库容、调度运行方式、特征水位（正常蓄水位、死水位等）发生变化。

3. 重要建筑物衔接点等关键节点控制水位发生变化。

4. 电站工程功能、机组型式、装机容量、装机台数发生变化。

（二）工程等别及建筑物级别、设计标准。

1. 工程等别、建筑物级别发生变化。

2. 工程防洪或排涝标准发生变化。

3. 工程抗震设防烈度发生变化。

（三）工程布置及建筑物。

1. 水库、电站和输水枢纽总体布置格局或主要建筑物轴线发生重大变化。

2. 水库、电站，以及输水各类建筑物的类型、控制高程发生变化。

（四）调整和增补。

1. 主要大型设备数量增减变化。

2. 主要材料来源、性质、配比发生重大调整。

3. 由地质或原建筑物缺陷引起的重大变化。

4. 重大漏项增补。

5. 新增重要功能建筑物。

（五）概算投资。

设计变更引起投资增加超出国家批准的初步设计概算总投资。

第十二条 除重大设计变更之外，其他设计变更为一般设计变更。

第五章 设计变更申报与审查

第十三条 公司相关部门、设计单位以

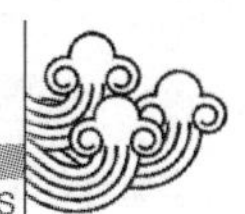

及其他相关单位在提出设计变更建议时，应编制并向公司提交设计变更建议报告，设计变更建议报告应包括设计变更缘由、技术方案、设计图纸等。重大设计变更建议报告除包括设计变更缘由、技术方案、设计图纸外，还应包括技术比较方案、方案的概估算和投资的社会、经济、财务比较分析表等相关内容。

第十四条 重大设计变更应在原相关设计实施前3个月提出，一般设计变更在原相关设计实施前1个月提出。

第十五条 公司在收到设计变更建议报告后，公司工程部应认真分析设计变更情况，区分重大设计变更与一般设计变更，分别组织审查。

第十六条 公司对设计变更的安全可靠性、经济合理性和技术可行性进行重点审查和提出详尽审查意见，对设计变更的必要性、合规性、先进性、及时性等方面进行全面审查和提出简略意见。

第十七条 属重大设计变更的，公司工程部应及时向公司领导汇报，由公司总工牵头组织初步审查，提出初步审查意见。公司工程部在设计变更建议报告初审后，要及时组织和督促相关单位，按照初步审查意见对设计变更建议报告进行修改完善，在此基础上，组织编制重大设计变更报告，进一步提出报审意见，按照可行性研究报告和初步设计报告原审批程序上报有关有审批权的部委进行审查和批准。上报的重大设计变更报告应包括设计变更缘由、技术方案、设计图纸、投资分析表等相关内容。

第十八条 属一般设计变更的，由公司工程部牵头组织审查并提出审查意见，报公司总工进一步审查和批准。

第十九条 公司在必要时可将重大设计变更建议报告委托给具有相应资质的咨询单位进行初审，或组织具有相应资质的咨询单位共同会审。对于一般设计变更，公司工程部亦可通过咨询有关专家或以召开专家咨询会等形式进行审查，以便集思广益，完善其审查意见。

第二十条 设计变更建议报告或设计变更报告经审查批准后，连同审查批准意见一起由公司移送设计单位，由设计单位进行设计变更，提出正式设计文件。

第六章　设计变更的实施

第二十一条 对经过审查批准，设计单位进行设计变更并提出的正式设计文件，相关实施单位应严格实施。未经审查批准，设计单位未进行设计变更和提出正式的设计文件，相关实施单位不得随意实施变更。在涉及防洪度汛、工程抢险、重大和特大质量事故处理等特别紧急情况下，由公司组织协调设计、相关部门和实施单位在现场会商提出设计变更建议，设计单位应在现场进行设计变更，各方同意并履行签字手续后交相关实施单位立即实施。

第二十二条 设计变更报审文件及设计变更后产生的正式设计图纸文件资料依照《南水北调中线水源有限责任公司设计图纸文件资料管理办法》进行管理。

第七章　设　计　优　化

第二十三条 公司鼓励相关部门、设计单位、相关实施单位及个人提出优化设计建议。对优化设计建议的申报、分类审查、实施等纳入本办法进行管理。优化设计建议经审查批准和付诸实施后，如果对项目质量与安全、功能与效益、工期与投资产生了良好效果，公司对该优化设计建议的提出单位或个人给予适当奖励。

第八章　附　　则

第二十四条 本办法由公司负责解释。

第二十五条 本办法自发布之日起执行。

重 要 文 件

国家发展和改革委员会

国家发展改革委办公厅对调整南水北调东中线一期工程初步设计概算核定工作职责分工的意见

（发改办投资［2008］2683号）

国务院南水北调办综合司：

你办《关于南水北调办公室职能调整征求意见的函》（综人外函［2008］349号）收悉。根据国务院南水北调工程建设委员会第二、三次全体会议精神，现将我委对调整南水北调东中线一期工程初步设计概算核定工作职责分工的意见函告如下：

一、为全面加快工程建设进度，除此前我委已核定的45个单项工程初步设计概算外，由你办负责以国务院批准的南水北调东中线一期工程筹资方案和南水北调东中线一期工程可行性研究总报告为基础，对南水北调东中线一期工程其余单项工程的初步设计概算进行核定，我委不再逐项核定其余单项工程概算。

二、概算核定工作职责分工作上述调整后，今后我委主要负责协调国务院委托的南水北调东中线一期工程重大事项、年度投资计划安排和对工程建设进行重点稽察等工作。你办以国务院批准的南水北调东中线一期工程可行性研究总报告确定的总投资为控制目标，主要负责单项工程初步设计审批和概算核定、工程总投资控制以及工程建设管理等工作。请你办在初步设计审批工作中，严格把握工程建设内容和标准，控制总投资规模。

三、丹江口大坝加高库区移民安置工程是南水北调中线一期工程的单项工程之一。在概算核定工作职责分工作上述调整后，为便于统筹把握其余单项工程的概算核定标准，其概算核定工作由你办负责。我委将积极配合你办协调处理该工程建设过程中的一些重大问题。

特此函告。

国家发展和改革委员会办公厅

二〇〇八年十二月五日

国家发展改革委关于南水北调中线一期工程总干渠穿漳河交叉建筑物可行性研究报告的批复

（发改农经［2008］1067号）

水利部、南水北调办，河北、河南省发展改革委：

水利部报来的《南水北调中线一期工程总干渠穿漳河交叉建筑物可行性研究报告》（水规计［2007］235号）收悉。经研究，现批复如下：

一、原则同意南水北调中线一期工程总干渠穿漳河交叉建筑物可行性研究报告。该工程位于河南省安阳市与河北省邯郸市之间，根据《南水北调工程总体规划》，是南水北调中线工程向河北、北京供水的控制性工程之一，承担从漳河南岸输水到漳河北岸的任务。

二、本工程由穿漳河交叉建筑物及其下游到京广铁路桥之间的漳河右岸防护工程组成，穿漳河交叉建筑物起点为河南安阳县施家河村东，设计水位92.19m，终点为河北邯郸市讲武城，设计水位91.87m，工程轴线全长1081.81m（相应调减安阳段渠道长度60m），设计流量235m³/s，加大流量265m³/s。建筑物采用渠道倒虹吸型式，由进、出口连接段和闸室段、管身段、退水闸组成，其中倒虹吸管身段采用三孔一联箱型（3孔×6.9m×6.9m）钢筋混凝土型式，轴线长度为619.18m。

该工程为一等工程，穿漳河交叉建筑物和两岸连接渠道为1级建筑物，下游河道防护工程及次要建筑物为3级建筑物。工程区地震设计烈度为Ⅶ度。

该工程主体建筑物永久占地201亩，临时占地1227亩；下游河道防护工程永久占地60亩，临时占地24亩；需生产安置人口5人。工程建设期30个月。

三、按2004年三季度价格水平，核定该工程静态投资31 963万元。工程投资在南水北调中线一期工程总投资中统筹安排。

该工程建设期的管理，由南水北调中线干线工程建设管理局负责。工程运行期的管理，与中线一期工程的管理体制统筹研究确定。

四、项目法人要按批准的建设规模和标准组织编制与本批复对应的初步设计。在初步设计阶段，要进一步优化工程技术方案，研究论证冰期输水的排冰问题，根据《防洪影响评价报告》确定合理的防护范围，进一步测算、核定工程规模和投资规模以及征占地数量，尽量减少占地。初步设计在概算经我委核定后，由南水北调办审批。项目法人要严格按照招标投标法及其相关规定，委托招标代理机构公开招标选择勘察设计、施工、监理和设备材料供应等单位，严格执行建设监理制和合同管理制，工程建成后要及时组织验收。

国家发展和改革委员会
二〇〇八年四月二十八日

国家发展改革委办公厅关于对陕西省丹江口库区三个城镇污水处理项目工程概算核定意见的批复

（发改办投资［2008］1638号）

陕西省发展改革委：

报来陕发改规划［2007］1200、1674、1675号文均悉。经研究，同意按照国务院批准的《丹江口库区及上游水污染防治和水土保持规划》，建设上报的3个污水处理项目。

现对3个污水处理项目建设规模及概算核定如下：

一、陕西省白河县污水处理工程。该项目服务范围为白河县城城关镇和中厂镇。同意在316国道右侧沙帽山系吴家坡北侧建设污水处理厂。污水处理厂采用CAST处理工艺，实行二级处理，出水水质达到《城镇污水处理厂污染物排放标准》（GB 18918—2002）一级B标准。排水管网采用分流制排水体制设计。现核定建设规模为：新建14 000t/d污水处理厂1座，配套建设一、二级干管31.97km。核定工程概算为6739万元，其中：工程费用5349万元，其他费用1073万元，基本预备费289万元，铺底流动资金28万元（详见附表1）。

二、陕西省汉中市江南污水处理工程。该项目服务范围为汉中市江南大河坎规划区。同意在汉江桥闸以东汉江和冷水河汇流处建设污水处理厂。污水处理厂采用前置厌氧卡鲁赛尔氧化沟处理工艺，实行二级处理，出水水质达到《城镇污水处理厂污染物排放标准》（GB 18918—2002）一级B标准。排水管网采用分流制排水体制设计。现核定建设规模为：新建22 500t/d污水处理厂1座，配套建设一、二级干管24.65km。核定工程概算为8635万元，其中：工程费用6479万元，其他费用1768万元，基本预备费349万元，铺底流动资金39万元（详见附表2）。

三、陕西省安康市江北污水处理工程。该项目服务范围为安康市江北区。同意在汉江北岸吴台沟口建设污水处理厂。污水处理厂采用CAST处理工艺，实行二级处理，出水水质达到《城镇污水处理厂污染物排放标准》（GB 18918—2002）一级B标准。排水管网采用混合式排水体制设计。现核定建设规模为：新建20 000t/d污水处理厂1座，配套建设一、二级干管40.85km。核定工程概算为17 840万元，其中：工程费用15 623万元，其他费用1364万元，基本预备费835万元，铺底流动资金18万元（详见附表3）。

请你们按照核定建设规模和概算投资，严格控制工程造价，认真做好施工图设计，确保工程建设需要。建设中要严格落实建设项目“四制”，加强工程质量和建设进度管理。要督促地方落实配套资金和建设条件，加强对中央补助投资使用的监督管理，确保中央补助投资用于工程建设。要加快建立和完善污水处理收费机制，提高征收标准，确保项目建成后正常运行。污水收集三级管网要同步建成，以保证污水收集和处理。

附表：

1. 陕西省白河县污水处理工程核定概算表（略）

2. 陕西省汉中市江南污水处理工程核定概算表（略）

3. 陕西省安康市江北污水处理工程核定概算表（略）

国家发展和改革委员会办公厅

二〇〇八年七月二十二日

国家发展改革委关于下达2008年南水北调东线一期截污导流工程中央预算内投资计划的通知

（发改投资［2008］1769号）

江苏、山东省发展改革委：

经研究，决定从2008年中央预算内水利建设投资中安排1.5亿元，其中江苏省0.5亿元，山东省1亿元，用于已完成前期工作全部程序的南水北调东线一期工程截污工程建设。请统筹安排中央预算内投资、南水北调工程建设基金、银行贷款等各项资金，抓紧安排各项建设任务，并将计划执行情况报国家发展改革委、国务院南水北调办备核。

国家发展和改革委员会

二〇〇八年七月八日

国家发展改革委关于陕西省南水北调中线（丹江口库区及上游）商洛市污水处理工程初步设计核定概算的批复

（发改投资［2008］1785号）

陕西省发展改革委：

你委《关于上报丹江口库区及上游水污染防治和水土保持商洛市污水处理工程投资概算审核的请示》（陕发改规划［2007］345号）和《关于我省商洛市污水处理项目有关情况的报告》（陕发改规划［2007］863号）均悉。经研究，现对该项目建设规模及概算核定如下：

一、按照国务院批准的《丹江口库区及上游水污染防治和水土保持规划》，同意建设商洛市污水处理工程。

二、该项目服务范围为商洛市城区。污水处理厂建设地址为商洛市丹江支流马尾河以东，枣园村以北。根据商洛市城区污水排放现状，同意按照“远近结合、分期建设”的原则，污水收集管网采用截流式合流制与分流制相结合的混合排水体系设计，污水处理厂实行整体布局、一次设计，处理生产线分期实施。污水处理厂采用CAST处理工艺，实行二级处理，出水水质达到《城镇污水处理厂污染物排放标准》（GB 18918—2002）一级B标准。现核定建设规模为：新建近期（2010年）日处理规模3万t污水处理厂1座，远期（2020年）达到6万t/日，配套建设污水收集干管31.96km，其中一级干管18.75km，二级干管13.21km。核定工程概算9578万元，其中：工程费用8177万元，其他费用936万元，基本预备费440万元，铺底流动资金25万元（详见附表）。

三、请你们按照核定概算投资，严格控制工程造价。对国家已安排下达的补助投资，将在今后下达投资计划中扣除。要认真落实建设项目“四制”，加强工程质量和建设进度管理，加快建立和完善污水处理收费机制，提高征收标准，确保项目建成后正常运行。

附表：陕西省商洛市污水处理工程核定概算表（略）

国家发展和改革委员会
二〇〇八年七月十一日

国家发展改革委关于下达2008年第三批南水北调工程中央预算内投资计划的通知

（发改投资［2008］2631号）

南水北调办公室：

经研究，决定从2008年中央预算内水利建设投资中安排5.56亿元，专项用于丹江口库区移民安置试点、胶东干线济南至引黄济青段、中线一期陶岔渠首至沙河南段等3项工程建设和北京2008年应急调水临时通水措施费（具体方案见附件）。请统筹安排中央预算内投资、南水北调工程建设基金、银行贷款等各项资金，抓紧落实各项建设任务，并将计划执行情况报我委备核。

附件：2008年第三批南水北调工程中央预算内投资计划下达表（略）

国家发展和改革委员会
二〇〇八年十月九日

国家发展改革委关于下达2008年第四批南水北调工程投资计划的通知

（发改投资［2008］2958号）

国务院南水北调办公室：

经研究，决定安排中央专项建设基金23 709万元，专项用于南水北调东线一期骆马湖至南四湖段江苏境内工程、韩庄运河段工程和南水北调中线一期京石段应急供水等3项工程建设（具体方案见附件）。请统筹安排中央预算内投资、中央专项建设基金、银行贷款等各项资金，抓紧落实各项建设任务，并将计划执行情况报我委备核。

附件：2008年第四批南水北调工程投资计划下达表（略）

国家发展和改革委员会
二〇〇八年十一月七日

国家发展改革委关于下达南水北调工程2008年新增中央预算内投资计划的通知

（发改投资［2008］3134号）

国务院南水北调办公室：

经研究，决定安排中央预算内投资14.74亿元专项用于南水北调中、东线一期主体工程建设（具体方案见附件）。请统筹安排各项资金，抓紧落实各项建设任务，加快工程建设，并将计划执行情况报我委备案。

要落实好各类建设资金，全力加快新增投资项目的实施进度，将新增投资及时用于土建安装和设备、材料购置，到2009年3月完成实物工作量。项目实施要严格遵循有关建设程序，符合土地、环评、节能等管理要求，落实好项目法人责任制、招标投标制、工程监理制和合同管理制。在努力加快建设进度、加大投资强度的同时，确保工程质量安全。

附件：2008年南水北调工程新增中央预算内投资计划下达表（略）

国家发展和改革委员会

二〇〇八年十一月十九日

国家发展改革委关于下达南水北调东线截污导流工程2008年新增中央预算内投资计划的通知

（发改投资［2008］3151号）

江苏、山东省发展改革委：

经研究，决定安排中央预算内投资5.26亿元，专项用于东线一期截污导流工程建设（具体方案见附件）。本次计划下达后，东线截污导流工程投资全部下达完毕。请统筹安排各项资金，抓紧落实各项建设任务，加快工程建设，并将计划执行情况报我委备案。

要落实好各类建设资金，全力加快新增投资项目的实施进度，将新增投资及时用于土建安装和设备、材料购置，尽快形成实物工作量。项目实施要严格遵循有关建设程序，符合土地、环评、节能等管理要求，落实好项目法人责任制、招标投标制、工程监理制和合同管理制。在努力加快建设进度、加大投资强度的同时，确保工程质量安全。

附件：2008年南水北调东线截污导流工程新增中央预算内投资计划下达表（略）

国家发展和改革委员会

二〇〇八年十一月二十四日

水　利　部

关于南水北调中线一期工程总干渠黄河北—姜河北初步设计报告的批复

（水总［2008］501号）

南水北调中线干线工程建设管理局：

你局《关于请求审批〈南水北调中线一期工程总干渠黄河北至美河北初步设计报告〉的请示》（中线局计函［2006］11号）收悉。我部水利水电规划设计总院对随文上报的初步设计报告进行了审查，并提出了审查意见（见附件1）。经研究，我部基本同意该审查意见。现批复如下：

一、总干渠黄河北—美河北段工程起点

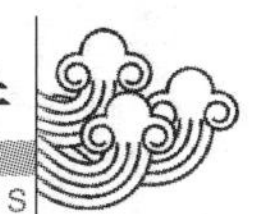

为黄河北岸穿黄工程出口S点，终点为汤阴县驸马营村羑河交叉建筑物出口。线路全长195.252km（不含潞王坟膨胀岩土试验段1.500km）。本渠段是南水北调中线一期工程的组成部分，担负着向黄河以北地区的输供水任务。

二、基本同意根据南水北调中线一期工程要求确定的本渠段设计流量和加大流量为：黄河北—焦作苏蔺段分别为265m³/s和320m³/s；焦作苏蔺—新乡老道井段分别为260m³/s和310m³/s；新乡老道井—淇县三里屯段分别为250m³/s和300m³/s；淇县三里屯—羑河北段分别为245m³/s和280m³/s。

同意本渠段起点总干渠设计水位为108.000m，终点设计水位为94.045m。

三、南水北调中线一期工程为一等工程，同意黄河北—羑河北段总干渠渠道、各类交叉建筑物和控制工程等主要建筑物为1级建筑物，附属建筑物、河道护岸工程及河穿渠工程上下游连接段等次要建筑物为3级建筑物，临时工程为4~5级建筑物。

同意总干渠河渠交叉断面以上集水面积大于、等于20km²的河渠交叉建筑物设计洪水标准为100年一遇，校核洪水标准为300年一遇；集流面积小于20km²的左岸排水建筑物设计洪水标准为50年一遇，校核洪水标准为200年一遇；总干渠各渠段的防洪标准和与其相连接的各类河渠交叉、左岸排水建筑物的洪水标准相同。

同意本工程段主要建筑物以所在场地地震基本烈度作为抗震设计烈度。

四、基本同意本工程段的选定线路和工程总体布置。本渠段工程由全挖、全填、半挖半填土质渠道、岩质及土岩结合渠道和河渠交叉工程、左岸排水工程、渠渠交叉工程、公路和铁路交叉工程、控制工程等建筑物组成，所有交叉工程均采用立交布置型式。

本工程段渠道总长179.612km、建筑物总长15.640km；各类交叉建筑物279座，其中河渠交叉建筑物34座、左岸排水建筑物57座、渠渠交叉建筑物14座、分水口门13座、节制闸9座、退水闸8座、公路交叉建筑物127座、铁路交叉建筑物17座。

五、基本同意本工程段施工总进度安排，总工期为36个月。

六、根据《国家发展改革委关于核定南水北调中线一期工程总干渠黄河北—羑河北段工程初步设计概算的通知》（发改投资［2008］2859号，见附件2），按2007年第四季度价格水平，核定南水北调中线一期工程总干渠黄河北—羑河北段工程静态总投资为1 621 861万元，总投资为1 711 213万元。

七、请你局按照基本建设程序要求，抓紧做好开工前的准备工作；根据审查意见进一步优化和完善设计方案；认真做好征地搬迁工作和相关协调工作。严格按照项目法人责任制、招标投标制、建设监理制、合同管理制及批复的设计文件要求，组织好项目实施，控制建设规模和标准，确保工程质量，按期完成工程建设任务。

附件：

1. 南水北调中线一期工程总干渠黄河北—羑河北初步设计报告审查意见（略）

2. 《国家发展改革委关于核定南水北调中线一期工程总干渠黄河北—羑河北初步设计概算的通知》（发改投资［2008］2859号）（略）

水利部

二〇〇八年十一月十八日

国务院南水北调工程建设委员会办公室

关于南水北调中线京石段应急供水工程管理专题初步设计报告的批复

（国调办投计［2008］9号）

南水北调中线干线工程建设管理局：

你局《关于上报南水北调中线京石段应急供水工程及穿黄工程工程管理专题初步设计报告的请示》（中线局技［2007］31号）收悉。我办南水北调工程设计管理中心委托水利部水利水电规划设计总院对随文上报的《南水北调京石段应急供水工程（北京段）工程管理专题初步设计报告》和《南水北调京石段应急供水工程（石家庄至北拒马河段）工程管理专题初步设计报告》进行了审查，并提出了审查意见（见附件1）。经研究，我办基本同意该审查意见。现批复如下：

一、南水北调中线京石段应急供水工程是南水北调中线工程的重要组成部分，加快京石段应急供水工程建设，对实现在南水北调中线工程全线通水前向北京应急供水，保证北京供水安全和迎接奥运是十分必要的。南水北调中线京石段应急供水工程（北京段及石家庄至北拒马河段）工程管理专题是规范工程建设管理，确保工程质量、安全、进度、投资效益及良性运行的重要保障。

二、基本同意京石段应急供水工程（北京段及石家庄至北拒马河段）的管理机构按照南水北调中线一期工程管理体制、机构设置总体框架要求，确定管理机构、岗位设置和人员编制。待《南水北调中线一期工程可行性研究总报告》批复后，按照管理机构精简高效，管理人员管、养、修分离的原则，对各级管理机构和人员编制进一步优化。

三、基本同意京石段应急供水工程（北京段及石家庄至北拒马河段）管理单位选址、管理设施配置、工程管理范围和保护范围的划定等。

四、请你局根据南水北调中线一期工程总干渠供水调度研究等相关专题的研究成果，组织提出本工程段总干渠及建筑物供水调度与控制运用的原则，制定渠道和建筑物调度运行管理办法，为京石段应急供水工程2008年建成后安全、有效地运行管理奠定基础。

五、请你局在下阶段的设计及实施过程中，充分考虑京石段应急供水工程（北京段及石家庄至北拒马河段）工程管理与我办已报送国家发展改革委核备的《南水北调中线一期工程干线工程管理方案》有关原则及内容协调一致。

六、根据《国家发展改革委关于核定南水北调中线京石段应急供水工程管理专题初步设计概算的通知》（发改投资［2008］138号，见附件2），核定该工程初步设计概算总投资13 478万元，其中北京段总投资为4749万元（建筑工程投资1957万元，机电设备及安装工程投资636万元，独立费用179万元，工程部分基本预备费120万元，拆迁占地补偿投资1781万元，建设期贷款利息76万元），石家庄至北拒马河段总投资为8729万元（建筑工程投资4915万元，机电设备及安装工程投资1573万元，独立费用417万元，工程部分基本预备费301万元，拆迁占地补偿投资1384万元，建设期贷款利息139万元）。

七、请你局按照基本建设程序及批复要求，抓紧开展南水北调中线京石段应急供水工程（北京段及石家庄至北拒马河段）工程管理专题的各项工作；根据审核意见和国家发展改革委要求进一步完善和优化设计，尽快组织项目实施，严格控制工程建设投资，确保京石段应急供水工程建设期和运行期的安全及良性运行。

特此批复。

附件：

1. 关于提交南水北调中线京石段应急供水工程（北京段）工程管理专题初步设计报告和南水北调中线京石段应急供水工程（石家庄至北拒马河段）工程管理专题初步设计报告审查意见的函（水总设［2007］472号）（略）

2. 国家发展改革委关于核定南水北调中线京石段应急供水工程管理专题初步设计概算的通知（发改投资［2008］138号）（略）

国务院南水北调工程建设委员会办公室

二〇〇八年一月二十五日

关于进一步做好南水北调工程永久、临时供（用）电工程建设及电力专项设施迁建协调工作的通知

（国调办投计［2008］28号）

有关省（直辖市）南水北调办公室（管理局）、电力公司，南水北调工程各项目法人：

南水北调工程是解决我国北方地区水资源严重短缺局面的重大战略性基础设施，通过跨流域水资源合理配置，保障经济、社会与人口、资源、环境的协调发展，构建和谐社会。党中央、国务院十分重视南水北调工程的建设，2002年国务院批准了《南水北调工程总体规划》，东线和中线一期工程已分别于2002年和2003年开工建设。当前，已形成全面建设的局面。

南水北调东、中线一期工程纵贯黄、淮、海平原地区，总干渠将多处穿越各种等级的现有输变电线路，需进行电力专项设施迁建；随着经济社会发展对电力的需求，新建输变电工程也将多处跨越南水北调工程总干渠。同时，南水北调工程建设涉及永久及临时供（用）电工程的报装等问题。因此，加强南水北调工程与有关电力项目的协调关系到工程建设的顺利进展和城乡供电安全。

为确保南水北调东、中线一期工程的顺利实施，加强永久、临时供（用）电工程建设及电力专项设施迁建的协调是十分迫切和必要的。现将有关事项通知如下：

一、建立协商机制

1. 为保证南水北调工程有关电力项目按照国家批复的建设方案顺利实施，请相关省市建立南水北调工程永久、临时供（用）电工程和电力专项设施迁建的工作协商机制。由相关省（市）南水北调工程办事机构牵头，相关省（市）电力公司及南水北调工程建设项目法人参加，组建协调工作组，负责协调解决供（用）电工程设计和施工中的有关问题，明确负责人及联系人，及时沟通情况。

二、加强统一规划

2. 南水北调工程项目法人会同相关省（市）电力公司组织编制供（用）电工程、电力设施迁建规划，落实项目、建设规模、投资估算、开工和投产时间。水库淹没区的电力专项设施迁建工作按国务院南水北调工程建设委员会颁布的《南水北调工程建设征地补偿和移民安置暂行办法》执行。相关省（市）电力公司应将供（用）电工程和电力设施迁建规划纳入电网规划，并根据南水北调工程变化情况适时进行滚动调整。

三、强化设计审查

3. 南水北调工程电力设施迁建项目的初步设计，应与电网规划相衔接，由南水北调工程项目法人委托有资质的咨询单位编制，并会同相关省（市）电力公司组织初审。设计方案应满足现行电网设计和运行标准，概算编制执行现行电力行业标准，力求经济合理。因扩大规模、提高标准（等级）或改变功能需要增加的投资，由有关单位自行解决。

4. 供（用）电工程项目，由南水北调工程项目法人负责到建设地点所在省（市）电

力公司（供电公司）办理用电报装并由其出具供电方案，双方签订协议予以确认。南水北调工程项目法人据此委托有资质单位开展供（用）电工程初步设计，并会同相关电力公司（供电公司）组织审查。

四、认真履行审批程序

5. 供（用）电工程和电力设施迁建项目初步设计初审后，由南水北调工程项目法人纳入南水北调工程相应设计单元工程初步设计报国家审批。

6. 供（用）电工程和电力设施迁建项目按照国家批准的建设规模和投资实行总量控制，不得突破。因南水北调工程设计变更导致电力设施二次迁建等增加的投资由南水北调工程项目法人解决。

7. 南水北调工程项目法人报送的高压单电源永久、临时供（用）电报装申请，自受理之日起，相关电力公司应在20个工作日内完成审批；高压双电源用电报装在30个工作日之内完成审批。

8. 南水北调工程项目法人报送需审查的设计文件，自受理之日起，相关省（市）电力公司应在20个工作日内提出正式审查意见。

9. 相关省（市）电力公司提出的跨渠电力设施建设报告，自受理之日起，南水北调办应在30个工作日内完成审批。

五、落实年度建设方案，加快建设进度

10. 每年11月份，由南水北调工程项目法人组织编制次年供（用）电工程、电力设施迁建项目年度建设方案，明确项目、建设内容、批准概算投资、资金来源、建设进度等，报相关省（市）电力公司。年度建设方案应满足南水北调工程建设需要。相关省（市）电力公司据此分解任务，确保年度建设方案全面完成。

11. 电力设施迁建项目，由相关省（市）电力公司（供电公司）组织实施，并根据年度建设方案，结合电网运行方式，做好迁建项目停电计划安排工作。

12. 永久供（用）电工程按批复的设计单元工程初步设计确定的建设规模、标准和内容实施，投资按批复的概算控制，进度应满足南水北调工程建设需要。永久供（用）电工程由南水北调项目法人委托相关省（市）电力公司（供电公司）建设，双方签订委托协议。

13. 施工临时供（用）电工程由南水北调工程项目法人组织建设，并通过招投标选择施工单位。相关省（市）电力公司（供电公司）配合做好相关工作，不得指定施工单位。永久供电工程投产后，临时供电工程应同时拆除。

六、做好安全生产和优质服务

14. 相关省（市）电力公司（供电公司）在用电服务上应优先保证国家重点工程的需要，具体在双方签订的供用电合同中予以明确。南水北调工程用电电价按照国家电力主管部门的有关规定执行。

15. 为保证南水北调工程建设进度、施工安全，除因故中止供电外，相关省（市）电力公司（供电公司）停电时应提前公告，一般应提前3天通知相关单位做好准备工作，特殊情况下至少提前1天通知南水北调工程相关部门。

请有关省（市）南水北调办公室（管理局）、电力公司（供电公司）、南水北调工程各项目法人认真执行本通知的有关要求，加强协调，密切配合，确保南水北调工程建设的顺利实施。

国务院南水北调工程建设委员会办公室

国家电网公司

二〇〇年二月二十日

关于南水北调中线干线工程自动化调度与运行管理决策支持系统（京石应急段）初步设计报告的批复

（国调办投计［2008］34号）

南水北调中线干线工程建设管理局：

你局《关于上报南水北调中线干线工程

自动化调度与运行管理决策支持系统初步设计报告的请示》（中线局技［2007］29号）收悉。我办南水北调工程设计管理中心委托水利部水利水电规划设计总院对随文上报的《南水北调中线干线工程自动化调度与运行管理决策支持系统（京石应急段）初步设计报告》进行了审查，并提出了审查意见（见附件1）。经研究，我办基本同意该审查意见。现批复如下：

一、目前，南水北调中线一期京石段应急供水工程建设已进入攻坚阶段。为保障京石段应急供水工程的输水控制、运营管理和安全运行，保证2008年北京奥运会应急供水安全，并为全线通水后水量调度控制模式、运行维护、工程管理以及设计优化等提供经验，抓紧开展南水北调中线干线工程自动化调度与运行管理决策支持系统（京石应急段）建设是十分迫切和必要的。

二、基本同意系统建设原则、目标和建设任务。系统建设在满足南水北调中线干线全线自动化调度总体要求下，还应满足京石段应急供水期间输水控制和安全运行要求。建设任务为开发建设覆盖京石段应急供水工程地域范围内的业务应用系统、应用支撑平台和基础设施。按照技术可行、经济合理、避免重复建设的原则，系统硬件与主体工程应同步实施，软件统筹开发。在系统建设中应注意本系统建设与管理设施优化设计的衔接。

三、原则同意系统功能需求分析和系统总体设计。下阶段根据京石段应急供水工程的特点，进一步明确相关系统建设方案和接口关系，研究各应用系统分期实施的可能性。

四、基本同意系统水调业务处理、水质监测、闸站监控和安全监测等系统设计。下阶段根据应急供水期间水调业务要求，进一步完善水调业务处理系统的设计；根据闸站监控系统功能需求、设计方案及现场情况进一步确定闸站监控设备组屏方案；根据各现地站具体情况优化设备选型、监视点设置等。按照国家发展改革委的要求，缓建计划合同信息管理和财产资产信息管理等系统。

五、基本同意应用支撑平台的设计原则和项目组成，原则同意通过数据交换子系统等10个子系统构成应用支撑平台的技术方案。下阶段应根据全线系统的网络安全要求做进一步调整和完善，进一步优化软件集成方案。

六、基本同意数据存储与管理系统、计算机网络系统通信系统、系统运行实体环境和网络与信息安全的总体设计方案，下阶段需对该总体设计方案进一步复核和优化，为整个系统提供基本运行条件和技术基础。

七、根据《国家发展改革委关于核定南水北调中线干线工程自动化调度与运行管理决策支持系统（京石应急段）初步设计概算的通知》（发改投资［2008］583号，见附件2），扣除已批复的京石段单项工程中包括的部分地闸站自动化监控系统静态总投资13 280万元、建设期贷款利息563万元，核定该工程初步设计概算静态总投资52 682万元，总投资57 057万元。

请你局根据审查意见和国家发展改革委要求，进一步完善和优化设计方案，做好与南水北调中线全线自动化调度系统的衔接，抓紧开展南水北调中线干线工程自动化调度与运行管理决策支持系统（京石应急段）建设各项工作，严格控制工程建设投资，合理安排施工计划，尽快组织项目实施，在保证工程建设质量和安全的基础上，确保京石段应急供水工程安全调度和运行。

特此批复。

附件：

1. 关于提交南水北调中线干线工程自动化调度与运行管理决策支持系统（京石应急段）初步设计报告审查意见的函（水总设［2007］485号）（略）

2. 国家发展改革委关于核定南水北调中线干线工程自动化调度与运行管理决策支持系统（京石应急段）初步设计概算的通知（发改投资［2008］583号）（略）

国务院南水北调工程建设委员会办公室
二○○八年三月十日

关于进一步做好南水北调工程建设与铁路工程建设协调工作的通知

（国调办投计［2008］57号）

各有关单位：

南水北调工程是解决我国北方地区水资源严重短缺局面的重大战略基础设施，通过跨流域水资源合理配置，保障经济、社会与人口、资源、环境的协调发展。党中央、国务院十分重视南水北调工程的建设，2002年国务院批准了《南水北调工程总体规划》，东线和中线一期工程已分别于2002年和2003年开工建设。当前，已形成全面建设的局面。

南水北调工程输水总干渠多处穿越现有铁路工程，仅中线一期工程总干渠（含天津干线）就先后穿越西宁铁路、焦枝铁路、京广铁路、陇海铁路、新月铁路、京九铁路、津霸铁路、津浦铁路等多条铁路线，共交叉58处。同时，随着铁路交通事业的发展，新建铁路工程也将多处穿越南水北调工程总干渠。因此，做好南水北调工程和铁路工程相互交叉穿（越）工程的设计及建议方案的协调是十分必要的。

为确保南水北调东、中线一期工程的顺利实施，保障沿线铁路交通顺利发展，现将有关事项通知如下：

一、加强沟通与协调

为保证南水北调工程建设和铁路交通建设的协调发展，及时沟通建设情况，按照国家批复的工程建设方案组织好工程建设，请相关省（市）南水北调工程办事机构、铁路主管部门及南水北调工程建设项目法人建立工作协调机制。由相关省（市）南水北调工程办事机构牵头，相关省（市）铁路主管部门及南水北调工程建设项目法人参加，组建协调工作组，明确工作方式及工作程序等，采取有效措施及时协调解决工程建设的有关问题。

二、合理控制工程建设投资

为落实国务院南水北调工程建设委员会第二次全体会议关于“严格控制工程成本”的决定，南水北调东、中线一期工程铁路交叉工程建设应遵循以下原则：

1. 对已建和在建且符合国家基本建设程序、建设手续完备的铁路工程项目，需要跨越渠道的，按批准的工程建设规模和标准建设交叉建筑物，其投资纳入南水北调东、中线一期工程。南水北调工程穿越既有铁路线路或设施应满足铁路技术、安全要求并按照规划预留工程条件。

2. 在国务院南水北调办、国家发展改革委、水利部联合发布《关于严格控制南水北调中、东线第一期工程输水干线征地范围内基本建设和人口增长的通知》（国调办环移［2003］7号）之前已列入建设规划并批复可行性研究报告，目前尚未开工建设的铁路工程项目，按可行性研究报告批复的规模和标准建设交叉建筑物，其投资计入南水北调东、中线一期工程。

3. 除上述情况外，铁路有关部门要求扩大规模、标准以及新建跨渠铁路交叉建筑物，在确保南水北调工程输水能力和建筑工期前提下，其增加的投资由铁路部门负责。

4. 由于铁路交叉方案变化导致铁路不需要复建，需进行补偿的，应依照国家有关补偿原则、标准确立补偿费用，铁路部门应就补偿要求请第三方进行资产评估，由南水北调工程项目相应设计部门审核并提出意见，汇总、纳入相关设计文件，经协调工作组确认，报南水北调工程建设主管部门审批后按资产评估补偿数额进行补偿。

三、审批程序的时限要求

南水北调工程总干渠穿越铁路交叉工程设计方案由南水北调工程项目法人提出，经协调工作组确认，报送铁路主管部门审批。铁路主管部门原则上20个工作日内完成审批工作。

对于铁路部门确需新建的跨南水北调总干渠铁路桥梁跨渠方案，由铁路建设项目法人提出，送南水北调工程项目法人审核，经协调工作组确认，报南水北调工程建设主管部门审批。南水北调工程建设主管部门原则上20个工作日内完成审批工作。

四、做好铁路保通工作

在南水北调工程建设过程中需要临时断路施工时，南水北调工程项目法人应与铁路主管部门充分协商，按照国家有关规定做好铁路临时通行的交通组织和建设方案，确保铁路交通畅通，施工完成后尽快恢复交通，其投资计入南水北调东、中线一期工程。

请相关省（市）南水北调办事机构、铁路主管部门、南水北调工程建设各项目法人认真执行本通知的有关要求，加强协调，密切配合，确保南水北调工程及铁路工程的协调发展。

国务院南水北调工程建设委员会办公室
铁道部
二〇〇八年四月二十九日

关于下达南水北调工程2008年第一批投资计划的通知

（国调办投计［2008］76号）

南水北调东线江苏水源有限责任公司、南水北调东线山东干线有限责任公司、南水北调中线水源有限责任公司、南水北调中线干线工程建设管理局、南水北调工程设计管理中心：

根据《国家发展改革委关于下达2008年中央预算内投资和国债投资计划的通知》（发改投资［2008］65号），结合南水北调东、中线一期工程前期工作进展和建设实际，现下达南水北调工程2008年第一批投资计划184 800万元，其中：中央预算内投资98 500万元，中央专项建设基金（南水北调工程基金）27 000万元，银行贷款规模59 300万元。本批投资计划主要用于东线一期南四湖水资源控制和水质监测工程、骆马湖水资源控制工程、穿黄河工程，中线一期京石段应急供水工程、穿黄工程、丹江口水利枢纽大坝加高工程建设，以及丹江口大坝加高库区移民安置工程初步设计编制、潮河段输水线路设计方案比选及东、中线一期工程初步设计、重大设计变更审查及技术复核工作（具体安排情况详见附件），有关要求如下：

一、请中线建管局按照批复的京石段各设计单元工程初步设计和下达的投资计划，加快京石段应急供水工程建设，保证2008年应急调水需要。

二、本批计划安排潮河段输水线路隧洞方案初步设计工作投资计划2000万元。请中线建管局按照我办《关于开展南水北调中线一期沙河南至黄河南段工程潮河段输水线路设计方案比选工作的函》（国调办投计函［2008］12号）要求，抓紧组织开展比选工作，并将方案比选情况及时报告我办；同时，严格审核和控制比选方案初步设计阶段的设计费用，上述投资计划在沙河南至黄河南段工程投资中统筹核算。

三、请相关项目法人按照我办《关于报送南水北调东、中线一期工程预备费使用情况的通知》（综投计函［2007］263号）要求，抓紧对各设计单元工程预备费使用情况进行总结，提出预备费使用建设方案，并尽快将预备费使用情况总结报告和预备费使用建设方案报我办。

四、请南水北调工程设计管理中心对我办下达的南水北调东、中线一期工程初步设计审查工作投资计划使用情况进行认真总结，按照总体可研计列的初步设计审查工作投资严格控制，并提出南水北调工程初步设计审查工作总结报告报我办。

五、请各项目法人按照国家基本建设有关规定，认真组织实施，加强项目管理，严格控制投资，确保如期实现建设目标和发挥效益，并请及时报送投资计划执行情况、基建统计和财务报表。

附件：南水北调工程2008年第一批投资计划下达表（略）

国务院南水北调工程建设委员会办公室

二〇〇八年五月十四日

关于南水北调中线一期工程总干渠膨胀土试验段工程（南阳段）初步设计报告（技术部分）的批复

（国调办投计［2008］81号）

南水北调中线干线工程建设管理局：

你局《关于上报南水北调中线一期工程总干渠膨胀土试验段工程（南阳段）初步设计报告的请示》（中线局技［2007］87号）收悉。我办设计管理中心委托水利部水利水电规划设计总院对随文报送的《南水北调中线一期工程总干渠膨胀土试验段工程（南阳段）初步设计报告》进行了审查，并对初步设计报告的技术部分提出了审查意见（见附件）。经研究，我办原则同意该审查意见。现提出以下意见：

一、南水北调中线总干渠穿越膨胀土（岩）渠段累计近400km，膨胀（岩）土是一种具有特殊性质的（岩）土，其处理技术难度、处理工程量和投资都比较大，是南水北调中线工程面临的关键技术问题之一。为了验证可行性研究阶段提出的处理方案，进一步研究膨胀土的处理措施，尽可能控制工程投资，减少占地及环境影响，在中线总干渠典型膨胀土渠段河南南阳段选择适当渠段，建设试验段工程，提前开展现场试验，提出既经济可靠又便于实施的膨胀土处理措施，为其他膨胀土渠段设计和建设提供依据是必要的。

二、基本同意选择河南南阳靳岗段作为膨胀土现场试验渠段。原则同意现场试验方案的研究目的与任务、研究内容、试验区布置及各分区试验边坡处理措施方案等。

三、原则同意试验段工程设计方案及试验段中、弱膨胀土采取的工程处理方案。

鉴于本次试验的主要目的是寻找替代换土方案的其他工程措施，最大限度减少非膨胀土用量和节约占地，请你局组织设计、试验单位对各处理方案进一步优化，通过试验尽快提出非换填土措施的代表方案，以指导初步设计工作；试验段膨胀土永久处理方案应采用试验推荐的方案；同时，请你局在确保工程安全的前提下，按照《南水北调中线一期工程总干渠初步设计明渠土建工程设计技术规定（试行）》，在下阶段研究适当降低半挖半填渠段渠堤超高。

四、请你局组织相关实施单位按照审查意见进一步优化试验区布置、边坡处理措施方案等，并在实施过程中协调好试验单位、设计单位、施工单位及地方政府之间的关系，确保试验达到预期效果，如期提交试验成果。

五、请你局抓紧做好试验段工程各项准备工作，按照我办原则同意的工程初步设计技术方案开展优化设计、工程建设和试验工作。工程建设投资以国家发展改革委核定的初步设计概算为准。

附件：关于提交南水北调中线一期工程总干渠膨胀土试验段工程（南阳段）初步设

计报告审查意见（技术部分）的函（水总设［2008］322号）（略）

国务院南水北调工程建设委员会办公室
二〇〇八年五月二十七日

关于南水北调中线一期工程天津干线天津市1段、2段工程初步设计报告的批复

（国调办投计［2008］85号）

南水北调中线干线工程建设管理局：

你局《关于上报南水北调中线一期工程天津干线天津市1段、2段初步设计报告的请示》（中线局技［2007］61号）和《关于上报南水北调中线一期工程天津干线下穿京沪铁路框构方案设计的请示》（中线局技［2008］5号）收悉。我办组织水利部水利水电规划设计总院对随文上报的初步设计报告进行了审查，并提出了审查意见（见附件1、2）。经研究，我办基本同意该审查意见。现批复如下：

一、南水北调中线一期工程天津干线起点为南水北调中线总干渠西黑山分水口，终点为天津市外环河，线路全长约155km，主要任务是向天津市、河北省保定市及廊坊市部分城镇供水。天津干线天津市1、2段工程从天津武清区王庆坨镇西南位置开始，至天津干线工程终点，是天津干线工程最末端，担负南水北调中线一期工程贯通后向天津市供水的任务。随着天津市城市建设的快速发展，该段工程部分线路与正在建设的京沪高速铁路并行并距离很近，穿越快速发展的天津中北工业园区和重要铁路、公路，明挖埋涵施工组织难度大。为减少施工干扰，保证国家重点工程建设顺利实施，严格控制天津干线工程投资，尽快建设天津干线天津市1、2段工程是十分必要的。

二、天津市1、2段工程全长23.945km，其中天津市1段长19.661km，2段长4.284km。同意天津市1段工程起点至子牙河分水口门渠段设计流量为45m^3/s，加大流量为55m^3/s；子牙河分水口门至外环河渠段设计流量为18m^3/s，加大流量为28m^3/s；子牙河分流井向西河泵站分水口设计流量为27m^3/s。

三、同意天津市1、2段工程的有压箱涵、连接井、分流井、出口闸等输水与控制建筑物和各类交叉建筑物等主要建筑物为1级建筑物，附属建筑物、防护及河穿箱涵工程的上下游连接工程等次要建筑物为3级建筑物，临时建筑物为4~5级建筑物。

基本同意天津市1段工程起点至清北排干左堤河渠交叉建筑物设计洪水标准为50年一遇，校核洪水标准为200年一遇，箱涵段的防洪标准和与其相连的各类河渠交叉建筑物的洪水标准相同；清北排干至2段工程终点主要建筑物的防洪标准与天津市城市防洪标准一致，为200年一遇。

四、基本同意天津市1、2段工程的线路布置，基本同意天津市1、2段工程由低压钢筋混凝土输水箱涵和沿线王庆坨连接井、子牙河北分流井、检修闸、外环河出口闸、通气孔及河渠交叉、公路和铁路交叉建筑物组成的工程总布置。

五、基本同意施工进度计划安排，天津市1段工程总工期为36个月，2段工程总工期为24个月。

六、根据《国家发展改革委关于核定南水北调中线一期工程天津干线天津市1、2段工程初步设计概算的通知》（发改投资［2008］1228号，见附件3），核定天津市1段工程初步设计概算静态总投资121 634万元，总投资128 335万元；核定天津市2段工程静态总投资18 422万元，总投资19 437万元。

七、请你局根据审查意见和国家发展改革委初步设计概算核定意见进一步完善和优化设计，在天津干线总体初步设计中落实有关工作要求。请天津市有关部门加强与正在

实施的南水北调天津市配套工程与天津干线工程设计方案的协调，避免对天津干线工程的布置、规模、运行等造成影响。同时，在项目组织实施过程中，按照我办《关于南水北调中线干线工程建筑环境规划报告有关意见的函》（综投计函［2008］179号）有关要求，将建筑环境规划成果落实到天津市1、2段工程建设方案中，务求各类建筑物朴实大方、经济、实用。

八、请你局按基本建设程序要求，抓紧组织开工前的准备工作；按照项目法人责任制、招标投标制、建设监理制、合同管理制及批复的设计文件要求，做好与有关方面的协调，抓紧组织工程建设，严格控制工程投资，确保工程质量，按期完成工程建设任务。

特此批复。

附件：

1. 关于提交南水北调中线一期工程天津干线天津市1、2段初步设计报告审查意见的函（水总设［2007］560号）（略）

2. 关于提交南水北调中线一期工程天津干线下穿京沪铁路框构方案设计审查意见的函（水总设［2008］71号）（略）

3. 国家发展改革委关于核定南水北调中线一期工程天津干线天津市1、2段工程初步设计概算的通知（发改投资［2008］1228号）（略）

国务院南水北调工程建设委员会办公室

二〇〇八年六月二日

关于下达南水北调工程2008年第二批投资计划的通知

（国调办投计［2008］86号）

南水北调中线干线工程建设管理局：

根据《国家发展改革委关于下达2008年中央预算内投资和国债投资计划的通知》（发改投资［2008］65号），结合南水北调东、中线一期工程前期工作进展和建设实际，现下达南水北调工程2008年第二批投资计划8亿元（详见附件），用于南水北调中线一期天津干线工程建设。有关要求如下：

一、天津市1、2段工程与京沪高速铁路、中北工业园区等建设项目发生交叉较多，施工干扰较大。请你局抓紧按照批复的工程初步设计，协调各方做好开工前的各项准备工作，促进工程及早开工建设，减少工程投资风险。

二、请按照国家基本建设有关规定，认真组织实施，加强项目管理，严格控制投资，确保如期实现建设目标和发挥效益，并请及时报送投资计划执行情况、基建统计和财务报表。

附件：南水北调工程2008年第二批投资计划下达表（略）

国务院南水北调工程建设委员会办公室

二〇〇八年六月四日

关于做好南水北调中线京石段应急供水工程临时通水工作的通知

（国调办投计［2008］128号）

河北省南水北调工程建设委员会办公室、北京市南水北调工程建设委员会办公室：

京石段应急供水工程是南水北调中线一期工程的重要组成部分，按照国务院批准的京石段应急供水工程调水实施方案，为进一步做好京石段应急供水工程临时通水期行政监督管理和组织工作，现将有关事宜通知如下：

一、认真组织协调落实国务院批准的调水实施方案，执行国务院南水北调办临时通水期间的有关决定，做好临时通水期调水水量调蓄、配置和利用，最大限度发挥调水效益。

二、协助国务院南水北调办做好临时通水期京石段工程干线输水的行政监督管理等工作，及时组织报送临时通水有关情况和信息。

三、加强临时通水期河北、北京境内社会治安和环境治理工作的协调，严防临时通水期产生破坏工程设施、设备及干扰临时通水事件的发生，负责组织营造安全和谐的输水环境，认真执行国务院南水北调办组织制订并经国家有关部门批复的安全保卫方案。

四、分别负责河北省应急调水水库至南水北调中线干线工程、北京境内南水北调中线干线工程至市内配套工程临时通水期的综合协调工作。

五、及时组织协调处理临时通水期河北境内、北京境内发生的应急事件等工作。

六、及时协调南水北调中线干线工程建设管理局与河北省南水北调工程建设管理局、北京市南水北调工程建设管理中心签订境内委托建设项目的临时通水工程运用管理委托合同。

七、认真组织做好国务院南水北调办交办的其他相关工作。

南水北调京石段应急供水工程临时通水是中线工程在建设期贯彻落实国务院批准的调水实施方案的重要任务，也是实现南水北调工程边建设、边发挥工程效益的重要实践，临时通水工作组织和工程运用，对南水北调工程建设和工程建设期的管理至关重要，是各级南水北调办事机构的重要工作，请你办认真组织、周密安排，扎扎实实做好临时通水各项工作，切实保证向北京临时通水工作顺利完成。

特此通知。

国务院南水北调工程建设委员会办公室

二〇〇八年八月十五日

关于南水北调中线一期工程总干渠穿漳河交叉建筑物初步设计报告（技术部分）的批复

（国调办投计［2008］129号）

南水北调中线干线工程建设管理局：

你局《关于上报南水北调中线一期工程总干渠穿漳河交叉建筑物初步设计报告的请示》（中线局技［2008］23号）收悉。我办设计管理中心委托水利部水利水电规划设计总院对随文报送的《南水北调中线一期工程总干渠穿漳河交叉建筑物初步设计报告》进行了审查，对初步设计报告提出了审查意见，并以《关于转送南水北调中线一期工程总干渠穿漳河交叉建筑物初步设计报告审查意见的函》（设管技函［2008］52号）将审查意见转送你局。经研究，我办原则同意其中有关技术部分的审查意见，批复意见如下：

一、穿漳河交叉建筑物工程起点位于河南安阳市施家河村东，终点位于河北邯郸市讲武城，全长1081.81m。该工程是南水北调中线一期工程的组成部分，担负向漳河以北地区的输水任务。本渠段设计流量为$235m^3/s$，加大流量为$265m^3/s$，起点断面设计水位为92.19m，终点设计水位为91.87m。

根据《国家发展改革委关于南水北调中线一期工程总干渠穿漳河交叉建筑物可行性研究报告的批复》（发改农经［2008］1067号）文件要求，相应调减已批黄河北至漳河南安阳段渠道长度60m，请你局做好安阳段工程和本工程的衔接工作，并在下阶段结合总干渠调度运用方式，复核倒虹吸进口事故检修闸、退水闸、排冰闸、出口节制闸正常运用和非常运用条件下的特征水位。

二、基本同意本工程总体布置方案，在下阶段进一步复核结构计算的计算工况、计算荷载、边界条件和计算成果，并分段对管身进行结构分析，优化结构配筋计算；优化进口检修闸室、出口节制闸室布置；研究设置移动式排冰设备的必要性和可行性；优化坡脚防护范围和型式；根据进一步地勘资料，优化振冲桩的处理范围、布置、桩长和桩距等。

三、基本同意工程管理范围和保护范围。本阶段暂按可行性研究总报告中的推荐方案配置管理机构和人员编制，待可行性研究总报告批复后，再根据批复意见调整优化管理机构设置、岗位配置和人员编制。在实施过程中，进一步做好管理单位的相关设计优化和工程建设。

四、基本同意工程永久征地和临时用地范围。

五、请你局按照我办原则同意的工程初步设计技术方案及有关要求，抓紧组织开展招标设计、征地移民等相关工作。工程建设投资以国家发展改革委核定的初步设计概算为准。

国务院南水北调工程建设委员会办公室

二〇〇八年八月二十五日

关于下达2008年南水北调工程第二批初步设计工作投资计划的通知

（国调办投计［2008］131号）

各有关单位：

根据《国家发展改革委关于下达2008年中央预算内投资和国债投资计划的通知》（发改投资［2008］65号）和各有关单位上报的2008年南水北调工程初步设计工作投资建议计划，结合南水北调东、中线一期工程前期工作进展和工程建设实际需要，经研究，现将2008年南水北调工程第二批初步设计工作投资计划下达你单位（具体安排情况见附件），有关要求如下：

一、请各有关单位按照《南水北调工程初步设计管理办法》（国调办投计［2006］60号）和《关于印发〈加强初步设计管理提高初步设计质量工作措施〉的通知》（国调办投计［2008］118号）的有关要求，明确责任，落实分级负责制度，进一步提高初步设计工作质量，保证工作进度，认真组织南水北调工程初步设计的编制和申报工作。

二、严格按照下达的投资计划组织初步设计工作，加强资金管理，专款专用，不得擅自调整。

三、本次安排用于南水北调东、中线一期主体工程初步设计工作的投资，在项目开工建设后计入相应工程建设完成投资。

四、本批计划安排潮河段输水线路隧洞方案设计工作投资3000万元。请中线建管局按照我办相关要求，抓紧组织开展比选工作，并将方案比选情况及时报告我办；同时，严格审核和控制比选方案初步设计阶段的设计费用，上述投资在中线沙河南至黄河南段工程投资中统筹核算。

五、请各有关单位按照工作要求，及时上报初步设计工作投资计划完成情况报告、工作成果及有关报表。

附件：2008年南水北调工程第二批初步设计工作投资计划下达表（略）

国务院南水北调工程建设委员会办公室

二〇〇八年九月二日

关于《南水北调京石段应急供水工程2008年临时通水运行实施方案》的批复

（国调办投计［2008］134号）

南水北调中线干线工程建设管理局：

你局《关于修改上报〈南水北调京石段

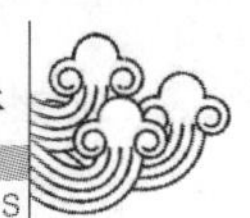

应急供水工程2008年临时通水运行实施方案〉的请示》（中线局工［2008］103号）收悉。我办委托水利部水利水电规划设计总院对随文上报的《南水北调京石段应急供水工程2008年临时通水运行实施方案》（以下简称《实施方案》）进行了审查，你局根据审查意见对《实施方案》进行了修改完善。经研究，我办原则同意修改后的《实施方案》，现批复如下：

一、为缓解北京市用水供需矛盾，保障北京市供水安全，在南水北调中线工程全线通水前，先期利用京石段应急供水工程从河北省岗南、黄壁庄和王快水库向北京市应急供水是十分必要的。国务院已经批准了应急调水实施方案，京石段应急供水主体工程已基本建设完成，各有关方面已签订了供水、输水协议，向北京应急供水各项准备工作基本就绪，已具备临时通水条件。

二、河北省三座水库向北京临时供水出库水量为3.0亿m^3，根据我办和水利部有关文件精神，河北省水库放水时间为2008年9月18日。

三、原则同意《实施方案》提出的“逐段递推充水”运行方案。鉴于京石段应急供水工程临时通水管理部门多、时间紧、任务重，请你局在保障工程安全的情况下，结合与水利部协商确定的供水时间、京石段应急供水工程实际输水情况及北京市受水能力，加强与有关方面的协调沟通，进一步调整优化《实施方案》中临时通水供水计划方案，充分发挥京石段应急供水工程能力和效益。

四、京石段应急供水工程冰期输水是影响输水能力的重要因素，请你局抓紧研究冰期输水方案，制订具体措施，保障冰期输水安全，尽可能提高冰期输水能力，缩短输水时间。

五、《实施方案》投资概算以国家发展改革委核定投资为准，请你局通过采取优化工程方案、结合永久工程建设等措施，将投资控制在国家发展改革委批准的工程建设投资规模内。

六、京石段应急供水工程临时通水处于南水北调工程建设期，是京石段应急供水工程初次运用，也是你局初次承担工程运用管理工作，任务艰巨，责任重大。请你局加强领导、认真准备、精心组织、规范管理，及时与有关方面沟通协调，解决输水期间的相关问题。

七、请你局根据我办批复和审查意见，进一步调整、完善和优化《实施方案》，落实责任，深入细致做好临时通水的各项工作，确保安全顺利完成临时通水任务。

特此批复。

附件：京石段应急供水工程2008年临时通水运行实施方案审查复核意见（略）

国务院南水北调工程建设委员会办公室

二〇〇八年九月十一日

关于南水北调东线第一期工程济南—引黄济青段济南市区段输水工程初步设计报告（技术部分）的批复

（国调办投计［2008］136号）

南水北调东线山东干线有限责任公司：

你公司《关于报送南水北调东线第一期工程济南 引黄济青段济南市区段输水工程初步设计报告的请示》（鲁调水企字［2008］25号）收悉。我办设计管理中心委托水利部水利水电规划设计总院对《南水北调东线第一期工程济南—引黄济青段济南市区段输水工程初步设计报告》进行了审查，并向我办提出了《关于报送南水北调东线第一期工程济南—引黄济青济南市区段输水工程初步设计报告审查意见的报告》（设管技［2008］34号）和《关于报送南水北调东线一期工程济南—引黄济青济南市区段输水工程穿越铁路段审查意见的报告》（设管技［2008］47号）。经研究，我办原则同意以上审查意见，为配合山东省“十一届全运会”基础设施工程建设，加快工程进度，节省工程投资，对该项目初步设计报告（技术部分）提出以下意见：

一、济南市区段输水工程作为南水北调东线一期工程济南—引黄济青段工程的重要组成部分，设计报告推荐的与济南市小清河综合治理工程相结合的输水方案已纳入《南水北调东线第一期工程可行性研究总报告》，结合济南市小清河综合治理工程同步建设，可有效降低南水北调工程23.27km输水暗涵的征迁和建设难度，避免重复建设和投资浪费，是十分必要和紧迫的。

二、本工程自睦里庄跌水至济南市东的小清河洪家园桥下，全长27.914km，其中，睦里庄跌水至京福高速下节制闸前渠段利用小清河河道输水，长4.645km；京福高速节制闸前至济南市东的小清河洪家园桥下，在小清河左岸新辟输水暗涵，长23.269km。根据《南水北调东线第一期工程可行性研究总报告》，同意济南市区段输水干线设计输水时间为非汛期的；10月至翌年5月，设计流量为50m³/s，加大流量为60m³/s，京福高速闸上设计水位25.89m，加大水位26.39m，下游新辟明渠起点设计水位21.20m，加大水位21.50m。同意按照1996年小清河治理确定的设计断面，对利用小清河输水的睦里庄跌水至京福高速下节制闸段的河道实施清淤、整修和衬砌；同意自睦里庄节制闸上的小清河右岸布设补源管道，至京福高速下节制闸入小清河，补源管道长4.76km，设计流量5.0m³/s；同意在睦里庄跌水处新建睦里庄节制闸、京福高速下节制闸和出小清河涵闸，在位里编组站以上段新建2座生产桥，并对位于编组站以下段现状阻水严重的3座公路桥进行重建。

三、基本同意本工程总体布置及建筑物设计方案。基本同意济南市区段下穿铁路济南西编组站、京沪三四线、黄台支线建设桥梁工程设计标准，交叉建筑物的地点、平面布置、结构型式按济南铁路局意见实施。下阶段请你公司组织对设计方案进一步进行完善和优化，切实保证设计质量，并有效控制工程建设投资。

四、基本同意本工程建设管理体制和运行管理体制的初步意见。下阶段应结合你公司管理机构设置的总体方案，按可研批复管理用地总量控制，进一步复核济南市区段管理机构设置、人员编制、管理用房面积、管理设施设备的配置数量。在实施过程中，进一步做好管理单位的相关设计优化和工程建设。

五、基本同意工程永久征地和临时用地范围。根据本工程实际情况，同意采用以养老保险、就业补助、抚养费补助的方式安置失地农民，根据有关规定，超出补偿投资的安置费用由地方人民政府自行承担；原则同意临时占地的复垦规划，实施时应征求有关方面的意见，确保复垦方案具有可操作性。

六、请你公司按照我办原则同意的工程初步设计技术方案及有关意见和要求，抓紧组织开展征地拆迁、招标设计等相关工作，适时开展建设。工程建设投资以国家发展改革委核定的初步设计概算为准。

国务院南水北调工程建设委员会办公室

二〇〇八年九月十一日

关于《南水北调东线第一期工程南四湖水资源控制工程杨官屯河闸变更设计报告》的批复

（国调办投计［2008］147号）

淮河水利委员会治淮工程建设管理局、南水

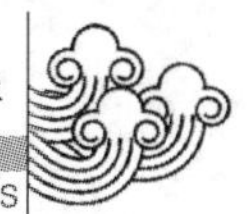

北调东线江苏水源有限责任公司、南水北调东线山东干线有限责任公司：

水利部淮河水利委员会治淮工程建设管理局《关于南水北调东线一期南四湖水资源控制工程杨官屯河闸变更设计的报告》（建设［2008］122号）、《关于南水北调东线南四湖水资源控制工程杨官屯河闸变更设计补充材料的报告》（建设［2008］191号）收悉。根据南水北调东线一期南四湖水资源控制工程建设协调领导小组第四次和第五次会议纪要精神，我办委托水利部水利水电规划设计总院对随文上报的《南水北调东线第一期工程南四湖水资源控制工程杨官屯河闸变更设计报告》进行了审查，并对修改后的设计报告进行了复核，提出了审查意见（见附件），经研究，我办基本同意审查意见。现批复如下：

一、杨官屯河闸船闸原批复初步设计按Ⅶ级航道船闸标准设计，近年来，南四湖入湖水量较丰，湖水位较高，为湖内航运发展创造了条件，杨官屯河内通行的船型吨位和运输量有所增加。根据当前杨官屯河航运的实际情况，在船闸航道标准不变的情况下，适当增加杨官屯河船闸的宽度对改善通航能力具有一定作用。

二、基本同意节制闸闸室净宽由2孔、每孔10m变更为1孔8m和1孔12m，总净宽不变；下闸首和船闸闸室净宽由10m变更为12m。船闸闸室长度仍维持原设计的80m不变。节制闸闸室、下闸首、船闸闸室等底板高程不变。

船闸航道标准仍为Ⅶ级，设计水位、防洪、排涝、引水设计指标不变。

三、请水利部淮河水利委员会治淮工程建设管理局商江苏、山东两省项目法人，在施工阶段进一步比选，根据施工环境协调情况和工期要求，在保证安全的前提下合理确定施工导流方案。杨官屯河闸位于煤矿规划开采区，在工程建设和运行过程中要做好地基变形监测工作。

四、变更设计仍按原批复初步设计概算的编制原则、依据、方法、价格水平年，根据变更后的设计方案、工程项目、施工方法和工程量编制工程概算。请水利部淮河水利委员会治淮工程建设管理局商江苏、山东两省项目法人按照审查意见重新编制概算后报我办核定。

五、杨官屯河闸船闸设计变更主要是为了提高江苏省该地区的通航能力，满足地方经济发展的需要，由南水北调东线江苏水源有限责任公司组织编制，因设计变更引起的超出原批准概算投资的投资，按照《南水北调工程投资静态控制和动态管理规定》的相关规定在南水北调东线江苏水源有限责任公司管理的其他工程结余投资中解决。

六、请根据批复意见和审查意见认真做好各项施工准备工作，按照南水北调东线一期南四湖水资源控制工程建设协调领导小组第五次会议的会议精神，加大工作力度，切实加快省界工程建设进度。

特此批复。

附件：南水北调东线第一期工程南四湖水资源控制工程杨官屯河闸变更设计报告审查意见（略）

国务院南水北调工程建设委员会办公室

二〇〇八年十月九日

关于南水北调中线一期工程总干渠膨胀土试验段工程（南阳段）初步设计报告的批复

（国调办投计［2008］148号）

南水北调中线干线工程建设管理局：

你单位《关于上报南水北调中线一期工程总干渠膨胀土试验段工程（南阳段）初步

设计报告的请示》（中线局技［2007］87号）收悉，我办委托水利部水利水电规划设计总院对该项工程初步设计报告进行了审查，已以国调办投计［2008］81号文批复该项工程初步设计的技术部分内容。根据国家发展改革委对该项工程初步设计概算的核定意见，经研究，现将该工程的初步设计报告批复如下：

一、该工程技术部分的内容和建设管理要求，按《关于南水北调中线一期工程总干渠膨胀土试验段工程（南阳段）初步设计报告（技术部分）的批复》（国调办投计［2008］81号）批复的意见执行。

二、根据《国家发展改革委关于核定南水北调中线一期工程总干渠膨胀土试验段工程（南阳段）初步设计概算的通知》（发改投资［2008］2537号），核定工程初步设计概算静态总投资17 799万元，总投资18 506万元。

三、请你单位加强项目管理，严格按照批复的初步设计技术部分意见和投资概算，尽快组织开展项目建设，确保工程尽早发挥效益。

特此批复。

附件：

1. 南水北调中线一期工程总干渠膨胀土试验段工程（南阳段）初步设计概算核定表（略）

2. 国家发展改革委关于核定南水北调中线一期工程总干渠膨胀土试验段工程（南阳段）初步设计概算的通知（发改投资［2008］2537号）（略）

国务院南水北调工程建设委员会办公室

二〇〇八年十月九日

关于南水北调东线第一期工程济南—引黄济青段济南市区段输水工程初步设计报告的批复

（国调办投计［2008］149号）

南水北调东线山东干线有限责任公司：

你单位《关于报送南水北调东线第一期工程济南—引黄济青段济南市区段输水工程初步设计报告的请示》（鲁调水企字［2008］25号）收悉，我办委托水利部水利水电规划设计总院对该项工程初步设计报告进行了审查，已以国调办投计［2008］136号文批复该项工程初步设计的技术部分内容。根据国家发展改革委对该项工程初步设计概算的核定意见，经研究，现将该工程的初步设计报告批复如下：

一、该工程技术部分的内容和建设管理要求，按《关于南水北调东线第一期工程济南—引黄济青段济南市区段输水工程初步设计报告（技术部分）的批复》（国调办投计［2008］136号）批复的意见执行。

二、根据《国家发展改革委关于核定南水北调东线一期济南—引黄济青济南市区段工程初步设计概算的通知》（发改投资［2008］2536号），核定工程概算静态总投资273 202万元。

三、请你单位加强项目管理，严格按照批复的初步设计技术部分意见和投资概算，尽快组织开展项目建设，确保工程尽早发挥效益。

特此批复。

附件：

1. 南水北调东线一期工程济南—引黄济青段济南市区段工程初步设计核定概算表（略）

2. 国家发展改革委关于核定南水北调东线一期济南—引黄济青济南市区段工程初步设计概算的通知（发改投资［2008］2536号）（略）

国务院南水北调工程建设委员会办公室

二〇〇八年十月九日

关于进一步做好南水北调工程建设与城市道路建设协调工作的通知

（国调办投计［2008］151号）

有关省（市）南水北调工程办事机构、城市道路行政主管部门、南水北调工程各项目法人：

南水北调工程是解决我国北方地区水资源严重短缺局面的重大战略基础设施，通过跨流域水资源合理配置，保障经济、社会与人口、资源、环境的协调发展。党中央、国务院十分重视南水北调工程的建设，2002年国务院批准了《南水北调工程总体规划》，东线和中线一期工程已分别于2002年和2003年开工建设。当前，已形成全面建设的局面。

南水北调工程输水总干渠多处穿越城市规划区，同时，随着城市建设的快速发展，新建城市道路也将多处穿越南水北调工程总干渠。因此，做好南水北调工程和城市道路相互交叉穿（越）工程的设计及建设方案的协调是十分必要的。

为确保南水北调东、中线一期工程的顺利实施，保障沿线城市道路建设顺利发展，现将有关事项通知如下：

一、加强沟通与协调

为保证南水北调工程建设和城市道路建设的协调发展，及时沟通建设情况，按照国家批复的工程建设方案组织好工程建设，建立有关省（市）南水北调工程办事机构、城市道路行政主管部门及南水北调工程建设项目法人之间的工作协调机制。由有关省（市）南水北调工程办事机构牵头，相关省（市）城市道路行政主管部门及南水北调工程建设项目法人参加，组建协调工作组，明确工作方式及工作程序等，采取有效措施及时协调解决工程建设的有关问题。

二、合理控制工程建设投资

为落实国务院南水北调工程建设委员会第二次全体会议关于“严格控制工程成本”的决定，南水北调东、中线一期工程与沿线城市道路交叉跨渠桥梁建设应遵循以下原则：

1. 南水北调工程跨越已建和在建且符合国家基本建设程序、建设手续完备的城市道路，需要建设城市道路跨渠桥梁的，按照批准的工程建设规模和标准建设跨渠桥梁，其投资纳入南水北调东、中线一期工程。

2. 在国务院南水北调办、国家发展改革委、水利部联合发布《关于严格控制南水北调中、东线第一期工程输水干线征地范围内基本建设和人口增长的通知》（国调办环移［2003］7号，以下简称《通知》）之前已列入城市规划并批复可行性研究报告，目前尚未开工建设的城市道路建设工程项目，按可行性研究报告批复的规模和标准建设跨渠桥梁，其投资纳入南水北调东、中线一期工程。

除上述情况外，为兼顾城市经济发展的需要，地方要求增加数量、扩大规模、提高标准且需与南水北调工程同步建设的其他跨渠桥梁，在确保南水北调工程输水能力和建设工期的前提下，其增加的投资由地方负责。

3. 南水北调工程对已建和在建且符合国家基本建设程序、建设手续完备的城市道路进行改线的跨渠桥梁，按照现行技术标准进行改建，或给予相应经济补偿；对《通知》发布之前批复了城市道路规划但目前尚未开工建设的城市道路项目进行改线的跨渠桥梁，应按照规划规模和标准建设或给予相应经济补偿，其投资纳入南水北调东、中线一期工程。

三、审批程序的时限要求

南水北调工程总干渠穿越城市道路工程设计方案由南水北调工程项目法人提出，经协调工作组确认，报送城市道路行政主管部门审批。城市道路行政主管部门原则上20个工作日内完成审批工作。

对于确需新建的城市道路跨南水北调工程跨渠方案，由城市道路建设项目法人提出，送南水北调工程项目法人审核，经协调工作组确认，报南水北调工程建设主管部门审批。南水北调工程建设主管部门原则上20个工作日内完成审批工作。城市道路跨渠方案批复后，具体设计方案由城市道路行政主管部门负责审批。

各类工程应符合城乡规划要求，遵守有关标准规范。城乡规划主管部门应积极协调，妥善处理南水北调工程与城乡发展建设的关系，依法予以许可。

四、做好城市道路保通工作

1. 在南水北调工程建设过程中需要临时断路施工时，南水北调工程项目法人应与城市道路交通主管部门充分协商，按照国家有关规定做好城市道路临时通行的交通组织和建设方案，确保城市道路交通畅通，施工完成后尽快恢复交通，其投资计入南水北调东、中线一期工程。

2. 城市道路跨渠桥梁完工后，工程项目法人要根据国家有关规定及时组织完工验收后，移交城市道路行政主管部门指定的城市道路养护管理单位，保障城市道路的安全畅通。跨渠桥梁建设、验收及移交管理等具体事宜参照国务院南水北调办、交通运输部、国家发展改革委、财政部联合发布的《关于南水北调工程跨渠桥梁建设与管理有关意见的函》（国调办建管函［2008］31号）执行。

请相关省（市）南水北调办事机构、城市道路行政主管部门、南水北调工程建设各项目法人认真执行本通知的有关要求，加强协调，密切配合，确保南水北调工程及城市道路建设的协调发展。

国务院南水北调工程建设委员会办公室
住房和城乡建设部
二〇〇八年十月八日

关于南水北调东线第一期工程穿黄河工程设计变更报告的批复

（国调办投计［2008］170号）

南水北调东线山东干线有限责任公司：

你公司《关于报送〈南水北调东线第一期工程穿黄河工程设计变更报告〉的报告》（鲁调水企财字［2008］8号）收悉。我办委托水利部水利水电规划设计总院对随文上报的《南水北调东线第一期工程穿黄河工程设计变更报告》（以下简称《设计变更报告》）进行了评审，并提出了评审意见（见附件）。经研究，我办基本同意该评审意见。现批复如下：

一、《设计变更报告》提出的设计变更内容包括：出湖闸由原批复的4孔（总宽20m）变更为3孔（总宽18m）、滩地埋管结构优化及穿引黄渠埋涵输水型式由有压改为无压。从总体上看，在基本维持东平湖出湖闸前水位不变和穿引黄渠埋涵出口水位不变的条件下，设计变更方案可基本满足东线一期工程输水要求。

二、在南水北调东线第一期工程运用条件不变的情况下，穿黄工程滩地埋管按新的地形资料和结构优化设计计算成果进行设计变更是合理的。出湖闸设计由4孔变3孔闸孔有效断面有所减少，但过流能力基本满足要求。要充分考虑穿引黄渠埋涵有压改无压后，对合理适应后期水位变化的影响。

三、请你公司根据评审意见进一步完善设计变更和调度运用内容，分析穿引黄渠埋涵段输水运用条件并复核抗冲刷计算，补充

结合二期工程相关设计和评价。

附件：关于印送南水北调东线第一期工程穿黄河工程设计变更报告评审意见的函（略）

国务院南水北调工程建设委员会办公室
二〇〇八年十月二十四日

关于下达南水北调工程2008年第三批投资计划的通知

（国调办投计［2008］171号）

南水北调中线干线工程建设管理局、南水北调中线水源有限责任公司、南水北调东线山东干线有限责任公司：

根据《国家发展改革委关于下达2008年第三批南水北调工程中央预算内投资计划的通知》（发改投资［2008］2631号）文件精神，结合南水北调东、中线一期工程建设的实际情况，现下达南水北调工程2008年第三批投资计划15.16亿元，其中中央预算内投资5.56亿元，中央专项建设基金（南水北调工程基金）1.8亿元、银行贷款7.8亿元。用于南水北调东线一期胶东干线济南至引黄济青段工程、南水北调中线一期陶岔渠首至沙河南段工程、丹江口库区移民安置工程3项工程建设和北京2008年应急调水临时通水措施费。具体投资计划安排详见附件《南水北调工程2008年第三批投资计划下达表》，有关要求如下：

一、请南水北调东线山东干线有限责任公司按照批复的工程初步设计，科学制订施工组织方案，抓紧安排重点区段尽早开工建设。

二、请南水北调中线水源有限责任公司按照我办批复的《丹江口水库建设征地移民安置试点规划报告》，配合河南、湖北两省尽快开展试点工作，为后期的丹江口库区移民安置工作积累经验、创造条件。

三、南水北调中线一期京石段应急供水工程目前处于临时通水运行期，任务艰巨、责任重大，请南水北调中线干线工程建设管理局按照我办批复的《京石段应急供水工程2008年临时通水运行实施方案》，深入细致做好临时通水各项工作，保证临时通水任务顺利完成。

四、请按照国家基本建设有关规定，加强项目管理，严格控制投资，并及时报送投资计划执行情况、基建统计和财务报表。

附件：

1. 南水北调工程2008年第三批投资计划汇总表（略）

2. 南水北调工程2008年第三批投资计划下达表（略）

国务院南水北调工程建设委员会办公室
二〇〇八年十月二十二日

关于《南水北调东线第一期工程南四湖水资源控制工程大沙河闸变更设计报告》的批复

（国调办投计［2008］172号）

淮河水利委员会治淮工程建设管理局、南水北调东线江苏水源有限责任公司、南水北调东线山东干线有限责任公司：

水利部淮河水利委员会治淮工程建设管理局《关于报送南水北调东线第一期工程南四湖水资源控制工程大沙河闸变更设计的报告》（建设［2008］200号）收悉。根据南水北调东线一期南四湖水资源控制工程建设协调领导小组第四次和第五次会议纪要精神，我办委托水利部水利水电规划设计总院对随文上报的《南水北调东线第一期工程南四湖水资源控制工程大沙河闸变更设计报告》进行了审查，并提出了审查意见（见附件），经研究，我办基本同意审查意见。现批复如下：

一、根据江苏省政府批复的江苏省内河航道等级标准，大沙河为Ⅵ级航道。大沙河闸船闸原批复初步设计按Ⅵ级航道船闸标准设计，近年来，南四湖入湖水量较丰，湖水位较高，为湖内航运发展创造了条件。同时，随着当地经济社会的发展，地方政府要求提高大沙河闸通航能力。根据当前南四湖水资源条件和地方经济发展的需要，在船闸航道等级标准不变的情况下，适当增加大沙河船闸的宽度对改善通航能力具有一定作用。

二、在维持原航道标准不变、设计水位不变、节制闸规模不变的条件下，基本同意船闸上、下闸首和闸室净宽由10m变更为12m，湖内侧引航道长度由300m变更为310m，湖外侧引航道长度由270.5m变更为370m，分流岛长度和宽度由170m、18.8m变更为150m、16.8m。

船闸闸室的结构型式、底板高程、长度、通航最高和最低水位仍维持原初步设计方案。

三、请水利部淮河水利委员会治淮工程建设管理局商江苏、山东两省项目法人，按照原批复初步设计概算的编制原则、依据、价格水平年编制设计变更引起的增加投资，报我办核定。

四、大沙河闸船闸设计变更主要是为了提高江苏省该地区的通航能力，满足地方经济发展的需要，由南水北调东线江苏水源有限责任公司组织编制，因设计变更引起的增加投资按照《南水北调工程投资静态控制和动态管理规定》等相关规定由南水北调东线江苏水源有限责任公司负责解决。

五、请根据批复意见和审查意见认真做好各项施工准备工作，按照南水北调东线一期南四湖水资源控制工程建设协调领导小组第五次会议的会议精神，加大工作力度，切实加快省界工程建设进度。

特此批复。

附件：南水北调东线第一期工程南四湖水资源控制工程大沙河闸变更设计报告审查意见（略）

国务院南水北调工程建设委员会办公室
二〇〇八年十月二十七日

关于下达南水北调工程2008年第四批投资计划的通知

（国调办投计［2008］178号）

南水北调中线干线工程建设管理局：

根据国家发展改革委《关于下达2008年中央预算内投资和国债投资计划的通知》（发改投资［2008］65号）文件精神，结合南水北调中线一期工程建设的实际情况，现下达南水北调工程2008年第四批投资计划57.44亿元，其中中央预算内投资18.44亿元，中央专项建设基金（南水北调工程基金）16.5亿元、银行贷款22.5亿元。用于黄河北至漳河南段工程和漳河北至古运河南段工程建设。具体投资计划安排详见附件《南水北调工程2008年第四批投资计划下达表》，有关要求如下：

一、请你局根据相关工程初步设计概算核定情况，抓紧将概算分解到各设计单元工程。同时，科学制订各设计单元工程施工计划，合理安排各设计单元工程建设投资，尽快将概算分解情况和各设计单元工程投资安排情况分别报我办备案。

二、按照国家扩大内需、拉动经济增长的要求，请你局抓紧做好黄河北至美河北段工程征地拆迁工作，及时编报项目管理预算并组织施工，全面推进工程建设。

三、请你局按照国家基本建设有关规定，加强项目管理，严格控制投资，并及时报送投资计划执行情况、基建统计和财务报表。

附件：南水北调工程2008年第四批投资

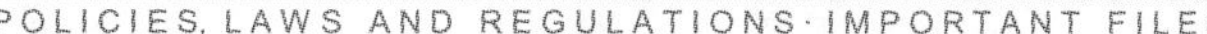

计划下达表（略）

国务院南水北调工程建设委员会办公室
二〇〇八年十一月十三日

关于南水北调中线工程汉江兴隆水利枢纽初步设计报告（技术部分）的批复

（国调办投计［2008］183号）

湖北省南水北调工程建设管理局：

你局《关于预审〈南水北调中线兴隆水利枢纽工程初步设计报告〉的请示》（鄂调水局［2008］6号）收悉。现南水北调中线一期工程可行性研究总报告已经批复，我办设计管理中心委托水利部水利水电规划设计总院对随文上报的《南水北调中线工程汉江兴隆水利枢纽初步设计报告》进行了审查，并向我办提出了审查意见（设管技［2008］58号）。经研究，为加快项目建设，尽快发挥其对经济发展的拉动和促进作用，我办原则同意其中有关技术部分的审查意见。批复意见如下：

一、工程任务和规模

兴隆水利枢纽位于汉江中下游河段湖北省潜江、天门市境内，上距丹江口水利枢纽378.3km，下距河口273.7km，是南水北调中线一期工程汉江中下游四项治理工程之一，作为南水北调中线一期工程的重要组成部分，其开发任务是以灌溉、航运为主，兼顾发电。

基本同意本工程的近期设计水平年为2010年，远期设计水平年为2030年；最小通航流量采用420m³/s，最大通航流量采用10 000m³/s，正常蓄水位为36.2m，入库洪峰为19 400m³/s时相应水库水位为41.75m；本阶段装机容量为40MW。

汉江丹江口至汉口河段近期按Ⅳ级航道整治；远期按Ⅲ级航道渠化和整治。基本同意本工程按1000t级船队通航规模设置船闸。

二、工程布置及建筑物

（一）工程等别及标准

基本同意兴隆水利枢纽工程按泄水闸泄洪规模确定为一等工程。主要建筑物泄水闸、电站厂房、船闸上闸首、鱼道闸首及两岸滩地过流段等为1级建筑物；Ⅲ级船闸的闸室段和下闸首为2级建筑物；船闸导航墙、靠船建筑物、电站副厂房、开关站、鱼道除闸首外的其他部位、坝区防护建筑物等次要建筑物为3级建筑物。工程管理范围内的两岸堤防加固仍维持该段汉江堤防原级别不变，为2级堤防。

基本同意按枢纽最大下泄流量19 400m³/s（本河段最大安全泄量）时相应的闸上水位，作为确定本工程各主要建筑物的设计（校核）水位。

本工程位于Ⅵ度地震基本烈度区，基本同意根据各主要建筑物自身特点，采取相应的抗震措施。

（二）坝线选择

本阶段设计将原可研阶段坝线作为上坝线，与该坝线平行下移350m的下坝线进行了比选，基本同意推荐下坝线为选定坝线。

（三）枢纽总布置

基本同意经比选后推荐的枢纽总布置方案。即，在原河槽和左岸低漫滩上布置泄水闸，紧邻泄水闸右侧布置电站厂房，船闸布置于厂房右侧的滩地上，鱼道位于龟站厂房与船闸之间；船闸与右岸汉江堤防之间、泄水闸与左岸汉江堤防之间为滩地过流段；主体工程与两岸堤防之间采用交通桥连接。

（四）泄水闸

基本同意泄水闸采用56孔、底板高程为29.5m的方案，泄水闸采用开敞式平底闸型式，闸孔净宽为14m，闸室为两孔一联整体式结构；闸下采用底流消能、下挖式消力池后接钢筋混凝土海漫和柔性混凝土沉排海漫及防冲槽等水平防冲设施；闸基处理采用水泥土搅拌桩法加固地基；泄水闸左岸翼墙、右岸挡土墙的平面布置，结构型式和采用的闸基处理措施。

（五）通航建筑物

基本同意船闸上下游引航道、上下闸首和闸室的建筑物布置、结构型式及主要控制高程、平面尺寸；船闸地基采用水泥土搅拌桩法解决饱和砂土震动液化、地基承载力不足和沉降量过大等问题。

（六）电站建筑物

基本同意电站引水渠、进出口、主副厂房、安装场和尾水渠组成的建筑物布置和结构型式；厂区布置和场内对外交通设计；根据厂房地基渗流分析、承载力以及沉降计算采取的水泥土搅拌桩复合地基加固措施。

（七）滩地过流段及厂房与船闸间挡水段

基本同意两岸滩地过流段滩顶高程确定和过流段采用的结构型式及防渗线布置；施工期左右岸交通桥设计荷载采用公路－Ⅰ级，右岸交通桥验算荷载采用特挂－200；两岸滩地过流段交通桥的布置、桥型、跨径选择和基础型式设计；厂房与船闸间挡水段建筑物布置和结构、防渗型式设计。

（八）鱼道

审查原则同意本工程过鱼建筑物的选址、选线、选型和鱼道布置及结构设计。

（九）坝区防护

基本同意对坝区汉江两侧未达标堤防进行加固及左、右岸堤防加固长度分别为4km和1.3km；基本同意左、右岸堤防加固型式和堤身断面设计，堤顶高程按汉江下游堤防加固一期工程可研报告确定；堤顶道路可采用沥青混凝土路面。

（十）安全监测

基本同意安全监测系统组成、监测项目设置、监测内容和监测断面设计。

三、库区综合整治工程

基本同意对汉江干堤两侧可能受影响的区域采取排渗措施和排水截渗工程布置，对永丰垸蔡家嘴附近长约2.3km的堤岸进行防护。

四、水力机械、电工及金属结构

（一）水力机械

基本同意选用4台单机容量为10MW的灯泡贯流式水轮发电机组；设计报告提出的机组主要参数及本阶段提出的机组调节保证计算成果；电站主要辅助系统设置。

（二）电工

基本同意电站的接入电力系统方式及电气主接线方案。

基本同意电站厂内及坝区供电系统电源引接方式及其接线方式、主要电气设备选型及布置方案、发电机和主变等主要电气设备的继电保护配置原则、电站电力系统调度通信和对外通信采用光纤通信方式；电站计算机监控系统采用全开放式分布结构；综合调度系统采用通过以太网络组成的分层分布式系统。

（三）金属结构

基本同意选用的泄洪系统弧形工作闸门和液压启闭机、平板滑动事故检修闸门和门式启闭机、浮式叠梁检修闸门的设备型式和布置方案，以及选用的电站输水系统拦污栅和进水口叠梁检修闸门共用门式启闭机，机械清污方式和出口平板滑动事故检修闸门采用门式启闭机的设备型式和布置方案。

基本同意选用的船闸上、下闸首人字工作闸门和液压启闭机、输水廊道的拦污栅、充泄水系统平板定轮工作闸门和液压启闭机、船闸上下闸首叠梁检修闸门和输水廊道平板滑动检修闸阀共用门式启闭机的设备型式和布置方案，以及选用的各类闸门设计水头、孔口尺寸、闸门数量、材料选用原则、闸门支承型式和各类启闭机的启闭容量和扬程等基本参数。

五、施工组织设计

基本同意导流建筑物级别为4级，施工导流洪水标准为10年一遇，采用明渠导流方式。

基本同意导流建筑物的布置、结构型式和基础防渗措施；基本同意围堰土料场和黏土料场的选择和开采方式、主体工程施工程序、施工方法和主要设备选型。

基本同意左右岸分别进场的对外交通道路布置和等级标准，基本同意场内主要交通干线的布置和等级标准、施工供电线路布置和电压等级标准、各主要施工工厂生产规模和工艺流程设计及施工总布置方案、土石方挖填平衡成果和弃渣场地规划。

基本同意施工进度安排，总工期为54个月。

六、工程占地和移民安置

基本同意在正常蓄水位36.2m上加1.0m作为水库淹没处理范围及移民生产安置方案。

七、工程管理

基本同意成立兴隆枢纽管理局作为兴隆水利枢纽的工程管理机构，隶属于湖北省南水北调工程建设管理局；基本同意兴隆枢纽管理单位岗位设置和人员编制、工程管理范围和保护范围的划分、管理单位的办公用房面积及各种生产和辅助生产用房面积、交通设备配置和通信设备配置、设计初定的工程调度运用原则和建筑物管理原则。

原则同意管理单位办公地点，下阶段应进一步完善管理用房的设计内容。

八、下阶段应补充完善的主要问题

（一）由于泄水闸复合地基的桩间土层结构存在不均一性，为满足闸基稳定性要求，下阶段应进一步论证对闸底板下桩头部位的桩间土采取的加固措施；进一步论证消力池部位地基加固采用强夯处理的效果及可行性。

（二）由于我国大型水利水电工程采用水泥搅拌桩复合地基的实例较少，且本工程电站建筑物地基置换率较高，下阶段应进一步研究高置换率对复合地基整体性和承载力的影响，落实施工质量保障措施，进一步复核搅拌桩的平面布置。

（三）兴隆水利枢纽建筑物基础以砂性土为主，且厚度较大，技施阶段应加强施工地质工作，根据开挖后的实际地质情况，必要时调整地基土体物理力学参数，研究采取相应的措施。

（四）鉴于本工程单宽流量较大，而河床抗冲能力较低，下阶段应进一步优化完善消能防冲措施。

（五）下阶段应根据过鱼种类、习性等因素进一步优化鱼道布置和鱼道结构设计。

（六）经2005年调查，库区目前在37.2m以下已开垦的河道滩地有15 492亩，较可研阶段增加6568亩，应进一步补充说明增加的原因，实施时应进一步复核其面积；坝址区总的用地面积较大，实施时应进一步复核其面积，尽量减少占地。

（七）兴隆水利枢纽建成后，汉江干堤两侧部分农田浸没范围可能扩大，下阶段应根据土壤性质和作物种类进一步复核浸没范围。进一步复核永丰垸蔡家嘴附近堤岸防护范围和措施。

请你局按照我办原则同意的该工程初步设计技术方案及有关意见和要求，认真研究、论证审查提出的下阶段需要解决的有关问题，进一步完善、优化相关设计方案，落实相应的处理措施，科学组织实施，确保工程安全。同时抓紧组织开展征地拆迁、招标设计等相关工作，适时开展建设。工程建设投资以审核批复的初步设计概算为准。

国务院南水北调工程建设委员会办公室

二〇〇八年十一月二十四日

关于下达南水北调工程2008年第五批投资计划的通知

（国调办投计［2008］184号）

南水北调中线干线工程建设管理局、南水北调中线水源有限责任公司、南水北调东线江苏水源有限责任公司、南水北调东线山东干线有限责任公司：

按照国家进一步扩大内需、促进经济平稳较快增长的工作部署，根据国家发展改革委《关于下达南水北调工程2008年新增中央预算内投资计划的通知》（发改投资［2008］3134号）和《关于下达2008年第四批南水北调工程投资计划的通知》（发改投资［2008］2958号）文件精神，结合南水北调东、中线一期工程建设的实际情况，现下达南水北调工程2008年第五批投资计划56.34亿元，其中中央预算内投资14.74亿元，中央专项建设基金（南水北调工程基金）7.37亿元、银行贷款34.23亿元，用于东线一期胶东干线济南至引黄济青段工程、中线一期黄河北至漳河南段工程、丹江口库区移民安置工程等工程建设（具体安排情况见附件），有关要求如下：

一、本次下达的中央预算内投资为2008年新增中央投资，紧急落实新增中央投资是当前工作的重中之重，是一项重大的政治责任。各项目法人要按照国家拉动经济增长的部署和“出手要快，出拳要重，措施要准，工作要实”的总要求，周密安排、迅速行动、扎实工作、加强管理、提高效益，尽快落实各项建设任务。

二、各项目法人要统筹使用好各项建设资金，全力加快新增投资项目的实施进度，将新增投资及时用于土建安装和设备、材料购置，到2009年3月完成实物工作量，最大限度发挥新增中央投资拉动经济的作用。在努力加快建设进度、加大投资强度的同时，要确保工程质量安全。

三、请南水北调中线干线工程建设管理局根据工程建设的实际情况，科学制订黄河北至漳河南段工程各设计单元工程施工计划，合理安排各设计单元工程建设投资，尽快将各设计单元工程投资安排情况报我办备案。

四、请各项目法人严格遵循国家基本建设程序，按照参建各方的职责，进一步细化落实项目法人责任制、招标投标制、工程监理制、合同管理制，加强项目管理，严格控制投资，并及时报送投资计划执行情况、基建统计和财务报表。

附件：

1. 南水北调工程2008年第五批投资计划汇总表（略）

2. 南水北调工程2008年第五批投资计划下达表（略）

国务院南水北调工程建设委员会办公室

二〇〇八年十一月二十八日

关于下达南水北调工程2008年中央预算内资金及南水北调工程基金基建支出预算的通知

（国调办经财［2008］87号）

南水北调东线江苏水源有限责任公司、南水北调东线山东干线有限责任公司、南水北调中线水源有限责任公司、南水北调中线干线工程建设管理局：

根据财政部《关于批复国务院南水北调工程建设委员会办公室2008年部门预算的通知》（财预［2008］171号）和我办《关于下达南水北调工程2008年第一批投资计划的通知》（国调办投计［2008］76号），现下达南水北调工程基建支出预算122 000万元，其中：中央预算内基建支出预算95 000万元，南水北调工程基金27 000万元（具体项目支出预算详见附件）。

你单位办理请款手续时，应详细说明上一批预算资金使用情况及目前资金结余情况，根据工程建设需要提出本次请款的使用计划。

资金拨付到位后，严格按规定管好用好资金。在保证工程建设质量的前提下，加快工程项目建设进度，减少财政资金积压，确

保财政资金高效使用。

附件：南水北调工程2008年中央预算内资金及南水北调工程基金基建支出预算表（略）

国务院南水北调工程建设委员会办公室

二〇〇八年六月六日

关于下达南水北调工程2008年第二批中央预算内资金及南水北调工程基金基建支出预算的通知

（国调办经财［2008］91号）

南水北调中线干线工程建设管理局：

根据财政部《关于批复国务院南水北调工程建设委员会办公室2008年部门预算的通知》（财预［2008］171号）和我办《关于下达南水北调工程2008年第二批投资计划的通知》（国调办投计［2008］86号），现下达南水北调工程2008年第二批基建支出预算50 000万元，其中中央预算内基建支出预算30 000万元、南水北调工程基金20 000万元（具体项目支出预算详见附件）。

你单位办理请款手续时，应详细说明上一批预算资金使用情况及目前资金结余情况，根据工程建设需要提出本次请款的使用计划。

资金拨付到位后，严格按规定管好用好资金。在保证工程建设质量的前提下，加快工程项目建设进度，减少财政资金积压，确保财政资金高效使用。

附件：南水北调工程2008年第二批中央预算内资金及南水北调工程基金基建支出预算表（略）

国务院南水北调工程建设委员会办公室

二〇〇八年六月十八日

关于下达南水北调工程2008年初步设计工作中央预算内基建支出预算的通知

（国调办经财［2008］140号）

各项目法人、南水北调工程设计管理中心：

根据财政部《关于下达2008年中央预算内基建支出预算（拨款）的通知》（财农［2008］234号）和我办《关于下达南水北调工程2008年第一批投资计划的通知》（国调办投计［2008］76号）以及《关于下达2008年南水北调工程第二批初步设计工作投资计划的通知》（国调办投计［2008］131号），现下达南水北调工程2008年初步设计工作中央预算内基建支出预算（具体项目支出预算详见附件），专项用于南水北调东、中线一期工程初步设计工作，支出功能分类科目：2130407前期工作，支出经济分类科目：309基本建设支出。

你单位应按照我办《关于规范项目法人申请拨付南水北调工程财政性资金有关事项的通知》（国调办经财［2008］120号）的有关规定办理请款手续。

资金拨付到位后，应严格按规定管好用好资金。在保证工程建设质量的前提下，加快工程项目建设进度，减少财政资金积压，确保财政资金高效使用。

附件：

1. 南水北调工程2008年初步设计工作中央预算内基建支出预算汇总表（略）
2. 南水北调工程2008年初步设计工作中央预算内基建支出预算明细表（略）

国务院南水北调工程建设委员会办公室

二〇〇八年九月十九日

关于下达南水北调工程2008年第三批中央预算内资金及南水北调工程基金基建支出预算的通知

（国调办经财［2008］176号）

南水北调中线干线工程建设管理局、南水北调中线水源有限责任公司、南水北调东线山东干线有限责任公司：

根据《财政部关于下达2008年中央预算内基建支出预算（拨款）的通知》（财农［2008］322号）和我办《关于下达南水北调工程2008年第三批投资计划的通知》（国调办投计［2008］171号），现下达基建支出预算7.36亿元，其中中央预算内投资5.56亿元，中央专项建设基金（南水北调工程基金）1.8亿元（具体项目支出预算详见附件）。

你单位办理请款手续时，应详细说明上一批预算资金使用情况及目前资金结余情况，根据工程建设需要提出本次请款的使用计划。

资金拨付到位后，你单位要严格按规定管好用好资金，在保证工程建设质量的前提下，加快工程项目建设进度，减少财政资金积压，确保财政资金高效使用。

附件：南水北调工程2008年第三批中央预算内资金及南水北调工程基金基建支出预算表（略）

国务院南水北调工程建设委员会办公室

二〇〇八年十一月十一日

关于下达南水北调工程2008年第四批中央预算内资金及南水北调工程基金基建支出预算的通知

（国调办经财［2008］181号）

南水北调中线干线工程建设管理局：

根据《财政部关于批复国务院南水北调工程建设委员会办公室2008年部门预算的通知》（财预［2008］171号）和我办《关于下达南水北调工程2008年第四批投资计划的通知》（国调办投计［2008］178号），现下达基建支出预算34.94亿元，其中中央预算内投资18.44亿元，中央专项建设基金（南水北调工程基金）16.5亿元（具体项目支出预算详见附件）。

你单位办理请款手续时，应详细说明上一批预算资金使用情况及目前资金结余情况，根据工程建设需要提出本次请款的使用计划。

资金拨付到位后，你单位要严格按规定管好用好资金，在保证工程建设质量的前提下，加快工程项目建设进度，减少财政资金积压，确保财政资金高效使用。

附件：南水北调工程2008年第四批中央预算内资金及南水北调工程基金基建支出预算表（略）

国务院南水北调工程建设委员会办公室

二〇〇八年十一月十四日

关于下达南水北调工程2008年第五批中央预算内资金及南水北调工程基金基建支出预算的通知

（国调办经财［2008］194号）

南水北调中线干线工程建设管理局、南水北调中线水源有限责任公司、南水北调东线江苏水源有限责任公司、南水北调东线山东干线有限责任公司：

根据《财政部关于追加2008年南水北调工程建设扩大内需中央预算内基建支出预算（拨款）的通知》（财建［2008］954号）和我办《关于下达南水北调工程2008年第五批投资计划的通知》（国调办投计［2008］184号），现下达南水北调工程基建支出预算（具体项目支出预算详见附件）。

你单位办理请款手续时，应详细说明上一批预算资金使用情况及目前资金结余情况，根据工程建设需要提出本次请款的使用计划。

资金拨付到位后，你单位要严格按规定管好用好资金，在保证工程建设质量的前提下，加快工程项目建设进度，减少财政资金积压，确保财政资金高效使用。

附件：南水北调工程2008年第五批中央预算内资金及南水北调工程基金基建支出预算表（略）

国务院南水北调工程建设委员会办公室

二〇〇八年十二月十日

关于下达2008年度基本建设贷款中央财政贴息预算的通知

（国调办经财［2008］202号）

南水北调东线江苏水源有限责任公司、南水北调中线水源有限责任公司：

根据《财政部关于下达2008年度基本建设贷款中央财政贴息预算（拨款）的通知》（财建［2008］866号），现下达你公司2008年度基本建设贷款中央财政贴息预算（具体预算详见附件），支出功能分类科目：2159902，工业商业金融等事务—建设项目贷款贴息；支出经济分类科目：309，基本建设支出。请按规定用途安排使用，并接受财政部驻你省财政监察专员办事处的监督。

你公司在收到财政贴息资金后，应按照财政部财建［2007］416号文件规定进行账务处理，并加强资金使用管理，接受财政部组织财政投资评审等机构的专项检查。

附件：2008年基本建设项目贷款中央财政贴息资金核定表（略）

国务院南水北调工程建设委员会办公室

二〇〇八年十二月十九日

关于南水北调中线京石段（委托河北建设管理项目）永久供电线路施工招标分标方案的批复

（国调办建管［2008］22号）

南水北调中线干线工程建设管理局：

你局《关于京石段（委托河北建设管理项目）永久供电线路施工招标分标方案的请

示》（中线局招［2008］4号）收悉。经研究，同意你局关于南水北调中线京石段（委托河北建设管理项目）永久供电线路施工招标分标方案的意见，核准的分标方案见附件。请你局协调有关单位，按照国家关于招标投标的法律法规和南水北调工程建设管理有关规定，精心组织，严格管理，确保招标质量，保障京石段通水目标顺利实现。

此复。

附件：南水北调中线京石段（委托河北建设管理项目）永久供电线路施工招标核准分标方案

国务院南水北调工程建设委员会办公室

二〇〇八年二月十五日

附件：

南水北调中线京石段（委托河北建设管理项目）永久供电线路施工招标核准分标方案

标段序号	标　段　名　称	备注
1	石家庄市段永久供电线路	
2	保定市段永久供电线路	

关于南水北调中线京石段应急供水工程通信管道及光缆施工工程、通信系统监理工程招标分标方案的批复

（国调办建管［2008］37号）

南水北调中线干线工程建设管理局：

你局《关于南水北调中线京石段应急供水工程通信管道及光缆施工工程、通信系统监理工程招标分标方案的请示》（中线局招［2008］10号）收悉。经研究，原则同意你局提出分标方案，核准的分标方案见附件。请你局按照国家关于招标投标的法律法规和南水北调工程建设管理有关规定，精心组织，严格管理，确保招标质量，满足京石段应急供水需要。

此复。

附件：南水北调中线京石段应急供水工程通信管道及光缆工程招标核准分标方案

国务院南水北调工程建设委员会办公室

二〇〇八年三月十二日

附件：

南水北调中线京石段应急供水工程通信管道及光缆工程招标核准分标方案

标段序号	标　段　名　称	备注
一	监理	
1	京石段应急供水工程通信系统监理	
二	施工	
1	京石段应急供水工程通信管道及光缆工程河北段	
2	京石段应急供水工程通信管道及光缆工程北京段	

关于南水北调中线干线京石段应急供水工程自动化调度与运行管理决策支持系统分标方案（第一批）的批复

（国调办建管［2008］49号）

南水北调中线干线工程建设管理局：

你局《关于南水北调中线干线京石段应急供水工程自动化调度与运行管理决策支持系统分标方案（第一批）的请示》（中线局招［2008］13号）、《关于调整南水北调中线干线京石段应急供水工程自动化调度与运行管理决策支持系统分标方案（第一批）的请示》（中线局招［2008］21号）收悉。经研

究，同意你局提出的（调整后的）分标方案，核准的分标方案见附件。请你局按照国家关于招标投标的法律法规和南水北调工程建设管理的有关规定，精心组织，严格管理，确保招标质量，满足京石段应急供水需要。

此复。

附件：南水北调中线干线京石段应急供水工程自动化调度与运行管理决策支持系统招标核准分标方案（第一批）

国务院南水北调工程建设委员会办公室

二〇〇八年四月十日

附件：

南水北调中线干线京石段应急供水工程自动化调度与运行管理决策支持系统招标核准分标方案（第一批）

标段序号	标段名称	备注
1	闸站监控系统集成标	
2	视频监控系统集成标	
3	工程安全监测自动化系统集成标	
4	水质监测系统集成标	
5	水量调度业务处理系统软件开发标	
6	应用支撑平台与数据存储软件开发标	
7	应用支撑平台与数据存储设备采购安装标	
8	应用系统集成标	
9	计算机网络系统集成标	
10	通信系统传输设备采购标	
11	通信系统程控交换设备采购标	
12	通信系统电源设备采购标	
13	通信系统光缆自动监测设备采购标	
14	通信系统集成标	
15	现地机房实体环境集成标	
16	应用系统、支撑平台、数据存储及计算机网络监理	

关于开展南水北调工程安全生产百日督查专项行动的通知

（国调办建管［2008］56号）

南水北调工程各项目法人：

为贯彻落实《国务院办公厅关于开展安全生产百日督查专项行动的通知》（国办发明电［2008］22号）精神，积极推进“隐患治理年”的各项工作，进一步加大工作力度，有效遏制重特大事故的发生，促进南水北调工程又好又快建设，按照我办《关于进一步开展南水北调工程安全生产隐患排查治理工作的通知》（国调办建管［2008］27号），经研究，决定于4月下旬至7月底在南水北调工程在建项目中组织开展安全生产百日督查专项行动。现将有关事项通知如下：

一、督查目的

通过此次督查行动，进一步促进党和国家关于安全生产方针政策、法律法规以及“隐患治理年”各项工作部署的落实，促进南水北调工程各参建单位安全生产主体责任的落实，立足于治大隐患、防大事故，建立健全隐患治理和危险源监控制度，加强事故预警、预防和应急救援工作，努力构建安全生产长效机制，实现南水北调工程安全生产形势持续稳定好转。

二、督查形式

此次督查行动由国务院安全生产委员会办公室综合指导、协调，我办组织实施，采取项目法人自查与我办抽查相结合的方式进行。各项目法人要按照我办《关于进一步开展南水北调工程安全生产隐患排查治理工作的通知》（国调办建管［2008］27号）和《关于做好2008年南水北调在建工程安全度汛工作的通知》（国调办安［2008］5号）要求，全面深入地开展好自查。我办与有关省（直辖市）南水北调办事机构，适时组织抽查。

三、督查内容

督查的主要内容是：各参建单位贯彻落实安全生产的方针政策、法律法规，建立和落实安全生产责任制，健全安全管理和监督体制机制，制订和实施安全生产规划，加大安全投入，加强应急救援体系建设情况；安全生产规章、规程、制度、标准等制订和贯彻执行情况；按照国调办建管［2008］27号文件要求，开展隐患排查、登记、整改、监控情况，特别是重大隐患公告公示、跟踪治理、整改销号情况；汛期除险加固、防范由自然灾害引发事故灾难的各项安全措施落实情况；事故查处和责任追究，打击非法建设行为和瞒报事故情况等。

四、工作要求

（一）高度重视，加强领导。各项目法人要以对人民高度负责的精神，把这次安全生产百日督查专项行动作为减少隐患、遏制事故的重要举措，作为当前安全生产的重要任务，切实抓紧抓好。各项目法人主要负责人要切实负起第一位的责任，组织开展好本单位自查工作。

（二）周密部署，务求实效。各项目法人要根据本通知精神，结合南水北调工程建设实际，于4月底前，制订下发具体自查方案，明确自查内容、要求和责任，并将有关情况报我办。要建立和落实自查工作责任制，健全工作机制，对自查中发现的隐患和问题，要责令立即整改；不能现场整改的，要提出防范措施，落实整改资金，明确整改期限和责任人，制订应急预案；严重危及安全的，要立即责令停工整改。

（三）突出重点，全面深入。此次专项行动要统筹兼顾，突出重点。既要全面发动，督促各参建单位彻底排查隐患和问题，做到排查不留死角、整治不留后患；又要重点检查事故较多、隐患突出、安全生产形势严峻的工程项目，特别是高边坡、深基坑、爆破、高空作业、特种作业施工等重点项目和重点部位，以及易由自然灾害引发事故灾难的隐患点等，把各项安全生产措施落到实处，切实防止伤亡事故发生。

（四）广泛宣传，形成声势。各项目法人要采取多种形式进行宣传，结合“安全生产月”和“安全生产万里行”活动的开展，加大对安全生产百日督查专项行动的宣传力度，教育引导各参建单位和广大参建人员增强做好安全生产工作的主动性和自觉性。要注意发现好经验、好做法，及时加以总结推广，运用典型推动工作。对自查不认真、走过场的单位，要予以公开曝光。

各项目法人要及时将工作进展情况报我办，并于7月底前提交开展百日督查专项行动的总结报告。

国务院南水北调工程建设委员会办公室

二〇〇八年四月二十九日

关于南水北调东线第一期工程穿黄河工程增设安全监测设施标的批复

（国调办建管［2008］73号）

山东省南水北调工程建设管理局：

你局《关于核准南水北调东线第一期工程穿黄河工程增设安全监测设施标的请示》（鲁调水建字［2008］8号）收悉。经研究，原则同意你局关于南水北调东线第一期工程穿黄河工程增设安全监测设施标的意见，核准的方案见附件。请你局加强监督管理，协调有关单位按照国家有关法律法规和南水北调工程建设关于招标投标的规定，精心组织，严格管理，确保招标质量。

此复。

附件：南水北调东线第一期工程穿黄河

工程增设安全监测设施标核准方案

国务院南水北调工程建设委员会办公室

二〇〇八年五月八日

附件：

南水北调东线第一期工程穿黄河工程增设安全监测设施标核准方案

标段序号	标　段　名　称	备注
1	东线穿黄河工程安全监测设施	

关于进一步加强南水北调工程安全生产工作的通知

（国调办建管［2008］77 号）

南水北调工程各项目法人：

近日，国务院办公厅发出《关于进一步加强安全生产工作的通知》（国办发明电［2008］23 号），针对近期重特大事故时有发生，给人民群众生命财产造成严重损失的情况，要求深刻吸取事故教训，进一步加强安全生产工作，采取有力措施，坚决遏制重特大事故发生。现根据国务院办公厅通知精神，结合南水北调工程建设实际，就进一步加强南水北调工程安全生产工作有关事项通知如下：

一、切实加强领导，狠抓责任落实

南水北调工程安全生产工作事关人民群众生命财产安全，事关工程建设顺利进行和社会稳定的大局。南水北调工程 2008 年度安全生产工作会议已对今年安全生产工作进行了全面部署，提出了明确要求。各项目法人和参建单位一定要坚决克服麻痹思想和侥幸心理，加强领导，明确责任，切实把责任落实到每一个单位、每一个岗位、每一个人。正确处理好施工生产与安全的关系，切实把安全生产的各项措施和我办关于安全生产管理的各项要求落实到位，严防安全生产责任事故的发生。

二、深入排查治理隐患，确保防患于未然

要按照我办《关于进一步开展南水北调工程安全生产隐患排查治理工作的通知》（国调办建管［2008］27 号）的部署，全面深入排查治理安全生产隐患，做到排查不留死角、整治不留后患。要健全重大隐患公告公示、挂牌督办、跟踪治理和逐项整改销号制度，采取巡检、抽检等方式，深入工程一线加强督促指导，充分依靠和发动广大从业人员参与隐患排查治理，推进安全生产各项措施落实。对隐患排查治理不认真、走过场的单位要予以公开曝光。

三、加强监管，全面落实安全防范措施

各项目法人、项目建设管理单位、监理单位、施工单位应切实履行现场安全监管职责。要加强对爆破施工、洞挖、高空作业、深基坑等危险性较大的施工作业的安全监管，加强对重大危险源的管理。特别要加强对在施工现场的专业、劳务分包、外协委托单位的检查，杜绝以包代管，坚决制止和纠正违章指挥、违章操作、无证上岗的行为。对擅离职守、不认真履行安全生产职责、有章不循、监管不力的单位和个人要依法规和有关合同严肃处理。要切实落实安全防范措施，严防事故发生。

四、认真开展汛前检查，确保安全度汛

各地正陆续进入汛期，各项目法人和参建单位要严格按照我办《关于做好 2008 年南水北调在建工程安全度汛工作的通知》（国调办安［2008］5 号）要求，全面做好安全度汛各项工作，严防暴雨、台风、泥石流等自然灾害导致事故灾难。各项目法人要结合工程建设实际，组织项目建设管理单位、施工和监理单位进行一次安全度汛检查，重点检查防汛责任、措施、预案、物资、设备及人员的落实情况，确保安全度汛。我办将于 5

月下旬至6月上旬适时组织开展抽查。

国务院南水北调工程建设委员会办公室

二〇〇八年五月十五日

关于进一步做好南水北调工程强降雨防范和安全度汛工作的通知

（国调办建管［2008］99号）

南水北调工程各项目法人：

为贯彻落实《国务院办公厅关于做好强降雨防范工作的通知》（国办发明电［2008］32号）精神，结合我办关于2008年安全度汛工作部署及前不久开展的安全度汛工作检查情况，现就在南水北调工程建设中进一步做好强降雨防范和安全度汛工作，通知如下：

一、高度重视防汛工作

5月下旬以来，我国南方部分地区多次出现大范围强降雨天气，引发多种自然灾害，造成严重损失。各项目法人、各参建单位要坚决克服麻痹大意思想。针对强对流天气可能引发的自然灾害，强化责任意识，认真贯彻落实我办关于防汛工作的部署安排，切实做好防洪、防涝、防雷、防范山洪灾害等工作。要及时组织领导防汛抗洪和抢险救灾工作，全面落实防汛责任制。各单位防汛责任人要立即上岗到位，进一步完善各项应急预案，真正把各项工作措施落到实处。要严肃防汛纪律，坚决服从各级政府和防汛指挥部的调度命令。

二、切实加强雨情、汛情预报

各项目法人、各参建单位要密切关注天气、雨情和汛情发展变化，主动加强与地方防汛部门的沟通和联系。有关省市南水北调办事机构应协助项目法人（项目管理机构）建立与省、市防汛指挥机构的工作协调机制，及时互通工情、水情、汛情，密切配合，互相联动，确保信息畅通。进一步加强应急值守，及时通报信息，确保联络渠道畅通。

三、严密防范山洪、滑坡、泥石流等灾害

各项目法人、各参建单位要切实把防御山洪灾害作为重点工作来抓，落实好各项防范措施。要加强对滑坡、泥石流等地质灾害易发区的巡查，及时排险除险，落实人员转移安置、抢险救灾等各项措施。特别要加强强降雨等综合因素影响下的地质灾害防范工作，严防事故发生。一旦发现山洪、滑坡、泥石流灾害征兆，要迅速启动应急预案，转移安置受威胁人员。要宣传防雷电知识，认真落实各项防雷措施。

四、全面落实各项防汛避险措施

各项目法人、各参建单位要组织力量加强对丹江口大坝加高工程、河流交叉建筑物、地势较低的重要工程设施的防洪安全检查，制定严密的防范措施，明确“防、抢、撤”的范围、地点和方式。要切实做好防洪排涝工作，及时疏浚排洪沟渠，防止局部地区强降雨造成人员伤亡和财产损失。要进一步补充和完善防汛预案和应急抢险机制，切实增强预案的可操作性。要落实好抢险队伍，备足防洪抢险物料、装备、运输工具等，确保及时发现和有效控制险情。

五、全力以赴抓好工程建设

各参建单位要继续保持高昂的精神状态，发扬连续作战的作风，再接再厉，在确保工程质量和安全的条件下，抓好包括京石段剩余工程在内的工程建设进度，确保工程满足度汛形象进度要求。

各单位要认真落实我办组织的2008年南水北调工程安全度汛工作检查中提出的有关意见和建议，采取有力措施，进一步做好强降雨防范和安全度汛工作，确保工程度汛安全。

特此通知。

国务院南水北调工程建设委员会办公室

二〇〇八年六月二十三日

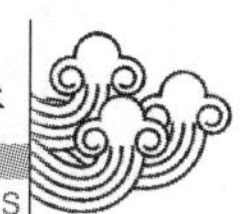

关于南水北调中线一期工程天津干线天津市1段和2段工程分标方案的批复

（国调办建管［2008］107号）

南水北调中线干线工程建设管理局：

你局《关于南水北调中线一期工程天津干线天津市1段、2段工程分标方案的请示》（中线局招［2008］25号）收悉。经研究，原则同意你局意见，并请将天津市1段工程施工第5标段（上报方案标段编号为TJ5－5）、第6标段（上报方案标段编号为TJ5－6）合并为1个标段，核准的分标方案见附件。请你局协调有关各方，按照国家关于招标投标的法律法规和南水北调工程建设管理有关规定，精心组织，严格管理，确保招标质量，并抓紧做好工程开工的各项准备工作，争取早日开工。

此复。

附件：南水北调中线一期工程天津干线天津市1段和2段工程招标核准分标方案

国务院南水北调工程建设委员会办公室

二〇〇八年六月三十日

附件：

南水北调中线一期工程天津干线天津市1段和2段工程招标核准分标方案

标段序号	标 段 名 称	备注
一	施工	
（一）	天津市1段	
1	TJ5－1（XW131＋360～XW135＋759）	
2	TJ5－2（XW135＋759～XW136＋167）	
3	TJ5－3（XW136＋167～XW139＋632）	
4	TJ5－4（XW139＋632～XW142＋212）	
5	TJ5－5（XW142＋212～XW147＋992.5）	
6	TJ5－6（XW147＋992.5～XW150＋712.477，XW150＋836.992～XW151＋21.365）	
7	TJ5－7（XW150＋712.477～XW150＋836.992）	
（二）	天津市2段	
1	TJ6－1（XW151＋21.365～XW155＋305.074）	
二	监理	
（一）	天津市1段	
1	天津市1段监理1标（XW131＋360～XW142＋212）	
2	天津市1段监理2标（XW142＋212～XW151＋21.365）	
（二）	天津市2段	
1	天津市2段监理（XW151＋21.365～XW155＋305.074）	
三	安全监测	
1	天津市1段和2段工程安全监测	
四	水机设备和电气设备采购	
1	天津市1段和2段水机设备和电气设备采购	

注 标段桩号可在实施过程中根据具体情况进行微调。

关于进一步规范南水北调工程施工招标标段划分的指导意见

（国调办建管［2008］113号）

南水北调工程各项目法人：

为进一步加强南水北调工程招标投标管

理，规范施工招标标段划分，鼓励施工企业积极参与南水北调工程建设，根据《南水北调工程建设管理的若干意见》，结合南水北调工程建设实际，现提出以下指导意见：

一、施工招标标段划分指导原则

1. 标段划分合理，能鼓励实力强业绩优的大型施工企业参与南水北调工程建设，促进工程建设规范有序高效开展。

2. 有利于要求中标施工企业派出骨干队伍和先进的、完好的机械设备参加南水北调工程建设，有效预防转包、挂靠和违法分包。

3. 结合工程施工组织与场地平面布置，有利于土石方平衡、合理组织材料运输，有利于分段施工、分期投产，尽早发挥效益。

4. 结合行政区域情况，有利于减少永久征地和临时用地。临时用地占用时间一般不超过2年。

5. 推行以施工总承包为主要内容的工程总承包，提高单个标段集成程度，有利于资源合理调配，体现工程规模优势。

二、施工招标标段划分指导意见

1. 枢纽建筑物单个施工标段招标概算一般控制在3亿元以上。招标概算3亿元以下的建筑物与渠道（河道、箱涵）组合分标：中线渠道工程单个施工标段长度宜在10km以上，招标概算控制在2.5亿元以上；中线天津段箱涵工程单个施工标段长度宜在3km以上，招标概算控制在1.5亿元以上；东线渠道（河道）工程单个施工标段长度宜在10km以上，招标概算控制在1亿元以上。

2. 单个设计单元工程划分为1个施工标段，招标概算规模仍不能达到上述要求的，划分为1个施工标段。

三、其他

1. 涉及公路、铁路、电力等行业的专项工程施工标段，根据有关规定和工程实际情况划分。

2. 分标方案经核准后，各单位应严格执行。如须增减标段或对标段内容进行较大调整，应在招标前按原程序报批。

国务院南水北调工程建设委员会办公室

二〇〇八年七月一日

关于同意南水北调中线一期工程总干渠安阳段工程其他项目开工的批复

（国调办建管［2008］114号）

南水北调中线干线工程建设管理局：

你局《关于南水北调中线一期工程总干渠安阳段工程开工的请示》（中线局工［2008］84号）收悉。经核查，南水北调中线一期工程总干渠安阳段工程的初步设计报告已经批复，投资计划已经下达，招投标工作已经完成，工程现场已完成占地征用划界、地面实物核查，用地手续已经国土资源部批准，现场各项准备工作就绪，具备开工条件。同意安阳段工程开工建设，其中安阳河倒虹吸工程已先期批复。

此复。

国务院南水北调工程建设委员会办公室

二〇〇八年七月四日

关于南水北调中线一期工程总干渠膨胀土试验段（南阳段）工程建设管理模式的批复

（国调办建管［2008］121号）

南水北调中线干线工程建设管理局：

你局《关于南水北调中线一期工程总干渠膨胀土试验段（南阳段）工程委托管理有关问题的请示》（中线局计［2008］25号）收悉，经研究，批复如下：

一、原则同意你局提出的将南水北调中线一期工程总干渠膨胀土试验段（南阳段）工程（以下简称试验段工程）委托给河南省南水北调中线工程建设管理局（以下简称河南建管局）进行建设管理。

二、鉴于试验段工程初步设计已经批复，请你局和河南建管局抓紧签订该项目委托管理合同，尽快落实具体项目管理单位，积极做好开工前各项准备工作，争取早日开工建设。

三、根据南水北调中线干线工程建设管理实际情况，请你局抓紧研究提出南水北调中线干线工程河南境内黄河以南段项目管理划分方案，研究明确项目具体管理模式，积极推行代建制管理模式，并将有关意见报我办。

此复。

国务院南水北调工程建设委员会办公室

二〇〇八年七月十七日

关于同意南水北调中线工程自动化调度与运行管理决策支持系统（京石应急段）工程开工的批复

（国调办建管［2008］124号）

南水北调中线干线工程建设管理局：

你局《关于南水北调中线工程自动化调度与运行管理决策支持系统（京石应急段）工程开工的请示》（中线局信息［2008］10号）收悉。经核查，南水北调中线工程自动化调度与运行管理决策支持系统（京石应急段）工程的初步设计报告已经批复，工程建设管理机构已成立，投资计划已下达，建设资金已落实，部分标段的招投标工作已经完成，现场各项准备工作基本就绪。根据《国务院办公厅关于加强和规范新开工项目管理的通知》（国办发［2007］64号）的相关规定，同意南水北调中线工程自动化调度与运行管理决策支持系统（京石应急段）工程开工建设。

此复。

国务院南水北调工程建设委员会办公室

二〇〇八年七月三十一日

关于南水北调中线一期工程总干渠膨胀土试验段工程（南阳段）项目招标分标方案的批复

（国调办建管［2008］127号）

南水北调中线干线工程建设管理局：

你局《关于南水北调中线一期工程总干渠膨胀土试验段工程（南阳段）项目招标分标方案的请示》（中线局招［2008］45号）收悉。经研究，批复如下：

一、原则同意你局将该试验段施工、监理各划分为一个标段的意见，核准的分标方案见附件。

二、有关跨渠桥梁建设与管理事宜，请按照《关于南水北调工程跨渠桥梁建设与管理有关意见的函》（国调办建管函［2008］31号）执行。

三、鉴于膨胀土试验段工程试验成果对全线膨胀土段的设计影响重大，请你局明确专人负责，督促、检查、指导试验工作。

四、请你局协调有关各方，按照国家关于招标投标的法律法规和南水北调工程建设管理有关规定，精心组织，严格管理，确保招标质量，并抓紧做好工程开工的各项准备工作。

此复。

附件：南水北调中线一期工程总干渠膨胀土试验段工程（南阳段）项目招标核准分标方案

国务院南水北调工程建设委员会办公室

二〇〇八年八月十四日

附件：

**南水北调中线一期工程总干渠
膨胀土试验段工程（南阳段）
项目招标核准分标方案**

标段序号	标段名称	备注
1	中线总干渠膨胀土试验段工程（南阳段）项目施工	
2	中线总干渠膨胀土试验段工程（南阳段）项目监理	

关于南水北调中线一期工程总干渠黄河北—美河北段（中线建管局直管和代建项目）两个设计单元工程分标方案的批复

（国调办建管［2008］138号）

南水北调中线干线工程建设管理局：

你局《关于南水北调中线一期工程总干渠黄河北—美河北段（中线建管局直管和代建项目）两个设计单元工程分标方案的请示》（中线局招［2008］58号）收悉。经研究，原则同意你局的标段划分意见，核准的分标方案见附件。请你局严格按照国家关于招标投标的法律法规和南水北调工程建设管理有关规定，精心组织，严格管理，确保招标质量，并抓紧做好工程开工的各项准备工作。

此复。

附件：南水北调中线一期工程总干渠黄河北—美河北段（中线建管局直管和代建项目）两个设计单元工程招标核准分标方案

国务院南水北调工程建设委员会办公室

二〇〇八年九月十六日

附件：

**南水北调中线一期工程总干渠
黄河北—美河北段（中线建管局直管和
代建项目）两个设计单元工程
招标核准分标方案**

标段	标段名称	备注
一	代建	
1	鹤壁段代建标	
二	监理	
1	监理1标（监理Ⅳ0+000～Ⅳ28+500）	
2	监理2标（监理Ⅳ144+600～Ⅳ175+432.8）	
三	施工	
1	沁－1标段（土建Ⅳ9+160～Ⅳ10+540）	
2	鹤－1标段（土建Ⅳ144+600～Ⅳ155+600）	
3	鹤－2标段（土建Ⅳ155+600～Ⅳ169+600）	
4	鹤－3标段（土建Ⅳ169+600～Ⅳ175+432.8）	
四	机电设备及金属结构采购	
1	黄河北—美河北段（中线建管局直管和代建项目）大型电气设备采购1标	
2	黄河北—美河北段（中线建管局直管和代建项目）大型电气设备采购2标	
3	黄河北—美河北段（中线建管局直管和代建项目）闸门及卷扬机采购标	
4	黄河北—美河北段（中线建管局直管和代建项目）液压启闭机采购标	
五	工程安全监测	
1	黄河北—美河北段（中线建管局直管和代建项目）工程安全监测标	

注　标段桩号可在实施过程中根据具体情况进行微调。

关于进一步做好南水北调中线干线京石段工程临时通水各项工作的紧急通知

（国调办建管［2008］142号）

南水北调中线干线工程建设管理局：

为确保南水北调中线干线京石段工程临时通水工作的顺利完成，现就进一步做好京石段工程临时通水各项工作紧急通知如下：

一、要加强组织领导，切实保证通水沿线群众的生命财产安全

请你单位要高度重视京石段临时通水安全工作，牢固树立“以人为本”的理念，加强组织领导，强化责任落实，真正把以人为本的思想体现到安全工作的各个方面、各个环节。要进一步加强通水安全的宣传，通过电视、广播、公告、标语警示等多种宣传形式，切实保障渠道沿线群众的知情权，提高安全意识；要本着实事求是的原则，配备足够的人员和必要的设备，安排好安全巡视工作；要进一步加强通水安全设施建设，从确保通水安全的角度出发，加快与通水安全有直接关系的各种设施建设，如增设防护网、防护栏、安全索等；对于冬季的安全防范工作，要提前谋划，及早准备，防止意外事故发生；要进一步加强安全保卫工作的协调，建立及时、准确的信息反馈机制，发生突发事件时，要及时、如实按程序报告。

二、强化管理，切实提高通水管理水平

要进一步规范闸站管理，努力实现闸站管理的规范化、制度化；要完善规章制度，加强教育培训和巡视检查，切实提高运行人员的业务素质和责任心；要加强跨渠桥梁管理，加强桥梁标识的设置和保护，严禁超载、超速行驶，保证运输安全及桥梁安全；要加强干渠水质监测，做好退水口门及渠道的维护和清理，保证随时启动和运用；要创造条件，为闸站运行人员营造良好的工作环境和生活氛围。

三、加快推进剩余工程建设，促进运行管理水平的提高

要高度重视剩余尾工的建设，抓住机遇，加快边坡护砌、堤顶道路建设、安全防护网安装、通讯、供电设施建设等剩余尾工建设。安全防护网安装、参与调度运行的闸站未完工项目和堤顶道路要于11月底前基本完成。要集中力量，解决好征迁遗留问题，为剩余工程施工和永久设施的投入使用创造条件；要突出工作重点，加强监督检查，尽快实现临时供电、通讯设施与永久设施之间的切换；要提前安排好临时通水结束后，跨渠桥梁建设的各项准备工作，提前制定施工方案，确保在一个停水期内完成所有桥梁的建设。

实现京石段工程临时通水，确保通水安全，是党中央和国务院交给我们的一项光荣任务，希望各有关方面再接再厉、齐心协力，圆满实现通水目标。

国务院南水北调工程建设委员会办公室
二〇〇八年九月二十四日

关于南水北调东线第一期工程济南—引黄济青段工程济南市区段济洛路—洪家园桥输水暗涵工程分标方案的批复

（国调办建管［2008］143号）

南水北调东线山东干线有限责任公司：

你局《关于核准南水北调东线第一期工程济南—引黄济青段工程济南市区段济洛路—洪家园桥输水暗涵工程招标分标方案的请示》（鲁调水建字［2008］37号）收悉。经研究，原则同意你局的标段划分意见，核准的分标方案见附件。请你局严格按照国家关于招标投标的法律法规和南水北调工程建设管理有关规定，精心组织，严格管理，确保招标质量，并抓紧做好工程开工的各项准备工作。

此复。

附件：南水北调东线第一期工程济南—引黄济青段工程济南市区段济洛路—洪家园桥输水暗涵工程招标核准分标方案

国务院南水北调工程建设委员会办公室

二〇〇八年九月二十四日

附件：

南水北调东线第一期工程济南—引黄济青段工程济南市区段济洛路—洪家园桥输水暗涵工程招标核准分标方案

标段	标 段 名 称	备注
一	监理	
1	监理1标（输水暗涵11+547～17+879）	
2	监理2标（输水暗涵17+879～23+276）	
二	施工	
1	施工1标：输水暗涵11+547～13+877	
2	施工2标：输水暗涵13+877～15+831	
3	施工3标：输水暗涵15+831～17+879	
4	施工4标：输水暗涵17+879～20+293	
5	施工5标：输水暗涵20+293～21+763	
6	施工6标：输水暗涵21+763～23+276	
7	穿铁路工程	

注 标段桩号可在实施过程中根据具体情况进行微调。

关于同意南水北调东线一期南四湖水资源控制工程姚楼河闸开工的批复

（国调办建管［2008］146号）

淮委治淮工程建设管理局：

你局《关于南水北调东线南四湖水资源控制工程姚楼河闸工程申请开工的报告》（淮调建管［2008］17号）收悉。经核查，南水北调东线一期南四湖水资源控制工程姚楼河闸工程的初步设计报告已经批复，投资计划已经下达，招投标工作已经完成，现场准备工作就绪，基本具备开工条件。同意该工程开工建设。

此复。

国务院南水北调工程建设委员会办公室

二〇〇八年九月二十八日

关于南水北调中线一期工程总干渠穿漳河交叉建筑物工程分标方案的批复

（国调办建管［2008］153号）

南水北调中线干线工程建设管理局：

你局《关于南水北调中线一期工程总干渠穿漳河交叉建筑物工程分标方案的请示》（中线局招［2008］62号）收悉。经研究，批复如下：

一、原则同意你局的标段划分意见，核准的分标方案见附件。

二、同意你局将穿漳河交叉建筑物工程液压启闭机设备采购项目和安全监测项目分别纳入黄河北—羑河北段（中线建管局直管和代建项目）液压启闭机采购标和工程安全监测标的意见。

三、请你局严格按照国家关于招标投标的法律法规和南水北调工程建设管理有关规定，精心组织，严格管理，确保招标质量，并抓紧做好工程开工的各项准备工作。

此复。

附件：南水北调中线一期工程总干渠穿漳河交叉建筑物工程招标核准分标方案

国务院南水北调工程建设委员会办公室

二〇〇八年十月十三日

附件：

南水北调东中线一期工程总干渠穿漳河交叉建筑物工程招标核准分标方案

标段	标段名称	备注
一	监理	
1	穿漳河交叉建筑物工程监理标	
二	施工	
1	穿漳河交叉建筑物工程土建及机电金结安装标	
三	机电设备及金属结构采购	
1	穿漳河交叉建筑物工程机电设备采购标	
2	穿漳河交叉建筑物工程闸门及启闭机设备采购标	

关于进一步加强南水北调工程施工单位信用管理的意见

（国调办建管［2008］179号）

各省（直辖市）南水北调办公室（建管局）、南水北调工程各项目法人：

为进一步加强南水北调工程施工单位信用管理，建立施工单位诚信机制，规范南水北调工程建设市场秩序，根据国务院办公厅《关于社会信用体系建设的若干意见》和《南水北调工程建设管理的若干意见》，结合南水北调工程实际，现提出以下意见：

一、信用管理的内容与职责

（一）南水北调工程施工单位信用管理包括行为信息的采集与报送、信用等级确定与发布、信用等级使用等工作。

（二）国务院南水北调工程建设委员会办公室（以下简称“国务院南水北调办”）负责制定南水北调工程信用管理制度；建立南水北调工程信用档案和管理平台，发布信用等级；监督、指导行为信息采集、核实、报送和信用等级使用；负责协调与其他信用体系的关系。

各省（直辖市）南水北调办事机构［以下简称“省（市）南水北调办”］、南水北调工程质量监督机构（以下简称“质量监督机构”）负责所监管项目施工单位行为信息的采集、核实、报送和信用等级的使用。

项目法人（委托项目管理单位）负责其直接管理项目施工单位基本信息的采集、报送，行为信息的采集、核实、报送和信用等级的使用。南水北调东线工程项目法人和中线工程委托项目管理单位采集的信息，经有关省（市）南水北调办审核后报送国务院南水北调办。

（三）信用管理遵循客观、公正，激励诚信、惩戒失信的原则。

二、信息采集与报送

（四）南水北调工程施工单位行为信息由基本信息、良好行为信息和不良行为信息组成。

基本信息是指施工单位的基本情况、已承担南水北调工程的项目情况等。

良好行为信息是指施工单位在南水北调主体工程建设活动中，获得奖励和表彰，符合《南水北调工程施工单位良好行为记录认定标准》（以下简称《良好行为标准》，见附件1）的行为记录。

不良行为信息是指施工单位在南水北调主体工程建设活动中，违反有关法律、法规、规章、强制性标准或合同约定，符合《南水北调工程施工单位不良行为记录认定标准》（以下简称《不良行为标准》，见附件2）的行为记录。

（五）行为信息可来源于：招标投标活动中发现并认定的；稽察、审计中发现并认定的；检查、考核、评比活动的结论性意见，或在日常管理中发现并核实的；社会舆论、群众来信来访反映，经调查核实的；司法机关和纪检监察部门调查认定的；其他途径发现并认定的。

（六）国务院南水北调办有关部门、省（市）南水北调办、质量监督机构、项目法人（委托项目管理单位）按照职责分工，做好施工单位行为信息的采集工作。

施工单位应遵守国家法律法规及相关规定，按照诚实信用原则，提供主体行为信息。

（七）施工单位应如实填写《南水北调工程建设施工单位基本信息登记表》（见附件3），按规定的程序报送国务院南水北调办。

（八）施工单位有良好行为，有关部门或单位核实后，依照《良好行为标准》，及时填写《南水北调工程施工单位良好行为登记表》（见附件4），附相应证明材料，按“填表说明”规定的程序报送国务院南水北调办。

（九）施工单位有不良行为，有关部门或单位核实后，依照《不良行为标准》，及时填写《南水北调工程施工单位不良行为登记表》（见附件5），附相应证明材料，按“填表说明”规定的程序报送国务院南水北调办。

三、信用等级确定与发布

（十）国务院南水北调办对各部门或单位报送的施工单位行为信息，填写《南水北调工程施工单位行为信息公示表》（见附件6），在“中国南水北调网站”进行公示，公示期为5个工作日。

公示期内，施工单位如对其被公示的行为信息存在异议，可向国务院南水北调办提出经本单位法人签字、加盖公章的书面申诉，并提供相关证据。国务院南水北调办组织复核后，将结果通知申诉人。

公示期内无申诉或申诉被驳回的行为信息，录入南水北调工程施工单位信用档案。

（十一）施工单位行为信息记录采用代码管理，按照《良好行为标准》、《不良行为标准》由计算机自动赋分，根据赋分累积情况确定施工单位信用等级。信用等级实行升降级管理。

（十二）施工单位同一时期内受到不同级别的同类表彰或处罚，所得赋分不予重复计算，取其绝对值最高赋分进行累积。

（十三）南水北调工程施工单位信用等级分为A、B、C、D、E、F六个等级。A级为最高级，F级为最低级。施工单位初始信用等级为C级，行为信息赋分积分为0分。

（十四）施工单位行为信息赋分累计周期为2年。在一个赋分累计周期内，积分达10分者，信用等级晋升一级，扣除积分10分；积分达-10分者，信用等级降低一级，扣除积分-10分。一个赋分累计周期结束时，施工单位信用等级保持期末等级不变，积分清零。

（十五）南水北调工程施工单位信用等级由国务院南水北调办发布。

四、信用等级使用

（十六）南水北调工程施工单位信用等级是对施工单位在南水北调主体工程建设活动中信用评价的重要指标，应作为市场准入、招标评标等工作中对其资信进行评价的重要依据。

（十七）在南水北调工程项目招标评标时，应根据投标人的信用等级，在所有评分最终得分基础上，按百分制计分的，信用等级为A级的加2分，B级的加1分，C级不加减分，D级的减1分，E级的减3分；按其他计分制计分的，按相应比例加分或减分。

招标人应在招标文件中明确上款要求。

（十八）施工单位信用等级因赋分累积降为F级的，自其F级信用等级发布之日起，停止其参加南水北调工程新项目建设活动资格1年。期满后，信用等级定为E级。

（十九）施工单位存在《信用等级直接认定为F级的不良行为记录认定标准》（见附件2.2）所列不良行为的，信用等级直接认定为F级，停止其参加南水北调工程新项目建设活动资格1～3年；期满后，信用等级定为E级。

五、其他

（二十）发现并核实不良行为后，除按本意见规定的程序报送外，还应要求责任单位限期改正。

（二十一）有关单位及工作人员应如实、客观、公正地采集、核实、报送施工单位的行为信息，使用信用等级。玩忽职守、滥用职权、徇私舞弊、弄虚作假的，依照有关规定予以处罚。

（二十二）本意见由国务院南水北调办负责解释。

附件：

1. 南水北调工程施工单位良好行为记录认定标准（略）

2. 南水北调工程施工单位不良行为记录认定标准（略）

3. 南水北调工程施工单位基本信息登记表（略）

4. 南水北调工程施工单位良好行为登记表（略）

5. 南水北调工程施工单位不良行为登记表（略）

6. 南水北调工程施工单位行为信息公示表（略）

国务院南水北调工程建设委员会办公室

二〇〇八年十一月十四日

关于南水北调中线一期工程总干渠黄河北—羑河北段分标方案的批复

（国调办建管［2008］180号）

南水北调中线干线工程建设管理局：

你局《关于报送南水北调中线一期工程总干渠黄河北—羑河北段分标方案的请示》（中线局招［2008］74号）收悉。经研究，批复如下：

一、原则同意你局提出的标段划分意见，核准的分标方案见附件。

二、南水北调中线一期工程总干渠黄河北—羑河北段（中线建管局直管和代建项目）沁河渠道倒虹吸工程、鹤壁段工程原报分标方案予以调整，以此次报送并经核准的分标方案为准。

三、请你局严格按照国家关于招标投标的法律法规和南水北调工程建设管理有关规定，协调有关单位，精心组织，严格管理，确保招标质量，并抓紧做好工程开工的各项准备工作。

此复。

附件：

1. 南水北调中线一期工程总干渠黄河北—羑河北段（中线建管局直管和代建项目）招标核准分标方案

2. 南水北调中线一期工程总干渠黄河北—羑河北段（委托河南建管局管理项目）招标核准分标方案

国务院南水北调工程建设委员会办公室

二〇〇八年十一月十四日

附件1：

南水北调中线一期工程总干渠黄河北—羑河北段（中线建管局直管和代建项目）招标核准分标方案

序号	标　段　名　称	备注
一	监理	
1	监－1标段（监理Ⅳ0＋000～Ⅳ28＋500）	
2	监－2标段（监理Ⅳ28＋500～Ⅳ41＋400）	
3	监－3标段（监理Ⅳ144＋600～Ⅳ175＋432.8）	
4	监－4标段（监理Ⅳ175＋432.8～Ⅳ196＋749）	

续表

序号	标段名称	备注
二	施工	
1	温-1标段（土建Ⅳ0+000~Ⅳ9+160）	
2	温-2标段（土建Ⅳ10+540~Ⅳ22+000）	
3	温-3标段（土建Ⅳ22+000~Ⅳ28+500）	
4	沁-1标段（土建Ⅳ9+160~Ⅳ10+540）	
5	焦1-1标段（土建Ⅳ28+500~Ⅳ33+700）	
6	焦1-2标段（土建Ⅳ33+700~Ⅳ38+000）	
7	焦1-3标段（土建Ⅳ38+000~Ⅳ41+400）	
8	鹤-1标段（土建Ⅳ144+600~Ⅳ155+600）	
9	鹤-2标段（土建Ⅳ155+600~Ⅳ169+600）	
10	鹤-3标段（土建Ⅳ169+600~Ⅳ175+432.8）	
11	汤-1标段（土建Ⅳ175+432.8~Ⅳ185+000）	
12	汤-2标段（土建Ⅳ185+000~Ⅳ191+000）	
13	汤-3标段（土建Ⅳ191+000~Ⅳ196+749）	
三	工程安全监测	
1	测-1标段（工程安全监测）	
四	电气设备采购	
1	电-1标段（高、低压配电、直流电源等）	
2	电-2标段（发电机、拖车电站、变压器等）	
五	金属结构设备采购	
1	金-1标段（闸门及卷扬机采购）	
2	金-2标段（液压启闭机采购）	

注 标段桩号可在实施过程中根据具体情况进行微调。

附件2：

南水北调中线一期工程总干渠黄河北—羑河北段（委托河南建管局管理项目）招标核准分标方案

序号	标段名称	备注
一	监理	
1	监-1标段（监理Ⅳ41+400~Ⅳ66+960）	
2	监-2标段（监理Ⅳ66+960~Ⅳ91+730）	
3	监-3标段（监理Ⅳ91+730~Ⅳ115+900）	
4	监-4标段（监理Ⅳ115+900~Ⅳ144+600）	
二	施工	
1	焦2-1标段（土建Ⅳ41+400~Ⅳ46+500）	
2	焦2-2标段（土建Ⅳ46+500~Ⅳ48+300）	
3	焦2-3标段（土建Ⅳ48+300~Ⅳ55+900）	
4	焦2-4标段（土建Ⅳ55+900~Ⅳ61+500）	
5	焦2-5标段（土建Ⅳ61+500~Ⅳ66+960）	
6	辉县-1标段（土建Ⅳ66+960~Ⅳ72+000）	
7	辉县-2标段（土建Ⅳ72+000~Ⅳ78+300）	
8	辉县-3标段（土建Ⅳ78+300~Ⅳ85+400）	
9	辉县-4标段（土建Ⅳ85+400~Ⅳ91+730）	
10	辉县-5标段（土建Ⅳ93+280~Ⅳ101+230）	
11	辉县-6标段（土建Ⅳ101+230~Ⅳ108+000）	
12	辉县-7标段（土建Ⅳ108+000~Ⅳ115+900）	
13	石门-1标段（土建Ⅳ91+730~Ⅳ93+280）	

续表

序号	标段名称	备注
14	新卫-1标段（土建Ⅳ115+900~Ⅳ120+498.3，Ⅳ121+998.3~Ⅳ126+780）	
15	新卫-2标段（土建Ⅳ126+780~Ⅳ139+500）	
16	新卫-3标段（土建Ⅳ139+500~Ⅳ144+600）	
三	工程安全监测	
1	监测-1标段（监测Ⅳ41+400~Ⅳ66+960）	
2	监测-2标段（监测Ⅳ66+960~Ⅳ144+600）	
四	电气设备采购	
1	电气-1标段（柴油发电机及拖车电站）	
2	电气-2标段（变压器、直流电源及各种盘柜等）	
五	金属结构设备采购	
1	金结-1标段（闸门Ⅳ41+400~Ⅳ91+730）	
2	金结-2标段（闸门Ⅳ91+730~Ⅳ144+600）	
3	金结-3标段（液压启闭机Ⅳ41+400~Ⅳ144+600）	

注 标段桩号可在实施过程中根据具体情况进行微调。

关于南水北调工程建设与管理基础信息建设与应用（一期）项目招标分标方案的批复

（国调办建管［2008］186号）

南水北调工程设计管理中心：

你中心《关于南水北调工程建设与管理基础信息建设与应用（一期）招标分标方案的请示》（设管技［2008］57号）收悉。经研究，原则同意你中心提出的分标方案（核准的分标方案见附件）。请你中心严格按照国家有关法律法规和《南水北调工程建设重大专题和南水北调办能力建设项目管理办法》的有关规定，开展招标相关工作。

此复。

附件：南水北调工程建设与管理基础信息建设与应用（一期）项目招标核准分标方案

国务院南水北调工程建设委员会办公室

二〇〇八年十二月三日

附件：

南水北调工程建设与管理基础信息建设与应用（一期）项目招标核准分标方案

标段	名称	备注
1	南水北调工程建设与管理基础信息建设与应用（一期）基础空间地理信息采集和地理数据整编标	
2	南水北调工程建设与管理基础信息建设与应用（一期）地理信息数据库建设、信息系统软件开发及硬件采购标	

关于南水北调东线第一期工程济南—引黄济青段工程济南市区段睦里庄闸至济洛路段工程分标方案的批复

（国调办建管［2008］200号）

山东省南水北调工程建设管理局：

你局《关于核准南水北调东线第一期工程济南—引黄济青段工程济南市区段睦里庄闸至济洛路段工程分标方案的请示》（鲁调水建字［2008］48号）收悉。经研究，原则同意你局的标段划分意见，核准的分标方案见附件。请你局严格按照国家关于招标投标的法律法规和南水北调工程建设管理有关规定，精心组织，严格管理，确保招标质量，并抓紧做好工程开工的各项准备工作。

此复。

附件：南水北调东线第一期工程济南—引黄济青段工程济南市区段睦里庄闸至济洛路段工程招标核准分标方案

国务院南水北调工程建设委员会办公室

二〇〇八年十二月十八日

附件：

南水北调东线第一期工程济南—引黄济青段工程济南市区段睦里庄闸至济洛路段工程招标核准分标方案

标段	标 段 名 称	备注
一	监理	
1	监理3标（利用小清河输水段0+000~4+645，输水暗涵0+000~11+547）	
2	监理4标（输水暗涵0+000~4+912）	
二	施工	
1	施工7标（利用小清河输水段0+000~4+557）	
2	施工8标（利用小清河输水段4+557~4+645，输水暗涵0+000~2+700）	
3	施工9标（输水暗涵2+700~4+912）	
4	施工10标（输水暗涵4+912~7+290）	
5	施工11标（输水暗涵7+290~9+371）	
6	施工12标（输水暗涵9+371~11+547）	
7	施工13标（房屋建筑工程）	
8	施工14标（电力线路工程）	
9	施工15标（穿济西编组站工程）	

注 标段桩号可在实施过程中根据具体情况进行微调。

关于调整南水北调东线第一期工程韩庄泵站工程招标分标方案的批复

（国调办建管［2008］203号）

山东省南水北调工程建设管理局：

你局《关于调整南水北调东线第一期工程韩庄泵站工程招标分标方案的请示》（鲁调水建字［2008］49号）收悉。经研究，原则同意你局提出调整的标段划分意见，核准的分标方案见附件。请你局严格按照国家关于招标投标的法律法规和南水北调工程建设管理有关规定，精心组织，严格管理，确保招标质量。

此复。

附件：南水北调东线第一期工程韩庄泵站工程招标核准分标方案

国务院南水北调工程建设委员会办公室

二〇〇八年十二月二十四日

附件：

南水北调东线第一期工程韩庄泵站工程招标核准分标方案

标段	标 段 名 称	备注
一	施工	
1	韩庄泵站出水渠段工程	
2	管理区工程施工	
二	机电设备及金属结构	
1	贯流泵机组及附属设备采购	
2	主体建筑工程、金结及机电设备和辅机系统安装工程	
3	金属结构及清污机设备采购	
4	液压启闭机采购	
5	电气设备采购	

续表

标段	标　段　名　称	备注
三	计算机自动化	
1	计算机自动化设备采购	
四	水土保持	
1	水土保持工程	

关于南水北调中线京石段应急供水工程临时通水期间水质监测招标分标方案的批复

（国调办环移［2008］47 号）

南水北调中线干线工程建设管理局：

你局《关于南水北调中线京石段应急供水工程临时通水期间水质监测分标方案的请示》（中线局招［2008］18 号）收悉。为确保北京 2008 年奥运会应急调水安全运行，根据水利部、国家发展改革委和我办联合上报国务院《关于报送北京 2008 年奥运会应急调水实施方案的请示》（水调水［2008］81 号）中水质监测有关方案，结合京石段工程实际，经我办和你局研究、讨论，并征求水利、环保有关水质监测机构专家的意见，形成《南水北调中线京石段应急供水工程临时通水期间水质监测招标核准分标方案》（见附件）。为加紧做好水质监测准备工作，请你局据核准的分标方案，并按照国家招标投标有关法律法规和南水北调工程建设管理有关规定，核定有关费用估算，并开展水质监测招投标有关工作。

特此批复。

附件：南水北调中线京石段应急供水工程临时通水期间水质监测招标核准分标方案（略）

国务院南水北调工程建设委员会办公室
二〇〇八年四月七日

关于南水北调中线一期工程丹江口库区 2008 年文物保护项目的批复

（国调办环移［2008］88 号）

南水北调中线水源有限责任公司：

你公司《关于报送南水北调中线水源工程 2008 年丹江口库区文物保护方案及投资概算的请示》（中水源移［2007］149 号）收悉。根据《南水北调工程建设征地补偿和移民安置暂行办法》、南水北调文物保护工作协调小组会议精神和国家发展改革委核定的概算，经商国家文物局同意，现批复如下：

一、根据《国家发展改革委关于核定南水北调中线一期工程丹江口库区 2008 年文物保护项目投资概算的通知》（发改投资［2008］875 号），核定南水北调中线一期工程丹江口库区 2008 年文物保护项目投资 8971 万元。其中，河南省 4224 万元，湖北省 4747 万元（含武当山遇真宫前期工作经费 500 万元）。

二、省级征地移民主管部门、项目法人要严格遵照有关办法和程序，积极配合文物主管部门开展工作，加强沟通、协调，及时拨付资金。

三、省级文物主管部门是实施控制性文物保护项目的责任主体，要按照《南水北调东、中线一期工程文物保护管理办法》和《南水北调工程建设文物保护资金管理办法》规定，在规定的期限内保质保量完成文物保护工作，及时报送统计和财务报表，准确反映项目实施进度，项目完成后应按规定进行验收，为南水北调工程建设创造条件。

附件：

1. 国家发展改革委关于核定南水北调中线一期工程丹江口库区 2008 年文物保护项目

投资概算的通知（发改投资［2008］875号）（略）

2. 南水北调中线一期工程丹江口库区2008年文物保护项目概算细表（略）

国务院南水北调工程建设委员会办公室
二〇〇八年六月四日

关于丹江口库区移民试点（河南部分）监理监测分标方案的批复

（国调办环移［2008］144号）

南水北调中线水源有限责任公司：

你们报来的《关于南水北调中线水源工程丹江口水库建设征地移民试点河南部分监理监测分标方案的请示》（中水源移［2008］123号）收悉。根据“建委会领导、省级政府负责、县为基础、项目法人参与”的南水北调征地移民工作管理体制，丹江口水库建设征地移民试点监理监测标段进行分省划分是合理的，经研究，原则同意你们提出的丹江口库区移民试点河南部分监理监测分标方案。请你们按照我办和国家有关招投标管理规定抓紧开展相关工作，待试点方案正式批复后，立即开展招标工作，确保招标工作质量。

此复。

国务院南水北调工程建设委员会办公室
二〇〇八年九月二十五日

关于丹江口水库建设征地移民安置试点规划报告的批复

（国调办环移［2008］152号）

南水北调中线水源有限责任公司：

你公司《关于报送丹江口水库建设征地移民安置试点规划报告的报告》（中水源移［2008］53号）收悉。我办组织水利部水利水电规划设计总院对随文上报的试点规划报告进行了审查，并提出了审查意见（附件1）。经研究，我办基本同意该审查意见。现批复如下：

一、丹江口大坝加高工程库区移民规模大、周期长，情况复杂。为实现库区移民尽早搬迁要求，加快丹江口库区移民实施进度，保证中线一期主体工程建设计划目标的实现，及时开展移民试点工作是十分必要的。

二、同意丹江口库区移民试点范围以农村移民为主，包括移民搬迁的控制性项目和大坝加高施工需要搬迁安置的移民项目。试点工作任务主要包括河南、湖北两省三县移民搬迁安置2.3万人，大坝施工影响区移民项目和省道S335线复建，丹江口市习均大桥、郧县汉江二桥和淅川县小三峡大桥等。

三、基本同意建设征地实物指标调查范围和成果，以及移民安置规划的依据、原则和农村移民安置途径。

四、基本同意控制性专业项目的处理方案。

五、按国家发展改革委核定的丹江口水库建设征地移民安置试点规划投资概算252 847万元（详见附表）控制投资。

六、请你公司按照国家有关规定和基本建设程序要求，积极筹措移民资金，配合河南、湖北两省尽快开展试点工作，按期完成任务。

特此批复。

附件：

1. 关于提交南水北调中线一期工程丹江口水库建设征地移民安置试点规划报告审查意见的函（水总环移［2008］342号）（略）

2. 国家发展改革委关于核定南水北调中线一期工程丹江口水库建设征地移民安置试点规划概算的通知（发改投资［2008］2534号）（略）

国务院南水北调工程建设委员会办公室
二〇〇八年十月十日

关于开展丹江口库区移民安置试点工作的通知

（国调办环移［2008］158号）

河南省移民办、湖北省移民局：

丹江口水库大坝加高工程库区移民规模大、周期长，情况复杂，为实现库区移民尽早搬迁要求，加快丹江口库区移民实施进度，保证中线一期主体工程建设计划目标的实现，及时开展移民试点工作是十分必要的。目前，丹江口库区移民安置试点规划报告和投资概算已经我办和国家发展改革委批准，库区移民试点工作需尽快启动实施。根据国务院第204次常务会议精神，现就做好库区移民安置试点工作通知如下：

一、丹江口库区移民试点的范围以农村移民为主，包括移民搬迁的控制性项目和大坝加高施工需要搬迁安置的移民项目。试点任务包括河南、湖北两省三县移民搬迁安置23 085人（其中河南省10 627人，湖北省12 458人），大坝施工影响区移民项目和省道S335线复建，丹江口市习均大桥、郧县汉江二桥和淅川县小三峡大桥等。核定移民试点总投资252 847万元，其中河南省97 948万元，湖北省154 899万元（详见附表）。

二、试点工作总体安排。2008年底前完成居民点新址征地和“三通一平”等基础设施建设，力争开始移民建房工作。2009年9月底前，完成移民村基础设施建设和移民生产用地调整及责任田划分工作，完成移民搬迁安置工作，确保移民搬迁后有房住、有地种，移民子女有学上。2009年底前全面完成移民试点工作。

三、加强领导，精心组织，保证移民安置工作质量。南水北调中线一期工程成败的关键在移民，河南、湖北两省移民部门要充分认识移民试点工作的重要性和紧迫性，加强领导，精心组织，尽快制定试点实施方案，安排部署各项实施工作。加强对移民试点实施工作的监督检查，要特别注意对移民房屋、公共设施（包括学校、医疗设施等）及专项工程建设质量的监督检查，确保移民安置工作的质量，确保按期完成库区移民安置试点任务。

附件：南水北调中线一期工程丹江口水库建设征地移民安置试点规划投资概算核定表（略）

国务院南水北调工程建设委员会办公室

二〇〇八年十月十七日

关于南水北调东线一期工程南四湖—东平湖段输水与航运结合工程征地移民监理监测招标分标方案的批复

（国调办环移［2008］201号）

山东省南水北调工程建设管理局：

你局《关于核准南水北调东线第一期工程南四湖—东平湖段输水与航运结合工程征地移民监理监测招标分标方案的请示》（鲁调水政函字［2008］37号）收悉。经研究，现批复如下：

一、原则同意你局提出的南四湖—东平湖段输水与航运结合工程征地移民监理监测招标分标方案，核准的分标方案见附表。

二、请你局严格按照我办和国家有关招投标管理的有关规定，做好该工程征地移民监理监测招标的各项工作，确保招标工作质量。

此复。

附件：南四湖—东平湖段输水与航运结合工程征地移民监理监测招标分标方案

国务院南水北调工程建设委员会办公室

二〇〇八年十二月十八日

附件：

南四湖—东平湖段输水与航运结合工程征地移民监理监测招标分标方案

项目名称	涉及县（区）	标段
湖内疏浚工程征地移民监理	微山县、任城区	监理Ⅰ标
梁济运河工程征地移民监理	任城区、市中区、嘉祥县、汶上县、梁山县	监理Ⅱ标
长沟泵站工程征地移民监理	任城区	
邓楼泵站工程征地移民监理	梁山县	
引黄灌区灌溉工程征地移民监理	梁山县	监理Ⅲ标
柳长河段工程征地移民监理	梁山县、东平县	监理Ⅳ标
八里湾泵站工程征地移民监理	东平县	
湖内疏浚工程、梁济运河工程、长沟泵站工程、邓楼泵站工程、引黄灌区灌溉工程、柳长河段工程、八里湾泵站工程征地移民监测		监测标

关于做好南水北调工程建设工程款和农民工工资支付工作的通知

（综建管函［2008］28号）

南水北调工程各项目法人：

为认真贯彻落实《中共中央办公厅、国务院办公厅关于做好2008年元旦、春节期间有关工作的通知》（中办发电［2007］70号）要求，杜绝在南水北调工程建设中发生拖欠工程款和农民工工资的问题，切实维护南水北调工程各参建单位和农民工的合法权益，促进社会和谐稳定，现就做好南水北调工程建设工程款和农民工工资支付有关工作通知如下：

一、各项目法人和有关项目建设管理单位要高度重视工程款和农民工工资支付工作，明确工作目标和责任，加强监督管理，采取切实有效措施防止拖欠工程款和农民工工资。

二、加强工程建设的合同管理，及时结算和足额支付各项目管理、施工、监理、设备制造、材料供应等参建单位的各类合同款，妥善处理变更发生的费用。

三、加强对参建施工企业的监管，严禁转包和违法分包，加强分包管理，严格执行劳动合同制度，督促有关施工企业严格按照有关法规和劳动用工制度，按时足额支付农民工工资。

四、各项目法人要在所负责工程项目范围内立即组织开展一次工程款和农民工工资及时支付的清查工作，对存在的问题及时进行整改和纠正。

国务院南水北调工程建设委员会办公室

二〇〇八年一月二十四日

关于加强南水北调东线京杭运河段航运水污染综合治理工作的通知

（综环移函［2008］277号）

江苏、山东省人民政府办公厅：

南水北调工程是缓解我国北方地区水资源短缺，实现水资源合理配置，保障经济社会可持续发展，全面建设小康社会的重大战略性基础设施。东线工程主要利用京杭运河及其平行河道延伸扩挖，兼顾调水、航运、防洪、排涝、灌溉等多种功能和效益。沿线

水污染防治工作关系到东线工程的成败。为确保南水北调东线工程“清水廊道”目标的实现，需进一步加强对东线京杭运河段航运水污染综合治理工作，现将有关事项通知如下：

一、进一步提高思想认识，切实加强组织领导

京杭运河自古以来就是我国南北运输大通道之一，在促进南北方物质文化交流和经济社会发展方面发挥了重要作用。随着我国国民经济的发展，南水北调东线京杭运河段水上运输日趋繁忙，已成为沿线地区主要的大宗散装货物重要交通运输方式，在区域经济社会发展中占有重要地位。南水北调东线工程实施以后，京杭运河又被赋予向北方输送生产生活用水的功能。

加强航运水污染综合治理是内河水运现代化建设的内在要求，也是保障南水北调东线输水水质安全的重要措施，受到社会各方面的关注。近年来，地方各级政府和有关部门采取了一系列针对性治理措施，取得了明显成效。上世纪90年代以来，交通部门组织对京杭运河实施了两次大规模整治，推行船舶标准化，并开展了科技示范工程，部分地方还建设了油废水和垃圾回收站等设施，这些举措不仅改善了京杭运河的通航条件，拓宽了过水断面，提高了水体自净能力，而且在改善水质的同时，优化了临水环境，促进了能源资源节约。尽管如此，水上交通运输活动所产生的油废水、冲洗船舱（甲板）污水、生活污水、垃圾及粪便等污染物直排现象依然存在，航运事故也偶有发生并造成一些污染，这些都影响着东线水质的改善。为切实防范东线航运污染，根据党中央、国务院确定的南水北调工程“先节水后调水，先治污后通水，先环保后用水”的原则，应进一步提高认识，加强领导，采取综合治理措施，防治航运业带来的污染，满足输水对水质的要求，努力将南水北调东线京杭运河段建设成“清水廊道”。

二、进一步推进船型标准化进程，加快规模化、环保型港口及水上设施建设

按照京杭运河船型标准化工作安排，江苏、山东两省应组织相关部门，根据南水北调东线沿线经济和航运发展的实际情况，研究推进船型标准化、大型化、环保型的具体措施，努力实现“到2010年，航行于京杭运河航道的标准船型达到80%以上”、“到2020年，船型标准化率达到100%”的规划目标，逐步使污染物船内封闭、收集上岸。同时，要科学规划、合理布局南水北调东线京杭运河段港口建设，整合现有港口岸线资源，搬迁、改造、拆除一批规模较小、污染重的码头作业点，统一规划规模化、集约化、环保型的现代化公用港区；有条件的新建作业区尽量远离调水主通道，并配套建设船舶油废水、生活污水和船舶垃圾等接收、转运设施；新建散货码头应采取综合防尘措施，防止造成污染。

三、建立机制，加强监管，切实防治航运污染

江苏、山东两省要进一步加强航运环保法规和船舶防污知识的宣传力度，提高广大船员及全社会防污治污意识。要在继续推进京杭运河沿线船舶垃圾、污（油）水岸上接收处理设施建设的基础上，组织京杭运河沿线地区的交通、环保、市政等有关部门，建立船舶污染物接收处理和运营管理机制，依法适当收取污染物收集处理费，对污染物直排行为给予必要的处罚，确保已建的船舶垃圾和污（油）水回收站正常运转，充分发挥应有效益。两省之间要对防治航运污染工作加强协调，努力做到目标一致、政策一致、步调一致。

要进一步建立健全船舶防污监管体系，加强污染防治监管力度。京杭运河沿线地区交通海事部门要进一步加大现场监管力度，严格依法纠正违法排污行为；加强船舶防污设备日常检查，确保防污设施的正常使用；加大对石油类、散装可造成污染货物、危险化学品等物资装卸作业的现场监管力度，消除存储、转运、装卸等各环节安全隐患；加强对沿线港口码头、船舶修造企业等单位污染物接收处理和污染事故应急处置设施检查力度；加快闭路电视监控系统建设，在危险化学品运输船舶强制安装船舶跟踪识别系统，实现动态监控；加快船舶防污监管的信息化建设，开发信息综合平台，加强对违法排污船舶的跟踪监管，实现沿线多地区和多部门污染防治信息的共享。

四、加快建立船舶污染防治应急体系，提高危险品船舶事故应急处置能力

江苏、山东两省要建立健全《南水北调东线京杭运河段船舶污染事故应急预案》，落实应急动员机制和力量，建设防污应急设备物资储备数据库，保证京杭运河段污染应急处置及时、有效。要定期组织开展内河搜救和防污演练，提高南水北调东线京杭运河段突发性污染事件的应急处置能力。

五、积极配合做好《京杭运河航运综合治理发展建设规划》编制工作

江苏、山东两省要组织有关部门，根据南水北调东线京杭运河段水污染综合治理工作的实际情况，尽快研究提出有关航运水污染防治设施建设方案，经国务院有关部门研究论证后，纳入《京杭运河航运综合治理发展建设规划》。

特此通知。

国务院南水北调工程建设委员会办公室综合司
国家发展和改革委员会办公厅
交通运输部办公厅
环境保护部办公厅
住房和城乡建设部办公厅
二〇〇八年九月三日

沿线各省（直辖市）

天津市人民政府关于南水北调中线一期天津干线（天津境内工程）建设征地拆迁安置实施方案的批复

（津政函［2008］147号）

市南水北调工程建设委员会办公室、市发展改革委、市财政局、市国土房管局、市林业局：

你们《关于审批南水北调中线一期天津干线（天津境内工程）建设征地拆迁安置实施方案的请示》（津调水办报［2008］19号）收悉。经研究，现批复如下：

一、同意南水北调天津干线天津境内工程征地拆迁补偿总投资为6.59亿元，其中4.84亿元由西青区、北辰区和武清区人民政府包干使用（西青区22 461.41万元，北辰区22 590.35万元，武清区3367.88万元），不足部分由区人民政府自行解决；中央及市属专项设施技改投资、勘测设计费、监理监测费、管理用房征地补偿费、其他费用、基本预备费和有关税费1.75亿元由市南水北调办公室按照相关规定统一管理和使用。

二、原则同意西青区、北辰区和武清区的征迁实施方案。征地拆迁工作政策性强，涉及被征迁范围内人民群众的切身利益，西青区、北辰区、武清区人民政府要把征迁工作做深、做细、做好，及时兑付补偿资金，切实维护人民群众的根本利益，特别是要认真做好被搬迁群众的思想工作，确保社会和谐稳定；要加强资金监管，保证专款专用，严禁挤占和挪用；要严格按照市人民政府批准的征迁工作计划实施，确保按期完成征迁工作任务，保证工程建设用地。

三、有关部门要按照自身的职责，做好协调服务工作，加强监督检查，保证征迁资金及时到位、合理使用，推动征迁工作按计划实施，确保南水北调工程的如期开工和顺利建设。

天津市人民政府

二〇〇八年十二月十二日

天津市发展和改革委员会关于天津市南水北调中线配套工程王庆坨水库工程项目建议书的批复

（津发改农经［2008］151号）

市南水北调办：

你办“关于报批天津市南水北调配套工程王庆坨水库工程项目建议书的函”（津调水规［2007］11号）收悉，经委托天津市政府投资项目评审中心评估论证，批复如下：

一、项目符合《天津市水利发展“十一五”规划》和我委批复的《天津市南水北调中线市内配套工程规划》，同意项目立项。工程的建成，可以在一定程度上缓解南水北调总干渠断水、冰期输水流量减少等供水安全问题，对于满足城市稳定供水要求，提高城市供水的可靠性和安全性，促进天津地区经济发展具有重要作用。因此，项目的建设是必要的。

二、项目任务及选址。拟建的王庆坨水库应以平衡城市供水的调节功能为主，兼有部分水源备用功能。工程布局主要按津同公路以南、津保高速以北建设选址。

三、估算工程总投资按下一阶段调整的水库建设方案确定。资金来源待市内配套工程筹资方案确定后，统筹解决。

下阶段，请你办商武清区政府，本着节约占用耕地的原则，参照天津市政府投资项目评审中心的评估意见，按引江与引滦联合调节的条件下（调节库容约2000万m^3），对水库规模进行重新论证。

请据此落实相关土地、环保等外部前期手续，并编制项目可行性研究报告，按程序报批。

天津市发展和改革委员会

二〇〇八年三月十三日

天津市南水北调工程建设委员会办公室关于印发天津市南水北调工程建设管理工作流程（试行）的通知

（津调水综［2008］4号）

各有关单位：

现将《天津市南水北调工程建设管理工作流程（试行）》印发给你们，请认真遵照执行。各有关单位应根据工程建设管理相关规定和工作流程，结合实际制定本单位工程建设管理的相应制度和工作流程，并报我办备案。执行中有什么问题，请及时向我办反馈。

附件：天津市南水北调工程建设管理工作流程（试行）（略）

天津市南水北调工程建设委员会办公室

二〇〇八年五月十九日

河北省人民政府关于河北省南水北调配套工程规划的批复

（冀政函［2008］118号）

省南水北调办公室：

你办冀调水设［2008］28号文收悉。经研究，同意《河北省南水北调配套工程规划》。现就有关问题批复如下：

一、加快我省配套工程建设。南水北调是国家重点工程，也是缓解我省水资源紧缺矛盾、优化配置水资源的重大基础设施。要加大工作力度，采取有效措施，全力配合国家主体工程建设。

二、完善配套工程建设管理体制。按照规划确定的供水目标、水量分配、工程布局、分步实施方案以及有利于调动各方面积极性和加强水资源统一管理的原则，配套工程实行“政府主导、准市场运作、分级管理、责权统一”的建设管理体制。省级负责跨市干渠等重点工程建设管理，市、县（市、区）负责行政区域内其他配套工程建设管理，水厂及配水管网按照原体制进行筹资、建设和管理。工程建设实行项目法人责任制、招投标制和建设监理制，运行期逐步实现企业化运营管理。

三、多方筹集配套工程建设资金。在积极争取国家支持的同时，发挥政府的主导作用，充分利用银行贷款和社会资本，拓宽工程建设筹资渠道。配套工程筹资办法由省财政厅研究制定。

四、建立当地地表水、地下水和外调水等各种水资源统管、同区同价的水价机制。供水价格机制等问题由省物价局、省水利厅、省建设厅等有关部门抓紧进行研究。

五、加强对前期工作和工程建设管理的组织协调。要对规划进行细化，分项设计，分项审批。抓紧我省五条跨市干渠配套工程项目申报工作，争取国家支持。廊坊、赞善两条新开工干渠，要争取列入南水北调主体工程投资概算。进一步优化单项工程规模和结构，按照单项工程编制可行性研究报告，报省发展改革委审批。要加快工作进度，尽早开工建设，确保主要供水目标在中线一期工程总干渠建成通水时具备供水条件，力争按时限要求全部完成配套工程建设任务，充分发挥南水北调工程的效益。

河北省人民政府

二〇〇八年十一月二十六日

河北省南水北调工程建设委员会办公室关于进一步加强京石段应急供水安全保卫工作的通知

（冀调水综［2008］64号）

石家庄、保定市南水北调办公室，省建管局，中线局直管漕河、惠南庄项目部：

自2008年9月18日南水北调京石段应急供水以来，各市、县南水北调办公室和各建管单位，认真贯彻落实国务院南水北调办和省政府关于应急供水安全保卫工作的要求，积极采取有力措施，保证了应急供水的平稳运行。但目前随着天气变化，我省已进入寒冬季节，冰期输水对安全保卫工作特别是对人员安全提出了新的要求，元旦、春节将至，各市、县南水北调办和各建管单位务必要高度重视这一时期的安全保卫工作。现将有关事项通知如下：

一、切实搞好护栏网的维护和保护。护栏网是保证人员安全的一项重要措施，但是从巡视情况看，个别地方有护栏网损坏现象。请各建管单位对护栏网情况进行一次专项检查，并于2009年1月1日前将护栏网维修好，请各市、县南水北调办要积极配合公安部门严厉打击破坏护栏网等工程设施的行为。

二、加强安保人员管理。各市、县南水北调办要进一步加强安保人员管理，督导安保人员切实负起责任，上岗到位，全天候值班巡逻。

三、加强巡查工作。各市、县南水北调办要进一步做好供水沿线的巡查工作，进行定期或不定期检查。省南水北调办将继续加强督导巡视。

四、继续做好安全保卫的宣传教育工作。各市、县南水北调办要继续利用广播、电视等多种宣传形式，对沿线广大群众特别是中、小学生进行警示宣传教育，提高其安全意识。

河北省南水北调工程建设委员会办公室

二〇〇八年十二月三十日

江苏省发展改革委关于南水北调东线徐州市截污导流工程可行性研究报告的批复

（苏发改农经发［2008］495号）

省南水北调办公室：

你办《关于报请审批〈南水北调东线徐州市截污导流工程可行性研究报告〉的函》（苏调办［2007］40号）收悉。经研究，现批复如下：

一、原则同意南水北调东线徐州市截污导流工程可行性研究报告。根据《南水北调东线工程治污规划》和《南水北调东线工程江苏段控制单元治污实施方案》，该工程的任务是在徐州市实施产业结构调整、工业综合治理、城市污水处理等综合整治工程的同时，将不牢河、房亭河、中运河邳州段三个控制单元内的污水处理厂尾水集中输送导入新沂河入海，使南水北调输水干线徐州段调水水质达到地表水Ⅲ类标准，并保证导流工程沿线尾水受水区域的水环境安全。

二、徐州市尾水输送工程总设计规模为80.91万t/d，沿线相应设计流量1.16～9.37m^3/s，尾水计入骆马湖渗流量和湖东白排河现状3年一遇排涝流量，至新沂河大马庄涵洞的设计流量为41.96m^3/s。

三、该工程建设内容包括河（渠）道工程、干渠建筑物工程和沿线配套工程。工程新开尾水渠道（涵管）31.1km，利用现状河渠141.6km，干渠沿线建设控制涵闸151座，按照恢复原功能原则实施配套建筑物122座。本阶段暂核定工程永久占地3059亩，临时占地6792亩，影响人口1213人，拆迁房屋37 543m^2。

四、同意尾水导流工程等别为三等，相应主要建筑物级别为3级，穿京杭运河、中运河及沂河等流域性河道地涵为2级建筑物。工程区域地震设计烈度Ⅶ～Ⅷ度。

五、按2008年1季度价格水平，该工程静态总投资69 979万元，工程投资与南水北调东线一期工程统筹安排。

六、经省政府同意，该工程由徐州市组建项目法人，负责工程的建设和运行管理，工程运行费用由徐州市承担。

七、请你办及项目法人按照本批复确定的建设规模和标准组织编制初步设计报我委审批。在初步设计阶段，要根据专家审查意见进一步优化工程线路方案；本着厉行节约的原则，严格控制工程标准及投资规模，尽量减少永久征地；准确调查、核定工程规模、投资规模以及征占地、拆迁房屋和移民数量。项目法人要严格按照招标投标法及其相关规定，委托招标代理机构公开招标选择施工、监理和设备材料供应等单位，严格执行建设监理制和合同管理制。

附件：

1. 徐州市截污导流工程可行性研究投资估算审核表（略）

2. 南水北调东线一期工程徐州市截污导流工程可行性研究报告专家审查意见（略）

江苏省发展和改革委员会

二〇〇八年五月九日

江苏省发展改革委关于南水北调东线徐州市截污导流工程张楼中运河地涵初步设计报告的批复

（苏发改农经发［2008］1077号）

省南水北调办公室：

你办《关于报请审批〈南水北调东线徐州市截污导流工程张楼中运河地涵初步设计

报告〉的函》（苏调办［2008］53号）收悉。经研究，批复如下：

一、徐州市截污导流工程是落实南水北调东线工程江苏段控制单元治污实施方案、实现治污目标，保证南水北调东线调水水质的重要工程措施之一。张楼中运河地涵工程是徐州市截污导流工程的关键单项工程之一，其任务是将徐州市邳州以上尾水通过地涵穿越中运河，输送至下游尾水渠道。根据工程实施计划，在徐州市截污导流工程初步设计批复前先行审批张楼中运河地涵工程。

二、工程规模、等级

地涵设计尾水导流流量8.41m^3/s，相应上游水位22.35m（85国家高程系，下同），下游水位21.95m。

根据《水利水电工程等级划分及洪水标准》（SL 252—2000）确定地涵工程等别为二等，主要建筑物级别为2级，次要建筑物级别为3级。

三、工程位置

工程位于尾水导流线路桩号82+200处，距房亭河口约300m。

四、工程地质

初步设计报告提供的工程勘探资料基本满足初设阶段的深度要求，可作为本阶段的设计依据。

根据《中国地震动参数区划图》（GB 18306—2001），工程拟建场地地震动峰值加速度为0.2g，地震动反应谱特征周期为0.35s，工程按基本地震烈度Ⅷ度设计。

五、工程布置

基本同意所报地涵总体布置。本阶段根据现场情况将涵洞出口北移，涵洞总长约1.68km，涵洞轴线与中运河呈75°斜交布置，上下游洞首布置于中运河两侧堤防外堤脚处，并与尾水渠道相连接。

六、工程设计

1. 洞身

同意地涵洞身采用2孔钢筋混凝土箱涵结构，单孔断面尺寸为2.2m×3.1m（宽×高），洞身共分89节布置，进、出水口处底板面高程分别为18.62m、18.6m。洞顶埋深西侧滩面2.2～2.7m，东侧滩面3～5.7m，涵洞穿越泓道处采用斜坡段连接，河底洞顶埋深2m。

2. 洞首

基本同意上下游洞首设计，底板面高程分别为18.62m、18.6m，洞首均设置工作门槽及检修门槽，上部布置工作桥排架。

3. 消能防冲

同意地涵出口处设置钢筋混凝土消力池，池深0.5m，池长12m，消力池后布置35m长护坦。

4. 地基处理

基本同意地涵沿线所采取的地基处理措施，其中上洞首及西侧滩面下局部软弱层及液化土层采取挖除置换水泥土方案；穿东堤段及下洞首下液化土层采用水泥土搅拌桩围封和复合地基加固。下阶段需根据详细地质资料优化地基处理措施。

5. 上下游连接段

同意洞首上下游采用扶臂式翼墙与两岸连接，翼墙顶高程与地面高程相一致。

6. 金属结构

基本同意钢闸门及启闭机设计，检修闸门及拦污栅设计下阶段需优化。

七、施工组织设计

1. 基本同意报告提出的施工导、截流方案，下阶段需优化一期围堰截渗桩布置，以确保防渗安全。鉴于中运河二期扩挖工程正在实施，为节省投资，下阶段可结合扩挖工程优化导航河设计。

2. 原则同意施工降排水设计，下阶段需结合沿线地质情况优化西侧滩面基坑降排水措施。

3. 同意本工程分两期实施，总工期约21个月。下阶段应进一步细化施工组织设计，搅拌桩施工需根据现场试验结果确定有关技术参数和施工工艺。

八、工程占地

本工程需临时占地585亩，永久占地138

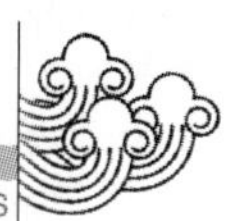

亩，工程建设征地及移民安置待徐州市截污导流工程初步设计一并批复。

九、工程招标

基本同意报告中招标方案提出的招标范围、招标组织形式及招标方式。本项目为依法必招项目，必须依法招标，招标公告应当按照有关规定在依法指定的媒介上发布。

十、工程管理

原则同意工程管理机构设置及控制运用办法，本工程管理设施在徐州市截污导流工程中统筹考虑。下阶段需研究地涵检修、清淤措施。

十一、工程投资

按徐州市2008年8月价格水平，核定工程静态投资7005万元。

十二、请你办加强工程建设监督管理和协调工作，尽快组织项目法人编制招标设计，招标设计由你办审批。项目法人应进一步完善、优化设计及施工方案，严格遵照招标投标制、建设监理制及合同管理制的要求，尽快开工建设，确保工程质量，按期完成工程建设任务。

附件：

1. 张楼中运河地涵工程初步设计概算审核表（略）

2. 徐州市截污导流张楼中运河地涵工程初步设计报告专家审查意见（略）

江苏省发展和改革委员会

二〇〇八年九月四日

江苏省发展改革委关于南水北调东线徐州市截污导流工程初步设计报告的批复

（苏发改农经发［2008］1871号）

省南水北调办公室：

你办《关于报请审批〈南水北凋东线徐州市截污导流工程初步设计报告〉的函》（苏调办［2008］61号）收悉。经研究，现批复如下：

一、徐州市截污导流工程是在徐州市实施产业结构调整、工业综合治理、城市污水处理等综合整治工程的同时，将不牢河、房亭河、中运河邳州段三个控制单元内的污水处理厂尾水集中输送导入新沂河入海，使南水北调输水干线徐州段调水水质达到地表水Ⅲ类标准，并保证导流工程沿线尾水受水区域的水环境安全。因此，建设本工程是必要的。

二、工程规模

徐州市尾水导流工程总设计规模为80.91万t/d，张楼节点以西沿线设计流量1.16～8.41m^3/s，尾水计入骆马湖渗流量和湖东自排河现状3年一遇排涝流量，至大马庄涵洞入新沂河的设计流量为41.96m^3/s。

三、总体布置

基本同意工程总体布置。尾水导流工程充分利用现有河渠沿程汇集八个污水处理厂尾水向东穿中运河、沂河，利用湖东自排河进入新沂河，线路全长170.28km，其中柳新—贾汪支线42.13km，三八河—新沂河干线128.15km，尾水线路与南水北调输水干线、排涝河道及入骆马湖等河道均采用立交方式。

四、基本同意工程主要建设内容

（一）工程新开尾水渠道（涵管）25.7km，利用现状河渠144.58km（其中疏浚95.83km）。

（二）建设干渠建筑物42座，其中控制涵闸24座，输水涵洞14座，混凝土渠道3处，提升泵站1座。其中张楼地涵采用与中运河扩挖工程相结合方案。

（三）新（改）建跨河桥梁94座（其中公路桥13座，生产桥81座），按照恢复原功能原则实施小型配套建筑物116座。

五、基本同意尾水导流工程等别为三等，相应主要建筑物级别为3级，穿京杭运河、中运河及沂河等流域性河道地涵为2级建筑物。工程区域地震设计烈度7~8度。

六、同意施工总进度安排，本工程施工总工期为30个月。

七、工程永久占地2631亩，临时占地5799亩，拆迁各类房屋4.7万m^2。农村集体所有的土地补偿费、安置补助费，按照《大中型水利水电工程建设征地补偿和移民安置条例》规定标准计列，耕地占用税按国家新标准30元/m^2计列。

八、核定工程静态总投资72 493万元，其中由中央投资、南水北调工程基金和银行贷款等资金解决61 620万元，由徐州市负责筹措10 873万元。

九、请你办加强工程建设监督管理和协调工作，尽快组织项目法人编制招标设计报你办审批。项目法人要进一步完善、优化设计及施工方案，严格按照招标投标制、建设监理制及合同管理制的要求，尽快开工建设，确保工程质量，按期完成工程建设任务。

附件：

1. 徐州市截污导流工程初步设计概算审核表（略）

2. 南水北调东线第一期工程徐州市截污导流工程初步设计报告专家审查意见（略）

江苏省发展和改革委员会

二〇〇八年十二月二十五日

山东省发展改革委关于南水北调东线第一期工程菏泽市东鱼河截污导流工程可行性研究报告的批复

（鲁发改农经［2008］344号）

省南水北调建设管理局：

你局《关于报送南水北调东线第一期工程山东境内菏泽市东鱼河等九项截污导流控制单元工程可行性研究报告的请示》（鲁调水计财字［2008］4号）和省工程咨询院评估报告（鲁工咨机字［2008］39号）悉。受国家发展改革委委托，经研究，现批复如下：

一、基本同意南水北调东线第一期工程菏泽市东鱼河截污导流工程可行性研究报告。根据《南水北调东线工程治污规划》和《南水北调东线工程山东段控制单元治污方案》，该工程任务是通过利用已有和新建拦蓄工程在南水北调调水期拦截城市污水处理厂和企业达标排放的中水及河道天然径流并灌溉回用，保证输水干线水质达到规定要求。

二、工程建设内容包括在东鱼河北支和团结河上建设拦河闸、提水泵站、扩挖河道等。新建张衙门、侯楼、王双楼、后王楼、鹿楼拦河闸；新建贵子韩、李搂提水站，设计流量3m^3/s；新建邵家庄、周店、雷楼、侯楼提水站，设计流量2.5m^3/s；新建宋李庄、前朱庄、欧楼、鹿楼提水站，设计流量1.5m^3/s。扩挖杨店拦河闸至张衙门拦河闸之间河道12.628km；新建雷泽湖调蓄水库及配套工程，水库总库容314.7万m^3。工程永久占地596.25亩，临时占地1705.00亩，影响人口437人。

工程等别为Ⅲ等，其建筑物级别为3~4级，临时建筑物级别为4~5级。雷泽湖水库区、张衙门拦河闸场区地震动峰值加速度0.15g，王双楼节制闸、侯楼节制闸、后王楼节制闸、鹿楼节制闸及改建的裴河闸场区地震动峰值加速度为0.1g（相应地震基本烈度均为Ⅶ度）。建筑物的地震设计烈度与工程所在地地震参数相同。

工程总工期为2年。

三、按2008年第一季度价格水平，静态总投资为15 338万元，其中工程部分静态总投资为12 437万元，移民环境静态总投资为2341万元，水质监测保护费560万元。工程投资与南水北调东线一期工程统筹安排。

四、在初步设计阶段，要根据本批复核

定的工程标准和规模，进一步优化工程设计，尽量控制工程投资，减少占地数量。

五、由你局委托菏泽市负责工程建设管理和建成后的运行管理，建设投资包干使用，运行管理费用由菏泽市负责解决。菏泽市要按照《山东省南水北调工程沿线区域水污染防治条例》的规定，落实好水染污防治的各项措施，服从南水北调工程运行调度，保证输水干线水质安全。

请据此抓紧开展下阶段工作，编制初步设计概算报我委审批。

附件：南水北调东线一期工程菏泽市东鱼河截污导流工程招标投标事项核准意见（略）

山东省发展和改革委员会
二〇〇八年四月二十五日

山东省发展和改革委员会关于南水北调东线第一期工程滕州市城漷河截污导流工程可行性研究报告的批复

（鲁发改农经［2008］345号）

省南水北调建设管理局：

你局《关于报送南水北调东线第一期工程山东境内菏泽市东鱼河等九项截污导流控制单元工程可行性研究报告的请示》（鲁调水计财字［2008］4号）和省工程咨询院评估报告（鲁工咨机字［2008］43号）悉。受国家发展改革委委托，经研究，现批复如下：

一、基本同意南水北调东线第一期工程滕州市城漷河截污导流工程可行性研究报告。根据《南水北调东线工程治污规划》和《南水北调东线工程山东段控制单元治污方案》，该工程任务是通过利用已有和新建拦蓄工程在南水北调调水期拦截城市污水处理厂和企业达标排放的中水及河道天然径流并灌溉回用，保证输水干线水质达到规定要求。

二、工程建设内容包括在城河、漷河和城漷河上建设橡胶坝、河道开挖等。新建东滕城坝、杨岗坝、吕坡坝、曹庄坝、于仓坝、北满庄坝，蓄水库容452.44万m^3，改建洪村坝、荆河坝、南池坝，蓄水库容141.43万m^3，设计总库容共计593.87万m^3。对城河上新建的东滕城、杨岗、北满庄橡胶坝上实施河道增容工程，共计开挖河道12.8km。新建北满庄、东滕城、曹庄、于仓、吕坡提水泵站，设计流量分别为1.75m^3/s、2.91m^3/s、0.29m^3/s、0.58m^3/s、2.81m^3/s。建设北满庄、杨岗湿地引水口门，为湿地提供补充水源，设计流量分别为0.11m^3/s、0.07m^3/s。工程永久占地711.9亩，临时占地4079.2亩，影响人口704人。

工程等别为三等，河道工程级别为3级，橡胶坝工程级别为3级，灌溉提水泵站工程级别为4级，其他次要及临时建筑物级别为4级。工程区地震动峰值加速度0.05g（相应地震基本烈度为Ⅳ度）。建筑物的地震设计烈度与工程所在地地震参数相同。

工程总工期2年。

三、按2008年第一季度价格水平，静态总投资为11 961万元，其中工程部分静态总投资为9534万元，移民环境静态总投资为2147万元，水质监测保护费280万元。工程投资与南水北调东线一期工程统筹安排。

四、在初步设计阶段，要根据本批复核定的工程标准和规模，进一步优化工程设计，尽量控制工程投资，减少占地数量。

五、由你局委托滕州市负责工程建设管理和建成后的运行管理，建设投资包干使用，运行管理费用由滕州市负责解决。滕州市要按照《山东省南水北调工程沿线区域水污染防治条例》的规定，落实好水染污防治的各项措施，服从南水北调工程运行调度，保证输水干线水质安全。

请据此抓紧开展下阶段工作，编制初步

设计概算报我委审批。

附件：南水北调东线一期工程滕州市城漷河截污导流工程招标投标事项核准意见（略）

山东省发展和改革委员会
二〇〇八年四月二十五日

山东省发展改革委关于南水北调东线第一期工程枣庄市薛城小沙河控制单元截污导流工程可行性研究报告的批复

（鲁发改农经［2008］346号）

省南水北调建设管理局：

你局《关于报送南水北调东线第一期工程山东境内菏泽市东鱼河等九项截污导流控制单元工程可行性研究报告的请示》（鲁调水计财字［2008］4号）和省工程咨询院评估报告（鲁工咨机字［2008］45号）悉。受国家发展改革委委托，经研究，现批复如下：

一、基本同意南水北调东线第一期工程枣庄市薛城小沙河截污导流工程可行性研究报告。根据《南水北调东线工程治污规划》和《南水北调东线工程山东段控制单元治污方案》，该工程任务是通过利用已有和新建拦蓄工程在南水北调调水期1月份拦截城市污水处理厂和企业达标排放的中水及河道天然径流，保证输水于线水质达到规定要求。

二、工程建设内容包括在薛城小沙河、薛城大沙河、新薛河上建设橡胶坝、河道开挖、导流管道、截渗沟、小型水库等。新建朱桥、挪庄、渊子崖橡胶坝，蓄水库容192.3万m^3。扩挖朱桥橡胶坝上薛城小沙河、小沙河故道回水段，长度分别为2253m、1051m，局部扩挖渊子崖橡胶坝上小渭河回水段。新建堤外截渗沟长度2000m。敷设凤鸣湖水库导流管道DN500mm，长1400m，龙潭水库导流管道DN250mm，长600m，华众纸业有限公司至华众橡胶坝DN800mm导流管道长2000m。工程永久占地370.25亩，临时占地1295.46亩，影响人口320人。

橡胶坝工程等别为三等，主要建筑物级别为3级，临时建筑物级别为4级；小水库工程等别为五等，主要建筑物级别为5级，临时建筑物级别为5级。工程区地震动峰值加速度0.10*g*（相应地震基本烈度为Ⅶ度），建筑物的地震设计烈度与工程所在地地震参数相同。

工程总工期2年。

三、按2008年第一季度价格水平，静态总投资为5758万元，其中工程部分静态总投资为3912万元，移民环境静态总投资为1646万元，水质监测保护费200万元。工程投资与南水北调东线一期工程统筹安排。

四、在初步设计阶段，要根据本批复核定的工程标准和规模，进一步优化工程设计，尽量控制工程投资，减少占地数量。

五、由你局委托枣庄市负责工程建设管理和建成后的运行管理，建设投资包干使用，运行管理费用由枣庄市负责解决。枣庄市要按照《山东省南水北调工程沿线区域水污染防治条例》的规定，落实好水染污防治的各项措施，服从南水北调工程运行调度，保证输水干线水质安全。

请据此抓紧开展下阶段工作，编制初步设计概算报我委审批。

附件：南水北调东线一期工程枣庄市薛城小沙河控制单元截污导流工程招标投标事项核准意见（略）

山东省发展和改革委员会
二〇〇八年四月二十五日

山东省发展改革委关于南水北调东线第一期工程临沂市邳苍分洪道截污导流工程可行性研究报告的批复

（鲁发改农经［2008］347号）

省南水北调建设管理局：

你局《关于报送南水北调东线第一期工程山东境内菏泽市东鱼河等九项截污导流控制单元工程可行性研究报告的请示》（鲁调水计财字［2008］4号）和省工程咨询院评估报告（鲁工咨机字［2008］47号）悉。受国家发展改革委委托，经研究，现批复如下：

一、基本同意南水北调东线第一期工程临沂市邳苍分洪道截污导流工程可行性研究报告。根据《南水北调东线工程治污规划》和《南水北调东线工程山东段控制单元治污方案》，该工程任务是通过利用已有和新建拦蓄工程在南水北调调水期8个月拦截城市污水处理厂和企业达标排放的中水及河道天然径流并灌溉回用，保证输水干线水质达到规定要求。

二、工程建设内容包括在陷泥河、南涑河、邳苍分洪道、武河和吴坦河上建设拦河闸、橡胶坝等。新建吴坦、芦柞、刘桥、王庄、廖家屯、丁庄、蒋史汪7橡胶坝和维修东高都、郑旺、付庄、多福庄等12座拦河闸，拦蓄总库容1095万m^3。对南涑河、陷泥河、东伽河进行清淤，长度分别为14.1km、11.7km、5.8km，扩挖吴坦河、吴粮导流沟，长度分别为8.4km、14.2km，新建武沂导流沟，设计流量22.2m^3/s，敷设苍山县污水处理厂至吴坦河的DN1000排污管道9.48km，改建蒋史汪灌溉提水站，设计流量3m^3/s。工程永久占地222亩，临时占地2411.3亩，影响人口46人。

工程等别为三等，主要建筑物为3级，次要建筑物为4级，临时建筑物为5级。工程区南涑河、陷泥河、邳苍分洪道、武河各闸（坝）地震动峰值加速度为0.20g（相应地震基本烈度为Ⅷ度）；其余各闸（坝）地震动峰值加速度为0.15g（相应地震基本烈度为Ⅶ度）。建筑物的地震设计烈度与工程所在地地震参数相同。

工程总工期1.5年。

三、按2008年第一季度价格水平，静态总投资为12 439万元，其中工程部分静态总投资为11 264万元，移民环境静态总投资为1015万元，水质监测保护费160万元。工程投资与南水北调东线一期工程统筹安排。

四、在初步设计阶段，要根据本批复核定的工程标准和规模，进一步优化工程设计，尽量控制工程投资，减少占地数量。

五、由你局委托临沂市负责工程建设管理和建成后的运行管理，建设投资包干使用，运行管理费用由临沂市负责解决。临沂市要按照《山东省南水北调工程沿线区域水污染防治条例》的规定，落实好水染污防治的各项措施，服从南水北调工程运行调度，保证输水干线水质安全。

请据此抓紧开展下阶段工作，编制初步设计概算报我委审批。

附件：南水北调东线一期工程临沂市邳苍分洪道截污导流工程招标投标事项核准意见（略）

山东省发展和改革委员会

二〇〇八年四月二十五日

山东省发展改革委关于南水北调东线第一期工程金乡县截污导流工程可行性研究报告的批复

（鲁发改农经［2008］348号）

省南水北调建设管理局：

你局《关于报送南水北调东线第一期工

程山东境内菏泽市东鱼河等九项截污导流控制单元工程可行性研究报告的请示》（鲁调水计财字［2008］4号）和省工程咨询院评估报告（鲁工咨机字［2008］40号）悉。受国家发展改革委委托，经研究，现批复如下：

一、基本同意南水北调东线第一期工程金乡县截污导流工程可行性研究报告。根据《南水北调东线工程治污规划》和《南水北调东线工程山东段控制单元治污方案》，该工程任务是通过新建拦蓄工程在南水北调调水期拦截城市污水处理厂和企业达标排放的中水及河道天然径流并灌溉回用，保证输水干线水质达到规定要求。

二、工程建设内容包括在金济河、金鱼河、大沙河、五级沟、马集沟上建设拦河闸、涵闸、泵站和交通桥等。新建郭楼、王杰拦河闸及连庄、五级沟、马集涵闸；改建周桥、高庄、石岗灌溉泵站，设计流量 $0.62m^3/s$；在大沙河新建孔楼交通桥。工程永久占地5.1亩，临时占地176.26亩，影响人口5人。

王杰闸、郭楼闸级别为3级，石岗、高庄、周桥3座灌溉提水泵站级别为4级。工程区地震动峰值加速度 $0.05g$（相应地震基本烈度为Ⅵ度）。建筑物的地震设计烈度与工程所在地地震参数相同。

工程总工期1.5年。

三、按2008年第一季度价格水平，静态总投资为2589万元，其中工程部分静态总投资为2227万元，移民环境静态总投资为282万元，水质监测保护费80万元。工程投资与南水北调东线一期工程统筹安排。

四、在初步设计阶段，要根据本批复核定的工程标准和规模，进一步优化工程设计，尽量控制工程投资，减少占地数量。

五、由你局委托金乡县负责工程建设管理和建成后的运行管理，建设投资包干使用，运行管理费用由金乡县负责解决。金乡县要按照《山东省南水北调工程沿线区域水污染防治条例》的规定，落实好水染污防治的各项措施，服从南水北调工程运行调度，保证输水干线水质安全。

请据此抓紧开展下阶段工作，编制初步设计概算报我委审批。

附件：南水北调东线一期工程金乡县截污导流工程招标投标事项核准意见（略）

山东省发展和改革委员会

二〇〇八年四月二十五日

山东省发展和改革委员会关于南水北调东线第一期工程枣庄市峄城大沙河截污导流工程可行性研究报告的批复

（鲁发改农经［2008］349号）

省南水北调建设管理局：

你局《关于报送南水北调东线第一期工程山东境内菏泽市东鱼河等九项截污导流控制单元工程可行性研究报告的请示》（鲁调水计财字［2008］4号）和省工程咨询院评估报告（鲁工咨机字［2008］46号）悉。受国家发展改革委委托，经研究，现批复如下：

一、基本同意南水北调东线第一期工程枣庄市峄城大沙河截污导流工程可行性研究报告。根据《南水北调东线工程治污规划》和《南水北调东线工程山东段控制单元治污方案》，该工程任务是通过利用已有和新建拦蓄工程在南水北调调水期8个月拦截城市污水处理厂和企业达标排放的中水及河道天然径流并灌溉回用，保证输水干线水质达到规定要求。

二、工程建设内容包括在峄城大沙河及其分洪道上建设拦河闸、橡胶坝等。新建大

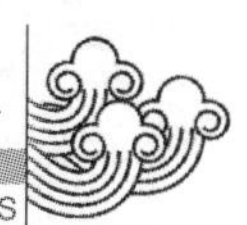

泛口、裴桥节制闸和良庄橡胶坝，改建红旗闸，新增拦蓄库容321.7万m^3。敷设峄城大沙河分洪道东岸排放点至峄城大沙河DN500mm导流管道3000m。对胜利渠南岸6座灌溉泵站进行维修改造。工程永久占地158.4亩，临时占地177.5亩，影响人口143人。

工程等别为三等，主要建筑物为3级，次要建筑物为4级，临时建筑物为5级。工程区地震动峰值加速度0.10g（相应地震基本烈度为Ⅶ度）。建筑物的地震设计烈度与工程所在地地震参数相同。

工程总工期1.5年。

三、按2008年第一季度价格水平，静态总投资为4339万元，其中工程部分静态总投资为3926万元，移民环境静态总投资为293万元，水质监测保护费120万元。工程投资与南水北调东线一期工程统筹安排。

四、在初步设计阶段，要根据本批复核定的工程标准和规模，进一步优化工程设计，尽量控制工程投资，减少占地数量。

五、由你局委托枣庄市负责工程建设管理和建成后的运行管理，建设投资包干使用，运行管理费用由枣庄市负责解决。枣庄市要按照《山东省南水北调工程沿线区域水污染防治条例》的规定，落实好水染污防治的各项措施，服从南水北调工程运行调度，保证输水干线水质安全。

请据此抓紧开展下阶段工作，编制初步设计概算报我委审批。

附件：南水北调东线一期工程枣庄市峄城大沙河截污导流工程招标投标事项核准意见（略）

山东省发展和改革委员会

二〇〇八年四月二十五日

山东省发展和改革委员会关于南水北调东线第一期工程嘉祥县截污导流工程可行性研究报告的批复

（鲁发改农经［2008］350号）

省南水北调建设管理局：

你局《关于报送南水北调东线第一期工程山东境内菏泽市东鱼河等九项截污导流控制单元工程可行性研究报告的请示》（鲁调水计财字［2008］4号）和省工程咨询院评估报告（鲁工咨机字［2008］41号）悉。受国家发展改革委委托，经研究，现批复如下：

一、基本同意南水北调东线第一期工程嘉祥县截污导流工程可行性研究报告。根据《南水北调东线工程治污规划》和《南水北调东线工程山东段控制单元治污方案》，该工程任务是通过新建拦蓄工程在南水北调调水期拦截城市污水处理厂和企业达标排放的中水及河道天然径流并灌溉回用，保证输水干线水质达到规定标准。

二、工程建设内容包括在洪山河和前进河上建设拦河闸、对河道局部开挖等。新建洪山拦河闸、前进拦河闸和曾店拦河闸。局部扩挖洪山河右岸权园附近低洼地，疏通治理河道18.56km及拦河闸上下游连接段工程。工程永久占地237.57亩，临时占地766.34亩，影响人口11人。

工程等别为四等，河道工程级别为4级，主要建筑物级别为4级，次要建筑物级别为5级，临时建筑物级别为5级。工程区地震动峰值加速度0.05g（相应地震基本烈度为Ⅵ度）。建筑物的地震设计烈度与工程所在地地震参数相同。

工程总工期1年。

三、按2008年第一季度价格水平，静态总投资为3120万元，其中工程部分静态总投资为2533万元，移民环境静态总投资为507万元，水质监测保护费80万元。工程投资与南水北调东线一期工程统筹安排。

四、在初步设计阶段，要根据本批复核定的工程标准和规模，进一步优化工程设计，尽量控制工程投资，减少占地数量。

五、由你局委托嘉祥县负责工程建设管理和建成后的运行管理，建设投资包干使用，运行管理费用由嘉祥县负责解决。嘉祥县要按照《山东省南水北调工程沿线区域水污染防治条例》的规定，落实好水染污防治的各项措施，服从南水北调工程运行调度，保证输水干线水质安全。

请据此抓紧开展下阶段工作，编制初步设计概算报我委审批。

附件：南水北调东线第一期工程嘉祥县截污导流工程招标投标事项核准意见（略）

山东省发展和改革委员会
二〇〇八年四月二十五日

山东省发展和改革委员会关于南水北调东线第一期工程曲阜市截污导流工程可行性研究报告的批复

（鲁发改农经［2008］351号）

省南水北调建设管理局：

你局《关于报送南水北调东线第一期工程山东境内菏泽市东鱼河等九项截污导流控制单元工程可行性研究报告的请示》（鲁调水计财字［2008］4号）和省工程咨询院评估报告（鲁工咨机字［2008］42号）悉。受国家发展改革委委托，经研究，现批复如下：

一、基本同意南水北调东线第一期工程曲阜市截污导流工程可行性研究报告。根据《南水北调东线工程治污规划》和《南水北调东线工程山东段控制单元治污方案》，该工程任务是通过利用已有和新建拦蓄工程在南水北调调水期拦截曲阜市污水处理厂和工业企业达标排放的中水及河道天然径流并灌溉回用，保证输水干线水质达到规定要求。

二、工程主要建设内容为在沂河上新建橡胶坝和坝前提水泵站等。新建杨庄、郭家庄两座橡胶坝，蓄水库容127.1万m^3。新建郭家庄泵站，设计流量1.05m^3/s；新建设杨庄泵站，设计流量3.0m^3/s。工程永久占地6.95亩，临时占地184.32亩，影响人口6人。

橡胶坝级别为3级，灌溉提水泵站级别为4级。工程区地震动峰值加速度0.05g（相应地震基本烈度为Ⅵ度）。建筑物的地震设计烈度与工程所在地地震参数相同。

工程总工期1.5年。

三、按2008年第一季度价格水平，静态总投资为2788万元，其中工程部分静态总投资为2560万元，移民环境静态总投资为108万元，水质监测保护费120万元。工程投资与南水北调东线一期工程统筹安排。

四、在初步设计阶段，要根据本批复核定的工程标准和规模，进一步优化工程设计，尽量控制工程投资，减少占地数量。

五、由你局委托曲阜市负责工程建设管理和建成后的运行管理，建设投资包干使用，运行管理费用由曲阜市负责解决。曲阜市要按照《山东省南水北调工程沿线区域水污染防治条例》的规定，落实好水染污防治的各项措施，服从南水北调工程运行调度，保证输水干线水质安全。

请据此抓紧开展下阶段工作，编制初步设计概算报我委审批。

附件：南水北调东线一期工程曲阜市截污导流工程招标投标事项核准意见（略）

山东省发展和改革委员会
二〇〇八年四月二十五日

山东省发展和改革委员会关于南水北调东线第一期工程滕州市北沙河截污导流工程可行性研究报告的批复

（鲁发改农经［2008］352号）

省南水北调建设管理局：

你局《关于报送南水北调东线第一期工程山东境内菏泽市东鱼河等九项截污导流控制单元工程可行性研究报告的请示》（鲁调水计财字［2008］4号）和省工程咨询院评估报告（鲁工咨机字［2008］44号）悉。受国家发展改革委委托，经研究，现批复如下：

一、基本同意南水北调东线第一期工程滕州市北沙河截污导流工程可行性研究报告。根据《南水北调东线工程治污规划》和《南水北调东线工程山东段控制单元治污方案》，该工程任务是通过新建拦蓄工程在南水北调调水期拦截城市污水处理厂和企业达标排放的中水及河道天然径流并灌溉回用，保证输水干线水质达到规定要求。

二、工程建设内容包括在北沙河上建设橡胶坝、河道开挖等。新建邢庄、刘楼、赵坡、西王晁橡胶坝，蓄水库容223.28万m^3。对邢庄、刘楼橡胶坝上实施河道增容工程，共开挖河道8.3km。新建西王晁、赵坡、刘楼、邢庄提水泵站，设计流量分别为1.64m^3/s、2.89m^3/s、0.87m^3/s、0.58m^3/s。工程永久占地251.04亩，临时占地1092.65亩，影响人口293人。

工程等别为三等，河道工程级别为3级，橡胶坝工程级别为3级，灌溉提水泵站级别为4级，其他次要及临时建筑物级别为4级。工程区地震动峰值加速度0.05g（相应地震基本烈度为Ⅵ度）。建筑物的地震设计烈度与工程所在地地震参数相同。

工程总工期2年。

三、按2008年第一季度价格水平，静态总投资为5143万元，其中工程部分静态总投资为4054万元，移民环境静态总投资为849万元，水质监测保护费240万元。工程投资与南水北调东线一期工程统筹安排。

四、在初步设计阶段，要根据本批复核定的工程标准和规模，进一步优化工程设计，尽量控制工程投资，减少占地数量。

五、由你局委托滕州市负责工程建设管理和建成后的运行管理，建设投资包干使用，运行管理费用由滕州市负责解决。滕州市要按照《山东省南水北调工程沿线区域水污染防治条例》的规定，落实好水染污防治的各项措施，服从南水北调工程运行调度，保证输水干线水质安全。

请据此抓紧开展下阶段工作，编制初步设计概算报我委审批。

附件：南水北调东线一期工程滕州市北沙河截污导流工程招标投标事项核准意见（略）

山东省发展和改革委员会
二〇〇八年四月二十五日

山东省发展和改革委员会关于南水北调东线第一期工程菏泽市东鱼河截污导流工程初步设计的批复

（鲁发改重点［2008］417号）

省南水北调建设管理局：

你局《关于报送南水北调东线第一期工程山东境内菏泽市东鱼河等九项截污导流工程初步设计报告的请示》（鲁调水计财字［2008］16号）收悉。受国家发展改革委委托，经组织专家审查，现批复如下：

一、工程规模及设计标准

同意初步设计提出的工程建设规模和设

计标准：

（一）工程建设规模

1. 调水期间拦截水量20 883.3万m^3，其中调水期（10月~翌年5月）相应截污导流水量为4823.3万m^3，东鱼河流域各主要支流径流量采用非汛期3年一遇天然径流量为3846.9万m^3，东鱼河北支及东鱼河多年平均非汛期（10月~翌年5月）引黄水量为12 213.1万m^3。

2. 工程实际控制总灌溉面积为132.4万亩，新增工程增加的灌溉水量，可改善农田灌溉面积62.4万亩。

（二）工程等别和设计标准

1. 工程等别及建筑物级别。该工程等别为三等，工程规模为中型，其主要建筑物级别确定为3~4级，次要建筑物级别确定为4~5级，临时建筑物级别确定为5级。其中张衙门、侯楼、王双楼、后王楼、鹿楼拦河闸等工程等别为三等；雷泽湖水库工程等别为四等；李楼、贵子韩灌溉提水站工程等别为四等，设计流量为3.0m^3/s；雷楼、侯楼、邵家庄、周店等灌溉提水站工程等别为四等，设计流量为2.5m^3/s；宋李庄、前朱庄、欧楼、鹿楼等灌溉提水站工程等别为五等，设计流量为1.5m^3/s。

2. 设计洪水标准。张衙门、侯楼、王双楼、后王楼、鹿楼拦河闸等主要建筑物设计洪水标准为20年一遇；雷泽湖水库围坝、放水洞、出库闸、李楼提水站、贵子韩提水站、入库泵站等主要建筑物设计洪水标准为20年一遇；雷楼、侯楼、邵家庄、周店等灌溉提水站主要建筑物设计洪水标准为20年一遇；宋李庄、前朱庄、欧楼、鹿楼等灌溉提水站主要建筑物设计洪水标准为10年一遇；雷楼、侯楼、邵家庄、周店、宋李庄、前朱庄、欧楼、鹿楼等灌溉提水站的穿堤涵洞设计洪水标准为20年一遇。

3. 本工程非汛期天然径流量设计标准为3年一遇。施工期（11月~翌年4月）设计洪水标准为5年一遇。

4. 地震设防烈度。根据《中国地震动参数区划图》（GB 18306—2001），确定菏泽市东鱼河截污导流工程地震动峰值加速度张衙门拦河闸、雷泽湖水库围坝、放水洞、出库闸、李楼提水站、贵子韩提水站、入库泵站、入库管道、输水渠道为0.15g，其他建筑物为0.10g，相应地震基本烈度为Ⅶ度，按Ⅶ度设防。

二、工程总体布置方案和主要建设内容

同意初步设计提出的工程总体布置方案和主要建设内容，主要包括雷泽湖水库、拦河闸、河道扩挖、灌溉回用工程等。

（一）水库工程

新建雷泽湖调蓄水库工程，水库死水位为44.4m，设计正常蓄水位48.0m，总库容为314.7万m^3，主要包括水库围坝、入库泵站、输水管道、放水洞及出库闸等。

（二）拦河闸工程

在东鱼河北支新建张衙门、侯楼、王双楼3座拦河闸，在团结河新建后王楼、鹿楼2座拦河闸。拦河闸由上游连接段、闸室段、消能防冲段和下游连接段组成。

（三）河道工程

对东鱼河北支局部进行扩挖，扩挖长12.628km，断面形式为梯形断面。

（四）灌溉回用工程

在侯楼、王双楼、后王楼、鹿楼4座拦河闸上游各新建提水泵站2座，在雷泽湖调蓄水库东、西两侧各新建提水泵站1座。灌溉提水站由上游引水段、输水涵洞、厂房段、出水管道和出水池等组成。

（五）水机、金属结构及电气工程

设置提水站和入库加压泵站水机、电气设备及金属结构、节制闸和出库闸电气设备及金属结构。

三、工程设计

基本同意雷泽湖水库、拦河闸、河道工程、灌溉回用工程、金属结构与电气、水土保持、施工组织设计、消防、节能、环保和

工程管理等设计方案。下阶段要根据初步设计审查意见，进一步完善和优化设计。

四、工程概算

核定工程概算总投资为15 454.26万元。

请你局切实加强项目管理，严格按照核定的初步设计概算控制工程投资，按期完成工程建设任务。

附件：南水北调东线第一期工程菏泽市东鱼河截污导流工程初步设计概算核定表（略）

山东省发展和改革委员会

二〇〇八年五月十六日

山东省发展和改革委员会关于南水北调东线第一期工程临沂市邳苍分洪道截污导流工程初步设计的批复

（鲁发改重点［2008］418号）

省南水北调建设管理局：

你局《关于报送南水北调东线第一期工程山东境内菏泽市东鱼河等九项截污导流工程初步设计报告的请示》（鲁调水计财字［2008］16号）收悉。受国家发展改革委委托，经组织专家审查，现批复如下：

一、工程规模及设计标准

同意初步设计提出的工程建设规模和设计标准：

（一）工程建设规模

该工程拦蓄库容共1271万m^3，可改善农田灌溉面积30.84万亩。

（二）工程等别和设计标准

1. 工程等别及建筑物级别。该工程等别为三等，工程规模为中型，其主要建筑物级别确定为3～4级，次要建筑物级别确定为4～5级，临时建筑物级别确定为5级。其中蒋史汪橡胶坝工程等别为二等，吴坦河橡胶坝、廖家屯橡胶坝及丁庄橡胶坝等别为三等；武河穿涵、沂河穿涵及吴粮穿涵工程等别为四等；蒋史汪灌溉提水泵站工程等别为四等，设计流量为3.0m^3/s。

2. 设计洪水及排涝标准。邳苍分洪道设计洪水标准为50年一遇、其余河道为20年一遇。排涝标准为5年一遇。

3. 本工程非汛期天然径流量设计标准为2年一遇。施工期（11月～翌年4月）设计洪水标准为5年一遇。

4. 根据《中国地震动参数区划图》（GB 18306—2001），确定地震基本烈度：南涑河、陷泥河、邳苍分洪道、武河各闸（坝）相应地震基本烈度为Ⅷ度；其余各闸（坝）的相应地震基本烈度为Ⅶ度。

二、工程总体布置方案和主要建设内容

基本同意初步设计提出的工程总体布置方案和主要建设内容，主要包括：拦河闸坝工程、导流工程、河道工程、输水管道工程和中水灌溉回用渠首工程等。

（一）拦河闸坝工程

新建7座橡胶坝，包括南涑河丁庄橡胶坝、邳苍分洪道蒋史汪、廖家屯橡胶坝；吴坦河吴坦、芦柞、刘桥、王庄橡胶坝；维修12座拦河闸，临沂片包括付庄、东高都、郑旺、多福庄、马头拦河闸等5座，苍山片包括斜沟、大杨树、小屯、管桥、芦汪、白家沟赵村、东洳河赵村等7座。

（二）河道扩挖工程

苍山片对吴坦河扩挖，长8.4km，扩挖总方量为106万m^3；临沂片对陷泥河、南涑河清淤，总长25.8km，清淤63.7万m^3。

（三）输水管道工程

苍山片铺设输水管道1条，管径1.0m，总长9.48km。管道附属建筑物共35座，其中倒虹吸6座，检查井23座，灌排引水口5个，入河泄水口1个。

（四）导流工程

1. 导流沟工程

导流（河）沟共3条，主要包括武沂导

流沟，长0.68km；吴粮导流沟总长14.2km，需扩挖长度11.8km；东伽河设计分流流量7.6m³/s，上游段清淤5.8km。

2. 导流建筑物工程

新建武沂导流沟进出口穿涵闸各1座；新建吴粮导流沟进口穿涵闸1座；维修东伽河入口穿涵闸；改建公路桥1座、生产交通桥9座。

（五）中水灌溉回用渠首工程

新建渠首引水闸8座，包括吴坦河芦柞、刘桥、王庄以及南涑河丁庄4座橡胶坝上游左右岸各一座渠首引水闸；维修引水闸22座，包括临沂片南涑河、陷泥河、武河、沂河以及苍山片东伽河、白家沟现状拦河闸上游左右岸渠首闸；改建蒋史汪灌溉提水泵站1座。

（六）水机、金属结构及电气工程

设置拦河闸坝工程、导流沟穿堤建筑物工程和灌溉渠首引水工程电气设备及金属结构。

三、工程设计

基本同意初步设计提出的拦河闸坝工程、导流工程、河道扩挖工程和中水灌溉回用渠首工程、金属结构与电气、水土保持、施工组织设计、消防、环保和工程管理等设计方案。下阶段要根据初步设计审查意见，进一步完善和优化设计。

四、工程概算

核定工程概算总投资为12 368.5万元。

请你局切实加强项目管理，严格按照核定的初步设计概算控制工程投资，按期完成工程建设任务。

附件：南水北调第一期工程临沂市邳苍分洪道截污导流工程初步设计概算核定表（略）

山东省发展和改革委员会

二〇〇八年五月十六日

山东省发展和改革委员会关于南水北调东线第一期工程滕州市北沙河截污导流工程初步设计的批复

（鲁发改重点［2008］419号）

省南水北调建设管理局：

你局《关于报送南水北调东线第一期工程山东境内菏泽市东鱼河等九项截污导流工程初步设计报告的请示》（鲁调水计财字［2008］16号）收悉。受国家发展改革委委托，经组织专家审查，现批复如下：

一、工程规模及设计标准

同意初步设计提出的工程建设规模和设计标准：

（一）工程建设规模

新建橡胶坝4座，设计总库容216.02万m³，控制灌溉面积5.3万亩。

（二）工程等别和设计标准

1. 工程等别及建筑物级别。该工程等别为三等，河道工程级别为3级，橡胶坝工程级别为3级，灌溉提水泵站级别为4级，其他次要及临时建筑物级别为4级。

2. 设计洪水标准。北沙河防洪标准为20年一遇，橡胶坝等主要建筑物设计洪水标准为20年一遇，施工期设计洪水标准为5年一遇。排涝标准采用3年一遇。非汛期河道径流量标准为2年一遇。

3. 地震设防烈度。根据《中国地震区划图》（GB 18306—2001），北沙河场区地震动峰值加速度为0.05g，相应地震基本烈度为Ⅵ度，按规定不设防。

二、工程总体布置方案和主要建设内容

基本同意初步设计提出的工程总体布置方案和主要建设内容，主要包括橡胶坝工程、河道工程、灌溉回用工程、安全与观测工

程等。

（一）橡胶坝工程

北沙河截污导流工程共新建4座橡胶坝，自上游至下游依次为邢庄坝、刘楼坝、赵坡坝、西王晁坝。设计坝袋高度：赵坡坝、西王晁坝为4.6m，刘楼坝、邢庄坝为3.1m。

（二）河道工程

河道扩挖8.3km，共分两段，西王晁坝扩挖段［桩号（2+600）~（7+200）］长4.6km，赵坡坝扩挖段［桩号（8+400）~（12+100）］长3.7km。

（三）灌溉回用工程

西王晁、赵坡、刘楼和邢庄橡胶坝上游各新建灌溉泵站1座。

（四）水机、金属结构及电气

设置橡胶坝充排水泵站、灌溉提水泵站的水泵、金属结构及电气设备。

三、工程设计

基本同意初步设计提出的橡胶坝、河道工程、灌溉回用工程、水机、金属结构与电气、水土保持、施工组织设计、消防、节能、环保和工程管理等设计方案。下阶段要根据初步设计审查意见，进一步完善和优化设计。

四、工程概算

核定工程概算总投资为5425.49万元。

请你局切实加强项目管理，严格按照核定的初步设计概算控制工程投资，按期完成工程建设任务。

附件：南水北调东线第一期工程滕州市北沙河截污导流工程初步设计概算核定表（略）

山东省发展和改革委员会

二〇〇八年五月十六日

山东省发展和改革委员会关于南水北调东线第一期工程滕州市城漷河截污导流工程初步设计的批复

（鲁发改重点［2008］420号）

省南水北调建设管理局：

你局《关于报送南水北调东线第一期工程山东境内菏泽市东鱼河等九项截污导流工程初步设计报告的请示》（鲁调水计财字［2008］16号）收悉。受国家发展改革委委托，经组织专家审查，现批复如下：

一、工程规模及设计标准

同意初步设计提出的工程建设规模和设计标准：

（一）工程建设规模

改建橡胶坝4座，设计库容141.43万m^3；新建橡胶坝6座，设计库容447.12万m^3；总设计库容588.55万m^3；控制灌溉面积11.3万亩。

（二）工程等别和设计标准

1. 工程等别及建筑物级别。该工程等别为三等，河道工程级别为3级，橡胶坝工程级别为3级，灌溉提水泵站工程级别为4级，其他次要及临时建筑物级别为4级。

2. 设计洪水标准。城漷河防洪标准为20年一遇，橡胶坝等主要建筑物设计洪水标准为20年一遇。施工期设计洪水标准5年一遇。排涝标准采用3年一遇。非汛期河道径流量为2年一遇。

3. 地震设防烈度。根据《中国地震动参数区划图》（GB 18306—2001），场区地震动峰值加速度为0.05g，相应地震基本烈度为Ⅵ度。

二、工程总体布置方案和主要建设内容

基本同意初步设计提出的工程总体布置方案和主要建设内容，主要包括橡胶坝、河道扩挖、灌溉回用水、湿地用水口门等工程。

（一）橡胶坝工程

维修橡胶坝4座，其中城河干流为洪村、荆河、城南3座橡胶坝，漷河干流为南池橡胶坝1座。新建橡胶坝6座，其中城河干流为东滕城、杨岗2座橡胶坝；漷河干流为吕坡、曹庄、于仓3座橡胶坝；城漷河交汇口下游为北满庄橡胶坝1座。

（二）河道工程

分别对东滕城、杨岗、北满庄3座橡胶坝上游河段进行扩挖，河道扩挖10.7km。北满庄坝扩挖段桩号（0+800）~（5+300）长4.5km，杨岗段扩挖桩号（8+000）~（11+100）长3.1km，东滕城扩挖桩号（11+100）~（14+200）长3.1km，除北满庄开挖比降采用1/1200外，其他河段均采用1/800。

（三）灌溉回用工程

在东滕城、杨岗、吕坡、曹庄、于仓、北满庄6座橡胶坝上游新建提水泵站各1座。灌溉泵站工程由连接段及引水管、防水洞闸室、输水涵洞、泵站前池、泵站主厂房、出水管及出水池组成。

（四）人工湿地引水口门工程

在曹庄橡胶坝上游郭河左岸和杨岗橡胶坝上游城河左岸设置水口门，曹庄人工湿地用水由曹庄橡胶坝上引水，杨岗人工湿地用水由杨岗橡胶坝上引水。沿水流方向依次包括上游连接段、闸阀井、预制混凝土管、穿坝钢管、消力池、下游连接段等建筑物。

（五）水机、金属结构及电气工程

设置橡胶坝充排水泵站和灌溉提水站的水机、金属结构及电气设备、引水口门金属结构。

三、工程设计

基本同意橡胶坝工程、河道工程、灌溉回用工程、人工湿地引水口门工程、金属结构与电气、水土保持、施工组织设计、消防、节能、环保和工程管理等设计方案。下阶段要根据初步设计审查意见，进一步完善和优化设计。

四、工程概算

核定工程概算总投资为11 325.81万元。

请你局切实加强项目管理，严格按照核定的初步设计概算控制工程投资，按期完成工程建设任务。

附件：南水北调东线第一期工程滕州市城漷河截污导流工程初步设计概算核定表（略）

山东省发展和改革委员会

二〇〇八年五月十六日

山东省发展和改革委员会关于南水北调东线第一期工程金乡县截污导流工程初步设计的批复

（鲁发改重点［2008］421号）

省南水北调建设管理局：

你局《关于报送南水北调东线第一期工程山东境内菏泽市东鱼河等九项截污导流工程初步设计报告的请示》（鲁调水计财字［2008］16号）收悉。受国家发展改革委委托，经组织专家审查，现批复如下：

一、工程规模及设计标准

同意初步设计提出的工程建设规模和设计标准：

（一）工程建设规模

本工程拦截调蓄总库容313.9万m^3，改善灌溉面积8.9万亩。

（二）工程等别和设计标准

1. 工程等别及建筑物级别。石岗、高庄、周桥3座灌溉提水泵站工程等别为四等，主要建筑物级别为4级。工程中拦截建筑物王杰闸、郭楼橡胶坝级别为3级。

2. 设计洪水标准。拦河建筑物、提水泵

站等主要建筑物洪水标准为20年一遇。

3. 本工程非汛期天然径流量设计标准为3年一遇。

4. 地震设防烈度。根据《中国地震动参数区划图》（GB 18306—2001），确定金乡县截污导流工程地震动峰值加速度拦河闸、雷涵闸、提水站、交通桥为0.05g，相应地震基本烈度为Ⅵ度。

二、工程总体布置方案和主要建设内容

基本同意初步设计提出的工程总体布置方案和主要建设内容，主要包括拦河闸、橡胶坝、涵闸、灌溉回用工程、交通桥等。

（一）拦河闸工程

在金济河、大沙河分别新建郭楼橡胶坝、王杰拦河闸，设计挡水高度皆为5m。

（二）涵闸工程

在金鱼河新建连庄涵闸；在大沙河上新建五级沟、马集两座涵闸。涵闸由上游连接段、闸室段、涵洞和下游连接段组成。

（三）灌溉回用工程

维修加固周桥、石岗、高庄提水泵站三座。

（四）交通桥工程

新建孔楼生产桥1座，交通桥共分为7孔，每孔长13m，分为3联，两边2跨为1联，中间3跨为1联。

（五）水机、金属结构及电气工程

更新改造周桥、石岗、高庄三座提水泵站机电、金属和水泵设备；设置橡胶坝、节制闸和出库闸电气设备及金属结构。

三、工程设计

基本同意拦河闸、橡胶坝、涵闸、灌溉回用工程、金属结构与电气、水土保持、施工组织设计、消防、节能、环保和工程管理等设计方案。下阶段要根据初步设计审查意见，进一步完善和优化设计。

四、工程概算

核定工程概算总投资为2738.35万元。

请你局切实加强项目管理，严格按照核定的初步设计概算控制工程投资，按期完成工程建设任务。

附件：南水北调东线第一期工程金乡县截污导流工程初步设计概算核定表（略）

山东省发展和改革委员会

二〇〇八年五月十六日

山东省发展和改革委员会关于南水北调东线第一期工程枣庄市峄城大沙河截污导流工程初步设计的批复

（鲁发改重点［2008］422号）

省南水北调建设管理局：

你局《关于报送南水北调东线第一期工程山东境内菏泽市东鱼河等九项截污导流工程初步设计报告的请示》（鲁调水计财字［2008］16号）收悉。受国家发展改革委委托，经组织专家审查，现批复如下：

一、工程规模及设计标准

同意初步设计提出的工程建设规模和设计标准：

（一）工程建设规模

总拦蓄库容为938.1万m^3，其中已有拦蓄库容616.4万m^3，新增拦蓄工程规模为321.7万m^3。

（二）工程等别和设计标准

1. 工程等别及建筑物级别。该工程等别为三等，主要建筑物级别为3级，次要建筑物级别为4级，临时建筑物级别为5级。

2. 设计洪水标准。橡胶坝、节制闸设计洪水标准为20年一遇。非汛期天然径流量设计标准为2年一遇。施工期（11月～翌年4月）设计洪水标准为5年一遇。

3. 地震设防烈度。根据《中国地震动参数区划图》（GB 18306—2001），确定枣庄市峄城大沙河截污导流工程地震动峰值加速度为0.10g，相应地震基本烈度为Ⅶ度，设防烈度为Ⅶ。

二、工程总体布置方案和主要建设内容

同意初步设计提出的工程总体布置方案和主要建设内容，主要包括节制闸工程、橡胶坝工程和管道工程等。

（一）节制闸工程

新建大泛口节制闸，拦蓄水量86.4万m^3；新建裴桥节制闸，拦蓄水量199.9万m^3；维修贾庄节制闸；改造红旗节制闸，将挡水高度加高0.4m。

（二）橡胶坝工程

峄城大沙河分洪道新建良庄橡胶坝1座，桩号12+000，坝长100m，坝袋高2.48m，拦蓄水量为11.8万m^3。

（三）管道工程

峄城大沙河分洪道中水排放点—峄城大沙河之间敷设直径350mm输水管道，长3000m。

（四）金属结构及电气工程

设置橡胶坝水机及电气设备、节制闸电气设备及金属结构。

三、工程设计

基本同意节制闸、橡胶坝、管道工程、金属结构与电气、水土保持、施工组织设计、消防、节能、环保和工程管理等设计方案。下阶段要根据初步设计审查意见，进一步完善和优化设计。

四、工程概算

核定工程概算总投资为4465.88万元。

请你局切实加强项目管理，严格按照核定的初步设计概算控制工程投资，按期完成工程建设任务。

附件：南水北调东线第一期工程枣庄市峄城大沙河截污导流工程初步设计概算核定表（略）

山东省发展和改革委员会

二〇〇八年五月十六日

山东省发展和改革委员会关于南水北调东线第一期工程枣庄市薛城小沙河控制单元截污导流工程初步设计的批复

（鲁发改重点［2008］423号）

省南水北调建设管理局：

你局《关于报送南水北调东线第一期工程山东境内菏泽市东鱼河等九项截污导流工程初步设计报告的请示》（鲁调水计财字［2008］16号）收悉。受国家发展改革委委托，经组织专家审查，现批复如下：

一、工程规模及设计标准

同意初步设计提出的工程建设规模和设计标准：

（一）工程建设规模

新建拦蓄工程共拦蓄352.5万m^3，含中水264.0万m^3。其中薛城小沙河拦蓄135.0万m^3，薛城大沙河拦蓄141.5万m^3，新薛河干流拦蓄5.8万m^3，新薛河支流小渭河拦蓄70.2万m^3。

（二）工程等别和设计标准

1. 工程等别及建筑物级别。橡胶坝工程等别为三等，主要建筑物级别为3级，临时建筑物级别为4级；小水库等别为Ⅴ等，主要建筑物级别为5级，临时建筑物级别为5级。

2. 设计洪水标准。橡胶坝设计洪水标准为20年一遇，小水库设计洪水标准为10年一遇。非汛期天然径流量设计标准为2年一遇。施工期（11月~翌年4月）设计洪水标准为5年一遇。

3. 地震设防烈度。根据《中国地震动参数区划图》（GB 18306—2001），确定枣庄市薛城小沙河截污导流工程地震动峰值加速度为0.10g，相应地震基本烈度Ⅶ度，按Ⅶ度设防。

二、工程总体布置方案和主要建设内容

同意初步设计提出的工程总体布置方案和主要建设内容，主要包括薛城小沙河、薛城大沙河、新薛河等工程。

（一）薛城小沙河工程

新建朱桥橡胶坝1座，橡胶坝回水河段扩挖总长3423m，开挖堤外截渗沟长2000m，干流两岸筑堤各长660m，薛城小沙河故道两岸筑堤各1050m，凤鸣湖敷设直径400mm输水管道长1500m，龙潭水库敷设直径200mm输水管道，长500m。

（二）薛城大沙河工程

新建挪庄橡胶坝1座，华众橡胶坝敷设直径500mm输水管道，长3000m。

（三）新薛河工程

新建南岭水库1座、渊子涯橡胶坝1座，橡胶坝回水河段河道扩挖长3000m，山亭污水处理厂—小水库敷设直径500mm输水管道，长700m。

三、工程设计

基本同意橡胶坝、南岭水库、河道工程、管道工程、金属结构与电气、水土保持、施工组织设计、消防、节能、环保和工程管理等设计方案。下阶段要根据初步设计审查意见，进一步完善和优化设计。

四、工程概算

核定工程概算总投资为5675.63万元。

请你局切实加强项目管理，严格按照核定的初步设计概算控制工程投资，按期完成工程建设任务。

附件：南水北调东线第一期工程枣庄市薛城小沙河控制单元截污导流工程初步设计概算核定表（略）

山东省发展和改革委员会

二〇〇八年五月十六日

山东省发展和改革委员会关于南水北调东线第一期工程曲阜市截污导流工程初步设计的批复

（鲁发改重点［2008］424号）

省南水北调建设管理局：

你局《关于报送南水北调东线第一期工程山东境内菏泽市东鱼河等九项截污导流工程初步设计报告的请示》（鲁调水计财字［2008］16号）收悉。受国家发展改革委委托，经组织专家审查，现批复如下：

一、工程规模及设计标准

（一）工程建设规模

同意初步设计提出的工程建设规模：本工程需拦截水量1146.2万m^3，其中调水期（10月~翌年5月）相应截污导流水量为770万m^3，沂河天然径流量采用非汛期2年一遇为376.2万m^3。

（二）工程等别和设计标准

1. 工程等别及建筑物级别。该工程等别为三等，工程规模为中型，其主要建筑物级别确定为3~4级，次要建筑物级别确定为4级，临时建筑物级别确定为5级。其中郭家庄、杨庄橡胶坝等工程等别为Ⅲ等；郭家庄、杨庄灌溉提水站工程等别为Ⅳ等，设计流量分别为1.05m^3/s、3.0m^3/s。

2. 设计洪水标准。郭家庄、杨庄橡胶坝等主要建筑物设计洪水标准为20年一遇。非汛期天然径流量设计标准为2年一遇。施工期（11月~翌年4月）设计洪水标准为5年一遇。

3. 地震设防烈度。根据《中国地震动参数区划图》（GB 18306—2001），确定曲阜市截污导流工程地震动峰值加速度郭家庄、杨庄橡胶坝和郭家庄、杨庄灌溉提水站为0.05g，相应地震基本烈度为Ⅵ度。

二、工程总体布置方案和主要建设内容

基本同意初步设计提出的工程总体布置

方案和主要建设内容，主要包括橡胶坝、灌溉回用工程等。

（一）橡胶坝工程

在沂河新建郭家庄、杨庄2座橡胶坝，橡胶坝由上游连接段、橡胶坝段、下游连接段和充排水系统等组成。

（二）灌溉回用工程

在郭家庄、杨庄橡胶坝上游各新建提水泵站一座，灌溉提水站由上游引水段及连接段、防水洞闸室、输水涵洞、泵站前池、厂房段、出水管道和出水池等组成。

（三）水机、金属结构及电气工程

设置橡胶坝和提水泵站水机、电气设备及金属结构。

三、工程设计

基本同意橡胶坝工程、灌溉回用工程、金属结构与电气、水土保持、施工组织设计、消防、节能、环保和工程管理等设计方案。下阶段要根据初步设计审查意见，进一步完善和优化设计。

四、工程概算

核定工程概算总投资为2714.21万元。

请你局切实加强项目管理，严格按照核定的初步设计概算控制工程投资，按期完成工程建设任务。

附件：南水北调东线第一期工程曲阜市截污导流工程初步设计概算核定表（略）

山东省发展和改革委员会

二〇〇八年五月十六日

山东省发展和改革委员会关于南水北调东线第一期工程嘉祥县截污导流工程初步设计的批复

（鲁发改重点［2008］425号）

省南水北调建设管理局：

你局《关于报送南水北调东线第一期工程山东境内菏泽市东鱼河等九项截污导流工程初步设计报告的请示》（鲁调水计财字［2008］16号）收悉。受国家发展改革委委托，经组织专家审查，现批复如下：

一、工程规模及设计标准

同意初步设计提出的工程建设规模和设计标准。

（一）工程建设规模

本工程拦截调蓄总库容202.4万m^3，改善灌溉面积2.5万亩。

（二）工程等别和设计标准

1. 工程等别及建筑物级别。该工程等别为四等，工程规模为小（1）型，河道工程和主要建筑物级别确定为4级，次要建筑物级别确定为5级，临时建筑物级别确定为5级。

2. 设计洪水标准。确定拦河建筑物等主要建筑物洪水标准为20年一遇。非汛期河道径流量标准采用3年一遇。施工期（10月～翌年5月）设计洪水标准为5年一遇。

3. 地震设防烈度。根据《中国地震动参数区划图》（GB 18306—2001），确定嘉祥县截污导流工程地震动峰值加速度为0.05g，地震动反映谱特征周期为0.55s，相应地震基本烈度为Ⅵ度。

二、工程总体布置方案和主要建设内容

基本同意初步设计提出的工程总体布置方案和主要建设内容，主要包括新建前进拦河闸、改建洪山和曾店涵闸、前进河和洪山河疏通治理等。

（一）前进河

1. 前进河疏通治理3段［设计桩号（0+146）～（14+358）］，共长14.212km。

2. 新建前进拦河闸，改建曾店涵闸。

（二）洪山河

1. 洪山河疏通治理2段［设计桩号（0+032）～（6+385）］，共长6.353km。

2. 改建洪山涵闸。

3. 洪山河局部扩挖段［设计桩号（3+958）～（4+603）］扩挖长度0.645km，宽

度 260m。

（三）水机、金属结构及电气工程

设置拦河闸和涵闸电气设备及金属结构。

三、工程设计

基本同意前进拦河闸、洪山涵闸、曾店涵闸、洪山河右岸河道局部扩挖工程、疏通治理河道及建筑物上下游连接段工程、金属结构与电气、水土保持、施工组织设计、消防、节能、环保和工程管理等设计方案。下阶段要根据初步设计审查意见，进一步完善和优化设计。

四、工程概算

核定工程概算总投资为 2629.53 万元。

请你局切实加强项目管理，严格按照核定的初步设计概算控制工程投资，按期完成工程建设任务。

附件：南水北调东线第一期工程嘉祥县截污导流工程初步设计概算核定表（略）

山东省发展和改革委员会

二〇〇八年五月十六日

山东省发展和改革委员会关于南水北调东线第一期工程鱼台县截污导流工程可行性研究报告的批复

（鲁发改农经［2008］831 号）

省南水北调建设管理局：

你局《关于报送南水北调东线第一期工程鱼台县等七项截污导流工程可行性研究报告的请示》（鲁调水计财字［2008］22 号）、修订可研报告和山东省工程咨询院评估报告（鲁工咨机字［2008］152 号）悉。受国家发展改革委委托，经研究，现批复如下：

一、基本同意南水北调东线第一期工程鱼台县截污导流工程可行性研究报告。根据《南水北调东线工程治污规划》和《南水北调山东段控制单元治污方案》，该工程任务是通过利用已有和新建拦蓄工程，在南水北调调水期拦截鱼台县污水处理厂和企业达标排放的中水及河道天然径流，并灌溉回用，保证输水干线水质达到规定标准。

二、工程建设内容：东鱼河干流新建唐马拦河闸，维修加固西支河、惠河穿东鱼河左堤的郭楼、林庄两穿堤涵闸；新建鱼台县污水处理厂至东鱼河唐马拦河闸前中水输水管道。唐马拦河闸总净宽 160m，共 20 孔，每孔净宽 8m，最高蓄水位 35.04m，挡水高度 3.3m。郭楼、林庄两现有穿堤涵闸更换启闭机、闸门。新建中水输水管道 7.15km，设计流量 0.35m^3/s。工程永久占地 28.12 亩，临时占地 216.18 亩。

工程等别为二等，唐马拦河闸建筑物级别为 2 级，输水管道、西支河郭楼涵闸、惠河林庄涵闸建筑物级别为 3 级。

东鱼河干流唐马拦河闸场区地震动峰值加速度为 0.10g，相应于地震基本烈度Ⅶ度；其他工程场区地震动峰值加速度为 0.05g，相应于地震基本烈度Ⅵ度。建筑物的地震设计烈度与工程所在地地震参数相同。

工程总工期为 12 个月。

三、按 2008 年第一季度价格水平，静态总投资为 4189 万元，其中工程部分静态总投资为 3980 万元，移民环境静态总投资为 89 万元，水质监测保护费 120 万元。工程投资与南水北调东线一期工程统筹安排。

四、在初步设计阶段，要根据评估报告提出的意见和本批复核定的工程标准和规模，进一步优化工程设计，尽量控制工程投资，减少占地数量。

五、由你局委托鱼台县负责工程建设管理和建成后的运行管理，运行管理费用由鱼台县负责解决。鱼台县要按照《山东省南水北调工程沿线区域水污染防治条例》的规定，落实好水污染防治的各项措施，服从南水北调工程运行调度，保证输水干线水质安全。

请据此抓紧开展下阶段工作，编制初步设计概算报我委审批。

附件：南水北调东线第一期工程鱼台县截污导流工程招标投标事项核准意见（略）

山东省发展和改革委员会
二〇〇八年八月十八日

山东省发展和改革委员会关于南水北调东线第一期工程梁山县截污导流工程可行性研究报告的批复

（鲁发改农经［2008］832号）

省南水北调建设管理局：

你局《关于报送南水北调东线第一期工程鱼台县等七项截污导流工程可行性研究报告的请示》（鲁调水计财字［2008］22号）、修订可研报告和山东省工程咨询院评估报告（鲁工咨机字［2008］153号）悉。受国家发展改革委委托，经研究，现批复如下：

一、基本同意南水北调东线第一期工程梁山县截污导流工程可行性研究报告。根据《南水北调东线工程治污规划》和《南水北调山东段控制单元治污方案》，该工程任务是通过新建拦蓄工程，在南水北调调水期内拦截梁山县污水处理厂和企业达标排放的中水及河道天然径流，并灌溉回用，保证输水干线水质达到规定标准。

二、工程建设内容为中水拦蓄、中水利用和蓄水影响三部分。①中水拦蓄工程：利用南水北调一期工程梁济运河邓楼节制闸拦水，扩挖梁济运河河道16.48km，横断面采用梁济运河3年一遇除涝断面，设计河底比降为1/20 064；敷设输水管道500m，设计流量0.4m^3/s。拦蓄总库容330.6万m^3。②中水利用工程：维修加固灌溉提水泵站24座。③蓄水影响工程：维修加固支流入口闸16座、拆除重建桥梁4座以及人畜用水影响工程（新建中、深地下水水源）等。工程永久占地416.20亩，临时占地1222.15亩，影响人口128人。

梁济运河河道堤防为2级；截污导流工程等别为Ⅳ等，河道堤防等级为二等2级，河道主要建筑物级别为2级，其他次要建筑物级别为3级。

工程区地震动峰值加速度为0.10g，相应于地震基本烈度为Ⅶ度。建筑物的地震设计烈度与工程所在地地震参数相同。

工程总工期为24个月。

三、按2008年第一季度价格水平，静态总投资为5265万元，其中工程部分静态总投资为3382万元，移民环境静态总投资为1763万元，水质监测保护费120万元。工程投资与南水北调东线一期工程统筹安排。

四、在初步设计阶段，要根据本批复核定的工程标准和规模，进一步优化工程设计，尽量控制工程投资，减少占地数量。

五、由你局委托梁山县负责工程建设管理和建成后的运行管理，运行管理费用由梁山县负责解决。梁山县要按照《山东省南水北调工程沿线区域水污染防治条例》的规定，落实好水污染防治的各项措施，服从南水北调工程运行调度，保证输水干线水质安全。

请据此抓紧开展下阶段工作，编制初步设计概算报我委审批。

附件：南水北调东线第一期工程梁山县截污导流工程招标投标事项核准意见（略）

山东省发展和改革委员会
二〇〇八年八月十八日

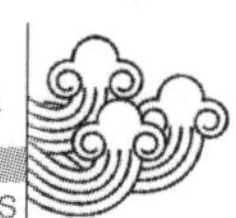

山东省发展和改革委员会关于南水北调东线第一期工程枣庄市小季河截污导流工程可行性研究报告的批复

（鲁发改农经［2008］833号）

省南水北调建设管理局：

你局《关于报送南水北调东线第一期工程鱼台县等七项截污导流工程可行性研究报告的请示》（鲁调水计财字［2008］22号）、修订可研报告和山东省工程咨询院评估报告（鲁工咨机字［2008］154号）悉。受国家发展改革委委托，经研究，现批复如下：

一、基本同意南水北调东线第一期工程枣庄市小季河截污导流工程可行性研究报告。根据《南水北调东线工程治污规划》和《南水北调山东段控制单元治污方案》，该工程的任务是在考虑河道下游人工湿地建设的情况下，通过利用已有和新建拦蓄工程，在南水北调调水期内拦截台儿庄区污水处理厂和企业达标排放的中水及河道天然径流，并灌溉回用，保证输水干线水质达到规定标准。

二、工程建设内容：小季河沿河扩挖、疏浚5.1km，河道设计比降1/5000，主河槽边坡1:2；北环城河清淤4960m；台兰干渠清淤4682m。新建小季河季庄西拦河闸，挡水高度2.59m；维修赵村节制闸。改建、重建生产桥6座，设计标准为公路二级。小季河及台兰引渠上游及中部新建中水回用灌溉泵站4座，设计流量均为1.26m^3/s，并分别配套建设灌溉渠道1km。工程永久占地134.42亩，临时占地904.18亩，影响人口117人。

工程等别为四等，主要建筑物级别为4级，临时建筑物为5级。工程区地震动峰值加速度为0.15g，相应地震基本烈度Ⅶ度。建筑物的地震设计烈度与工程所在地地震参数相同。

三、按2008年第一季度价格水平，静态总投资为4075万元，其中工程部分静态总投资为3015万元，移民环境静态总投资为940万元，水质监测保护费120万元。工程投资与南水北调东线一期工程统筹安排。

工程总工期为16个月。

四、在初步设计阶段，要根据评估报告提出的意见和本批复核定的工程标准和规模，进一步优化工程设计，尽量控制工程投资，减少占地数量。

五、由你局委托枣庄市负责工程建设管理和建成后的运行管理，运行管理费用由枣庄市负责解决。枣庄市要按照《山东省南水北调工程沿线区域水污染防治条例》的规定，落实好水污染防治的各项措施，服从南水北调工程运行调度，保证输水干线水质安全。

请据此抓紧开展下阶段工作，编制初步设计概算报我委审批。

附件：南水北调东线第一期工程枣庄市小季河截污导流工程招标投标事项核准意见（略）

山东省发展和改革委员会

二○○八年八月十八日

山东省发展和改革委员会关于南水北调东线第一期工程武城县截污导流工程可行性研究报告的批复

（鲁发改农经［2008］834号）

省南水北调建设管理局：

你局《关于报送南水北调东线第一期工程鱼台县等七项截污导流控制单元工程可行性研究报告的请示》（鲁调水计财字［2008］22号）、修订可研报告和山东省工程咨询院评估报告（鲁工咨机字［2008］155号）悉。受国家发展改革委委托，经研究，现批复如下：

一、基本同意南水北调东线第一期工程武城县截污导流工程可行性研究报告。根据《南水北调东线工程治污规划》和《南水北调山东段控制单元治污方案》，该工程任务是通过新建拦蓄和导流工程，在南水北调调水期内拦截武城县污水处理厂和企业达标排放的中水及河道天然径流，并灌溉回用，实现调水期控制单元内污染物零入河的目标，保证输水干线水质达到地表水Ⅲ类标准。

二、工程建设内容：六六河河道扩挖5.2km，设计河底比降为1/20 000，河道边坡1:3；马减竖河河道清淤疏浚11.06km，设计河底比降为1/20 000，河道边坡1:2。新建利民河东支李庄拦河闸、重建六六河东大屯闸，两闸均为2孔，每孔净宽3m；维修六六河改碱沟分水闸，维修六六河与利民河东支、洪庙沟、头屯南干沟以及改碱沟交汇处涵闸4处，新建蒋庄沟、董前坡沟、棘围沟、北支沟末端4座涵闸，维修现有棘围沟、北支沟进水涵闸2座。平原县境内新建马减竖河后程倒虹、杨黑庄倒虹和三十里铺穿涵，以及三十里铺南、新立村2座支流进水涵闸。改建王小屯、黄坟台生产桥。工程永久占地83.35亩，临时占地402.50亩，影响人口67人。

工程等别为四等，主要建筑物级别为4级，次要建筑物为5级。工程区地震动峰值加速度为0.05g，相应于地震基本烈度Ⅵ度。建筑物的地震设计烈度与工程所在地地震参数相同。

工程总工期为12个月。

三、按2008年第一季度价格水平，静态总投资为2770万元，其中工程部分静态总投资为1946万元，移民环境静态总投资为664万元，水质监测保护费160万元。工程投资与南水北调东线一期工程统筹安排。

四、在初步设计阶段，要根据评估报告提出的意见和本批复核定的工程标准和规模，进一步优化工程设计，尽量控制工程投资，减少占地数量。

五、由你局委托武城县负责工程建设管理和建成后的运行管理，运行管理费用由武城县负责解决。武城县要按照《山东省南水北调工程沿线区域水污染防治条例》的规定，落实好水污染防治的各项措施，服从南水北调工程运行调度，保证输水干线水质安全。

请据此抓紧开展下阶段工作，编制初步设计概算报我委审批。

附件：南水北调东线第一期工程武城县截污导流工程招标投标事项核准意见（略）

山东省发展和改革委员会

二〇〇八年八月十八日

山东省发展和改革委员会关于南水北调东线第一期工程夏津县截污导流工程可行性研究报告的批复

（鲁发改农经［2008］835号）

省南水北调建设管理局：

你局《关于报送南水北调东线第一期工程鱼台县等七项截污导流工程可行性研究报告的请示》（鲁调水计财字［2008］22号）、修订可开报告和山东省工程咨询院评估报告（鲁工咨机字［2008］156号）悉。受国家发展改革委委托，经研究，现批复如下：

一、基本同意南水北调东线第一期工程夏津县截污导流工程可行性研究报告。根据《南水北调东线工程治污规划》和《南水北调山东段控制单元治污方案》，该工程任务是通过新建拦蓄工程，在南水北调调水期内拦截夏津县污水处理厂和企业达标排放的中水及河道天然径流，并灌溉回用，保证输水干线水质达到规定标准。

二、工程建设内容：三支渠清淤疏浚6.2公里，边坡采用1:3。重建青年河范楼闸、李

楼闸，两闸均为单孔闸，闸孔净宽4m，挡水高度范楼闸为3.1m、李楼闸为3.5m；维修青年河北马庄闸和城北改碱沟齐庄闸、苦水马庄闸。重建青年河许小庄、孔庄、郑庄等生产桥13座，城北改碱沟齐庄、刘辛庄、霍庄等生产桥4座。重建青年河郑庄、孔庄2座扬水站，扬水站设计引水流量郑庄为3m³/s，孔庄为1.5m³/s。工程永久占地2亩，临时占地250.80亩。

工程等别为四等，青年河范楼闸、李楼闸、北马庄闸和城北改碱沟苦水马庄闸、齐庄闸为4级，临时建筑物级别为5级。工程区地震动峰值加速度为0.05g，相应于地震基本烈度为Ⅵ度。建筑物的地震设计烈度与工程所在地地震参数相同。

三、按2008年第一季度价格水平，静态总投资为2326万元，其中工程部分静态总投资为2077万元，移民环境静态总投资为129万元，水质监测保护费120万元。工程投资与南水北调东线一期工程统筹安排。

工程总工期为12个月。

四、在初步设计阶段，要根据评估报告提出的意见和本批复核定的工程标准和规模，进一步优化工程设计，尽量控制工程投资，减少占地数量。

五、由你局委托夏津县负责工程建设管理和建成后的运行管理，运行管理费用由夏津县负责解决。夏津县要按照《山东省南水北调工程沿线区域水污染防治条例》的规定，落实好水污染防治的各项措施，服从南水北调工程运行调度，保证输水干线水质安全。

请据此抓紧开展下阶段工作，编制初步设计概算报我委审批。

附件：南水北调东线第一期工程夏津县截污导流工程招标投标事项核准意见（略）

山东省发展和改革委员会

二〇〇八年八月十八日

山东省发展和改革委员会关于南水北调东线第一期工程临清市汇通河截污导流工程可行性研究报告的批复

（鲁发改农经［2008］836号）

省南水北调建设管理局：

你局《关于报送南水北调东线第一期工程鱼台县等七项截污导流工程可行性研究报告的请示》（鲁调水计财字［2008］22号）、修订可研报告和山东省工程咨询院评估报告（鲁工咨机字［2008］158号）悉。受国家发展改革委委托，经研究，现批复如下：

一、基本同意南水北调东线第一期工程临清市汇通河截污导流工程可行性研究报告。根据《南水北调东线工程治污规划》和《南水北调山东段控制单元治污方案》，该工程任务是将临清市污水处理厂处理后的6万t/d中水改排，通过河渠连接工程输送中水，利用胡家湾水库、友谊渠和尚潘渠等拦蓄用于农业灌溉，保证输水干线水质达到规定标准。

二、工程建设内容：①河（渠）道整治工程。清淤疏浚城区汇通河河道1.18km、石河河道1.07km、红旗渠4.03km，及红旗渠建筑物改建。②新建工程：铺设红旗渠至北大洼管线0.67km（双排1.34km）、北大洼至石河管线2.3km（双排4.6km），钢筋混凝土管单管管径2m；汇通河头闸口至入卫新河管线1.85km，预应力钢筋混凝土管管径1.2m；新建胡家湾倒虹吸1座、红旗渠入卫穿堤涵闸1座，重建桥涵4座。工程永久占地10.70亩，临时占地93.40亩，影响人口158人。

工程规模为小（1）型，主要建筑物级别为4级，次要建筑物级别为5级。穿卫运河大堤涵闸级别按所在堤防工程的级别确定为2级。

工程区临清市地震动峰值加速度为

0.05*g*，相应地震基本烈度为Ⅵ度。建筑物的地震设计烈度与工程所在地地震参数相同。

工程总工期为12个月。

三、按2008年第一季度价格水平，静态总投资为2900万元，其中工程部分静态总投资为2417万元，移民环境静态总投资为403万元，水质监测保护费80万元。工程投资与南水北调东线一期工程统筹安排。

四、在初步设计阶段，要根据评估报告提出的意见和本批复核定的工程标准和规模，进一步优化工程设计，尽量控制工程投资，减少占地数量。

五、由你局委托临清市负责工程建设管理和建成后的运行管理，运行管理费用由临清市负责解决。临清市要按照《山东省南水北调工程沿线区域水污染防治条例》的规定，落实好水污染防治的各项措施，服从南水北调工程运行调度，保证输水干线水质安全。

请据此抓紧开展下阶段工作，编制初步设计概算报我委审批。

工程建设方案如调整，须重新编制可研报告报我委审批。

附件：南水北调东线第一期工程临清市汇通河截污导流工程招标投标事项核准意见（略）

山东省发展和改革委员会
二〇〇八年八月十八日

山东省发展和改革委员会关于南水北调东线第一期工程聊城市金堤河截污导流工程可行性研究报告的批复

（鲁发改农经［2008］837号）

省南水北调建设管理局：

你局《关于报送南水北调东线第一期工程鱼台县等七项截污导流工程可行性研究报告的请示》（鲁调水计财字［2008］22号）、修订可研报告和山东省工程咨询院评估报告（鲁工咨机字［2008］157号）悉。受国家发展改革委委托，经研究，现批复如下：

一、基本同意南水北调东线第一期工程聊城市金堤河截污导流工程可行性研究报告。根据《南水北调东线工程治污规划》和《南水北调山东段控制单元治污方案》，该工程任务是在金堤河上游河南省完成治污工程后，通过利用已有和新建拦截和导流工程，在南水北调调水期内将金堤河排泄入小运河的达标废水进行改排，保证输水干线水质达到规定标准。

二、工程建设内容：① 连通渠道工程。新开挖小运河至郎营沟渠道3.7km、郎营沟至四新河渠道2.3km；郎营沟扩挖治理22.0km。② 建筑物工程。新建小运河马湾节制闸1座（3孔、每孔净宽3m）、马湾排水涵闸1座（2孔、每孔净宽2.5m）、前白排水闸1座；改建油坊穿涵，新建穿东西连接渠涵洞；新建、重建桥梁37座、渡槽12座，重建涵闸6座、排水涵闸14座。工程永久占地380.40亩，临时占地1132.06亩，影响人口289人。

工程等别为三等，马湾节制闸、油坊涵洞及穿东西连接渠涵洞等主要建筑物级别为3级，次要和临时建筑物级别为4级。

工程区阳谷县地震动峰值加速度为0.15*g*，东阿县、东昌府区、开发区地震动峰值加速度为0.10*g*，相应地震基本烈度为Ⅶ度。建筑物的地震设计烈度与工程所在地地震参数相同。

工程总工期为12个月。

三、按2008年第一季度价格水平，静态总投资为4789万元，其中工程部分静态总投资为2747万元，移民环境静态总投资为1962万元，水质监测保护费80万元。工程投资与南水北调东线一期工程统筹安排。

四、在初步设计阶段，要根据评估报告所提意见和本批复核定的工程标准和规模，进一步优化工程设计，尽量控制工程投资，减少占地数量。

五、由你局委托聊城市负责工程建设管理和建成后的运行管理，运行管理费用由聊城市负责解决。聊城市要按照《山东省南水北调工程沿线区域水污染防治条例》的规定，落实好水污染防治的各项措施，服从南水北调工程运行调度，保证输水干线水质安全。

请据此抓紧开展下阶段工作，编制初步设计概算报我委审批。

工程建设方案如调整，须重新编制可研报告报我委审批。

附件：南水北调东线第一期工程聊城市金堤河截污导流工程招标投标事项核准意见（略）

山东省发展和改革委员会

二〇〇八年八月十八日

山东省发展和改革委员会关于南水北调东线第一期工程夏津县截污导流工程初步设计的批复

（鲁发改重点［2008］1217号）

省南水北调建设管理局：

你局《关于报送南水北调东线第一期工程鱼台县等七项截污导流工程初步设计报告的请示》（鲁调水计财字［2008］45号）收悉。受国家发展改革委委托，经组织专家审查，现批复如下：

一、工程规模及设计标准

基本同意南水北调东线第一期工程夏津县截污导流工程初步设计提出的建设规模和设计标准。

（一）工程建设规模

新建拦蓄工程总拦蓄利用能力707.85万m^3，其中中水入河量为546.8万m^3，径流量为161.05万m^3，同时利用拦蓄中水进行灌溉。

（二）工程等别和设计标准

1. 工程等别及建筑物级别。工程等别为四等，青年河范楼闸、李楼闸、北马庄闸和城北改碱沟齐庄闸等建筑物级别为4级，临时建筑物级别为5级。

2. 设计洪水标准和除涝标准。青年河范楼闸、李楼闸、北马庄闸和城北改碱沟齐庄闸等主要建筑物按照64年雨型除涝标准设计，防洪标准为20年一遇，除涝标准为5年一遇。

3. 非汛期河道径流量标准。非汛期河道径流量标准为3年一遇。

4. 地震设防烈度。场区地震动峰值加速度为0.05g，相应地震基本烈度为Ⅵ度。

二、工程总体布置方案和主要建设内容

同意初步设计提出的工程总体布置方案和主要建设内容，主要包括河道、拦河闸、提水泵站、涵管和生产桥等工程。

（一）河道工程

三支沟河道清淤疏浚6.2km，底宽为2m，边坡为1:2.5，沟底比降1/20 000。

（二）拦河闸工程

拆除重建范楼闸、李楼闸、北马庄闸；维修加固齐庄闸。

（三）灌溉回用提水泵站工程

重建孔庄、郑庄2座泵站。

（四）涵管工程

在三支沟与省道315相交处，新建一座涵管。

（五）生产桥工程设计

在青年河修建12座生产桥，在城北改碱沟修建4座生产桥。

三、工程设计

基本同意初步设计提出的河道、拦河闸、提水泵站、涵管、生产桥、金属结构与电气、水土保持、施工组织设计、消防、节能、环保和工程管理等设计方案。下阶段要根据初步设计审查意见，进一步完善和优化设计。

四、工程概算

核定工程概算总投资为2505.86万元。

请你局切实加强项目管理，严格按照核定的初步设计概算控制工程投资，按期完成工程建设任务。

附件：南水北调东线第一期工程夏津县截污导流工程初步设计概算核定表（略）

山东省发展和改革委员会

二〇〇八年十一月二十四日

山东省发展和改革委员会关于南水北调东线第一期工程鱼台县截污导流工程初步设计的批复

（鲁发改重点［2008］1218号）

省南水北调建设管理局：

你局《关于报送南水北调东线第一期工程鱼台县等七项截污导流工程初步设计报告的请示》（鲁调水计财字［2008］45号）收悉。受国家发展改革委委托，经组织专家审查，现批复如下：

一、工程规模及设计标准

基本同意南水北调东线第一期工程鱼台县截污导流工程初步设计提出的建设规模和设计标准。

（一）工程建设规模

新建拦蓄工程拦蓄库容共1094.5万m^3。恢复改善灌溉面积7.6万亩。

（二）工程等别和设计标准

1. 工程等别及建筑物级别。工程等别为二等，唐马拦河闸（东鱼河干流桩号11+100）建筑物级别为2级，输水管道、西支河郭楼涵洞、惠河林庄涵洞建筑物级别为3级。

2. 设计洪水标准和除涝标准。唐马拦河闸按东鱼河50年一遇防洪、5年一遇除涝标准设计。

3. 非汛期河道径流量标准。非汛期河道径流量标准为3年一遇。

4. 地震设防烈度。唐马拦河闸的场区地震动峰值加速度为0.10g，相应地震基本烈度为Ⅶ度；其他工程的场区地震动峰值加速度为0.05g，相应地震基本烈度为Ⅵ度。地震动反应谱特征周期值均为0.40s

二、工程总体布置方案和主要建设内容

同意初步设计提出的工程总体布置方案和主要建设内容，主要包括唐马拦河闸、中水管道等工程。

1. 唐马拦河闸工程

唐马拦河闸总净宽160m，共16孔，每孔净宽10m，二孔一联，最高蓄水位为34.62m，挡水高度2.88m。

2. 中水管道工程

新建中水输水管线总长7.15km，设计流量为0.35m^3/s。管材选用DN1000mm的玻璃钢管，工作压力0.25MPa；过河沟及穿公路处管材选用ϕ1000mm×10mm钢管。管线沿途共设3座阀门井、1座排水井以及5座进排气井。

3. 维修加固涵洞工程设计

对西支河郭楼涵闸、惠河林庄涵闸进行维修加固。

4. 安全与观测设计

在拦河闸上设置有关观测设施。

三、工程设计

基本同意初步设计提出的唐马拦河闸、中水管道、涵闸、金属结构与电气、水土保持、施工组织设计、消防、节能、环保和工程管理等设计方案。下阶段要根据初步设计审查意见，进一步完善和优化设计。

四、工程概算

核定工程概算总投资为4214万元。

请你局切实加强项目管理，严格按照核定的初步设计概算控制工程投资，按期完成工程建设任务。

附件：南水北调东线第一期工程鱼台县截污导流工程初步设计概算核定表（略）

山东省发展和改革委员会

二〇〇八年十一月二十四日

山东省发展和改革委员会关于南水北调东线第一期工程枣庄市小季河截污导流工程初步设计的批复

（鲁发改重点［2008］1219号）

省南水北调建设管理局：

你局《关于报送南水北调东线第一期工程鱼台县等七项截污导流工程初步设计报告的请示》（鲁调水计财字［2008］45号）收悉。受国家发展改革委委托，经组织专家审查，现批复如下：

一、工程规模及设计标准

基本同意南水北调东线第一期工程枣庄市小季河截污导流工程初步设计提出的工程建设规模和设计标准。

（一）工程建设规模

1. 干线调水期间该子单元工程需拦截水量360.51万m^3，其中拦截中水206.4万m^3，天然径流154.11万m^3。

2. 拦截调蓄总库容105.43万m^3，改善灌溉面积2.0万亩。

（二）工程等别和设计标准

1. 工程等别及建筑物级别。工程等别为四等，河道工程和主要建筑物级别为4级，次要建筑物级别为5级，临时建筑物级别为5级。

2. 设计洪水标准。季庄西拦河闸洪水标准为20年一遇。

3. 地震设防烈度。工程场区地震动峰值加速度为0.15g，相应地震基本烈度为Ⅶ度。

二、工程总体布置方案和主要建设内容

同意初步设计提出的工程总体布置方案和主要建设内容，主要包括河道、拦河闸、生产桥和泵站等工程。

（一）河道工程

小季河按底宽20m全线疏浚，长5.1km。对北环城河、台兰干渠死水位以上部分进行清淤。

（二）拦河闸工程

在小季河3+800处新建拦河闸1座，共3孔，单孔净宽5m。维修赵村拦河闸，更换部分金属结构。

（三）生产桥工程

拆除1座过路穿涵、5座生产桥，重建6座生产桥。生产桥设计标准为公路二级。

（四）中水回用泵站工程

在东环城河1+300、小季河中部4+270左岸、台兰引渠1+900及3+600新建中水回用灌溉泵站，每个泵站配1km渠道。

三、工程设计

基本同意初步设计提出的河道、拦河闸、生产桥、泵站、金属结构与电气、水土保持、施工组织设计、消防、节能、环保和工程管理等设计方案。下阶段要根据初步设计审查意见，进一步完善和优化设计。

四、工程概算

核定工程概算总投资为4092.83万元。

请你局切实加强项目管理，严格按照核定的初步设计概算控制工程投资，按期完成工程建设任务。

附件：南水北调东线第一期工程枣庄市小季河截污导流工程初步设计概算核定表（略）

山东省发展和改革委员会

二〇〇八年十一月二十四日

山东省发展和改革委员会关于南水北调东线第一期工程聊城市金堤河截污导流工程初步设计的批复

（鲁发改重点［2008］1220号）

省南水北调建设管理局：

你局《关于报送南水北调东线第一期工程鱼台县等七项截污导流工程初步设计报告的请示》（鲁调水计财字［2008］45号）收悉。受国家发展改革委委托，经组织专家审查，现批复如下：

一、工程规模及设计标准

基本同意南水北调东线第一期工程聊城市金堤河截污导流工程初步设计提出的建设规模和设计标准。

（一）工程建设规模

工程规模按张秋闸设计排水流量15m^3/s叠加区域3年一遇非汛期径流量计算。

（二）工程等别和设计标准

1. 工程等别及建筑物级别。工程等别为三等，马湾节制闸、油坊涵洞及穿东西连接渠涵洞主要建筑物级别为3级，次要建筑物级别为4级，临时建筑物级别为4级。

2. 设计标准。小运河、郎营沟和四新河的防洪、排涝标准为“64年雨型”排涝，“61年雨型”防洪。施工期设计洪水标准为5年一遇。

3. 非汛期河道径流量标准。非汛期河道径流量标准为3年一遇。

4. 地震设防烈度。根据《中国地震动参数区划图》（GB 18306—2001），确定金堤河截污导流工程中小运河张秋闸～郎营沟段，地震动峰值加速度为0.20g，相应地震基本烈度VⅢ度；郎营沟路庄至老四干北岸及郎营沟至四新河段，地震动峰值加速度为0.10g，相应地震基本烈度Ⅶ度；老四干入四新河～四新河入徒骇河河口，地震动峰值加速度为0.15g，相应地震基本烈度Ⅶ度。

二、工程总体布置方案和主要建设内容

同意初步设计提出的工程总体布置方案和主要建设内容，主要包括连通渠道和建筑物等工程。

（一）渠道工程

新开连通渠道小运河至油坊涵洞的设计桩号（10+976）～（17+976），疏通治理长度7.0km；油坊涵洞至东西连渠穿涵段设计桩号（17+976）～（36+950），疏通治理长度18.97km；东西连渠穿涵至四新河段设计桩号（36+950）～（39+250），扩挖长度2.3km。

（二）马湾节制闸、马湾排水闸和前白排水闸工程

新建马湾节制闸、马湾排水闸和前白排水闸，马湾节制闸全长81.5m，马湾排水闸全长62，前白排水闸全长53.7m。

（三）油坊穿涵和东西连渠穿涵工程

改建郎营沟油坊涵洞，建筑物总长239m，新建东西连渠穿涵，建筑物总长145.4m。

（四）其他建筑物工程

新建桥梁8座，重建桥梁29座，重建渡槽11座，新建渡槽1座，新建双庙南沟倒虹，重建6座涵闸，设置14座排水涵闸。

三、工程设计

基本同意初步设计提出的连通渠道、建筑物、金属结构与电气、水土保持、施工组织设计、消防、节能、环保和工程管理等设计方案。下阶段要根据初步设计审查意见，进一步完善和优化设计。

四、工程概算

核定工程概算总投资为4839.6万元。

请你局切实加强项目管理，严格按照核定的初步设计概算控制工程投资，按期完成工程建设任务。

附件：南水北调东线第一期工程聊城市金堤河截污导流工程初步设计概算核定表

（略）

山东省发展和改革委员会
二〇〇八年十一月二十四日

山东省发展和改革委员会关于南水北调东线第一期工程临清市汇通河截污导流工程初步设计的批复

（鲁发改重点［2008］1221号）

省南水北调建设管理局：

你局《关于报送南水北调东线第一期工程鱼台县等七项截污导流工程初步设计报告的请示》（鲁调水计财字［2008］45号）收悉。受国家发展改革委委托，经组织专家审查，现批复如下：

一、工程规模及设计标准

基本同意南水北调东线第一期工程临清市汇通河截污导流工程初步设计提出的建设规模和设计标准。

（一）工程建设规模

该工程年蓄导中水水量为2190万t。

（二）工程等别和设计标准

1. 工程等别及建筑物级别。工程等别为四等，河道工程和主要建筑物级别为4级，次要建筑物级别为5级，临时建筑物级别为5级。穿卫运河大堤涵闸的级别按所在堤防工程的级别确定，为2级。

2. 设计洪水标准和除涝标准。输水河道采用非汛期3年一遇排水标准。建筑物除涝标准为非汛期3年一遇。穿卫运河大堤涵闸应满足卫运河采用50年一遇的防洪标准。

3. 非汛期河道径流量标准。非汛期河道径流量标准为3年一遇。

4. 地震设防烈度。场区地震动峰值加速度应为0.05g，相应地震基本烈度为Ⅵ度。

二、工程总体布置方案和主要建设内容

同意初步设计提出的工程总体布置方案和主要建设内容，主要包括河道、管道、涵闸和倒虹等工程。

（一）河道工程

疏通治理石河1.07km、汇通河1.18km，红旗渠整治4.03km。

（二）管道工程

新建红旗渠至北大洼、北大洼至石河管道，采用钢筋混凝土双管，每条管径2m，总长3.502km；新建头闸口至胡家洼采用预应力钢筋混凝土单管，管径为1.2m，管线长1.85km。

（三）红旗渠入卫穿堤涵闸

在红旗渠穿卫大堤处新建穿堤涵闸1孔，孔口尺寸宽、高皆为2m。

（四）胡家湾倒虹吸工程

在入卫新河桩号78+593处新建倒虹工程输水入胡家湾水库。

（五）桥涵工程

对4处桥涵进行重建，结构形式采用箱涵型式。

三、工程设计

基本同意初步设计提出的河道、管道、涵闸、倒虹、金属结构与电气、水土保持、施工组织设计、消防、节能、环保和工程管理等设计方案。下阶段要根据初步设计审查意见，进一步完善和优化设计。

四、工程概算

核定工程概算总投资为31 155.99万元。

请你局切实加强项目管理，严格按照核定的初步设计概算控制工程投资，按期完成工程建设任务。

附件：南水北调东线第一期工程临清市汇通河截污导流工程初步设计概算核定表（略）

山东省发展和改革委员会
二〇〇八年十一月二十四日

山东省发展和改革委员会关于南水北调东线第一期工程武城县截污导流工程初步设计的批复

（鲁发改重点［2008］1222号）

省南水北调建设管理局：

你局《关于报送南水北调东线第一期工程鱼台县等七项截污导流工程初步设计报告的请示》（鲁调水计财字［2008］45号）收悉。受国家发展改革委委托，经组织专家审查，现批复如下：

一、工程规模及设计标准

基本同意南水北调东线第一期工程武城县截污导流工程初步设计提出的建设规模和设计标准。

（一）工程建设规模

新建拦蓄工程拦蓄库容共175.56万m^3，调节库容162.76万m^3。恢复改善灌溉面积2.25万亩。

（二）工程等别和设计标准

1. 工程等别及建筑物级别。该工程等别为四等，主要建筑物级别为4级，临时建筑物级别为5级。

2. 设计洪水标准和除涝标准。该工程防洪标准为20年一遇，除涝标准为5年一遇。

3. 非汛期河道径流量标准。非汛期河道径流量标准为3年一遇。

4. 地震设防烈度。工程的场区地震动峰值加速度为0.05g，相应地震基本烈度为Ⅵ度。地震动反应谱特征周期值均为0.55s。

二、工程总体布置方案和主要建设内容

同意初步设计提出的工程总体布置方案和主要建设内容，主要包括河道、拦河闸、倒虹、涵洞和生产桥等工程。

（一）河道工程

武城县六六河、平原县马减竖河河道清淤疏浚16.5km，其中武城县六六河共5.2km［桩号（3+000）~（8+200）］，平原县马减竖河堤上旧城河倒虹吸—三十里铺穿涵11.3km。

（二）拦河闸工程

新建东大屯闸和东支郑郝闸两座干流拦河闸，六六河支流上的北支沟、棘围沟、小董王庄沟、姜庄沟末端和青龙河末端5座支流拦河闸。各闸由上游连接段、闸室段、下游连接段组成。

（三）倒虹工程

在马减竖河上新建后程倒虹，孔口尺寸3m×3m。

（四）维修加固涵洞和生产桥工程

对六六河部分涵闸和部分生产桥进行维修加固，新建2座生产桥。

三、工程设计

基本同意初步设计提出的河道、拦河闸、倒虹、涵洞、生产桥、金属结构与电气、水土保持、施工组织设计、消防、节能、环保和工程管理等设计方案。下阶段要根据初步设计审查意见，进一步完善和优化设计。

四、工程概算

核定工程概算总投资为2905.96万元。

请你局切实加强项目管理，严格按照核定的初步设计概算控制工程投资，按期完成工程建设任务。

附件：南水北调东线第一期工程武城县截污导流工程初步设计概算核定表（略）

山东省发展和改革委员会

二〇〇八年十一月二十四日

山东省发展和改革委员会关于南水北调东线一期工程微山县截污导流工程可行性研究报告的批复

（鲁发改农经［2008］1504号）

省南水北调建设管理局：

你局《关于报批南水北调东线第一期工程济宁市、微山县两项截污导流控制单元工程可行性研究报告的请示》（鲁调水计财字［2008］46号）、修订可研报告和省工程咨询院评估报告（鲁工咨机字［2008］296号）悉。受国家发展改革委委托，经研究，现批复如下：

一、基本同意南水北调东线第一期工程微山县截污导流工程可行性研究报告。根据《南水北调东线工程治污规划》和《南水北调东线工程山东段控制单元治污方案》，该工程任务是通过新建拦蓄工程在南水北调调水期拦截城市污水处理厂达标排放的中水及河道天然径流等并灌溉回用，保证输水干线水质达到地表水Ⅲ类标准。

二、工程建设内容包括河道开挖、新建渡口橡胶坝、三河口枢纽等。扩挖老运河16.2km；新建渡口橡胶坝；新建三河口枢纽，枢纽上部为节制闸，中孔闸室下部设倒虹；拆除重建三孔桥节制闸；维修加固夏镇航道闸；维修加固渡口、杨闸、南外环等3座桥梁，拆除重建纸厂、小闸口、东风等3座桥梁，新建南门口桥。

工程永久占地113.34亩，临时占地421.7亩，影响人口2019人。老运河堤防级别确定为4级；渡口橡胶坝、三河口枢纽、三孔桥节制闸等建筑物级别为3级；桥梁荷载等级标准为城-B，临时建筑物级别为5级。

工程区地震动峰值加速度0.1g，相应地震基本烈度为Ⅶ度。建筑物的地震设计烈度与工程所在地地震参数相同。

工程总工期22个月。

三、按2008年第一季度价格水平，静态总投资为6489万元，其中工程部分静态总投资为5793万元，移民环境静态总投资为576万元，水质监测保护费120万元。工程投资与南水北调东线一期工程统筹安排。

四、在初步设计阶段，要根据本批复核定的工程标准和规模，进一步优化工程设计，尽量控制工程投资，减少占地数量。

请据此抓紧开展下阶段工作，编制初步设计概算报我委审批。

附件：南水北调东线一期工程微山县截污导流工程招标投标事项核准意见（略）

山东省发展和改革委员会

二〇〇八年十二月十二日

山东省发展和改革委员会关于南水北调东线一期工程梁山县截污导流工程可行性研究报告的批复

（鲁发改农经［2008］1505号）

省南水北调建设管理局：

你局《关于报送南水北调东线第一期工程梁山县截污导流工程可行性研究报告（修改稿）的请示》（鲁调水计财字［2008］49号）和省工程咨询院评估报告（鲁工咨机字［2008］295号）悉。受国家发展改革委委托，经研究，现批复如下：

一、南水北调东线第一期工程梁山县截污导流工程可行性研究报告，我委已以鲁发改农经［2008］832号文批复。鉴于工程建设外部条件发生较大变化，原则同意修改后的工程可研报告。根据《南水北调东线工程治污规划》和《南水北调山东段控制单元治污方案》，该工程任务是通过新建拦蓄工程，在南水北调调水期内拦截城市污水处理厂等达标排放的中水及河道天然径流，并灌溉回用，保证输水干线水质达到规定标准。

二、工程建设内容包括河道开挖、新建提水泵站、维修加固拦河闸和危桥拆除重建等。工程利用南水北调一期工程梁济运河邓楼节制闸拦水，对梁济运河邓楼节制闸至宋金河入口28.47km河道进行扩挖，河槽为梯形断面，设计边坡为1:3，河底宽度5.0～12.0m；新建龟山河提水泵站，维修加固龟山河闸，拆除重建任庄、郑那里、东张博3座交通桥。

工程永久占地277.05亩，临时占地1429.57亩，影响人口57人。提水泵站物级别为3级，重建桥梁为公路Ⅱ级，其他建筑物为4级。工程区地震动峰值加速度0.1g，相应地震基本烈度为Ⅶ度。

工程总工期为24个月。

三、按2008年第一季度价格水平，静态总投资为5561万元，其中工程部分静态总投资为3647万元，移民环境静态总投资为1794万元，水质监测保护费120万元。工程投资与南水北调东线一期工程统筹安排。

四、在初步设计阶段，要根据本批复核定的工程标准和规模，进一步优化工程设计，尽量控制工程投资，减少占地数量。

五、由你局委托梁山县负责工程建设管理和建成后的运行管理，运行管理费用由梁山县负责解决。梁山县要按照《山东省南水北调工程沿线区域水污染防治条例》的规定，落实好水污染防治的各项措施，服从南水北调工程运行调度，保证输水干线水质安全。

请据此抓紧开展下阶段工作，编制初步设计概算报我委审批。

附件：南水北调东线一期工程梁山县截污导流工程招标投标事项核准意见（略）

山东省发展和改革委员会

二〇〇八年十二月十二日

山东省发展和改革委员会关于南水北调东线一期工程济宁市截污导流工程可行性研究报告的批复

（鲁发改农经［2008］1506号）

省南水北调建设管理局：

你局《关于报批南水北调东线第一期工程济宁市、微山县两项截污导流控制单元工程可行性研究报告的请示》（鲁调水计财字［2008］46号）、修订可研报告和省工程咨询院评估报告（鲁工咨机字［2008］297号）悉。受国家发展改革委委托，经研究，现批复如下：

一、基本同意南水北调东线第一期工程济宁市截污导流工程可行性研究报告。根据《南水北调东线工程治污规划》和《南水北调东线工程山东段控制单元治污方案》，该工程任务是通过新建拦蓄工程在南水北调调水期拦截城市污水处理厂达标排放的中水及河道天然径流等并灌溉回用，保证输水干线水质达到规定要求。

二、工程建设内容包括新建泵站、节制闸、输水管线等。新建济宁市区污水处理厂加压泵站1座，设计流量为1.39m^3/s；出蓄水区提排泵站1座，设计流量10.0m^3/s；灌溉站2座，每座设计流量0.26m^3/s；改建排灌站1座，设计流量为3.5m^3/s。新建出、入蓄水区涵洞1座，设计流量2.28m^3/s。新建蓼沟河节制闸，设计流量360.9m^3/s；小新河节制闸，设计流量56.0m^3/s；幸福河支沟节制闸，设计流量3.5m^3/s；幸福河节制闸，设计流量130m^3/s。新建济宁市区污水处理厂DN1000输水管道，全长5050m，设计流量1.39m^3/s。在小新河和幸福河支沟之间开挖长2317m明渠，设计流量为2.26m^3/s。新建穿铁路涵洞1座，连接小新河与明渠段，设计流量 2.27m³/s。新建生产桥 3 座，拆除重建 1 座；新建交通桥 1 座，拆除重建 1 座。

工程永久占地 8980.37 亩，临时占地 1578.05 亩，影响人口 497 人。蓄水区提排泵站、出入蓄水区涵洞、蓼沟河节制闸、幸福河节制闸、输水管线、济宁市污水处理厂加压泵站建筑物级别为 3 级；穿铁路桥涵洞、小新河节制闸建筑物级别为 4 级；幸福河支沟节制闸、灌溉泵站建筑物级别为 5 级，交通、生产桥设计标准为公路Ⅱ级，折减系数 0.8。

工程区地震动峰值加速度 0.05g，相应地震基本烈度为Ⅵ度。建筑物的地震设计烈度与工程所在地地震参数相同。

工程总工期 2.5 年。

三、按 2008 年第一季度价格水平，静态总投资为 18 495 万元，其中工程部分静态总投资为 9201 万元，移民环境静态总投资为 9054 万元，水质监测保护费 240 万元。工程投资与南水北调东线一期工程统筹安排。

四、在初步设计阶段，要根据本批复核定的工程标准和规模，进一步优化工程设计，尽量控制工程投资，减少占地数量。

请据此抓紧开展下阶段工作，编制初步设计概算报我委审批。

附件：南水北调东线一期工程济宁市截污导流工程招标投标事项核准意见（略）

山东省发展和改革委员会

二〇〇八年十二月十二日

山东省发展改革委关于南水北调东线第一期工程梁山县截污导流工程初步设计的批复

（鲁发改重点［2008］1573 号）

省南水北调建设管理局：

你局《关于报送南水北调东线第一期工程济宁市、微山县和梁山县三项截污导流工程初步设计报告的请示》（鲁调水计财字［2008］58 号）收悉。受国家发展改革委委托，经组织专家审查，现批复如下：

一、工程规模及设计标准

基本同意南水北调东线第一期工程梁山县截污导流工程初步设计提出的建设规模和设计标准。

（一）工程建设规模

新建拦蓄工程库容共 330.6 万 m³；新建龟山河灌溉提水站，设计灌溉面积 4.5 万亩，设计灌溉流量 3.0m³/s。

（二）工程等别和设计标准

1. 工程等别及建筑物级别。本工程等别为四等。邓楼闸属南水北调干线工程，其建筑物级别按干线工程等别确定；龟山河提水泵站属于干线输水工程的水质保障工程，其建筑物级别为 3 级；3 座重建桥梁按公路Ⅱ级、满足河道除涝要求确定；其他建筑物均按 4 级考虑。

2. 设计洪水标准。该工程防洪标准为 20 年一遇。

3. 非汛期河道径流量标准。非汛期河道径流量标准为 3 年一遇。

4. 地震设防烈度。工程的场区地震动峰值加速度为 0.10g，相应地震基本烈度为Ⅶ度。地震动反应谱特征周期值均为 0.45s。

二、工程总体布置方案和主要建设内容

同意初步设计提出的工程总体布置方案和主要建设内容。

（一）河道工程

对梁济运河邓楼闸（58＋328）至宋金河入口（86＋800）28.472km 的河道进行开挖。河槽开挖均为梯形断面，设计边坡为 1∶3。河底宽度为邓楼闸（58＋328）—代码河入口（75＋265）段 12.0m，代码河入口（75＋265）—宋金河入口（86＋800）段 5.0m。

（二）输水管道

自污水处理厂至梁济运河，铺设输水管

道 500m，设计流量为 0.4m^3/s。

（三）龟山河灌溉提水站

新建龟山河提水泵站，主要包括引水渠、前池、进水池、出水管道及出水池等建筑物。

（四）维修加固龟山河闸

维修加固龟山河闸，包括更换闸门、启闭机、埋件，改造门槽，增加电气设施，增加桥头堡、柴油机房，维修启闭机房等。

（五）交通桥

拆除重建任庄、郑那里、东张博等三座危桥，设计荷载标准为公路Ⅱ级。

三、工程设计

基本同意初步设计提出的河道、输水管道、提水站、龟山河闸、桥梁工程、金属结构与电气、水土保持、施工组织设计、消防、节能、环保和工程管理等设计方案。下阶段要根据初步设计审查意见，进一步完善和优化设计。

四、工程概算

核定工程概算总投资为 5336 万元。

请你局切实加强项目管理，严格按照核定的初步设计概算控制工程投资，按期完成工程建设任务。

附件：南水北调东线一期工程梁山县截污导流工程初步设计概算核定表（略）

山东省发展和改革委员会
二〇〇八年十二月二十五日

山东省发展改革委关于南水北调东线第一期工程微山县截污导流工程初步设计的批复

（鲁发改重点［2008］1574 号）

省南水北调建设管理局：

你局《关于报送南水北调东线第一期工程济宁市、微山县和梁山县三项截污导流工程初步设计报告的请示》（鲁调水计财字［2008］58 号）收悉。受国家发展改革委委托，经组织专家审查，现批复如下：

一、工程规模及设计标准

基本同意南水北调东线第一期工程微山县截污导流工程初步设计提出的建设规模和设计标准。

（一）工程建设规模

新建拦蓄工程库容共 167.5 万 m^3。

（二）工程等别和设计标准

1. 工程等别及建筑物级别。老运河为四等，老运河堤防级别为 4 级；渡口橡胶坝、三河口枢纽、三孔桥节制闸等建筑物等级为三等，主要建筑物级别为 3 级；桥梁荷载等级标准为城 B，临时建筑物级别为 5 级。

2. 设计洪水标准和除涝标准。该工程防洪标准为 20 年一遇，除涝标准为 3 年一遇。

3. 非汛期河道径流量标准。非汛期河道径流量标准为 3 年一遇。

4. 地震设防烈度。工程的场区地震动峰值加速度为 0.1g，相应地震基本烈度为Ⅶ度。地震动反应谱特征周期值均为 0.55s。

二、工程总体布置方案和主要建设内容

同意初步设计提出的工程总体布置方案和主要建设内容。

（一）河道工程

老运河渡口桥至杨闸桥段设计桩号（0+239）～（10+570）河槽扩挖工程；设计桩号（10+570）～（16+443）杨闸桥至三孔桥下游 400m 综合整治工程。

（二）建筑物工程

1）新建渡口橡胶坝，采用充水式橡胶坝，坝长 22m。

2）新建三河口枢纽工程，包括三河口节制闸和三河口倒虹，其中节制闸共 3 孔，每孔 7m，中孔闸室下部设倒虹，共 2 孔。

3）拆除重建三孔桥节制闸，共 3 孔，每孔 7m。

4）维修夏镇航道闸，更换闸门及启闭

设备。

5）维修加固杨闸桥、南外环桥、渡口桥；拆除重建东风桥、小闸口桥、纸厂桥；新建南门口桥。

三、工程设计

基本同意初步设计提出的河道、三河口枢纽工程、节制闸、桥梁工程、金属结构与电气、水土保持、施工组织设计、消防、节能、环保和工程管理等设计方案。下阶段要根据初步设计审查意见，进一步完善和优化设计。

四、工程概算

核定工程概算总投资为6505万元。

请你局切实加强项目管理，严格按照核定的初步设计概算控制工程投资，按期完成工程建设任务。

附件：南水北调东线一期工程微山县截污导流工程初步设计概算核定表（略）

山东省发展和改革委员会

二〇〇八年十二月二十五日

山东省发展改革委关于南水北调东线第一期工程济宁市截污导流工程初步设计的批复

（鲁发改重点［2008］1575号）

省南水北调建设管理局：

你局《关于报送南水北调东线第一期工程济宁市、微山县和梁山县三项截污导流工程初步设计报告的请示》（鲁调水计财字［2008］58号）收悉。受国家发展改革委委托，经组织专家审查，现批复如下：

一、工程规模及设计标准

基本同意南水北调东线第一期工程济宁市截污导流工程初步设计提出的建设规模和设计标准。

（一）工程建设规模

新建拦蓄工程库容共866.3万m^3。

（二）工程等别和设计标准

1. 工程等别及建筑物级别。本工程规模为中型，工程等别为三等。其中出蓄水区提排泵站、入（出）蓄水区涵洞、蓼沟河节制闸、幸福河节制闸、输水管线、济宁市污水处理厂加压泵站建筑物级别为3级；小新河节制闸、穿铁路桥涵洞建筑物级别为4级；幸福河支沟节制闸、灌溉泵站建筑物级别为5级。

2. 设计洪水标准。该工程防洪标准为20年一遇。

3. 非汛期河道径流量标准。非汛期河道径流量标准为3年一遇。

4. 地震设防烈度。工程的场区地震动峰值加速度为0.05g，相应地震基本烈度为Ⅵ度。地震动反应谱特征周期值均为0.55s。

二、工程总体布置方案和主要建设内容

同意初步设计提出的工程总体布置方案和主要建设内容。

（一）泵站工程

1. 新建出蓄水区提排泵站，设计流量10.0m^3/s，设计扬程4.30m；

2. 新建济宁市区污水处理厂中水加压泵站，设计流量为1.39m^3/s；设计扬程10.25m；

3. 在幸福河上新建2座提水灌溉站，设计流量均为0.26m^3/s，1号灌溉站设计扬程3.7m，2号灌溉站设计扬程3.6m；

4. 改建幸福河支沟与幸福河交汇处的排灌站1座，设计流量3.5m^3/s，设计扬程3.6m。

（二）节制闸工程

1. 蓼沟河节制闸，设计流量360.9m^3/s，4孔，单孔净宽8.0m，设计水位34.25m，底板高程为31.0m；

2. 小新河节制闸，设计流量56.0m^3/s，1孔，孔口净宽6.0m，设计水位34.19m，底板高程 32.0m；

3. 幸福河支沟节制闸，设计流量 $3.5m^3/s$，1 孔，孔口净宽 1.0m，设计水位 33.93m，底板高程 31.5m；

4. 幸福河节制闸，设计流量 $130m^3/s$，两孔，每孔净宽 6m，设计水位 33.60m，底板高程 30.3m。

（三）输水管线工程

铺设 5.35km 的中水输水管道，起点为加压泵站，终点为蓼沟河，管道设计流量 $1.39m^3/s$。

（四）入（出）蓄水区涵洞工程

入（出）蓄水区涵洞，设计流量 $2.28m^3/s$，涵洞断面 2.0 × 2.0m，包括进口段、闸室段、洞身段和出口段等部分。

（五）输水管道工程

在小新河和幸福河支沟之间［设计桩号（4+220）~（6+537）］进行明渠开挖，长度为 2317m，设计流量 $2.26m^3/s$。

（六）穿铁路涵洞工程

新建穿铁路涵洞，连接小新河与明渠段，设计流量 $2.27m^3/s$。

（七）交通、生产桥工程

新建 3 座生产桥和 1 座交通桥，拆除重建 1 座生产桥和 1 座交通桥。

三、工程设计

基本同意初步设计提出的泵站、节制闸、涵洞、输水管线、穿铁路涵洞、桥梁工程、金属结构与电气、水土保持、施工组织设计、消防、节能、环保和工程管理等设计方案。下阶段要优化管道线路方案，尽量减少房屋拆迁量。其他未提及部分要根据初步设计审查意见，进一步完善和优化设计。

四、工程概算

核定工程概算总投资为 18 603 万元。

请你局切实加强项目管理，严格按照核定的初步设计概算控制工程投资，按期完成工程建设任务。

附件：南水北调东线一期工程济宁市截污导流工程初步设计概算核定表（略）

山东省发展和改革委员会

二〇〇八年十二月二十五日

山东省南水北调工程建设管理局关于加强山东境内南水北调截污导流工程建设资金管理意见的通知

（鲁调水计财字［2008］29 号）

有关市、县截污导流工程项目法人：

南水北调工程是国家重点基本建设项目，截污导流工程是南水北调工程的重要组成部分。为加强截污导流工程建设资金管理，规范截污导流工程建设资金的会计核算，根据国务院南水北调办公室和财政部有关规定，结合山东实际情况，现对山东境内南水北调截污导流工程建设资金管理提出以下意见，请认真贯彻执行。

一、关于截污导流工程项目法人职责

各有关市、县截污导流工程委托建设管理单位应履行截污导流工程的项目法人职责，对截污导流工程建设资金的管理使用负总责，并应设立专门的会计机构，配备会计人员，单独建立会计账目核算截污导流工程资金。

二、关于截污导流工程建设资金银行账户开设

各有关市、县截污导流工程委托建设管理单位应在一家国有或国家控股商业银行开设银行账户一个，专门管理截污导流工程资金，并将开户情况以正式文件上报我局备案。严禁多头开户、出借账户、公款私存。

三、关于截污导流工程建设资金执行的会计制度

截污导流工程建设资金应执行《国有建设单位会计制度》，截污导流资金中用于征地移民的资金应参照执行《南水北调工程征地移民资金会计核算办法》，并专款专用、专账核算。

对各有关市、县截污导流工程委托建设管理单位以上意见的贯彻落实情况，我局将适时组织检查。

山东省南水北调工程建设管理局

二〇〇八年七月二日

河南省人民政府关于南水北调中线工程丹江口水库移民安置优惠政策的通知

（豫政［2008］56号）

各省辖市人民政府，省人民政府各部门：

南水北调工程是党中央、国务院决策建设的优化我国水资源配置的重大战略性基础设施。丹江口水库大坝加高工程是南水北调中线工程的重要组成部分，事关工程建设成败。为切实做好移民安置工作，确保工程建设顺利进行，根据国家有关规定，结合我省实际，现就南水北调中线工程丹江口水库移民安置优惠政策通知如下：

一、发展改革部门在安排建设项目时要向库区和移民安置区倾斜。

二、财政部门在每年的支农资金使用安排上，根据具体情况向库区和移民安置区倾斜，重点支持农村基础设施建设等。对移民建造自用住宅用地，凡新建住宅占用耕地不超过规定标准面积的，按照当地适用税额减半征收耕地占用税；超过规定标准面积的，对超过部分按照当地适用税额全额征收耕地占用税。

三、国土资源部门对纳入当地土管理规划的移民生产安置用地优先安排土地整理项目；在办理丹江口水库移民安置建设用地和生产用地手续时，按照国家最低标准收费；属于应由移民个人承担的费用，只收取工本费。

四、公安部门对移民户口迁移、身份证办理、机动车迁移手续办理、驾驶证换证等，只收取工本费。

五、交通部门在新农村建设交通项目安排上对移民村倾斜；对丹江口水库库周交通恢复项目建设给予资金和技术支持；协调相关单位做好移民搬迁运输保障工作。

六、教育部门要支持移民区发展教育事业，做好移民学生的转学入学衔接工作，并免收借读费用。对移民中的国家在职教师自愿转入安置地的，协调有关部门予以接收安置，并免收费用。移民搬迁后5年内，移民考生在中招、高招录取中给予降5～10分照顾。

七、卫生部门要免费办理移民新型农村合作医疗关系转移手续，及时纳入安置地管理；指导移民村做好卫生防疫工作。

八、劳动保障部门要优先安排移民劳动技能培训，积极组织移民劳务输出，拓宽移民就业渠道。

九、民政部门对移民中的军烈属、伤残军人、复员退伍军人、五保户、低保对象等优抚安置救助对象，做好手续转接工作；对生活困难符合救助条件的，依法予以救助。

十、农业、林业、畜牧部门在移民安置后，优先组织安排对农村移民进行种植业、林果业、养殖业等技术技能培训和指导，扶持移民发展生产；对移民发展沼气池优先给予补助；移民迁移自养的畜禽，给予免费检疫。

十一、水利部门在安全用水和农田水利建设项目安排上对移民安置区给予倾斜支持。

十二、广播电台、电视台、报社等新闻媒体要做好移民政策宣传工作，免费播放、刊登有关移民政策、通告等。

十三、税务部门对移民建房免征税费。

十四、林业部门对因库区淹没和移民安置需采伐的林木免征育林金，及时办理采伐证；移民搬迁运输自有木材，免费办理准运证。

十五、农机部门对移民在安置地购买大型农业机械，要优先安排购置，及时落实财政补贴，办理相关手续。移民原有的农用机具需要迁移的，要及时办理相关手续。

十六、金融部门在移民发展生产时优先给予贷款。

各级政府要切实加强领导，各有关部门要通力合作，积极落实移民安置优惠政策，加快移民搬迁、安置进度，为丹江口水库大坝加高工程建设创造良好的社会环境。

河南省人民政府

二〇〇八年十月二十七日

河南省人民政府关于严格控制南水北调中线工程受水区供水配套工程用地范围内基本建设和人口增长的通知

（豫政［2008］63号）

南阳、平顶山、漯河、周口、许昌、郑州、焦作、新乡、鹤壁、濮阳、安阳市人民政府，省人民政府有关部门：

南水北调中线工程受水区供水配套工程（以下简称配套工程）是南水北调工程的组成部分。《河南省南水北调受水区供水配套工程规划》已经省政府批准。我省境内配套工程供水线路总长998.8km，规划建筑物208座，供水目标45个，城市分水口门39处，涉及南阳、平顶山、漯河、周口、许昌、郑州、焦作、新乡、鹤壁、濮阳、安阳11个省辖市、57个县（市、区）。配套工程用地包括永久用地和临时用地两部分，永久用地包括输水渠道开口线及两侧管理范围、蓄水池等建筑物轮廓线及外围管理范围用地；临时用地包括输水管道开挖线及两侧施工交通、临时堆土，建筑物施工弃土、材料堆放、混凝土拌和、预制、交通、生活区等施工用地。

根据《河南省人民政府关于批转河南省南水北调受水区供水配套工程规划的通知》（豫政文［2007］195号）要求，按照与南水北调主体工程同步达效的原则，我省境内配套工程即将开工建设。为严格控制配套工程用地范围内的基本建设和人口增长，坚决制止在配套工程用地范围内突击建房，确保南水北调工程建设顺利进行，按照《大中型水利水电工程建设征地补偿和移民安置条例》（国务院令第471号）规定，现就有关问题通知如下：

一、严格控制配套工程用地范围内基本建设

在配套工程用地范围内，任何单位或个人均不得擅自新建、扩建和改建项目，在建项目要立即停止建设，确因生产、生活特别急需，且无法采取其他措施替代的小型技术改造或简易配套项目等，须报经省政府审批后才能建设。对危房改造，也要严加控制，凡通过加固、维护、修缮等措施能排除危险的，就不要拆除重建；确需拆除重建的，应在配套工程用地范围外易地选址，并按照基本建设程序办理相关手续。配套工程用地范围内，严禁开挖渠道、池塘，打井、植树，建设温室大棚、畜禽圈厩，倾倒垃圾和挖建坟墓等。对违反规定的建筑，除按违章建筑处理外，搬迁时一律不予补偿。

铁路、公路、电力、通信、煤炭、城建等有关部门，在规划建设项目时要避让配套工程线路及建筑物位置；无法避让并对配套工程有影响的，应同南水北调工程建设部门商定处理措施，报上级机关主管部门审批。配套工程用地范围内沿线新建、扩建和改建项目的选址，必须满足南水北调水质保护的要求。

本次配套工程用地范围内各项实物指标登记截止时限为2008年12月15日。

二、切实控制配套工程用地范围内人口增长

要严格按照国家计划生育政策，控制配

套工程用地范围内人口的自然增长，人口自然增长率控制在不超过本地2007年的水平；人口的机械增长，要严格按现行政策掌握，对未经有审批权限的政府部门批准而自行迁入的人口，一律不按配套工程用地范围内拆迁户对待，国家不负责搬迁安置。

三、采取有效措施确保工程顺利进行

配套工程用地范围内各级政府及省直有关部门，要把严格控制配套工程用地范围内基本建设和人口增长当作一件大事来抓，切实加强领导。相关省辖市、县（市、区）政府要结合当地实际，采取多种措施，切实做好宣传工作，让配套工程用地范围内的群众了解有关政策和规定；要有针对性地认真做好干部群众的思想工作，让他们理解、支持工程建设，正确处理当前和长远、局部和全局的关系，自觉遵守有关法规。要加强调查研究和监督检查，不断总结经验，及时研究解决存在的问题，确保这项工作有效推进。

附件：

1. 河南省南水北调中线工程受水区供水配套工程涉及省辖市及有关县（市、区）情况

2. 分省辖市南水北调中线工程受水区供水配套工程用地范围内工程区域图（略）

河南省人民政府

二〇〇八年十二月一日

附件1：

河南省南水北调中线工程受水区供水配套工程涉及省辖市及有关县（市、区）情况

河南省南水北调受水区供水配套工程输水线路总长998.8km工程建设用地涉及南阳、平顶山、漯河、周口、许昌、郑州、焦作、新乡、鹤壁、濮阳、安阳11个省辖市的57个县（市、区），详见下表。

省辖市	县（市、区）数（个）	有关县（市、区）名单
南阳市	7	新野县、唐河县、社旗县、方城县、邓州市、宛城区、卧龙区
平顶山市	4	叶县、宝丰县、郏县、新华区
漯河市	4	临颍县、源汇区、召陵区、郾城区
周口市	2	商水县、川汇区
许昌市	5	许昌县、襄城县、禹州市、长葛市、魏都区
郑州市	9	中牟县、新郑市、荥阳市、管城区、二七区、中原区、金水区、惠济区、上街区
焦作市	6	修武县、武陟县、温县、中站区、解放区、山阳区
新乡市	8	新乡县、获嘉县、辉县市、卫辉市、凤泉区、红旗区、卫滨区、牧野区
鹤壁市	3	淇县、浚县、淇滨区
濮阳市	2	濮阳县、华龙区
安阳市	7	安阳县、汤阴县、滑县、内黄县、文峰区、殷都区、龙安区

CHINA SOUTH-TO-NORTH WATER DIVERSION PROJECT CONSTRUCTION YEARBOOK

叁 综合管理

GENERAL MANAGEMENT

综　　述

南水北调工程总体进展

概　　述

2008年是南水北调工程全面推进、取得突破的重要一年。在党中央、国务院和国务院南水北调工程建设委员会的正确领导下，在国务院有关部门和沿线地方各级政府的支持协助下，南水北调工程各项工作取得实质进展。南水北调东、中线一期工程可行性研究总报告获得国务院批准，解决了长期以来制约工程全面推进的关键问题，理顺了工程建设程序，为工程在更大范围内全面展开，更加合理地统筹进度、控制投资、实现有序建设奠定了基础。国务院南水北调工程建设委员会第三次全体会议研究决定加快南水北调工程建设步伐，确定了“南水北调东线一期工程2013年通水；中线一期工程2013年主体工程完工，2014年汛后通水”的总体建设目标。南水北调中线京石段应急供水工程建成并实现从河北向北京应急供水，该工程是南水北调中线干线率先实施的工程项目，担负着缓解北京用水危机、保障首都供水安全的重任。作为中线工程中先期开工建成、发挥效益的工程，南水北调中线京石段应急供水工程的顺利建成通水，标志着南水北调中线工程取得了阶段性胜利。南水北调中线丹江口大坝加高工程、穿黄工程进展安全顺利，新开工的中线南阳干渠膨胀土试验段工程、黄河北—美河北段工程、天津干线工程和东线济南市区段及全部截污导流工程等正在按计划有序实施，从工程建设总体情况看，工程建设质量设计要求，安全生产整体处于受控状态。

另外，已建成的东线三阳河、潼河、宝应站工程和济平干渠工程进一步发挥效益；东线治污取得成效，水质改善明显；中线水源地保护工作全面展开，库区移民试点工作启动；文物保护工作也呈现新的局面。

（朱　涛　赵　镝）

前　期　工　作

2008年，国家发展改革委、财政部、水利部等国务院有关部门在中国国际工程咨询公司等单位配合下，积极推动南水北调东、中线一期工程可行性研究总报告的审查和单项工程的批复。2008年11月，国务院批准了南水北调东、中线一期工程可行性研究总报告。可行性研究总报告批复后，初步设计审批职能转交由国务院南水北调办负责。截至2008年底，对于南水北调东、中线一期工程32项单项工程，国家发展改革委已批复了15项单项可行性研究报告，其中已批复可行性研究报告的项目多数已由水利部批复了初步设计。水利部、国务院南水北调办批复初步设计57项，占计划批复设计单元的三分之一。

为加强前期工作组织和投资管理，提高初步设计质量，国务院南水北调工程建设委员会于2008年6月批准颁布了《南水北调工程投资静态控制和动态管理规定》（国调委发［2008］1号），国务院南水北调办研究制定了《加强南水北调工程初步设计管理　提高设计质量的若干意见》（国调办投计［2008］

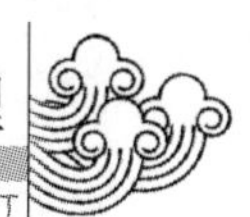

118号），并分别与交通运输部、铁道部、住房和城乡建设部、国家电网公司联合印发协调工作通知，为进一步完善初步设计工作协调机制，强化投资控制，优化初步设计方案比选，减少重大设计变更等发挥了重要作用，南水北调前期工作逐步走上良性发展轨道。

（朱　涛　赵　镝）

工程建设管理和工程进展

2008年，南水北调工程建设认真贯彻落实国务院南水北调工程建设委员会《南水北调工程建设管理的若干意见》（国调委发［2004］5号），狠抓工程建设的制度化和规范化管理。进一步加强在建工程质量监督管理，多次召开座谈会、专题研讨会和工程质量检查，认真研究和落实强化工程质量管理的工作措施。进一步加强安全生产管理，组织开展隐患排查治理和百日督查专项行动，制定安全生产目标考核办法，加强督促检查和日常监管，落实安全生产措施。进一步加强工程建设进度管理，研究编制工程建设网络计划，促进项目开工，及时研究解决影响工程建设进度的实际问题。进一步规范招标投标行为和强化建筑市场管理，依法对招标投标活动实施监督管理，完善市场准入机制，健全施工单位市场行为档案，实现优胜劣汰，促进南水北调工程建设市场的良性发展。同时，加强工程验收管理和文明施工管理，并规范和加强建设期完工项目管理。

南水北调东、中线一期工程进展情况：2008年，东线山东境内济平干渠工程和江苏境内三阳河、潼河、宝应站工程继续发挥工程效益，苏鲁边界泵站群工程和穿黄河工程建设进展顺利，胶东济南—引黄济青段工程、山东省境内截污导流工程等项目相继开工建设。山东、江苏境内已开工项目主体工程大部分已基本完成，26项截污导流工程实现全面开工；中线丹江口大坝加高工程、穿黄工程和河南安阳段工程建设进展顺利，天津干渠段工程、南阳膨胀土试验段工程、黄羑段工程等一批重要控制性项目开工建设。2008年9月，京石段应急供水工程建成，并开始由河北省岗南、黄壁庄、王快3座水库向北京应急调水。截至2008年底，东、中线一期工程已开工建设设计单元工程43项，累计完成投资241.6亿元，占在建设计单元工程总投资376.9亿元的64%。所有在建工程质量均满足设计要求，安全生产处于受控状态。

（朱　涛　赵　镝）

东线治污和中线水源保护

（一）东线治污

2008年，南水北调东线治污工作成效显著，治污项目建设全面提速，沿线水质明显改善。东线治污方案确定的426个治污项目，已完成366项，在建55项，已建和在建项目占规划项目的99%，仅山东省5项人工湿地水质净化工程尚未动工。黄河以南35个考核断面中，有21个断面水质达到《南水北调东线工程治污规划》确定的目标，达标率为60%，未达标断面的COD和氨氮浓度也有较大幅度降低。南四湖、东平湖湖体水质已达Ⅳ类，接近Ⅲ类，南四湖山东出境水质基本达到Ⅲ类。

（二）中线水源保护

2008年，南水北调中线水源区三省政府及国务院有关部门认真贯彻落实《丹江口库区及上游水污染防治和水土保持规划》（以下简称《规划》）的各项任务。截至2008年底，水污染防治和水土保持共启动项目近百项，安排投资近30亿元。通过《规划》的实施，汉江、丹江上游及主要入库支流水质保持稳定，距离陶岔取水口最近的河南省老灌河入库水质已由规划水平年2000年的劣Ⅴ类提高至Ⅲ类。一批重点城市环境基础设施和水保项目开工建设，中线干渠两侧水源保护区划定工作基本完成。为贯彻落实国务院南水北调工程建设委员会第三次全体会议精神，进一步加快《规划》实施进度，丹江口库区及上游水污染防治和水土保持第二次部际联席会议于2008年12月召开，研究《规划》修编工作，在全国重点流域范围内率先实施了以中央一般性财政转移支付为手段的生态补偿制。

（朱　涛　赵　镝）

征地移民和文物保护

2008年，南水北调征地移民工作在工程沿线省市政府的支持下，各项工作顺利推进，搬迁农民及移民的生产生活得到妥善安置，征地拆迁工作基本满足工程开工需要。进一步巩固了地方政府及公安部门参加的工程安全保卫和维护建设环境工作机制，构建了安全保障信息网，严厉打击破坏生产设施、影响施工的违法犯罪活动。通过开展排查化解矛盾纠纷，较好地解决了工程施工过程中扰民及阻工问题，没有出现征地移民重大群体性事件，沿线社会治安工作稳定，为工程建设的顺利实施提供了保障。2008年，东、中线一期工程用地预审全部完成，已建和在建工程中的中央、军队单位大型专项设施拆迁以及跨干渠交通恢复问题得到妥善解决，北京市、天津市、河北省征地拆迁缺口资金得到落实，丹江口大坝加高坝区移民安置试点工作于2008年11月全面启动，计划于2009年全面完成2.3万人的移民试点工作任务。截至2008年12月底，东、中线工程开工项目累计完成永久征地10.4万亩（其中含耕园地7.71万亩，林地0.6万亩），临时占地7.91万亩，拆迁房屋111万m^2，搬迁人口24 942万人，生产安置96 460万人（其中农业63 957万人），搬迁工业企业593个，改移专项设施3345处，完成征地移民投资65.6亿元。

2008年，按照国务院常务会议审定的《南水北调工程文物保护方案》，文物保护纳入工程建设程序，累计安排资金近4亿元，对2000余项控制性文物提前进行了发掘，一批具有重要价值的文物得到了妥善保护。

（朱　涛　赵　镝）

技术研究和创新

国务院南水北调办在2008年继续开展了一系列重大技术专题研究工作，一批设计和施工中的重大技术问题得到突破。组织实施了“十一五”国家科技支撑计划项目——“南水北调工程若干关键技术研究与应用”。完成“南水北调东线南四湖水质改善对策及措施研究”等9项研究课题，完成“南水北调中线一期工程长距离调水水力调配与运行控制技术研究及应用”等6项科技成果的评审。进一步完善南水北调工程专用技术标准，组织编制《南水北调工程平原水库技术规程》、《南水北调中线天津干线箱涵工程施工质量评定验收标准》，开展《渠道混凝土衬砌机械化施工质量评定验收标准（试行）》评估，修改完善《南水北调工程科技成果管理办法》，规范和加强科技成果评审工作，加大成果应用力度。

（朱　涛　赵　镝）

制　度　建　设

2008年，国务院南水北调办进一步巩固完善国务院南水北调工程建设委员会成员单位、各省市南水北调工程领导机构及办事机构、项目法人等三个层面的协调机制，多次召开协调会议，研究协商南水北调工程建设涉及的有关问题。为加强投资控制管理，国务院南水北调工程建设委员会于2008年6月印发了《南水北调工程投资静态控制和动态管理规定》（国调委发［2008］1号），国务院南水北调办制定了相关配套办法，并印发了《南水北调工程项目管理预算编制办法

（暂行）》（国调办投计［2008］154 号）和《南水北调工程价差报告编制办法（暂行）》（国调办投计［2008］155 号）；为协调解决跨渠桥梁通行安全的有关问题，2008 年 6 月，国务院南水北调办与交通运输部、国家发展改革委、财政部联合印发了《关于南水北调工程跨渠桥梁建设与管理有关意见》（国调办建管函［2008］31 号）；为抓好南水北调东线京杭运河段航运水污染综合治理，2008 年 9 月，国务院南水北调办与国家发展改革委、交通运输部、环境保护部、住房和城乡建设部联合印发了《关于加强南水北调东线京杭运河段航运水污染综合治理工作的通知》（综环移函［2008］277 号）。另外，国务院南水北调办还先后发布了《南水北调工程安全生产目标考核办法》（国调办建管［2008］83 号）、《南水北调东中线一期工程建设安全事故应急预案编制导则》（国调办建管［2008］141 号）、《关于进一步加强南水北调工程施工单位信用管理的意见》（国调办建管［2008］179 号）、《关于进一步规范南水北调工程施工招标标段划分的指导意见》（国调办建管［2008］113 号）、《南水北调中线一期总干渠初步设计阶段建设征地拆迁安置规划设计及补偿投资概算编制技术规定》（NSBD－ZGJ－1－33）、《南水北调中线一期总干渠初步设计阶段建设征地实物指标调查技术规定》（NSBD－ZGJ－1－34）等制度办法和专用标准，规范了工程建设管理行为。

（朱　涛　赵　镝）

资金管理和监督稽察

2008 年，国务院南水北调办认真做好资金筹措、管理和工程监督、稽察等方面工作，资金及时到位，管理规范，保证了工程建设的顺利进行。建立完善符合南水北调工程特点的资金管理规章制度和投资控制机制，深入研究南水北调工程可行性研究阶段比规划阶段增加投资筹资方案的细化工作和重大水利基金征收管理办法有关工作，2008 年 1 月，国务院第 204 次常务会议基本同意南水北调东、中线一期工程总体可行性研究阶段比总体规划阶段增加投资筹资方案。

同时，国务院南水北调办加大监督稽察力度，充分发挥专家作用，提高稽察工作的权威性和指导性。及时受理社会举报，严肃查处违规、违纪事件，把工作重点放在招标投标、合同结算、设备采购和工程转包分包等环节，从源头、完善制度、领导层面和关键环节入手，建立内部监督和外部监督相结合、稽察监督和审计监督相结合的资金使用监督机制，有效地预防和纠正违规违纪问题，确保“工程安全、资金安全、干部安全”。

（朱　涛　赵　镝）

南水北调工程前期工作

概　　述

2008 年，南水北调前期工作取得突破性进展。2008 年 1 月 9 日，国务院召开第 204 次常务会议，研究并确定了南水北调东、中线一期工程可行性研究阶段增加投资筹资方案，对南水北调工作提出了新的明确要求。2008 年 10 月 21 日，国务院第 32 次常务会议审议通过了南水北调东、中线一期工程可行性研究总报告，调整并明确了南水北调东、中线一期工程总体建设目标，强调要在保证质量、安全和控制投资的前提下，全面加快南水北调工程前期工作和建设步伐。2008 年

10月31日，国务院召开了国务院南水北调工程建设委员会第三次全体会议，会议明确提出了南水北调东、中线一期工程分别于2013年、2014年建成通水的目标。

为加强南水北调前期工作的组织和投资管理工作，提高初步设计质量，2008年6月18日，国务院南水北调工程建设委员会印发了《南水北调工程投资静态控制和动态管理规定》；2008年7月10日，国务院南水北调办印发了《加强南水北调工程初步设计管理，提高设计质量工作措施》，两个文件为进一步完善初步设计工作协调机制，强化投资控制，优化初步设计方案比选，减少重大设计变更等发挥了重要作用。

（杨占军）

前期工作

（一）国务院批复南水北调东、中线一期工程可行性研究总报告

按照国务院批复的筹资方案，水利部与国务院南水北调办等有关部门协调，于2008年2月完成《南水北调东、中线一期工程可行性研究阶段供水成本及水价补充分析报告》，并报送国家发展改革委。2008年5月，国家发展改革委将拟报国务院审批的南水北调东、中线一期工程可行性研究总报告请示文稿印发相关部门和省市征求意见。水利部组织召开了协商会议，根据相关部门和省市的反馈意见进行了分析整理和汇总，就有关问题与国务院南水北调办沟通协商并基本达成一致意见。在多部门合作的基础上，2008年10月21日国务院批复了南水北调东、中线一期工程可行性研究总报告。

（二）南水北调西线前期专题研究

为加强对南水北调西线一期工程前期工作的指导，水利部南水北调规划设计管理局（以下简称水利部调水局）编制了南水北调西线一期工程项目建议书阶段工作方案。开展了南水北调西线一期工程调水对调出区相关影响研究的四个专题研究，分别为《南水北调西线一期工程与四川调出区水资源宏观配置关系研究》、《南水北调西线一期工程调水对下游水文情势影响研究》、《南水北调西线一期工程对调出区社会经济影响评价》和《南水北调西线一期工程对调出区影响问题的政策建议研究》。

南水北调西线工程技术总负责单位水利部黄河水利委员会勘测规划设计研究院（即黄河设计公司）委托中国科学院开展了南水北调西线一期工程调水对调出区影响的5个专题报告，分别为《南水北调西线一期工程影响地区水生生物分布现状及影响分析》、《南水北调西线一期工程水环境质量影响预测》、《南水北调西线一期工程引水枢纽下游生态需水量研究》、《南水北调西线一期工程陆生生物及生态环境影响研究》、《南水北调西线一期工程项目建议书阶段研究区域干旱河谷分布现状与影响分析》。已取得阶段研究成果，并分别征求了四川、青海两省水利厅的意见。

（三）南水北调工程运行管理前期研究工作

根据水利部新的“三定”规定中“南水北调工程建成后运行的管理职责由水利部承担”的精神，水利部调水局编制了南水北调东、中线一期工程运行管理前期工作任务书，并得到水利部批复，按照任务书的要求，水利部调水局在2008年重点开展了南水北调中线京石段应急供水实施方案、南水北调供用水管理条例草案及论证、华北平原生态环境补水的实施方案、南水北调东、中线一期工程运行管理体制及相关水量调度等研究工作。此外，水利部调水局分别调研了广东省跨流域调水工程生态补偿及运行管理机制情况，河北省配套工程建设及“两部制”水价落实情况，湖北省、河南省丹江口库区及上游水污染防治规划实施情况，以及江苏省、山东

省南水北调东线省际工程管理体制情况。

《南水北调供用水管理条例》起草工作是南水北调工程运行管理的重点工作之一，2008年水利部调水局已组织完成《南水北调供用水管理条例》初稿，分别向水利部相关司局、流域机构和相关省市征求了意见，并根据反馈意见做了进一步的修改完善。

（杨占军）

南水北调工程项目技术审查

2008年，水利部水利水电规划设计总院（以下简称水利部水规总院）按照《南水北调工程初步设计审查工作方案》，采取组织保障、技术保障、时间保障、质量保障等一系列保障措施，做好南水北调东、中线工程项目审查工作。

为保证审查工作质量和工作的连续性，水利部水规总院专门组织长期从事南水北调审查工作的技术骨干人员以及由部分行业内知名专家组成的审查工作组，从事南水北调东、中线工程技术审查工作。特别是在国家提出扩大内需政策后，水利部水规总院迅速行动，细化审查方案，优先保障南水北调东、中线工程项目和重点水利工程项目的审查。为确保南水北调工程项目审查任务的完成，采取措施，保证有两支相对固定人员组成的南水北调东、中线工程审查队伍，从事南水北调工程项目审查，为加快工程建设提供了技术支撑和保障。在审查过程中，严格按照规程规范和技术规定的要求，认真听取各方专家意见；审查后对满足设计深度要求的报告及时办理审查意见和审查工作报告。

2008年，水利部水规总院共完成南水北调东、中线工程项目技术审查工作29项，其中初步设计批复1项，初步设计审查12项，设计变更审查4项，专题和小型基建审查12项。以上各项审查工作的完成，有力地保证了南水北调东、中线工程建设的需要。

截至2008年底，南水北调中线初步设计黄河以北工程已完成全部审查；沙河南至黄河南段工程中郑州2段已组织了审查；陶岔渠首至沙河南段工程完成咨询评估，陶岔渠首枢纽审查正在进行；汉江中下游治理工程中已完成兴隆枢纽项目审查；东线长江—骆马湖段其他工程已完成高水河整治、淮安二站、泗阳站、刘老涧二站、泗洪站、金湖站、皂河一站、皂河二站等工程审查，胶东济南—引黄济青段已完成济南市区段输水工程审查，南四湖—东平湖段已完成长沟、邓楼、八里湾泵站和南四湖湖内疏浚、灌区影响处理工程审查。

（一）初步设计批复

《南水北调中线一期工程总干渠黄河北—美河北初步设计报告》。

（二）初步设计报告审查

（1）《南水北调中线一期工程总干渠膨胀土试验段工程（南阳段）初步设计报告》。

（2）《南水北调中线一期工程总干渠穿漳河交叉建筑物初步设计报告》。

（3）《南水北调中线工程汉江兴隆水利枢纽初步设计报告》。

（4）《南水北调中线一期京石段应急供水工程（北京段）永久供电工程初步设计报告》。

（5）《南水北调中线一期工程天津干线西黑山进口闸至有压箱涵段、保定市1段、保定市2段、廊坊市段初步设计报告》。

（6）《南水北调东线第一期工程济南—引黄济青济南市区段输水工程初步设计报告》。

（7）《南水北调东线第一期工程泗洪站枢纽工程初步设计报告》。

（8）《南水北调东线第一期工程高水河整治、淮安二站改造、刘老涧二站、泗阳站改造等4项工程初步设计》。

（9）《南水北调东线第一期工程皂河一站更新改造初步设计报告》。

（10）《南水北调东线第一期工程金湖站

枢纽工程初步设计报告》。

(11)《南水北调东线第一期工程皂河二站工程初步设计报告》。

(12)《南水北调东线第一期工程南四湖—东平湖段长沟、邓楼、八里湾泵站和南四湖湖内疏浚、灌区影响处理工程初步设计报告》。

(三) 设计变更审查

(1)《南水北调中线一期丹江口大坝加高工程初期大坝混凝土缺陷检查与处理报告》。

(2)《南水北调东线第一期工程南四湖水资源控制工程大沙河闸变更设计报告》。

(3)《南水北调东线第一期工程穿黄河工程设计变更报告》。

(4)《南水北调东线第一期工程南四湖水资源控制工程杨官屯河闸变更设计报告》。

(四) 专题和小基建审查

(1)《南水北调东线第一期工程南四湖—东平湖段输水与航运结合梯级方案论证专题报告》。

(2)《南水北调东线第一期工程济南—引黄济青济南市区段输水工程穿越铁路段》。

(3)《南水北调东线第一期工程金湖、泗阳、泗洪、刘老涧、皂河泵站电力接入系统初步设计报告》。

(4)《南水北调中线一期工程天津干线下穿京沪铁路框构方案设计》。

(5)《京石段应急供水工程2008年临时通水运行实施方案》。

(6)《北京2008年奥运会应急调水实施方案》。

(7)《南水北调工程建设与管理基础信息建设与应用初步设计报告(一期)》。

(8)《南水北调东线第一期工程南四湖—东平湖段输水与航运结合工程水土保持方案》。

(9)《南水北调中线一期工程丹江口水库建设征地移民安置试点规划报告》。

(10)《南水北调工程质量监督检测基础能力建设优化方案》。

(11)《南水北调中线干线工程建筑环境规划报告》。

(12)《南水北调工程项目管理预算(试点项目)》。

(陈和铠)

南水北调东线一期工程重点项目审查

(一)《南水北调东线第一期工程南四湖—东平湖段输水与航运结合梯级方案论证专题报告》审查

水利部水规总院于2008年1月组织有关单位，对山东省水利勘测设计院编制的《南水北调东线第一期工程南四湖—东平湖段输水与航运结合梯级方案论证专题报告》(以下简称《专题报告》)进行了审查论证。经会议讨论，要求设计单位在已有工作的基础上，进一步充实二级方案的基本资料和设计深度，完善二、三级方案比选的内容。山东省水利勘测设计院根据会议讨论意见，对报告进行了修改和完善，水利部水规总院再次组织对《专题报告》进行讨论，提出补充修改意见。山东省水利勘测设计院于2008年1月下旬提出修改后的《专题报告》。2008年2月16～18日，水利部水规总院组织部分专家对工程现场进行了补充查勘，在上述工作基础上提出审查意见：三个梯级布置方案均能满足南四湖—东平湖段南水北调输水和航运要求，经综合比较分析，三级方案优于二级方案。水利部水规总院于2008年4月以水总规[2008]230号文将审查意见提交南水北调工程设计管理中心。

(二)《南水北调东线第一期工程山东济南—引黄济青济南市区段输水工程初步设计报告》审查

济南市区段输水工程是南水北调东线胶东输水干线西段济南—引黄济青段的首段工程，其主要任务是连接胶东输水干线西段与济平干渠工程，为济南—引黄济青段顺利实施创造条件，为胶东地区重点城市引调长江水奠定基础。

济南市区段输水干渠自睦里庄跌水至济南市东的小清河洪家园桥下，全长27.914km。设计流量50m³/s，加大流量60m³/s。

工程主要建设内容为：睦里庄跌水至京福高速下节制闸前，长4.645km的小清河清淤、整治；自睦里庄节制闸上至京福高速下节制闸入小清河设4.76km补源管道，设计流量5.0m³/s；京福高速节制闸前至济南市东的小清河洪家园桥下，在小清河左岸新辟输水暗涵，长23.269km；新建睦里庄节制闸；京福高速下节制闸和出小清河涵闸；在位里编组站以上段新建2座生产桥，并对位于编组站以下段现状阻水严重的3座公路桥进行重建。

受南水北调工程设计管理中心委托，水利部水规总院于2008年4月17～20日在济南市召开会议，对南水北调东线山东干线有限责任公司报送的《南水北调东线第一期工程济南—引黄济青济南市区段输水工程初步设计报告》进行了预审；2008年5月13～15日又在北京召开会议，对修改后的《南水北调东线第一期工程济南—引黄济青济南市区段输水工程初步设计报告》进行了审查，并于2008年7月以水总规［2008］450号文将审查意见提交南水北调工程设计管理中心。

（三）《南水北调东线第一期工程高水河整治、淮安二站改造、刘老涧二站、泗阳站改建等4项工程初步设计报告》预审

高水河是南水北调东线江都站向北送水至里运河的河道，与三阳河、潼河一起承担南水北调东线一期工程向北输水500m³/s的任务，并兼有行洪、排涝及航运功能。

淮安二站工程是淮安枢纽的重要组成部分，也是南水北调东线第一期工程的第2级泵站。该泵站与淮安一站、三站、四站一起，共同满足通过里运河向苏北灌溉总渠输水300m³/s的目标，其主要任务是排涝、供水和灌溉，改善航运。

刘老涧泵站是南水北调东线第一期工程的第5个梯级，位于沂沭泗河水系骆马湖以南的中运河中段。该梯级泵站由刘老涧一站和刘老涧二站组成，主要任务是与皂河泵站、泗阳泵站一起，通过中运河线向骆马湖输水175m³/s，与运西徐洪河线共同满足向骆马湖调水275m³/s的目标，并向沿线供水，兼顾灌溉，改善航运。

泗阳泵站位于沂沭泗河水系骆马湖以南的中运河下段，该工程与泗阳二站、刘老涧泵站、皂河泵站一起，通过中运河向骆马湖输水175m³/s，与运西徐洪河线共同满足向骆马湖调水275m³/s的目标，并向沿线供水，兼顾灌溉、发电，改善航运。

受南水北调工程设计管理中心委托，水利部水规总院于2008年2月19～29日在北京召开会议，对《南水北调东线第一期高水河整治工程初步设计报告》、《南水北调东线第一期工程淮安二站改造工程初步设计报告》、《南水北调东线第一期工程刘老涧二站工程初步设计报告》、《南水北调东线第一期工程泗阳站改建工程初步设计报告》等4项工程的初步设计报告进行了预审，并于2008年3月以水总规［2008］167号文将预审意见提交南水北调工程设计管理中心。

（四）《南水北调东线一期工程泗洪泵站枢纽工程初步设计报告》预审

泗洪泵站枢纽是南水北调东线第一期工程第4级抽水泵站，工程建设的主要任务是由洪泽湖抽水入徐洪河输水线路，经濉宁泵站和邳州泵站向骆马湖输水100m³/s，与中运河共同调度，满足向骆马湖输水275m³/s的供水目标，并结合徐洪河地区的排涝和改善航运条件。泗洪站一期工程设计输水流量为120m³/s。

受南水北调工程设计管理中心委托，水利部水规总院于2008年4月22～29日在南京

召开会议，对南水北调东线江苏水源有限责任公司（以下简称江苏水源公司）报送的《南水北调东线第一期工程泗洪站枢纽工程初步设计报告》进行了预审，并于2008年5月以水总规［2008］352号文将预审意见提交南水北调工程设计管理中心。

（五）《南水北调东线第一期工程金湖泵站工程初步设计报告》预审

金湖泵站是南水北调东线第一期工程的第2级抽水泵站，工程建设的主要任务是通过运西线输水，经洪泽泵站向洪泽湖输水，为洪泽湖周边及以北地区供调水，并结合宝应湖地区排涝。金湖泵站设计输水流量为150m³/s。

受南水北调工程设计管理中心委托，水利部水规总院于2008年4月22～29日在南京召开会议，对江苏水源公司报送的《南水北调东线第一期工程金湖站枢纽工程初步设计报告》进行了预审，并于2008年7月以水总规［2008］326号文将预审意见提交南水北调工程设计管理中心。

（六）《南水北调东线第一期工程皂河一站改造工程初步设计报告》预审

皂河一站是南水北调第一期工程的第6级抽水泵站，与皂河二站共同承担中运河向骆马湖输水的任务，与运西徐洪河输水线路共同满足向骆马湖供水的目标，并结合邳洪河和黄墩湖地区排涝，改善航运等。皂河一站按原设计流量200m³/s进行更新改造。

受南水北调工程设计管理中心委托，水利部水规总院于2008年4月22～29日在南京召开会议，对江苏水源公司报送的《南水北调东线第一期工程皂河一站更新改造初步设计报告》进行了预审，并于2008年5月以水总规［2008］298号文将预审意见提交南水北调工程设计管理中心。

（七）《南水北调东线第一期工程皂河二站工程初步设计报告》预审

皂河二站是南水北调第一期工程的第6级抽水泵站，与皂河一站共同承担中运河向骆马湖输水的任务，与运西徐洪河输水线路共同满足向骆马湖供水的目标，并结合邳洪河和黄墩湖地区排涝，改善航运等。皂河二站设计流量75m³/s。

受南水北调工程设计管理中心委托，水利部水规总院于2008年4月22～29日在南京召开会议，对江苏水源公司报送的《南水北调东线第一期工程皂河二站工程初步设计报告》进行了预审，并于2008年7月以水总规［2008］327号文将预审意见提交南水北调工程设计管理中心。

（八）《南水北调东线第一期工程金湖、泗阳、泗洪、刘老涧、皂河等5座泵站电力接入系统初步设计报告》预审

受江苏水源公司委托，江苏省水利勘测设计研究院有限公司、淮安市水利勘测设计研究院有限公司、上海勘测设计院组织编制了南水北调东线第一期工程金湖、泗阳、泗洪、刘老涧、皂河等5个泵站电力接入系统初步设计报告。

受南水北调工程设计管理中心委托，水利部水规总院于2008年5月16～20日在北京召开会议，对南水北调东线第一期工程金湖、泗阳、泗洪、刘老涧、皂河等5个泵站电力接入系统初步设计报告进行了审查，并于2008年6月以水总规［2008］361号文将审查意见提交南水北调工程设计管理中心。

（九）《南水北调东线第一期工程南四湖—东平湖段长沟、邓楼、八里湾泵站和南四湖湖内疏浚、灌区影响处理工程5个单项初步设计报告》初步审查

长沟泵站是南水北调东线第一期工程的第11级抽水泵站，该工程的任务是将南四湖的来水沿梁济运河提水北送；邓楼泵站是南水北调东线第一期工程的第12级抽水泵站，该工程的任务是将梁济运河来水抽提入柳长河；八里湾泵站是南水北调东线第一期工程的第13级抽水泵站，该工程的任务是将柳长

河来水抽提入东平湖。三泵站共同实现从南四湖上级湖向东平湖送水，满足山东半岛和鲁北地区城市用水的要求。

受南水北调工程设计管理中心委托，水利部水规总院于2008年11月29日~12月4日在北京召开会议，分别对《南水北调东线第一期工程南四湖—东平湖段长沟泵站工程初步设计报告》、《南水北调东线第一期工程南四湖—东平湖段邓楼泵站工程初步设计报告》、《南水北调东线第一期工程南四湖—东平湖段八里湾泵站工程初步设计报告》、《南水北调东线第一期工程南四湖—东平湖段南四湖湖内疏浚工程初步设计报告》、《南水北调东线第一期工程南四湖—东平湖段灌区影响处理工程初步设计报告》5个单项初步设计报告进行了审查，并于2008年12月以水总规［2008］985号文将初步审查意见提交南水北调工程设计管理中心。

（十）《南水北调东线第一期工程南四湖水资源控制工程杨官屯河闸变更设计报告》初步审查

2008年4月22日，国务院南水北调办主持召开南四湖水资源控制工程建设协调领导小组第四次会议，会议纪要明确提出：请江苏水源公司委托中水淮河规划设计研究公司依据有关规范在杨官屯河闸总宽度不变的前提下研究船闸闸室宽度由10m调整到12m的可行性。受江苏水源公司的委托，中水淮河规划设计研究公司于2008年6月编制完成了《南水北调东线第一期工程南四湖水资源控制工程杨官屯河闸变更设计报告》。

受南水北调工程设计管理中心委托，水利部水规总院组织专家于2008年8月21~22日在北京召开会议，对中水淮河规划设计研究有限公司编制的《南水北调东线第一期工程南四湖水资源控制工程杨官屯河闸变更设计报告》进行了审查，并于2008年8月以水总规［2008］616号文将初步审意见提交南水北调工程设计管理中心。

（十一）《南水北调东线第一期工程南四湖水资源控制工程大沙河闸变更设计报告》审查

大沙河是南四湖上级湖湖西支流，其口门控制闸位于河流入湖口湖西大堤，主要任务是加强对南四湖水资源的控制与管理，并兼有挡洪、泄洪、排涝和通航等功能。近年来，南四湖入湖水量较丰，湖水位较高，为湖内航运发展创造了条件，大沙河通航运输量有所增加，地方政府要求提高大沙河闸通航能力。根据2008年9月11日国务院南水北调办主持召开的南四湖水资源控制工程建设协调领导小组第5次会议纪要精神，江苏省委托中水淮河规划设计研究有限公司对大沙河闸进行变更设计，将船闸宽度由10m调整为12m，节制闸宽度不变。

受南水北调工程设计管理中心委托，水利部水规总院组织专家于2008年10月8日在北京召开会议，对《南水北调东线第一期工程南四湖水资源控制工程大沙河闸变更设计报告》进行了审查，并于2008年11月以水总规［2008］776号文将审查工作报告提交南水北调工程设计管理中心。

（赵学民）

南水北调中线一期工程重点项目审查

（一）《南水北调中线工程汉江兴隆水利枢纽初步设计报告》审查

兴隆水利枢纽位于汉江中下游河段，地处湖北省潜江、天门市境内，是国务院批复的《南水北调工程总体规划》确定的南水北调中线一期工程汉江中下游四项治理工程之一，同时也是汉江中下游水资源综合开发利用的一项重要工程。兴隆水利枢纽的开发任务以灌溉和航运为主，兼顾发电。枢纽库区两岸现状灌溉面积约131 200hm^2，规划灌溉面积为218 400hm^2。枢纽通航建筑物规模按近期丹江口至汉口为500t级，远期通航标准为丹江口至汉口为1000t级，与三级航道配套考虑，最大通航流量10 000m^3/s，最小通航流量420m^3/s。推荐水库正常蓄水位36.2m，电站装机容量40kW，多年平均发电量2.25亿kW·h。工程施工总工期54个月。按2004年三季度价格水平，工程静态总投资为295 031.81万元。

《南水北调中线工程汉江兴隆水利枢纽初步设计报告》由长江水利委员会长江勘测规划设计研究院编制完成。湖北省南水北调工程建设管理局以鄂调水局［2008］6号文将《南水北调中线工程汉江兴隆水利枢纽初步设计报告》上报国务院南水北调办。

受南水北调工程设计管理中心的委托，水利部水规总院于2008年4月16～19日在北京召开会议对《南水北调中线工程汉江兴隆水利枢纽初步设计报告》进行了审查。会后，设计单位根据预审意见对报告进行了修改和补充，水利部水规总院于2008年11月以水总设［2008］866号文将审查意见提交南水北调工程设计管理中心。

（二）《南水北调中线一期工程总干渠膨胀土试验段工程（南阳段）初步设计报告》（技术部分）审查

南水北调中线一期工程总干渠膨胀土试验段工程（南阳段）位于陶岔—沙河段南阳市境内，是中、弱膨胀土处理试验段。工程起点位于南阳市卧龙区靳岗乡孙庄东，桩号100+500，终点位于靳岗乡武庄西南，桩号102+550，全长2.05km。试验段渠道设计流量为340m^3/s加大流量为410m^3/s，设计断面为半挖半填和挖方渠道，最大挖深约19m，最大填高5.5m。试验段布置有跨渠公路桥和生产桥各1座，无其他交叉建筑物。工程为一等工程，总干渠渠道和公路交叉建筑物为1级建筑物，设计洪水标准为50年一遇，校核洪水标准为200年一遇。

《南水北调中线一期工程总干渠膨胀土试验段工程（南阳段）初步设计报告》（以下简称初设报告）由长江水利委员会长江勘测规划设计研究院和长江科学院联合编制完成，南水北调中线干线工程建设管理局将初步设计报告上报国务院南水北调办。受南水北调工程设计管理中心的委托，水利部水规总院于2008年1月起先后在北京召开会议对初步设计报告进行了初审和复核，4月下旬又组织专家对现场进行了查勘，并分别于2008年5月和7月以水总设［2008］322号文、水总造［2008］452号文将审查意见提交南水北调工程设计管理中心。

（三）《南水北调中线干线工程建筑环境规划报告》审查

为了指导南水北调中线一期工程的建筑环境设计工作，对中线干线工程建筑环境遵循安全、可持续发展、和谐发展、创新发展和节约性原则进行规划，《南水北调中线干线工程建筑环境规划》提出了建设跨区域复合廊道（生态廊道、文化廊道、景观廊道的综合体）的主题创意以及发掘核心资源、整合地区网络以构建地区综合网络的规划思路。结合南水北调工程特点和地区的自然人文资源状况，提出了“七圈、二十八景观节点”的总体布局方案。七圈是指南阳盆地、淮河上游、黄河、漳河、石家庄、保定、京津等7个自然文化景观圈，结合工程特点和自然人文景观，形成七个特色区域；二十八景观节点是指沿线分布的以中心城镇为核心的多层次的地区景观节点，自南而北为：陶岔、南阳、方城、沙河、禹州、潮河、郑州、黄河、焦作、辉县、潞王坟、淇县、汤阴、安阳、磁县、邯郸、邢台、高邑、元氏、石家庄、新乐、唐河、唐县、满城、天津、易水、惠南庄、团城湖。其中，陶岔渠首、穿黄河工程、团城湖节点为一级节点，拟在周边地区分别建立对公众开放的南水北调中线工程博物馆和纪念公园；南阳、沙河、郑州、焦作、安阳、邯郸、邢台、石家庄、满城、惠南庄、天津等11处为二级节点，可开放少量大型建筑物（如沙河、满城渡槽等），并考虑这些节点中大型建筑物红线范围外交通线路的组织以便参观，同时对公众开放科普教育基地；其余14处为三级节点，主要结合所在地自身的历史、景观、地形等特点，完善了生态环境建设、景观区与城市之间的交通。经分类归纳，概括出每个地域具有典型代表的建筑元素，可为下阶段具体设计提供参考；提出新建建筑的外观色调以灰色系为基调，以白色和蓝色为辅助色。规划根据中线工程各类建筑物所属节点的重要性、功能、建筑物规模大小等进行分类分级，对各建筑物的建筑环境进行控制，以形成统一的全线建筑环境风格。

规划报告由清华大学编制完成，南水北调中线干线工程建设管理局将规划报告上报国务院南水北调办。受南水北调工程设计管理中心的委托，水利部水规总院于2008年3月16～18日在北京召开会议对规划报告进行了审查，并于2008年4月以水总设［2008］192号文将审查意见提交南水北调工程设计管理中心。

（四）《南水北调中线一期工程总干渠穿漳河交叉建筑物初步设计报告》审查

总干渠穿漳河交叉建筑物是南水北调中线一期工程总干渠上的一座大型河渠交叉建筑物，工程起点为河南安阳县施家河村东，终点为河北邯郸市讲武城，全长1081.81m；设计流量为235m^3/s，加大流量为265m^3/s，工程起点断面设计水位为92.19m，终点设计水位为91.87m。

穿漳河交叉建筑物采用渠道倒虹吸型式，工程由南向北沿总干渠方向依次布置南岸明渠连接段、进口渐变段、进口检修闸段、管身段、出口节制闸段、出口渐变段、北岸明渠连接段，南岸明渠连接段右侧布置退水闸、排冰闸，进口前布置拦冰索。倒虹吸采用三孔一联箱型钢筋混凝土结构型式。工程主要建筑物为1级，按100年一遇洪水设计、300年一遇洪水校核；退水闸泄槽、消力池、海漫、防护堤等次要建筑物及下游护岸工程为3级，设计洪水标准为30年一遇，校核洪水标准为100年一遇。抗震设计烈度为Ⅶ度。工程施工总工期为30个月。按2007年四季度价格水平，核定南水北调中线一期工程穿漳河交叉建筑物初步设计静态总投资为38 856万元，总投资为41 408万元。

南水北调中线干线工程建设管理局以中线局技［2008］23号文将《南水北调中线一期工程总干渠穿漳河交叉建筑物初步设计报告》上报国务院南水北调办。水利部水规总院于2008年5月24～26日北京召开会议对由长江勘测规划设计研究院编制完成的《南水北调中线一期工程总干渠穿漳河交叉建筑物初步设计报告》进行审查，并于2008年7月以水总设［2008］535号文将审查意见提交南水北调工程设计管理中心。

（五）《南水北调中线一期工程天津干线西黑山进口闸至有压箱涵段、保定市1段、保定市2段和廊坊市段初步设计报告》审查

天津干线工程是南水北调中线一期工程的重要组成部分，起点为中线总干渠西黑山分水口，终点为天津市外环河，全长约155km，担负南水北调中线一期工程贯通后向天津市和河北保定及廊坊等市（县）供输水任务。

2008年6月，国务院南水北调办以国调办投计［2008］85号文批复天津市境内的天津市1、2段两个设计单元的初步设计报告。受南水北调工程设计管理中心委托，水利部水规总院于2008年10月24～30日组织专家在天津市召开会议，对天津市水利勘测设计院编制的《南水北调中线一期工程天津干线西黑山进口闸至有压箱涵段初步设计报告》、《南水北调中线一期工程天津干线保定市1段初步设计报告》和《南水北调中线一期工程天津干线廊坊市段初步设计报告》，以及中水东北勘测设计研究有限责任公司编制的《南水北调中线一期工程天津干线保定市2段初步设计报告》进行了审查，并于2008年11月

以水总函［2008］66号文向南水北调工程设计管理中心提交审查意见（初稿）。

（六）《南水北调中线一期丹江口大坝加高工程初期大坝混凝土缺陷检查与处理报告》审查

丹江口水利枢纽工程位于湖北省丹江口市汉江中游干流上，是南水北调中线的水源工程。2008年5月，长江勘测规划设计研究院编制完成《南水北调中线一期丹江口大坝加高工程初期大坝混凝土缺陷检查与处理报告》（以下简称《缺陷检查与处理报告》）。2008年10月，南水北调中线水源有限责任公司以中水源计［2008］126号文将《缺陷检查与处理报告》报送国务院南水北调办。

受南水北调工程设计管理中心委托，水利部水规总院组织专家于2008年11月22～24日在湖北省丹江口市召开会议，对《缺陷检查与处理报告》进行了审查。参加会议的有：特邀专家，国务院南水北调办综合司、投资计划司，南水北调工程设计管理中心，水利部调水局，南水北调中线水源有限责任公司，汉江水利水电集团公司，西北公司丹江口工程建设监理中心，长江勘测规划设计研究院等单位的领导、专家和代表。会议听取了长江勘测规划设计研究院关于《缺陷检查与处理报告》的汇报，查勘了工程现场，进行了认真讨论，并于2008年12月以水总函［2008］73号文向南水北调工程设计管理中心提交审查意见（初稿）。

（游　超　吴建疆）

南水北调环境保护

概　　述

党中央、国务院高度重视南水北调工程的环境保护工作，中央领导先后多次在相关文件中批示，要求进一步加强南水北调的水污染防治工作。全国人大、全国政协也对南水北调的水污染防治工作给予了极大的关注和支持。按照国务院领导部署及国务院南水北调工程建设委员会要求，有关部门和相关各级地方政府进一步加大了南水北调工程水源地及沿线水污染防治工作力度，2008年南水北调治污工作取得了积极进展。

（环境保护部）

水　质　现　状

（一）东线水质状况

2008年总体为轻度污染。10个国控监测断面中，Ⅱ～Ⅲ类、Ⅳ～Ⅴ类和劣Ⅴ类水质的断面比例分别为50.0%、40.0%和10.0%。与2007年相比，水质有所好转。主要污染指标为高锰酸盐指数、五日生化需氧量和氨氮。

（二）中线水质状况

2008年监测结果表明，除总氮指标外，丹江口水库总体为Ⅱ类水质，属于中营养状态。

（环境保护部）

水环境保护工作进展

（一）落实水污染防治规划，推进治污项目实施

南水北调工程沿线各省（市）认真落实南水北调沿线“十一五”水污染防治规划，对《南水北调东线工程治污规划》和《丹江口库区及上游水污染防治和水土保持规划》进行任务细化和分解，加大水污染防治的投入力度，大力推进水污染防治项目的实施。

南水北调东线江苏、山东两省《南水北调东线工程治污规划》实施方案项目进展顺利，426个治污项目已建成366个，建成率86%；在建55个，在建率13%；未动工5个。东线治污效果逐步显现，沿线入河排污总量呈下降趋势，输水干线水质保持稳定。东线治污的关键点山东南四湖（南阳、独山、昭阳和微山等四湖）、东平湖水质已有所好转，为Ⅲ~Ⅳ类。

南水北调中线《丹江口库区及上游水污染防治和水土保持规划》正在积极实施，97个水污染防治项目中，建成6个，在建24个，共占30.9%，累计下达投资计划22亿元，占规划总投资的31%，其中中央投资14亿元。河南省淅川、西峡两县城垃圾、污水处理项目已全部建成使用，规划内的点源治理项目已有8个开工建设，水土保持项目已完成7个项目区的可行性研究报告。

（二）加强生态安全及饮水安全保障

（1）水体污染控制与治理科技重大专项已设计了南水北调东线和中线的水质安全保障、污染源控制和生态修复等专题。目前，环境保护部已完成了有关实施方案的综合论证工作。

（2）按照环境保护部联合国家发展改革委、水利部制定的《全国重点湖库生态安全评估与综合治理方案》要求，对南水北调水源及沿线的丹江口水库、洪泽湖开展了生态安全总体评估，将据此制定生态安全保障综合方案。

（3）根据国务院《全国生态环境保护纲要》要求，环境保护部印发了《全国生态功能区划》（环境保护部公告2008年第35号），进一步明确了南水北调中线工程水源区丹江口库区为国家重点生态功能保护区，支持开展南水北调中线工程水源区生态功能保护区规划修编。

（4）进一步完善了中线总干渠两侧水源保护区划定工作。

（5）开展了南水北调沿线饮用水源地的环境保护专项检查，确保群众饮水安全。

（三）强化监管，促进流域整体环境改善

围绕水污染防治的目标，南水北调工程沿线各省加强环境监督管理工作，在《国家环境监管能力建设“十一五”规划》的基础上，健全流域水环境监控体系，建设环境质量在线监测网和重点污染源在线监控网。同时，各省（市）持续开展整治违法排污企业，加大对南水北调工程沿线水环境综合整治工作的督促力度，组织开展一系列环境整治专项行动。

以工业污染治理为重点，大力实施工业结构调整，关闭取缔区域内“十五小土”企业，淘汰污染重、能耗高的生产企业及矿产资源开发项目，转产、搬迁排污量大、污染严重和影响水质安全的工业企业。对排污口进行规范化整治，对重点污染源安装在线自动监测装置；实施企业环保“黑名单制度”、挂牌督办制度；对不能够稳定达标或超总量排污的企业，依法实施限期治理或停产治理；积极推行清洁生产和废水资源化利用，削减废水排放量和排污总量；建立水源地水质预警系统和重大污染事故应急处置制度，预防重大水污染事故发生，确保水源地水质安全。

（环境保护部）

南水北调文物保护

概　述

（一）总体进度

截至2008年底，南水北调东、中线一期工程文物保护工作进展顺利，南水北调中线干渠京石段文物保护工作全部完成，河北南段、河南段和丹江口库区以及南水北调东线山东段、江苏段文物保护工作进展顺利，累计已完成考古发掘面积近86万m^2，占总工作量的近1/2。

（二）项目审查和批准

2008年1月9日，国务院第204次常务会议原则同意了国务南水北调办会同水利部、国家文物局和国家发展改革委研究提出的南水北调东、中线一期工程实施阶段文物保护工作方案，并要求各部门、各地区及各建设管理单位要按照方案要求，做好规划，落实资金，完善措施，确保文物保护和工程建设两不误。

2008年3月31日，国家发展改革委核定南水北调中线一期工程丹江口库区2008年文物保护项目概算总投资8971万元。6月6日，国务院南水北调办批准南水北调中线一期工程丹江口库区2008年文物保护项目60项（含遇真宫保护前期），核定总投资8971万元。其中河南省27项，核定投资为4224万元，湖北省33项（含遇真宫保护前期），核定投资为4747万元。

（三）制度建设

2008年3月，国家文物局联合国务院南水北调办印发了《南水北调东、中线一期工程文物保护管理办法》（文物保发［2008］8号）和《南水北调工程建设文物保护资金管理办法》（文物保发［2008］10号）。《南水北调东、中线一期工程文物保护管理办法》对南水北调东、中线一期工程文物保护工作的责任主体、考古发掘程序、检查监督和监理等内容作出具体规定。《南水北调工程建设文物保护资金管理办法》明确提出文物保护资金管理遵循责权统一、计划管理、专款专用、包干使用的原则，并对包干协议的签订、项目资金调整、预备费和不可预见费的使用等方面做出具体规定。

2008年8月，山东省文化厅与山东省南水北调工程建设管理局召开南水北调工程文物保护工作座谈会，建立了相互沟通的机制。会后联合下发了《关于做好南水北调工程第二批控制线文物保护项目的通知》及《关于印发山东省南水北调工程文物保护管理暂行办法的通知》。同时，山东省文化厅还单独印发了《山东省南水北调东线工程文物保护资金管理办法实施细则》。

（四）检查监督

2008年7月29日~8月1日，国家文物局文物保护司邀请中国社会科学院考古研究所研究员徐光冀、国家博物馆考古部研究员信立祥、河南省文物考古研究所研究员郝本性对南水北调中线一期工程丹江口库区河南段的文物保护工作和考古发掘工地进行了专项检查，并听取了相关考古发掘工作的汇报。此次检查组共实地检查了河南省境内的4处考古发掘工地，分别是马川汉墓群（河南省文物考古研究所与驻马店市文物考古研究所合作发掘）、马岭遗址（武汉大学考古系发掘）、贾沟遗址（河南省文物考古研究所发掘）和沟湾遗址（郑州大学考古系发掘），检查了相关的考古发掘记录、图表等基础资料。上述考古发掘工地现场、资料记录和出土文物安全检查情况如下：

（1）河南省文物局和文物点所在市、县相关部门积极组织协调，及时解决实际工作中存在的困难，为考古发掘工作的顺利进行提供了保障。

（2）大部分考古发掘工地的发掘工作较为规范，管理有序，工地整洁，各项资料记录基本齐全，田野发掘质量和资料记录整理质量基本符合《田野考古工作规程》的要求。

（3）大部分考古发掘工地积极开展多学科合作研究的有益尝试，取得良好成效。如，沟湾遗址边发掘边请中国科学院相关专家赴现场采样，开展相关科学分析。

（4）考古监理工作在总结以往经验和教训的基础上得到进一步提高。

（5）部分文物点的考古发掘工作取得重大突破，出土丰富的遗迹现象和大量有价值的文物，有望在学术上取得一定程度的突破，如马岭遗址、沟湾遗址。

2008年11月17～20日，国家文物局文物保护司与国务院南水北调办环境移民司组成的联合调研组对南水北调中线一期工程文物保护工作进行了调研。联合调研组分别考察了胡庄墓地、沟湾遗址、马岭遗址、下王岗遗址和马川墓地考古发掘工地现场，湖北省丹江口市文物整理基地、武当山遇真宫、湖北南水北调博物馆、北泰山庙墓群和龙口林场墓群考古发掘工地现场，并分别与河南省、湖北省文物部门、移民调水部门和南阳、十堰市政府的有关同志进行了座谈。通过实地考察和座谈，联合调研组充分肯定了河南、湖北两省文物部门、移民调水部门所开展的卓有成效的工作。这些工作，抢救了大批珍贵文物，既确保了文物安全，也为工程建设的顺利实施提供了保障。

2008年12月9～12日，国家文物局文物保护司邀请中国社会科学院考古研究所研究员徐光冀、杜金鹏和北京大学考古文博学院教授刘绪对南水北调东线一期工程山东段的考古发掘工地进行了检查。此次考古工地检查对正在开展工作的7处考古工地进行了实地检查，分别是：高青县胥家庙遗址、陈庄遗址和南显河遗址，博兴县东关遗址和寨下遗址，寿光市双王城水库07遗址和SS8遗址，其中胥家庙遗址为山东省文物考古研究所与山东省博物馆联合承担，东关遗址为山西省考古所承担，其余遗址均为山东省文物考古研究所承担，监理工作由中国社会科学院考古研究所承担。上述考古发掘工地现场、资料记录和出土文物安全检查情况如下：

（1）山东省文物局和文物点所在市、县相关部门积极组织协调，及时解决实际工作中存在的困难，为考古发掘工作的顺利进行提供了保障。

（2）大部分考古发掘工地的发掘工作较为规范，管理有序，工地整洁，各项资料记录齐全，田野考古发掘和资料记录整理符合《田野考古工作规程》的要求。

（3）大部分考古发掘工地都能自觉结合课题研究开展工作，取得良好成效。如山东省文物考古研究所与北京大学考古文博学院合作，结合双王城水库07遗址和SS8遗址的发掘开展盐业考古研究，取得了突破性进展。

（4）部分文物点的考古发掘工作取得重大突破，出土丰富的遗迹现象和大量有价值的文物，有望在学术上取得突破，如双王城水库07遗址、SS8遗址。

（5）各考古发掘单位均能克服遗址点淤土较厚、地下水位较高等困难，积极采取办法，确保田野考古工作顺利开展，如胥家庙遗址、东关遗址。

（6）山东省文物局结合陈庄遗址的发掘举办的田野考古技术培训班，对全省10余个地市的20余名业务干部进行培训，有利于培养人才，促进全省文化遗产保护工作的发展。

（五）重大考古成果

河南荥阳娘娘寨遗址、新郑胡庄墓地，山东寿光双王城盐业遗址荣获“2008年全国十大考古发现”殊荣。

（六）报告出版

《北京段考古发掘报告集》于2008年编印出版。

（七）课题研究

湖北省文物局于2008年5月聘请故宫博物院、北京大学、天津文化遗产保护中心等单位的9位专家召开立项评审会，评审确立了14项科研课题，内容涉及多学科、多领域，有7位博士生导师领衔承担课题负责人，2位博士后和近20位博士、硕士及研究员参加课题研究。

山东寿光双王城库区的盐业考古研究被列为国家文物局“指南针计划”专项试点研究“早期盐业资源的开发与利用”课题的子课题、教育部重大项目——“鲁北沿海地区先秦盐业考古研究”课题。2008年12月11日，山东省文物局邀请中国社会科学院考古研究所、北京大学考古文博学院、山东省文博界部分专家及新闻媒体到寿光双王城盐业考古工地进行了考察，并召开专家论证及新闻发布会。参加会议的专家认为：在寿光双王城水库周围30km^{2}范围内发现的80余处文物点应与古代盐业有关。在这么大范围内发现如此密集的与制盐有关的古代遗址，在我国考古史上尚属首次；此次发掘揭露了比较完整的盐业作坊遗迹，取得了突破性的进展；如此完整地揭露整个制盐作坊，在全国乃至世界都是首次；双王城水库的考古发掘工作，为研究中国古代制盐业提供了非常重要的资料，对中国制盐史研究作出了贡献，同时也提出更深层次的问题。今后还需要加强多学科协作，探索一些尚待解决的问题。

（八）人才培养

湖北省文物局于2008年4~8月委托师资力量较强、教学经验丰富且长期从事田野发掘与研究的武汉大学和湖北省文物考古研究所，在遗迹现象复杂、便于学员进行实践的湖北省重点文物保护项目青龙泉遗址，举办了南水北调工程湖北库区田野考古发掘培训班。来自湖北省南水北调工程各县（市）博物馆、考古所（队）的24名学员参加了培训。培训班开班后，承办单位按照培训方案，先后邀请了20余位知名专家、学者，采取理论知识讲授与田野发掘实践相结合、系统课程讲授与专题讲座相结合、课堂学习与自学相结合的教学方式，讲授了考古学基础知识、各时段考古和考古勘探、考古测量、考古绘图以及动物考古、体质人类学等专题知识，使学员对考古学有了基本的了解。武汉大学和湖北省文物考古研究所的专家顶着烈日酷暑进行田野考古发掘现场指导和训练，提高了学员的田野操作水平。参训学员普遍反映，通过这次培训，学到了知识，拓宽了视野，增强了能力。

山东省组织南水北调东线山东段田野考古技术培训班。该培训班于2008年11月1日开班，2009年1月3日结业。通过此次培训，学员们掌握了基础理论和田野操作技巧，锻炼了艰苦奋斗的精神，在陈庄工地的田野实习中，获取大量商周时期的遗迹、遗物，特别是在遗址上发现西周时期的城址，具有重要的意义。

（九）档案管理

湖北省文物局于2008年5月投入20余万元经费在湖北南水北调博物馆建立了湖北南水北调工程文物保护档案室，并本着便于查询、服务科研的目的，自主研发了《湖北南水北调工程文物保护档案管理系统》，从南水北调工程开始阶段就强化了文物保护档案的管理，有利于丹江口库区历史文化的深入研究。

（国家文物局考古处）

各省文物保护工作进展

（一）河北省

2008年，河北省继续实施已批准的第二批控制性文物保护项目，完成发掘面积

21 800m²，获得了一批重要考古发现。孟庄南遗址的发掘是河北省首次发现十六国时期的遗址，填补了这一时期河北省考古学文化研究的空白，为研究十六国时期社会、经济、文化提供了十分重要的资料。林村墓地共清理隋、唐、宋、金、元及清代墓葬126座，先商时期遗址灰坑21座，灶址1处。出土陶、骨、石等各类文物百余件。尤其是先商时期遗址是林村墓地首次发现，其出土的鬲、鼎、甗、豆、罐、盆、器盖、石镰、石铲、石斧、石凿等文物丰富了该地区先商时期考古学研究内容，为先商时期考古学文化研究提供了重要资料。后留村北遗址位于邢台市郊，为一处文化内涵较为丰富的商代中晚期文化遗存。经过发掘，遗址内发现有墓葬、房址、陶窑、燎祭坑、灰坑等遗迹，出土陶鬲、陶簋、陶罐、陶豆、陶盆、陶瓮、陶杯、陶碗、石斧、石铲、石刀、石簇、骨笄、卜骨等遗物，从文化层及其出土遗物分析，该遗址包含商代两个时期的文化遗存，其文化性质与曹演庄遗址接近，对研究商朝祖乙迁都于邢提供了实物资料。

截至2008年12月，南水北调工程京石段各考古发掘单位考古发掘资料整理、移交工作进展顺利，移交率达65%。

（二）河南省

2008年，河南省文物遗址发掘总面积达58 000m²，取得了丰硕成果。据初步统计，共出土文物8000余件，清理墓葬1360多座，灰坑2020多个，房基200余个，陶窑17座，灰沟150多个，水井20余眼，烧土堆积、壕沟、祭祀坑等其他遗迹现象30多个，取得了多项重要发现。胡庄墓地2座战国晚期大墓清理工作基本完成，墓葬采用卵石和木炭混合的石炭椁，一椁双棺，出土了青铜礼器、乐器、兵器、车马器、杂器，玉器，陶器，骨器等各种质地文物500余件，其中数十件铜器上发现“王后”、“王后官”和“太后”刻铭，可以确定这是一组战国晚期的韩国王陵，填补了韩国王陵的考古空白，在我国陵墓考古方面意义十分重大。沟湾遗址发现了仰韶文化、屈家岭文化、石家河文化和王湾三期的文化遗存，使其成为继淅川下王岗遗址、邓州八里岗遗址发掘之后的又一重大考古发现，对研究汉水中游地区新石器时代文化的发展序列以及不同文化的分期与年代，揭示不同时期的聚落布局及其演变规律，探索当时人们与自然环境的关系，而且对探讨黄河与长江中游两地区的文化交流状况等问题，都具有十分重要的学术价值。下王岗遗址发现了龙山文化、新砦晚期、二里头文化、西周时期的文化遗存，出土了石圭、鼋甲骨、铜矛等遗物，对于楚文化的探源、中国兵器戈的起源以及玉礼器圭的起源等相关学术课题的研究均具有重要的意义。

为了充分展示南水北调文物保护工作成果，河南省文物局从南水北调工程中出土的37 000余件文物中精心挑选了600余件珍贵文物进行展示，先后有40多个团体单位300余人参观了陈列展览。

（三）湖北省

2008年，河北省组织19家具有考古发掘资质的单位，实施文物保护项目30项，完成勘探面积707 650m²，完成发掘面积56 945m²。在往年考古成果的基础上，2008年度湖北省库区再次取得一系列重要考古发现。其中丹江口北泰山庙墓群是目前南水北调工程湖北库区发现的规模最大而完整的墓地，墓葬规模大、等级高、出土的文物丰富，墓葬等级结构比较清晰，对于楚文化的分区研究和战国至汉代墓地结构分析具有重要意义；丹江口龙口林场墓群的墓地规模和布局在南水北调工程丹江口库区具有重要意义，空心画像砖墓、砖椁墓和积炭墓等都是库区首次发现，对于研究当地战国两汉时期墓葬制度和相关文化关系具有重要意义。此外，丹江口杜店旧石器点、红石坎1号旧石器点出土的精美石器为库区旧石器时代文化序列的研究提供了丰富材料；青龙泉遗址出土的大量新石器时代遗迹和遗物对研究库区新石器时代文化谱系具有重要意义；龙门堂遗址的再次发掘，基本明确了一个汉代聚落的布局，对研究该区域汉代聚落形态提供了一个具有重要参考价值的样本；乔家院墓群再次发现春秋时期殉人墓葬和精美的青铜器组合；李营墓群出土的精美错金铜带钩为研究六朝时期物质文化提供了重要依据；遇真宫村遗址清理出的明清时期建筑基址为研究遇真宫的历史和明清建筑布局提供了重要材料。上述考古发现再次证明了作为长江、黄河流域古代文化相互交流、碰撞、融合的重要过渡地带，丹江口库区的文化遗存对于研究中华文化多元一体格局的形成以及中华文明的进程具有重要意义。

（四）山东省

2008年，山东省主要实施第二批控制性文物保护项目的7个地下文物保护项目，共发掘面积20 000m^2。高青县胥家庙遗址发现隋唐时期的寺庙遗址；高青县陈庄遗址文化堆积厚，最深处在5m以上，一般堆积2～4m，发现大量商周时期的遗址，特别是发现了西周时期的城址，对该地区周代文化研究提出了新的课题；博兴东关遗址发现大量商周时期的文化遗存；博兴寨卞遗址大面积的揭露了东周至汉代的城墙和环壕；寿光双王城水库07遗址和014遗址发现大量商周及宋元时期的制盐作坊遗址。

（五）江苏省

2008年，江苏省除继续实施梁王城遗址发掘项目外，未开展新的项目。主要完成了三垛遗址、耕庭遗址、岗西遗址、陶河遗址、土桥化石地点、万民村化石地点、临西墓群等7处遗址考古发掘报告编写工作。编写完成了南水北调一期控制性项目8项地下文物点考古发掘报告（汇编），完成一期控制性新增项目《山头墓地》考古发掘报告并即将出版。此外，组织专家验收一期控制性项目的高邮三垛民居迁建工程，并提出维修整治意见。

（国家文物局考古处）

重要考古发掘项目

（一）山东寿光双王城盐业遗址

山东寿光双王城盐业遗址荣获“2008年度全国十大考古新发现”。双王城水库盐业遗址群位于寿光市羊口镇双王城水库周围，南至寇家坞村，北至六股路村，东北距今海岸线27km。这一带属于古巨淀湖（清水泊）东北边缘，地表平坦，地势低洼，海拔3～4m。从2008年4月开始，山东省文物考古研究所、北京大学考古文博学院联合对双王城水库工程范围内遗址群中07、014遗址进行了大规模考古发掘，发掘面积2600m^2，发现商周时期和宋元时期大量与制盐有关的重要遗迹。

07遗址位于遗址群东北部，面积约2万m^2，发掘面积200m^2。文化遗存分属商代和宋金两个时期。发掘区内商代遗存被宋金时期遗迹破坏，仅在宋金时期遗迹填土中出土有大量盔形器残片等商代遗物。宋金时期遗迹有卤水井、盐灶、沟、灰坑等。014遗址位于遗址群西部，南北长150m，东西宽100m，面积15 000m^2。通过详细钻探和发掘，基本上弄清了制盐作坊的基本布局为：卤水井、盐灶、储卤坑等位于地势最高的中部，以之为中轴线，卤水沟和成组的坑池对称分布在南北两侧，而生产垃圾如盔形器碎片、烧土和草木灰则倾倒在盐灶周围空地和废弃的坑池、灰坑内。卤水井位于中轴线西部，已发现不同时期坑井（盐井）3口。由于不断清淤和掏挖，早期坑井被晚期坑井破坏。保存较好的为晚期的一口坑井，编号KJ1，口大体呈圆形，直径在4.2～4.5m，深3.5m。井坑上部为敞口、斜壁，1m以下变为直口、直壁，口径变小，约3m左右。坑井下部周壁围以用木棍和芦苇编制的井圈，坑井底部还铺垫芦苇。井圈保存高度约1m，以（至少八组）木棍为筋骨（为经），以拧成束状的芦苇为纬编制而成。木棍长 1.2m，直径约 10cm，一端插入井底。由于木棍和芦苇常年浸泡在卤水里，保存完好。盐灶由工作间、烧火坑、火门、椭圆形大型灶室、长条状灶室、三条烟道和圆形烟筒以及左右两个储卤坑组成。总长在 17.2m，宽 8.3m。东部和中部被晚期堆积破坏，保存较差，西部地势较高，烟道和烟筒保存较好。盐灶大型灶室的南北两侧各有一个圆角长方形坑（编号 H37、H38）。南部坑（H38），长 1.9m，宽 1.2m，深 0.25m；北部坑（H37），长 1.4m，宽 0.9m，深 0.30m。坑周壁、底部都涂抹一层薄薄的深褐色黏土和 5cm 厚的灰绿色沙黏土，并经加工，应是储卤坑。

在发掘过程中，发掘单位还邀请北京大学环境学院、中科院研究生院、中国文化遗产研究院、山东大学考古系等单位就遗址的年代、环境、动植物种类及分析、测试；对各种遗迹、遗物的化学成分进行了对比分析，相关研究工作正在进行中。

寿光双王城盐业遗址调查发现八十余处不同时期与制盐有关的遗址，是目前发现的规模最大的盐业遗址群。此次发掘揭露了比较完整的商周时期盐业作坊遗迹，对了解古代尤其是商周时期的盐业工艺流程比如制盐所需原料、取卤、制卤、成盐等过程，以及古代煮盐活动与环境的关系等问题，具有重要的意义。如此完整地揭露整个制盐作坊，在全国乃至世界都是首次。双工城水库的考古发掘工作，为研究中国古代制盐业提供了非常重要的资料，同时也提出更深层次的问题。今后还需要加强多学科协作，探索一些尚待解决的问题。

（二）河南荥阳娘娘寨遗址

河南荥阳娘娘寨遗址荣获“2008 年度全国十大考古新发现”。娘娘寨城址位于郑州市荥阳市豫龙镇寨杨村西北，遗址西、北为索河。2005 年以来，为配合南水北调中线一期工程干渠建设项目，郑州市文物考古研究院正式对娘娘寨城址进行考古发掘，发掘面积 1.5 万 m^2，2008 年又组织对娘娘寨城址内城外部分进行勘探，发现了外城垣、护城河，确认城址总面积 100 万 m^2 以上。考古发掘表明，该城址建于西周晚期，沿用至战国时期，分内城和外郭城，内、外城墙外均设有护城河。内城内分布有“十”字形主干道和宫殿区、作坊区，四面城墙中部均有城门与城内道路相通。

娘娘寨西周时期城址平面近方形，东西宽 280m，南北长 290m，面积约 16 万 m^2（含护城河）。城壕宽 48m，深 12m。已清理出西周时期夯土城垣及城壕，此外还发现西周时期夯土基址 2 处、道路 2 条、灰坑 74 个、陶窑 1 个、墓葬 11 座、水井 5 个。城址总体布局为：夯土基址分布于城址中南部，作坊区在北部。城内分布有“十”字形主干交通道路，城垣四面各设有一城门。其他遗存多被春秋战国夯土基址叠压。

现存春秋时期内城墙宽 3～5m，高 1～3m。战国时期夯土墙被破坏严重，目前仅在西城门处发现。经勘探得知外城东墙距内城东墙约 700m，残长 1200m，宽 7～9m；南墙距内城南墙约 500m，残长 850m，宽 2～8m。外城南墙向西通往龙泉寺冲沟和索河边，东墙往北通往索河边，目前在索河北岸尚未发现城墙，推测娘娘寨城址外城墙南墙西段、东墙北段被龙泉寺冲沟和索河冲毁。外城目前尚无确认城门，内城四面城墙中部均发现有缺口，东西、南北缺口相对应。春秋时期城门宽 4m。战国时期西城门废弃。

娘娘寨遗址出土遗物非常丰富，遗物有陶、石、骨、蚌、铜、玉器等。其中以陶器为主，陶器极为丰富。陶器有泥质和夹砂之分，多为灰陶，有少量红褐陶。纹饰以绳纹、旋纹、弦纹、附加堆纹为主，有相当多的素面陶。器型有鬲、罐、豆、盆、碗、甑、簋等。陶器初步分为三期九段。

娘娘寨城址是近年来新发现的布局较为清晰的西周城址，是河南乃至全国西周城址考古的新发现和新突破。娘娘寨城址是目前郑州地区唯一能够确认的西周时期城址，为西周时期的筑城方法、城墙结构、设防措施和功能布局等研究提供了重要的新材料，对于认识郑州地区西周文化遗存面貌具有突破性价值。

（三）河南新郑胡庄墓地

河南新郑胡庄墓地荣获“2008年度全国十大考古新发现”。胡庄墓地位于新郑市城关乡胡庄村，是河南省文物考古研究所为配合南水北调中线工程建设而进行的文物保护项目。

经过考古发掘，发现胡庄墓地由陵园和2座带封土大墓组成，M1在东，M2在西。均为南北向“中”字形竖穴土坑墓，积石积炭。M1南北总长75m，封土残高7m，墓室平面为不规则长方形，南北长18.45～26m，东西宽18.4～21.3m，深约8m。M2南北总长78m，封土残高约10m，墓室南北长26m，东西宽约36.5m，深11.5m左右，东部被M1打破约12m。在M2的封土距地面约3m高的半腰上还发现了“中”字形冢上建筑，由保存较好的散水、壁洞、柱石和部分屋顶瓦砾层等组成，长28m，宽21m。从残存的部分柱灰上的红漆痕分析，柱子髹有红漆。散水内侧封土表面局部发现有涂白涂朱现象，白涂层在下，朱色层在上。在筒板瓦上发现了和郑韩故城能人大道官营建材厂同类产品相同的钤刻姓氏图章，提示了两者的内在关系。通过此次考古发掘，2座大墓均发现了由整层草泥、椽木、廪木、棚木和夯土组成两面坡式屋顶形的椁顶结构，由卵石和木炭搅在一起构成石炭椁，不同于常见的积石积炭分内外两层结构，是韩国积石墓的新发现。

经过考古发掘，胡庄墓地出土文物丰富，出土鼎、豆、编钟、戈、车马器、构件等青铜器，箸、箍扣、节约等银器，大圭、壁、璜等玉器，玛瑙环，陶器，骨器，石磬等各种质地文物500余件，其中银器46件，还有大量的铜镞、铜珠、骨钉等，是韩国文物的一次重要发现。式样繁多的构件不仅体现了韩国高超的青铜器铸造技术和机械设计水平，也揭示了外棺有大帐的现象。已在100余件铜器上发现刻铭，内容多为方向序号。其中在铜鼎、戈、樽和银箍扣上发现的多组“王后”、“王后官”和“太后”刻铭，与“少府”、“左库”等韩国官署名称，确定这是一组战国晚期韩国王陵。

考古发掘表明，该墓地是以2座高级贵族夫妇合葬大墓为核心的战国晚期韩国王陵。在出土的500余件珍贵文物中，有数十件铜器上保存“王后”“王后官”和“太后”刻铭。此次发掘，填补了韩王陵园形态的考古学空白，揭示了韩王陵筑墓和埋葬的顺序，印证了《左传》中有关“椁有四阿，棺有翰桧”的椁顶结构的记载，首次发现了韩国王侯级大墓棺椁的完整形态，是韩国王陵考古的重要突破，对东周陵墓考古学研究具有重大意义。

（四）江苏邳州梁王城遗址

南水北调东线邳州梁王城遗址考古项目入围“2008年全国十大考古新发现”初选名单。2008年1～7月，由南京博物院主持，徐州博物馆和邳州博物馆三家联合组成的考古队对梁王城遗址进行了第三次大规模抢救性考古发掘。此次发掘主要是为配合淮委沂沭泗河洪水东调南下工程而进行的。发掘总面积为2700m^2，取得了重大收获，共发现各个时期的灰坑135座、灰沟7条、墓葬104座、房址3座、水井6座、道路2条、灶坑1处。出土陶器、瓷器、石器、青铜器、玉器、骨器、铁器等文物1200余件。最重要的发现是在“金銮殿”高台西部发现了新石器时代的大汶口文化晚期墓地，共揭露出大汶口文化时期墓葬75座，在“金銮殿”高台西部的发掘区内基本都有分布，但主要集中在紧邻中运河河道的700m^{2}范围之内。墓葬方向多向东，且有一定规律，应为成组分布，可分为成人葬和儿童葬两大类，普遍有长方形或近长方形的土坑。其中成人墓葬67座，可分为竖穴和二层台两种结构。竖穴墓葬占多数，二层台墓较少，共10座，但规模一般较大，且多有葬具痕迹。儿童墓葬共8座，多为长方形土坑竖穴，墓葬规模一般较成人墓略小。其中6座为瓮棺葬，除M142为完整陶器葬（以一完整陶鼎作为葬具，其内葬人）外，其余均为陶片铺盖葬（即将陶器如鼎、罐等器物打碎，做好铺底，葬人后上以陶片置铺盖）。墓葬多为单人葬，75座墓葬中，有随葬品的达61座，共有随葬器物650件，包括有陶器547件、骨角牙器65件、玉器33件、石器5件，随葬器物一般置于墓主人左侧身旁，多顺着人架排列摆成一列或两列。

（国家文物局考古处）

投资计划管理

概　　述

2008年是南水北调中线一期工程京石段应急供水工程实现应急通水，前期工作突破瓶颈，南水北调工程建设不断攻坚克难并取得阶段性成果的一年。2008年11月8日，国家发展改革委分别以《印发国家发展改革委关于审批南水北调东线一期工程可行性研究总报告的请示的通知》（发改农经［2008］2974号）、《印发国家发展改革委关于审批南水北调中线一期工程可行性研究总报告的请示的通知》（发改农经［2008］2973号）批复了东、中线一期工程总体可行性研究报告。南水北调东、中线一期工程可行性研究总报告批复静态投资为1625亿元（按2004年第三季度价格水平，下同），其中东线一期工程260亿元（不含治污工程123亿元）、中线1365亿元（不含丹江口上游水土保持及水污染防治工程70亿元）。

截至2008年底，水利部和国务院南水北调办共批复南水北调东、中线一期工程设计单元工程49个（其中2个批复初步设计技术方案，未核定初步设计概算）。南水北调工程初步设计年度批复情况见图1。

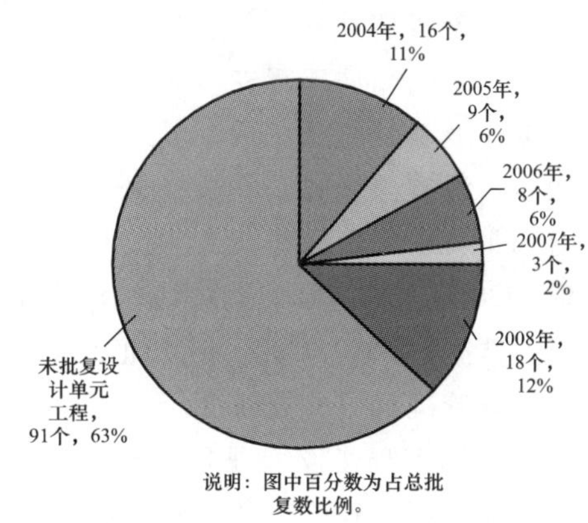

图1　南水北调工程初步设计年度批复情况

截至2008年底，南水北调工程累计安排主体工程项目投资计划478.9亿元，占工程总体可行性研究静态投资的29%。其中安排工程建设投资463.7亿元，初步设计工作投资11.7亿元，文物保护工作投资3.5亿元。按投资来源分：中央预算内投资129.5亿元，中央预算内专项资金106.5亿元，南水北调基金79亿元，银行贷款163.9亿元。

截至2008年底，南水北调工程累计完成投资251.9亿元，其中主体工程建设累计完成投资241.5亿元，初步设计累计完成投资7.2亿元，文物保护工作累计完成投资3.2亿元。

（马永征　王姗姗）

前　期　工　作

（一）初步设计投资计划安排

（1）指导思想和原则。按照《南水北调

工程初步设计管理办法》和《加强初步设计管理 提高初步设计质量工作措施》的要求，根据国务院南水北调工程建设委员会第三次全体会议纪要（国阅［2008］136号）确定的南水北调东、中线一期工程建设目标，优先安排控制性工程初步设计工作投资。

（2）总体情况。截至2008年底，累计安排南水北调东、中线一期工程初步设计工作投资和审查经费计划11.7亿元，全部为中央预算内投资。其中2005年安排投资2亿元，2006年安排投资2.7亿元，2007年安排投资3亿元，2008年安排投资4亿元。

（3）年度投资计划安排。2008年安排南水北调东、中线一期工程初步设计工作投资和审查工作经费计划4亿元，其中南水北调东线江苏水源有限责任公司安排投资800万元，南水北调东线山东干线有限责任公司安排投资5200万元，南水北调中线水源有限责任公司安排投资5000万元，南水北调中线干线工程建设管理局安排投资22 500万元，湖北省南水北调工程建设管理局安排投资4000万元，南水北调工程设计管理中心安排投资2500万元。2008年下达各项目法人初步设计工作投资情况见图1。

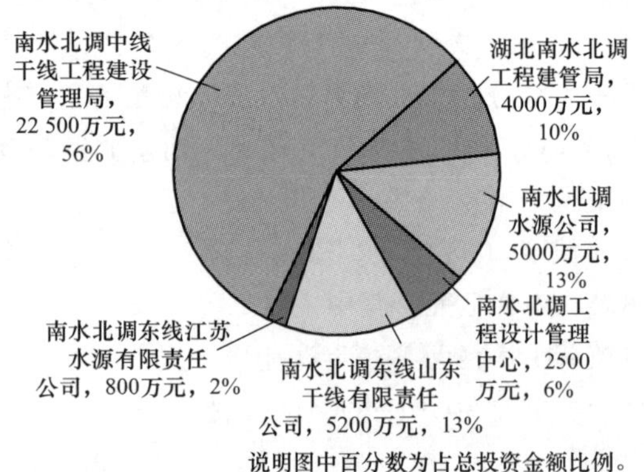

图1 2008年下达各项目法人初步设计工作投资情况

（二）前期工作组织管理

以促进前期工作进度，确保更多项目开工建设为工作重点，加强初步设计管理，提高初步设计质量，促进总体可行性研究批复。一是积极跟踪协调总体可行性研究批复情况，同时加快批复相关初步设计报告，保证2008年南水北调工程建设。二是着眼全局、统筹协调，分别与交通部、铁道部、建设部、国家电网公司联合印发相关工作通知，妥善解决前期工作中与相关部委的协调事宜。三是认真研究工作思路，深入细致思考，以初步设计座谈会为契机，研究制定并在工作中落实《加强初步设计管理 提高初步设计质量工作措施》。四是加强前期工作的梳理与研究，积极应对总体可行性研究批复后的新局面。五是组织开展技术复核、方案比选，从前期工作入手，强化投资控制。

（马永征 王姗姗）

投资计划管理

（一）指导思想和原则

落实国务院南水北调工程建设委员会有关会议纪要精神，促进南水北调东、中线一期各项工程有计划、按步骤顺利实施。在实现中线一期京石段应急供水工程通水的阶段性目标的基础上，重点保障中线一期穿黄、丹江口大坝加高工程和东线一期泵站工程等续建项目建设的投资需求；促进具备开工条件的项目尽快开工建设，努力形成中线黄河以北全面开工、黄河以南布点的建设格局，东线加快省界关键工程建设进度，打通南四湖—东平湖段咽喉工程，充分发挥投资效益；开展丹江口库区移民安置试点，为大规模进行库区移民安置工作奠定基础。

（二）投资总体情况

截至2008年底，南水北调工程累计安排主体工程建设项目投资计划478.9亿元，占工程总体可行性研究静态投资的29%。其中安排工程建设投资计划463.7亿元，初步设计工作投资11.7亿元，文物保护工作投资3.5亿元。按投资来源分：中央预算内投资129.5亿元，中央预算内专项资金106.5亿元，南水北调基金79亿元，银行贷款163.9亿元。

在安排的工程建设投资463.7亿元中，东线一期工程安排投资95.9亿元，其中中央预算内投资18.8亿元，中央预算内专项资金20亿元，南水北调基金22亿元，银行贷款35.1亿元；中线一期工程安排投资367.8亿元，其中中央预算内投资96.1亿元，中央预算内专项资金86亿元，南水北调基金57亿元，银行贷款128.7亿元。总体可研静态投资及已安排工程建设投资情况见图1。

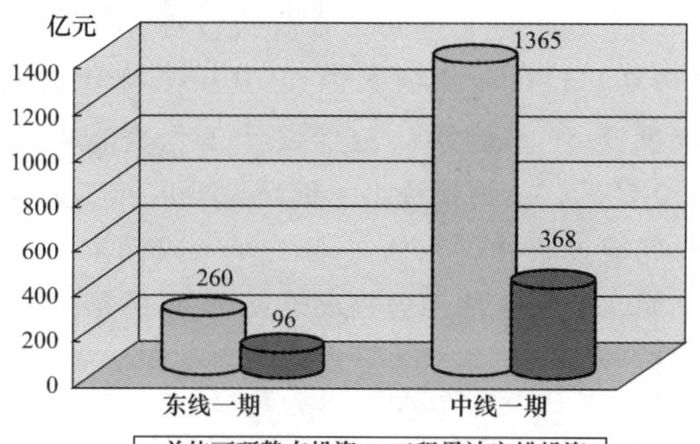

图1　总体可研静态投资及已安排工程建设投资情况

（三）年度投资计划安排

2008年底，南水北调工程在下达原投资计划109.3亿元的基础上，按照国家进一步扩大内需、促进经济平稳较快增长的工作部署，又紧急落实了新增投资71.9亿元，其中新增中央投资20亿元。至此，2008年南水北调工程共计安排投资计划181.2亿元，其中安排工程建设投资177.2亿元，初步设计工作投资4亿元。按投资来源可分为：中央预算内投资62亿元，南水北调基金35亿元，银行贷款84.2亿元。

在安排的工程建设投资177.2亿元中，东线一期工程安排投资50.1亿元，其中中央预算内投资15.3亿元，南水北调基金9.2亿元，银行贷款25.6亿元；中线一期工程安排投资127.1亿元，其中中央预算内投资42.7亿元，南水北调基金25.7亿元，银行贷款58.7亿元。

工程建设安排投资主要用于16项单项工程的47项设计单元工程建设，其中东线单项工程7项，分别为骆马湖—南四湖段江苏境内工程、南四湖水资源控制和水质监测及骆马湖水资源控制工程、山东韩庄运河段工程、穿黄河工程、胶东干线济南—引黄济青段工程、江苏段截污导流工程、山东段截污导流工程；中线单项工程9项，分别为京石段应急供水工程、穿黄工程、黄河北至漳河南段工程、丹江口大坝加高工程、漳河北至古运河南段工程、陶岔渠首至沙河南段工程、天津干渠工程、丹江口库区移民安置工程、北京2008年应急调水临时通水措施费。

（雷　宇）

重大专题和基础设施建设

2008年，国务院南水北调办进一步规范管理制度，完善项目基本建设程序，认真落实投资计划，及时总结项目进展情况，积极研究项目建设内容，加快项目成果推广应用，严把项目审查审批。

2003～2008年累计组织开展项目11项，累计安排中央预算内投资14 758万元，其中，2003年2000万元，2004年3000万元，2005年4500万元，2006年2990万元，2007年1068万元，2008年1200万元。累计完成投资11 446万元。

（马永征）

制　度　建　设

（一）年度计划管理

为了加强南水北调工程投资管理，严格控制工程成本，建立工程投资约束激励机制，依据国家基本建设和资金财务管理的相关法律法规，编制发布了《南水北调工程投资静态控制和动态管理规定》。同时，为了进一步加快工程建设，保证投资管理工作有条不紊地快速开展，按照《南水北调工程投资静态控制和动态管理规定》的要求和精神，组织编制并印发了《南水北调工程项目管理预算编制办法（暂行)》和《南水北调工程价差报告编制办法(暂行)》两个配套办法。

（二）初步设计管理

为贯彻南水北调工程初步设计工作座谈会精神，切实加强南水北调工程初步设计组织管理，提高初步设计质量，更好地贯彻落实《南水北调工程初步设计管理办法》、《加强南水北调工程初步设计管理　提高设计质量的若干意见》等规定，国务院南水北调办制定了《加强初步设计管理　提高初步设计质量工作措施》。

（三）基建统计管理

为全面掌握工程建设管理的进展情况，及时做好工程建设投资、建设管理和相关信息的统计工作，在《南水北调工程建设投资统计报表制度（2007~2008)》的基础上，组织制定并印发执行了《南水北调工程统计报表制度（2009~2010)》，增加了相关法律条款内容，修改了原制度中存在的问题，对表单格式进行了规范。

（四）重大专题和能力建设项目管理

为确保南水北调工程重大专题和南水北调办基础设施、能力建设项目质量达到有关要求和标准，并正常投入运行，明确项目验收职责，规范验收行为。根据《南水北调工程建设重大专题和南水北调办基础设施、能力建设项目管理办法》（国调办投计［2007］64号）有关要求，结合建设项目竣工运用的实际情况，国务院南水北调办研究拟定并实施了《南水北调工程重大专题和南水北调办基础设施、能力建设项目验收工作方案》。

（雷　宇　王姗姗）

工程投资完成情况

（一）工程累计投资完成情况

截至2008年底，国务院南水北调办累计安排南水北调投资456.7亿元（含初步设计和文物保护)，累计完成投资251.9亿元。在建设计单元工程总投资为376.9亿元，累计完成投资241.5亿元（不含初步设计和文物保护)。累计完成土石方29 052万m^3，累计完成混凝土浇筑734万m^3。

（二）2008年工程投资完成情况

南水北调工程2008年完成投资54.5亿元(含初步设计和文物保护)，其中工程建设完成投资51.1亿元，初步设计工作完成投资2.0亿元，文物投资1.4亿元。2008年工程建设完成投资中，东线一期工程完成投资15.5亿元，中线一期工程完成投资35.6亿元。

（王姗姗）

初步设计报告审查

（1）南水北调工程设计管理中心委托水利部水规总院于2008年1月26~28日对南水北调中线干线工程建设管理局报送的《南水北调中线一期工程总干渠膨胀土试验段工程(南阳段）初步设计报告》进行了审查，并提出了审查意见初稿。水利部水规总院于3月份对修改后的设计报告进行了复核。5月16日，南水北调工程设计管理中心以设管技［2008］25号文将审查意见（技术部分）上报国务院南水北调办，7月2日，以设管技［2008］33号文将审查意见（概算部分）上报国务院南水北调办。南阳靳岗段膨胀土类型为中等膨胀土和弱膨胀土，渠道既有填方段又有挖方段，具有较好的代表性，渠段长度可以满足实验方案布置要求，且移民占地工作量较小，因此，审查同意推荐该渠段作为膨胀土现场试验渠段，整个试验段分为填方试验段、弱膨胀土挖方试验段和中等膨胀土挖方试验段。

（2）南水北调工程设计管理中心委托水利部水规总院于2008年2月19～29日对南水北调东线江苏水源有限责任公司报送的南水北调东线一期工程高水河整治、淮安二站改造、刘老涧二站、泗阳站改建等四项工程初步设计报告进行了预审，并将预审意见转江苏水源公司。水利部水规总院于2008年12月23～27日对江苏水源公司根据预审意见修改后报送的泗阳站、刘老涧二站初步设计报告进行了复核。待水利部水规总院提交正式审查意见后，南水北调工程设计管理中心即办理审查意见上报工作。

（3）南水北调工程设计管理中心委托水利部水规总院于2008年4月16～19日对湖北省南水北调工程建设管理局报送的《南水北调中线工程汉江兴隆水利枢纽初步设计报告》进行了预审，并将预审意见转湖北省南水北调工程建设管理局。水利部水规总院于9月下旬对湖北省南水北调工程建设管理局根据预审意见修改后报送的初步设计报告进行了复核。南水北调工程设计管理中心于11月23日以设管技［2008］58号文将审查意见上报国务院南水北调办。审查基本同意推荐下坝线为选定坝线，在原河槽和左岸低漫滩上布置泄水闸，紧邻泄水闸右侧布置电站厂房，船闸布置于厂房右侧的滩地上，鱼道位于电站厂房与船闸之间；船闸与右岸汉江堤防之间、泄水闸与左岸汉江堤防之间为滩地过流段；主体工程与两岸堤防之间采用交通桥连接。

（4）南水北调工程设计管理中心委托水利部水规总院于2008年4月17～20日对南水北调东线山东干线有限责任公司报送的《南水北调东线第一期工程济南—引黄济青济南市区段输水工程初步设计报告》进行了预审，并提出了预审意见。5月13～15日，水利部水规总院对山东干线公司根据预审意见组织修改的初步设计报告进行了复审。7月4日，南水北调工程设计管理中心以设管技［2008］34号文向国务院南水北调办报送了审查意见和工作建议。

（5）南水北调工程设计管理中心委托水利部水规总院于2008年4月21～29日对南水北调东线江苏水源有限责任公司报送的南水北调东线一期工程泗洪站、金湖站、皂河一站、皂河二站、中运河影响处理工程初步设计报告进行了预审，并提出了预审意见。水利部水规总院于2008年12月23～27日对江苏水源公司根据预审意见修改后的皂河一站改造工程、皂河二站和泗洪站初步设计报告进行了复核，对中运河影响处理工程初步设计报告进行了复审。待水利部水规总院提交正式审查意见后，南水北调工程设计管理中心即办理审查意见上报工作。

（6）南水北调工程设计管理中心委托水利部水规总院于2008年5月24～26日对南水北调中线干线工程建设管理局报送的《南水北调中线一期工程总干渠穿漳河交叉建筑物初步设计报告》进行了审查，并将审查意见（初稿）转送中线建管局。水利部水规总院于7月对中线建管局组织修改完善的初步设计报告复核后，向南水北调工程设计管理中心提交了《南水北调中线一期工程总干渠穿漳河交叉建筑物初步设计报告审查意见》，南水北调工程设计管理中心请中线建管局再次修改完善初步设计报告后，于8月4日以设管技［2008］46号文将审查意见上报国务院南水北调办。工程由南向北沿总干渠方向依次布置南岸明渠连接段、进口渐变段、进口检修闸段、管身段、出口节制闸段、出口渐变段、北岸明渠连接段，南岸明渠连接段右侧布置退水闸、排冰闸，进口前布置拦冰索。

（7）南水北调工程设计管理中心委托水利部水规总院于2008年10月24～30日在天津对南水北调中线干线工程建设管理局报送的《南水北调中线一期工程天津干线西黑山

进口闸至有压箱涵段、保定市1段、保定市2段、廊坊市段等设计单元初步设计报告》进行了审查，并将审查意见（初稿）转送了中线建管局。

（8）南水北调工程设计管理中心委托水利部水规总院于2008年11月29~12月3日对南水北调东线山东干线有限责任公司报送的南水北调东线第一期工程南四湖—东平湖段长沟、邓楼、八里湾泵站和南四湖湖内疏浚、灌区影响处理等5个设计单元工程初步设计报告及泵站供电设计方案进行了审查。12月下旬，水利部水规总院对山东干线公司根据审查意见初稿组织修改的初步设计报告进行了复审。待水利部水规总院提交正式审查意见后，南水北调工程设计管理中心即办理审查意见上报工作。

（9）南水北调工程设计管理中心委托水利部水规总院于2008年5月6~9日召开会议，对南水北调中线水源有限责任公司报送的长江水利委员会长江勘测设计研究院编制完成的《南水北调中线一期工程丹江口水库建设征地移民安置试点规划报告》进行了审查，并于2008年5月22日以设管技［2008］27号文将审查意见报送给国务院南水北调办。库区移民试点涉及河南、湖北两省3县市2.3万移民，按照2007年三季度价格水平，试点规划补偿投资270 804万元。

（李志竑　王宝恩）

专题报告审查

（1）南水北调工程设计管理中心委托水利部水规总院于2008年1月23日对天津干线下穿京沪铁路框构方案专题报告进行了审查，并于2008年2月3日以设管技［2008］4号文将审查意见上报国务院南水北调办。

（2）南水北调工程设计管理中心委托水利部水规总院于2008年1月31日~2月1日和5月23日分别对南水北调中线一期工程总干渠黄河北至羑河北初步设计占地处理及移民安置概算价格水平年调整报告和工程部分概算价格水平年调整报告进行了审查。5月28日，水利部水规总院对中线建管局提交的占地处理及移民安置概算价格水平年调整报告（修改稿）进行了复核。6月24日，南水北调工程设计管理中心以设管技［2008］30号文将审查意见上报国务院南水北调办。

（3）南水北调工程设计管理中心委托水利部水规总院于2008年3月18~20日对南水北调中线干线工程建筑环境规划报告进行了审查，并于4月22日以设管技［2008］19号文将审查意见上报国务院南水北调办。

（4）南水北调工程设计管理中心委托水利部水规总院于2008年5月16~18日对南水北调东线江苏水源有限责任公司报送的南水北调东线一期江苏境内泗阳站、刘老涧站、泗洪站、金湖站、皂河泵站初步设计供电方案进行了审查，江苏水源公司按照审查意见组织修改完善上述泵站的电力接入系统初步设计报告后，将其纳入了各泵站工程初步设计报告中。

（5）南水北调工程设计管理中心委托水利部水规总院于2008年8月5~7日对南水北调中线京石段应急供水工程2008年临时通水运行实施方案进行了审查。8月下旬，水利部水规总院对根据审查意见修改的实施方案报告进行了复核。9月2日南水北调工程设计管理中心以设管技［2008］48号文将审查意见上报国务院南水北调办。

（6）南水北调工程设计管理中心于2008年11月26日在北京组织有关专家对南水北调中线干线工程建设管理局报送的《南水北调中线一期工程总干渠潮河段线路比选报告》进行了专题审查，并于12月1日以设管技［2008］60号文将审查意见上报国务院南水北调办。审查认为：与明渠方案相比，隧洞方案线路短、占地少、搬迁人口少、征迁补偿投资低，但明渠方案工程总投资少于隧洞方案，施工工期不确定因素小，与地方有关发展规划相结合，有利于地方生态工程建设。为确保按期实现国务院南水北调工程建设委员会确定的中线一期工程2013年主体工程完工、2014年汛后通水总体建设目标和有效控制工程投资，同意明渠方案可以作为初步设计阶段推荐方案。

（7）为做好郑州2段、潮河段、北汝河倒虹吸段等设计单元工程初步设计审查，南水北调工程设计管理中心委托水利部水规总院于2008年12月28～30日对南水北调中线干线工程建设管理局报送的《南水北调中线一期工程总干渠沙河南—黄河南段初步设计报告》（总体报告）进行了审核，并就审核发现的局部线路比选、分水口门位置与总干渠规模、公路及铁路交叉、工程占地实物指标、工程管理设计等有关问题，在沈凤生总工程师的指导下，与有关单位进行了协调。

（李志竑）

重大设计变更审查

（1）南水北调设计管理中心委托水利部水利水电规划设计总院于2008年8月21～22日对南水北调东线江苏水源有限责任公司组织编制、淮河水利委员会治淮工程建设管理局报送的《南水北调东线第一期工程南四湖水资源控制工程杨官屯河闸变更设计报告》进行了审查，并于2008年9月28日以设管技［2008］50号将审查意见和批复建议上报国务院南水北调办。设计变更主要内容为节制闸闸室净宽在总宽度不变的情况下由2孔、每孔10m变更为1孔8m和1孔12m，船闸航道标准及其闸室长度均维持原设计不变。

（2）南水北调设计管理中心委托水利部水利水电规划设计总院于2008年9月10～11日对中水北方勘测设计研究有限责任公司编制、山东干线公司报送的《南水北调东线第一期工程穿黄河工程设计变更报告》进行了审查，并于2008年10月15日以设管技［2008］51号将审查意见和批复建议上报国务院南水北调办。设计变更主要内容为出湖闸由4孔（总宽20m）变更为3孔（总宽18m），滩地埋管结构优化及穿引黄渠埋涵输水形式由有压改为无压。

（3）南水北调设计管理中心委托水利部水利水电规划设计总院于2008年10月8日对南水北调东线江苏水源有限责任公司组织编制、淮河水利委员会治淮工程建设管理局报送的《南水北调东线第一期工程南四湖水资源控制工程大沙河闸变更设计报告》进行了审查，并于2008年10月21日以设管技［2008］54号将审查意见和批复建议上报国务院南水北调办。设计变更主要内容为船闸上下闸首和闸室净宽由10m变更为12m，湖内侧引航道长度由300m变更为310m，湖外侧引航道长度由270.5m变更为370m，分流岛长度和宽度由170m、18.8m变更为150m、16.8m。船闸闸室长度、通航最高及最低水位不变。

（4）南水北调设计管理中心委托水利部水利水电规划设计总院于2008年11月22～24日对长江水利委员会长江勘测规划设计研究院编制完成、南水北调中线水源有限责任公司报送的《南水北调中线一期丹江口大坝加高工程初期大坝混凝土缺陷检查与处理报告》进行了审查，并于2008年12月10日以设管技函［2008］76号文将审查意见（初稿）函送中线水源公司，要求修改完善报告，重点复核缺陷检查与处理工作量及投资概算。

（阎红梅）

概　算　评　审

根据国务院南水北调工程建设委员会第三次全体会议纪要精神，国家发展改革委以《国家发展改革委办公厅对调整南水北调东中线一期工程初步设计概算核定工作职责分工的意见》（发改办投资［2008］2683号）明确除国家发展改革委已核定的45个单项工程初步设计概算外，其余南水北调东、中线一期工程初步设计概算由国务院南水北调办进行核定。文件要求要以国务院批准的南水北调东、中线一期工程可行性研究总报告确定的总投资为控制目标，严格把握工程建设内容和目标，控制总投资规模。

国务院南水北调办于2008年12月23日以《关于委托评审南水北调中线穿漳河工程、兴隆水利枢纽工程及干线工程自动化调度与运行管理决策支持系统初步设计概算的函》（综投计函［2008］384号）委托南水北调工程设计管理中心对中线穿漳河工程、兴隆水利枢纽工程及干线工程自动化调度与运行管理决策支持系统初步设计概算进行评审。南水北调工程设计管理中心已于2008年12月17～21日和23～31日召开专家评审会议，分别对中线穿漳河工程和兴隆水利枢纽工程初步设计概算进行了评审。

（杨元月）

资金筹措与使用管理

概　述

2008年，南水北调工程建设资金筹集工作取得重大进展，国务院基本同意南水北调工程东、中线一期工程可行性研究阶段比规划阶段增加投资的筹资方案；资金管理不断完善，规章制度进一步健全，资金监管更加扎实，财务审计逐步纳入常态化管理；经济政策研究有序地推进，阶段性成果已在南水北调工程建设中发挥作用；财务人员业务培训力度在加大，队伍素质进一步增强，预算管理成效显著。

（史晓立）

资　金　筹　措

（一）可行性研究阶段比规划阶段增加投资筹资方案获通过

2008年1月9日，国务院第204次常务会议基本同意南水北调东、中线一期工程总体可行性研究阶段比总体规划阶段增加投资筹资方案，设立国家重大水利工程建设基金，筹集南水北调工程建设资金，会议要求财政部会同国家发展改革委等部门进一步细化工程增加投资的筹资方案。2008年10月21日，国务院第32次常务会议批准南水北调东、中线一期工程可行性研究总报告。国家发展改革委据此于2008年11月8日印发了《关于审批南水北调中线一期工程可行性研究总报告的请示的通知》（发改农经［2008］2973号）和《关于审批南水北调东线一期工程可行性研究总报告的请示的通知》（发改农经［2008］2974号），以文件形式明确了南水北调工程建设投资构成和资金渠道。

（二）可行性研究阶段新增投资筹资方案细化工作启动

2008年10月24日，财政部组织召开南水北调东、中线一期工程可行性研究总报告中新增投资筹资方案细化工作会议。成立了细化筹资方案工作小组，成员单位有财政部、国家发展改革委、水利部、国务院南水北调办、国务院三峡办、国家电监会相关部门。在对三峡基金征收政策、电量口径、管理程序及实际征收情况调研的基础上，研究测算重大水利工程建设基金方案，着手起草重大水利工程建设基金征收使用管理办法的准备工作。同时，考虑由于重大水利工程建设基金征收与工程建设资金需求不同步，需要筹集一定规模搭桥资金过渡，研究搭桥资金筹资方案。

（三）南水北调工程基金征收

为落实国务院南水北调工程建设委员会第三次会议精神，财政部会同国务院南水北调办等有关部门，根据会议确定的南水北调东、中线一期工程建设目标和南水北调工程基金征缴入库情况，结合南水北调工程建设实际，调整了南水北调工程基金征收计划。2008年11月18日，以《关于征求南水北调工程基金分年度上缴额度意见的函》（财办综［2008］94号）征求了北京市、天津市、河北省、河南省、江苏省、山东省有关部门的意见。

截至2008年底，6省市累计缴入中央国库的基金为53.06亿元，占应筹集基金总额的24.1%，其中北京市37.3亿元，天津市2.0亿元，河北省3.38亿元，河南省4.38亿元，山东省2.0亿元，江苏省4.0亿元。

山东、江苏两省直接投入南水北调主体工程建设资金3.91亿元（山东省为3.88亿元，江苏省为0.03亿元，可抵减其基金上缴额度），6省市已完成的基金筹集任务占应筹集基金总额度的25.9%。

2008年，财政部共拨付南水北调工程基金17.3亿元，累计拨付53.3亿元。

（四）银团贷款情况

银团贷款在南水北调工程建设中发挥了重要作用，保障了工程建设的资金需求和供应，截至2008年底，南水北调东、中线一期工程累计贷款46.2亿元。

2008年11月28日，国务院南水北调办与国家开发银行联合召开了“南水北调工程银团贷款专题协调会”，协调解决南水北调东线一期截污导流工程在执行银团贷款协议中遇到的有关问题。

（五）南水北调工程贷款继续得到中央财政贴息支持

2008年11月27日，财政部印发了《关于下达2008年基本建设贷款中央财政贴息预算（拨款）的通知》（财建［2008］866号），对南水北调工程贴息760万元，其中淮安四站枢纽工程159万元、蔺家坝枢纽工程78万元、江都站枢纽改造工程90万元、淮阴三站枢纽工程60万元和丹江口水利枢纽大坝加高工程373万元，贴息额度较上一年度增加413亿元。

（史晓立）

资金使用管理

（一）资金管理制度建设

2008年，根据国务院南水北调工程建设委员会第三次全体会议精神，国务院南水北调办进一步规范资金管理，完善经济财务制度。

为规范南水北调工程建设资金管理，切实管好用好南水北调工程建设资金，提高投资收益，依据国家法律法规及财经制度，结合南水北调工程实际，国务院南水北调办制定了《南水北调工程建设资金管理办法》，并于2008年9月正式印发。

为加强南水北调工程投资管理，严格控制工程投资，降低工程成本，提高投资效益，充分调动参建各方控制工程投资积极性，财政部会同国务院南水北调办制定了《南水北调工程投资控制奖惩办法》。

为规范南水北调工程竣工（完工）财务决算编制行为，考核概算和项目管理预算执行情况，核定资产价值，根据财政部《基本建设财务管理规定》及相关法规制度，国务院南水北调办结合南水北调工程实际情况，制定了《南水北调工程竣工（完工）财务决算编制规定》，并于2008年10月正式印发。

（二）资金到位及使用情况

2008年，财政部累计拨付南水北调工程建设资金72.54亿元（含扩大内需基建支出预算14.74亿元），其中：中央预算内基建支出预算资金55.24亿元、南水北调工程基金17.3亿元。国务院南水北调办根据预算和年度计划分解到各项目法人和直属事业单位，其中：东线江苏水源公司0.61亿元，东线山东干线公司8.49亿元，中线水源公司11.98亿元，中线干线建设管理局50.81亿元，湖北省工程管理局0.4亿元，直属事业单位初步设计前期工作经费0.25亿元。截至2008年底，财政部累计拨付南水北调工程建设资金282.55亿元，其中：中央预算内资金122.74亿元、国债专项资金106.51亿元、南水北调工程基金53.3亿元。项目法人从银行贷款46.2亿元用于工程建设。

截至2008年底，南水北调工程建设累计完成基建支出307.22亿元，其中东线一期工程江苏境内累计完成基建支出21.36亿元，东线一期工程山东境内累计完成基建支出25.38亿元，中线水源一期工程累计完成基建支出30.68亿元，中线干线一期工程累计完成基建支出228.77亿元，汉江中下游治理工程累计完成基建支出0.72亿元，直属业单位累计完成初步设计前期工作的基建支出0.31亿元。

（三）预算执行进度

2008年，国务院南水北调办高度重视加快预算执行进度工作，采取有效措施减少财政性资金积压，确保财政性资金使用效率。

（1）建立预算执行进度通报机制，按季度召开预算执行情况通报会，向机关各司、各直属事业单位项目管理负责人通报项目预算执行情况，研究预算执行中存在的问题，并提出加快预算执行进度的具体措施。

（2）为加快基本建设资金拨付进度，认真组织各项目法人完成财政资金使用及结存情况统计，并将有关请款规模及使用计划报送财政部国库司。

（3）针对工程建设项目合同变更处理不及时、影响支付进度的问题，国务院南水北调办以《关于进一步加强合同管理的通知》（国调办经财［2008］79号）要求各项目法人加强合同管理，并对合同签订和执行情况进行清理。国务院南水北调办对各项目法人上报的合同清理情况进行汇总分析，提出了处理意见和建议。

（4）为提高工程建设资金预算执行进度和提高财政资金使用效率，国务院南水北调办专门下发了《关于规范项目法人申请拨付南水北调工程财政性资金有关事项的通知》（国调办经财［2008］120号）和《关于进一步加快年度计划和预算执行进度的紧急通知》（综经财［2008］75号），要求各项目法人强化工程建设资金预算管理，着力推进工程建设进度，增强预算执行力度，加快资金拨付，有效控制财政拨款结余资金规模，减少财政性资金积压，确保货币资金账面余额控制在最小范围内。通过采取上述有效措施，国务院南水北调办预算执行进度明显加快，2008年度财政性资金结余比2007年度减少55%，有效控制了财政性资金结余规模。

（四）决算和预算工作

根据财政部编制2007年度部门决算报表和财政性资金投资基本建设项目决算报表的要求，国务院南水北调办对2007年度预算执行情况进行了系统分析，提出了完善预算管理和资金管理的建议，在此基础上汇总编制了2007年部门决算报表和财政性资金投资基本建设项目决算报表并于2008年3月报送财政部。2008年9月，国务院南水北调办在财政部2007年度中央部门决算评比中荣获三等奖，受到表彰。

2008年4月，根据财政部批复的2008年部门预算，国务院南水北调办将2008年部门预算分解下达到各预算执行单位，并要求各单位严格按照预算批复的范围和标准控制支出。

2008年8月，根据财政部的统一要求，国务院南水北调办组织完成2008年部门预算（一上）编制和上报工作。12月，国务院南水北调办对财政部下达的2009年部门预算“一下”控制数后进行了细化，基本支出预算全部细化到基层预算单位，项目支出预算全部细化到具体执行单位，在此基础上汇总编制了2009年中央部门预算（二上）并报财政部。

（五）财会人员业务培训

2008年12月，国务院南水北调办举办了南水北调资金管理暨2008年度会计决算培训班，工程沿线各省（直辖市）南水北调办事机构和征地移民管理机构、各项目法人、各直属事业单位的财务部门负责人和相关人员参加了培训。通过培训，财会人员进一步加强了对《南水北调工程资金管理办法》、《南水北调工程竣工（完工）财务决算编制规定》的了解，掌握了2008年度决算报表软件操作方法。此外，国务院南水北调办还组织开展了2009年部门预算编制培训及公务卡改革试点培训。

（六）推行公务卡改革试点

根据财政部推行公务卡改革试点工作的要求，国务院南水北调办高度重视公务卡改革试点工作，加强领导，精心组织，扎实做好各项动员和准备工作，研究制定了《国务院南水北调办公务卡改革试点工作实施方案》，并于2008年3月召开国务院南水北调办机关公务卡试点工作动员会。2008年6月，国务院南水北调办正式推行了公务卡改革试点工作。

（七）投资控制管理

国务院南水北调办对南水北调已建和在建工程投资控制管理情况进行了全面调研，摸清了工程投资管理的总体情况，深入了解管理费和基本预备费的使用情况，总结了工程开工建设以来项目法人提前介入设计工作、招投标充分发挥市场机制、充分发挥监理工程师作用、加强合同管理和妥善处理合同变更等投资管理主要经验和做法，指出了目前存在的前期工作质量不高、优化设计潜力大、招标存在重程序轻结果、合同管理有待进一步加强等问题，并提出了相应的建议。在调研的基础上，国务院南水北调办于2008年11月召开了南水北调工程投资管理座谈会。通过这次会议，有关单位更加深刻地认识了加强投资管理的重要性，交流了经验，开拓了投资管理思路，明确了投资管理目标，深入讨论了当前投资管理存在的问题，提出了有效控制投资的措施，全面地布置了下一阶段的投资管理工作，为今后南水北调工程投资管理明确了方向。

（八）国有资产统计工作

按照国务院机关事务管理局关于开展中央行政事业单位2007年度国有资产统计工作的要求，国务院南水北调办组织办机关和直属事业单位对2007年度国有资产情况进行了全面清查和统计，在此基础上汇总编制了《中央行政事业单位2007年度国有资产报表》并于2008年9月报送国务院机关事务管理局。

（邓　杰）

资　金　监　管

2008年3月，国务院南水北调办委托中介机构分别对南水北调东线江苏水源有限责任公司、南水北调东线山东干线有限责任公司、南水北调中线水源有限责任公司、南水北调中线干线工程建设管理局等4个项目法人落实审计署2007年审计提出问题情况进行了审计复查，对北京市、河北省、河南省、江苏省、山东省、湖北省等6个省（直辖市）境内2007年度征地移民资金使用情况进行了专项审计。国务院南水北调办于2008年6月正式下达了审计整改意见书，各被审单位根据审计整改意见书的要求，于9月底前进行了整改，并向国务院南水北调办报告了整改情况。

2008年11月，国务院南水北调办委托中介机构对南水北调东线江苏水源有限责任公司、南水北调东线山东干线有限责任公司、南水北调中线水源有限责任公司、南水北调中线干线工程建设管理局、湖北省南水北调工程建设管理局2008年度工程建设资金使用和管理情况，以及北京市、河北省、河南省、江苏省、山东省、湖北省等6个省（直辖市）境内2008年度征地移民资金使用情况进行专项审计。

2008年11月，按照审计署的统一要求，国务院南水北调办组织开展了2007～2008年预算执行情况自查工作，并委托中介机构对国务院南水北调办机关及直属事业单位预算执行情况进行审计。国务院南水北调办对各单位自查情况进行审查汇总后，形成了国务院南水北调办预算执行情况自查报告。

2008年，财政部委托浙江省财政项目预算审核中心、河南省财政厅投资评审中心分别对中线一期黄河北至漳河南段工程、东线一期穿黄河工程项目预算进行投资评审。

（邓　杰）

经济政策研究

为了确保南水北调工程建设有序开展，为南水北调工程建成运行初次定价提供依据，国务院有关部门对南水北调工程投资控制机制、中央财政贴息、水库移民补偿投资价差、临时耕地占用税、供水定价成本核算和受水区水价现状及变动趋势等经济政策进行研究。

（史晓立）

建设与管理

概　述

2008年是南水北调工程建设全面展开的关键一年。中线京石段应急供水工程基本建成并成功向北京应急供水；东线江苏三潼宝工程和山东济平干渠工程继续发挥工程效益；东线济南市区段工程、中线天津干线、黄羑段、南阳膨胀土试验段工程等一批重要控制项目开工建设，南水北调工程建设在更大范围内展开。东线山东、江苏境内大部分在建项目主体工程基本完成，中线丹江口大坝加高工程、穿黄河工程、安阳段工程顺利建设，南水北调在建工程整体稳步推进。工程建设管理体制和制度建设进一步健全完善，直接管理、委托管理和代建管理模式顺利实施。国家"十一五"科技支撑计划重大项目"南水北调工程若干关键技术研究与应用"进展顺利。加强南水北调工程建设市场秩序的规范化管理，严格实行项目法人责任制、招标投标制、建设监理制和合同管理制。工程质量、安全生产管理进一步加强，整体处于受控状态。一批管理制度和专用施工技术标准正式印发实施，建设管理的规范化水平持续提高。

（罗　刚）

工程建设项目进展

2008年新开工设计单元工程6项，分别是东线一期济南—引黄济青段济南市区段输水工程、南四湖水资源控制工程姚楼河闸工程，中线一期总干渠膨胀土（南阳）试验段工程、焦作2段工程、天津干线天津市1段工程和天津市2段工程。中线京石段应急供水工程通过临时通水验收，并于2008年9月18日正式向北京地区供水，工程运行状态良好；东线山东、江苏境内已开工项目主体工程大部分已基本完成，东线穿黄河工程、中线丹江口大坝加高、穿黄河工程以及河南安阳段工程建设进展顺利，南水北调在建工程整体稳步推进。截至2008年底，南水北调东中线一期工程在建项目投资总规模达376.9亿元，完成投资241.6亿元，占在建项目总投资的64%，工程项目累计完成土石方29 052万 m^3，占在建设计单元项目总土石方量的85%；累计完成混凝土浇筑733.7万 m^3，占在建设计单元项目混凝土总量的71%。

（陆　克）

工程项目管理和建设管理

项目法人直接管理、委托制和代建制相结合的建设管理模式进一步完善并顺利实施。进一步加大市场监管、招标投标监管力度，南水北调工程建设市场逐步走上规范化管理的轨道。加强南水北调在建工程质量监督管理，组织召开京石段质量监督座谈会，开展工程质量管理调研。加强进度管理，组织编制南水北调东中线一期工程建设进度网络计划并监督实施。加强对京石段工程建设进度计划执行情况的监督和协调，及时指导项目法人研究解决影响工程建设进度的实际问题。组织开展了京石段工程临时通水验收。协调解决南水北调工程跨渠桥梁建设、验收与运行管理问题。加强文明施工管理，开展文明工地创建工作，在南水北调网站开设文明工地创建活动经验交流专题。严格按照工程建设程序审批项目开工。

（罗　刚）

工程技术管理

2008年，国务院南水北调办和各参建单位采取一系列措施加强工程技术管理，保证工程建设质量、安全和进度。

国务院南水北调办高度重视科技创新成果应用，组织专家对“南水北调中线一期工程长距离调水水力调配与运行控制技术研究及应用”、“大型渡槽结构优化与动力分析”、“南水北调工程高性能混凝土抗裂技术研究与应用”、“土袋技术在膨胀土地基处理中的应用研究”、“大掺量磨细矿渣混凝土技术在南水北调中线天津干线工程中的研究与应用成果”等关键技术进行阶段成果评审，并加强阶段成果管理，进行推广应用；规范和加强科技成果评审工作，加大成果应用力度。

根据工程建设需要，国务院南水北调办在梳理已颁布技术标准的基础上，组织起草了《南水北调工程平原水库技术规程》、《南水北调中线一期天津干线箱涵工程施工质量评定验收标准》；开展《渠道混凝土衬砌机械化施工质量评定验收标准（试行）》评估工作。各项目法人根据各自的工程实际，也制定了相应的专用技术要求。这些专用技术文件的制定，既填补了目前工程建设的空白，更为提高工程建设技术水平，保障工程质量提供了强有力的技术支持。

（张　晶）

质量管理

在国务院南水北调工程建设委员会的领导下，国务院南水北调办高度重视工程质量管理工作，以提高工程质量为中心，加强管理，完善质量保障体系，强化质量监督检查，督促项目法人等单位严格执行质量管理各项规章制度，落实保障措施，完善“政府监督、项目法人负责、监理控制、设计和施工保证”的质量管理体系，工程质量管理得到全面加强，南水北调工程质量整体处于受控状态。

国务院南水北调办先后组织开展了京石段河北境内、东线山东境内和丹江口大坝加高工程质量检查，督促项目法人对存在问题进行整改并加强监测、巡查；组建天津段工程、苏鲁省界水资源控制工程质量监督巡查组，做好新开工项目质量监督准备，各级监管机构按照分工有计划地开展监管工作，加强日常监管，并多次对东线、中线在建工程项目进行质量行为和实体工程质量检查，其中国务院南水北调工程建设委员会专家委员会提出检查报告并报送国务院。国务院南水北调办组织开展了中线穿黄、安阳段工程质量管理调研，深入了解质量管理现状，分析存在问题，总结经验教训；组织召开京石段质量监督座谈会，加强南水北调在建工程质量监督管理；针对施工中出现的问题，及时组织专家和参建单位进行认真分析，制订处理措施，确保工程质量。

截至2008年底，已验收的南水北调工程项目，单位工程合格率为100%，优良率85%；分部工程合格率为100%，优良率78%；单元工程合格率为100%，优良率87%。

（张　晶）

安　全　生　产

2008年，国务院南水北调办坚持“安全第一，预防为主，综合治理”的安全生产方针，全面贯彻落实国家安全生产法律法规及相关要求，周密部署，加强督促检查，加强日常监管，落实安全生产措施，南水北调工程安全生产管理显著加强。

组织召开了南水北调办安全生产领导小组第六次全体会议和2008年度安全生产工作会议，全面部署2008年安全生产工作；组织开展隐患排查治理和百日督查专项行动；加强日常管理，及时部署做好重要节假日安全生产工作；组织部署各项目法人做好在建工程2008年度安全度汛工作并组织汛前检查；编制印发《南水北调工程建设安全生产目标考核管理办法》，并组织参建单位开展考核工作。完善应急预案体系建设，印发《南水北调东中线一期工程建设安全事故应急预案编制导则》；经参建各方的共同努力，南水北调工程2008年未发生人员死亡安全生产事故，安全生产整体处于受控状态。

（罗　刚）

招标投标与市场监管

国务院南水北调办组织制定并印发了《关于进一步加强南水北调工程施工单位信用管理的意见》，建设市场和施工现场两场联动机制。组织制定并印发了《关于进一步规范南水北调工程施工招标标段划分的指导意见》（国调办建管［2008］113号），在黄羑段、天津市区段、济南市区段、兴隆水利枢纽等新项目实施中全面贯彻落实。加强南水北调工程评标专家库的管理，总结分析评标专家参加评标活动情况，做好评标专家动态管理、评标专家库管理系统升级工作。开展工程招标投标管理调研，研究改进工作加强管理的意见和措施。认真做好招标公告、中标信息的发布管理工作。进行部分重点项目招标评标活动的行政监督，认真处理投诉和举报，维护正常的市场秩序。

（张　晶）

科　技　工　作

国务院南水北调办高度重视科技管理工作，加强科技成果管理，开展相关技术问题研究，组织实施了“十一五”国家科技支撑计划重大项目——“南水北调工程若干关键技术研究与应用”。做好“十一五”国家科技支撑计划项目——“南水北调工程若干关键技术研究与应用”实施工作，组织召开课题阶段成果汇报会，对课题计划执行情况进行集中汇报检查。截至2008年8月底，项目取得新产品、新材料、新工艺、新装置、计算机软件等18项研究成果，如PCCP新型承插口构造、PCCP阴极保护测试探头、杠杆式拉伸徐变仪、水泥基材料早期热膨胀系数试验装置、膨胀岩膨胀等级快速判别仪器、膨胀岩渠坡快速防护材料等。发表科技论文143篇，其中向国外发表25篇，出版著作19万字。已完成技术标准如《南水北调中线一期丹江口水利枢纽混凝土坝加高施工技术规定与质量标准》、《渠道混凝土衬砌机械化施工技术规程》、《渠道混凝土衬砌机械化施工质量评定验收标准》、《南水北调中线一期穿黄工程输水隧洞施工技术规程》等5项，正在研究编制技术标准4项。申请国内专利测定早期混凝土导热系数与导温系数的测试装置及测试方法、可用于渡槽伸缩缝止水的硅橡胶及其制备方法等27项，获得国内专利6项。

各课题在研究过程中，紧密结合南水北调工程建设需要，取得的阶段成果已经应用于工程设计与施工，对工程质量和工程进度起到了保障作用，促进了工程建设。

（张　晶）

制度建设

2008年，为加强南水北调工程建设管理，规范相关工作，国务院南水北调办和各参建单位进一步加强制度建设，在严格执行已有规章制度的基础上，组织制定了多项工程建设管理方面的规章制度，并以多种形式进行贯彻落实。

国务院南水北调办根据工程建设管理需要，组织制定并印发了《关于进一步加强南水北调工程施工单位信用管理的意见》，建立工地现场与建设市场两场联动机制。组织制定并印发了《关于进一步规范南水北调工程施工招标标段划分的指导意见》，并在新项目实施中全面贯彻落实。为规范南水北调工程建设期完工项目运行管理与维修养护工作，确保建设期完工项目完好和良性运行，国务院南水北调办组织制定并印发了《南水北调工程建设期完工项目运行管理与维修养护办法》。国务院南水北调办还结合工程实际，印发了《南水北调东中线一期工程建设安全事故应急预案编制导则》，进一步完善应急预案体系；编制印发了《南水北调工程建设安全生产目标考核管理办法》，建立安全生产目标考核制度，并组织开展安全生产目标考核。

（罗　刚　张　晶）

生态环境

概述

2008年，南水北调东线一期工程治污工作全面加快。治污控制单元实施方案确定的江苏、山东两省境内截污导流工程全部实现开工。航运水污染治理得到加强。2008年底，南水北调办等6部委对东线治污工作进行了阶段性考核。

中线水源保护工作全面展开，一批重点城市环境基础设施和水保项目相继开工建设。丹江口库区及上游水污染防治和水土保持部际联席会议第二次全体会议召开。财政部下达了2008年度中央一般性财政转移支付资金，专项用于水源区环境保护和生态建设。丹江口库区及上游经济社会发展规划编制工作正在稳步推进。南水北调中线干线两侧水源保护区划定基本完成，天津市段保护区划定方案已经市政府批准颁布。

（李道峰）

东线治污进度及水质状况

（一）治污项目进展

南水北调东线治污控制单元实施方案确定的426项治污项目中，已经完成366项，完成率86%；在建55项，占13%；未动工5项，占2%。其中，214项工业点源治理项目完成213项，155项城市污水及再生利用项目完成148项，31项流域综合整治项目已建在建26项，26项截污导流项目全部开工。

江苏省102项治污项目中，已经完成94项，在建8项，已建和在建率为100%。其中，65项工业点源治理项目全部完成；26项城市污水处理及再生利用项目全部完成；6项流域综合整治项目完成1项，在建5项；5项截污导流项目完成2项，在建3项。

山东省324项治污项目中，已经完成272项，在建47项，已建和在建率为98.4%。其中，149项工业点源治理项目完成148项，在建1项；129项城市污水处理及再生利用项目完成122项，在建7项；25项流域综合整治项目完成2项，在建18项；21项截污导流项目全部在建。

（二）沿线水质

2008年东线治污确定的黄河以南36个考核断面中，据江苏、山东两省监测（1个断面因断流无监测资料），以COD和氨氮两项考核指标评价，有21个断面水质达到规划治理目标，达标率为60%（Ⅱ～Ⅲ类16个，Ⅳ类5个），较2007年18个达标断面相比，达标断面提高了10个百分点；水质未达标断面有14个，占40%（Ⅳ类9个，Ⅴ类2个，劣Ⅴ类3个）。Ⅴ类、劣Ⅴ类水质断面个数明显减少，主要污染物浓度也有大幅度下降。

江苏省14个控制断面中有13个达标，达标率为93%。不达标断面为徐州复兴河沙庄桥，水质为Ⅴ类，超标因子COD_{Mn}。

山东省黄河以南段22个考核断面中，有3个断面达Ⅱ类，14个断面达到Ⅳ类，1个断面为Ⅴ类，3个断面为劣Ⅴ类，1个断流无监测数据。其中，有8个断面达到《南水北调东线工程治污规划》确定的目标，达标率为38%，较2007年6个断面达到规划目标提高了10%。山东省Ⅴ类、劣Ⅴ类水质断面大幅度下降，水质明显改善的断面分布在南四湖和梁济运河区域，部分入输水干线支流水质也有一定程度的提高。

（李道峰）

东线截污导流项目进展

2008年上半年，山东省菏泽东鱼河等11项截污导流项目开工，下半年徐州截污导流、山东省济宁截污导流等10个项目也相继开工建设。江苏、山东两省治污控制单元实施方案中确定的26项截污导流项目全面实现开工。截至2008年底，江苏省5项截污导流工程共完成投资3.13亿元，建成2项，在建3项，其中泰州市截污导流工程已由地方政府通过银行贷款建成投运；江都市截污导流主体工程基本完成；淮安市截污导流工程累计完成投资31 750万元，占总投资的46%；宿迁市截污导流工程累计完成投9163万元，占总投资的82%。山东省21项截污导流工程在实现全面开工的基础上建设进度全面提速。

（李道峰）

东线治污阶段考核

为做好2008年度东线治污规划阶段目标考核工作，国务院南水北调办委托环境保护部环境工程评估中心编制了考核办法。10月，会同环境保护部、住房和城乡建设部、水利部和交通运输部有关司局，分别赴江苏、山东两省，就考核办法中的有关内容听取地方意见。2008年11月24～29日，国务院南水北调办副主任李津成带队，会同国家发展改

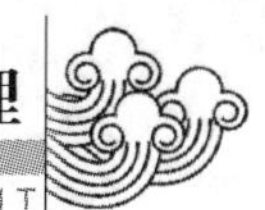

革委、监察部、环境保护部、住房和城乡建设部、水利部，对江苏、山东东线治污进行考核，考核结果上报国务院。

（李道峰）

东线航运船舶码头污染治理

为加强东线运河航运船舶码头污染治理工作，6月，国务院南水北调办环境与移民司联合国家发展改革委交通运输司、交通运输部规划司、环境保护部污染防治司，赴东线工程沿线调研航运船舶码头污染治理工作。8月，国务院南水北调办会同国家发展改革委、交通运输部、环境保护部、住房和城乡建设部联合印发了《关于加强南水北调东线京杭运河段航运水污染综合治理工作的通知》，要求江苏、山东两省进一步加强运河港口整治、防污船型改造和监督监管，将相关治污设施建设内容作为东线治污的重要补充，纳入《京杭运河航运综合治理发展规划》。

（李道峰）

中线水源保护

（一）规划项目进展

截至2008年底，丹江口库区及上游规划近期水污染防治项目97项，建成6项，在建24项，已建在建率30.9%；未动工67项，占69.1%。其中53项工业点源治理项目建成1项，在建6项，已建在建率为13.2%；19项污水处理项目建成2项，在建13项，已建在建率78.9%；8项垃圾处理项目建成3项，在建1项，已建在建率50%；5项库区垃圾清理项目在建1项，在建率为20%。

项目分省情况为：河南省水污染防治项目37项，建成5项，在建6项，未动工26项，已建在建率30%，其中西峡县、淅川县污水和垃圾处理项目、河南宛西制药公司清洁生产已基本建成；湖北省水污染防治项目34项，建成1项，在建14项，已建在建率44%，其中十堰市医疗废物处理中心已基本建成；陕西省水污染防治项目21项，在建4项，在建率19%。

规划近期水土保持项目781项，已建在建小流域治理393条，占规划治理690条小流域的60%，其中陕西省219条，占65%；湖北省131条，占51%；河南省43条，占44%。

（二）水源区水质

根据河南、湖北、陕西三省监测，2008年，丹江口水库水质优良，所有断面均为Ⅱ类，全部达到功能区目标。汉、丹江上游陕西省15个监测断面中，除丹江干流商州区张村断面为Ⅲ类外，其他断面水质全部为Ⅰ～Ⅱ类。南水北调中线工程取水口陶岔断面水质为Ⅱ类；汉江出陕西省境白河断面以及陕西、湖北交界的郧西羊尾断面水质均为Ⅱ类；丹江河南入库水质为Ⅰ类，河南老灌河西峡党子岭和淅川张营断面入库水质分别为Ⅲ类和Ⅳ类。与2007年同比，丹江口库区及上游水质继续保持良好，部分支流断面水质有所好转。

（三）联席会议办公室工作

12月19日，国家发展改革委在北京主持召开了丹江口库区及上游水污染防治和水土保持部际联席会议第二次全体会议，会议全面总结了自规划实施以来中线水源保护工作取得的成绩，分析了规划实施和水源保护工作中存在的突出问题。同时会议还就下一步工作提出了具体要求：

（1）加强领导，明确目标，落实责任。

（2）要加快水污染防治和水土保持项目的前期工作，继续加大城镇污水、垃圾处理设施项目的执行力度，提高水土保持项目中央投资补助比例，抓紧对工业点源治理项目进行必要的调整和补充，启动环境监测能力建设项目，抓紧做好2009年项目实施年度计划的编制工作。同时，要抓住国家扩大投资、拉动内需、加大生态环境保护投入、增加投资规模并重点向中西部地区倾斜的有利时机，认真总结《丹江口库区及上游水污染防治和水土保持规划》（以下简称《规划》）实施中的经验教训，组织对《规划》进行中期评估，并在此基础上对《规划》进行修编。

（3）尽快编制并实施《丹江口库区及上游经济社会发展规划》，充分发挥一般性财政转移支付资金在丹江口库区及上游环境保护和生态建设工作中的作用。

（4）加强对规划实施的监督和管理。会议还就规划其他项目实施（垃圾清漂项目、生态农业示范项目、环境监测能力建设项目）、建立生态保护基金、对口支援、关于生态移民及预防地质灾害等工作进行了研究和部署。

（四）中线水源区生态补偿机制

2008年9月，国务院南水北调办环境与移民司会同财政部、环境保护部和国土资源部有关司局，赴河南、湖北和陕西三省就水源区生态补偿工作开展了专题调研。国务院有关部门和地方三省对采用中央财政一般性转移支付的办法实施库区及上游生态补偿工作达成共识。调研后，对用于水源区3省40个县生态补偿的中央一般性财政转移支付资金进行测算。12月29日，财政部印发了《关于下达2008年三江源等生态保护区转移支付资金的通知》，下达了用于中线水源区生态保护的财政转移支付资金14.6亿元。

（五）丹江口库区及上游经济社会发展规划

为加快丹江口库区及上游地区产业结构调整，优化产业布局，促进城乡统筹，从根本上减轻生态压力，根据国务院领导的要求，2006年底，国家发展改革委和国务院南水北调办启动编制《丹江口库区及上游经济社会发展规划》。2008年底，就《规划》（讨论稿）征求国家相关部委及中线水源区河南、湖北和陕西三省意见。

（李道峰）

中线总干渠两侧饮用水源保护区划定

2008年3月，国务院南水北调办环境与移民司组织专家对中线总干渠两侧河南省保护区划定工作进行技术审查及咨询。8月，天津市人民政府批复实施天津干线保护区划定方案。针对南水北调中线干线保护区划定有关问题，9月，国务院南水北调办致函全国人大法律工作委员会，就《水污染防治法》中饮用水水源保护区相关条款寻求司法解释，10月，全国人大法律工作委员会就相关法律解释问题进行专门函复，解释第五十九条“禁止在饮用水水源二级保护区内新建、改建、扩建排放污染物的建设项目”中的“排放污染物”解释为“排放水污染物”。

（李道峰）

南水北调工程国家重大水专项工作

为加快启动南水北调工程“水体污染控制与治理”重大科技专项，根据国家水专项领导小组的要求，国务院南水北调办环境与移民司在北京组织有关专家就中国地质大学（北京）等单位编制的《南水北调中线总干渠水质安全保障技术与工程示范》及山东大学等单位编制的《南水北调东线南四湖流域输水水质保障技术与工程示范》实施方案进行了论证。2008年10月下旬，在国家水专项办公室组织召开的项目论证会上，专家和代表一致同意将《南水北调中线总干渠水质安全保障技术与工程示范》和《南水北调东线南四湖流域输水水质保障技术与工程示范》纳入重大水专项并予以实施。

（李道峰）

南水北调中线京石段工程应急通水安全与环境工作

根据南水北调中线京石段工程应急通水领导小组的工作部署，国务院南水北调办环境与移民司组织安全与环境组有关成员单位召开工作会议，就水质监测和应急预案编制等工作进行了研究和讨论，研究批复应急供水水质监测方案。2008年8月，会同南水北调中线干线工程建设管理局对京石段通水前水质安全及监测工作进行督查。为确保南水北调中线京石段应急供水安全，按照国务院批准的南水北调中线京石段应急供水工程调度实施方案，9月，河北省公安厅、河北省南水北调工程建设委员会办公室印发了《关于印发〈关于加强南水北调中线京石段工程供水安全管理的通告〉的通知》（冀调水综［2008］42号）。

（李道峰）

南水北调东线工程预防血吸虫病扩散监测系统和应急预案研究

南水北调东线工程对血吸虫病北移扩散潜在影响的前期研究成果已表明，东线工程未增加血吸虫病北移扩散的风险，东线血吸虫病扩散的风险主要存在于北纬33°15′以南的原血吸虫病流行地区。

2007年，为确保东线工程的顺利建设和安全运行，国务院南水北调办继续安排了《南水北调东线工程预防血吸虫病扩散监测系统和应急预案研究》课题。承担课题的江苏省血吸虫病防治研究所在前期研究基础上，采用流行病学、生态学、气象学等多学科方法，结合南水北调东线工程和水流特点、血吸虫病扩散风险，深入开展了建立南水北调东线工程血吸虫病监测系统必要性的研究，并通过对现有监测体系的评估，提出了南水北调东线预防血吸虫病扩散的监测系统（方案）和应急预案。

该课题于2008年6月26日通过了国务院南水北调办组织的专家审查。由卫生、水利等专家组成的审查组经质疑和认真讨论，一致认为开展南水北调东线预防血吸虫病扩散监测系统研究和应急预案研究十分必要，该项课题研究目标明确，技术路线合理，方法正确，资料丰富翔实，分析论证依据充分，研究确立的监测方案和应急预案具有重要的指导作用，为决策部门提供了科学依据。专家建议在东线工程建设期间抓紧开展血吸虫病监测系统建设，并继续对东线工程血吸虫病传播扩散的潜在风险进行跟踪监测与评估。

（黄轶昕）

征 地 移 民

概 述

2008年，南水北调征地移民工作围绕南水北调工程建设中心，以确保移民“搬得出、稳得住、能发展”为目标，以国家征地移民政策为依据，认真落实省级政府负责制和建立协调机制，重点做好解决南水北调中线京石段应急供水工程征迁关键节点，推进东中线征迁和启动丹江口库区移民试点等项工作，深入研究解决影响和制约科学发展的库区移民特殊政策，排查化解矛盾纠纷，维护工程建设良好环境，进一步加强政策研究、前期工作、实施管理等方面的工作。2008年，在国务院南水北调工程建设委员会的正确领导和沿线地方各级人民政府和有关方面共同努力下，南水北调征地移民工作不断推进，较好维护了被征地群众合法权益，促进了工程建设的良好环境和社会稳定，满足了工程建设要求。

（谭 文）

工 作 进 度

2008年，南水北调东、中线一期干线工程完成永久占地2818亩，临时占地12 968亩，搬迁人口3443人，拆迁房屋17.08万m^2，生产安置3224人，拆迁工业企业47处，专项设施369处，完成征迁安置投资12.7亿元。丹江口水库库区移民完成投资0.86亿元。

截至2008年12月底，南水北调东、中线一期工程开工项目累计完成征地移民投资65.6亿元；永久征地10.4万亩（其中含耕园地7.71万亩，林地0.6万亩），临时占地7.91万亩（其中已复耕1.74万亩）；拆迁房屋111万m^2，搬迁人口24 942人，生产安置96 460人（其中农业安置63 957人），搬迁工业企业593个，改移专项设施3345处。

截至2008年12月底，南水北调中线京石段文物保护工作全部完成，河北南段、河南段和丹江口库区以及东线山东段、江苏段已完成考古发掘面积占总工作量的近1/2。

（谭 文）

政策研究和制度建设

（1）为总结京石段征地拆迁工作，国务院南水北调办组织有关方面调研沿线征地安置、临时用地、施工影响、专项迁建、管理机制等征迁实施工作情况，形成《京石段征地拆迁工作总结报告》。

（2）国务院南水北调办会同国家发展改革委、国土资源部、水利部、国家林业局及河南、湖北两省开展丹江口库区移民问题调研，深入库区和安置区，结合移民规划和库区存在的特殊问题，提出了《丹江口水库大坝加高工程移民工作调研报告》。

（3）认真研究分析丹江口库区移民安置途径和南水北调征地补偿投资概算编制办法，形成《丹江口水库移民安置模式和南水北调工程征地补偿标准问题分析报告》。

（4）为深入学习贯彻科学发展观，在国务院南水北调办主任张基尧领导下，成立征地移民调研工作组，针对南水北调工程征地移民工作中存在的突出问题，先后到江苏、山东、河南、湖北等省（市）开展调研工作，并深入丹江口库区和移民安置区，实地了解地方政府和移民群众的意见，系统梳理南水北调工程征地移民现状、执行政策情况、存在的问题等，提出政策性建议，形成《南水北调征地移民调研报告》。

（5）按照国务院南水北调工程建设委员会第三次全体会议要求，结合国家有关征地补偿同地同价政策，会同有关部委和沿线各省以及科研单位开展专题研究，提出了南水北调干线工程与其他重要基础设施建设征地移民补偿标准差异问题研究报告。

（6）2008年9月，国务院南水北调办邀请人力资源和社会保障部、国土资源部、水利部、国务院法制办公室等部委召开座谈会，对南水北调工程被征地农民是否涉及社会保障政策问题进行研究讨论。

（7）针对丹江口库区移民特殊问题，国务院南水北调办环境与移民司组织有关方面完成《丹江口库区淹没线以上资源、人口及行政区划整合问题研究报告》，为领导决策提供依据。

（8）为进一步加强南水北调工程建设文物保护实施管理工作，2008年3月，国务院南水北调办联合国家文物局印发《南水北调东、中线一期工程文物保护管理办法》（文物保发［2008］8号）和《南水北调工程建设文物保护资金管理办法》（文物保发［2008］10号）。

(9) 2008年7月，国务院南水北调办下发《关于做好南水北调中线一期丹江口大坝加高工程水库移民2008年统计工作的通知》(国调办环移［2008］119号)。2008年11月，国务院南水北调办修订《南水北调统计报表制度(2009~2010年度)》，将丹江口库区移民统计报表纳入南水北调统计报表制度中，并对南水北调干线工程征地拆迁安置统计报表作出相应调整，促进了征地移民统计工作制度化、标准化管理。

(谭　文)

实施管理和协调

(1) 指导、协调有关省(市)和项目法人，及时完成了2008年度新开工项目的征地拆迁工作，确保中线南阳试验段、黄羑段、天津市境内工程和东线济南市区段、南四湖水资源控制工程姚楼河闸、大沙河闸工程等项目按时开工建设。

(2) 针对京石段征地拆迁难点问题，环境与移民司会同有关方面集中开展协调工作，有效处理了生产桥及其引道占地、后续征地等遗留问题，协调解除了满城界河倒虹吸工程军事管制措施，为确保奥运供水目标的顺利实现提供了有利条件。

(3) 2008年3月，结合国务院南水北调工程建设委员会专家委员会有关征地移民工作调研建议，国务院南水北调办印发《关于京石段征迁安置实施中有关采取货币补偿安置有关问题的函》(综环移函［2008］92号)，要求有关地方注意防范工程占地重度影响村组群众的安置风险。

(4) 2008年3月，国务院南水北调办以《关于江苏省南水北调工程征地补偿标准问题的复函》(国调办环移［2008］39号)，明确江苏省有关征地补偿处理原则。

(5) 2008年4月、9月，国务院南水北调办在北京分别组织召开南水北调东线一期南四湖水资源控制工程建设协调领导小组第四、五次会议，对姚楼河闸、杨官屯河闸、大沙河闸和潘庄引河闸征地拆迁实施中的有关问题进行研究，确定了有关处理原则。

(6) 国务院南水北调办于2008年6月在郑州召开南水北调工程征地移民工作暨先进单位和先进个人表彰大会，首次对南水北调征迁工作中的先进单位、先进个人进行表彰，共有49个先进单位和85名先进个人受到表彰。

(7) 为加快河南境内工程建设进度，按照“南布点、北连线”的建设计划，经与有关方面协调，国务院南水北调办于2008年8月印发《南水北调中线一期工程黄羑段征迁准备工作协调会会议纪要》(综环移［2008］59号)，提前启动黄羑段征迁实施工作。

(8) 2008年9月，南水北调办环境与移民司组织有关方面召开丹江口库区移民实施工作计划会，按照中线一期工程通水目标“倒计时”安排库区移民搬迁总体实施进度网络计划，以确保2013年以前完成库区移民搬迁安置任务。

(9) 2008年10月，国务院南水北调办向河南、湖北两省发出《关于开展丹江口库区移民安置试点工作的通知》(综环移函［2008］158号)，正式启动丹江口库区移民试点实施工作。

(10) 2008年11月，国务院南水北调办会同水利部、江苏省政府以及淮河水利委员会等单位在南京召开南四湖水资源控制工程建设管理有关问题座谈会。会后，有关方面组织工作组，派驻现场督导协调江苏、山东两省征迁实施工作。

(11) 2008年11月，环境与移民司会同国家文物局文物保护司组成联合调研组，对中线干线工程文物影响区和丹江口库区文物保护实施工作进行实地调研。

(12) 2008年12月，根据修订的南水北调统计报表制度要求，南水北调办环境与移民司组织有关省(市)南水北调办事机构、征地移民主管机构和项目法人开展征地移民统计培训工作。

(13) 2008年12月，根据全国水库移民后期扶持政策部际联席会议的要求，国务院南水北调办会同人力资源和社会保障部、水利部、国家林业局、国务院法制办公室等组成第五督查组，赴河北、河南两省开展水库移民政策落实情况督查工作。

（谭　文）

前　期　工　作

(1) 2008年3月，为进一步做好南水北调中线工程总干渠征地移民前期工作，经国务院南水北调工程建设委员会专家委员会复审，原则同意中线干线工程建设管理局修订的《南水北调中线一期总干渠初步设计建设征地实物指标调查技术规定》和《南水北调中线一期总干渠初步设计建设征地拆迁安置规划设计及补偿投资概算编制技术规定》，作为中线干线工程征地移民初步设计工作依据。

(2) 为加快丹江口库区移民试点规划设计审查工作，国务院南水北调办会同国家发展改革委及时组织完成了丹江口库区移民试点规划设计审批和概算核定工作，并于2008年10月以《关于丹江口水库建设征地移民安置试点规划报告的批复》(国调办环移［2008］152号）批复项目法人。

(3) 为加快丹江口库区移民初步设计工作进度，2008年10月，国务院南水北调办召开设计工作协调会，印发《丹江口库区移民设计工作协调会会议纪要》（综环移［2008］70号)。2008年12月，南水北调中线水源有限责任公司组织编制的丹江口库区移民初步设计（修订）工作大纲得到批准。

(4) 2008年5月，国务院南水北调办会同国家发展改革委，完成丹江口库区2008年度文物保护方案和投资概算核定工作，并以《关于南水北调中线一期工程丹江口库区2008年文物保护项目的批复》(国调办环移［2008］88号)，批准丹江口库区2008年文物保护项目60项（含遇真宫保护前期)，核定总投资8971万元。

(5) 2008年11月，国务院南水北调办会同国家发展改革委，完成中线黄河北—美河北工程初步设计审查和概算核定工作，并对征地移民投资概算价格水平年进行调整，为黄美段征迁实施工作创造了有利条件。

(6) 根据新修订的《耕地占用税条例》，国家批准的总体可行性研究报告对南水北调工程征地移民概算计列了耕地占用税的新增部分投资，永久占地和临时占地补偿合计新增耕地占用税226亿元，为征地移民实施工作提供了重要保障。

（谭　文）

建设用地工作

根据国家发展改革委《关于编制2009年国民经济和社会发展计划（草案）的通知》、国土资源部《关于编报2009年土地利用计划（草案）的通知》要求，按照工程项目需要和七省市上报土地利用计划，对照总体可行性研究和《南水北调工程2009年投资计划草案》，编制完成了2009年南水北调工程建设用地计划，纳入全国建设用地计划。

截至2008年底，已获得国务院正式批准征地手续的工程有济平干渠工程、京石段河北境内工程、中线穿黄工程、安阳段工程和丹江口大坝加高工程坝区。用地组卷已经完成并报国土资源管理部门的工程有东线韩庄段工程（台儿庄泵站、万年闸泵站、韩庄泵站）和京石段北京境内工程。

（谭　文）

工 程 稽 察

概 述

2008年，国务院南水北调办对南水北调东、中线一期工程中的15个在建项目组织了经常性稽察、稽察复查和专项检查。对前期工作和设计工作、建设管理、工程投资与计划、建设资金管理和使用、工程质量与质量管理、安全生产与文明施工等方面存在的问题提出了整改意见与建议。根据工程建设进展情况，国务院南水北调办与有关省（市）南水北调办、新开工项目建设管理单位等开展了稽察工作交流，为促进工程建设顺利实施取得了良好的效果。

根据工程建设的需要，国务院南水北调办组织召开南水北调工程建设稽察专家培训班、南水北调工程建设稽察工作座谈会和稽察工作年度总结会，加强稽察队伍建设，阶段性总结稽察工作经验，促进稽察工作整体水平的提高。

2008年，国务院南水北调办共受理办理各类工程建设举报30件，举报反映的问题涉及征地补偿及移民安置、工程诈骗、合同管理、招标投标、建设市场及建设环境、环境污染等方面。其中，国务院南水北调办直接组织调查和处理的13件，转有关单位调查处理的17件。凡署名举报的，均向举报人反馈了调查处理结果。

（皮 钧 魏 伟 庆 瑜）

项 目 稽 察

根据年度稽察工作计划和工程项目施工进展情况，国务院南水北调办2008年共组织工程建设项目经常性稽察4个项目，稽察复查11个项目，下达稽察整改意见通知8份。

（一）经常性稽察

先后组织对中线河南安阳段7~9标段、中线潞王坟试验段工程进行了经常性稽察；与国家发展改革委对丹江口大坝加高工程、中线穿黄工程进行了联合稽察。通过联合稽察，进一步加强了国务院南水北调办与国家发展改革委在工作方面的密切合作关系，取得了良好的工作成效。上述项目稽察，全部按规定完成了稽察报告，印发了稽察整改意见通知，整改意见落实情况总体较好。

（二）稽察复查

分别对中线局直管和代建项目（沙河北倒虹吸，漕河段项目，惠南庄泵站，北拒马河暗渠，直管1、2标段，代建3、4标段，直管5~8标段）、苏鲁边界工程（蔺家坝泵站、台儿庄泵站）、东线二级坝泵站工程、中线安阳段工程进行了稽察复查。所有项目复查均对原稽察发现的问题整改落实情况逐一进行检查，同时对稽察后的工程建设情况作进一步稽察。对于稽察整改落实情况较差的项目，国务院南水北调办分别约见了有关的参建单位，要求限期改正存在的问题。

（三）工作交流

2008年8~11月，国务院南水北调办分别与天津市、河南省、湖北省南水北调办和有关工程建管单位开展了稽察工作交流。介绍了稽察工作组织程序、主要内容、近年稽察和举报办理中发现的常见问题等，并对新开工项目的参建单位提出了明确的稽察工作要求。该项工作不仅提高了参建单位对稽察工作的认识，也让参建单位从中吸取了其他工程建设管理的经验和教训，把一些带有普遍性的问题消灭在萌芽状态；避免新开工项目在工程建设管理中少走弯路。稽察工作交流收到了良好的事前预防效果。

（四）开展稽察工作专题调研

2008年11月，由国务院南水北调办监督司司长李鹏程为组长，监督司、南水北调工程建设监管中心组成深入学习实践科学发展观活动专题调研组，结合南水北调工程建设稽察工作实际，深入基层开展专题调研。通过专题调研，征求被稽察单位对监督管理工作的意见和建议，用科学发展观指导南水北调工程建设稽察工作。

（魏　伟　袁文传）

稽察相关工作

（一）稽察专家培训和优秀稽察专家表彰

2008年3月，国务院南水北调办组织了稽察专业人员培训，有60余位稽察专家和工作人员参加了业务培训。培训内容针对南水北调工程完工验收工作，邀请《南水北调工程验收工作导则》、《南水北调工程验收安全评估导则》的编制人员和国务院南水北调办负责工程验收的主要人员对稽察专家进行了辅导；组织稽察专家对稽察业务工作进行了交流讨论。会议期间，国务院南水北调办表彰了2007年度优秀稽察专家。

（二）稽察工作座谈会

2008年7月，国务院南水北调办组织召开南水北调工程建设稽察工作座谈会，会议对2008年上半年稽察工作进行了总结；根据南水北调工程建设的实际情况，适当调整稽察工作内容及下半年项目稽察计划；分专题总结了南水北调工程建设稽察工作，稽察专家和领导对如何更好地开展稽察工作提出了意见和建议。

（三）2008年度稽察工作总结会

2008年底，国务院南水北调办组织召开了2008年南水北调工程建设稽察工作总结会，总结了2008年的稽察工作，评选了2008年度优秀稽察专家，重点审议了《2008年南水北调工程项目建设稽察发现的主要问题汇总报告》，对工程建设项目的前期和设计工作、建设管理、计划、财务、工程质量、安全生产等方面存在的问题进行了归纳和分析，对工程建设管理提出了意见和建议。

（四）研究项目和制度建设

完善“南水北调工程稽察分析模型建设及风险控制对策研究”项目，组织编制《南水北调工程建设稽察法规汇编》。2008年1月，国务院南水北调办对“南水北调工程稽察分析模型建设及风险控制对策研究”项目成果报告进行了验收。2008年底前完成了该课题项目的后续工作，编制上报了“南水北调工程稽察分析模型建设及风险控制对策研究”项目实施情况总报告。2008年10月，组织专家研究讨论了稽察法规汇编目录提纲和有关编制工作的计划安排，2008年12月，汇总有关资料形成法规汇编初稿。

（五）国外业务培训

2008年11月，国务院南水北调办监督司组织有关省（市）南水北调办事机构组成“大型工程项目建设监督管理工作培训团”，赴德国开展短期业务培训。培训团圆满完成国外培训计划，整理上报了国外培训的有关成果。

（魏　伟　袁文传　皮　钧）

举报受理和办理

2008年，国务院南水北调办共受理办理工程建设各类举报30件，其中，群众来访9件，电话、传真举报8件，信函举报（包括有关单位转来信件）13件。举报反映的内容主要涉及征地补偿及移民安置、工程诈骗、合同管理、招标投标与建设市场等方面的问题。

国务院南水北调办组织办理了13件（其

中进行举报专项调查3件），转由其他单位办理17件。在地方南水北调办及项目法人的配合下，举报大部分得到了及时、妥善地处理，预防、化解了矛盾纠纷和群体事件的发生，维护了奥运会和重要节假日期间的安全稳定，促进了南水北调工程沿线地区和谐社会的建设。

（庆　瑜　魏　伟）

稽察队伍建设

2008年初，国务院南水北调办对稽察专家库的部分人员进行了调整，吸收一些经验丰富、能保证完成稽察任务的专家参加稽察队伍。2008年稽察专家共有82人在库，与往年专家人数基本持平，其中22%是今年新增专家。稽察专家队伍建设在保证基本力量相对稳定的情况下，每年吸收一些新的力量，维持一个满足可持续工作要求的稽察专家队伍规模。

国务院南水北调办采取集中培训、业务实践锻炼等多种方式加强稽察队伍建设，提高稽察工作水平。2008年共派出稽察专家127人次，在稽察工作中，上述专家能够尽职尽责、圆满完成稽察任务，未发生违反规定的情况。

（皮　钧　魏　伟）

专家委员会工作

概　述

2008年是南水北调工程建设全面展开的一年，工程建设任务十分繁重。国务院南水北调工程建设委员会专家委员会（以下简称南水北调建委专家委）遵循国务院南水北调工程建设委员会的工作部署，根据国务院南水北调办2008年的工作任务和要求，紧紧围绕工程建设中的重大关键技术及质量等问题开展咨询、检查、指导和调研等活动，对工程建设起到了积极推动作用。

（汪易森　吴　健　曹雪玲　岳松涛）

重大技术咨询

（一）穿黄隧洞无黏结预应力衬砌地面试验咨询

为完善穿黄隧洞无黏结预应力衬砌地面试验工作，提供穿黄隧洞内衬施工比选方案，南水北调建委专家委于2008年7月17～18日在北京召开会议，对穿黄隧洞无黏结预应力衬砌地面试验进行技术咨询会。

咨询中，专家对穿黄隧洞无黏结预应力衬砌地面试验方案进行了深入分析、研讨，对材料及锚具系统的研究内容、非预应力钢筋配置方式、预留槽封填方法等方面提出了具体意见，并提出借鉴已有无黏结预应力试验经验、简化试验时间等建议。

（二）南水北调中线穿黄工程Ⅱ－B（A）标盾构加压进仓检查与刀具（盘）维修有关技术问题咨询

为解决南水北调中线穿黄盾构机施工存在的问题，南水北调建委专家委于2008年9月3～5日在郑州召开会议，对穿黄工程Ⅱ－B（A）标盾构加压进仓检查与刀具（盘）维修有关技术问题进行咨询。

与会专家对穿黄盾构机施工中存在的问题进行了深入分析、讨论，认为两台施工中的盾构机均存在一定的问题，需进行带压进仓检查，刀具磨损同时对刀具的设置、修复方案的制定提出了具体要求，并建议进行调研比选制定修复方案。

（三）穿黄工程盾构机刀盘修复及刀具改造技术咨询

为解决南水北调中线穿黄盾构机修复的问题，南水北调建委专家委于2008年12月8～10日在北京召开会议，对穿黄工程盾构机刀盘修复及刀具改造技术进行咨询。

咨询中，专家对穿黄工程盾构机刀盘修复及刀具改造中形成常压维修环境的止水方式、刀具修复方案进行了详细分析、总结，专家们在地质复核、壁后注浆、三轴搅拌桩施工、降水工程、刀盘（具）修复、刀具配置、施工要求等方面提出了详细意见。

（汪易森　吴　健　曹雪玲　岳松涛）

重大技术研讨

（一）南水北调工程桥梁设计、施工技术研讨

南水北调中线干线工程线路长，沿线布置跨渠桥梁众多，为加强桥梁工程设计、施工质量，南水北调建委专家委于2008年6月22～25日在北京召开会议，对南水北调工程桥梁设计、施工技术进行专题研讨。

研讨中，专家对京石段桥梁工程设计、施工过程中发现的问题进行了分析与总结，结合南水北调桥梁工程的特点，专家认为，应根据南水北调不同渠段桥梁的跨度、荷载等级、地质条件等，对沿线桥型进行适当分类，进一步优化设计、加强规划论证，统筹协调，避免桥型过多，减少设计、施工方面难度和工作量。并对特殊景观区段和大城市近郊区段桥梁的规划布置、桥梁工程的防冲墩、防震挡块、桥面排水、桥面铺装等构造要求，以及加强施工管理等方面，提出了许多建设性的意见。

（二）自密实混凝土设计、施工技术研讨

为完成穿黄隧洞1:1模型试验，保证中线穿黄工程内衬施工的顺利开展，南水北调建委专家委于2008年6月26～28日在郑州召开会议，对南水北调自密实混凝土设计、施工技术进行专题研讨。

研讨中，专家针对两次已完成的自密实混凝土试验中所出现的问题进行了分析、讨论，在自密实混凝土配合比、骨料选择、减水剂选择以及生产、运输和现场施工规程方面提出了详细意见，并建议综合考虑内衬混凝土强度，尽快编制自密实混凝土生产性试验大纲。

（三）京石段应急供水工程2008年冬季输水问题研讨

为保证南水北调京石段应急供水工程2008年冬季输水工作顺利进行，南水北调建委专家委于2008年7月20～21日在北京召开研讨会，对京石段工程2008年冬季输水准备工作进行了研讨。

专家们结合南水北调京石段应急供水工程的特点，经分析总结，在冰期输水调度方案编制、防冰冻设施调试、拦冰索设置、排冰通道、交通桥、自动化监控系统供电系统抢险队伍运行管理用房等9个方面提出了详细的冬季输水意见，并建议制定冰期输水详细工作计划。

（四）丹江口大坝溢流坝堰面加高相关问题研讨

受国务院南水北调办委托，南水北调建委专家委于2008年10月21～22日召开会议，对丹江口大坝溢流坝段加高的相关问题进行研讨。

与会专家对丹江口大坝溢流堰面加高将产生的问题进行了分析、总结。鉴于陶岔枢纽工程尚未开工，专家认为大坝溢流堰面加高施工进度应暂缓，要求大坝施工期间的水位不低于145.00m；建议加快移民工作，保证工程进度。

（汪易森　吴　健　曹雪玲　岳松涛）

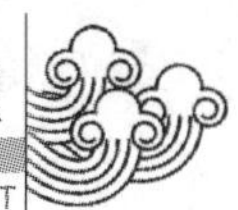

重大技术研究成果评审

（一）南水北调京石段应急供水工程2008年临时通水运行实施方案（送审稿）评审

受国务院南水北调办委托，南水北调建委专家委于2008年4月8～11日召开会议，对《南水北调京石段应急供水工程2008年临时通水运行实施方案（送审稿）》进行评审，以完善临时通水方案，保证南水北调京石段应急供水工程2008年临时通水工作顺利进行。

专家们针对实施方案中提出的临时通水方案、临时通水准备、充水与试运行、调度运行方案、临时通水应急预案、投资估算等7方面的措施进行了深入细致的研讨，对通水期间的监测频次、水面线复核、联合调试费用、基本预备费提出了具体修改意见，并建议增加砂质填方渠道安全性评价，冬季（冰期）输水方案，充水、运行调度实施细则、设计图表、图纸等方面的内容。

（二）京石段应急供水工程自动化调度与运行管理决策支持系统招标文件（技术条款）评审

为解决京石段应急供水工程自动化调度与运行管理决策支持系统招标文件中存在的问题，保证招标工作的顺利开展。南水北调建委专家委于2008年7月18～20日在北京召开会议，对京石段应急供水工程自动化调度与运行管理决策支持系统招标文件（技术条款）进行技术评审。

在评审中，对闸站监控系统集成标、通信系统传输设备采购标、通信程控交换设备采购标、现地机房实体环境集成标、视频监控系统集成标、应用支撑平台与数据存储设备采购安装标、工程安全监测自动化系统集成标等6个标段标书的技术条款进行了详细讨论和分析，对6个招标文件中存在的技术指标含糊不清、技术指标错误、技术指标不合理、条款缺项、存在技术倾向等技术条款问题提出了详细修改意见。并提出增加网络拓扑图和使用功能详细说明，细化技术要求，同时提出对硬件设备进行优化、减少浪费等建议。

（三）南水北调中线一期工程总干渠膨胀岩试验段（潞王汶段）现场试验研究中间成果评审

为保证南水北调中线一期工程总干渠膨胀岩试验段（潞王汶段）现场试验研究的顺利开展，南水北调建委专家委于2008年7月28～31日在郑州召开会议，对总干渠膨胀岩试验段（潞王汶段）现场试验研究中间成果进行评审。

与会专家对总干渠膨胀岩试验段（潞王汶段）现场试验存在的问题和经验进行了分析总结。专家认为试验工作中应增加分层分段试验和内部变形监测，简化仪器的操作，统筹计算指标、参数，并对土工格栅、土工袋、土工膜和换土处理不同施工方案应重点解决的问题提出了建设性建议。

2008年12月22～23日，南水北调建委专家委对《南水北调远西线工程后续水源及相关设想综合分析》、《京石段应急供水工程临时通水风险初步分析》、《南水北调中线一期工程渠道通过焦作煤矿采空区可能性初步研究》和《南水北调工程现阶段质量管理效果和对策研究》等4个专题研究报告进行评审。

（汪易森　吴　健　曹雪玲　岳松涛）

工程质量检查

南水北调建委专家委于2008年11月17～22日，对南水北调中线水源工程丹江口大坝加高工程进行质量检查评估。南水北调建委专家委秘书长汪易森带队，中国工程院院士郑守仁等13位专家参加了此次检查评估。

本次检查评估分混凝土坝、土石坝、金属结构机电三个专家组进行，主要检查了初步设计审查意见落实情况、设计变更与设计修改情况、质量缺陷检查与处理情况、施工技术与施工质量管理情况、工程实体质量情况、质量管理记录资料等。

专家集中听取了建设、设计、监理、施工单位及质量监督机构关于丹江口大坝加高工程质量的相关介绍，并到施工现场进行了查勘。随后专家分组认真查阅了设计文件、监理文件、施工质量管理文件、原材料质量检测资料、单元及分部工程验收等质量管理资料，并就检查中发现的问题与建设、设计、监理和施工单位进行了座谈，形成了专家检查意见，提出了许多建设性的建议。

专家认为大坝加高工程各参建单位基本完善了质量管理规章制度，能认真进行建设过程中的施工质量检查与考核，能按照规定程序组织工程验收，各项工程质量均处于受控状态。工程开工至今尚未发现较大的工程质量事故，一般的质量问题已得到及时的纠正和处理。

检查中，专家组对发现的问题、工程建设中的优化设计、质量监控与检测、施工工艺、质量管理等方面提出了评价和建议。

（汪易森　吴　健　曹雪玲　岳松涛）

关键技术研究与应用

南水北调中线干线工程建筑与环境专题研究

南水北调中线干线工程连接长江、黄河、淮河、海河四大水系，途经河南、河北等中华民族发祥腹地，成为穿越中国历史文化中夏文化、商文化、楚文化、燕文化等重要文化区域的一个时空通道。全线各类建筑物1796座，分布60个县市，跨越703条河流，作为超长距离的调水工程，必然对沿线地区经济社会、生态环境、自然景物、人文景观、地域文化等各方面将产生非常大的影响。

南水北调中线干线工程在工程设计和建设的同时，从渠道工程区生态修复、水土保持、环境保护等方面入手，配合工程建设、管理，通过对地域气候、自然环境和历史文化的研究，通过系统的建筑环境规划，运用园林设计理念，合理组织道路交通、活动场所，最终建成布局合理、运营安全、环境优美、人水和谐、特色鲜明的伟大工程，实现创造良好生态、展示宏伟工程、保护和传承中华民族文化的目的。

为规范指导南水北调中线干线工程建筑与环境设计，统一参与南水北调中线干线的十多家设计单位的建筑风格和技术标准，提高建筑环境质量，保证工程整体概念清晰，设计理念新颖，工程运行环境优良，提升工程品质，促进人水和谐发展，中线建管局开展了“南水北调中线干线工程建筑与环境规划”专题研究，并于2006年通过招标选择清华大学承担该专题研究工作。经过系统的研究和规划，清华大学编制了《南水北调中线干线工程建筑环境规划报告》，经过专家审查和咨询，并通过了国务院南水北调办的审查，修改完善后的报告于2008年10月随《关于印发〈南水北调中线干线工程建筑环境规划报告〉的通知》（中线局技［2008］40号）正式印发，该报告共四册，已成为中线工程建筑环境设计的指导性文件。

（苏　霞）

大口径PCCP管道关键技术研究

2008年，北京市南水北调办组织对大口

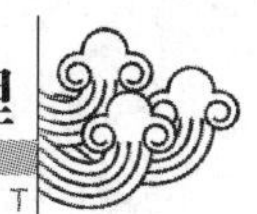

径 PCCP 管道结构设计、安全、耐久性、安装施工方法等关键技术进行了系统研究。

（一）室内试验研究

开展室内原材料及混凝土、砂浆试验，完成了《PCCP 管芯混凝土总碱量的控制措施、骨料碱活性的抑制措施研究报告》、《PCCP 接头灌缝砂浆中期研究报告》、《室内原材料及混凝土、砂浆试验研究中期研究报告》。

（二）结构计算方法研究与程序开发

在大量调研国内外 PCCP 相关资料的基础上，分析 PCCP 管结构的受力特点，采用平面有限元、三维有限元分析 PCCP 结构在各种工程条件下的应力、应变，建立基于复合结构理论的有限元数值计算方法。

2008 年已建立适用于有限元离散化的 PCCP 管几何模型，建立了合适的单元模型，材料模型及加载条件，提出运用等效应力理论来评价有限元模型的合理性，开发可用于有限元计算的前处理模块。同时，针对南水北调超大直径（4m）PCCP 管道进行 PCCP 管的缠丝模拟研究。

设计和开发完成 PCCP 设计软件的设计计算功能、检验计算功能、操作和计算界面。

（三）大型管道现场试验

2008 年，在进行室内试验和相关理论研究的同时，进行了 PCCP 管道的现场加载试验，取得了多项相关技术数据。完成了《超大口径预应力钢筒混凝土管生产工艺技术规程》、《超大口径预应力钢筒混凝上管质量检验规程》、《4m 直径 PCCP 运输方法和运输能力试验研究报告》、《4m 直径 PCCP 吊装和安装工艺及质量控制试验研究报告》、《南水北调 PCCP 管道工程闭水试验报告》、《南水北调 PCCP 管道工程阴极保护现场试验方案》、《南水北调 PCCP 管道原型试验方案》、《PCCP 外防腐涂层试验研究报告》。

（四）管道水力特性研究

2008 年，搜集、整理了北京市张坊引水、怀柔应急水源地、山西引黄等 PCCP 输水工程水力特性资料，确定 PCCP 管道输水能力水力特性室内试验方案。完成《PCCP 管道输水能力水力特性研究中期报告》。

（五）管道防护、防腐蚀及安全性研究

2008 年，完成了对 PCCP 管道设计参数的复核、真实电位测试方法、保护方法的实用性、屏蔽与干扰等方面的研究，完成了《PCCP 阴极保护测试探头研究总报告》、《PCCP 阴极保护技术研究中期研究报告》，根据 PCCP 生产过程中出现的 PCCP 管芯裂缝问题建立研究 PCCP 管芯裂缝的数学模型。

确定了防腐涂层的力学性能、耐腐蚀性、防腐寿命等性能技术指标，研究检测防腐涂层性能的试验方法，研究防腐涂层性能的检测技术。

（六）PCCP 科技试验基地能力建设

PCCP 科技试验基地设于北京河山管业有限公司，能够生产直径 1.8～4m 的 PCCP 管道，年产量（按 DN4000mm 计）达 60km，拥有 PCCP 原形试验设备。该基地成功完成生产 4m 直径南水北调工程用 PCCP 管道 56km。

（七）专利申请

PCCP 阴极保护电导通和钢丝锚固一体装置、伸缩式气动吊具、PCCP 砂浆保护层同步刮平装置、无动力倾管机、无轨道半自动火焰坡口切割装置、输水管接头密封灌注砂浆及其制造方法等项已向国家专利局申请专利。

（石维新　姚宣德）

北京市南水北调工程运行安全监测研究

（一）PCCP 管道运行期管道接缝漏水实时监测系统关键技术研究

1. PCCP 管道接缝漏水实时监测的检测方法和检测技术研究

关于 PCCP 管道接缝漏水实时监测的检测方法和检测技术研究，国内目前还没有成熟的大型管涵漏水自动化实时监测的检测方法，在检测技术方面也没有统一的技术规范和技术标准，而且目前国内通常采用的检测技术和检测方法均不适合大型长距离输水管涵的漏水检测。PCCP管道接缝漏水实时监测采用的检测方法主要有区域检漏法（主要采用流量检测法）、温差法、压差法、听音法、土壤电阻率法和声波检测法等，所采用的检测技术主要有流量检测技术、温度场检测技术、压力场检测技术、电测技术和声波检测技术等。2008年，课题研究对使用测温光纤测定环境温度变化的方法，用于测定大型管涵漏水的可靠性和具体实现方法进行了深入的研究。研究成果表明：通过在PCCP管道接缝处加装测温光纤，并由此感知温度的变换，即可实现大型管道的测漏问题。

2. PCCP管道接缝漏水实时监测系统监测控制标准研究

2008年，课题研究构建结构计算和数值模拟计算模型，拟通过模型的分析，总结出漏水量为微漏、中等渗漏、大量漏水等各种漏水级别的渗漏量与监测数据之间的关系。与此同时，构建渗漏量与PCCP管道结构安全之间的相互关系模型，以期得出PCCP管道接缝漏水实时监测系统监测控制标准。

3. PCCP管道接缝漏水实时监测系统监控信息传输技术研究

2008年，课题研究对采用光纤传输和无线传输数据的技术进行了研究和对比分析，对各种数据接口设备开发和研制的可能性进行了研究。重点对PCCP管道现有的传输数据光纤的容量、传输效率和可靠性、传输数据中继站的位置、数量、规模，进行了分析论证；研究结果表明：数据传输采用PCCP管道现有的数据光纤可以满足监测数据传输的即时性和可靠性，但必须在10km左右增设监测数据的接受和发送站。

（二）PCCP管道断丝实时监控系统关键技术研究

2008年，课题研究对听音法和电磁检测技术进行了较为深入的对比、分析和研究。经研究认为，采用单一的检测方法，难以保证检测结果的可靠性，必须采用两种技术手段相结合的方法，来测定大型PCCP管道的断丝情况，应以采用光纤技术为基础的听音法为断丝检测的实时和常规的检测方法。同时，辅以停水期的电磁检测和通过选定初步确定的断丝部位的现场开挖检测，以便验证采用光纤技术为基础的听音法的准确性和可靠性。

（石维新　姚宣德）

国际交流与合作

概　述

2008年，南水北调国际交流与合作工作认真贯彻落实中央关于外事工作的新要求，紧密结合工程建设实际，深化国际交流合作，特别是在抗震救灾、北京奥运会期间认真执行党中央和国务院各项外事政策，积极配合中央各部门，严格外事纪律，外事工作取得了一定的成效。司局级出国考察团组和出国培训工作有序开展。与荷兰有关部门的合作进一步深化，双方共同对2007年的合作进行评估，对2008年工作计划进行了探讨。接待了以色列、荷兰、德国等外国访华团对国务院南水北调办的访问。

（胡周汉　何韵华）

外事工作管理

2008年，国务院南水北调办按照中央关于制止公款出国（境）旅游的要求，制定了国务院南水北调办出国（境）专项治理工作方案，编制了国务院南水北调办司局级以下人员出国（境）管理规定。另外，进一步规范了出国审批、外事接待等工作程序，加强了护照管理和外事教育工作。

（胡周汉　何韵华）

重要外事活动

2008年4月2日，国务院南水北调办主任张基尧会见以色列驻华大使 Amos Nadai 先生一行。张基尧向安泰毅先生一行介绍了南水北调工程的基本情况，随后双方就南水北调工程建设等方面进行了交流。

2008年5月19日，国务院南水北调办主任张基尧会见了荷兰交通、公共工程与水管理部副部长 Tineke Huizinga 女士一行，并共同出席中荷南水北调工程建设管理合作会议纪要签署仪式。国务院南水北调办总工程师沈凤生与荷兰土木工程司司长 Leendert Bouter 先生分别作为中荷双方代表在会议纪要上签字。

2008年8月19日，国务院南水北调办主任张基尧会见了德国海瑞克公司董事长 Herrenknecht 先生一行。张基尧介绍了南水北调中线穿黄工程中盾构机的使用情况，随后双方就穿黄项目的合作等方面进行了交流。

（胡周汉　何韵华）

项目培训与考察

2008年，经国家外国专家局批准并获资助，国务院南水北调办组织完成了赴德国工程项目监督管理培训团审批类培训项目；组织批准了中线建管局率团赴瑞士 ABB 变频器工厂进行业务培训；组织了司局级及以下出国考察团对澳大利亚和新西兰资金管理进行了考察。通过出国培训和考察，加强了国际交流和合作，借鉴了国外的工程技术和管理经验。

（胡周汉　何韵华）

国际合作

积极深化国务院南水北调办与荷兰水利部的交流与合作，荷兰交通、公共工程与水管理部副部长 Tineke Huizinga 女士来华访问期间，举行了中荷南水北调工程建设管理合作会议纪要签署仪式，在2007年双方友好合作的基础上，将2008年国务院南水北调办与荷兰水利部的合作深入到南水北调项目法人层面，合作内容交由荷方与各项目法人进行协商，双方的交流取得较好的效果，为双方技术合作事宜奠定了良好基础。

（胡周汉　何韵华）

新闻宣传

概述

2008年，南水北调工程建设宣传信息工作重点围绕宣传报道党中央、国务院和国务院南水北调建委有关南水北调的战略部署和方针政策，围绕南水北调加快工程建设步伐、东线治污、中线水源地保护、征地移民、文物保护、建设环境构建以及工程建设者精神风貌、工程沿线人文地理风貌等方面进行了大量的宣传报道，在社会上产生了良好的反响，为南水北调工程建设传播准确信息、引导社会舆论、营造良好氛围和保障社会稳定，发挥了重要作用。

（杜丙照　杨　栋）

宣传工作

（一）宣传报道

2008年，围绕以下南水北调工程建设阶段性成果进行重点宣传：

（1）围绕中线京石段工程建成通水，积极开展宣传策划和组织工作，制定宣传方案，编制宣传提纲和宣传口径，组织中央主要媒体进行报道。新华社精心策划，以通电、新闻分析、新闻评论、图片报道等形式发出报道15篇；人民日报根据工作需要，3次进行报道；中央电视台5次作出报道；其他中央主要新闻媒体也进行大幅度报道，形成工程开工以来的第一个宣传高潮。

（2）围绕工程开工建设、重要节点工程完工组织报道。先后组织中央主要媒体对东线淮安截污导流工程开工、东线穿黄河工程和洸河、徐州市截污导流工程开工、中线南阳段开工、中线漕河渡槽主体工程完工、中线京石段临时通水验收、丹江口大坝加高工程“三枯”施工、中线穿黄盾构机掘进、东线水污染治理等进行报道。同时，各省南水北调办、项目法人、移民机构及治污机构组织地方媒体积极开展宣传策划，配合整体宣传工作，达到传播工程建设声音、营造工程建设氛围的目的。

（3）围绕国务院南水北调办重要会议、重要活动开展专项宣传，先后对南水北调工程建设工作会议、年度工作会议、京石段通水领导小组会议、投资管理工作座谈会及国务院南水北调办领导赴工程一线调研考察活动等进行重点宣传，及时传达中央、国务院南水北调办领导关于南水北调工程建设工作的重要部署，指导工程建设又好又快向前推进。

（二）宣传管理

继续巩固南水北调工程宣传在国家宣传大格局中的地位，继续加强与宣传主管部门的沟通联系，积极争取将南水北调工程纳入中宣部的重点宣传范围，紧跟中央宣传工作部署，做好南水北调工程建设的宏观宣传报道工作。2008年11月，中共中央宣传部将南水北调工程列为纪念改革开放30周年重点宣传报道对象，组织中央主要新闻媒体进行集中报道。

加强与中央主要新闻媒体的联系，通过经常互通信息、了解各媒体选题重点、及时提供资料、走访慰问等方式，密切与记者的联系，保证南水北调工程建设权威信息及时传播出去。将南水北调工程纳入到中央电视台、经济日报等中央媒体“重点工程巡礼”系列报道中，同时，开拓中国新闻社、中国环境报、中央电视台英语频道等新的宣传渠道，加强宏观舆论引导。

做好涉外媒体管理工作。为迎接北京奥运会、残奥会，国家对涉外媒体采访管理政策进行了调整。为做好奥运期间的新闻宣传工作，国务院南水北调办印发了《关于实施〈北京奥运会及其筹备期间外国记者在华采访规定〉有关问题通知》，对有关涉外宣传工作进行部署，还编制了《北京奥运会及其筹备期间南水北调工程建设宣传工作预案》。奥运会及其筹备期间，共接到外国媒体采访申请32次，安排境外媒体进行采访和拍摄工作，未出现一例涉外采访事故。同时，与奥组委新闻宣传部沟通联系，核实外报报道不实的问题，给予适当引导，避免媒体炒作，确保舆论稳定，保持对外宣传口径的统一，为南水北调工程建设营造了良好国际舆论氛围。

（三）人文精神宣传

利用《中国南水北调周刊》、《南水北调中线》积极开展人文报道，同时在中国南水北调网站开设专栏进行集中报道，宣传工程建设者克服困难、奋力拼搏、无私奉献的良好精神风貌，宣传沿线政府以及有关部门、基层干部和群众在维护稳定、创建无障碍施工环境方面的先进事迹。中线建管局组织知名作家开展沿线采风活动。北京市南水北调办组织出版《南水北调中线北京纪事》一书，北京电视台组织开展“千里走中线”系列报道。江苏省南水北调办与《中国南水北调周刊》联合策划推出“东线调水话江苏”、“江苏南水北调工程建设者风采”、“聚焦完建看江苏”等系列报道。这些活动的开展，密切了工程与社会公众的联系，促进社会公众更加全面了解工程及建设者，为工程建设树立良好社会形象打下了坚实的基础。

（杜丙照　杨　栋）

信息工作

（一）政务信息

2008年，国务院南水北调办进一步健全上通中央，下联各省市南水北调办、项目法人和移民机构的政务信息网络渠道，在工作中积极发挥作用，为决策提供信息。继续加强与国务院办公厅、中央办公厅等上级信息主管部门联络沟通，畅通渠道，提高采用率；畅通与中央政府网站的信息渠道，通过专题信息、动态信息等形式，发布工程建设和政务信息；畅通与各省市南水北调办、项目法人、移民机构的信息渠道，确保政务信息工作反应灵敏、运行高效。另外，形成以专报、简报、工程建设动态日报和周报等方式传递内部信息，以网站方式传递公共信息。

国务院南水北调办充分发挥信息专报、简报报送、网站信息报送三个平台的作用，2008年共收到各单位综合部门报送的专报245期、简报513期，信息报送重点围绕工程建设动态、工程相关问题研究以及反映各单位的工程部署和重要进展等内容，信息数量和质量相比往年有大幅度提高。同时，国务院南水北调办加大信息采编、网站发布、《简报》编印力度，深入挖掘信息素材，增强上报针对性，提高信息采用率，2008年向中央办公厅、国务院办公厅报送《信息专报》25期，使南水北调工程建设的热点难点问题得到及时反映。另外，每月发布一次工程建设投资完成、建设进展、东线水质和水源地水质公告，及时发布相关政策法规、管理制度，建设动态得到及时反映，社会公众信息需求得到进一步满足。中国南水北调网2008年全年制作专题18个，发布信息4020余条。

（二）政府信息公开

国务院南水北调办根据国家有关政府信息公开工作的要求，研究编制《国务院南水北调办公室政府信息公开指南》、《国务院南水北调办公室政府信息公开目录》，在中国南水北调网开设政府信息公开专栏，2008年共发布政府信息1201条，受理12起政府信息公开申请并按规定及时予以回复。

（杜丙照　杨　栋）

专刊专题

充分发挥《中国南水北调周刊》、中国南水北调网站的宣传主阵地作用。《中国南水北调周刊》开设“本周关注”“要闻动态”、“直击现场”、“聚焦在建工程”等栏目，报道南水北调工程重要工作、重要活动以及工程建设进展；开设“建设者风采”、“那水那人”、“摄影故事”等栏目，宣传参建单位和广大建设者的精神风貌；还结合工程建设实际，开设“京石段建成通水”专刊，全面反映中线京石段应急供水工程建成通水的盛况。2008年《中国南水北调周刊》共出版47期、188版、字数达120万字。

充分发挥中国南水北调网站的宣传平台作用，围绕工程重大进展开展宣传活动，全面展示南水北调工程建设形象。2008年，中国南水北调网站围绕东线济南市区段工程、徐州截污导流工程、中线总干渠南阳段膨胀土试验段、天津干线工程等开工及南水北调工程建设工作会议、中线京石段建成通水等重要会议、重要活动开设专题，进行全方位报道，发挥传递工程建设权威信息、引导社会舆论的作用。

（杜丙照　杨　栋）

普　法　工　作

2008年，认真开展普法工作，制定并印发《南水北调工程建设2008年普法工作要点》，安排部署年度普法工作任务，重点就全国法制宣传日、南水北调“五五”普法中期检查等活动积极开展工作，进一步提高南水北调工程依法建设、依法管理、依法办事水平，为工程建设营造良好的法制环境。

（一）“五五”普法工作

按照党中央、国务院转发的“五五”普法规划要求，结合南水北调工程建设实际，制订了《国务院南水北调办公室“五五”普法工作实施意见》（以下简称《实施意见》），从工作意义、指导思想、主要目标、工作原则、主要任务、工作要求、工作步骤、组织领导及保障等方面对“五五”普法工作进行了部署安排。《实施意见》明确要在学习宣传宪法和经济社会发展相关法规基础上，加强工程建设相关法律法规的学习，着力营造依法行政、依法建设、依法管理、依法办事的工程建设氛围，确保实现“工程安全、资金安全、干部安全”的目标。各项目法人单位和部分省（市）南水北调办事机构制定了“五五”普法工作实施方案（规划），建立了普法工作领导机构。

（二）“法律进工程”活动

结合工程建设实际，在南水北调系统继续推进“法律进工程”活动，着力加强工程建设管理单位、参建单位等工程建设一线的法律普及教育工作，指导和督促各省市南水北调办、项目法人、移民机构开展内容丰富、形式多样的普法活动，并取得实效。结合“12.4”法制宣传日等活动，通过张贴橱窗宣传画等手段，营造浓厚的法制氛围。参建单位以“法律进工程”活动为抓手，促进工程依法管理和依法建设，增强工程建设者的法律意识。

（三）政策法规审查

结合南水北调工程建设实际，就有关规章制度，如《南水北调工程建设资金管理办法》、《南水北调工程完工项目运行管理与维护养护办法》、《南水北调工程建设市场主体信用管理办法》、《南水北调工程安全事故应急预案编制导则》等，提出意见建议。

（杜丙照　杨　栋）

北京市新闻宣传

2008年，北京市南水北调办认真贯彻落实国务院南水北调办关于宣传信息工作的各项要求，坚持正确舆论导向、服务工程建设，与社会媒体单位建立联席制度，及时适度地宣传南水北调工程建设情况。

（一）南水北调北京段工程通水宣传

为庆祝南水北调北京段工程通水，宣传南水北调工程建设成就，留存工程建设中的重大事件和珍贵资料，北京市南水北调办整理南水北调北京段工程自开工以来图片资料，编印了画册《南水润京华》和图书《南水北调北京段工程建设纪实》，组办了南水北调北京段工程建设成果展，拍摄了宣传片，并在《北京日报》进行了专版报道，以多种形式宣传报道北京4年来南水北调工程建设的成就。并以北京市政府名义表彰参与南水北调北京段工程的建设者，共600人分别获得优秀建设者金质、银质、铜质及贡献奖章，50家单位获得优秀建设集体称号。

（二）基础宣传工作

2008年，北京市南水北调办认真做好基础性宣传工作。配合各级媒体采访，成功组织或接待了法国一台、中央一台、中央九台、中央电视台新闻频道和北京电视台等媒体10余次的专题报道和新闻采访。布置南水北调北京段工程展室，制作工程线路沙盘，定期更换橱窗及展板，培训专门讲解人员，搞好接待参观工作，2008年共接待国务院南水北调办、水利部、财政部、建设部、北京市政府等国家机关、团体单位100余个、近8000人次参观来访。组织丰富多彩的宣传活动，使广大建设者切实参与到宣传工作中，为宣传工作集思广益，2008年共组织军民共建、爱国主义教育等活动5次。充分发挥《中国南水北调周刊》宣传阵地作用，发表相关报道共20余篇，中国南水北调网站采用10余篇。认真编辑出版《三年磨一剑——北京市南水北调工程拆迁办公室2005～2007年工作纪实》、《北京市水务报南水北调专版》和《南水北调北京专刊》等刊物，其中，《南水北调北京专刊》在2008年出版7期，《北京水务报南水北调专版》出版30期。

（三）工作简报

2008年，北京市南水北调办定期编印《北京市南水北调工程建设委员会办公室简报》，向北京市委、北京市政府、北京市南水北调建委会成员单位、国务院南水北调办、中线建管局和其他省市南水北调办公室汇报情况，交流信息。北京段工程试通水以后，每周编印《南水北调工程调水周报》，将一周调水运营情况以最快的速度向北京市委、北京市政府、国务院南水北调办、中线建管局汇报。2008年共编印简报59期，调水周报11期，专报31期。

（四）普法工作

1.“五五”普法

2008年，北京市南水北调办将“五五”普法工作列入重要议事日程，多次召开座谈会，广泛征求意见，认真制定“五五”普法规划。充分利用广播、电视、报纸等宣传媒体以及举办法制讲座、印发宣传资料等多种形式，广泛宣传南水北调工程建设管理相关法律法规。又同时开展了多种形式的宣传学习活动，共组织大规模法制宣传活动15场次，观看法制影像10余次，各部室及建设管理单位开辟法制宣传阵地制作法制宣传展板20余块，发放宣传材料1000份，下发干部法律知识读本50余册。

2. 法律进工程活动

（1）法律宣传进机关，加强依法行政。北京市南水北调办统一领导，组织综合处、财务处、投资计划处、工程建管处、拆迁办及质检站等行政部门完成了对北京市南水北调办机关公务员《公务员法》和《行政机关公务员处分条例》的培训3次，并通过考核检验了培训成果。北京市南水北调办机关全员参加，考核通过率100%。在“3.15”等大型法律公益活动日，各处室职工干部积极参与，分别制作宣传标语，开展了不同形式的法律知识宣传活动。

坚持北京市南水北调办党组中心学法制度，在副处级以上干部中定期开展法律知识学习和举办法制讲座，确保北京市南水北调办党组中心学习组年学法不少于40学时，副处级以上干部参加年度法律知识考核，参考率100%，优秀面100%。在科级干部以下机关工作人员中，有计划、有重点地部署相关法律法规知识的学习任务，重点围绕《全面推进依法行政实施纲要》等法律法规学习。采取做试卷、听讲座、看录像等形式，加大对机关工作人员和行政执法人员的法制教育工作。

（2）法律宣传进一线，加强依法施工。2008年，北京市南水北调办召开了3次法律知识培训会，参建人员认真学习了《建设工程安全生产管理条例》、《中华人民共和国安全生产法》、《企业职工伤亡事故报告和处理规定》、《特别重大事故调查程序暂行规定》、《国务院关于特大安全事故行政责任追究的规定》和《工程建设重大事故报告和调查程序规定》等法律法规。为普及一线参建人员法律知识，组织参建单位100余人次参加法律知识竞赛，对成绩优异的参建单位和个人给予奖励；举办了外出务工人员法律维权宣传周活动，向一线务工人员免费发送《劳动合同法》300余册；鼓励协助各一线参建单位分别组织各自的普法活动，开办普法宣传橱窗。

（3）法律宣传进村镇，创建和谐施工环境。南水北调北京段途径多个区县、乡镇及自然村，施工环境多样。北京市南水北调办始终坚持依法维护群众合法利益，创建文明施工环境。为了创建和谐施工环境，加强文明施工建设，北京市南水北调办组建临时普法讲师团两次深入沿线各级行政单位，联合有关法律工作部门，共同合作，制定法律宣传方案，发放南水北调工程普法材料。同时，建设管理单位在北京市南水北调办的组织和指导下，发挥一线地理优势，加强百姓调解工作，在一线项目管理部成立调解小组，在调处各类矛盾纠纷过程中，始终坚持“调防结合，以防为主，解纷息诉”的原则，以案说法，积极向当事人宣传法律知识。这一普法活动使沿线村民对南水北调工程及工程相关法律法规有了进一步的认知，创造了良好的法律环境。

（高国军　马翔宇　刘为凤　刘　畅）

天津市新闻宣传

天津市南水北调办坚持团结、鼓劲、正面宣传为主的方针，广泛宣传南水北调工程建设来之不易的大好形势和涌现出的感人事迹。认真组织各参建单位，以前期工作、征地拆迁和工程建设为要点，围绕天津干线天津境内段工程开工建设、天津市南水北调工程建设委员会第一次全体会议召开等重要事件，组织中央新闻单位和天津市各新闻媒体进行深入宣传报道，增强了各级领导和社会各界对南水北调工作的了解与支持。在北京奥运会和残奥会期间，天津市南水北调办按照国务院南水北调办和天津市委、市政府的要求，制定了应对涉奥外国媒体新闻采访接待预案，准备了相关背景资料，既保证国外媒体能够通过正规渠道了解天津市南水北调工作，又把握住了舆论导向的主动性。2008年，各主要新闻媒体共刊发报道有关天津市南水北调工作的稿件83篇、天津市南水北调办共编发南水北调信息88期，一方面为南水北调工程建设顺利进行营造了良好的舆论氛围，另一方面为各级领导决策提供了信息支持。

（何　睦）

河北省新闻宣传

2008年，围绕如期实现京石段工程通水目标，河北省各级南水北调工程建设管理宣传部门在沿线政府、有关部门的支持配合下，与新闻媒体通力合作，不断探索和创新宣传信息工作的方式和内容，充分发挥舆论宣传的导向作用，结合“法律进工程宣传”，广泛开展群众性的宣传教育活动，为工程建设和顺利通水营造良好的外部环境，有力保障了9月18日向北京成功供水。

一年来，宣传信息工作重点开展了以下内容：围绕创优工程建设环境，开展一系列沿线群众喜闻乐见的宣传活动；围绕实现通水目标，开展了“大干一百天、决战京石段”工地劳动竞赛和新闻舆论宣传；围绕奥运期间宣传要求，重点做好涉外媒体采访管理工作；围绕2008年向北京供水，按照国务院南水北调办的统一要求，及时组织新闻单位报道建设成果和供水情况。

（1）在创优工程建设环境宣传方面，河

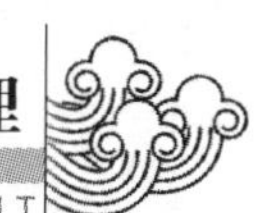

北省各级南水北调办事机构在新闻媒体开辟专栏，广泛宣传南水北调工程建设的重大意义，适时报道工程进展情况，宣传支持工程建设的先进事迹，播放维护施工环境的公益广告，通过领导访谈、热点讨论、案例剖析向群众宣传有关政策法规。与公安部门联合开展了以“阻挠施工违法、破坏工程犯罪”为主题的安全保卫和建设环境维护宣传和专项治理活动，增强了沿线群众的法制观念和安全意识。河北省南水北调办在新乐市召开了维护施工环境宣传现场会，交流各单位宣传经验，促进安保和建设环境维护工作。《中国水利报南水北调周刊》整版报道了新乐市的做法。河北省各级南水北调建设管理机构，坚持做好三个层面的宣传工作：① 新闻舆论层面，主要利用国家、省市新闻媒体开展强势宣传，向外界宣传工程建设的重大意义、社会作用、进展成效、典型事迹等，引起社会更大关注和支持，营造加快工程建设的宏大声势。② 沿线社会层面，主要开展法制教育。教育沿线群众立足长远，把南水北调作为未来经济发展的资源。重点开展国家有关南水北调工程建设的政策、破坏工程设施的法律责任以及维护工程环境法律法规的宣传。③ 施工现场层面，主要开展文明安全施工宣传，引导施工企业开展企地共建，认真解决影响群众生产生活的困难和问题。加强内部安全管理，消除发生治安事件内部隐患，宣传和普及文明施工、安全施工、内部保卫等有关知识和相关法规政策。通过上述活动，强化沿线群众遵法守法意识，增强参建单位依法建设和管理的理念，妥善解决各种矛盾和纠纷，创造工程建设规范、有序、和谐的外部环境。

（2）在百日决战宣传阶段，河北省南水北调办精心组织、广泛发动、认真督导。为贯彻落实国务院南水北调办“大干一百天，决战京石段”动员会议和河北省政府南水北调工程建设调度会议精神，营造支持工程建设的良好外部环境，河北省南水北调办组织开展了京石段工程沿线宣传教育专项行动，并印发了专门通知，明确开展宣传工作要在工程建设现场和沿线社会两个层面同时进行，工地主要开展文明安全施工宣传，引导施工企业开展企地共建，及时解决影响群众生产生活的困难和问题。加强内部安全管理，减除发生治安事件内部隐患。沿线社会主要在群众中开展法制教育。各级南水北调建设管理机构做足做好宣传发动，迅速掀起了深入广泛、声势浩大的宣传活动。市级以上新闻媒体期间报道有关南水北调的新闻通讯达60余篇条。各县市通过广播电视、悬挂条幅、粉刷标语、出动宣传车等形式把有关南水北调的政策宣传到村、到户、到人，期间粉刷永久标语3000余条，悬挂条幅200余幅，取得了良好的社会效果。

（3）加强奥运期间的宣传工作。按照国务院南水北调办的部署和统一的宣传口径，坚持内外有别的原则，加强对境外媒体的宣传管理。奥运期间河北省没有发生有关南水北调工程建设的负面报道。

（4）认真做好向北京供水的宣传工作。按照国务院南水北调办的统一安排，河北省组织省内媒体参加了9月28日国务院南水北调办、河北省、北京市联合举办的通水仪式。之后，省内媒体又多次按照国家统一要求客观及时地报道了向北京供水的有关情况。河北省南水北调办先后两次召开专题会议，传达国务院南水北调办拟定的通水宣传口径和宣传提纲，总结和部署通水阶段的宣传工作。为真实记载京石段建设工程，河北省南水北调办制作了3000套通水纪念画册。为切实加强通水安保宣传，河北省南水北调办制作了1200套安全通水通告、5700套宣传挂图张贴在沿线村庄和建筑物，教育沿线群众维护正常的通水秩序，打击破坏工程建设和通水安全的违法行为。

（5）全面做好京石段工程建设各个阶段

宣传信息工作总结，为石家庄以南段宣传工作奠定基础。各级南水北调工程建设管理机构在京石段工程建设的各个阶段，利用多种形式，广泛宣传南水北调工程的重大意义、工程进展情况。舆论宣传先行，法制教育在先，宣讲法规、解释政策、教育群众。坚持宣传社会、宣传群众、宣传领导相结合，对外宣传与内部宣传相结合，引起了社会的广泛关注，营造了健康和谐的社会环境和氛围，保障了工程建设的顺利推进。建设管理和施工单位开展文明施工宣传，激发了广大建设者的积极性和创造性，确保工程质量和进度，保障了工程建设目标的如期实现。各级、各单位努力规范建设秩序，促进了工程建设依法有序进行。不断创新宣传形式和内容，大造宣传声势，突出宣传重点，提高宣传效果和水平。加强信息交流与情况沟通，促进了相互学习和工作开展；全面展示了广大南水北调工程建设管理者顽强拼搏、无私奉献、克难攻坚的风采，丰富完善了南水北调工程建设人文精神内涵。

在做好宣传工作的同时，河北省南水北调办十分重视信息沟通和反馈，2008年来共编辑印发了76期《南水北调简报》，向国务院南水北调办、河北省委、河北省政府报送信息专报18条，得到河北省委办公厅的通报表彰。为激励各市县做好宣传信息工作，河北省南水北调办对22个宣传信息先进单位和个人进行了表彰。

（郭晨英）

江苏省新闻宣传

2008年，江苏省南水北调办坚持围绕中心、服务工程，加强宣传工作的引导和管理，开展多种形式的宣传活动。利用中央电视台、新华社、光明日报、中国政府网、中国南水北调网和新华日报、江苏卫视、江苏水利网、江苏南水北调网等媒体，积极宣传国家和江苏省南水北调工程相关政策和建设进展情况，联合中国水利报开展“东线调水话江苏”和“工程建设者风采”系列报道，为南水北调工程顺利推进营造了良好的舆论氛围。

（一）宣传工作

江苏省南水北调办高度重视南水北调工程宣传工作，加强与新闻单位的沟通联系，为工程建设创造了一个良好的舆论氛围。2008年，重点做好部省领导调研检查、工程开工、泵站试运行等重要活动的宣传报道工作。1月17日，国务院南水北调办在南京召开工作会议期间，江苏卫视、新华日报对会议进行了及时报道，新华日报专门作了“聚焦江苏南水北调”整版报道，全面介绍江苏省南水北调工程开工建设五年多来取得的成果。10月25日，徐州市截污导流工程开工建设，标志着江苏段的截污导流工程全部开工，江苏省南水北调办策划了新闻宣传工作方案，起草了新闻通稿，积极与中央和江苏省主要媒体事先对接，工程开工的消息在中央电视台、新华社、光明日报、中国环境报、中国政府网、中新网、中国南水北调网和新华日报、江苏卫视、江苏水利网、江苏南水北调网等中央和省级媒体上及时进行了报道，取得了较好宣传效果。会同中国水利报开展“东线调水话江苏”和“工程建设者风采”系列报道，组织采访组深入工地一线，连续发稿数十篇30余万字，扩大了宣传，展示了风貌。以“建好南水北调工程，服务经济社会发展”为主题，在“中国江苏”政府门户网站上组织了在线访谈。办好江苏南水北调网站，加强网站运行管理，及时发布工程信息，调整优化网站主页，发布网站原创稿件近200篇，网站访问量达100万人次，成为江苏南水北调工程重要的宣传阵地和信息平台。

（二）信息工作

2008年，江苏省南水北调办围绕江苏南水北调工程建设，认真做好工程简报、专报信息、政务信息的编发和报送工作，全年累计印发简报20期、上报国务院南水北调办专报信息15期、江苏省政府政务信息29期，印发了江苏省南水北调系统应急信息报送和管理办法。

（王　军　袁连冲）

山东省新闻宣传

2008年，山东省南水北调新闻宣传工作服从和服务于南水北调工程建设大局，点面结合，务求实效，在扩大南水北调的知名度和影响力、营造良好舆论氛围上发挥了重要作用。

（一）进一步加强重点工作宣传力度

紧紧围绕南水北调工程建设全面提速、截污导流工程全部开工建设、济南市区段工程结合实施等重点工作，充分把握工程建设整体进展和不同时期工作重点，积极联系、组织人民日报、新华社、光明日报、经济日报、中国水利报等中央驻鲁各新闻单位和大众日报、山东省电视台等多家新闻媒体做好报道。全年共在省级以上报刊发表新闻稿件350余篇，在省级以上电视台、广播电台播出新闻60余次。

（二）认真组织专栏专访

在《中国水利报》策划开辟了“山东工程提速系列报道”专栏，发表系列报道12篇，并在12月26日刊登了江苏省水利厅副厅长、省南水北调局局长孙义福的专访文章。

积极开展日常宣传活动。结合“世界水日”和“中国水周”宣传活动，在南水北调工程沿线各市区开展了“人人爱护南水北调工程”系列宣传活动。加快了山东南水北调网站信息更新，全年共在网站上更新信息3000余条，点击3万余人次。

（三）进一步完善信息工作

在办好《南水北调工程动态》这一外部信息平台的同时，创建了《中层以上干部周总结和周计划》、《每周要情》两个内部信息平台，进一步完善了信息报送网络体系。2008年报送《周总结和周计划》34次，编发《每周要情》25期，外发《南水北调工程动态》109期，上报山东省政府、国务院南水北调办《专报信息》65期。

（武　健）

河南省新闻宣传

2008年，河南省南水北调办高度重视宣传信息工作，始终围绕南水北调中心工作和创建良好建设环境开展宣传，坚持信息宣传为群众服务、为领导决策服务、为工程建设服务的原则，努力提高宣传信息质量和水平；加大宣传工作力度，坚持正面宣传为主，坚持正确的舆论导向，努力营造良好的舆论氛围。全年编发简报95期、信息专报5期，新闻媒体和网站刊登河南省南水北调各种信息和报道等200多篇。

（一）强化南水北调面临形势的宣传教育

（1）中央对南水北调中线工程要求更高。党中央、国务院对南水北调中线工程建设高度重视，并寄予厚望。中共中央总书记胡锦涛、国务院总理温家宝等中央主要领导同志对南水北调中线工程有关问题多次作出重要指示和批示。温家宝在2008年5月10日听取河南省南水北调工程建设工作情况汇报时，强调要把南水北调中线工程建设成一流工程、廉政工程、生态工程、利民工程、和谐工程，对河南省南水北调工作提出了更高的要求，赋予了更加重大的责任。

（2）南水北调中线工程建设处在特殊时期。南水北调中线工程建设处在国家经济高速发展期、改革攻坚期和矛盾凸显期，工程建设与发展中的铁路、高速公路、油气管道、军事光缆、电力通信设施、历史文物等交叉多，拆迁任务重，群众诉求高，利益争执多，物价涨幅高，协调工作量大、难度高。

（3）南水北调中线工程建设重点将移向

河南。国务院南水北调工程建设委员会第三次会议确定了中线工程2014年通水目标，提出了2009年度工程建设计划，并决定中线工程建设重点移向河南。河南省将成为中线工程建设的主战场和影响中线工程大局的关键因素。通过形势宣传教育，进一步增强了对南水北调工程重要性的认识，进一步强化了以人为本的理念，进一步坚定了服从国家大局、服务河南发展、关注群众利益的原则，进一步激发了干部职工的热情和斗志，进一步增强了做好南水北调工作的紧迫感和责任感。

（二）做好南水北调在建工程进展动态宣传

南水北调中线在建工程通过各参建单位精心组织、精心管理、精心施工，沿线各级党委、政府大力支持，各项工程质量良好、进展顺利。河南省南水北调办注重抓住工程进展的关键节点，积极组织有关媒体进行采访宣传报道，并充分调动各参建单位宣传骨干的积极性，踊跃投稿。在建工程宣传信息工作有声有色。

（三）加强建设者风采的宣传，塑造南水北调精神

利用各种媒体积极宣传南水北调建设者的风采和精神，向全社会展示广大建设者不畏艰苦、日夜奋战在工程现场的先进事迹，讴歌广大建设者攻坚克难、开拓创新，以及沿线群众顾大局、识大体，大力支持国家重点工程的精神风貌，使全省上下大力支持南水北调工程建设，营造了良好舆论氛围。

（四）加强文明工地建设宣传，创建和谐施工环境

加强南水北调各建设单位广大职工积极开展“争做文明职工、创建和谐企业（单位）”活动的宣传，使广大职工牢固树立职业理想，恪守职业道德，提高职业技能，努力实现工程建设与周围环境的和谐、工程建设与当地群众的生产生活和谐、工程建设与打造沿线旅游风景线和谐，努力促进企业和谐稳定发展，打造现代文明企业文化。

（五）做好工程质量、干部队伍、水质环境和资金财务安全的宣传

做好建立企业保证、监理控制、法人负责、政府监督的质量管理体系，严格按照项目法人负责制、招投标制、建设监理制和合同管理制的要求，加强工程建设管理的宣传；做好加强组织队伍和制度建设，全面提高干部队伍素质的宣传；做好水源地和总干渠沿线水质保护的宣传；宣传加强资金管理、发挥资金使用效益的做法和经验。

（田自红）

湖北省新闻宣传

2008年，湖北省南水北调办按照“唱响主旋律，打好主动仗”的要求以及南水北调给湖北带来的发展机遇为主旨，大力宣传湖北作为中线水源地的特殊地位以及湖北为南水北调所作的贡献，充分发挥宣传工作引导舆论、沟通信息、指导工作、外塑形象、内聚力量的重要作用。

（一）借用宣传平台办理人大建议、政协提案

每年湖北省南水北调办都收到不少提案建议，是湖北省水利厅提案建议办理“大户”。提案建议主要是担心南水北调中线一期工程调水会给丹江口库区和汉江中下游地区的生产生活和生态带来一定影响。部分湖北省人大代表、政协委员认为，湖北省牺牲大、贡献大，但得到的补偿少；有些专家则提出，应先立法保护调水区的利益，后实施工程建设等。为引导社会各界正确认识南水北调中线工程的影响，营造支持南水北调中线工程建设的良好舆论氛围，湖北省南水北调办把每一个提案建议办理过程当作与代表、委员沟通的机会，由湖北省南水北调办领导带队上门听取意见，开展面对面的交

流，同代表、委员共同分析调水对湖北的影响，宣传调水给湖北省带来的发展机遇，赢得了代表、委员的理解支持。

（二）利用各种媒体扩大影响，反映南水北调工程建设成就

2008年，湖北省南水北调办利用国务院南水北调办网站、中国水利报、湖北日报等媒体，及时报道湖北省南水北调工程建设的进展工作和有关工作。为办好湖北省南水北调网站，湖北省南水北调办专门印发了《湖北南水北调网管理办法》，将网站各栏目的主办责任分解到了湖北省南水北调办机关各处，形成了湖北省南水北调办综合处牵头、其他各处积极参与的局面。

（三）办好简报和信息专报，及时反映工作动态

2008年，湖北省南水北调办编发《湖北省南水北调简报》和《湖北省南水北调信息专报》多期，以简报、专报为媒介，畅通工作信息交流，搞好上传下达，反映工作动态，推广典型经验，为各兄弟单位之间提供一个交流工作相互学习的平台，营造出一个争先创优的氛围。

（四）结合“五五”普法工作，积极开展“法律进工程”的宣传教育活动

重点在南水北调建管单位及参建企业中，举办招标投标法、劳动合同法、安全生产法等法规的专题教育学习。在施工现场悬挂统一设计的法制宣传画和标语，营造良好的法制氛围，确保依法管理、依法监理、依法施工。同时，积极利用“世界水日”、“中国水周”等重大纪念日和安全生产活动月，通过横幅、宣传板报、宣传单、现场政策咨询等形式，大力宣传南水北调工程的重大意义，认真讲解南水北调工程相关的政策与法规，争取全社会对南水北调工程的关注与支持。

（马　云）

南水北调中线干线工程建设管理局新闻宣传

2008年，南水北调中线干线工程建设管理局的宣传信息工作以立足南水北调中线京石段临时通水宣传为中心，以提高中线工程社会影响力为出发点，大力加强报纸、网站等平台建设，积极组织主流媒体开展重点工程的对外宣传，努力培育和加强企业文化建设，发挥了宣传信息工作的思想保证和舆论支持作用，有力推动了工程建设。

（一）《南水北调中线》报纸和南水北调中线干线工程建设管理局网站

截至2008年底，《南水北调中线》全年出版报纸68期，发行29万份，共出版72期，圆满完成历史使命正式停刊。南水北调中线干线工程建设管理局网站刊发消息2700多条，点击率达到48万人次。

报纸和网站紧紧围绕工程建设中心工作，坚持贴近工程、贴近建设者、贴近生活的原则，强化政治意识、大局意识、责任意识，集中版面，及时开辟栏目，积极策划活动，加大宣传报道力度，增大信息量，营造解放思想、求真务实、开拓进取、又好又快建设南水北调中线干线工程的良好舆论氛围，打好宣传主动仗。重点围绕南水北调中线干线工程建设管理局工作会议、动员会和表彰会议、穿黄盾构始发盛况、京石段建成通水等报道重点，报纸扩大版面、网站增设专栏，发挥各自不同特点，互动互补，形成宣传合力，迅速及时传递信息，实现了高速度、大容量宣传，增强了视觉冲击力，收到良好宣传效果。

（二）对外宣传

主要围绕京石段临时通水验收和京石段建成通水两个节点组织社会媒体开展宣传报道。提前研究制定了京石段临时通水验收宣传方案，准备了大量的宣传资料；主动邀请人民日报、新华社、中央电视台、光明日报、

经济日报、科技日报、中国日报、中国水利报等中央主要新闻媒体，在短时间内形成了集中报道；特别是在建成通水前夕，在中央电视台集中播出了深入解读京石段建设历程的两个专题片，形成了规模传播效应。

制定工作计划，开展系列专题宣传：①完成了《中国南水北调中线京石应急工程》宣传画册的编印、京石段宣传片和“决战京石段”展板的制作；②协调中央电视台拍摄京石段工程采访5次；③组织中央电视台“当代工人”摄制组，积极开展南水北调之京石段专题片拍摄，全面展示京石段建设的成就，播出后取得了积极的反响；④邀请新华社摄影部走进京石段工程现场，对京石段工程建设进行摄影报道，集中刊发图片报道；⑤组织经济日报、光明日报、科技日报等媒体对京石段工程进行专题报道。

（三）筹办《中国南水北调》报

根据国务院南水北调办的统一部署，南水北调中线干线工程建设管理局从2008年3月份开始研究筹备《中国南水北调》（内部报），由国务院南水北调办主管，南水北调中线干线工程建设管理局主办，定位是传达国务院南水北调建委决策部署和国务院南水北调办工作安排的工作指导报，是反映工程建设、活跃一线生活的工程建设报。国务院南水北调办批准了《中国南水北调》实施方案，确定了机构设置、人员编制、版面内容、资金来源、设备添置、印刷发行等相关事宜，办理了报纸的内部资料准印证，招聘了工作人员，为报纸出版发行奠定了基础。

（四）中线采风活动

2008年4月8～16日，南水北调中线干线工程建设管理局组织舒婷、叶延滨等国内12位知名作家、诗人、文学评论家对南水北调中线开展了采风活动，历时9天，单向行程2000余公里，先后参观了北京西四环暗涵、惠南庄泵站、漕河渡槽、穿黄工程、丹江口大坝加高工程。南水北调中线干线工程建设管理局成立了由局领导牵头的采风活动协调小组，负责筹划、接待、协调及文稿选编工作，得到了北京市、河北省、河南省南水北调办、中线水源公司的大力支持和配合。

这次采风活跃了企业的文学活动，拓展了建设者业余文化生活领域。建设者当中一批文学爱好者，与有相当影响的作家、诗人在工地亲密接触，探讨问题，合影签字，成为活跃、丰富建设者业余文化生活的盛事，构成了业余文化生活的重要内容；部分作家诗人的中线行，对文学爱好者起到了开启、引导的作用，使他们得到了经受濡染、吸收、提升和积累的机会；作家、诗人们在建设工地的活动，以及这次采风创作的文学作品的发表和传播，成为中线干线文化的重要组成部分，积淀在具有南水北调中线工程特色的输水文化之中。

（五）信息编发和报送

2008年，南水北调中线干线工程建设管理局编发《信息专报》30期，编发《工作简报》14期。主要加强了京石段工程建设信息的发布力度，及时将京石段工程建设进展情况、各级领导考察京石段工程建设等信息通过局网站向社会发布。加强网站信息的审查，及时与各建管单位沟通，保持发布信息宣传口径的一致性。

（王志文）

南水北调中线水源有限责任公司新闻宣传

（一）宣传工作

2008年，南水北调中线水源有限责任公司宣传工作始终坚持为工程建设营造了良好的舆论氛围，推动了工程建设顺利进行。南水北调中线水源有限责任公司围绕着服务工程建设、营造和谐氛围主题，进一步加大对工程建设的重要节点和关键技术环节、重点施工工艺的宣传工作，先后就2008年三枯施工、闸墩加高、坝顶500t门机安装、安全度汛等项工作进行了重点宣传。利用汉江集团庆祝丹江口水利枢纽开工五十周年活动，在汉江水利报上刊发专版，介绍南水北调中线水源工程建设的进展情况。通过以上活动，较好地向世人展示了中线水源工程的建设管理情况，发挥了宣传工作凝聚共识、营造氛围的作用。

及时调整了通讯网络并制定了宣传考核办法，实行优奖劣罚，大大提高了通讯员的写作热情，提升了新闻稿件质量。大力开展培训工作，采取专门培训和以会代训相结合的形式，抓好信息宣传人员的培训，不断提高他们思想政治素质和业务工作能力，解决“想写、会写、写好”的问题。2008年6月24日，南水北调中线水源有限责任公司聘请十堰日报社摄影部主任，对各部门及参建单位的宣传人员进行了摄影技术培训，近30名学员参加了此次培训，通过培训和教育，充分调动了大家的积极性，进一步使宣传工作得到全面提高。

做好奥运期间境外及港澳媒体的采访接待工作，2008年4月21～22日，凤凰卫视《中国江河水》栏目摄制组一行对南水北调中线水源工程——丹江口大坝加高工程进行拍摄和采访。2008年7月31日，半岛英语电视台对丹江口大坝加高工程进行了采访拍摄。南水北调中线水源有限责任公司积极配合采访人员，联系采访对象，协助拍摄，这些活动不仅增强了人们对南水北调工程的了解，还进一步树立了南水北调工程在国际上的良好形象。

认真办好《南水北调中线水源公司简报》，进一步提高《信息专报》报送质量，把那些有较强针对性、可靠性、时效性和价值高的信息及时提供给有关部门和领导，提高了信息的前瞻性、预测性。

2008年，南水北调中线水源有限责任公司在各类报纸、杂志、电视台和网站累计发表新闻稿件136篇（条），公司网站信息更新189条，编办《工作简报》12期，《信息专报》49期。

（二）普法工作

南水北调中线水源有限责任公司高度重视“五五”普法工作和法律进工程活动的开展，召开普法小组工作会议，对2008年的普法工作及法律进工程活动进行研究部署，制定“五五”普法工作和法律进工程活动年度计划，明确普法工作和法律进工程活动的工作目标、学习任务、活动安排，保证了各项工作落到实处。

为了确保工作收到实效，南水北调中线水源有限责任公司结合实际情况，创新活动形式，充分利用板报、网站、橱窗等形式，开展形式多样、丰富多彩、生动活泼的法制宣传教育。2008年5月，南水北调中线水源有限责任公司组织全体员工参加全国水利安全生产知识竞赛活动，对成绩优异者进行了表彰。这些活动的开展充分调动了员工参与活动的积极性。2008年12月4日，南水北调中线水源有限责任公司组织开展了以“宏扬法制精神、服务科学发展、促进工程建设”为主题的宣传教育活动，制作了法制宣传教育板报，以漫画的形式对《安全生产法》进行了详细的解读；在南水北调中线水源有限责任公司内网刊登了《保密法》宣传教育材料，对职工关心的计算机系统存在哪些主要安全问题、泄密隐患和途径，以及如何做好计算机系统的保密等问题进行了详细的解答，进一步提高了职工的保密意识和安全防范意识。

此外，南水北调中线水源有限责任公司还经常组织职工收看专题片，对职工进行法制教育。先后组织收看了《廉洁治家警示录》、《高速腐败——人生路上亮红灯》、《秉公用权——廉洁从政警示录》等专题片。

针对南水北调中线水源有限责任公司的实际情况，采取以自学为主、集中辅导为辅的形式进行学习，着重提高职工的法律意识和观念，以适应南水北调工程建设管理的需要，重点学习了《中华人民共和国合同法》、《中华人民共和国招投标法》、《安全生产法》等与工程建设相关的法律知识。2008 年 6 月 24 日，南水北调中线水源有限责任公司举办了水源工程第二期档案管理培训班，对档案法进行了系统的学习。同时，组织职工积极参加上级单位组织的各种法律培训班。

为使普法活动落到实处，南水北调中线水源有限责任公司在日常工作中强化了督促检查，普法工作领导小组成员经常深入各参建单位检查各项工作的落实程度。中线水源公司还与丹江口市检察院一同对各参建单位廉政合同的执行情况进行联合检查；组织开展了农民工工资发放情况的专项检查，确保农民工工资及时、足额的发放；定期组织安全生产、质量和防汛的专项检查，确保相关法律法规得以贯彻执行；对招投标工作，审计纪检监察处全过程进行监督，保证了招投标程序的合法性。

2008 年，南水北调中线水源有限责任公司把普法工作与职工干部队伍教育管理的长效机制建设结合起来，建立了思想政治定期分析制度，对公司中层干部和参建单位负责人的法制观念进行跟踪观察，防范在先。中线水源公司没有违法违纪情况发生，保证了工程建设的顺利开展。

（班静东）

南水北调东线江苏水源有限责任公司新闻宣传

2008 年，南水北调东线江苏水源有限责任公司注重把握正确的舆论导向，积极开展有规模、有深度、有适度的信息宣传工作，努力营造良好的工程建设氛围。

（1）办好江苏南水北调网站，认真做好信息维护工作，加强上网稿件审核把关，提高了网站信息质量，确保了信息安全。江苏南水北调网站访问量已经超过 93 万人次，许多工程动态信息被国务院南水北调网站和江苏水利网站等媒体转载，成为向社会全面介绍江苏境内南水北调东线工程的重要窗口。

（2）加强对外宣传报道，利用《中国水利报》、《南水北调周刊》和《江苏水利杂志》等平台，组织江苏水源公司和现场机构信息宣传工作人员积极投稿。2008 年 8 ~ 12 月开展了“聚焦完建看江苏”系列宣传报道，对解台、刘山、淮安四站、蔺家坝泵站、宝应站和江苏段建设管理情况进行了全面、深入、系统的专题报道。

（3）着力编报《工程建设月报》和《信息专报》。

（余　真）

肆 东线工程

THE EASTERN ROUTE PROJECT OF THE SNWDP

综 述

江 苏 段

概 述

2008年，江苏省南水北调工程建设领导小组办公室（以下简称江苏省南水北调办）和南水北调东线江苏水源有限责任公司（以下简称江苏水源公司）紧紧围绕建设“优质工程、节俭工程、廉洁工程”目标，精心组织，科学安排，紧扣重要节点，狠抓关键环节，南水北调江苏段工程建设进展顺利。全年累计完成投资5.1亿元，其中：调水工程年度完成投资2.16亿元，累计完成投资24.87亿元，占在建工程总投资概算的96.3%；截污导流工程年度完成投资2.94亿元，累计完成投资4.85亿元。淮安四站、刘山站、解台站、蔺家坝站工程相继建成，并通过泵站试运行验收；骆马湖水资源控制工程基本建成；淮阴三站机组安装全面开始，4台套机组中有2台套安装完成；江都站改造工程进展顺利，已完成总投资的三分之二。以蔺家坝泵站试运行成功为标志，依托已有的江水北调工程体系和新建成的一批南水北调工程，2008年江苏具备了应急调水出省的工程条件。10月25日，徐州市截污导流工程开工建设，以此为标志，江苏南水北调江都、淮安、宿迁、徐州四市截污导流工程全部开工建设，江都市截污导流工程已在2008年底基本建成。随着一批污水处理厂、综合治理等项目建成和投运，列入考核的江苏14个水质控制断面，有12个断面基本达到Ⅲ类水标准。

建设过程中，江苏省南水北调办和江苏水源公司积极探索实践南水北调新体制和新机制，着力加强管理创新和技术创新，形成了符合江苏省特点的建设管理和运行管理模式，新建工程投资可控、质量优良，得到有效管理，没有出现质量和安全生产事故。

（王 军 袁连冲 余 真）

前 期 工 作

2008年，《南水北调东线一期工程可行性研究总报告》经国务院批准。

2008年，江苏省南水北调办、江苏水源公司认真抓好前期工作，加大新开工项目初步设计编制和报审工作力度，启动江苏省南水北调配套工程规划编制工作，协调推进截污导流工程初步设计审查和批复，为工程顺利实施创造条件。

（一）调水工程初步设计

2008年，组织完成了泗阳站、刘老涧二站、淮安二站改造、高水河整治、泗洪站、金湖站、皂河一站改造、皂河二站、骆南中运河影响处理等9项设计单元工程初步设计，通过了水利部水利水电规划设计总院预审。泗阳站、泗洪站、刘老涧二站、皂河一站改造、皂河二站等5项设计单元工程初步设计通过了复审。抓紧组织剩余工程初步设计编制工作，加大里下河水源调整、两湖抬高蓄水位影响处理、血吸虫北移防护及调度运行系统等设计单元工程初步设计组织力度，顺利完成洪泽站、邳州站初步设计公开招标。

在初步设计组织过程中，江苏水源公司、江苏省南水北调办及各相关单位按照“运行可靠、质量优良、投资节省、资源节约、技术创新”的目标，建立设计单位、技术咨询机构、项目法人三级质量控制措施，组建江苏南水北调工程专家组，对重大技术问题进行把关，对设计进度和质量进行跟踪管理。按照“统筹工程建设和公司发展”的思路，加强工程管理、机电设备价格、供电线路和投资概算等关键问题的专题研究，组织开展贯流泵水力模型及装置、建筑与环境总体规划等创新研究工作，有效提升初步设计的质量和水平。强化施工图设计和设计变更管理，抓好设计变更审批与合同管理的协调，对概算执行情况进行预警提醒，严格控制工程投资。

（二）截污导流工程初步设计

江苏省南水北调办配合江苏省发展改革委、环境保护厅等部门，完成对徐州市截污导流工程可行性研究报告及环评方案、水保方案、尾水导流规模论证、排污口设置等单项报告的审查、批复工作，协助江苏省发展改革委完成对徐州市截污导流工程张楼中运河地涵工程初步设计报告、徐州市截污导流工程初步设计报告的批复工作，积极协调张楼中运河地涵工程与中运河扩挖工程结合施工，节省了投资，保证了工期，施工方案更为可靠；组织完成淮安市截污导流工程、宿迁市截污导流工程、徐州市截污导流工程年内开工项目的招标设计技术审查、招标设计审批以及招标文件审定工作。

（三）配套工程规划编制

根据国家发展改革委、水利部、国务院南水北调办《关于加快南水北调中、东线一期工程受水区配套工程建设的通知》、《南水北调东线第一期总体可行性研究》、《南水北调东线工程治污规划》，江苏省南水北调办会同江苏省发展改革委、江苏省水利厅联合编制印发了《江苏省南水北调配套工程规划任务书》，全面启动南水北调东线工程江苏境内的配套工程规划工作。

（薛刘宇　刘丽君　阎　玮）

投资计划管理

（一）投资计划完成情况

2008 年，长江—骆马湖段工程、骆马湖—南四湖段工程、骆马湖水资源控制工程等在建工程建设进展顺利，江苏、山东两省边界南四湖水资源控制工程开工建设；随着徐州市截污导流工程开工建设，江苏段 4 项截污导流工程已进入全面实施阶段。

2008 年，江苏段工程年度计划完成投资 5 亿元，实际完成 5.1 亿元（其中：调水工程完成 2.16 亿元，截污导流工程完成 2.94 亿元），占工程建设年度计划的 102%。江苏南水北调在建调水工程总投资概算 25.44 亿元，已经累计完成 24.87 亿元（含前期工作投资 0.38 亿元），占总投资的 96.3%。调水工程累计完成土方 4028.4 万 m^3，砌石 26.58 万 m^3，混凝土 37.57 万 m^3，金属结构 4108.74t，机电设备安装 51 台套。

（二）工程形象进度

解台站、淮安四站、刘山站、蔺家坝站工程在 2008 年相继建成，先后通过泵站机组试运行验收；淮安四站输水河道全面建成并通水；淮阴三站工程泵站主体结构基本完成，机组安装全面开始，完成 4 台套机组中的 2 台套安装；江都站改造工程中的三站改造、变电所工程按期完成，四站改造全面展开；骆马湖水资源控制工程主体工程基本完成。南四湖水资源控制工程中的姚楼河闸、大沙河闸工程开工建设，杨官屯闸工程因初步设计调整尚未开工。截污导流工程中，江苏段规划建设的江都、淮安、宿迁、徐州四市截污导流工程全部开工建设，截至 2008 年底，江都市截污导流工程主要建设任务基本完成，进入工程扫尾和水土保持施工阶段；淮安市截污导流工程里运河清淤Ⅰ标、Ⅱ标，里运河板桩护岸工程，清安河疏浚及护岸工程，清安河沿线配套建筑物工程，清安河穿运洞工程均进入全面实施阶段，截污干管工程施工进展顺利；宿迁市截污导流工程运西截污干管段工程、尾水输送城区段工程基本完成，运西提升泵站和压力输水管道工程、总提升泵站及管理房工程、尾水输送管山东河段工程启动实施；徐州市截污导流工程征地移民工作全线展开，张楼中运河地涵工程开始一期工程施工。

（薛刘宇　刘丽君）

建 设 管 理

（一）现场机构设置

江苏水源公司作为南水北调东线江苏境内工程的项目法人，全面负责工程建设管理和运营管理工作。根据工程建设特点，建立派驻现场建管机构，承担公司委托的建管职责。分别成立江苏省南水北调三阳河潼河宝应站工程建设局，具体负责三阳河、潼河、宝应站建设管理工作；成立江苏省南水北调刘山解台站工程建设处，具体负责刘山站和解台站工程的建设管理工作；抽调江苏省江都水利工程管理处骨干力量，组建省南水北调江都站改造工程建设处，较好地解决了江都水利枢纽加固和运行的关系，各项工作正有条不紊地进行；对技术要求高的淮阴三站工程，委托江苏省水利勘测设计研究院有限公司组建省南水北调淮阴三站工程建设处组织实施，主体土建基本完成；利用江苏省灌溉总渠管理处骨干力量，组建江苏省南水北调淮安四站工程建设处，较好地协调处理既有工程与新建工程的关系，工程基本完成并具备运行条件；对征地拆迁安置工作量大的淮安四站输水河道工程委托淮安市和扬州市分别组织实施，沿线水土保持工程已基本结束；省界工程蔺家坝站、骆马湖水资源控制工程、姚楼河闸工程、杨官屯河闸工程、大沙河闸工程，按照部省联席会议纪要精神，委托水利部淮河水利委员会治淮工程建设管理局南水北调东线工程建管局组织实施。

（二）招标投标

2008 年，江苏境内工程招标投标工作主要是：在建工程收尾总结，新建工程基础准备。

（1）在建工程招投标收尾工作。共招标标段 12 个，主要为工程装饰、水土保持和绿化施工、自动化控制、刘山解台工程管理、江都站电气设备等，总中标金额不大，但标段数量多、招标内容新、技术和协调难度高。江苏水源公司严格履行招投标各项规定，为在建工程选择了价优质好的承包单位。特别是刘山站和解台站工程管理标，其招标文件的编制是本年度工作的一项创新内容，做到了在文件结构上更加规范，合同条款、投标报价、支付、考核等章节逻辑性、严密性有所加强，为今后工程管理招标工作提供了经验。

（2）新建工程招标投标管理基础准备工作。为了做好新一轮工程建设招标投标工作，江苏水源公司对前一阶段招标投标管理作了总结，进一步完成了机电设备、水泵和电气成套设备等招标文件指导文本编制工作。

（三）合同管理

2008 年，江苏水源公司以非招标合同的管理为重点、以淮阴三站主体土建和主机泵合同管理为难点、以合同管理软件的研发为创新点，全面开展了江苏境内工程合同管理工作。各单项工程非招标合同严格按公司合同管理相关规定的限额执行上报审批制度，确保非招标合同规范管理。同时，加强招标形成合同的执行过程中的重点、难点环节管理，提高合同履约管理水平。为适应新一轮工程建设需要，利用网络平台，开发研制了合同管理软件，将应用于后续新开工项目。

（四）质量管理

2008 年，江苏水源公司主要从以下几个方面加强质量管理：① 进一步健全质量管理组织，完善各项规章制度；② 进一步建立健全质量管理网络，落实质量管理责任；③进一步建立健全施工质量检查体系，加强施工质量管理；④进一步加强检测，严格控制原材料、中间产品质量；⑤严格工序管理，确保工程质量；⑥主动接受工程质量监督机构的管理。

（五）安全管理

（1）健全安全生产组织管理网络，层层落实安全生产责任制。江苏水源公司进一步明确各参建单位的安全生产责任，实行由各参建单位主要负责人负责的安全生产责任制，明确各参建单位主要负责人对所承建工程的安全生产负总责，专（兼）职安全员、工区和班组（或分公司）负责人对所承建工程的安全生产负主要责任。江苏水源公司还建立了安全生产身份证备案制度，将在建工程各建设、监理和施工单位安全生产责任人的姓名、职务及身份证号码公布，主动接受社会监督。2008年年初与各现场建设管理单位签订了安全生产责任状，各现场建设管理单分别与施工单位签订了安全生产责任状，各施工单位与项目经理、项目经理部与各作业组或分包单位层层签订安全生产责任状。通过层层签订安全生产责任书，把安全生产工作落到实处。

（2）采取有效措施，杜绝安全隐患。江苏水源公司、各现场建设管理单位督促施工单位制定和完善安全生产规章制度和安全生产操作规程，建立正常的安全生产例会制度。对监理、施工单位的工作人员上岗进行登记，做到持证挂牌上岗。对高空作业、电工、起重、驾驶等特殊工种人员，建立特殊工种人员档案，加强岗前培训。上岗前进行安全教育和安全技术交底，按照相关制度和规程进行施工。对施工人员组织开展技术培训和技术比武，提高技能水平。为防止人身安全事故发生，组织各施工单位采取以下防范措施：①对施工机械进行定期、不定期维修保养。对特种机械邀请有关部门进行设备检测，确保施工机械的完好，减少机械运行故障。②驾驶员实行持证上岗，按规定进行年检，按照安全生产操作规程施工，以消除疲劳工作状态，杜绝安全隐患。③对高空作业施工，重点做好防人员坠落和防落体伤人防范工作。施工人员一律佩戴安全帽、安全带，施工现场配挂安全网。平时加强培训，提高高空作业人员素质，防止出现不安全因素，保证安全生产。江苏境内在建工程大部分位于现有水利工程防汛关键部位，在不影响水利工程原有防汛、排涝和灌溉等功能的同时，需统筹工程建设安排，确保在建工程安全度汛和做好施工导流工作。江苏水源公司在2008年初即组织编制在建工程年度防汛预案和施工导流方案，主动与防汛防旱部门汇报、沟通，缓解在建工程防汛压力。同时组织对各在建工程开展防汛检查，落实安全度汛措施，确保在建工程安全度汛。

（3）齐抓共管，安全生产工作成效显著。按照国务院安全生产委员会、国务院南水北调办统一部署，江苏水源公司着眼于治大隐患、防大事故的要求，分别开展了安全生产专项整治活动、安全生产隐患排查治理专项行动，取得了明显成效。根据江苏境内在建工程特点，先后制定了《2008年南水北调江苏境内工程安全生产专项整治工作实施方案》、《南水北调东线江苏境内在建工程安全隐患排查工作方案》、《南水北调江苏境内工程安全百日督查专项行动实施方案》，各现场建设管理单位也制定了实施细则，分阶段扎实做好工程安全生产专项整治工作和安全隐患排查工作，取得了预期效果，2008年江苏境内在建工程没有发生安全生产事故和防汛事故。

（施　伟）

科　学　技　术

2008年，江苏水源公司紧紧围绕前期工

作和工程建设，积极组织开展课题研究和技术创新，及时组织科技成果验收，为成果推广应用创造条件。

（1）加强重点科研项目组织协调。江苏水源公司承担了“十一五”科技攻关课题“大型贯流泵关键技术与泵站联合调度优化”项目。在项目推进过程中，制定了年度工作时间节点和阶段成果目标，定期组织召开课题工作会议，该项目已完成2套贯流泵装置模型开发及贯流泵站结构振动相应分析软件。同时，加强对水利部公益项目“泥水分离与淤泥固化技术现场试验研究”成果的分析，申报相关专利3项。

（2）加强“产学研”工作机制建立。江苏水源公司建立科研机构与设计单位、建设单位的协调工作机制，强化科研成果与前期工作及工程建设管理相结合。在初步设计编制过程及审查修改工作中，协调课题组与设计单位衔接，参与设计方案讨论会。开展的徐洪河工程洪泽湖湖区抽槽段水流数学模型研究、泗阳泵站流道及泵装置研究及沙庄引江闸物理模型研究等均已在初步设计中应用，取得良好效果。

（3）加强科技成果推广应用。江苏水源公司在加强产学研机制建立的同时，分层次组织做好科研项目的成果管理工作，为成果推广应用创造条件。开展的贯流泵装置研究成果已在泗洪站、金湖站泵装置设计选型中应用，并在江苏省通榆河北延工程中得到应用；建筑与环境规划和工程管理功能区规划成果在单项初步设计及建设中普遍应用；项目管理及设计变更专题研究成果在设计工作管理和投资控制中得到应用等。同时，江苏水源公司还采取切实措施，加强知识产权保护，在项目研究中建立了保密承诺书制度。

（4）加强科研项目申报立项。江苏水源公司积极组织编制“南水北调河道疏浚泥资源循环型处理技术”项目建议书，申报国家“十一五”科技支撑计划立项，已通过科技部项目初审及专家咨询。“贯流泵装置模型试验研究”、“初步设计质量控制措施研究”获得了国务院南水北调办立项及经费支持。

（阎　玮）

征　地　移　民

2008年，刘山站、解台站、蔺家坝站、淮阴三站、淮安四站及输水河道、骆马湖水资源控制工程征地移民工作基本完成。江苏、山东两省边界姚楼河闸、大沙河闸工程清除地面附着物，办理了交地手续，杨官屯河闸因工程设计调整等原因，征迁尚未全部完成。江都市、宿迁市截污导流工程拆迁工作基本完成，淮安市截污导流工程拆迁安置工作有序开展，徐州市截污导流工程拆迁工作全面启动。征地移民工作保证了南水北调工程顺利实施，保证了拆迁群众安居乐业，江苏省南水北调办被国务院南水北调办授予征地移民先进单位称号。

（一）移民安置基础工作

1. 征迁实物量调查复核

2005年，江苏省南水北调办开展了南水北调工程全线征迁实物量调查。由于南水北调东线一期工程总体可行性研究报告在2008年10月通过国务院批复，时间跨度较大，实物量有所变化，江苏省南水北调办及时协调设计单位，认真做好金宝航道、泗阳站、骆南中运河、徐洪河影响以及徐州市截污导流工程等征地拆迁实物量调查复核，完善初步设计阶段的移民安置规划方案，提高初步设计的实物指标准确性，保证初步设计移民安置规划达到应有深度。

2. 统一工程征迁补偿标准

吸取已开工的南水北调工程移民安置规划因深度不够带来相关问题的教训，在刘老涧站、泗阳站、泗洪站、皂河一站、皂河二站、淮安二站等工程初步设计审查阶段，提

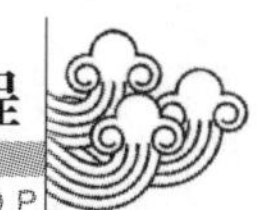

前布置并指导移民安置规划编制。对征用耕地的年产值、房屋及其附属物重置补偿标准进行调查测算，致函承担初步设计任务的设计单位，统一征迁补偿标准，做到同一批项目征迁实物量补偿标准口径一致，避免以往初设审查不同项目不同标准的矛盾，为工程顺利实施创造条件。

3. 提前安排新开工项目计划

为响应国家拉动内需、加快基础设施建设的部署，江苏省南水北调办提前布置，倒排工期，测算即将开工工程的移民投资和工作量，制定了刘老涧二站、泗阳站、皂河二站、皂河一站改造、泗洪站等的征地移民实施计划，同时与征地移民涉及的宿迁市协调，商讨成立相应的南水北调领导小组及办公室和县级征地移民实施管理机构的方案，为加快工程建设夯实移民拆迁安置基础，保证工程按时开工建设。

4. 征迁安置培训及研究

组织市县南水北调征迁部门人员参加国务院南水北调办举办的征地移民工作研讨和档案管理培训。举办了江苏省南水北调工程征地移民档案管理工作培训班，聘请专家对具体从事征地移民档案管理工作的人员进行培训指导，提高相关人员移民档案管理水平。江苏省南水北调办主持的“南水北调征地移民监理规范研究”课题研究，获得江苏省水利科技成果三等奖。

（二）截污导流工程移民安置工作

1. 培训征迁移民机构人员

截污导流工程的项目法人由地方承担，征地移民实施机构都是新成立的机构，缺乏实施经验。为提高征迁人员的政策水平和规范实施的能力，江苏省南水北调办会同各市截污导流工程项目法人对市县两级征迁实施人员进行培训，讲解征地移民政策法规和实施流程等，内容涵盖征地拆迁范围确定、地面附着物拆迁、搬迁安置、专项设施迁建、企事业单位复建、移民生产生活安置和用地手续办理等，有效提高了从事征地移民人员的政策水平和执行能力。

2. 指导编制“移民安置实施方案”

截污导流工程初步设计批复后，江苏省南水北调办及时指导各市截污导流工程建设处及其拆迁机构，按照《江苏省境内南水北调工程建设征地补偿和移民安置方案编制大纲》要求编制“移民安置实施方案”，实地指导进行实物量复核、公示，建立“一户一卡”，按实际编制实施方案。应各拆迁机构和设计单位的需求，对编制的实施方案初稿进行把关和指导。为加快徐州截污导流进程，江苏省南水北调办派出技术人员，为徐州市截污导流工程征迁机构人员专门讲授实施方案编制要领。通过加强指导，促进了各截污导流工程项目法人征地移民工作的有序推进。

3. 审批“移民安置实施方案”

江苏省南水北调办及时组织审批了江都、宿迁、淮安三市截污导流工程的移民安置实施方案。宿迁截污导流工程涉及城区拆迁，在不突破移民概算的前提下，按照地方城区拆迁标准批复，减少地方拆迁时操作上的难度。对淮安截污导流工程，结合地方进行贴补的实际情况，先后两次到现场核查征迁红线范围的合理性和实物量的准确性，指导合理编制城区拆迁安置方案。

4. 落实征地移民投资包干任务

江苏省南水北调办与江都、淮安、宿迁市截污导流工程建设处签订了工程征迁补偿和移民安置投资包干协议书，明确征地拆迁和移民安置任务、完成时间、包干投资、相关政策等。

5. 征地移民监理和监测评估

通过公开招标确定江都、淮安、宿迁市截污导流工程征地移民监理和监测评估单位，对征地拆迁和移民安置的进度、质量、资金兑付情况进行监督检查；对农村移民搬迁前的生产、生活情况进行基底调查；对移民安置后生产、生活落实，专项设施复建、企事业单位迁建等情况进行监测。

（三）协调南四湖水资源控制工程建设用地

为推动南四湖水资源控制工程建设，江苏省政府、江苏省水利厅、江苏省南水北调办、徐州市政府多次召开专题协调会议，落实国务院南水北调办意见，要求市县按照2003年部省联席会议纪要精神，统一思想，顾全大局，化解矛盾，和谐治水，积极做好群众思想教育工作，加快推进征地拆迁工作，为工程顺利建设创造条件。

（1）尽量解决基层诉求。有关主管部门对杨官屯河闸、大沙河闸通航孔宽度进行了调整，并按有关规范进行技术修改。将湖西洼地治理、支河排涝等配套工程列入水利规划，分期实施。

（2）开展实物量复核。南四湖水资源控制工程姚楼河闸、杨官屯河闸、大沙河闸2003年编制初步设计，从初步设计到工程开工长达5年，实物量变化较大，边界“插花地”多，实物量复核至关重要。江苏省南水北调办分别于5、7、9月三次协调设计单位、移民监理单位、建设单位及市、县、乡、村联合进行现场实物量复查，当场签字认可，做到一物一清、一事一清。

（3）清理地面附着物。为满足工程用地需要，江苏省南水北调办与徐州市政府于10月份签订《南四湖水资源控制工程姚楼河闸、杨官屯河闸、大沙河闸征地补偿和移民安置包干协议书》。江苏省南水北调办先后十多次到工程现场督促协调，及时协调拆迁工作中的矛盾，做好拆迁工作。

（四）处理在建工程征迁扫尾和遗留问题

对征地拆迁专项验收及档案整理等工作进行具体部署，要求建设单位及时复耕临时占地交还地方，做好征地拆迁和移民安置实施相关信息、资料收集和档案管理。

对白马湖穿湖段的渔民养殖户倒网问题进行现场会商，对淮安四站17亩征地矛盾进行协调，保证了工程顺利施工。

协调处理蔺家坝工程因河道疏浚施工排泥场阻工、临时占地延期、进场道路损坏问题，与江苏省交通部门协商处理解台船闸与解台站管理范围划界问题。

（五）推进工程用地手续办理

为尽早办理工程正式用地手续，江苏省南水北调办多次与国土资源管理部门协商已开工工程正式用地手续办理相关事宜，并就征地服务费、勘界费、规划调整费等进行会商。督促工程设计单位及时提交用地手续办理征地红线图，向工程所在地国土资源管理部门递交工程办理用地手续申请。

（六）征地移民资金管理监督

督查市县征迁部门做好国家审计署对南水北调工程审计决定中的有关整改工作。委托审计机构对淮安市实施的淮安四站及输水河道工程进行全面审计。通过内审和整改，进一步规范了征地拆迁程序，保证征地移民专项资金规范使用。

（七）制定“征地移民年度考核办法”

根据《大中型水利水电工程建设征地补偿和移民安置条例》（国务院令第471号）和《南水北调工程建设征地补偿和移民安置暂行办法》（国调委发［2005］1号），结合江苏省征地补偿工作实际情况，为做好南水北调工程征地拆迁和移民安置年度考核工作，确保南水北调工程顺利实施，江苏省南水北调办制定印发了《南水北调东线一期江苏境内工程建设征地移民年度工作考核办法》。

（王志林　徐忠阳）

工程基金

江苏省政府及有关部门高度重视南水北调工程基金征收工作，采取多种措施加大基金征收力度。一是及时下达2008年度各市南水北调工程基金征收任务，并督促各市将征收任务进一步分解至县（市、区）。二是江苏省水利厅联合江苏省发展改革委、财政厅、物价局等部门，对全省“两费”征管工作进行了专项督查，对各地调价政策、减免清理、任务下达、征收到位、资金管理和缴省入库等方面进行检查和考核。三是在全省水利先进单位和先进个人评比工作中，实行贯彻执行水资源费征收一票否决制度。四是江苏省水利厅会同省审计厅在全省范围内组织开展自来水行业“两费”专项稽察，全面稽察78家县（市、区）城以上自来水企业的取水、用水和“两费”缴纳情况。2008年，江苏省征收南水北调工程基金2亿元，累计征收3.6亿元。

（杨金海　张树麟）

环 境 保 护

南水北调东线成败的关键在治污。按照“先节水后调水，先治污后通水，先环保后用水”的要求，江苏省坚持把做好南水北调治污工作作为贯彻科学发展观、加强环境保护、加快生态省建设的重要举措。江苏省政府召开淮河流域暨南水北调东线治污工作会议，对加强南水北调治污工作提出明确要求。省领导多次深入一线调研，检查工程建设，研究解决工程建设中的重点、难点问题。

根据治污实施方案所确定的治污工程项目，按照条和块分类，根据治污工程的性质和内容，江苏省将102个治污工程项目的建设责任落实到省有关部门和各级政府，要求各地抓紧工程建设进度，倒排工期，确保全面完成工程建设任务。

南水北调东线江苏段水质逐年得到提高。2008年，江苏段14个控制断面水质按高锰酸盐指数、氨氮、挥发酚、溶解氧、石油类、五日生化需氧量6项指标评价，有12个达到地表水Ⅲ类标准，达标率85.7%。

（杨金海　张树麟）

文 物 保 护

2008年，南水北调东线江苏段一期工程控制性文物保护工作全面完成。三垛遗址、耕庭遗址、岗西遗址、陶河遗址、土桥化石地点、万民村化石地点、临西墓群等7项考古发掘报告编写完成。南水北调一期控制性项目8项地下文物点考古发掘报告编写完成。完成骆马湖水资源控制工程新增文物保护项目，《山头墓地》考古发掘报告即将出版。对高邮三垛民居迁建工程进行了验收。积极筹备实施二期控制性8个项目，制定文物保护实施方案，拟定文物保护协议，上报考古发掘申请，部署考古发掘队伍等。

南水北调江苏段文物保护工作，自2004年4月开始，在经国家文物局批准后，江苏省文物局组织南京博物院、徐州博物馆、邳州博物馆、南京大学、南京师范大学等单位，对韩庄运河、中运河及骆马湖堤防工程省界段江苏省境内工程范围内的梁王城遗址、梁王城汉代墓地、山头遗址进行了抢救性考古发掘，2008年底全部完成。

经过5年的工作，发掘面积12 600m^2，其中梁王城遗址10 000m^2，梁王城汉代墓地2000m^2，山头遗址600m^2。共发现各时期的墓葬248座，灰坑501处，房址25座，以及道路、水井等遗迹，出土陶器、瓷器、石器、铜器、玉器等4000余件。三处遗址以梁王城遗址最为重要，最具代表性，文化层堆积深厚，内涵丰富。最早为新石器时代的大汶口文化，其后依次为龙山文化层、西周文化层、春秋战国文化层、北朝—隋文化层及宋元文化层。其中大汶口文化早期的120座墓葬和聚落遗存，为研究该地区大汶口文化早期的聚落、社会组织、生产状况提供了重要的考古资料。西周墓地填补了苏北地区商周考古的空白，为黄淮地区和中原地区的文化交流和沟通以及徐国史的研究找到了新的突破口。

通过发掘，确认了梁王城城址是春秋战国时期苏北最大的城址，面积100万 m^2 以上。丰富的六朝遗存对研究六朝时期南北文化交流具有重大意义。

江苏省文物局对已发掘出土的大汶口文化墓葬整体套取运回博物馆，拟作陈列展示。对考古发现的梁王城西城墙进行了加固保护。

（王志林　徐忠阳）

工程审计与稽察

2007年，国家审计机关对江苏境内在建工程进行了全面审计，出具了审计报告，作出了审计决定。为做好审计整改工作，首先对审计报告提出的问题进行归类和逐条分析；其次提出整改方案，明确整改措施和责任部门；同时召集相关责任单位进行部署落实。在各相关责任部门的配合下，审计决定已在国家审计署规定期限内执行完毕，审计报告指出的问题也于2008年5月份整改到位。按照国家审计署的要求，向国家审计署书面报送了审计决定和审计报告的执行情况，并通过国务院南水北调办组织的复查。

2008年3月初，国务院南水北调办委托北京大信会计师事务所对江苏省落实国家审计署审计报告及审计决定整改情况进行复查，同时对公司本级以及淮阴三站、淮安四站及江都站改造3个工程项目进行专项审计。江苏水源公司精心准备、积极配合，较好地完成了审计配合工作。一是全面检查公司本级和淮阴三站、淮安四站及江都站改造财务管理、合同管理情况，对检查出的问题及时要求整改；二是积极做好审计配合工作，审计过程中主动提供资料，介绍情况，并积极与审计人员进行交流、沟通，同时对审计报告多次提出修改意见；三是对审计中发现的问题要求有关单位及时整改到位，并按照国务院南水北调办的要求及时报送整改报告。从审计结果来看，能够严格执行国家有关财经法规和公司的规章制度，资金使用规范，确保了工程建设资金安全规范。

（侯　勇）

治污工程进展及水质

（一）工程进展

2008年，《南水北调东线工程江苏段控制单元治污实施方案》确定的102个治污项目全部开工建设，累计完成93项，完成率91.2%。9项在建，在建率8.8%。其中，65项工业点源治理项目和26项污水处理厂已全部完成。6项综合整治项目已全部开工，其中，苏北运河船舶污染综合整治项目已建成并通过验收；徐州桃源、大吴氧化塘项目，为了提高处理效果，已改成污水处理厂，正在实施；江都垃圾场搬迁项目已完成新垃圾场建设工作，老垃圾场已封场；高邮黑液塘项目和江都水源生态保护项目正抓紧实施。5项截污导流工程全部开工建设，其中泰州市截污导流工程一期工程已由地方政府通过银行贷款建成投运，江都市截污导流工程基本建成。

（二）水质情况

按照《南水北调东线江苏段14个控制单元治污方案》，在江苏段调水干线设定14个水质控制断面，控制指标中的水环境质量指标分别为：高锰酸盐指数、溶解氧、石油类、挥发酚、五日生化需氧量5项，污染物总量控制指标是：化学需氧量、氨氮。2008年，14个控制断面中有12个断面水质达到Ⅲ类，达标率为85.7%。总体上看，南水北调东线江苏段总体水质在不断改善。

（杨金海　张树麟）

山 东 段

概 述

2008年，山东省重点做好全力推进总体可行性研究尽快批复，在建工程全面提速，穿济南市区段输水工程与小清河综合治理工程结合实施，确保截污导流工程年内全部开工，力争两湖段工程尽早开工，开展工程运行管理体制和机制研究等南水北调工程建设管理工作，取得明显进展和积极成效。

（一）在建工程全面提速

南水北调东线山东段11个单项工程已开工建设6项。自2002年12月27日济平干渠工程开工以来，南水北调东线山东段累计下达投资计划65.26亿元，到位资金36.82亿元，完成投资33.9亿元。其中2008年争取国家下达投资计划41.32亿元，到位资金14.61亿元，完成投资18.18亿元。济平干渠工程已建成通水并发挥效益，电力线路、堤防绿化、水土保持、堤顶交通道路、安全防护等附属工程建设已完成，同时积极做好国家竣工验收前的各项准备工作。韩庄运河段工程的万年闸、台儿庄泵站主体工程基本完成；韩庄泵站工程正进行主厂房的基坑土方开挖、出水渠渠道开挖、渠堤填筑施工等工作；三支沟、魏家沟两项水资源控制工程主体工程基本完工。南四湖水资源控制及水质监测工程的二级坝泵站的引水渠基本完工，已进行了水下工程验收，主、副厂房和站区平台、围堤及引水渠筑堤回填等土方工程正在有序进行；杨官屯河闸、姚楼河闸、大沙河闸和潘庄引河闸工程同水利部淮河水利委员会治淮工程建管局签订了委托建设协议，完成了征迁工作，正在建设。东线穿黄河工程的穿黄隧洞已开挖，引水渠工程和滩地埋管正在实施。济南—引黄济青段的济南市区段工程扎实推进，整个截污导流工程建设进展顺利。

（二）前期工作有了重大突破

21项截污导流工程的可研报告和初步设计获得批复并全部开工建设，兑现了山东省政府向国务院的庄严承诺；济南市区段工程实现了与小清河综合治理工程结合实施；南四湖—东平湖段工程7个设计单元工程当中的5个初步设计通过了水利部水利水电规划设计总院（以下简称水利部水规总院）的技术审查，另外2个已与山东省交通部门达成一致意见并联合上报；济南以东段工程初步设计已正式上报；鲁北段等单项工程正抓紧开展初设工作。

（三）工程运行管理逐步规范

济平干渠工程建成通水后，在国家尚未明确管理模式的情况下，山东省组建了济平干渠工程管理局，设上、下游2个管理处和13个管理站，开展了遗留工程扫尾建设、工程养护、防护林病虫害防治、管理机制创新等工作，完成了环境保护部对工程环境保护的专项验收。在总结探索济平干渠管理经验教训的基础上，安排开展了南水北调工程运行体制、泵站运行管理机制两个课题的调查研究，提出了符合实际的南水北调工程运行管理方案，为工程完工后运行管理提供技术支持。即将完工的台儿庄泵站运行采取委托管理的模式，委托山东省胶东调水局负责工程建成后的运行管理工作。同时，开展了泵站运行管理人员提前选拔、培训工作。

（武 健）

前 期 工 作

2008年，《南水北调东线一期工程可行性研究总报告》经国务院批准。

南水北调东线一期山东段共11个单项工程，53个设计单元工程。济平干渠单项工程已于2005年12月建成通水；韩庄运河段、穿黄河工程、截污导流工程三个单项工程的所有设计单元工程和南四湖水资源控制与水质监测工程中二级坝泵站、济南—引黄济青段工程中济南市区段两个设计单元工程等几个项目在建；其余设计单元工程的可研报告已纳入《南水北调东线一期工程可行性研究总报告》，初步设计工作正在开展，将逐步开工建设。

（一）南四湖—东平湖段工程

南四湖—东平湖段工程全长约79km，主要工程内容可概括为“一湖、两河、三站、一影响”。“一湖”即南四湖湖内输水工程，“两河”即梁济运河、柳长河输水工程及其配套建筑物工程，“三站”即长沟泵站、邓楼泵站、八里湾泵站，“一影响”即利用梁济运河、柳长河输水对灌区影响处理工程。该段工程由山东省水利勘测设计院总负责，中水淮河公司负责八里湾泵站的设计工作。该工程可研报告已于2003年10月编制完成，2004年4月即通过水利部的审查。山东省提出输水与航运结合后，国家发展改革委要求水利部商交通运输部和山东省尽快编制《南水北调东线南四湖—东平湖段航运结合输水工程可行性研究报告》。南四湖—东平湖段工程输水与航运结合的可研报告于2007年11月由水利部会同交通运输部进行复审，上报国家发展改革委。2008年7月31日～8月2日，山东省南水北调工程建设管理局（以下简称山东省南水北调建管局）会同山东省交通厅京杭办在济南组织专家对初步设计报告进行了初审。由于与航运结合紧密的跨梁济运河和柳长河输水渠道桥梁工程存有异议，山东省南水北调建管局申请先期审批南四湖湖内输水工程、长沟泵站、邓楼泵站、八里湾泵站及灌区影响处理等5个设计单元工程，并于2008年9月25日上报国务院南水北调办。11月28日～12月5日，国务院南水北调办委托水利部水规总院在北京对该工程输水与航运结合（5个设计单元工程）初步设计报告进行审查，12月25日、28日进行了复审。

（二）济南—引黄济青段工程

济南—引黄济青段工程可概括为：“一渠、两库”。“一渠”即济南—引黄济青段输水渠及其交叉建筑物工程；“两库”即东湖水库和双王城水库。济南—引黄济青济南以东段“一渠两库”3个设计单元初步设计项目法人已经组织初审，设计单位山东省水利勘测设计院根据专家初审意见进行了修改、补充和完善工作，初设报告于2008年12月29日上报国务院南水北调办。

（三）其余单项工程

鲁北段工程、东平湖输蓄水影响处理工程初步设计工作正在按照计划开展；南四湖下级湖抬高蓄水位影响处理工程、调度运行管理系统工程初步设计已开展招标设计前期研究工作；工程管理专项报告已经于2008年10月14日上报国务院南水北调办。

（徐国涛）

投资计划管理

（一）投资计划及完成情况

截至2008年12月，南水北调东线一期工程山东省境内已开工项目有济平干渠工程、万年闸泵站工程、韩庄泵站工程、台儿庄泵站工程、二级坝泵站工程、东线穿黄河工程、截污导流工程和济南—引黄济青济南市区段工程8个项目。国家共下达山东省南水北调工程投资计划652 604万元，其中中央预算内投资237 040万元，中央预算内专项资金29 000万元，南水北调工程基金127 309万元，贷款259 255万元。共到位资金368 200万元，其中中央预算内投资237 040万元，中央预算内专项资金29 000万元，南水北调工

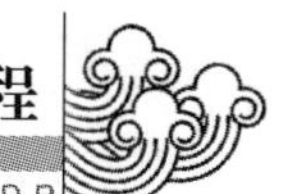

程基金43 160万元，贷款59 000万元。

（1）济平干渠工程，共下达计划130 615万元。其中，中央预算内专项资金55 800万元、地方配套38 800万元、贷款36 015万元。到位资金106 960万元，其中，中央预算内专项资金55 800万元、省级水资源费27 160万元、贷款24 000万元。工程累计完成投资125 465万元。

（2）万年闸泵站，共下达投资计划19 000万元。其中，中央预算内专项资金12 000万元、贷款3000万元、南水北调工程基金4000万元。实际到位资金16 000万元，其中中央预算内专项资金12 000万元、南水北调工程基金4000万元。万年闸工程累计完成投资19 030万元。其中2008年完成投资4687万元。

（3）韩庄泵站工程，共下达投资计划17 000万元。其中，中央预算内投资1000万元、中央预算内专项资金8000万元、贷款4000万元、南水北调工程基金4000万元。实际到位资金13 000万元，其中，中央预算内投资1000万元、中央预算内专项资金8000万元、南水北调工程基金4000万元。韩庄泵站工程累计完成投资5017万元，其中，2008年完成投资3398万元。

（4）台儿庄泵站工程，共下达投资计划20 400万元。其中，中央预算内投资1500万元、中央预算内专项资金8900万元、贷款3000万元、南水北调工程基金7000万元。实际到位资金19 400万元，其中，中央预算内专项资金10 400万元、贷款2000万元、南水北调工程基金7000万元。工程累计完成投资19 836万元，其中，2008年完成投资6228万元。

（5）二级坝泵站工程，共下达投资计划19 954万元，全部为中央预算内投资。实际到位资金19 954万元。工程累计完成投资10 184万元，其中，2008年完成投资7860万元。

（6）东线穿黄河工程，共下达投资计划40 000万元。其中，中央预算内投资20 000万元、贷款10 000万元、南水北调工程基金10 000万元。实际到位资金20 000万元，均为中央预算内投资。2008年工程累计完成投资13 448万元。

（7）截污导流工程，共下达投资计划147 548万元。其中，中央预算内投资43 300万元，贷款73 248万元，南水北调工程基金31 000万元。实际到位资金51 300万元，其中中央预算内投资43 300万元，贷款8000万元。工程累计完成投资26 799万元。其中本年完成投资26 799万元。

（8）济南市区段工程共下达投资计划210 000万元。其中，中央预算内投资65 000万元，贷款120 000万元，南水北调工程基金25 000万元。实际到位资金90 000万元，其中中央预算内投资65 000万元，贷款25 000万元。工程累计完成投资97 505万元。本年完成投资97 505万元。

前期工作经费（含国务院南水北调办下达的初设经费）共下达计划19 400万元，全部为中央预算内投资，已完成18 500万元。

（二）工程建设进展

（1）济平干渠工程，于2002年12月27日开工。截至2008年底，共完成土石方开挖1221.83万m^3，土方填筑725.46万m^3，钢筋制安19 094t；混凝土及钢筋混凝土浇筑55.32万m^3，机电设备安装581台套，金属结构安装605.43t，渠道衬砌86km，桥梁130座，倒虹吸39座，水闸33座，渡槽7座，排涝站2座，跌水1座；植树33.2万株。济平干渠工程已于2006年12月30日进行了项目法人验收。

（2）万年闸泵站工程，于2004年11月18日正式开工建设，是山东境内第一座开工建设的大型泵站。截至2008年底，万年闸泵站工程共计完成土石方开挖113.90万m^3，土方回填45.29万m^3，浆砌石2.39万m^3，混凝土浇筑 49 330m³，金属结构制作安装 1124.34t。总计完成投资 19 029.81 万元。工程迁占及地面附着物补偿工作已经基本完成。其中实际永久征地 789.4 亩，搬迁 41 人，生产安置 495 人，拆迁房 1628m²。

（3）韩庄泵站工程，于 2007 年 4 月 3 日开工。截至 2008 年底，韩庄泵站工程共完成土方开挖 44.6 万 m³，石方 0.1 万 m³，混凝土浇筑 14.85m³，总计完成投资 5017.14 万元。工程迁占及地面附着物补偿工作已经基本完成。其中实际永久征地 555.3 亩，搬迁 17 人，生产安置 364 人，拆迁房 655m²。

（4）台儿庄泵站工程，于 2005 年 12 月 18 日正式开工。截至 2008 年底，台儿庄泵站工程共完成土方 97 万 m³，石方 2051m³，混凝土 52 500m³，金属结构 804t。总计完成投资 19 835.90 万元。工程迁占及地面附着物补偿工作已基本完成。其中永久征地 381.8 亩，搬迁安置 129 人，生产安置 1035 人，拆迁房屋 6124m²。

（5）二级坝泵站工程，于 2007 年 3 月 30 日开工建设。截至 2008 年底，二级坝泵站工程共完成土方 130.33 万 m³，混凝土 5075m³。总计完成投资 10 184.31 万元。工程迁占及地面附着物补偿工作已基本完成。其中永久征地 901.8 亩，生产安置 489 人，拆迁房屋 280m²。

（6）东线穿黄河工程于 2008 年 3 月 1 日正式开工建设。截至 2008 年底，东线穿黄河工程共完成土方 109.07 万 m³，石方 0.61 万 m³。总计完成投资 13 448.34 万元。工程迁占及地面附着物补偿工作正在进行中。其中永久征地 573 亩，生产安置 406 人，拆迁房屋 18 238m²。

（7）截污导流工程，共涉及南水北调东线工程山东段邳苍分洪道、韩庄运河、峄城大沙河、薛城小沙河、城郭河、老运河济宁段、泗河、老运河微山段、西支河、老万福河、洙水河、老运河梁山段、东鱼河、洸府河、小运河、卫运河、小运河—七一六五河等 17 个控制单元，分散在 7 个市 30 个县（市、区）。分别是临沂市的邳苍分洪道截污导流工程，枣庄市的小季河、峄城大沙河、薛城小沙河、新薛河、薛城大沙河、城郭河、北沙河截污导流工程，济宁市的济宁城区、曲阜市、微山县、鱼台县、金乡县、嘉祥县、梁山县截污导流工程，菏泽市的东鱼河截污导流工程，泰安市的宁阳县截污导流工程，聊城市的金堤河、临清汇通河截污导流工程，德州市的武城县、夏津县截污导流工程，共 21 个，工程总投资 12.3 亿元。其中，宁阳县截污导流工程，已于 2007 年 12 月 27 日率先开工建设。2008 年上半年，开展了专家论证、咨询院评估、设计报送工作，完成了 11 个截污导流项目的可行性研究和初步设计批复，进行了地方项目法人组建，投资包干使用，管理费由地方承担，有关政策市县政府承诺等大量协调工作，实现了上半年项目开工过半的目标。下半年，开展了剩余 9 个截污导流项目的前期工作，其中 6 项工程于 12 月份陆续开工建设，12 月 31 日济宁市的 3 项工程举行了开工仪式，实现了所有项目全部开工建设的目标。

（8）济南市区段输水工程，于 2008 年 11 月 12 日举行开工仪式。截至 2008 年底，济南市区段工程共完成土方 54.52 万 m³，混凝土 27 200m³，总计完成投资 97 505.20 万元。工程迁占及地面附着物补偿工作正在进行，其中永久征地 286 亩，生产安置 2505 人，拆迁房屋 122 263m²。

（徐国涛）

建 设 管 理

（一）现场机构设置

（1）济平干渠工程。2002 年开工建设时，成立了济平干渠工程建设现场指挥部，具体负责工程建设管理工作，工程建成后于 2007 年 3 月 2 日成立了济平干渠工程管理局负责现场管理和运行。

(2) 韩庄运河段工程。山东省南水北调工程建设指挥部成立了山东省南水北调韩庄运河段工程指挥部，主要负责征地移民拆迁和施工环境保护。南水北调东线山东干线有限责任公司（以下简称山东干线公司）成立了山东省南水北调韩庄运河段工程建设管理局，作为现场建设管理机构，统一负责工程的建设管理工作。

(3) 台儿庄泵站工程。作为边界工程，由山东干线公司委托淮河水利委员会治淮工程建设管理局全面负责工程建设管理工作。

(4) 南四湖水资源控制及水质监测工程。二级坝泵站工程由山东干线公司和淮河水利委员会治淮工程建设管理局共同成立二级坝泵站工程管理局全面负责工程建设管理工作；姚楼河闸、杨官屯闸和潘庄引河闸由江苏水源公司和山东干线公司共同委托淮河水利委员会治淮工程建设管理局全面负责工程建设管理工作。

(5) 穿黄河工程。穿黄河南区工程由山东干线公司设立的南水北调东线第一期工程穿黄河工程南区建设管理局全面负责工程建设管理工作；穿黄河北区工程由山东干线公司委托水利部海河水利委员会全面负责工程建设管理工作。

(6) 济南—引黄济青段工程。山东省南水北调工程建设指挥部成立了济南市区段工程建设指挥部，主要负责济南市区段工程建设协调工作。山东干线公司组建了山东省南水北调济南—引黄济青段工程建设管理局作为现场建设管理机构，具体负责济南市区段及济南以东段南水北调工程建设管理工作。针对南水北调济南市区段工程和小清河综合治理工程施工交叉多、施工环境复杂等实际情况，山东省南水北调济南市区段工程建设指挥部又成立了南水北调和小清河综合治理工程联合协调办公室，具体负责济南市区段施工环境协调、施工交叉协调等工作，承办征迁协调等工作。

（二）招标投标

山东省南水北调建管局、山东干线公司不断加强招投标工作的制度化、规范化、程序化建设，对应公开招标的项目全部进行了公开招标。对工艺和技术含量高、国内制造厂家少的二级坝和韩庄泵站水泵制造，进行了国际招标。在工程招投标工作中，严格执行有关招标投标的法律、法规，编制招标计划，合理划分标段，认真编制招标文件，并加强招标文件审查，不断提高招标文件质量，制定科学、合理的评标方法和标准，按规定在媒体发布招标公告，强化招标过程管理，实行公正和行政监督制度，确保招投标活动公开、公正、公平，按规定公示、定标，并及时上报评标报告。截至2008年12底，累计完成22个监理标（含监造、移民监理标）、93个施工标、32个金属结构、机电设备和材料采购标的招投标工作。

2008年完成的具体招标项目有：韩庄运河段工程完成了万年闸泵站水土保持、枢纽建筑与装修工程，韩庄泵站枢纽工程，台儿庄泵站公路桥及引水渠交通桥、管理设施、堤顶道路、水土保持，水资源控制工程，三支沟及魏家沟橡胶坝工程，共计9个标段的招标工作；穿黄河工程南区工程完成了出湖闸、南干渠及南岸交通、滩地埋管、电器设备采购、安全设施监测等8个标段，北区工程完成滩地埋管、出口闸及隧洞出口连接段等3个标段，共计完成11个标段的招标工作；南四湖水资源控制及水质监测工程完成了二级坝泵站公路桥及引水渠交通桥、主副厂房、启闭机、潘庄引河、大沙河闸施工、监理、金属结构采购共计8个标段招标工作；济南市区段工程完成了2个监理标、6个施工标，共计8个标段招标工作；截污导流工程完成了7个监理标、33个施工标，共计40个标段招标工作。

（三）合同管理

山东省南水北调建管局和山东干线公司严格合同管理，认真履行合同规定的义务和责任。一是始终把合同管理贯穿于工程建设的全过程。检查、督促、监督各参建单位认真履行合同，严格按合同办事，落实监理、施工等单位的质量、进度、安全管理等合同责任。二是合同文件的编制、审查、签订、归档，工程变更的程序、审查、批准和实施，计量支付的程序、工程量和单价的审查和批准均严格按照山东干线公司制定的《合同文件管理规定》、《工程变更审查规定》、《承包合同计量支付管理规定》文件执行。审核穿黄河工程、万年闸泵站等工程计量支付资料56份，审核预付款和工程进度款2.73亿元。合同管理规范化、制度化程度不断提高。三是建立了济南市区段工程等新开工工程合同管理清单，并对合同台账进行了及时更新。四是穿黄河工程、济南—引黄济青段工程购买了工程险、第三者责任险（包括全体参建人员）、雇主责任险。

（四）质量管理

健全质量组织机构，建立多层次质量保证体系。建立了项目法人负责、监理单位控制、设计单位和施工企业保证与政府监督相结合的质量保证体系。现场管理机构、监理、施工等单位都成立了质量领导小组，设立了质量管理部门，施工单位配备了专职质检人员，明确了质量管理的职责和目标，落实了质量管理责任。

进一步加强制度建设，不断完善工程质量管理制度。根据国务院南水北调办、国家和行业的有关文件、规定、规程和办法等，对山东省南水北调工程建设管理、验收管理、质量监督管理等管理办法进行了重新修订，并编制了工程建设稽察、监督细则等文件。

加强培训，为提高工程质量控制打下基础。12月9~10日举办了南水北调工程质量管理培训班，各在建工程现场建管单位、施工、监理等单位的120多人参加了培训。邀请专家讲解了质量监督与管理、水利工程质量检验规定、验收等内容，通过培训进一步加强和规范了山东省南水北调工程建设质量管理工作，提高了工程参建人员的素质和业务水平。

严格施工方案审批制度，每项工程开工前，对施工单位上报的施工方案由监理单位进行严格审核，对重大技术方案请专家进行咨询会审，确保施工方案科学、严谨。

强化工程质量检查、巡查制度，开展多层次的质量大检查活动，及时发现和处理问题，遏制质量事故的发生。施工、监理、现场建管单位和山东干线公司都建立了质量检查制度，施工单位严格实行“三检”制度，对工程的基础验收、重要隐蔽工程及工程的关键部位均采取建设、监理、设计、施工单位联合验收。监理单位对工程进行全过程、全方位、全天候的质量跟踪监控，对重要隐蔽工程、工程的关键部位进行旁站监理；现场建管单位采取日常巡查、定期大检查等形式对工程质量进行监督。山东省南水北调建管局、山东干线公司不定期开展质量大检查活动，如2008年10月25日~11月10日组织开展了在建工程质量大检查，对检查中发现的问题及时要求有关单位进行整改，有效保证了工程质量。

加强原材料、中间产品质量控制，严把材料验收关。施工、监理单位均委托具有相应水利工程试验资质的试验单位负责工程原材料的试验工作，对主要材料和试块实行了见证取样制度。每批进场的原材料、中间产品要求提供质量证明书、合格证，经施工单位复检、监理单位抽检合格后方可用于工程，不合格材料及时运出现场。

2008年山东段已建成工程质量情况良好，单元工程质量优良率在85%以上，分部工程质量优良率在80%以上，济平干渠工程获中国水利工程优质（大禹）奖。

（五）安全管理

建立健全安全生产组织机构。为加强南水北调工程安全生产日常管理及重特大事故应急救援工作领导，做好安全生产工作，山东省南水北调建管局、山东干线公司成立了山东省南水北调工程建设安全生产领导小组、山东省南水北调工程建设重特大事故应急处理领导小组。为适应新的形势和工作需要，2008年对山东省南水北调工程防汛办公室人员组成及职能及时进行了调整，各在建工程都成立了安全生产、安全度汛领导小组，设立了安全生产管理机构，明确了责任人和安全生产管理人员。监理和施工单位配备了安全监理工程师和专职安全员。

制定和完善各项规章制度，使安全生产有章可循。山东省南水北调建管局和山东干线公司根据国务院南水北调办、国家和行业的有关文件、规定、规程和办法等对《山东南水北调安全生产管理办法》进行了重新修订，建立了节日期间领导带班和值班制度、事故报告制度等，印发了《山东省南水北调工程建设管理局防汛指挥调度方案》。

进一步落实了安全生产责任制度。2008年，山东省南水北调建管局和山东干线公司及各市南水北调办事机构，山东干线公司和各建设管理单位、现场建管机构分别签订了《山东省南水北调工程2008年度安全生产责任书》。同时，要求各建设管理单位、现场建管机构、施工等单位层层签订责任书，分解、落实安全生产责任和控制目标，形成纵向到底、横向到边，一级抓一级、层层抓落实的责任机制。

及时召开安全生产及防汛工作会议，总结经验教训，部署安全生产和防汛工作。2008年3月24日、5月26日山东省南水北调建管局与山东干线公司分别召开了由局各处室、干线公司各部（办、局）、局属单位、各市南水北调办事机构、各建设管理单位负责同志及各在建工程现场设计代表、总监、项目部经理等参加的安全生产及防汛工作会议，会议总结交流了2007年安全生产工作经验，传达了国家和省关于安全生产和安全度汛工作的有关精神，对山东省南水北调工程安全生产和防汛工作进行了部署。

开展安全生产培训和教育活动，提高安全操作技能，增强安全意识。2008年8月28～29日，山东省南水北调建管局和山东干线公司举办了安全生产培训班，共有来自山东省南水北调建管局、山东干线公司、山东省南水北调建管局属单位有关人员，各市南水北调办，现场建管机构，设计、监理、施工等单位80余人参加了培训。各项目也都把安全生产培训作为安全生产管理的重要内容来抓，结合自身工程特点，开展了多种形式的安全生产培训及宣传活动。

加强应急预案建设，建立健全应急体系。根据国务院南水北调办《南水北调东中线一期工程建设安全事故应急预案编制导则》的要求，成立了山东省南水北调工程建设安全事故应急预案编制工作组，编制了《山东省南水北调工程建设安全事故综合应急预案》，并按规定审查发布，同时报国务院南水北调办备案。各在建项目也都按要求编制了安全事故综合预案、专项应急预案和现场处置方案。各在建项目及时编制了安全度汛方案。山东省南水北调建管局和山东干线公司组织专家对防汛方案进行了审查，修改后及时报送上级有关部门进行了审批和备案。

开展了安全生产百日督查行动。根据国务院南水北调办、山东省政府和山东省水利厅关于开展安全生产百日督查行动的部署和要求，山东省南水北调建管局和山东干线公司于2008年5月1日～7月20日对各在建工程开展了安全生产百日督查专项行动，制定了《山东省南水北调工程安全生产百日督查专项行动方案》，5月29日～6月2日开展了安全生产百日督查及防汛大检查活动，并对督查行动结果进行了通报。

开展了安全生产及防汛工作大检查。2008年1月24日开展了春节及两会期间在建工程安全生产专项检查；4月30日~5月2日开展了安全生产及防汛工作大检查，对发现的问题要求各有关单位及时进行整改，杜绝了安全生产事故的发生。

制定了《山东省南水北调工程反恐怖应急预案》，开展了水利反恐怖回头看、查盲区、找漏洞活动，并将总结报告及时报山东省水利厅反恐怖领导小组办公室。

山东南水北调工程自开工以来，安全生产总体处于良好受控状态，连续6年未发生安全责任事故，做到了安全建设、和谐建设，为工程建设创造了良好的环境，保证了工程建设顺利进行和各项建设目标的实现。

（六）文明工地建设

山东省南水北调建管局和山东干线公司高度重视文明工地建设，把文明工地建设作为提高工程建设管理水平，促进工程质量、保证安全生产，促进工程建设现场管理制度化、规范化、标准化和创建和谐建设环境的重要措施来抓。① 要求各参建单位坚持“以人为本，注重实效”的原则，在工程建设中全员、全方位、全过程倡导文明施工。② 根据国务院南水北调办《南水北调工程文明工地创建管理办法》和有关文件要求，修订完善了《山东省南水北调工程文明工地建设管理办法》。③ 各参建单位均成立了文明工地创建组织机构，制定了文明工地创建措施方案。④ 山东省南水北调建管局、现场建管机构、各参建单位开展了不同层次的文明工地大检查活动。对主要规章制度上墙，现场材料堆放、施工机械停放、施工道路、施工现场安全设施及警示标志，办公室、宿舍、食堂等场所清洁卫生，施工引起的粉尘、废水、废气、固体废弃物、噪声、振动防护等情况进行了检查，对发现的问题及时要求有关单位进行整改。继2006年济平干渠工程被水利部评为全国水利系统文明建设工地后，万年闸泵站及台儿庄泵站工程又被国务院南水北调办评为2006、2007年度全国南水北调系统文明建设工地。

（李玉波）

科 学 技 术

（一）正在开展的国家及省、部级科技项目

（1）国家科技支撑计划——《大型渠道设计与施工新技术研究》。“大型渠道机械化衬砌施工技术研究”、“高性能混凝土技术研究”等专题基本完成，已取得一批技术研究成果。“基于虚拟现实的长距离渠线优化与土石方平衡系统研究”、“高性能混凝土技术研究”等专题取得实质性进展。

（2）山东省自主创新重大科技专项——“南水北调（山东段）工程关键技术研究”。“高效清淤疏浚设备研究”等专题取得较大进展。高效节能潜水泥泵总成研制，已经完成对潜水泥泵两相流水力优化设计研究；根据潜水泥泵总成运行于复杂恶劣的水下施工工况以及挖泥船改造的具体要求，已经完成潜水泥泵整套图纸的设计。

（3）“十一五”国家科技支撑计划课题——“南水北调工程东、中线一期工程沿线区域生态影响评估技术研究”。开展了中水湿地地形地貌测量、湿地水动力学模拟、湿地水生植物引种等工作，并取得初步成果。

（4）水利部引进国际先进科学技术（“948”计划）项目——“大型渠道清污技术引进”，完成了部分国内外技术调研，签订了技术引进合同条款，并实施设备引进。“948”计划技术创新与转化项目——“大型渠道衬砌技术”和“大型渠道混凝土机械化衬砌成型设备成果推广转化”，技术开发产业模式基本形成，设备已经在国内外推广应用，取得较好效益。“混凝土养护材料在水利工程中的示范应用”在济平干渠和胶东调水工程

中开展了应用对比试验工作。

(5) 与河海大学及施工单位合作开展的"万年闸泵站混凝土温控防裂研究"课题。已完成了大体积混凝土施工温控现场实验观测及研究报告编写，具备了验收鉴定条件。

(6) 穿黄河工程优化设计研究。将南干渠优化设计同一并承担的"十一五"国家科研项目结合起来，将最新的科研成果"大板混凝土防渗衬砌结构"和"土石方优化调配技术"应用于工程设计中，进一步研究了渠道边坡稳定分析方法和渠道边坡优化技术，并与有关科研院校合作研制了防渗新材料"渗透结晶型防水掺合剂"和防冻胀新材料"QDB保温板"。

(7) 由国务院南水北调办立项并委托编制的《南水北调平原水库技术规程》，通过了国务院南水北调办组织的专家审查，按照专家意见完成的报批稿已上报国务院南水北调办。

（二）获得的国家及省级科技成果奖励

(1)"南水北调东线济平干渠关键技术研究与应用"成果，2008年荣获国家科学技术进步奖二等奖。该课题主要创新点有：① 首次提出长距离渠道系统设计与土石方挖填全程系统平衡的设计新方法；② 研制了以大块混凝土薄板防渗为主、渠床多组合排水疏干辅以复合材料保温的"四防"新型结构；③ 研发了防裂、抗冻和耐久的高性能混凝土新技术；④ 开发了基于"等容量"控制的调度自动化系统；⑤ 研发了渠道高边坡稳定分析和加固技术；⑥ 发明了干根网技术，集成坦萨植被网、土工格栅、椰纤维植被网护新技术，形成了大型渠道生态修复的新模式。在济平干渠中成功应用，实现了工程建设与自然景观、生态景观的有机结合。

(2) 南水北调东线一期工程东平湖—济南段输水工程（济平干渠工程）获2008年度中国水利工程优质（大禹）奖。济平干渠工程通过科技创新，成功解决了长距离调水工程设计、施工和运行管理中的技术难题。综合运用了渠线设计优化技术，提出并应用了长距离渠道三维动态优化设计和土石方挖填系统平衡的新理念和新方法，最终实现全线挖填平衡，使借土和弃土方量趋近于零，土石方总量和占地面积最小，工程投资最省。创新了大块混凝土薄板防渗、防冻胀与防扬压技术，成功解决了连续现浇大块混凝土薄板的抗裂、抗冻及耐久性问题。济平干渠较大规模地采用了衬砌机进行渠道边坡衬砌施工，按照自主创新、引进消化与再创新结合的思路，研制出了渠道混凝土衬砌系列设备，实现了我国大型渠道混凝土机械化成型设备的系列化、产业化和施工技术标准化。其技术成果已经在南水北调东中线及山东胶东引黄调水等工程中广泛应用。

(3)"大型渠道衬砌高性能混凝土研究与应用"获山东省2008年度科学技术进步奖一等奖。该研究主要解决超长距离输水渠道衬砌混凝土的抗渗、抗冻融，混凝土自生收缩、干燥收缩和冷缩以及大面积连续快速现浇施工可能导致的开裂问题。

(4)"南水北调南四湖二维水流水质数值模拟与应用研究"获山东省2008年度科学技术进步奖二等奖。该成果采用二维水流水质数学模型和有限元计算方法，为湖内航道开挖疏浚工程设计提供了理论依据，采用二维模型分析研究湖内航道开挖疏浚位置和规模等方面达到国际领先水平。

(5)"南水北调工程征地移民理论体系与实施管理模式研究"获山东省2008年度科学技术进步奖二等奖。该课题重点对征地移民实施管理理论体系、质量评价体系、实施管理模式、政策执行等内容进行了深入研究，并取得了多项创新性成果。

(6)"松散介质地下水库设计理论研究与应用"成果荣获水利部大禹水利科学技术进步奖二等奖。该成果针对松散介质地下水库设计中选址、库容及调节计算、回灌补源等关键技术问题，系统地研究了松散介质地下水库储水介质分类法，基于地下水动力学和考虑最低地下水位对地下水调蓄影响的地下水库动态设计法，三种不同含水层、不同井型条件下的反滤回灌井单井回灌量的计算方法，新型反滤回灌井、地下水库建筑物设计，孔隙率降低率与循环数的双曲线关系，含井灌、河渠入渗回灌、坑塘蓄水回灌等多种回灌形式的“丁”字形三维回灌模式和振动沉模—高喷组合防渗墙等新技术，评价了地下水位升降对地下水库库容的影响程度，证明了地下水位升降不会引起地下水库库容的持续缩小和库区地面的持续沉降。

(7)“平原水库关键技术研究”、“《渠道混凝土衬砌机械化施工技术规程》编制与实施”以及“大型渠道高边坡稳定分析和加固技术研究”获得了山东省水利科学技术进步奖一等奖。“基于GIS的山洪灾害小流域监测预警系统研究”获得了山东省水利科学技术进步奖二等奖。“南水北调工程万年闸泵站泵送混凝土施工防裂方法研究”获得了山东省水利科技进步奖三等奖。

(三) 获得专利

获国家发明专利1项：长斜坡振动滑模成型机。

发明专利申请公开2项：振捣滑模衬砌机、一种潜水挖泥泵。

获实用新型专利3项：渠道成型机、衬砌机、渠道成型机自动平衡控制装置。

(陈 鹏)

征 地 移 民

(一) 前期工作

2008年6月20日，山东省南水北调工程建设指挥部组织召开了南四湖—东平湖段输水与航运结合工程初步设计阶段征地移民调查工作会议。10月15日，山东省南水北调工程建设指挥部组织召开了，济南—引黄济青段工程初步设计阶段征地移民实物调查工作会议。

(二) 组织实施

1. 济平干渠工程

进行了征地移民扫尾工作，征地移民验收准备工作。

2. 韩庄运河段工程

协调解决了台儿庄泵站进水渠码头、水上酒店、高压线迁移以及韩庄泵站进场道路补偿等征地迁占遗留问题。协调督促完成了韩庄运河段永久征地手续报件工作，现用地手续已报国土资源部。

3. 南四湖水资源控制工程

南四湖水资源控制工程包括“一站四闸”，即二级坝泵站和姚楼河闸、杨官屯河闸、大沙河闸、潘庄引河闸。除二级坝泵站、潘庄引河闸位于山东省境内外，其余三闸均位于苏鲁边界，工程涉及山东省枣庄市薛城区，济宁市微山县、鱼台县。为搞好工程征地移民工作，国务院南水北调办专门成立协调领导机构，统一部署和协调这一工作。截至2008年底，二级坝泵站已完成征迁扫尾工作，落实了网通、电力、通信等专项设施迁移方案并完成了迁移任务，解决了初步设计遗漏的养殖捕捞设施补偿等掉项、漏项问题，落实了二级坝公路桥临时征地及附着物补偿、清除工作。调整了姚楼河闸、杨官屯河闸补偿年产值，全部清除了两闸地上附着物。姚楼河闸施工正常，已完成上下游围堰填筑、基坑降排水、清淤等工作，进入主体工程施工阶段。杨官屯河闸山东省境内已具备开工条件。完成了潘庄引河闸、大沙河闸征地移民外业调查，下达了两闸实施方案，并安排专人常驻现场督促协调两闸地面附着物清除工作。潘庄引河闸地面附着物全部清除，工程全面开工。大沙河闸山东省境内专项设施迁建、附着物清理工作已经完成，大堤外永久征地边沟已开挖，建设用地已交付淮河水利委员会建设局。

4. 穿黄河工程

2008年，重点进行了永久及临时征地补偿、附着物清除和交地工作。工程永久及临时征地补偿已经到位，除东平县斑鸠店居民集镇搬迁外，所有附着物都已清除，共交付永久建设用地573亩，临时用地2366亩。

（1）完成专项设施迁移任务过半。印发了《穿黄河工程征地移民水利、交通等专项设施实施管理办法》，把水利、交通等专项设施包干给地方实施，明确水利、交通等地方影响工程从工程设计、监理到施工管理都由地方负责、现场管理机构配合、省市办事机构指导协调。水利、交通等专项设施设计方案已完成施工委托，电力、网通、移民等专项设施迁移已基本完成。

（2）解决了东阿位山老村移民搬迁历史遗留问题。5月7日，山东省南水北调工程建设管理局组织召开穿黄河工程征地移民咨询座谈会，专题研究东阿位山老村移民搬迁问题。在摸清移民遗留问题详细情况的基础上，省、市、县签订了移民安置补偿及安全协议，现东阿县位山老村搬迁已完成。

（3）确认了东平县斑鸠店镇集镇迁建规划方案。11月25日，山东省南水北调工程建设管理局组织召开了穿黄河工程东平县斑鸠店镇迁建规划方案咨询会，对东平县斑鸠店镇集镇迁建规划方案进行了调整确认，已着手实施搬迁工作。

（4）完成附着物清除，交付了建设用地及界桩。督促完成了东阿、东平永久征地及临时用地的附着物清除工作，完成了永久、临时征地及界桩交接工作，工地施工环境良好，工程进展基本顺利。

5. 济南市区段工程

根据山东省政府［2008］78号会议纪要精神，南水北调济南市区段工程结合小清河综合治理工程同步实施，工程征地拆迁由济南市政府统一领导，小清河综合治理指挥部全面负责。2008年11月12日，济南市区段工程征地移民投资包干协议签字仪式在济南市山东大厦举行，山东省南水北调工程建设管理局局长孙义福与济南市人民政府副市长邹世平在协议书上签了字。该协议明确了双方的任务分工、落实了各自责任，为征地移民工作的顺利开展提供了保障。截至2008年底，山东省南水北调工程建设管理局按照协议已拨付征地移民补偿资金3.9亿元，济南市区段工程上游暗涵段工程征迁已完成80%以上。

6. 南四湖—东平湖段输水与航运结合工程

两湖段工程是国务院南水北调工程建设委员会第三次全体会议研究确定的2009年开工建设项目，为加快工程实施的步伐，2008年完成如下工作：一是起草了征地移民监理和勘测定界合同及两湖段投资包干协议，并征求了有关各方的意见；二是组织召开了工程勘测定界招标会，确定了勘测定界队伍，签订了勘测定界合同；三是拟定上报了移民监理分标方案，已获国务院南水北调办批复。

（三）征地手续办理

韩庄运河段永久征地手续已报至国土资源部。办理了穿黄河永久和临时使用林地手续以及姚楼河闸、杨官屯河闸使用林地手续。2008年8月27日，山东省南水北调工程建设管理局联合山东省国土资源厅组织召开了南四湖水资源控制工程征地报卷工作会议，专题部署了南四湖水资源控制工程征地报卷工作。

（四）征地移民资金使用与管理

2008年度，韩庄运河段韩庄泵站完成投资49.5万元，台儿庄泵站完成投资57.5万元，南四湖水资源控制工程二级坝泵站工程完成征地移民投资376.9万元，姚楼河闸完成113.5万元，杨官屯河闸完成90.2万元，潘庄引河闸完成156.9万元，大沙河闸完成298.6万元，穿黄河工程完成4757.5万元，济南市区段工程完成3.9亿元。

（黄国军）

环 境 保 护

(一) 治污工作机制

(1) 建立“齐抓共管、共同治污”的环保工作大格局。山东省委、省政府高度重视南水北调东线工程治污工作，姜异康书记和姜大明省长多次就淮河流域及南水北调沿线治污工作作出重要批示。2008年，山东省委、省政府先后召开了12次会议，出台了15份文件研究部署环保工作；分管副省长多次组织调水沿线各市召开现场办公会、专题座谈会和经验交流会，与各市面对面分析问题，有针对性地研究对策。山东省政府组织有关部门每季度开展一次“整治违法排污企业保障群众健康环保专项行动”。山东省人大常委会4位副主任带队对调水沿线治污工作进行视察。调水沿线各市政府，山东省发展改革委、监察厅、建设厅、水利厅、环保局等部门，按照职责要求，相互配合、密切协作，积极为项目开工建设创造条件，逐步形成了“党委领导、人大监督、政府负责、环保监管、部门配合、公众参与、舆论监督”的治污工作机制。

(2) 强化考核机制。严格实施《南水北调东线工程治污工作目标责任书》和“十一五”节能减排目标责任制考核，印发实施了《关于进一步加强节能减排工作的意见》、《关于健全推动科学发展促进社会和谐考核监督体系的意见（试行）》和《山东省县域经济社会发展年度综合评价及考核办法》，进一步加大考核奖惩力度，对完不成节能减排任务的地方、单位和企业，不能参加评先树优活动，市、县政府主要负责人不予提拔重用，国有和国有控股企业领导班子不能享受年终考核奖励，企业主要负责人不能担任各级党代表、人大代表和政协委员，严格的考核奖惩机制激活了各市治污的积极性，促进了治污减排工作的开展。

(3) 制定实施“以奖代补”机制。制定实施了《山东省污染物减排和环境改善考核奖励办法》，设置了“污染物总量减排奖”、“重点企业和城镇污水处理厂有效监管奖”、“重点河流（河段）水质明显改善奖”、“设区城市建成区空气质量改善奖”4个奖项，由省级财政每年拿出2亿多元“以奖代补”资金，奖励成绩突出的城市。奖励资金主要用于污染防治、环境监测和执法能力建设，在调水沿线形成了良好的治污局面。

(4) 建立定期通报、汇报、调度制度。山东省环保局制定实施了《关于加强重点污染行业和重点水气环境治理情况调度的意见》和《关于环保情况定期通报的意见》，建立了对河流断面及重点县（市、区）治污工作情况等分别进行日通报、旬通报、月通报、季通报、半年通报和年度通报的制度，并启动了领导干部挂靠督办机制，跟上督促整改，全力推动项目建设进度和全省环境质量持续改善。山东省建设、监察部门建立了日常检查、抽查、暗访和调度相结合的督查制度，对污水处理厂建设及运行情况实行一月一调度、一月一检查、一月一通报，有力促进了污水处理厂的规范运行。

(二) 健全政策法规和标准

(1) 认真执行《山东省南水北调工程沿线区域水污染防治条例》和《山东省南水北调沿线水污染物综合排放标准》。调水沿线各排污单位积极调整原料和产品结构，优化污水处理工艺，加强污水处理设施升级改造和管网配套建设，确保稳定达到《山东省南水北调沿线水污染物综合排放标准》，对不能按期达标的企业，环保部门依法实施了限产或停产治理。

(2) 实行超标排放加价政策，力促节能减排和环境改善。山东省物价局、财政厅、环保局联合发布实施了《关于运用价格政策促进环境保护的意见》（鲁价费发［2008］105号），规定自2008年7月1日起，山东省废气、废水排污费征收标准分别由每当量0.6元、0.7元提高到每当量1.2元和0.9元。其中，南水北调东线山东段重点流域内超标准排放废水的排污企业，按照超过排放标准的倍数计征排污费。

(3) 认真落实《关于提高污水处理费征收标准促进城市污水处理市场化的通知》和《山东省城市污水处理费征收使用管理办法》，逐步深化污水处理厂运营体制改革，提高了污水处理费征收标准，规范了污水处理费的使用和管理，提升了污水处理厂运营和管理水平。2008年，山东省南水北调沿线黄河以南段各市和县城均已按0.8元/t的最低标准开征城市污水处理费，其中淄博、枣庄、济宁、泰安、莱芜、临沂、菏泽等7市均已提高到平均1元/t的水平。

(4) 积极推行城市生活垃圾处理收费制度，所有设区的城市已于2008年底前全面征收城市生活垃圾处理费，县城将于2009年底全面开征垃圾处理费，并将垃圾处理费收取对象扩大到所有产生垃圾的单位和个人。

(三)“治、用、保”并举，推进流域综合治理

“治、用、保”并举的小流域污染治理思路，实现了污染治理、中水截蓄导用和人工湿地生态修复的有机结合，最大限度地发挥了各项治污工程的系统作用，形成了一套系统、完整、科学的流域治污体系。山东省先后对53条河流实施了小流域污染综合治理，取得了明显成效。

(1) 不断加大结构性污染治理力度。在关闭所有年制浆能力3.4万t以下化学制浆生产线、年生产能力2万t以下黄板纸企业、1万t以下废纸造纸企业、1万t以下酒精生产线、1万t以下淀粉生产线的基础上，又相继关闭了流域内所有5万t以下不能稳定达标排放的草浆企业以及酒精、淀粉企业29家和5万t以上草浆企业（生产线）、2万t以上废纸企业（生产线）3家。2008年，调水沿线各市加大治理力度，共依法取缔小造纸、小炼油、小电镀等“土小企业”120多家，有效遏制了“土小企业”的死灰复燃。

(2) 实施废水深度处理及中水回用。调水沿线企业均已按《山东省南水北调沿线水污染物综合排放标准》建设了污水深度处理工程，并对处理后中水进行了最大限度的回用。

(3) 不断完善城市环境基础设施。截至2008年底，山东省南水北调沿线黄河以南段各市已经建成且正常运行1年以上的污水处理厂有57座，排放标准全部按照一级标准执行，实现了一个县（市、区）至少一座污水处理厂的目标，总处理能力达到223.9万t/d，平均负荷运转率达到84%。对调水沿线老污水处理厂启动了升级改造，加快了配套管网及附属设施建设，确保出水水质稳定达标。

(4) 加快截污导流工程建设进度。山东省发展改革委、南水北调建设管理局等有关部门，加快项目前期进度，积极为项目开工创造条件。到2008年底，所有截污导流项目全线开工建设。

(5) 实施大规模退耕还湿，有效削减农业面源污染。在抓好污染治理、中水截蓄导用的同时，深入实施人工湿地水质净化工程和退耕还湿，充分发挥湿地削减污染物、净化水质的生态作用，最大限度地削减面源污染，确保调水水质稳定达标。目前，山东省财政投入5000万元建设的新薛河5000亩人工湿地和高楼乡5万亩原始生态湿地都已经建成，并开始发挥环境效益。2008年，山东省环境保护局组织对南四湖、东平湖流域18个县（市、区）111个乡镇1423个行政村50多万亩计划退耕还湿土地进行了基础调查，为下步全面推动规模化退耕还湿工作奠定了基础。

(四) 加强环境执法监管

(1) 严格落实“四个办法”。山东省、

市、县三级环保部门严格按照《全省重点企业监管办法》、《全省城镇污水处理厂水质监管办法》、《全省主要河流水质监测办法》和《全省17个设区城市建成区空气质量监管办法》的要求，加大了监管力度，环境监管工作实现了制度化、经常化、数字化，有效地控制了污染物的排放。2008年，按照"四个办法"的要求，省、市两级环保部门对调水沿线黄河以南段企业共检查20 355家（次），废水排放企业综合达标率为99.1%。

（2）实行上下联动执法。制定实施了《全省环境监察机构联动查处制度》，省、市、县三级环保部门纵向联动，在规定的时限内及时查处超标排放行为，进一步提高了环保执法的时效性，促进了企业和城镇污水处理厂的达标排放。

（3）强化联合执法。坚持和完善政府统一领导，有关部门参与的联合执法机制，加大环境违法查处力度。2008年，山东省政府组织开展了4次整治违法排污企业保障群众健康环保专项行动，累计检查工业污染源459个、城镇污水处理厂156座、河流断面74个，保持了严厉打击环境违法行为的高压态势。

（4）加强环保能力建设。山东省提出了建设"三级五个方面"自动监控体系的目标。建成了省、市、县三级环境监控中心，实现全省联网，对全省1001家重点监管企业、城镇污水处理厂、60条主要河流跨市断面水质、17个设区城市建成区空气质量以及25个主要饮用水源地水质全部实行自动监测，全面提高了环境监测的能力，为环境监管奠定了良好基础。截至2008年底，全省自动监测设备已经安装1566台。自2008年4月1日起，山东省在全国率先正式使用自动监测数据，并将其作为评价环境质量、环境统计、定期通报、总量减排、"以奖代补"、环保执法、排污收费等方面的重要依据。实时的监测数据使环保部门及时、准确地掌握了环境质量状况，为工作决策提供了科学依据，对全省环境质量的持续改善起到了重要作用。

（李　锦）

文　物　保　护

2008年5月26日，根据国务院南水北调办《关于南水北调东、中线一期工程第二批控制性文物保护方案的批复》（国调办环移［2007］32号）的有关精神，山东省南水北调工程建设管理局与山东省文化厅签订《南水北调东线一期工程山东段第二批控制性项目文物保护工作协议书》。文物保护工作内容主要包括济平干渠、济南—引黄济青段、双王城水库的文物遗址。其中已完工的济平干渠发掘面积为5500m^2，核定投资为739万元；济南—引黄济青段发掘面积为30 354m^2，核定投资为1494万元；双王城水库发掘面积为7800m^2，核定投资为379万元。山东省第二批控制性文物保护经费为2612万元，发掘总面积为43 654m^2。

2008年8月13日，山东省南水北调工程建设管理局与山东省文化厅在济南召开山东省南水北调文物保护工作座谈会。会议就山东省文物保护工作进展情况、存在的问题、下一步工作措施等问题深入交换了意见，对进一步加强南水北调文物保护工作，妥善处理工程建设与文物保护的关系进行了研究和协调，并确定了各单位联系人和负责人，建立了长效协调机制。

2008年9月1日，为加强山东省南水北调东线工程文物保护工作的管理，根据国家文物局、国务院南水北调办联合制定的《南水北调工程建设文物保护工作管理办法》，山东省文化厅和山东省南水北调工程建设管理局制定了《山东省南水北调工程文物保护工作暂行管理办法》。

（黄国军）

工程审计与稽察

（一）工程审计

2008年3月6日，国务院南水北调办以国调办综经财函［2008］71号文下发了《关于开展审计复查及对部分在建工程项目进行专项审计的通知》，主要检查落实审计署审计决定书和审计报告提出问题的情况，并对山东公司负责建设管理的台儿庄泵站、万年闸泵站和南四湖水资源控制工程2007年工程建设资金使用管理的真实性、合法性进行专项审计。

2008年3月19日，南水北调东线山东干线有限责任公司以鲁调水企字［2008］28号文向国家审计署上报了《关于南水北调工程（山东段）审计整改落实情况的报告》。

2008年8月28日，南水北调东线山东干线有限责任公司以鲁调水企财字［2008］15号文向国务院南水北调办上报了《南水北调东线山东干线有限责任公司关于审计整改意见落实情况的报告》。

2008年8月28日，山东省南水北调工程建设管理局以鲁调水计财字［2008］40号文向国务院南水北调办上报了《山东省南水北调工程建设管理局冠以审计整改意见落实情况的报告》。

财政部以财建便函［2008］17号文下发了《关于对2008年中央预算内基本建设投资部分项目预算进行评审的通知》，河南省财政厅投资评审中心于2008年4月21日～5月12日对南水北调东线第一期工程穿黄河工程2008年中央预算内基本建设投资预算进行了审核。

财政部以财办建［2008］17号文下发了《关于对2008年中央预算内基本建设投资部分项目预算进行评审的通知》，河南省财政厅投资评审中心于2008年8月20日～9月4日对南水北调东线第一期工程穿黄河工程2008年中央预算内基本建设投资预算进行了审核。

2008年10月30日，审计署驻济南特派员办事处以审济特函［2008］26号文下发了《审计署济南特派办关于对近几年开展的部分审计和调查项目效益状况进行持续跟踪调查的函》，主要对审计项目的后续建设、运营、管理的绩效状况进行跟踪审计调查。

（二）工程稽察

2008年10月6日，济南市社会劳动保险事业办公室以济社险稽通字［2008］00－（0400）文下发了《社会保险稽核通知书》，主要对2006年、2007年社会保险费缴费工资基数、职工人数、缴费比例进行实地稽核。

2007年12月1～6日，国务院南水北调办组成稽察专家组，对二级坝泵站工程进行了稽察，并以国调办监督［2008］25号文下发了《关于南水北调东线二级坝泵站工程建设稽察整改意见的通知》。2008年10月13～24日和25～29日，国务院南水北调办根据《关于对水北调东线苏鲁边界处委托淮委建管局管理的项目进行稽察复查的通知》（综监督函［2008］300号）组织专家组分别对台儿庄和二级坝泵站工程进行了稽察，并以国调办监督［2008］190号文和国调办监督［2008］193号文，分别对淮河水利委员会治淮工程建设管理局和南水北调东线山东干线有限责任公司下达了《关于印发南水北调东线一期工程苏鲁边界段委托淮委建管局管理项目的稽察复查报告的通知》和《关于印发南水北调东线一期二级坝泵站工程建设稽察复查报告的通知》。针对稽察专家组提出的整改意见，山东省南水北调建管局和山东干线公司及时召集有关单位研究部署整改工作，督促、检查、落实整改情况，并将整改报告及时报国务院南水北调办，使整改意见得到很好落实。

2008年12月17日，国家发展改革委重大项目稽察办下发《关于对南水北调工程

2008年新增中央预算内投资项目进行稽察的通知》，主要稽察东线一期胶东干线济南至引黄济青段工程2008年度投资计划的落实情况。

为了解中央2008年新增1000亿元资金的使用情况，2008年12月20～21日，国家发展改革委重大项目稽察办派出重大项目稽察组对南水北调东线一期济南至引黄济青济南市区段工程进行了稽察。稽察组对山东南水北调局、山东干线公司为积极贯彻落实中央关于"扩大投资、促进消费、拉动内需"的有关文件精神，抓住钢筋等材料价格较低的有利时机，采取及时增加材料预付款，签订补充协议；调整工程建设方案，提前开工部分工程；加强和小清河综合治理工程的协调和配合，促进工程进度；采取冬季施工措施，工程不停工，多完成实物工作量等做法表示赞同。

（李玉波　徐国涛）

治污项目进展及水质

（一）治污项目进展

截至2008年底，《南水北调东线工程山东段控制单元治污方案》确定的324个治污项目中，已有273个建成，正在建设的有46个，正在前期准备的有5个，项目建成率为84.3%，完成投资50.2亿元。其中城市污水处理厂主体工程49座，已建成48座，建成率98.0%；回用水、除磷脱氮等附属工程80项，已完成75项，正在建设的5项，建成率93.8%；工业治理项目149个，已建成148个，正在建设的1个，建成率为99.3%；21个中水截蓄导项目全部在建；16个综合治理项目（人工湿地），有1个建成，10个正在建设，5个正在前期准备；8个垃圾处理项目，已建成1个，7个正在建设；1个船舶污染治理打捆项目正在建设。

（二）断面水质情况

2008年，南水北调东线黄河以南段22个国家考核断面，除赵王河杨庄闸断流外，有2个断面达到Ⅲ类水质标准，14个断面达到Ⅳ类水质标准，1个断面水质为Ⅴ类水质标准，4个断面劣于Ⅴ类水质标准，其中有8个断面达到了《南水北调东线工程治污规划》的水质目标要求，达标率40.1%。与2007年相比，COD_{Mn}平均浓度下降了2.6%，氨氮平均浓度下降了57.9%。

南四湖唯一出湖口断面——台儿庄大桥，2008年全年水质稳定达到地表水Ⅲ类标准，为历史性突破。

（李　锦）

在　建　工　程

三阳河、潼河、宝应站工程

工　程　概　述

三阳河、潼河、宝应站工程于2005年年底基本建成。宝应站工程于2005年10月9日顺利通过试运行验收。三阳河、潼河、宝应站工程与江都水利枢纽工程共同组成南水北调东线第一级抽水泵站。三阳河、潼河、宝应站工程完工后新增抽水能力100m³/s入里下河，与江都水利枢纽工程（抽水能力400m³/s）共同实现南水北调东线一期工程500m³/s抽水规模的输水目标。

江苏水源公司作为工程项目法人，对宝应站的运行管理采用招标选择管理单位的模式，由江苏省江都水利工程管理处（以下简称江都管理处）中标管理，并成立宝应站工程管理项目部（以下简称宝应站项目部）具体负责该站日常管理、维护和运行。

从2005年9月到2007年9月，宝应站第一期招标委托管理合同期执行结束，江苏水源公司对宝应站2年的运行管理对照合同条款进行了考核。在考核结果被评定为优秀等级后，将第二期管理合同（2007年9月～2009年9月）委托江都管理处继续执行。宝应站绿化项目转由江苏水源公司负责。

2008年，宝应站项目部积极开展设备试运转与模拟试运转工作。在非主汛期，每月将所有辅助设备投入正式运转，将主机组在上位机进行模拟运转，检查设备运行工况；在主汛期，坚持每周（模拟）试运转全部设备。通过设备运行检验设备的实际工况。在梅雨季节，宝应站项目部高度重视设备防潮与干燥程度，水泵层各开关柜内电加热器全部投运除湿、去潮。同时加强对电动机的绝缘检查，对接触器、继电器等受空气湿度影响敏感的设备单独处理养护，确保泵站设备始终处在良好状态。

（田磊磊）

工程运行管理

宝应站项目部实行项目经理负责制，下设工管科、综合科。工管科负责宝应站的安全、水政、水文、泵站运行维修养护、构建筑物养护、水工观测等职能，综合科负责宝应站的后勤、接待、保卫、环境管理等，宝应站的财务工作由江都管理处财务部门代管。江都管理处积极承担宝应站委托管理职责，要求处属各职能部门按照各自职责具体做好宝应站各项管理工作。宝应站项目部在日常管理中严格按照行业规范、宝应站管理招投标文件、管理合同等要求开展管理工作。宝应站工程采用进口设备、新设备较多，宝应站项目部在日常管理中多次邀请厂家技术人员、外籍专家结合设备使用情况对项目部管理人员进行实时培训，提高运行管理水平。

（一）管理范围、管理设施

按照管理合同与标书的要求，宝应站项目部负责管理下游测流亭到上游潼河大桥之间，包括上、下游部分河道，泵站主体工程（含所有主辅设备、水工建筑物等），管理所房屋和其他场地等。管理设施包括管理用房、门卫值班室以及泵站本身的办公、管理、检修、仓储设施。

（二）调度运用

宝应站的调度运用权限属于江苏水源公司。宝应站项目部严格按照江苏水源公司的指令调度使用宝应站工程。宝应站实行动态、全过程维护管理模式，按照合同、标书及行业规范，每年及时安排汛前检查项目，认真进行汛前检查；每月对宝应站设备进行试运转与模拟试运转，发现问题及时处理，保证泵站安全投运率；汛后对宝应站设备进行全面详细的汛后检查。对于宝应站存在的问题及时编报岁修方案、抢修方案、应急方案等，在上报江苏水源公司批准后及时组织实施。宝应站的运行费用由江苏水源公司负责，非运行期的费用按照合同要求支付给管理方，由管理方具体负责使用、支配。

（三）质量管理

宝应站设备维护与保养同步进行，实行三级质检制度，对管理与维修中安排的每项工作、每个检修或维护项目落实到各个相应班组，班组长为第一级质量责任人，也是主要责任人，负责本班组各项工作的第一级检查；项目部的工管科为第二级质量负责者，也是最重要质量管理岗位；项目部组织成立的项目部负责人、专家、技术人员、班组长联合质检组为第三级，也是最后一级质量管理者，项目部对宝应站全部质量管理工作负全责，并着重做好宝应站重大项目实施的质量管理与监督工作。

（田磊磊）

长江—骆马湖段工程　概述

工　程　概　况

南水北调东线一期长江—骆马湖段工程的主要建设任务是扩建完善长江至洪泽湖的里运河输水线路，建设内容包括江都站改造工程、淮安四站工程、淮安四站输水河道工程、淮阴三站工程。该工程与其他工程联合运行，可实现南水北调东线一期工程第一梯级抽江水500m^3/s，第二、第三梯级通过里运河输水入洪泽湖300m^3/s的目标，并可改善白马湖和新河地区的排涝条件。

（周灿华　邵　林　万　泉）

长江—骆马湖段工程　江都站改造工程

工　程　概　况

江都水利枢纽工程位于江苏省扬州市以东14km的江都市境内、淮河入江水道的尾闾与新通扬运河的交汇处。工程于1961年开始兴建，1977年全部建成。工程由4座大型电力抽水泵站、12座节制闸及其他配套设施组成，具有灌溉、泄洪、排涝、通航、发电、改善生态环境等综合功能。

根据南水北调东线江都站改造工程的批复，江都站改造工程的主要内容有：江都三站更新改造工程，江都四站更新改造工程，江都站变电所更新改造工程，江都西闸除险加固工程，江都东、西闸之间河道疏浚工程，江都船闸改建工程等6个单位工程。工程于2005年12月22日开工，计划总工期3年。概算总投资2.53亿元。

（周灿华　邵　林　万　泉）

工　程　投　资

2008年度，计划投资4750万元，其中江都三站更新改造工程1600万元，江都四站更新改造工程1900万元，变电所更新改造工程890万元，东西闸之间河道疏浚工程50万元，江都西闸除险加固工程310万元。2008年度实际完成投资为4900万元，占年度计划的103%。

2008年度，共完成土方0.19万m^3，混凝土2600m^3，金属结构制造80t，安装主机泵5台套。

（周灿华　邵　林　万　泉）

建　设　管　理

江都站改造工程建设处（以下简称江都站建设处）为建设管理现场机构，全面负责工程建设现场管理工作。同时，为推动各项

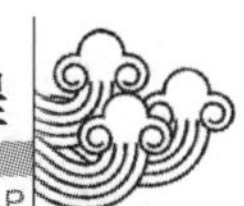

工作全面、有效地开展，江都站建设处还分别成立了精神文明建设领导小组、质量管理领导小组、安全生产领导小组、科技创新领导小组和工程建设重特大安全事故应急处理领导小组等，为工程建设的顺利推进提供了组织保证。

由于江都站是加固改造工程，边运行边施工，任务多，时间紧，江都站建设处结合实际，认真制定工程建设计划，分解各阶段目标，控制节点工期。采用“汛期附属工程施工、设备生产加工，非汛期土建工程施工、机电设备安装调试”的总体实施方案，即江都三、四站更新改造工程考虑每站同时更新的机组为2~4台套，安排在每年的10月至次年的4月非汛期之间进行。并制定了工程建设期间调度运行方案，妥善处理施工与运行之间的矛盾，确保工程建设顺利实施和工程的质量。

为确保工程按计划目标实施，2008年，江都站建设处在抓好在建工程的同时，积极协助组织后续单位工程的设计、招标等准备工作。建设中，针对老工程改造且又地处水利风景区的实际情况，加强进度计划管理，认真分析研究影响工程进度的不利因素，狠抓节点工期控制，积极协调处理工程施工与运行管理的矛盾，保证工程施工顺利推进。及时编报工程建设月报和进度统计报表，认真反映工程建设的实际情况。2008年圆满完成了年度建设任务，确保了汛期改造工程投入运行。

（周灿华　邵　林　万　泉）

工程进展

截至2008年12月底，累计完成投资17 426万元，占概算的68.88%。工程完成情况如下：

（1）江都东西闸之间河道疏浚工程。该工程于2005年12月22日开工，合同工程量已全部完成，并分别于2008年6月和2008年8月通过了江苏水源公司组织的单位工程完工验收和档案专项验收。

（2）江都西闸除险加固工程。该工程于2006年2月28日开工，合同工程已全部完成，并于2008年12月29日通过了水源公司组织的单位工程完工验收。

（3）江都三站更新改造工程。该工程于2006年11月6日开工，至2008年底已完成9台主机泵及配套设施的更新改造、全站电气设备更新、新控制楼主体工程、自动化监控系统安装等建设内容。

（4）江都四站更新改造工程。该工程于2008年9月开工，正在进行首批4台套主机泵的安装、电气设备的制造和新控制楼主体工程的施工。

（5）江都站变电所更新改造工程。该工程于2007年4月8日正式开工建设，截至2008年底主体工程已基本完成。

（周灿华　邵　林　万　泉）

质量管理

2008年，重点实施江都三、四站的主机泵安装和江都变电所的装饰施工。为确保施工质量，一是完善质量管理责任制，建立健全质量保证体系，把责任落实到班组、个人，切实执行“三检制”。二是高度重视对生产全过程的质量控制，对原材料、中间产品加强市场调研、现场检查、抽样送检。二是在加强对工程施工情况进行重点检查和不定期抽查的同时，还委托江苏省质量检测中心对原材料、半成品、实体质量进行抽查。对查出的问题要求监理单位督促施工单位认真整改，从而确保了工程质量符合要求。另外，对江都四站房屋建筑等工程的桩基础委托江苏省工程勘测设计研究院按要求进行检测，确保工程质量符合要求。

经监理处复评，江都站改造工程所有单

元工程质量合格，单元工程优良率达85%以上，达到了水利工程优良等级。其中2008年验收的江都东西闸之间河道疏浚和江都西闸除险加固两个单位工程均被评为优良工程。2008年未发生任何质量事故。

（周灿华　邵　林　万　泉）

安全生产

安全生产是贯穿于工程建设全过程的头等大事，江都站建设处认真贯彻落实《建设工程生产管理条例》等相关规定，强化安全生产管理。一是结合工程进展情况，建立健全安全生产组织网络，建设、监理、施工单位按职责都建立各自的安全生产领导机构，强化对安全生产工作的组织领导，落实安全管理责任。二是强化安全生产合同管理。江都站建设处与施工单位签订了“安全生产责任书”，进一步明确建设单位、施工单位的安全责任。为确保工程安全度汛，江都站建设处还和施工单位签订了安全度汛责任状。三是加强施工现场安全督查。工程实施过程中，会同监理部对工程进行定期检查和不定期的检查。对于检查发现的问题，通过口头通知、工程例会、签发安全检查通报以及开出罚单等形式，向工程项目部提出整改要求。四是制定事故预防应急预案。针对江都站改造工程的特点，制定了工程事故预防和应急预案。

（周灿华　邵　林　万　泉）

施工科技

由于江都水利枢纽的取水口与长江贯通，取水水位受长江潮汐影响较大，一般汛期其扬程变幅在3m左右，机组长时间偏移在高效区运行，能量损耗大，效率低下，这与南水北调东线工程将成为一个市场化运作的大型供水工程很不适应，因此建立安全高效的优化调度数学模型显得十分必要。为此，江都站建设处在认真抓好工程建设管理的同时，从有利于工程建设、满足运行要求、提高技术含量、提升管理效能的角度，积极组织优化工程技术方案，推广应用新技术、新材料和新设备。江都站建设处成立了科技创新小组，与高等院校联合，瞄准国内外先进技术，结合江都站的实际情况，分析改造过程中的难点和重点，有针对性地进行专题技术研究和应用。目前，江都站33台机组均为轴流转浆式水泵，具有叶片可调功能，即当下游水位的涨潮引起扬程变化时，可调节叶片安放角使机组在高效区运行，也可根据电力负荷和总抽水流量的限制确定机组的台数和叶片的安放角，同时还可根据各站的机组性能、人力资源的配制确定哪座站哪几台机组运行，使其达到人员最少、成本最低、效率最高。研究成果的应用，不仅获得了巨大的经济效益，还对南水北调东线工程的市场化运作、降低运行成本、提高工程效益起到推动作用。

（周灿华　邵　林　万　泉）

文明工地建设

江都站改造工程各项目部结合自身实际，认真开展文明工地创建活动。在江都三站、江都四站、江都站变电所更新改造工程的工地现场，施工道路平整、畅通，路口处设置门楼，辅以宣传标语；施工区与江都管理处道路用彩钢板相隔；施工现场材料堆放有序，翻斗车、运输车辆停放整齐；夜间作业有足够的照明；在配电柜等相应的危险处设置警示标语，并按规定配置了消防器材；在生活和办公区，主要通道浇筑水泥路面，注重环境管理，保持办公区、宿舍区、食堂等公共场所的整洁卫生。

2008年江都站改造工程建设处被江苏省总工会授予“江苏省重点工程建设劳动竞赛先进集体”；扬州日模邗沟装饰工程有限公司施工的南水北调东线第一期工程江都站改造

工程变电所、西闸启闭机房及桥头堡装饰工程被评为2008年度下半年江苏省建筑施工文明工地。

（周灿华　邵　林　万　泉）

长江—骆马湖段工程　淮安四站工程

工　程　概　况

淮安四站工程位于江苏省淮安市楚州区三堡乡境内里运河与灌溉总渠交汇处，和已建成的淮安一、二、三站共同组成南水北调东线一期工程的第二个梯级。泵站选用4台叶轮直径为2.9m的全调节立式轴流泵机组，单机流量33.4m^3/s，配套电动机功率2500kW，设计规模为100m^3/s，总装机容量为10 000kW。工程建设内容：泵站工程、站下清污机桥、新河东闸、自动控制和视频监视系统、环境保护、水土保持工程等。主要工程量：土方挖填106万m^3，混凝土及钢筋混凝土2.41万m^3，砌石及垫层2.44万m^3，钢筋1874t，钢结构460t，机泵4台套。工程总投资15 669万元，工程于2005年10月开工，计划工期30个月。截至2008年底全部完成投资，其中2008年完成投资1400万元。2008年完成水土保持工程标段的招投标工作。

2008年度，泵站下游引河、新河东闸、变电所改造工程通过了完工验收；2008年9月泵站工程通过试运行验收，具备运行条件。由泵站运行管理单位对泵站进行运行管理。

（朱红伟）

建　设　管　理

江苏省南水北调淮安四站工程建设处（以下简称淮安四站）作为江苏水源公司的现场管理机构进行现场管理。

在工程质量及进度控制方面，建设单位加强强制性条文执行情况及主机泵安装质量检查工作，组织对已完工程质量情况进行检测，组织了清污机试运行验收、上游液压启闭机安装验收、泵站水下工程阶段验收、泵站试运行验收等工作；对绿化工程施工现场进行管理与协调，做好水土保持工作；加强档案收集与整理工作，为档案验收做好基础工作。淮安四站建设处成立了安全生产领导工作小组，对参建各单位安全生产责任制落实情况及施工现场各安全环节进行督察，实现了工程安全连续多年零事故。另外，还开展了廉政文化进工地活动，与每位成员签订了廉政承诺书。

按水利部质量评定标准，淮安四站工程已验收的713个单元工程，经监理单位复评全部合格，其中640个优良，总优良率为90%。

（朱红伟）

工　程　施　工

淮安四站土建及机电安装工程由江苏省水利工程建设有限公司中标承建，现场成立工程项目部负责工程施工。

至2008年底，泵站主体工程及机电设备安装工作已全部完成。2008年，工程项目部着重对厂房及控制室土建装修部分工程质量进行管理，配备了相关专业资质的质检员、安全员加强施工工序、现场安全管理，加大现场检查、协调的力度。在环境保护方面，工程项目部加强对周边水体的保护，向水体排放的尾水设沉淀池达标排放。

（朱红伟）

工 程 监 理

淮安四站工程由江苏省苏水工程监理有限公司负责监理，现场成立“江苏省苏水工程监理有限公司淮安四站工程监理处”，设总监理工程师、副总监理工程师各 1 名，常驻监理人员 15 人。监理的范围主要包括：淮安四站、站下清污机桥、新河东闸、自动控制和视频监视系统、环境保护、水土保持工程等。监理主要内容是工程质量控制、工期控制、投资控制、合同管理、信息管理和建设协调。

（朱红伟）

施 工 科 技

（1）对泵站主体工程的混凝土配合比进行了优化，采用二级配石子和具有引气功能的复合型泵送减水剂，针对模板工程施工中易发生错缝的质量通病，改善了模板墙筋的结构方式，并在对销螺栓上使用了自行设计制作的定型塑料垫块，提高了混凝土外观质量。

（2）为提高进出水流道质量，对异型模板开展技术攻关，采用模板表面喷塑工艺，取得了较好的效果。针对该技术开展的 QC 小组获得了全国质量协会、中华全国总工会等单位联合授予的“2006 年全国优秀质量管理小组”称号。

（3）淮安四站建设处对高温期泵送混凝土温控防裂技术课题进行了验收，该成果通过了江苏省水利厅组织的课题鉴定，并分别获得了 2007 年江苏水利科技优秀成果一等奖、2008 年水利部大禹水利科学技术奖三等奖。

（4）改进了淮安四站冷却水供水方式。针对淮安四站实际情况，淮安四站建设处通过多种冷却供水方案的比较，选择了流道热交换冷却方式，杜绝了河草对供水系统的影响，4 台机组冷却系统独立运行，节约了能源，更提高了机组运行可靠性。

（朱红伟）

长江—骆马湖段工程　淮安四站输水河道工程

工 程 概 况

淮安四站输水河道工程是淮安四站的配套工程，位于洪泽湖下游白马湖地区，涉及淮安市楚州区、扬州市宝应县及江苏省白马湖农场，是南水北调东线工程的重要组成部分，设计抽水规模 100m^3/s，站下新河输水线连接里运河和白马湖，全长 29.8km，由运西河（7.5km）、穿湖段（2.3km）及新河（20km）三段组成。工程总工期 30 个月，初步设计批复概算投资为 28 285 万元。工程主要内容为：1.47km 运西河拓浚、白马湖穿湖段抽槽、新河整治、镇湖闸拆建、跨河桥梁及新河沿线洼地处理及口门封闭工程等，总投资 8346 万元，到 2008 年底，淮安市淮安四站输水河道主体工程已全部完成。主体工程分三个部分实施，即：新河段河道工程，工程内容为新河段 17.3km 河道整治、沿线 7 座桥梁新（拆）建工程及镇湖闸拆建工程，工程投资 3924 万元；新河段洼地处理及口门封闭工程，分为周边洼地处理工程和新河沿线口门封闭工程，周边洼地处理工程包括 6 座泵站和 2 座涵闸，口门封闭工程包括 14 座涵闸和 1 座泵站，工程概算投资约 1600 万元；运西河 6+000～新河 1+005 段工程，工程包括运西河 6+000 以西段河道拓浚、白马湖穿

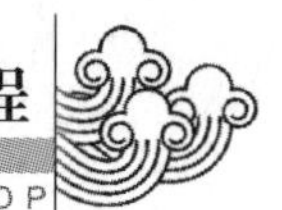

湖段抽槽、滚水堰及补水闸工程，工程概算投资2418万元；2007年底安排实施淮安四站输水河道水土保持（第二施工段）工程，主要包括运西河西段（约1.4km）南、北堤迎水坡、背水坡、堤顶、青坎；穿湖段（约2.6km）高程6.1m以上隔堤坡面和堤顶；新河（约17.4km）西堤迎水坡、北水坡、堤顶、青坎及6.0m以上河坡、东堤6.0m以上的迎水坡，以及镇湖闸、补水闸管理工程区和沿线跨河桥梁周边堤防红线范围内沿线水土保持、绿化以及垃圾治理等，工程概算投资404万元。

（范海平　韦卫星　单文彬）

工　程　进　展

截至2008年底，淮安四站输水河道工程累计完成土方289万m^3，混凝土浇筑21 103m^3，砌石11 885m^3，钢筋制安911t，金属结构250t，投资8321万元。新河段河道工程、穿湖段及运西河段工程于2008年6月17日通过单位工程验收，于2008年11月28日通过江苏水源公司组织的合同项目完成验收，于12月24日通过合同项目档案专项验收。

（范海平　韦卫星　单文彬）

招　标　投　标

根据国务院南水北调办《关于南水北调东线第一期工程淮阴三站淮安四站江都站改造工程招标分标方案的批复》（国调办建管函［2005］69号），淮安四站输水河道水土保持工程于2008年1月25日完成招标，由南京春燕园林实业有限公司中标承建，由盐城市河海工程建设监理中心承担监理。招标工作由江苏水源公司统一组织，评标过程由纪检部门监督，评标结果报国务院南水北调办备案。

（范海平　韦卫星　单文彬）

建　设　管　理

2005年8月3日，江苏水源公司以苏水源综［2005］5号文批准成立江苏省南水北调淮安市淮安四站河道工程建设处（以下简称淮安市建设处），作为工程现场管理机构。根据江苏水源公司授权，具体负责江苏水源公司指定的工程建设现场管理工作。淮安市建设处内设工程科、综合科、财务科三个职能科室，明确分工、各负其责。在工程建设期间，淮安市建设处建立质量、安全、精神文明建设管理机构，制定有关规章制度，按照江苏水源公司要求，对工程质量、安全、进度、资金进行全方位、全过程的监督管理，认真审核工程计量支付并及时拨付工程进度款，按照档案管理规定，做好工程档案的收集、整编工作等。

（范海平　韦卫星　单文彬）

质　量　管　理

在工程建设过程中，参建各方始终贯彻质量第一的方针，以创建优良工程为目标，建立以建设单位为核心的工程建设质量管理体系以及监理单位的质量控制体系和施工单位的质量保证体系，建立工程质量责任网络，健全规章制度，深入开展全员质量安全教育。由于淮安市淮安四站输水河道工程单项工程多、战线长、地点分散，建设管理难度大，为了控制好工程质量，淮安市建设处在定期召开施工联席会议的同时，还经常组织人员开展质量巡查活动，发现问题随时召开碰头会，研究解决发现的问题，切实把质量隐患消灭在萌芽状态。截至2008年底，已完成的32个单位工程质量全部合格，没有发生一起质量事故。

（范海平　韦卫星　单文彬）

工 程 监 理

淮安市淮安四站输水河道主体工程分3个标段实施。新河段工程（包括新河河道、沿线7座桥梁及镇湖闸拆建）由淮阴水利建设集团有限公司中标承建，镇湖闸微机监控及视频监视系统由南京东大金智电气自动化有限公司中标承建，盐城市河海工程建设监理中心中标监理；新河段洼地处理及口门封闭工程由淮阴水利建设集团有限公司中标承建，江苏淮源工程建设监理有限公司负责监理；运西河6+000~新河1+005段工程由江苏淮阴水利建设有限公司中标承建，盐城市河海工程建设监理中心中标监理。淮安四站输水河道水土保持工程由南京春燕园林实业有限公司中标承建，盐城市河海工程建设监理中心中标监理。

（范海平　韦卫星　单文彬）

安 全 生 产

安全生产，责任重于泰山。淮安市建设处高度重视安全生产和文明施工，把安全生产和文明施工作为工程施工管理的一项重要工作来抓，建立安全生产和防汛工作领导机构，制定安全生产预案和防汛预案，并认真督促执行，定期开展检查。监理、施工单位按要求建立安全生产、文明施工领导机构，签订安全生产责任状，建立安全生产责任网络，做到责任到人。施工单位按照国家安全生产法律法规要求，切实加强安全生产管理，配备专职安全人员及必要的安全设施，保证安全资金投入，建立健全安全生产管理规章制度，加强现场安全管理，确保了施工期间安全无事故。

（范海平　韦卫星　单文彬）

长江—骆马湖段工程　淮阴三站工程

工 程 概 况

淮阴三站工程位于淮安市清浦区和平镇境内，与现有淮阴一站并列布置，和淮阴一、二站和拟建的洪泽站共同组成南水北调东线第三梯级。工程建成后，具有向北调水、提高灌溉保证率、改善水环境、提高航运保证率等功能。

淮阴三站工程包括泵站工程、泵站引河工程、挡洪闸工程、变电所工程、管理所工程等。主体工程量：挖填土方248万m^3；砌石5.07万m^3；混凝土及钢筋混凝土38 858m^3，金属结构473t。工程批复概算26 717万元。工程等别为一等，工程规模为大（1）型。工程于2005年10月28日开工，计划2008年底完工。工程总投资26 717万元（其中，淮阴三站工程批复概算23 942万元，挡洪闸工程批复概算2775万元）。

（王亦勤）

工 程 投 资

淮阴三站工程2008年度计划投资6922万元，主要实施泵站主体土建施工及机组设备安装，实际完成投资6146万元，占年度计划投资比例88.8%。

截至2008年底，累计完成投资23 166万元，占计划投资比例96.8%，累计完成工程量为，土方挖填237万m^3，石方44 100m^3，混凝土浇筑25 226m^3，钢筋制作安装1817t，金属结构277t。

（王亦勤）

招 标 投 标

2008年7月，通过招标确定自动化控制、视频监视与局域网系统设备采购与安装中标单位为浙江浙大中控信息技术有限公司。2008年底，完成招投标概算额总数为18 374万元，中标金额累计为13 891.56万元。

（王亦勤）

工 程 进 展

淮阴三站引河、挡洪闸、变电所和管理所工程已经完成；正在实施的主要项目有淮阴三站泵站工程土建施工及贯流泵成套机组制作安装。各分部工程形象进度为：

（1）站身部分：厂房、控制楼已封顶，并完成砌体围封，基本完成墙体抹灰，同步正在进行窗户安装；双梁桥式起重机已完成专项检测，投入临时使用；天窗土建施工完成，准备进行窗体安装。

（2）翼墙部分：上下游翼墙墙体已全部完成，目前正在进行挡浪板施工；翼墙后回填土已填至设计高程，同时站身墙后也已基本填至设计高程。

（3）清污机桥部分：已完成底板混凝土、墩墙及桥面板等混凝土浇筑，完成清污机设备安装，正在进行皮带输送机安装。

（4）上、下游连接段部分：混凝土护底及格埂已全部完成，灌砌石、混凝土护坡及格埂基本完成，目前正在混凝土格栅铺设。

（5）临时码头部分：已完成并投入使用。

（6）设备方面：第一、二台贯流泵机组设备安装完毕，第三、四台设备已进场，正在进行预安装；钢闸门拼装完成，准备安装；液压启闭设备、高低压开关柜等设备制造已基本完成，液压启闭设备已运至现场，总体上设备制作能满足土建安装要求。

（王亦勤）

工 程 施 工

淮阴三站工程建设处、监理处严格要求项目部根据上报的施工组织设计，对照月进度计划安排表，合理调配资源，高效、有序地完成各施工任务。参建各方认真对照相应的工程质量、投资等建设管理办法，做到事前控制、事中控制、事后控制，使工程自始至终处于受控状态，同时按照《淮阴三站泵站工程质量体系运行规定》和《淮阴三站泵站工程质量管理办法》，实行奖罚措施，并落实到工程施工的各个环节。

在实际施工中，对于每个施工环节精心安排，召集施工工人开技术交底会议。各级质量管理人员严格按照项目部所制定的质量管理规章制度努力履行自己的职责。严格执行“三检制”，加强施工过程中的班组自检、作业中队互检，项目部质检科终检，现场监理工程师验收签证制度。加强施工工艺和工序的管理，检验不合格的不得进入下一道工序施工。施工过程中的检查、检测和验收严格按有关程序进行，实行层层管理、分级验收、总工把关制度。对完成的单元工程，监理负责验收初评，分部工程由淮阴三站工程建设处、监理处、项目部进行联合验收，监理进行初评，单位工程完工验收时，由质量监督部门进行最终验收评定。在施工过程中，档案资料严格按照要求进行管理，原始资料经过整理分类存放。

淮阴三站工程一直贯彻落实“安全第一、预防为主”的方针，遵循施工生产中“管生产必须安全”的原则，保证在施工中落实各项安全文明施工规章制度，加强施工现场的安全管理，确保施工安全零死亡事故目标的实现，并在现场设置专职安全员，有权对任何违章的人员加以制止，并行使处罚权利。具体体现在：施工人员必须按规定佩戴安全帽等防护用品；边、口等部位必须设置安全防护措施；施工脚手架要按规定要求搭设，必须加固牢靠；物资管理部门要做好现场材料的存放，仓库布置要做到整洁安全，做好防火和防盗工作，物资标识要清楚；定期或不定期进行检查，杜绝职工私拉、乱扯电线取暖，防止出现触电、火灾事故等。

在施工中严格遵守《中华人民共和国环境保护法》和有关环境保护的法规条例，采取必要的措施认真做好环保工作。

(1) 防止大气污染：袋装水泥、白灰、粉煤灰等易飞扬的细颗散体材料，室外临时露天存放时，必须下垫上盖，严密遮盖防止扬尘；禁止在施工现场焚烧油毡、橡胶、塑料、皮革等以及其他会产生有毒、有害烟尘和恶臭气体的物质；混凝土拌和中的水泥、粉煤灰系统，设置收尘设施，防止泄漏。

(2) 水污染防治：砂石料加工系统、灌浆系统用水量较大，专设沉淀池做净化处理，尽量回收利用。

(3) 做好水土保持和绿化：施工临时用地严格控制在标书文件规定的范围内，做好周围防护和排水设施，防止水土流失。临时设施建设规划尽量减少对植被的破坏，营地建设做好对环境的绿化规划，植树种草养花，美化环境等。

（王亦勤）

建设管理

2008年，主要实施的项目是泵站土建施工及设备安装工程。为进一步加强专项工作的领导，淮阴三站工程建设处成立由建设处、监理处、各项目部等有关人员组成的质量管理、安全生产和精神文明建设领导小组，设立各专项领导小组办公室，负责具体工作的落实。

在建设过程中，通过提高技术决策效率和质量监控力度，逐步建立和完善质量管理体制；督促、检查各级质量体系的成立和运转，组织开展技术质量交流会，及时处理施工中出现的质量问题；按招标文件及有关规范、规程、文件和质量标准，协助质量监督站做好质量监督工作，及时将质量监督意见贯彻落实；定期进行安全和文明施工检查，督促落实安全措施，发现问题及时通知监理单位和施工单位，及时整改。

组织开展丰富多彩的工地宣传、文体活动。组织制作了南水北调淮阴三站工程宣传栏、宣传册、宣传戗牌，编制了工程简报、建设管理月报，编发工程建设信息上网站宣传。工地建立了广播站，乒乓球活动室、篮球场等活动设施，组织举行了篮球友谊赛、扑克牌比赛、“迎中秋”晚会等多项工地娱乐活动，丰富了工地的文化生活。

（王亦勤）

工程监理

淮阴三站工程由江苏省水利工程科技咨询有限公司（原江苏省苏源工程建设监理中心）负责监理。监理工程师采取跟班旁站的方式对混凝土浇筑等主要工序进行全过程监督；采取巡视检查的方式，监督检查土方工程填筑土料、铺料作业、压实作业等施工质量是否符合规范要求；采取平行检验的方式，检查检测混凝土工程钢筋工序、模板工序、混凝土原材料、拌和物性能、混凝土强度、砂浆强度、闸门制作、防腐等质量是否符合设计及规范要求。

（王亦勤）

施工科技应用

（一）混凝土温控防裂

为防止混凝土裂缝，淮阴三站工程建设处组织召开了混凝土浇筑方案研讨会，并委托河海大学对高温浇筑混凝土温控防裂做了应用研究，现场施工严格按照河海大学关于

《淮阴三站底板集水井层温控防裂方法》的各项防裂措施和要求进行，两块集水井层底板水化热产生的最高内部温度控制在44.6℃，最大内外温差控制在15℃；浇筑的南侧集水井层上部底板水化热产生的最高内部温度控制在43.7℃，最大内外温差控制在16℃。为了确保混凝土浇筑质量，在浇筑前召开了底板混凝土浇筑专题会，总结底板浇筑的经验，认真分析施工中可能出现的问题，制定了详细的施工方案和安全措施。同时要求项目部安排各重要环节责任人负责，监理加强过程跟踪旁站，淮阴三站工程建设处做好巡视督查。

（二）流道混凝土应用聚丙烯纤维等防裂措施

泵站流道内部表面是一个扭曲面，混凝土断面厚薄不均，淮阴三站泵站工程流道部分混凝土采用聚丙烯抗裂纤维等综合防裂措施，防止流道内部及表面发生裂缝。

（三）应用国际先进的贯流泵技术

淮阴三站设计扬程4.28m，最大扬程4.78m，平均扬程3.06m，而近期常时间运行水位在1.5～2.5m之间，属于低扬程泵站，故采用贯流泵泵型。由于国内贯流泵技术尚缺乏经验，通过研究和引用国外先进的技术和关键设备，保证泵站装置效率。通过招标，主机泵设备由长沙水泵厂中标，水泵核心部分由荷兰耐荷泵业制造。该泵型结构新颖，水泵和电动机制作成一个整体，流量通过变频器变速调节，有效减小了泵轴和电动机直径，该结构便于安装和维护。通过与中标单位技术人员交流，适当降低叶轮安装高程，在满足抗空蚀性能的条件下，选择装置效率相对较高的叶轮，同时发挥变频器的优越性，设法降低电动机的启动功率，减小电动机尺寸，增大流道过流断面，提高贯流泵的运行效率。

（王亦勤）

骆马湖—南四湖段江苏境内工程　概述

工　程　概　况

骆马湖—南四湖段江苏境内工程是连接骆马湖与南四湖省际间的调水工程，采用不牢河和韩庄运河双线输水，通过不牢河和顺堤河输水，实现从骆马湖（中运河）抽引125m^3/s供不牢河沿线用水并调水入南四湖下级湖75m^3/s的规划目标。工程主要建设内容是改扩建刘山泵站、解台泵站和新建蔺家坝泵站。刘山泵站、解台泵站和蔺家坝泵站为一等工程，主体工程为1级建筑物，次要建筑物为3级。泵站设计洪水标准为100年一遇，校核洪水标准为300年一遇。工程永久占地1676亩，临时占地327亩，生产安置人口711人，工程总投资为60 736万元（其中刘山站24 106万元，解台站18 785万元，蔺家坝站17 845万元）。工程建设总工期2.5年。解台站工程已于2004年10月开工建设，刘山站工程于2005年3月开工建设，蔺家坝泵站将于2006年1月开始开工建设。

（唐　伟）

骆马湖—南四湖段江苏境内工程　刘山泵站工程

工 程 概 况

刘山泵站工程是南水北调东线工程的第七级抽水泵站。主体工程包括新建泵站、节制闸，老节制闸拆除新建跨不牢河公路桥工程；导流工程包括开挖导流河、新建导流闸和拆除重建跨导流河公路桥等工程。主要工程量为：土方 196 万 m^3（其中土方开挖 120 万 m^3，土方填筑 76 万 m^3），砌石及垫层 3.7 万 m^3，混凝土及钢筋混凝土浇筑 4.7 万 m^3，钢结构制作安装 660t。工程概算总投资 24 106 万元，计划总工期 2.5 年。

（唐　伟）

工程投资和进度

2008 年度完成了主厂房及控制楼装饰工程，泵站、节制闸、清污机桥、管理所绿化 4 个单位工程，完成了 110kV 供电线路工程施工，基本完成了管理所及其附属设施建设。

2008 年 10 月 14 日，刘山站泵站工程顺利通过江苏水源公司组织的试运行验收，具备了机组运行条件。截至 2008 年底，刘山泵站工程共完成土方 196 万 m^3，混凝土浇筑 4.69 万 m^3，砌石 3.65 万 m^3，钢结构制作安装 660t（含预埋件）。累计完成工程投资 24 070 万元（其中建安工程投资 9820 万元，机电设备 4870 万元，其他费用 9380 万元），占总投资的 99.8%。

根据 2008 年建设计划和江苏水源公司的批复形象进度投资计划，本年度刘山泵站工程计划完成形象进度投资 497.3 万元，实际完成形象进度投资 461.3 万元，基本达到公司下达年度任务目标。

（唐　伟）

建 设 管 理

刘山泵站工程建设管理坚持“以人为本，注重实效”的原则，在工作中，参建单位认真贯彻落实江苏省南水北调办和江苏水源公司要求，统一认识，狠抓落实，在确保质量、安全的同时，狠抓文明工地创建工作。

根据 2007 年刘山解台站工程建设处工作情况，江苏水源公司在 2007 年 6 月调整了刘山工程部领导班子，并对工程部人员进行了重新组合、精简。调整后的人员结构合理，在岗人员均具有良好的职业道德、优良的工作作风和强烈的工作责任心。刘山解台站工程建设处经常组织刘山泵站、解台泵站参建单位相互检查、观摩学习，取长补短，通过查现场、看资料、会议交流，达到互通有无、相互提高、相互促进的良好效果。刘山工程部通过召开内部工作会议，分析总结前阶段的工作情况并对下一阶段的工作进行合理安排，达到互相沟通、增加交流、促进工作的目的。刘山工程部自开工以来，做到规章制度健全、部门岗位职责明确，日常管理有序，满足了工程建设需要。

认真组织编制招标设计、施工图设计、招标文件，及时办理变更设计、手续完善。对年内组织实施的管理所房屋施工标、绿化工程施工标，首先安排设计单位编制完成招标文件及招标设计初稿。在此基础上，组织相关人员对招标文件内容进行分析、研究，特别对管理设施布置、场内供排水管网、节点工期的安排、重点部位的技术要求、主要技术人员资格等进行优化和调整，进一步修改完善了招标设计。认真履行合同的各项职责，做好外部协调工作，为参建方履行合同创造良好的环境，检查各参建单位尤其是设备制造厂家合同的执行情况，对检查出来的问题，要求各单位分析、查找原因、及时整改，合同制执行情况良好。

刘山泵站工程建设中，严格按江苏水源公司《南水北调东线第一期江苏境内工程建设项目档案管理暂行办法》的要求收集、整理，在工程开工、原材料检测、工序报验、质量评定、工程验收等各个环节严把资料关，没有资料不能开盘浇筑，没有资料不给予计量支付，坚决不要无工程资料的进度。目前工程建设资料收集基本齐全，正逐步进行归档工作。

（唐　伟）

工　程　质　量

自开工以来，刘山泵站建立健全了质量管理网络，各参建单位实行一把手负责制，同时委托江苏省水利建设工程质量检测站对工程不定期实施质量检测；在工程实施中建立健全了质量检查体系，每月10日、25日定期进行工程质量检查。检查中，将工序质量作为质量检查的关键，重点从人员配备、原材料检测、施工方法、施工质量通病等关键环节入手，查找隐患及时处理，发现问题及时与监理、施工单位沟通，切实保证工程质量。对可能存在的质量隐患，在每次会议都反复强调、反复讲，切实提高每个人在思想上的质量意识；工作中，积极配合质量检查和质监活动，认真听取检查组提出的意见，并及时整改到位。

2008年，为保证厂房及控制室装饰工程质量，在进行施工前，要求施工单位将不同规格的材料样品提交监理处，由建设、监理、施工三方针对提供的样品进行比选，确定装饰材料。在施工中对照样品，严格控制装饰材料质量。管理所房屋采用管桩基础，为了验证基础承载力满足设计要求，要求施工单位进行了试桩，组织勘察、监理、施工单位察看了试桩的过程，对地基地质进行分析，并要求施工单位委托有资质单位进行了桩的承载力检测。为保证钢筋混凝土质量，对黄砂、碎石、水泥、钢筋等原材料严格按照规定标准在监理工程师的监督下进行取样、送样，不合格原材料不得进场使用；在混凝土浇筑期间，要求监理工程师跟踪旁站，时刻掌握从拌和到入仓、振捣整个施工过程。刘山泵站工程自开工以来没有发生一起质量事故。

（唐　伟）

安　全　生　产

刘山泵站工程部始终将安全生产工作放在第一位，建立健全安全管理体系，层层落实安全责任制。制定了安全生产检查制度，每月10日、25日例会前对安全生产、文明工地全面检查，每月28日定期对工程安全进行专项检查。另外根据工程实际情况，不定期组织进行安全专项抽查，并于节假日前后进行常规检查；制定安全生产教育制度，对新进场的工人进行三级安全教育，并对管理人员进行思想教育，提高安全生产意识；严格执行安全技术交底制度。

2008年，刘山泵站工程正处于主体厂房和控制室施工阶段，高空作业面逐渐增多实际，刘山工程部、监理处分别于2008年4月28日、5月4日、7月30日、12月28日，多次召开安全专题会议，针对施工现场存在的安全隐患，刘山工程部责令装饰施工单位立即整改，并对相关责任人员进行处罚，罚款用于奖励安全生产的先进工作者，提高参建人员安全意识，做到查改结合，落实到人。2008年奥运会期间，为防止破坏分子进入工地，要求施工单位对外来工人进行身份检查，并禁止非施工人员进入施工现场，确保社会稳定。刘山泵站工程自开工建设以来，没有发生安全生产事故。

（唐 伟）

文明工地建设

为保证刘山泵站工程文明工地创建活动正常进行，树立江苏省南水北调工程良好形象，给广大职工创造良好的工作、生活环境，刘山解台站工程建设处成立了精神文明建设领导小组，监理、设计和施工单位也相应成立了创建活动的组织机构，配备了相应人员。刘山解台站工程建设处和参建各单位制定了创建活动开展计划和措施，在招标文件中对临时设施、文明工地创建作了明确要求。开工后，施工单位制定了一系列规章制度，编制了临时设施施工方案，并经刘山解台站工程建设处和监理处同意后实施。工程建设过程中，刘山解台站工程建设处及监理处经常检查工地现场、办公区和生活区的环境等方面落实情况，强化生活施工区的环境建设。

（唐 伟）

骆马湖—南四湖段江苏境内工程　解台泵站工程

工程概况

解台泵站是南水北调东线工程的第八级抽水泵站，工程位于徐州市贾汪区境内。解台泵站设计流量125m^3/s。主体工程包括泵站（机组5台套，含备机1台）、节制闸（设计流量500m^3/s）、拆除解台老闸建公路桥等工程，闸站合建布置型式。导流工程包括导流河、导流闸（设计流量250m^3/s）和灌溉闸拆除建公路桥工程。工程总投资18 595万元。计划建设总工期2年。主要工程量：土方开挖68.60万m^3，土方填筑42.07万m^3，混凝土及钢筋混凝土3.68万m^3，砌石及垫层6.08万m^3，钢结构437.15t。

2008年，完成解台泵站的试运行和附属工程管理所办公楼的装饰工程；全面完成园林、绿化及管理设施配套施工，具备管理运行条件，已移交管理单位管理。工程质量、进度、投资有效控制，安全生产、文明工地创建活动态势平稳。

2008年计划完成投资98万元，其中，建筑工程11万元、安装工程24万元、其他费用63万元。全年实际完成投资98万元，占计划的100%。

（韩仕宾）

工程进展

2008年度完成了附属工程包括管理所办公楼装饰、增建东大门门卫室、围墙、园林、绿化等工程的施工；2008年8月5日泵站机组通过江苏水源公司组织的试运行验收，具备了调水运行条件，8月6日正式移交管理单位管理运行；11月26日完成泵站、节制闸、管理区配套设施及园林绿化等5个单位工程验收。

（韩仕宾）

安全生产

刘山解台站工程建设处、监理部、项目部在安全生产问题上，自觉做到警钟长鸣，慎之又慎，切实抓好安全生产工作。建立了安全生产组织机构，层层明确了安全生产责任制，现场落实了专职安全员，配置了安全设施和安全警示标志。尽管后期是室内装饰和地面工程施工，仍坚持不间断巡视，不定期进行安全检查。截至2008年底，工地未发生任何生产安全事故。

2008年，刘山解台站工程建设处根据工情的变化，对防汛工作早安排、早落实，主要做了以下工作：① 及时落实防汛工作责任制，考虑到管理单位未落实，刘山解台站工程建设处及时明确江苏省水建项目部临时承担节制闸的运行管理；② 明确防汛调度程序，由省水建项目部接受解台闸管理所的调度指令；③ 及早安排汛前检查，刘山解台站工程建设处于5月份召开了南水北调解台泵站工程2008年度防汛联席会议，组织解台泵站参建各方进行了防汛检查。重点检查了液压启闭系统、闸门、柴油发电机组。对检查中发现的柴油发电机组工作状况不稳定情况及时通知生产厂家进场进行调试；④ 切实落实防汛工作任务，制定了汛期值班制度、信息处理及汛情、险情上报制度，施工单位安排专人24小时值班，随时接受指令，确保雨情、水情信息渠道的畅通。由于防汛工作准备充分，确保了解台泵站工程安全度汛。

（韩仕宾）

骆马湖—南四湖段江苏境内工程　蔺家坝泵站工程

工　程　概　况

蔺家坝泵站工程是南水北调东线第一期工程的第九级泵站，位于江苏省徐州市铜山县境内。主要任务是向南四湖下级湖输水，并结合排涝。第一期工程新建蔺家坝一站，设计流量75m³/s，设计站上水位33.3m（废黄河高程系，下同），站下30.9m，设计净扬程2.4m，平均扬程2.08m，泵站装机4台（其中1台备用）2800ZGQ－2.5灯泡贯流机组，总装机容量5000kW。工程为一等工程，主要建筑物为1级，主要内容有主泵房、副厂房、安装间、清污机桥、进水前池、出水池、防洪闸和进出水渠等。

主要工程量，土方开挖97.31万m³，土方填筑26.05万m³，混凝土和钢筋混凝土4.2万m³，砌石0.94万m³，金属结构制作安装549t以及4套主机组设备安装等。

2004年8月，水利部以水总［2004］354号批准了蔺家坝泵站工程初步设计，批复工期30个月。国家发展改革委核定工程总投资17 845万元。后调增建设及施工场地征用费261万元，工程总投资调整为18 106万元。

（李　军）

投　资　计　划

2008年下达投资计划3106万元，其中南水北调工程基金1500万元，开发银行贷款1606万元。

截至2008年底，完成年度投资4993万元，其中，建筑工程1675万元，安装工程437万元，设备及工器具购置1066万元，其他1815万元。累计完成投资20 268万元。

（李　军）

工　程　进　展

截至2008年底，蔺家坝泵站工程已完单元工程885个，全部合格，其中优良686个，单元工程优良品率77.5%。已完成质量评定的单位工程1个，外观得分率92.1%，质量等级为优良。

工程形象进度为：

（1）建筑工程。顺堤河改道工程完成，清污机桥工程完成，泵站工程完成，防洪闸工程完成，出水渠工程完成，办公楼、宿舍楼完成，室外工程完成80%，供电设施完成。

（2）机电设备及安装工程。主机组设备安装完成，水力机械辅助设备安装、调试完成，电气设备安装、调试完成，自动化设备安装、调试基本完成。

（3）金属结构设备及安装工程。泵站及防洪闸工程闸门、启闭机安装调试全部完成。

（4）输变电工程。输变电工程全部完成。

（5）其他。水土保持工程及湖西大堤堤顶道路正在招标准备阶段。

（李　军）

安　全　生　产

淮委治淮工程建设管理局南水北调东线建管局（以下简称建管局）始终将安全生产作为建设管理的一项重要内容来抓，经常召开安全生产会议，总结布置安全生产工作，通过悬挂安全生产横幅，张贴安全生产标语，举办安全生产技术、操作规程及安全常识培训班和安全生产宣传橱窗，组织安全生产知识竞赛，开展安全生产大检查，组织事故演练等方式加强安全生产教育，增强了施工人员安全意识和自我保护意识，取得了良好效果。

针对容易出现问题的季节和部位，建管局定期不定期会同监理单位组织安全生产检查，电气设备安装调试时安排旁站检查，还在节假日期间进行安全生产专项检查，发现隐患苗头，立即督促整改，并在整改后进行检查，确保安全生产各项措施的落实。

建管局十分重视蔺家坝泵站工程防汛工作，2008年3月编制完成防汛预案并上报江苏水源公司，全面落实防汛预案中防汛责任制、防汛队伍及防汛物资储备等各项措施，坚持防汛值班，做好雨情、工情、水情记录，并与沂沭泗水利管理局及地方防汛指挥部门保持联系，及时掌握工情、水情、雨情和调度运行情况，做好防大汛准备，做到未雨绸缪。施工单位根据防汛任务要求成立了物资保障组、通信联络组和抢险队，承担工程建设区域内的抢险任务。通过参建单位共同努力，实现了安全度汛。

（李　军）

技　术　创　新

蔺家坝出水渠圆弧段和进水渠围堰占压部位采用了模袋混凝土施工技术，为保证模袋混凝土施工内在质量和外观，建管局要求施工单位事先制定切实可行的安装方案，并组织进行试验确定技术参数，报监理批准后实施，确保了蔺家坝模袋混凝土施工质量。

（李　军）

骆马湖水资源控制工程

工　程　概　况

骆马湖水资源控制工程位于江苏省与山东省交界处的中运河上。其主要任务为：正常情况下参与东调南下工程泄洪、南水北调工程调水和航道通航；在南水北调东线工程非调水期，当骆马湖水位低于21.332m且河水向北流动时，对骆马湖水资源实施有效控制与管理。骆马湖水资源控制工程的主要建筑物有新建控制闸、新开挖支河河道、现状中运河临时性水资源控制设施加固改造。工程于 2006 年 12 月 27 日开工建设，总工期 12 个月，总投资 2899 万元。

新建控制闸的闸中心线与支河河道中心线一致，与中运河主河槽中心线间距为 120m。控制闸共 4 孔，单孔净宽 8.0m，两孔一联，整体式底板，闸室采用钢筋混凝土开敞式结构，顺水流方向长 15m，垂直水流方向总宽 38.82m，底板顶高程 16.832m，厚 1.5m，中、边墩厚 1.2m，缝墩厚 1.0m。闸室顶部布置有交通桥、启闭机房等。

新开挖支河，支河河道进、出口分别位于原临时性水资源控制设施的上、下游，全长 1134m；属于南水北调骆马湖水资源控制工程建设范围内的支河开挖长度为控制控制闸中心上下游各 100m。

现状中运河临时性水资源控制设施加固改造，是对毁坏的挡水墙和水位井按原设计恢复；浮箱箱体和上、下游通航标志重新恢复和防腐处理；在浮箱顶部增设封闭舱，布置卷扬机和现地控制柜；增设一套自动控制设施；为防止水流冲刷，将东侧岸坡的上、下游护坡延长与控制闸护坡连接。

主要工程量：土石方 15.5 万 m^3，砌石 840m^3，混凝土及钢筋混凝土 8800m^3。

（耿雪飞）

工 程 进 展

2008 年 1 月开始上部结构装饰装修，至 4 月完成启闭机房及桥头堡房屋建筑工程装饰装修，并通过分部工程验收，至此，主体工程完工。5 月完成弃土区、生产区临时用地验收，并移交山头村村委会。10 月通过消防设施专项验收。剩余工程浮箱门加固改造、分流岛及引河护砌工程受韩中骆工程制约。韩中骆工程于 6 月 1 日断航排水，至 12 月初中运河水排干，工程具备施工条件后，实施分流岛及引河护砌工程。浮箱门加固改造工程已做好施工准备，并开始进行淤泥的清除。管理设施工程因管理单位未明确无法施工。2008 年，工程安全度汛，并在汛期加强对新建控制闸的观测，未发现异常。

（耿雪飞）

建 设 管 理

受江苏水源公司委托，淮河水利委员会治淮工程建设管理局承担了骆马湖水资源控制工程的建设管理工作。成立南水北调东线工程建管局，淮河水利委员会骆马湖水资源控制工程建设管理处作为派驻工地现场的建设管理机构。工程建设过程，严格履行基本建设程序，严格执行项目法人制、招标投标制、建设监理制和合同管理制。及时履行各项报批手续，认真接受南水北调江苏质监站对本工程的质量监督、检查，及时按有关规定办理质量监督手续，合理划分工程施工质量评定项目并报质监部门批准。在工程实施阶段，从严格完善工程质量管理体系入手，明确质量责任制，确保施工单位质量保证体系和建设、监理单位的质量检查体系的畅通运行，保证了工程质量。

（耿雪飞）

工 程 投 资

工程批复概算为 2899 万元。2006 年下达（到位）资金 1000 万元，2007 年下达（到位）资金 500 万元。截至 2008 年底，累计到位资金 1500 万元。年度计划投资 476 万，年度累计完成投资 100 万元，占年度投资计划的 21%。累计完成投资 2523 万元，占总投资的 87.03%。累计完成土石方 15.5 万 m^3，混凝土及钢筋混凝土 8400m^3，闸门、启闭机安装 4 台套 82.5t。

工程共分为两个施工标，土建及金属结

构、机电设备安装标合同总价 1445.23 万元，由徐州市水利工程建设有限公司中标承建；金属结构、机电设备制作标合同总价 95.7 万元，由安徽水利开发股份有限公司中标承建。

对于土建和金属结构制造标，工程款的计量支付每月由监理工程师根据施工单位编报的已完合格工程价款结算表，按照施工详图和招标文件对工程量进行审核，经建设单位审定后，扣除一定比例的工程预付款和质保金，办理结算手续。价款结算准确、及时，无工程款拖欠现象，使工程得以顺利实施。

（耿雪飞）

韩庄运河段工程 概述

工 程 概 况

韩庄运河段工程是南水北调由江苏进入山东后的第一段工程，也是连接骆马湖与南四湖的省级间输水关键工程。工程实施后，可实现沿韩庄运河线由骆马湖向南四湖下级湖输水 125m³/s 的目标，并改善枣庄市的用水和韩庄运河的航运条件。南水北调利用韩庄运河省界至老运河口 39.1km 及老运河 3.8km 输水，自微山湖出口韩庄起，经陶沟河与中运河相连接，全长 42.9km。主要工程建设内容包括：在韩庄运河段新建台儿庄、万年闸、韩庄 3 座提水泵站，三座泵站的设计流量均为 125m³/s；在三条主要支流上新建魏家沟、三支沟、峄城大沙河橡胶坝 3 座水资源控制工程。

台儿庄泵站是南水北调东线进入山东省的第一级泵站，也是南水北调东线输水工程的第七级泵站。站址位于台儿庄市区南部韩庄运河的废旧船闸处。

万年闸泵站是南水北调东线工程在山东境内的第二级泵站，也是南水北调东线输水工程的第八级泵站。站址位于韩庄运河运北三支沟入口以下万年闸村以南、韩庄运河北大堤以北地带。

韩庄泵站是南水北调东线工程在山东境内的第三级泵站，也是南水北调东线输水工程的第九级泵站。站址枢纽位于山东省微山县与枣庄市交界处，韩庄运河和老运河交汇口西侧的老运河东岸，站下进水渠接韩庄运河，站上出水渠接老运河入南四湖的下级湖。

魏家沟水资源控制工程位于韩庄运河大堤外脚魏家沟主河槽的平直段，主要包括取水管道、橡胶坝段、上下游连接段和充排水泵站等。设计挡水高度 3.4m，坝高 3.5m，净宽 13m，5 年一遇设计过坝流量 29.8m³/s，20 年一遇设计过坝流量 204m³/s。

三支沟水资源控制工程位于韩庄运河大堤外脚三支沟主河槽的平直段，主要包括取水管道、橡胶坝段、上下游连接段和充排水泵站等。设计挡水高度 3.6m，坝高 3.7m，净宽 27m，5 年一遇设计过坝流量 57m³/s，20 年一遇设计过坝流量 470m³/s。

峄城大沙河水资源控制工程位于韩庄运河大堤外脚峄城大沙河主河槽的平直段，主要包括取水管道、橡胶坝段、上下游连接段和充排水泵站等。设计挡水高度 3.9m，坝高 4.0m，净宽 40m，5 年一遇设计过坝流量 500m³/s，20 年一遇设计过坝流量 737m³/s。

（张兆军）

工程投资和进展

按 2003 年二季度价格水平，该工程静态总投资为 77 232 万元，其中台儿庄泵站 25 667 万元，韩庄泵站 23 524 万元，万年闸泵站 26 117 万元，韩庄运河水资源控制工程

1924万元。该工程计划总工期为3年。

万年闸泵站工程于2004年11月18日正式开工建设。截至2008年底，万年闸泵站工程共计完成土石方开挖113.90万m^3，土方回填45.29万m^3，浆砌石2.39万m^3，混凝土浇筑完成49 330m^3，金属结构制作安装1124.34t。累计完成投资19 029.81万元。

韩庄泵站工程于2007年4月3日正式开工建设。截至2008年底，韩庄泵站工程共完成土方开挖44.6万m^3，石方0.1万m^3，混凝土浇筑14.85m^3，累计完成投资5017.14万元。

台儿庄泵站工程于2005年12月12日正式开工建设。截至2008年底，共完成土方开挖97万m^3，石方2051m^3，混凝土浇筑52 500m^3，金属结构制作安装804t。累计完成投资19 835.90万元。

（张兆军）

韩庄运河段工程　台儿庄泵站

工　程　概　况

台儿庄泵站工程是南水北调东线工程的第七级泵站，位于山东省枣庄市台儿庄区境内，第一期台儿庄泵站工程设计流量125m^3/s，设计水位站上25.09m（1985国家高程基准），站下20.56m，设计扬程4.53m，平均扬程3.73m。5台2950ZLQ32－5.2型立式轴流泵（其中1台备用），单机设计流量31.25m^3/s，配套电动机功率为2400kW，总装机容量12 000kW。台儿庄泵站工程为一等工程，主要建筑物为1级，次要建筑物为3级，临时建筑物为4级，建设工期30个月。

台儿庄泵站工程主要工程量，土方111.1万m^3，混凝土和钢筋混凝土6.21万m^3，砌石0.69万m^3。《南水北调东线第一期工程台儿庄泵站工程初步设计报告》（淮委规计［2004］133号）由水利部水利水电规划设计总院审查，并以水总［2004］522号《关于南水北调东线第一期工程台儿庄泵站工程初步设计的批复》进行了批复，工程总投资23 776万元，其中静态投资22 912万元。

（张兆军）

工　程　投　资

2008年，台儿庄泵站工程建设目标为：5月底完成水泵电动机的安装工作，完成进出水渠的施工，年底进行联合试运行。根据台儿庄泵站工程进展实际情况及批复的总工期要求，台儿庄泵站工程2008年需要完成投资8341万元。主要工程量：土方挖填41万m^3；混凝土浇筑1.8万m^3；钢筋制作安装800t。完成剩余的3台套主机、泵设备制造，完成5台套主机、泵设备安装；完成机电设备制造及安装。完成闸门、启闭机等金属结构安装。

台儿庄泵站工程2008年完成总投资4950万元。2008年完成工程量：土方挖填27万m^3；混凝土浇筑0.85万m^3；金属结构制造200t；主泵制造完成5台；主电动机制造完成5台。

（张兆军）

招　标　投　标

按照国务院南水北调办《关于南水北调东线一期台儿庄泵站工程招标分标方案的批复》（国调办建管函［2005］4号）和《关于调整南水北调东线第一期工程台儿庄泵站工程招标分标方案的批复》（国调办建管［2008］

115号），台儿庄泵站共分19个标段，其中2008年之前完成13个标段的招标工作，2008年完成了6个标段的招标工作（见表1）。至此，台儿庄泵站所有招标工作全部完成。

表1　台儿庄泵站工程2008年度招标情况一览表

序号	合同编号	合同名称	招标代理单位	招标文件发售时间	开标日期	合同签订日期	中标单位
1	NSBD－TEZBZ－32	房屋装修标	中水淮河有限责任公司	2007.12.19	2008.1.23	2008.3.31	安徽省和成装饰工程有限公司
2	NSBD－TEZBZ－35	管理设施标	中水淮河有限责任公司	2008.7.7	2008.7.29	2008.9.20	山东水利工程总公司
3	NSBD－TEZBZ－36	堤顶道路标	中水淮河有限责任公司	2008.7.7	2008.7.29	2008.10.10	淮河水利水电开发总公司
4	NSBD－TEZBZ－39	水土保持Ⅰ标	中水淮河有限责任公司	2008.11.25	2008.12.19	2009.1.21	常州常恒园林花木科技有限公司
5	NSBD－TEZBZ－40	水土保持Ⅱ标	中水淮河有限责任公司	2008.11.25	2008.12.19	2009.1.20	蚌埠市淮河水资源开发有限公司

（张兆军）

工　程　进　展

截至2008年底，台儿庄泵站工程主体工程已完成。泵站、清污机闸、排涝涵洞、交通桥工程、月河桥工程已完成；进、出水渠（除一期围堰外出水渠）工程基本完成；场区变电站工程基本完成；主泵房、副厂房等部分装饰工程已完成。完成5台主机泵安装，完成闸门、启闭机、清污机设备及站内辅机系统安装。电气、自动化设备采购基本完成，正在安装。完成变电站变压器、空气外绝缘高压组合电器、高压隔离开关、电流电压互感器的安装工作。工程迁占及地面附着物补偿工作已基本完成。其中永久征地381.8亩，搬迁安置129人，生产安置1035人，拆迁房屋6124m²。环境保护措施和施工期环境保护临时措施在施工中实施。

（张兆军）

建　设　管　理

台儿庄泵站工程项目法人为南水北调东线山东干线有限责任公司。2004年12月7日，国务院南水北调办建管司在蚌埠市组织召开了南水北调苏鲁省界有关工程项目建设管理协调会，并形成了《南水北调东线第一期工程苏鲁省界有关工程项目建设管理协调会议纪要》，明确台儿庄泵站工程由淮委治淮工程建设管理局承担建设管理工作。2005年1月14日，山东省南水北调工程建设管理局与淮委建设局签订了《南水北调东线一期工程台儿庄泵站工程项目委托建设管理框架协议》，明确双方责权。

淮委治淮工程建设管理局南水北调东线工程建管局作为淮委治淮工程建设管理局派驻工地现场机构，行使建设单位管理职能，开展具体的建设管理工作，内部设置综合部、计划合同部、财务部、淮委台儿庄泵站工程建设管理处、淮委骆马湖水资源控制工程建设管理处、淮委南四湖工程建设管理处和淮委蔺家坝泵站工程建设管理处。淮委台儿庄泵站工程建设管理处具体负责台儿泵站工程建设管理工作。

（张兆军）

质 量 管 理

为切实加强台儿庄泵站工程的质量管理，建设单位将工程质量作为重中之重的工作来抓，成立了由主要负责人任组长的质量管理工作领导小组，领导小组及职能部门采取经常性的巡检方式，对施工现场进行质量检查和监督，定期召开质量专题会和质量现场会，不断提高各参建单位的质量意识，强化质量管理责任。督促各参建单位建立切实可行的质量责任制，组织参建单位建立了质量责任人网络和档案，并层层签订质量责任书，明确各级质量目标和责任，将质量管理责任落实到人。并颁布了台儿庄泵站工程质量管理办法，强化工程建设全过程质量管理，从设计到施工准备，从工程施工过程直到工程验收，严格控制影响工程质量的各环节。

工程实施阶段，为保证台儿庄泵站工程质量，结合该工程特点建立了质量管理的四个体系，即政府部门的质量监督体系、建设单位的质量检查体系、监理单位的质量控制体系和施工及设计单位的质量保证体系。

同时依据合同承诺，现场建设处督促监理单位抽调了多名有经验的专业人员组建完整、健全的现场监理部。施工单位中国水利水电第十一工程局建立了能做常规试验的试验室，且试验人员具有试验员岗位证书，试验仪器均经过计量部门校核审定，对专业性强，现场不能做的试验则委托具有相应资质的试验单位完成。

检查并协助监理部对工程质量进行事前控制、事中控制和事后检验，主要采取下列几项质量管理措施：

（1）重点核查各标段项目经理和主要管理人员是否与投标文件一致，其施工队伍是否为该单位所属。审查是否具有完成工程并确保其质量的技术能力及管理水平，检查专业技术人员和特种作业人员的上岗资格。

（2）投入工程使用的原材料、半成品，其品质、规格、外观满足设计要求并经监理认可后才能采购订货。凡进场材料均应有合格证或检测报告，同时按有关规定进行取样检测，经检验不合格的材料，严禁在本工程中使用。组织相关人员对本工程进行试验的试验室进行实际考察，考核其是否具备试验资质及试验人员持证上岗等情况。

（3）督促承包人完善质量保证体系和现场质量管理制度，包括完善计量和质量检测技术和手段、现场质量检验制度、统计报表制度和质量事故报告及处理制度等。

（4）在工程施工中，对直接关系工程结构质量的重要工程、关键部位或特殊工艺设置质量监控点，针对可能造成质量隐患的环节因素采取相应措施加以预控。同时要求承包人要报送测量放样、试验检测、混凝土施工、土堤填筑、金属结构安装等重要部位或关键工序的施工工艺和确保工程质量的措施，并经监理部审核同意及签认。

（5）台儿庄泵站建设处在每次重要部位、重要工序施工前，都要组织设计进行交底，对重要部位的施工方案组织专家进行技术论证，重要部位工程开工前，还要组织设计及其他方面的专家进行联合现场检查。通过采取多项措施，特别是对混凝土的温度控制方面采取了外保内降的温控措施。台儿庄泵站大体积混凝土如底板，进、出水流道层，电机层没出现混凝土裂缝现象，确保了台儿庄泵站的工程质量。

截至2008年底，台儿庄泵站共评定单元工程1178个，全部合格，其中优良个数1068个，优良率90.7%；分部工程评定13个，全部合格，其中优良个数12个，优良率92.3%。

（张兆军）

工　程　施　工

台儿庄泵站工程土建和安装部分的承建单位为中国水利水电第十一工程局，工地现场设中国水利水电第十一工程局台儿庄泵站工程项目经理部，交通桥（赔建）工程和排涝涵洞工程的承包商为枣庄市台儿庄区大禹水利工程处，水泵及附属设备采购承包商为上海凯士比泵有限公司，电动机及附属设备采购承包商为湘潭电机股份有限公司，清污设备采购承包商为江苏宜兴泉溪环保有限公司，金属结构、启闭机设计制造商为山东水总机械工程有限公司，液压启闭机设计制造商为中国船舶重工集团公司武汉船舶工业公司，计算机监控系统采购与安装承包商为深圳东深电子技术有限公司，电气设备采购承包商为上海华通企业集团。

施工单位在工程实施过程中，按合同规定认真履行合同职责，严格按设计和规程规范进行施工，根据工程进度需要合理配置资源，确保按合同约定按期保质完成工程施工任务。

（张兆军）

工　程　监　理

监理单位为杭州亚太建设监理咨询有限公司（原水利部农村电气化研究所监理中心），该公司在南水北调东线第一期工程台儿庄泵站工程成立了建设监理部，监理部下设一个总监办公室和土建、机电两个监理组。其中总监办公室全面主管工程监理部工作；土建监理组分管工程全部土建监理工作（包括环境保护和水土保持）；机电监理组分管机电设备、金属结构监造、安装和调试等工作。

（张兆军）

安　全　生　产

安全体系方面，现场建设处建立健全了安全生产管理体系，监理单位建立健全了安全生产控制体系，施工单位建立健全了安全生产保证体系。同时施工单位还制定了安全生产十大禁令、安全生产六大纪律、起重吊装“十不吊”、气割、电焊“十不烧”等多项安全生产制度。为了保证安全体系和安全制度的落实，各参建单位都成立了安全生产领导小组，设置专兼职安全员，并层层签订安全生产责任状，使得安全责任落实到人。同时，现场建设处积极组织开展各项安全隐患排查、安全生产大检查、安全生产培训、安全生产知识竞赛等各项安全生产活动。

在汛期来临前，施工单位和监理单位都要提前编制度汛方案、防汛应急预案并上报防汛主管部门进行批复备案，现场建设处对其度汛方案、防汛预案落实情况进行检查。节假日期间，各参建单位都要提前安排好值班，并将值班安排上报现场建设处。

（张兆军）

韩庄运河段工程　万年闸泵站工程

工　程　概　况

万年闸泵站设计输水规模125m^3/s，设计扬程5.49m，水泵机型为5台立式轴流泵，单机设计流量31.5m^3/s，总装机容量14 000kW。万年闸泵站工程为一等大（1）型工程，主要由主厂房、副厂房、变电站、引水闸、出口防洪闸、引水渠、出水渠、交通桥、生产桥等项目组成。土建工程的主要设计工程量为，土石方开挖122.20万m^3，土方回填51.16万m^3，浆砌石2.7万m^3，混凝土浇筑5.56万m^3。初步设计概算总投资24 508万元。建设工期2.5年。

2008年度万年闸泵站二标段主体混凝土工程完成和机电设备基本全部安装完成，主副厂房基本完成装修任务，1～3标主体工程通过了阶段验收，18标段办公楼主体基本完成，初步具备单位工程验收条件。

（张兆军）

工 程 投 资

万年闸泵站工程2008年度完成合同项目投资4684.01万元，签订合同项目金额15 712.81万元，累计完成工程投资13 567.09万元，见表1。

表1　　合同项目投资完成及累计完成投资情况统计表　　万元

类别	编号	已签订合同项目	合同价	2008年完成合同项目投资	累计完成合同项目投资
监理标	1	土建监理	121.72		121.72
	2	监造监理	124.56		124.56
	3	迁占移民监理	46.48		46.48
施工标	4	施工1标段	2552.83	826.47	2401.56
	5	施工2标段	4175.22	894.34	3682.72
	6	施工3标段	1433.34	0.00	1135.79
	7	施工17标段	302.12	0.00	0.00
	8	施工18标段	784.30	170.00	170.00
设备材料标	9	水泵及附属设备	1116.39	669.83	1116.39
	10	金属结构（引、出水闸）	287.68		287.68
	11	电气设备（引、出水闸）	72.15		72.15
	12	泵站电机设备采购	968.00	580.80	968.00
	13	泵站金属结构	508.20		508.20
	14	泵站液压启闭机	232.80	232.80	232.80
	15	测流装置	165.16	165.16	165.16
	16	泵站变压器	313.95	313.95	313.95
	17	泵站开关设备	277.84	277.84	277.84
	18	泵站配电柜	188.79	188.79	188.79
	19	泵站自动化	321.03	321.03	321.03
	20	清污机	287.97	0.00	0.00
设计标	21	土建勘测设计合同	1281.00	0.00	1281.00
	22	电力线路设计合同	43.00	43.00	43.00
委托标	23	水土保持工程及206国道涵闸	100.28	0.00	100.28
	24	万年站泵站水泵模型装置试验结果分析研究	8.00		8.00
合计			15 712.81	4684.01	13 567.09

（张兆军）

招 标 投 标

2008 年，万年闸泵站工程完成了 2 个项目（17 标水土保持工程和 18 标建筑与装修工程）的招投标（见表 1）及 1 个项目（万年闸供电线路工程）的委托设计。

表 1　　2008 年度万年闸泵站招投标情况统计表

序号	合同编号	合同名称	招标代理单位	招标文件发售时期	开标日期	定标日期	中标单位	合同签订日期
1	NSBD/HZYH－SG200801	水土保持工程	山东水务招标有限公司	2008.5.19	2008.6.13	2008.6.26	山东省水利水电建筑工程承包有限公司	2008.7.16
2	NSBD/HZYH－SG200802	建筑与装修工程	山东水务招标有限公司	2008.5.19	2008.6.13	2008.6.26	滕州市建筑安装工程集团公司	2008.7.16

（张兆军）

建 设 管 理

万年闸泵站工程的项目法人单位是山东干线公司，其上级主管部门是山东省南水北调建管局。山东省南水北调韩庄运河段工程建设管理局（以下简称韩庄建管局）作为现场建设管理机构，具体负责万年闸泵站工程的现场建设管理工作。

按照总进度计划、年度进度计划目标，分解编制月、周进度计划，由监理审批下达；重要节点、关键性进度计划由监理报韩庄建管局批准下达。根据审批的进度计划资源要求，对照检查施工资源配置。对与地方的协调和迁占因素、标段间的协调、工序的交接等可能影响施工进度的因素做好分析评估，制定适宜的预防措施，做好协调配合衔接。做好工序或隐蔽工程等过程控制和验收，及时报验和组织隐蔽工程验收、交接等。

万年闸泵站实行现场建管机构负责，监理单位控制，施工单位保证，设计单位服务和质量监督单位监督现结合的质量管理体系。

工程建设安全生产实行韩庄建管局统一协调管理，监理单位、施工单位、勘察设计单位及其他有关单位各负其责的管理体制。

韩庄建管局成立了创建文明工地领导小组，负责文明工地创建的指导和协调，督促各参建单位建立健全文明工地创建组织体系，完善各项管理制度，组织文明工地检查、督促工作。

（张兆军）

工 程 进 展

2008 年年度建设目标为土建 1～3 标工程全部完成，并具备单位工程验收条件，17 标、18 标主体完工。

1 标进水渠段：引水渠、进水闸、引水渠交通桥、生产桥、跌水等主体工程基本完成。

2 标主副厂房段：泵站主体土建工程基本完成，主副厂房内、外装修完成。设备、电气安装工程中水泵及电动机全部安装完毕，

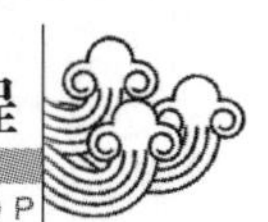

进、出口闸门及启闭机、液压启闭机安预装基本完成，多声道超声波流量计、变电站110kV变压器、高压开关设备全部安装完成。完成了10kV厂内电气设备及启闭机电气设备安装及调试工作。

3标出水渠段：出水渠道和防洪闸完成，边坡草皮种植完成，老枣徐公路桥、排涝闸完成。

18标厂区办公楼及道路工程：办公楼主体第二层已经结束，大门车库浆砌石基础完成。

工程迁占及地面附着物补偿工作已经基本完成。其中实际永久征地789.4亩，搬迁41人，生产安置495人，拆迁房1628m^2。环境保护措施和施工期环境保护临时措施在施工中实施。

主体工程完成主要工程量：土方开挖113.9万m^3，土方回填45.29万m^3，砌石2.39万m^3，混凝土浇筑4.53万m^3，钢筋制作安装2670t，金属结构安装1124t。

（张兆军）

工程施工

万年闸泵站参建施工单位均成立了项目经理部，制定了各项生产管理制度，对合同工程实施全面、全过程监督、组织和管理。

施工单位建立健全质量保证体系和安全生产保证体系，对工程检验实行三级检查制度，制定了环境保护管理办法和奖罚制度。

（张兆军）

工程监理

中水淮河工程有限责任公司负责监理万年闸泵站枢纽工程土建与安装。监理工作主要通过现场记录、发布文件、旁站监理、巡视检验、跟踪检测、平行检测、协调等手段来进行工程的质量控制、进度控制、投资控制、安全管理、合同管理、信息管理和协调工作。山东省水利工程建设监理公司负责监理万年闸泵站的水泵、电机、金属结构、机电设备等厂内建造。山东龙信达咨询监理有限公司负责万年闸泵站的征地、迁占及移民监理。

（张兆军）

质量管理

万年闸泵站质检机构为韩庄建管局质量安全部，质量管理工作包括四大体系：质量监督体系、质量检查体系、质量控制体系和质量保证体系。四大层次体系对本工程施行全面质量管理。

质量监督体系的主体是主管部门（政府）和社会群众，负责对工程的质量检查体系、质量控制体系和质量保证体系的建立及实施情况进行监督检查。

质量检查体系的主体是建设单位（项目法人）。其执行机构为山东省南水北调韩庄运河段建设管理局，负责对质量控制体系和质量保证体系的建立及实施情况进行检查。

质量控制体系的主体是监理单位，其派出机构为监理部。它对质量保证体系的建立和实施情况起控制作用。

质量保证体系的主体是设计单位、施工单位，是工程质量能否得到保证最直接、最关键的因素。

截至2008年底，万年闸泵站32个分部工程，已完成分部工程评定21个，合格率100%，其中优良17个，优良率80.95%；1123个单元工程，已完成单元工程评定895个，合格率100%，其中优良765个，优良率85.47%。

（张兆军）

安全生产

韩庄建管局建立健全了安全生产管理体

系，监理单位建立健全了安全生产控制体系，施工单位建立健全了安全生产保证体系并对人员进行安全培训。同时施工单位还制定了安全生产十大禁令，安全生产六大纪律，起重吊装“十不吊”，气割、电焊“十不烧”等各项安全生产制度。为了保证安全体系和安全制度的落实，各参建单位都成立了安全生产领导小组，设置专兼职安全员，并层层签订安全生产责任状，使得安全责任落实到人。同时，韩庄建管局积极组织开展各项安全隐患排查、安全生产大检查、安全生产培训、安全生产知识竞赛等各项安全生产活动。

在汛期来临前，施工单位和监理单位都要提前编制度汛方案、防汛应急预案并上报防汛主管部门进行批复备案，韩庄建管局对其度汛方案、防汛预案落实情况进行检查。节假日期间，各参建单位都要提前安排好值班，并将值班安排上报韩庄建管局。

（张兆军）

韩庄运河段工程　韩庄泵站工程

工　程　概　况

韩庄泵站位于山东省枣庄市峄城区古邵镇八里沟村西，该泵站枢纽距南四湖下级湖约3km，站下进水渠接韩庄运河，站上出水渠接老运河入南四湖的下级湖。工程主要任务是通过韩庄泵站提水入南四湖的下级湖，以实现南水北调东线第一期工程的梯级调水目标，为一等大（1）型工程，工程概算投资22 250万元，设计总工期30个月。

韩庄泵站总体建设方案中，2008年建设目标是：出水渠标段（11标）于2008年6月完工，完成进水渠土石方开挖、填筑及混凝土衬砌，引水拦污闸主体工程，主副厂房地坪以下工程，前池、出水闸部分工程等。工程质量目标是：优良，无质量事故。工程安全目标是：无安全事故，零伤亡。计划完成投资8883万元。

由于受水泵机组及其附属设备设计工作的影响，2008年的总体目标没有完成。韩庄建管局将总体计划根据实际情况及时进行了调整，主体工程完工日期调整到2010年底，2008年主要完成出水渠枣庄段的开挖、完成主厂房基坑的开挖、完成渠道大堤的填筑及现场的施工临建等。到2008年底，调整后的计划目标基本实现，完成建筑工程投资约680万元。

（张兆军）

工　程　投　资

2008年韩庄泵站的投资结构主要有两大部分：一是建筑工程费，二是水泵机组及其附属设备国际采购费用。原总体计划中2008年需完成的建筑工程投资为4300万元，机电设备投资1330万元，金属结构投资667万元，其他投资2586万元。由于计划的调整，工期后延，2008年实际完成的建筑工程投资约680万元，机电设备投资约1400万元，迁占投资累计完成约1600万元，总投资完成约4800万元。

（张兆军）

招　标　投　标

2008年完成了韩庄泵站水泵机组及其附属设备的国际采购、枢纽工程施工与安装、金属结构、液压启闭机、管理区施工的招标投标工作。2008年12月15日，调整的分标方案报国务院南水北调办审批通过。具体的分标方案和招投标及合同签订情况见表1。

表1　　韩庄泵站工程分标及合同签订情况

序号	合同名称	合同编号	招标文件发售时期	开标日期	定标日期	中标单位	招标代理机构	合同签订时间
1	出水渠段工程	NSBD/HZYH—SG200604	2006.6	2006.7.21		山东水利工程局	山东水务招标有限公司	2006.9.15
2	枢纽工程施工标	NSBD/HZYH—SG200803	2008.6.	2008.7.17		山东水利工程局		2008.8
3	水泵机组及其附属设备	0627 - 0740SD238103	2007.6	2007.7.18		（荷兰）耐荷泵业公司	山东招标股份有限公司	2008.2.4
4	泵站金属结构采购标	NSBD/HZYH—CG200804	2008.12.31 ~2009.1.7	2009.1.19	2009.11	山东水总机械工程有限公司	山东水务招标有限公司	2009.3.2
5	泵站液压启闭机标	NSBD/HZYH—CG200805	2008.12.31 ~2009.1.7	2009.1.19	2009.12	江苏武进液压启闭机有限公司		2009.3.2
6	电气设备采购	未进行招标						
7	计算机自动化设备采购	未进行招标						
8	泵站管理区标	NSBD/HZYH—SG200806	2008.12.31 ~2009.1.7	2009.1.19	2009.2.10	滕州市建筑安装工程集团公司	山东水务招标有限公司	2009.3.2
9	水土保持	未进行招标						
10	土建、安装监理	NSBD/HZYH—JL200401		2004.10.18		山东省科源工程建设监理中心	山东水务招标有限公司	2004.10.30
11	征地及移民监理	NSBD/HZYH—JL200403				山东龙信达咨询监理有限公司		2004.10.30
12	设备制造监理	NSBD/HZYH—JL200404				山东省水利工程建设监理公司		2004.10.30
13	韩庄泵站设计	GS - 2005 - 34				山东省水利勘测设计院		2005.6.28

（张兆军）

建 设 管 理

（一）施工进度控制管理

施工进度控制主要是对泵站主体关键线路工作进行控制，依据枢纽主体工程施工合同，主体工程工期为669天，施工单位进场准备工作完成后，监理工程师及时签发开工令，工程工期开始起算。施工单位根据合同工期要求编制总体的工程进度计划，报监理工程师审批后实施并报业主。为了确保进度目标的实现，施工单位要将总进度计划分解到月计划、周计划，并报监理和业主。监理和业主依据施工单位上报的月计划跟踪检查，发现计划有偏差，则督促施工单位及时进行施工资源的调整，加大赶工力度，确保月计划的实现，只有月月计划得到落实，合同工期才能得以保证。韩庄建管局还依据施工合同编制了《关于南水北调东线韩庄运河段工程施工进度管理的若干规定》，来督促约束施工单位，以期施工单位按期顺利完工。韩庄建管局加强对工区周边环境的协调，确保为工程施工保驾护航，同时加强对施工现场的监督巡视，掌控工程建设信息，及时计量签证，及时处理施工过程中的变更等异常情况，确保工程按计划实施。

（二）质量与安全管理

韩庄建管局建立健全了质量与安全管理体系，成立了质量、安全工作领导小组，领导组织韩庄泵站的质量、安全管理工作。施工质量与安全管理通过由施工单位自检、监理单位跟踪检查、业主监督的方式进行。先由施工单位根据合同、相关规范及标准的要求编制质量保证计划和安全保证计划，报监理审批、业主备案。对施工单位存在的弄虚作假、偷工减料、自我检查不到位、安全措施不重视等现象，则对施工单位或相关责任人采取相应的处罚。在施工过程中，泵站建管人员原则上一天一次现场巡查，以督促监理工程师、施工人员尽职尽责，定期或不定期开展质量、安全检查活动，督促制度建设的完善，对不合格的人和物及时清退出场。监理工程师按监理细则对关键工序采取旁站检查，对单元工程进行跟踪检查的同时还需按要求进行平行检测，发现问题及时纠正。韩庄建管局与监理公司签订了安全生产管理责任书，要求监理部派驻专职安全监理工程师，加强对工地现场的巡查，及时排查安全隐患。

（三）文明工地建设

文明工地创建由业主倡导，施工单位具体实施，监理单位监督配合进行，各参建单位要共同参与。根据建设部、国务院南水北调办、政府有关部门及山东干线公司的有关要求和有关文明施工管理规定，结合本工程的施工特点，制定出适合本工程的文明施工管理规定，力争在文明施工中创佳绩。项目经理部成立创建文明工地领导小组，成员由项目经理部各主要部门负责人组成，负责文明施工管理制度的制定和实施，配合韩庄建管局对文明工地的检查。

（张兆军）

工　程　进　展

2008年，韩庄泵站工程建设目标主要是完成进站道路的拓宽工作，以便土方及时外运；要完成出水渠道枣庄段和厂房基坑的开挖，完成渠道大堤的回填工作。

韩庄泵站主体于2008年9月1日正式开工。截至2008年底，年度目标基本实现，出水渠道枣庄段开挖12万m^3，完成95%；厂房基坑开挖14万m^3，完成100%。3km的进站道路由原来的4m拓宽到7m，并进行了泥结石路面硬化，完成路面硬化21 000m^2。施工现场临时建筑，包括施工用电、职工宿舍、施工项目部、钢筋加工厂、木工厂、拌和站，全部搭建完成，并开始进行钢筋等主材的进料工作。韩庄泵站主副厂房基础开挖和引水渠（枣庄段）渠道及引水渠渠道开挖已基本完成；主副厂房、引水渠及引水渠左右侧大堤填筑完成；出水渠左侧大堤办公区临建建设和主场区内排水沟的开挖已完成。工程迁占及地面附着物补偿工作已经基本完成，其中实际永久征地555.3亩、搬迁17人、生产安置364人、拆迁房655m^2。环境保护措施和施工期环境保护临时措施在施工中实施。

（张兆军）

工　程　施　工

韩庄泵站枢纽工程施工由山东省水利工程局承担，该局为了保质、保量、按期完成施工任务，根据合同文件要求及本工程的实

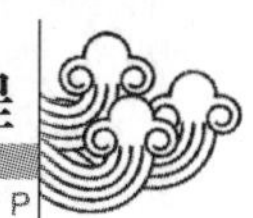

际情况，抽调全局管理和技术等各方面的业务骨干成立了山东省水利工程局南水北调韩庄泵站项目经理部，由该局副局长担任项目经理。项目部根据工程需要成立项目部质量管理领导小组、安全管理领导小组、创建文明领导工地小组、工程技术科、质量检查科、试验室、机电设备安装科、金属结构设备安装科、安全科及下属各工段等机构，并制定相应的规章、制度和奖罚措施，为工程施工的顺利实施提供了有力保障。

工程施工过程中严格按照设计文件、国家相关的规定标准执行，严格工艺作风，严格操作规程。渠道大堤回填过程中，对大堤基础隐蔽单元工程进行了业主、设计、监理、施工四方联合验收，并报质量监督站核备，共完成了4个大堤基础隐蔽单元工程验收工作。在对厂房基坑开挖过程中，加大了对基坑高边坡的安全防护工作，在坡顶设置安全警示标识，提醒工作人员在坡顶坡脚不做长时间停留，并派驻安全员加强巡视。2008年韩庄泵站主要进行的施工项目是土方开挖施工，车辆机械安全和边坡安全，是施工过程中重点关注问题，经过施工项目部的精心管理，加上业主、监理单位的经常巡查，2008年的土方施工得以顺利实施。

韩庄泵站是一个跨省际、跨县际工程，工程占地涉及枣庄市峄城区古邵镇和济宁市微山县韩庄镇的多家行政村（单位）的用地，又是村际工程，周边关系极其复杂，村民对施工利益的争夺尤其激烈，对迁占补偿的纠纷一直存在。韩庄建管局、施工项目部为此做了大量的协调工作，为工程施工的顺利实施创造了良好条件。

（张兆军）

工 程 监 理

（1）进度监理。根据工程建设合同总进度计划；编制控制性进度目标和年度施工计划，并审查批准施工人提出的施工实施进度计划和检查其实施情况。督促施工人采取切实措施，实现合同的工期目标要求。当实施进度发生较大偏差时，及时向发包人提出调整控制性进度计划的建议意见，经发包人批准后，完成进度计划的调整。

（2）质量监理。审查施工单位的质量保证体系和措施，核实质量文件；依据工程建设合同文件、设计文件、技术标准，对施工的全过程进行检查，对重要工程部位和主要工序进行旁站监理。以单元工程为基础，按水利部《水利水电基本建设工程单元工程质量等级评定标准》和《水利水电工程施工质量评定规程》的要求，对施工单位评定的工程质量等级进行复核。

（3）造价监理。依据设计图纸复核工程量，过程中严格计量。对土方工程量，要与施工单位进行联合测量，认真复核土方工程量。过程中的特殊情况据实计量，及时采集影像资料，提出合理的优化设计，严格控制设计变更。对施工单位的进度支付，认真复核上报。

（4）安全监理。检查施工安全措施、劳动防护和环境保护措施，并提出建议；检查防洪度汛措施并提出建议；参加重大的安全事故调查。

监理单位受业主的委托承担韩庄泵站工程建设管理工作，秉持热情服务、严格执法的原则，接受业主单位的监督和管理。韩庄建管局加大对监理工程师的管理力度，对不合格的监理工程师及时进行清退，要求总监理工程师按合同要求在工地驻勤，监理机构要健全，监理人员要落实到位，各专业配备合理，内务工作严格按照监理规范执行，平行检测、旁站、巡检要落到实处。

（张兆军）

质 量 管 理

韩庄泵站的质量管理体系由业主单位的

质量检查体系、施工（制造、设计、材料供应）单位的质量保证体系和监理单位的质量控制体系以及质量监督项目站质量监督体系组成。

山东干线公司工程部是山东省南水北调工程建设质量管理规划的职能部门。韩庄运河段工程建设管理局负责工程部质量目标、质量计划的落实及监督检查的管理工作。山东科源建设监理中心等监理单位是韩庄泵站工程质量管理的主要责任单位，受业主委托，对工程建设过程进行全过程、全方位的质量检查与管理工作。山东省水利工程局承担韩庄泵站工程的施工与安装，是工程质量达到合同标准、设计要求的主体责任单位。山东省水利勘测设计院承担韩庄泵站工程的设计工作。

2008 年韩庄泵站共完成施工单元工程质量评定 101 个，合格率 100%，优良单元 93 个，优良率 92.1%。

（张兆军）

安全生产

韩庄泵站工程安全生产管理监督责任主体是韩庄运河段建管局和施工监理单位，在施工过程中加强安全生产的监督检查，定期或不定期组织安全大检查，查思想、查隐患、查措施、查落实，加强对施工单位参建人员安全意识教育和培训，不合格人员坚决不让上岗。

韩庄泵站工程安全生产保证责任主体是施工单位山东省水利工程局。为达到安全生产要求，施工单位严格贯彻执行国家、地方政府、山东干线公司及韩庄泵站现场机构制定的有关安全生产方针、政策、法律法规、标准和规章制度。杜绝人身死亡及重伤事故，杜绝人为责任的重大机械设备损坏事故，杜绝重大火灾事故，杜绝负主要责任的重大交通事故，严格控制轻伤事故发生概率。

为达到安全目标，施工单位建立健全安全生产责任制，项目经理为安全生产第一责任人，管生产必须管安全，安全责任要层层落实，建立严密的责任保证体系。在安全技术上，要编制安全生产保证措施、安全生产应急预案、建立重大危险源的管理台账，同时加强对职工的安全教育和培训，树立“安全第一”的思想意识。经济上，要保证安全管理经费的投入，给作业人员配备必要的劳保用品和安全生产防护设施。在重大危险源附近按规定设置醒目的警示牌，安排专职安全员在厂区巡查，一旦发现安全隐患及时排除。

韩庄建管局成立了安全生产领导小组，设置了专兼职安全员，与监理、施工单位签订了安全生产管理责任书，并积极组织开展各项安全隐患排查、安全生产大检查等各项安全生产活动，对施工、监理单位进行了安全工作考核，组织施工、监理单位安全工作人员参加了 8 月 28 ~ 29 日山东省南水北调建管局组织的安全培训。针对工程度汛，编制了韩庄泵站 2008 年度度汛措施与安全应急预案，并得到公司组织的专家评审通过。

施工单位采取的安全防范措施：

（1）全面贯彻建筑施工安全检查标准，确保安全生产、文明施工。

（2）施工现场设立规范的安全管理“五牌一图”，管理人员挂牌上岗，所有人员进入施工场地必须戴安全帽。高空作业必须系安全带，挂安全网，帽、带、网必须检验合格后使用。张贴、悬挂安全标语、标牌、横幅，随着工程进展，悬挂相应的安全信号标志。定期编写安全生产简报，努力营造浓厚的安全生产氛围。

（3）施工机械实行安全验收制度，落实专人管理，明确安全责任。对大型的机械设备，制定专门单项安全管理制度，并严格执行。起重机、压力容器、锅炉等特种设备通过政府有关部门检测获取准用手续，确保各种机械设备在使用和运输过程中人员和设备的安全可靠。

(4) 供电线路规范架设杆、线，使用绝缘子，杜绝拖地线，架空满足高度要求。全面使用铁制开关箱，设置二级剩余电流动作保护。所有机械设备可靠地保护接地、接零。采取必要的防雷电措施，按规定要求保证足够的照明，在潮湿和易触及带电体场所使用不超过36V的安全电压，电工严格执行安全用电自检、剩余电流动作保护器的试跳、接地电阻测试等制度，确保安全用电。

(5) 承重脚手架的搭设，预制件吊装必须有方案、有报批、有验收、有检查，资料齐全，台账完备。

(6) 施工期间，在汛期施工时成立防汛领导小组和抢险队伍，配足防汛物资，确保汛期工程施工正常进行。

(7) 成立消防领导小组和义务消防队，保证灭火水源，设置足够的灭火器材并随时保持可靠的工作状态。定期组织专项检查和义务消防队的有关活动。在油库、危险品库制定专门制度，落实安全操作规程，明确专人负责，经常进行安全检查。

(8) 为了确保施工段的交通安全，与当地交通部门签订交通管制协议，在车辆进出口的道口设立交通警示标志和岗亭，并派专人值班。

(9) 对材料专运的车辆严格管理，严禁超载运输，遵守交通规则，并承担与此相关的责任和费用。

(10) 对全体员工及时发放个人劳动防护用品，特种作业人员发放特殊安全防护用品和营养补助。落实防暑降温、防寒取暖的各项措施。

（张兆军）

南四湖水资源控制工程　概述

工程概况

南四湖水资源控制及水质监测工程是南水北调东线一期工程省际间水资源管理的重要组成部分。工程实施后，可加强对南四湖水资源的监测、控制与管理，满足南水北调东线一期工程向南四湖上级湖以北地区调水的要求，并对南四湖水质进行监测。

水资源控制工程包括二级坝泵站工程和姚楼河闸、杨官屯河闸、大沙河闸、潘庄引河闸等四座水资源控制闸。水质监测工程主要包括水量监测、水质监测、南四湖水资源监测中心和水质水量数据传输网络系统等。

根据国务院《南水北调工程总体规划》和国务院南水北调工程建设委员会《关于印发〈南水北调工程项目法人组建方案〉的通知》（国调委发［2003］2号），由南水北调东线江苏水源公司和山东干线公司分别以合同的形式委托水利部淮河水利委员会的专业建设单位负责工程的建设管理和工程建成后的运行管理。

截至2008年12月底，二级坝泵站工程共完成土方130.33万m^3，混凝土浇筑5075m^3。总计完成投资10 184.31万元。工程迁占及地面附着物补偿工作已基本完成。其中永久征地901.8亩，生产安置489人，拆迁房屋280m^2。环境保护措施和施工期环境保护临时措施在施工中实施。

（夏祥哲）

南四湖水资源控制工程　二级坝泵站工程

工　程　概　况

二级坝泵站工程是南水北调东线第一期工程的第十级抽水梯级泵站，位于南四湖中部山东省微山县欢城镇境内；二级坝泵站工程为一等大（1）型工程，主要建筑物包括泵站主厂房、副厂房、变电所、进水闸、引水渠、出水渠、导流渠、二级坝公路桥等工程；设计输水流量为125m^3/s，设计净扬程3.21m，装机5台套后置式灯泡贯流泵（1台备用），单机流量31.5m^3/s，单机功率1850kW；工程于2007年3月开工，建设总工期30个月，概算为25 217万元。

（夏祥哲）

工　程　投　资

二级坝泵站工程投资主要由中央拨款、南水北调工程基金和银行贷款构成。根据《南水北调工程投资计划管理暂行办法》的有关规定和国务院南水北调工程建设委员会办公室的要求，结合工程建设实际编制总体建设方案和分年度工程建设计划和投资建议计划（修订稿），见表1和表2。

表1　　南水北调东线一期工程二级坝泵站建设分年度计划完成工程量表

序号	工程项目	单位	总工程量	工程量			
				2007年	2008年	2009年	2010年
	第一部分：建筑工程						
一	引水渠工程						
（一）	土方工程						
	土方开挖	万m^3	89	30	59		
	土方回填	万m^3	8.4	8.4			
（二）	砌石工程						
	砌石	m^3	2005.5		2005.5		
（三）	混凝土工程						
	混凝土	m^3	7902	5000	2902		
二	引水渠交通桥工程						
	引水渠交通桥工程	m^3	522.5		522.5		
三	进水闸工程						
（一）	土方工程						
	土方开挖	万m^3	5.3		5.3		
	土方回填	万m^3	2.4			2.4	
（二）	砌石工程						
	M10浆砌块石挡土墙	m^3	202.46			202.46	

续表

序号	工程项目	单位	总工程量	工程量			
				2007 年	2008 年	2009 年	2010 年
(三)	混凝土工程						
	混凝土	m^3	411.98			411.98	
四	主泵站工程						
(一)	土方工程						
	土方开挖	万 m^3	5.8		5.8		
(二)	混凝土工程						
	混凝土	万 m^3	3.5			3.5	
(三)	厂房建筑工程						
	主厂房（含屋顶网架）	m^2	1041.3				1041.3
	副厂房	m^2	1300				1300
	变压器房	m^2	800				800
五	出水渠工程						
(一)	土方工程						
	土方开挖	万 m^3	11				11
	土方回填	万 m^3	6.5				6.5
(二)	砌石工程						
	砌石	万 m^3	0.15				0.15
(三)	混凝土工程						
	混凝土	万 m^3	0.5				0.5
六	二级坝公路桥工程						
	二级坝公路桥工程	m^2	1257.5		1000	257.5	
七	站区工程						
(一)	土方工程						
	土方开挖	万 m^3	7.3		7.3		
	土方回填	万 m^3	82	30	52		
(二)	砌石工程						
	砌石	万 m^3	1.3			1.3	
(三)	混凝土工程						
	混凝土	m^3	403.77				403.77
八	泵站出水导流渠工程						
	$1m^3$ 挖掘机配 8t 自卸车挖运土 3km	m^3	30 355			30 355	
	$120m^3$ 每小时绞吸式挖泥船土方疏浚	m^3	291 407			150 000	141 407
九	交通工程						
	沥青混凝土路	m^2	11 680				11 680
	泥结碎石路	m^2	9992				9992

续表

序号	工程项目	单位	总工程量	工程量			
				2007 年	2008 年	2009 年	2010 年
十	房屋建筑工程						
(一)	附属生产房屋及办公用房		0.02				0.02
(二)	生活及文化福利建筑		0.02				0.02
(三)	室外工程		0.15				0.15
十一	供电设施工程						
	10kV 输电线路	km	10			10	
十二	其他建筑工程						
	内部观测工程		0.003				0.003
	其他建筑工程		0.05				0.05
	第二部分：机电安装工程						
	灯泡贯流式水泵机组	台	5				5
	第三部分：金属结构安装工程	t	872			872	

表 2　　南水北调东线一期工程二级坝泵站建设分年度投资计划表　　万元

序号	项目名称	建设性质	建设规模	建设起止年限	投资来源	工程总投资	2007 年投资计划	2008 年投资计划	2009 年投资计划	2010 年投资计划
	合计					25 216.20	5000.00	10 561.24	7151.01	2503.95
一	引水渠工程	国有	大（1）型	2007～2010	中央拨款、基金、贷款	1426.12	1426.12			
二	引水渠交通桥工程	国有	大（1）型	2007～2010	中央拨款、基金、贷款	99.28		99.28		
三	进水闸工程	国有	大（1）型	2007～2010	中央拨款、基金、贷款	1445.01		200.00	1245.01	
四	主泵站工程	国有	大（1）型	2007～2010	中央拨款、基金、贷款	10 976.71		7000.00	3000.00	976.71
五	出水渠工程	国有	大（1）型	2007～2010	中央拨款、基金、贷款	400.61				400.61
六	二级坝泵站公路桥工程	国有	大（1）型	2007～2010	中央拨款、基金、贷款	301.08		301.08		
七	站区工程	国有	大（1）型	2007～2010	中央拨款、基金、贷款	740.88	630.00	110.88		
八	站区出水导流渠工程	国有	大（1）型	2007～2010	中央拨款、基金、贷款	323.60			226.00	97.60
九	交通工程	国有	大（1）型	2007～2010	中央拨款、基金、贷款	110.89				110.89

续表

序号	项目名称	建设性质	建设规模	建设起止年限	投资来源	工程总投资	2007年投资计划	2008年投资计划	2009年投资计划	2010年投资计划
十	房屋建筑工程	国有	大（1）型	2007~2010	中央拨款、基金、贷款	261.60			150.00	111.60
十一	供电设施与供变电工程	国有	大（1）型	2007~2010	中央拨款、基金、贷款	710.00	100.00		500.00	110.00
十二	公用设施与自动化工程	国有	大（1）型	2007~2010	中央拨款、基金、贷款	732.47			530.00	202.47
十三	水土保持工程	国有	大（1）型	2007~2010	中央拨款、基金、贷款	83.85				83.85
十四	环境保护工程	国有	大（1）型	2007~2009	中央拨款、基金、贷款	97.20				97.20
十五	其他项目工程	国有	大（2）型	2007~2010	中央拨款、基金、贷款	7506.90	2843.88	2850.00	1500.00	313.02

截至2008年底，二级坝泵站工程共下达投资13 000万元，累计完成投资5228.08万元，包括工程施工、设备购置、场地等（不包括预付工程款），见表3。

表3　　投资完成情况表

序号	项　　目	自开工累计完成（万元）
1	建安工程投资费	1686.30
2	工程占地及移民补偿费	1314.00
3	勘测设计费	752.57
4	建设监理费	130.00
5	临时设施费	537.83
6	设备购置费	148.11
7	建管费	659.27
合计		5228.08

为加强投资控制和工程进度管理，二级坝泵站建设管理局制定了《二级坝泵站工程进度计划管理办法》和《工程合同价款结算与支付审定制度》，截至2008年12月底，按合同规定为引水渠工程结算1618.61万元、主副厂房工程结算与预付款1133.61万元、公路桥与引水渠交通桥工程结算及预付款178.50万元、预付贯流泵机组3868.82万元、预付金属结构和液压启闭机采购款929.16万元。按合同规定向监理单位支付监理费计130万元。

（夏祥哲）

招　标　投　标

二级坝泵站工程建设实行招标投标，其基本原则是“公开、公平、公正、诚实、信用以及平等竞争”。招标投标情况为：根据工程实际对二级坝泵站进行标段划分并上报到南水北调东线山东干线有限责任公司和国务院南水北调办，批复下达后为19为个标段。根据标段类型编制招标书，经请示国务院南水北调办招标办批准后上网进行招标公告，由招标代理单位出售标书，到国务院南水北调办专家库存抽取评标专家，开标后由评标专家组进行评标，推荐中标单位，上网公示后确立中标单位，发中标通知书，签订合同。已通过招标投标的工程项目有8个，合同总金额人民币19 609.71万元。

（夏祥哲）

工 程 进 展

引水渠工程于2007年3月30日开工，至2008年底主要完成工程量土方开挖663 804m³，混凝土板制作及安装4290m³，两岸筑堤土方回填29 275m³，混凝土齿墙3091m，渠底碾压86 268m²，现浇混凝土底板234m³，坝顶路面5675m²，路缘石安装4389m，站区平台及围堤土方回填437 921m³。于2008年8月29日完成（-0+183.2）~（-1+659）段渠道工程及平台围堤填筑工程。

引水渠交通桥工程于2008年5月12日正式开工，于2008年7月9日完工。完成的主要工程量有：土方开挖553.57m³，土方回填626.5m³，混凝土浇筑551.39m³，钢筋制作安装68.605t，灌注桩成孔254.4m，完成部分临时设施工程。

二级坝公路桥于2008年10月30日正式开工，截至2008年底完成施工围堰填筑土方5300m³，公路桥施工灌注桩孔完成13根，长度325m，灌注桩混凝土浇筑完成13根，长度325m。

主副厂房土建施工及设备安装标于2008年10月26日正式开工，截至2008年底完成临时工程降水井17眼共计314m，截渗墙5400m，上游段完成土方开挖30%，进水闸基础处理水泥土回填于2008年12月20日完成，管理区建设全部完成。

钢筋水泥采购2008年完成投资35.7万元。

截至2008年底，二级坝泵站工程累计完成土方开挖78.6m³，土方填筑46.7万m³，混凝土浇筑6069m³，渠道衬砌5150m²。

（夏祥哲）

工 程 施 工

现有山东黄河工程集团有限公司、山东水利工程总公司两家单位承担二级坝泵站工程施工任务。

二级坝泵站工程正在施工的标段有二级坝公路桥与主副厂房土建施工及设备安装标，二级坝泵站引水渠工程于2008年8月29日完工，引水渠交通桥于7月9日完工。已经验收的引水渠工程单元质量评定情况为：共834个单元工程，全部合格，其中优良单元工程为779个，优良率为93.4%；公路桥和引水渠交通桥工程单元质量评定情况为：共103个单元工程，全部合格，其中优良单元工程为97个，优良率为94.2%。全部实现了质量目标。监理单位进行了平行抽检，抽检结果：监理部对引水渠工程共计834个单元工程进行了复评，复评结果为：834个单元工程全部合格，其中779个单元工程优良，优良率为93.4%。站区鱼塘基础、渠道边坡基础等29个重要隐蔽单元工程质量全部优良。监理部对引水渠交通桥工程共计103个单元工程进行了复评，复评结果为：103个单元工程全部合格，其中97个单元工程优良，优良率为94.2%。16个混凝土灌注桩重要隐蔽单元工程质量全部优良。

（夏祥哲）

质 量 管 理

二级坝泵站实行建设管理单位负总责、监理单位控制、施工单位保证、设计单位服务和南水北调山东质量监督站监督相结合的质量管理体制，全面保证工程建设质量。工程开工前，向南水北调工程山东质量监督站递交了“南水北调工程质量监督申请书”，主动接收质量监督机构的监督检查。工程建设以来，山东质量监督站经常到二级坝泵站工程进行监督检查和指导，确保了工程建设在质量监督部门的监督之下。

二级坝泵站工程制定的质量目标是控制建筑物外观质量检测点合格率90%以上。已评定单元工程全部合格，优良率在85%以上，主要单元工程质量优良；分部工程合格率100%，

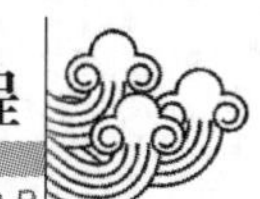

优良率在85%以上，主要分部工程全部达到优良；单位工程优良率在85%以上，确保工程质量达到优良等级，争创省部级乃至国家级优质工程奖。领导小组全面监督检查参建各方质量体系的建立和运行情况以及质量计划的制定落实情况，定期对工程质量进行检查，每次检查都将检查情况做好记录，并及时通报检查和考核情况。经过工程质量评定，单元工程全部合格，优良率达到90%以上。

（夏祥哲）

山东济平干渠工程

工程概况

济平干渠工程自东平湖出湖闸至济南市西部的小清河源头睦里庄闸，全长90.055km，途经山东省泰安市的东平、济南市的平阴、长清、槐荫共4个县、区，工程总投资130 591万元，设计引水规模50m^3/s，多年平均引水量8.8亿m^3。济平干渠工程于2002年12月27日举行了开工典礼，2003年5月20日取得主体工程开工报告的批复。2005年12月29日济平干渠开始试通水运行，2006年1月21日试通水结束，共计从东平湖引水3225万m^3，送入小清河3105万m^3，济平干渠工程各项指标符合设计要求，经受了通水检验，试通水成功，积累了宝贵的通水试运行资料。2006年12月30日通过了省内验收。

（李玉科）

工程运行管理

2007年3月设立了济平干渠工程管理局，负责济平干渠工程的运行管理。在平阴县、长清区分别设立上下游管理处，共设立12个管理站，97名管护员。2008年已全部上岗。

随着管理机构的逐步健全和管护人员的全部到位，济平干渠工程运行管理的规章制度也逐步完善。根据法律法规、行业标准，结合济平干渠工程实际，制定了《济平干渠工程运行管理实施方案》、《济平干渠管护人员工作手册》等工作制度，使工程运行管理责任明确，考核有据。管理工作井然有序，并取得了显著成效。

除了日常管理外，还经常进行定期与不定期的现场检查。年底进行管护人员考核测评，奖优罚劣，大大激发了管护人员的工作积极性。经过与省公安厅协商，与长清区公安分局、平阴县公安局联合设立了治安办公室，加大了对破坏工程违法违纪现象的处置力度。年内还进行了低压供电线路操作、工程运行管理、水土保持三次业务培训，提高了管护人员的管护技能。

管理范围为永久性征地范围。

2008年，工程调度运行正常，没有承担特殊调水任务。

针对济平干渠工程及后续在建工程的完成，加强了工程运行管理的科研。编制完成了“山东省南水北调工程管理体制和运行机制研究”科研课题。该课题已通过了山东省水利厅组织的专家评审，为今后的工程运行管理提供了科学依据。

按照国务院南水北调办关于南水北调工程管养分离的要求，加强工程管理模式的探索。积极筹建山东润鲁水利工程养护有限责任公司，负责运行工程的养护，实现自收自支，管养分离。

（李玉科）

环境保护专项验收

2008年1月10日，济平干渠工程环境保护验收会议在济南召开。济平干渠工程环境保护工作顺利通过国家环保总局依法组织的专项验收。

验收组现场检查了济平干渠工程环保措施的落实情况，听取了山东省南水北调工程建设指挥部对工程环境保护执行情况的报告和国家环保总局环境工程评估中心对工程竣工环境保护验收调查报告的汇报，审阅并核实了有关资料。

验收组认为，济平干渠工程环保审批手续齐全，落实了环境影响评价报告及批复的要求，在设计、施工和试运行阶段均采取了有效措施控制对环境的影响，符合环境保护验收条件，同意该工程通过环境保护验收。

（李玉科）

工程档案专项验收

2008年10月9～11日，国务院南水北调办组织专家对济平干渠工程档案进行专项验收。

济平干渠工程有40家单位参与了工程的施工、监理、检测、质量监督等建设工作，共形成档案资料2682卷。

验收专家组通过察看现场、检查资料、听取汇报，认为济平干渠工程档案工作符合《国家重大建设项目文件归档要求与档案整理规范》、《南水北调东中线第一期工程档案管理规定》、《南水北调工程验收管理规定》等有关规定，同意通过验收。济平干渠工程是第一个通过档案专项验收的南水北调工程。

验收专家组认为，山东省南水北调建管局十分重视档案管理工作，根据工程建设实际情况，明确了档案管理机构，建立了档案管理制度，确定了档案专门管理人员，明确了档案管理职责，并在建设过程中逐渐完善有关管理措施，同时将档案管理纳入了合同制管理中。根据检查情况，济平干渠工程档案整体分类清晰，类目设置合理；归档文件材料内容完整、准确、系统，书写字迹清楚，档案装具符合保管要求，档案移交手续齐备；竣工图编制内容完整、准确，图面清晰、整洁，有关修改规范，编制说明翔实、清晰地反映了竣工图的编制情况，竣工图签字（章）手续完备，折叠方式规范，符合相关规定要求；反映工程建设过程及重要活动的声像材料收集较为齐全，编目合理，整理规范。

（武　健）

穿 黄 河 工 程

工 程 概 况

南水北调东线第一期工程穿黄河工程是南水北调东线的关键控制性工程项目。项目建设的主要目标是打通东线穿黄河隧洞，并连接东平湖和鲁北输水干线，实现调引长江水至鲁北地区，同时具备向河北省东部、天津市应急供水的条件。南水北调东线穿黄河工程位于山东省东平和东阿两县境内黄河下游中段，由东平湖湖内疏浚、出湖闸、南干渠、埋管进口检修闸、滩地埋管、穿黄河隧洞、出口闸、穿引黄渠埋涵及连接明渠等建筑物组成。南水北调东线规划拟分三期实施。一期过黄河流量50m^3/s，二期过黄河流量100m^3/s，三期过黄河流量200m^3/s。一、二期工程设计水平年为2010年，三期工程设计水平年为2030年，考虑穿黄河工程较复杂，东线穿黄河工程一期建设按照一、二期结合实施，过黄河流量达到100m^3/s。穿黄河工程等别为一等，主要建筑物为1级建筑物。2007年4月水利部批复了穿黄河工程初步设计，批复静态总投资为58 305万元，总投资61 321万元（含建设期贷款利息3016万元）。初步设计批复工程建设工期为3年。

2007年12月28日举行了开工仪式，2008年开始进行征地移民及施工准备工作。2008年度各施工标段项目部临时设施全部完成；混凝土拌和站、制砂系统完成并已投产；闸前疏挖段、南干渠、滩地埋管施工降水井、排水体系施工全部完成；出湖闸地基处理（CFG桩）全部完成；南干渠名山、豆山、淹豆桥桥板预制和桥桩（灌注桩）施工全部完成；南干渠边坡变形安全监测仪器安装完成；滩地埋管模板台车制作了4台套。穿黄隧洞工程完成了出口斜井段土石方开挖，斜井隧洞钻孔灌浆；北区滩地埋管工程完成了地下水位以上部分土方开挖、排水井布设；穿引黄渠埋涵及连接明渠段工程完成了明渠段地下水位线以上的土方开挖工作，以及部分土方开挖工作，完成排水管井33眼。2008年累计完成土方开挖122万m^3，石方开挖0.96万m^3，混凝土完成3300m^3，钢筋制作安装213t，累计完成投资13 626.9万元，完成2008年计划的70%。其中南干渠及南岸交通工程完成投资448万元，出湖闸工程完成投资214万元，南区滩地埋管工程完成投资2870万元，穿黄隧洞工程完成投资307万元，北区滩地埋管工程完成投资746万元，穿引黄渠埋涵工程完成投资168万元，黄河大堤安全观测工程完成投资73万元。

（张铭锋）

工 程 投 资

2008年度计划完成投资19 785万元。其中建筑工程5811万元，施工临时工程1590万元，独立费用4240万元，工程移民征地补偿7412万元，水土保持工程113万元，环境保护206万元，黄河大堤观测95万元，探洞维护管理费319万元。计划完成主要工程量：土方开挖127万m^3，土方回填48万m^3，石方明挖3.9万m^3，石方洞挖1.05万m^3，混凝土浇筑3.7万m^3，砌石0.13万m^3。

2008年累计完成土方开挖122万m^3，石方开挖0.96万m^3，混凝土完成3300m^3，钢筋制作安装213t，累计完成投资13 626.9万元，完成2008年计划的70%。2008年度南区工程实际支付工程投资3263万元，北区工程实际支付工程投资2004万元。实际共支付工程投资5267万元。

（孟繁义　赵亮亮）

招 标 投 标

按照国务院南水北调工程建设委员会办公室《关于南水北调东线第一期工程穿黄河工程招标分标方案的批复》（国调办建管［2007］135号），根据工程布置特点、专业性质、投资情况，并考虑方便建设管理，穿黄南区工程共分13个标段，分别为：南区工程建设监理、出湖闸工程（含闸前1.2km土方开挖、筑堤工程）、南干渠及南岸交通工程、南区滩地埋管工程Ⅰ（进口检修闸及1170m滩地埋管）、南区滩地埋管工程Ⅱ（1173m滩地埋管）、混凝土拌制工程（南干渠、3943m滩地埋管）、东平湖湖内疏浚工程（约7.87km）、出湖闸及进口检修闸金属结构制作、出湖闸及进口检修闸电气设备采购、公用设备采购及安装工程、安全监测工程、管理设施工程、水土保持工程。穿黄北区工程共分6个标段，分别为：北区滩地埋管工程（1600m）工程、穿黄隧洞工程、出口闸及隧洞出口连接段工程（含机电、金属结构）、穿引黄渠埋涵及连接明渠段工程、北区工程建设监理、大堤安全观测工程。开标定标及中标情况见表1。

表 1　　开标定标及中标情况

序号	合同编号	合同名称	招标代理单位	招标文件发售时期	开标日期	定标日期	中标单位	合同签订日期
南区								
1	NSBD/CHH－CG200801	东线穿黄河工程混凝土拌制工程采购合同书	山东水务招标有限公司		2008. 4. 3	2008. 5. 31	山东省水利水电建筑工程承包有限公司	2008. 5. 31
2	NSBD/CHHNQ－SG200801	东线穿黄河工程南区工程出湖闸施工合同书	山东水务招标有限公司	2008. 4. 7	2008. 4. 29	2008. 5. 31	山东黄河东平湖工程局	2008. 5. 31
3	NSBD/CHHNQ－SG200802	东线穿黄河工程南区工程南干渠及南岸交通施工合同书	山东水务招标有限公司	2008. 4. 7	2008. 4. 29	2008. 5. 31	山东黄河工程集团有限公司	2008. 5. 31
4	NSBD/CHHNQ－SG200803	东线穿黄河工程南区工程滩地埋管Ⅰ施工合同书	山东水务招标有限公司	2008. 4. 7	2008. 4. 29	2008. 5. 31	山东大禹工程建设有限公司	2008. 5. 31
5	NSBD/CHHNQ－SG200804	东线穿黄河工程南区工程滩地埋管Ⅱ施工合同书	山东水务招标有限公司	2008. 4. 7	2008. 4. 29	2008. 5. 31	山东水利工程总公司	2008. 5. 31
6	NSBD/CHHNQ－CG200805	东线穿黄河工程南区工程出湖闸及进口检修闸电气设备采购合同书	山东水务招标有限公司	2008. 4. 7	2008. 4. 29	2008. 5. 31	上海华宇电子工程有限公司	2008. 5. 31
7	NSBD/CHHNQ－CG200806	东线穿黄河工程南区工程出湖闸及进口检修闸金属设备采购合同书	山东水务招标有限公司		2008. 8. 26	2008. 9. 24	山东水总机械工程有限公司	2008. 9. 24
8	NSBD/CHH－JC200807	东线穿黄河工程安全监测工程合同书	山东水务招标有限公司		2008. 7. 24	2008. 9. 1	南京南瑞集团公司	2008. 9. 1
北区								
1	NSBD/CHH/BQ－GC200705	穿黄河工程北区工程黄河大堤安全观测工程合同	天津普泽工程咨询有限责任公司	2008. 2. 27	2008. 3. 5	2008. 5. 7	中水北方勘测设计研究有限责任公司	2008. 5. 7
2	NSBD/CHH/BQ－MG200706	东线穿黄河工程北区工程滩地埋管工程合同书	天津普泽工程咨询有限责任公司	2008. 5. 7	2008. 6. 5	2008. 5. 7	天津华北水利水电开发总公司与天津市水利工程有限公司联合体	2008. 5. 7
3	NSBD/CHH/BQ－CKZ200707	东线穿黄河工程北区工程出口闸及隧洞出口连接段工程合同书	天津普泽工程咨询有限责任公司	2008. 5. 7	2008. 6. 5	2008. 5. 7	中国水利水电第五工程局	2008. 5. 7
4	NSBD/CHH/BQ－MH200708	东线穿黄河工程北区工程穿引黄渠埋涵及连接明渠段工程合同书	天津普泽工程咨询有限责任公司	2008. 5. 7	2008. 6. 5	2008. 5. 7	聊城市黄河工程局	2008. 5. 7

（孟繁义　赵亮亮）

建设管理

（一）工程建设组织管理

南水北调东线第一期工程穿黄河工程南区工程建设管理局，承担东平湖湖内疏浚、出湖闸、南干渠、埋管进口检修闸、滩地埋管的上游段2.343km的建设管理任务。南水北调东线第一期工程穿黄河工程北区工程建设管理局，承担滩地埋管的下游段1.6km、隧洞主体工程及黄河以北穿引黄渠工程、出口闸、北岸交通工程的建设管理任务。征地移民工作，由县级政府负责实施。

设计单位：中水北方勘测设计研究有限责任公司。

征地移民监理单位：山东省水利工程建设监理公司。

南区工程施工监理单位：山东省水利工程建设监理公司。

北区工程施工监理单位：辽宁宏禹水利工程建设监理有限公司。

质量监督单位：南水北调质量监督站山东站。

混凝土拌制承包商：山东省水利水电建筑工程承包有限公司。

出湖闸承包商：山东黄河东平湖工程局。

南干渠及南岸交通工程承包商：山东黄河工程集团有限公司。

南区滩地埋管工程Ⅰ承包商：山东大禹工程建设有限公司。

南区滩地埋管工程Ⅱ承包商：山东水利工程总公司。

南区电气设备采购承包商：上海华宇电子工程有限公司。

穿黄隧洞工程施工单位：中国水利水电第五工程局。

黄河大堤安全观测工程施工单位：中水北方勘测设计研究有限责任公司。

北区滩地埋管工程施工单位：天津华北水利水电开发总公司与天津市水利工程有限公司联合体。

出口闸及隧洞出口连接段工程施工单位：中国水利水电第五工程局。

穿引黄渠埋涵及连接明渠段工程施工单位：聊城市黄河工程局。

以上确定的参建单位均具有承担相应建设任务的能力，均符合南水北调工程建设资质要求。

（二）施工进度控制管理

穿黄河工程建设工期为36个月，整体工程计划于2010年12月底完工并达到验收要求。

1. 南区工程建设阶段性目标

2008年8月底完成施工准备，2008年9月开工建设，2009年5月底完成出湖闸主体工程，2009年12月底完成南干渠及南岸交通工程的主体工程，2010年5月底完成滩地埋管和湖内疏浚工程，2010年12月底完成其他工程，并达到验收要求。

2. 北区工程建设阶段性目标

（1）穿黄隧洞竖井段：2009年4月30日前完成土石方开挖；2010年3月1日前完成灌浆；2010年1月15日前完成混凝土浇筑。

（2）斜井段：2008年12月31日前完成土石方开挖及洞挖；2010年11月5日前完成混凝土浇筑。

（3）平洞段：2009年11月15日前完成石方开挖；2010年6月30日前完成混凝土浇筑。

（4）滩地埋管：2009年6月30日前完成桩号（4+934.807）~（5+734.807）段埋管；2010年7月15日前完成桩号（5+734.807）~（6+534.807）段埋管。

（5）穿引黄渠埋涵及连接明渠段：2009年8月20日前完成穿引黄渠段埋涵；2010年3月31日前完成连接明渠段工程。

（6）出口闸及隧洞出口连接段：2010年4月底开始施工，2010年12月底完成。

(7) 北岸交通工程：2008 年 12 月底完成。

3. 关键工程

南区工程控制工期的关键工程是滩地埋管工程。关键线路是：施工准备→土方开挖→地基液化处理→垫层浇筑→钢筋工程→混凝土浇筑→土方回填。

北区工程控制工期的关键工程是隧洞工程。关键线路是：工程开工→灌浆系统安装（包括调试及试生产）→测量控制网建立→原探洞轨道拆除→原探洞闸门及闸室混凝土拆除→隧洞出口石方开挖→出口及洞脸锚喷支护→斜井段阻水帷幕灌浆（分 4 个施工段）→斜井段石方开挖及支护（分 4 个施工段）→平洞段阻水帷幕灌浆→平洞段石方开挖及支护→平洞段混凝土衬砌→斜井段混凝土衬砌→埋管混凝土浇筑→出口土石方回填→出口防护堤拆除→工程竣工。

4. 施工进度制约因素

出湖闸破东平湖玉斑堤施工、滩地埋管破子路堤施工、滩地埋管及穿黄隧洞进口在黄河滩地施工均只宜安排在非汛期进行；12 月～次年 2 月气温最低，月平均气温为 -2.6～0.2℃，不宜浇筑室外混凝土，故穿黄南区工程有效施工时间短，工期紧。采取的主要措施有：优化施工方案，精心组织施工，加大人员、设备投入，多开工作面，确保按计划完成建设任务。

（三）质量管理

穿黄河工程南、北区建管局始终把工程质量放在第一位，坚持“质量第一、技术创新、科学管理、争创一流”的质量管理方针，认真贯彻落实国家、国务院南水北调办、水利部技术规范和质量标准、工程质量管理办法，为实现穿黄河工程“单位工程合格率 100%，主体工程达到优良标准，无重大质量责任事故”的质量管理目标，制定了多项质量管理措施。一是各单位高度重视，加强组织领导，落实责任；二是对现场建管机构、施工单位质检机构、人员及工作情况做了规定，完善了规章制度、施工要求与质量控制措施；三是对监理人员及质量监测设备的配备、监理工程师质量责任制、监理工程师持证上岗情况、旁站监理制度等进行了完善；四是对施工单位质检机构、人员、质检资料、“三检制”情况进行检查、落实、整改、完善。

（四）安全管理

依照《南水北调工程建设安全生产目标考核管理办法》相关规定，进一步强化安全生产目标管理，落实安全生产责任制，保证南水北调穿黄河工程建设顺利进行。制定并明确了各参建单位的安全生产的规范性文件，建立安全生产例会制度，制定了保证安全生产的措施方案，对各参建单位的安全生产合格证进行了审查，明确了工程项目安全作业环境及安全施工措施费使用制度，制定了安全生产施工紧急预案，进行了工程开工前安全生产布置，建立了安全生产事故报告制度。

（五）文明工地建设

为规范南水北调东线第一期穿黄河工程文明工地建设管理工作，推动文明工地创建活动，根据《南水北调工程文明工地建设管理规定》和山东干线公司有关要求，结合工程建设实际，南、北区建管局分别制定了《南水北调东线第一期工程穿黄河工程创建文明建设工地实施办法》。

穿黄南区工程文明工地创建活动坚持“以人为本，注重实效”的原则，在工程建设中全过程、全方位提倡文明施工，营造和谐建设环境，调动各参建单位和全体建设者的积极性，做到现场整洁有序，实现管理规范高效，保证施工质量安全，促进工程顺利建设。

穿黄北区建管局为推动文明工地创建活动有序开展，成立了穿黄北区工程文明工地建设领导小组并结合自身实际，认真开展文明工地创建活动，各项目部施工道路平整，施工机具摆放整齐有序，警示标志和宣传标语齐全，职工食堂干净卫生，职工业余文化活动丰富多彩。

（张铭锋）

工 程 进 展

（一）年度建设目标

2008年度计划完成投资19 785万元。其中建筑工程5811万元，施工临时工程1590万元，独立费用4240万元，工程移民征地补偿7412万元，水土保持工程113万元，环境保护206万元，黄河大堤观测95万元，探洞维护管理费319万元。

计划完成主要工程量：土方开挖142万m^3，土方回填28万m^3，混凝土浇筑2.8万m^3，石方洞挖1.05万m^3，钢筋制作安装371t。

形象进度目标：2008年12月底前南干渠及南岸交通工程完成投资57%，出湖闸工程完成投资24%，检修闸工程完成投资89%，南区滩地埋管工程完成投资30%，穿黄隧洞工程完成投资的40%，北区滩地埋管工程完成投资的9%，穿引黄渠埋涵及连接明渠段工程完成投资的33%。

（二）工程形象进度及主要工程量

各施工标段项目部临时设施全部完成；混凝土拌和站、制砂系统完成并已投产；闸前疏挖段、南干渠、滩地埋管施工降水井、排水体系施工全部完成；出湖闸地基处理（CFG桩）全部完成；南干渠名山、豆山、淹豆桥桥板预制和桥桩（灌注桩）施工全部完成；南干渠边坡变形安全监测仪器安装完成；滩地埋管模板台车制作了4台套。穿黄隧洞工程完成了出口斜井段土石方开挖，斜井隧洞钻孔灌浆；北区滩地埋管工程完成了地下水位以上部分土方开挖、排水井布设；穿引黄渠埋涵及连接明渠段工程完成了明渠段地下水位线以上的土方开挖工作，以及部分土方开挖工作，完成排水管井33眼。

2008年累计完成土方开挖122万m^3，石方开挖0.96万m^3，混凝土完成3300m^3，钢筋制作安装213t，累计完成投资13 626.9万，完成2008年计划的70%。

（张铭锋）

工 程 施 工

（一）施工组织与施工管理

各企业中标后，迅速成立相应标段施工项目部。建立相应施工管理组织机构。标段工程管理实行项目经理责任制，项目经理由中标企业法人聘任，负责处理本合同标段工程的施工、完工交验、缺陷责任维修等与履行合同有关的一切事宜，项目经理对本合同标段工程质量负终身责任。

项目经理部选聘技术水平高、施工管理经验丰富的人员组成经理部决策层和管理层，负责本合同工程的实施，抽调长期从事施工和管理的工程技术人员和施工技术工人进入项目部工作，并按专业组建施工队伍承担本合同工程项目的施工任务。

（二）施工验收

根据《水利水电工程施工质量检验与评定规程》（SL 176—2007），进行项目划分并报质量监督站确认。在工程验收过程中，各项工作都严格按照质量检验的职责范围和内容执行，并建立完善质量事故检查和质量缺陷备案。

（三）强化安全防范措施

一是加强教育，定期组织有关安全管理及操作人员的专业培训，增强安全防范意识和安全技能；二是完善安全施工方案，特别是施工用电、爆破施工、基坑开挖、夜间和高空作业、起重吊装、施工围堰、施工脚手等专项施工方案，落实安全防范措施；三是规范施工作业，严格遵守操作规程，杜绝违规施工；四要完善预案，严格执行事故报告制度，开展事故应急救援演练，确保及时有效救援。

（四）施工环境保障

在施工整个过程中，坚持“干一项工程、交一方朋友、树一座丰碑”的理念，及时与当地政府沟通协调，充分做好施工环境的社会保障工作。在施工区环境保护方面主要做到：①监督检查参建单位环境管理和环保措施等制度的贯彻落实，及时制止违反环境保护相关法规的行为；②遵守相关法律法规，要求施工单位在施工过程中不得破坏国家文物等有价值物品；③定期开展对施工区环境的检查，督促责任单位搞好整改；④设立职工文化活动和学习场所，丰富职工业余生活；⑤职工食堂做到干净卫生，符合卫生检验要求；⑥办公室、职工宿舍做到整洁、卫生；⑦设立文明工地创建工作宣传栏、读报栏、黑板报等，各种宣传标语做到醒目、易记。

（张铭锋）

工 程 监 理

（一）穿黄南区工程监理

穿黄南区工程的监理单位为山东省水利工程建设监理公司。监理范围主要包括：出湖闸、南干渠、滩地埋管进口检修闸、2343m滩地埋管、混凝土拌制工程、湖内清淤及南岸交通工程、管理房、水土保持等工程的工程监理、设备建造、电力线路及水土保持监理等内容。监理部于2008年4月2日进场，现有总监理工程师1名，副总监3名，常驻监理工程师5名。监理部自成立以来，按照“严格监理、热情服务、秉公办事、一丝不苟”的原则，认真贯彻执行有关施工监理的各项方针政策、法规，制定详细工作计划，明确岗位职责，严格检查制度，努力做好施工监理工作。自进场来，签发进场通知5份、合同开工令5份，审批了施工单位的施工组织设计，组织并主持监理工作会议29次、监理专题会议6次，签发了各标段所需施工图纸，下达监理通知56份，验收分部工程1个，验收单元工程130个，签发工程预付款证书10份，签发工程月支付证书12份；努力做好“四控制、两管理、一协调”，争创优质工程。

（二）穿黄北区工程监理

穿黄北区工程由辽宁宏禹水利工程建设监理有限公司负责监理工作，具体工作由南水北调东线第一期工程穿黄河工程北区工程监理部（以下简称北区监理部）负责实施，北区监理部设总监理工程师、副总监各1名，常驻监理工程师8名。监理的工作范围主要包括：穿黄隧洞工程、北区滩地埋管工程(1600m)、穿引黄渠埋涵、连接明渠工程、出口闸及连接明渠工程、黄河大堤安全观测工程。监理部于2008年2月19日进驻穿黄河工程北区工程现场。先后完成了监理规划和监理实施细则的编写，施工组织设计审核、审批，开工审批，原材料、成品、半成品报验，图纸审核及签发，现场材料见证取样和送检，关键部位及隐蔽工程验收取证，质量与安全检查，设计变更处理，工程计量、支付签证，施工场地协调、工程事故处理，监理报告，土石方开挖工程质量检查验收和施工现场旁站监理等工作。在开展监理工作的过程中，监理工程师遵循合同约定，认真履行职责，发挥监理“四控制、两管理、一协调”作用，成为业主开展建设工作的得力助手。

（张铭锋）

施 工 科 技

2008年针对穿黄河工程特点，决定开展南水北调东线第一期工程穿黄河工程关键技术研究，确定了穿黄河工程设计优化研究、混凝土防裂技术研究、大口径现浇混凝土埋涵施工技术研究、穿黄河隧洞设计施工技术研究、黄河大堤安全监测技术研究、穿黄河工程风险控制研究、南水北调工程现场建管

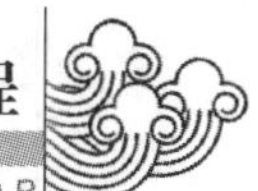

模式理论与应用研究、南水北调穿黄河南干渠衬砌高性能混凝土技术研究等子课题，并陆续开展了研究工作。

2008年12月，完成了南水北调工程现场建管模式理论与应用研究和南水北调穿黄河南干渠衬砌高性能混凝土技术研究课题鉴定工作，经专家鉴定认为：南水北调工程现场建管模式理论与应用研究课题结合南水北调东线穿黄南区工程现场建管实践，研究构建南水北调工程建设项目现场建设管理模式，提出现场建设管理与运行管理在机构与人员过渡、职能衔接等方面实现无缝对接的新理念，在国内外具有创新性；南水北调穿黄河南干渠衬砌高性能混凝土技术研究课题以配制大型渠道工程高性能混凝土为研究目的，在配制大型渠道工程高性能混凝土时，掺有一种或多种活性掺合料，不仅可大大节约水泥，节约能源，而且能显著改善混凝土的各项性能，又具有保护环境的社会效益。

（张铭锋）

胶东济南—引黄济青段工程　概述

工　程　概　况

胶东济南—引黄济青段工程是南水北调东线第一期工程的重要组成部分，其输水线路全长150.249km，涉及济南、滨州、淄博和潍坊4个市，共划分为济南市区段输水工程、东湖水库工程、双王城水库工程和明渠段工程4个设计单元工程。其中，小清河睦里庄跌水以下利用小清河干流输水段长4.645km，沿下清河左岸新辟无压输水暗涵穿济南市区段23.269km，出济南市区后沿小清河左堤外新辟输水渠段87.718km，进入小清河分洪道后，开挖疏通分洪道字槽34.662km，与引黄济青工程衔接，为确保供水工程安全运行，提供供水保证程度，在章丘市、寿光市境内新建东湖、双王城两座干线调蓄水库。输水工程设计流量50m^3/s，加大流量60m^3/s。截至2008年底，济南市区段工程初步设计已获国家正式批复并于2008年11月12日开工建设，剩余3个设计单元工程初步设计已经完成并准备上报待批。

（李玉波）

胶东济南—引黄济青段工程　济南市区段输水工程

工　程　概　况

2008年11月12日，胶东济南—引黄济青段工程济南市区段输水工程开工建设，率先开工的济南市区段设计单元工程西起济平干渠睦里庄跌水，东至济南市小清河洪家园桥下，全长27.921km，工程等别为一等，输水暗涵建筑物级别为1级。国家批复该工程与济南市小清河综合治理工程结合实施，同步建设。主要工程内容：自睦里庄跌水至京福高速公路段利用小清河河道输水长4.645km，内容包括河道清淤、整修及混凝土衬砌；自京福高速出小清河涵闸至小清河洪家园桥段输水暗涵，长23.276km。采用3孔现浇钢筋混凝土箱涵，断面尺寸3.9m×4.15m、4.9m×4.7m（宽×高）。沿线布置交叉建筑物8座，其中，新建睦里庄节制闸、京福高速下游小清河节制闸和出小清河涵闸3座，新建生产桥2座，穿铁路桥涵3座。批复工程概算静态总投资273 202万元，建设工期为2.5年。

（李玉波）

工 程 投 资

2008年国务院南水北调办共下达济南市区段工程两批投资计划。

（一）2008年投资计划

2008年10月27日，国务院南水北调办下达山东省南水北调东线一期济南市区段工程第一批投资计划5亿元（国调办投计［2008］171号），其中中央预算内投资1亿元、中央专项建设基金1.5亿元、银行贷款2.5亿元，主要用于济洛路—洪家园桥段长11.729km输水暗涵工程。

（二）2008年新增投资计划

2008年12月1日，国务院南水北调办下达山东省南水北调东线一期济南市区段工程第二批投资计划16亿元（国调办投计［2008］184号），其中中央预算内投资5.5亿元、中央专项建设基金1亿元、银行贷款9.5亿元，主要用于已开工的济洛路—洪家园桥下输水暗涵段工程和后续新开工的二环西路至京福高速段工程项目。

（李玉波）

招 标 投 标

根据国务院南水北调办有关要求，结合济南市区段工程建设实际和济南市小清河综合治理分标方案，南水北调济南市区段第一批工程（即济洛路—洪家园桥段）施工划分为6个标段，监理划分为2个标段。国务院南水北调办以国调办建管［2008］143号文对分标方案进行了批复。2008年9月12日发布了招标公告，10月10日开标，10月12日评标工作结束，期间，国务院南水北调办派员对开评标全过程进行监督，10月17日，评标结果公示结束，10月18日发出中标通知书，10月24日签订合同。见表1。

国家出台拉动内需政策后，2008年12月1日，国务院南水北调办向济南市区段工程追加投资16亿元。为完成投资计划，经与济南市反复沟通，确定新开工建设济南市区段二环西路至京福高速段工程。该段工程划分为2个施工标，1个监理标，2008年12月19日发布了招标公告，2009年1月14日开评标。

表1　　济洛路—洪家园桥段工程中标信息一览表

序号	标段	中标单位	桩号	长度（km）	中标价（万元）
1	施工一标	中国水利水电第十三工程局	11+547~13+877	2.222	11 089.92
2	施工二标	河南省水利第一工程局	13+877~15+831	1.864	9819.18
3	施工三标	山东临沂水利工程总公司	15+831~17+879	1.637	7654.87
4	施工四标	山东水利工程总公司	17+879~20+293	2.414	15 939.9
5	施工五标	山东大禹工程建设有限公司	20+293~21+763	1.47	9533.61
6	施工六标	山东省水利工程局	21+763~23+276	1.423	9031.73
总　计				11.03	63 069.21

（李玉波）

建 设 管 理

南水北调东线一期胶东济南—引黄济青济南市区段工程穿越济南市区近30km，所经路线为济南的商业、居住和工业区，工程建设环境十分复杂。为做好建设管理工作，2008年9月12日，南水北调东线山东干线有限责任公司以鲁调水企综字［2008］7号文组建了山东省南水北调济南至引黄济青段工程建设管理局（以下简称为济南至引黄济青局），作为现场建设管理机构，具体负责济南市区段及济南以东段南水北调工程建设管理工作，下设综合部、工程部、质量安全部和总工办4个职能部门。

为加强对工程建设的领导，加大协调力度，保证济南市区段工程建设的顺利实施，经山东省政府批准，2008年11月9日，山东省南水北调工程建设指挥部以鲁调水指字［2008］6号文成立了济南市区段工程建设指挥部。

按照2008年9月9日山东省政府南水北调济南市区段工程建设协调会议精神，征地迁占、建设环境、施工用水用电、混凝土供应保障和交通保障等工作，在济南市政府领导下，由济南市小清河综合治理指挥部负责协调，电力、铁路、公安、交通、市政、环保等有关部门积极配合，全力支持，确保为工程建设提供良好环境。为切实解决好施工环境、征迁协调等工作，针对南水北调济南市区段工程和小清河综合治理工程施工交叉多、施工环境复杂等实际情况，2008年12月12日，山东省南水北调济南市区段工程建设指挥部又以鲁调水济指字［2008］3号文成立了南水北调和小清河综合治理工程联合协调办公室，办公室人员由山东省南水北调建管局、山东干线公司、济南至引黄济青建管局以及济南市小清河综合治理工程建设指挥部有关人员组成，主要负责施工环境协调、施工交叉协调等工作，承办征迁协调等工作。

济南市区段工程自开工以来，济南至引黄济青局以科学发展观为指导，以质量第一、安全第一，加快工程建设为中心，认真执行国务院南水北调办和国家及行业的有关文件、规程、规范要求，通过建立健全安全、质量等组织机构和规章制度，明确安全、质量责任和目标，开展不同层次的质量、安全、文明工地建设等检查，加强隐患排查和危险源管理等措施，做到了科学建设、和谐建设和安全建设。

（李玉波）

工 程 进 展

截至2008年底，济南市区段工程主要工程量为土方开挖478.33万m^3，土方回填280.37万m^3，浆砌石及抛石6.83万m^3，混凝土及钢筋混凝土94.92万m^3，水泥搅拌桩基础17.87万m^3，钢筋制作安装7.3万t。

2008年度完成土方开挖3.3km，混凝土垫层浇筑1.86km，钢筋绑扎1.11km，暗涵底板浇筑0.97km，暗涵浇筑88m，土方开挖52.31万m^3，水泥搅拌桩8.07万m，砂石垫层5416m^3，混凝土浇筑2.22万m^3，钢筋制作安装2716t。

（李玉波）

工 程 施 工

济南市区段济洛路至洪家园桥段输水暗涵工程，共划分为6个施工标段，通过国内公开招标分别由具备一级资质的中国水利水电第十三工程局、河南省水利第一工程局、山东临沂水利工程总公司、山东工程总公司、山东大禹工程建设有限公司、山东省水利工程局。

采用以项目经理负责制为中心的项目法进行工程施工组织，组建以工程施工项目为主控对象的项目施工管理为中心的现场组织机构——项目经理部，下设工程科、质检科、计划合同科、试验室、财务科、安保科、物资设备科和办公室等职能科室，全面实施“一级管理，两层分离，共同负责，风险共担”的全过程、全方位的施工管理模式。项目作业层主要为各专业作业队，由具有丰富的类似工程施工经验、施工能力强的自有职工队伍组成，分为土方作业队、暗涵作业队、降排水作业队或施工一部、施工二部、施工三部等。同时，项目部成立了质量管理领导小组、安全生产管理领导小组和创建文明工地领导小组。

（一）技术管理

在每项工程开工前根据设计文件、相关规范要求、工程的实际情况编写详细施工方案和施工技术交底，在书面交底时讲清该项工程的设计要求、技术标准、质量标准、安全措施、功能作用及其他工序关系、施工方法和注意事项等，同时对关键工序、关键部位要特别强调，并进行现场交底，使全体施工人员在彻底了解施工对象和掌握施工方法后的情况下投入施工。施工过程中，对重要的或影响全面工程的技术工作，必须加强复核工作，避免发生重大差错，并结合工程实践不断在技术方案上优化创新，提高工作效率。

（二）施工质量管理

及时成立质量管理领导小组，加强对工程质量的现场管理。项目部设立质检科，专门从事质量检查工作。质检科人员熟悉质量管理的规定，并在施工过程中都深入现场，认真履行质检科职责，杜绝质量事故的发生。重视过程质量控制，认真编制质量管理的规章制度，完善各科室的质量管理职责，确保工程施工中事前、事中和事后控制措施的落实。施工过程中，严格执行班组初检、施工队复检和质检科终检的“三检制”。在检查验收过程中，质检员真实记录并整理质量自检记录、质量签证、验收记录、原材料抽检报告等原始记录。加强商品混凝土的质量控制，从原材料、混凝土拌和、运输及浇筑等环节入手，对商品混凝土进行控制，对于不合格的原材、中间产品坚决清除出现场。落实冬季施工措施，对暗涵混凝土采取暖棚蒸汽养护，保证冬季施工质量。委托具有水利资质的试验检测单位进行各项目的试验检测，同时，项目部设立了标准养护室，以满足混凝土试块养护需要。

工程施工过程中，对具备验收条件的工序、单元、分部工程等及时申请验收。对箱涵基础、关键单元工程实行质量监督、建设、监理、设计、施工等单位联合验收制度。

（三）施工进度管理

根据监理工程师批准的总体进度计划，编制阶段性施工计划以及月、旬施工进度计划，并据此落实各工作段的详细施工计划，建立工地调度会制度，加大现场计划执行的力度，并及时进行必要的修订。切实做到以日保旬、以旬保月，从而保证总体进度计划的按时完成。

（四）安全管理

坚持“安全第一，预防为主”的安全生产方针，严格执行国家有关法律法规。建立了以项目经理为第一责任人的安全生产领导小组，建立健全安全生产指挥保证体系，认真制定安全技术措施，制定安全生产预案，加强对员工的安全知识教育和安全技术知识培训工作，并采取坚持定期检查和不定期检查相结合、普查与重点检查相结合的形式，落实安全检查制度。针对检查发现的隐患，及时采取相应的预防和控制措施。工作中，注意落实安全技术措施和安全操作规程，坚持施工展开前向职工进行安全交底。督导进入施工现场的工作人员，按规定穿戴好防护用品和必要的安全防护用具。对施工现场存放的设备材料，做到场地安全可靠、存放整齐、通道畅通，并设专人进行守护。对施工设施、管道线路等，均符合防火、防漏、防砸、防风以及工业卫生等安全要求。施工现场危险处设有围挡，防护设施和标志齐全；

交通频繁的交叉路口，并设专人指挥；夜间施工，有足够的照明强度。

（刘　博　杨忠堂）

工　程　监　理

（一）监理单位

南水北调胨东济南—引黄济青段工程率先开工的济洛路至洪家园桥段输水暗涵工程，共划分为2个监理标段，通过国内公开招标。监理一标桩号（11+547）~（17+879）由山东省水业发展研究院中标。监理二标桩号（17+879）~（23+276）由山东省水利工程建设监理公司中标。

（二）监理工作职责范围

项目监理部在总监理工程师领导下，组织完成项目的监理服务工作，在监理过程中协调有关单位间关系，抓好质量、进度、投资控制，组织监理产品的移交工作。项目总监理工程师负责全面履行监理合同中所约定的监理部职责，主持编制监理规划，制定监理部规章制度，审批监理实施细则，签发监理部文件，指导监理工程师开展工作，审批承包人提出的施工组织设计和施工措施计划，审核质量保证体系文件并监督其实施等。监理工程师按照总监理工程师所授权的职责权限开展工作，参与编制监理规划，预审或经授权签发施工图纸，核查进场材料、检测报告等质量证明文件及其质量情况等。监理员负责核实进场原材料质量检验报告、检查并记录现场施工程序、施工方法等实施过程情况，检查和统计计日工情况，核实承包人质量评定的相关原始记录等。监理组负责各自施工区（段）内的质量控制，专业监理工程师负责开挖前的原始断面的复测和土方开挖完成后的测量验收工作，监理组配合。

（三）监理工作规范程序

监理工作的主要工作程序是：① 签订监理合同，明确监理范围、内容和责权。② 依据监理合同，组建现场监理机构，选派总监理工程师、监理工程师、监理员和其他工作人员。③ 熟悉工程建设有关法律、法规、规章以及技术标准，熟悉工程设计文件、施工合同文件盒监理合同文件。④ 编制项目监理规划。⑤ 进行监理工作交底。⑥ 编制各专业、各项目监理实施细则。⑦ 实施施工监理工作。⑧ 督促承包人及时整理、归档各类资料。⑨ 参加验收工作，签发工程移交证书和工程保修责任终止证书。⑩ 结清监理费用。⑪ 向发包人提交有关档案资料、监理工作总结报告。⑫ 向发包人移交其所提供的文件资料和设施设备。

（四）监理手段及措施

（1）巡视和旁站监理。监理人员在施工现场对施工单位的施工过程进行跟踪监理，发现问题及时指令施工单位纠正。

（2）测量。监理工程师利用测量手段，在工程开工前核查工程的定位放线；在工程完工时进行验收测量，确定是否符合验收标准。

（3）检验和试验。监理工程师对混凝土原材料、土方填筑等项目进行质量评价，必须通过检验取得数据后进行。

（4）严格执行监理程序。充分利用合同授予监理工程师的权力，正确执行监理程序，监督施工单位履行施工合同。

（5）发布指令。监理工程师充分利用指令性文件，需要时及时发出书面指示，并督促施工单位严格遵守与执行监理工程师的书面指示。

（6）召开工地会议。监理工程师召开工地会议讨论决定施工中的各种问题，必要时邀请业主或有关人员参加。

（7）发挥专家作用。对复杂技术问题，总监理工程师召开专家会议，进行研究讨论。根据专家意见和合同条件，由总监理工程师做出结论。

（8）计算机辅助管理。监理工程师利用

计算机，对工程计量支付、工程质量统计分析、工程进度控制、工程信息及合同条件进行辅助管理。

(9) 签证权合理利用。总监理工程师将充分利用合同赋予的支付权力，施工单位的任何工程行为达不到合同规定的要求，有权拒绝签证支付施工单位的相应工程款项，以约束施工单位认真按合同规定的条件完成各项任务。

(10) 约见承包方主要负责人。当施工单位无视监理工程师的指示，违反合同条件进行工程活动时，由总监理工程师约见承包方的主要负责人，指出施工单位在工程上存在问题的严重性和可能造成的后果，并限期整改。

(五) 质量监理

根据监理委托合同，工程监理工作中的质量控制实施全过程、全面的质量控制，采取对施工准备工作的质量控制和使用原材料的质量控制开始直至竣工验收移交全部过程的系统控制，并对影响工程质量的所有因素(施工人员、材料、设备、施工方案、施工环境等) 进行全面控制。监理部按照“百年大计，质量第一”的方针，成立质量管理领导小组，建立质量控制体系，并根据工程进展不断改进和完善。按照有关工程建设标准和强制性条文及施工合同约定，对所有施工活动及与质量活动有关的人员、材料、工程设备和施工设备、施工方法和施工环境进行监督和控制，按照事前审批、事中控制和事后检查等监理工作环节控制工程质量。

监理过程中，监理部首先严把开工关、原材料关和测量关。突出抓好施工单位的“三检制”的落实，监理工程师现场抽检后，根据抽检结果现场签认。对搅拌桩工程施工及暗涵混凝土浇筑实行全过程旁站监理，施工中严格控制水泥浆密度、进灰量、混凝土配合比、坍落度、含气量、暗涵中轴线等指标；对钢筋制作安装、模板安装等施工工序进行现场巡视检验。总监采取夜间突查、旁站值班等形式进行督查。对检查中发现的水泥土搅拌桩浆液密度偏小、混凝土保温措施不力、混凝土拌和物含气量达不到试验配合比指标等问题，责成施工单位整改。现场监理人员坚守工地，实行跟踪监理，及时处理现场出现的质量问题，严格控制工序质量和工程报验关，确保工程建设质量的提高。

(六) 进度监理

监理工作中，及时对承包人提交的施工总进度计划、阶段进度计划及月进度计划进行审批，确定关键线路，分析可能影响工期的各种因素。对施工条件、施工准备和进度计划的落实情况，定期进行检查。对实际施工进度进行分析和评价，对关键路线的进度实施重点跟踪检查。对个别标段进度较慢的问题，监理部采用口头警告、监理通知、约见施工企业负责人、及时向建管局报告有关情况等方式，有力地促进了施工进度。

施工检查中，由于迁占原因造成工程实际进度与计划进度发生了实质性偏离，监理部要求承包人根据实际情况及时调整施工总进度计划，重新制定阶段控制计划、已开工工程进度计划及未开工工程进度计划、月控制计划。为确保施工单位进度计划的落实，监理部对施工单位的人员、设备、材料情况进行全面的检查，对人员、设备不能满足进度要求的及时进行充实调整。

(七) 造价监理

监理部采用主动控制与被动控制，计划控制与过程控制，分项控制、阶段控制与最终目标控制相结合的方法，对工程造价进行动态控制。依据工程合同费用，协助发包人对造价按项目构成、按时段进行项目分解，确保各项目、各时段的造价控制性目标，并根据总进度计划编制年度、季度和月度资金使用计划，作为各时段造价控制的依据和发包人筹资及资金安排的依据。认真审查和批准施工承包人提交的资金使用安排计划、材料需用量安排计划、劳动力安排计划，避免超前支付。重视做好工程的计量与支付，对设计工程量进行严格控制和逐项审核确认，对原始地形予以复测和确定并报发包人批准，对承包人逐月申报的已完工程量的施工部位、项目、数量、质量验收等情况，进行认真审核和核实，予以确认。严格审核承包人的支付申请，对支付项目的合同单价、工程量及总价进行逐项核实审查，做到资料不全或与合同文件不符不予审核签证、未经质量认证合格不予审核签证、违约不予审核签证。针对工程变更，协助业主进行合同谈判和变更处理工作，严格审核新增项目的补充合同单价。认真做好“材料价差”和“费用补差”的审核工作，严格控制承包单位各种合同外的费用要求。为便于对工程造价进行动态控制，监理工程师每月对工程投资、已完工程量、工程材料实际使用量、机械台班和劳动力的实际使用量进行统计分析和预测，并与事先确定的造价控制目标、合同项目的合同价及其控制性目标、时段性的投资计划目标进行比较，提出纠偏措施及资金使用计划和控制目标的调整意见，保证施工单位资金及时到位，促进工程建设的顺利进行。

（八）安全监理

依据安全生产的法律法规，结合工程建设实际，建立健全安全生产组织机构，成立安全生产领导小组和文明工地创建领导小组，制定安全生产责任制及各项安全生产控制制度，使安全生产工作有章可循，责任明确。坚持每周定期召开包括安全生产方面的监理例会，总结和部署安全生产工作。注意督促各施工单位制定安全管理目标，建立健全安全生产保证体系，制定安全保证措施，落实制度规定。及时组织施工单位悬挂施工安全标语，设立醒目警示牌，制定工地安全生产应急预案，严格按照施工总体部署搭设临建、布置施工机械、堆放材料，规范设置各种标志牌，各施工面做到工完场清，确保安全生产、文明生产，实现安全生产无事故。

（九）监理工作管理

重视加强监理工作管理，严格按照投标规范要求，组织具备资格的监理人员进场。重视加强自身建设，监理项目部按照要求设立了综合部、合同部、工程部等职能部门，并按施工标段成立监理小组，具体负责现场施工监理工作。及时组建现场试验室，加强对进场材料的检测抽查。及时建立技术文件审核、审批制度、工程质量检验制度、工程计量付款签证制度、会议制度、工程验收制度等，制定监理部工程质量进度投资控制、安全文明施工、监理会议等规章制度，明确了总监、监理工程师、监理员的岗位职责，建立监理工作流程图，并对主要制度职责等制作标牌上墙。重视监理档案资料整理工作，坚持把工程档案管理工作纳入项目经理岗位责任制考核内容，设立档案组，安排专职人员负责档案管理工作，从档案资料收集、档案资料审查、档案资料整理归档三个方面入手，对工程过程中的资料进行分类归档整理，做到工程档案资料准确、完整、客观、真实。

（李道田　杨忠堂）

质　量　管　理

工程建设过程中始终把“质量第一、安全第一”作为建设管理工作的目标和中心，坚持进度严格执行基本建设程序，完善质量监管体系，强化设计、监理、施工单位责任，加强过程控制，严把验收环节。由于各级领导对工程质量管理工作的重视和参建人员的努力，已完工程质量情况良好。

（1）强化质量意识，建立多层次的质量保证体系。济南至引黄济青局成立了质量管理领导小组，设立了质量安全部，各监理、施工单位也都建立了质量管理机构，施工单位设立了专职质检员，明确了质量管理职责和目标，落实了质量管理责任。在工程开工之初即构建了项目法人负责、监理单位控制、施工单位和设计单位保证与政府监督相结合的质量保证体系。

（2）建立健全了质量管理制度，明确了职责和质量目标，建立了责任制，为质量管理提供了制度上的保证。为切实加强济南市区段工程的质量管理，济南至引黄济青局根据国务院南水北调办和水利部有关规定，制定了《济南—引黄济青济南市区段输水工程工程建设质量管理办法》、《济南—引黄济青济南市区段输水工程施工技术要求及质量控制要点》、《南水北调济南市区段输水工程质量检查评分表》、《济南市区段输水工程隐蔽工程及关键部位单元工程验收制度》、《济南—引黄济青济南市区段输水工程质量检查制度》，各监理、施工项目部也都制定了质量管理制度，对工程质量的程序化、规范化、制度化管理起到了重要作用。

（3）加强教育培训。工程开工之初汇编了《南水北调建设管理文件汇编》、《济南市区段工程档案整编要求及档案管理文件汇编》，下发工程各参建单位，并举办了南水北调工程建设管理培训班、混凝土施工研讨班等，通过培训，使参建单位人员熟悉了南水北调工程建设管理有关文件、工程质量管理有关要求，提高了工程参建人员的素质和业务水平。

（4）坚持预防为主、加强事前控制，做好设计交底和施工技术交底工作。工程施工前进行设计交底和施工技术交底，使施工人员特别是农民工了解施工难度，施工组织，采用的新工艺、新材料、新技术，明确施工任务、施工工艺、操作方法、质量标准和质量保证措施等，为保证施工质量打下了基础。

（5）突出重点，加强监督检查，充分发挥监理单位的质量控制作用。加强监理单位管理，强化监理合同责任。各监理单位制定了质量监理实施细则，配备各专业监理工程师，采用了平行检验、跟踪检验、巡视、旁站监理等方式，对工序（单元工程）、工程的关键部位进行检查控制，对水泥搅拌桩、暗涵混凝土浇筑等重要隐蔽工程和关键工序进行旁站监理，济南至引黄济青局针对商品混凝土容易出现的质量问题，专门下发了《关于商品混凝土质量控制的通知》，对商品混凝土厂家的选定、原材料和混凝土拌和物的检验、混凝土运输都做了明确要求，并加强了抽检和巡检，确保了混凝土工程施工质量。

（6）对原材料、中间产品和试块试行了见证取样制度。根据水利工程质量检验和评定有关要求，结合济南市区段工程特点，对原材料、中间产品和试块的取样、送样，要求监理单位实行了全过程见证，试验不合格的材料禁止使用，从原材料和中间产品环节保证了工程实体质量，杜绝了不合格现象发生。

（7）开展监理、设计、施工质量大检查活动，及时发现和消除质量隐患。建立了日常巡查和月检查制度。除日常检查外，济南至引黄济青局每月组织局各部负责人、监理、设计、邀请专家或联合质量监督项目站等单位人员，开展一次质量大检查活动，对发现的问题及时要求有关单位进行整改，这些活动的开展为保证工程建设质量起到了有力的促进作用。

（8）建立了质量奖罚和不良业绩档案制度。为加强工程建设管理，促进工程建设又好又快进行，确保工程建设目标的实现，根据济南市区段济洛路—洪家园桥输水暗涵工程施工合同和国家、行业有关文件规定，结合本工程实际制定了《南水北调济南市区段济洛路—洪家园桥工程奖罚办法》，涉及了质量、进度、安全、文明工地建设等方面的内容，并建立了设计、监理、施工单位不良业绩信誉档案。

（李玉波）

安 全 生 产

坚持“安全第一、预防为主、综合治理”的方针，大力加强安全生产管理工作，保证工程建设又好又快进行。

（1）济南至引黄济青局和各参建单位成立了安全生产管理机构，监理和施工单位配备了安全监理工程师和专职安全管理人员，层层签订了责任书，将安全生产责任层层分解落实到具体单位、具体岗位、具体环节和具体人员，落实了安全生产责任制。

（2）制定了安全生产管理办法、安全生产例会制度、安全生产检查制度、安全生产隐患排查和危险源登记制度等安全生产管理办法和制度，对危险性较大的施工作业，编制了专项施工措施方案；建立了安全交底制度，施工前对所有从业人员进行安全操作交底，从制度上保证了生产安全。

（3）工程一开工即召开安全生产会议对安全生产工作进行部署，施工过程中每月召开一次安全生产例会，对本月安全生产工作进行总结，并对下月安全生产工作进行安排。

（4）根据《南水北调东中线一期工程建设安全事故应急预案编制导则》（国调办建管［2008］141号），成立了预案编制工作组，组织有关单位根据工程建设特点、周围环境、社会资源等因素，编制了济南市区段工程综合应急预案，高边坡开挖、施工临时用电作业触电等专项应急预案和现场处置方案，为应急工作提供良好的保障，保证在非常态工作下能够临危不乱、决策科学、行动迅速、救援得当，最大限度地减少事故造成的损失。

（5）开展了不同层面的以“防坍塌、防高空坠落、防冻、防火、防滑、防中毒、防交通事故”等为重点的安全生产检查。除日常检查、巡查、专项检查等安全生产检查外，每月进行一次大检查。开展了隐患排查专项治理行动，制定了实施方案，并根据国务院南水北调办《南水北调工程安全生产目标考核管理办法》对设计、监理、施工单位进行了安全生产目标考核，对发现的问题及时要求各有关单位进行整改。

（6）加强了危险源监管，及时掌握危险源动态。建立了危险源登记表和重大危险源统计表，现场树立了危险源警示牌，落实了重大危险源安全管理和监控责任，明确重大危险源现场专职管理人员，确保安全生产处于受控状态。

（7）开展了安全生产培训活动。2008年11月2日，济南至引黄济青局举办了由局各部门、施工、监理、设计等单位参加的建设管理培训，学习了国务院南水北调办有关安全生产方面的规定和文件。各参建单位也都把安全生产培训作为安全生产管理的重要内容来抓，结合自身工程特点，开展了安全生产培训活动，建立培训档案。

（8）加强冬季施工措施控制，根据气候变化，灵活安排不同工种工作，做好户外作业人员冬季施工安全、保暖防护，混凝土运输、浇筑、养护、温度观测等工作，保证了冬季施工正常有序进行。

（李玉波）

施 工 技 术

根据济南市区段工程工期紧、混凝土施工强度高、工程结构形式较标准、模板周转频次高等特点。采用钢模台车等技术和混凝土泵送浇筑工艺，取得了良好的效果。

为优化箱涵基础处理方案，施工过程中山东干线公司组织进行了碎石加土工格栅基础处理方案试验，并通过了专家鉴定。

（刘　博　杨忠堂）

治污工程

城市污水及垃圾处理工程

江苏省城市污水处理厂建设

根据《南水北调东线工程江苏段控制单元治污实施方案》，江苏省调水沿线地区计划新建26座污水处理厂，形成污水处理能力81.5万 m^3/d。截至2008年底，26座污水处理厂全部建成，其中，有17个采取了BOT方式建设运营，共融集社会资金8.7亿元。为推进城市污水处理厂建设，江苏省根据“污染者付费、治污者收益”的原则，提高了污水处理费征收标准，建立环境资源有偿使用机制。沿线各市县的污水处理费已全部调整至每吨0.8元以上，有效调动了社会资本投资的积极性，为污水处理设施实现投资主体多元化、运营主体企业化、运行管理市场化创造了条件。为加强城市污水处理费的征收、使用和管理，江苏省还出台了《江苏省城市污水处理费管理办法》，明确城市污水处理费的征收和使用要接受当地财政、物价、审计等有关部门的监督和检查，确保专项经费专款使用。为加强对自备水源用户污水处理费征收工作，江苏省政府出台了《关于加强自备水源用户城市污水处理费征收工作的意见》，江苏省财政厅、物价局等六部门制定了《江苏省自备水源用户污水处理费征收管理办法》，明确了对自备水源用户污水处理费征收的具体办法，力求有效解决为规避缴纳污水处理费，自备水源用户群体在不断加大的实际情况。江苏省财政厅、建设厅还出台了《江苏省淮河流域城镇污水处理工程管网项目建设奖励办法》，以“以奖代补”形式支持淮河流域暨南水北调污水处理厂管网建设。

（杨金海　张树麟）

截污导流工程

江都市截污导流工程

江都市截污导流工程于2007年12月10日开工建设，工程是在江都市城区污水收集处理的基础上，新建尾水提升泵站和尾水输送管道，将进入三阳河、新通扬运河的江都市清源污水处理厂尾水输送至长江双港段主江堤外。工程建设内容为铺设尾水输送干管22.92km，管线共穿越大小河道21条、等级公路6条；新建提升泵站1座。工程设计尾水排放规模为4万t/d，概算投资8125万元，工期12个月。

截至2008年底，工程主体工程已基本完成，累计完成投资7250万元，其中建安工程3790万元、管材设备1640万元、移民安置1200万元、其他费用620万元。

（杨金海　张树麟）

淮安市截污导流工程

淮安市截污导流工程于2007年11月20

日开工建设，主要是将清浦、清河、开发区现状直接排入大运河、里运河的污水截流，送至污水处理厂集中处理后，尾水通过清安河排入淮河入海水道南泓。淮河入海水道将建尾水导流入海湿地处理工程，对尾水进一步生态处理后东排入海。工程建设内容为铺设沿大运河、里运河截污干管长23.95km，配套建设污水提升泵站5座，移址重建清安河穿运洞，清除里运河污染底泥24.3km，里运河城区段护岸防护赔建9.19km，实施清安河河道疏浚17.94km；拆迁两岸居民房屋面积9.6万m^2，移民3618人。工程设计尾水排放规模为9.7万t/d，概算投资34 268万元，工期18个月。

截至2008年底，已完成里运河清淤及板桩护岸、清安河疏浚部分工程，已完成干管及泵站工程部分工程量，正在实施穿运洞移建工程。累计完成投资30 350万元，其中建筑与安装工程16 250万元、移民安置11 720万元、其他费用2380万元。

（杨金海　张树麟）

宿迁市截污导流工程

宿迁市截污导流工程于2007年12月20日开工建设，主要包括运西截污工程和尾水输送工程两部分。运西截污工程任务是封堵现有老城区12家工业企业向中运河的排污口，并沿运河铺设截污干管6.3km，通过提升泵站将截流的工业尾水收集至城南污水处理厂；尾水输送工程任务是将尾水提升后通过管道输送至新沂河。新沂河将建尾水导流入海湿地处理工程，对达标排放的尾水进一步处理后东排入海。宿迁市尾水输送工程设计规模7万t/d。铺设运西工业废水收集干管6.3km，新建0.25m^3/s提升泵站1座；铺设尾水输送干管23.2km，新建0.85m^3/s提升泵站1座。工程投资11 164万元，工期18个月。

截至2008年底，已基本完成运西截污干管、尾水输送管道铺设，已完成尾水提升泵站基础工程，征地补偿和移民安置工作进入扫尾阶段。累计完成投资8614万元，其中完成建筑安装工程4270万元、管材设备1694万元、移民安置补偿投资1417万元、其他费用1233万元。

（杨金海　张树麟）

徐州市截污导流工程

徐州市截污导流工程于2008年10月25日开工建设，主要是利用现有的河渠和新开渠道等，建立运河沿线区域尾水蓄存、导流、回用体系，将京杭运河不牢河段、中运河邳州段、房亭河等对南水北调东线工程有影响的区域尾水统筹考虑，对尾水进行收集、回用、导流，剩余尾水从大马庄涵洞处入新沂河北偏泓入海。工程建设内容为新开尾水渠道（涵管）25.7km，利用现状河道144.58km（其中疏浚85.83km）；建设干渠建筑物42座，其中控制涵闸24座，输水涵洞14座，混凝土渠道3座，提升泵站1座；新（改）建跨河桥梁94座，按照恢复原功能原则实施小型配套建筑物116座。工程设计尾水入新沂河排放规模为41.09万t/d，概算投资72 493万元，工期30个月。

截至2008年底，张楼中运河地涵一期工程施工和部分干渠建筑物工程已经开始实施；征地补偿和移民安置工作已开展。累计完成投资2249万元，其中建安工程606万元、移民安置150万元、其他费用1493万元。

（杨金海　张树麟）

临沂市邳苍分洪道截污导流工程

临沂市邳苍分洪道截污导流工程于2008年6月开工建设，工程建设的主要任务是利用新建和维修的拦河闸坝工程，每年拦蓄兰山、罗庄、苍山三县区污水处理厂排放的中水3534.6万m^3，为51.34万亩农田灌溉提供补充水源，最大限度地减少邳苍分洪道中水下泄量，确保南水北调东线调水的水质安全。工程建设主要内容包括：①新建和维修拦河闸坝19座，其中，新建苍山县吴坦、芦柞、刘桥、王庄和郯城县蒋史汪以及罗庄区丁庄等橡胶坝6座，新建郯城县廖家屯拦河闸，维修东高都等拦河闸坝12座，工程建成后一次拦蓄水量1271万m^3。②对罗庄区南涑河、陷泥河和苍山县东伽河进行清淤，长度分别为14.1km、11.7km、5.8km。③扩挖吴坦河、吴粮导流沟，长度分别为8.4km、11.8km；④新建郯城县武沂导流沟，长度为0.60km。⑤铺设苍山县污水处理厂至吴坦河排中水管道，长度为9.48km，内径为1m。⑥新建和维修灌溉引水闸30座，维修提水泵站1座。⑦改建交通桥10座以及其他附属建筑工程等。根据水系和工程分布情况，将整个工程分为临沂和苍山两片。工程计划于2009年6月底竣工，施工期1年。

（1）苍山片工程。截至2008年12月31日，工程占迁等前期工作基本完成，芦柞、刘桥、王庄3座橡胶坝和吴粮导流沟、吴坦河扩挖、廖家屯拦河闸等主体工程正在建设。3座橡胶坝的围堰和导流沟、坝基基础清理、垫层等已完成，正进行钢筋加工。累计完成土方10.8万m^3、浆砌石115m^3、混凝土139m^3、钢筋混凝土320m^3；钢材进料202t、砂子725m^3、碎石826m^3、水泥245m^3；日平均施工人数360人，投入各类机械设备79台；橡胶坝坝袋已订购并支付预付款80万元，有关厂家正抓紧生产，月底前供货；工程征地占迁工作已完成补偿投资额的85%；累计完成投资1238万元。

（2）临沂片工程。截至2008年12月31日，拦河闸上游铺盖、消力池、海漫已完成，累计完成土方3300m^3、浆砌石50m^3、干砌石34.6m^3、碎石垫层14.3m^3、C15垫层53.6m^3、C25混凝土156m^3、钢筋6t，共完成投资30万元。

（周建仁）

枣庄市薛城小沙河控制单元截污导流工程

枣庄市薛城小沙河控制单元截污导流工程于2008年5月经山东省发展改革委批复建设，工程主要任务是通过利用已有和新建拦蓄工程在南水北调调水期1月份拦截城市污水处理厂和企业达标排放的中水及河道天然径流，保证输水干线水质达到规定要求。工程主要内容包括：新建朱桥、挪庄和渊子涯3座橡胶坝；新建南岭小水库；扩挖薛城小沙河、小渭河及小沙河故道回水段；新建华众纸厂中水导流管道3km；新建市高新区污水处理厂至龙潭水库和凤鸣湖中水导流管道工程2km；概算投资5675.63万元。

2008年5月，完成了枣庄市薛城小沙河控制单元截污导流工程监理招标，共1个标段，招标额为419.97万元。6月份完成了施工Ⅰ、Ⅱ标的招标工作，招标额为1917万元。

（周建仁）

枣庄市小季河截污导流工程

枣庄市小季河截污导流工程于2008年12月26日开工建设，工程主要任务是在干线调水期间拦截水量360.51万m^3，其中拦截中水206.4万m^3，天然径流154.11万m^3。工程建设内容主要包括河道、拦河闸、生产桥和中水回用等工程。

（1）河道工程。小季河按底宽20m全线疏浚，长5.1km。对北环城河、台兰干渠死水位以上部分进行清淤。

（2）拦河闸工程。在小季河3+800处新建拦河闸1座，共3孔，单孔净宽5m。维修

赵村拦河闸，更换部分金属结构。

(3) 生产桥工程。拆除1座过路穿涵、5座生产桥，重建6座生产桥。生产桥设计标准为公路二级。

(4) 中水回用工程。在东环城河、小季河中部、台兰引渠沿线共新建中水回用灌溉泵站4座，设计流量均为1.26m³/s。

工程设计概算总投资为4092.83万元，施工总工期12个月，计划于2009年全部完工。

(周建仁)

枣庄市峄城大沙河截污导流工程

枣庄市峄城大沙河截污导流工程于2008年5月经山东省发展改革委批复建设，工程主要任务是通过利用已有和新建拦蓄工程，在南水北调调水期8个月拦截城市污水处理厂和企业达标排放的中水及河道天然径流灌溉回用，保证输水干线水质达到规定要求。工程主要内容包括：新建大泛口、裴桥2座拦河闸；在分洪道建良庄橡胶坝；对红旗闸和贾庄闸进行维修改造；铺设3km管道将台儿庄区部分中水引入峄城大沙河；概算投资4465.88万元。

2008年5月，完成了枣庄市截污导流工程监理招标，共1个标段，招标额为419.97万元。10月份完成工程施工标招标工作，招标额为3658.75万元。

(周建仁)

滕州市城漷河截污导流工程

滕州市城漷河截污导流工程于2008年5月经山东省发展改革委批复建设，主要建设任务是：在城漷河上，新建东滕城、杨岗、吕坡、曹庄、于仓、北满庄橡胶坝6座，提水泵站6座，湿地引水口门2处，改建洪村、荆河、城南、南池橡胶坝4座，并对橡胶坝上游部分河道进行扩容开挖。工程总投资1.132亿元。结合本次截污导流工程，枣庄市又配套部分资金，按20年一遇防洪标准，对城河北满庄至级西路和杨岗至白龙湾桥段共11.1km河道，实施筑堤加固工程。工程工期1年。工程建成后，既可保证南水北调干线工程水质，实现污水资源化利用，又能提高河道防洪标准，优化水生态环境。

截至2008年底，已完成工程投资3070.50万元，占总投资27.11%；完成土方12.62万m³，占总土方的35.08%；完成石方0.067万m³，占总石方的3.12%；完成混凝土浇筑量0.03万m³，占总混凝土浇筑量的1.19%。

(周建仁)

滕州市北沙河截污导流工程

滕州市北沙河截污导流工程于2008年6月30日开工建设，工程主要任务是在北沙河上，新建邢庄、刘楼、赵坡、西王晁橡胶坝4座，提水泵站4座，并对橡胶坝上游部分河道进行扩容开挖。工程总投资5430万元。结合本次截污导流工程，滕州市又配套部分资金，按20年一遇防洪标准，对北沙河西王晁至休城桥段11.4km河道，实施筑堤加固工程。

截至2008年底，累计完成投资1558.3万元，占总投资28.72%，完成土方7.28万m³，占总土方的41.15%；完成石方0.01万m³，占总石方的0.86%。

(周建仁)

曲阜市截污导流工程

曲阜市截污导流工程于2008年6月30日开工，工程是南水北调输水干线在输水期间通过“截、蓄、导、用”等工程措施利用达标中水灌溉农田，保障调水水质的控制性配套工程。该工程位于泗河支流沂河下游，分别在曲阜市小沂河郭家庄、杨庄新建橡胶坝1座，共计2座；在橡胶坝上游分别新建提水泵站各1座，共计2座。工程完工后，新增拦蓄库容127.1万m^3，新增灌溉面积7.7万亩。

2008年5月，山东省发展改革委以鲁发改重点［2008］424号文对南水北调东线第一期工程曲阜市截污导流工程初步设计进行了批复，工期为1.5年，核定工程总投资为2714.21万元。截至2008年底，完成投资1950.3万元。

（周建仁）

金乡县截污导流工程

金乡县截污导流工程于2008年10月开工，工程主要任务是利用金济河、金马河、大沙河拦蓄达标的排放的中水及地表径流，并用于灌溉回用。非调水期间开闸泄水，从而保证南水北调工程水质。2008年5月16日，山东省发展改革委以鲁发改重点［2008］421号文批复了金乡县截污导流工程初步设计。

截至2008年12月底，共完成投资1591.75万元，其中建筑工程749.76万元，机电设备及安装工程144.24万元，金属结构设备及安装工程70.77万元，临时工程108.28万元，独立费用71.27万元，材料价差98.6万元，基本预备费113.7万元，占地补偿及移民安置费139.84万元，水土保持及环境保护工程30.3万元，水质监测与保护费65万元。完成主要工程量：土方16.14万m^3，石方0.42万m^3，混凝土0.51万m^3，钢筋制作安装245t。

工程形象进度：截至2008年底，马集涵闸完成工程量的100%；五级沟涵闸砌石工程已全部完成，混凝土箱涵清基及基础已做好，完成总工程量的50%；郭楼橡胶坝已完成上游护底、上游铺盖、上游圆弧翼墙、闸底板、闸墩及下游消力池、海漫、下游圆弧翼墙、下游护底及部分上、下游护坡工程，占总工程量的65%；王杰节制闸已完上下砌石护底、上下游护坡、上游铺盖、闸底板、闸墩及下游消力池、下游海漫等工程，占总工程量的50%；高庄泵站维修工程的建筑工程部分已基本完成，占总工程量的70%；周桥泵站和石岗泵站完成了迁占补偿施工准备工作；孔楼生产桥完成了迁占补偿施工准备工作。

（周建仁）

嘉祥县截污导流工程

嘉祥县截污导流工程于2008年6月30日开工建设，工程任务是在南水北调东线一期工程输水期间拦蓄城镇污水入处理厂达标排放中水，减少COD、氨氮排放量，满足治污规划要求。项目规模：新建河道型蓄水库容202万m^3，改善灌溉面积2.5万亩，为四等小（1）型工程。主要建设内容包括：疏通治理前进河、洪山河两条河道21.1km，扩挖洪山河低洼区201亩，新建前进河拦河闸、改建曾店涵闸、洪山河涵闸。项目批准概算投资2629.53万元，计划工期1年。

截至2008年底，完成了洪山河扩挖段治理、洪山河部分河段治理、3座涵闸钢筋购置、3座涵闸金属结构和机电设备签订订货合同、400亩建设场地征用。累计完成投资850万元，占2008年度投资计划1860万元的46%；完成土方开挖44.5万m^3，混凝土和钢筋混凝土浇筑160m^3，金属结构制作安装55t、机电设备订货3台套。

（周建仁）

鱼台县截污导流工程

鱼台县截污导流工程于2008年12月29日开工建设，工程是南水北调输水干线在输水期间防止沿线工业、城镇生活达标排放的中水影响调水水质的控制性工程。工程位于鱼台县唐马乡、谷亭镇境内。工程主要建设内容包括：新建唐马拦河闸（东鱼河干流桩号11+100），维修郭楼林庄两处涵洞，铺设玻璃钢输水管道等建筑物。2008年11月，山东省发展改革委以鲁发改重点［2008］1218号批复了鱼台县截污导流工程初步设计，核定工程总投资为4214万元。

2008年11月24日发布招标公告，12月18日开标，经评标专家评审确定济宁市水利工程施工公司为第一中标候选人，报项目法人确定济宁市水利工程施工公司为中标单位。

（周建仁）

济宁市截污导流工程

济宁市截污导流工程于2008年12月31日开工建设，工程主要任务是从该市污水处理厂加压泵站通过输水管道穿过老运河、光府河到廖沟河，通过廖沟河节制闸抬高蓄水位，再通过小新河及新开挖渠道连通幸福河，通过幸福河自流到蓄水区。工程建设内容包括：塌陷区蓄水区扩挖工程、新建提排泵站1座；在济宁市污水处理厂新建中水加压站1座，铺设5.9km中水输水管道；在廖沟河、小新河、幸福河支沟、幸福河上新建节制闸各1座；新开挖小新河与幸福河支沟之间2.3km明渠；新建穿铁路涵洞1座；改建、新建幸福河上3座中水灌溉站，新建幸福河提排泵站；新建交通桥2座、生产桥4座。形成实物量：土方开挖167.65万m^3，土方回填21.17万m^3，砌石6587m^3，混凝土浇筑12 924m^3，钢筋制作安装1090t。

（周建仁）

微山县截污导流工程

微山县南水北调截污导流工程，是南水北调输水干线在输水期间防止微山县县城的工业、城市生活中水达标排放后影响调水水质的控制性配套工程。该工程位于微山县境内的老运河。工程主要建设内容包括：

（1）老运河河道治理工程：渡口生产桥至杨闸桥段［（0+239）~（10+627）］河槽扩挖工程和城区段［（10+627）~（16+429）］杨闸桥至三孔桥下游400m综合整治工程。

（2）建筑物工程：包括渡口橡胶坝、三河口枢纽、南门口桥、渡口生产桥维修、杨闸生产桥维修、南外环桥加固、纸厂桥拆除重建、东风桥拆除重建、小闸口桥拆除重建、三孔桥节制闸拆除重建、维修加固夏镇航道河闸。

12月25日山东省发展改革委以鲁发改重点［2008］1574号文批复了初步设计。12月29日发布了招标公告，确定2009年2月6日开标评标选择施工队伍。

（周建仁）

梁山县截污导流工程

梁山县截污导流工程主要任务是在输水期间，拦蓄梁山县污水处理厂达标排放的中水730.0万t，减少COD、NH_3-N入河量分别为438t、113.5t，满足治污规划和治污控制单元规定的控制指标要求。工程主要建设内容包括：开挖河道28.472km，设计桩号（58+328）~（86+800），新建污水处理厂管道500m，新建1座提水站，更换1座水闸电气及金属结构设备，拆除重建3座交通生产桥等。批准概算总投资5336万元。工程总工期为2年。

2008年12月，山东省水务招标有限公司对工程进行公开招标，12月31日发布了招标公告。

（周建仁）

菏泽市东鱼河截污导流工程

菏泽市东鱼河截污导流工程于2008年5

月经山东省发展改革委批复开工建设，工程建设内容包括在东鱼河北支的张衙门村、侯楼村、王双楼村和团结的鹿楼村、后王楼村新建5座拦河闸，利用开发区济菏高速公路取土坑新建雷泽湖水库并挖东鱼河北支，拦蓄城镇污水处理厂和工业企业达标排放的中水、当地径流及黄河水，通过东鱼河北支、团结河、胜利河和东鱼河沿岸的原有和新建提水泵站为东鱼河流域的灌区供水。东鱼河截污导流工程工程等别为三等，工程规模为中型。张衙门、侯楼、王双楼、后王楼、鹿楼拦河闸等工程工程等别为三等，其主要建筑物级别为3级，次要建筑物级别为4级，临时建筑物级别为5级。雷泽湖水库工程等别为四等，水库围坝、放水洞、出库闸、李楼提水站、贵子韩提水站、入库泵站、入库管道等主要建筑物级别为4级，次要建筑物级别为5级，临时建筑物级别为5级。李楼、贵子韩、雷楼、侯楼、邵家庄、周店提水站工程等别为四等，主要建筑物级别为4级，次要建筑物级别为5级，临时建筑物级别为5级。宋李庄、前朱庄、欧楼、鹿楼提水站为五等工程，主要建筑物级别为5级，次要建筑物级别为5级，临时建筑物级别为5级。工程概算总投资15 454.26万元，总工期2年。

截至2008年12月31日，菏泽市东鱼河截污导流工程已完成投资2544.3万元，占总投资的16.5%。完成土方64万m^3，占总工程量的42%；石方0.4万m^3，占总工程量的11%；混凝土7800m^3，占总工程量的55%。其中：东鱼河北支河道拓挖完成土方54万m^3；张衙门闸底板全部完成，上下游护坡全部完成，闸墩钢筋绑扎完毕，钢筋混凝土预制完成；雷泽湖水库围坝已全面施工，所需土方备齐，混凝土板预制已完成2/3，完成输水管道铺设长度70m。建筑工程完成投资1394.00万元，当前施工已全面展开；完成实际征用购置土地面积338 700m^2，成交价款890.3万元；完成施工导流、临时房屋、施工道路等临时工程费用210万元。

（周建仁）

宁阳县洸河截污导流工程

宁阳县洸河截污导流工程于2007年12月28日开工建设，工程主要建设内容为：工程计划在洸河新建后许桥、泗店橡胶坝，建泗店提水泵站，铺设6.5km输水管道，输水至东疏灌区，增加灌溉面积3.96万亩；扩挖河道并筑堤8.93km；在宁阳沟新建纸坊橡胶坝、古城橡胶坝，建古城提水泵站，铺设9.5km输水管道，扩挖河道6.16km，筑堤6.44km；改建生产桥6座。在干线工程输水期，工程调蓄达标排放的中水共1008万m^3，径流357万m^3，扩大灌溉面积7.33万亩，为干线水质提供保障。

2007年12月12日，山东省发展改革委批复了项目的初步设计报告（鲁发改重点［2007］1463号），工程概算总投资5956万元。建设工期2年。

2008年度，扩挖洸河3.6km，新建后许桥、泗店、纸房、古城4座橡胶坝；修筑洸河防洪大堤3.8km。累计完成土石方57.66万m^3，混凝土及钢筋混凝土浇筑1.12万m^3，累计完成投资2142万元。

（周建仁）

聊城市金堤河截污导流工程

聊城市金堤河截污导流工程已于2008年12月24日开工建设，工程主要任务：一是为金堤河汛末不能正常排入黄河的涝积水提供出路；二是在金堤河上游河南省全部实施完成治污工程的前提下，将金堤河排泄入小运河的达标污水通过拦截工程和导流工程进行改排，实现小运河控制单元张秋控制子单元的水质控制目标和总量控制目标。

工程建设主要内容包括：新开挖河道

6.0km；新建马湾节制闸、马湾排水涵闸、前白排水闸，扩建油坊穿涵1座，新建东西连渠穿涵1座，新建、改建各类其他沿河道小型建筑物共75座，扩挖河道22.3km等。

2008年11月山东省发展改革委批复了聊城市金堤河截污导流工程的初步设计工作，工期12个月，工程总投资4839.6万元。

（周建仁）

临清市汇通河截污导流工程

临清市汇通河截污导流工程于2008年12月27日开工建设，工程主要任务是将污水处理厂处理后的中水改排，不再排入临清六分干，以保证南水北调输水干线水质，中水排放规模6万t/d。另外，市区原排入六分干的城市非汛期雨涝水不再排入六分干，进行改排。工程主要建设内容包括河（渠）道整治工程和新建工程。其中：

河（渠）道整治工程：包括城区汇通河1.18km河道清淤疏浚，城区石河1.07km河道清淤疏浚，红旗渠4.03km河道清淤疏浚及建筑物改建。

新建工程：包括红旗渠至北大洼铺设管线长度0.67km（双排ϕ2000mm管），北大洼至石河铺设管线长度2.832km（双排ϕ2000mm管），汇通河头闸口至入卫新河铺设管线长度1.85km（单排ϕ1200mm管），新建胡家湾倒虹吸1座，新建红旗渠入卫穿堤涵闸1座。

2008年11月24日，山东省发展改革委以鲁发改重点［2008］1221号文，对临清市汇通河截污导流工程初步设计进行了批复，工期为1年，核定工程总投资3155.99万元。

（周建仁）

武城县截污导流工程

武城县截污导流工程于2008年12月25日开工建设，工程主要任务是在该控制单元全部实施完成治污工程的前提下，为实现七一、六五河的水质控制目标和总量控制目标，通过新建拦蓄和导流工程，干线输水期间拦截武城县境内、导送平原县境内的下泄中水835.6万m^3，通过中水灌溉回用，减少COD入河量835.6t，减少NH_3-N入河量73.0t，实现污染物零入河的目标。

武城县截污导流工程初步设计已经山东省发展改革委批复（鲁发改重点［2008］1222号），核定工程总投资为2905.96万元。2008年12月23日武城县南水北调工程建设管理局组织监理、施工单位进驻工地现场，2008年12月24日完成开工准备工作。

（周建仁）

夏津县截污导流工程

夏津县截污导流工程于2008年12月23日开工建设，工程主要任务是将污水处理厂处理后的中水通过清淤后的三支沟进入青年河和城北改碱沟，有两条河道及相连支沟通过梯级拦河闸实行层层拦蓄并经河道沿岸灌溉回归工程引水灌溉。工程主要建设内容包括：重建青年河范楼闸、李楼闸、北马庄闸，维修城北改碱沟齐庄闸；重建青年河及城北改碱沟上许小庄、孔庄、郑庄、齐庄桥等生产桥16座；重建青年河郑庄、孔庄2座提水泵站；治理三支沟6.2km河道清淤疏浚土方4.44万m^3，重建12座涵管。

2008年8月18日，山东省发展改革委以鲁发改农经［2008］835号文，对南水北调东线第一期工程夏津县截污导流工程可行性研究报告进行了批复；山东省发展改革委以鲁发改重点［2008］1217号文，对南水北调东线第一期工程夏津县截污导流工程初步设计进行了批复。批复核定工程总投资2505.87万元，计划建设工期为1年。

（周建仁）

新开工项目介绍

胶东济南—引黄济青段工程 济南市区段输水工程

工 程 概 况

南水北调东线一期工程胶东济南—引黄济青段工程济南市区段输水工程是济南—引黄济青段单项工程的首段单元工程，该工程位于山东省省会——济南市。济南市位于山东省中部，地处东经116°11′~117°44′，北纬36°02′~37°31′，是山东省的政治、经济、文化、科技、教育和金融中心，重要的交通枢纽，现辖历下、市中、槐荫、天桥、历城、长清六区，平阴、济阳、商河三县和章丘市，周边与德州、滨州、淄博、莱芜、泰安、聊城等地市相邻，总面积8177km^2，市区（包括历下、市中、槐荫、天桥、历城、长清六区）面积3257km^2。

南水北调济南市区段工程输水线路自济平干渠入小清河睦里庄跌水上游新建睦里庄节制闸起，利用小清河输水至京福高速公路跨小清河大桥下游100m处新建的京福高速下节制闸，长4.645km；通过新建的出小清河涵闸与小清河河道平顺连接，以下自出小清河涵闸起，沿小清河左岸新辟无压暗涵输水至洪家园桥下，长23.269km；济南市区段输水工程输水线路全长27.914km。

主要工程内容包括利用小清河段衬砌工程以及济南市区引水补源管道工程、新建暗涵输水工程、暗涵左岸排水（污）管道工程，其他建筑物包括睦里庄节制闸工程、京福高速公路下节制闸工程、出小清河涵闸工程、睦里庄生产桥、编组站生产桥及穿铁路框架涵工程等。

工程部分主要工程量：土方开挖478.33万m^3，土方回填280.37万m^3，浆砌石及抛石6.83万m^3，混凝土及钢筋混凝土94.92万m^3，混凝土灌注桩282m，水泥土搅拌桩基础12.27万m^3，钢筋73 174t。

工程部分主要材料用量（不含商品混凝土材料用量）：钢筋81 277t，木材8638m^3，水泥43 085t，汽油1379t，柴油5178t，砂75 011m^3，碎石98 951m^3，块石73 788m^3。

工程部分主要工时为2400.77万工时。

工程总工期为2.5年。

工程建设任务及规模

济南市区段工程连接胶东输水干线西段已建成通水的济平干渠工程，为济南—引黄济青段工程全线顺利实施创造良好条件，从而贯通整个胶东输水干线，为胶东地区重点城市调引长江水奠定基础，实现南水北调工程总体规划的供水目标，有效缓解该地区水资源紧缺问题。

济南市区段输水工程为济南—引黄济青段输水工程首段工程，其设计流量为50m^3/s，加大流量为60m^3/s。

（1）利用小清河输水段水位。利用小清河输水段自小清河睦里庄跌水（0+000）—京福高速下游节制闸（4+645），全长4.645km。1996年小清河干流河道治理工程完成后，该河段河底比降1/2500，河底高程24.13~22.27m，底宽20m，河道边坡1:2.5；

5年一遇除涝流量达到 $30m^3/s$，除涝水位25.67～24.13m；20年一遇防洪流量达到 $50m^3/s$，防洪水位26.61～26.17m。目前，该河段存在不同程度的冲刷、淤积，且河道两岸未修筑堤防和管理道路。因此，利用该河段输水，主要是采取清淤、整坡、衬砌及修筑堤防和管理道路等工程措施，恢复至小清河原设计断面。该段新建的京福高速下节制闸，作为利用小清河输水末端和新辟输水暗涵起点处的控制性建筑物，其闸上控制水位既要满足下游渠道自流输水所需水头的要求，又要考虑小清河壅高水位对两岸的影响。经综合分析确定，京福高速公路下游节制闸闸上，以25.89m作为起始设计水位，以26.39m作为起始的加大水位，按明渠非均匀流公式向上游推算，与济平干渠段末端睦里庄跌水下游水位衔接。

（2）输水暗涵进口水位。输水渠道通过新建的出小清河涵闸接新辟输水暗涵，闸上水位为25.89m，考虑过闸水头损失，输水暗涵进口设计水位为25.72m，加大水位为26.22m。

（3）输水暗涵出口水位。自输水暗涵进口起，考虑沿线地形及自然比降、暗涵埋深要求等因素，同时满足暗涵段无压输水所需的沿程水头损失及沿途穿越小清河左岸10处排水河（沟）所需的局部水头损失，经分析计算，暗涵出口设计水位为21.25m，加大水位为21.75m。暗涵出口与新辟明渠连接，从安全角度考虑，在暗涵出口处设拦污栅（防护栅），水头损失按0.05m计，下接新辟输水明渠，明渠起点设计水位为21.20m。

主要节点水位见表1。

表1　　胶东济南—引黄济青段输水工程主要节点水位表

节点名称		设计桩号	现状水位（m）		初步设计水位（m）		可行性研究水位（m）	
			除涝	防洪	设计	加大	设计	加大
小清河睦里庄节制闸下		0+000	25.67	26.61	26.16	26.59	26.22	26.64
山小清河涵闸	闸上（京福高速下节制闸上）	4+645	24.12	26.17	25.89	26.39	25.89	26.39
	闸下（输水暗涵进口）				25.72	26.22	25.74	26.24
输水暗涵出口（设拦污栅）		27+988			21.25	21.75	21.56	22.06
下游新辟梯形明渠起点					21.20	21.50	21.56	21.86
梨珩节制闸	闸上	56+466			19.17	19.47	19.31	19.61
	闸下				19.00	19.30	19.00	19.30
引黄济青上节制闸闸上		150+375	8.25	8.72	5.26	5.61	5.26	5.61

工程等别及建筑物级别

济南市区段输水工程为一等大（1）型。其主要建筑物级别为1级，次要建筑物级别为3级。

各建筑物级别见表1。

表1　　输水河道及主要建筑物级别表

项目内容	建筑物类别	建筑物级别
利用小清河段河道	主要建筑物	2级
输水暗涵	主要建筑物	1级

续表

项 目 内 容	建筑物类别	建筑物级别
出小清河涵闸	主要建筑物	1 级
京福高速公路下节制闸	主要建筑物	1 级
睦里庄节制闸	主要建筑物	1 级
补源管道及附属建筑物	次要建筑物	3 级
排污管道及附属建筑物	次要建筑物	3 级

设 计 标 准

（一）防洪、排涝标准

该段工程全部位于济南市区，济南市区段小清河干流按济南市城市设防标准采用100年一遇，除涝标准为10年一遇。

（二）桥梁工程荷载标准

重建3座公路桥和新建2座生产桥，位于输水工程利用小清河河道输水段，现属于济南市城区和郊区分界处，跨输水渠的桥梁工程设计荷载标准，按《城市桥梁设计荷载标准》（CJ 77—1998）规定，公路桥和生产桥的汽车荷载等级根据桥跨布置，采用城—B汽车荷载等级。

（三）地震烈度

根据《中国地震动参数区划图》（GB 18306—2001）和地质勘察报告，输水线路自小清河睦里庄跌水至小清河洪家园桥下，地震反应谱特征周期为0.45s，地震动峰值加速度为0.05g，相应于地震基本烈度为Ⅵ度；设计烈度采用Ⅵ度。

（四）高程系及坐标系

高程系采用1985国家高程基准；坐标系采用1954年北京坐标系。

工 程 总 体 布 置

（一）利用小清河输水段总体布置

1. 利用小清河输水段河道布置

小清河发源于济南市区四大泉群，现已上延至睦里闸。已建成的济平干渠穿黄河大堤后，于睦里闸下游约1km处入小清河河道。利用小清河河道输水段起点为新建的睦里庄节制闸闸下，该闸位于现状小清河睦里庄跌水上，距济平干渠入小清河河口上游约127m。

利用小清河输水段终点为新建的京福高速下节制闸上。考虑到输水期间挡水及输水暗涵进口控制闸布置等要求，需在京福高速公路桥下约100m处新建节制闸——京福高速下节制闸。

利用小清河输水段总长为4.645km，河道中心线结合济南市小清河综合治理规划控制六线中的小清河中心线确定，基本与现状河道中心线一致。该输水段在现状工程的基础上，按小清河综合治理设计断面进行整坡、清淤、防渗衬砌。

为满足工程管理和两岸交通要求，在小清河左堤上布置管理道路，路面宽4.5m。在位里编组站以上段新建2座生产桥，并对位里编组站以下段现状阻水且破损严重的3座公路桥进行重建。

为保证输水水质和输水安全，沿河道两岸堤防内堤肩布设护栏网，分别与沿线跨河桥梁连接，分段封闭防护。

2. 出小清河涵闸闸上连接段

在小清河左岸新建出小清河涵闸，通过该闸连接输水暗涵和利用小清河输水段。

3. 济南市区引水补源管道布置

为避免调水与济南市区引水补源共用小清河而产生的输水水质、管理运行等方面的矛盾，在小清河睦里庄跌水上游新建节制闸，自节制闸上的小清河右岸新辟引水补源管道，至京福高速下节制闸闸下入小清河，补源管道长4.76km。

引水补源管道同时收集沿途小清河右岸5处排水沟排水，避免输水期农村生活污水及田间面源污染进入小清河，同时防止小清河输水时向排水沟倒灌。非汛期开启补源管道进口阀门引水，同时收集沿途5处排水沟雨污水。汛期关闭补源管道进口阀门，接受沿途排水沟涝水。根据排水沟汛期10年一遇排涝流量，上游3处排水沟涝水可在汛期入补源管道，下游2处排水沟汛期排水流量较大，分别在排水沟与补源管道交叉处设分流井，通过分流暗管排涝水入小清河。

（二）输水暗涵段总体布置

1. 输水暗涵布置

（1）输水暗涵进口。输水线路自小清河京福高速下节制闸上出小清河后，沿小清河左岸布置输水暗涵。为便于控制运用，调整输水流态，保护汛期小清河排水时输水工程安全，需在输水暗涵进口前新建出小清河涵闸，闸后接暗涵进口。

（2）输水暗涵出口。输水暗涵出口在洪家园桥下，该处为济南市现状主城区东部边缘，这样可以保证输水暗涵封闭穿越济南市城区，确保输水水质。以下采用新辟明渠输水。

（3）输水暗涵平面布置。小清河综合治理工程在平面布置上由规划控制六线组成，包括滨河道路红线、南水北调输水暗涵线、规划河道蓝线、水景线、景观绿线、河道中心线。

输水暗涵自出小清河涵闸始，沿小清河左岸布置。输水暗涵总长23.269km，其中暗涵进口至二环西路［（0+000）～（4+912），暗涵分段设计桩号，下同］、济洛路至二环东路（11+242）～（18+415）、洪家园桥上至暗涵出口（22+826）～（23+269），全长12.528km，输水暗涵偏离小清河岸边，埋设在小清河综合治理工程规划的绿化带下；二环西路至济洛路（4+912）～（11+242）、二环东路至洪家园桥（18+415）～（22+826），全长10.741km，输水暗涵布置在小清河岸边，暗涵侧墙作小清河左岸岸墙，暗涵顶为小清河综合治理工程规划的游步路和绿化带。

为解决输水暗涵建成后市区北部排水问题，确保主要排水口直排入小清河，输水暗涵以局部下卧方式穿越沿途与之交叉的南太平河、虹吸干河、北太平河、华山沟及规划的洛林沟、裕兴东沟、高架路东沟、历山北路排水沟、二环东路排水沟、山头店沟等10处排水沟。

输水暗涵纵比降根据小清河左岸地面自然比降确定，自出小清河闸（0+000）至腊山河口段（2+700），暗涵比降为1/3000；腊山河口至暗涵终点（23+269）段，暗涵比降为1/8500。

2. 输水暗涵左侧排水（污）管道

在输水暗涵段，因输水暗涵结构尺寸较大、线路较长、涵底高程与小清河河底高程相差较小，对济南市区段小清河北部排水不利影响较大。小清河作为济南市北部地区唯一的排水河道，为收集小清河左岸现状众多排水（污）口的污水及汛期部分排水，在输水暗涵左侧分段埋设排水（污）管道，通过排水（污）管道收集后，集中导入10处排水沟。

（三）京福高速公路下游枢纽布置

为满足输水暗涵引水要求，在京福高速公路下游100m的小清河上新建节制闸，并在小清河左岸新建出小清河涵闸。

京福高速下节制闸建于小清河河道上，为开敞式3孔闸；出小清河涵闸为涵洞式3孔闸，闸上通过连接段与小清河河道相连，闸下为输水暗涵进口。输水期关闭京福高速下节制闸，开启出小清河涵闸，满足输水暗涵引水要求；汛期开启京福高速下节制闸，关闭暗涵进口闸，恢复小清河排水功能；也可根据区域来水情况，对该枢纽工程进行合理调度。

主要建筑物

（一）利用小清河输水段

1. 河道纵横断面

利用小清河输水段自小清河睦里庄跌水

（0+000，分段设计桩号，下同）起至京福高速下节制闸（4+645），全长4.645km，现为梯形土质河槽。主要是采取清淤及整坡等工程措施，使现状断面达到小清河设计断面。

该河段设计输水水位为26.16～25.89m，设计水深为2.03～3.62m；加大输水水位为26.59～26.39m，加大水深为2.46～4.12m。

2. 河道堤防

利用小清河段河道堤顶高程为28.63～27.67m，河底到堤顶高4.5～5.4m。

作为管理道路侧的左侧堤顶宽度采用8.0m；右堤堤顶宽度采用6.0m，基本满足管理、检修的要求。

河道内边坡采用1∶2.5，外边坡1∶2。

在河道左堤堤顶上设管理交通道路，路面宽度采用4.5m，两侧路肩可作为沿线架空线路埋设及堤顶绿化场地。管理交通道路路面采用C30水泥混凝土路面。为及时排除路面集水，采用2%的横向坡度向外侧排水。

3. 衬砌

渠坡预制混凝土板衬砌全部采用C20混凝土，抗渗标号为W8，抗冻标号为F200。混凝土板呈工字形，外沿平面尺寸为80cm×60cm，厚8cm，板与板之间扣缝安砌；封顶板采用C20现浇混凝土，宽75cm，厚12cm；坡脚设C20现浇混凝土齿墙，尺寸为40cm×60cm，为了保证齿墙以上预制混凝土板衬砌有可靠的支承面，齿墙顶部的内角斜面（即衬砌支承面）必须与预制混凝土板衬砌的坡面正交。

衬砌顶高程按设计水位加1.5m考虑，衬砌顶以上采用草皮护坡。

在衬砌顶部的封顶板外侧埋置C15预制混凝土防护板。交通路上的防护板尺寸为50cm×50cm×8cm（高×长×厚），防护板顶面高出路面10cm，兼作路缘石。

渠坡采取铺设PE复合土工膜防渗型式。PE复合土工膜采用一布一膜，塑料薄膜厚0.3mm，土工膜300g/m^2。复合土工膜沿渠坡全断面铺设，其中在渠底部应绕过齿墙埋入渠底水泥土层内1.0m，渠顶部应绕过防护板铺设。

渠底水泥土防渗层30cm厚。采用干硬性水泥土，抗冻标号不宜低于F12；允许最小抗压强度2.5MPa；允许最小干密度：砂土不得小于1.8g/cm^3，壤土不得小于1.7g/cm^3；渗透系数不应大于1×10^{-6}cm/s。

河床糙率采用0.018。

为防止非输水期浮托力对衬砌体的扬压破坏，确定采用渠坡暗渠自流内排的排水方案降低地下水位，消除对衬砌体的浮托力。即在输水渠两侧坡脚处的混凝土板下设暗管集水，根据排水量的大小，每隔一定渠长，设一逆止式集水箱，集水箱出水管的出口高程超过渠底的垂直高差为15cm。当地下水位高于输水渠水位时，地下水通过排水暗管汇入集水箱，逆止式阀门开启，由出水管自排入输水渠内，平衡渠道内外水位差，减少浮托力；反之阀门关闭，维持渠道防渗功能。

该段河道所在地区冬季气温较低，负温持续时间较长。土壤组成多为粉黏粒含量高的冻胀性土壤，地下水位高，毛管作用强烈，因此输水渠在运行过程中极易出现冻胀现象，并可能造成衬砌体的破坏。

河道地基土的冻胀性类别为Ⅰ～Ⅲ级，综合分析确定采用隔热保温措施。本工程采用渠坡聚苯乙烯泡沫板保温。河道东—西走向，阳坡聚苯乙烯泡沫板厚度为2.0cm，阴坡4cm；河道南—北走向及西南—东北走向，岸坡聚苯乙烯泡沫板厚度为3.0cm。

4. 管理道路

利用小清河输水段上接济平干渠工程，下至京福高速下节制闸，位于济南市西郊，当地“村村通”混凝土交通道路已全部贯通。济平干渠工程已建成，渠道管理道路为水泥

混凝土路面，为便于输水工程管理道路的连接贯通，并充分考虑当地政府要求和沿线群众利益，与穿越河道的道路形成四通八达的交通网络。该段河道管理道路按三级公路标准设计，交通等级为中级。

5. 河道安全防护

安全防护范围为自睦里庄跌水至京福高速下节制闸河道两岸，防护长度9.276km，输水暗涵出小清河涵闸上连接段左右岸，长0.148km，防护总长9.424km。

沿左、右堤内堤肩进行防护，并分段与沿线桥梁连接封闭。

安全防护拟采用护栏网保护，由网片、边框和立柱组成。

护栏网采用PVC包塑铁丝框架焊接，网孔尺寸75mm×150mm，丝径3.2mm，浸塑后4.0mm；边框采用金属方管，尺寸30mm×20mm，厚15mm；立柱尺寸50mm×50mm，壁厚1.5mm，与网片采用防盗螺丝连接，顶封防雨帽。

立柱、网片浸塑后，其浸塑层厚度不小于1mm。

立柱基础开挖深度0.5m，开挖断面0.3m×0.3m，开挖后回填素混凝土。

交通管理道路侧安装在距内堤肩0.95m处，另一侧安装在距河道内堤肩0.4m处。

（二）输水暗涵

1. 输水暗涵横断面

输水暗涵采用现浇C25钢筋混凝土结构。设计输水流量50m^3/s，加大输水流量60m^3/s。现浇钢筋混凝土糙率采用0.014。暗涵进口水位按暗涵进口节制闸（出小清河涵闸）水位考虑过闸损失后确定，暗涵出口与下游明渠水位衔接。暗涵进、出口设计水深分别为25.27m、21.25m。

输水暗涵标准断面型式采用便于施工的矩形断面。

暗涵进口—腊山河口段［（0+000）～（2+700）］，渠底比降采用1/3000，设计水深采用3.0m，单孔净宽取3.9m，共3孔，加大水深为3.5m，断面满足过流能力要求；腊山河口—暗涵出口段［（2+700）～（23+269）］，渠底比降为1/8500，设计水深采用3.5m，单孔净宽取4.9m，加大水深为4.0m，共3孔，断面满足过流能力要求。

洞身过水横断面尺寸分别为3.9m×4.15m、4.9m×4.7m（宽×高），共3孔。暗涵过水断面尺寸为3－3.9m×4.15m、3－4.9m×4.7m（孔数－宽×高）。

2. 输水暗涵平面布置

南水北调输水暗涵平面布置是根据小清河综合治理工程规划控制六线中的南水北调输水暗涵线确定，规划控制六线综合考虑小清河两岸规划控制范围用地、两岸拆迁难易程度、市政管线分布、小清河景观要求等因素，是比较合理的。南水北调输水暗涵平面布置基本采用控制六线中的南水北调输水暗涵线。

沿济南市区段小清河左岸，输水暗涵位于小清河左岸的坡地绿化带以下或直接作为小清河左岸墙，输水暗涵左侧为滨河北路及道路下埋设的各类市政管线等，局部渠段左侧为绿化带或建筑物。

根据济南市小清河综合治理规划控制六线，南水北调输水暗涵与小清河的结合型式有两种：一种为输水暗涵不作为小清河岸墙段，主要分布于京福高速至二环西路［暗涵分段设计桩号（0+000）～（4+912）］、济洛路至二环东路段［暗涵分段设计桩号（11+242）～（18+415）］及暗涵末端段［暗涵分段设计桩号（22+826）～（23+269）］，总长12.528km；另一种为输水暗涵作为小清河岸墙段，主要分布于西外环至济洛路［暗涵分段设计桩号（4+912）～（11+242）］及二环东路以东［暗涵分段设计桩号（18+415）～（22+826）］，总长10.741km。

3. 输水暗涵纵断面

暗涵渠底比降为：出小清河涵闸闸下

（暗涵进口）至腊山河口段［设计桩号（0 + 000）~（2 + 700）］1/3000；腊山河口至洪家园桥下（暗涵出口，设计桩号 23 + 269）段 1/8500。

沿输水线路暗涵需要以局部下卧方式穿越 10 处排水河（沟），其中有 4 处排水沟位于城市道路一侧，需要同时穿越道路，暗涵局部下卧，水流由无压流变为局部有压流。

4. 暗涵基础处理

输水暗涵开挖底高程自上游至下游为 22.00 ~ 17.00m 左右。该段地层起伏较大，暗涵底板分别坐落在②层砂壤土、③层淤泥质黏土、④层壤土夹姜石，局部区段分布有粉砂。③层淤泥质黏土（Q4fl）：灰黑色 ~ 灰褐色，软可塑 ~ 可塑，偶见贝壳及草根。该层分布不连续，且厚度变化大，厚度为 0.6 ~ 4.8m。

作为暗涵存在的主要工程地质问题是底板与③层淤泥质黏土接触，该层在暗涵底板处分布不连续且厚度变化较大，据地质勘察资料③层淤泥质黏土具高压缩性，强度低，易蠕变，为输水暗涵的不良地基，且该层与其他地层的物理力学性质差异较大，在与其他岩性接触的地段易产生不均匀沉陷。地质专业建设施工时对该层进行换土处理，以保证地基的均匀性。

根据地质纵剖面图，暗涵底板下淤泥质土主要分布见表 1。

表 1　　暗涵下卧淤泥质土层分布统计表

分布范围	类型	层厚
（4 + 250）~（5 + 012）	暗涵底板下淤泥质土	0.8m 左右
（8 + 390）~（8 + 810）	暗涵底板下淤泥质夹层	暗涵底板下砂壤土厚度 0.3m 左右，其下淤泥质土厚度 0.3 ~ 1.2m
（9 + 970）~（10 + 964）	暗涵底板下淤泥质夹层	0.2 ~ 0.5m
（11 + 380）~（12 + 280）	暗涵底板下淤泥质夹层	上层砂壤土厚度 2.0m 左右，其下淤泥质土厚度 1.0m 左右
（12 + 280）~（13 + 140）	暗涵底板下淤泥质夹层	上层砂壤土厚度 0.2 ~ 2.0m 左右，其下淤泥质土厚度 0.8 ~ 3.0m 左右
（13 + 140）~（17 + 010）	暗涵底板下淤泥质土	厚度 1.5 ~ 3.0m
（17 + 846）~（18 + 346）	暗涵底板下淤泥质土	厚度 1.0 ~ 2.0m
（18 + 346）~（18 + 820）	暗涵底板下淤泥质土	厚度 0.3 ~ 0.8m

（1）暗涵底板下淤泥质土层较薄段。换填垫层可就地取材。

对于暗涵底板下淤泥质土层厚度 1.0m 以下段，将淤泥质土挖除置换，换填材料采用水泥含量 10% 的水泥土，换填土质可采用开挖的壤土或砂壤土，换填材料压实系数可控制在 0.94 ~ 0.97，换填垫层宽度按每边超出基础底边 0.5m 确定。换填后，可满足地基承载力要求。

（2）暗涵下淤泥质土软弱夹层段。淤泥质黏土层基底应力小于修正后的允许地基承载力，在不扰动淤泥质黏土层的情况下，其上的壤土层可作为基础持力层。

（3）暗涵底板下淤泥质土层较厚段。暗涵下淤泥质黏土层厚度 2.0m 左右，为不增加基抗开挖影响范围、减少拆迁及管道复建等工程量，基础处理措施主要为换填水泥土垫层和水泥土搅拌桩。

5. 输水暗涵结构设计

暗涵埋设在小清河堤坡下长度12.528km，作为小清河左岸岸墙段长10.741km；暗涵局部穿排水沟下卧段10处（含4处道路及路边排水沟）；暗涵与公路交叉26处（含4处道路及路边排水沟）。暗涵顶部回填土根据整体稳定、安全保护以及城市绿化等要求，回填土厚度基本控制在1.3～1.7m，最大不超过2.0m。暗涵输水期为非汛期，此时暗涵内水位较高，小清河水位较低（主要为景观水位）；一般情况下汛期暗涵内水位较低或无水，小清河内水位较高。输水暗涵为3孔整体式C25钢筋混凝土箱涵结构，沿线边界条件较复杂。

根据不同的边界条件和结构断面，输水暗涵设计桩号（0+000）（出小清河涵闸闸室末端）~（23+269）（明涵出口）。（0+000）~（2+700）段暗涵过水断面为3孔3.9m×4.15m；（2+700）~（2+750）为渐变段，（2+750）~暗涵出口段过水断面为3孔4.9m×4.7m。结构边界条件主要分为小清河岸墙段、非岸墙段、穿公路局部段、穿排水沟局部下卧段。

6. 暗涵沉降缝和止水

为防止涵洞纵向受力不均而产生强度破坏，并适应涵洞的不均匀沉陷，洞身每隔15m设置一道沉降缝，缝宽2cm，缝内充填聚乙烯闭孔泡沫板。沉降缝处按2道止水设计，内止水为橡胶止水带，表层止水为双组分聚硫密封胶。

7. 暗涵通气检修孔

无压输水暗涵长约20km，为保证良好的通气条件，也便于暗涵工程检修、维护，每隔0.3km设一排通气孔（检修孔与通气孔共用），在暗涵穿虹吸干河、北太平河等10处河、沟，暗涵局部下弯，水流由无压流局部变为有压流，在暗涵局部变化段进、出口端设一排通气孔，通气孔总共89排，每排3个。

通气孔与输水暗涵顶板联通，位于每孔暗涵侧墙处，考虑检修要求，孔口尺寸确定为1m×1m。基于安全考虑，露出地面以上高度确定为1.0m，通气孔壁厚0.5m，与暗涵整体浇筑，孔顶用铁箅子封盖。

8. 暗涵回填及基坑开挖横断面

暗涵施工完成后的回填范围根据小清河河道断面及交叉建筑物的情况等因素确定。暗涵顶部回填土主要考虑暗涵整体稳定要求、与市区绿化相结合，其回填土深度控制在1.5m，局部段最大不超过2.0m。

输水暗涵作为小清河岸墙段，暗涵顶右侧临小清河布设5.0m游步路，考虑暗涵稳定、顶部保护等要求，该部分回填土厚度按1.4～1.8m计算工程量；输水暗涵不作小清河岸墙段，两侧填土，左侧与外侧道路或地面衔接，右侧与小清河滩地或坡地绿化带衔接。

暗涵基础开挖横断面以便于施工且挖填方量最小为原则，尽量减少弃土占地，并与小清河综合治理控制红线相协调，避免开挖边线超越道路红线产生的移民拆迁及专项设施复建。

输水暗涵位于济南市市区，地面附着物、地下管道、管网以及其他专用设施等非常复杂，为尽量减少拆迁、复建等项目工程量，节省投资和工期，采用梯形开挖断面。设计施工开挖按全线放坡大开挖，局部左侧放坡开挖线超越暗涵左侧道路红线或者有集中的地面建筑物和重要市政设施时，采取左侧直立避让开挖，右侧放坡开挖；基坑挖深按照暗涵高度加下部垫层厚度确定。

根据地质勘察报告，暗涵施工开挖深度内的土层主要有杂填土、壤土、砂壤土、黏土，局部段存在淤泥质黏土和粉砂，临时开挖边坡地质专业建议值为：壤土1:1.5，砂壤土1:2，淤泥质黏土1:3，杂填土1:2，粉砂1:2.5。若按照地质报告三轴试验确定的内摩擦角值估算稳定的临时开挖边坡，边坡较缓，开挖及回填工程量较大，拆迁影响范围更大。

在施工降水条件下，全线采用1:1.75临时开挖边坡，是各种岩层临时开挖边坡建议值的平均值，比较合适，对局部淤泥质黏土、粉砂等不良地层采取局部支护处理。基坑开挖底宽考虑满足施工要求，输水暗涵不直接作为小清河岸墙段，按照暗涵底板宽左右各加1.5m确定；输水暗涵直接作为小清河岸墙段，基坑开挖底宽左侧按暗涵底板宽加1.5m，左侧按便于输水暗涵临河侧浆砌石护砌工程施工，暗涵底板宽加2.0m确定。

局部左侧直立开挖段，右侧开挖边坡采用1:1.75，对淤泥质黏土等采取局部支护处理。基坑开挖底宽右侧按照暗涵底板外侧加1.5m确定，输水暗涵直接作为小清河岸墙的渠段，基坑开挖底宽右侧按照暗涵底板外侧加2.0m确定；左侧直立开挖宽度考虑暗涵施工及左侧埋设排污（水）管道要求，按照暗涵底板外侧加3.3m确定。

9. 安全防护及暗涵保护

暗涵工程施工完成达到强度要求后，顶部需回填土以满足暗涵整体稳定要求和保护暗涵免受损坏。暗涵顶设绿化带范围填土厚度按1.5m控制；暗涵直接作为小清河岸墙段，除（18+400）~（22+826）段暗涵顶部填土不小于1.9m外，其余暗涵作为小清河岸墙段暗涵顶部填土不少于1.5m，输水暗涵全线顶部填土最大厚度不超过2.0m。游步路需在回填土上部施工，游步路及绿化带施工时，建设及施工单位应考虑对暗涵的保护措施，确保暗涵上部工程施工期、建成使用期以及维修期间输水暗涵的安全。埋设在小清河岸坡段输水暗涵顶部填土厚度根据绿化等需要，可控制在1.0~1.5m，同时应满足小清河防洪要求。

长度约10.7km的输水暗涵直接作为小清河左岸岸墙，临河侧暗涵顶部设游步路。暗涵较高、小清河非汛期水位或景观水位较低，且河边往来人群密度大，易发生意外事故，需考虑安全防护措施。结合游步路位置、暗涵顶部回填土厚度要求，在暗涵顶部临河侧设钢筋混凝土挡土台与暗涵整体浇筑，挡土台高1.5~2.0m，台上设高度1.1m的防护栏杆。

由于输水暗涵底板至小清河河底尚有1.5~2.1m高差（小清河河底较低），为保护输水暗涵安全，避免暗涵基础被淘刷，自小清河河底至临河侧暗涵底板以上1.0m处采取护砌措施，护砌回填平台宽2.0m，按1:2边坡采用浆砌块石护砌至小清河河底，坡脚设深1.5m的M10浆砌块石齿墙，平台及护城M10浆砌块石厚度0.3m，其下设厚0.2m的碎石垫层。

10. 输水暗涵左侧排水（污）管道

根据现状排水（污）管涵的分布及排水排污量，结合济南市编制的《济南市北部城区排水现状及排水规划初步方案》和《济南市小清河综合治理工程可行性研究报告》，对北部划分的11个排水流域进行综合分析，设计沿输水暗涵外侧分段埋设排水（污）管，收集小清河左岸雨（污）水，排入规划的10处排水沟。

（三）交叉建筑物

根据工程总体规划，济南市区段输水工程共新建各类新建交叉建筑物11座。其中水闸3座；跨输水渠公路桥3座；跨输水渠生产桥2座；输水渠道穿铁路箱涵3座。

1. 水闸工程

济南市区段输水工程共布置水闸3座，其中出小清河涵闸1座，节制闸2座。

在小清河睦里庄跌水上游新建睦里庄节制闸，自节制闸上的小清河右岸新辟引水补源管道，至京福高速公路下节制闸闸下入小清河。

京福高速公路下出小清河暗涵渠首，为满足输水及排水的要求，需在输水暗涵进口处设出小清河涵闸，设计流量50m^3/s，加大流量60m^3/s。

在小清河河道上（出小清河涵闸进口下

游）设京福高速下节制闸，节制闸在满足输水干线过流要求的同时，还应满足小清河防洪除涝要求；该水闸规模按小清河十年一遇除涝流量 $40m^3/s$ 设计，百年一遇防洪流量 $80m^3/s$ 校核，以满足输水要求为原则确定闸门挡水高度。

2. 桥梁工程

推荐的输水渠方案沿线需穿越一些公路，给交通干线带来较大的影响。正在运营的3座公路桥——位里公路桥、淡水公路桥、油赵公路桥所处渠道位置，由于现状河道断面不能满足设计的输水流量，河道需要扩挖，同时这三座桥梁也不满足输水水位的要求，严重阻水，因此需要拆除重建。

根据输水渠沿线现状生产路的分布情况，需新建生产桥2座，分别为睦里庄、编组站生产桥。

电气及金属结构

（一）电气

京福高速下节制闸、睦里庄节制闸、出小清河涵闸建筑物的电气设计范围包括户外10kV终端杆以下变配电、微机监控监视、照明、防雷接地。

3座水闸用电负荷均为二级，设有主、备两个电源供电。在节制闸桥头堡户外，设10kV终端杆1基，主电源由10kV专用架空线路引来。另设柴油发电机组1套，作为备用电源。主电源10kV架空线路，经户外终端杆接至变压器高压侧，变压器低压侧及0.38kV备用电源，经CDQ7型双电源自动转换开关接至0.4/0.23kV低压母线，该母线为单母线不分段。该闸主要用电负荷为闸门启闭机电动机、检修门启闭机、自动化监控监视设备屏电源、照明等，全部用电负荷均由该0.4/0.23kV低压母线引接。

消防的主要对象为3座水闸工程。

小清河京福高速下节制闸桥头堡机房，耐火等级为二级，配置基准为2A，每具灭火器剂充装量为3kg，灭火器选用MF/ABC3手提磷酸铵盐干粉灭火器，共22具。

输水暗涵出小清河涵闸桥头堡机房，耐火等级为二级，配置基准为2A，灭火器选用MF/ABC3手提磷酸铵盐干粉灭火器，共13具。

睦里庄节制闸桥头堡机房，耐火等级为二级，配置基准为2A，灭火器选用MF/ABC3手提磷酸铵盐干粉灭火器，共13具。

（二）金属结构

金属结构设计的主要内容有：睦里庄节制闸、京福高速下节制闸、输水暗涵出小清河涵闸水工建筑物工作闸门、检修闸门及其各自启吊设备的设计。

1. 睦里庄节制闸

工作闸门为1孔6.0m×2.5m露顶式平面定轮钢闸门，2×80kN卷扬式启闭机。闸门体材料为Q235，门叶采用双主梁等高连接。悬臂滚轮支承，主轮采用自润滑圆柱轴承。侧水封为L型，底水封为板型，止水座板为不锈钢。

该闸前设一套检修门，检修闸门为6.0m×1.2m平面钢闸门，闸门高度1.2m，共1节。采用移动式启闭机和自动挂钩梁启闭。

2. 京福高速下节制闸

工作闸门为3孔6.0m×4.5m露顶式平面定轮钢闸门，2×125kN卷扬式启闭机。门体材料为Q235，门叶采用双主梁等高连接。悬臂滚轮支承，主轮采用自润滑圆柱轴承。侧水封为L型，底水封为板型，止水座板为不锈钢。

该闸前设一套检修门，为叠梁式平面钢闸门，每节高度1.21m，共3节。采用移动式启闭机和自动挂钩梁启闭。

3. 出小清河涵闸

工作闸门为3孔3.6m×4.0m平面定轮钢闸门，100kN单吊点固定卷扬式平门启闭机。

闸门体材质为Q235。闸门为悬臂式滚轮支承，主轮为铸钢件，材料为ZG 310－570。闸门主轮选用自润滑圆柱轴承。止水形式为后封水，侧止水为P型，底止水为板条型。在闸门两侧端柱的上游各设两个侧轮，约束闸门侧向偏移。

闸前设叠梁式平面滑动钢闸门作为检修闸门。检修闸门共用一套容量为2×30kN的启吊设备。

工 程 用 地

本工程共计占地3604.95亩，其中永久占地285.88亩，临时占地3319.07亩。

（一）永久占地

工程永久占地共计285.88亩，主要包括利用小清河输水段工程扩挖和护堤地占地，建筑物永久占地。

（1）利用小清河输水段永久占地共261.98亩。

（2）建筑物永久占地共计23.9亩，包括睦里庄节制闸工程占地8.5亩，京福高速下节制闸、出小清河涵闸工程占地15.4亩。

（二）临时占地

工程临时占地共3319.07亩，其中管道开挖占地1595.13亩，弃土（渣）占地1242.00亩，施工交通248.55亩，施工临时设施占地233.39亩。

（1）引水补源管道敷设（管道开挖）。管道工程临时占地主要是管沟开挖、一侧堆土、布管。根据地形及开挖深度，管道埋设临时占地宽度平均为37m，该项共需临时占地257.03亩。

（2）输水暗涵。输水暗涵开挖上口宽26.53～52.36m，共计临时占地1338.10亩。

（3）施工导流。本工程的施工导流工程主要包括导流明渠和挡水围堰，基本上建筑物导流明渠和围堰均设于永久占地范围内，不计占地。

（4）弃土（渣）区。本工程设6处弃土（渣）区，堆高2m，共需计临时占地1242亩。

（5）施工交通。本工程线路较长，建筑物分散，不能统一安排临时施工道路，各段工程施工道路临时占地总计248.55亩。

（6）施工临时设施。施工临时设施主要为油料库、施工临时设施、加工场等主材仓库及零星材料库等共需占地233.39亩。

水 土 保 持

该工程处于山东省水土流失重点监督区，涉及济南市槐荫区、天桥区和历城区三个行政区划区。根据主体工程的相关设计内容，结合现场查勘和工程影响分析，确定水土流失防治责任范围总面积为258.43hm^2，其中，项目建设区面积为242.00hm^2，直接影响区面积为16.43hm^2。根据工程的建设特点，整个工程可以分为利用小清河输水段防治分区、暗涵输水防治分区、弃土防治分区、管理机构防治分区、施工临时工程防治分区。

该工程施工工期为2.5年，自然恢复期预测时段为1年，故该工程水土流失预测总时段为3.5年。经预测知工程共扰动原地貌、损坏土地及植被总面积为242.00hm^2，其中永久占地20.73hm^2，临时占地221.27hm^2。该工程损坏水土保持设施总面积为115.25hm^2，其中占用耕地114.49hm^2，园地0.76hm^2。整个预测时段内如不采取防治措施，产生水土流失总量433 995t，其中新增水土流失总量40 399t。

根据各防治分区的特点及水土保持目标的要求，采取植物措施与临时措施相结合的方法，以治理水土流失改善项目区生态环境。

环 境 保 护

该工程主要保护目标有水环境、大气环

境、声环境和土壤环境，工程建设对上述各类环境因素将产生一定的影响。该工程建设对环境的不利影响主要是施工期“三废”排放及噪声影响、施工扰动地表可能造成的水土流失影响等。施工期对环境产生的污染影响是暂时的、轻微的，经过采取相应的环境保护措施并加强管理是能够减免的。对生态环境的破坏通过相应的减免措施，使得施工区的生态系统破坏受到尽可能小的损坏，施工完工后生态系统在短期内得到恢复。从环境影响的角度分析，不存在工程建设的重大制约因素，本工程建设是可行的。

水 文 气 象

南水北调东线一期工程胶东济南—引黄济青济南市区段输水工程地处小清河流域。小清河为泰山山脉以北独流入海的河流，位于鲁北平原南部，东临弥河，西靠玉符河，南依泰沂山脉，北以黄河、支脉河为界，流域面积10 336km^2，约占山东省总面积的十五分之一。

小清河流域水系复杂，支流众多，一级支流46条，支流大部分从干流以南汇入，呈典型的单侧梳齿状分布，支流中多数系山洪河道。工程区范围内主要支流有兴济河、全福河、大辛河等。暴雨期仅一条支流的洪水流量就会给干流的防洪造成较大的洪水压力。小清河干流流向大致与黄河平行，比降平缓，上游济南段为1/1000～1/6000，是典型的平原河道，与支流形成鲜明对照。

南水北调东线一期工程胶东济南—引黄济青济南市区段输水工程区，属东亚季风区，年内四季分明，温差变化较大。冬季多东北风，寒冷干燥，降水量稀少；夏季高温炎热，多东南风和西南风，冷暖空气活动较频繁，为暴雨洪水主要发生期。流域内较大的暴雨洪水多发生在7、8月份。造成该工程区降水的主要天气系统是气旋、切变线、锋面、低涡等温带天气系统及热带天气系统中的台风、东风波等。

工程建设区内多年平均降雨量为619.7mm，汛期（6～9月）降雨量为452mm，占全年降雨量的73%。降雨量年际之间变化较大，如丰水的1964年降雨量为1180.2mm，枯水的1989年降雨量仅为344.8mm，极值相差三倍以上。

受局部地形条件和暴雨区走向分布等因素的影响，年内降水在地域上的分布也极不均匀。总的趋势为流域内干、支流的上游区域降水量大（西南部及南部山丘区），中下游地区降水量较少。

工程建设区内多年平均日照总时数达到2700h左右，多年平均气温12.6℃，极端最高气温42.8℃，极端最低气温－25.1℃，历年最大风速22m/s，最大冻土深度为55cm，多年平均水面蒸发量为1000～1200mm，无霜期在200天以上。

根据小清河干流岔河水文站1958～1985年实测资料统计，多年平均输沙率10kg/s，多年平均年输沙量31.68万t，多年平均含沙量0.79kg/m^3；最大年平均输沙率30.1kg/s，最大年平均年输沙量95.2万t，最大年平均含沙量1.9kg/m^3；最小年平均输沙率0.81kg/s，最小年平均输沙量2.55万t，最小年平均含沙量0.09kg/m^3。河流泥沙主要集中产生在汛期的7、8月份，其中以7月份为最大，7月份多年平均含沙量为1.69kg/m^3，最大为6.8kg/m^3。

经查《山东省水文图集》中的有关图表，工程建设区内多年平均开始封冻日期为12月23日，多年平均最后开河日期为2月3日，多年平均实际封冻天数为14天，历年最大冰厚为0.20m。

工 程 地 质

（一）地形地貌

场区位于小清河流域，总体地势南高北

低，小清河呈北东走向，位于山前倾斜平原与微倾斜低平原的分界处，南部为山前倾斜平原，北部为微倾斜低平原。

据《山东省地貌图》，工程场区所属地貌类型为微倾斜低平原区（Ⅵ）的黄河冲积平原亚区（$Ⅵ_1$），微地貌以缓平坡地为主，地形较平坦开阔，地势由西向东北缓倾。利用小清河输水段地面高程一般在24.80～26.90m（国家1985高程基准，下同），平均坡降约1/2000。小清河北岸新辟暗涵段至市区将军路附近地面高程一般在23.00～24.80m，平均坡降约1/7500。

剥蚀残丘包括马鞍山和华山，马鞍山位于天桥区西侯庄以西，呈马鞍形，山势陡峻，范围较小，最高点高程82.0m。华山位于历城区华山镇，呈北东走向，山势陡峻，范围较小，最高点高程75.9m。

市区将军路—华山段微地貌类型为缓平洼地，范围较小，地形低洼开阔，地面高程一般为21.7～23.3m。

（二）地层岩性

输水线路位于山前倾斜平原区与黄泛平原的交界处，除市区中部的局部地段分布有燕山晚期深灰色辉长岩侵入体外，其余地段均沉积有厚层的第四系松散堆积物。勘探深度内揭示的第四系地层按形成时代及成因类型分述如下。

第四系全新统冲积堆积物（Q_4^{al}）：为黄河新近沉积物，地层岩性以黏土、砂壤土为主，厚度差异较大。

第四系全新统冲积湖积堆积物（Q_4^{al+l}）：岩性以黏土、壤土为主，尤其是存在黑色黏土标志层，厚度一般较小。

第四系全新统冲积洪积堆积物（Q_4^{al+pl}）：岩性以壤土为主，夹少量砂壤土，壤土的颜色为蓝绿色至黄褐色，变化大。

第四系上更新统冲积洪积堆积物（Q_3^{al+pl}）：岩性以壤土夹姜石为主，另有黏土和少量砂壤土、粉细砂，揭示厚度较大，一般在5.0～10.0m左右，厚者超过15.0m。

（三）地质构造及地震

输水线路在区域上跨越华北台坳（$Ⅱ_1$）和鲁西中台隆（$Ⅱ_2$）两大二级构造单元，齐河—广饶断裂为其分界线。齐河—广饶断裂带位于济南市北部的黄河以北，为鲁西隆起区和济阳凹陷之间的构造断裂，为一组近东西向的断裂带，走向NE65°～85°，倾向NW，压扭性，延伸长度约300km，具多期活动特点。

根据《中国地震动参数区划图》，输水线路自小清河睦里庄跌水至洪家园桥下，地震动峰值加速度为0.05g，相应于地震基本烈度Ⅵ度，地震动反应谱特征周期为0.45s。

（四）水文地质条件

小清河为工程区内主要河流，其诸支流均发源于南部低山丘陵区，呈单羽毛状分布，途短流急，注入小清河，北部与黄河毗邻，接受黄河河水补给，小清河干流地势低平，成为整个流域的泄水区，区域地下水位埋藏浅，水力坡度小，地下径流速度缓慢。地下水的低水位一般出现于每年的5～6月，高水位出现于7～8月，水位年变幅1.0～3.0m。

济南市区段浅层地下水类型为第四系孔隙潜水和基岩裂隙水，基岩裂隙水赋存于燕山晚期侵入岩的风化裂隙中。第四系孔隙潜水主要赋存于砂壤土、壤土及发育裂隙的土中，各含水层间水力联系较为密切，勘探期间地下水位埋深一般为2.0～4.0m。

工程特性表

序号及名称		单位	数量	备注
一、社会经济				
1. 范围（县、区个数）		个	3	
2. 土地面积		km^2	1699	
3. 人口		万人	170.8	
4. 工农业总产值		亿元	857.0	
5. 农民人均收入		元	5256	
二、工程情况				
1. 输水工程长度		km	27.914	
济南市	槐荫区	km	4.645	小清河输水
	槐荫区	km	6.305	暗涵输水
	天桥区	km	11.802	暗涵输水
	历城区	km	5.162	暗涵输水
2. 输水流量				
（1）设计		m^3/s	50	
（2）加大		m^3/s	60	
3. 利用小清河输水工程				
（1）长度		km	4.645	
（2）渠底比降			1/2500	
（3）设计水深		m	2.03～3.62	
（4）边坡系数			内坡2.5，外坡2.0	
（5）河床糙率			0.018	
（6）河道底宽		m	20	
（7）堤顶宽度		m	左8，右6	
（8）衬砌型式：预制混凝土板干砌护坡、板下铺设聚苯乙烯泡沫板保温，复合土工膜防渗，水泥土护底		km	4.645	
4. 输水暗涵工程				
（1）长度		km	23.269	
（2）渠底比降			1/3000、1/8500	
（3）设计水深		m	3、3.5	
（4）设计水深		m	3.5、4.0	
（5）暗涵糙率			0.014	
（6）过水断面（孔数－宽×高）			3－3.9m×4.15m 3－4.9m×4.70m	
5. 水闸工程		座	3	
（1）京福高速下节制闸（设计/校核）		m^3/s	40/80	
型式			开敞式	
孔数			3	
尺寸（单孔净宽）		m	6	

续表

序号及名称	单位	数量	备注
（2）出小清河闸（设计/校核）	m^3/s	50/60	
型式		涵洞式	
孔数		3	
尺寸（宽×高）		3.6m×4.15m	
（3）睦里庄节制闸（设计）	m^3/s	12	
型式		开敞式	
孔数		1	
尺寸（单孔净宽）	m	6	
6. 桥（涵）工程	座	8	
（1）跨输水渠公路桥	座	3	
（2）跨输水渠生产桥	座	2	
（3）铁路桥涵	座	3	
7. 引水补源管道工程			
（1）管道长度	km	4.76	
（2）管道直径	m	2.2、2.4	
（3）设计流量	m^3/s	5.0~6.05	
8. 暗涵左侧排水（污）管道工程			
（1）管道长度	km	14.631	
（2）管道直径	m	1.5、2.0	
（3）设计流量	m^3/s	1.8、3.2	
（4）设计流速	m/s	1.15~2.55	
三、移民迁占情况			
1. 工程占地	亩		
（1）永久占地	亩	285.88	
（2）临时占地	亩	3319.07	
2. 拆迁房屋数量	m^2	260 752	
3. 影响企事业单位	个	98	
四、工程施工			
1. 主要工程量			
（1）土方开挖	万 m^3	478.33	
（2）土方回填	万 m^2	280.37	
（3）浆砌石	万 m^3	6.83	
（4）混凝土及钢筋混凝土	万 m^3	94.92	
（5）钢筋	t	73 174	
（6）灌注桩	m	282	
2. 主要建筑材料			
（1）钢材	t	81 277	
（2）木材	m^3	8638	
（3）水泥	t	43 085	

续表

序号及名称	单位	数量	备注
（4）汽油	t	1379	
（5）柴油	t	5178	
（6）砂子	m^3	75 011	
（7）碎石	m^3	98 951	
（8）块石	m^3	73 788	
3. 所需劳动力			
总工日	万工时	2400.77	
4. 工期	年	2.5	

徐州市截污导流工程

工程概况

南水北调东线徐州市截污导流工程，是按照《国务院批转南水北调办等部门关于南水北调东线工程治污规划实施意见的通知》、《南水北调第一期工程项目建议书》、《南水北调东线工程治污规划》、《国家发展改革委关于南水北调东线工程江苏段控制单元治污实施方案审核意见的复函》、国务院批复的《淮河流域水污染防治“十五”计划》、《省政府关于南水北调东线工程江苏段控制单元治污实施方案的批复》和《江苏省发展改革委关于南水北调东线治污工程徐州段区域尾水导流工程方案审核意见的函》的要求，在实施产业结构调整、工业综合治理、城市污水处理及再生利用设施建设等综合整治工程的同时，将对南水北调东线工程调水水质有影响的3个控制单元的尾水统筹考虑，即京杭运河不牢河段控制单元内徐州主城区北部（废黄河为界）荆马河、铜山县桃园河、贾汪区老不牢河等子单元尾水，大运河邳州段（即京杭运河中运河段）控制单元邳州市城区尾水和房亭河控制单元内徐州市主城区东部三八河、大庙等区域尾水，实施尾水专线收集，与南水北调东线调水干线分流，保证输水干线水质达到地表水Ⅲ类水质标准，并保护导流工程沿线尾水受水区域的水环境安全。工程自2003年开始规划，经国家、江苏省组织多次专家论证方案不断优化完善，最终形成了充分利用现有河道向东导流，导流过程中经工业回用和农业灌溉等资源化利用后，多余尾水通过大马庄涵洞入新沂河的方案。

工程任务及规模

（一）工程任务

该工程任务是按照国家发展改革委审核、江苏省人民政府批复《南水北调东线工程江苏段控制单元治污实施方案》和《江苏省发展改革委关于南水北调东线徐州市截污导流工程可行性研究报告的批复》的要求，在实施产业结构调整、工业综合治理、城市污水处理及再生利用设施建设等综合整治工程的同时，利用现有的河渠和新开渠道等，建立运河沿线区域尾水“蓄存、回用、导流”的专用体系，将南水北调东线徐州段不牢河、房亭河（大庙以上地区）、大运河邳州段等3

个控制单元废污水收集，经荆马河、三八河、桃园河、贾汪大吴、贾汪区、邳州市6家污水处理厂处理检验合格后的尾水，一部分直接导入该系统，一部分工业回用二次排放检验合格后尾水也导入该系统，用于沿线灌区农田灌溉（灌区共20.37万亩），余水进入新沂河，经新沂河生态处理工程（江苏省另立项）达标后入海，使徐州段区域尾水系统与南水北调东线输水干线分流，保护南水北调东线徐州段输水干线水质达到地表水Ⅲ类水质标准，并保护导流工程沿线尾水受水区域的水环境安全。

（二）工程规模

工程沿线3个控制单元（不牢河、房亭河、大运河邳州段）、6家污水处理厂处理污水规模合计49.23万m^3/d，其中尾水工业回用8.14万m^3/d，尾水导流规模41.09万m^3/d。由于目前城市排水系统现状为雨污合流制，2010年前汇水区导流系统工程的设计尾水导流规模按尾水量的1∶1设计，单独排污企业废水量9.41万m^3/d的污水不考虑截流倍数，即设计标准为80.91万m^3/d，合9.37m^3/s。

（三）尾水水质

排入尾水水质执行国家环境保护总局与国家质量监督检验检疫总局共同发布的《城镇污水处理厂污染物排放标准》规定的一级A排放标准，尾水经过172km沿途自然净化和渗水的稀释，水质进一步改善。据环境影响报告数据，至大马庄涵洞的尾水COD为29.51mg/L，水质达到农业灌溉和景观用水标准。为加强水质监测和控制，在各县（市）、区交界处设立水质监测及工程控制设施，不合格水质严禁出境。同时，建成后加强工程管理，严格排入尾水导流干线接入口门的审批，严禁工业污染源直接排入导流通道。

工 程 布 置

工程途经徐州市的内铜山县、徐州经济技术开发区、云龙区、贾汪区、邳州市和新沂市等六个县（市）、区，导流线路全长170.28km。工程充分利用桃园河、老不牢河、青黄引河、屯头河、运南灌渠、彭河、湖东自排河等现有河道144.58km，新开渠道25.7km，其中疏浚95.83km，开挖土方900.5万m^3。

（1）检测控制建筑物。利用8座污水处理厂出口检测控制设施，实行信息共享，新建7座尾水回用和分段分区水质、水量、水位检测控制工程，并在现有大马庄涵洞增设水质检测控制设备，作为尾水进入新沂河的最后检测控制点。

（2）干渠建筑物。共有133座，其中穿越中运河、沂河等流域性河道地下涵洞15座（包括荆山结点—大黄山矿涵洞中的3座地涵）、控制闸4座、桥梁97座、混凝土渠3座、输水涵洞13座（包括荆山结点—大黄山矿涵洞中3座涵洞）、泵站1座。

（3）沿线配套建筑物工程。共119座，其中涵洞35座、水闸50座、中沟跌水5座、渡槽17座、小沟级配套12项（建筑物太小，按配套沟、渠分项）。

主 要 建 筑 物

徐州市截污导流工程是南水北调第一期工程清水廊道的保障工程，因此工程等别的确定，应综合考虑南水北调清水廊道建设和尾水导流及综合利用规模等因素。现尾水导流流量为9.37m^3/s，最终进入大马庄涵洞排水设计总流量为41.96m^3/s，利用尾水灌溉面积20.37万亩，因此确定工程等别为三等，相应建筑物级别为3级。穿京杭运河、中运河、沂河等地下涵洞的安全运行直接影响南水北调输水干线水质安全，因此按2级建筑物标准设计。导流渠两侧配套建筑物工程主要为农田水利等小型建筑物工程，建筑物级别按4级、5级标准设计。根据《中国地震动参数区划图》（GB 18306—2001），场地地震动峰值加速度为（0.10～

0.30）g，地震动反应谱特征周期为0.35～0.40s，相应基本地震烈度为Ⅶ～Ⅷ度，其中导流线路（柳0+000）～（柳42+130）、（0+000）～（66+000）段位于Ⅶ度区，（66+000）～（127+830）位于Ⅷ度区。

（一）渠道工程

由于该工程没有防洪要求，不留堤防，滩面宽3m，设计滩面高程超设计水位不小于0.7m。可行性研究阶段在滩面设计子堰主要是作为运行管理界限，满足方便管理的要求，初步设计阶段为了节约占地，除湖东自排河部分河段外，取消子堰。该工程挖渠土方481.7万m^3，多余土方用于废沟填平、复垦土地、平田整地，加固大运河、中运河、骆马湖大堤，剩余土方就近堆于导流渠一侧，依靠地方政府有计划地供应新农村建设（村庄、道路建设）。

（二）地涵工程

尾水导流渠道需穿越京杭运河、老不牢河、荆山引河、二八河、三八河、中运河、建秋河、老沂河、沂河及沂北干渠等，为了达到尾水不进入排涝河道和南水北调送水干线的目的，在与河道交汇处需建地涵与上述河道立交。沿线地涵均需闸门控制，地涵上游侧设工作闸门，下游侧设检修叠梁钢闸门。在尾水导流渠道穿越的河道中，因穿越不牢运河、中运河及沂河地涵规模较大，故对班山运河地涵、十里沟运河地涵、张楼中运河地涵及苗圩沂河地涵进行单独设计。其余地涵因结构型式类似，选取韩行检测控制地涵做典型设计。

（三）控制闸工程

尾水线路共设5座控制闸，按照功能、水闸所处位置及控制运用方法共分两类。一是位于支河河口，平时防止尾水进入内部河网关闸挡水，排涝时开闸放水，有梅庄节制闸、狼古墩节制闸、滩土河控制闸、范山南闸4座水闸；二是位于尾水河道内，平时开启闸门，一旦水质不达标闭闸挡水，有团埠检测控制闸1座水闸。5座水闸结构型式大致相同，流量相差不大，工程地质变化不大，均采用开敞式水闸。

（四）混凝土渠道工程

沿线混凝土渠道工程共3座，包括高速公路两侧石渠和后许家渠道及荆山节点—大黄山矿渠道，后许家隧洞经方案比较改设计为后许家渠道。以后许家渠道为设计典型。

（五）输水涵洞工程

尾水导流渠道在通过城区、堤防和道路时，需埋设输水涵洞，共14座（包括荆山节点—大黄山矿段3座涵洞）。根据穿越建筑物不同，可将涵洞分为穿越城区、高地涵洞及穿越堤防涵洞、道路涵洞2类，与可行性研究相比，减少范山涵洞、朱湾涵洞、星丰厂内涵洞、砖楼涵洞，增加养殖场盖板涵、瓦庄应急调度涵洞、荆山节点—大黄山矿段3座涵洞、邳州污水处理厂—张楼地涵管涵，其中穿越城区、高地涵洞6座，穿越堤防涵洞、道路涵洞8座。

（六）泵站工程

干渠沿线共有泵站1座，三八河污水处理厂一期工程规模3万m^3/s，出水水位偏低，出水水位最高为30.99m，常水位在30.50m左右，自三八河污水处理厂至荆山节点长6.27km，此处需建提升泵站抬高水位；三八河污水处理厂二期工程尾水3万m^3/s建成后，出水水位需抬高至34.60m，二期按自流排入三八河污水处理厂—荆山节点涵洞。

（七）建筑物加固工程

鲍十河沿线有张楼闸及十里沟涵洞两处口门，为防止尾水通过这两处口门进入京杭运河，需对这两座水闸进行加固维修。具体措施为，更换张楼闸3台10t启闭机，更换十里沟涵洞3台10t启闭机，更换3扇闸门，尺寸为2m×3m，并维修中孔闸墩。

施 工 组 织

工程标段划分：张楼中运河地涵、苗圩

地涵、班山及十里沟地涵4个单项工程各为1个施工标段，其余河道土方、干渠建筑物及配套设施按照具体所属地区，共划分为工程施工标12个标段，工程监理标4个，征地移民和检测评估标1个，机电设备及材料采购标4个。

（1）工程施工标计划分三批进行招标，第一批招标项目为04标段、05标段、06标段、11标段、15标段5个施工标，2008年12月31日发布招标公告。第二批招标项目为01标段、02标段、03标段、08标段、09标段、10标段、14标段7个施工标，计划于2009年1月中旬发布招标公告，2月初开标。第三批招标项目为7标、12标段、13标段、16标段，计划2009年汛后招标。

（2）工程监理标以工程投资、工程规模、工程地理位置划分为4个标段，其中新沂市、邳州市铜山县、贾汪区、经济开发区境内工程分为2个标段；苗圩沂河地涵、十里沟地涵、班山地涵三个建筑物工程划为1个标段；张楼中运河地涵有1个单独的监理标。

（3）机电设备及材料采购标。机电金属结构划为3个标段，有钢闸门及启闭设备采购标、铸铁闸门及启闭设备采购标、电气设备采购标；钢筋采购、水泥采购、水质检测设备分别划分为1个标段。

（一）施工导流

由于尾水导流渠道穿越沿线主要河道采用立交或平交控制处理，因此，在施工期间应考虑到相邻河道截流和导流工程。根据工程等别及保护对象的重要性，穿越中运河、沂河等主要建筑物导流标准按非汛期10年一遇标准，其余工程导流标准按非汛期5年一遇标准确定。根据导流流量和水位确定各立交地涵及平交控制涵闸施工时的施工围堰标准及导流设计。对京杭运河不牢河通航河道，航道部门要求不能断航施工，因此对班山、十里沟运河地下涵洞采用顶管法施工，解决通航问题。张楼中运河地涵、沂河苗圩地涵，由于中运河、沂河河床宽、管线长，采用分阶段围堰大开挖施工，利用冬春季节枯水期施工，两年完成。对于明渠土方开挖时的导流，可分段就近向桃园河、荆马河、京杭运河、老不牢河、二八河、彭河、中运河、建秋河、老沂河、沂河、骆马湖等相邻河湖排水。

穿河建筑物施工排水由于地涵洞身长，埋深大，渗水量多，围堰内采用明沟排水、井点排水等办法解决。

（二）主体工程施工

（1）渠道土方工程施工。尾水导流干渠（管）道总长170.28km，工程横跨三县（市）三区，土方开挖利用冬春干旱少雨、地下水位较低的有利时间，采用机械化施工。由于导流干渠没有防洪要求，为节省占压土地，不留堤防，挖渠土方一律由县（市、区）、镇政府统一安排、分段处理，采取就近复堤、平田整地、支持新农村建设等方法处理好。

（2）主要建筑物施工。由于导流工程线路长，建筑物配套繁杂，大多数规模较小，因此按常规施工组织即可满足要求。班山运河地涵、十里沟运河地涵采用顶管法施工；张楼中运河地涵、苗圩沂河地涵由于河床宽、管道长，需分期利用老航道与施工航道，修筑施工围堰大开挖施工，其余地涵因无通航要求按常规施工。建筑物土方开挖采用铲运机或挖掘机配自卸汽车运输，混凝土施工利用中小型混凝土拌和机（站）配混凝土泵泵送或翻斗车运输浇筑，石料均用汽车运至工地，人工砌筑，回填土采用推土机碾压和蛙式打夯机夯实。

征 地 移 民

南水北调东线徐州市截污导流工程影响主要实物指标为：

（1）土地。工程永久征收集体土地2697.65亩，临时占地5008.1亩。

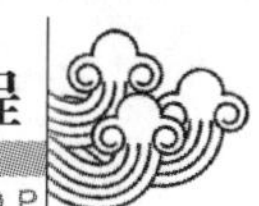

（2）人口。工程影响农村居民户312户，现状需搬迁居民1390人，规划实施年搬迁居民1413人。

（3）房屋。工程影响各类农村居民房屋47 076.02m^2，其中楼房2787.09m^2，砖混房22 960.65m^2，砖瓦房16 526.2m^2，土木房1428.23m^2，棚房3373.86m^2。

（4）农村企业单位。工程影响各类乡村企业42个，需拆迁房屋8357m^2；影响事业单位1个，拆迁房屋42m^2。

（5）专项设施。工程影响的专项设施主要有柏油路944.7m^2，水泥路13 864.99m^2，碎石路15 538.56m^2，35kV高等级电力线1.86km，10kV高等级电力线6.91km，低压线路13.76km，电缆9.52km，光缆7.38km，广播电视传输线7.38km，电力排灌站35座，变压器11座，小灵通塔1座。

水土保持

项目区位于黄淮海平原中部，根据现场查勘，项目区沿线地势平缓，大部分为耕地。根据江苏省人民政府《关于划分水土流失重点防治区和平原沙土区的通知》（苏政［1999］54号）划定的范围，项目区属于水土流失重点监督区。水土流失主要防治方案为导流渠道滩面及建筑物征地红线内种植树木及撒草种，施工临时堆土区待工程完工后归还地方，主要采取临时草苫防护等植物措施和排水沟及沉沙池等工程措施。

（朱月贵）

临沂市邳苍分洪道截污导流工程

工程概况

临沂市邳苍分洪道截污导流工程涉及临沂市南部的兰山、罗庄、郯城、苍山4个县（区），分布在武河、沂河、邳苍分洪道及其有关支流上（主要包括南涑河、陷泥河、吴坦河等）。根据污水点源、水系和工程分布，邳苍分洪道截污导流工程分为临沂和苍山两片，临沂片工程控制兰山和罗庄两个治污子单元的截污导流和灌溉回用；苍山片工程控制苍山治污子单元的截污导流和灌溉回用。

苍山片截污导流工程采用雨污分流方案：一是利用东枷河、吴粮导流沟将吴坦河上游天然径流导入河段下游；二是利用输水管道将苍山污水处理厂排放的中水输送至吴坦河，且沿途引水灌溉，然后在吴坦河梯级建设橡胶坝，节节拦蓄，将苍山片中水灌溉回用。

临沂片截污导流工程采用雨污混流方案：分别在南涑河、陷泥河、邳苍分洪道、武河、沂河梯级建闸（坝）或维修闸坝，节节拦蓄，灌溉回用。上级河道弃水由下级河道拦蓄回用，最后在沂河马头闸上将临沂片中水灌溉回用。

工程是以截污导流为主，兼顾河道防洪、农业灌溉和环境保护等综合利用工程。非汛期以截污导流、拦蓄和灌溉回用中水，保证中水不下泄为主要任务，适当兼顾环境保护和当地农业灌溉；汛期以防洪除涝为主要任务，适当兼顾环境保护和当地农业灌溉。

工程规模及等级见表1。

表 1　　建筑物工程规模及等级

建筑物名称	工程规模	工程等别	永久性		临时性
			主要建筑物	次要建筑物	
蒋史汪橡胶坝	大（2）型	二	2	3	5
廖家屯	中型	三	3	4	5
吴坦河坝	中型	三	3	4	5
丁庄坝	中型	三	3	4	5
武沂穿涵	小（1）型	四	4	5	5
吴粮穿涵	小（1）型	四	4	5	5
蒋史汪提水泵站	小（1）型	四	4	5	5

河道径流量设计标准为非汛期 2 年一遇。邳苍分洪道截污导流工程主要建筑物设计洪水标准为 50 年一遇，其他河道截污导流工程主要建筑物设计洪水标准为 20 年一遇。除涝标准为 5 年一遇标准。地震基本烈度为Ⅶ度。

工程总体布置

南水北调邳苍分洪道截污导流工程主要工程建设内容有拦河闸坝工程、输水管道工程、导流工程、河道工程和中水灌溉回用渠首工程五大内容。

临沂片采用雨污混流方案，苍山片采用雨污分流方案。

临沂片截污导流工程涉及南涑河、陷泥河、邳苍分洪道、武河以及沂河 5 条河道，需要新建 3 座橡胶坝，维修 5 座拦河闸坝，新建或维修 11 座灌溉回用渠首工程，开挖武沂导流沟，对陷泥河和南涑河回水河段清淤。

苍山片截污导流工程涉及吴坦河、东泇河以及粮田河，跨越小汶河、白家沟。需要新建 Dg1000 输水管道 9.48km，新建 4 座橡胶坝，吴坦河扩挖 8.4km，开挖吴粮导流沟 11.8km，改建导流沟上交通桥 10 座，维修东泇河穿涵闸，东泇河清淤 5.8km，维修 7 座拦河闸以及 14 座灌溉回用渠首工程。

主要建筑物

（一）临沂片工程

根据总体方案布置，临沂片工程主要包括拦河闸坝工程、河道清淤工程、导流工程及中水灌溉回用工程。临沂片主要工程内容见表 1。

表 1　　临沂片主要工程内容统计表

序号	工程分类	项目名称	建设性质	单位	数量
1	拦河闸坝工程	橡胶坝工程	新建	座	3
		拦河闸工程	维修	座	5
		小　计		座	8
2	河道工程	南涑河拦蓄段	清淤	km	14.1
		陷泥河拦蓄段	清淤	km	11.7
		小　计		km	25.8

续表

序号	工程分类	项目名称	建设性质	单位	数量
3	导流工程	武沂导流沟	新挖	km	0.68
		穿涵闸	新建	座	2
4	中水灌溉回用工程	引水闸	新建	座	2
			维修	座	8
		灌溉提水泵站	改建	座	1
		小　　计		座	11

1. 拦河闸坝工程

临沂片拦河闸坝工程主要为新建橡胶坝工程、维修拦河闸坝工程两大部分，共8座拦河闸坝工程。其中新建3座橡胶坝，分别为南涑河丁庄橡胶坝、邳苍分洪道蒋史汪和廖家屯橡胶坝工程；维修5座拦河闸，分别为南涑河付庄闸、陷泥河郑旺闸和东高都闸、武河多福庄拦河闸、沂河马头拦河闸。

新建橡胶坝工程根据所在河道除涝、防洪以及本次拦蓄库容等要求，结合河道现状和规划指标，综合分析确定工程建设规模。维修拦河闸坝工程主要针对现状拦河闸坝存在的工程问题，重点维修加固。

2. 河道工程

临沂片河道工程对南涑河、陷泥河拦河闸坝回水区域内的河道进行清淤，分别长11.7km和14.1km，总长25.8km。

3. 导流工程

临沂片导流沟工程为武沂导流沟，用于将邳苍分洪道节节拦蓄回用后剩余的中水，导流入沂河马头闸上游，通过马头灌区回用剩余中水。

武沂导流沟入口在多福庄拦河闸上游，总长0.68m，设计流量为22.2m^3/s，沟底比降为1/3000，沟底宽5.7m，边坡1:2.0。

导流沟扩挖后，两河间相互连通，为节制导流、防止导流河道汛期行洪洪水沿导流沟倒灌淹没农田，需在导流沟的进、出口建穿涵闸挡水或控制导流流量。武沂导流沟进出口各建设1座穿涵闸，1座为武河穿涵闸、1座为沂河穿涵闸。

4. 中水灌溉回用渠首工程

结合拦河闸坝拦蓄工程，需维修、新建、改建11座中水灌溉回用工程，其中引水闸工程10座（新建2座），改建蒋史汪提水泵站。

提水泵站设计灌溉面积3.4万亩，设计流量3.0m^3/s，设计扬程4.7m，共设3台700ZLB－60轴流泵，总功率为240kW（80kW×3）。

（二）苍山片工程设计

苍山片工程主要包括拦河闸坝工程、河道工程、导流沟工程、输水管道工程以及中水灌溉回用工程。

1. 拦河闸坝工程

苍山片拦河闸坝工程主要为新建4座橡胶坝工程，分别为吴坦河吴坦、芦柞、刘桥、王庄橡胶坝工程。新建橡胶坝工程根据所在河道除涝、防洪以及本次拦蓄库容等要求，结合河道现状和规划指标，综合分析确定工程建设规模。

2. 河道工程

为提高河道槽蓄能力，此次设计扩挖吴坦河，总长8.4km。河道扩挖河底高程和比降根据防洪排涝规划指标确定，断面扩挖宽度根据需拦蓄中水量确定。

3. 导流工程

苍山片导流工程为吴粮导流沟和东加河，导流流量分别为20.1m^3/s、7.6m^3/s，治理长度分别为11.8km和5.8km。

导流沟扩挖后，两河间相互连通，为节

制导流、防止导流河道汛期行洪洪水沿导流沟倒灌淹没农田，需在导流沟的进口修建穿涵闸挡水或控制导流流量。东加河进口现状已有穿涵闸，此次维修该穿涵闸。吴粮导流沟进口新建1座穿涵闸，沿导流沟改建交通桥10座。其中公路桥1座，生产桥9座。

4. 输水管道工程

苍山片输水管道自苍山污水处理厂出口吴坦河吴坦闸下，全长9.48km，输水管道管径为1.0m。

管道采用预制钢筋混凝土承插式管道，管座采用砂基础。附属构筑物35座，其中：倒虹吸6座，检查井23座，灌排出水口5个，入河口1个。

5. 中水灌溉回用渠首工程

苍山片结合拦河闸坝拦蓄工程，需新建或维修20座渠首引水闸工程，其中新建引水闸6座，维修14座。

工程特性表

序号	项目分类			单位	指标		
					临沂片	苍山片	小计
一、	总指标						
1	水量	径流量设计标准			2年一遇		
		径流量		万 m^3	2454	41.3	2495
		中水量		万 m^3	2852	683	3535
2	库容	小计		万 m^3	1095	176	1271
		陷泥河拦蓄		万 m^3	70		70
		南涑河拦蓄		万 m^3	107		107
		邳苍分洪道拦蓄		万 m^3	215		215
		武河拦蓄		万 m^3	23		23
		沂河马头拦蓄		万 m^3	680		680
		吴坦河拦蓄		万 m^3		176	176
3	回水长度	小计		km	36.3	10.9	47.2
		陷泥河		km	11.7		11.7
		南涑河		km	14.1		14.1
		邳苍分洪道		km	10.5		10.5
		吴坦河拦蓄		km		10.9	10.9
4	灌溉面积	小计		万亩	46.2	5.14	51.34
		临沂片	陷泥河	万亩	3.2		3.2
			南涑河	万亩	3.0		3.0
			邳苍分洪道	万亩	3.4		3.4
			武河	万亩	7.1		7.1
			沂河	万亩	29.5		29.5
		苍山片		万亩		5.42	5.42

续表

序号	项目分类			单位	指标 临沂片	指标 苍山片	指标 小计
二、	主体工程						
1	拦河闸坝工程	小计		座	8	11	19
		橡胶坝工程	新建	座	3	4	7
			总长	m	415	200	615
		拦河闸工程	维修	座	5	7	12
2	河道工程	小计		km	25.8	8.4	34.2
		南涑河	清淤	km	14.1		14.1
		陷泥河	清淤	km	11.7		11.7
		吴坦河	扩挖	km		8.4	8.4
3	导流沟工程	小计		km	0.68	20	20.68
		东泇河	设计流量	m^3/s		7.6	7.6
			清淤	km		5.8	5.8
		吴粮导流沟	设计流量	m^3/s		20.1~23.13	
			沟长	km		14.2	14.2
			扩挖	km		11.8	11.8
		武沂导流沟	设计流量	m^3/s	25.7		25.7
			新挖	km	0.68		0.68
4	导流沟建筑物	小计		座	2	12	14
		穿涵闸	新建	座	2	1	3
			维修	座		1	1
		交通桥	改建	座		10	10
5	输水管道工程	管道距离	埋管	km		9.48	9.48
		管径	埋管	mm		1000	1000
		附属构筑物	新建	座		35	35
6	中水灌溉回用工程	引水闸	小计	座	10	20	30
			新建	座	2	6	8
			维修	座	8	14	22
		灌溉提水泵站	改建	座	1		1
			设计流量	m^3/s	3		3
			设计扬程	m	4.7		4.7

枣庄市薛城小沙河控制单元截污导流工程

工 程 概 况

薛城小沙河控制单元位于枣庄市境内，包括薛城小沙河、薛城大沙河和新薛河 3 条河道，其面积（亦是河道流域面积）为 1244km²，流域内的行政区域含滕州市的南部、薛城区的北部和山亭区大部。薛城小沙河控制单元截污导流的工程任务是：在该控制单元全部实施完成治污工程的前提下，为实现薛城小沙河控制单元的水质控制目标和总量控制目标，结合湖口人工湿地建设，通过利用已有和新建拦蓄工程，拦截1月份的中水和非汛期2年一遇当月的水量不进入输水干线。工程建设内容包括：

（一）薛城小沙河

（1）橡胶坝工程。薛城小沙河新建1座朱桥橡胶坝（桩号1+500），坝长40m，坝袋高4.05m。

（2）河道扩挖工程。河道回水段河道扩挖，薛城小沙河回水段扩挖长度2372m，小沙河故道回水段扩挖长度1051m。

（3）堤外截渗沟长度2000m。

（4）管道工程。敷设凤鸣湖水库中水导流管道DN400mm，长1500m；敷设龙潭水库中水导流管道DN200mm，长500m。

（5）筑堤工程。河道回水段扩挖土方筑堤，堤顶宽4m，边坡1:2.5，堤长小沙河两侧各0.66km。小沙河故道两侧各1.05km。

（二）薛城大沙河

（1）橡胶坝。薛城大沙河建挪庄橡胶坝（桩号6+800），坝长105m，坝袋高2.5m。

（2）管道工程。敷设华众纸业有限公司至华众橡胶坝DN500mm中水导流管道长3000m。

（三）新薛河

（1）水库工程。新薛河干流在山亭污水处理厂下游600m处修建南岭小水库，库容为5.64万m^3，水深2.8m，库区面积2.1万m^2。

（2）橡胶坝工程。小渭河建渊子涯橡胶坝（桩号6+100），坝长40m，坝袋高4.0m。

（3）河道扩挖工程。小渭河河道回水段局部扩挖。

（4）管道工程。敷设山亭污水处理厂至小水库DN500mm中水导流管道长700m。

根据人工湿地的要求，拦蓄1月份的中水和非汛期2年一遇（$P=50\%$）当月的水量不下泄。建设规模为：

（1）薛城小沙河工程拦蓄工程建设规模为135万m^3（含中水123.00万m^3）。

（2）薛城大沙河工程拦蓄工程建设规模为141.5万m^3（含中水81.00万m^3）。

（3）新薛河工程的新薛河干流拦蓄工程建设规模为5.80万m^3（含中水5.80万m^3），支流小渭河拦蓄工程建设规模为70.20万m^3（含中水54.20万m^3）。

工程总体布置

在薛城小沙河桩号1+500处新建朱桥橡胶坝，为增大蓄水量对朱桥橡胶坝回水段薛城小沙河干流及支流小沙河故道进行扩挖。为充分利用现有拦蓄工程，在枣庄新城污水处理厂出口处建中水加压泵站，通过压力管道分别输送到凤鸣湖和龙潭水库进行存蓄。

在薛城大沙河桩号6+800处，新建挪庄橡胶坝拦蓄上游企业的中水；敷设导流管道将华众纸业有限公司中水引至薛城大沙河现有华众橡胶坝上游进行拦蓄。

在距拟建山亭区污水处理厂下游600m处，利用了新薛河西岸的一片洼地新建南岭水库；在小渭河桩号6+100处新建渊子涯橡胶坝，为增大蓄水量对渊子涯橡胶坝回水段小渭河进行扩挖。

主要建筑物

（一）橡胶坝

（1）朱桥橡胶坝

朱桥橡胶坝上游C25钢筋混凝土铺盖长10m，厚0.50m，钢筋混凝土坝底板厚0.80m，顺水流方向长度为13.50m，下游C25钢筋混凝土消力池长12m，厚0.60m。橡胶坝为单孔枕式结构，坝袋高4.05m。朱桥橡胶坝底板开挖高程32.50m，坝底板大部分坐落在片麻岩上，右端大约0.5m厚的②层壤土，地基存在不均匀沉陷问题，设计清除剩余②层壤土，换填C15素混凝土，使坝基坐落在片麻岩上。

（2）挪庄橡胶坝

挪庄橡胶坝上游侧钢筋混凝土铺盖长10m、厚0.50m，钢筋混凝土坝底板厚0.80m，顺水流方向长度为10.0m，下游侧C25钢筋混凝土消力池长10m，厚0.60m，橡胶坝为单孔枕式结构，坝袋高2.5m。挪庄橡胶坝底板底高程37.20m，基底开挖线位于①层壤土中上部，①层壤土天然地基承载力可满足建坝要求。河底最低高程36.70m，悬空部分清除淤泥换置水泥土垫层。水泥与土的比为2:8，分层机械压实，压实系数大于或等于0.97。

（3）渊子涯橡胶坝

渊子涯橡胶坝上游侧钢筋混凝土铺盖长10m、厚0.50m，钢筋混凝土坝底板厚0.80m，顺水流方向长度为13.50m，下游侧C25钢筋混凝土消力池长12m，厚0.60m。橡胶坝为单孔枕式结构，坝袋高4.0m。渊子涯橡胶坝底板底高程37.90m。高程36.00m以上有一层0.3~0.8m厚的粗砂层，在Ⅶ度地震时发生液化。设计渊子涯橡胶坝上游铺盖齿坎处做C25钢筋混凝土截渗墙，墙厚0.4m，深2.2m。

（二）水库

南岭水库利用新薛河西岸的一片洼地，在洼地南北两侧各修筑一道土堤，两堤与东西两侧的高地衔接从而包围成库区，两堤间距140m，堤高2.7m，内外边坡1:2.5，堤顶宽3.0m。库底高程117.2m，堤顶高程120.7m。北侧土堤的迎水坡面需采用30cm厚M7.5浆砌块石护砌，防止新薛河出现大流量时对坝坡的冲刷。

（三）河道堤防

河道堤防是薛城小沙河及小沙河故道在蓄水位高出地面的挡水堤、小渭河连接橡胶坝的挡水堤和南岭水库土堤，堤顶宽3~6m，内外边坡1:2.5。筑堤土为壤土，机械压实，压实度大于或等于0.90。堤防工程等工程级别均为4级，堤顶超高为设计水位以上包括波浪高在内，小渭河连接橡胶坝的挡水堤堤顶超高1.0m，南岭水库堤顶超高0.7m，小沙河及小沙河故道堤顶超高1.0m。

枣庄市小季河截污导流工程

工 程 概 况

小季河截污导流工程是南水北调东线期工程的重要组成部分。工程建设任务是在该控制单元全部实施完成治污工程的前提下，为实现小季河的水质控制目标和总量控制目标，结合河道下游人工湿地建设及河道两岸有机食品生产基地建设，通过利用已有和新建拦蓄工程，拦截非汛期下泄的中水量206.4万m^3。工程建设内容包括：

（1）小季河疏浚5.1km。另外，在3+800闸上游再扩宽20m，变为底宽40m，长2000m；将台兰干渠在现有宽度的基础上在扩宽20m，变为底宽30m，长3144m。

（2）拦河闸工程。新建季庄西拦河闸（小季河桩号3+800），该闸设计由可研时的5孔变成3孔，单孔净宽由3m改为5m。维修赵村节制闸。

（3）生产桥工程。过路穿涵改生产桥1座，拆除重建生产桥5座。

（4）中水回用灌溉泵站工程。在小季河及台兰引渠上游及中部新建中水回用灌溉泵站4座，设计流量各为1.26m^3/s，每个泵站配1km输水干渠。

小季河截污导流工程采用方案是：充分利

用小季河附近区域现有河网拦蓄。现有河网库容不足部分通过扩挖河网内河道部分区段，实现增加拦蓄的目的。现有河网内的主要河道有越河、环城河、台兰引渠、小季河等。小季河截污导流工程拦蓄规模206.4万m^3。工程等别为四等，主要建筑物级别为4级，临时建筑物级别为5级。

工程总体布置

（1）小季河疏浚、扩挖。小季河按3年一遇标准，底宽20m全线疏浚，在3+800拦河闸以上至5+800段再沿河扩宽20m，由于扩宽段在小季河中、上游，该段上接台儿庄区污水处理厂中水排放口，接纳中水拦蓄，通过小季河3+800处拦河闸控制，中水回用农田灌溉及上游河网拦蓄。该段可部分利用废弃河道及坑塘，可节约占地，减少拆迁量，上述布置为优化后的方案，比较合理，3+800闸后不再扩挖，因为扩挖后增加的库容蓄水没有条件再回用。

（2）北环城河、台兰干渠清淤及台兰干渠扩宽。对北环城河、台兰干渠死水位以上部分进行清淤，扩大有效库容，台兰干渠在现有宽度的基础上再扩宽20m，长3537m。

（3）拦河闸。在小季河3+800处布置拦河闸（带桥）1座，维修赵村拦河闸。

（4）中水回用灌溉泵站。在东环城河1+300处布置1号中水回用灌溉泵站，在小季河中部4+270处左岸布置2号中水回用灌溉泵站。在台兰引渠1+900及3+600处布置2座中水回用灌溉泵站，每个泵站配1km渠道，利于与原灌溉渠系衔接。

主要建筑物

（一）小季河疏浚扩挖工程

小季河的设计要充分满足拦蓄中水的要求。根据小季河的特点，为最大限度增加小季河的拦蓄能力，设计水位以低于沿河两岸地面平均高程0.3~0.4m为宜，同时要不高于台儿庄区污水处理厂出口入小季河的水位。由此确定小季河（0+786）~（3+800）（建拦河闸处）设计拦蓄水位24.00m，（3+800）~（5+886）设计拦蓄水位25.09m。需新增的37.19万m^3库容通过小季河疏浚及3+800以上段扩宽、台兰干渠扩宽来储存，此方案的目的是让开村庄，同时充分利用部分原来的洼地、坑塘等，节约占地。扩挖河段河底高程以死水位22.80m控制。

（二）拦河闸

（1）季庄西拦河闸。季庄西拦河闸设计3孔，单孔净宽5m，闸底板顶高程22.50m，设计挡水位25.09m。上游铺盖为C20钢筋混凝土结构，长6.0m，厚0.4m，上游翼墙为C20混凝土悬臂式挡土墙结构，弧形。上游护底为M10浆砌石结构，长5.0m，厚0.4m。上游护平坡，长5.0m。闸室底板为C20钢筋混凝土大底板结构，长9.1m，厚1.0m。中墩为C25钢筋混凝土结构，长9.1m，厚1.0m，墩顶高程26.75m。边墩为C25钢筋混凝土结构，底宽1.2m，长9.1m。墩顶上设排架，排架柱截面尺寸（宽×高）为0.4m×0.45m。机架桥为π形梁结构，顶高程31.05m。机架桥宽3.8m。消力池池底高程21.9m，长10m。下游翼墙为钢筋混凝土悬臂式挡土墙，墙顶高程为25.9m。海漫为M10浆砌石结构，长6m，厚0.4m。下游设M10浆砌石护坡，护坡长6.0m。拦河闸设机房及桥头堡，桥头堡共3层，机房及桥头堡建筑面积113.02m^2。闸后生产桥为C25钢筋混凝土现浇板，板厚28cm，桥宽4m，设计荷载为折减后的公路二级，折减系数0.7。

（2）赵村拦河闸位于小季河的尾端，是控制小季河污水不进入韩庄运河的最后一道防线，该闸为已建工程，闸中墩、边墩、排架均为钢筋混凝土结构，3孔，闸门为钢闸门，由于闸门多年受污水的腐蚀，锈损严重，

止水效果很差，此次设计只更换闸门及启闭机，拆除原闸门及闸槽，重新浇注闸门槽，安装新钢闸门。

（三）中水回用泵站

小季河截污导流工程共规划建4座中水回用灌溉泵站，4泵站的规模、设计参数相同。泵站站址地面高程在25.9m左右，附近地势较为平坦，灌溉回用区地面高程均比站址处高，呈倒比降趋势。以1号泵站为例，泵站主要设计参数如下：

（1）进水池最高水位25.09m，设计水位22.0m，最低水位21.6m；出水池最高水位27.8m，设计水位27.3m。

（2）设计流量为1.26m^3/s。

枣庄市峄城大沙河截污导流工程

工 程 概 况

峄城大沙河位于枣庄市南部。峄城大沙河截污导流工程截污导流的工程任务是：在该控制单元治污工程全部实施完成的前提下，为实现峄城大沙河截污导流工程的水质控制目标和总量控制目标，结合胜利渠灌区的灌溉用水，通过利用已有和新建拦蓄工程，拦截非汛期的全部中水和非汛期2年一遇天然径流量不进入输水干线。工程主要建设内容包括：

（1）大泛口节制闸。峄城大沙河新建大泛口节制闸（桩号0+500），4孔×10m（净宽）×6.9m（闸门高），拦蓄水量为86.4万m^3。

（2）裴桥节制闸。峄城大沙河新建裴桥节制闸（桩号30+850），6孔×10m（净宽）×6.1m（闸门高），拦蓄水量为199.9万m^3。

（3）良庄橡胶坝。峄城大沙河分洪道新建良庄橡胶坝（桩号12+000），坝长100m，坝袋高2.48m，拦蓄水量为11.8万m^3。

（4）红旗闸改造工程。为了增加拦蓄库容，拟对峄城大沙河已建红旗节制闸（13+638）进行改造，在现有闸底板上设置0.4m高的驼峰堰，将红旗闸挡水高度加高0.4m，相应改造红旗闸，重做底止水，更换闸门槽。增加拦蓄库容23.6万m^3。

（5）管道工程。敷设峄城大沙河分洪道东岸中水排放点至峄城大沙河DN350mm中水导流管道3000m。

（6）维修峄城大沙河已建贾庄节制闸。

峄城大沙河非汛期中水量为1206万m^3；峄城大沙河及胜利渠2年一遇天然径流量合计为1033.9万m^3；总水量为2239.9万m^3。

通过对径流、中水、渗透量、蒸发量、灌溉用水量等进行综合调算，非汛期中需要拦蓄的库容为934.1万m^3（12月份的月末库容）。已建拦蓄库容为616.4万m^3，新增拦蓄库容为321.7万m^3，总拦蓄库容为938.1万m^3，该工程的拦蓄规模为321.7万m^3。

工程等别为三等，主要建筑物级别为3级，次要建筑物级别为4级，临时建筑物级别为5级。

工 程 总 体 布 置

在峄城大沙河桩号30+850处新建裴桥节制闸；在峄城大沙河桩号0+500处新建大泛口节制闸；在峄城大沙河分洪道12+000处新建良庄橡胶坝；为增大拦蓄水量，考虑到峄城大沙河已建红旗节制闸还有加高拦蓄水位的余地，拟对峄城大沙河已建红旗节制闸进行改造，加高0.4m；通过敷设导流管道将台儿庄区的中水引至峄城大沙河新建大泛口节制闸上游进行拦蓄；利用拦蓄中水进行灌溉，从而减少拦蓄库容；对峄城大沙河上的重要拦蓄建筑物贾庄节制闸进行维修，以满足拦蓄要求。

主要建筑物

（一）节制闸

1. 裴桥节制闸

峄城大沙河加固改建裴桥节制闸（桩号30+850），拦蓄水量为199.9万m^3；主要由闸室段、上下游连接段、管理房等组成。孔口尺寸为6孔×10.0m（净宽）×6.1m（闸门高）；水闸型式为开敞式，闸门采用直升式平面钢闸门，单向止水设计，采用双吊点卷扬启闭型式，该闸设置交通桥。

（1）闸室段。闸底板采用C25钢筋混凝土底板，厚1.70m，垂直水流方向长度为71.9m，底板高程现状河底高程齐平，即45.30m，坝底板上下游设钢筋混凝土齿墙，闸室段中墩采用C25钢筋混凝土，厚1.5m，加强墩厚1.8m，闸槽尺寸为0.42（深）×0.76（宽）m，两侧设C25钢筋混凝土扶壁式挡土墙，闸墩上方设置C25钢筋混凝土排架，排架支撑启闭机房，闸室段东侧设置桥头堡。

（2）上游段。上游设C25钢筋混凝土铺盖，长10m，宽68.1m，厚0.5m，两侧采用C25钢筋混凝土扶臂式挡土墙将闸室段与上游河道边坡相连接。

（3）下游段。闸室段下游设C25钢筋混凝土消力池，池深1.2m，池长27m，底板厚0.8m，消力池内设置反滤设施；消力池下游设M10浆砌块石及干砌石海漫段，浆砌块石段长13m，干砌石段长12m，宽68.1m，厚0.4m；消力池段两侧设C25钢筋混凝土扶壁式挡土墙，海漫段两侧设M10浆砌块石扭曲面与下游护坡相接；海漫段下游设置防冲槽，槽内抛块石。

2. 大泛口节制闸

峄城大沙河新建大泛口节制闸（桩号0+500），拦蓄水量为86.4万m^3；主要由闸室段、上下游连接段、管理房等组成。孔口尺寸为4孔×10.0m（净宽）×6.9m（闸门高）；水闸型式为开敞式，闸门采用直升式平面钢闸门，双向止水设计（结合南水北调水资源控制工程），并设检修闸门，采用双吊点卷扬启闭型式，该闸不设交通桥。

（1）闸室段。闸底板采用C25钢筋混凝土底板，厚1.70m，垂直水流方向长度为44.8m，底板高程比现状河底高0.2m，即21.50m，坝底板上下游设钢筋混凝土齿墙，闸室段中墩采用C25钢筋混凝土，厚1.5m，加强墩厚1.8m，由于该闸设有检修闸门，因此设有两道闸门槽，间距3.0m，闸槽尺寸均为0.42（深）×0.76（宽）m，两侧设C25钢筋混凝土扶壁式挡土墙，闸墩上方设置C25钢筋混凝土排架，排架支撑启闭机房，闸室段东侧设置桥头堡。

（2）上游段。上游设C25钢筋混凝土铺盖，长10m，宽44.8m，厚0.5m，两侧采用C25钢筋混凝土扶臂式挡土墙将闸室段与上游河道边坡相连接。

（3）下游段。闸室段下游设C25钢筋混凝土消力池，池深1.2m，池长27m，底板厚0.8m，消力池内设置反滤设施；消力池下游设M10浆砌块石及干砌石海漫段，浆砌块石段长13m，干砌石段长12m，宽44.8m，厚0.4m；消力池段两侧设C25钢筋混凝土扶壁式挡土墙，海漫段两侧设M10浆砌块石扭曲面与下游护坡相接，海漫段下游设置防冲槽，槽内抛块石。

（二）橡胶坝

橡胶坝设计底板高程为设计河底高程加0.2m，设计坝高为设计最高挡水位加0.2m。橡胶坝底板顺水流方向尺寸的拟定：坝袋内压比取1.30，采用双压板锚固，计算出坝袋两锚线间的距离和塌坝过流时坝袋占压锚线后的长度，然后再考虑上游1.0m、下游1.4m的交通或检修道路，几项之和则为橡胶坝底板在顺水流方向上的长度。上、下游末端设齿墙阻滑。

良庄橡胶坝坝轴线位于峄城大沙河桩号12+000处，拦蓄能力为11.8万m^3，主要由橡胶坝段、上下游连接段、取水管道、充排水泵站及管理房等组成。橡胶坝为一孔枕式结构，钢筋混凝土底板厚0.80m，垂直水流方向长度为100.0m，顺水流方向长度为10m，底板高程为河底高程加0.20m，即36.02m，坝底板上下游设钢筋混凝土齿墙。坝袋高2.48m，内压比1.3，顶高程为38.50m，最高挡水位38.30m，坝袋胶囊为双线压板锚固。橡胶坝上游设C25钢筋混凝土铺盖长10m，两侧采用C25钢筋混凝土扶臂式挡土墙将橡胶坝段与上游河道边坡相连接。橡胶坝下游侧设浆砌块石消力池，池深0.5m，后接浆砌块石海漫及抛石防冲槽。下游连接段平面（曲面）护坡采用M10浆砌方块石结构。为满足坝袋充水要求，在坝上游设集水槽。

（三）红旗闸改造工程

红旗闸始建于1958年3月，同年6月竣工，闸长91m，15孔，单孔净宽5m，闸门高度为2.8m，为木质翻板闸，1999年改为钢闸门配卷扬式启闭机的直升闸，共13孔，单孔净宽4.8m，高3m，闸底板高程35.4m，此次设计拟将红旗闸挡水高度加高0.4m，相应改造红旗闸，重做闸门槽，设置0.4m高的驼峰堰。

（四）管道工程

敷设分洪道东岸中水排放点至峄城大沙河DN350mm中水导流管道3000m。管道拟采用钢筋混凝土管。

（五）贾庄节制闸维修工程

贾庄节制闸是峄城大沙河上的重要拦蓄建筑物，有效拦蓄水量为152.4万m^3；于1995年建成投入使用以来，由于资金匮乏、疏于管理等原因，贾庄节制闸已出现闸门锈蚀、橡胶止水脱落、检修闸门移动启闭设备故障等问题，致使出现漏水、检修闸门不能正常使用等现象，为保证该闸的正常运行，确保拦蓄质量，拟对该闸进行维修，维修内容主要有：① 对闸门进行除锈喷锌维护；② 更换橡胶止水带；③ 更换启闭机钢丝绳；④ 维修检修闸门移动启闭设备。

滕州市城漷河截污导流工程

工 程 概 况

滕州市城漷河截污导流工程位于山东省滕州市境内，是南水北调东线第一期工程山东省截污导流工程的重要组成部分。工程主要通过新建拦蓄工程，在干线输水期间拦截滕州市下泄中水1201.2万t，通过中水灌溉回用，减少COD入河量1133.1t，减少NH_3-N入河量98.7t，从而保证干线输水期间COD、NH_3-N入河量小于规定的最大允许入河量。

改建4座橡胶坝工程，设计总库容为141.43万m^3；新建6座橡胶坝，设计总库容为447.12万m^3。共计设计总库容为588.55万m^3。

防洪标准为20年一遇。排水标准为3年一遇。非汛期径流量标准为2年一遇。地震设防烈度为Ⅵ度。

滕州市城漷河截污导流工程等别为三等，河道工程级别为3级，橡胶坝工程级别为3级，灌溉提水泵站工程级别为4级，其他次要及临时建筑物级别为4级。

工 程 总 体 布 置

根据各污水处理厂及企业排水口的位置，本着尽量利用现有工程，新建必要拦蓄工程的原则，做到截污、拦蓄、回用工程的协调一致，发挥工程的最大效益。新建拦蓄工程要考虑筑坝地质条件、进水口位置、灌溉回用区域、河槽拦蓄能力、施工及管理、人工湿地位置等各种因素。工程总体布置为：

在城河中游新建东滕城、杨岗2座拦河工程，拦截滕州市第一污水处理厂和滕州市酿酒总厂的下泄中水，为减少新建拦河工程的规模，改建上游洪村、荆河、城南3座橡胶坝，拦截上游径流量；在漷河上新建吕坡、曹庄、于仓3座拦蓄工程，拦截滕州市第二污水处理及漷庄煤矿、曹庄煤矿两企业下泄中水，改建上游南池橡胶坝，拦截上游径流量；在城河、漷河汇流口下城漷河上新建北满庄拦蓄工程，拦截城河、漷河上游弃水及姚庄造纸厂下泄中水。通过以上工程建设，形成一个多级调蓄、联合调度的拦蓄体系。

同时，在新建橡胶坝工程上游，新建提水泵站6座，增加灌溉面积8.9万亩，加上现有橡胶坝控制的灌溉面积2.7万亩，利用拦蓄水量最大可控制灌溉面积总计为11.6万亩。根据《治污方案》要求，结合人工湿地建设，在城河杨岗橡胶坝上游左岸（设计桩号C8+400）、漷河曹庄橡胶坝上游左岸（设计桩号G3+100）建设分水口门各1座，为人工湿地引水创造条件。

主要建筑物

（一）河道工程

1. 河道平面布置

城河新建橡胶坝处现状河道拦蓄能力较小，不能满足截污导流工程的蓄水要求，需对城河上新建的橡胶坝上河道扩挖。城郭河截污导流工程共开挖河道12.3km。北满庄橡胶坝上扩挖自桩号0+800至6+300，为5.5km；杨岗橡胶坝上扩挖自桩号8+000至11+100，为3.1km；东滕城橡胶坝上扩挖自桩号11+100至14+800为3.7km。以河道中心线为界向两侧开挖。

2. 纵断面

根据河道现有比降情况，为增加橡胶坝的拦蓄库容，河道比降适当放缓，并且保证河道平均开挖，最大开挖深度控制在6.5m左右。经综合考虑，除北满庄橡胶坝上河道开挖比降采用1/1200外，其他河段均采用1/800。橡胶坝上河道开挖纵断面设计指标，详见表1。

表1　城河橡胶坝上河道开挖纵断面设计指标表

序号	橡胶坝名称	起点桩号	终点桩号	滩地高程（m）	河底高程（m）	河底比降	开挖长度（km）	备　注
1	北满庄	0+800	6+300	39.3	34.80～39.30	1/1200	5.5	城河开挖、漷河不开挖
2	杨岗	8+000	11+100	46.5	42.2～46.0	1/800	3.1	城河
3	东滕城	11+100	14+800	51.0	46.0～50.5	1/800	3.7	
合　计							12.3	

3. 横断面

北满庄橡胶坝位于城河、漷河汇流口下，城河设计底宽为85m，漷河不扩挖；杨岗、东腾城橡胶坝上河道扩挖底宽均为70m。城漷河新建橡胶坝上河道开挖边坡采用1:3。

4. 连接段

各橡胶坝回水末端，由于河道按设计断面进行扩挖挖深，设计河底高程低于现状河底1～3m。为避免工程建成后，河道行洪时对河槽产生冲刷破坏而影响橡胶坝的拦蓄库容，治理段与上游未开挖段之间设连接段，连接段长100m，采用土渠连接，河底宽度、河底高程及两侧边坡根据实际地形平顺连接。城滳河河道扩挖后，共设连接段2处，分别位于北满庄坝上城河段、东滕城坝的回水末端，共计200m。各连接段主要设计指标详见表2。

表2　　城河河道连接段设计指标表

序号	橡胶坝名称	起点桩号	终点桩号	河底宽度（m）	河底高程（m）	比降	长度（m）
1	北满庄	6+200	6+300	85~58	39.3~42.0	1/37	100
2	东滕城	14+700	14+800	70~70	50.5~52.2	1/59	100
合　计							200

（二）橡胶坝工程

根据实测地形和地勘资料，经比较，河道拦蓄建筑物采用橡胶坝方案。

城滳河截污导流工程共改建4座现有橡胶坝，其中城河干流上3座，由上至下依次为洪村坝、荆河坝、城南坝，分别位于设计桩号C24+000、C21+830、C19+600处；滳河干流有南池坝1座，位于设计桩号G21+100处。现状洪村、荆河、城南、南池4座橡胶坝工程老化毁坏严重，为满足截污导流工程需要，均进行改建。改建内容主要包括更换坝袋、设备维修、部分护坡修复等。

城滳河截污导流工程共新建6座橡胶坝，包括：① 城河上2座，由上至下依次为东滕城坝、杨岗坝；② 滳河上3座，由上至下依次为吕坡坝、曹庄坝、于仓坝；③ 城滳河汇流口下的北满庄1座。新建6座橡胶坝，结构型式相似，仅宽度不同（或高度不同），因此仅以北满庄橡胶坝为例对橡胶坝工程布置进行说明。

1. 上游连接段

上游连接段由上游防冲槽、铺盖、圆弧翼墙、上游护坡组成。上游抛乱石防冲槽，槽深2.0m，上口宽6.0m，下口宽2.5m，顶高程34.80m。铺盖由长10.0m的M10浆砌石结构和长19.0m的C25钢筋混凝土结构组成，顶高程34.80m。C25钢筋混凝土铺盖两岸挡土墙采用钢筋混凝土扶臂式翼墙，其中直线段长6.0m，圆弧段长13.0m，抛乱石防冲槽及M10浆砌石铺盖两岸护坡采用M10浆砌块护坡，护坡段长度为16.0m。

2. 下游连接段

下游连接段由消力池、护坦、海漫、下游防冲槽等组成。消力池由陡坡段与水平段组成，陡坡段上游与闸底板相连，斜坡面的坡度为1:4，陡坡段下接水平段，消力池底板厚0.6m，池底高程34.20m，池深0.6m，池长12.5m（吕坡橡胶坝12.0m、曹庄橡胶坝11.0m），采用C25钢筋混凝土结构，消力池两岸挡土墙采用钢筋混凝土扶臂式翼墙；消力池下游为M10浆砌块石护坦，长15.0m，两岸采用钢筋混凝土扶臂式圆弧翼墙和上下游连接，护坦下游为M10浆砌块石海漫，厚0.5m，长12.0m；海漫下接抛乱石防冲槽，槽深2.0m，上口宽6.0m，下口宽2.5m。两岸护坡采用M10浆砌块护坡，护坡段长度为18.0m。北满庄、杨岗、东滕城、曹庄、于仓橡胶坝，消力池底板坐落在砾质粗砂上伏黏土层上，为释放渗透压力，消力池底板下设减压井，直径500mm，减压井距边墙5.0m，中间距10.0m，距消力池下游边6.0m。消力池底板下设水平反滤层与底板排水孔连通。

3. 橡胶坝段

橡胶坝全长80m，底板顺水流方向长15.0m（吕坡橡胶坝底板顺水流方向长14.0m、曹庄橡胶坝底板顺水流方向长12.5m），由坝袋、底板、锚固系统、边墩等组成。坝袋采用单袋充水式胶布结构，最大挡水高度为4.5m，坝高4.6m，坝袋通过压板锚固在钢筋混凝土底板上，底板顶高程34.80m，采用C25钢筋混凝土，厚1.0m，上下游设置齿坎。锚固系统采用双线螺栓压板结构。橡胶坝两岸边墩均采用C25钢筋混凝土扶臂式挡土墙结构，墩顶高程39.80m。

4. 充排水系统

充排水系统包括坝袋充排水管道、引水暗管、充排水泵站等。在河道左堤外新建充排水泵站，泵房长7.5m，宽4.5m，共布置两层，其中地下层为充、排水泵房，布置充、排水泵及充、排水管道及集水井。排水泵房采用钢筋混凝土框架式结构。

橡胶坝底板高程、坝高详见表3。

表3　　橡胶坝设计指标

名称	坝底高程（m）	坝顶高程（m）	设计水位（m）	20年一遇洪水位（m）	翼墙顶高程（m）	坝高（m）	设计充水量（m^3）
北满庄	34.80	39.40	39.30	42.10	39.80	4.60	3116
杨岗	42.20	46.80	46.70	50.18	47.20	4.60	2337
东滕城	46.00	50.60	50.50	53.92	51.00	4.60	2337
曹庄	38.50	42.10	42.00	44.78	42.50	3.60	954
于仓	43.50	48.10	48.00	49.81	48.50	4.60	1558
吕坡	48.00	52.10	52.00	53.35	52.50	4.10	1856

橡胶坝采用单袋充水式橡胶坝，坝袋强度设计安全系数取10，坝袋设计内压比取1.25。坝袋胶布为三布四胶结构，胶布选用绵纶帆布，坝袋型号为JBD4.5－280－3，坝袋胶布型号为J 280280－3，坝袋经、纬向强度均为840kN/m。

坝袋锚固选用双锚固线，锚固结构型式选用螺栓压板不穿孔锚固。

（三）人工湿地引水口门工程

根据地形资料，确定在曹庄橡胶坝上游漷河左岸和杨岗橡胶坝上游城河左岸设引水口门，以补充人工湿地水源。

工程布置为：在河道子河槽新建取水口，沿水流方向依次包括上游连接段、闸阀井、预制混凝土管、穿坝钢管、消力池、下游连接段等建筑物。

设计指标详见表4。

（四）灌溉回用工程

城漷河新建6座灌溉泵站，结构型式相似，因此仅以北满庄灌溉泵站为例对灌溉泵站工程布置进行说明。灌溉泵站工程包括连接段及引水管、放水洞闸室、输水涵洞、泵站前池、泵站主厂房、出水管及出水池等部分。

表4　　城漷河人工湿地引水口设计指标表

序号	桩号	岸别	20年一遇防洪水位（m）	防洪堤设计指标				引水口设计指标		备注
				堤顶高程（m）	堤顶宽（m）	内边坡	外边坡	流量（m^3/s）	引水水位（m）	
1	G0＋400	左	45.12	46.62	6.00	3.00	2.50	0.11	40.50	郭河
2	C8＋800	左	51.27	52.77	6.00	3.00	2.50	0.07	44.20	城河

1. 引水管及上游连接段

引水管采用直径1500mm预制混凝土圆管，自漷河子河槽引至放水洞进口。引水管与漷河子河槽处设进口连接段，采用M10浆砌块石护底护坡，进口底高程35.27m，引水管与闸室连接处底高程38.47m。

2. 闸室

闸室为单孔涵洞式C25钢筋混凝土整体结构。闸室段长9.5m，前2.0m为渐变段，断面尺寸由直径1500mm的圆形渐变为1.0m×1.5m的矩形断面，其后设拦污栅，下游测设工作闸门，孔口尺寸为1.0m×1.5m。闸墩厚0.8m，墩顶高程40.77m，墩顶设钢筋混凝土排架和机架桥，机架桥顶高程43.60m。闸室设潜孔式铸铁门，闸门启闭设备为手动启闭机。

3. 输水涵洞

闸室后设输水涵洞，孔口尺寸为1.0m×1.5m，涵洞共3节，每节长10.0m，洞身周围1m范围内回填壤土，压实度不小于0.98，压实干密度不小于1.6g/cm^3。

4. 泵站前池

为C25钢筋混凝土压力箱结构，底高程由34.77m渐变至高程33.87m，底宽由1.0m渐变至6.8m，下游侧直接与泵站进水流道连接。

5. 泵站主厂房

主厂房内共安装2台600ZLB－100（00）型水泵，机组间距3.8m，主厂房总宽8.1m，总长8.4m。水泵层底板顶高程33.87m，底板厚1.0m，水泵的安装高程为35.17m，电动机层高程为40.80m，主厂房上部为钢筋混凝土框架式结构，泵站主厂房室外地面高程为40.30m。主厂房右侧设安装间，左侧设副厂房。

6. 出水管及出水池

出水钢管直径DN700mm，出水管道后接出水池，底板高程38.7m，出水池为钢筋混凝土结构，长5.5m，宽7.0m。出水池后通过扭曲面和现有灌溉渠道衔接。

泵站设计指标详见表5。

表5　　泵站设计指标表

设计指标	单位	泵站名称					
		北满庄	杨岗	东藤城	曹庄	于苍	吕坡
引水管进口底高程	m	35.27	42.20	46.00	38.50	43.50	48.00
引水管出口底高程	m	34.87	41.80	45.60	38.10	43.10	47.60
机架桥高程	m	43.60	51.68	55.42	46.28	52.00	56.00
堤顶高程	m	43.60	51.68	55.42	46.28	51.31	54.85
泵站进水池底高程	m	33.87	40.08	44.60	37.40	43.40	46.60
水泵安装高程	m	35.17	42.10	45.90	38.30	42.10	47.90
电动机层高程	m	41.80	48.00	52.50	43.20	49.40	54.40
出水管高程	m	39.60	47.50	52.00	43.70	48.90	53.90

工程特性表

序号及名称	单位	数量	序号及名称	单位	数量
一、社会经济			2. 土地面积	km^2	1485
1. 范围（县、区个数）	个	1	3. 人口	万人	156

续表

序号及名称	单位	数量	序号及名称	单位	数量
二、水文			4）曹庄橡胶坝		
1. 流域面积	km^2	866	5年一遇除涝流量	m^3/s	471.6
城河 总流域面积	km^2	642	孔数		1
城河 工程控制流域面积	km^2	241	总净宽	m	40
漷河 总流域面积	km^2	224	闸底板高程	m	38.5
漷河 工程控制流域面积	km^2	224	挡水水位	m	42.0
2. 2年一遇非汛期地表径流量	万 m^3	1895.6	挡水高度	m	3.5
其中：城河	万 m^3	937.8	5）于仓橡胶坝		
漷河	万 m^3	957.8	5年一遇除涝流量	m^3/s	471.6
三、工程情况			孔数		1
1. 中水拦截量	万 t/年	1201.2	总净宽	m	40
2. COD 排放量	t/年	1133.1	闸底板高程	m	43.5
3. NH_3-N 排放量	t/年	98.7	挡水水位	m	48.0
4. 工程建设规模	万 m^3	593.87	挡水高度	m	4.5
现状橡胶坝	万 m^3	141.43	6）吕坡橡胶坝		
新建橡胶坝	万 m^3	447.12	5年一遇除涝流量	m^3/s	475.3
5. 主要建筑物			孔数		1
（1）橡胶坝工程			总净宽	m	40
1）北满庄橡胶坝			闸底板高程	m	48.0
5年一遇除涝流量	m^3/s	785.5	挡水水位	m	52.0
孔数		1	挡水高度	m	4
总净宽	m	60	（2）河道工程		
闸底板高程	m	34.80	1）河道开挖长度	km	12.3
挡水水位	m	39.30	2）设计边坡	左/右	1:3
挡水高度	m	4.5	3）橡胶坝上河道开挖底宽		
2）杨岗橡胶坝			北满庄	m	85
5年一遇除涝流量	m^3/s	526.5	杨岗	m	70
孔数		1	东腾城	m	70
总净宽	m	60	4）橡胶坝上河道比降		
闸底板高程	m	42.2	北满庄		1/1200
挡水水位	m	46.7	杨岗、东腾城		1/800
挡水高度	m	4.5	（3）灌溉回用工程		
3）东藤城橡胶坝			1）北满庄提水泵站		
5年一遇除涝流量	m^3/s	526.5	设计流量	m^3/s	1.67
孔数		1	最高净扬程	m	5.50
总净宽	m	60	最低净扬程	m	1.00
闸底板高程	m	46.0	水泵型号		600ZLB－100（0°）
挡水水位	m	50.5			
挡水高度	m	4.5	电动机型号		YL315S－8

续表

序号及名称	单位	数量	序号及名称	单位	数量
装机台数	台	2	6）吕坡提水泵站		
总装机容量	kW	150	设计流量	m^3/s	1.52
2）杨岗提水泵站			最高净扬程	m	5.90
设计流量	m^3/s	0.61	最低净扬程	m	1.90
最高净扬程	m	5.30	水泵型号		20ZLB－100（+4°）
最低净扬程	m	0.80	电动机型号		YL280S－6
水泵型号		20ZLB－70（0°）	装机台数	台	2
电动机型号		YL315S－6	总装机容量	kW	110
装机台数	台	1	（4）湿地口门工程		
总装机容量	kW	55	1）北满庄引水口门		
3）东藤城提水泵站			设计流量	m^3/s	0.11
设计流量	m^3/s	2.27	引水管直径	m	0.6
最高净扬程	m	6.00	引水水位	m	40.50
最低净扬程	m	1.50	引水管轴线高程	m	39.70
水泵型号		20ZLB－100（+4°）	2）杨岗引水口门		
电动机型号		YL315S－6	设计流量	m^3/s	0.1
装机台数	台	3	引水管直径	m	0.6
总装机容量	kW	165	引水水位	m	44.20
4）曹庄提水泵站			引水管轴线高程	m	43.40
设计流量	m^3/s	0.23	四、工程迁占情况		
最高净扬程	m	4.2	1. 工程占地	亩	4997.49
最低净扬程	m	0.7	（1）永久占地	亩	652.79
水泵型号		14ZLB－70	（2）临时占地	亩	4344.7
电动机型号		YL315S－4	2. 影响集镇	个	6
装机台数	台	1	3. 移民工程总投资	万元	1694.10
总装机容量	kW	22	五、工程施工		
5）于仓提水泵站			1. 主要工程量		
设计流量	m^3/s	0.45	（1）土方开挖	万 m^3	368.01
最高净扬程	m	5.40	（2）土方回填	万 m^3	15.74
最低净扬程	m	0.90	（3）砌石	万 m^3	1.36
水泵型号		500ZLB－4（－4°）	（4）混凝土及钢筋混凝土	万 m^3	2.50
电动机型号		YL280M－6	（5）钢筋制作安装	t	1482
装机台数	台	1	（6）橡胶坝袋	m^2	9044
总装机容量	kW	37	2. 主要建筑材料		

续表

序号及名称	单位	数量	序号及名称	单位	数量
(1) 钢筋	t	1586	(7) 碎石	m^3	25 637
(2) 木材	m^3	42	(8) 块石	m^3	14 694
(3) 水泥	t	111 04	3. 所需劳动力		
(4) 汽油	t	25	总工时	万工时	158.97
(5) 柴油	t	1940	4. 工期	年	2
(6) 砂	m^3	20 095			

滕州市北沙河截污导流工程

工程概况

滕州市北沙河截污导流工程位于山东省滕州市境内，是南水北调东线第一期工程山东省截污导流工程的重要组成部分。该工程的主要任务是：在该子单元治污工程全部完成的前提下，为实现滕州市北沙河的水质控制目标和总量控制目标，通过新建拦蓄工程，在干线输水期间拦截滕州市下泄中水305.3万t，通过中水灌溉回用，减少COD入河量303.5t，减少NH_3-N入河量31.3t，从而保证了干线输水期间COD、NH_3-N入河量小于治污方案所规定的最大允许入河量。

新建4座橡胶坝设计总库容为216.02万m^3。

工程等别为三等，河道工程级别为3级，橡胶坝工程级别为3级，灌溉提水泵站级别为4级，其他次要及临时建筑物级别为4级。

防洪标准为20年一遇。排水标准为3年一遇。非汛期径流量标准为2年一遇。地震设防烈度为Ⅵ度。

工程总体布置

根据各企业排水口的位置，本着尽量利用现有工程，新建必要拦蓄工程的原则，做到截污、拦蓄、回用工程的协调一致，发挥工程的最大效益。新建拦蓄工程要考虑筑坝地质条件、进水口位置、灌溉回用区域，河槽拦蓄能力，施工及管理等各种因素。具体工程总体布置为：在北沙河中下游新建邢庄、刘楼、赵坡、西王晁4座拦河工程，拦截山东省武所屯生建煤矿等4企业下泄中水及地表径流，对拦蓄能力较小的赵坡、西王晁坝上游河道扩挖增容。通过以上工程建设，形成一个多级调蓄、联合调度的拦蓄体系。同时，在新建拦蓄工程上游，新建提水泵站4座，增加灌溉面积5.3万亩。

主要建筑物

(一) 河道工程

1. 河道平面布置

赵坡、西王晁橡胶坝上游河道蓄水规模不能满足设计要求，需进行河道扩挖。西王晁橡胶坝上扩挖自桩号2+600至7+200，为4.6km，以河道中心线为界向两侧开挖。赵坡橡胶坝上扩挖自桩号8+400至12+100，为3.7km，并以河道中心线为界向两侧开挖。

2. 纵断面

根据河道现有比降情况，为增加橡胶坝的拦蓄库容，河道比降适当放缓，并且保证河道平均开挖，最大开挖深度控制在滩地以

下6.5m左右。经综合考虑，西王晁、赵坡橡胶坝上河道开挖比降分别采用1/1000、1/800。橡胶坝最大挡水高度采用4.5m。最高挡水位低于现状滩地0~0.5m，由此确定坝址处河底开挖高程。橡胶坝上河道开挖纵断面设计指标，详见表1。

表1　橡胶坝上河道开挖纵断面设计指标表

序号	名称	起点桩号	终点桩号	滩地高程（m）	河底高程（m）	河底比降	开挖长度（km）
1	西王晁	2+600	7+200	36.0	31.5~36.0	1/1000	4.6
2	赵坡	8+400	12+100	42.3	37.8~42.3	1/800	3.7
合计							8.3

3. 横断面

西王晁、赵坡2座橡胶坝上河道开挖宽度分别为60、50m。河道开挖设计边坡均采用1:3。

4. 连接段

各橡胶坝回水末端，由于河道按设计断面进行扩挖挖深，设计河底高程低于现状河底1~2m。为避免工程建成后，河道行洪对河槽产生冲刷破坏，治理段与上游未开挖段之间设连接段。连接段长100m，采用土渠连接，河底宽度、河底高程及两侧边坡根据实际地形平顺连接。北沙河河道扩挖后，共设连接段2处，连接段长均为100m，共计200m。各连接段主要设计指标详见表2。

表2　河道连接段设计指标表

序号	橡胶坝名称	起点桩号	终点桩号	河底宽度（m）	河底高程（m）	比降	长度（m）
1	西王晁	7+100	7+200	60~35	36.0~36.8	1/125	100
2	赵坡	8+400	12+100	50~40	42.3~43.9	1/63	100
合计							200

（二）橡胶坝工程

根据实测地形和地勘资料，经比较，河道拦蓄建筑物采用橡胶坝方案。

北沙河截污导流工程新建4座橡胶坝，由上至下依次为郉庄、刘楼、赵坡、西王晁，这4座橡胶坝结构型式相似，但宽度或高度不同，因此仅以赵坡橡胶坝为例对橡胶坝工程布置进行说明。

1. 上游连接段

上游连接段由上游防冲槽、铺盖、圆弧翼墙、上游护坡组成。上游抛乱石防冲槽，槽深2.0m，上口宽6.0m，下口宽2.5m，顶高程37.80m。铺盖由长10.0m的M10浆砌石结构和长19.0m的C25钢筋混凝土结构组成，顶高程37.80m。C25钢筋混凝土铺盖两岸挡土墙采用钢筋混凝土扶臂式圆弧翼墙，抛乱石防冲槽及M10浆砌石铺盖两岸护坡采用M10浆砌块护坡，护坡段长度为16.0m。

2. 下游连接段

下游连接段由消力池、护坦、海漫、下游防冲槽等组成。消力池由陡坡段与水平段组成，陡坡段上游与闸底板相连，斜坡面的坡度为1:4，陡坡段下接水平段，消力池底板厚0.6m，池底高程38.50m，池深0.6m，池长12.5m（刘楼、刑庄橡胶坝10.50m），采用C25钢筋混凝土结构，消力池两岸挡土墙采用钢筋混凝土扶臂式翼墙；消力池下游为M10浆砌块石护坦，长15.0m，两岸采用钢筋混凝土扶臂式圆弧翼墙和上下游连接，护坦下游为M10浆砌块石海漫，厚0.5m，长12.0m；海漫下接抛乱石防冲槽，槽深2.0m，上口宽6.0m，下口宽2.5m。两岸护坡采用M10浆砌块护坡，护坡段长度为18.0m。邢庄橡胶坝，消力池底板坐落在砾质粗砂上伏黏土层上，为释放渗透压力，消力池底板下设减压井，直径500mm，减压井距边墙5.0m，中间距10.0m，距消力池下游边6.0m。消力池底板下设水平反滤层与底板排水孔连通。

3. 橡胶坝段

橡胶坝全长40m，底板顺水流方向长15.0m（刘楼、刑庄橡胶坝底板顺水流方向长11.0m），由坝袋、底板、锚固系统、边墩等组成。坝袋采用单袋充水式胶布结构，最大挡水高度为4.5m，坝高4.6m，坝袋通过压板锚固在钢筋混凝土底板上，底板顶高程37.80m，采用C25钢筋混凝土，厚1.0m，上下游设置齿坎。锚固系统采用双线螺栓压板结构。橡胶坝两岸边墩均采用C25钢筋混凝土扶臂式挡土墙结构，墩顶高程42.80m。

4. 充排水系统

充排水系统包括坝袋充排水管道、引水暗管、充排水泵站等。在河道左堤外新建充排水泵站，泵房长7.5m，宽4.5m，共布置两层，其中地下层为充、排水泵房，布置充、排水泵及充、排水管道及集水井。排水泵房采用钢筋混凝土框架式结构。

橡胶坝底板高程、坝高详见表3。

表3 **橡胶坝设计指标**

名称	坝底高程（m）	坝顶高程（m）	设计水位（m）	20年一遇洪水位（m）	翼墙顶高程（m）	坝高（m）	设计充水量（m^3）
西王晁	31.50	36.10	36.00	39.81	36.50	4.60	1947
赵坡	37.80	42.40	42.30	45.89	42.80	4.60	1558
刘楼	54.70	57.80	57.70	60.74	58.20	3.10	708
邢庄	61.50	64.60	64.50	67.14	65.00	3.10	708

橡胶坝采用单袋充水式橡胶坝，坝袋强度设计安全系数取10，坝袋设计内压比取1.25。坝袋胶布为三布四胶结构，胶布选用锦纶帆布，坝袋型号为JBD4.5－280－3，坝袋胶布型号为J 280280—3，坝袋经、纬向强度均为840kN/m。

坝袋锚固选用双锚固线，锚固结构型式选用螺栓压板不穿孔锚固。

（三）灌溉回用工程

北沙河上新建邢庄、刘楼、赵坡、西王晁4座橡胶坝上游各新建灌溉提水泵站1座，共控制灌溉面积5.3万亩。新建4座灌溉泵站，结构型式相似，因此仅以赵坡灌溉泵站为例对灌溉泵站工程布置进行说明。灌溉泵站工程包括上游引水渠及连接段、放水洞闸室、输水涵洞、泵站前池、泵站主厂房、出水管及出水池等部分。

1. 引水渠及上游连接段

引水管采用直径1500mm的预制混凝土圆管，自北沙河子河槽引至放水洞进口。引水管与北沙河子河槽处设进口连接段，采用M10浆砌块石护底护坡，进口底高程37.80m，引水管与闸室连接处底高程37.40m。

2. 闸室

闸室为单孔涵洞式C25钢筋混凝土整体结构。闸室段长9.5m，前2.0m为渐变段，断面尺寸由直径1500mm的圆渐变为1.0m×1.5m的矩形断面，其后设拦污栅，下游侧设工作闸门，孔口尺寸为1.0m×1.5m。闸墩厚0.8m，墩顶高程43.30m，墩顶设钢筋混凝土排架和机架桥，机架桥顶高程47.39m。闸室设潜孔式铸铁门，闸门启闭设备为手动启闭机。

3. 输水涵洞

闸室后设输水涵洞，孔口尺寸为1.0m×1.5m，涵洞共3节，每节长10.0m，洞身周围1m范围内回填壤土，压实度不小于0.98，压实干密度不小于1.6g/cm^3。

4. 泵站前池

为C25钢筋混凝土压力箱结构，底高程由37.30m渐变至高程36.39m，底宽由1.0m渐变至10.6m，下游侧直接与泵站进水流道连接。

5. 泵站主厂房

主厂房内共安装3台500ZLB－85（0°）型水泵，机组间距3.8m，主厂房总宽8.1m，总长12.2m。水泵层底板顶高程36.39m，底板厚1.0m，水泵的安装高程为37.70m，电动机层高程为43.70m，主厂房上部为钢筋混凝土框架式结构，泵站主厂房室外地面高程为43.20m。在主厂房右侧设安装间，左侧设副厂房。

6. 出水管及出水池

出水钢管直径700mm，水平长10.0m，出水管道后接出水池，底板高程41.50m，出水池为钢筋混凝土结构，长5.5m，宽11.60m。出水池后通过扭曲面和现有灌溉渠道衔接。

泵站设计指标详见表4。

表4　　泵站设计指标表　　m

项　目	泵站名称			
	西王晁	赵坡	刘楼	邢庄
引水管进口底高程	31.50	37.80	54.70	61.50
引水管出口底高程	31.10	37.40	54.30	61.10
机架桥高程	41.31	47.39	62.24	68.64
堤顶高程	41.31	47.39	62.24	68.64
泵站进水池底高程	30.05	36.39	53.31	60.11
水泵安装高程	31.40	37.70	54.57	61.37
电动机层高程	37.00	43.70	60.00	67.80
出水管高程	35.80	42.50	58.80	66.10

工程特性表

序号及名称	单位	数量	备注
一、社会经济			
1. 范围（县、区个数）	个	1	滕州市
2. 土地面积	km^2	1485	
3. 人口	万人	156	
二、水文			
1. 流域面积			
总流域面积	km^2	505	
工程控制流域面积	km^2	265	西王晁—马河水库区间面积

续表

序号及名称	单位	数量	备注
2.2 年一遇非汛期地表径流量	万 m^3	840.7	
三、工程情况			
1. 中水拦截量	万 t/年	305.3	
2. COD 排放量	t/年	303.5	
3. NH_3-N 排放量	t/年	31.3	
4. 工程建设规模	万 m^3	223.3	
5. 主要建筑物			
（1）橡胶坝工程			
1）西王晁橡胶坝			
5 年一遇除涝流量	m^3/s	559.2	
孔数		1	
总净宽	m	50	
闸底板高程	m	31.5	
挡水水位	m	36.0	
挡水高度	m	4.5	
2）赵坡橡胶坝			
5 年一遇除涝流量	m^3/s	477.3	
孔数		1	
总净宽	m	40	
闸底板高程	m	37.8	
挡水水位	m	42.3	
挡水高度	m	4.5	
3）刘楼橡胶坝			
5 年一遇除涝流量	m^3/s	317.8	
孔数		1	
总净宽	m	40	
闸底板高程	m	54.7	
挡水水位	m	57.7	
挡水高度	m	3	
4）邢庄橡胶坝			
5 年一遇除涝流量	m^3/s	196.5	
孔数		1	
总净宽	m	40	
闸底板高程	m	61.5	
挡水水位	m	64.5	
挡水高度	m	3	
（2）河道工程			

续表

序 号 及 名 称	单 位	数 量	备 注
1）河道开挖长度	km	8.3	
西王晁	km	4.6	
赵坡	km	3.7	
2）设计边坡	左/右	1:3	
3）橡胶坝上河道开挖底宽			
西王晁	m	60	
赵坡	m	50	
4）橡胶坝上河道比降			
西王晁		1/1000	
赵坡		1/800	
（3）灌溉回用工程			
1）西王晁提水泵站			
设计流量	m^3/s	1.29	
最高净扬程	m	5	
最低净扬程	m	0.5	
水泵型号		500ZLB－85（0°）， $n=980r/min$	
电动机型号		YL280M－6，55kW	
装机台数	台	2	
总装机容量	kW	110	
2）赵坡提水泵站			
设计流量	m^3/s	1.82	
最高净扬程	m	5.4	
最低净扬程	m	0.9	
水泵型号		500ZLB－85（0°）， $n=980r/min$	
电动机型号		YL280M－6，55kW	
装机台数	台	3	
总装机容量	kW	165	
3）刘楼提水泵站			
设计流量	m^3/s	0.45	
最高净扬程	m	4.8	
最低净扬程	m	1.8	
水泵型号		500ZLB－4（－4°）， $n=980r/min$	
电动机型号		YL280M－6，55kW	

续表

序号及名称	单位	数量	备注
装机台数	台	1	
总装机容量	kW	55	
4）邢庄提水泵站			
设计流量	m^3/s	0.45	
最高净扬程	m	5.3	
最低净扬程	m	2.3	
水泵型号		500ZLB－4（－4°），$n=980r/min$	
电动机型号		YL280M－6，55kW	
装机台数	台	1	
总装机容量	kW	55	
四、工程迁占情况			
1. 工程占地	亩		
（1）永久占地	亩	306.95	
（2）临时占地	亩	1461.60	
2. 影响集镇	个	4	
3. 移民工程总投资	万元	806.19	
五、工程施工			
1. 主要工程量			
（1）土方开挖	万 m^3	138.12	
（2）土方回填	万 m^3	7.66	
（3）砌石	万 m^3	0.63	
（4）混凝土及钢筋混凝土	万 m^3	1.33	
（5）钢筋制作安装	t	813	
（6）橡胶坝袋	m^2	2727	
2. 主要建筑材料			
（1）钢筋	t	870	
（2）木材	m^3	26	
（3）水泥	t	5793	
（4）汽油	t	15	
（5）柴油	t	611	
（6）砂	m^3	10 303	
（7）碎石	m^3	13 597	
（8）块石	m^3	6755	
3. 所需劳动力			
总工时	万工时	65.58	
4. 工期	年	2	

曲阜市截污导流工程

工 程 概 况

曲阜市截污导流工程是南水北调东线第一期工程的重要组成部分，是南水北调输水干线在输水期间防止泗河支流沂河沿线工业、城市生活中水达标排放后影响调水水质的控制性配套工程。工程任务是：为实现泗河曲阜段的水质控制目标和总量控制目标，通过新建拦蓄工程，在干线输水期间拦截曲阜市下泄尾水770.0万t，通过中水灌溉回用，减少COD和NH_3-N入河量，从而保证泗河单元在干线输水期间COD、NH_3-N入河量小于治污方案所规定的最大允许入河量。曲阜段沂河主要拦截曲阜市污水处理厂和曲阜纸业公司达标排放的中水。曲阜市污水处理厂现状直排沂河，企业自行解决入截污导流工程拦蓄河道问题。

曲阜市截污导流工程在沂河新建郭家庄、杨庄橡胶坝新增拦蓄库容127.1万m^3，沂河利用库容253.1万m^3，干线输水期间通过层层拦蓄和灌溉回用，沂河下泄水量24.4万m^3，其中中水16.4万m^3，COD为10.2t，NH_3-N为2.4t。

曲阜市截污导流工程中拦截建筑物级别为3级。郭家庄、杨庄2座灌溉提水泵站装机容量分别为110、264kW，其工程等别为Ⅳ等，主要建筑物级别为4级。

工 程 总 体 布 置

曲阜市污水处理厂下泄中水入沂河后，利用7.0km河槽，通过已有沂河桥橡胶坝和新建郭家庄、杨庄橡胶坝进行层层拦蓄，并利用新建2座灌溉提水泵站对周围农田进行灌溉回用。

主 要 建 筑 物

（一）橡胶坝

沂河新建2座橡胶坝，结构型式相似，宽度相同，因此仅以郭家橡胶坝为例对橡胶坝工程布置进行说明。

1. 进水渠及上游连接段

进水渠宽80m，长10.0m，采用M10浆砌石结构，渠底高程51.95m，前接抛乱石防冲槽，槽深2.0m，上口宽6.0m，下口宽2.0m。上游连接段为圆弧翼墙和铺盖组成，翼墙采用C20钢筋混凝土扶臂式和悬臂式结构，长13.0m。C20钢筋混凝土铺盖长为13m，铺盖宽80.0m，底板顶高程均为51.95～52.25m。

2. 下游连接段

下游连接段由消力池、护坦、海漫、防冲槽等组成。消力池由陡坡段与水平段组成，陡坡段上游与坝袋底板相连，斜坡面的坡度为1∶4，陡坡段下接水平段，消力池底板厚0.6m，池底高程51.35m，池深0.6m，池长12.5m，采用C25钢筋混凝土结构，消力池两岸挡土墙采用C25钢筋混凝土扶臂式结构；消力池下游为M10浆砌块石护坦，顶高程为49.71m，厚0.5m，长15.0m，护坦下游为浆砌石海漫，顶高程为49.71m，厚0.5m，长12.0m；海漫下接抛乱石防冲槽，槽深2.0m，上口宽6.0m，下口宽2.0m。后与渠道衔接。

3. 橡胶坝段

橡胶坝段顺河总长13.5m，垂直水流向总宽度80m，由坝袋、锚固系统、底板、边墩组成。坝袋采用单袋充水式胶布结构，最大挡水高度为3.7m。坝袋胶囊通过压板锚固在钢筋混凝土底板上，底板顶高程52.25m，厚1.0m，为C25钢筋混凝土结构，上下游设置齿坎。锚固系统采用双线螺栓压板结构。橡胶坝两岸边墩均采用C25钢筋混凝土悬臂式挡墙，挡墙顶高程56.95m。

4. 充排水系统

在河道左堤外新建充排水系统，包括坝袋进出水管道、引水暗管、抽排水泵站。泵房长6.0m，宽5.1m，共布置两层，其中地下层为充、排水泵房，布置充、排水泵及充、排水管道及集水井。排水泵房采用钢筋混凝土框架式结构。在泵房上游侧80m深井2眼，井内安装潜水泵用于橡胶坝充水。

（二）灌溉回用泵站

考虑中水回用，需在沂河橡胶坝上游新建灌溉提水泵站提水农灌。在郭家庄橡胶坝右岸（设计桩号2+912）设郭家庄泵站，设计流量1.05m³/s；在杨庄橡胶坝左岸（设计桩号7+000）设杨庄泵站，设计流量3.0m³/s。

2座灌溉泵站结构形式相似，因此仅以郭家庄橡胶坝右岸灌溉泵站为例对灌溉泵站进行说明。

1. 引水渠及上游连接段

引水渠采用暗涵，伸入主河槽内，暗涵孔口尺寸为1.0m×1.50m，C20钢筋混凝土结构，壁厚0.40m。

2. 闸室

闸室为单孔涵洞式C20钢筋混凝土整体结构。闸室底板长7.5m，闸孔尺寸为1.0m×1.5m，上游侧设拦污栅，下游侧设工作闸门。闸墩厚1.0m，墩顶高程59.05m，墩顶设C25钢筋混凝土排架和机架桥，机架桥顶高程61.97m，通过C25钢筋混凝土楼梯与堤顶相接。闸室设潜孔式平面钢闸门，闸门启闭设备采用手动螺杆启闭机。

3. 输水涵洞

闸室后设输水涵洞，为C20钢筋混凝土结构，孔口尺寸为1.0m×1.5m，涵洞共2节，每节长10.0m，洞身周围1m范围内回填壤土，压实度不小于0.98，压实干密度不小于1.6g/cm³。

4. 泵站前池

为C20钢筋混凝土压力箱结构，底高程由53.45m渐变至高程51.95m，底宽由1.0m渐变至6.8m，顶高程为55.45m，下游侧直接与泵站进水流道连接。

5. 泵站主厂房

主厂房内共安装2台水泵，机组间距3.8m，主厂房总宽8.1m，总长8.4m。水泵层底板顶高程51.95m，底板厚1.0m，水泵的安装高程为53.45m，电动机层高程为58.63m，主厂房上部为钢筋混凝土框架式结构，泵站主厂房室外地面高程为58.13m。在主厂房右侧高程58.13m设安装间，长8.1m，宽3.9m。在主厂房左侧高程58.13m设副厂房，副厂房面积48m²，满足电气布置要求。

6. 出水管及出水池

出水钢管直径700mm，水平长10.0m，出水管道后接出水池，出水池为C20钢筋混凝土结构，底板高程56.53m，长5.5m，宽7.0m。出水池后为M10浆砌块石扭曲段，底宽由6m渐变至1.5m，和现有灌溉渠道衔接。

工 程 特 性 表

序号及名称	单位	数量
一、社会经济		
1. 范围（县、区个数）	个	1
2. 土地面积	km²	895.93
3. 人口	万人	63.74
二、工程情况		
1. 中水排放量	万t/年	770
2. COD排放量	t/年	478.0
3. NH_3-N排放量	t/年	109.5
4. 新建工程建设规模	万m³	127.1
5. 主要建筑物		

续表

序号及名称	单位	数量
(1) 郭家庄橡胶坝		
设计河底高程	m	51.95
坝底板高程	m	52.25
设计水位	m	55.95
设计坝高	m	3.7
型式		充水式
孔数		1
单孔净宽	m	80
坝袋设计内外压比		1.25
充排水泵型号		300SSK684/10－30
机组台数	台	2
(2) 杨庄橡胶坝		
设计河底高程	m	49.71
坝底板高程	m	50.01
设计水位	m	53.71
设计坝高	m	3.7
型式		充水式
孔数		1
单孔净宽	m	80
坝袋设计内压比		1.25
充排水泵型号		300SSK684/10－30
机组台数	台	2
(3) 郭家庄泵站		
设计流量	m^3/s	1.05
设计扬程	m	6.2
水泵型号		500ZLB－85（－2°）
装机台数	台	2
总装机容量	kW	110
(4) 杨庄泵站		
设计流量	m^3/s	3.0
设计扬程	m	6.1
水泵型号		700ZLB－100（－2°）
装机台数	台	2
总装机容量	kW	264

续表

序号及名称	单位	数量
三、工程迁占情况		
1. 工程占地		
(1) 永久占地	亩	6.95
(2) 临时占地	亩	184.32
2. 拆迁房屋数量	m^2	0
3. 影响村庄	个	2
4. 影响企事业单位	个	0
5. 移民工程总投资	万元	58.99
四、工程施工		
1. 主要工程量		
(1) 土方开挖	万 m^3	7.48
(2) 土方回填	万 m^3	3.05
(3) 砌石	万 m^3	1.05
(4) 混凝土及钢筋混凝土	万 m^3	0.94
2. 主要建筑材料		
(1) 钢筋	t	569
(2) 水泥	t	4865
(3) 汽油	t	13
(4) 柴油	t	91
(5) 砂	m^3	10 203
(6) 碎石	m^3	8724
(7) 块石	m^3	11 349
3. 所需劳动力		
总工时	万工时	34.82
4. 工期	年	1.5
五、经济指标		
1. 静态总投资	万元	2788.04
2. 总投资	万元	2788.04
(1) 建筑工程	万元	1377.02
(2) 机电设备及安装	万元	412.77
(3) 金属结构及安装	万元	6.70
(4) 施工临时工程	万元	89.70
(5) 独立费用	万元	484.69
(6) 基本预备费	万元	189.67
(7) 移民征地补偿	万元	58.99
(8) 水土保持工程	万元	17.16
(9) 环境保护工程	万元	31.38

续表

序号及名称	单位	数量
(10) 水质监测与保护工程	万元	120.00
3. 国民经济评价指标		
(1) 内部收益率（i_s = 12%）	%	28.43
(2) 经济净现值	万元	3686
(3) 效益费用比		2.21

续表

序号及名称	单位	数量
4. 综合利用经济指标		
(1) 增加干线单方水供水成本	元	0.0029
(2) 灌溉回用工程单方水供水成本	元	0.13

金乡县截污导流工程

工程概况

金乡县截污导流工程是南水北调东线第一期工程的重要组成部分。工程的任务是：在该控制单元全部实施完成治污工程的前提下，为实现金乡县老万福河的水质控制目标和总量控制目标，利用新建拦蓄工程，在南水北调东线工程输水期拦截城区工业企业和金乡县污水处理厂达标排放的中水664.0万m^3，通过中水灌溉回用，可减少COD入河量448.4t，减少NH_3-N入河量77.3t。

根据《南水北调东线工程山东段控制单元治污方案》，设计水平年金乡县子单元污水处理厂和城区企业处理后的中水入河量为995.7万m^3，折算至调水期（10月～次年5月）需截污导流工程处理的量为664万m^3，区间径流量采用非汛期3年一遇天然径流量，为495.1万m^3，南水北调东线工程输水期间需要拦截的水量为1159.1万m^3。

金乡县截污导流工程中拦截建筑物为水资源控制性质建筑物，其工程等别为Ⅲ等，主要建筑物级别确定为3级。灌溉提水泵站工程等别为Ⅳ等，主要建筑物级别为4级。

工程总体布置

根据现场查勘，现有3条河道建闸处河段宽阔、河槽具备拓宽条件、水流流态平顺、边坡稳定，同时交通便利、电源充足。经分析论证，确定在金济河设计桩号9+775、大沙河设计桩号1+125处新建郭楼、王杰2座拦河闸。为防止拦蓄的中水通过现有河道支流入湖，确定在金马河设计桩号5+290金鱼河河口、大沙河设计桩号12+000右岸五级河河口、大沙河设计桩号14+500马集沟口分别新建连庄、五级河、马集3座挡水涵闸。

金乡县污水处理厂下泄中水通过管道入金济河后，利用金济河4.56km、金马河5.29km、大沙河18.98km河槽拦蓄中水，并利用现有6座、维修加固的3座灌溉提水泵站对周围农田灌溉回用。

主要建筑物

金济河上新建郭楼拦河闸（设计桩号9+775）、金马河金鱼河交汇口新建连庄涵闸（金马河设计桩号5+290）、大沙河上修建王杰拦河闸（设计桩号1+125）、五级河涵闸（设计桩号12+000）、马集涵闸（设计桩号14+500）。维修加固金济河右岸周桥排灌站

（设计桩号 9 + 650），维修加固大沙河左岸石岗（设计桩号 2 + 300）排灌站，右岸为高庄（设计桩号 3 + 300）排灌站。新建孔楼生产桥（大沙河设计桩号 9 + 200）。

（一）拦河闸

拦河闸由上游连接段、闸室段、消能防冲段、下游连接段组成。

以王杰节制闸为例进行说明。

1. 上游连接段

上游连接段分为护坡段、圆弧翼墙、铺盖。护坡段采用干砌块石结构，长 15.5m，包括抛石防冲槽和引渠，其中抛石防冲槽长 5.5m，深 1.5m，引渠长 10m，厚 0.5m，底板顶高程为 30.5m，两岸护坡厚 0.4m，下为石渣垫层厚 0.15m；圆弧翼墙采用用 C20 钢筋混凝土扶壁、悬臂式结构，圆弧半径为 20m，顺河流向长 20m，底板厚均为 0.5m，底板高程分别为 30.50m 和 33.5m，顶高程为 37.25m；铺盖长 20.0m，沿顺水流向依次为 M10 浆砌块石铺盖和 C20 钢筋混凝土铺盖，均长 10m，厚 0.5m，顶高程为 30.5m。

2. 闸室段

闸室段长 15.30m，底板顶高程 30.50m，共 2 孔，单孔宽 8.0m，总净宽 16.0m，C20 钢筋混凝土结构。闸底板厚 1.2m，中墩厚 1.2m，边墩厚 1.0m，闸墩顶高程 39.72m。闸墩顶设 C25 钢筋混凝土排架和机架桥，排架顶高程 46.02m，机架桥顶高程 47.02m，并在墩顶设检修桥和交通桥各 1 座。王杰节制闸设工作闸门 1 个，选用卷扬式启闭机，右岸通过桥头堡和启闭机房连接。

3. 消能防冲段

闸室段下游设消能防冲段，消力池池深 0.8m，池长 13.7m，池底高程 29.7m，采用 C20 钢筋混凝土结构；池底设有 φ50mm 塑料排水管，梅花形布置，孔距 1.5m，排水管底部包一层土工布（250g/m^2），其下设碎石、中粗砂反滤层，厚分别为 0.15m 和 0.1m。

4. 下游连接段

下游连接段主要包括海漫、圆弧翼墙、护坦和防冲槽，其中海漫为 M10 浆砌块石结构，长 20m，底板顶高程为 30.5m，厚 0.5m，圆弧翼墙采用 C20 钢筋混凝土扶壁、悬臂式挡土墙结构，圆弧半径为 26.65m，顺河流向长 30m，墙内设两排 ϕ50mm 塑料排水管，梅花形布置；护坦采用干砌块石结构，长 10.0m，厚 0.5m，抛乱石防冲槽长 5.5m，深 2.0m。

（二）涵闸工程

连庄、五级河、马集涵闸采用相同的布置形式，仅坝顶标高不同。涵闸总体布置如下：拦河土坝坝顶宽 7.0m，上下游边坡均为 1:3。坝顶高与现有两岸河堤堤顶高程相同，土坝两侧与河堤相连。涵洞底标高与主河道底标高相同。

涵闸由引水段、U 形槽连接段、闸室段、输水涵洞、消力池渐变段等组成。

以连庄涵闸为例：

1. 引水段

引水段采用 M10 浆砌块石护坡、护底，厚 0.3m，长 15m。底板顶高程为 32.0m。

2. U 形槽连接段

连接段为 C20 钢筋混凝土 U 形结构，长 8m，净宽 2.0m，底板顶厚 0.5m，顶高程为 32.0m，壁厚 0.5m，壁高程由 34.0m 渐变与闸室相接。

3. 闸室段

闸室段长 8m，墩顶高程 39.0m，共 1 孔，单孔宽 2m，总净宽 2m。闸底板厚 0.5m，边墩厚 0.8m，墩顶高程 39.0m。墩顶设 C25 钢筋混凝土排架和机架桥，排架顶高程 41.7m，机架桥顶高程 42.0m，并通过 C25 钢筋混凝土楼梯与拦河坝顶相接。设手摇铸铁闸门 1 个。

4. 输水涵洞

输水涵洞为 C20 钢筋混凝土结构，断面尺寸为 2.0m × 2.0m（宽 × 高），洞壁厚 0.5m，涵洞总长 24m，每节长 8m，涵洞底板顶高程为32.0m，涵洞分缝处设钢筋混凝土垫梁，宽1.0m，厚0.5m。

5. 消力池渐变段

消力池采用M10浆砌块石结构，池深0.5m，池长12m，底板厚0.5m。两侧为M10浆砌块石扭曲翼墙。

（三）孔楼交通桥

孔楼生产桥考虑桥面与两侧大堤的平顺连接、节省投资、方便交通的原则，其桥面高程与两侧河堤高程相同，桥顶高程为42.00m。生产桥全长91.0m，共分为7孔，每孔长13m，分为3联，两边2跨为1联，中间3跨为1联。

（四）灌溉回用泵站

为便于中水灌溉回用、同时兼顾汛期河道两侧除涝需求，分别对石岗、高庄、周桥3座现有排灌泵站进行维修加固改造。

现有泵站加固改造的主要工程为：现有排灌站上下游渠道浆砌石护砌修补；机电、金属结构、水泵设备更新；混凝土结构的碳化处理；管理房结构的维修等。

工程特性表

序号及名称	单位	数量
一、社会经济		
1. 范围（县、区个数）	个	1
2. 土地面积	km^2	880.56
3. 人口	万人	60.65
二、工程情况		
1. 中水排放量	万t/年	664.0
2. COD排放量	t/年	448.4
3. NH_3-N排放量	t/年	77.3
4. 新建工程建设规模	万m^3	276.1
5. 主要建筑物		
（1）郭楼闸		
设计闸底板高程	m	30.5
型式	m	开敞式
孔数	m	1

续表

序号及名称	单位	数量
尺寸（单孔净宽）	m	8
（2）王杰闸		
设计闸底板高程	m	30.5
型式	m	开敞式
孔数	m	2
尺寸（单孔净宽）	m	8
（3）涵闸		
涵闸宽度	m	2.0
涵闸高度	m	2.0
边坡系数		3
（4）周桥泵站		
设计流量	m^3/s	灌溉0.62 除涝3.92
设计扬程	m	灌溉4.65 除涝4.4
水泵型号		灌溉 20ZLB－100 除涝 700ZLB－125D
装机台数	台	灌溉1 除涝2
总装机容量	kW	灌溉55 除涝264
（5）高庄泵站		
设计流量	m^3/s	灌溉0.62 除涝2.45
设计扬程	m	灌溉4.65 除涝2.3
水泵型号		灌溉 20ZLB－100 除涝 600ZLB－160
装机台数	台	灌溉1 除涝2
总装机容量	kW	灌溉55 除涝90
（6）石岗泵站		
设计流量	m^3/s	灌溉0.62 除涝2.45

续表

序号及名称	单位	数量
设计扬程	m	灌溉 4.65 除涝 2.3
水泵型号		灌溉 20ZLB－100 除涝 600ZLB－160
装机台数	台	灌溉 1 除涝 2
总装机容量	kW	灌溉 55 除涝 90
三、工程迁占情况		
1. 工程占地	亩	
（1）永久占地	亩	5.1
（2）临时占地	亩	218.2

续表

序号及名称	单位	数量
2. 拆迁房屋数量	m^2	0
3. 影响集镇	个	36
4. 影响企事业单位	个	0
5. 移民工程总投资	万元	228.88
四、工程施工		
1. 主要工程量		
（1）土方开挖	万 m^3	1.76
（2）土方回填	万 m^3	5.47
（3）砌石	万 m^3	0.67
（4）混凝土及钢筋混凝土	万 m^3	0.64
（5）钢筋制作安装	t	504
2. 所需劳动力		
总工时	万工时	35.81
3. 工期	年	1.5

嘉祥县截污导流工程

工 程 概 况

嘉祥县截污导流工程是南水北调东线第一期工程山东省截污导流工程的重要组成部分。该工程的主要任务是：在南水北调东线第一期工程输水期间，拦蓄城镇污水处理厂达标排放的中水534.1万t，减少COD、NH_3－N入干线工程分别为333.8、39.0t，满足治污规划和治污控制单元规定的控制指标要求。

嘉祥县截污导流工程利用前进河、洪山河拦蓄达标排放的中水和地表径流，并用于灌溉回用，拦蓄总库容为202.4万m^3，灌溉面积为2.5万亩。

工程等别为四等，工程规模为小（1）型。建筑物级别定为4级。

前进河设计洪水标准为20年一遇，洪山河无防洪要求。前进、曾店拦河闸等主要建筑物应满足所在河道的防洪标准，故防洪标准为20年一遇；洪山涵闸按4级建筑物级别考虑，由于双面挡水，穿堤涵洞应满足洙水河20年一遇的防洪标准。地震设防烈度为Ⅵ度，场地类别为Ⅲ类。

工 程 总 体 布 置

工程采用利用现有河道修建拦河建筑物方案。在前进河修建一座拦河闸，改建前进河上一座拦河闸和洪山河上一座涵闸，拦蓄输水期间河道天然径流量及达标排放的中水，再利用现有泵站提水至沿岸灌区进行灌溉。

根据前进河、洪山河需要接纳的中水量和上游非汛期来水量，考虑距灌溉区较近、河道顺直、河势相对稳定、地形开阔、岸边稳定、交通方便等因素，在前进河上选择前进拦河闸闸址；同时，选择前进河上原曾店涵洞位置作为改建曾店拦河闸闸址，洪山河上原洪山涵闸位置作为改建洪山涵闸闸址。

主要建筑物

（一）河道工程

1. 河道平面布置

前进河疏通治理设计桩号（0+146）~（14+358），底宽为10.0~22.0m。洪山河疏通治理设计桩号（0+032）~（6+385），底宽为4.0~12.0m；洪山河局部扩挖段设计桩号（3+958）~（4+603），扩挖长度为0.645km，宽度为260.0m。

2. 纵断面

前进河、洪山河均为双向排水、引水河道，本工程主要对两条河道进行疏通治理，结合河道现状，最终确定本次河道疏通仍采用原河道设计比降：前进河、洪山河河道比降均为0，连接段比降为1/300。

3. 横断面

前进河、洪山河河道均为梯形断面。边坡仍采用河道原设计边坡，前进河为1∶3.0，洪山河及洪山河局部扩挖为1∶2.0。

（二）拦河闸工程

拦河闸由上游连接段、闸室段、消能防冲段、下游连接段组成。以前进河拦河闸为例说明：

1. 上游连接段

上游连接段分为护坡段、铺盖段、圆弧翼墙等。护坡段分别采用干砌块石和M10浆砌块石结构，护坡段长20m，底板厚为0.4m，底板高程30.50m；铺盖段为C20钢筋混凝土结构，厚0.4m，圆弧翼墙为C25钢筋混凝土结构，长10.0m。

2. 闸室段

闸室段长13.1m，底板顶高程30.50m，共2孔，单孔宽4.0m，总净宽8.0m。闸室采用整体式大底板结构，底板厚1.2m，中墩厚1.1m，边墩0.8m，闸室总宽10.7m，闸顶高程39.50m，闸顶设1.5m宽检修桥和4.5m宽交通桥。闸顶以上设钢筋混凝土排架和机架桥，排架顶高程45.90m，机架桥顶高程46.50m。前进河闸设工作闸门和检修闸门，分别选用卷扬式启闭机和电动葫芦，右岸设桥头堡和启闭机房连接。

3. 消能防冲段

闸室段下游设消能防冲段，消力池池深0.8m，池长15.8m。

4. 下游连接段

下游连接段主要包括海漫、护坦和防冲槽，其中海漫和两岸护坡均为M10浆砌块石结构，长10m，护坦采用干砌块石结构，长10.0m，抛乱石防冲槽长5.5m。

（三）涵闸工程设计

洪山涵闸由上游连接段、闸室段、洞身段、消能防冲段、下游连接段组成。

1. 上游连接段

上游连接段分为护坡段、铺盖段。护坡段采用M10浆砌块石结构，长10.0m，底板厚为0.5m，底板高程30.50m；铺盖段为C20钢筋混凝土结构，长10.0m，两岸为M10浆砌块石扭曲面护坡，墙顶高程为36.0m。

2. 闸室段

闸室段长8.0m，底板顶高程30.50m，共2孔，单孔宽2.0m，总净宽4.0m。闸室底板厚0.8m，中墩厚1.2m，边墩厚0.8m，闸顶高程37.15m。闸顶设钢筋混凝土排架和机架桥，排架顶高程40.95m，机架桥顶高程41.45m，并通过C25钢筋混凝土楼梯与拦河坝顶相接。

3. 洞身段

闸室后设输水涵洞，共2孔，孔口尺寸为2.0m×2.5m，钢筋混凝土现浇箱涵，涵洞共3节，每节长8.0m，洞壁厚0.5m，涵洞分缝处设钢筋混凝土垫梁，宽1.0m，厚0.5m。洞身周围回填壤土，压实度不小于0.98，压实干密度不小于1.6g/cm^3。

4. 消能防冲段

闸室段下游设消能防冲段，消力池池深0.7m，池长10.0m，底板高程29.80m，两岸为M10浆砌块石扭曲翼墙，墙顶高程为36.0m，墙内埋设两排 ϕ50mm塑料排水管，墙后外露部分做成花管，并用土工布包裹，墙后设中粗砂反滤层厚0.3m。

5. 下游连接段

下游连接段分为M10浆砌石护坡长10m，干砌石护坡长10m，护底厚0.5m，抛乱石防冲槽，长3.0m，深1.50m。

工程特性表

序号及名称	单位	数量
一、社会经济		
1. 范围（县、区个数）	个	1
2. 土地面积	km^2	973
3. 人口	万人	78.4
二、工程情况		
1. 中水入河量	万t/年	801.2
2. COD入河量	t/年	500.7
3. NH_3-N 入河量	t/年	58.5
4. 工程建设规模	万 m^3	202.4
（1）正常蓄水位	m	35.5
（2）死水位	m	33.5
（3）调节库容	万 m^3	149.3
（4）死库容	万 m^3	53.1
5. 主要建筑物	座	3
（1）新建前进拦河闸	座	1
除涝/分洪流量	m^3/s	31.3/94.5
型式		开敞式
孔数		2
尺寸（单孔净宽）	m	4
闸底板高程	m	30.5
（2）改建曾店拦河闸	座	1
除涝/分洪流量	m^3/s	31.3/94.5
型式		开敞式
孔数		2

续表

序号及名称	单位	数量
尺寸（单孔净宽）	m	4
闸底板高程	m	30.50
（3）改建洪山涵闸	座	1
除涝流量	m^3/s	14.9
型式		涵洞式
孔数		2
尺寸（单孔净宽）	m	2.0
闸底板高程	m	30.5
三、工程迁占情况		
1. 工程占地	亩	
（1）永久占地	亩	232.32
（2）临时占地	亩	699.74
2. 拆迁房屋数量	m^2	
3. 影响集镇	个	
4. 影响企事业单位	个	
5. 移民工程总投资	万元	349.06
四、工程施工		
1. 主要工程量		
（1）土方开挖	万 m^3	79.59
（2）土方回填	万 m^3	1.72
（3）砌石	m^3	3701
（4）混凝土及钢筋混凝土	m^3	5165
2. 主要建筑材料		
（1）钢筋	t	422
（2）木材	m^3	8
（3）水泥	t	2297
（4）汽油	t	7
（5）柴油	t	590
（6）砂	m^3	4022
（7）石子	m^3	5791
（8）块石	m^3	4097
3. 所需劳动力		
总工日	万工时	33.97
4. 工期	年	1

鱼台县截污导流工程

工 程 概 况

鱼台县截污导流工程是南水北调东线第一期工程的重要组成部分。工程建设的任务是：在南水北调东线第一期工程输水期间，拦蓄鱼台县污水处理厂和企业达标排放的中水811.0万t（其中企业达标排放的中水，由企业自身直接排放到截污导流工程进行拦蓄），减少COD、NH_3-N入干线工程分别为505.3、110.0t，满足治污规划和治污控制单元规定的控制指标要求。工程主要建设内容包括：在东鱼河干流新建唐马拦河闸（设计桩号11+100）；新建污水处理厂至东鱼河唐马拦河闸前中水输水管道7.15km；维修加固西支河、惠河穿东鱼河左堤的郭楼、林庄两穿堤涵洞。

调水期间需要拦截的水量为2563.7万m^3。该工程改善农田灌溉面积7.6万亩，在50%保证率情况下调水期农田需水量为1263.7万m^3，考虑蒸发渗漏损失，采用典型年按水量平衡法逐月进行调节计算，拦蓄总库容需要1094.5万m^3。

工程等别为二等，唐马拦河闸（东鱼河干流桩号11+100）建筑物级别为2级，输水管道、西支河郭楼涵洞、惠河林庄涵洞建筑物级别为3级。

工 程 总 体 布 置

在东鱼河干流上新建唐马拦河闸（设计桩号11+100）、新建鱼台县污水处理厂—唐马拦河闸前的输水管道，维修加固西支河、惠河穿东鱼河左堤的郭楼、林庄两穿堤涵洞形成河道型拦蓄工程，拦蓄城镇污水处理厂和企业达标排放废水及当地径流，通过沿岸现有灌溉工程提水灌溉。在非调水期间，为不影响防洪，则将拦河闸打开宣泄洪水。

主 要 建 筑 物

（一）拦河闸工程

拦河闸工程由上游连接段、闸室段、下游连接段组成。

（1）上游连接段。上游连接段由铺盖、上游护底、上游翼墙、上游护坡组成。

（2）闸室段。闸室2孔一联，共8联，每孔净宽10.0m。

（3）下游连接段。下游连接段由消力池、海漫、下游防冲槽等组成。

（二）涵洞维修

为避免拦蓄后的中水通过西支河、惠河流入南四湖，该工程对西支河桩号X0+210处郭楼、惠河桩号H0+220处林庄现有涵洞进行维修加固，更换现有启闭机、闸门。

工 程 特 性 表

序号及名称	单位	数量
一、社会经济		
1. 范围（县、区个数）	个	1
2. 土地面积	km^2	654.2
3. 人口	万人	44.82
二、工程情况		
1. 中水排放量	万t/年	811
2. COD排放量	t/年	505.3
3. NH_3-N排放量	t/年	110.0
4. 工程建设规模	万m^3	1094.5

续表

序号及名称	单位	数量
5. 主要建筑物		
(1) 输水管道		
长度	km	7.15
设计流量	m^3/s	0.35
(2) 唐马拦河闸	座	1
设计防洪流量(1/50)	m^3/s	3190
设计防洪水位(1/50)	m	38.21
设计除涝流量(1/5)	m^3/s	1220
设计挡水水位(闸上/闸下)	m	34.62/34.00
型式	m	开敞式
孔数		16
尺寸(单孔净宽)	m	10
闸底板高程	m	31.74
三、工程迁占情况		
1. 工程占地	亩	276.46
(1) 永久占地	亩	2.32
(2) 临时占地	亩	274.14
2. 拆迁房屋数量	m^2	
3. 影响集镇	个	

续表

序号及名称	单位	数量
4. 影响企事业单位	个	
5. 移民工程总投资	万元	61.88
四、工程施工		
1. 主要工程量		
(1) 土方开挖	万 m^3	9.32
(2) 土方回填	万 m^3	6.04
(3) 砌石	万 m^3	0.34
(4) 混凝土及钢筋混凝土	万 m^3	1.08
2. 主要建筑材料		
(1) 钢筋	t	811
(2) 水泥	t	4386
(3) 汽油	t	14
(4) 柴油	t	155
(5) 砂	m^3	23 755
(6) 碎石	m^3	11 960
(7) 块石	m^3	3837
3. 所需劳动力		
总工时	万工时	56.52
4. 工期	年	1

济宁市截污导流工程

工 程 概 况

济宁市截污导流工程是南水北调东线第一期工程的重要组成部分。济宁市截污导流工程位于洸府河支流上，沿老运河铺设中水输送管道，穿过洸府河至蓼沟河，利用蓼沟河、小新河、幸福河进行河道蓄水灌溉，在3号井煤矿塌陷地区蓄水。蓄水区位于南四湖东大堤北部，洸府河、幸福河之间区域内。该工程的主要任务是实现老运河济宁段、洸府河济宁段的水质控制目标和总量控制目标，通过新建拦蓄工程，干线输水期间可拦截城区下泄尾水，减少COD入河量，减少NH_3-N入河量，实现调水期污染物零入河的目标。

蓄水区总容积866.3万m^3，调蓄容积834.6万m^3，蓄水区最低水位31.90m，设计水位33.37m，最高水位33.40m。

济宁市截污导流工程无防洪任务。地震设防烈度为Ⅵ度。

济宁市截污导流工程规模为中型，工程等别为三等。其中出蓄水区提排泵站、出、入蓄水区涵洞、蓼沟河节制闸、幸福河节制闸、输水管线、加压泵站建筑物级别为3级；穿铁路涵洞、小新河节制闸建筑物级别为4级；幸福河支沟节制闸、灌溉泵站建筑物级别为5级。

工程总体布置

利用3号井煤矿塌陷区蓄存除进入湿地以外的全部中水。济宁市污水处理厂中水输送采用管道形式，高新区污水处理厂中水输送利用泥沟河、蓼沟河，在蓼沟河上新建节制闸，拦蓄来自济宁污水处理厂和高新区污水处理厂的中水。拦蓄后的中水利用现有蓼沟河、小新河进行输水，并疏通小新河与幸福河支沟之间的输水渠道，中水流经幸福河至幸福河节制闸，通过出、入蓄水区涵洞送入3号井塌陷区蓄水，并利用泥沟河、蓼沟河、小新河、幸福河支沟和幸福河等现有河道的可蓄水能力与3号井采空塌陷区共同蓄水。在6~9月份的非调水期间，当南四湖水位低于33.4m时，利用入（出）蓄水区涵洞自排，南四湖水位高于33.4m时，通过泵站提水，将中水泄入幸福河，再进入南四湖。

主要建筑物

济宁市截污导流工程主要建筑物包括蓄水区、加压泵站、输水管道、入（出）蓄水区涵洞、蓼沟河节制闸、小新河节制闸、幸福河支沟节制闸、幸福河节制闸、出蓄水区提排泵站、穿铁路涵洞、幸福河排灌站、交通及生产桥、明渠河道等。

（一）蓄水区

3号井煤矿采空塌陷区作为蓄水区，设计最低水位31.9m，最高水位33.4m，设计水深1.5m，调蓄容积834.6万m^3。蓄水区水面周围地面高程为32.2~33.4m，在设计蓄水区域范围内，地面高程高开挖至31.9m。开挖后土质边坡比1∶5.0，蓄水区除幸福河大堤外周边设宽3.0m管理范围，管理范围弃土顶高程35.4m并压实，压实度不小于0.94。

（二）泵站工程

泵站工程包括出蓄水区提排泵站、加压泵站、幸福河排灌站（其中改建排灌站1座，新建灌溉站2座）。

1. 出提排泵站

泵站设计流量10.0m^3/s。泵站最大扬程4.89m，最小扬程0.60m。进水池最高水位33.40m，进水池最低水位31.90m，出水池最高水位36.29m，出水池最低水位33.40m。蓄水区最高水位33.40m，最低水位31.90m。泵站选用900QZ－100D（+2°）潜水轴流泵4台，水泵叶轮直径850mm，水泵转速480r/min，叶片安装角度+2°，设计扬程4.3m时，单机流量2.55m^3/s，效率85%，配套电动机功率160kW，额定电压380V。泵站总装机容量640kW。

2. 加压泵站

泵站设计流量为1.39m^3/s。泵站设计扬程10.25m，泵站最低扬程9.45m。调节池最高水位34.90m，最低水位34.10m，幸福河节制闸蓄水位34.15m。水泵选用SD500－530BⅢ型双吸离心泵3台，其中备用1台。单泵设计流量660L/s，设计扬程12.7m，效率80%，水泵转速960r/min，配套电动机型号Y315M1－6，功率132kW，电压380V，泵站总装机容量396kW。

3. 新建灌溉站

新建灌溉站2座均位于幸福河东岸，与改建排灌站配合可满足2万亩农田灌溉。每座灌溉站设计流量0.26m^3/s。泵站选用潜水轴流泵，水泵型号为350QZ－125G，功率22kW，额定电压380V，装机1台。

4. 改建排灌站

改建排灌站位于幸福河北端，是一小型当地农田灌溉、排涝枢纽工程，该站水泵现状排涝设计流量为3.5m^3/s。更换现状排灌站水泵、电动机，对建筑物进行局部修葺。

（三）入（出）蓄水区涵洞工程

涵洞位于蓄水区东南侧，设计流量2.28m^3/s。该闸为单孔胸墙式涵闸，包括进口段、闸室段、洞身段、出口段四部分。

进口段顺水流长度为4.0m，采用“八”字翼墙与地板形成整体结构，为钢筋混凝土结构。

闸室段顺水流向长度为4.8m，闸门为潜孔式平面钢闸门，孔口尺寸为2.0m×2.0m（宽×高），闸底板顶高程30.9m。

洞身段为钢筋混凝土箱涵，横断面2.0m×2.0m，进口洞底高程30.9m，底坡$i=0$，洞身长14.0m。

出口段顺水流长度为14.0m，采用“八”字翼墙连接，浆砌石结构。出口消能采用浆砌石护底。

（四）节制闸工程

1. 蓼沟河节制闸

蓼沟河节制闸设计流量360.9m^3/s，该闸为4孔，单孔净宽8m，为开敞式水闸，采用平板钢闸门。设计挡水位34.25m，闸底板顶高程31.0m，闸墩顶高程37.9m。闸室两孔为一联，中间设缝墩，采用整体式钢筋混凝土结构。闸室段顺水流向长13.0m，上游护坦长15m，上游铺盖长15.0m，下游消力池长16.0m，池深0.7m。闸室、铺盖、消力池均为钢筋混凝土结构。下游护坦浆砌块石长15.0m，厚0.4m，下游海漫干砌块石长10.0m，厚0.4m，碎石垫层厚0.1m。防冲槽长5m，碎石垫层厚0.1m。水闸上、下游采用圆弧式翼墙连接。上游两岸翼墙为悬臂式钢筋混凝土结构，下游两岸翼墙为扶壁式钢筋混凝土结构。上、下游护坡为浆砌石结构。闸室上部设有排架、机架桥以及交通桥，机架桥上部布置有卷扬式启闭机和机房。闸室左侧设有桥头堡，兼作楼梯间和控制室。水闸基础采用天然地基。

2. 小新河节制闸

小新河节制闸设计流量56.0m^3/s，该闸为单孔，孔口净宽6.0m，为开敞式水闸，采用平板钢闸门。设计挡水位34.19m，闸底板顶高程32.0m，闸墩顶高程38.6m。闸室采用单孔整体式钢筋混凝土结构。闸室段顺水流向长8.0m，上游护坦长13.0m，上游铺盖长8.0m，下游消力池长14.0m，池深0.6m，渗流出逸处设反滤层和排水孔。下游海漫长15.0m，前段长8m为浆砌石结构，厚0.4m，后段长7m为干砌石结构，厚0.4m，碎石垫层厚0.1m。防冲槽长5m，下部铺设碎石垫层厚0.1m。其中，闸室、铺盖、消力池为钢筋混凝土结构，其余为浆砌石结构。水闸上、下游采用圆弧式翼墙连接。上游两岸翼墙为悬臂式钢筋混凝土结构，下游两岸翼墙为扶壁式钢筋混凝土结构。上、下游护坡为浆砌石结构。闸室上部设有排架、机架桥，机架桥上部布置有卷扬式启闭机和机房。闸室左侧设有钢螺旋楼梯。水闸基础采用天然地基。

3. 幸福河支沟节制闸

幸福河支沟节制闸设计流量3.5m^3/s，该闸为单孔，孔口净宽1.0m，采用铸铁闸门。设计挡水位33.93m，闸底板顶高程31.5m，闸墩顶高程34.8m。闸室采用单孔整体式钢筋混凝土结构。闸室段顺水流向长3.2m，上游护坦长3.0m，上游铺盖长3.0m，下游消力池长8.0m，池深0.3m。下游海漫长5.0m，防冲槽长2.0m，因闸室、铺盖、消力池等宽度狭窄，且边墙较高，为改善结构受理条件，闸室、铺盖、消力池采用钢筋混凝土箱涵结构，其余开敞式为浆砌石结构。水闸上、下游采用“一”字式翼墙连接。上、下游护坡为浆砌石结构。在渗流出逸处设有反滤层和排水孔。闸室上部设有排架柱、机架桥，机架桥上部布置有闸门螺杆式启闭机。机架桥左侧临时悬挂钢爬梯。水闸基础采用大然地基。

4. 幸福河节制闸

幸福河节制闸设计流量130m^3/s，该闸为2孔，单孔净宽6m，为开敞式水闸，采用平板钢闸门。设计挡水位33.60m，闸底板顶高程30.30m，闸墩顶高程37.0m。闸室采用整体式钢筋混凝土结构。闸室段顺水流向长12.0m，上游护坦长20m，上游铺盖长10.0m，由于双向挡水，下部设反滤层和排水孔，下游消力池长16.0m，池深0.7m。闸室、铺盖、消力池为钢筋混凝土结构。下游海漫长20.0m，前段长10.0m为浆砌石结构，后段长10.0m为干砌石结构，厚度均为0.4m，下部设0.1m厚碎石垫层。防冲槽长4.2m，设0.1m厚碎石垫层。水闸上、下游采用圆弧式翼墙连接。上游两岸翼墙为悬臂式钢筋混凝土结构，下游两岸翼墙为扶壁式钢筋混凝土结构。上、下游护坡为浆砌石结构。闸室上部设有排架、机架桥以及交通桥，机架桥上部布置有卷扬式启闭机和机房。闸室左侧设有桥头堡，兼作楼梯间和控制室。水闸基础采用天然地基。

（五）输水管道工程

输水管道起始点为加压泵站，沿老运河西岸向南延伸至老运河桥南，由西向东穿越老运河，沿南外环路南向东延伸，穿越洸俯河，最后将中水送入蓼沟河，全长约5.35km。管道设计总流量为1.39m^3/s，采用DN1000mm玻璃钢管。输水管道设有2座阀门井、1座排水井、1座分水井、7座排气井。市区污水处理厂内部设2座阀门井，井体全部采取钢筋混凝土结构。

（六）穿铁路涵洞工程

穿铁路涵洞连接小新河与明渠段，设计流量2.27m^3/s。进口水位34.19m，出口水位34.04m，进口洞底高程31.57m，底坡$i=1/500$，出口洞底高程31.42m。进口采用浆砌石“八”字翼墙连接，长5.197m，洞身段采用钢筋混凝土箱，洞身全长约74m，共分9节。出口采用浆砌石“一”字翼墙连接。进、出口浆砌石护底长5m。

（七）交通、生产桥工程

交通及生产桥共6座，其中交通桥2座，生产桥4座，1~4号桥为穿明渠新建桥，5~6号桥现状桥洞断面较小，需要拆除重建桥。1、3、4、5号为生产桥，2、6号桥为交通桥。

交通及生产桥均采用钢筋混凝土板桥结构，汽车荷载设计标准为公路Ⅱ级，折减系数0.8。

（八）明渠工程

在小新河和幸福河支沟之间，设计桩号（4+220）~（6+537）段进行2317m的明渠开挖，利用现有部分幸福河支沟，使得小新河、新开挖明渠、幸福河支沟及幸福河水系连通。

新开挖明渠的设计流量为2.26m^3/s，采用梯形断面型式，设计底宽2.0m，河底比降采用1/3740，设计边坡采用1:2。

微山县截污导流工程

工　程　概　况

微山县截污导流工程位于山东省济宁市微山县，微山县位于山东省南部，地处东经116°34′~117°24′，北纬34°26′~35°20′。南接江苏省铜山县，西邻江苏省沛县和山东省鱼台县，北靠济宁市任城区和邹城市，东面与枣庄相连。工程建设的任务是：在该控制单元全部实施完成治污工程的前提下，通过新建拦蓄工程，干线输水期间拦截污水处理厂达标排放的中水576.6万m^3，减少COD入河量346.5t，减少NH_3-N入河量46.2t，以实现调水期污染物零入河的目标。

微山县老运河总拦蓄能力需要167.5万m^3，在保证2.8万亩的农田灌溉条件下，中水可基本就地消化，可确保在干线输水期间，污染物不进入南水北调工程输水干线。

微山县截污导流工程老运河为Ⅳ等，老运河堤防级别为4级；渡口橡胶坝、三河口枢纽、三孔桥节制闸等建筑物等级为Ⅲ等，主要建筑物级别为3级；桥梁荷载等级标准为城 B，临时建筑物级别为 5 级。

拦河橡胶坝、节制闸、跨河交通桥等主要建筑物设计洪水标准为 20 年一遇。采用 3 年一遇。地震基本烈度为Ⅶ度，场地类别为Ⅲ类。

工程总体布置

微山县污水处理厂排放的中水入老运河后，利用老运河渡口桥至新薛河段及其支流小新河、五公尺河等河槽拦蓄中水及小新河非汛期天然径流，并用于蓄水河道两岸现状 2.8 万亩农田灌溉，达到截污目标。

调水期老薛王河天然径流由三河口闸拦截后，通过倒虹入下游老薛王河，最终排入南四湖。

在老运河设计桩号 0 + 360 处新建渡口橡胶坝，以防止调水期房庄河上游来水汇入老运河蓄水段和污水处理厂的中水入调水干线。

主要建筑物

（一）河道工程

最终确定微山县老运河扩挖段为设计桩号 0 + 239 ~ 16 + 443，扩挖长度 16.204km。

（二）新建渡口橡胶坝

渡口橡胶坝采用充水式橡胶坝。橡胶坝长 22m，坝底板顺水流方向上的宽度为 15.2m，底板高程 30.70m，坝前设计河底高程 30.50m，坝高为 3.20m。

（三）新建三河口枢纽工程

三河口枢纽进口闸上部为节制闸，共 3 孔，每孔净宽 7.0m；中孔闸室下部设倒虹，共两孔，每孔尺寸为 3.0m × 3.0m（宽 × 高）。倒虹设出口闸，共两孔，每孔尺寸为 3.0m × 3.0m（宽 × 高）。

（四）拆除重建三孔桥节制闸

原三孔桥闸建于 1818 年，1967 年扩建为五孔闸，主要作用是老运河引水后防止水下泄到下级湖，起挡水作用。由于建设时间长，老化严重，需拆除重建。新建三孔桥节制闸，共 3 孔，每孔净宽 7.0m。

（五）维修加固夏镇航道闸

该船闸于 1970 年由航运部门承建，当时是方便船只进入城区老运河，现已失去船闸作用，闸门宽 8.5m，高 4.0m，双吊点卷扬式启闭机，底板高程 30.5m。现已年久失修，拟更换闸门及启闭设备。

（六）桥梁工程

（1）渡口桥、杨闸桥、南外环桥 3 座桥梁为维修加固桥梁，此次设计中只对河底护砌和桥面铺装和栏杆等上部结构进行维修加固。

（2）纸厂桥、小闸口桥及东风桥老化损坏严重，需拆除重建。重建荷载等级采用城 - B，桥面宽度同原桥宽。

（3）新建南门口桥。

工程特性表

序号及名称	单位	数量
一、社会经济		
1. 范围（县、区个数）	个	1
2. 土地面积	km^2	1779.8
3. 人口	万人	68.58
二、工程情况		
1. 调水期中水排放量	万 t/年	576.6
其中：COD	t/年	346.5
NH_3-N	t/年	46.2
2. 工程建设规模	万 m^3	373
3. 老运河		
（1）长度	m	16 204
（2）断面形式		梯形复式断面
（3）设计水位	m	33.70
4. 主要建筑物		
（1）三河口枢纽	座	1
设计流量	m^3/s	146.7

续表

序号及名称	单位	数量
孔数及尺寸		3孔，净宽7mm
闸门形式（数量、尺寸）		钢闸门，3孔，7m×4.0m（孔宽×闸高）
底板高程	m	31.50
（2）三孔桥节制闸	座	1
设计流量	m^3/s	166.6
孔数及尺寸		3孔，净宽7mm
闸门形式（数量、尺寸）		钢闸门，3孔，7m×4.5m（孔宽×闸高）
底板高程	m	30.30
（3）渡口橡胶坝	座	1
坝袋型式		充水式
坝长	m	22
坝高	m	3.2
底板高程	m	30.70
三、工程迁占情况		
1. 工程占地		
（1）永久占地	亩	116.5

续表

序号及名称	单位	数量
（2）临时占地	亩	417.3
2. 拆迁房屋数量	m^2	35 512
3. 影响集镇	个	2
4. 影响企事业单位	个	
5. 移民工程总投资	万元	2639.53
四、工程施工		
1. 主要工程量		
（1）土方开挖	万 m^3	71.57
（2）土方回填	万 m^3	6.46
（3）砌石	万 m^3	0.87
（4）混凝土及钢筋混凝土	万 m^3	1.47
2. 主要建筑材料		
（1）钢筋	t	1403
（2）水泥	t	9377
（3）汽油	t	32
（4）柴油	t	1180
（5）砂	m^3	13 556
（6）碎石	m^3	16 550
（7）块石	m^3	9976
3. 所需劳动力		
总工时	万工时	91.86
4. 工期	年	22

梁山县截污导流工程

工程概况

梁山县截污导流工程是南水北调东线第一期工程的重要组成部分。工程的任务是：在该控制单元治污工程全部完成的前提下，为实现梁济运河梁山县城段的水质控制目标和总量控制目标，通过新建拦蓄工程，在干线输水期间拦截梁山县污水处理厂下泄尾水730.0万t，通过中水灌溉回用，减少COD入河量438.0t，减少NH_3-N入河量109.5t，从而保证了干线输水期间COD、NH_3-N入河量小于《南水北调东线工程山东段控制单元治污方案》所规定的最大允许入河量。

工程设计库容为330.6万m^3。

梁山县截污导流工程等别为Ⅳ等。邓楼闸属南水北调干线工程，其建筑物级别按干线工程等别确定；龟山河提水泵站属于干线输水工程的水质保障工程，其建筑物级别为3级；3座重建桥梁级别按河道防洪设计确定；其他建筑物均按4级考虑。

工程总体布置

该工程采用邓楼闸挡水方案，即与南水北调东线一期工程共用邓楼节制闸挡水，利用梁济运河（58+328）~（86+800）段28.5km河槽以及支流拦蓄中水。中水经污水处理厂处理后通过管道进入梁济运河，非灌溉时段蓄存在河槽内，灌溉时段通过提水泵站进入农田灌溉。蓄水位结合除涝水位综合确定为37.30m。

主要建筑物

梁山县截污导流工程主要工程内容包括：中水拦蓄工程，包括河道扩挖28.5km、输水管道长500m等；中水利用工程，指新建龟山河提水灌溉泵站；蓄水影响工程，主要指由于河道开挖影响到的桥梁拆除重建3座以及人畜用水影响工程13眼机井等。

（一）河道工程

该工程需对梁济运河邓楼节制闸（58+328）至宋金河入口（86+800）共计28.472km的河道进行开挖。河道尽量开挖左侧滩地，以便弃土外运。

运河开挖段除了本期拆除重建的任庄、郑那里、东张博3座交通桥外，另外还有10座桥梁，分别是庄楼生产桥（60+500）、梁兖公路桥（61+735）、张桥生产桥（64+142）、丁堂生产桥（65+188）、任庄移民搬迁桥（68+282）、前码头生产桥（72+660）、后码头交通大桥（74+770）、宋铺生产桥（76+248）、孙庄生产桥（77+383）、东冯生产桥（82+600）。为减少投资，对这些桥梁不做改建加固。同时为了保证桥梁安全，对桥梁上下游50m仅结合现状断面清淤至桥梁基础顶高程，以不影响桥梁稳定为原则。

拦蓄设计水位以低于滩地高程，不影响滩地农业种植为原则，并结合除涝水位综合确定为37.30m。

河底设计高程邓楼节制闸处为32.31m，以此作为起点，按照1/20 064的河底设计比降逐段向上推算。堤防设计高程为《山东省梁济运河挖河筑堤泄洪工程初步设计》（山东省淮河流域工程局1990年）确定的堤顶设计高程。

河槽均为梯形断面，设计边坡为1:3。河底宽度为邓楼闸（58+328）—代码河入口（75+265）段12.0m，代码河入口（75+265）—宋金河河入口（86+800）段5.0m。

（二）龟山河提水泵站工程

为充分利用中水，新建龟山河灌溉提水站，设计灌溉面积4.5万亩，设计灌溉流量3.0m^3/s。该灌溉提水站位于梁济运河右岸，龟山河左岸，龟山河与梁济运河交汇口处的梁济运河大堤上，该提水站从梁济运河提水入龟山河。提水站沿水流方向依次包括引水渠、前池、进水池、出水渠等建筑物。

1. 引水渠

引水渠位于梁济运河滩地，渠段长55.50m，进口渠底高程32.91m，其中靠近前池段10m为M10浆砌石护砌段，其余45.50m段只开挖不护砌，引水渠底宽8.40m，渠底坡降1/500，边坡1:2.5。

2. 前池

前池为C25钢筋混凝土结构，池底净宽8.4m，池长8.0m，底板顶高程自32.80m渐变至31.00m，钢筋混凝土石护底厚0.5m，下设C10素混凝土垫层厚100mm。两岸边墙为钢筋混凝土悬臂式挡土墙，墙顶高程38.00m，墙底高程自32.80m渐降至31.00m。

3. 进水池

进水池为湿室型C25钢筋混凝土整体结构，内置三台单基础机组。进水池底板宽10.4m，长7.8m，底板顶高程31.00m，进口处设两中墩，墩上铺设预制混凝土板做工作便桥，宽0.9m，桥面高程38.00m，墩间分别设拦污栅，共3孔。进水池顶板高程38.50m，单基础机组坐落在“井”字次梁上，机组间距3.0m。机组型号为700QZ—50D潜水轴流泵，进水口底高程31.60m。副厂房布置在大堤外侧，内设低压配电室、变压器室。

4. 出水池

出水管正向进入出水池，管中心高程36.80m，出水池为C25钢筋混凝土结构，底板宽9.93m，斜长14.95m，渠底为斜坡，坡比1:5，底板起始顶高程36.35m，末端顶高程34.75m，边墙顶高程由39.55m渐变至35.25m，出水管末端设拍门。

（三）龟山河闸加固改造

龟山河闸位于龟山河与梁济运河交汇口处的龟山河上，共4孔，单孔净宽3.0m，闸室总宽度14.4m；顺水流向长19.0m，上游侧为闸浆砌石拱桥，长11.0m下游侧为闸室部分，长8.0m，底板高程34.75m，墩顶高程40.25m，排架顶高程44.75m，机架桥顶高程45.25m；闸底板、闸墩及排架均为浆砌石结构，中墩厚0.8m，边墩为重力式结构，机架桥为钢筋混凝土结构，上设机房；机房内布置手动螺杆启闭机4台，闸门为3m×5.5m混凝土闸门，共4扇。现闸门损坏，严重漏水，启闭机老化、丢失，机房门窗破损严重。

为满足利用龟山河灌溉要求，需更换闸门、启闭机、埋件、改造门槽，增加电气设备，增加桥头堡45m²、柴油机房30m²，维修启闭机房等。

（四）交通桥

库区沿线共有生产桥13座，由于河道扩挖，以及蓄水影响，这些桥梁需要加长或者重建。为节省投资，仅对其中的3座危桥进行拆除重建，重建桥梁设计安全等级为二级。其余桥梁采取避开挖河的措施减少对桥梁的影响。

工程特性表

序号及名称	单位	数量	备注
一、水文			
1. 流域面积			
（1）梁济运河	km^2	3306	全长87.8km
（2）邓楼闸以上	km^2	502	邓楼闸以上28.5km
2. 利用的水文系列年限	年	40	
3. 非汛期设计径流量	万m^3	689.7	3年一遇
4. 代表性流量			
（1）设计洪峰流量			邓楼闸断面
20年一遇流量	m^3/s	401	
3年一遇流量	m^3/s	156	
（2）施工期10年一遇设计流量			邓楼闸断面
12～次年2月	m^3/s	8.8	
3～4月	m^3/s	16.0	
5. 泥沙			
（1）多年平均输沙率	kg/s	6.07	
（2）多年平均年输沙量	万t	20.1	

续表

序号及名称	单位	数量	备注
二、工程效益指标			
1. 中水拦截量	万t/年	730	
2. COD入河量	t/年	438	
3. NH_3-N入河量	t/年	109.5	
三、工程主要内容			
1. 工程规模	万m^3	330.6	
2. 蓄水位	m	37.30	
3. 河道开挖长度	km	28.5	
4. 输水管道	m	500	
5. 新建灌溉提水泵站维修	座	1	
6. 桥梁拆除重建	座	3	
7. 人畜用水深井	眼	13	
四、工程占地			
1. 永久占地	亩	277.05	
2. 临时占地	亩	1429.57	
五、施工			
1. 主体工程量			
土方开挖	万m^3	188.46	
土方回填	m^3	10 995	不含预留筑堤方
砌石工程	m^3	903	
混凝土及钢筋混凝土	m^3	1516	
钢筋	t	230	
钻孔灌注桩	m	598	
2. 施工期限	年	2	

菏泽市东鱼河截污导流工程

工程概况

菏泽市东鱼河截污导流工程是南水北调东线第一期工程的重要组成部分。工程任务是：在南水北调东线第一期工程输水期间，通过利用已有和新建拦蓄工程，拦蓄城镇污水处理厂和工业企业达标排放的中水4749.6万m^3，通过中水灌溉回用，减少COD入河量4624.6t，减少NH_3-N入河量323.1t，使下泄的COD不超过431.4t，NH_3-N不超过5.33t，满足治污规划和治污控制单元规定的控制指标要求。

主要工程内容包括：

（1）水库工程。新建雷泽湖调蓄水库及配套工程，包括水库围坝、边坡衬砌、入库泵站、输水管道、放水洞及出库闸。

（2）拦河闸工程。在东鱼河北支新建张衙门（设计桩号48+783）、侯楼（设计桩号

67+950)、王双楼拦河闸（设计桩号93+900)；在团结河新建后王楼拦河闸（设计桩号28+950)、鹿楼拦河闸（设计桩号36+900)。

(3) 河道工程。东鱼河北支扩挖［设计桩号（36+105）~（48+733)］，扩挖长度12.628km。

(4) 灌溉回用工程。在侯楼、王双楼、后王楼、鹿楼拦河闸上游各新建提水泵站2座；在雷泽湖水库东、西两侧各新建提水泵站1座。

调水期（10月~次年5月）需截污导流工程处理的量为4823.3万m^3；调水期间需要拦截的水量为20 883.3万m^3。工程实际控制总灌溉面积为132.4万亩，新增工程增加的灌溉水量，可改善农田灌溉面积62.4万亩。在50%保证率情况下调水期132.4万亩农田需水量为21 286.5万m^3，考虑蒸发渗漏损失，采用典型年按水量平衡法逐月进行调节计算，拦蓄库容需要3216.6万m^3，经调算，调水期本工程实际下泄水量为994.3万m^3，其中中水下泄量73.7万m^3，COD为71.8t、NH_3-N为5.0t。

工程等别为三等，工程规模为中型，张衙门、侯楼、王双楼、后王楼、鹿楼拦河闸等工程工程等别为Ⅲ等，其主要建筑物级别为3级，次要建筑物级别为4级，临时建筑物级别为5级；雷泽湖水库根据库容确定工程等别为Ⅳ等，根据灌溉面积确定工程等别为Ⅲ等；李楼、贵子韩灌溉提水站装机流量均为3.0m^3/s，雷楼、侯楼、邵家庄、周店等灌溉提水站装机流量均为2.5m^3/s，提水站工程等别为Ⅳ等，泵房、出水池、输水渠道等主要建筑物级别为4级，次要建筑物级别为5级，临时建筑物级别为5级；宋李庄、前朱庄、欧楼、鹿楼等灌溉提水站装机流量均为1.5m^3/s，提水站工程等别为Ⅴ等，泵房、出水池、输水渠道等主要建筑物级别为5级，次要建筑物级别为5级，临时建筑物级别为5级。

东鱼河北支、团结河堤防工程级别为4级，雷楼、侯楼、邵家庄、周店、宋李庄、前朱庄、欧楼、鹿楼等灌溉提水站的穿堤涵洞建筑物级别为4级。

张衙门、侯楼、王双楼、后王楼、鹿楼拦河闸主要建筑物设计洪水标准为20年一遇；雷泽湖水库围坝、放水洞、出库闸、李楼提水站、贵子韩提水站、入库泵站、入库管道等主要建筑物设计洪水标准为20年一遇；雷楼、侯楼、邵家庄、周店等灌溉提水站的主要建筑物设计洪水标准为20年一遇；宋李庄、前朱庄、欧楼、鹿楼等灌溉提水站的主要建筑物设计洪水标准为10年一遇；雷楼、侯楼、邵家庄、周店、宋李庄、前朱庄、欧楼、鹿楼等灌溉提水站的穿堤涵洞设计洪水标准为20年一遇。地震设计烈度为Ⅶ度。

工程总体布置

工程总体布局为：在东鱼河北支的张衙门村、侯楼村、王双楼村和团结河的鹿楼村、后王楼村共新建5座拦河闸，利用开发区济菏高速公路取土坑新建雷泽湖水库并扩挖东鱼河北支，拦蓄城镇污水处理厂和工业企业达标排放中水、当地径流及黄河水，通过东鱼河北支、团结河、胜利河和东鱼河沿岸的原有和新建提水泵站为东鱼河流域的灌区供水。

主要建筑物

（一）雷泽湖水库工程

1. 水库围坝

雷泽湖水库调蓄库容为290.9万m^3，总库容314.7万m^3。水库死水位定为44.4m，设计水深3.6m，设计正常蓄水位48.0m。围坝结构型式为砂壤土均质坝，坝顶宽5.0m，坝顶高程：东、西围坝为49.85m，南、北围坝为49.15m，坝顶设防浪墙高1.0m，上游坝坡为1:2.0，采用异形混凝土预制板护砌，下游边坡均为1:1.5，采用草皮护坡。为减少水库蓄水后对贵子韩村庄居民生活影响，靠近村庄处的围坝300m范围［桩号（1+392.297）~（1+692.297）］，上游坝坡采用复合土工膜防渗。放水洞洞口尺寸为2m×2m，底高程44.4m。

2. 入库泵站

污水处理厂处理后的中水经入库泵站加压至出水池再通过ϕ1.0m玻璃钢管输送至雷泽湖水库，管道全长约4.044km。

入库泵站主厂房内安装3台立式轴流泵，机组间距2.6m，厂房宽7.1m，长12.0m。主厂房由水泵层和电动机层组成。其中水泵层底板顶高程46.05m，底板厚0.8m，水泵的安装高程为47.40m。电动机层底板顶高程50.50m，采用C25钢筋混凝土板梁式结构。

3. 放水洞

为在南水北调非调水期放空水库，在李楼提水泵站安装间下层安装2.0m×2.0m闸门作为放水洞，在汛期将水库中水排入东鱼河北支。涵洞采用钢筋混凝土结构型式，进口底板高程44.4m。

（二）拦河闸工程

拦河闸由上游连接段、闸室段、消能防冲段、下游连接段组成。以王双楼拦河闸为例说明：

1. 上游连接段

上游连接段分为防冲槽、护坡段、扭曲段、铺盖段。抛乱石防冲槽长3.0m，深1.0m，两岸采用干砌块石护砌，护坡段和扭曲段分别采用干砌块石和M10浆砌块石结构，其中护坡段长10m，扭曲段长20m，底板厚均为0.4m，底板高程38.20m；铺盖段为C20钢筋混凝土结构，长10.0m。

2. 闸室段

闸室段长9.7m，底板顶高程38.20m，共7孔，单孔宽7.0m，总净宽49.0m。闸室采用整体式大底板结构，闸墩下底板厚1.2m，跨中底板厚0.8m，中墩厚1.2m，边墩、缝墩厚1.0m，闸室两侧采用“两孔一联”，宽17.9m，中间为“三孔一联”，宽25.4m，闸室总宽61.24m，闸顶高程45.02m。闸顶设钢筋混凝土排架和机架桥，排架顶高程50.22m，机架桥顶高程51.42m。王双楼拦河闸设工作闸门和检修闸门，分别选用卷扬式启闭机和电动葫芦。机架桥顶设启闭机房，两岸设桥头堡。

3. 消能防冲段

闸室段下游设消能防冲段，消力池池深0.8m，池长14.7m，底板厚0.6m。

4. 下游连接段

下游连接段主要包括海漫、护坦和防冲槽，其中海漫和两岸扭曲式翼墙均为M10浆砌块石结构，长20m，护坦采用干砌块石结构，长8.0m，抛乱石防冲槽长6.0m，深2.0m。

（三）河道工程

1. 河道平面布置

通过对雷泽湖水库和拦河闸的联合调节计算，需对东鱼河北支局部进行扩挖，扩挖段设计桩号（36+105）~（48+733），长度为12.628km，设计桩号（36+105）~（36+155）底宽为34.0~54.0m，设计桩号（36+155）~（44+730）底宽为54.0m，设计桩号（44+730）~（48+733）底宽为62.0m。

2. 纵断面

河道扩挖是在河槽两侧的滩地上进行，扩挖比降采用东鱼河北支治理的现状河道比降1/8000。

3. 横断面

东鱼河北支扩挖河道断面为梯形断面。边坡仍采用东鱼河北支治理的现状边坡，设计桩号（36+105）~（44+730）挖河内坡为1:3.5，设计桩号（44+730）~（48+733）挖河内坡为1:4.0。

（四）灌溉回用提水站工程

灌溉提水站由上游引水段、输水涵洞、厂房段、出水管道、出水池等组成。

以侯楼灌溉提水站为例说明：

1. 上游引水段

上游引水段为 M10 浆砌块石结构，长 8.8m，起始端宽 9.0m，末端宽 3.0m，底板顶高程 41.52m，浆砌块石底板厚 0.5m。引水段起始端设挡沙坎，高 0.3m，宽 10.0m。

2. 输水涵洞

输水涵洞为 C25 钢筋混凝土结构，断面尺寸为 3.0m × 2.0m（宽 × 高），洞壁厚 0.5m，涵洞总长 102.50m，其中首节长 12.50m，其余单节长 10.0m，涵洞底板顶高程起始端为 41.52m，末端为 40.22m，涵洞分缝处设钢筋混凝土垫梁，宽 1.0m，厚 0.5m。涵洞进口设拦污栅。

3. 厂房段

厂房由主厂房、副厂房、安装间等组成。主厂房宽 6.3m，长 10.75m，厂房内共安装 2 台 700ZLB—4 型立式轴流泵，机组间距 3.0m。水泵层底板顶高程 40.22m，底板厚 0.8m，水泵的安装高程为 42.02m。电动机层底板顶高程 45.90m，采用钢筋混凝土板梁式结构。主厂房上部为钢筋混凝土框架式结构。检修闸门设于主厂房上游，在主厂房上游立柱设牛腿，牛腿高程 49.90m，设手动葫芦启闭。

4. 出水管道

出水管为 2 根 DN1000mm 钢管，管间距为 3.0m，管中心线高程为 44.10m。在出水管下方设 DN700mm 排涝钢管。

5. 出水池

出水池为钢筋混凝土结构，长 8.5m，宽 6.4m，底板顶高程 43.00m，出水池顶高程为 44.10m，出水池后接灌溉干渠。

工 程 特 性 表

序 号 及 名 称	单 位	数 量	备 注
一、社会经济			
1. 范围（县、区个数）	个	7	
2. 土地面积	km^2	833.7	
3. 人口	万人	580.4	
二、工程情况			
1. 中水排放量	万 t/年	7235	
（1）东鱼河北支	万 t/年	5121	
（2）东鱼河主干	万 t/年	402	
（3）团结河	万 t/年	988	
（4）胜利河	万 t/年	724	
2. COD 排放量	t/年	7044.6	
（1）东鱼河北支	t/年	5419.6	
（2）东鱼河主干	t/年	597.8	
（3）团结河	t/年	592.8	
（4）胜利河	t/年	434.4	
3. NH_3-N 排放量	t/年	492.1	
（1）东鱼河北支	t/年	303.4	

续表

序号及名称	单位	数量	备注
(2) 东鱼河主干	t/年	51.6	
(3) 团结河	t/年	79.0	
(4) 胜利河	t/年	57.9	
4. 工程建设规模	万 m^3	3216.6	包括雷泽湖水库
(1) 东鱼河北支	万 m^3	1541.5	
(2) 东鱼河主干	万 m^3	764.9	
(3) 团结河	万 m^3	160.1	
(4) 胜利河	万 m^3	750.1	
5. 雷泽湖水库			
(1) 水库永久占地面积	km^2	0.87	
(2) 坝轴线总长	km	3.96	
(3) 正常蓄水位	m	48.0	
(4) 死水位	m	44.4	
(5) 水库总库容	万 m^3	314.7	
(6) 死库容	万 m^3	23.8	
6. 主要建筑物	座	17	
(1) 新建拦河闸	座	5	
a. 王双楼拦河闸(除涝/防洪)	m^3/s	292/754	
型式		开敞式	
孔数		7	
尺寸(单孔净宽)	m	7	
闸底板高程	m	38.2	
b. 后王楼拦河闸(除涝/防洪)	m^3/s	85/245	
型式		开敞式	
孔数		3	
尺寸(单孔净宽)	m	7	
闸底板高程	m	41.91	
c. 侯楼拦河闸(除涝/防洪)	m^3/s	225/600	
型式		开敞式	
孔数		6	
尺寸(单孔净宽)	m	7	
闸底板高程	m	41.45	
d. 鹿楼拦河闸(除涝/防洪)	m^3/s	96/279	
型式		开敞式	
孔数		3	
尺寸(单孔净宽)	m	7	
闸底板高程	m	41.02	

续表

序号及名称	单位	数量	备注
e. 张衙门拦河闸（除涝/防洪）	m^3/s	177/488	
型式		开敞式	
孔数		5	
尺寸（单孔净宽）	m	7	
闸底板高程	m	44.32	
(2) 入库泵站	座	1	
设计流量	m^3/s	0.93	
设计总扬程	m	3.4	
水泵型号		20ZLB－70	
装机台数	台	3	
总装机容量	kW	90	
(3) 放水洞	座	1	
最大设计流量	m^3/s	22.8	
断面尺寸	m×m	2.0×2.0	
闸底板高程	m	44.4	
(4) 灌溉回用工程提水站	座	10	
a. 贵子韩提水站			
设计流量	m^3/s	3.0	
设计扬程	m	1.17	
水泵型号		700ZLB－4（+4）	
装机台数	台	2	
总装机容量	kW	180	
b. 李楼提水站			
设计流量	m^3/s	3.0	
设计扬程	m	1.77	
水泵型号		700ZLB－4（+4）	
装机台数	台	2	
总装机容量	kW	220	
c. 邵家庄提水站			
设计流量	m^3/s	2.5	
最大净扬程	m	3.08	
水泵型号		700ZLB－4	
装机台数	台	2	
总装机容量	kW	220	
d. 周店提水站			
设计流量	m^3/s	2.5	
最大净扬程	m	3.58	

续表

序号及名称	单位	数量	备注
水泵型号		700ZLB－4	
装机台数	台	2	
总装机容量	kW	220	
e. 雷楼提水站			
设计流量	m^3/s	2.5	
最大净扬程	m	2.98	
水泵型号		700ZLB－4	
装机台数	台	2	
总装机容量	kW	220	
f. 侯楼提水站			
设计流量	m^3/s	2.5	
最大净扬程	m	2.88	
水泵型号		700ZLB－4	
装机台数	台	2	
总装机容量	kW	220	
g. 宋李庄提水站			
设计流量	m^3/s	1.5	
最大净扬程	m	1.81	
水泵型号		500ZLB－4	
装机台数	台	2	
总装机容量	kW	110	
h. 前朱庄提水站			
设计流量	m^3/s	1.5	
最大净扬程	m	2.09	
水泵型号		500ZLB－4	
装机台数	台	2	
总装机容量	kW	110	
i. 欧楼提水站			
设计流量	m^3/s	1.5	
最大净扬程	m	3.26	
水泵型号		500ZLB－85	
装机台数	台	2	
总装机容量	kW	150	
j. 鹿楼提水站			
设计流量	m^3/s	1.5	
最大净扬程	m	3.25	
水泵型号		500ZLB－85	

续表

序号及名称	单位	数量	备注
装机台数	台	2	
总装机容量	kW	150.0	
三、工程迁占情况			
1. 工程占地	亩		
(1) 永久占地	亩	498.84	不包括菏泽市人民政府已征用土地
(2) 临时占地	亩	1671.7	
2. 拆迁房屋数量	m^2		
3. 影响集镇	个		
4. 影响企事业单位	个		
5. 移民工程总投资	万元	1808.42	
四、工程施工			
1. 主要工程量			
(1) 土方开挖	万 m^3	169.92	
(2) 土方回填	万 m^3	34.11	
(3) 砌石	万 m^3	3.43	
(4) 混凝土及钢筋混凝土	万 m^3	3.04	
(5) 钢筋制作安装	t	1635	
2. 主要建筑材料			
(1) 钢筋	t	1748	
(2) 木材	m^3	62	
(3) 水泥	t	14 477	
(4) 汽油	t	36	
(5) 柴油	t	1246	
(6) 砂	m^3	44 275	
(7) 碎石	m^3	103 399	
(8) 块石	m^3	34 601	
3. 所需劳动力			
总工日	万工时	234	
4. 工期	年	2	

聊城市金堤河截污导流工程

工 程 概 况

金堤河截污导流工程是南水北调东线第一期工程的重要组成部分。该工程的任务是：为避免由河南省下排入金堤河、小运河的污废水污染输水干线——小运河，将上游下泄的污废水进行改排。工程主要是考虑污水的导出问题，不用考虑河道的拦蓄能力。

金堤河排水规模为 $15m^3/s$。另根据山东省统一规定金堤河截污导流工程导污河道导污流量再叠加区域 3 年一遇非汛期径流量。

工程等别为三等，马湾节制闸、油坊涵洞及穿东西连接渠涵洞等主要建筑物级别为3级，次要建筑物级别为4级，临时建筑物级别为4级。

工程总体布置

从张秋闸排水至小运河马湾节制闸（桩号10+955），在小运河右岸向东新开渠道3.7km［桩号（10+976）～（14+676）］连通郎营沟，通过郎营沟整治、改建油坊穿涵（桩号17+976）、新建穿东西连接渠涵洞（桩号36+950）及新开2.3km渠道［桩号（36+950）～（39+250）］连通四新河，经四新河排水入徒骇河。

聊城市金堤河截污导流工程建设内容为连通渠道工程及建筑物工程。连通渠道工程包括小运河至郎营沟3.7km新开渠道工程、郎营沟至四新河2.3km新开渠道工程、郎营沟22.3km设计指标调整工程。建筑物工程包括新建马湾节制闸工程（设计桩号10+960）、新建马湾排水涵闸工程（设计桩号10+976）、新建前白排水闸工程（设计桩号36+875）、油坊穿涵改建工程（设计桩号17+976）、新建穿东西连接渠涵洞工程（设计桩号36+950）、其他小型建筑物新改建工程。

主要建筑物

（一）渠道工程

1. 渠道平面布置

新开连通渠道小运河至郎营沟设计桩号（10+976）～（14+676），底宽为6.3m；郎营沟设计指标调整设计桩号（14+676）～（36+950），底宽为5.8～6.6m；新开连通渠道东西连渠穿涵至四新河设计桩号（36+950）～（39+250），设计底宽为6.0m。

2. 纵断面

经综合考虑，确定小运河至郎营沟油坊涵洞［桩号（10+976）～（17+976）］设计河底比降为1∶12 000，郎营沟油坊涵洞至四新河设计河底比降为1∶13 000。

3. 横断面

导污渠道均为梯形单式断面。新开段及郎营沟设计指标调整段渠道边坡系数均为1∶2.0。

（二）马湾节制闸

马湾节制闸设计排涝流量40.6m^3/s，设计排涝水位35.75m，设计行洪流量79.2m^3/s，设计行洪水位37.2m。

节制闸全长81.5m，由上游连接段33m、闸室段9.0m、消力池段11.5m及下游连接段28m组成。闸孔单孔净宽3m，共设3孔。

（三）马湾排水涵闸

马湾排水涵闸截污导流设计流量17.83m^3/s。

排水涵闸主要由进口连接段10m、闸室段8m、涵洞段12m，出口连接段32m四部分组成，建筑物总长为62m。闸孔单宽为2.5m，共设两孔。

（四）前白排水闸

前白排水闸流设计流量6.15m^3/s。

前白排水涵闸主要由进口连接段10.7m、闸室段6m、出口连接段37m三部分组成，建筑物总长为53.7m。

（五）油坊穿涵改建

油坊穿涵原设计流量为6.94m^3/s，截污导流设计流量为18.21m^3/s。

穿涵工程由洞身段、上下游连接段、进出口渐变段五部分组成。洞身段184m，进口渐变段长12m，出口渐变段长15m，上游连接段护砌8m，下游连接段护砌20m，建筑物总长239m。洞身为单孔箱涵形式，单孔净尺寸2.8m×2.8m（宽×高）。

（六）东西连渠穿涵

东西连渠穿涵设计排涝流量25.23m^3/s，设计水位33.98m。金堤河截污导流设计流量为19.08m^3/s，设计水位32.63m。

东西连渠穿涵由洞身段、上、下游连接段三部分组成。洞身段长100m，进口渐变段长12m，上游连接段护砌8m，下游连接段护砌25.4m，建筑物总长145.4m。洞身为3孔箱涵形式，单孔净尺寸2.5m×2.0m（宽×高）。

工程特性表

序号及名称	单位	数量	备注
一、社会经济			
1. 范围（县、区个数）	个	3	
2. 总面积	km^2	3109	
3. 人口	万人	217.52	
二、水文			
1. 流域面积			
工程控制流域面积	km^2	528	
2. 3年一遇非汛期渠道径流流量	m^3/s		
小运河（运河杈）	m^3/s	2.83	
郎营沟油坊涵洞	m^3/s	3.21	
郎营沟齐南公路	m^3/s	3.60	
郎营沟郭庄	m^3/s	3.97	
郎营沟四新河	m^3/s	4.09	
四新河老四干	m^3/s	4.81	
四新河聊滑公路	m^3/s	6.01	
四新河将官屯	m^3/s	6.96	
四新河大孟营	m^3/s	6.96	
四新河入徒骇河	m^3/s	7.41	
三、工程情况			
1. 中水排放量	万t/年	1840	
2. COD排放量	t/年	14 720	
3. NH_3-N排放量	t/年	5520	
4. 河道及主要建筑物			
(1) 河道工程			
新开挖段	km	6	
1) 小运河马湾至郎营沟开挖段			
长度	km	3.7	
底宽	m	6.3	
边坡	左/右	1:2.0	
比降		1:12 000	

续表

序号及名称	单位	数量	备注
2）东西联渠穿涵至四新河段			
长度	km	2.3	
底宽	m	6	
边坡	左/右	1:2.0	
比降		1:13 000	
（2）主要建筑物			
1）马湾节制闸			
六四雨型排涝设计流量	m^3/s	40.6	
六一雨型行洪设计流量	m^3/s	79.2	
孔数		3	
总净宽	m	9	
闸底板高程	m	32.25	
挡水水位	m	36.38	
挡水高度	m	4.13	
2）马湾排水闸			
截污导流设计流量	m^3/s	17.83	
孔数		2	
总净宽	m	5	
闸底板高程	m	33.58	
挡水水位	m	37.2	
挡水高度	m	3.62	
3）前白排水闸			
截污导流设计流量	m^3/s	6.15	
孔数		1	
总净宽	m	2.5	
闸底板高程	m	31.98	
挡水水位	m	33.98	
挡水高度	m	2.00	
结构型式		开敞式	
4）穿涵			
a. 油坊穿涵			
截污导流设计流量	m^3/s	18.21	
孔数	孔	1	
断面尺寸	m×m	2.8×2.8	
结构型式		钢筋混凝土箱涵	
洞长	m	184	
b. 东西连渠穿涵			

续表

序号及名称	单位	数量	备注
六四雨型除涝设计流量	m^3/s	25.23	
设计水位	m	33.98	
断面尺寸	m×m	2.5×2.0	
结构型式		钢筋混凝土箱涵	
涵洞洞长	m	100	
5）桥梁			
a. 公路桥	座	2	
重建：净7.0m+2×0.3m、3孔8m	座	1	
新建：净5.5m+2×1.0m、3孔8m	座	1	
b. 生产桥	座	27	
重建：净4.4m+2×0.3m、1孔8m	座	13	
重建：净5.0m+2×0.3m、1孔8m	座	10	
重建：净7.0m+2×0.3m、1孔8m	座	1	
新建：净4.4m+2×0.3m、1孔8m	座	3	
c. 人行桥	座	8	
重建：净2.5m+2×0.25m、1孔8m	座	6	
新建：净2.5m+2×0.25m、1孔8m	座	2	
6）渡槽			
重建	座	11	
结构型式		简支梁式、桩基础	
新建	座	1	
结构型式		简支梁式、桩基础	
7）涵闸	座	6	
设计流量	m^3/s	1.5~1.6	按六四雨型
孔数		1	
闸孔尺寸	m×m	1.0×1.5	
结构型式		涵闸	
8）双庙南沟倒虹			
排涝设计流量	m^3/s	3.3	按六四雨型
灌溉设计流量	m^3/s	1.5	
孔数		1	
管径	m	ϕ1500	
结构型式		钢筋混凝土承插管	
9）排涵			
孔数		1	
结构型式		钢筋混凝土排水管	

续表

序号及名称	单位	数量	备注
管径	m	ϕ1000	
数量	座	14	
设计流量	m^3/s	1.88～2.12	按六四雨型
四、工程迁占情况			
1. 工程占地	亩		
(1) 永久占地	亩	379.18	
(2) 临时占地	亩	1102.4	
2. 影响集镇	个		
3. 移民工程总投资	万元	1807.71	
五、工程施工			
1. 主要工程量			
(1) 土方开挖	万 m^3	106.93	
(2) 土方回填	万 m^3	9.87	
(3) 砌石	万 m^3	1.68	
(4) 混凝土及钢筋混凝土	万 m^3	0.77	
(5) 钢筋制作安装	万 t	0.052	
2. 主要建筑材料			
(1) 钢筋	t	565.65	
(2) 水泥	t	4408.44	
(3) 汽油	t	11.09	
(4) 柴油	t	562.88	
(5) 砂	m^3	5716	
(6) 碎石	m^3	7320	
(7) 块石	m^3	16 621	
3. 所需劳动力			
总工时	万工时	48.98	
4. 工期	年	1.00	

临清市汇通河截污导流工程

工 程 概 况

临清市汇通河截污导流工程是将污水处理厂处理后的中水改排，不再排入临清六分干，以保证南水北调输水干线的水质，中水排放规模6万t/d；同时，通过河渠、管道连接工程输送中水，利用胡家湾水库、友谊渠和尚潘渠等拦蓄利用，用以灌溉周边的农田，实现污水资源化，最大限度地利用和节约水资源。另外，临清市原排入六分干的城市非汛期雨涝水不再排入六分干，进行改排，另外寻找出路。

临清市汇通河截污导流工程主要建设内容包括河（渠）道整治工程和新建工程。

（1）河（渠）道整治工程，河（渠）道整治总长度6.28km，包括城区汇通河1.18km河道清淤疏浚、城区石河1.07km河道清淤疏浚、红旗渠4.03km渠道清淤疏浚及建筑物改建。

（2）新建工程，包括红旗渠至北大洼铺设管线长度0.67km（双排1.34km），北大洼至石河铺设管线长度2.832km（双排5.664km），汇通河头闸口至入卫新河铺设管线长度1.85km，新建胡家湾倒虹吸1座，建红旗渠入卫穿堤涵闸1座。

从汇通河头闸口至胡家湾倒虹吸铺设管道，输送中水入胡家湾水库，设计流量0.7m^3/s。胡家湾倒虹吸的设计流量为0.7m^3/s，红旗渠排水涵闸的设计流量为8.06m^3/s。

聊城市汇通河截污导流工程规模为小（1）型，主要建筑物级别为4级，次要建筑物级别为5级。穿卫运河大堤涵闸的级别，按所在堤防工程的级别确定，卫运河大堤为2级，因此确定穿卫运河大堤涵闸的级别也为2级。

工程总体布置

临清市汇通河截污导流工程总体布置是：临清市污水处理厂处理后的中水进入红旗渠后，在红旗渠末端向南新建连通管线0.67km输水入北大洼，在北大洼西侧石油库处向西至大众路口、向南沿大众路、至先锋路口向西至卫运河大堤、再向南新建连通管线2.832km连通石河，通过整治石河、汇通河（头闸口至二闸口）的河段2.25km、汇通河头闸口至胡家湾倒虹吸铺设管道1.85km、在入卫新河桩号78+593处新建倒虹吸输水入胡家湾水库。在红旗渠穿卫运河大堤处建穿堤涵闸。在输水河渠穿越道路处，根据道路的具体情况布设4座桥涵。

主要建筑物

临清市汇通河截污导流工程涉及建筑物共计7座（项）。其中，桥涵4座（重建）、新建穿堤涵闸1座、新建输水管道工程（含进口闸、检查井等）1项、新建倒虹吸1座。

（一）渠（管）道工程

1. 新建连通管道

管道采用钢筋混凝土排水管，管线长度3.502km，其中石河至北大洼长2.832km，北大洼至红旗渠长0.67km。采用双管铺设，企口连接形式，接口处设120°混凝土管道基础。管道总长度7.004km。沿输水管线布设33座检查井，用于管道转弯及检修之用。

2. 纵断面

城区内河道包括汇通河和石河。由于城区内河道具有双向输（排）水要求，结合原有河道现状和临清城区已整治完成的河道工程情况，确定河道设计渠底比降为0即平底，河底设计高程为29.00m。延用红旗渠原有纵断面设计指标，渠底比降为0，河底设计高程为29.00m。

3. 横断面

城区内疏浚整治旧河道，采用梯形断面，边坡系数2.0；红旗渠为梯形断面土渠，边坡系数2.0。糙率为0.025。石河整治段、汇通河整治段底宽3m；红旗渠底宽保持不变，六分干闸前—京九铁路段底宽6m，京九铁路—入卫穿堤涵闸段底宽4m。

（二）红旗渠入卫穿堤涵闸工程

红旗渠入卫穿堤涵闸工程位于红旗渠渠道末端，用于排除不能拦蓄利用的中水和城区非汛期涝水，设计排水流量8.06m^3/s。工程包含进口段、穿堤涵洞、出口段、下游明渠段。

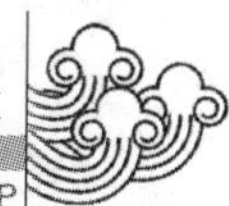

1. 进口段

由连接段、闸室段组成。连接段为砌石结构，采用砌石扭坡与上游渠道连接，长度10m，并设反滤层；闸室段为钢筋混凝土结构，长8m。

2. 穿堤涵洞

穿堤涵洞为钢筋混凝土箱涵结构，单孔，孔径2m×2m（宽×高），共分7节，其中大堤下4节单节长度7m，其余单节长度14m。

3. 出口段

由闸室段、消力池段组成。闸室段为钢筋混凝土结构，长8m；消力池段总长11.60m（其中斜坡段坡比1:4）。

4. 下游明渠段

滩地明渠采用混凝土板进行全断面衬砌，衬砌渠道总长430.06m，渠道末端接陡坡段长10m，抛石槽段长6m。

（三）输水管道工程

自汇通河头闸口至胡家湾倒虹吸采用预应力钢筋混凝土管道输送中水，设计输水流量0.7m^3/s，管径1.2m，管线铺设长度1.85km。

（四）胡家湾穿入卫新河倒虹吸工程

胡家湾倒虹吸工程设计输水流量0.7m^3/s，设计输水管径1.2m。胡家湾倒虹吸工程由洞身段、出口段组成。

1. 洞身段

采用5m一节承插式预应力钢筋混凝土管道，管道接头为柔性接头，直径1.2m。上游水平段长30m，上游斜坡段长11.44m，渠底水平段长70m，下游斜坡段长6.80m，下游水平段长70m。管身转角处采用钢筋混凝土封闭式镇墩型式。

2. 出口段

由闸室段、连接段组成。闸室段为钢筋混凝土结构，长3m，连接段为砌石和抛石结构，其中砌石段长度22.90m，抛石段长度3.5m。

（五）桥涵工程

根据工程实际情况，该工程桥梁设计采用涵洞型式。因桥宽度均在13m以上，为减少投资，在满足过流允许水头损失的情况下拟采用箱涵型式。

工程特性表

序号及名称	单位	数量	备注
一、社会经济			
1. 范围（县、区个数）	个	1	临清市
2. 临清市总面积	km^2	957	
3. 临清市建成区面积	km^2	22.7	
4. 城区常住人口	万人	20	
二、水文			
1. 流域面积			
工程控制流域面积	km^2	22.7	城区建成面积
2. 3年一遇非汛期渠道排水流量			
汇通河整治段	m^3/s	1.46	
石河整治段	m^3/s	1.14	

续表

序 号 及 名 称	单 位	数 量	备 注
石河北端—北大洼西端	m^3/s	3.83	
北大洼北端—红旗渠	m^3/s	4.01	
红旗渠（京九铁路—六分干段）	m^3/s	3.12	
红旗渠（京九铁路—红旗渠出口）	m^3/s	4.37	
三、工程情况			
1. 中水排放量	万 t/年	2190	
2. COD 排放量	t/年	11 910	
3. NH_3-N 排放量	t/年	942	
4. 工程建设规模			
拦蓄中水水量	万 t/年	2190	
5. 河（管）道及主要建筑物			
（1）管道工程			
1）铺设管道总长度	km	3.502	单根长度
a. 石河北端—北大洼新铺设管段			
长度	km	2.832	单根长度
管径	mm	2000	
根数	根	2	
比降		0	
b. 北大洼北—红旗渠新铺设管段			
管线　长度	km	0.67	单根长度
管径	mm	2000	
根数	根	2	
比降		0	
2）河（渠）道整治段总长度	km	6.28	
a. 汇通河整治段			
长度	km	1.18	
底宽	m	3	
边坡	左/右	1:2	
比降		0	
b. 石河			
长度	km	1.07	
底宽	m	3	
边坡	左/右	1:2	
比降		0	
c. 红旗渠			
长度	km	4.03	

续表

序号及名称	单位	数量	备注
底宽	m	6	京九铁路—六分干闸前
		4	入卫涵闸—京九铁路
边坡	左/右	1:2	
比降		0	
(2) 主要建筑物			
1) 红旗渠入卫穿堤涵闸			
设计流量	m^3/s	8.06	
孔数	孔	1	
总净宽	m	2	
孔高	m	2	
进口闸底板高程	m	29.00	
出口闸底板高程	m	28.84	
进口挡水水位	m	31.15	
挡水高度	m	2.15	
出口挡水水位	m	36.03	
挡水高度	m	7.19	
2) 输水管道工程			
设计流量	m^3/s	0.70	
设计管径	m	1.2	
3) 胡家湾倒虹吸			
设计流量	m^3/s	0.70	
孔数	孔	1	
孔径	m	1.2	
四、工程迁占情况			
1. 工程占地			
(1) 永久占地	亩	10.7	
(2) 临时占地	亩	6.0	
2. 影响办事处	个	2	
3. 移民工程总投资	万元	178.06	
五、工程施工			
1. 主要工程量			
(1) 土方开挖	万 m^3	33.86	
(2) 土方回填	万 m^3	20.26	
(3) 砌石	万 m^3	0.20	
(4) 混凝土及钢筋混凝土	万 m^3	0.48	
(5) 钢筋制作安装	t	65.97	

续表

序号及名称	单位	数量	备注
2. 主要建筑材料			
(1) 钢材	t	78.14	
(2) 木材	m^3	12.82	
(3) 水泥	t	1840.74	
(4) 汽油	t	1.82	
(5) 柴油	t	231.5	
(6) 砂	m^3	3564.37	
(7) 碎石	m^3	4291.28	
(8) 块石	m^3	2148.55	
(9) 料石	m^3		
3. 所需劳动力			
总工时	万工时	46.74	
4. 工期	年	1.00	

武城县截污导流工程

工程概况

武城县截污导流工程位于鲁西北堆积平原区，工程建设的任务是：在该控制单元全部实施完成治污工程的前提下，为实现七一、六五河的水质控制目标和总量控制目标，通过新建拦蓄和导流工程，干线输水期间拦截或导送武城和平原的下泄中水 835.6 万 m^3，通过中水灌溉回用，减少 COD 入河量 835.6t，减少 NH_3-N 入河量 73.0t，实现污染物零入河的目标。工程主要建设内容包括：

（1）武城县六六河、平原县马减竖河共 16.5km 河道清淤疏浚，其中武城县六六河共 5.2km［桩号（3+000）~（8+200）］，平原县马减竖河堤上旧城河倒虹吸—三十里铺穿涵 11.3km。

（2）重建新建武城县境内利民河东支郑郝节制闸、新建六六河东大屯闸，新建平原县境内马减竖河后程倒虹及三十里铺穿涵；新建平原县境内马减竖河三十里铺南涵闸、三十里铺东南涵闸、甜水铺东北 3 座挡水闸和武城县境内蒋庄沟、青龙河、小董王庄沟、北支沟、棘围沟、改碱沟末端 6 座节制闸及蒋庄沟；维修现有的六六河与利民河东支、洪庙沟、头屯南干沟、改碱沟、棘围沟、北支沟交汇处以及头屯南干沟、洪庙沟、赵庄沟末端共 9 处涵闸及 5 座旧交通桥；重建武城县境内六六河上吴小屯生产桥和韩坟台生产桥。

武城子单元总拦蓄利用能力 835.6 万 m^3。武城子单元截污导流工程总拦蓄能力为 186.94 万 m^3。工程等别为四等，主要建筑物级别为 4 级，次要建筑物级别为 5 级。

防洪标准为 20 年一遇，排水标准为 5 年一遇。

工程总体布置

将污水处理厂处理达标后的中水排入六六河，利用六六河、利民河东支、赵庄沟、

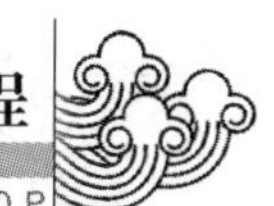

改碱沟、小董王庄沟、姜庄沟、青龙沟、棘围沟、北支沟等蓄存中水，在每年的10月至次年5月南水北调输水期间蓄存中水，再由各条支沟引水或提水灌溉。6~9月汛期南水北调非调水期间，将中水排入减河。

为了更有效利用中水，增加蓄水量，新建六六河东大屯闸，新建利民河东支郑郝节制闸。

主要建筑物

（一）河道工程

武城县六六河、平原县马减竖河共16.5km河道清淤疏浚，其中武城县六六河共5.2km［桩号（3+000）~（8+200）］，平原县马减竖河堤上旧城河倒虹吸—三十里铺穿涵11.3km。

（二）拦河闸工程

拦河闸工程由干流节制闸、干流涵闸、支流节制闸及支流涵闸组成。

干流节制闸包括东大屯闸和东支郑郝闸，由上游连接段、闸室段、下游连接段组成。

干流涵闸为三十里铺穿涵，由上游连接段、闸室段、涵洞段及下游连接段组成。

支流节制闸包括六六河支流上的北支沟、棘围沟、小董王庄沟、姜庄沟末端及青龙河末端5座节制闸。各闸由上游连接段、闸室段、下游连接段组成。

支流涵闸包括六六河支流上的改碱沟末端涵闸和马碱竖河支流上的甜水铺东北、三十里铺南及东南3座涵闸。各闸由上游连接段、闸室段、涵洞段及下游连接段组成。

（三）倒虹工程

位于马减竖河上的后程倒虹为单孔倒虹，孔口尺寸为3.0m×3.0m。倒虹均由上游连接段、倒虹段、下游连接段组成。设进口闸及排涝节制闸，排涝节制闸共2孔，每孔净宽3.0m。

（四）生产桥工程

该工程需新建生产桥2座，维修5座，根据生产桥桥址处的河道断面及生产桥与河道交叉角度，统一采用标准化跨径8.0m，并根据生产桥所在的道路路面宽度、交通流量等因素确定生产桥桥面净宽。

工程特性表

序号	序号及名称	单位	数量
一	社会经济		
1	范围（县、区个数）	个	2
2	土地面积	km^2	1795
3	人口	万人	81
二	工程情况		
1	中水入河量	万t/年	1250
2	COD入河量	t/年	1250
3	NH_3-N入河量	t/年	109.5
4	工程建设规模	万m^3	186.94
（1）	工程涉及河道	条	12
	蓄水河道	条	12
（2）	蓄水深	m	3~3.5
	总库容	万m^3	175.56

续表

序 号	序 号 及 名 称	单 位	数 量
	死库容	万 m^3	12.8
	调节库容	万 m^3	162.76
5	主要建筑物	座	15
(1)	重建拦河闸	座	1
六六河	东大屯闸		
	设计流量	m^3/s	41.5
	型式		开敞式
	孔数	孔	2
	尺寸（单孔净宽）	m	3
	闸底板高程	m	18.8
(2)	新建拦河闸		
利民河东支	东支郑郝闸		
	设计流量	m^3/s	14.3
	型式		开敞式
	孔数	孔	2
	尺寸（单孔净宽）	m	2.5
	闸底板高程	m	18.5
(3)	新建涵闸	座	1
马减竖河	三十里铺涵闸		
	设计流量	m^3/s	10
	型式		穿堤涵闸
	孔数	孔	1
	尺寸（单孔净宽）	m	3
	闸底板高程	m	20.70
(4)	新建倒虹	座	2
马减竖河	后程倒虹		
	设计流量	m^3/s	10
	型式		箱涵
	孔数	孔	1
	洞口尺寸		3×3
	闸底板高程	m	21.5
三	工程迁占情况		
1	工程占地	亩	460.48
(1)	永久占地	亩	91.58
(2)	临时占地	亩	368.9
2	拆迁房屋数量	m^2	
3	影响集镇	个	6

续表

序　号	序　号　及　名　称	单　位	数　量
4	影响行政村	个	35
5	移民环境工程总投资	万元	650.0
四	工程施工（不含施工、水保、环评工程）		
1	主要工程量		
(1)	土方开挖	万 m^3	29.19
(2)	土方回填	万 m^3	2.34
(3)	砌石	m^3	9002
(4)	混凝土及钢筋混凝土	m^3	5737
2	工期	年	1

夏津县截污导流工程

工　程　概　况

夏津县截污导流工程位于南水北调东线干线的夏津县境内。工程建设任务是：在该控制单元全部实施完成治污工程的前提下，为实现七一、六五河的水质控制目标和总量控制目标，通过新建拦蓄工程，设计水平年干线输水期间可拦截城区下泄尾水546.8万m^3，通过中水灌溉回用，减少COD入河量546.8t，减少NH_3-N入河量82.1t，实现污染物零入河的目标。工程主要建设内容包括：

（1）三支沟6.2km河道清淤疏浚工程，新建1座涵管工程。

（2）重建青年河范楼闸（0+000）、李楼闸（带桥）(5+685)、北马庄闸（16+000），维修齐庄闸。

（3）重建青年河许小庄桥、孔庄桥、郑庄桥、许老庄桥、营子桥、闫庙桥、小辛庄桥、拐儿庄桥、纪家户桥、白龙王庙桥、陈屯北桥、新盛店桥等生产桥12座，重建城北改碱沟上的齐庄桥、刘辛庄桥、霍庄桥、北铺店桥等生产桥4座。

（4）重建青年河郑庄、孔庄2座扬水站。

青年河、城北改碱沟两条河道及青年河东侧支流总拦蓄利用能力707.85万m^3，其中中水入河量为546.8万m^3，径流量为161.05万m^3，灌溉蓄水量为617.66万m^3，拦蓄库容为171.33万m^3，中水可基本就地消化，可确保在干线输水期间，污染物不进入输水渠道。

夏津县截污导流工程总调蓄能力为171.8万m^3。工程等别为四等；青年河范楼闸、李楼闸（带桥）、北马庄闸和城北改碱沟齐庄闸等建筑物级别为4级，临时建筑物级别为5级，青年河、城北改碱沟上的生产桥16座，为“乡乡通”生产桥。

工　程　总　体　布　置

南污水处理厂处理后的中水，通过清淤后的三支进入青年河和城北改碱沟，由两条河道及相连支沟通过梯级拦河闸实现层层拦蓄，并经河道沿岸灌溉回用工程引水灌溉，在南水北调调水期间确保中水不进入六五河。在南水北调非调水期间，通过青年河截污闸和城北改碱沟仁育官庄闸，将中水排入六五河，并泄入减河。

主要建筑物

（一）河道工程

三支沟清淤疏浚，不考虑筑堤，清淤断面的设计，底宽为2m，边坡为1:2.5，沟底比降1/20 000，沟底高程确定为22.35—22.65m。清淤土方作为弃土就近堆于河道两侧，并避开村镇。为方便群众复耕，弃土堆高2.5m，边坡采用1:2.5。

（二）拦河闸工程

夏津县截污导流共有4座拦河闸工程，拆除重建3座：包括范楼闸、李楼闸、北马庄闸；维修加固齐庄闸。

1. 李楼闸

需拆除重建的原李楼闸离上游的李楼桥相距不足200m，为了节省投资，根据这一地形条件，将这两座建筑物合并为闸带桥结构，将李楼闸的闸址改建在现李楼桥位置。李楼闸设计排涝流量32.60m^3/s，排涝水位25.49m，设计单孔净宽3.0m，设两扇3.0m×4.0m（宽×高）工作钢闸门，闸门双向挡水，闸上挡水位25.3m，闸下挡水位23.80m。设2台100kN单吊点手动螺杆式启闭机。设计闸室长度为11.50m，底板顶高程21.80m，底板厚度0.80m，中墩厚度1.0m，边闸墩厚度0.80m，闸顶高程27.20m。闸顶设钢筋混凝土排架和机架桥，排架顶高程31.60m，机架桥顶高程32.0m，大梁高度0.40m。不设配电设施、启闭机房和桥头堡。此闸原交通桥桥面宽度为8.0m，此次改建为闸带桥结构，交通桥设计标准按公路2级，设计桥面净宽为7.0m，设0.50m安全带。

2. 范楼闸

范楼闸的闸址不变，现交通桥中心线与原交通桥中心线重合。范楼闸设计排涝流量32.60m^3/s，排涝水位26.39m，设计单孔净宽3.0m，设两扇3.0m×4.0m（宽×高）工作钢闸门，闸门双向挡水，闸上挡水位25.3m，闸下挡水位25.3m。设2台100kN单吊点手动螺杆式启闭机。闸室长度为7.50m，底板顶高程22.20m，底板厚度0.80m，中墩厚度1.0m，边闸墩厚度0.80m，闸顶高程28.30m。闸顶设钢筋混凝土排架和机架桥，排架顶高程32.70m，机架桥顶高程33.10m，大梁高度0.40m。不设配电设施、启闭机房和桥头堡。此闸原交通桥桥面总宽度为4.0m，改建交通桥桥面设计总宽度仍为4.0m。

3. 北马庄闸

北马庄闸的闸址不变，现交通桥中心线与原交通桥中心线重合。北马庄闸设计排涝流量32.60m^3/s，排涝水位24.08m，设计单孔净宽3.0m，设两扇3.0m×4.0m（宽×高）工作钢闸门，闸门双向挡水，闸上挡水位23.3m，闸下挡水位22.59m。设2台100kN单吊点手动螺杆式启闭机。闸室长度为7.50m，底板顶高程20.80m，底板厚度0.80m，中墩厚度1.0m，边闸墩厚度0.80m，闸顶高程26.10m。闸顶设钢筋混凝土排架和机架桥，排架顶高程30.50m，机架桥顶高程30.90m，大梁高度0.40m。不设配电设施、启闭机房和桥头堡。此闸原交通桥桥面总宽度为4.0m，此次改建交通桥设计桥面总宽度仍为4.0m。

4. 齐庄闸

齐庄闸位于城北改碱沟桩号7+200，共2孔，单孔净宽2.5m，排涝流量22.80m^3/s，闸门双向挡水，闸上挡水位24.09m，闸下挡水位23.98m，闸底高程21.12m。

根据“夏津县截污导流工程配套涵闸现状表”，齐庄闸混凝土排架、机架桥完好，无启闭机，混凝土闸门，无止水，混凝土闸墩，石墩砖拱涵洞2孔桥，小桥长20m，宽3.5m，无护轮带、栏杆。据此，齐庄闸此次维修加固内容：更换闸门及启闭机。

拦河闸主要设计指标列入表1。

(三) 灌溉回用提水泵站工程

郑庄、孔庄提水泵站均采用正向引水式泵站，由上游引渠段、进水池、厂房、出水管道、出水池、交通桥及出口连接段等七部分组成。

表1　　拦河闸主要设计指标表

拦河闸名称		范楼闸	李楼闸	北马庄闸	齐庄闸
设计流量 (m^3/s)		32.60	32.60	32.60	22.80
设计水位 (m)	正向	25.3	25.3	23.8	24.09
	反向	25.3	23.8	22.59	23.98
闸底板高程 (m)		22.2	21.80	20.80	21.12
闸墩顶高程 (m)		28.30	27.20	26.10	
机架桥顶高程 (m)		33.10	32.00	30.90	
单孔净宽 (m)		3.0	3.0	3.0	2.50
孔　　数		2	2	2	2
闸门尺寸 (宽×高) (m×m)		3×3.5	3×4.0	3×3.5	2.5×3.5
启闭机型号		2台100kN单吊点手动螺杆式启闭机			
中墩厚度 (m)		1.0	1.0	1.0	
边墩厚度 (m)		0.80	0.80	0.80	

提水泵站进水池与大堤中心线正交。泵房采用机泵分离式湿室型泵房，分上下两层，下层为水泵层，上层为电动机层兼工作层。当有排涝任务时，涝水通过出水池—排水闸—进水池泄入青年河。

(1) 郑庄提水泵站。安装2台700ZLB1.8-4.1型轴流泵，叶片安装角度-2°，转速730r/min。设计扬程4.05m，单泵流量1.54m^3/s，效率82.5%，满足设计流量和设计扬程的要求，水泵配套电动机型号YL355M 8，功率132kW，电压380V。

(2) 孔庄提水泵站。安装2台600ZLB-100轴流泵，叶片安装角度0°，转速730r/min，配套功率75kW。当设计扬程3.50m时，单泵流量0.883m^3/s，满足设计流量和设计扬程的要求。水泵配套电动机型号YL315M-8，功率75kW，电压380V。

提水泵站主要设计指标列入表2。

表2　　提水泵站主要设计指标表

提水泵站名称	郑庄提水泵站	孔庄提水泵站
桩号	10+200	7+300
提水流量 (m^3/s)	3	1.5
排涝流量 (m^3/s)	5	3
设计扬程 (m)	3.45	3.50
水泵台数	2	2
水泵型号	700ZLB1.8-4.1型轴流泵	600ZLB-100轴流泵
电动机型号	YL355M-8，功率132kW	YL315M-8，功率75kW
最低水位 (m)	23.30	22.50
进水管高程 (m)	22.25	21.60

续表

提水泵站名称	郑庄提水泵站	孔庄提水泵站
出水管中心高程（m）	26.75	25.75
进水池底高程（m）	21.50	20.90
出水池底高程（m）	24.0	23.30
水泵层高程（m）	23.53	22.51
电动机层高程（m）	26.50	25.80
水泵中心距离（m）	6.0	5.4
进水池长度（m）	4.50	4.50
进水池宽度（m）	9.0	8.4
出水池长度（m）	5.70	5.70
出水池宽度（m）	8.40	7.80

（四）交叉涵管工程

三支渠设计断面为：设计河底高程22.6m，底宽2.0m，边坡1:2.5，沟深4m，进口水深为1.54m，设计排涝流量5.6m^3/s。

（五）生产桥

夏津县截污导流共有16座生产桥工程：包括跨青年河12座，跨城北改碱沟4座。

（1）上部构造。生产桥上部构造套用《中华人民共和国交通行业公路桥梁通用图集装配式钢筋混凝土简支板桥梁上部构造》（编号：36－35，36－36），上部结构预制空心板采用8m及10m标准跨径，板宽1m；荷载等级：公路Ⅱ级。

（2）桥墩和基础。单孔桥采用钢筋混凝土悬臂式结构桥墩，钢筋混凝土灌注桩基础。多孔桥采用钢筋混凝土圆柱形墩柱，钢筋混凝土扩大条形基础。

（张元教　摘编）

伍 中线工程

THE MIDDLE ROUTE PROJECT OF THE SNWDP

综　述

干　线　工　程

前　期　工　作

南水北调中线干线工程包括古运河南—北京段工程、古运河南—漳河北段工程、穿漳河工程、漳河南—黄河北段工程、穿黄工程、黄河南—沙河南段工程、沙河南—陶岔段工程、渠首陶岔闸工程、天津干线工程及专题专项研究等十个单项工程。上述工程按照程序调整划分为74个初步设计单元工程。其中27个设计单元采用公开招标方式选择了初步设计及技施阶段勘测设计承担单位。

2008年，《南水北调中线一期工程可行性研究总报告》经国务院批准。

2008年，国务院南水北调办分别以《关于南水北调中线京石段应急供水工程管理专题初步设计报告的批复》（国调办投计［2008］9号）、《关于南水北调中线一期工程天津干线天津市1段、2段工程初步设计报告的批复》（国调办投计［2008］85号）、《关于南水北调中线一期工程总干渠膨胀土试验段工程（南阳段）初步设计报告（技术部分）的批复》（国调办投计［2008］81号）和《关于南水北调中线一期工程总干渠膨胀土试验段工程（南阳段）初步设计报告的批复》（国调办投计［2008］148号）、《关于南水北调中线一期工程总干渠穿漳河交叉建筑物初步设计报告（技术部分）的批复》（国调办投计［2008］129号）先后批复了南水北调中线京石段应急供水工程管理专题、天津干线天津市1段和2段工程、南阳膨胀土试验段工程的初步设计报告和穿漳河交叉建筑物初步设计报告的技术部分。水利部以文《关于南水北调中线一期工程总干渠黄河北—羑河北初步设计报告的批复》（水总［2008］501号）批复了黄河北—羑河北初步设计报告。截至2008年底，已批复的初步设计单元32个。另外，国务院南水北调办以《关于南水北调中线干线工程自动化调度与运行管理决策支持系统（京石应急段）初步设计报告的批复》（国调办投计［2008］34号）批复了南水北调中线京石段应急供水工程自动化调度与运行管理决策支持系统初步设计报告。对于尚未批复的初步设计单元，南水北调中线干线工程建设管理局（以下简称中线建管局）正在抓紧组织编制和修改工作。

2008年，共组织编制完成并上报了《南水北调中线一期工程天津干线下穿京沪铁路框构方案设计》、《南水北调中线一期京石段应急供水工程（北京段）永久供电工程初步设计报告》、《南水北调中线一期工程总干渠膨胀土试验段工程（南阳段）初步设计报告》、《南水北调中线一期工程天津干线第1第4设计单元初步设计报告》、《南水北调中线一期工程总干渠沙河南—黄河南段郑州2段初步设计报告》、《南水北调中线一期穿黄工程生产桥初步设计报告》、《南水北调中线一期总干渠沙河南—黄河南渠段潮河段初步设计报告》等12个设计单元的初步设计报告，完成了黄河以南工程10个设计单元的初步设计报告的编制。

随着初步设计组织管理工作不断深入，

为保证初步设计报告设计质量控制，中线建管局从2006年起，编制了《南水北调中线干线工程初步设计组织工作方案》，并根据工程进展，对组织方案和进度计划进行修订。2008年，为了落实初步设计组织方案，提高设计质量、保证设计进度，中线建管局制定了《提高南水北调中线干线工程初步设计质量、加快初步设计进度的具体保障措施》，印发各设计单位。目前正组织各单位依据管理办法、组织方案和保障措施等开展前期工作。

（苏　霞）

投资计划管理

2008年度，国家共下达南水北调中线干线工程投资计划100.75亿元。其中工程建设投资98.50亿元，初步设计工作投资2.25亿元。南水北调中线干线工程全年共完成投资34.50亿元，其中工程建设完成33.00亿元，初步设计完成1.50亿元。

截至2008年底，国家已批复33个设计单元工程的初步设计报告，投资概算合计439.49亿元。按时间划分，2003年批复概算8.38亿元，2004年批复概算170.15亿元，2005年批复概算31.37亿元，2006年批复概算25.59亿元，2007年批复概算8.29亿元，2008年批复概算195.71亿元。按项目划分，批复京石段应急供水工程概算189.10亿元，穿黄工程概算31.37亿元，黄河北—漳河南工程概算194.42亿元，天津干线工程概算14.78亿元，陶岔渠首—沙河南段工程概算1.85亿元，中线干线专项工程概算7.97亿元。

截至2008年底，国家累计下达中线干线工程投资计划330.88亿元，其中，工程建设投资321.76亿元，文物保护投资1.86亿元，初步设计投资6.12亿元，专项投资0.24亿元。按资金结构分，中央预算内投资84.19亿元，中央预算内专项资金（国债）82.90亿元，南水北调基金57.00亿元，银行贷款106.79亿元。按时间划分，2003年下达2.30亿元，2004年下达35.69亿元，2005年下达48.55亿元，2006年下达71.49亿元，2007年下达72.10亿元，2008年下达100.75亿元。

截至2008年底，中线干线工程累计完成投资180.39亿元，其中，累计完成工程建设投资174.08亿元，文物保护1.86亿元，初步设计4.10亿元，专项投资0.35亿元。

（李文斌）

招标投标

2008年，南水北调中线干线工程共计招标21项，其中，在建工程招标10项，新开工项目9项，其他项目2项。

（一）在建工程

南水北调中线干线惠南庄泵站计算机监控系统集成标于2008年12月18日发布资格预审公告，中标人为南京南瑞集团公司。

南水北调中线干线京石段应急供水工程（石家庄至北拒马河段）35kV输电线路工程施工标于2008年1月3日发布招标公告，中标人为河北省送变电公司。

南水北调中线干线京石段应急供水工程通信管道及光缆施工、通信系统监理标于2008年4月1日发布招标公告。其中，北京段中标人为中铁电气化局集团第二工程有限公司，河北段中标人为武汉贝斯特通信集团有限公司，通信系统监理中标人为华夏邮电咨询监理有限公司。

南水北调中线京石段（委托河北建设管理项目）石津渠暗渠穿越石家庄市引岗黄输水管线工程设计施工标于2008年1月28日发布招标公告，中标人为石家庄供水集团有限责任公司。

南水北调中线京石段应急供水工程（委托河北建设管理项目）防护隔离网栏采购标

于2008年1月29日发布招标公告。其中，第一标段中标人为四川金城栅栏工程有限公司，第二标段中标人为安平县鑫海交通网业制造有限公司，第三标段中标人为黄骅市海洋交通设施工程有限公司。

南水北调中线京石段应急供水工程（委托河北建设管理项目）永久供电线路施工标于2008年3月19日发布招标公告，中标人为河北省送变电公司。

南水北调中线京石段应急供水工程水质监测系统集成标于2008年5月28日发布招标公告，中标人为西安山脉科技发展有限公司。

南水北调中线京石段应急供水工程通信系统电源设备采购标及应用系统、支撑平台、数据存储及计算机网络监理标于2008年5月28日发布招标公告。其中，通信系统电源设备采购标中标人为中国普天信息产业股份有限公司，应用系统、支撑平台、数据存储及计算机网络监理标中标人为黄河工程咨询监理有限责任公司。

南水北调中线京石段应急供水工程通信系统集成标、计算机网络系统集成标、视频监控系统集成标、应用支撑平台与数据存储设备采购安装标于2008年6月10日发布招标公告。其中，通信系统集成标中标人为北京市合力电信集团，计算机网络系统集成标中标人为中国电信集团系统集成有限责任公司，视频监控系统集成中标人为同方股份有限公司，应用支撑平台与数据存储设备采购安装标中标人为中科软科技股份有限公司。

南水北调中线京石段应急供水工程通信系统传输设备采购标、通信系统程控交换设备采购标、现地机房实体环境集成标于2008年9月10日发布资格预审公告。其中，通信系统传输设备采购标中标人为深圳市特发信息股份有限公司，通信系统程控交换设备采购标中标人为山东中创软件工程股份有限公司，现地机房实体环境集成标中标人为中建电子工程有限责任公司。

（二）新开工项目

1. 黄河北—羑河北段工程

南水北调中线一期工程总干渠黄河北—羑河北段鹤壁段代建项目建设管理标于2008年9月27日发布资格预审公告，中标人为湖南澧水流域水利水电开发有限责任公司。

黄羑段工程委托项目中的建设监理Ⅰ标、Ⅲ标，焦作2段1标、2标、3标、4标、5标及石门河倒虹吸工程施工标于11月19日发布招标公告，建设监理Ⅰ标中标人为黄河勘测规划设计有限公司，建设监理Ⅲ标中标人为河南科光工程建设监理有限公司，焦2-1标中标人为河南省水利第二工程局，焦2-2标中标人为中国水利水电第十四工程局有限公司，焦2-3标中标人为中国水利水电第三工程局有限公司，焦2-4标中标人为中国水利水电第十一工程局有限公司，焦2-5标中标人为河南省水利第一工程局，石门河倒虹吸工程施工标中标人为安蓉建设总公司。

2. 天津干线工程

南水北调中线天津干线天津市段建设征地补偿和移民安置监理监测评估标于2008年3月12日发布招标公告，中标人为天津市金帆工程建设监理有限公司。

南水北调中线天津干线天津市2段工程监理标于2008年8月26日发布招标公告，中标人为黄河水电工程建设有限公司。

南水北调中线天津干线天津市2段工程施工标于2008年8月29日发布招标公告，中标人为河北省水利工程局。

南水北调中线天津干线天津市1段工程监理标于2008年7月16日发布招标公告。其中，监理1标的中标人为天津市金帆工程建设监理有限公司，监理2标的中标人为天津市泽禹工程建设监理有限公司。

南水北调中线天津干线天津市1段工程施工1标、3标、6标于2008年7月25日发布招标公告。其中，施工1标的中标人为天津市水利工程有限公司，施工3标的中标人为中铁十九局集团有限公司，施工6标的中标人为中国水利水电第八工程局有限公司。

南水北调中线天津干线天津市1段工程施工4标、5标于2008年10月30日发布招标公告。其中，施工4标的中标人为中国水电基础局有限公司，施工5标的中标人为天津市水利工程有限公司。

3. 南阳膨胀土试验段工程

南水北调中线一期工程总干渠膨胀土试验段工程（南阳段）建设监理标、施工标于2008年8月18日发布招标公告。建设监理标中标人为河南省河川工程监理有限公司，施工标中标人为河南省水利第二工程局。

（三）其他项目

调度中心土建项目内部装修工程建设监理标、施工标于2008年5月28日发布招标公告，建设监理标中标人为中国水利水电建设工程咨询北京公司，施工标中标人为北京市建筑装饰设计工程有限公司。

中线建管局档案设备采购招标于2008年9月26日发布招标公告，中标人为宁波新兴达智能钢具有限公司。

（高 宇）

建 设 管 理

2008年，南水北调中线干线一期工程实施建设管理职责的三种管理模式中，有惠南庄项目建管部、河北直管建管部、河南直管建管部、天津直管建管部四个代表中线建管局直接管理的工程项目建管部；实行委托管理的北京市南水北调工程建管中心、北京市水利建管中心、河北建管局、保定市建管中心、河南建管局、天津市水利建管中心；实行代建制管理的北拒马河暗渠建管部、代建Ⅰ标建管部、代建Ⅱ标建管部。

截至2008年12月底，南水北调中线干线工程已招标127个施工标段（含3个PCCP制造标）；主体工程开工121个施工标段，其中，委托北京市建设管理35个，委托河北省建设管理53个，委托河南省建设管理11个，中线建管局直管或代建22个。

（郭晓娜）

工 程 进 展

2008年是南水北调中线干线工程建设取得突破性进展的一年，也是工程建设由局部开工到全线展开的承上启下之年。京石段应急供水工程于9月28日实现临时通水，穿黄工程、河南安阳段工程和潞王坟膨胀岩试验段工程进展顺利，南阳膨胀土试验段工程、天津干线天津市境内1段和2段工程、焦作2段工程陆续开工。

2008年全线共有21个在建设计单元工程，分别为西四环暗涵工程、永定河倒虹吸工程、惠南庄泵站工程、北拒马河暗渠工程、北京市穿五棵松地铁工程、北京段铁路交叉工程、北京段其他工程、釜山隧洞工程、漕河渡槽段工程、唐河倒虹吸工程、滹沱河倒虹吸工程、古运河枢纽工程、河北段其他工程、河北段生产桥工程、北京段工程管理专题、河北段工程管理专题、中线干线自动化调度与运行管理决策支持系统工程（京石段）、南水北调中线干线工程调度中心土建项目、潞王坟膨胀岩试验段工程、穿黄工程和安阳段工程。其中，京石段应急供水工程有关临时通水的13个设计单元工程已基本完工；古运河枢纽工程、穿黄工程、安阳段工程、潞王坟膨胀岩试验段工程4个设计单元工程进展基本顺利。

2008年新开工4个设计单元工程，南阳膨胀土试验段工程、天津干线天津市境内1段和2段工程、焦作2段工程分别于9月26日、11月17日、12月26日开工。

截至2008年底，在建工程累计完成投资115.8亿元，占工程投资134.6亿元的86.1%。累计完成土石方开挖16 247.6万m^3，占合同工程量16 316.1万m^3的99.6%；累计完成土石方回填6819.2万m^3，占合同工程量6996.1万m^3的97.5%；累计完成混凝土浇筑545.8万m^3，占合同工程量612.7万m^3的89.1%。

（郭晓娜）

合同与造价管理

2008年，随着中线干线京石段工程建成通水，中线干线工程合同与造价管理主要抓了京石段工程遗留的合同变更、索赔与价差的处理工作。截至年底，京石段工程大部分遗留的合同变更、索赔与价差问题，已得到基本解决。

2008年6月，由中线建管局合同主管领导带队，局相关直属部门参加，组成专题调研小组赴京石段各建设管理单位对投资控制和合同管理进行全面调研，并在调研的基础上撰写了《南水北调中线干线京石段工程投资控制及合同管理调研报告》，该报告成为后期指导处理变更、索赔及价差事项的重要参考文件。

中线干线工程点多线长，建设管理模式复杂，参建单位众多，为尽快妥善解决京石段工程遗留的合同变更、索赔与价差问题，2008年10月至年底，中线建管局合同主管部门与各有关职能部门联手多次赴各有关直管、代建项目建管部，现场收集变更资料，察看变更实际情况，了解变更细节，反复推敲计算价格，推动问题的解决。同时，各委托项目建设管理单位也加快了有关遗留问题的处理。

中线建管局在处理京石段合同变更与索赔的基础上认真总结经验教训，对今后的合同变更与索赔工作提出了明确的指导意见。一是加大各项目建设管理单位合同变更与索赔的权限；二是今后所有变更与索赔事项应随着工程建设的进展及时处理，一般不得滞后；三是加强项目法人对各项目建设管理单位合同变更与索赔处理的监督和检查力度，严格控制投资。

（郭　晖）

科　学　技　术

南水北调中线干线工程中的科研工作以解决南水北调中线干线工程中的关键技术问题，促进南水北调中线干线工程的设计、施工和工程管理等各项任务的开展，保障工程建设质量为主要工作目标。

中线建管局参与申请、通过国务院南水北调办组织的专家评审并获得科技部批准立项6个课题是："大流量预应力渡槽和施工技术研究"、"超大口径PCCP管道结构安全与质量控制研究"、"膨胀土地段渠道破坏机理及处理技术研究"、"复杂地质条件下穿黄隧洞工程关键技术研究"、"中线工程输水能力与冰害防治技术研究"和"工程建设与调度管理决策支持技术研究"。2008年，中线建管局分别组织6个课题承担单位召开了工作总结会，认真总结了课题的执行情况，研究了课题经费的管理办法、分配计划及工作计划，并对各课题在执行过程中出现的问题进行了协调。各项目正在组织实施。

2008年，中线建管局组织召开了南水北调中线干线工程2008年度法人级科技项目立项专家评审会，对从广泛征集来的60项科技项目建议书中初选出的15个项目进行了评审，最终确定有9个项目建议书在修改完善后，可申请项目法人级科技项目立项。这9个项目是：① 南水北调中线穿黄工程盾构掘进关键技术研究；② 南水北调中线突发典型水污染事故特征和应对措施研究；③ 侧下方煤田采空区变形对南水北调中线总干渠影响监测研究；④ 南水北调中线一期工程禹州采空区段岩土体变形监测及结构稳定性研究；⑤ 大口径PCCP安全运行实时监测系统应用研究；⑥南水北调中线总干渠衬砌分缝及嵌缝材料选择研究；⑦高地下水位渠段渠道结构优化设计研究；⑧南水北调中线干线局部渠段粉细砂筑堤关键技术研究；⑨闸门防冰冻技术应用研究。目前正在立项过程中。

（苏　霞）

征地移民

2008年，在南水北调中线干线工程征地移民工作中，中线建管局作为项目法人积极参与、大力协助地方各级人民政府做好南水北调中线干线工程建设征地补偿和移民安置工作，保证和推进了工程建设。认真组织设计单位开展征迁初步设计，并在审查中及时发现问题、提出合理建议。协调国家有关部门办理了南阳膨胀土试验段和黄河北—羑河北段工程用地手续，保证工程合法开工。按照工程建设需要，提出征迁工作计划，根据征迁工作实施进度积极筹措征迁资金，并及时拨付到征迁主管部门。认真研究并积极协调征迁工作中的问题，通过动用征迁预备费及设计变更等方式予以解决。采取各种手段切实改善施工环境，及时对施工干扰造成的损失进行评估、补偿。

2008年，基本完成了京石段工程后续征迁工作，退还了大部分临时用地，为通水目标的实现奠定了基础；开展了天津市内段征迁工作，提供了工程开工用地，保证了天津市内段于2008年11月17日开工建设；开展了南阳膨胀土试验段征迁工作，基本完成了工程征地工作，保证了南阳膨胀土试验段于2008年9月26日开工建设；开展了黄河北—羑河北段征迁工作，提供了工程开工用地，保证了黄河北—羑河北段于2008年12月26日开工建设；对穿漳工程征迁工作进行了安排，制定了工作计划。

2008年，南水北调中线干线工程完成永久占地1643亩，临时占地9158亩，搬迁人口258人，拆迁房屋2.4万m^2，生产安置人口2772人，拆迁企事业单位47个，拆迁专项设施330处，文物保护发掘面积4万m^2，完成征迁投资11.39亿元。

截止到2008年底，南水北调中线干线工程累计完成永久占地6.44万亩，临时占地6.75万亩，搬迁人口8985人，拆迁房屋56.83万m^2，生产安置人口7.46万人，拆迁企事业单位479个，拆迁专项设施2258处，文物保护发掘面积27.94万m^2，完成征迁投资51.45亿元。

（常志兵）

审计稽察

（一）审计署工程审计

2008年1月，中线建管局为落实《审计署关于南水北调工程中线干线工程的审计决定》（审投决［2007］427号）和审计署《审计报告》（审投报［2007］113号）整改意见，组织沿线征地移民资金管理机构、建管单位召开南水北调中线干线工程审计整改工作座谈会，全面部署了落实审计决定和审计报告有关意见工作。2008年4月8日和6月17日，中线建管局在相关整改情况经国务院南水北调办2008年3月组织的审计复查后，分别向审计署报送了《关于落实〈审计署关于南水北调工程中线干线工程的审计决定〉的报告》（中线局审［2008］1号）和《关于落实南水北调中线干线一期工程建设管理审计意见的报告》（中线局审［2008］2号）。

（二）国务院南水北调办专项审计

2008年3月，国务院南水北调办委托有关会计师事务所对南水北调中线干线工程项目法人、建管单位及部分在建项目2007年建设资金使用情况进行了专项审计，并分别于6、7、9月向中线建管局下发了国调办经财［2008］95、103、109、132号文，提出了关于河北省南水北调工程建设管理局及部分在建设项目、河南省南水北调工程建设管理局及安阳段工程、北京市南水北调工程建设管理中心及部分在建工程、南水北调中线干线工程建设管理局及部分在建工程的专项审计整改意见。中线建管局及时组织有关部门和单位进行了整改，并于9月分别以中线局财［2008］36号和中线局审［2008］6、7、8号文向国务院南水北调办报送了南水北调中线干线工程建设管理局及部分在建项目、北京市南水北调建设管理中心及部分在建项目、河南省南水北调中线工程建设管理局及部分在建项目、河北省南水北调工程建设管理局及部分在建项目落实整改意见情况。

（杨君伟）

工程档案管理

2008年，南水北调中线工程档案工作，以深入开展京石段应急供水工程项目档案的指导、检查工作为重点，确保为临时通水验收服务，为各设计单元档案专项验收作准备；同时监督检查参建单位档案工作，推进中线档案信息化建设。

（一）推广示范点经验

2008年，中线建管局综合管理部档案馆分期在京石段举办了四期工程档案实体整理方法推介会，全面系统讲解了中线工程档案整理归档的原则、要求及档案实体整理方法。这是根据滹沱河倒虹吸工程档案整理示范点工作的经验总结，提炼出的符合中线工程实际的档案实体整理方法。参加培训的近500名一线档案管理人员，通过听讲解、参观样板卷、现场答疑、与专家面对面交流，不仅明确、掌握了中线工程档案归档、实体整理的总体要求与方法，学到了档案整理、组卷过程中常见问题的具体解决办法，而且对文件资料的日常管理，推动工程档案实体整理工作的有序开展，具有指导意义。

（二）工程档案实体整理

2008年，为了配合京石应急供水工程临时通水验收工作，档案与工程建设同步管理的要求，档案管理部门提交京石段项目法人档案管理情况报告，参加项目法人验收，对工程资料的收集整理情况进行检查。同时，组织指导组对京石段应急供水工程的9个建管单位（涉及参建单位近200家）及所属现场项目部各自所辖的一个设计单元工程的工程档案实体整理进行了现场指导，实现了工程档案管理切实服务于京石段临时通水的目标。

在开展临时通水和一部分单位工程的验收中，永定河倒虹吸和滹沱河倒虹吸工程、崇青隧洞和西甘池隧洞等工程，均按照指导组指导的方法整理制作档案，提供的目录条理清晰，案卷题名反映卷内文件材料内容，卷内文件材料各项签字手续完备，得到验收组的好评。档案实体整理指导工作的开展，帮助一线档案管理人员进一步明确档案管理要求，熟悉岗位职责，掌握工作方法，为迎接后续项目档案专项验收和工程验收打下了良好基础。

（三）履行监督检查职能

2008年，按照国家档案局和国务院南水北调办对档案安全及管理工作的有关要求，坚持项目法人对工程档案行使监督检查职能，执行档案安全管理检查、自查制度，下发了关于加强汛期档案安全保管工作通知，各建管单位对所辖参建单位档案管理情况进行了检查，并总结上报中线建管局。

（四）档案信息化建设

完善了数字文档系统的相关功能，档案管理的框架（中线建管局—建管单位—现场项目部—参建单位）已经搭建。分批组织了档案管理人员、资料员参加的数字文档系统基本操作培训，同时组织工作人员开展远程服务，利用QQ解答一线工作人员的疑问。数字文档系统正在已开工项目中推广使用，已建立用户200多个，为统一工程档案资料归档格式提供条件。

（胡兴华）

水　源　工　程

概　　述

南水北调中线水源工程包括丹江口大坝加高工程、陶岔渠首枢纽工程以及库区征地移民工作，其中，丹江口大坝加高工程于2005年9月26日正式开始施工；陶岔渠首枢纽工程因总体可研尚未批复，暂未启动；库区征地移民工作，河南、湖北两省分别于2008年11月7日和25日召开了丹江口库区移民试点工作全省动员会，标志着试点移民实施工作全面启动。

丹江口大坝加高工程

2008年，按照国务院南水北调办、水利部的总体部署，在长江水利委员会和南水北调中线水源有限责任公司（以下简称中线水源公司）董事会的领导下，在汉江集团公司的配合支持下，中线水源公司重点围绕丹江口水利枢纽老坝体裂缝检查与处理、大坝加高工程建设和进一步完善公司内部管理等开展工作。经过参建各方的奋力拼搏，全年累计完成混凝土浇筑14.71万m^3，土石坝填筑85.18万m^3，完成投资26 260万元，均超额完成了董事会批准的年度调整计划指标，工程进度满足总体要求，工程质量优良，施工安全总体受控，管理规范有序。

（一）工程进度

2008年，经过参建单位的共同努力，在做好老坝体裂缝等缺陷检查和处理的同时，实现了2008年安全度汛，确保了枢纽工程度汛安全。截至2008年底，混凝土坝需加高的54个坝段除14～20号坝段、1号坝段外已有46个加高到设计坝顶高程，其他坝段正抓紧加高准备工作，右岸土石坝已填筑至176m高程，左岸土石坝已填筑到167m高程以上。老坝体内的缺陷处理同步进行中。2008年，完成了堰顶工作门修复1套，堵水叠梁门埋件制作安装（162m高程以下）7孔，电厂进水口拦污栅槽修复6孔，拦污栅修复21扇，检修门埋件安装4孔，检修门检测修复1扇，深孔事故检修门埋件安装8孔，检修门安装2扇。老坝顶400t门式起重机拆除2台，新坝顶500t门式起重机安装2台，总计完成金属结构安装工程量2432.3t。电厂机组改造项目完成了首台发电机（5号机）改造工作，进行了验收并投入使用。主体工程累计完成混凝土浇筑量92.91万m^3，为初步设计混凝土浇筑总量的74.06%；土石坝填筑量364.23万m^3，为初步设计土石坝填筑总量的67.15%；施工进度满足总进度计划的要求。

（二）工程质量

2008年，共完成单元工程3337个，全部合格，优良3110个，优良率为93.2%，原材料和中间产品合格，未发现质量事故，实现了年度质量管理目标，施工质量总体优良。

（三）施工安全

丹江口大坝加高工程安全管理实行“政府监管、水源公司统一领导、监理单位监督，设计、施工等参建各方各负其责”的管理体系。2008年，中线水源公司始终高度重视安全生产工作，坚持“安全第一、预防为主、综合治理”的方针和“以人为本”的安全管理理念，在安全管理体系健全、制度完善的情况下，扎实开展了“隐患治理年”活动，落实责任，加大投入，强化管理，狠抓落实，全年未发生任何安全责任事故，实现了“零死亡”，安全管理总体受控。

（四）投资计划

2008年，国务院南水北调办分别以国调办投计［2008］76号、国调办投计［2008］131号、国调办投计［2008］171号、国调办投计［2008］184号文共下达南水北调中线水源工程投资291 147万元（中央投资119 847万元，银行贷款171 300万元）。其中丹江口大坝加高工程33 300万元（中央投资12 000万元，银行贷款21 300万元），丹江口库区移民安置规划初步设计工作经费5000万元（中央投资），丹江口库区试点移民安置工程252 847万元（中央投资102 847万元，银行贷款150 000万元）。

（五）招标投标

中线水源公司按照国务院南水北调办及国家有关规定，合法、合规的组织和开展招标投标工作。2008年，完成了18坝段变电所、水文观测及设备采购、升船机设备采购、变压器设备采购等项目共7个标段的招标工作。招标方式均为公开招标，合同总金额17 907万元。

（六）合同管理

根据工程建设进度的需要，依据公司有关规章制度，及时办理合同立项审批手续，严格审核把关合同各项条款，做到每项合同的签订均有实施部门、纪检部门共同审核会签。2008年度共签订合同44个，合同金额3.80亿元，其中大坝加高工程签订合同38个，合同金额3.20亿元；库区征地移民签订合同6个，合同金额5950万元。及时办理各类合同结算共136期次，结算总金额3.09亿元，其中大坝加高工程结算130期次，结算金额2.50亿元，保证了工程建设资金需求。

（程靖华　袁云桥　王从兵　李志强　胡雨新　李方清　康子军　黄朝君　李全宏）

陶岔渠首枢纽工程

陶岔渠首枢纽工程既是丹江口水利枢纽工程的副坝，也是向南水北调中线供水的控制口，是南水北调中线水源工程的重要组成部分。该工程的初步设计报告已由长江水利委员会长江勘测规划设计研究院（简称长江委设计院）编制完成，并通过了中线水源公司的初步审查。

（李全宏）

库区征地移民

按照国务院南水北调办的要求，已组织完成库区征地移民试点方案的编制及审批，库区移民试点工作已全面启动。

（一）前期工作

按照国务院南水北调办的统一部署，2008年4月，中线水源公司会同河南、湖北两省移民主管部门组织设计单位完成了《南水北调中线一期丹江口水库建设征地移民安置试点规划报告》的编制。为使设计成果更加完善，中线水源公司组织召开了移民试点方案咨询会，对试点规划报告进行初审后上报国务院南水北调办。国务院南水北调办于2008年10月批复了《丹江口水库建设征地移民安置试点规划报告》（国调办环移［2008］152号），并要求两省移民机构、中线水源公司根据批复要求组织实施移民搬迁试点。

（二）试点方案实施情况

2008年11月7日和25日，河南、湖北两省分别召开丹江口库区移民试点工作全省动员会，标志着试点移民实施工作全面启动。中线水源公司及时按湖北、河南两省移民试点资金使用计划的要求，将两省各需的3亿元移民试点资金拨付到位。按照2009年9月完成移民试点搬迁、安置的目标，目前，两省移民试点的各项工作正在有条不紊地开展。

（李全宏　张乐群）

在 建 工 程

京石段应急供水工程 概述

工 程 概 况

南水北调中线一期总干渠石家庄至北京段简称京石段，长307.461km，是中线一期总干渠的末段。南水北调中线京石段应急供水工程是中线一期工程全线贯通前向北京市应急供水优先安排的工程。京石段应急供水工程于2003年率先开工建设，建成后可利用已建成的河北省岗南、黄壁庄、王快、西大洋四座水库，向北京应急供水。

京石段应急供水工程为一等工程，总干渠渠道、管涵、隧洞、加压泵站、各类交叉建筑物及控制工程均为1级建筑物；附属建筑物为3级建筑物；临时建筑物为4级或5级建筑物。

总干渠交叉断面以上集水面积大于20km^{2}的河渠交叉建筑物防洪标准按100年一遇洪水设计，300年一遇洪水校核；集水面积小于20km^{2}的左岸排水建筑物防洪标准按50年一遇洪水设计，200年一遇洪水校核。渠道与各类河渠交叉建筑物的连接段，按相应建筑物防洪标准防护。

京石段应急供水工程渠自南向北设计流量为30～220m^3/s，加大流量为35～240m^3/s。沿线共设置分水口门22处，其中河北段15处，北京段7处。

（苏 霞）

工 程 布 置

南水北调中线京石段总干渠线路自石家庄西郊田庄村以西、古运河南岸起，穿过古运河、石太高速公路、滹沱河，沿京广铁路西侧北上，至涿州市西疃村北过北拒马河中支后进入北京市，于大宁水库副坝下游斜穿永定河，在岳各庄环岛折向北进入西四环路，穿过莲花河、京西特大铁路桥、五棵松地铁、永定河引水渠，直至颐和园团城湖，全长307.46km，主要由输水总干渠和相应水库连接配套工程组成。其中石家庄至北拒马河渠段长227.04km，采用全明渠自流输水型式，北京段长80.43km，采用管涵加压输水型式。河北段进口设计水位76.41m，加大水位76.83m，与北京交界处设计水位60.30m，加大水位60.40m，北京末端水位48.57m。

京石段总干渠工程主要建筑物包括11类，其中，明渠渠道202.16km，PCCP管道55.474km，低压暗涵17.88km，隧洞9座，河渠交叉建筑物25座，左岸排水建筑物103座，渠渠交叉建筑物33座，控制工程50座，铁路交叉建筑物14座，公路交叉建筑物131座，加压泵站1座。

（苏 霞）

工 程 投 资

南水北调中线干线京石段应急供水工程共16个设计单元工程，截至2008年底，国家已批复15个设计单元工程，另有3个加项（河北境内生产桥工程、北京段专项设施迁建工程、京石段临时通水运行实施方案）。批复京石段应急供水工程概算投资合计为189.10

亿元，累计下达投资189.10亿元，占批复概算的100%。

截至2008年底，京石段应急供水工程累计完成投资总额144.83亿元，占概算投资的77%。2004～2008年，各年度分别完成投资为3.89亿元、6.98亿元、57.66亿元、53.01亿元和23.29亿元。

（李文斌）

工 程 进 展

南水北调中线京石段应急供水工程于2003年12月30日开工建设，截至2008年底，除北京市永久供电工程外，其余设计单元工程均已开工。2008年上半年，西四环暗涵等14个设计单元主体工程基本完成，其中临时通水涉及的13个设计单元工程（古运河枢纽工程不参与临时输水）于5月20日通过了国务院南水北调办组织的临时通水最终验收，尚未完成的4个设计单元工程（北京段工程管理专题、河北段工程管理专题、京石段自动化调度与运行管理决策支持系统）均采取了临时措施，各设计单元工程具备临时通水条件。

截至2008年底，京石段各设计单元工程剩余尾工项目主要为河北段其他工程，剩余工程主要为少数桥梁、运行维护道路、35kV永久线路施工等。其中，渠道混凝土衬砌，除采取临时埋管措施占压部分外已全部完成，渠道外坡护砌总长359.095km，已累计完成324.431km，完成90.35%，渠道一级马道以上内坡护砌总长364.097km，已累计完成359.961km，完成98.86%。131座交通桥，除采取临时埋管的5座交通桥影响部位外，其余主体工程已全部完成，临时通车121座，剩余10座桥梁除厂城桥和韩庄桥需方案变更外，其他桥梁主体已全部完成，正进行桥面和引道施工；109座生产桥，临时通车103座，剩余的6座生产桥除刘庄南桥因临时通水原因暂停施工外，其余5座桥梁主体已全部完成，正进行引道施工。京石段隔离网栏基本完成，运行维护道路沥青路面完成85%。京石段通信管道及光缆工程总长516km（河北段406km，北京段110km），累计完成硅芯管敷设499km，占总长的96.7%，其中，河北段完成405km，占99%；北京段完成94km，占87%。

（郭晓娜　张　锐）

质 量 管 理

2008年，为确保京石段工程通水安全，中线建管局在临时通水验收前和验收后均大力加强质量检查力度，并根据检查情况，积极督促和跟踪各参建单位认真整改。各阶段的检查内容和对象随工程建设进展情况而各有侧重，切实做到检查有的放矢，整改彻底、到位。对新开工项目，主要查建设管理单位、设计单位、监理单位和施工单位的管理体系、服务体系、控制体系和保证体系的建立及运行情况、制度和责任制的落实情况、档案资料管理的规范情况等；对在建项目，主要查各参建单位在建设过程中的质量行为、原材料及中间产品的施工单位检测、监理平行检测、建管单位抽检情况、工程实体质量情况、执行验收程序和强制性标准情况等；临时通水以后，检查的重点侧重于运行单位的安全巡视及安全监测情况等。

在检查、巡查的同时，中线建管局对质量缺陷备案及处理工作高度重视。对渠道衬砌、桥梁、渡槽等裂缝或塌陷质量缺陷的处理进行了重点跟踪，组织有关专家分析、查找原因，并对处理方案进行把关。对于各类穿堤建筑物进行了详细、重点排查，对京石段98座穿堤倒虹吸、涵洞、交通洞及其他小型穿堤管道、管线逐一现场查勘，并根据查勘结果，行文要求设计单位和各建管单位进

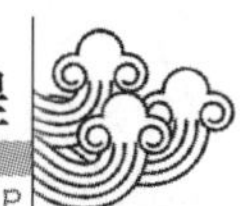

一步详查，综合分析其安全性，同时加强巡视、落实责任。2008年，中线建管局累计进行质量、安全巡查、检查40余次，组织安全监测培训1次，工程建设及运行情况总体良好。

截至2008年底，南水北调中线京石段工程累计评定104 377个单元工程，合格率100%，优良率89.2%；累计评定1446个分部工程，合格率100%，优良率91.6%；累计评定单位工程12个，合格率100%，优良率100%。

（刘　杰）

技　术　应　用

（1）漕河渡槽土渠段混凝土衬砌机的应用。土渠段混凝土衬砌总结了新型渠道衬砌机的施工工法，加快了渠道混凝土衬砌施工速度。

（2）漕河渡槽段碗扣式支撑排架的应用。充分体现了它的多功能、高功效、承载力大、安全可靠、便于管理、易改造等特点，加快了工程施工进度。

（3）渡槽薄壁结构混凝土施工裂缝防控方法的应用。通过料仓搭设遮阳棚、骨料喷淋降温、拌和水加冰等一系列措施降低混凝土入仓温度，在国内首次将混凝土“体内降温、体外保温”的裂缝防控方法用于架空渡槽薄壁结构，温控防裂效果显著。

（4）漕河石渠段侧墙衬砌组合大模板施工方案。该方案代替普通侧墙所采用的内拉外撑的常规施工方案，混凝土表面不再产生拉筋螺栓孔，彻底消除了后期因拉筋螺栓孔渗水造成的对混凝土内部钢筋锈蚀的隐患。

（5）永定河倒虹吸工程暗涵横断面钢筋混凝土箱涵结构的应用。该箱涵结构的应用共有16辆钢模台车投入使用，混凝土接缝少，整体性强，外观平整、光滑、美观，液压系统远距离控制，机械化程度高，与传统的模板相比，功效高30%，支（脱）模速度快4倍，所用人力仅为1/5。

（唐　涛　彭守军）

金属结构和机电安装

截至2008年底，京石段应急供水工程金属结构和机电设备安装工程中，已经开工的设计单元工程合同工程量中金属结构为8910t，其中：

（1）惠南庄泵站工程。该工程金属结构合同工程量为3183t，截至2008年底，累计完成金属结构2631t。热油融冰设备3套（北拒马河1套、南拒马河1套、坟庄河1套）已安装完毕，占合同工程量的83%；机电设备（水泵、电动机、变频器、输入变压器）、110kV变电设备（GIS、主变压器）和水力机械辅助设备（液控蝶阀、伸缩节、电动蝶阀）全部安装完毕，10kV系统和0.4kV系统陆续到货部分，已全部安装完毕。

（2）漕河渡槽工程。该工程金属结构合同工程量为277t，截至2008年底，累计完成金属结构267t，热油融冰设备全部安装完毕，占合同工程量的96.4%。机电设备基本到货，正安装调试。

（3）唐河倒虹吸工程。该工程金属结构合同工程量为199t，截至2008年底，累计完成金属结构200t，占合同工程量的101%。

（4）古运河枢纽工程。该工程金属结构合同工程量为243t，截至2008年底，完成金属结构188t，占合同工程量的77%。

（5）永定河倒虹吸工程。该工程金属结构合同工程量为249t，也已完成。

（6）釜山隧洞工程。该工程完成金属结构55t。

（7）北拒马河暗渠工程。该工程金属结构合同工程量为81t，2008年完成金属结构

80t，占合同工程量的99%。

(8) 滹沱河倒虹吸工程。该工程金属结构合同工程量为243t，截至2008年底，累计完成金属结构248t，占合同工程量的102%。

(9) 河北段其他工程。该工程金属结构合同工程量为4435t，截至2008年底，累计完成金属结构3228t，占合同工程量的73%。其中，2008年度完成金属结构2994t。

上述工程中主要机电、金属结构设备（潜水泵、消防设备、液压启闭机、电动葫芦、闸门、35kV变压器、35kV高压柜、400V低压柜、220V直流设备、柴油发电机组等）全部到货，正在陆续安装调试中。

另外，北京段其他工程、西四环暗涵工程、下穿铁路立交工程、穿越五棵松地铁工程等金属结构、机电设备安装工程已经完成。

（隋立山）

建 管 模 式

国务院南水北调办先后出台了有关南水北调工程建设管理的意见、办法和制度，规范健全了南水北调中线干线工程的建设管理模式。中线干线工程采取了“以项目法人为主导，直接管理、委托管理相结合，大力推行代建制管理”的工程建设管理模式。在南水北调中线干线京石段工程建设中，对工程技术含量高、工期紧的跨河、跨路大型枢纽建筑物及省（市）际边界工程，由项目法人直接管理，以利于减少管理环节，控制关键节点工程的建设。对部分工程项目建设采用委托方式，由项目法人以合同方式将部分工程项目委托给项目所在省市建设管理机构组织建设。不论是实行直接管理还是委托管理的项目，都大力推行代建制，通过市场选择，委托有资质、有经验的建设管理单位或运行管理单位承担，以充分发挥市场机制在工程建设中的作用。

2008年，南水北调中线干线工程项目法人在京石段设有惠南庄建管部、河北直管建管部。各省市地方政府组建的委托建设管理单位有北京市水利建设管理中心、北京市南水北调工程建设管理中心、河北省南水北调工程建设管理局。通过招标方式择优选择的代建单位有山西省万家寨引黄工程总公司、河南黄河水电工程建设有限公司、北京中水利德科技发展有限公司。

（万金波）

建 管 机 制

通过以中线干线京石段应急工程建设为主的实践探索，建立了一系列行之有效的建设管理机制。一是协调决策机制。根据南水北调工程建设跨地区、跨行业、跨部门的特点，京石段工程建立了国务院南水北调工程建设委员会成员单位、省市南水北调工程领导机构及办事机构、项目法人三个层面的协调机制，多次召开建设管理、设计、征地移民、建设环境等方面的协调会议，通过研究协商形成决策，解决相关建设问题。二是激励约束机制。对委托制和代建制的建管单位实行合同管理考核，对直管的建管单位实行目标管理责任制考核，将合同考核和责任考核结果作为奖惩的重要依据。三是动态管理和控制机制。实行项目法人负总责、项目建管单位管理、监理单位监督、设计、施工单位保证的四级控制体系，责任层层分解并逐一落实，制定相应保证措施，建立实时监控和动态调整体系，对工程进度、质量、安全进行严格的过程控制。四是信息沟通机制。中线建管局每月组织召开京石段工程分片月生产例会和建设进度专题会，研究解决影响工程建设的关键因素和施工中反映的问题。建设管理、设计、监理和施工方定期召开生产协调会。建立京石段工程每日快报、每周快报、建设管理月报、工程简报制度，及时反映进度、形象、实物工程量和施工环境等问题。

（邓小聪）

工 程 验 收

南水北调中线干线京石段应急供水工程共划分为2569个分部工程，截至2008年底已经验收的有1413个，合格率100%。

2008年3月15～24日和4月18～24日，中线建管局组成项目法人验收工作组分2批对滹沱河倒虹吸工程、唐河倒虹吸工程、釜山隧洞工程、永定河倒虹吸工程、北京段铁路交叉工程、穿五棵松铁路工程、漕河渡槽段工程、惠南庄泵站工程（与小流量输水相关项目的施工）、西四环暗涵工程、北京段其他工程、北拒马河暗渠工程、河北段其他工程及生产桥工程13个设计单元工程进行了项目法人验收，验收工作组一致认为，工程基本具备临时通水条件，同意验收。

2008年3月25日～4月5日和4月17～30日，国务院南水北调办验收专家组分别对京石段13个设计单元工程分2批进行了验收。技术性初步验收结论：

（1）本次验收项目中，除局部地段因建设进度原因需要采用临时建筑物代替以及供电、通信、监控系统需要采取临时工程措施外，其余与临时通水有关的工程已按批准的初步设计内容基本完成。设计、施工、制造和安装质量符合国家和行业有关技术标准的规定。施工和安装过程中已完成的质量缺陷处理满足设计要求。

（2）在验收项目中，与临时通水有关的剩余工程施工和遗留的质量缺陷处理全面完成后，经验收合格，工程具备临时通水条件。

2008年5月16～20日，国务院南水北调办成立的南水北调中线干线京石段应急供水工程临时通水验收组对京石段应急供水工程进行临时通水验收。验收结论为，南水北调中线干线京石段应急供水工程已经具备临时通水条件，予以验收。

（槐先锋）

调 度 系 统

国家发展改革委于2008年3月正式批复了南水北调中线干线工程自动化调度与运行管理系统（京石应急段）初步设计，批复静态总投资6.59亿元（发改投资［2008］583号）；随后，国务院南水北调办于2008年8月对系统工程开工给予正式批复（国调办建管［2008］124号）。至此，自动化调度与运行管理决策支持系统（京石应急段）正式开工。

2008年，自动化调度与运行管理决策支持系统工程（京石应急段）招标工作全面展开，全年共完成总调中心实体环境建设等15个标段的招标工作。系统建设扎实有序推进，总调中心大屏幕、机房工程等实体环境建设项目已建设完成并投入使用；通信管道及光缆工程已完成大部分合同工程量，其中河北段完成硅芯管敷设405沟公里，完成率98.96%，北京段完成硅芯管敷设94沟公里，完成率86%；惠南庄水质自动监测站具备了常规五参数监测功能，已投入运行并在临时通水期间为水质监测提供了可靠保障；惠南庄泵站计算机监控系统进展良好，第一、二次设计联络会顺利召开。总体来说，系统建设整体进展较为顺利，质量、进度、安全和投资处于受控状态，截至年底共完成投资1.12亿元。

（孙维亚）

工 程 运 行

京石段应急供水工程作为南水北调中

线一期工程的组成部分，经国务院南水北调办批准，2008～2009年京石段应急供水工程拟从河北省的岗南、黄壁庄及王快水库，计划向北京市临时供水3亿m^3。其中岗南、黄壁庄水库利用南水北调中线总干渠首先向北京供水，完成2亿m^3出库供水任务后，由王快水库承担剩余1亿m^3供水任务。

为满足京石段临时通水运行调度需要，在既有建设管理体制的基础上，制订了本次临时通水的运行机构设置和人员配置方案，按三级机构组织运行调度。其中中线建管局成立中线建管局京石段工程临时通水指挥部，为一级运行管理机构；河北省南水北调建管局、北京市南水北调建管中心、中线建管局河北直管建管部、中线建管局惠南庄建管部为二级运行管理机构；各县地闸站为三级运行管理机构。为保证临时通水运行具有有效的制度保证，组织编制、实施了临时通水运行的各项管理制度和设备操作规程。其中包括《南水北调京石段工程临时通水调度运行管理暂行规定》、《南水北调京石段工程临时通水工程维护管理办法》、《南水北调京石段工程临时通水期间工程保护管理暂行规定》、《南水北调京石段工程临时通水机电设备管理办法》、《南水北调京石段工程临时通水安全生产管理暂行规定》（以上五项制度汇编后形成《南水北调京石段工程临时通水管理制度汇编》）、《南水北调京石段工程临时通水机电设备运行规程》、《南水北调工程安全监测观测技术规程》、《南水北调京石段工程临时通水水工建筑物观测仪器设备操作及维护规程》以及《南水北调京石段工程临时通水突发事件应急预案汇编》9项有关临时通水的管理制度，明确了各级管理机构、各岗位的职责和任务，为临时通水运行提供了制度保证。

临时通水前的各项准备工作做到了扎实有序。组织编制了《京石段应急供水工程2008年临时通水运行实施方案》作为技术性指导文件；按照"分批分次"的原则安排完成各级机构管理及运行、维护人员的培训、考试和上岗证件发放工作；统一采购了办公及通信设施配发到各闸站，统一制作、配发了各种警示及标识牌；统一编制了临时通水通讯录，建设运行期间有关各方面联络机制；此外，考虑到京石段工程初次通水，缺乏足够的运行管理经验，从山东胶东调水局聘用了14位人员作为技术顾问分别在局调度中心和现地闸站协助工作。

2008年9月18日，黄壁庄水库提闸向南水北调中线总干渠充水，标志着南水北调中线京石段应急供水工程临时通水正式开启。京石段应急供水工程的输水控制方式采用闸前常水位方式运行，渠道沿线自南向北设有磁河节制闸、沙河北节制闸、唐河节制闸、放水节制闸、蒲阳河节制闸、岗头节制闸、北易水节制闸、坟庄河节制闸、北拒马河节制闸、永定河控制闸、团城湖末端闸11座参与调度运行的节制闸，通过调节闸门开度控制闸前水位及供水流量；渠道沿线各节制闸前、后设置水尺或自动水位计，实时记录各节制闸前、后水位；石津干渠入总干渠连接段、沙河干渠入总干渠连接段、滹沱河节制闸、北拒马河节制闸、惠南庄泵站处设置流量计，实时监测断面流量及累计输水量；田庄、中管头、七里庄、北拒马暗渠、大宁、团城湖设立6处水质固定监测站，惠南庄泵站处设置水质自动监测站，定期监测渠道水质。截至2008年12月底，临时通水调度经历了充水阶段、试运行阶段、正常供水阶段及冰期输水阶段，累计入中线总干渠水量1.06亿m^3，累计入北京水量0.73亿m^3，水质为Ⅱ类。

（陈晓楠）

京石段应急供水工程　西四环暗涵工程

工　程　概　况

（一）工程简介

西四环暗涵工程是南水北调中线干线总干渠末端、穿越北京城区的控制性工程，上接卢沟桥暗涵，下接团城湖明渠，全长12.64km。进口位于丰台区大井村西京石高速路永定路立交桥西南角，穿越永定路及京石高速路后沿高速路北侧向东北约1.4km由岳各庄桥进入四环主路下，在四环主路下向北穿行约11km在四海桥处离开四环主路北行约500m与团城湖明渠相接。

本工程为一等工程，主要建筑物为1级建筑物。主要建筑物包括暗涵涵身、分水口4处、调压井1座、检修井2处、排气阀3对、通气孔11对及出口闸。主涵洞为直径4m的2孔圆涵，长10.96km；上下游段为3.8m×3.8m的2孔方涵。设计流量为30m³/s，加大流量为35m³/s。

2004年9月10日，水利部以水总［2004］394号文《关于南水北调中线京石段应急供水工程（北京段）西四环暗涵初步设计报告的批复》批准了初步设计，总工期为32个月。概算总投资10.99亿元。

（二）工程进展

西四环暗涵工程于2005年5月28日正式开工，2007年底主体工程基本完工；2008年进入工程收尾阶段，主要进行施工廊道及竖井回填。永久竖井及廊道于2008年3月30日完成结构施工；施工竖井及廊道回填自2008年1月开始，至4月23日全部完成；分水口管理房所有项目于2008年8月底完成。

至2008年3月11日，与临时通水有关的工程项目全部完成，具备通水条件；2008年4月27日，通过了国调办临时通水技术性初步验收；2008年5月20日，通过了国调办临时通水验收。

2008年5月4日，完成了出口闸地面的绿化铺装；自6月16日引张坊水源对北京段管涵进行管道冲洗、闭水试验，达到了设计要求；2008年9月26日惠南庄泵站开闸放水，冀水入京，至2008年12月31日冀水累计进京0.74亿m³。

（三）建设管理

北京市南水北调工程建设管理中心负责本工程的建设管理工作。中心设置六个职能部门，负责各项工作的具体落实。为便于工程建设管理，设立西四环现场项目管理部，作为中心的派出机构，负责现场的建设管理。2008年9月23日成立团城湖管理所，加强了队伍建设，逐步实现管理职能的转变。所内分为团城湖闸、水源三厂分水口、机修队、巡查组、信息组、后勤组及办公室。

规范管理、加强协调、依靠科技、精心施工是西四环暗涵工程建设高水平、高质量完成的关键。

（四）工程施工

西四环暗涵工程共分为10个施工标段，分别由黑龙江水利水电工程总公司、中国水利水电第十四工程局、中铁隧道集团公司、中铁十九局集团公司、中铁十六局集团公司、中铁七局集团公司、江南水利水电工程公司、中铁十二局集团公司与北京市翔鲲水务公司联合体、葛洲坝集团基础工程有限公司承建。

一衬施工采用潜埋暗挖的施工方式；二衬施工为保证薄壁混凝土一次成型，直段原则使用台车，弯段原则使用模板。

（张大成　仇文顺　房彦梅　李　娟）

工　程　监　理

工程监理单位由水利部山西省水利水电勘测设计研究院、北京燕波工程管理有限公司、黄河工程咨询监理有限责任公司和河南立信工程咨询监理有限公司组成。

各中标监理单位向现场派驻监理机构，实行总监理工程师负责制，制定了监理规划、监理细则、工作制度及控制制度，按合同规定，对工程建设进行“三控制”、“两管理”和“一协调”工作，使得工程进度、工程质量、工程投资和工程安全生产得到有效的控制和管理。

（张大成　仇文顺　房彦梅　李　娟）

工　程　监　测

西四环暗涵工程自2006年4月开始埋设监测仪器以来，共埋设仪器626支，正常使用597支，有效率为95.4%。

由北京市市政工程研究院、中国水利水电第四工程局2家具有甲级资质的单位负责西四环暗涵工程的工程监测。仪器采集数据及时、准确。监测数据显示工程结构稳定安全，监测数据显示正常。

（张大成　仇文顺　房彦梅　李　娟）

质　量　管　理

南水北调中线干线京石段应急供水工程（北京段）西四环暗涵工程共划分为18个单位工程，150个分部工程，其质量管理实行“建管负责”、“监理单位控制”、“施工单位保证”、“设计单位服务”和“质量监督机构监督”相结合的质量管理体系。各参建单位建立健全质量管理体系，落实责任制，对建设工程的质量进行了全方位的控制。

北京市南水北调工程建设管理中心对工程现场质量负全责，各项目部和相关部室分别对分管的工作负质量责任。北京市南水北调工程建设管理中心建立了质量管理体系，成立了以主任为组长、总工为副组长、技术部、工程部、项目部主要负责人为成员的质量管理领导组，各项目部相应成立了质量管理小组并确定了专职质量管理人员，制定了15项质量管理制度和岗位责任制。

质量管理体系健全并能有效运行，确保了工程建设质量。

（张大成　仇文顺　房彦梅　李　娟）

安　全　生　产

参与西四环暗涵工程建设的各单位紧紧围绕搞好工程建设这一中心任务，坚持“依法、科学、效率”和“安全第一、预防为主、综合治理”的方针，健全安全机构、落实规章制度、加强安全教育、注重宣传实效、加强安全管理、规范施工程序、开展安全检查、及时消除隐患，全年没有出现任何安全事故，圆满完成了南水北调中线干线北京段工程建设任务，2008年9月28日顺利实现了冀水进京。

各施工单位在施工中，按照市政府“不断路、不断交通、不扰民”的要求，严格控制开挖进度及钢拱架的间距，做到不留开挖死角，不留支护隐患，不超前进尺，不抢施工进度，严格按操作规程，一步步稳扎稳打，制定并实施了“业主一人一井负责制”，责任落实到每一位现场业主代表的身上，奖罚分明；编制了“一衬安全、质量生产检查评比办法”，多次组织全体参建人员共同检查批评，表扬先进，促进落后；执行“每周一次的质量例会制”，及时解决施工中出现的问题，请专家解决施工中遇到的难题；坚持“夜间巡查制及重要施工部位进度照片存档制度”，有效地控制了工程质量及安全生产；建

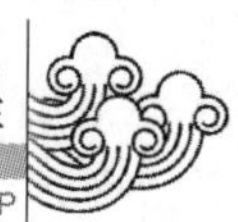

立了“下井人员挂牌和井口登记制度”，普及安全知识，保障了一线工人的生命安全及工程安全。截至 2008 年 3 月 11 日，累计安全生产 1018 天。

2008 年度，重点在工程沿线的调压井、检修井、排气阀及通气孔、西四环暗涵出口闸等处做好安全防护工作：

（1）调压井。由于调压井设计为开敞式结构，在井口及调压井周边设置围栏，同时设置永久安全警示标志，提示不得攀爬，不得投掷异物。

（2）检修井。检修井上部有盖板结构，如应急供水时，尚未完成盖板结构，则仍需使用施工临时围挡，另外，应在附近设置永久安全警示标志。

（3）排气阀及通气孔。各排气阀井周边应设置围栏，井盖应设锁，防止盗窃，并设置警告标志提示。各通气孔设置了防护罩，但如通水时防护网罩未完成施工，保留施工临时围挡，并设专人巡视检查，防止异物进入通气孔，影响排气效果。另外，桥下及路下通气孔上均设置了蝶阀防止通气孔管路断裂时溢流，蝶阀井井盖应设锁，防止盗窃。对于设置在西四环主路中央绿化隔离带内的通气孔，在通气孔附近设置明显交通警示标记，防止车辆撞击。

（4）西四环暗涵出口闸。西四环暗涵出口闸目前为开敞式结构，根据总体景观要求，设置盖板封闭，在临时通水时，设置临时围栏及安全警示标志。

西四环暗涵工程埋设在北京市区西四环路下，其施工期防汛度汛根据建筑物的特点和施工布置分为明挖段、分水口和施工竖井的防汛度汛。

西四环暗涵下穿西四环，沿线各施工竖井的位置均处于西四环辅路边缘，交通便利，市政排水设施齐全，施工期防汛度汛需在竖井井口设置防洪围堰，防洪围堰高 1m、宽 1.5m；同时加强水情预报并积极做好防汛抢险的准备工作。

西四环暗涵明挖段、分水口施工期防汛度汛需在明挖段、分水口设置防洪围堰进行施工导流。暗涵明挖段施工围堰洪水标准为 5 年一遇，新开渠施工围堰导流流量为 2.0m^3/s；永定河引水渠施工围堰导流流量为 8.0m^3/s；同时加强水情预报并积极做好防汛抢险的准备工作，保证了汛期施工的正常进行。

（张大成　仇文顺　房彦梅　李　娟）

施工技术

（一）砂砾石地层小导管超前注浆支护施工技术

施工前期进行同条件、同比例现场试验，依据试验效果确定最佳施工参数；实际施工过程中依据现场条件动态优化，形成一套较为成熟的砂砾石地层超前注浆支护施工技术，优点如下：

（1）施工操作简易，较之其他复杂工艺，能够更早注浆填充土层，减小预加固本身对土体的扰动。

（2）操作空间较小，且加固范围十分适合施工实际需求。

（3）鉴于地下工程施工地质条件的不确定性，可起到超前地质探测作用。

（4）可依据实际施工情况，随时对导管体、浆液、布设参数及位置、注浆工艺等作出动态调整，灵活多变。

（5）必要时，可预埋管进行循环作业，及时弥补前期施工不足之处。

（6）施工风险较小且成本低。

（二）双线小净距暗涵近距离穿越城市立交桥桥桩施工技术

根据暗涵施工对桥体结构影响的分析，确保桥梁结构的稳定安全，重点在于超前支护及超前加固，拟采用先预加固，施工通过时根据沉降对桥梁再加固的方法。对桥梁采取以洞内加固为主、地表为辅的措施。施工过程对桥梁实施监控量测，动态管理，及时调整施工方案和参数。

（1）普通段每一开挖循环步长为0.5m，上台阶超前下台阶5m左右。在桥基础前后各3m和基础本身长度范围内开挖步距缩短为0.33m，并增加临时仰拱。

（2）超前注浆。桥桩区导管采用风钻打入，直径25mm，导管间距30cm，仰角20°～25°，导管长1.7m，每开挖一步进行一次注浆。注浆材料一般为注改性水玻璃。如遇到不良地质段，根据现场实际地质情况，确定浆液水灰比及掺合料、外加剂的品种及其掺量。

（3）径向注浆补偿加固。暗涵开挖产生的地层沉降、松弛，对桩基有一定影响，为保证桩基安全，在过桥段暗涵施工时由洞内沿暗涵结构轮廓向外径向注浆，加固区域为轮廓线外2～2.5m，加固范围为沙窝北桥全长范围内。注浆管长度为1.7m和2.25m，双洞中间注浆导管长1.7m，间距30cm；桥基础侧导管长2.25m，注浆时加强监测并根据监测数据及时调整注浆及支护参数。

（4）及时进行初支背后回填灌浆。通过灌浆充填支护结构与围岩之间可能存在的空隙。在开挖过程中，及时通过回填灌浆进一步加固桥基础围岩。

（5）加强动态监控量测。在施工过程中，通常依据观测结果来验证施工方案的正确性，调整施工参数，必要时采取辅助工程措施，以此达到信息化施工目的。除了设计规定监测项目的地表沉降、洞内拱顶沉降和水平收敛外，在每个桥墩上选择两个不同侧面布置墩柱沉降点以及在同一盖梁下的两个墩柱间布置收敛点；并且，在暗涵双洞之间的轴线上多布置了一排沉降观测点以反映两个暗涵施工的叠加效应对地层的影响，每隔100m布置一条垂直桥梁纵向的沉降观测槽。常规的地表沉降、洞内拱顶沉降和水平收敛观测点均加密至间距为5m。

（三）全圆模板台车全断面一次性衬砌施工设备和技术

衬砌台车由大梁、框架、模壳、支撑系统和运行系统组成，主要用于暗涵衬砌施工。它以针梁为支撑和定位基准，通过框架和针梁的相对运动，以及壳模的伸缩使暗涵的衬砌作业不断向前延伸。台车的施工速度快，就位准确方便，同时台车自身刚度大，支撑固定简便，对防水和钢筋的施工及质量控制影响小。

（四）浮力自平衡式模板台车二次衬砌技术

浮力自平衡式模板台车特点是，模板与支撑体系合二为一，结构简单，体积小重量轻，有可靠的抗上浮、抗侧移能力。台车自带模板拆装机械设备，能够实现机械化作业。具有拆装速度快，劳动强度低，安全性能高的优点。由于台车借鉴了拼装式模板的特点，即在局部进行模板的装、拆工作，每次拼装的构件重量相对比较小，所以对已施工完的防水板及钢筋的保护工作十分有利。模板在每次拆装过程中，可以十分方便地进行清理和涂刷脱模剂的工作，能够满足混凝土表面的质量要求。

（张大成　仇文顺　房彦梅　李　娟）

工　程　验　收

（一）分部工程验收

依据《南水北调工程验收工作导则》规定，分部工程验收由验收工作组负责，建设管理单位或监理单位主持，验收工作组由北京市南水北调工程建设管理中心、勘测设计、监理、施工质量监督及主要设备供应（制造）等工程参建单位的代表组成，对138个分部工程进行了验收并报质量监督站核备。

分部工程验收程序为，承包单位提交分部工程验收申请、施工报告和相关验收资料

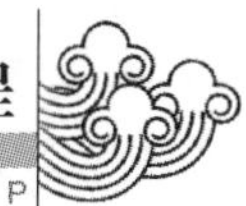

报监理工程师，监理工程师组织检查分部工程完成情况并审核承包单位提供的验收资料，并指示承包单位对所提供的资料进行补充、修正，确认所有的单元工程已完成并且质量合格、资料齐全时组织分部工程验收。分部工程验收的主要工作是鉴定工程是否达到设计标准、按照现行国家或行业技术标准评定工程质量等级，对验收遗留问题提出处理意见。其验收成果是《分部工程验收签证》或《分部工程验收意见》。

（二）验收遗留问题的处理

分部工程验收中遗留问题大部分都进行了处理。

处理程序按质量缺陷处理规定程序，由承包单位或设备制造厂提出处理方案，重大缺陷由北京市南水北调建设管理中心组织设计提出处理方案，交责任方处理或委托承包单位处理，处理后由监理组织验收，并签发合格证书。

2009年3月25日开始对南水北调中线京石段应急供水工程（北京段）西四环暗涵工程进行单位工程验收。2008年4月27日通过了国务院南水北调办临时通水技术性初步验收；2008年5月20日，通过了国务院南水北调办临时通水验收。

（张大成　仇文顺　房彦梅　李　娟）

京石段应急供水工程　惠南庄泵站工程

工程概况

惠南庄泵站位于北京市房山区大石窝镇惠南庄村东，与河北省涿州市相邻，距北京市区约60km，是南水北调中线工程总干渠上唯一的一座大型加压泵站。

惠南庄泵站为一等大（1）型泵站，泵站主要建筑物为1级。设计装机流量60m^3/s，选用8台卧式离心泵机组，总装机容量58.4MW，6台工作2台备用，单机流量10m^3/s，采用机组并联及变频调速相结合的运行方式。泵站内主要建筑物有进口闸、前池、进水池、进水管、主厂房、副厂房、小流量输水管、出水管、测流站等。主要工程量为，土方开挖72.3万m^3，土方回填62.97万m^3，混凝土浇筑14.83万m^3，钢筋制作安装1.18万t，房屋建筑面积2.3万m^3，金属结构制造安装约3200t，水泵机组制造安装8台套，工作闸门及其埋件38t。

（冯正祥）

工程投资

惠南庄泵站项目是中线建管局直接管理项目之一，惠南庄泵站项目建设管理部作为中线建管局的派出机构，负责惠南庄泵站项目的建设管理任务。

2008年，惠南庄泵站项目建设管理部以工程建设管理为中心，全力加快施工进度，确保建设目标实现；在确保工程进度的前提下大力加强质量、安全生产和文明施工管理，实现质量、安全“双零”目标；在实践中贯彻落实“静态控制、动态管理”的投资控制方式，建立有效的激励约束机制，充分调动工程参建各方的积极性，有效控制工程投资；充分履行职责，加强征地移民和外部环境协调；不断加强建管部内部业务、组织、思想和作风建设，代表中线建管局充分发挥项目法人的主导作用，不断提高驾驭工程建设管理的能力。

惠南庄泵站工程批复概算总投资77 531万元。截至2008年底，累计完成投资

41 207.79万元（未含征地移民、设计等费用），其中，土建及金属结构安装标累计完成投资16 803.43万元；压力钢管制造采购标累计完成投资2342.55万元；机电设备安装标累计完成投资1901.33万元；剩余合同累计完成投资20 160.48万元。

（冯正祥　王宏波）

施　工　进　展

2008年度，各参建单位全面加强和深化工程进度、质量、安全生产和文明施工管理，全力确保现场施工高效、有序推进，保证了惠南庄泵站工程与小流量通水有关项目全部完工，具备通水条件。截至2008年底，惠南庄泵站土建工程完成了主副厂房及地面附属建筑物结构工程、厂区地下综合管网工程、建筑物部分装修工程和部分地面土方回填工程及厂区围墙工程，累计完成土方开挖79.75万m^3，占合同总量的100%，土方填筑53.51万m^3，占合同总量的83.4%；混凝土浇筑15.68万m^3，占合同总量的99.2%；钢筋制作安装1.26万t，占合同总量的99.2%。

惠南庄泵站土建及金属结构安装工程施工单位为中国水利水电第二工程局，2008年土建及金属结构安装工程主要进行主副厂房内装修施工、主厂房南侧造型钢架及泵站附属工程（主要有柴油发电机房、绝缘油库、机修车间、管理控制楼、生活功能用房、厂区围墙、门卫、厂区综合管线、景观水池等）的施工。

截至2008年底，惠南庄泵站主体结构施工已全部完成，进口闸、加氯间、抽排水泵房、GIS室、测流房等建筑装修已基本完成；主副厂房内墙装修基本完成，主厂房南侧外装饰钢架已全部完成；办公生活区功能用房、柴油发电机房及绝缘油库、管理控制楼、机修车间及仓库抹灰施工基本完成；场区电缆沟除1号门卫土堆部位外已全部完成，热力、给水、排水、监测等管线已完成90%，北侧景观水池墙体砌筑和土方回填已全部完成，场区围墙已完成60%，场区土方回填已基本达到68.00m高程。

惠南庄泵站机电设备安装工程施工单位为中国水利水电第七工程局，2008年机电设备安装工程机械部分主要进行主厂房6～1号水泵、电机及8～1号机组辅助设备的安装；技术供水系统、渗漏排水系统、前池排水系统、柴油发电机组及加氯设备的安装；电气一次部分主要进行110kV主变压器、站用变压器、输入变压器、GIS室设备、10kV开关柜、0.4kV低压配电装置、主副厂房内电缆桥架安装及场区电缆沟电缆支架制作与安装；主副厂房及场区电缆敷设。电气二次部分主要进行GIS室继电保护系统安装，场区格栅管、网络通信及安全监测电缆桥架的安装。

截至2008年底，主厂房内水泵机组及辅助设备安装基本完成；技术供水系统、渗漏排水系统、前池排水系统、柴油发电机组及加氯设备全部安装完成；110kV主变压器、站用变压器、输入变压器、GIS室设备、10kV开关柜、加氯设备全部安装完成；低压配电装置除12面未到货的盘柜未安装外，其余全部安装完成；场区电缆敷设完成95%，主副厂房电缆敷设完成85%。

（刘　攀　孙帧利　边秋璞）

工　程　监　理

惠南庄泵站工程监理单位为河南华北水电工程监理中心，2005年6月15日，成立惠南庄泵站监理部。2008年，惠南庄泵站监理部以合同管理为手段，信息管理为纽带，切实落实监理工作的“三控制、两管理、一协调”。始终将中线建管局“建成世界一流工程”的要求作为监理工作指南，以“单元工程合格率100%，优良率85%以上，整体工程质量合格”的质量目标和“不发生重大生产

安全事故”的安全生产目标及“投资控制在合同范围内”为主控目标，采取相应措施来开展“三控制”工作，使所监理的项目的质量、投资、进度都得到了很好控制。监理部还加大热情服务的力度、多提合理建议、加强事前控制，理顺发包人、监理人、承包人之间关系，让承包人少走弯路，保证了工程施工在良好的氛围下进展。

（丁　帅）

质量和安全管理

惠南庄泵站各参建单位制定了“单元工程合格率100%，优良率85%以上，质量事故率为‘零’”的质量管理目标，建立了业主负责、监理控制、施工单位保证、设计服务和质监站监督相结合的质量管理体系。2008年，惠南庄泵站主要进行附属工程、建筑装修工程、机电消防设备安装及厂区综合管线的施工，其特点是交叉项目多、单项工程量小、工序多而且复杂。在工程质量控制上采取以预控为主、过程控制与事后控制相结合的综合质量控制手段，重点审查施工方案，对易出现质量问题的工序（或部位）进行重点控制，对重点部位及关键工序进行旁站监理，监督承包人严格按程序进行施工，对施工现场采取巡视、抽查、跟踪检查和验收把关等方法，发现问题要求承包人及时整改，重大问题及时发出监理通知等。使工程施工质量始终处于受控状态，整个工程项目的质量较好。

截至2008年底，惠南庄泵站工程累计评定单元工程1453个，合格率100%，其中优良1285个，优良率88.4%。分部工程验收29个，其中26个评为优良质量等级，3个评为合格等级，对已具备验收条件的前池段内、外墙进行了外观质量评定，外观质量得分率90%以上。

2008年，依据国家有关法律、法规以及国务院南水北调办、中线建管局的有关规定，在坚持“安全第一，预防为主”的安全生产工作方针，各参建单位把安全工作放在第一位的同时，积极开展“安全生产隐患治理年”专项活动，狠抓人身设备的安全管理，坚持主管领导全面抓、现场监理重点抓，一级抓一级，一级保一级，从而有效地预防和避免了各类安全生产事故的发生，保证了工程建设的顺利开展。截至2008年12月31日，惠南庄泵站工程已实现安全生产1173天，未发生质量安全事故，安全生产总体处于受控状态。

（冯正祥　蒋建伟）

京石段应急供水工程　北拒马河暗渠工程

工　程　概　况

北拒马河暗渠工程是南水北调中线京石段应急供水工程穿越北拒马河中支和北支的交叉建筑物，起点接河北段中线干线明渠，终点连惠南庄泵站前池进口闸，该标段总干渠长1781.05m，是南水北调中线总干渠进入北京的第一个单项工程。北拒马河暗渠工程为一等工程，主要建筑物为1级建筑物，设计流量为50m^3/s，加大流量为60m^3/s。土方开挖及清基64.91万m^3，土方及砂砾料填筑62.52万m^3，混凝土6.90万m^3，浆砌石及格栅石笼9.60万m^3，金属结构制造安装80.65t。工程概算投资1.3923亿元。

（王熙荣）

工　程　管　理

北拒马河暗渠工程实行代建制管理，山

西省万家寨引黄工程总公司代表项目法人中线建管局在现场进行项目管理。山东省科源工程建设监理中心担任监理，由中国水利水电第三工程局负责施工。

截至2008年底，合同内项目除生活供水井和高压盘柜安装外已全部完成，合同外增加项目为北拒马河中支北岸防洪堤工程，尚在准备之中。

（1）土建工程。渠首明渠和节制闸，以及防洪堤和导流堤填筑、岸肩墙和堤顶道路全部完成。暗渠工程中暗渠及进人孔、综合井、浆砌石格栅石笼护顶，以及暗渠顶部回填耕植土覆盖恢复全部完成。退水系统中退水闸、退水渠、专用交通路及社会交通路的混凝土路面浇筑已经完成。节制闸房和退水闸房、机电控制管理用房土建及内外装修装饰全部完成。社会交通桥、巡河路交通桥和退水渠新增生产桥共三座全部完成。

（2）金属结构机电工程。退水闸检修闸门、工作闸门、卷扬式启闭机，节制闸单梁桥式起重机、检修闸门、拦污栅、液压启闭机、清污机及导冰设施、增氧机等金属结构设备已全部安装完成，并投入试通水运行。节制闸、退水闸室内外管网全部完成。各部位与临时通水有关的电缆、安全监测仪器、通信光缆、现地控制设备、接地等已敷设和安装完成。

（3）安全防护措施。渠首节制闸、退水闸室内外防护栏杆、消防设施布设、防护围网敷设全部完成。

2008年，实际完成投资1205.30万元，累计完成投资7424.05万元，占合同价（不含备用金）的86.5%。

（王熙荣）

工　程　验　收

北拒马河暗渠工程为一个单位工程，共划分12个分部工程，累计进行单元工程质量评定1206个，合格1206个，合格率100%，优良1083个，优良率为89.8%。其中重要隐蔽工程和关键部位单元工程222个，合格222个，优良216个，优良率97.3%。分部工程质量全部合格，其中优良11个，优良率91.7%。

北拒马河暗渠工程建设至今未发生任何安全事故，符合安全生产建设目标的要求。

2008年度北拒马河暗渠工程的各项计划建设目标如期实现，同时按照京石段应急供水工程的总体进度计划，与临时通水有关的项目如期实现了4月底具备临时通水条件以及9月底试通水的目标。

2008年4月底，北拒马河暗渠工程通过项目法人验收和国务院南水北调办组织的临时通水阶段验收。截至2008年12月1日，该工程共划分的12个分部工程，全部通过分部工程验收。

（王熙荣）

京石段应急供水工程　釜山隧洞工程

工　程　概　况

南水北调中线釜山隧洞工程位于河北省徐水县北河庄村东南0.5km，工程等别为一等，主体建筑物为1级。设计流量$100m^3/s$，加大流量$120m^3/s$。基本地震烈度Ⅶ度。

釜山隧洞工程全长2654m，由进口段、洞身段、出口段三部分组成。进口段长60m，洞身段长2509m，出口段长85m。采用双洞线圆拱直墙型方案，为无压隧洞，断面尺寸为宽7.3m，高7.807m，设计水深5.02m，洞身采用钢筋混凝土全断面衬砌和锚喷支护加局部混凝土衬砌两种型式。

（季茂祥　王淑华）

工程投资

国家发展改革委以发改投资［2004］444号文件核定釜山隧洞工程初步设计概算总投资19 900万元，2005年又以发改投资［2005］502号文件核增征地投资346万元，累计批准概算总投资为20 246万元。釜山隧洞工程施工合同额与机电设备合同额合计10 793.83万元。截至2008年底，累计完成主体工程投资11 893万元，其中建筑工程完成投资9747万元（合同额），机电设备及安装工程47万元，金属结构及安装工程88万元，临时工程691万元，独立费用1311万元，水保环保9万元。完成合同投资111%。

（季茂祥　王淑华）

工程进展

釜山隧洞工程于2004年9月1日开工，到2007年底主体工程已基本完工，2008年4月具备通水条件。截至2008年底，累计完成土方开挖22.8万m^3，为设计工程量的116%；石方明挖22.8万m^3，为设计工程量的126.7%；石方洞挖32.9万m^3，为设计工程量的103.3%；混凝土浇筑5.77万m^3，为设计工程量的111.5%；钢筋制作安装3212t，为设计工程量的89.7%；喷射混凝土1.53万m^3，为设计工程量的172.6%。

2008年4～5月，先后通过了中线建管局和国务院南水北调办组织的临时通水技术性初步验收。

（季茂祥　王淑华）

工程监理

2008年，釜山隧洞工程施工进入收尾阶段，剩余建设内容主要为机电设备安装调试、隔离网栏安装、通信电缆敷设及部分缺陷处理。监理部始终严格按照监理规范和设计技术要求对施工全过程进行监理，从施工技术方案、原材料、施工过程各个方面入手，对关键工序、关键部位实行旁站监理，结合稽察和质量专项检查发现的问题及时组织参建单位分析原因，全部予以整改落实。

（季茂祥　王淑华）

安全生产

在釜山隧洞工程建设中，各参建单位把安全工作始终放在首位。坚持“安全第一，预防为主”的方针，把安全生产当作头等大事来抓，狠抓安全生产和文明施工，确立了创建釜山隧洞工程“安全工程”的目标，建立了一整套长期有效的安全运行机制，为安全施工管理打下了坚实基础。

在釜山隧洞工程建设中，各参建单位把安全工作始终放在首位。2008年度安全生产的重点主要是剩余尾工建设安全以及通水期间的安全运行，继续坚持“安全第一，预防为主”的方针，把安全生产当作头等大事来抓，确保了安全生产以及通水期间的安全运行。

（季茂祥　王淑华）

工程验收

釜山隧洞工程29个分部工程已于2008年3月8日前全部验收完成。2008年3月15～18日进行了临时通水项目法人验收；2008年3月25日～4月1日进行了临时通水技术性初步验收；2008年5月16～20日通过国务院南水北调办组织的临时通水验收。

截至2008年底，已评定1958个单元工程，其中1958个合格，1833个优良，合格率100%，优良率达到93%；验收29个分部工程，其中4个合格，25个优良，优良率达到86%。

（季茂祥　王淑华）

京石段应急供水工程　漕河渡槽段工程

工　程　概　况

漕河渡槽段工程是南水北调中线干线京石段应急供水工程的重要组成部分，该工程位于河北省保定市满城县境内，由漕河渡槽、吴庄隧洞、岗头隧洞等建筑物组成，线路全长9319.7m，工程核定概算88 361万元。主要工程量为，土石方明挖167万m^3，石方洞挖53万m^3，土石方回填86万m^3，混凝土浇筑35万m^3。漕河渡槽段工程等级为一等，主要建筑物级别为1级，设计流量$125m^3/s$，加大流量$150m^3/s$。漕河渡槽段项目工程建设管理体制为项目法人直管模式，由项目法人中线建管局现场派出机构漕河项目建设管理部对工程建设进行直接管理。

2008年1～3月，完成土建剩余尾工的施工及金属结构、电气项目的安装，5月通过国务院南水北调办组织的临时通水验收，9月临时通水。至2008年底，漕河渡槽段项目完成了所有土建项目施工和金属结构与机电安装及调试。全年完成投资4517万元，完成混凝土浇筑1.19万m^3。

（彭守军）

建设管理和工程投资

漕河项目建设管理部代表中线建管局负责对漕河项目进行建设管理，为直接建设管理模式。各参建单位建立了工程进度管理体系，施工单位编制了年度施工进度计划及月进度计划，建管部、监理单位、施工单位每月联合检查进度计划执行情况，确保完成进度计划。实行建设管理单位质量总负责、监理单位质量控制、施工单位质量保证和政府部门质量监督的质量保证体系，定期组织开展工程质量检查及考核评比活动并及时通报，接受上级部门的质量监督，工程质量处于受控状态。成立安全管理委员会，建立健全各参建单位的安全管理机构，严格执行国家安全生产法律法规，定期组织安全大检查，保证了文明施工。

2008年，漕河渡槽段工程Ⅰ～Ⅳ标全年完成投资为4517万元；截至2008年底，累计完成投资56 472万元，占合同总额的102%。漕河项目建设管理部成立了投资控制领导小组，制定并严格执行《合同管理实施细则》和《计量与支付管理程序》，按合同要求建立健全投资台账28册；及时进行进度款支付、预付款的抵扣和质量保证金的扣留；按照合同的规定，及时处理了178余项一般变更，按时审核、上报了重大变更、索赔与反索赔事项；充分发挥监理控制投资的作用，定期和不定期检查建设监理的投资控制工作。严格项目合同管理，避免了合同纠纷的发生。

（刘浩杰　彭守军）

工程施工和工程进展

漕河渡槽段工程共划分为四个标段，施工单位分别为中铁十三局集团有限公司（Ⅰ标）、中国水利水电第四工程局（Ⅱ标）、中

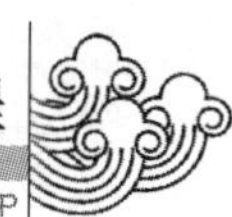

国葛洲坝集团股份有限公司（Ⅲ标）、中国水利水电第一工程局（Ⅳ标）。各施工单位完善质量保证体系，牢牢把握影响质量的“人、机、料、法、环”五个要素，加强内部管理和过程管理，严格执行“三检制”，做好质量保证与控制工作。完善安全保证体系，切实落实安全生产责任制，加强文明施工和环境保护力度，每月定期组织安全大检查，监督检查各项安全规章制度、安全技术措施、事故预防措施的执行，做到生产安全，施工文明。

2008年3月底，澧河渡槽段工程主体工程建设任务完成，9月18日进行了临时通水试运行；至2008年底，澧河渡槽段工程8个单位工程的所有土建项目及沿渠道路施工和金属结构电气安装任务均已完成。完成主要工程量为，土石方明挖206.9万m^3，石方洞挖54万m^3，土石方回填88.1万m^3，混凝土浇筑35.3万m^3；完成金属结构制造安装598t，安装平板闸门2扇、叠梁门8扇、弧形闸门2扇，机电设备安装调试11台套。

（彭守军）

工程监理

澧河渡槽段工程监理单位为中水北方勘测设计研究有限责任公司，该公司现场组建澧河项目监理部负责项目全过程的监理工作。2008年，监理部继续加大监理力度，强化过程控制，加强监理旁站，有效地控制工程质量、安全、进度及投资，同时做好合同管理、信息管理、文明施工和环境保护以及组织协调工作。澧河项目建设管理部按照中线建管局制订的监理管理办法，检查监理单位的人员、设备等资源配备情况，监理规划及监理实施细则的落实，监理旁站和监理日志等，有效发挥监理作用。

监理通过编制、贯彻和落实质量体系，工程质量控制措施及工作流程，重点或关键部位质量控制点，完善监理细则文件的编制，实现监理的工程质量控制目标。监理督促承包人依据阶段性工期控制目标和报经批准的施工进度计划，合理安排施工进展，确保施工资源投入，做好生产调度、施工进度安排与调整，密切注意控制关键路线项目的进展，检查施工准备、施工条件和工程进度计划实施情况，对比分析实际进度与计划进度，检查进度偏差产生原因，及时发现、协调和解决影响工程进展的外部条件和干扰因素，提出解决措施并付诸实施，确保目标工期的按期实现。监理督促检查施工承包人建立、健全安全管理工作体系和安全管理制度，执行国家安全生产法规和规定，定期组织安全生产大检查，及时处理安全隐患，协调临近和交叉作业合同项目采取安全技术和防护措施。

监理坚持合同支付工程计量按工程承建合同文件规定的程序和方法通过实际量测与度量进行。以单元工程或分项工程为基础，依据工程承建合同文件规定的单价支付项目或总价支付项目分别进行，加强造价控制。

（彭守军）

质量管理

澧河渡槽段工程四个标段于2005年6月10日正式开工，至2008年12月31日，工程建设项目按合同要求基本完成，建筑位置、规模和各项参数指标符合设计要求，施工程序符合设计要求和有关规程、规范的规定，施工过程原始记录资料真实齐全，土建原材料、中间产品和工程实体均经过检查检验，建筑物外观质量良好。

澧河渡槽段工程划分为8个单位工程、73个分部工程（其中主要分部工程30个）、4350个单元工程。截至2008年底，已完成单元工程质量评定4311个，其中优良3802个，优良率87.8%；完成分部工程质量评定72个，其中优良60个，优良率83.3%。

澧河渡槽段工程要求建设管理、监理、设计、施工等参建四方分别建立自己的质量保证体系，明确参建各方职责，监督、审查监理、设计、施工单位技术力量、设备、人力的投入和有关人员的任职资格、资质及工作质量，开展工程质量检查考核评比并及时予以通报。充分运用监理的质量检查签证的控制手段，单元工程按施工单位“三检”自评、标段监理工程师复核、监理部核查的程序进行验收，重要隐蔽部位邀请质量监督机构及建管单位参加。分部工程验收由监理组织业主、设计、施工单位、质量监督站共同组成验收小组，现场检查工程实体，查阅施工原始记录和检测数据、质量评定资料，整改合格后签字验收。单位工程验收亦按上述程序进行，须检查以往各类验收报告。

（彭守军）

安全生产

牢固树立“安全第一、预防为主”的方针，参建单位共同组成安全生产领导小组，成立安全生产管理办公室，各单位建立健全各自的安全管理机构、安全保证体系和各项管理规章制度，形成整个工程项目的安全管理监督体系和保证体系；签订安全生产责任书，明确参建各方责任；澧河项目建设管理部每月定期与监理联合组织安全大检查，对施工单位安全生产责任制和安全措施计划执行落实、人员的安全培训和考核进行检查，发现问题限期整改并监督落实；编制并组织实施澧河、马连川河等重点防汛度汛部位应急预案；加大对施工现场、交通设备、防火防爆等重大危险源等安全薄弱环节的监督检查和日常管理，开展“安全月”活动，落实事故隐患、危险点的超前预防措施。

（彭守军）

工程验收

澧河渡槽段工程划分为8个单位工程、73个分部工程（其中主要分部工程30个）、4350个单元工程。2008年由建管单位和参建单位联合进行评定和验收。截至2008年底，已完成单元工程质量评定4311个，其中优良3802个，优良率87.8%；完成分部工程质量评定72个，其中优良60个，优良率83.3%。完成了澧河渡槽2个单位工程的验收工作，验收的2个单位工程质量评定均为优良。在此基础上，接受了项目法人和国务院南水北调办等上级机构的验收。

（一）临时通水项目法人验收

2008年3月底，中线建管局验收工作组组织了澧河渡槽工程临时通水项目法人验收。验收工作组结论意见是，参建各方在工程建设过程中均能严格执行国家有关工程建设法律、法规及有关南水北调工程政策法规；澧河渡槽段工程已按批准的设计内容基本建成，工程的形象面貌基本满足临时通水的要求，施工质量满足设计和规范要求；验收资料基本齐全；澧河渡槽段工程基本具备临时通水条件，同意验收。

（二）临时通水阶段技术性初步验收

2008年4月初，澧河渡槽工程通过了国务院南水北调办验收工作组组织的项目临时阶段技术性初步验收。有关方面的数据表明，所验3767个单元，合格率100%，优良单元3339个，优良率88.6%，重要隐蔽工程951个，其中930个优良，优良率97.8%，关键部位597个，全部合格，其中580个优良，优良率97%。由监理组织业主、设计、施工方共同组成并邀请质监站参加的验收小组认为，分批验收的49个分部工程质量全部合格，优良44个，优良率90%，施工程序符合设计要求及有关规程、规范的规定，资料齐全，单元工程全部完成，单元工程质量全部合格，通过验收。

（彭守军）

京石段应急供水工程　唐河倒虹吸工程

工　程　概　况

唐河倒虹吸工程位于河北省定州市，工程等别为一等，主体建筑物等级为1级。倒虹吸设计流量为135m³/s，加大流量为160m³/s。工程防洪标准按100年一遇设计，300年一遇校核。地震设计烈度为Ⅵ度。

工程由进出口连接渠、倒虹吸、节制闸和退水闸四部分组成，总长1542.4m。倒虹吸又由进口渐变段、进口闸室、管身、出口工作闸、出口渐变段五部分组成。管身采用三孔一联钢筋混凝土箱型结构，断面尺寸为5.5m×5.7m（宽×高）。退水闸位于倒虹吸进口渐变段前245m，采用涵洞式结构，过水断面为1孔，断面尺寸为5m×5m。

（王淑华　季茂祥）

工　程　投　资

唐河倒虹吸工程概算总投资22 102万元。中线建管局累计下达投资计划22 102万元。唐河倒虹吸工程部分概算静态总投资为19 720万元，其中建筑工程14 292万元、机电设备及安装工程705万元、金属结构设备及安装工程460万元、临时工程1144万元。独立费用1760万元。水土保持181万元，环境保护76万元。基本预备费1102万元。

唐河倒虹吸工程施工阶段的合同管理工作以批准的工程概算为基础，以双方签订的合同为依据，建立健全了合同管理的规章制度。为加强合同管理，规范合同谈判、签订、执行等方面的活动，河北省南水北调工程建设管理局制定了《合同管理办法》；组织合同管理人员参加培训和咨询，建立了较为系统、完整的合同管理及投资控制制度与体系，在合同管理上严格管理制度，依照程序办事；实现了合同管理“制度化、规范化、程序化”。

唐河倒虹吸工程施工合同额与机电设备合同额合计13 328.29万元，截至2008年底累计完成主体工程投资14 420万元，其中建筑工程完成投资11 733万元（合同额），机电设备及安装工程77万元，金属结构及设备安装165万元，临时工程685万元，独立费用1760万元。已完成合同投资99%。

（王淑华　季茂祥）

建　设　管　理

唐河倒虹吸工程建设管理单位为河北省南水北调工程建设管理局，现场管理为第二工程建设部。在工程建设管理过程中，积极协调地方政府和河北省南水北调办解决影响工程建设的外部环境问题，强化对参建各方管理。现场各参建单位负责人员，共同成立了唐河倒虹吸工程质量管理领导小组和唐河倒虹吸工程安全生产与文明施工委员会，全面组织、管理、控制唐河倒虹吸建设的工程质量和安全生产工作。各参建单位机构设置健全，运行正常，确保了工程建设的顺利实施。

（王淑华　季茂祥）

工　程　进　展

唐河倒虹吸工程于2004年9月1日开工，截至2008年底，土建部分除进口导流堤平台部分工程由于变更未完成外，金属结构、出口液压启闭机及其他机电设备均已安装到位，并完成了调试和监测。

截至2008年底，唐河倒虹吸工程累计完成土方开挖130.6万m^3，为设计工程量的104%；土方回填133.8万m^3，为设计工程量的109%；混凝土浇筑11万m^3，为设计工程量的101%；钢筋制作安装9162t，为设计工程量的102%；砌石4.6万m^3，为设计工程量的135%；金属结构200t，为设计工程量的100%。

（王淑华　季茂祥）

工　程　监　理

唐河倒虹吸工程项目建设监理部依据合同文件、设计文件及其相关的规程、规范等编写了《监理规划》，针对本工程实际分专业编制了《监理实施细则》，建立了岗位责任制，以便对工程质量实行有效控制。

工程施工过程中，按照“三控制，二管理，一协调”的原则，对工程进行有效的控制，科学地开展监理工作。在工程质量控制过程中，监理严把原材料进场关，认真检查承包人的“三检制”落实实施情况。对管身段建基面等隐蔽工程和工程关键部位，监理部会同设计人员、质量监督单位、发包人、承包人进行联合验收。通过采用现场记录、发布文件、旁站监督、巡视检验、跟踪检测、平行检测等主要质量控制措施，有效的控制工序质量，从而保证了工程质量。为确保计划工期目标的实现，监理部详细审查调整了承包人上报的施工总进度计划及年、季、月施工进度计划，及时掌握施工安排情况。为保证工程建设资金需要，审查了承包人提交的资金流计划并进行复核，确保总量正确，以控制月工程款支付。监理部通过对承包人提交的施工组织设计、安全施工技术措施、安全管理制度、安全教育、安全机构、目标、措施及各级责任制的审查、监控和每周、每月定期和不定期对施工现场安全生产、文明施工的检查和抽查，预防和消除了安全事故，保障了施工人员的安全。

（王淑华　季茂祥）

质　量　管　理

为确保把南水北调工程建成优质工程、实现“四个一流”的建设目标，唐河倒虹吸工程建设管理单位及时建立完善了建管单位负责、监理单位控制、施工单位保证、设计单位服务、政府质量监督相结合的工程质量保证体系。

在建立健全全方位多级质量保证体系的基础上，河北省南水北调工程建设管理局重点对如何确保工程建设质量进行了深入探索和实践，采取了一系列质量保证措施。充分利用南水北调百年大计的品牌效应，不断加深和增强质量意识，建立落实网络化质量责任制度，狠抓质量管理五个关键环节：一抓设计产品质量、二抓招投标管理、三抓六道关（原材料质量关、施工单位严格执行“三检”制、监理程序关、单元工程验收关、隐蔽工程建基面的联检关和工程变更关）、四抓资金保障、五抓技术创新。

施工中，严格执行“三检制”，实行班组自检、互检，专职质检员复检，报项目部终检，合格后，报请项目监理工程师验收。

过程控制按照全员的原则落实施工责任，做到“谁作业、谁负责”。在施工中开展“三工序”活动，即检查上道工序、保证本道工序、服务下道工序。没有收到上道工序的验收证明，决不施工下道工序。

（王淑华　季茂祥）

施　工　技　术

在工程建设过程中，施工单位积极采用新技术、新工艺，精心施工，严格管理。三轨门架式皮带布料机、钢模板连体施工工艺、扭坡大型模板异型化技术、钢模板连体施工工艺、流槽输送器加串筒施工技术、两布一膜加喷淋养护新工艺在施工中的应用，提高了工程质量，加快了施工进度。

（王淑华　季茂祥）

工　程　验　收

截至2008年12月19日，唐河倒虹吸工程3个单位工程全部验收完毕。2008年3月15～18日进行了临时通水项目法人验收；2008年3月25日～4月1日进行了临时通水技术性初步验收；2008年5月16～20日通过国务院南水北调办组织的临时通水政府验收。

截至2008年底，已评定1992个单元工程，合格率100%，优良1867个，优良率93.7%；验收27个分部工程，优良率100%；3个单位工程全部验收，优良率100%。

（王淑华　季茂祥）

京石段应急供水工程　滹沱河倒虹吸工程

工　程　概　况

滹沱河倒虹吸工程是南水北调中线总干渠穿越滹沱河的建筑物，位于河北省石家庄市正定县，在京广铁路滹沱河桥上游4.6km，黄壁庄水库下游25.5km处。工程等别为一等，主体建筑物级别为1级，倒虹吸设计流量170m^3/s，加大流量200m^3/s，工程防洪设计标准为100年一遇，校核标准300年一遇。地震设防烈度为Ⅵ度。

滹沱河倒虹吸枢纽工程由进出口连接渠、倒虹吸、节制闸、退水闸、导流堤等部分组成。建筑物总长为2993.64m，其中倒虹吸部分长2225m。倒虹吸由进口渐变段、进口闸室、管身段、出口闸室、出口渐变段五部分组成。管身采用三孔一联钢筋混凝土箱形结构，单孔过水断面尺寸为6.0m×6.2m。

主要工程量为，土方开挖371.94万m^3，土方回填326.34万m^3，砌石8.23万m^3，混凝土24.23万m^3，钢筋制作安装2.56万t。工程总投资5.4665亿元。

（季茂祥　王淑华）

工　程　投　资

滹沱河倒虹吸工程概算总投资54 665万元。滹沱河倒虹吸工程部分概算静态总投资为47 163万元，其中建筑工程35 503万元、机电设备及安装工程955万元、金属结构设备及安装工程421万元、临时工程2832万元。独立费用4070万元。水土保持561万元，环境保护194万元。基本预备费2627万元。

滹沱河倒虹吸工程施工合同额与机电设备合同额合计30 707.08万元，自开工以来累计完成主体工程投资36 334万元，其中建筑工程完成投资26 283万元（合同额），机电设备及安装工程完成83万元，金属结构设备及安装工程421万元，施工临时工程1677万元，独立费用完成4070万元，场地征用费3800万元。截至2008年底，已完成合同投资的107%。

（季茂祥　王淑华）

工　程　进　展

滹沱河倒虹吸工程2003年12月30日正式开工，至2008年3月主体工程全部完成。累计土方开挖完成330.5万m^3，为设计工程量的92.4%；土方回填238.6万m^3，为设计工程量的91%；混凝土浇筑24.1万m^3，为设计工程量的103%；钢筋制作安装21 808t，为设计工程量的91.5%；砌石2.7万m^3，为设计工程量的55.1%；金属结构248t，为设计工程量的102%。

（季茂祥　王淑华）

工 程 验 收

截至2008年底，滹沱河倒虹吸工程已评定5961个单元工程，其中5961个合格，5523个优良，优良率92.7%；已评定46个分部工程，46个优良，优良率100%；已验收5个单位工程，5个优良，优良率100%。5个单位工程全部验收完毕。

2008年3月15～18日进行了临时通水项目法人验收；2008年3月25日～4月1日进行了临时通水技术性初步验收；2008年5月16～20日通过国务院南水北调办组织的临时通水政府验收。

（季茂祥　王淑华）

京石段应急供水工程　古运河枢纽工程

工 程 概 况

古运河枢纽工程位于石家庄市西北郊区，工程等别为一等，主体建筑物等级为1级。设计流量170m³/s，加大流量200m³/s，工程设计防洪标准为100年一遇，校核标准300年一遇。地震基本烈度为Ⅶ度。

古运河枢纽工程由进口渠道工程、古运河暗渠和田庄分水闸三部分组成。古运河暗渠同时穿越石家庄市北防洪堤（107国道副线）及石太高速公路，建筑物总长657.7m，由上游渠道、进口渐变段、进口闸室段、洞身段、出口闸室段、出口渐变段组成。其中洞身段长435m，过水断面为三孔一联拱涵结构，单孔过水断面尺寸为6.6m×8.4m（宽×高）；田庄分水闸位于古运河暗渠进口处，分水角度为60°，设计流量65m³/s，建筑物总长129m，由进口圆弧翼墙段、闸室段、消力池段、出口渐变段、下游渠道防护段五部分组成，闸室共一孔，孔宽6.5m。

主要工程量为，土方开挖74.9万m³，土方回填61.3万m³，砌石6万m³，混凝土7.6万m³，钢筋制作安装0.64万t。

（王淑华　季茂祥）

工 程 投 资

滹沱河倒虹吸工程概算总投资18 499万元。自开工以来累计完成主体工程投资10 295万元，其中建筑工程完成7321万元（合同额），机电设备及安装工程33万元，金属结构及安装工程194万元，临时工程1758万元，独立费用989万元。截至2008年底，已完成合同投资的87%。

（王淑华　季茂祥）

建 设 管 理

古运河枢纽工程建设管理单位为河北省南水北调工程建设管理局，现场管理为第一工程建设部。设计单位为河北省水利水电勘测设计研究院，质量监督单位为南水北调河北质量监督站第一巡查组，监理单位为天津冀水工程咨询中心，施工单位分别为河北省水利工程局。建设单位在总结过去工作经验的基础上，充实了建设管理人员，建立健全了质量、安全保证体系，进一步完善各项规章制度，工作中坚持严格管理、精细管理，抢进度、保质量，明确各级质量责任。使质量责任可以追溯到具体责任人。建设管理工作逐步走上了规范化、系统化。

（王淑华　季茂祥）

工　程　进　展

古运河枢纽工程于2005年6月20日开工。截至2008年底，出口闸室等少量工程外，主体工程基本完成。累计完成土方开挖77.5万m^3，为设计工程量的103%；土方回填37.2万m^3，为设计工程量的95%；混凝土浇筑7.3万m^3，为设计工程量的95%；钢筋制作安装4945t，为设计工程量的99.9%。

（王淑华　季茂祥）

工　程　施　工

古运河暗渠工程需穿越石家庄市北防洪堤、太平河和石太高速公路，穿越石太高速公路采用管棚法施工方案，其余采用一般开挖方案。为了实现工程施工的优质、高产，保证施工进度和工程质量，施工单位自主研发了大型混凝土工程一体化连续施工系统装置，这套系统装置将繁重的混凝土浇筑过程转化为流水作业方式，全部自动化操作，减少了中间环节，使混凝土取料、拌和、布料浇筑一次完成，既提高了浇筑强度，缩短了施工时间，还保证了混凝土质量。

（王淑华　季茂祥）

工　程　监　理

古运河枢纽工程建设监理部建立健全了自身的质量保证体系，按照投标文件承诺和监理规划、实施细则，对施工全过程进行有效控制。监理部通过完善各项规章制度和监理工作手段，建立实施周监理例会制度。做到了隐蔽工程、重要工序、重点部位100%旁站，平常反复巡视，按规范要求抽检，能够及时发现和纠正承包商施工中存在的一些质量问题。

（王淑华　季茂祥）

质　量　管　理

在建立健全建管单位负责、监理单位控制、施工单位保证、设计单位服务、政府质量监督相结合的工程质量保证体系的基础上，河北省南水北调工程建设管理局重点对如何确保工程建设质量进行了深入探索和实践，采取了一系列质量保证措施。充分利用南水北调百年大计的品牌效应，不断加深和增强质量意识，建立落实网络化质量责任制度，狠抓质量管理关键环节保证了工程质量的有效控制。

（王淑华　季茂祥）

工　程　验　收

截至2008年底，古运河枢纽工程已评定1292个单元工程，其中1292个合格，1200个优良，优良率93%；已评定9个分部工程，9个优良，优良率100%。

（王淑华　季茂祥）

京石段应急供水工程　河北段其他工程

工　程　概　况

河北段其他工程项目共划分为11个监理标段，46个施工标段，包括14座大型建筑物标段和29个渠道标段和3个生产桥标段。主要工程量为，土方开挖5555万m^3，土方回填2219万m^3，砌石6万m^3，混凝土

209万m^3，钢筋制作安装75 272t。工程于2006年7月正式开工，主体工程计划2007年12月31日完成，2008年4月具备临时通水条件。

（季茂祥　王淑华）

工　程　投　资

河北段其他工程是一个非独立的设计单元，作为京石段工程的一部分，国家批复时未单独批复概算，根据设计院编制的《南水北调中线京石段供水工程初步设计分解概算》，其概算总投资（不含征地拆迁费用和连接段费用）476 223万元。

工程自开工以来累计完成主体工程投资312 130万元，其中建筑工程完成投资288 093万元（合同额），机电设备及安装工程完成1401万元，金属结构及设备安装1240万元，临时工程14 970万元，独立费用21 396万元。截至2008年底，已完成合同投资97%。

（季茂祥　王淑华）

招　标　投　标

河北段其他工程委托河北省建设管理，项目全部采用公开招标方式，招标代理单位为河北省水利水电勘测设计研究院招标代理中心及河北省水利水电第二勘测设计研究院，所有评标专家都从国务院南水北调办组建的“南水北调工程评标专家库”随机抽取。招标工作始终都在河北省南水北调工程建设委员会办公室、河北省监察厅驻水利厅监察室等单位监督之下进行。2005～2006年分两批完成了监理单位的招标评标工作，分八批完成了施工单位的招标评标工作；2006～2008年完成了七种材料和永久输电线路的招标评标工作。

（季茂祥　王淑华）

建　设　管　理

河北段其他工程作为委托河北省建设管理的一部分，全部由河北省南水北调工程建设管理局负责建设管理，现场管理为河北省南水北调工程建设管理局派驻现场的三个建设部和一个代建部，设计单位为河北省水利水电勘测设计研究院，质量监督单位为南水北调河北质量监督站派驻现场的三个巡查组。

为适应全线开工建设需要，2006年4月，河北省省政府正式批准成立了河北省南水北调工程建设管理局。在充实调整人员的同时，立足做好开工前的各项准备工作，建立健全了有关计划、质量、技术、结算、安全生产等各项规章制度，积极主动协调工程建设外部环境，为工程全面开工、保证正常建设奠定了坚实基础。

（季茂祥　王淑华）

工　程　进　展

河北段其他工程渠道进行了土石方开挖及混凝土衬砌，累计开挖成型149 867m，占总长度的100%。渠道边坡衬砌完成299 734m（单侧），占总长度的100%，全断面成型149 867m，占总长度的100%。交通桥101座，已开工101座，主体完工96座。93座生产桥，有86座开工，主体完工86座，低压配电柜安装就位91面，高压配电柜安装完成59面，检修闸门安装完成66扇，安全防护设施（单侧）306.6km，运行维护道路路基（单侧）306km。

截至2008年底，累计土方开挖完成6428万m^3，为设计工程量的99.8%；土方回填2203万m^3，为设计工程量的94%；石方开挖1129万m^3，为设计工程量的128%；石方洞挖3.4万m^3，为设计工程量的75%；混凝土浇筑194.2万m^3，为设计工程量的

93%；钢筋制作安装70 624t，为设计工程量的94%。

（季茂祥　王淑华）

工程施工

参与河北段其他工程建设的43个施工单位分别来自全国水利、铁路系统，全部具有水利水电施工一级资质。施工中，各参建单位坚持高标准、严要求，自我加压，想方设法克服困难，在原定8座交通桥需要临时埋管方案已经确定的情况下，河北省南水北调工程建设管理局组织各参建单位合理安排、细化措施，减少了3处临时埋管，圆满实现了国家确定的既定建设目标。

（季茂祥　王淑华）

工程监理

河北段其他工程共划分为11个监理标段，工程正式开工之前，各监理标段即安排了部分人员进场开展前期准备工作，随着工程全面建设，监理人员逐步到位，截至2008年底，共到位监理人员210余人，全部建立了现场试验室，基本满足了建设管理需要。

各监理单位全部实行总监理工程师负责制。结合工程实际制定了监理规划、监理实施细则和各项规章制度，对施工全过程特别是原材料、重点部位、重要工序等，采取现场记录、发布文件、现场旁站、巡视检查、跟踪和平行检测等手段进行全过程监督控制。

（季茂祥　王淑华）

质量管理

参与工程建设的施工单位分别来自全国水利、铁路系统，全部具有水利水电施工一级资质。在面临工期一再压缩的不利情况下，为实现“主体工程完工、2008年4月通水、工程质量符合合同要求”的总体建设目标，各参建单位在赶进度的同时，狠抓质量管理、三检控制、监理旁站和质量监督，确保工程质量处于受控状态。

（季茂祥　王淑华）

安全生产

作为京石段应急供水工程建设的关键之年、决战之年的2008年，河北省南水北调工程建设管理局坚持以工程建设为中心，紧密结合工程建设实际，不断改进和加强安全生产工作，抓质量保安全、抓安全促质量，扎实有效地开展工作。以控制重大安全事故，杜绝一般事故为主线，以提高参建职工的质量、安全意识为重点，完善各项规章制度，层层落实安全生产责任制，积极开展安全生产月和隐患排查治理以及教育培训等活动，通过各参建单位的共同努力，工程建设取得了可喜成绩，安全生产处于受控状态。安全生产死亡人数为“零”，职责范围内未发生任何安全生产事故。为南水北调工程创造了一个稳定、良好的工程形象和建设环境。

（季茂祥　王淑华）

施工技术

在2007年工程建设的基础上，2008年度，各参建单位对剩余尾工继续强化新技术、新工艺的应用，特别是针对先期出现的渠道混凝土衬砌面不光滑、结合部位不密实、局部非机械化衬砌段不平整等问题，通过加强振捣、表面保护等控制措施进行了有效改进，保证了剩余尾工的工程质量。

（季茂祥　王淑华）

工 程 验 收

截至2008年底，河北段其他工程委托河北省建设的项目已验收52 593个单元工程，合格率100%，优良46 575个，优良率89%；已评定850个分部工程，其中850个合格，800个优良，优良率94%；单位工程验收1个优良。2008年4月18～30日进行了临时通水项目法人验收及临时通水技术性初步验收；2008年5月16～20日通过国务院南水北调办组织的临时通水政府验收。

（季茂祥　王淑华）

工 程 建 设

（一）河北段Ⅰ～Ⅳ标工程

1. 工程简介

河北段Ⅰ标位于河北省涿州县境内，自北横歧公路桥至河北省省界，渠线总长5145.35m，包括北拒马河南支渠道倒虹吸；公路桥3座；中小型倒虹吸、渡槽、分水口等共8座。合同金额16 583万元。

河北段Ⅱ标位于河北省涞水县境内，自蔡家井灌渠倒虹吸至义让干－0－5渡槽，渠线总长8020m。该段包括水北沟渡槽、南拒马河渠道倒虹吸2座大型建筑物；公路桥4座；中小型倒虹吸、渡槽、分水口、退水闸等共7座。合同金额17 577万元。

河北段Ⅲ标位于河北省涞水县境内，全长6080m，含下车亭隧洞、3座左岸排水建筑物、1座分水口门、2座路渠交叉建筑物及渠道等，合同金额15 384万元。

河北段Ⅳ标位于河北省涞水县境内，全长6742m，含坟庄河倒虹吸、4座左岸排水建筑物、2座渠渠交叉建筑物、7座路渠交叉建筑物及渠道等，合同金额15 187万元。

2. 工程管理与进展

河北段Ⅰ标、Ⅱ标为直接管理项目，建设管理单位是惠南庄建管部。河北段Ⅲ标、Ⅳ标为代建管项目，建设管理单位是黄河水电工程建设有限公司。四个标段的施工单位分别是安蓉建设总公司、河北省水利工程局、中国水利水电第十四工程局和中国葛洲坝水利水电工程集团有限公司。河北段Ⅰ～Ⅳ标的监理单位为山西北龙工程监理有限责任公司。

截至2008年底，河北段Ⅰ标除西疃南桥剩余路面铺装外，主体工程已基本完工。累计完成土方开挖239.61万m^3，占合同总量的93.37%；土方填筑74.95万m^3，占合同总量的78.89%；混凝土浇筑7.47万m^3，占合同总量的93.01%。累计完成投资1.41亿元，占合同价的85%。

截至2008年底，河北段Ⅱ标除设计变更新增安阳沟出口导控工程、新增加建筑物外围隔离网栏工程、南拒马河渠道进出口连接工程尚未完工外，主体工程已基本完工。累计完成土方开挖193.85万m^3，占合同总量的72.91%；土方填筑64.41万m^3，占合同总量的67.78%；混凝土浇筑10.71万m^3，占合同总量的93.69%。累计完成投资1.41亿元，占合同价的80%。

截至2008年底，河北段Ⅲ标除弃渣场水土保持防护工程、新增加建筑物外围隔离网栏工程和部分渠堤外边坡种草尚未完工外，主体工程已基本完工。累计完成土方开挖83.92万m^3，占合同总量的99.4%；石方明挖81.8万m^3，占合同总量的92.3；石方洞挖1410m，占合同量的100%；土方填筑118.12万m^3，占合同总量的91.1%；混凝土浇筑6.99万m^3，占合同总量的90.6%。累计完成投资1.38亿元，占合同价的89.7%。完成单元工程质量评定1604个，其中优良1410个，优良率83%，分部工程验收31个，其中优良26个，优良率84%。

截至2008年底，河北段Ⅳ标除弃渣场水土保持防护工程、新增加建筑物外围隔离网栏工程外，主体工程已基本完工。累计完成土方开挖61.08万m^3，占合同总量的44.4%；石方明挖102.15万m^3，占合同总量的147.4%；土方填筑160.04万m^3，占合同总量的88.9%；混凝土浇筑7.34万m^3，占合同总量的85%。累计完成投资1.46亿元，占合同价的96%。完成单元工程质量评定2584个，其中优良2331个，优良率90%，分部工程验收22个，其中优良21个，优良率95%。

（二）河北段Ⅴ~Ⅷ标工程

1. 工程简介

南水北调中线京石段应急供水工程河北段Ⅴ~Ⅷ（石家庄至北拒马河段）标工程，位于河北省保定市顺平县、满城县和徐水县境内，工程分为17个单位工程。渠段总长24.95km，3座大型建筑物［雾山（一）隧洞、雾山（二）隧洞、界河倒虹吸］、1座节制闸、3座分水口门、1座渠渠交叉建筑物、15座左岸排水建筑物和13座公路交叉建筑物。主要工程量为，土方明挖1599.78万m^3，石方明挖341.62万m^3，石方洞挖14.22万m^3，土方填筑3955.93万m^3，石方填筑7.62万m^3，砌石16.23万m^3，混凝土浇筑34.61万m^3，钢筋制作安装10 307t，金属结构及安装407t，机电设备及安装104t。工程等别为一等，主体建筑物等级为1级。设计流量为125m^3/s。合同总金额为59 599.99万元。

2. 工程管理与进展

河北段Ⅴ~Ⅷ标工程为项目法人直接管理模式，中线建管局派出现场机构漕河直管建管部对工程建设进行直接管理。河北段Ⅴ~Ⅷ标工程项目施工单位分别为中国水利水电第十三工程局（Ⅴ标）、中国水利水电第八工程局（Ⅵ标）、中国水利水电第十五工程局（Ⅶ标）、中铁十三局集团有限公司（Ⅷ标）。项目监理单位为江河水利水电咨询中心，该单位于2005年10月组建江河水利水电咨询中心南水北调中线工程京石段直管项目第Ⅱ工程监理部，分别在施工Ⅵ标和Ⅷ标项目部驻地设办公地点，对应施工标段下设四个施工监理组。建设管理、监理、施工按照各自责任共同负责河北段Ⅴ~Ⅷ标工程建设的进度、质量、安全、文明工地创建以及投资管理。

2008年1~4月，完成河北段Ⅴ~Ⅷ标工程渠道、雾山（一）隧洞、雾山（二）隧洞、西黑山节制闸土建剩余尾工的施工及金属结构、电气项目的安装工作，并于2008年5月通过临时通水验收，2008年9月临时通水。2008年完成投资21 546万元。完成工程量为，土石方明挖118.74万m^3，土石方回填85.72万m^3，混凝土浇筑11.06万m^3，钢筋制作安装完成1425t。

截至2008年底，完成了所有17个单位工程的土建项目及沿渠道路施工、金属结构与机电设备安装及调试。雾山（一）隧洞、雾山（二）隧洞已完成石方洞挖、混凝土衬砌、灌浆施工、进出口闸室混凝土施工及金属结构电气安装；渠段已完成土方填筑、渠道混凝土衬砌；西黑山节制闸已完成闸室混凝土施工及金属结构电气安装。累计完成主体工程量为，土石方明挖1941.89万m^3，石方洞挖14.83万m^3，土石方回填430.31万m^3，混凝土浇筑33.25万m^3，金属结构制造安装338t，安装平板闸门4扇、叠梁门6扇、弧形闸门4扇、机电设备18台套。

3. 质量评定与工程验收

河北段Ⅴ~Ⅷ标工程项目于2006年8月1日正式开工，至2008年12月31日，工程建设项目按合同要求基本完成。建筑位置、规模和各项参数指标符合设计要求，施工程序符合设计要求和有关规程、规范的规定，施工过程原始记录资料真实齐全，土建原材料、中间产品和工程实体均经过检查检验，建筑物外观质量良好。

2008年4月，河北段Ⅴ~Ⅷ标工程项目，随同漕河渡槽段工程通过临时通水项目法人验收。

临时通水阶段技术性初步验收，经施工单位自评、标段监理工程师复核、监理部核查，所验1897个单元合格率100%，优良单元1736个，优良率91.5%。

由监理组织业主、设计、施工方共同组成验收小组并邀请质监站参加，分批对40个分部工程质量进行了验收。验收组认为40个分部工程施工程序符合设计要求及有关规程、规范的规定，资料齐全，单元工程全部完成，单元工程质量全部合格，通过验收。40个分部工程质量全部合格，优良34个，优良率85%。

2008年5月初，通过了国务院南水北调办验收工作组组织的项目临时阶段技术性初步验收。

该项目划分为17个单位工程、158个分部工程。截至2008年12月底，已完成单元工程质量评定3343个，其中优良2911个，优良率87.1%；完成分部工程质量评定140个，其中优良123个，优良率87.9%。漕河建管部组织验收的2个单位工程质量评定均为优良。

（吕玉峰　蒋成林　彭守军）

穿黄工程

工程概述

（一）工程概况

南水北调中线一期穿黄工程是南水北调中线干线工程的关键性标志性工程，主要任务是安全有效地将中线调水从黄河南岸输送到黄河北岸。本阶段按中线一期工程多年平均调水量95亿m^3规模考虑，穿黄工程设计流量265m^3/s，加大流量为320m^3/s。

穿黄工程位于河南省郑州市黄河京广铁路桥上游约30km处，于孤柏山湾横穿黄河。工程南岸起自荥阳市王村化肥厂南的A点，终点为北岸温县南张羌乡马庄东的S点，总长19.30km。

穿黄工程为一等工程，由南岸明渠、南岸退水建筑物、进口建筑物、穿黄隧洞段、出口建筑物、北岸明渠、北岸新蟒河渠道倒虹吸、老蟒河河道倒虹吸、北岸防护堤、南北岸跨渠建筑物和南岸孤柏嘴控导工程等组成。工程总投资为31.37亿元，于2005年9月开工建设。

（二）2008年工程建设

2008年，穿黄工程完成土方开挖88万m^3，累计完成1366万m^3；完成土方回填90万m^3，累计完成324万m^3；混凝土浇筑完成7.34万m^3，累计完成18万m^3；钢筋制作安装15 945t，累计完成25 188t，共计完成合同项目投资9.55亿元。

南岸连接明渠除部分占压段外均已开挖至112m高程，具备混凝土衬砌施工的条件；（K0+100）~（K3+100）段渠道边坡防护已完成；进口建筑物已开挖至设计高程；李村南干渠渡槽、河沟北跨渠桥和石化路跨渠桥3座跨渠建筑物主体工程已完工；退水洞出口边坡土方开挖和边坡防护已完成；退水洞累计完成开挖支护124.3m。

穿黄隧洞盾构掘进施工取得重大进展。上游线Ⅱ－A标在2008年3月盾构机始发后掘进1002环（1603.2m）。下游线Ⅱ－B标2008年度完成盾构掘进838环，累计掘进849环（1358.4m）。南岸竖井内衬施工和高喷封底完成至第十节。

北岸渠道基本填筑至设计高程；新蟒河

倒虹吸已完成管身段施工，正在进行进出口闸室和渐变段施工；老蟒河倒虹吸全部完工并于6月份投入运行使用；北岸1～4号跨渠桥具备通车条件，1号路跨渠桥完成主体施工。

孤柏嘴控导工程已完成 KD0＋000～KD2＋930段灌注桩施工，并完成送流段（KD3＋500）～（KD4＋000）段施工平台和挑流坝施工。

（李　昭）

工程投资和招标投标

穿黄工程共分为土建施工标、安全检测标、建设监理标、盾构设备采购标和金属结构、机电、消防等设备采购标五类。其中土建施工、安全检测、建设监理、盾构设备采购及金属结构五部分均在2007年以前全部完成。2008年穿黄工程共签订1项科研合同及2项补充协议。

根据招标情况，穿黄工程共14个合同标，合同总金额为191 843.77万元（不含盾构机采购）。其中土建标6个，合同额为183 787.58万元；设备采购4个，合同额为1523.72万元；另外还有一个监理标、两个设计标和一个科研合同，合同额为6532.47万元。

2008年，穿黄工程计划完成投资27 700万元，其中单价合同项目26 875万元，总价合同项目825万元。

2008年，穿黄工程完成投资31 763.90万元，完成合同额的16.56%。截至2008年底，累计完成98 768.92万元，完成合同额的51.48%。

2008年，河南直管项目建设管理部根据工程现场实际情况，进一步补充修改完善各项规章制度，建立健全各项投资统计分析台账，规范变更控制流程，加强工程索赔与反索赔及工程保险理赔处理，及时办理工程计量支付，按时完成投资统计月报及变更索赔报告的编制上报。

（张高伟）

建　设　管　理

随着南水北调中线干线工程河南段工程建设的展开，2007年12月，原穿黄工程建设管理部更名为南水北调中线干线工程建设管理局河南直管项目建设管理部。

2008年，河南直管项目建设管理部继续按照“规范管理、技施创新、和谐共建、过程受控、质量一流”的指导思想，树立“营造和谐文明建设环境、创建世纪一流精品工程”的管理目标。以工程建设管理为中心，不断健全质量、安全、进度、投资及文明施工、环境保护、水土保持等管理体系，调整了安全生产管理委员会、质量管理委员会、文明工地创建领导小组，设立质量、进度、安全、文明施工、信息、监理工作管理专职管理工程师岗位，制定了一系列管理规章制度，充分依靠建设监理对工程进行制度化、规范化管理，不断提高工程管理水平，全方位全过程加大管理力度，保证穿黄工程建设顺利进行并取得重大突破。

穿黄工程管理继续实施月度、季度考核制。月度考核由工程建设监理部组织，河南直管项目建设管理部和各承包人参与；季度考核由河南直管项目建设管理部组织，监理部和各承包人参与。每次考核包括施工现场检查、资料内业检查，打分、评比和通报，月度考核在穿黄工程内部进行通报，季度考核上报中线建管局，并在网站通报。对于检查出来的问题，要求各承包人整改并上报整改报告。为督促工程建设监理发挥其工作职能，河南直管项目建设管理部每季度对工程建设监理的管理进行专门考核，并打分和通报，要求监理人整改检查出来的问题并上报。河南直管项目建设管理部每月召开一次工程管理会，通报各标段工程进展情况，解决存在问题，部署下步工作。施工承包人按时编制施工月报、施工季报和施工年报，报送河南直管项目建设管理部和监理部；监理部同步编制监理月报、监理季报和监理年报，报送河南直管项目建设管理部；河南直管项目建设管理部每月通过工程报告报表、信息管理系统、《工程简报》、《工程建设管理月报》等反馈至中线建管局，管理工作全过程处于层层受控状态。

穿黄工程建立了河南直管项目建设管理部负责、监理单位控制、设计和施工方保证、政府监督多方相结合的质量保证体系，成立质量管理委员会，制定了质量管理相关文件，设立了专职工程师岗位，充分发挥监理的质量监理职能。自开工以来，穿黄工程未发生任何质量事故，实现了质量事故“零”目标，2008 年验收评定单元工程 1403 个，全部合格，其中 1316 个单元工程被评定为优良，单元工程合格率 100%，优良率达 94%。自开工以来累计验收评定单元工程 3388 个，全部合格，其中 3202 个单元工程被评定为优良，单元工程合格率 100%，优良率达 94.5%；验收评定的 13 个分部工程全部为优良，分部工程优良率 100%。

河南直管项目建设管理部落实“安全第一，预防为主”的方针，建立了穿黄工程安全管理体系，成立了安全生产管理委员会，设立防汛与安全生产办公室，制定了有关安全生产管理、安全事故应急预案、防洪度汛应急预案、工区道路交通安全管理等规章制度，理顺监管体制，落实责任制。加大安全生产宣传教育和培训力度，多次组织安全事故应急预案演练和防汛抢险应急演练，落实应急设备、物资和人力资源。自工程开工到 2008 年底，未发生任何安全事故，连续安全生产 1192 天。

河南直管项目建设管理部按照“科学计划，狠抓落实”的总体要求，不断健全工程进度管理体系，执行有关进度管理文件，设立了专职工程师岗位，全面实施进度管理。河南直管项目建设管理部制定总进度计划和年度进度计划上报中线建管局，监理部制定相应进度计划报河南直管项目建设管理部审批，各施工承包人则制定总进度计划和年、季、月进度计划以及单项工程施工组织计划，报监理部审批后执行。穿黄工程坚持关键项目进度控制到天，一般项目控制到周，相关管理人员通过关键项目的日统计、监理周进度例会、月度与季度管理考核和工程管理会议检查进度，及时纠偏和调整，提出专题分析报告，制作柱状分析图，描绘直观形象进度图，保证各阶段进度目标的实现，完成了 2008 年度建设任务。

穿黄工程坚持高标准、高起点，以创新精神开展文明施工，积极创建文明工地。河南直管项目建设管理部制定了文明工地创建、文明施工及环境保护管理规定，参建各方共同组成文明施工领导小组，各自成立专门机构，全面开展文明工地创建活动，将其融于工程管理，作用于工程管理，不断提升穿黄工地整体文明施工水平。

2008 年，穿黄工程整体获得了国务院南水北调办“文明工地”称号，河南直管项目建设管理部、工程建设监理、各施工承包人及负责人都相应受到表彰。河南直管项目建设管理部工程管理处获团中央授予的“全国青年文明号”称号，通过了国家机关和国务院南水北调办 2007 年度“青年文明号”的考核。

（郝继锋）

工 程 进 展

（一）完成主要工程量

截至 2008 年底，穿黄工程各标段的进展基本实现了中线建管局年初制定的计划目标，部分项目超前完成。2008 年，穿黄工程两条

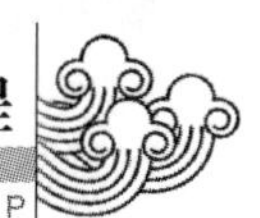

隧洞完成盾构掘进2944m，累计掘进2961.6m；土方开挖88万m^3，累计完成1366万m^3；完成土方回填90万m^3，累计完成324万m^3；混凝土浇筑完成7.34万m^3，累计完成18万m^3；钢筋制作安装完成9356t，累计完成2.52万t；浆砌石完成7.6万m^3，累计完成16.43万m^3。

（二）工程形象进度

2008年，穿黄工程各标段形象进度情况如下：

（1）Ⅰ标。南岸连接明渠全部开挖至渠底高程，进水口开挖至设计高程。渠道K1+300以前完成边坡浆砌石防护，（K1+300）~（K3+100）完成120~130m高程拱架护坡和130m高程以上浆砌石防护。河沟北跨渠桥完成桥面混凝土和栏杆及附属结构施工，具备临时通车条件。石化路跨渠桥完成管桥层和上部结构施工及部分供水管线焊接。李村南干渠渡槽主体完工。李村北干渠渡槽完成下部结构和三节槽身段施工。退水洞由出口端施工至96m处。

（2）Ⅱ-A标。盾构机于2008年3月成功始发，共掘进1603.2m，超额完成年度计划。南岸竖井进行内衬施工，施工至第十一节；完成井内B区高喷加固施工。管片生产完成1053环，累计完成1819环。1:1仿真试验完成了地下模型管片拼装，竖井、基坑回填、第三个地面模型混凝土正在施工。北岸防护堤上游侧完成500m（全长605m），下游侧完成140m（全长362m），共计完成640m。出口建筑物完成消力池段和合流段挤密砂桩和振冲碎石桩基础处理。

（3）Ⅱ-B标。2008年盾构机掘进1340.8m，累计掘进1358.4m。南岸竖井内衬施工至第十一节；完成井内B区高喷加固施工。管片生产完成1067环，累计完成1809环。

（4）Ⅲ标。2008年北岸渠道的土方开挖基本完成，渠道填筑（K9+365）~（K11+470）段和（K12+700）~（K14+400）段基本填至设计高程，累计已有7.3km的渠道填至设计高程，另有600m渠道正进行填筑，（K17+950）~（K18+520）段强夯处理区和老蟒河倒虹吸交叉区域以外的填筑施工大部分完成。渠道两侧浆砌石护坡施工完成约80%。2008年，新蟒河倒虹吸完成二期管身施工，进、出口部位大部分完成。老蟒河倒虹吸全部完成投入运行，2008年6月27日河水引流。跨渠建筑物，北岸的5座跨渠桥全部完成主体结构施工，4座具备临时通车条件。

（5）Ⅳ标。孤柏嘴控导工程2008年未施工，累计完成透水桩坝2930m。

（6）Ⅴ标。Ⅴ标配合各土建标段的施工进行仪器埋设及监测工作。

（郝继锋）

工程施工

（一）施工单位

Ⅰ标段由中国水利水电第十一工程局有限公司施工。

Ⅱ-A标段由中铁隧道集团有限公司与中国葛洲坝水利水电工程集团有限公司组建的联合体项目经理部施工。

Ⅱ-B标段由中铁十六局集团有限公司与中国水利水电第七工程局有限公司组建的联合体项目经理部施工。

Ⅲ标段由中国水利水电第四工程局有限公司施工。

Ⅳ标段由河南黄河工程有限公司施工。

Ⅴ标为安全监测工程标，中国水电顾问集团西北勘测设计研究院承担。

（二）施工管理

2008年，穿黄工程从九个方面加强了施工管理：一是根据年度任务书，将建设管理目标进行细化分解，落实责任，明确建设管理目标；二是建立健全各级工程质量、进度、投资、安全及文明施工等组织机构，加强监督和检查；三是进一步完善了相应的质量、进度、投资和安全生产及文明施工的管理办法和保证体系文件的建设，督促落实并持续改进；四是制定各级计划，明确各项工作方针和工作目标；五是采取有力措施，落实层层计划，确保过程的有效运行和控制，确保目标实现；六是根据监理部和河南直管项目建设管理部每月、每季度的工程管理检查考核的问题，认真整改和落实；七是加强内部业务管理，及时上报材料，建立专项档案；八是根据年终考核情况兑现奖罚；九是充分发挥各级专家咨询作用，为穿黄工程提供强有力的技术支持。

（三）施工验收

每个分部工程、单元工程、重点工序开工前，施工单位下发质量控制措施，由主管工程师进行施工技术交底，明确设计要求、技术标准、功能作用与其他工程的关系等，重点部位编写施工操作程序，重点讲述施工方法和注意事项等，使全体人员彻底明了施工对象。施工阶段做到一级负责一级，一级保一级，实行“三不交接”、“四不施工”和“三检制”。

分部工程、单元工程及重要隐蔽工程项目，施工单位自检合格后，根据验收规范及验收管理办法，由建设单位（或监理单位）组织，监理（建设）、设计和施工单位联合验收并签发隐蔽工程验收证。工程验收中包括严格把好材料关，对原材料、成品、半成品，由质量、技术、物资部门人员按品种、规格、数量严格验收，取样试验，出具报告单，监理做好平行检验。

（四）安全防范与文明施工

穿黄工程安全工作做到精细管理，加强检查，明确责任，规范现场操作行为。现场管理人员目标明确、分工细致、指导到位；操作层责任清晰、工序到位、行为规范。加大检查力度，项目部每周坚持安全生产检查，每月由监理单位组织大检查，每季度由建管单位组织大检查，对各标段综合评比排序，下发检查通报，施工单位认真整改和落实考核通报提出的问题。根据《穿黄工程质量、安全、进度与文明施工考核及措施费兑现细则》进行奖励。2008 年，穿黄工程安全生产、文明施工始终保持在较好水平，年度重伤率为零，负伤率为零。穿黄工程自开工以来，无一起重大伤亡事故及设备安全事故，圆满实现各项安全生产目标。

（徐合忠）

工　程　监　理

穿黄工程建设监理单位为小浪底工程咨询有限公司，在现场设立建设监理部负责监理事务管理。

监理通过审查监督承包人建立可靠的质量保证体系，审查技术措施和施工方案，规定质量控制工作程序，巡视及旁站监理，检查验收，检测试验，测量，例行会议，应用指令文件和支付控制手段，进行质量监理管理工作。坚持图纸审查（会审）制度，设计交底制度，原材料、半成品、设备进场报验制度，开工申报、签发开工许可证制度，施工组织设计、施工措施计划审批制度，混凝土拌和开盘检查批准制度，工序完工验收制度，隐蔽工程覆盖前检查验收制度，工程中间验收制度，设计变更处理制度，质量事故处理制度，开展质量控制。

由总监、副总监、进度控制工程师、现场监理工程师组成监理进度控制体系，通过编制施工进度控制实施细则，编制控制性进度计划，审查施工总进度计划，跟踪分析适时调整进度计划，编制进度报告，适时进行进度预测，协调排除进度干扰，落实发包人承诺的条件。监理部通过严格审批施工各类进度计划及时建立不同阶段现场进度控制依据，按日、周、月进行实际进度跟踪并与相应计划进行对比分析，发现进度偏差及时向承包人提出，向业主通报，与各方一起研究修订或调整进度计划。

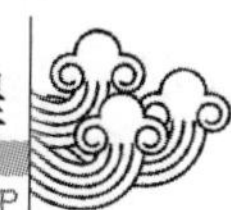

监理通过组织措施、经济措施、技术措施、合同措施对工程造价实施有效控制；严格计量程序，工程变更程序，减少和避免索赔事件，按索赔程序及时处理索赔，使用造价控制工具和软件达到控制工程造价的目标。

监理部组成安全控制体系，编制安全控制监理细则、安全控制体系文件、安全控制制度、程序、办法，明确各岗位安全控制职责，严格履行职责和合同规定。监理部每月组织工区的安全、文明施工大检查，坚持对各承包人进行评比，保证了穿黄工程安全生产，工程安全控制满足合同要求，文明施工一直保持较高水平。从穿黄工程开工至今，工地未发生重大以上安全事故，无死亡。

河南直管项目建设管理部依据有关建设监理法规、南水北调建设监理管理规定、办法及建设监理合同，对监理机构和监理人员进行规范化管理，加强日常监督、检查、考核，保证全部人员常驻现场，根据授权全面监督各施工合同的执行，及时处理和解决现场发生的问题，确保监理合同的实施和工程建设的顺利进行。

（徐合忠）

质量管理

河南直管项目建设管理部遵循中线建管局质量管理文件和合同文件，健全质量管理体制和保证体系以及质量管理机构，完善工程质量管理办法，明确各方各级人员质量职责，实施全面质量管理。

河南直管项目建设管理部作为中线建管局的派出机构负责现场管理，部长为第一质量责任人，对河南直管项目工程建设质量负总责，将工程质量管理职能层层分解，落实到了相关处室和岗位个人。根据河南直管项目工程管理特性，依据 ISO 9001:2000 标准建立健全了河南直管建管部负责，监理单位控制，设计、施工及其他参建方保证，政府监督相结合的质量保证体系。根据中线建管局的工程质量管理办法，制定了适合穿黄工程特点和技术要求的工程质量管理规定，并编制各项管理办法，完善了质量管理体系文件。

根据工程特点，河南直管项目建设管理部工程管理处成立了黄河南、北岸两个办公室，专门设立专职质量工程师，负责各标段的工程质量监督和相关验收工作，监督施工单位严格执行工程质量“三检制”和监理工程师检查验收的“联检制”。

重要隐蔽单元工程及关键部位单元工程质量经施工单位自评合格，由监理单位抽检后，组织河南直管项目建设管理部、设计、施工、工程运行管理单位组成联合小组，共同检查核定其质量等级并填写签证表，报质量监督机构核备。河南直管项目建设管理部参加由监理单位组织的分部工程验收，主持单位工程和合同项目的验收。

河南直管项目工程开工至2008年底，工程质量情况基本稳定，未发生任何质量事故，优良率数控指标均保持较高水平，共完成3388个单元工程，其中3202个单元工程优良，优良率94.5%，达到工程质量目标，工程质量处于受控状态，工程质量优良。

（梁单禹　韦国虎）

安全生产

建立健全安全生产管理组织机构，及时调整河南直管项目建设管理部、监理、设计、施工单位组成的穿黄工程安全生产管理委员会和穿黄工程防汛指挥部。落实安全生产责任制，河南直管项目建设管理部与各施工单位签订了安全生产责任书。狠抓安全生产规章制度建设，制定并下发了一系列安全管理办法，各参建单位也制定了相应的安全管理办法，从制度上保证安全生产有章可循。

2008年，河南直管项目建设管理部组织定期季度安全生产大检查4次，会同监理单位共同组织月度安全检查考核8次，针对不同时期，组织进行防汛大检查、"5.12"地震后安全大检查、冬季施工安全大检查、混凝土冬季施工安全检查、春节、五一、十一、元旦等关键时期的专项检查9次。

修订完善穿黄工程安全生产施工应急领导小组，重新编订了安全事故应急预案和防汛抢险应急预案，规范应急管理和应急响应程序，提高事故应急快速反应能力。2008年，河南直管项目建设管理部举行了安全事故应急预案演练，演练内容包括施工道路交通事故演练、消防灭火演习，检验应急预案的可操作性，进行安全教育和培训。

通过组织专、兼职安全员培训，入场员工岗前培训，进行三级安全教育考试，给职工配发安全手册，组织场内机动车驾驶员的安全教育培训，结合施工过程中的安全技术交底，真正做到施工前有交底、施工期间有检查、施工后有讲评，把安全生产的各项要求落到实处。

2008年，河南直管项目建设管理部和各参建单位及时调整了穿黄工程防汛指挥部和防汛指挥机构的人员组成，编制了2008年度防洪度汛方案和防汛抢险应急预案，各施工单位汛前都编制了各标段的防洪度汛方案和措施。2008年6月10日，在黄河南岸进水口处举行防汛抢险应急演练，包括水情预报，巡视查险、队伍集结、设备集结、物料供应、制定抢护方案、组织抢险、队员和抢险设备的撤退等项目，检验了防汛应急指挥系统和抢险队员的应战能力。2008年5月和7月，河南直管项目建设管理部组织了两次防汛大检查。

2008年度，穿黄工程未发生安全事故，实现了年度安全管理目标。

（付　军）

施 工 技 术

（一）上游线盾构始发

上游线盾构机于2008年3月15日凿除最后一层地下连续墙混凝土，顺利破壁始发。穿黄工程的盾构始发区域距地面近50m，是目前国内最深的盾构始发，地层主要为砂层，埋深大，地下水位高，始发时易发生涌水涌砂，对人员设备造成严重威胁。受始发井尺寸所限，主机首先下井安装调试，后配套放置于井外地面，用延长管线连接，当主机前进一段距离后，连接桥及后配套陆续下放井内。

始发的关键是始发区地基加固和洞门密封。措施有，采用双高压三重管高压旋喷桩加固始发区地基，并采用冷冻措施对破洞门区局部冷冻，始发前打水平孔探测地基加固效果，必要时补灌水泥浆，提前在竖井外抽水，降低始发区的地下水位。洞门密封采用预埋钢环，安装三道钢丝刷和两道橡胶板。始发时对反力架、钢板负环管片进行密切监控，严格控制泥水压力。

（二）三轴搅拌桩地基加固

穿黄隧洞穿越的砂层中石英含量很高，土层中的钙质结核层，对刀具和刀盘的磨损很大，需有计划的定期对刀盘刀具进行检查更换。由于地下水位高，地层自稳能力差，盾构机在常压下停机进舱维修刀盘刀具，需加固地层以保证掌子面的稳定性。穿黄工程选用三轴搅拌桩进行地基加固，利用水泥等材料作为固化剂，通过特制的搅拌机械，在地基深处就地将软土和固化剂（浆液或粉体）强制搅拌，产生一系列物理和化学反应，使软土硬结成具有整体性、稳定性和一定强度的水泥加固土，从而提高地基强度和防渗性能。与注浆、高压旋喷等地基加固工艺相比，具有加固体抗渗性能强、对周围地层环境影响小、强度指标比较均匀、加固桩直径明确可靠等特点。

根据地质补勘资料，确定加固深度为31.5m。普通的三轴搅拌桩，超过30m以后桩架的稳定性减弱，为此穿黄工程使用先进的MAC－240－3B（ϕ850mm）三轴搅拌机具，解决了三轴搅拌桩的加固深度问题。

穿黄工程Ⅱ－B标K7＋750处地基加固工程于2008年10月15日开工，2008年12月16日完工，地基加固历时两个月，为盾构机常压检查和更换刀具打下坚实基础。

（三）盾构带压进仓刀具检查更换作业

盾构带压进仓刀具检查更换，须在密闭环境中进行，掌子面密封效果至关重要。在开仓前采用优质泥浆进行循环，达到较好的护壁效果；然后降低泥水仓液位，调整气压设置值，最终使两仓液位相平；根据盾构机在前期掘进过程中压力设置情况和停机过程中稳定开挖面的泥水压力作为进仓压力设置值，确定为3.5bar（即0.35MPa）；为确保带压进仓作业安全，进仓前进行泥水仓密封效果试验和人仓气密性试验。

在确认两仓密闭良好及所有机具可正常使用后，带压进仓作业方可实施。经严格培训的专业人员进入人仓，关闭仓门，保持恒定的升压速度增加人仓气压直至达到设定压力，仓内人员打开人仓与气仓的连接仓门，进入气仓。带压作业人员工作后，打开人仓外的卸压球阀，保证通风量，改善仓内空气质量。带压作业人员系好安全绳，打开高压头灯，实施刀盘清理检查或更换刀具作业。辅助作业人员负责观察作业人员工作、安全情况，并与仓外保持联系。带压作业遵循“快进快出、保证安全”的原则，根据安全可行的刀具处理方案，清理的刀盘、刀具检查和处理后，人员机具撤出至主仓内，关好仓门，继续对刀盘具进行检查处理。处理完毕后，进行仓门关闭确认，然后减压出仓。

（四）南岸竖井高喷封底加固

国内常用的高压旋喷桩工法有二重管法、双高压三重管法和单管法等。穿黄工程竖井高压旋喷桩施工前进行比选，并在现场组织了生产性试验，确定南岸竖井高喷封底采用单管法。竖井内布桩桩径为500mm，搭接宽度为100mm，桩间距400mm，排距345mm，环行布置，B区共计960根桩，每根桩钻孔深度18m，旋喷深度10m。主要设备采用MGJ－50钻喷一体化单管旋喷钻机和XPR－90E高压注浆泵，竖井内布置4台钻机同时施工，平均一天完成20根左右，总共用了40多天时间完成全部井内封底加固。

在砂层中单管法施工容易发生埋管、堵嘴问题，经过试验摸索，采取加快提升速度，降低泥浆比重，将双喷嘴改为单向大口径喷嘴；外接式改用内接式旋喷管接头，解决了坍孔、拔管阻力大难以拔出的问题；钻孔至设计深度或返浆时及时拔管，缩短停顿和停喷至续喷间隔时间，避免埋管和堵嘴坍孔。

封底加固体完工后取芯及注水试验检测，各项指标满足设计要求。桩体完全搭接不留缝隙；抗压强度 $R_{28} \geqslant 3.0$MPa；抗折强度 $T_{28} \geqslant 0.8$MPa；初始切线模量 $E_0 = 500 \sim 800$MPa；高喷体渗透系数 $k \leqslant 1 \times 10^{-5}$cm/s；高喷体允许渗透坡降 $J > 50$；高喷体抗剪强度指标，黏聚力 $C \geqslant 750$kPa，内摩擦角≥40°。

（李　昭）

黄河北—漳河南段工程　安阳段工程

工　程　概　况

南水北调中线一期工程总干渠安阳段处于Ⅳ渠段的最北部，南起羑河渠道倒虹吸出口，北接Ⅴ渠段（穿漳工程）的起点，全长40.262km，其中渠道长39.299km。

沿渠共布置各类交叉建筑物76座，其中

河渠交叉建筑物3座（安阳河渠道倒虹吸、洪河渠道倒虹吸、张北河暗渠），左岸排水16座，渠渠交叉9座，公路交叉43座（其中移民上等级公路桥18座），铁路交叉1座，分水口门2座，节制闸1座，退水闸1座。

该段总干渠设计流量245～235m^3/s，加大流量280～265m^3/s，设计水深7.0m，渠道纵比降1/28 000，输水横断面采用梯形明渠，渠道边坡为1∶2～1∶3，渠底宽12.0～18.5m，大部分为半挖半填，局部最大挖深25m左右。

主体工程主要工程量2619万m^3，其中土石方开挖1793万m^3，土石方填筑729万m^3，混凝土及钢筋混凝土50万m^3，钢筋制作安装2万t，钢绞线533t，砌石31万m^3，砂石垫层18万m^3。

该段规划永久占地8164亩，临时占地6028亩，需拆迁房屋面积64 684m^2，安置人口1240人。

批复总投资为206 215万元，静态投资192 042万元，其中工程部分投资143 596万元；移民环境部分48 446万元（以上安阳段初设概算投资，暂未扣除穿漳建筑物进口南移60m的工程投资）。工期40个月。

安阳段工程于2006年9月28日开工，截至2008年底，渠道施工已全线展开，Ⅲ、Ⅳ、Ⅴ标段已开始渠道衬砌施工，Ⅰ标段开始渠道混凝土衬砌试验；3座河渠交叉建筑物主体工程及管身段回填施工已完成，其中洪河倒虹吸出口、安阳河倒虹吸出口金属结构已安装完毕；16座左岸排水倒虹吸已开工建设14座，其中7座主体工程全部完成，5座管身段已完成，2座正在紧张施工；9座渠渠交叉建筑物全部开工，其中4座已全部完成，5座正在施工；25座公路桥开工建设20座，其中9座公路桥预制梁（板）已完成吊装；安阳河退水闸、南流寺分水口门已完成。累计完成土方开挖797.22万m^3，占合同量的73.83%；石方开挖571.67万m^3，占合同量的82.72%；土方回填431.94万m^3，占合同量的56.08%；石方回填18.55万m^3，占合同量的44.90%；混凝土浇筑25.94万m^3，占合同量的48.60%；钢筋制作安装14 493t，占合同量的87.14%。累计完成工程投资63 485万元（不含征地移民），其中建安投资60 892万元，占合同总额的61.0%。2008年完成工程投资31 285万元。

（刘晓英）

工　程　投　资

2008年度，安阳段工程投资结构是中央预算内投资6亿元，中央专项建设基金6亿元，银行贷款8亿元。计划完成建安工程投资36 000万元。实际完成31 285万元，占年度计划的86.90%；累计完成63 485万元，占合同金额（100 610.79万元）的63.1%，其中累计完成合同建安工程投资55 174万元，临时工程4027万元，安装工程214万元，设备工器具1477万元，独立费用2593万元。

安阳段建设管理处通过对工程建设中影响投资主要因素的分析、分类和汇总，确定了在投资控制与管理上采取静态控制与动态管理相结合的管理模式。对国家批准的安阳段工程静态投资19.20亿元严格控制；对属于国家政策性调整的人工、材料和设备的价格波动引起的投资价差进行动态管理。按照确定的控制与管理重点，实现工程投资的重点掌控；依靠形成的快速反应与决策机制，一方面解决工程建设中工程变更项目的难点，尽量避免索赔投资的增加。另一方面，为正常的工程建设进度控制创造有利条件，确保工程建设的均衡展开。

（杜军民）

建　设　管　理

安阳段建设管理处在原有管理体制上完善了各部门和岗位的职责，成立了以处长为组长，各单位负责人为成员的工程质量、安全、防汛及文明工地建设领导小组。制订了工程质量、工程进度、工程投资、廉政建设、学习会议和后勤管理等规章制度29项。规范了设计变更、索赔、价款结算、工程验收等相关程序。健全了以建设管理处为检查体系，监理单位为控制体系，设计单位、施工单位及其他参建方为保证体系的工程质量及安全管理体系。明确了各自职责，规范了各项工作程序，为确保“四个安全”奠定了基础。

（一）管理体制

安阳段建设管理处以小业主大监理的管理模式建立健全质量管理体系，制订全面质量管理制度及管理办法。①分解目标。对安阳段工程的质量总目标进行细化分解，并与各参建单位签订了质量目标责任书，把质量责任制落到实处。②注重高素质管理团队建设。按照责任心强、经验丰富、专业素质高、业务能力过硬的要求调整人员和岗位。③信任监理。严格实行建设监理制，一方面对监理单位严格管理，督促其认真履行建设监理职责，充分发挥监理工程师的“四控制、两管理、一协调”的作用；另一方面要求安阳段建设管理处人员摆正位置，理解、尊重、信任监理工作，调动现场监理工作人员的积极性。④加强事前控制、严格过程控制、不放过事后控制原则。重点做好质检人员审查关、施工技术方案审查关、作业指导书培训关、质量保证措施落实关、原材料进场检验关、工序“三检制”关、工序验收关、中间产品检查关、重要工序全过程旁站关、内业资料同步签认关、成品工程验收关等一系列重要关口控制。⑤奖罚分明。按照量化的质量管理奖惩办法，运用经济杠杆，奖优罚劣。⑥引入独立第三方检测机构。充分发挥第三方实验室专业性、独立性和公正性作用，加大抽检比例，及时发现问题，有效控制质量。

（二）安全生产

安阳段建设管理处按照《河南省南水北调中线工程安全生产管理办法》的要求，结合安阳段工程实际情况，制订了《安全生产管理办法》、《安阳段重特大安全事故应急预案》、《安阳段安全生产奖惩实施细则（试行）》等规章制度，理顺了安全生产监管体制。安阳段建设管理处与施工单位签订了安全生产责任书，强化工程参建各方的主体责任。安阳段建设管理处会同监理对施工单位的安全生产专用资金到位情况进行检查，专款专用，保证安全生产管理的资金投入。根据上级部门部署，开展了多项安全生产活动，排查施工现场存在的安全隐患，交流安全生产工作经验，加深了参建单位对安全生产重要性的认识，提高了安全生产的管理水平。各参建单位加大安全生产宣传教育和培训力度，从细节入手，提高安全生产管理水平，确保安全生产责任制的落实。

（三）安全度汛

安阳段建设管理处成立由处长任组长的安全度汛领导小组，组织领导南水北调安阳段在建工程的防汛度汛工作。安全度汛领导小组服从安阳市防汛指挥部的调度，积极配合安阳市的防汛工作。针对2008年汛期安阳段雨水较多的情况，安阳段建设管理处会同安阳市防汛办对防汛任务较重的Ⅲ、Ⅳ、Ⅵ标段防汛工作进行了专项检查，并组织了安阳河倒虹吸防汛抢险演练。各标段成立了机动抢险队，项目经理任队长，储备一定数量的编织袋、草袋、块石、木桩等应急度汛材料，汛期部分运输车辆、挖掘机、推土机、发电机、水泵确保处于良好待命状态。严格防汛值班工作制度，设防汛专用电话，24h专人值守，确保通信、道路畅通和电力供应。在各种有力措施的保证下，安阳段工程顺利度过了汛期。

（四）工程进度

安阳段工程在进度控制上，以合同为基础，以目标定方向，以任务定措施，以过程定控制，以总结定调整，分阶段确定工作重点，用制度作保障，科学、合理、规范、有序、和谐、稳步地推动各项工程的进展。

安阳段工程开工以来，由于各个标段的建筑物和渠道永久用地、弃（取）土区等临时占地因种种原因无法及时按需提供，影响到各标段单项工程的开工建设。安阳段建设管理处结合工程用地到位情况，组织施工单位及时调整了工程进度计划，提出了“以点带线”的建设思路，分标段排查，经努力有望具备开工条件的建筑物和渠道，及时组织施工单位创造条件尽早开工，争取“连点成线”展开大范围施工，确保工程进度。

（五）合同管理

安阳段建设管理处在合同管理中采取了以下措施：一是建立合同实施的保证体系。首先要求安阳段建设管理处技术人员和监理认真学习有关合同管理的相关知识，做好合同交底，分解合同责任，实行目标管理。其次是依据已签订的合同、河南省南水北调中线工程建设管理局下发的《河南省南水北调中线工程建设管理局合同管理办法》（试行）、《河南省南水北调中线工程建设管理局合同编号规定》（试行），结合安阳段工程建设的实际情况，制定了南水北调安阳段建设管理处《合同管理制度》，明确了安阳段建设管理处及各部门的职责，建立了合同管理的工作程序、文档系统和报告、行文制度，收集、整理、归档工程原始资料，使工程活动有依有据，规范合同管理。二是加强合同实施过程控制，对合同实施进行跟踪和监督，加强信息管理和沟通。

安阳段建设管理处在合同管理过程中坚持按照“以事实为依据，以合同为准绳”的原则处理合同问题。安阳段建设管理处制定了《工程价款结算管理制度》，规范工程价款结算的形式和程序；加强工程计量管理，对影响工程投资变化的工程变更、索赔等严格把关，使工程投资处于受控状态；充分发挥监理的作用，全面履行合同，翔实核对各月的结算资料，及时初审报批支付工程进度款，建立了支付台账；采取有效措施减少施工环境的影响，为施工单位创造良好的施工条件，降低工程索赔风险，成为工程顺利进行的可靠保障。

（六）文明施工

工程建设管理中，安阳段建设管理处加强协调与沟通，创建和谐工地，促进工程建设。营造单位内部和谐小环境，保持参建各单位之间和谐合作，建立与地方和谐共处的大环境。

为树立南水北调世纪工程形象，安阳段建设管理处成立了文明工地建设领导小组，制定了文明工地创建计划，完善了各项规章制度，并定期开展职业道德、职业纪律教育和业务学习；安阳段建设管理处对照《南水北调工程文明工地建设管理规定》评分标准组织定期检查、考核、评比，还利用节假日组织乒乓球赛、篮球赛、拔河比赛等活动，给广大参建人员创造良好的工作、生活环境。

（杜军民）

工　程　进　展

（一）完成工程量

2008 年度，安阳段工程完成土方开挖 374.25 万 m^3，土方回填 323.02 万 m^3，石方开挖 424.4 万 m^3，砌石完成 14.23 万 m^3，混凝土浇筑 16.77 万 m^3，钢筋制作安装 7065.66t。累计完成土方开挖 797.22 万 m^3，占合同工程的 73.83%；土方回填 431.94 万 m^3，占合同工程的 56.08%；石方开挖 571.67 万 m^3，占合同工程的 82.72%；砌石 18.55 万 m^3，占合同工程的 44.90%；混凝土浇筑 25.94 万 m^3，占合同工程的 48.60%；钢筋制作安装 14 493t，占合同工程的 87.14%。

（二）工程形象进度

3 座河渠交叉建筑物主体工程及管身段回填完成施工。16 座左岸排水倒虹吸已开工建设14座。其中7座主体工程全部完成，5座管身段已完成，另外2座正在进行混凝土浇筑。9座渠渠交叉建筑物（渠渠倒虹吸）全部开工建设，其中，4座已全部完成，5座正在施工。25座公路桥开工建设的有20座。其中二十里铺、下毛仪、杜家庵、华祥路、老爷庙、王潘流、文明大道、西盖村、洪河屯西北9座公路桥预制梁（板）已完成吊装，其他11座公路桥的施工也正紧张有序地进行。安阳河退水闸、南流寺分水口门已完成，牛房分水口门因位置变动尚未开工；Ⅲ标段洪河渠道倒虹吸出口金属结构已安装完毕。

渠道土石方施工全线展开，第一批进场的Ⅲ、Ⅳ、Ⅴ标段已开始渠道衬砌施工，第二批进场的Ⅰ标段开始渠道混凝土衬砌试验。其中：Ⅰ标渠道衬砌（单侧合计）100m，Ⅲ标渠道衬砌（单侧合计）2204m，Ⅳ标渠道衬砌（单侧合计）2130m。Ⅴ标渠道左岸边坡衬砌3241m，右岸边坡衬砌3260m，渠道底板衬砌1169m。

（杜军民）

工 程 施 工

（一）施工组织

安阳段建设管理处根据总体建设计划和2007年度计划完成情况，重新调整了2008年度建设计划，并通过监理单位对施工单位的年度施工计划进行修正。安阳段建设管理处各职能部门按照工作岗位职责，依据各施工单位的年度网络计划关键线路及节点，督促检查落实人员配备，施工单位的机械设备、人员、物质等与工程进展匹配情况。调整了部分施工单位的主要管理人员，监督落实了六台大型渠道衬砌机械进场，对渠道混凝土衬砌全面展开创造了条件。对度汛任务艰巨的大型渠道建筑物安阳河倒虹吸工程严格监督，增加人员、机械，于汛前完成管身段浇筑及回填。针对部分标段土方填筑滞后的局面，通过监理部紧盯和挖掘机、压路机、推土机等主要施工机械的增加，提高了土方作业进度。

（二）施工管理

2008年是工程建设关键之年，安阳段建设管理处各职能部门全力协作，充分信任监理，充分发挥各个施工单位的主观能动性，主动解决建设中的难题，各项工作进展顺利。

进入2008年，工程建设重点从建筑物施工转入渠道混凝土衬砌。在各方的共同努力下，完成了渠道大型衬砌机械的改造、制订适合安阳段工程的基本施工工艺及方法、5cm厚粗砂垫层的压实机械设计制造、成套机械人工组合模式等。第Ⅴ标段施工点成功展开后，组织第Ⅲ、第Ⅳ、第Ⅵ等标段参观、学习、培训，然后在这些标段渠道混凝土衬砌施工迅速开展，均获一次成功。

2008年经历超过50年一遇的大汛期，各施工单位均不同程度地受到损失。安阳段建设管理处利用先期引入的保险保障风险管理办法，组织各施工单位进行自救，并统一向保险代理公司报案。经过资料收集、公估公司现场查勘、受损工程量核算、单价商讨等程序运作，于2008年底与保险公司最终达成赔付558万余元的协议，最大限度地保障了工程的正常建设。

2008年5月13～25日，国务院南水北调办稽察专家组对安阳段Ⅶ～Ⅸ施工标段进行稽察，7月8～15日，河南省南水北调办组织专家考核验收组对安阳段Ⅶ～Ⅸ标段稽察整改情况和Ⅰ～Ⅵ标段工程建设情况考核验收与监督检查，10月22～26日，国务院南水北调办稽察专家组对Ⅲ～Ⅵ标段进行稽察复查。

（三）施工验收

安阳段建设管理处执行的工程施工验收模式是，一般工程验收由驻地监理工程师组织，监理、施工参与，重要工程及隐蔽工程验收由建设管理处组织施工质量监督站、建管、设计、地质、监理六方共同参与。在建设管理处建立的五级质量管理体系框架内，施工单位的自检体系、监理单位的控制体系、设计单位的服务体系、质量监督站的监督体系高效运行。2008年度，安阳段共完成单元工程验收评定1256个，全部合格，其中优良1167个，优良率92.91%，桥梁分项工程验收评定572个，全部合格，分部工程验收评定1个，工程优良。

（四）施工环境

安阳段建设管理处把工程施工环境分为两类进行管理：①外部环境，重点由建设管理处综合科牵头管理，施工单位配合。由综合科协调安阳市南水北调办及各级政府部门，解决征地移民、专项设施迁建等问题；由综合科协调施工单位及各职能部门，通过工程手段、设计变更等方式，尽可能减少扰民现象。②内部环境，重点由施工单位控制，建管单位监督检查，运用制订的文明工地创建实施细则，严格落实每一项内容。2007年第Ⅴ标段、第Ⅵ标段取得了国务院南水北调办颁发的国家级文明施工单位称号，2008年没有开展评选活动，但在国务院南水北调办组织的两次大的稽察中，安阳段各施工单位均受到好评。

（杜军民）

工　程　监　理

南水北调中线一期总干渠工程安阳段工程的建设监理由河南科光工程建设监理有限公司承担，该单位具有全国水利工程甲级建设监理单位资格。2006年9月28日，安阳段工程开工以后，该单位派出了南水北调安阳段工程项目监理部，进驻现场开展施工监理工作。

（一）机构设置

监理组织机构的设置采用矩阵式模式。监理部由总监、总监顾问、总监代表、2名副总监、9名驻地监理工程师及桥梁、安全、测量、地质、监测、金属结构等专业监理（监造）工程师、现场监理员等组成。监理部实行总监负责制，总监主持监理部全面工作。

Ⅰ～Ⅸ土建标每标段均配置四名现场监理人员，安全检测标配置一名专业监理工程师和一名监理员，金属结构建造及安装标配置三名专业监造工程师，各标段基本能够满足当前施工监理工作的需要；监理机构共有51名成员组成，其中总监及副总监4人，监理工程师21人，监造工程师3人，监理员23人，全部持证上岗。

（二）职责范围

在监理服务范围内，根据发包人授权，依据国家有关水利工程的法律、法规、技术规程、规范、标准以及工程建设文件，对工程建设实施管理以及组织协调工作，进行工程质量控制、安全生产监督、进度控制、投资控制、合同管理、信息管理和协调，使工程建设按施工合同目标顺利进行。

（三）工作方法与措施

（1）编写现场监理日志、总监巡视记录。

（2）及时发布书面文件。监理工程师针对工程实施过程中出现的问题，分别采用通知、指示、批复、签认等文件形式发给施工单位。

（3）现场旁站与巡视检查。对工程的重要部位和关键工序的施工实施连续性的全过程检查、监督与管理，对工程进行定期或不定期的检查、监督与管理。

（4）平行检测和跟踪检测。在承包人对试样自行检测的同时，监理人独立抽样进行检测，以核验承包人的检测结果。在承包人对试样进行检测时，实施全过程的监督，确认其程序、方法的有效性以及检测结果的可信性，并对结果进行确认。2008年，监理机构平行检测和跟踪检测的数量均满足规范要求。

（四）工作情况

2008年，随着南水北调安阳段工程进入

施工高潮，监理部工作的重点是现场控制和现场管理。

（1）编制金属结构安装、质量控制、投资控制、进度控制等监理实施细则以及制定南水北调安阳段混凝土结构质量缺陷管理制度和南水北调安阳段安全事故监理应急处理预案。

（2）建立健全现场监理组织机构。人员基本到位，结构框架形成，运转已经步入正常。

（3）加强监理内部管理制度建设。制定了《监理部管理办法》、《监理部管理工作制度》、《监理人员责任分工》及《监理人员请休假制度》等规章制度，明确了各级监理人员职责、监理工作程序及监理工作制度等。

（4）监理信息管理规范化体系的建设。

（5）持续开展监理人员的业务学习和业务培训工作。

（6）严肃监理纪律，规范监理行为，狠抓监理形象。

（7）认真做好各项监理日常工作。

（五）工作效果

南水北调安阳段工程项目监理部严格履行合同，积极贯彻落实公司 ISO 9001:2000 质量管理体系，认真做好“四控制”、“两管理”、“一协调”工作。严格程序，规范监理。监理工作扎实有序、稳步推进。监理部完成单元工程的质量评定 3399 个，全部合格，优良 3145 个，单元工程优良率 92.5%；分项工程评定 761 个，全部合格。南水北调安阳段累计完成建安投资 4.46 亿元，占全部建安投资的 44.7%。

（何向东　李卫东）

质　量　管　理

南水北调工程安阳段，本着创造一流工程、精品工程、样板工程的奋斗目标，狠抓工程质量管理工作，注重工程质量的事前和中间环节的控制。

（一）质量管理目标

安阳段建设管理处制订了安阳段工程质量总目标：采取科学管理手段，按照国家规范、标准要求完成南水北调安阳段工程建设，工程质量验收合格率 100%，单元工程优良率 85% 以上，确保优良工程。

（二）质量管理体系

为实现该目标，建立了以安阳段建设管理处为检查体系，监理单位为控制体系，施工单位、原材料、中间产品及工程设备供应单位为保证体系的工程质量管理体系；建立了以各参建单位现场负责人为工程质量第一责任人的工程质量责任制；成立了以安阳段建设管理处处长为组长的工程质量领导小组；设置了专职质检机构，明确了职责；制定了工程质量管理制度，明确了质量评定、现场验收、档案资料管理、信息管理、工程质量检查、隐蔽工程验收、工程质量缺陷处理的程序，出台了工程质量奖惩实施细则，规范施工行为，奖优罚劣，促进了质量管理工作的有序开展。

（三）工程人员素质要求

安阳段工程建设实行小业主大监理的管理模式，对建设人员素质特别重视，严格把关，并要求责任到位、责任落实、责任追究；进场的监理工程师，必须具备一定的现场施工经验，具有一定的专业技术知识，熟悉监理工作程序；在设计单位，施工现场安排业务能力强、施工经验丰富的技术人员，及时处理施工现场出现的问题；施工单位主要管理人员严格按投标书的承诺到场，质检员、实验员实行持证上岗。

（四）监理作用

安阳建设管理处全体人员严格按照“尊重监理、相信监理、依靠监理”的工作思路开展工作。安阳段建设管理处在对监理单位严格管理、督促其认真履行建设监理职责外，充分调动现场监理工作积极性、充分发挥监理工程师的“四控制、两管理、一协调”的作用；建设管理处人员理解、尊重监理工作，与监理人员一起开展建设管理工作；调动监理的工作热情和积极性，提高监理的责任心，充分发挥现场监理的作用。

（五）过程控制

建设管理处重视原材料质量，严把原材料关，不合格原材料禁止使用；严把影响工程质量的机械设备关，进入施工现场的机械设备（如渠道混凝土衬砌机等）必须要能保证工程质量，保证不了工程质量，证件不全的设备不准进入施工现场；严把影响建筑物混凝土外观质量的模板关，要求主要建筑使用大型或定型模板，不合格模板不准使用；对关键、重要部位重点控制，渠道土方填筑、交叉建筑物回填及渠道混凝土衬砌施工各工序都是控制的重点，严格控制和监督，保证工程在这些细节上不出现一点纰漏，有效地保证了工程质量。

（六）质量检测

安阳段建设管理处针对工程的特点，制定了《河南省南水北调中线一期工程安阳段质量检测管理规定》，从实验室的设置、质量检测与试验、质量检测控制指标及检测频率、检测仪器鉴定周期、施工单位自购材料质量控制流程等方面均给出明确的规定。施工期间，采用巡查、抽查、跟踪检查及委托检测等方式进行质量检查。对进场原材料除施工单位抽查、监理抽查外，建设管理处不定期进行抽检。在对工程实体质量的控制上，监理、建设管理处随时进行抽查；对有关工程质量检验、检测、评定及记录等内容进行抽查。随着工程的进展，不断加大对工程施工现场的监控力度，加大抽查力度，扩大检查范围，掌握了解工程质量动态情况。

（七）第三方试验室

安阳段建设管理处委托河南省水利基本建设工程质量检测中心站在现场成立第三方试验室，加强对工程质量检测的控制。安阳段第三方实验室的实验数据，为施工单位制定施工方案进行质量控制提供了参数，也为建管单位进行科学决策提供了第一手资料，为工程质量又增加了一道保险。

（八）奖惩制度

安阳段建设管理处制定了质量检查及奖惩办法。在不定期检查中，根据有关规定的缺陷划分办法，对质量缺陷和质量事故按量化标准给项目经理及直接责任人相应的经济处罚；定期对质量安全进行检查，按照综合考核排名，对前两名项目经理部和项目经理给予物质奖励；对后两名项目经理部进行经济处罚；对于责任人在安阳段进行通报，并将通报结果发至施工单位总部。2008 年南水北调安阳段工程无一起工程质量事故发生，工程质量总体处于受控状态。

（杨德峰）

安 全 生 产

2008 年，安阳段建设管理处在河南省南水北调中线工程建设管理局安全生产委员会的领导下，坚持“安全第一，预防为主，综合治理，防治结合”的方针，积极开展安全生产管理工作。

（一）安全生产制度

层层签订《安全生产管理目标责任书》，做到“纵向到底，横向到边”，使安全生产责任落实到每个岗位每个人；制定了《南水北调中线安阳段工程安全生产例会及巡视制度》、《2008 年度隐患排查治理工作方案》、《南水北调安阳段工程安全生产百日督查专项行动实施细则》、《安全事故应急预案》；针对工程建设中的新工艺，编制了《大型渠道机械化混凝土衬砌施工安全生产管理意见》等，进一步完善了各项安全生产管理规章制度。

（二）安全管理队伍建设

安阳段建设管理处重点监督检查了各参建单位安全管理人员配备情况，并通过编制《安全生产施工简明手册》，举办安全管理培训班、安全生产知识竞赛，考核评先等手段，提高了安全管理人员的专业素质，加强了队伍建设。

（三）事故预防措施

为保证安全生产，各参建单位将控制关口前移，采取了各种预防措施：加强安全教育培训，组织开展安全生产考核，提高安全生产意识、操作技能和防护自救能力；对重大危险源实行动态管理，做到人、源一一对应，无一疏漏；制订事故应急预案，适时组织开展应急预案演练，进一步提高防范和处理突发事件水平和减少事故灾害的能力；实行安全生产一票否决制，并严肃责任追究。这些手段使参建人员切实提高了安全生产意识，消除了麻痹思想，有效地保证了施工安全。

（四）全生产检查力度

安阳段工程各施工单位制定了安全生产检查制度，并根据工程进度开展“安全生产百日督查专项行动”、“安全生产月”、“劳动竞赛”、“安全生产隐患排查治理专项行动”、“节假日安全生产检查”、“冬季施工安全大检查”等专项治理活动，发现隐患和问题，及时整改落实。2008年，安阳段工程建设进展顺利，全年未发生一起安全生产责任事故。

（马树军）

施工技术

（一）渠道混凝土机械化衬砌施工技术革新

安阳段总干渠在设计中首次采用了5cm厚粗砂垫层结构、2cm缝宽的切缝要求、深度在9m左右的梯形断面等，在没有成功的施工经验可以借鉴的情况下，安阳段的工程建设者创新解决了这些难题。

（1）单板附着式振动器的创新。5cm厚粗砂垫层属于超薄式结构，特别是在1:2坡比的坡面上要求其相对密度不低于0.7，现有的大型渠道衬砌机械无法实现。工程建设者通过9种结构型式反复试验，设计制作的悬挂式单板附着振动器及独立的桁架式单双板附着振动器，解决了此项施工难题。

（2）组合式切缝机的创新。据市场上调查及厂家咨询，现在没有能一次切割成型2cm缝宽的切割机。工程建设者通过自行设计，厂家加工，创新研制了三片普通切割片组合型切割机，安阳段已完成的超过1万m（单侧合计）的衬砌面，均一次切割到位。

（3）溜槽式输送机的创新。基于底板结构层设计有保温板及防渗土工膜，混凝土运输车辆不能通过渠底行走；9m左右的深度，起重机、混凝土泵车、履带式布料机等常用设备均难以实现布料运输。工程建设者通过加工能在坡面上自动行走的“U”型溜槽配合简易布料机，成功解决了这一难题，既经济又方便。

（二）节水保湿膜新用途

南水北调中线一期工程总干渠的衬砌混凝土属于长距离大面积薄壁结构，建设中容易产生裂缝，而且其成因复杂，解决起来相对困难。安阳段建设管理处在建设管理过程中，运用对比分析法，尝试“节水保湿养护膜”直接覆盖，转换常规养护方式，并取得了显著成效。

（1）专用节水保湿养护膜作用机理。节水保湿养护膜是以新型可控高分子吸收材料为主材，可降解，降解物对环境无损害，为环境友好产品。通过高分子材料吸收和释放水分，维持混凝土表面湿润，面层塑料保持水分不散失，里层塑料小孔允许混凝土表面蒸发的水分进入高分子材料中。热容大、保温效果好，养生时膜内温度比环境温度高，对提高混凝土早强有利，并能有效平缓昼夜温差，减少和抑制微裂缝的产生。

（2）专用节水保湿养护膜养护方式特点。第一，节水，整个养护过程只洒一次水，符合国内提倡的全民节约用水趋势。第二，养护均匀，只要是节水保湿养护膜覆盖到的地方，基本处于同一养护条件，没有死角。第三，能平缓昼夜温差，由于养护膜内温度比环境温度高，具有保温效果，利于减少和抑制微裂缝的产生。第四，避免积水对坡底齿槽部位浸泡，由于只需要洒水一次，不会在坡底形成积水。第五，利于较低温度条件下混凝土养护，冬季温度较低季节施工时，通过在节水保湿养护膜上部覆盖棉被方式，既能保证混凝土表面养护期湿润，又能提高表面温度，方便较低温度条件下混凝土施工。

（3）工程实际应用效果。安阳段第Ⅳ标段已施工的超过2000m长的坡面渠道衬砌混凝土，21天检测养护膜内空气湿度，达到98%，养护膜内温度比环境温度高5℃。28天检验，养护膜内混凝土表面眼观仍然较湿。目前，除一段因覆盖后被大风吹掉而产生一条细微裂缝外，其余均正常，进一步的变化情况，正在观察中。

（三）施工阶段降低渠道糙率的技术控制措施

安阳段在渠道衬砌混凝土机械化施工中，发现混凝土布料过程易形成局部小块集料窝、振动碾压式衬砌机提浆不充分、真空机械提浆机行走中混凝土局部隆起、纯机械抹光时出现轻微波浪、多风干燥天气出现局部收面困难、模板不平整等现象。这些问题直接影响渠道混凝土表面的光洁度、平整度、面板间的结合，是施工时影响糙率的三个主要因素。

安阳段建设管理处提出了通过改进振动碾压式衬砌机传送比，增加振动碾压时间，解决表面浆液少的矛盾；通过增加悬挂式平板振动器振捣工序，加强混凝土振捣，解决混凝土收面条件；通过人工专门清除布料过程中形成的局部小块集料窝，解决表面局部龟裂；通过改进悬挂式真空机械提浆机固定连接方式，解决抹面行走中混凝土容易局部隆起，易成凸凹不平现象；通过增加辊杠或2m靠尺精平工序，解决平整施工效率问题；通过增加人工收面工序，解决纯机械化收面后的轻微波浪难题；通过加强施工缝位置模板控制，解决渠道衬砌混凝土面板之间的错台现象；通过严格控制伸缩缝密封外观条件，解决清理中破坏混凝土表面的碳化层矛盾；通过采取雾化补水措施解决多风干燥天气局部收面困难；通过避开不利时段，加强混凝土养护，解决夏季的阳光直晒。

安阳段施工过程中通过上述十种工程控制手段和机械技术改进的应用，累计检测的平整度符合南水北调渠道混凝土衬砌标准，目测混凝土外观平顺光洁，无错台现象，质量有明显提高。

（四）混凝土外观控制施工技术

安阳段建设管理处建设管理的总干渠工程最大的、最直接的外露面是渠道混凝土衬砌面，也是直接影响整体形象的关键因素。工程建设者通过选用衬砌机、收光机械、人工抹面配合、后期严防人为踏踩破坏、严控雨水冲刷痕迹、改进养护方式等方面的明确要求，实现了提高外观效果的目的。

基于工程用材料的基本颜色决定成品外在色调的原理。安阳段建设管理处在工程建设管理过程中，对骨料、水泥、粉煤灰（掺合料）、外加剂、水、脱模油等原材料明确了使用原则，对模板选择和制作细化了要求。安阳段建设管理处通过统一施工过程中模板除锈及脱模油涂刷、模板安装及过程中加固、混凝土入仓及振捣、外露面处理、工作缝及形状、独立外露面控制等重要方面的实施细则，做到了有所依，有所查，加强了过程控制。

按照工程建设实施的具体情况，安阳段建设管理处把施工后容易出现的问题分为拉丝孔封堵和缺陷修复两种类型，并从清孔、配料、填补、罩面、养护等方面制定拉丝孔封堵的统一要求；从中线建管局发布的《混凝土结构质量缺陷及裂缝处理技术规定》对混凝土外观质量缺陷进行成因分析和分类，在启动相应程序的同时，参照拉丝孔填补技术要求修复。后期养护目的不仅是保证内在质量，而且可以防止成品混凝土人为破坏和二次污染外观。安阳段建设管理处按模板保护、防止二次污染、后期成品保护三个方面统一了管理细则。

（杜军民）

黄河北—漳河南段工程　潞王坟试验段工程

工 程 概 况

南水北调中线一期工程总干渠膨胀岩（土）试验段工程（潞王坟段）（简称潞王坟试验段工程）位于河南省新乡市凤泉区潞王坟乡，是南水北调中线工程总干渠第Ⅳ渠段（黄河北—漳河南段）的组成部分，全长1.5km。其中，用于试验的渠段长568m，共分为8个试验区，其余渠段为非试验区。渠段内布置路渠交叉建筑物1座，为两泉路公路桥，桥梁荷载等级为公路－Ⅱ级，桥长150m。

渠道设计流量250m^3/s，加大流量300m^3/s。渠道过水断面呈梯形，渠道底宽9.5～12m，设计水深7m。试验段属深挖方明渠段，最小挖深15m，最大挖深40m。

潞王坟试验段工程除作为南水北调永久工程的一部分外，还将承担南水北调工程膨胀岩（土）试验研究的任务，目的是为南水北调中线总干渠膨胀岩（土）渠坡处理提供安全可靠、经济合理和有利于环保的措施，为工程设计的优化提供依据，指导总干渠膨胀岩（土）渠段的大面积施工。

（刘元永）

工 程 投 资

2008年，潞王坟试验段工程实际完成建安投资4319万元，占合同量的37.4%。实际完成土石方开挖179.4万m^3，占合同量的46.2%；土石方填筑11.84万m^3，占合同量的26%；混凝土浇筑2632m^3，占合同量的11.6%。

虽然受部分施工用地、专项设施迁建滞后等原因影响，但是各参建单位以试验工作为中心，通力协作，加班加点，加大人力、设备、资源的投入，制定切实可行、科学的进度计划，保证了试验按计划进行和试验成果的科学，基本完成了2008年度计划目标。

（刘元永）

招 标 投 标

新乡段工程2008年招标投标情况详见表1。

表1　　新乡段工程2008年招标投标情况

序号	合同编号	合同名称	招标代理单位	招标文件发售时期	开标日期	中标单位	合同签订日期
1	HNJ－2008/HY/JL－003	辉县后段建设监理合同	河南省河川工程监理有限公司	2008年11月24～28日	2008年12月24日	河南科光工程建设监理有限公司	2008年12月31日
2	HNJ－2008/SM/SG－001	石门河倒虹吸工程施工合同	河南省河川工程监理有限公司	2008年11月24～28日	2008年12月24日	安蓉建设总公司	2008年12月31日

（刘元永）

建 设 管 理

河南省南水北调中线工程新乡段建设管理处作为河南省南水北调中线工程建设管理局的派出机构，主要负责新乡段工程的现场管理工作。

新乡段建设管理处成立后，按照“机构精简、人员精干、制度完备、工作高效”的原则和工程建设的实际需要，开展机构组建和建章立制工作，相继制定了各部门、各岗位的职责。

（1）试验。明确了以试验工作为中心，各项工作都要围绕试验工作开展的总体思路，要求各参建单位间建立起高效、和谐的协调工作机制，积极为试验单位创造良好的工作条件，保证试验成果的科学性。

（2）征地拆迁。建立了征地拆迁协调沟通机制，积极参加新乡市政府召开的征地拆迁协调例会，及时反映征地拆迁方面的问题；对于存在问题，积极想办法，做工作，配合新乡市南水北调办、移民办做好征地拆迁工作，努力使工程建设与征地拆迁相协调。

（3）工程施工。组织编制2008年进度计划并层层落实，监理单位据此编制年进度计划、月进度计划、控制计划，要求施工单位编制年度施工进度计划和月施工进度计划，并制定切实可行的进度保证措施，确保年度计划的完成。继续推行全体参建单位联席会议制度和施工月报、旬报、周报报送制度，及时掌握施工单位的人力、机械等资源配备情况、工程量完成情况及存在问题，加强施工组织和工作协调，及时发现和处理可能影响工程进展的问题，确保工程按时高效，要求各参建单位坚持节假日不休息，夜间施工不间断，加快工程进度。

（4）质量管理。严格按照“政府监督，法人负责，监理控制，施工保证”的质量管理体系，推行全面质量管理，成立了质量管理领导小组，建立完善了质量管理体系和质量保证体系，落实质量责任制，制定了各项质量管理制度，加强质量检测，确保施工质量，建立了工程质量月报制度、工程质量月例会制度和工程质量检查制度，组织对监理单位质量控制体系、设计及施工单位的质量保证体系进行检查，接受南水北调质量监督部门对建设管理处质量管理体系的监督检查。

（5）安全生产管理。深入贯彻“安全第一、预防为主、综合治理”的安全生产管理方针，健全和完善安全生产管理机构，成立了安全生产领导小组，明确了安全生产目标，建立了安全生产管理体系，层层签订和分解责任目标，落实安全生产责任，加强安全生产大检查及考核工作，制定完善应急预案，预防突发事故，制定了安全生产管理制度，建立了安全生产月报制度、安全生产月例会制度和安全生产检查制度，确保工程安全处于受控状态。

（6）文明工地建设。成立了文明工地创建工作领导小组，坚持“以人为本，注重实效”的原则，以创建国务院南水北调办系统“文明工地”为目标，在工程建设过程中，要求施工单位认真履行投标文件中有关文明施工的承诺，建立健全文明施工管理机构，制定创建文明施工活动的实施方案和具体措施，对外积极宣传南水北调，争取当地群众的最大支持；对内大力倡导文明施工，设立必要的文明标示、报刊阅读栏、职工活动室等，丰富职工精神文化生活，努力实现工程施工与当地群众相和谐，职工工作与生活相和谐。

（刘元永）

工 程 进 展

2008年实际完成建安投资4319万元，占合同量的37.4%。实际完成土石方开挖179.4万 m^3，占合同量的46.2%；土石方填筑11.84万 m^3，占合同量的26%；混凝土浇筑

2632m³，占合同量的11.6%。

截至2008年底，试验区试验工程施工已完成，非试验区土石方开挖基本完成。试验单位已完成全部试验断面的现场测试、仪器埋设、碾压试验、定期观测等试验观测工作；完成了裸坡试验区1∶1.5、1∶2.0、1∶2.5三种坡比的人工降雨试验；完成了试验2区、3区、5区和8区一级马道以下局部渗漏试验；试验断面日常观测正在进行。累计完成土石方开挖309.4万m³，占合同量的80%；土石方填筑12.84万m³，占合同量的28%；混凝土浇筑2632m³，占合同量的11.6%。

（刘元永）

工程监理

潞王坟试验段工程的建设监理由河南科光工程建设监理有限公司承担，于2007年6月12日进场。

（1）工程质量管理。一是建立健全质量控制体系，制定工作制度，编制了《南水北调中线一期工程总干渠膨胀岩（土）试验段工程（潞王坟段）监理规划》和《南水北调中线一期工程总干渠膨胀岩（土）试验段工程（潞王坟段）工程质量控制体系》，建立了以总监为质量第一责任人的质量控制体系。制订了原材料、设备、构配件进场检验制度，月报制度，质量事故处理制度，材料和半成品质量检查验收制度，旁站制度，巡视制度，平行检查制度，隐蔽工程、分部工程质量验收等制度。二是熟练掌握监理质量控制依据，编制监理实施细则。三是认真做好图纸审查、发放和技术交底工作。四是严格开工审批工作。五是严把原材料、中间产品、设备质量控制关。六是严格工序质量控制管理。七是严格质量缺陷和质量事故的处理。八是严格隐蔽工程的验收。开工以来，累计评定单元工程169个，全部合格，其中优良162个，优良率95.9%；分部工程验收8个，全部合格，其中优良7个，优良率87.5%；验收单位工程1个，鉴定等级为优良。潞王坟试验段工程施工质量满足设计及相关规范要求，工程处于受控状态。

（2）安全生产及文明施工监督管理。主要采取了以下四项目措施：一是建立健全安全生产和文明施工监理管理体系，监理部建立由总监理工程师全面负责，各级监理人员全体参与的安全生产和文明施工监理管理体系，在工程建设中进行全方位、全过程的安全生产及文明施工监督管理。二是强化安全生产意识，做好安全生产及文明施工教育工作，普及安全生产知识，强化监理人员安全生产意识。三是审查承包人的安全技术措施。督促承包人建立健全安全生产及文明施工保证体系，审查承包人的安全技术措施和专项安全施工方案。督促承包人严格按照报批的安全技术措施和专项安全施工方案执行。四是实行安全检查制度，从开工以来未发生安全事故。

（马彦亮）

质量管理

（一）工程质量管理体系

新乡段建设管理处成立了质量管理领导小组，质量安全科配备专职人员，具体负责日常质量管理工作，建立了质量事故处理及质量缺陷备案管理制度。3月份以来，建设管理处坚持每月召开一次试验段工程质量管理工作会议，贯彻落实工程质量管理措施。要求施工单位制定工程质量保证措施，设置专职机构，配备专职人员，落实工程质量责任，工程施工过程中严格执行“三检制”；监理单位配备专业监理工程师，制定工程质量安全控制措施。建设管理处委托河南省水利基本建设工程质量检测中心站豫北检测站对工程原材料和工程实体质量进行检测。

在施工过程中，新乡段建设管理处定期

或不定期组织相关人员对监理单位的质量控制体系和施工单位的质量保证体系进行检查，及时纠偏，有效地保证了各种质量管理体系的正常运行。

（二）质量检测

新乡段建设管理处在施工过程中始终注重对原材料和中间产品的质量控制。施工单位在原材料进场前均要向监理单位报验，对于重要材料的选择实行联合考察的方式确定材料厂家范围，然后由施工单位在确定的范围内选择厂家，确保供货质量；施工过程中严格执行施工单位自检、监理单位跟踪和平行检验制度；监理单位严格控制原材料进场、中间产品检验和最终产品的评定验收；建设管理处根据工程进展情况及时委托第三方实验室对原材料和中间产品进行抽检。

截至2008年底，施工单位累计进行原材料进场检验77批次，中间产品和实体质量检测2096组；监理单位累计平行检测231组，跟踪检测693组；新乡段建设管理处委托第三方试验室累计进行原材料检验28组，中间产品和实体质量检验95次。检测结果显示，工程使用的原材料和工程质量均满足设计和规范要求。

（三）质量评定和验收

按照《南水北调中线一期工程渠道工程施工质量评定验收标准（实行）》（NSBD7－2007）和《水利水电工程施工质量检验与评定规程》的有关要求，在施工单位自评的基础上，监理单位对单元工程质量评定情况进行复核。新乡段工程累计评定单元工程169个，全部合格，其中162个优良，单元工程优良率为95.9%；完成分部工程验收8个，全部合格，其中7个优良，分部工程优良率为87.5%；完成试验段试验区单位工程外观质量评定工作，外观质量得分率87.8%。

（邹根中）

安全生产

（一）安全生产管理机构

2008年，新乡段建设管理处深入贯彻“安全第一、预防为主、综合治理”的安全生产管理方针，成立了安全生产领导小组，配备专职安全管理人员，具体负责安全生产日常管理工作，并督促、指导各参建单位成立了相应的安全生产组织机构。

（二）安全生产责任

新乡段建设管理处与潞王坟试验段各参建单位层层签订和落实《安全生产责任书》，明确各参建单位现场负责人为安全生产第一责任人，严格实行安全生产一票否决制。施工单位建立以项目经理为主要责任人的多级安全责任体系，逐级落实安全生产责任；专职安全员和特种作业人员均持证上岗；监理单位制定了详细的安全生产控制措施，配置了1名安全专业监理工程师，加强对施工单位安全生产工作的监督和控制。

（三）安全生产大检查及考核工作

2008年，新乡段建设管理处坚持“排查要认真、整治要坚决、成果要巩固、杜绝新隐患”的原则，治理事故隐患、防范事故发生，对安全隐患进行全面的检查和整改，把安全隐患消灭在萌芽状态，有效避免了安全事故的发生。建设管理处坚持每月月底主持召开一次安全生产例会，组织开展一次安全生产大检查活动，进行安全生产工作总结、检查、整改和落实，并提出下一步安全工作要求；同时深入开展重大节假日、汛期、安全生产月和特殊季节安全专项治理和检查活动。监理单位坚持每周进行一次安全检查，加大工程现场安全监督和检查力度，对发现的问题要求施工单位及时整改，坚决杜绝违章违规作业，消除隐患滋生根源，确保生产安全。

（四）制定应急预案

新乡段建设管理处编制了《新乡段南水北调工程建设重特大安全事故应急预案》，针对工程现场施工所涉及的高空坠落、物体打击、触电、暴雨、火灾、坍塌、机械伤害、交通事故、人身伤害等重大危险源和危险因素，进行详细的排查和分析，以最大限度地减少人员伤亡和财产损失。

（五）文明工地创建工作

按照《南水北调工程文明工地创建管理办法》的要求，坚持"以人为本，注重实效"的原则，在工程建设中全过程、全方位提倡文明施工，营造和谐建设环境。文明工地创建工作调动了各参建单位和全体建设者的积极性，做到了管理规范高效，现场整洁有序，促进了施工质量、工程进度和安全生产的和谐统一。

（邹根中）

黄河北—漳河南段工程　黄河北—姜河北段工程

工　程　概　况

黄河北—姜河北段工程起点为黄河北岸穿黄工程出口S点，终点为汤阴县附马营村姜河交叉建筑物出口。线路全长195.252km（不含新乡潞王坟试验段），共布置各类交叉建筑物279座，分为9个设计单元，途经焦作、新乡、鹤壁、安阳4个省辖市的14个县（市、区）。总用地面积为107 917亩，其中永久用地42 791亩，临时用地65 126亩；占压房屋144.4万m^2；占压企业43家、单位64家、农村副业269家、城镇副业106家、生产桥59座、各类专项线路1066条。国家发展改革委批复总投资171.12亿元，其中静态总投资162.19亿元，总工期36个月。

焦作2段工程是南水北调中线一期工程总干渠第Ⅳ渠段（黄河北—姜河北段工程）中的第四设计单元，起点位于李河渠倒虹吸出口，经焦作市的山阳区、马村区和修武县，终点位于纸坊河渠倒虹吸出口，全长25.56km，其中渠道长度23.794km，占水头建筑物长度1.766km。本渠段共有各类建筑物46座。其中，河渠交叉建筑物3座，左岸排水3座，分水闸2座，节制闸1座，退水闸1座，交通桥18座，生产桥8座，铁路桥10座。

主体工程主要工程量共计4189.9万m^3，其中，土方开挖2454.3万m^3，石方开挖1333.5万m^3，土方填筑292.8万m^3，混凝土浇筑56.3万m^3，砌石及垫层53万m^3，钢筋制作安装3.2万t。

焦作2段总干渠多为全挖方段，仅有少量半挖半填和全填方段。全挖方段长20.034km，约占总长度84%，最大挖深约40m；半挖半填段长2.115km，约占总长度的9%；全填方段长1.645km，约占总长度的7%，最大填高约13m。本段设计流量为265～260m^3/s，加大流量为320～310m^3/s。渠道过水断面呈梯形，设计底宽为9.5～26.5m，设计水深7m，堤顶宽5m。渠道边坡系数为0.4～3.5，设计纵坡比为1/29 000、1/23 000。

总用地16 510.92亩，其中永久用地6090.09亩，临时用地10 420.83亩。占压房屋683 012.30m^2、企业16家、单位38家、副业及小型工商户293家、专项线路320条，搬迁安置人口15 178人。

焦作2段5个土建施工标合同总投资额为13.73亿元，合同总工期36个月，为2009年1月1日～2011年12月31日，主体工程计划2009年4月开工。

（刘晓英）

招 标 投 标

2008年11月，水利部以水总［2008］501号文批复了黄河北—羑河北段工程初步设计报告。河南省南水北调建设管理局于2008年12月完成了焦作2段5个施工标和1个监理标的招标工作。详细情况见表1。

表1　　2008年度焦作2段招标投标情况

序号	合同编号	合同名称	招标代理单位	资格预审和售标日期	开标日期	网上公示日期	中标单位	合同签订日期
1	HNJ-2008/J2/SG-001	焦作2段第一施工标段工程施工合同	河南省河川工程监理有限公司	2008年11月24~28日	2008年12月14日	2008年12月24~30日	河南省水利第二工程局	2008年12月31日
2	HNJ-2008/J2/SG-002	焦作2段第二施工标段工程施工合同					中国水利水电第十四工程局有限公司	
3	HNJ-2008/J2/SG-003	焦作2段第三施工标段工程施工合同					中国水利水电第三工程局有限公司	
4	HNJ-2008/J2/SG-004	焦作2段第四施工标段工程施工合同					中国水利水电第十一工程局有限公司	
5	HNJ-2008/J2/SG-005	焦作2段第五施工标段工程施工合同					河南省水利第一工程局	
6	HNJ-2008/HY/JL-001	黄河北至羑河北监理一标监理合同					黄河勘测规划设计有限公司	

（刘晓英）

建 设 管 理

（一）现场建设管理机构

2008年9月，河南省南水北调建设管理局以豫调建审［2008］3号文成立焦作段建设管理处，具体负责焦作2段工程的现场建设管理工作。焦作段建设管理处成立后，按照“机构精简、人员精干、管理规范、工作高效”的总体要求，配备各岗位工作人员。实行逐级负责的岗位责任制，设置建设管理处长、副处长兼总工程师、副处长三个领导岗位和工程技术科、质量安全科、综合科三个职能科，配备了必要的办公和生活设施，截至2008年10月，建设管理处的筹建工作已经完成，满足建设管理工作需要。

（二）工程建设管理体系

焦作段建设管理处成立后，相继制订了各部门、各岗位职责，成立了以处长为组长、各单位负责人为成员的工程质量、安全、防汛、文明工地建设领导小组，制订了质量、进度、投资、廉政建设、学习会议、后勤管理等相关制度，规范了设计变更、索赔、价款结算、工程验收等相关程序，建立了安全生产、文明施工、合同管理、档案管理等相关管理办法，为保证建设管理工作规范化、科学化奠定了基础。

（三）文明工地创建工作

按照《南水北调工程文明工地建设管理规定》的有关要求，焦作段建设管理处成立了文明工地建设领导小组，制订了文明工地创建计划，完善了各项规章制度。对施工营地布置进行了统一要求，对宣传标语、警示牌、宣传牌等进行统一标准、规范标识。从工程建设初期就着手进行谋划，开展文明工地创建工作。

（四）各项技术准备工作

监理、施工单位进驻现场后，及时组织设计、地质等单位进行技术初步交底，组织进行现场查勘，熟悉标段情况，做好有关技术材料的编报工作。

（刘晓英）

工程进展

2008年12月26日，黄河北连线建设誓师动员大会在焦作2段施工现场举行，这标志着河南省南水北调中线工程黄河以北干线工程进入了全面实施阶段，实现“黄河北连线，黄河南布点”的建设目标。2008年12月31日，河南省南水北调建设管理局与各监理、施工单位签订合同，并组织各参建单位进场。

（刘晓英）

质量管理

“百年大计，质量第一”，焦作段建设管理处充分认识到保证工程质量的重要性，从一开始就把质量管理工作作为一项中心工作来抓。

（一）工程质量总目标

根据要求，焦作2段工程质量总目标确定为：“采取科学管理手段，按照国家规范、标准要求完成南水北调焦作2段工程建设，工程质量验收合格率100%，单元工程优良率85%以上，确保工程优良”。各参建单位进场后，依据总目标，分别制定了分目标，并与焦作段建设管理处签订了质量目标责任书，以确保总目标的实现。

（二）奖惩制度

为确保实现焦作段工程质量总目标，加强质量管理工作，激励良好的质量行为，有效保证工程质量，焦作段先后制定了《工程质量管理制度》、《工程质量评定、现场验收管理制度》、《工程质量奖惩实施细则》等相关制度，强化质量意识，从制度上规范行为，奖优罚劣，以促进工程质量管理。

（三）第三方实验室

工程质量管理的重点是事前和事中控制，为便于全面掌握工程整体质量，对实验数据进行横向比较，及时进行原材料、半成品的检测，及时反馈实验结果，焦作段建设管理处组建了第三方实验室，以保证整体工程质量处于受控状态。

（刘晓英）

安全生产

在施工准备阶段，就把安全生产工作作为头等大事来抓。焦作段建设管理处成立了安全生产领导小组，同时按照《河南省南水北调中线工程安全生产管理办法》的要求，结合焦作段实际情况，制订了《焦作段安全生产管理办法》、《焦作段重特大安全事故应急预案》、《焦作段安全生产奖惩实施规定》，《焦作段安全生产事故报告制度》、《焦作段安全检查、隐患排查制度》、《焦作段安全教育培训制度》等，从制度上理顺安全生产管理体制。与各参建单位签订了安全生产目标责任书，加强工程参建各方的主体责任意识。生产过程中，加强对现场的安全检查与监管，从多方面入手，确保生产安全。

（刘晓英）

陶岔渠首—沙河段工程　南阳膨胀土试验段工程

工　程　概　况

南水北调中线一期工程总干渠膨胀土试验段工程（南阳段）（以下简称南阳膨胀土试验段工程）位于陶岔—沙河南段南阳市卧龙区靳岗乡，起点桩号 100 + 500，终点桩号 102 + 550，全长 2.05km。其中桩号（100 + 500）~（101 + 850）为弱膨胀土渠段，桩号（101 + 850）~（102 + 550）为中膨胀土渠段。

南阳膨胀土试验段工程渠道设计流量为 $340m^3/s$，加大流量为 $410m^3/s$，渠道设计水深 7.5m，加大水深 8.23m，设计底板高程 134.04 ~ 133.96m，设计渠水位 141.54 ~ 141.46m。设计断面为半挖半填渠道和挖方渠道，采用梯形断面，纵坡比为 1/25 000，边坡系数 1∶2.0，渠底宽 22m，最大挖深约 19.2m，最大填高 5.5m。

南阳膨胀土试验段工程布置有城 - A 级跨渠公路桥及公路 - Ⅱ级生产桥各 1 座，无其他交叉建筑物。

根据现场试验方案，将试验段划分为填方试验区、弱膨胀土挖方试验区和中膨胀土挖方试验区。其中填方试验区分为 2 个亚区、弱膨胀土试验区分为 4 个亚区、中膨胀土试验区分为 7 个亚区，每区长 80 ~ 120m，根据试验目的布置不同的试验方案。具体如下：

填方试验 1 区渠道内坡采用外包水泥土处理措施，外坡采用水泥改性土 + 混凝土六方格 + 植草处理措施。

填方试验 2 区渠道内坡采用土工格栅处理措施，外坡采用混凝土六方格 + 植草处理措施。

弱膨胀土试验 1 ~ 3 区渠道一级马道以下分别研究换填非膨胀土（1 区）、水泥改性土（2 区）、土工膜处理（30cm 砂石垫层 + 复合土工膜，3 区）的效果及施工工艺；一级马道以上安排左岸砌石联拱 + 植草、右岸菱形格构（浆砌块石框格）+ 植草两种防护措施。

弱膨胀土试验 4 区、中膨胀土试验 7 区渠道左岸内坡为裸坡，右岸内坡为裸坡 + 植草措施，渠底复合土工膜覆盖，重点研究弱、中膨胀土渠坡破坏机理、大气影响带形成规律、开挖渠道临时保护措施。

中膨胀土试验 1 ~ 6 区渠道一级马道以下分别安排换填非膨胀土（1 区）、水泥改性（水泥改性土 + 砂石垫层 + 复合土工膜 + 衬砌，2 区）、土工袋（3 区）、土工格栅（4 区）、水泥改性（水泥改性土 + 衬砌，5 区）、复合土工膜 + 30cm 砂石垫层（6 区）等处理措施，一级马道以上分别安排换填非膨胀土 + 混凝土六方格植草（1 区）、水泥改性（水泥改性土 + 混凝土六方格植草，2 区）、土工袋（3 区）、土工格栅（4 区）、水泥改性（水泥改性土 + 混凝土六方格植草，5 区）、砌石联拱（6 区左岸）+ 菱形格构（6 区右岸）等防护措施。其中换填非膨胀土方案作为其他试验方案的对比方案。

南阳膨胀土试验段工程实施分为两个阶段。一期工程是按照试验方案设计的断面施工，并进行现场试验项目的研究；二期工程是在试验结束后完成最终渠道设计断面施工，并完成丁洼东南跨渠公路桥和武庄东生产桥施工。

主要工程量包括，土方开挖 155 万 m^3，拆除 10 万 m^3，土方填筑 38 万 m^3，混凝土及钢筋混凝土浇筑 2.7 万 m^3，钢筋制作安装 789t，复合土工膜 21 万 m^2，以及配合完成各项试验。

南阳膨胀土试验段工程初步设计批复总

投资18 506万元，静态总投资17 799万元。其中，工程部分投资12 291万元，移民及环境部分投资3403万元，试验研究经费2105万元。

南阳膨胀土试验段工程永久占地479.71亩，临时占地591.7亩。工程于2008年9月26日开工，计划于2010年12月完成。河南省南水北调中线工程建设管理局于2008年9月10日成立了南阳段建设管理处，作为南阳膨胀土试验段工程的现场管理机构。2008年11月4日，南阳膨胀土试验段工程建设用地开始移交，至11月6日，永久征地移交479.71亩，临时征地移交441.4亩，满足目前工程建设需要。

截至2008年底，南阳膨胀土试验段工程完成土方开挖38万m^3，碾压施工工艺试验完成36组，试验区监测设施钻孔1890m，累计完成工程投资786.1万元。工程质量、安全均处于受控状态。

（徐秋达）

工 程 投 资

（一）工程批复投资

南阳膨胀土试验段主要工程量包括，土方开挖155万m^3，拆除10万m^3，土方填筑39万m^3，混凝土及钢筋混凝土浇筑2.7万m^3，钢筋制作安装789t，以及配合完成各项试验。

南阳膨胀土试验段工程初步设计批复总投资18 506万元，静态总投资17 799万元。其中，工程部分投资12 291万元，移民及环境部分投资3403万元，试验研究经费2105万元。

（二）投资计划及实际完成

2008年9月26日，南阳膨胀土试验段召开开工动员大会，经过两个月的施工准备，于11月28日完成施工前的准备工作。2008年计划完成临时工程和建安工程投资700万元，实际完成投资778.21万元，占计划投资的111.2%。计划完成土石方开挖35万m^3，实际完成土方38万m^3，占计划量的108.6%。

（三）投资控制管理

南阳膨胀土试验段投资控制目标：确保本工程静态投资控制在与项目建设管理单位管理的内容对应的项目管理预算（即分解后的项目管理预算）之内。

南阳膨胀土试验段工程施工单位为河南省水利第二工程局，中标合同价9072.067万元，截至2008年底，合同工程应支付1621.332 2万元（含工程款764.125 5万元和工程预付款857.206 7万元），实际净支付1583.126万元，扣质量保证金38.206 2万元。

（李君炜）

招 标 投 标

南阳膨胀土试验段工程共分为一个建设监理标和一个施工标段。2008年8月18日发布了“南水北调中线一期工程总干渠膨胀土试验段工程（南阳段）建设监理招标公告”和“南水北调中线一期工程总干渠膨胀土试验段工程（南阳段）施工招标公告”；8月25~29日招标代理扬子江工程咨询有限公司（湖北）对递交了资格审查申请文件的申请人进行了资格审查并发售标书；9月15日开标，15~16日评标，经过初步评审和详细评审，评标委员会依据赋分综合汇总结果由高到低的排序，推荐监理中标候选人为河南省河川工程监理有限公司；施工中标候选人为河南省水利第二工程局。9月19日~25日公示，公示期满后河南省南水北调建设管理局于9月26日确定了中标人，并向监理标中标人河南省河川工程监理有限公司、施工标中标人河南省水利第二工程局发出了中标通知书；10月13日与中标单位签订了监理、施工合同。招投标情况见表1。

表 1　南水北调中线一期工程总干渠膨胀土试验段工程（南阳段）招投标情况

序号	合同编号	合同名称	招标代理单位	招标文件发售时期	开标日期	定标日期	中标单位	合同签订日期
1	HNJ-2008/NY/JL-001	南水北调中线一期工程总干渠膨胀土试验段工程（南阳段）建设监理合同	扬子江工程咨询有限公司（湖北）	8月25～29日	9月15日	9月26日	河南省河川工程监理有限公司	10月13日
2	HNJ-2008/NY/SG-001	南水北调中线一期工程总干渠膨胀土试验段工程（南阳段）工程施工合同	扬子江工程咨询有限公司（湖北）	8月25～29日	9月15日	9月26日	河南省水利第二工程局	10月13日

（耿万东）

建设管理

（一）工程建设组织管理

南阳膨胀土试验段工程是中线建管局委托河南省建设管理的项目。河南省南水北调中线工程建设管理局于2008年9月10日成立了河南省南水北调中线工程建设管理局南阳段建设管理处。南阳段建设管理处是河南省南水北调中线工程建设管理局的派出机构，内设工程技术科、质量安全科和综合科，具体负责南阳膨胀土试验段工程的现场管理工作。

河南省南水北调南阳段建设管理处下设综合科、工程技术科、质量安全科，具体负责南阳段工程的现场管理工作，其主要职责是：按照基本建设程序和批准的建设内容、规模、标准组织工程建设；参与南阳段工程的招标工作；负责工程质量、投资、工期控制；负责办理工程开工报告及质量监督手续；负责工程的安全生产；负责工程的防汛工作；负责文明工地的创建工作；配合工程的征地拆迁和施工环境协调；负责工程价款结算的初审；负责工程建设的档案资料管理及统计报表的编报；参与竣工决算的编制，配合上级部门的审计和稽察工作。

（二）施工进度控制

2008年，南阳段建设管理处建立和制定了工程建设管理程序、管理制度。2008年9月26日，召开了南阳膨胀土试验段工程开工动员大会。11月28日，完成开工前的准备工作。12月，超额完成了2008年的施工计划。

结合试验工程的特点，南阳段建设管理处编制了南阳膨胀土试验段工程实施总进度计划。要求监理单位、施工单位按照实施总进度计划编报控制性总进度计划和施工总进度计划，并编制年、月施工进度计划，施工过程中加强对进度的管理。施工前的准备工作完成后，南阳段建设管理处考虑到天气渐冷而试验工期紧张的现实情况，及时组织参建各方研究促进试验、施工进展的方法、措施，倒排工期，督促试验单位与施工单位密切配合，统筹安排，平行、交叉施工，齐心协力，加班加点，充分利用好天气，积极推进工程进展。首先完成施工营地、场内交通工程、供电系统、混凝土生产系统等临时工程的建设。临时蓄水池、弱膨胀土4区、中膨胀土7区土方开挖全部完成，完成弱膨胀土1～3试验区、中膨胀土除4试验区外一级马道以上的全部土方开挖，完成土方开挖38万 m^3。

（三）质量管理

南阳段建设管理处成立了质量管理领导小组，委托组建了南阳段工程第三方实验室，制订了工程质量检查制度及工程质量目标；检查了监理单位的质量控制措施，设计、施工等单位的质量保证计划及保证措施。

（四）安全管理

南阳段建设管理处成立了安全生产领导小组，制订了安全生产检查制度，开展了冬季安全生产大检查，督促各标段从综合管理、质量管理、施工区环境等方面入手，建立健全体系，制定规章制度和措施计划，落实安全生产责任制。在已开工的工地现场安装了安全警示牌，作业区四周设置了防护警戒线，专职安全员上岗巡视检查。

（五）文明工地建设

南阳段建设管理处对文明工地创建工作高度重视，成立了文明工地建设领导小组，制订了文明工地创建计划，完善了各项规章制度，并定期开展职业道德、职业纪律教育和业务学习；组织各参建单位认真学习《南水北调工程文明工地建设管理规定》，对照评分标准从严要求，建设管理处组织定期检查。目前各参建单位生产生活区布局合理、环境卫生良好，主要规章制度、施工形象进度图、工程布置图等都已上墙，现场主门悬挂施工标牌，设企业标志，按建设管理处统一要求制作的各种宣传标语醒目；有门卫制度，施工现场管理人员佩带工作卡；积极参与外部施工环境协调工作，参建各方及地方关系和谐，无违法违纪现象。

2008 年，南阳膨胀土试验段工程投资 690.85 多万元，未发生质量安全事故，工程建设开局良好。

（李君炜）

工　程　进　展

（一）年度建设目标

为确保工程建设在 2010 年 12 月 31 日之前完工，2008 年度建设目标是保证单项工程在如下工期节点内完工：① 2008 年 11 月 28 日，工程正式开工；② 2008 年 12 月 31 日前，完成营地、生产仓库、供电、供水施工道路等临时工程建设，完成临时蓄水池、裸坡试验区弱 4 区、中 7 区的土方开挖，完成其他中、弱试验区一级马道以上的土方开挖，完成土石方开挖 35 万 m^3；③ 2008 年 12 月 31 日前，完成现场填筑施工工艺碾压试验 40 组；④ 完成中 1 试验区、弱 1 试验区监测设施钻孔；⑤ 完成建设投资目标 700 万元。

（二）工程形象进度

（1）截至 2008 年底，施工单位基本完成生产、生活区营地建设及各项临时工程建设，完成房屋建筑 4316m^2。

（2）弱膨胀土 1～4 试验区、中膨胀土（除 3、4 试验区外）已全部完成一级马道以上的土方开挖，临时蓄水池土方开挖已完成。截至 2008 年底完成土方开挖约 38 万 m^3。

（3）碾压工艺试验完成近一半，共计 36 组。

（4）中 1 试验区、弱 2 试验区监测设施钻孔和仪器埋设完成。

（5）完成部分弃土区水土保持工程措施。

（李君炜）

工　程　施　工

根据河南省南水北调中线工程“黄河北连线、黄河南布点”的总体建设目标，南阳膨胀土试验段工程于 2008 年 9 月 26 日召开动员大会，南阳段建设管理处在河南省南水北调工程建设管理局的领导下，负责按照工程建设程序和批准的建设规模、内容，组织南阳段膨胀土试验段工程建设。为进一步加强现场建设管理，长江勘测规划设计研究院在现场成立了设代处，河南省河川工程建设监理有限公司在现场成立了监理部，同时在施工单位派出驻地监理，施工单位相继成立了项目经理部。由建管、设代、试验、监理、施工等单位参加的南阳段膨胀土试验段工程质量领导小组、安全生产领导小组和文明工地创建领导小组，委托组建了第三方现场实验室，明确了各自职责，规范了各项工作程序。

（1）工程特点。南阳膨胀土试验段工程以“试验”为主，施工、试验交叉作业，相互干扰；加之膨胀土地质条件复杂，具有出现滑坡的潜在趋势；有效施工时间较短，施工强度较高。

（2）工程施工重点。南阳膨胀土试验段工程一期工程如何在保证工程施工顺利进行的前提下，确保实现试验目的、取得试验成果，是试验段的关键之所在，因此施工组织、施工工艺、施工进度必须满足试验要求。如何确保试验与施工的协调进行，质量、安全、进度的相互照应，确保工程质量、施工安全、工程进度、试验指标均能满足工程和科研要求，将是本工程施工的重点。

（3）主要对策及措施。工程建设是一个复杂的系统工程，南阳膨胀土试验段工程又有许多新的特点，要圆满完成科学试验任务，必须有完善的科学试验细则和科学的建设管理制度作保障。南阳段建设管理处组建后，组织相关人员，按照南水北调工程建设有关规定，借鉴河南省内外一些成功的建设管理经验，结合南阳膨胀土试验段工程的具体情况，制定了工程质量管理、工程进度管理、工程投资管理、工程质量评定、现场验收、合同管理、档案管理、安全生产、文明工地建设等相关制度。在建设管理工作中，南阳段建设管理处加强对项目经理、项目总工、总监理工程师的管理，注重安全生产，建设和谐施工环境，加大现场管理力度，保证试验与施工的协调关系，力争做到用程序规范建设过程，用制度规范建设行为，确保工程安全、资金安全和干部安全。

针对南阳膨胀土试验段工程特点和工程施工的难点，南阳段建设管理处加强各项施工管理措施，要求各参建单位建立健全组织机构，编制切实可行的施工控制计划，优化施工工序；对于各种试验，为保证试验目的完成和数据的采集，一方面加快施工进度，及时提供试验工作面；另一方面，停止施工作业，保证试验在无干扰、原始状态下进行。为了保证试验的顺利进行，现场建立了试验与施工协调机制，主动做好试验、施工与地方群众之间协调沟通，创建和谐工地；增强安全生产意识，针对不同施工作业项目，编制安全防护措施，并严格执行，确保安全。

（李君炜）

工　程　监　理

河南省河川工程监理有限公司具有水利工程施工监理甲级资质，该单位承担南水北调中线一期工程总干渠膨胀土试验段工程（南阳段）的监理，监理项目包括渠道的建筑工程、相关设备安装及运行维护、监测仪器埋设的钻孔及试验期间的相关工作，跨渠公路桥和生产桥的建筑工程，临时工程等（含保修期）。

（一）监理工作规范程序

监理单位依据监理合同，组建现场监理机构；熟悉工程建设有关法律、法规、规章以及技术标准，熟悉工程设计文件、施工合同文件和监理合同文件；编制项目监理规划；协助发包人组织召开第一次工地会议，进行监理工作交底；编制各专业、各项目监理实施细则，完成编写了监理实施细则通用本及补充细则施工测量监理实施细则、碾压工艺试验监理实施细则、施工安全监理实施细则、土石方工程监理实施细则、混凝土工程监理实施细则；按监理合同对项目实施中的质量、进度、资金、安全生产、环境保护等进行施工过程监理控制；督促承包人及时整理、归档各类资料；主持分部工程验收，协助发包人进行单位工程完工验收和竣工验收等；签发工程移交证书和工程保修责任终止证书；工程完工后，向发包人提交工程建设监理工作总结报告，竣工验收后，提交完整的监理档案资料；向发包人移交其所提供的文件资料和设施设备。

（二）监理工作方法

通过采用现场记录、发布文件、旁站监理、巡视检验、跟踪检测、平行检测、协调的方式进行监理工作。

（三）监理工作

2008 年 10 月 13 日，河川监理公司与河南省南水北调中线工程建设管理局签订了监理合同，10 月 16 日进场。进场监理人员 9 人，其中总监 1 人，监理工程师 3 人，监理员 5 人，另聘请测量监理顾问一人。

南阳监理部进场后，组织监理人员收集、熟悉设计文件，进行岗前培训，组织编制《监理规划》和首批使用的《监理实施细则》等技术文件，向施工单位移交测量基准点，与施工单位联合对基准点进行复核和建立施工控制网，并进行校测。与施工单位联合进行原始地形测量，并对测量成果与建设管理处进行了联合复测。

在检查发包人和承包人的施工准备满足开工条件后，于 2008 年 11 月 28 日签发了开工令，南阳试验段工程正式开工。开工后，监理质量、安全控制体系、旁站和巡视检查制度等 33 项监理制度开始实施，监理工作正常运行。

现场安全、质量控制方面，做好事前、事中、事后全过程控制。严格施工图审查和签发制度，及时组织设计交底；对施工组织设计，安全、质量保证体系，碾压工艺试验、冬季施工等施工措施方案进行认真的审查，为工程的实施提供技术保障。严格执行进场人员、设备、材料的进场报验制度，监理人员对进场的水泥、块石、碎石、砂进行了平行和跟踪检验，现场监理人员对仓库存料进行核查，严禁不合格的材料进场，从源头把好质量关。督促施工单位进场人员进行岗前培训和施工前的技术交底工作。在施工过程中，现场监理人员严格执行工序管理制度，对规划和细则中明确的待检点及时检查验收，旁站点严格旁站监理。

碾压试验方面，对试验过程采取旁站监理，监督承包人严格按照批准的施工工艺进行试验。对试验所用材料是否符合设计要求、粒径、含水率是否在适宜范围内、试验所用机械设备是否与已批复施工工艺试验方案一致、土料平铺厚度是否符合要求、碾压参数控制等几个方面严格进行控制，按照施工工艺要求进行试验。在完成各场次试验后，要求承包人及时向监理部报送本场试验报告，经审查同意后及时报建设管理处转设计、试验单位分析使用。

在观测仪器埋设钻孔工作中，严格实行钻前和钻后的联合审签制度，施工、监理、试验共同检查、验收、签证，确认已按试验要求完成后移交试验单位人员进行观测仪器埋设工作。

专业安全监理工程师每天带领现场监理人员做好安全巡查，发现安全问题及时进行纠正和处理，并定期组织对施工安全隐患进行排查。

南阳段建设管理处督促监理单位严格按照合同承诺派驻现场监理人员，及时组建现场监理机构，对监理部上报的《监理规划》等监理文件进行了审查批复，监理单位已建立安全、质量、进度控制体系，对施工单位上报的施工方案和施工计划进行了审查，召开了 4 次监理例会，监理工作已按合同要求全面展开。

（张官珍）

质 量 管 理

按照河南省南水北调中线工程建设管理局有关要求，结合南阳膨胀土试验段工程的具体情况，南阳段建设管理处由一名副处长分管、总工把关工程质量管理工作。建立了专职的质检机构，配备了质检人员，具体负责工程质量管理工作，并明确了岗位职责，责任到人。成立了以建设管理处处长为组长的工程质量管理领导小组，以合同为基础，明确了参建各方职责，规范了各项工作程序。

各参建单位进场后，一方面，南阳段建设管理处要求各参建单位抓紧利用征地移交前无法施工的时间，按照合同承诺尽快建立监理机构的质量控制体系和施工、设计单位的质量保证体系。建设管理处对监理单位制定的《监理规划》、《监理机构质量控制体系》和施工单位制定的《施工组织设计》、《质量保证体系》、《质量检测方案与材料试验计划》、《碾压施工工艺试验方案》等进行了审核，提出了修改意见，并要求监理、施工单位进行了完善。另一方面，南阳段建设管理处办理了质量监督手续，组织进行了工程项目划分，为工程开工后质量管理工作打下了良好的基础。

南阳段建设管理处成立后，依据国家有关部门的政策法规、规范、标准及河南省南水北调办制度汇编等，结合南阳试验段工作实际，制定印发了《工程质量管理制度》、《工程质量评定及验收管理制度》，《工程质量缺陷备案制度》、《施工质量缺陷处理管理规定》、《工程质量奖惩实施细则》、《工程质量检查办法》（以上均为试行稿）6项制度。

工程开工后，根据河南省南水北调中线工程建设管理局与南水北调中线干线工程建设管理局签订的《建设管理委托合同》，明确南阳膨胀土试验段工程质量总目标，建设管理处同施工单位签订了质量目标责任书，层层分解落实质量责任制。各参建单位对进场的监理工程师、质检人员、试验人员进行了培训，以提高其业务水平，满足南水北调工程建设需要。实际工作中，建设管理处严格工程质量管理，狠抓各项工程质量管理制度的落实工作，通过巡查、工程质量大检查方式对监理单位质量控制体系和施工、设计单位质量保证体系的实际运行情况进行检查，尤其是施工单位“三检制”落实情况、监理单位监理工程师旁站、巡查以及对工序质量进行平行和跟踪抽查检验情况等，对发现的问题限期进行了整改，同时建设管理处跟踪复查确认。

严把原材料进场关，从源头上控制其质量。建设管理处组织设代处、监理部、施工项目部有关人员先后考察了砂石料、水泥、粉煤灰、土工格栅等生产厂家，对招标文件确定的竹园寺砂场、牡丹垛石料场根据设计勘察范围划定了采购区域，对施工单位初选的水泥、粉煤灰、土工格栅等原材料生产厂家进行了取样检测比选，让合格的原材料供应厂家入围，确保原材料供应质量。

加强动态管理，及时掌握工程建设质量。加大检测力度，充分发挥第三方实验室的专业性、独立性和公正性，确保检测、试验结果的科学性和可靠性，建设管理处委托河南省水利基本建设工程质量检测中心站组建了第三方实验室，对进场原材料、半成品和工程实体质量进行检测，及时反馈检测、试验结果，保证了工程质量。

2008年11月28日，监理单位签发开工令，各项工作全面展开。截至2008年底，工程质量处于受控状态。

（徐秋达）

安 全 生 产

按照河南省南水北调中线工程建设管理局有关要求，结合南阳膨胀土试验段工程的具体情况，建设管理处由一名副处长分管、总工把关安全生产工作，质量安全科配备了专职安全管理人员，具体负责安全生产工作，并明确了职责，责任到人；成立了以建设管理处处长为组长的安全生产领导小组、安全事故应急救援领导小组；建设管理处制定印发了《安全生产管理制度》、《安全生产奖惩实施细则》、《安全事故预防、报告与处理制度》、《安全生产工作例会制度》、《安全生产隐患排查与整改工作制度》（以上均为试行稿）、《南水北调中线一期工程总干渠膨胀土试验段工程（南阳段）工程建设安全事故应急预案》（初稿）等，各参建单位也制定了本单位的安全生产管理制度；根据河南省南水北调中线工程建设管理局与南水北调中线干线工程建设管理局签订的《建设管理委托合同》，明确南阳膨胀土试验段工程安全生产总目标，建设管理处以合同为基础，明确了参建各方安全生产职责，理顺了安全生产监管体制，与施工单位签订了安全生产责任书，明确安全生产的主体责任，落实安全生产责任制。

各参建单位也都建立了安全生产组织机构，监理、施工单位分别配备了安全监理工程师、专兼职安全员。建设管理处对监理单位制定的《监理规划》和施工单位制定的《施工组织设计》、《安全保证体系及措施方案》以及施工方案中安全生产保证措施等进行了审核，为工程开工创造良好条件。

工程开工后，建设管理处要求施工单位的安全生产资金专款专用，保证安全生产管理的资金投入。对各参建单位组织学习了安全生产法律法规、规章制度、规程标准，向施工单位做了三级安全交底，对技术工人进行了岗前培训，对农民工进行了安全教育。施工单位项目经理及技术负责人、专职安全员、特种作业人员均做到了持证上岗，劳动防护用品配备基本齐全，使用正确。施工现场布置了警示牌、标示牌、宣传牌、警示线、护栏、防护网等防护设施，施工现场安全防护设施达到标准要求。施工现场无违章指挥、无违章作业、无违反劳动纪律的现象，施工道路平整畅通，车辆运行规范有序。建设管理处狠抓冬季施工安全措施的落实工作，确保双节期间的安全生产工作，组织监理、施工单位相关人员认真排查生产区、生活区的安全隐患，加强对施工现场的安全监控，将一切安全隐患消灭在萌芽状态；对监理、施工单位的安全生产规章制度、日常检查记录、教育培训等内业资料进行了一次大检查；从细节入手，开展了横向到边，纵向到底的安全生产隐患治理排查专项活动；对重大危险源实行了动态管理；对存在的问题督促进行整改，并跟踪落实，从而提高了全员的安全意识和各单位的安全生产管理水平，确保安全生产责任制落到实处。

在各参建单位的努力下，南阳膨胀土试验段工程安全生产处于受控状态，未发生一起安全事故。

（徐秋达）

施　工　技　术

南水北调中线总干渠穿越膨胀土（岩）渠段累计长约386.8km。膨胀土的特性是：土体裂隙发育，一般土体的膨胀性越强，微隐蔽裂隙越发育；部分裂隙面光滑，并见有擦痕，裂隙内充填物强度低、膨胀性强。此外，部分土体中存在的层间结构面和大裂隙，一般为地下水运移通道，抗剪强度低，对渠道边坡的稳定极为不利。

南水北调中线工程总干渠总体可行性研究阶段，膨胀土渠坡的处理方法是采用非膨胀黏性土坡面换填措施进行保护，使渠坡膨胀土体处在与大气相对隔离的稳定环境中，以阻止膨胀土体的含水量在短时间内发生较大的变化，避免发生坡面浅层滑动；对局部性状较差，或存在深层软弱结构面的部位，由于存在边坡深层稳定问题，根据具体情况采取放缓边坡或局部设置抗滑桩等工程措施进行加固。为防止渠道渗水对膨胀土渠坡及地基的影响，对分布有强、中、弱膨胀土渠段均进行过水断面工程防渗处理。

南阳膨胀土试验段对膨胀土的处理主要方法有四种，即非膨胀土换填、膨胀土加土工格栅换填、土工袋和膨胀土水泥改性土。

（一）非膨胀土换填

非膨胀土换填，含水量宜控制在约18.5%～22.5%，铺土厚度30cm，20t振动凸块碾碾压10遍。碾压后压实度和干密度需满足相关规范和设计要求（压实度不小于98%）。由于现场土料含水量差异较大，且土质分布不均，施工单位在施工过程中需根据实际情况对相关参数进行调整。

（二）膨胀土加土工格栅换填

格栅铺设反包有草袋＋土工格栅逐层反包、超填＋土工格栅逐层反包、草袋＋土工格栅整体反包、超填＋土工格栅整体反包四种形式。

1. 土工格栅施工工艺

土工格栅采用人工分层铺设，格栅尾部与未开挖坡面形成顺坡面向上的延伸，延伸长度不小于30cm，尾部固定。格栅头部（迎水坡面）向上层包裹形成反包搭接，反包长度不小于100cm，相邻两块格栅之间为平接；格栅之间用连接棒搭接、格栅与土体之间用U型钢筋锚接。详细施工步骤如下：

（1）格栅铺设。首先在土工格栅＋回填料碾压层底层铺设格栅材料，并将格栅底部用U型钢筋固定于基层面。

（2）施加张拉梁。使用张拉梁将格栅一自由端拽紧，并压上填土。填土用机械或人工堆放在拉紧后的格栅上面，车辆与施工机械等不得直接碾压格栅，以免格栅损坏和松懈。

（3）形成坡面。

1）超填＋土工格栅形式，对于一级马道以下部分，采用超填削坡的方式形成坡面，需要逐层超填、逐层削坡。

2）草袋＋土工格栅形式，对于一级马道以上部分，采用草袋＋土工格栅防护，沿土工格栅＋回填料碾压层外坡放线位置堆放拌有草籽和壤土（或根植土）的土袋，以用来在施工过程挡住填土，形成平整的坡面。要求土袋面质疏松，便于草籽生长，草袋尺寸约1.2m×0.8m、内填土率为80%，为便于码放紧密，靠近回填料的土袋内侧，可用手持夯机适当夯密，袋内装土不作压实度要求，注意土袋码放沿坡向1:2。反包坡面形成后草袋表面要及时进行养护。

（4）逐层联结。压实至上层单向格栅标高后，将预留格栅反包到土袋上面，与上层格栅用连接棒连接。用通过格栅网孔而钩住格栅的张拉梁对主加筋格栅施加张拉力，绷紧格栅之间的连接并使其下结构面上的反包格栅绷紧。在保持张拉格栅的同时，用U型钢筋将本层格栅与下层土体锚接，以保证张拉设备移去后格栅不会回缩。

（5）重复以上施工步骤至顶层。

（6）顶层格栅应有足够长度埋在填土下面，保证填土可提供足够的约束力锚固格栅。

2. 格栅整体反包（大反包）施工工艺

土工格栅采用人工分层铺设，应将每层土工格栅的主筋（横筋）放置在碾压层外坡放线位置处。顺水流向相邻两块格栅之间为平接；格栅与土体之间用U型钢筋锚接。

（1）超填＋土工格栅形式，施工步骤如下：

1）首先在碾压层底层铺设格栅材料，将格栅尾部用U型钢筋固定于开挖坡面，然后使用张拉梁将格栅头部（坡外侧）自由端拽紧，用U型钢筋固定于基层面，并预留0.7～1.0m格栅在碾压层外坡放线位置以外，为后期整体反包（大反包）格栅做准备。固定完成后用机械填土、人工找平。填土时要超填0.5m，防止后期削坡时损坏格栅。填土过程中车辆与施工机械等不得直接碾压格栅，以免格栅损坏和松懈。

2）压实至上层格栅标高后，按照上述工艺铺设第二层土工格栅，将超出碾压层外坡放线处（坡外侧）多余的格栅材料剪除（保留土工格栅横筋），保证土工格栅的横筋在碾压层外坡放线位置。每幅格栅钉5排U型钢筋，每排3个，采用梅花型布设。

3）重复以上施工步骤至倒数第二层，进行反包作业。对于超填+土工格栅，可利用挖掘机进行削坡，并利用超填部分填土作为倒数第一层的填土。为保证挖掘机在削坡的时候不损坏格栅，在挖掘机的挖斗前安装一块斗板。其次，反包格栅与底部预留格栅的搭接。用连接棒将一块土工格栅与底层预留的土工格栅接连，将土工格栅直接反包至顶层，用张拉梁拉紧。张拉前，将一根连接棒穿过反包上来的格栅横筋，再将张拉梁钩住连接棒，然后挖掘机钩住张拉梁。当张拉梁拉紧反包格栅后，用U型钢筋将反包格栅固定于坡面。每幅格栅从底部算起，每1.0～1.5m间距钉一排U型钢筋，每排钉2～3个，直至顶部。在倒数第二层坡顶外边缘处必须钉一排U型钢筋，以固定反包格栅。同时用塑料捆扎带将反包格栅与每一层碾压层外坡放线处的格栅横筋绑扎连接，每一排绑扎三个，要求碾压层外坡放线处的格栅横筋与其下方所对应的最近的反包格栅横筋进行绑扎。

4）顶层格栅的铺设。将反包格栅按照步骤2）的方式铺设，距超填部分边缘20.0～30.0cm处钉第一排U型钢筋，仍采用梅花型布设。铺顶层填土压实，以保证格栅反包至顶层后有足够长度埋在填土下面，保证填土可提供足够的约束力锚固格栅。同时顶面用装有草籽土袋覆盖，并及时养护。

（2）草袋+土工格栅形式，整体反包步骤基本同上，注意没有超填。

3. 铺土平整工艺

铺土采用推土机进占进料，推土机粗平，人工精平，表面平整度不超过±5cm。

4. 碾压施工工艺

首先，采用人工或小型振动平碾将外坡土袋碾压2遍，然后，再采用20t振动平碾碾压，采用进退错距法对土料进行碾压，行车速度2.0～3.0km/h，相邻碾迹的搭接宽度不小于碾宽的1/10。车辆和压实机械不得直接碾压格栅。

铺土后遇天气发生变化或隔夜施工时，要采用防雨布对场地进行覆盖。

（三）土工袋

（1）土料的粒径。要求$d \leq 5$cm，采用液压碎土机碎土或旋耕耙。

（2）土工袋材料。土工袋采用聚丙烯（pp）为原材料，并在其中加入适量的防老化剂（抗氧剂、光稳定剂和深色炭黑）；要求用装袋机配合人工装袋。

（3）100%装袋量。即在满足缝口的要求下，尽量装满。

（4）土料含水量及粒径控制。现场开挖的中膨胀土的天然含水量接近最优含水量，装袋土料含水量控制在20.5%～26%范围内。

（5）土工袋缝口。要求不能有漏缝、错缝的现象出现。缝口所用的线强度不低于编织袋的径向抗拉强度。

（6）土工袋铺设间距。袋与袋之间预留4～6cm的间距，以满足土袋碾压过程中产生的侧向变形。

（7）土工袋铺设方向。要求铺设后土工袋径向垂直于渠道走向，土工袋的厂家缝口（折边缝口）一侧朝外（渠内）；层与层之间要错位排放。

（8）坡面铺设要求。按照坡比要求，每层内缩约为15～20cm。同时要考虑通过定位、放线的方法，控制表层土工袋的铺设位置。

（9）碾压路线。碾压区两侧铺上土，使机械顺坡而上；平碾采用直进直出的行进路线，避免大型机械在土工袋表面转向。

（10）碾压遍数。用20t的平碾静碾两遍。靠近渠坡面的部分土袋有可能欠压，采用小型的振动平夯再夯实一至两遍。

（11）设计高程找平。在土袋铺至马道或顶部设计高程左右时，如有欠缺，则用非膨胀土或弱膨胀土找平，找平土层厚度不应大于一层土袋碾压后的厚度。

（12）土工袋临时保护。装填完成的土工袋尽快上料施工，避免水分过分散失；施工期间如遇降雨天气，应对土工袋施工层面以及装填完成的土工袋采取盖膜防雨措施。

（四）膨胀土水泥改性土

（1）在南阳膨胀土试验段，膨胀土水泥改性土方案根据换填厚度的不同安排在4个试验区，即中膨胀土试验2区、5区，换填厚度100cm，弱膨胀土试验2区和填方试验1区，换填厚度60cm。

（2）膨胀土水泥改性土有2个水泥掺量指标。

1）弱膨胀土水泥改性土。掺入3%强度等级32.5复合硅酸盐水泥，最大干密度1.67g/m^3，压实度0.95～0.98。弱膨胀土水泥改性土换填，弱膨胀土拌和前含水量宜控制在20%～22%，路拌机拌和遍数不少于4遍，拌和过程中加水3%～4%，每拌和场次且不大于300m^{3}水泥改性土抽测不少于6个样，测定水泥含量，其平均值不小于设计掺灰量，标准差不大于0.5，铺土厚度30cm，20t振动凸块碾碾压8～10遍。

2）中膨胀土水泥改性土。掺入6%强度等级32.5复合硅酸盐水泥，最大干密度1.61g/m^3，压实度0.95～0.98。中膨胀土水泥改性土换填，中膨胀土拌和前含水量宜控制在20.8%～22.8%，路拌机拌和遍数不少于4遍，拌和过程中加水4%～5%，每拌和场次且不大于300m^{3}水泥改性土抽测不少于6个样，测定水泥含量，其平均值不小于设计掺灰量，标准差不大于0.7，铺土厚度30cm，20t振动凸块碾碾压4～6遍。

（3）水泥改性土材料要求。

1）水泥。采用32.5普通硅酸盐水泥，不得使用快硬水泥、早强水泥以及受潮变质的水泥。

2）土料。①根据不同部位设计要求，采用开挖出的弱膨胀土、中膨胀土；②所用土料最大粒径不得大于5cm；③土料中有机质含量不得超过2%。

3）水。水泥改性土拌和用水应符合《混凝土拌和用水标准》。

（4）水泥改性土的施工。

1）摊铺时水泥改性土的含水率宜高于最佳含水率0.5%～1.0%，以补偿摊铺及碾压过程中的水分损失。

2）施工中，水泥改性土从加水拌和到碾压终了的延迟时间不得超过水泥终凝时间，按试验确定的合适的延迟时间严格施工。

3）水泥改性土碾压完成后应立即进行养生，养生时间不少于7天。

4）雨季施工应特别注意天气变化，勿使水泥和混合料受雨淋。降雨时应停止施工，但已摊铺的水泥改性土应尽快碾压密实。

（5）水泥改性土质量检验。

1）混合料拌和均匀，无粗细颗粒离析现象。

2）碾压达到要求的密实度。

3）表面平整密实、边线整齐、无松散、坑洼、软弹现象。

4）施工接茬平顺。

（李君炜）

丹江口水库大坝加高工程

工程概述

（一）工程概况

丹江口水利枢纽工程位于湖北省丹江口市汉江干流上，是一座具有防洪、供水（灌溉）、发电、航运及水产养殖等综合效益的大型水利枢纽工程，由河床混凝土坝和坝后式电站、连接混凝土坝及两岸土石坝、通航建筑物等组成。丹江口大坝加高工程主要包括：

河床混凝土坝培厚加高；左岸土石坝培厚加高及延长；新建右岸土石坝、左坝头副坝和董营副坝；改扩建升船机；金属结构、机电设备更新改造等。坝顶高程由162m加高至176.6m，坝长由2494m增加到3442m。通航建筑物的通航标准由150t级改造扩建为300t级。加高后正常蓄水位从157m提高至170m，库容从174.5亿m^3增加至290.5亿m^3，可相应增加库容116亿m^3。可提高汉江中下游防洪能力，扩大防洪效益，近期调水量95亿m^3，后期调水量120亿～130亿m^3。

丹江口水利枢纽工程为一等工程。大坝加高工程河床及两岸混凝土坝、左右岸土石坝及副坝、电站厂房等主要建筑物为1级，挡水建筑物按千年一遇洪水设计，可能最大洪水（万年一遇洪水加大20%）校核，电站厂房按200年一遇洪水设计，1000年一遇洪水校核；下游消能防冲设施洪水标准为100年一遇，护岸工程洪水标准为50年一遇；1级挡水建筑物的地震设计烈度采用Ⅶ度；通航主要建筑物为2级，次要建筑物为3级；下游消能防冲设施及护岸工程等建筑物为3级，临时建筑物为4级。

初步设计主要工程量为，土石方开挖77.31万m^3，土石坝填筑542.39万m^3，混凝土拆除4.53万m^3，大坝混凝土浇筑125.45万m^3，钢筋制作安装0.91万t，金属结构制造安装1.32万t。坝区移民安置2572人，永久征地1.48km^2，临时占地3.07km^2。总工期为5.5年，其中工程准备期9个月，按要求将于2010年完工，由于水库移民和陶岔项目尚未启动，大坝加高工程完工时间调整为2013年。

（二）2008年工程建设情况

1. 土建工程

2008年，共完成土石方开挖7.56万m^3，土石方填筑85.18万m^3，混凝土浇筑14.71万m^3，混凝土拆除0.73万m^3，混凝土结合面凿毛1.47万m^2，钢筋制作安装3154.31t，裂缝检查1829.26m，裂缝处理2199.7m。

截至2008年底，累计完成土石方开挖57.68万m^3，土石方填筑364.23万m^3，混凝土浇筑92.91万m^3，混凝土拆除3.26万m^3，混凝土结合面凿毛11.20万m^2，键槽混凝土切割5317m，钢筋制作安装6002.67t，锚杆18 920根，裂缝检查21 712.47m，裂缝处理16 255.5m，帷幕灌浆21 150m，金属结构安装3250t。

2. 机电设备和金属结构

2008年，深孔坝段计划完成闸门及启闭设备安装约3210t，其中深孔坝段完成1190t，正常溢流坝段完成270t，非常溢流坝段完成540t，厂房坝段完成1210t。在厂房坝段和深孔坝段完成2台500t门机安装工作。

2008年上半年完成升船机采购招标，下半年开始升船机设计与制造工作；2008年5月完成18坝段变电所供电系统安装并投入运行；2008年5月完成首台发电机（5号机）安装，2008年10月开始第二台发电机（4号机）安装。

另外，对已采购的水轮机、发电机、金属结构闸门及埋件、启闭机、液压启闭机、电厂6kV开关柜做好生产交货工作，对启动升船机、大坝供电系统设备、电厂主变压器、辅助设备等设备做好采购生产工作。

3. 工程形象进度

截至2008年底，混凝土坝需加高的54个坝段除14～20号坝段、1号坝段外，已有46个加高到设计坝顶高程，其他坝段正抓紧加高准备工作，右岸土石坝已填筑至176m高程，左岸土石坝已填筑到高程167m以上。达到2008年施工形象进度调整计划要求。

4. 工程进度分析

2008年初，上报国务院南水北调办的丹江口大坝加高工程主要工程量指标为，主体工程混凝土浇筑16.71万m^3，土石方填筑131.77万m^3。2008年，实际完成混凝土浇筑14.71万m^3，土石方填筑实际完成85.18

万 m^3。混凝土浇筑未完成原计划目标，主要原因：一是部分方量在2007年已超额完成；二是由于丹江口库区移民搬迁尚未开始，陶岔渠首枢纽尚未开工建设，经报国务院南水北调办同意溢流坝段堰面施工加高暂缓实施；三是根据现场实际情况对施工进度进行了必要调整。

从工程形象进度来看，除溢流坝段溢流堰面未开始加高外，2008年混凝土浇筑形象已达到原形象目标。左右岸土石坝填筑达到原计划形象目标。

与总体进度计划相比，混凝土浇筑形象进度除溢流坝段堰面加高外，基本与总体进度保持一致。右岸土石坝填筑超过总体计划要求；左岸土石坝填筑形象进度基本满足总体计划要求。

（程靖华　袁云桥　王从兵　李志强　胡雨新　李方清　康子军）

投　资　管　理

2008年，丹江口大坝加高工程共安排投资计划22 950万元，其中建筑工程8490万元，机电、金属结构设备及安装工程8390万元，其他投资6070万元。2008年，实际完成投资26 260万元，其中建筑工程13 587万元，机电、金属结构设备及安装工程5295万元，其他投资7378万元。截至2008年底，丹江口大坝加高工程累计完成投资141 981万元。投资控制方面，根据2008年国务院南水北调办颁布的“静态控制、动态管理”的相关规定，结合丹江口大坝加高工程已完成投资和建设管理实际，进一步修改完善大坝加高工程项目管理预算。根据合同签订及价款结算情况，将已签订的每个合同清单与概算中的项目进行对应，根据合同结算情况与概算投资进行对比分析，及时了解概算每一部分投资使用情况，分析概算总投资是否能够得到合理控制和使用。考虑近几年来物价涨幅较大的实际情况，根据国务院南水北调办的相关规定及时开展2008年及以前各年度价差报告编制、修改和上报工作。

（李全宏）

招　标　投　标

2008年，按照国务院南水北调办招标投标的有关规定及批复的分标方案，在中线水源公司相关部门、纪检监督的共同参与下，本着公平、公正、科学合理、竞争择优的原则，依法组织开展丹江口大坝加高18坝段变电所设备采购、水文泥沙水质观测、水情自动测报系统设备采购及安装、水文泥沙水质监测设备采购及安装、水文80kW测船制造采购、升船机设备采购、变压器设备采购七个标段的招标工作，合同金额共计17 907万元。各标段开标、中标情况见表1。

表1　　2008年度丹江口大坝加高工程招投标情况

序号	招标项目名称	招标代理	招标文件发售时间	开标时间	中标单位	合同价（万元）
1	丹江口大坝加高工程水情自动测报系统设备采购及安装 ZSY/CG（2008）001	扬子江工程咨询有限公司（湖北）	2008年3月3日	2008年4月9日	湖北一方科技发展有限责任公司	545.48
2	丹江口大坝加高工程水文泥沙水质监测设备采购 ZSY/CG（2008）002	扬子江工程咨询有限公司（湖北）	2008年3月3日	2008年4月9日	武汉市鼎泰科技发展有限公司	239.70

续表

序号	招标项目名称	招标代理	招标文件发售时间	开标时间	中标单位	合同价（万元）
3	丹江口大坝加高工程水文80kW测船制造采购ZSY/CG（2008）003	扬子江工程咨询有限公司（湖北）	2008年3月3日	2008年4月9日	鄂州市光大船业有限公司	107.20
4	丹江口大坝加高工程水文泥沙水质观测ZSY/ZX（2008）001	扬子江工程咨询有限公司（湖北）	2008年3月3日	2008年4月9日	长江水利委员会水文局汉江水文资源勘测局	863.15
5	丹江口大坝加高工程升船机设备采购ZSY/CG（2008）004	汉江集团丹江口水源招标有限公司	2008年4月28日	2008年7月11日	夹江水工机械厂	14 928.00
6	丹江口大坝加高电厂改造项目变压器设备采购ZSY/CG（2008）005	汉江集团丹江口水源招标有限公司	2008年12月1日	2008年12月25日	山东泰开变压器有限公司	976.00
7	丹江口大坝加高机电设备采购项目18号坝段变电所设备采购ZSY/CG（2007）001	汉江集团丹江口水源招标有限公司	2007年12月23日	2008年1月17日	正泰电气股份有限公司	247.70
合　计						17 907.24

（李全宏）

建设管理

丹江口大坝加高工程建设管理实行“项目法人负责制、招标投标制、建设监理制、合同管理制”，中线水源公司严格履行项目法人职责，进行全面的建设管理工作。

（一）项目法人及各参建单位

中线水源公司于2004年8月成立，负责南水北调中线水源丹江口大坝加高工程建设。

丹江口大坝加高主体土建安装工程施工分为左、右岸两个标段，左岸标由中国葛洲坝集团股份有限公司承建，右岸标由中国水利水电第三工程局有限公司承建，其中右岸土石坝由分包单位中国水利水电第十一工程局有限公司负责施工，电厂机组改造与安装工程由汉江水利水电（集团）有限责任公司负责施工；监理单位为中国水电建设工程咨询西北公司；设计单位为长江勘测规划设计研究有限责任公司。各参建单位均在现场成立项目部（或施工局）、监理中心、设代处等现场管理机构，按照合同及职责要求全面实施项目管理工作。

（二）工程进度

按照上报的2008年度进度计划，中线水源公司紧紧围绕年度和汛前按设计要求应达到的度汛形象目标，精心组织，科学安排，确保施工进度满足度汛形象的要求。首先，各参建单位对每个枯水期的施工方案做出详细安排，并请专家一起对方案进行仔细审查，对关键线路的编排、关键部位的施工方案、主要问题的应对措施及主要影响因素做到心中有数。其次，建立了各参建单位和运行单位及地方政府间的沟通协调机制、预警机制和监理例会机制，尽量将各种影响降低到最小，同时，积极加强与省、市南水北调办的沟通，尽快解决影响工程建设的外部因素。其三，对参建单位建立激励机制，按月计划进行考评，奖优罚劣，对调动各参建单位的积极性起了很大的促进作用。2008年，按期达到各阶段和年度施工形象，确保了枢纽安全度汛。

（三）工程质量

为加强工程质量管理，中线水源公司成立了由项目法人、设计、监理和施工单位组成的工程质量管理委员会，全面负责工程质量管理工作。各参建方也都设置了专门机构，配备了专职人员，形成了“政府监督、业主负责、监理控制、设计、施工保证”的四级质量管理体系。针对大坝加高工程的特点，中线水源公司和参建单位分别建立了质量管理制度和奖惩办法。首先，把住设计关，中线水源公司聘请专家对设计图纸进行审核，监理对图纸进行把关，施工单位对图纸复核，发现问题，及时通知设计单位进行修改。其次，把牢原材料检测关，不合格的材料坚决不能入库。其三，施工单位严格执行“三检查”，坚持对重点仓位实行“五方联检”和监理旁站制度，对每一个环节都做到有效控制。其四，加强过程控制，实行周质量大检查和月质量评定，并奖惩兑现，从而保证了工程施工质量。2008年度共完成单元工程3337个，全部合格，优良3110个，优良率为93.2%，原材料和中间产品合格，未发现质量事故。

（四）安全生产

丹江口大坝加高工程的改扩建性质和地理位置，决定了其安全生产管理所面临的形势是十分严峻的。2008年，在工程建设管理中，始终把安全生产放在首要位置来抓。通过落实安全责任制，加大安全投入，完善安全设施，强化安全管理，狠抓措施落实，坚持日巡查、周检查、月考评，严格奖惩，同时对重大危险源进行严格管理，并由专人负责，及时排查整改安全隐患，关键部位派专人巡视，另外，加强安全培训和教育，使安全管理工作走上了规范化道路。2008年，大坝加高工程未发生任何安全责任事故，实现了“零死亡”，工程度汛安全，完成了年度安全生产目标。

（五）文明施工

在2008年的建设管理过程中，中线水源公司一直高度重视文明工地的创建活动，全过程、全方位提倡文明施工，营造和谐建设环境。在2008年2月底，丹江口大坝加高右岸土建及金属结构设备安装工程被国务院南水北调办评为“南水北调工程2006、2007年度文明工地”，中线水源公司被评为“文明建设管理单位”。

（程靖华　袁云桥　王从兵　李志强　胡雨新　李方清　康子军）

工　程　进　展

（一）年度建设目标

丹江口大坝加高工程2008年计划完成的主要工程量指标见表1。

表1　丹江口大坝加高工程2008年计划完成工程量表

序号	工程项目	单位	2008年计划
1	土方开挖	万 m^3	0.41
2	石方开挖	万 m^3	0.42
3	土石方填筑	万 m^3	131.77
4	上下游护坡及路面砂砾或壤土垫层	万 m^3	3.99
5	混凝土拆除	万 m^3	0.22
6	混凝土结合面凿毛	万 m^2	2.03
7	主体混凝土浇筑	万 m^3	16.71
8	固结灌浆	万 m	
9	帷幕灌浆	万 m	
10	接缝灌浆	万 m^2	3.30
11	补强高喷灌浆	万 m	

（二）工程进度

汛前进度目标，到2008年5月底，右岸混凝土坝7～9坝段加高到新坝顶高程176.6m，汛前500t门式起重机具备在深孔坝段启闭闸门条件。2008年汛前左岸标段500t门式起重机具备溢流坝段闸门启闭条件。左、右岸土石坝按照总体进度计划要求，2008年汛前填筑至高程167m。

主要形象进度为，21号～24号坝段闸墩加高至176.6m高程，左岸厂房25～31号坝段、32～33号坝段、左联34～44号坝段加高至176.6m高程，左、右岸土石坝填筑至167m高程，深孔坝段浇筑全部达到新坝顶高程176.6m。

（三）金属结构、机电设备制造与安装

1. 大坝金属结构机电设备

（1）度汛栈桥安装。为保证丹江口大坝加高工程2008年度汛安全，实现左岸500t新门式起重机能行走到非常溢流坝段进行堰顶工作门的启闭，要求汛前在21号坝段右孔至19号坝段左孔（共4孔）的老坝顶上架设度汛栈桥，在26号坝段老坝顶上架设联系栈桥，栈桥顶面与新坝顶平齐（176.6m高程），安装临时门式起重机轨道。度汛栈桥为全钢结构，由箱形主梁、立柱、梁端横向支撑、柱间剪力撑、施工走台、基础等组成。其中21号坝段右孔至19号坝段左孔度汛栈桥总长50.64m，总重295.66t；26号坝段度汛栈桥总长23m，总重度164.25t。2008年4月25日，26号坝段联系栈桥开始安装，5月10日安装完成。2008年5月16日，21号坝段右孔至19号坝段左孔度汛栈桥开始安装，6月15日安装完成。

（2）坝顶门式起重机改造。为保证丹江口大坝加高工程2008年度汛安全，176.6m新坝顶2台500t门式起重机必须在汛前完成安装调试，具备操作运行条件。2008年1月29～31日，中线水源公司组织验收小组对夹江水工机械厂生产的2台500t门式起重机台车进行了出厂验收。2007年12月27日，右岸500t门式起重机开始安装，7月2日，完成门式起重机负荷试验，具备投入使用运行条件。2008年1月29日，左岸500t门式起重机开始安装，6月20日负荷试验完成，基本具备运行条件。2008年7月18日，左右岸2台500t门式起重机通过监理组织的分部工程验收。2008年7月25日，通过中线水源公司组织的部分工程投入使用验收，正式投入使用。

（3）升船机设备改造。2008年12月15～19日，升船机设备采购第1次设计联络会在四川夹江水工机械有限公司召开。与会代表对设计方案及相关接口关系进行了讨论。

（4）电厂进水口液压启闭机改造。2008年4月20～23日，中线水源公司组织对榆次油研液压有限公司生产的电厂进水口快速门液压启闭机首套液压系统进行了出厂试验和验收。2008年9月3～5日，中线水源公司组织，在中船重工中南装备有限责任公司对丹江口大坝加高电厂快速门液压启闭机首套设备机、电、液进行联合调试及出厂验收。2008年10月8日，电厂2号机停机，开始组织进行2号机液压启闭机系统的更新改造施工。2008年11月1日，第1套电厂快速门新液压启闭机设备抵运丹江口施工现场，通过交货验收。2008年11月11日，电厂2号机旧液压启闭机拆除。

（5）深孔弧形工作门固定式卷扬启闭机改造。2008年8月1～2日，中线水源公司组织，在夹江水工机械厂对丹江口大坝加高深孔弧形门2000kN固定卷扬机（1～5号）进行出厂验收。2008年8月底，5台深孔弧形门2000kN固定卷扬机（1～5号）运抵丹江口施工现场。

（6）18号坝段新变电所电气设备安装。2008年1月28～30日，18号坝段变电所设备采购设计联络联会在武汉召开。2008年4月14～19日，中线水源公司组织验收小组对正泰电气股份有限公司承制的18号坝段变电所电气设备进行了出厂试验和验收。2008年10月9日~11月20日，完成18号坝段新变电所电气设备（包括13台6kV高压柜、7台0.4kV低压柜、1套直流柜和2台800kVA干式变压器）的安装、调试，具备投运条件。

（7）大坝闸门及埋件安装。

1）厂房坝段。电厂进水口拦污栅检测修复完成18套，至此，总共39套拦污栅的检测修复工作全部完成；电厂进水口检修门槽埋件（162.0~176.6m高程）安装完成4孔，检修门锁锭装置埋件安装完成5孔；电厂进水口事故检修门检测、修复完成1扇；电厂进水口工作门槽埋件检测、修复完成1孔。

2）溢流坝段。溢流坝段检修门槽埋件（152.0~162.0m高程）的检测、修复完成14孔；工作门检测、修复、加固、防腐完成2扇；堵水叠梁门槽埋件（145.0~162.0m高程）制作安装共完成7孔。

3）深孔坝段。深孔事故检修门槽埋件凿除（152.0~162.0m高程）完成4孔；事故检修门槽埋件（152.0~176.6m高程）安装完成8孔；深孔弧形工作门检测完成2孔；完成2扇新制作的深孔事故检修门的工地拼焊、组装、试槽工作，通过验收。

（8）大坝400t旧门式起重机拆除。2008年4月12日~5月20日，完成右岸400t旧门式起重机的拆除。2008年10月18日~11月5日，完成左岸400t旧门式起重机的拆除。2台400t旧门式起重机的拆除，为正常溢流坝段的加高施工创造了条件。

（9）其他。2008年12月8日，水电三局完成18号坝段以右159.0m高程廊道电缆改造，为正常溢流坝段159.0m高程电缆廊道结构拆除创造了条件，保证了14~17号坝段闸墩加高施工的顺利进行。

2. 电厂机电设备

（1）水轮机改造。由于受水轮机模型试验的影响，丹江口水电厂水轮机生产进度相对合同要求滞后6个月，为加快水轮机生产，尽量减少对机组改造的影响，在中线水源公司的督促和协调下，天津阿尔斯通公司为保证首台水轮机和后续水轮机的供货，积极调整生产进度计划，采取了将5台水轮机铸件分成3个厂家供货、将叶片外委进行精加工等赶工措施，在加工设备排产、外购设备采购、设备仓储等方面加大了投入，做了大量工作以加快水轮机加工制作进度，确保设备尽快供货。2008年11月17~25日，天津阿尔斯通公司技术人员来丹江口水电厂对2号水轮机进行了现场复测工作。截至2008年底，水轮机转轮上冠已加工完成3套，其中1套已完成泄水孔的加工；水轮机转轮下环已加工完成3套；水轮机转轮叶片毛坯已全部铸造完成（5台机共75片），20片叶片已抵运天津阿尔斯通公司加工车间，10片叶片发往杭州水力发电设备有限公司外委加工，其中首台水轮机叶片已精铣完成10片；活动导叶已完成2台机的精车加工（24个/台），另外3台机的正在精加工过程中；第1台机的顶盖、底环已完成焊接和退火，正进行表面处理，准备精车加工。

（2）发电机改造。丹江口水电厂5号发电机改造按进度计划顺利进行，依次完成了转子磁极、通风冷却系统、定子铁芯、励磁系统、定子绕组、制动柜、电加热系统的更新安装工作。2008年6月12日，5号发电机改造安装结束，具备充水启动试验条件。2008年7月4~10日，进行了5号机启动试验。2008年7月10~13日，5号发电机顺利通过72h试运行。2008年7月13日~8月13日，5号发电机顺利通过30天考核运行。7月18日，5号发电机改造通过监理组织的分部工程验收。8月28日，5号发电机改造通过中线水源公司主持的部分工程投入使用验收，正式投入运行。

（3）6kV厂用电系统开关柜改造。2008年3月26~28日，中线水源公司组织验收小组对西安电器开关厂生产的丹江口水电厂6kV厂用电系统16台开关柜进行了出厂验收。2008年4月9日，6kV厂用电系统16台开关柜抵运丹江口水电厂。2008年12月14日，6kV厂用电系统Ⅰ段8台开关柜开始安装。

（程靖华　袁云桥　王从兵　李志强
胡雨新　李方清　康子军）

工　程　监　理

丹江口大坝加高工程主体工程大坝土建与安装工程建设监理和电厂机组设备改造与安装工程建设监理均为中国水利水电建设工程咨询西北公司（分别于2005年5月和2006年8月中标）。

2008年度，监理严格执行了如下安全生产监控制度：① 重点部位、关键工序监理旁站制度；② 专项安全技术措施方案审批制度；③ 日安全生产巡视检查制度；④ 周安全文明施工联合检查制度；⑤ 安全教育培训制度；⑥ 高危作业（大件吊装、排架搭设、吊篮作业、爆破作业）监理验收签认制度；⑦ 安全生产周报月报制度；⑧ 安全文明施工奖罚制度。同时，坚持对整个施工区的污染源进行动态监控，保证现有环保设施的正常有效运行，确保各项环保措施落实到位。2008年，丹江口大坝加高工程安全生产总体处于受控状态，环境保护和文明施工情况良好。

2008年，监理进场人员79人，进场人数基本能够满足工程需求，监理单位基本能够按照合同和监理规范展开监理工作，担负起合同赋予的监理职责，在工程建设进度控制、质量控制、投资控制、安全控制、环境保护等方面发挥了较好的作用，并积极参与周边关系的协调。存在的问题主要为监理人员持证率低，主要监理人员不稳定，对监理人员的管理需要加强。

（李方清　康子军）

质　量　管　理

（一）管理体系

2008年，丹江口大坝加高工程建设质量管理继续按照“政府监督、项目法人负责、监理控制、设计和施工保证”的原则，实行全过程、全方位、分层次的质量管理。工程质量管理工作在丹江口大坝加高工程质量管理委员会的统一协调管理下，设计、施工、监理及公司有关部门均建立、健全了自身的质量管理机构，明确了质量责任制。

（二）管理制度

在制订了《丹江口大坝加高工程质量管理办法》和《丹江口大坝加高工程质量奖惩管理办法》之后，2008年，中线水源公司又编制了《丹江口大坝加高工程施工质量缺陷处理管理办法》和《南水北调中线水源有限责任公司设计变更管理办法》，完善质量管理制度。同时，要求监理、施工单位进一步完善了质量管理制度，使质量管理工作更加规范。

（三）管理措施

要求各参建单位按照各自的职责要求，严格进行质量的检查与控制管理工作，经常组织并参与对工程质量的检查与控制，包括对质量的日常巡查，每周一上午对施工质量进行联合大检查，每月末按照《丹江口大坝加高质量奖惩办法》对当月施工质量进行考评，以及同质量监督站一道对参建各方的质量管理进行专项检查等，并做好各项检查记录，加强对施工质量过程的控制力度，促进了工程质量的提高。

（四）工程验收

施工单位现场坚持“三检”制，监理工程师严格进行验收，对每一个环节都做到有效控制。对于土石坝基础验收、混凝土坝新老结合面、裂缝处理和主要隐蔽工程的验收实行由设计、监理、施工、公司和质量监督站进行“五方联检”，只有验收合格、签证后才能进行下一道工序的施工。对于已完分部工程，按照合同要求，授权监理组织验收；对于坝顶新增两台500t门式起重机及5号发电机，在施工完成后，按照有关规程规范要求，及时组织了“部分工程投入使用验收”，验收合格后投入使用，满足了枢纽运行管理的需要。

（五）试验检测

2008年，加大了试验检测的管理力度，要求施工单位严格施工自检，监理按照规定进行抽检或平行检测，并按时做好试验成果的分析、汇总工作，确保原材料和中间产品质量符合规程规范要求。从全年的检测结果来看，原材料除南阳鸭河口Ⅰ级粉煤灰施工单位检测有1次没有达到国标Ⅰ级灰标准（降级使用处理），混凝土粗骨料中大石、特大石的超逊径时有超标外，其他原材料及中间产品质量检测全部合格。

（六）专题会议

针对施工过程中出现的质量突出问题或发生较大质量问题时，公司及时组织召开专题会议，分析原因，有针对性地提出整改措施，以解决相关质量问题。2008年2月，召开了“关于丹江口大坝加高工程外加剂问题专题会议”，讨论和协调外加剂供货和质量保证问题；3月份之后，多次组织召开“初期工程混凝土坝体裂缝检查及处理专题会议”，研究解决裂缝检查与处理工作中的有关问题；10月份组织召开了“丹江口大坝加高工程质量专题会议”，对施工、监理验收资料和适用规范问题以及质量监督站检查发现的问题进行了沟通，明确了具体要求；另外，在10月8日和27日分别组织召开了“国务院南水北调工程建设委员会专家委员会质量检查工作布置会议”和“质量检查准备工作专题会议”，以安排准备、落实南水北调工程建设委员会专家委员会11月17～22日进行的质量检查相关工作。这些专题质量会议的召开，均对工程施工中出现的质量问题及时进行原因分析，明确要求和落实措施，使工程质量得以有效控制。

（七）问题处理

老坝体混凝土裂缝等缺陷检查与处理工作继续按照设计、有关技术要求和检查处理程序严格进行。对于大坝加高工程新坝体施工质量缺陷，要求按照《丹江口大坝加高工程施工质量缺陷处理管理办法》严格进行检查与处理，2008年11月，对前期发生的质量缺陷进行汇总、分类，初步查明大坝加高工程有施工质量缺陷14个。其中记录施工质量缺陷（Ⅰ类）11个，一般施工质量缺陷（Ⅱ类）3个，基本为混凝土局部跑模、错台、气泡等外观质量缺陷，无较大施工质量缺陷（Ⅲ类）。缺陷发生后按照有关程序进行了检查、分析、处理和备案等工作。

（八）工程质量

2008年，丹江口大坝加高工程共完成单元工程3337个，全部合格，优良3110个，优良率为93.2%，原材料和中间产品合格，未发现质量事故，无较大以上质量缺陷。2008年11月，国务院南水北调工程建设委员会专家委员会组织14位专家对大坝加高工程进行了为期一周的质量专项检查，专家组对大坝加高工程开工以来的工程质量和质量管理给予了较高的评价，没有发现大的质量问题，工程质量总体优良。

（李方清　康子军）

安全管理

2008年，中线水源公司继续高度重视安全管理工作，始终把安全生产放在首要位置来抓。继续实行由政府监管、中线水源公司统一领导、监理单位监督，设计、施工等参建各方各负其责的管理体制。按照《安全生产法》、《建设工程安全生产管理条例》等法律法规和国务院南水北调办的有关安全生产管理指示和精神，深入开展“隐患治理年”和“百日督查”活动，安全生产处于受控状态。

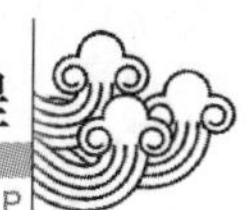

（一）安全生产责任制

2008年初，中线水源公司与各施工单位签订了安全生产责任书，各单位逐层进行责任分解，落实到人，并明确责任，严格进行安全管理。

（二）安全管理制度

中线水源公司在已制订的《丹江口大坝加高工程建设安全生产管理办法》、《丹江口大坝加高工程建设质量与安全事故应急救援预案》、《丹江口大坝加高安全生产奖惩办法》和《丹江口大坝加高坝区安全生产协调管理办法》的基础上，2008年，修编了《丹江口大坝加高工程建设质量与安全事故应急救援预案》，各参建单位也修编了相应的专项预案；制定了《丹江口大坝加高工程右岸施工区治安保卫工作考核管理办法》，进一步完善了各项安全管理制度。同时，施工、监理单位也完善了各项制度，使安全管理做到有章可循。

（三）检查考核

在安全检查方面，中线水源公司进一步完善了检查制度，包括：日常巡查；每周五上午例行检查；重大节假日大检查；针对重大危险源安全状况进行专项检查；按照《安全管理奖惩办法》进行安全生产月考评。要求各参建单位除了参加公司组织的各项安全检查外，施工单位专职和兼职安全员平时对施工进行全过程安全检查，监理单位专责安全监理工程师加强巡查、对重点部位进行旁站监督。对检查出来的安全隐患、违章现象，要求严格进行整改落实。2008年，共查出违章548人次，隐患738起，最终均进行了整改，整改率为100%，确保了工程施工安全。

（四）安全教育培训

2008年，开展了多种形式安全教育培训。1月，中线水源公司有关安全管理人员参加了“水利部水利水电施工企业管理人员安全生产培训班”学习；4月，中线水源公司组织参建单位专职安全员参加了国家安全生产监督管理总局通信信息中心举办的“构建安全生产长效机制及隐患排查治理专项知识培训班”学习；各参建单位认真开展了以“治理隐患、防范事故”为主题的“安全生产月”活动；认真开展“三工”活动和班前“五分钟”安全交底。全年共计培训1424人次，进一步提高了参建单位管理人员和施工人员的安全意识，使安全管理步入规范化轨道。

（五）重大危险源动态管理

中线水源公司进一步完善了重特大事故应急救援预案，对《丹江口大坝加高工程建设安全事故应急救援预案》进行了修编。针对丹江口大坝加高工程登记在册的重大危险源“氨泄漏”、“水上运输”等11项，施工单位对相关的专项应急救援预案和现场处置方案进行了修编。为提高紧急情况下的应变能力和救援能力，左岸标段分别于6月23日、24日进行了“高空坠落”、“火灾”事故应急演练；右岸标段于6月4日进行了防汛抢险演习。做到防患于未然，达到了良好的效果。

（六）隐患排查治理

2008年是“隐患治理年”，中线水源公司制订了《丹江口大坝加高工程隐患排查治理工作实施方案》和《丹江口大坝加高工程百日督查专项行动自查工作实施方案》，各单位建立了隐患排查、建档、整改、销号等制度。在安全管理过程中，结合安全生产百日督查活动，严格进行安全检查，尤其对登记在册的重大危险源。安全检查中发现的问题，监理督促施工单位及时处理和整改，做到消隐患保安全。

（七）安全度汛

中线水源公司立足“防大汛”的思想，编制了《丹江口大坝加高工程2008年施工度汛方案》和《丹江口大坝加高工程2008年特大洪水抢险预案》，成立了“丹江口大坝加高工程防汛工程领导小组”。各参建单位，特别是承担大坝加高施工的土建单位，全力以赴，奋力拼搏，于6月底基本达到了施工度汛方案中要求的形象。在汛期，加强与丹江口水利枢纽管理局防汛指挥部的联系，各参建单位落实防汛预案，严格检查落实，确保了施工度汛和枢纽安全度汛。

（八）安全目标

2008年度的安全生产目标为：“力争全年不发生重大以上安全事故，杜绝责任事故，确保工程安全度汛”。2008年，大坝加高工程未发生“较大”及以上安全事故，无责任事故，实现了“零死亡”，工程度汛安全，完成了年度安全生产目标。

（李方清　康子军）

施工技术

2008年，中线水源公司先后组织实施大坝上游面防护材料比选试验、丹江口大坝加高工程左岸土石坝局部心墙加固现场试验、丹江口水利枢纽河床坝段防渗帷幕效果检测及耐久性研究等工作，为工程设计提供所需数据、资料，为工程建设提供了施工参数；对一些影响工程施工的技术方案，进行了优化。

组织开展了丹江口大坝加高初期工程河床坝段防渗帷幕效果检测及帷幕耐久性研究工作。丹江口大坝初期工程混凝土坝坝基防渗帷幕灌浆已在高水头下运行近40年，大坝加高后帷幕前水头将增加13m，为检查原防渗帷幕能否满足大坝加高后的长期运用要求，必须对其进行全面检测及相应的试验研究。据此确定补强灌浆具体部位、范围及其规模，为完善和优化河床坝段帷幕补强灌浆方案提供设计依据，使坝基防渗帷幕能满足大坝加高后的运行要求。研究工作分资料收集与分析、现场检测及室内试验等三个方面。已完成现场检测帷幕轴线长达684m，钻孔（ϕ91mm）35个、1606.3m，压水检查303段，物探测试301.4m，孔内电视摄像321.3m，电磁波CT测试11 764射线对。综合钻孔压水检查、现场测试、室内试验等成果分析，确定帷幕补强灌浆区为21左~22右、25、26左~29、30左~31右等坝段，轴线长度为133m，面积约6500 m^2。下一阶段首先进行丹江口大坝加高工程高水头帷幕补强灌浆试验。

丹江口大坝初期工程左岸土石坝左联段［桩号（1+100）~（1+192.6）］存在黏土心墙填筑断面不规则，上下部断面大，中部偏少，局部宽仅7.65m、与坝壳及反滤料接缝呈锯齿状，心墙上游未设反滤层等缺陷。设计经渗流分析，认为安全储备不足，在大坝加高后库水位运行条件下应予以加固，提出了在加固区上游面坝壳料中采用控制灌浆形成隔离墙，隔离墙实施充填灌浆，培厚较薄心墙、封堵局部缺陷的方案。由于加固方案应用经验少，故要通过灌浆试验确定灌浆参数和灌浆工艺。中线水源公司组织相关单位开展了试验工作，试验分两阶段进行，第一阶段主要通过现场模拟试验研究形成隔离墙的可行性和控制灌浆技术参数、研究充填灌浆的可灌性。第二阶段为原位灌浆试验，主要结合生产性试验研究灌浆施工工艺，复核灌浆参数和灌浆效果。试验工作完成后，结合试验成果对心墙加固方案进行了分析研究。

2008年，根据工作计划安排，组织开展了丹江口大坝加高工程国家科技“十一五”攻关项目相关工作。

（王从兵　李志强　杨小云　肖才忠）

征地移民

（一）试点方案编制与实施

按照国务院南水北调办的要求，已组织完成库区征地移民试点方案的编制及审批，库区移民试点工作已全面启动。

1. 试点方案编制

根据国务院南水北调办2007年10月25日北京试点工作会议精神，中线水源公司组织长江勘测规划设计研究院编制了试点方案工作细则。2007年11月，中线水源公司会同湖北、河南两省对试点方案工作细则进行讨论后报国务院南水北调办批复，同时中线水源公司组织设计单位赴丹江口库区全面开展试点规划工作。设计单位提出移民试点方案后，中线水源公司于2008年3月初组织召开了丹江口水库建设征地移民试点方案专家咨询会并形成专家咨询意见。经征求河南和湖北两省意见，中线水源公司在4月组织召开了移民试点规划报告初步审查会并形成初审意见，并将修改完善后的《南水北调中线一期工程丹江口水库建设征地移民安置试点规划报告》上报国务院南水北调办。5月上旬，国务院南水北调办组织专家对《南水北调中线一期工程丹江口水库建设征地移民安置试点规划报告》进行了审查并形成审查意见，国家发展改革委国家项目投资评审中心于7月中下旬组织专家对试点规划报告进行了概算评审，于9月23日批复了试点投资概算。国务院南水北调办于10月10日批复了试点规划报告并要求河南和湖北两省移民机构、中线水源公司根据批复要求组织实施移民搬迁试点。

2. 试点方案实施

2008年11月7日和25日，河南、湖北两省分别召开丹江口库区移民试点工作全省动员会，标志着试点移民实施工作全面启动。为保证移民安置试点工作顺利进行，中线水源公司给长江勘测规划设计研究院去函，要求长江勘测规划设计研究院向河南、湖北两省提供移民试点工作需要的分户实物及补偿投资资料。根据资金计划下达情况，中线水源公司及时按湖北、河南两省移民试点资金使用计划的要求，将两省各需的3亿元移民试点资金拨付到位。按照2009年9月完成移民试点搬迁、安置的目标，两省移民试点的各项工作正在有条不紊地开展。

（二）初步设计报告修订

在库区试点规划批复后，国务院南水北调办于2008年10月22日召开丹江口库区移民设计工作协调会并形成会议纪要，根据会议纪要要求，中线水源公司会同河南、湖北两省，组织长江勘测规划设计研究院于2008年10月底编制完成了《南水北调中线一期工程初步设计阶段丹江口水库建设征地移民安置规划设计修订工作大纲》并上报国务院南水北调办。在工作大纲待批过程中，南水北调中线水源有限责任公司要求长江勘测规划设计研究院尽早开展初步设计修订工作，加快工作进度、合理倒排工期，同时中线水源公司向国务院南水北调办报送了各单项报告的初审时间和上报时间。国务院南水北调办工程设计管理中心在2008年11月17日组织召开工作大纲审查会并形成专家评审意见，设计单位根据评审意见对工作大纲进行修订，中线水源公司于2008年12月将长江勘测规划设计研究院修改后的工作大纲（审定稿）报送国务院南水北调办。

为解决新形式下移民搬迁的问题，中线水源公司委托国务院南水北调办政策及技术研究中心开展丹江口库区淹没线上资源、人口及行政区划整合等问题的专题研究，并于2008年12月形成了调查研究报告，为丹江口水库移民安置初步设计编制和审批提供依据。

（张乐群）

坝区环境保护和水土保持

2008年，环境保护和水土保持监理、监测工作开展顺利，日常监督工作有序。环境保护监理分季报和年报向业主报告，定期组织各参建单位召开例会，对发现的问题及时要求整改和落实；环境监测有月报、年报；水保监测有简报和年报。在参建各方的共同努力下，工程建设过程中没有出现环境保护和水土保持事件，一直处于受控状态。

（一）环境保护

料场、道路等施工区域噪声得到很好控制，符合设计规范要求；生活污水达标排放，砂石料场的生产废水排放得到很好的控制；办公生活区和施工作业区环境空气质量良好；固体废物得到妥善处理；施工区人群健康保证措施有力，确保了施工人员的健康。督促施工单位交纳了排污费，全年没有发生环保投诉事件，地方政府环保部门给予了很好的评价。

（二）水土保持

完成了丹江口大坝加高工程建设管理区绿化规划合同，对整个施工区进行了绿化景观规划设计。完成丹江口大坝加高工程右岸坝区水土保持已绿化区域树木、绿地养护合同委托，委托区域的树木、绿地养护效果明显。完成左岸王大沟西区、尖山区，右岸蔡家沟、施工营地北区水土保持工程施工合同委托，共计绿化面积8.4万m^2。

环境保护监理、水土保持监理定期组织各参建单位召开例会，对发现的问题及时要求整改和落实。在参建各方共同努力下，工程建设过程中没有出现环境保护和水土保持事件，一直处于受控状态。

（张乐群）

审计稽察

2008年3月5～20日，国务院南水北调办委托武汉众环会计师事务所对中线水源公司整改落实审计署《审计报告》提出问题的情况进行了审计复查，并对中线水源公司负责建设管理的丹江口大坝加高工程2007年建设资金使用情况进行了审计，并下发了《关于南水北调中线水源有限责任公司落实审计决定情况及丹江口大坝加高工程2007年建设资金专项审计整改意见的通知》（国调办经财［2008］112号）。中线水源公司高度重视审计报告的整改落实工作，按照整改意见，逐条进行了整改，并向国务院南水北调办报送了《关于落实审计决定及丹江口大坝加高工程2007年建设资金专项审计整改情况的报告》（中水源财［2008］125号），所有问题均整改到位。

2008年5月13～24日，国家发展改革委重大项目稽察办、国务院南水北调办组成联合稽察专家组共同对南水北调中线丹江口大坝加高工程进行了稽察。稽察专家组通过现场察勘、查阅资料、召开座谈会等方式开展稽察工作，并与有关被稽察单位交换了意见。《关于南水北调中线丹江口大坝加高工程稽察整改意见的通知》（发改办稽察［2008］1570号）和《关于印发南水北调中线丹江口大坝加高工程建设稽察复查报告的函》（综监督函［2008］218号）下发后，中线水源公司高度重视，召开专题会部署整改意见的落实工作，制定下发了《关于落实国家发改委、国调办〈稽察整改意见〉、〈复查报告〉的通知》（中水源发［2008］108、109、110、111号），要求各相关部门、单位对稽察整改意见中提出的问题，按照稽察整改意见的七条要求逐个进行整改，做到能整改的必须马上整改到位，暂时无法整改的，要明确时间、责任人，限期整改。中线水源公司还加大了督促检查力度，确保了所有问题全部整改到位。

（班静东）

天津干线工程

工程概述

（一）工程概况

南水北调中线一期天津干线工程全长约155km，工程起点位于河北省徐水县西黑山村西北，终点至天津市西青区中北镇曹庄村北，主要承担向天津市的供水任务，同时向沿线河北省8个县级市供水。天津干线工程设计流量50m^3/s，加大流量60m^3/s，其中向河北省供水5m^3/s。天津干线工程共划分为西黑山进口闸至有压箱涵段、保定市1段、保定市2段、廊坊市段、天津市1段、天津市2段6个

设计单元，通过公开招标，确定由天津市水利勘测设计院承担西黑山进口闸至有压箱涵段、保定市1段、廊坊市段、天津市1段、天津市2段5个设计单元的初步设计工作，并负责汇总；由中水东北勘测设计研究有限责任公司承担保定市2段的初步设计工作。天津干线天津市1段工程（第五设计单元）由中线建管局委托天津市水利工程建设管理中心建设管理；2008年4月8日，中线建管局成立了天津直管项目建设管理部，为中线建管局管理天津干线工程建设的派出机构，现阶段直接负责天津市2段工程建设管理工作。其他段工程由中线建管局直接管理、代建、委托其他省市建设管理单位负责建设管理。

天津干线工程采用无压接有压的输水方式，无压段主要采用2孔3.7m×3.7m和2孔4.4m×4.5m的钢筋混凝土箱涵，有压段主要采用3孔4.4m×4.4m的钢筋混凝土箱涵，混凝土主要指标为C30W6F150。天津干线工程沿线共穿越49条河流、4条铁路、107条各等级公路，设有进口闸、调压井、8座保水堰、连接井、分流井、出口闸以及9个分水口门等控制性建筑物。

天津干线工程为一等工程，主要建筑物等级为1级，附属建筑物、防护工程及穿越河道的上下游连接段等次要建筑物等级为3级，临时建筑物等级为4～5级。天津干线工程的防洪标准为，天津市城市防洪圈以外段按50年一遇洪水设计，200年一遇洪水校核，天津市城市防洪圈以内段与天津市防洪标准一致，按200年一遇洪水设计。

天津干线工程主要工程量包括，土方开挖4546万m^3，混凝土浇筑467万m^3，钢筋制作安装39万t。

1. 天津市1段工程

天津市1段工程起点位于天津市武清区王庆坨镇西南与河北省交界处（桩号XW 131+360），自西向东穿越天津市的武清、北辰、西青三区，终点位于天津市西青区西青道以南奥森物流东侧（桩号XW151+021.365），工程线路全长19.661km。

天津市1段工程全部采用C30地下钢筋混凝土输水箱涵结构型式，以子牙河北分流井为界，上游段17.297km为3孔4.4m×4.4m有压输水箱涵，设计输水规模45m^3/s，加大输水规模55m^3/s；下游段2.233km为2孔3.6m×3.6m有压输水箱涵，设计输水规模18m^3/s，加大输水规模28m^3/s。工程主要建筑物包括王庆坨连接井、子牙河北分流井、子牙河南检修闸、通气孔、子牙河河道倒虹吸及京沪高速公路、津同公路、京福公路、西青道、京沪铁路等公路、铁路穿越涵。

天津市1段工程主要工程量为，土方开挖649.5万m^3，土方回填503.35万m^3，混凝土浇筑61.69万m^3，钢筋制作安装53 442t。工程静态总投资12.163 4亿元，施工工期36个月。天津市1段工程于2008年11月17日开工建设，计划2011年3月14日完工。

2. 天津市2段工程

天津市2段工程全长4.284km，该工程位于天津市西青区中北镇中北工业园区内，起于西青道以南奥森物流公司东侧，沿园区内的春光路向南穿过阜盛道至元宝路，后折向东沿元宝路前行穿过星光路、曹庄排干，至外环河以西约200m处再折向北至天津干线终点。工程由输水箱涵工程、外环河出口闸、通气孔、曹庄排干倒虹吸、阜盛道公路涵、星光路公路涵组成。设计流量18m^3/s，加大流量28m^3/s。工程等别为一等，主要建筑物等级为1级，附属建筑物及次要建筑物等级为3级，临时建筑物等级为4级。主要建筑物抗震设计烈度为Ⅶ度。工程概算总投资为19 437万元，施工工期24个月。主要工程量为，土方开挖78.8万m^3，土方回填63.75万m^3，混凝土浇筑8.15万m^3，钢筋制作安装0.7万t，金属结构制造安装35t。2008年11月17日，天津市2段工程开工建设。

（二）2008年度工程建设

2008年，主要进行天津市1段工程四通一平和临时设施建设，TJ5－3标段完成土方开挖6500m³，其他标段未发生实际工程量。截至2008年底，累计完成工程投资2323.65万元，主要包括临时工程投资1281万元，建筑工程费212.61万元，建设交易服务费13.8万元，工程监理费108.24万元，建设单位管理费58万元，科学研究试验费650万元。

（季洪德　郝学强　付清凯）

工　程　投　资

天津市1段工程批复概算总投资128 334.56万元，其中工程静态总投资121 633.57万元，建设期贷款利息6701.00万元。静态总投资包括建筑工程76 689.52万元、机电设备及安装工程1030.86万元、金属结构设备及安装工程702.99万元、临时工程3946.30万元、独立费用8763.89万元（不含建设及施工场地征用费）、基本预备费5468.01万元、铁路及公路穿越工程9145.00万元、移民环境投资15 887.00万元。

自2008年11月17日工程开工至12月底，天津市1段工程累计完成投资1434.44万元，包括临时工程费1281.20万元、建设管理费153.24万元，完成合同额的1.70%。

（季洪德　郝学强）

招　标　投　标

2008年，天津市1段工程招标投标工作严格按照《招标投标法》和国务院南水北调办、国家有关部委的有关规定，以有利于管理、有利于投标人组织生产及参与竞争为原则，合理进行标段划分，采用公开招标的方式，主要进行了天津市1段工程的施工标段招标和监理标段招标工作。

（一）施工招标

天津市1段工程分为TJ5－1、TJ5－2、TJ5－3、TJ5－4、TJ5－5、TJ5－6、TJ5－7共7个施工标段，施工招标分为三个批次进行。2008年7月25日～2008年10月7日组织完成了第一批次TJ5－1、TJ5－3、TJ5－6共3个标段的招标工作，线路全长约10.768km，主要建筑物包括输水箱涵、王庆坨连接井、子牙河北分流井、子牙河倒虹吸、检修闸、西青道公路涵等。2008年10月29日～12月11日组织完成了第二批次TJ5－4、TJ5－5共2个标段的招标工作，线路全长约8.361km，主要建筑物包括输水箱涵、津同公路涵、卫河倒虹吸、京福公路涵等。第三批次招标工作计划2009年进行。

2008年，共计完成TJ5－1、TJ5－3、TJ5－4、TJ5－5、TJ5－6共5个施工标段19.129km的招标工作，招标合同金额为84 344.090 3万元。

（二）监理招标

天津市1段工程按照长度共分为2个监理标段，其中（XW131＋360）～（XW142＋212）为监理1标，（XW142＋212）～（XW151＋021.365）为监理2标。监理招标工作于2008年7月16日～8月22日全部完成，累计完成监理招标合同总金额1202.657 8万元。天津干线天津市1段工程施工、监理招标情况见表1。

表1　天津干线天津市1段工程施工监理招标情况

序号	合同编号	合同名称	招标代理单位	招标文件发售日期	开标日期	中标通知书下发日期	中标单位	合同签订日期
1	NSBDTJ/TJ1/SG－01	天津市1段工程施工TJ5－1标段合同	天津普泽工程咨询有限责任公司	2008年7月30日～8月5日	2008年8月27日	2008年10月7日	天津市水利工程有限公司	2008年10月23日

续表

序号	合同编号	合同名称	招标代理单位	招标文件发售日期	开标日期	中标通知书下发日期	中标单位	合同签订日期
2	NSBDTJ/TJ 1/SG-02	天津市1段工程施工TJ5-3标段合同	天津普泽工程咨询有限责任公司	2008年7月30日~8月5日	2008年8月27日	2008年10月7日	中铁十九局集团有限公司	2008年10月23日
3	NSBDTJ/TJ 1/SG-04	天津市1段工程施工TJ5-4标段合同	天津普泽工程咨询有限责任公司	2008年11月3~7日	2008年11月24日	2008年12月11日	中国水电基础局有限公司	2008年12月20日
4	NSBDTJ/TJ 1/SG-05	天津市1段工程施工TJ5-5标段合同	天津普泽工程咨询有限责任公司	2008年11月3~7日	2008年11月24日	2008年12月11日	天津市水利工程有限公司	2008年12月20日
5	NSBDTJ/TJ 1/SG-03	天津市1段工程施工TJ5-6标段合同	天津普泽工程咨询有限责任公司	2008年7月30日~8月5日	2008年8月27日	2008年10月7日	中国水利水电第八工程局有限公司	2008年10月23日
6	NSBDTJ/TJ 1/JL-01	天津市1段工程监理1标合同	天津普泽工程咨询有限责任公司	2008年7月21~25日	2008年8月11日	2008年8月22日	天津市金帆工程建设监理有限公司	2008年8月29日
7	NSBDTJ/TJ 1/JL-02	天津市1段工程监理2标合同	天津普泽工程咨询有限责任公司	2008年7月21~25日	2008年8月11日	2008年8月22日	天津市泽禹工程建设监理有限公司	2008年8月29日

（季洪德　郝学强）

建设管理

天津干线工程采用中线建管局直接管理、委托管理和代建的方式进行建设管理。天津市1段工程采用委托管理的方式，建设管理单位为天津市水利工程建设管理中心。2008年，天津市水利工程建设管理中心按照“创一流管理、建一流工程、育一流人才”为工程建设目标，以工程建设管理为中心，紧紧围绕建设管理委托合同，认真履行项目管理单位职责，不断强化对各参建单位的监控与管理，全面推动工程建设。

（一）组织管理

天津市水利工程建设管理中心成立了南水北调天津干线工程建设管理部，作为天津管理项目的现场项目管理机构。通过不断完善组织机构，加强人员队伍建设，实现定岗、定员、定责，形成了责岗清晰、职责明确、层级清楚、工作规范的高效体，从而保证了工程建设管理工作的顺利开展。

天津市水利工程建设管理中心狠抓开工前的各项准备工作，加大协调推动力度，及时解决各类不利因素，天津市1段工程于2008年11月17日正式开工建设。施工过程中，天津市水利工程建设管理中心严格控制工程进度，组织监理、施工单位结合工程实际情况编制切实可行的进度计划，加大设备和人员投入，合理安排各道施工工序，在保证工程质量、保证安全、保证文明施工的前提下，加快施工进程。

（二）招投标管理

天津市水利工程建设管理中心作为天津市1段工程招标投标管理的责任主体，严格遵守国家有关法律、法规及国务院南水北调办关于招标投标的规定，遵循“公开、公平、公正和诚实守信”的原则，建立健全内部管理和监督的体制、机制及制度，落实责任，精心组织，严格管理，确保了招标工作的规范化、制度化、程序化，并对投标单位的资质或资格进行了严格检查，有效地防止了无质量保证能力的单位参与竞标。

通过严格的招标，选出了一批信誉好、实力强、素质高的企业承担工程建设任务，建立了天津市南水北调工程的市场竞争机制，提高了实现质量管理目标和安全目标的可靠性，为高质量完成天津干线建设任务奠定了坚实的基础。

（三）合同管理

在签订合同时明确监理、施工单位的工程质量安全责任，并与计量支付措施相结合。项目管理单位与监理、施工等参建单位之间形成了以合同为纽带，以提高建管水平和工程质量，保证生产安全为目的的合同管理体制。对规范各参建单位的质量与安全行为提供了有力保障。

（四）监理控制与控制监理

天津市水利工程建设管理中心全面实行建设监理制度。监理单位根据合同和监理规范的要求组建现场监理机构，严格按照合同要求配置人员，编制监理规划和监理实施细则，完善各项监理制度，对工程质量和安全等严格控制，对工程的关键工序、关键部位（如混凝土浇筑），坚持全程旁站监理控制。同时，加大监理合同的执行力度，加强对监理行为的监督检查，促使监理机构认真履行监理职责；加大对监理单位的支持力度，极大地调动了监理的工作积极性，从而保证了监理单位能够充分发挥“三控制、两管理、一协调”的作用。

（五）设计单位

天津市水利工程建设管理中心作为项目管理单位在建设管理过程中，积极督促设计单位按时提交满足质量与安全要求的设计图纸及文件，并监督检查设计代表的现场服务质量，督促设计服务人员及时参加工程相关验收以及按期做出设计变更等服务工作，充分发挥了设计单位在安全质量服务体系中的作用。

（六）体系与制度建设

天津市水利工程建设管理中心紧紧围绕项目管理单位管理，监理单位控制，施工单位保证，设计单位服务的体系结构，构建了完善的工程质量体系与安全体系，并制定了一系列的管理办法和制度。通过层层落实责任，狠抓制度落实，保证了体系的正常运行。

（季洪德　郝学强）

工程施工

（一）施工单位

TJ5－1标段施工单位为天津市水利工程有限公司；TJ5－3标段施工单位为中铁十九局集团有限公司；TJ5－4标段施工单位为中国水电基础局有限公司；TJ5－5标段施工单位为天津市水利工程有限公司；TJ5－6标段施工单位为中国水利水电第八工程局有限公司。

（二）施工组织

天津市1段工程开工伊始，天津市水利工程建设管理中心将建设管理目标细化分解，与各参建单位签订任务书。为确保2008年度建设目标的实现，各参建单位建立健全各级安全生产、质量、进度、投资控制及文明施工管理体系和机构；完善相应的质量、进度、投资和安全生产及文明施工的管理办法，建立质量保证体系，其可操作性强，合理适用；制定各级计划，明确各项工作方针和工作目标；采取有力措施，有效地层层监控和落实

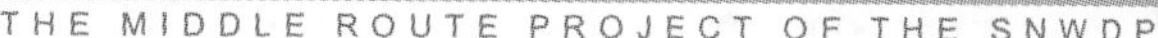

计划，确保目标实现；建立进度检查考核制，定期进行检查；加强内业管理，及时上报材料，建立专项档案；落实责任制，根据年终考核情况进行奖惩兑现。

（三）安全防范与文明施工

天津市1段工程安全生产工作力求精细管理、强化检查、明确责任、规范行为。现场管理人员目标明确、分工细致、指导到位、责任清晰、行为规范；每周、每月分别由施工、监理、建管单位组成联合检查组对现场安全生产、质量、文明施工行为进行大检查，对各标段综合评比排序，并下发检查通报。2008年，重伤为零，负伤率为零，无一起重大伤亡事故及设备安全事故，圆满实现了各项安全生产目标。

（季洪德　郝学强）

工　程　监　理

天津市1段工程的建设监理单位为天津市金帆工程建设监理有限公司、天津市泽禹工程建设监理有限公司。两公司分别下设现场监理部，实行总监理工程师负责制，由总监理工程师全权负责现场监理机构的管理、运行，公司不定期进行抽查。

2008年11月，现场监理部组建进场时，工程正处于施工前期准备阶段，监理部着重事先预防、控制。根据南水北调中线一期工程天津干线天津市1段工程结构的特点，分专业制定了相应的监理实施细则，制定了项目监理部的规章制度和监理人员岗位责任等文件。通过对施工单位保证体系、进度计划、技术方案、措施方案等文件的审查、批复，对工程前期可能发生或可能预见的问题，提早与施工单位沟通，严格履行合同文件的规定，保证了前期工程满足合同要求。同时，监理部积极为发包人做好服务工作，及时提供所需要的文件、数据等资料；定期向公司、向发包人汇报监理工作，做到了及时与发包人沟通，达到了“守法诚信、公正科学、业主满意、持续改进”的质量方针要求。

（季洪德　郝学强）

质　量　管　理

（一）质量管理体系

天津市水利工程建设管理中心成立了以项目主要负责人为组长，包括各参建单位现场负责人在内的工程质量管理领导小组，并要求各参建单位成立相应的工程质量管理工作小组。定期召开工程质量管理会议，推动有关规章制度的贯彻落实，研究分析有关质量管理方面的问题，及时下达各项有关质量管理方面的指令。

南水北调天津干线工程建设管理部作为天津市水利工程建设管理中心的现场项目管理机构，专门成立了质量安全部为工程质量管理的具体责任部门，同时明确了具体的质量责任人，确保工程质量。质量安全部采取定期和不定期抽检以及日常巡检方式对各参建单位体系建设、质量行为以及工程实体质量进行检查，加强了施工过程中的质量监控。

（二）规章制度

依照国务院南水北调办、天津市南水北调办公室和南水北调中线干线工程建设管理局颁布的有关规定，结合工程特点，天津市水利工程建设管理中心出台了工程质量管理办法以及工程设计交底、工程质量管理例会、质量检查、质量事故上报、质量事故调查处理及质量文件的管理等项工程质量管理制度，制定了工程质量检查表，通过制度建设保证了质量管理工作的科学化和规范化。

（季洪德　郝学强）

安　全　生　产

（一）安全生产管理体系

天津市水利工程建设管理中心成立了以

法人代表为组长的安全生产管理领导小组，并要求施工单位成立安全生产工作小组，层层落实安全文明施工管理责任，定期召开安全生产例会及安全生产专项整治工作会议，推动全线安全生产与文明施工工作。另外，根据工程实际情况成立了安全度汛领导小组、安全事故应急处理领导小组和安全生产与文明施工联合检查小组。

（二）规章制度

依照国务院南水北调办、天津市南水北调办和中线建管局颁布的有关安全生产、文明施工的管理规定，结合工程特点，天津市水利工程建设管理中心制定了安全生产管理办法、安全生产措施方案，建立了安全生产例会制度。

在安全生产事故应急处理方面，天津市水利工程建设管理中心按照《南水北调工程建设重特大安全事故应急预案》的要求，结合工程的特点制定了《安全事故综合应急预案》，从指挥控制体系、各方职责、预警预防机制、应及响应、后期处置和保障措施等方面作出了明确规定，同时对各种安全隐患、危险源提出了合理可行的措施意见，为做到安全事故预防有效、反应迅速、控制及时提供了有力保证。

为加强对现场安全生产的管理，天津市水利工程建设管理中心建立了安全文明联合检查制度，并制定了适用于联合检查的安全生产与文明施工检查表。对工程现场采取定期与随机抽检相结合的方式，在冬季以及重要节假日，进行专项及综合安全文明检查。通过对现场安全生产情况和文明施工行为的检查、监督和指导，促使各施工单位认真遵守、严格执行安全生产与文明施工的各项规章制度，提高全员安全意识、文明意识，消除隐患、纠正违章，有效地控制各类安全事故的发生，全方位倡导文明施工，营造和谐建设环境，不断提高安全生产与文明施工管理的水平。

此外，天津市水利工程建设管理中心还在项目管理过程中，严格按照《南水北调工程文明工地建设管理规定》，在施工合同中对文明工地建设作出了具体约定、明确奖惩措施，积极倡导施工单位认真搞好施工现场管理，做到现场整洁、防护到位、操作规范。

（季洪德　郝学强）

施　工　技　术

（一）大掺量磨细矿渣混凝土技术

天津干线工程骨料存在碱活性反应，局部地段地下水中含有硫酸根离子，存在潜在碱活性反应膨胀，对混凝土有侵蚀危害。为解决混凝土骨料碱硅酸反应和地下水硫酸盐对混凝土侵蚀问题，天津市南水北调办组织南京水利科学研究院与天津市水利科学研究院联合开展了《大掺量磨细矿渣技术在南水北调中线天津干线工程中的研究与应用》的科学研究工作，以提高混凝土的耐久性，延长工程使用寿命。2008 年 7 月，该项课题成果通过了国务院南水北调办专家评审，该技术能够有效地抑制混凝土骨料的碱活性，增强箱涵混凝土对地下水中硫酸根离子侵蚀性的抵抗能力，提高混凝土的质量和耐久性，对延长工程使用寿命有重要作用。

（二）混凝土输水箱涵伸缩缝止水检测技术

天津干线工程采用钢筋混凝土箱涵输水型式，箱涵伸缩缝止水施工的好坏直接影响工程质量和建成后的运行管理。天津干线工程输水箱涵伸缩缝采用中埋式止水辅以嵌缝材料，若不进行止水效果检测，则无法掌握伸缩缝的施工质量，一旦伸缩缝发生渗漏，很可能造成水质污染和水资源浪费，严重时还有可能造成地基不均匀沉降，破坏输水箱涵的稳定性，增加运行维护成本，影响供水安全，以及导致输水箱涵周边地下水位上升，影响农业生产。为保证箱涵工程施工质量，

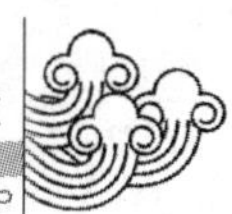

避免伸缩缝部位发生渗漏，天津市水利工程建设管理中心与天津市水利科学研究院共同开发研制了混凝土箱涵伸缩缝止水检测设备，并已于2008年6月通过了天津市水利局组织的专家验收。该设备能够适应天津干线工程混凝土输水箱涵结构型式，能够方便、快速地对箱涵伸缩缝止水效果进行检测，以确保施工质量达到设计要求，及时消除工程隐患。

（季洪德　郝学强）

征　地　移　民

河北省征地移民工作

2008年，按照国务院南水北调办工作部署，河北省紧紧围绕确定的工作目标，深入贯彻落实科学发展观，从服务工程、实现工程又好又快建设出发，突出重点，解决难点，扎实推进了南水北调征迁安置工作进程。

（一）总体进展

1. 京石段工作进度

2008年，京石段应急供水工程进入通水前的关键阶段，征迁安置工作进入最后阶段。为争取尽早具备通水条件，河北省自年初开始就针对桥梁引道征地、地上水灌溉恢复和新增专项设施迁建、连接路建设、临时用地复垦退还及有关遗留问题等，实行通报激励制度，着力解决影响和制约通水目标实现的突出问题，京石段征迁安置后续扫尾工作进展迅速。2008年，完成后续零散永久征地1600亩，临时用地1500亩，连接路及水保措施等征地2503亩，完成连接路建设231.8km，完成专项设施迁建132处（其中新增120处），完成地上水灌溉恢复任务；复垦退还临时用地1.39万亩。

截至2008年底，累计移交永久征地5.02万亩（不包括连接路及水保措施征地），临时用地4万亩；完成各类房屋拆迁19.27万m^2，生产、生活安置人口4.3万人；完成各类专项设施迁建509处，复垦退还临时用地1.52万亩。

2. 邯石段和天津干线河北段规划设计进展

河北境内邯石段和天津干线河北段征迁安置规划设计工作进展顺利。邯石段在2007年完成规划报告征求意见并进行修改完善的基础上，2008年6月27～28日，中线建管局组织有关专家，对邯石段征迁安置规划设计进行了专家咨询。按照专家咨询意见，设计单位对规划报告进行了补充完善，即将进入审查批复阶段。天津干线河北段于2008年4月完成了规划报告征求意见工作。2008年10月24～30日，水利部水利水电规划设计研究总院组织有关专家，对《南水北调中线一期工程天津干线初步设计报告》进行了审查。按照审查意见，12月初完成设计复核并报国家审批。

（二）工作组织

1. 京石段征迁安置扫尾工作

（1）集中力量组织完成了京石段后续零散征地和新增专项设施迁建任务。针对桥梁引道征地和新增专项设施迁建这两大制约工程建设、影响通水目标实现的突出问题，河北省南水北调办通过深入现场督导、专题协调调度、加大通报力度，克服重重困难，组织市县在较短时间内，完成了京石段后续123座桥梁引道永久征地、1500亩桥梁建设临时用地和120处新增专项设施迁建任务，保障了工程建设需要，奠定了2008年9月18日实现向北京应急供水的坚实基础。

（2）加大了群众生产生活影响问题的解

决力度。从维护沿线社会稳定的大局出发，对影响群众生产生活、群众极为关注的地上水灌溉恢复、临时用地复垦退还和生产桥连接路建设等问题，河北省南水北调办组织有关市县，在建管单位的通力协作下，伴随桥梁建设，完成了地上水灌溉恢复任务，协商落实了临时用地整改和交还计划，并对已交还的临时用地，督促市县增加力量，加大复垦退还力度，尽快退还群众耕种。同时，组织和督促市县，加快生产桥连接路征地和建设进度，解决群众生产出行的不便。

（3）积极为工程又好又快建设创造良好条件。重点排查和梳理了有关遗留问题，督促市县逐一研究，妥善加以解决。对进度滞后的个别交通桥引道征地，配合项目法人和设计单位，实地查勘，现场协调，落实设计与征地方案。协调电力、通信等专项主管部门，落实新增专项设施迁建方案，加快恢复进度。积极与中线建管局进行沟通，落实运行道路和水土保持工程占地方案，加快组织征用。对新乐市木村农业开发示范园补偿问题，积极配合开展相关工作，解释有关政策和国家批复依据，维护顺利施工秩序。

2. 组织开展邯石段和天津干线河北段征迁安置前期工作

（1）认真谋划下步征迁安置工作机制和工作思路。深入总结京石段征迁安置经验，查找剖析工作中的不足与教训，交流经验做法，探讨工作组织管理模式，完善工作机制和相关制度，制定了下步工作方案。

（2）补充完善征迁安置规划设计。按照专家咨询和设计审查意见，河北省南水北调办组织市县，积极配合设计单位，落实有关政策，完善单项设计，实事求是计列补偿投资，完成了规划设计复核工作。

（3）组织开展实施前准备工作。制定培训工作方案，编印了《南水北调工程建设征迁安置法律法规汇编》和相关培训教材，签订了邯石段征迁监理合同，建立了电力迁建协商机制，督促市县精心筹备，充分做好宣传发动和组织实施各项准备工作。

3. 认真做好资金使用管理和审计配合工作

（1）资金使用管理。河北省南水北调办始终把加强资金使用管理作为征迁安置工作的重要内容，从加强财务基础工作入手，不断完善财务管理制度，严格遵守财经纪律，执行国家有关规定，落实会计核算制度，组织财务管理人员业务培训，增强财务管理能力。加强监督检查，多次组织检查督导组，深入市、县、乡、村，检查资金管理和使用情况，发现问题及时进行整改。认真执行公示制度，坚持公开透明，对补偿资金使用情况，依据有关程序张榜公布，主动接受群众和社会监督。加大违法违纪案件的查处力度，设立群众举报投诉渠道，密切配合纪检、监察和公安部门，严厉打击截留、挤占、贪污、挪用征迁安置资金的违法犯罪行为。

（2）审计工作。2008 年 3 月，国务院南水北调办委托中介机构对河北省落实审计署 2007 年审计提出问题情况进行了审计复查，并对 2007 年南水北调征迁安置资金使用情况进行了专项审计。河北省南水北调办组织市、县征迁安置主管部门，做好审前准备，配合审计工作，实事求是汇报和介绍有关情况，及时提供相关资料。对审计提出的有关问题，逐项提出处理意见和整改措施，并组织督导组对整改落实情况进行了一次全面检查，促使相关问题得到了尽快解决。

（三）制度建设

为进一步完善南水北调电力专项迁建设计、规范组织实施管理、做好迁建协调工作，根据国务院南水北调办、国家电网公司《关于进一步做好南水北调工程永久、临时供（用）电工程建设及电力专项设施迁建协调工作的通知》（国调办投计［2008］28 号）要求，建立了永久、临时供（用）电工程和电力专项设施迁建工作协商制度，成立了南水北调中线干线河北省境内（不含天津干线廊坊段）工程永久、临时供（用）电工程和电力专项设施迁建协调工作组，组长由河北省南水北调办公室袁福主任担任，副组长分别由河北省电力公司董青副总经济师和中线建管局曹为民副局长担任。

（贾志忠）

河南省征地移民工作

（一）概述

2008年，南水北调中线工程建设重点开始向河南境内转移。根据国务院南水北调办和中线建管局的工作部署，河南省境内征地移民工作有两大重点：一是启动丹江口库区1.06万移民试点工作，为大规模移民积累经验；二是保障中线干渠南阳膨胀土试验段、黄羑段开工和已开工渠段工程顺利进行。围绕两项工作重点，河南省人民政府移民工作领导小组办公室（简称河南省政府移民办公室），在河南省委、省政府领导下，主要完成了四项工作：一是继续做好中线干渠穿黄工程、安阳段工程、新乡膨胀土试验段工程征地移民后期问题处理工作，保障已开工工程建设顺利进行；二是按照工程建设施工用地计划，完成了南阳膨胀土试验段全段和黄羑段开工渠段征地拆迁工作，保障了工程施工队伍进场开工；三是配合设计单位完成了丹江口库区移民安置试点规划编制与审批，开展了库区移民安置初步规划修订，及时启动了库区移民试点实施工作；四是制订了丹江口库区移民实施管理方面的政策规定。

（二）丹江口库区移民工作

1. 全面启动丹江口库区移民试点工作

按照2007年10月国务院南水北调办关于尽快启动丹江口库区移民试点工作的部署，2008年，河南省政府移民办公室协调各地配合长江勘测规划设计研究院，在2007年试点规划编制工作的基础上开展了库区实物指标复核工作，完成了移民村安置对接及规划设计外业工作。2008年3月，完成了《南水北调中线一期工程丹江口水库建设征地移民安置河南省试点规划报告》编制工作，4～10月配合国家有关部门完成了对该报告的审查评审。根据国务院南水北调办批复的移民试点规划报告，河南省丹江口库区移民试点涉及淅川县8个乡（镇），10个行政村，69个村民小组，规划搬迁安置农村移民2537户10 627人。淹没影响土地9928亩，其中耕地5497亩；淹没影响房屋19.47万㎡。农村移民除投亲靠友安置128人外，其余10 499人全部出县集中外迁安置。外迁安置区涉及6个省辖市10个县（市）14个移民安置点，规划征用新村用地1345亩，生产用地13 156亩。根据移民群众意见，到2008年底，14个安置点优化调整为12个安置点，其中南阳市的邓州市孟楼镇建设1个移民点，安置香花镇张义岗村移民222户942人。唐河县王集乡建设1个移民点，安置盛湾镇鱼关村移民180户797人。新野王庄镇建设1个移民点，安置大石桥乡张湾村移民368户1533人，社旗县晋庄镇建设2个移民点，安置马镫镇曹湾村移民207户898人。平顶山市宝丰县周庄镇建设1个移民点，安置盛湾镇马川村移民256户942人。漯河市临颍县王岗镇建设1个移民点，安置滔河乡周湾村移民128户563人。许昌市许昌县榆林乡建设1个移民点，安置滔河乡姬家营村移民324户1372人。郑州市荥阳市广武镇建设2个移民点，安置上集乡魏营村移民358户1443人。中牟县刘集镇建设1个移民点，安置金河镇姚湾村移民256户1094人。新乡市原阳县原武镇建设1个移民点，安置老城镇狮子岗村移民238户915人。另外，还安排淅川县省道S335线复建和小三峡大桥建设两个控制性项目。

丹江口库区移民试点工作始终得到了国务院南水北调办和河南省委、省政府主要领导的高度重视和关注。国务院南水北调办主任张基尧、副主任张野，河南省委书记徐光春、省长郭庚茂、副书记陈全国、副省长李克、副省长刘满仓先后作出批示、提出要求、寄予希望，并深入南水北调工程建设和移民安置点视察指导。特别是分管移民工作的张野副主任、刘满仓副省长亲自上阵，亲自协调、亲自督导、亲自调度。市、县各级党委、政府从讲政治、讲大局的高度重视、关心、支持移民试点工作。多数市、县（市）不但安排有政府领导主管移民工作，而且四大班子齐上阵，切实加强了对移民工作的有力领导。

为做好移民试点工作，河南省主要做了以下几项工作：

（1）充实移民管理机构，加强组织领导管理。为了加强组织领导，提高办事效率，河南省委、省政府专门调整充实了河南省南水北调办和省政府移民办公室领导班子，由原省政府副秘书长王树山同时任省南水北调办主任、省水利厅副厅长和省政府移民办主任。河南省政府移民办公室根据单位领导变动情况和工作需要，在维持河南省政府移民办公室四个职能处整体框架不变的基础上，对业务处人员进行了重新调整，专门成立了丹江口库区移民安置组，具体负责丹江口库区移民安置工作，为做好南水北调中线工程移民工作创造了条件，打下了基础。

（2）宣传动员。2008 年 11 月 7 日河南省委、省政府在郑州召开全省南水北调工程丹江口库区移民安置动员大会，河南省委书记、省人大常委主任徐光春，省长郭庚茂亲自动员部署，省委、省人大、省政府、省政协和各省辖市党委、省政府领导参加，库区移民工作正式启动。南阳、平顶山、漯河、许昌、郑州、新乡 6 个省辖市和库区、移民安置区 11 个县（市）相继召开了不同层次、不同规模的动员会议，传达国务院南水北调办有关丹江口库区移民试点工作部署和全省南水北调工程丹江口库区移民安置动员大会精神，安排部署本辖区的移民试点工作。河南各地充分利用报纸、电视、广播、宣传车、标语等载体，广泛宣传南水北调工程的重大意义，宣传移民搬迁安置政策，为移民试点工作营造良好的舆论氛围。河南省政府移民办公室组织中央驻豫和河南省的 11 家主流媒体对全省南水北调工程丹江口库区移民安置动员大会进行了集中宣传报道，并专门编写了丹江口库区移民安置试点工作宣传提纲，印发各地。2008 年 12 月 4 日《河南日报》整版刊登《南水北调中线工程在河南答记者问》，2008 年 12 月 16 日《河南日报》、《大河报》整版刊登南水北调移民工作答记者问，全方位宣传丹江口库区移民安置工作。丹江口库区移民所在地淅川县县委、县政府和移民局在淅川电视台多个频道滚动播出有关移民安置字幕，并组织移民政策宣传工作队到移民村宣传。其他 10 个安置县（市）也采取多种方式进行了移民政策宣传。

（3）加强业务培训。试点移民外迁安置涉及 10 个县（市）、11 个乡（镇）、32 个行政村及 4 个农（窑）场，参与移民工作的干部多数是首次接触水库移民工作。为提高这些移民干部的政策水平和实际工作能力，河南省政府移民办公室 2008 年 11 月 13 日在许昌举办了移民安置规划初步设计修订工作培训班，90 多人参加了培训。2008 年 11 月 25 日在孟州市举办了移民试点实施培训班，讲解试点实施规划，学习有关法规和管理办法，邀请小浪底、燕山水库移民，有关市、县、乡和移民村负责同志，介绍移民搬迁安置经验。150 多人参加了培训。2008 年 12 月初，丹江口库区淅川县召开移民安置试点实施培训会，县、乡党委、政府及有关部门、驻村工作队员，以及移民村、组干部 400 多人接受了培训。各安置县（市）也都采取不同形式对移民试点有关人员进行了系统培训。2008 年，河南省总计培训市、县、乡政府分管移民工作的副市长、副县长、副乡长和移民机构负责人、移民村干部等2000多人次。

(4) 完善规章制度，强化监督检查。为规范丹江口库区移民安置工作，维护移民的合法权益，促进移民安置工作顺利开展，根据《大中型水利水电工程建设征地补偿和移民安置条例》及国家有关法律法规，经过认真调研和广泛征求意见，河南省政府移民工作领导小组印发了《河南省南水北调工程丹江口库区移民安置工作督查办法》（豫移［2008］9号），河南省政府移民办公室印发了《河南省南水北调工程丹江口库区移民安置计划管理暂行办法》、《河南省南水北调工程丹江口库区移民安置建设项目管理暂行办法》（豫移办［2008］75号），《河南省南水北调工程丹江口水库农村移民安置实施工作细则（试行）》（豫移办［2008］76号），《河南省丹江口库区移民安置试点实施工作意见》（豫移办［2008］79号）等管理办法。在实施过程中，河南省各级党委、政府和移民机构强化监督，加强检查。省政府移民办公室领导带队，每周对各地移民试点工作开展情况督查一次，每旬通报一次，激励先进，鞭策落后。库区组每个工作人员确定了联系试点，落实了分包责任制，不间断地督促各地强力推进库区移民动员和新村建设，在库区、安置区形成了争先创优的良好氛围。

(5) 制定优惠政策，强化政策帮扶。河南省政府多次召开会议，研究部署丹江口库区移民优惠政策等重大事项。河南省政府印发了《关于南水北调中线工程丹江口水库移民安置优惠政策的通知》（豫政［2008］56号），要求市县政府和各有关部门在资金、项目、税费、就业、就医、升学、技术、培训等方面，对移民实行优惠政策，帮助移民尽快恢复生产生活，为移民安置创造良好环境。同时，为建设好移民新村，推动移民生产发展，河南省政府移民办公室拟订了《关于进一步推进南水北调中线工程丹江口库区移民新村建设的意见》，提交河南省政府研究，建议把移民新村建设与社会主义新农村建设结合起来，整合移民资金、支农惠农资金和新农村建设资金，力争把移民新村建成社会主义新农村建设的示范村。

在做好上述工作的同时，库区和安置区双方密切配合，共同努力，千方百计动员移民群众到安置区安家落户。安置区10个县（市）政府和移民机构，组织工作组到库区移民村了解移民群众思想状况，介绍安置区经济发展情况，与移民促膝谈心。库区的南阳市移民局和淅川县县委、县政府和移民局组织移民试点村所在乡镇干部和移民村村干部、移民代表，分别到12个移民安置点，对安置点位置、土地质量和当地群众生活水平进行实地考察，开展移民安置对接工作。河南省政府移民办公室坚持全面巡查，时刻关注各地进展情况，哪里出现问题，哪里就由办主任、副主任带队协调解决。

到2008年12月30日，移民试点工作总体进展顺利，10个安置县（市）中，8个县（市）完成了第一阶段任务。除新野县、荥阳市3个安置点，因为张湾、魏营2个移民村干部和移民群众代表对安置地的生产用地质量提出异议外，8个移民村代表和安置区8个县（市）移民管理机构签订了安置点确认协议、委托安置地县级移民机构组织开展移民新村"三通一平"协议（指供水、供电、施工道路和新村建设用地平整）。12个移民安置点的1345亩新村建设用地全部征用完毕，生产用地划拨3000亩。9个移民安置点完成了临时供水管道、供电线路架设和施工道路建设和场地平整任务，满足了施工需要，具备了移民住房建设条件。

2. 库区移民安置规划初步设计修订工作

根据长江勘测规划设计研究院（以下简称长江设计院）修订库区移民安置规划初步设计工作的需要，2008年11月13日，河南省政府移民办公室在许昌市召开河南省丹江口库区移民安置规划初步设计（修订）工作会议，对移民规划修订工作进行了全面的部署，对各级移民干部进行培训。在各级地方政府和有关部门的配合下，长江设计院20名规划人员分8个工作组，先后进驻河南省各安置区开展外业调查，到12月完成了规划资料收集和外业勘察规划设计工作。

（三）中线干渠征地移民工作

河南省境内中线总干渠总长度731km，建设用地面积38.51万亩，其中永久用地17.83万亩，临时占地20.69万亩，涉及南阳、平顶山、许昌、郑州、焦作、新乡、鹤壁、安阳8个省辖市39个县（市、区），共需搬迁约5.5万人。自2005年穿黄工程开工建设后，河南境内中线工程征地移民工作进展一直比较顺利，满足了工程建设需求。根据国务院关于加快南水北调工程建设的有关决定，2008年，河南省委、省政府提出了“黄河北连线、黄河南布点”的建设目标，中线工程建设开始进入实施高潮。河南省的中线工程征地移民工作重点，一是保障黄河北—羑河北和穿漳段开工建设，二是保障南阳膨胀土试验段开工建设，三是为郑州市潮河段、平顶山市沙河渡槽段、南阳市陶岔渠首工程尽早开工进行准备。

为按期完成征地移民工作任务，保障中线干渠顺利建设，河南省委、省政府领导和主管副省长多次召开会议研究，并经常深入各施工场地检查指导。河南省、市、县、乡各级党委、政府召开会议层层动员部署。省政府移民办公室抽调业务处精干力量组成南水北调中线干线工作组，协调组织有关市、县、乡、村三级干部进行业务培训，并实行分片包干，常驻市、县具体督促指导，现场协调解决实施中遇到的困难问题，协调沿线市、县提前移交拟开工渠段建设用地。

1. 2008年前开工的3个渠段征地移民工作

2005～2007年，河南省境内中线干渠已开工穿黄工程、安阳段工程、新乡试验段3个单项工程，总计61.12km，需建设用地24 287亩（永久用地13 176亩，临时用地11 111亩），搬迁安置1559人。

（1）穿黄工程。2005年9月27日开工，实际用地4083亩（永久用地4083亩，临时用地4268亩），移民284人。2006年已经完成了土地征用和移民搬迁任务。在2007年工作基础上，2008年主要进行了施工环境维护和生产桥、北岸土料场、砂石料场设计变更工作，以及征地移民投资概算调整工作。

（2）安阳段工程。2006年9月20日开工，实际用地14 193亩（永久用地8164亩，临时用地6029亩），搬迁1275人。2007年已完成了移民搬迁和全部永久用地移交工作，临时用地移交3583.42亩。根据施工进度需要，2008年移交临时用地1116.58亩，累计4700亩。专业项目121条（处），2008年完成50条（处），累计完成95条（处），占规划的78.5%。7个居民点282户移民，在2007年基础上，2008年完成剩余的20%住房建设，累计完成达到100%。根据工程建设需要，2008年省政府移民办会同设计单位安阳段1、2、3标段的临时用地（取土区、弃土区）位置和面积进行了设计调整。

（3）新乡试验段工程。2007年6月29日开工。实际用地1743亩（永久用地929亩，临时用地814亩），没有搬迁群众。2007年永久用地已全部移交，临时用地移交440亩。2008年移交临时用地200亩，同时，主要协调有关部门，对该段永久用地手续办理中存在的耕地开垦费缴纳标准、社会保障、补充耕地协议等问题进行了妥善处理。

2. 2008年新开工的2个渠段征地移民工作

2008年，河南省境南阳试验段和黄河北—羑河北段开工建设。

（1）南阳试验段。2008年9月26日开工。全长2.05km，需建设用地1040亩（永久征地436亩，临时用地604亩），涉及南阳市

卧龙区、高新区的4个乡镇6个行政村，用地范围内没有居民、单位、企业和专业项目。到2008年12月30日，永久用地已全部移交，临时用地根据建设进度需要移交451亩，占规划数的75%。

（2）黄河北—美河北段工程。2008年12月26日开工，全长193.17km，分为9个设计单元，建设用地10万亩（永久用地4.3万亩，临时用地5.7万亩）。涉及焦作、新乡、鹤壁、安阳4个省辖市的14个县（区），拆迁各类房屋145万m^2，搬迁移民2.2万人；需迁建企业42家、单位63家、农副业594家；需迁建各类专项线路1066条（处）。

黄河北—美河北段征地拆迁工作的重点是焦作城区段，该段涉及焦作市的解放区、山阳区、马村区，需要搬迁居民2.2万人，拆迁房屋面积94万m^2，任务相当繁重。针对焦作城区段的实际情况，河南省政府移民办公室2008年重点抓了五项工作：一是逐级召开会议布置工作，明确目标任务，层层落实责任。二是组织焦作市对村以上干部进行培训，为工作人员尽快进入角色提供技术保障。三是协调组织市、县（区）南水北调办会同乡、镇政府和办事处，克服时间紧，任务重的困难，在实施规划尚未批复，农村换届选举正在进行的情况下，及时移交建设用地。四是优化城区移民安置小区建设方案，并开始小区基础设施及房屋建设，确保2009年居民搬迁，为移交土地创造条件。五是积极配合设计部门、国土林业部门工作，及时完成了征地移民实施规划外业调查及土地勘定界工作。

到2008年11月30日，河南省为黄河北—美河北段工程开工建设共移交土地4522亩，其中焦作市1630亩（沁河段永久用地140亩、临时用地910亩，焦作段临时用地580亩），新乡市石门河段临时用地102亩，鹤壁段临时用地2790亩。河南省移交的土地不仅满足了12月26日黄河北—美河北段开工需要，而且为2009年连线开工的其他工程标段提前征用了部分土地。

3. 其他渠段征迁规划工作

在征地移民初步设计规划初步完成的基础上，2008年河南省政府移民办公室协调组织干渠沿线市县政府和移民管理机构，对计划开工的黄河南—沙河南段、渠首—沙河段和陶岔渠首工程开展了实物指标调查、停建令执行情况督察工作，配合设计单位开展了实物指标复核、临时用地方案的对接和落实等工作，对征地拆迁初步规划设计进行了补充完善。

（四）中线干渠配套工程征地移民工作

河南省境内南水北调中线干渠配套工程规划已于2007年10月17日经河南省政府批准，供水线路总长998.8km，供水目标45个，规划建筑物274座，年均分配水量29.94亿m^3，设置城市分水口门39处，涉及南阳、平顶山、漯河、周口、许昌、郑州、焦作、新乡、鹤壁、濮阳、安阳11个省辖市、57个县（市、区）。配套工程规划需要永久征地1.29万亩，临时用地8.66万亩，占压房屋涉及人口1537人。2008年12月，河南省南水北调办组织设计单位开始配套工程可行性研究，并会同河南省政府移民办公室开展占压实物指标的调查工作，完成了《河南省南水北调受水区供水配套工程征地拆迁实物指标调查工作方案》初稿。

（五）征地移民监理监测情况

江河水利水电咨询公司、黄河勘测规划设计有限公司、北京市中冠农村水利工程监理有限公司，分别对2007年前开工的穿黄段、安阳段、新乡潞王坟试验段工程征地移民继续实施监理和监测评估，定期向河南省政府移民办公室提供监理监测工作月报。

根据中线建管局会同河南省政府移民办公室公开招标，2008年开工的南阳试验段征地补偿移民安置监理监测评估工作，由黄河勘测规划设计有限公司负责实施。黄河北—漳河南征地补偿移民安置分为4个监理标和1个监测评估标，由小浪底工程咨询公司负责1

标（包括焦作市的温县、博爱县、中站区、修武县段）的监理工作，河南省华兴建设监理有限公司负责2标（焦作市解放区、山阳区、马村区段）的监理工作，北京市中冠农村水利工程监理有限公司负责3标（包括新乡市辉县市、北站区、卫辉市段），黄河勘测规划设计有限公司负责4标（包括鹤壁市的淇县、开发区、淇滨区，安阳市的汤阴县、郊区、安阳县段）。江河水利水电咨询公司负责黄河北—漳河南征地补偿移民安置监测评估工作。

根据河南省政府移民办公室会同中线水源公司的公开招标，江河水利水电咨询公司负责河南省丹江口库区移民安置试点监督（监理）评估工作。12个移民安置点的移民新村建设，由当地县级移民机构负责通过招标方式确定监理单位，对移民新村基础设施建设和房屋建设进行质量监理。

（六）移民资金管理工作和拨付情况

1. 移民资金管理工作

2008年，河南省政府移民办公室在资金使用管理方面主要做了以下工作：

（1）加大了内部审计监督工作，加强制度建设，督促各级移民部门规范操作、透明办事，主动接受社会监督，确保移民资金专款专用、专户核算，提高资金使用效益。

（2）配合国务院南水北调办委托的审计单位，对河南省境内已开工南水北调项目涉及的安阳、焦作、郑州、新乡市及所辖县（区）征地移民实施和资金管理进行审计。配合财政部委托的浙江省财政项目评审中心对南水北调中线工程河南安阳段、新乡潞王坟试验段征地移民投资进行评估。

（3）举办南水北调库区移民试点财务管理培训班，组织各市县参加国务院南水北调办举办的两期移民资金管理培训班，协助鹤壁、新乡等市进行南水北调工程征地移民资金管理培训。全省南水北调中线工程征地移民资金使用管理比较规范，没有出现违规违纪问题。

2. 中线总干渠工程征地移民资金拨付情况

穿黄工程、安阳段、新乡试验段、南阳试验段、黄河北—羑河北段5个单元工程，国家发展改革委批复征地移民投资586 597.43万元，截至2008年底，已累计下达资金275 595.26万元，其中2008年度下达215 183.49万元。

（1）穿黄工程。国家发展改革委批复征地移民投资19 545.88万元（实施规划投资概算2.68亿元），截至2008年底，累计拨付资金20 086.31万元，其中2008年度拨付资金229.09万元。

（2）安阳段工程。国家发展改革委批复征地移民投资45 678.24万元，截至2008年底，累计拨付资金38 115.9万元，其中2008年度拨付资金4496.57万元。

（3）新乡试验段工程。国家发展改革委批复征地移民投资9468.31万元，截至2008年底，累计拨付资金7442.03万元，其中2008年度拨付506.81万元。

（4）南阳试验段工程。国家发展改革委批复征地移民初步设计规划总投资为3167万元，2008年累计拨付资金2651.02万元。

（5）黄河北—羑河北段工程。国家发展改革委批复征地移民初步设计规划总投资为508 738万元，2008年累计拨付207 300万元。

3. 丹江口库区征地移民资金拨付情况

按照2008年10月长江设计院编制的《南水北调中线一期工程丹江口水库建设征地移民安置河南省试点规划报告》（审定本），丹江口库区征地移民河南省安置试点静态补偿总投资97 948.90万元。2008年累计拨付资金34 967万元。

（郭贵明　付森川）

湖北省征地移民工作

（一）概述

2008年是湖北省南水北调中线工程移民

工作全面启动的一年。在国务院南水北调办的精心指导和湖北省委、省政府的正确领导下，湖北省移民局以科学发展观为统领，以服务工程建设、服务工程移民、服务区域发展为目标，解放思想，团结协作，开拓创新，扎实工作，全面启动了移民试点工作，巩固了坝区安置成果，开展了库区初设规划修编，推进了文物保护工作，维护了库区安置区的社会稳定。

（二）丹江口库区移民试点工作

根据国务院南水北调办关于河南、湖北两省各搬迁一万人试点的部署，经过一年多的艰苦努力，湖北省已全面启动了移民试点工作。

根据《国家发展改革委关于核定南水北调中线一期工程丹江口水库建设征地移民试点规划投资概算的通知》（发改投资［2008］2534号文件），湖北省移民试点规划投资核定为154 899万元，其中，农村移民安置补偿费79 280万元、居民迁移补偿费1900万元、单位迁建补偿费3229万元、工业企业迁建补偿费255万元、专业项目恢复改建补偿费14 423万元、库底清理费442万元、基本预备费10 734万元、有关税费36 825万元、其他费用7811万元（含勘探规划设计费2986万元、实施管理费2986万元、实施机构开办费299万元、技术培训费396万元、监理监测评估费995万元、项目技术经济评估审查费149万元）。截至2008年底，中线水源公司拨付湖北省移民试点投资8亿元。湖北省移民局已经下达投资计划28 456.946万元，下拨移民资金28 456.946万元。其中，农村移民补偿投资11 161.376万元、城集镇迁建投资4967.9万元、工矿企业迁建投资254.77万元、专业项目复建投资10 813.35万元、库底清理投资69.55万元、其他费用1190万元。

移民试点工作责任重大，意义深远，各级领导高度重视。国务院南水北调办主任张基尧、副主任张野多次到湖北省库区和安置区考察指导。湖北省委、省政府主要领导3次召开专题会议，研究部署试点工作。湖北省委书记罗清泉春节后第一天，听取移民试点情况汇报，并作重要指示。2008年8月12～14日，李鸿忠省长、汤涛副省长听取试点准备工作情况汇报并赴丹江口库区进行实地考察，强调各级党委政府和各级领导干部要怀着“热心、爱心、责任心”，增强对移民群众的感情，要坚持“优越、优先、优厚”的原则，抓好移民搬迁安置，努力实现“四个确保”，即确保移民搬迁安置任务如期完成，确保移民搬迁后的收入高于现在，确保移民搬迁后的生活水平好于现在，确保移民搬迁后的生存环境优于现在。2008年11月初，湖北省政府常务会议确定了湖北省移民试点工作的指导思想、基本原则、目标和有关政策。2008年11月25日，湖北省政府召开全省南水北调中线工程丹江口库区移民试点工作会议。湖北省长李鸿忠和国务院南水北调办主任张基尧作了重要讲话，副省长汤涛动员部署移民试点工作。李鸿忠提出要把移民试点工程建成落实科学发展观的典范工程、关注民生的典范工程、社会主义新农村建设的典范工程。

1. 工作目标

（1）指导思想。以党的十七届三中全会为指导，深入贯彻落实科学发展观，切实维护好移民的合法权益，确保国家下达的移民试点搬迁安置任务如期完成，确保移民收入高于现在，确保移民生活水平好于现在，确保移民生存环境优于现在，实现移民群众眼前利益与长远利益的统一，促进库区、安置区经济社会可持续发展。

（2）基本原则。一是规划先行。在国家和湖北省南水北调工程移民试点规划的基础上，库区和安置区各级政府都要制定试点工作方案和实施计划，将安置村建设和新农村建设相结合，纳入当地新农村建设示范工程。二是统筹兼顾。坚持以农业安置为主，其他安置形式为辅，做到“四个结合”，即解决好移民的眼前利益与维护好长远利益相结合，国家帮扶与移民自力更生相结合，前期补偿补助与后期扶持相结合，顾全大局，国家、集体、个人利益相结合。三是各负其责。移民搬迁工作由库区各级政府负责，控制性项目由所在县（市）负责，安置和后续生产生活由安置区各级政府负责，各项政策落实由相关主管部门负责。四是“三优”扶持。按照“优越、优先、优厚”的要求，对移民和移民新村建设实行优惠政策，原有规划和计划要优先安排，重点倾斜，现有政策要做好衔接，未来政策要优先保障，限制性政策适度放宽。

（3）基本目标。确保移民“搬得出、稳得住、能发展”，实现“五个一”的安置目标，即每人有一份稳产高效的口粮田，解决移民吃饭问题，安置区政府通过调整土地，搞好土地整理和农田水利配套设施，确保每人不少于1.5亩稳产高效的口粮田；每户有一个良好的居住环境，解决移民居住问题，安置区按照统一规划、分户自建的原则建好住房，统筹规划建设饮水、供电、道路、广播电视、学校、医院等配套设施，使移民有一个生产方便、生活便利、设施齐全、环境优美的居住环境；每户新建一口沼气池，解决移民烧柴问题。通过统筹国家补偿、省里补贴和移民个人投入，每户新建一口沼气池；每人享受一份国家后期扶持补助，解决移民生活困难问题，按照国家现行的后期扶持政策，移民从完成搬迁之日起纳入后期扶持范围，每人每年直补600元，连续扶持20年；每户培训转移一个劳动力，解决移民就业问题。在移民自愿的基础上，对符合条件的移民户，通过政府引导，优先免费订单培训，平均每户培训转移一名劳动力。

2. 编制试点规划

规划是移民搬迁安置工作的依据和蓝图。围绕规划的编制，湖北省各级移民干部和群众做了大量艰苦细致的工作。

（1）确定了试点内容和范围。为使移民试点具有广泛的代表性，并确保首战必胜，按照“四先四后”（先低水位后高水位、先外迁后内安、先整体后分散、先控制性项目后一般性项目）和“三优先”［优先安排库区安置区生活条件、区位条件中等偏下且准备工作充分和多数移民群众志愿搬迁的村组，优先安排移民机构健全、干部能力强的县（市、区、农场），优先考虑集中居民点］的搬迁对接原则，明确了湖北省试点范围，同时将库区建设周期长的控制性建设项目和大坝施工影响区人口搬迁纳入试点，并兼顾因灾倒房移民户。湖北省移民试点包括三个方面的内容：一是丹江口库区农村移民出县外迁安置。迁出地主要涉及丹江口市的六里坪、均县、习家店和郧县的安阳等四个乡镇，14个村，60个组。规划生产安置人口12 116人（出县外迁生产安置10 108人）；规划搬迁建房人口12 458人（出县外迁建房10 180人）。外迁安置区涉及襄樊市的襄阳区、枣阳市、宜城市省邓林农场，荆门市的屈家岭管理区，黄冈市的团风县省黄湖农场等5个县（市、区、农场）的27个安置点，其中襄阳区5个点安置975人、枣阳市3个点安置379人、省邓林农场2个点安置3227人、屈家岭管理区12个点安置2092人，省黄湖农场5个点安置3507人。二是大坝施工影响区搬迁复建。涉及施工影响区内871人和11家单位，规划在丹江口市内搬迁安置。三是影响移民搬迁的控制性工程项目。主要是郧县汉江二桥和丹江口习均大桥建设。

（2）完成了实物指标的复核。在实物指标复核工作中，抽调县、乡、村组干部和设计人员约280人，组成了14个工作组，深入村组，“三榜”公示，逐户查勘，使最终的实物指标成果真实可信，得到了移民群众和当地政府认可，确保移民群众财产得到合理补偿，为规划工作提供详实的基础资料。

（3）开展了试点对接考察。在明确搬迁试点范围的基础上，湖北省移民局先后组织库区县市、乡镇、村、组干部及移民代表260多人，分别到外迁安置点进行了“点对点”的对接考察，充分听取移民的意见和建议，保障了移民群众的知情权、参与权、表达权和监督权，为优化和完善安置点的布局，顺利实施移民搬迁打下了群众基础。

（4）编制移民试点规划。在“四个结合”基础上，编制试点规划。总体来看，经国家批准的湖北省移民试点规划是一个质量较高的规划，体现了科学发展观的基本要求，得到了省、市、县各级政府和广大移民干部群众的认可。

3. 移民试点政策制定工作

为制定完善移民政策和措施，确保移民试点乃至整个库区移民工作的顺利进行，湖北省坚持以人为本，围绕移民群众最关心、最直接、最根本的问题，在广泛开展调查研究的基础上，下发了《湖北省人民政府办公厅关于做好南水北调中线工程丹江口库区移民试点工作的通知》和省政府108次会议《专题会议纪要》、《湖北省南水北调中线工程丹江口库区移民资金管理办法（试行）》、《关于南水北调中线工程丹江口库区移民试点补偿标准的通知》及《南水北调中线工程丹江口库区移民试点任务和资金双包干投资分解报告》等一系列移民试点相关政策文件。

（1）深入基层，掌握民情。2008年以来，湖北省移民局组成两个调查组，深入库区移民村组和安置区的安置点，先后召开了10次不同类型的座谈会，累计与300多名市、县、乡村干部和移民群众广泛座谈，倾听基层的意见和呼声，全面掌握了干部和移民群众思想动态，梳理了移民试点亟待解决的十大主要问题，理清了工作思路，进一步深化了各级领导干部对移民试点工作艰巨性和复杂性的认识。

（2）广泛走访，研究政策。2008年以来，湖北省移民局先后与省直20个相关部门多次联系，反复探讨研究移民过程中国家有关惠农强农政策落实问题，多次征求移民规划设计单位和市、县干部的意见和建议，为制定湖北省移民试点相关政策奠定了基础。

（3）完善政策。针对当前国家移民政策法规相对滞后，补偿投资与搬迁需要存在一定差距的现状，制定了支持移民试点村建设、扶持移民农业生产、促进移民就业创业等扶持政策，制定了从生产安置费中拿出人均6000元，为移民购置农机具、种子、化肥和开展土地整理的倾斜政策以及从库区耕地占用税中拿出人均2000元，奖励按时外迁移民的激励政策，制定了移民搬迁有关税费减免、移民村组干部待遇、公职人员随迁、移民学生入学升学优惠等保障政策，为实施移民试点工作提供了政策保障。

4. 工作机制

针对移民工作时间紧、任务重、影响大、范围广的特点，为圆满完成移民试点工作任务，湖北省委、省政府强调各级政府的一把手是移民工作的第一责任人，县级政府是移民工作的实施主体、责任主体。目前湖北省已形成了政府领导、分级负责、部门联动、专班协调、共同监管、合力推动的移民试点工作机制，实现了移民工作责任横到边、纵到底的全方位覆盖。

（1）明确了各级政府及部门的职责。2008年11月25日，湖北省政府下发了《湖北省人民政府办公厅关于做好南水北调中线工程丹江口库区移民试点工作的通知》，明确了各级政府及部门的职责，并分别与有关市、县人民政府签订了责任书，进一步强调移民工作是政府行为，进一步强化政府主要领导的移民工作责任意识，确保“国务院南水北调工程建设委员会领导、省级人民政府负责、县为基础、项目法人参与的管理体制”落在实处。

（2）成立各级移民工作领导小组。为加强对湖北省南水北调工程丹江口水库移民工作的组织领导，2008年12月4日湖北省政府成立了湖北省南水北调工程丹江口水库移民工作领导小组，省长李鸿忠任组长，副省长李宪生、汤涛任副组长，省政府副秘书长梅祖恩、省移民局局长汪元良任执行副组长，省政府有关部门为成员单位。各有关市、县政府也分别成立了相应的工作机构，促进了各级各部门职责范围内的新农村建设相关政策和国家惠农强农政策向移民安置区倾斜，支持移民试点工作。

（3）成立农场移民安置工作协调小组。针对黄湖、邓林农场接收安置移民工作的特殊性，湖北省分别成立了南水北调中线工程丹江口库区试点邓林、黄湖农场移民工作协调小组，由湖北省移民局领导分别担任组长，相关市、县（农场）政府分管领导为成员，按照"边搬迁、边安置、边移交"的原则，积极协调两个农场移民接收安置及移交工作。

（4）制定实施移民工作的"五为主"原则。农村移民搬迁以所在地乡镇政府为主，集镇搬迁以所在地政府为主，单位搬迁以单位为主，企业搬迁以企业法人或所属主管部门为主，专业项目复建以行业主管部门为主。将农村移民、集镇、单位、企业的搬迁和专业项目复建的责任落实到位。

（5）建立以监察部门牵头，移民、审计、监察、建设银行参加的移民资金监督网，对移民资金和任务实行全过程监督。规范移民经费使用，强化移民资金管理。

（二）库区移民初步设计规划优化工作

2003年初开展库区淹没影响实物指标调查以来，移民工作总体环境发生了很大变化，国家的有关法律法规和有关政策作了很多修订和调整。2008年10月国务院南水北调建委会第三次会议确定了南水北调中线工程2013年主体工程完工，2014年汛后通水的建设目标。面对新形势、新任务、新要求，国务院南水北调办决定对《南水北调中线一期工程丹江口水利枢纽大坝加高工程初步设计阶段水库建设征地移民规划设计报告》（以下简称《初设报告》）进行修改和调整。

1. 参加《初设报告》修订工作大纲评审

工作大纲是编制移民规划的基本依据。为修改和调整《初设报告》，2008年10月，国务院南水北调办在北京召开了《南水北调中线一期工程初步设计阶段丹江口水库征地移民安置规划设计（修订）工作大纲》（以下简称《修订大纲》）的评审会。湖北省移民局提出了《修订大纲》必须以新颁布或即将颁布的法律法规为依据，必须与丹江口库区移民试点政策相衔接，必须与丹江口库区实际情况相结合的意见，切实维护移民合法权益，确保妥善安置好移民生产生活，照顾库区居民和移民长远生计和后续发展。

2. 部署《初设报告》修订工作任务

2008年10月中旬，湖北省召开了湖北省南水北调中线工程丹江口水库征地移民安置规划初步设计修订工作会议，明确主要任务：一是调整农村移民生产安置人口和搬迁安置人口，落实对接方案；二是核实城集镇迁建人口和建设用地规模；三是重新计算工矿企业补偿投资；四是完善专业项目设计方案。安排部署了修订工作，10月下旬至12月底完成前期准备和外业工作，2009年3月底完成总报告的修订编制工作。

3. 组织开展《初设报告》修订外业工作

在移民试点工作紧张进行的同时，湖北省移民局先后组织库区外迁安置区9个市、33个县（市、区、农场）的相关人员，积极配合长江勘测规划设计研究院，按照有利于新农村建设配套，提升居民点基础设施功能水平，有利于安置点的城镇化发展，为移民从事二、三产业提供商机，有利于农业集约化经营和产业结构调整的要求，进一步优化库区初步设计阶段移民安置规划。目前，湖北省规划修订相关外业工作基本结束，移民安置土地已经落实，安置质量可以保证。

（郝　毅）

丹江口坝区征地移民年度进展

（一）移民投资计划

根据湖北省移民局与中线水源公司包干协议，包干协议总额为15 731.39万元，2007年从预备费追加1163.19万元。坝区总包干总额为16 894.58万元。截至2008年底，湖北省移民局共下达丹江口大坝加高工程移民投资计划16 424.1万元。其中，农村移民安置计划4528.96万元，占27.58%；城集镇迁建计划7487.54万元，占45.59%；工业企业迁建计划1560.31万元，占9.50%；专业项目复建计划326万元，占1.98%；有关税费计划931万元，占5.67%；其他费用计划1590.29万元，占9.68%。中线水源公司累计拨入湖北省南水北调中线工程坝区征地移民资金16 771.38万元，占包干总额16 894.58万元的99.27%。

（二）移民搬迁安置

2008年，坝区移民实现了由“搬得出”向“稳得住、能发展”转变。截至2008年底，累计完成坝区移民投资1.58亿元。通过扶助扶持、鼓励创业、培训就业等多种方式，坝区移民的生产生活不断改善，搬迁企业得到快速发展。坝区319户817名农村移民全部纳入后期扶持范围；81户112名城镇移民办理了城市最低生活保障，占城镇移民的32.7%；350名坝区移民接受了免费职业技能培训，其中90%的移民重新上岗就业。据统计，坝区城镇移民人均收入达到6800元，农村移民人均纯收入达到3300元，比搬迁前均有较大幅度增长。

（郝　毅）

生　态　环　境

河南省生态环境保护工作

（一）《规划》项目的实施情况

河南省委、省政府对实施国务院国函［2006］10号文件，做好《丹江口库区及上游水污染防治和水土保持规划》（以下简称《规划》）高度重视，河南省政府多次召开专题会议研究部署，并建立了由河南省发展改革委牵头，河南省南水北调办、省环保局、省水利厅等10个省直部门和南阳、洛阳、三门峡三市政府组成的联席会议制度，负责组织协调《规划》的实施工作。渠首所在地南阳市也建立了联席会议制度，落实了《规划》实施的组织协调机构，建立了相应的工作机制。

为了加快《规划》项目实施进度，河南省发展改革委召开项目建设推进会议，努力加快前期工作步伐；河南省环保局加强库区环境监督管理，先后在库区建成了4个环境监测点和渠首陶岔自动监测站；河南省南水北调办会同有关部门多次派人到库区进行调研和督导；河南省水利厅加强对水保项目的组织和指导，大力实施小流域治理工程；农业、林业、财政、畜牧、国土资源、建设等部门根据各自职责，积极支持库区水质保护工作；库区及上游南阳、三门峡、洛阳三市政府迅速行动，及时召集有关部门和各县政府进行安排部署，组织协调筹措前期工作资金，保证了项目前期工作顺利进行。开展的主要工作如下：

（1）2008年5月20～21日，河南省政府在淅川县召开河南省南水北调中线工程水源地水质保护工作会议。河南省副省长刘满仓出席会议并作重要讲话。刘满仓强调，做好南水北调水源地水质保护工作，一定要明确任务，突出重点，采取措施，狠抓落实。重点要在七个方面狠下功夫。一要在彻底清理整顿污染源，全面实施污染物总量控制和排污许可证制度上狠下功夫；二要在严把项目审批和验收关，严格控制新污染源上狠下功夫；三要在加大对重点污染企业的监管力度上狠下功夫；四要在加快城镇基础设施建设，控制城镇生活污染上狠下功夫；五要在加快《规划》项目实施上狠下功夫；六要在积极开展水土保持，严格控制矿产资源开发上狠下功夫；七要在大力调整经济结构布局，治理农业面源污染上狠下功夫。

（2）建立丹江口库区及上游主要断面水质监测资料定期上报制度。2008 年 6 月，河南省南水北调办向河南省环保局发函商请定期提供南水北调中线水源地水质监测状况，主要包括丹江、淇河、老鹳河入库断面及渠首陶岔水质情况。经过协商，河南省环保局指定省环境监测总站专人负责此事。从 2008 年 7 月起，开始向国务院南水北调办上报有关监测数据。

（3）建立丹江口库区及上游水土保持项目完成情况定期上报制度。2008 年 6 月，河南省南水北调办向河南省水利厅发函商请定期提供丹江口库区及上游水土保持工程完成情况，协商从 2008 年第 2 季度起以季度为单位提供有关数据。水利厅已从第二季度开始，每季度定期向河南省南水北调办提供有关水保项目进展情况，并及时上报国务院南水北调办。

（4）加强沟通协调。2008 年 7 月，河南省南水北调办主动与河南省发展改革委进行沟通，就《规划》项目基本资料的完善、相关图表的绘制、建立在建项目进展情况上报制度、促进国家尽快开展对库区对口支援等问题进行了研究协调，达成一致意见。河南省发展改革委向有关省辖市发文，要求对《规划》点源污染治理项目做进一步排查，提出新的调整意见，并就《规划》点源污染治理项目调整问题，与国家发展改革委进行沟通，相关措施正在落实之中。

（5）积极落实《规划》项目前期工作补助经费。为贯彻河南省政府第 17 次常务会议和省长郭庚茂 2008 年 8 月考察淅川库区时讲话精神，河南省南水北调办会同省发展改革委召集南阳市南水北调办、发展改革委以及淅川、西峡两县有关单位于 8 月下旬两次召开专题会议，对河南省政府安排的 200 万元前期工作补助经费分配意见进行了认真研究。本着具体到项目、突出重点、集中使用、及时拨付和早见成效的指导思想和原则，对相关项目进行了评估论证，形成了专项补助经费分配意见，并对经费的使用和管理提出了建议。

河南省财政厅向河南省南水北调办下达《规划》项目前期工作经费 200 万元，要求采取报账制专户管理，已下达有关市、县。

按照河南省政府要求，本批 200 万元补助经费安排的 20 个项目前期工作整体进展顺利。淅川县和西峡县的 2 个乡镇污水处理项目可行性研究报告 10 月份已经完成；淅川县 2 个乡镇垃圾处理项目的可行性研究报告 2008 年 12 月已完成；淅川和西峡县 11 个项目区水土保持项目的可行性研究报告已经完成，其中有 9 个项目区的可行性研究报告已通过长江水利委员会的技术评审，并报河南省发展改革委审批立项；淅川、西峡、卢氏和栾川县的 4 个生态农业示范区项目可行性研究报告已经完成并上报省发展改革委；只有淅川县泰龙纸业的点源治理项目尚在可行性研究阶段。

河南省《规划》内项目已全面启动并付诸实施，西峡县宛西制药、栾川铝业等 7 个点源治理项目共获国家补贴资金 4310 万元；淅川、西峡两县城的污水处理厂和垃圾处理厂等 4 个项目建成并投入使用，得到国家资金补贴 12 300 万元；在水土保持项目实施方面，国家批复了西峡县陈阳河水土流失项目区等8个水土保持项目区的投资计划并正式实施，得到国家资金补贴8268万元。河南省已有19个项目完成前期工作，并得到国家资金支持，项目总投资4.72亿元，其中，得到国家投资2.49亿元。

（二）总干渠保护区划定工作

河南省总干渠沿线8个省辖市的保护区划定工作已经完成，全省保护区划定总报告初稿已由河南省水利勘测设计研究有限公司编制完成，并通过国家和河南省有关部门的审查，修改完善后即可报河南省政府发布实施。

（三）水源地生态补偿资金到位情况

河南省南水北调办会同省财政厅多次向国家财政部和国务院南水北调办报告南水北调水源地生态补偿问题，并为其提供水源区相关的资料和数据。国家已形成南水北调水源地生态补偿财政转移支付14.7亿元的初步意见。

（四）水源保护宣传工作

河南省始终把水源保护宣传工作放在突出位置，采取多种形式大力宣传南水北调中线工程水源地水质保护工作的重要意义，充分调动广大人民群众和社会各界参与、支持水质保护工作的积极性，营造全社会关心、支持南水北调中线工程水源地水质保护的浓厚氛围和强大声势。

2008年6月2～30日，南阳市委、市政府在中国人民军事博物馆举办了“南水北调中线工程渠首、水源地生态文明建设图片展”，约5万名观众观看了展览。

2008年12月19～21日，河南省南水北调办按照河南省政府和省环保局的要求，参加了在北京农展馆举办的第三届中国国际建设环境友好型社会成果展。参展的题目是“一渠清水送北京——河南省南水北调中线工程水源区生态建设成果展”，这是本届展会上唯一一个以南水北调为主题的专题展览。中共中央政治局常委李长春、全国人大常委会副委员长周铁农、环境保护部部长周生贤、国务院南水北调办环境移民司副司长刘国华、水利部调水局副局长尹宏伟、日本环境省专家土谷武先生和来自全国各地观众近3万人参观了展区。

（靳文娟）

湖北省生态环境保护工作

截至2008年底，国家批复下达湖北省水污染防治项目13个，已开工建设项目10个（竹山县、竹溪县、郧县、丹江口市、武当山特区、丹江口市六里坪、房县大木镇7个污水处理厂，郧县垃圾处理场、武当山特区太山庙垃圾处理场、丹江口市六里坪镇垃圾处理及库周垃圾清运系统）。规划的水土保持项目，已有32个项目区开工建设，完成小流域治理面积239.70km²，完成坡改梯363.23km²、水保林3531.63km²、经果林2724.96km²、植物篱820.25km²、谷坊99座、蓄水池151口。

（武耕民）

文 物 保 护

河北省文物保护工作

南水北调中线总干渠线路经过河北省太行山前平原地带，这里是人类生存生活的重要区域，埋藏着丰富的古代文化遗存。2006年和2007年，河北省按计划开展了第一、二批控制性文物保护项目，确保了南水北调工程京石段顺利实现向北京输水。由于国务院南水北调办和国家文物局没有确定2008年河北文物保护项目，因此，河北省按计划完成第二批控制性文物保护项目成为2008年的主要工作。

（一）《南水北调工程石家庄以南文物保护项目保护方案及经费概算》编制

为有利于石家庄以南段文物保护项目的开展，河北省文物局南水北调文物保护办公室编制了《南水北调工程石家庄以南段文物保护项目保护方案及经费概算》，报中线建管局。南水北调中线工程河北段文物保护项目全部完成预算编制，为石家庄以南段文物保护项目的实施打下了基础。

（二）考古发掘

郑家岗遗址位于赵邯郸故城遗址南1000m处，经过发掘共清理战国时期的沟2条，西汉时期沟1条，沟宽3～4m，深2～3m，间距10m。呈东西方向平行排列。从其所距赵王城的距离及其地理位置推测应为赵王城的外围防御设施。其发现对研究赵王城总体布局结构和军事驻防提供了重要的资料。

邓底遗址文化内涵丰富，包含有新石器、商、战国、汉代等时期的遗存。发现的遗迹有灰坑、房址、窑址、灰沟、墓葬、祭祀坑等。新石器遗存出土的遗物有彩陶钵、盆、鼎、罐；商代遗存出土的遗物有鬲、罐、盆等；战国时期遗存出土遗物有折腹盆、浅盘豆、双耳罐、甑、瓮、板瓦、筒瓦等。从发现的遗迹和出土遗物来看，邓底遗址是河北省南水北调工程比较重要的一处考古学文化遗存。

补要村遗址位于邢台市临城县临城村补要村北，遗址文化内含丰富，包含新石器仰韶至龙山时期、先商、商代、战国秦汉、唐代及明清时期文化遗存。遗址中发现灰坑、墓葬、房址、窑址、祭祀坑、灰沟等遗迹。出土遗物十分丰富。仰韶至龙山时期出土的遗物有钵、小口尖底瓶、甑、大口罐、盆等；先商时期遗物有鬲、甗、盆、钵、豆、敛口罐、碗等；商代遗物主要有鬲、簋、盆、豆、瓮、罐、骨笄、卜骨等；唐代墓葬出土青瓷碗、三彩香炉、白瓷碗、低温釉陶器、铜镜等。补要村仰韶至龙山时期遗迹和遗物的发现丰富了河北省这一时期考古学文化研究内容。先商时期的遗物与磁县下七垣先商时期文化遗存接近，对研究先商时期文化提供了重要的资料。商代文化遗存的发现对深入了解商代中晚期王畿周边地区的政治形态与社会生活提供了新的材料。

南城遗址发掘面积6000m²。文化层厚1.2～1.5m，共分6层，第一层为耕土层，第二层为宋、金时期文化层，第三层为唐代文化层，第四、五层为战国、汉代文化层，第六层为商代文化层。在第六层下还发现先商、龙山、仰韶时期文化遗存。共发现先商至汉唐时期房址6座，灰坑和窖穴145座，墓葬92座，龙山及商代陶窑6座，汉代环壕1条。其中，尤以先商文化墓地、房址、龙山时期陶窑最为重要。先商时期墓葬多为东西向，大体分三个小区，南北并列三排，有序排列，很少有相互叠压或打破现象。墓葬全部为竖穴土坑式，平面呈长方形，长约2m，宽约0.6m，深约0.5～1m左右，一些墓葬有生土或熟土二层台，多数墓葬无棺椁等葬具。墓葬全部为单人葬，以仰身直肢为主，少数俯身葬，头面向东部。约三分之一墓葬有随葬品，以锥足鼎或扁足鼎、高尖足鬲、粗柄豆和圈足簋等器物最常见，多在1～3件之间。另有两座稍大型的墓，在尸骨头部发现有大蚌壳及海贝等串饰，随葬品数量也较多，由此推断墓主人的身份地位也较高。先商时期房址为圆形半地穴式，直径约2.5m，深约1.5m。周围有生土二层台，二层台上有柱洞，门道位于房址的西侧，房址外围有覆盖圆形或圆锥形层顶坍塌留下的痕迹。室内填土多层，底部有踩踏面或用火痕迹。南城遗址先商时期墓葬和房址的发现属于南水北调工程考古重要发现，不仅了解豫北冀南地区先商时期文化内涵，而且通过锥足鼎、扁足鼎、尖足鬲、粗柄豆和圈足簋等器物形制、来源以及人骨的研究，将进一步深化该地区与周边先商文化类型、年代分期、相互关系研究。

贾村遗址发掘面积约3000m²。共发现西晋和清代墓葬106座。西晋墓葬为带墓道的双室墓，规模较大，墓道与前室，前室与后室均由券门、甬道连接，墓室四壁较直且较为规整，墓室底部有铺地砖。由于盗扰严重，没有文物出土。清代墓葬有土坑竖穴墓、土洞墓两种，有单人葬，双人合葬，三人合葬，有部分二次葬。葬具均为木棺，葬式为仰身直肢。出土文物100余件。

（三）考古发掘工地检查、指导、验收

根据几处重要文物遗址考古发掘进展情况，及时解决发掘工作中遇到的问题，适时地邀请国家文物局专家到考古工地现场检查、指导工作。同时，在工作即将结束时，邀请专家对考古工地进行验收。在考古发掘工作中，还邀请南水北调工程业主单位的领导视察考古工地，就南水北调工程文物保护工作达成共识。

（四）“2007年度全国考古十大发现”评选活动

2008年3月，“2007年度全国考古十大发现”评选活动在北京举行，河北省文物研究所北朝墓群72号墓、中国社会科学院考古研究所003号墓以及河北省文物保护中心东武仕遗址获得参选机会。经过专家评选，北朝墓群003号墓、72号墓作为合并项目入选我国“2007年全国十大考古新发现”。

（五）考古发掘资料移交和考古发掘报告出版

督促南水北调工程京石段各考古发掘单位考古发掘资料整理、移交工作，截至2008年12月，移交率达65%。与时同时，及时与中国文物出版社联系考古发掘报告出版事宜，现《徐水西黑山》考古发掘报告已经正式出版发行。《易县北福地》考古发掘报告亦与中国文物出版社签订了出版合同。

（六）南水北调廊坊干渠文物保护规划编写

廊坊干渠为河北省自主修建的南水北调中线重要输水干渠之一，主要从三岔口分水，输水到廊坊市的广阳水库，途经保定涿州市、廊坊市固安县、永清县及廊坊的安次区，总长80km。2007年调查发现文物遗存点11处，2008年，由河北省文物研究所对发现的文物遗存点进行了文物勘探工作，并在此基础上编制了《南水北调廊坊干渠文物保护规划》。

（张素洁）

河南省文物保护工作

2008年，根据南水北调中线工程总体工作部署，国务院南水北调办批准河南省丹江口库区文物保护项目28个，计划发掘面积90 000多m²。另外，对丹江口库区2007年度的8个文物保护项目继续开展工作，2006年度实施发掘的项目新郑胡庄墓地，因考古发掘工作量大，仍然在继续发掘之中。南水北调中线工程总干渠黄河以北文物保护项目的考古发掘工作已于2007年底全部完成，黄河以南还有50多项文物保护期待发掘。2008年，河南省文物局安排了宝丰小店遗址和禹州新峰墓地实施发掘。

在2008年度的丹江口库区和总干渠的文物保护工作中，河南省文物局组织省内外22家考古发掘研究单位承担相关工作任务。从南水北调文物保护工作开始起，河南省文物局即要求各发掘单位在发掘过程中要重视课题研究，着重解决不同的学术问题。不仅注重各类文物的抢救保护，而且要充分采用现代科技手段，最大可能地采集各类标本，特别是对于出土的人骨、兽骨进行了性别、年龄、病理以及DNA等方面的鉴定，为多学科研究积累充足的材料。经过四年的积累，大大促进了参加河南省南水北调文物保护工作的单位学术科研水平的提高，也有力地推进了河南省文物保护成果的提升。

2008年，河南省文物局在南水北调文物保护管理工作、文物保护方案编制、考古发掘和文物巡护工作等方面均取得了突出成果，为南水北调工程建设的顺利实施作出了积极贡献。

（一）文物保护工作方案编制和管理工作

河南省文物部门编制上报了2008年度丹江口库区文物保护工作方案及投资预算和南水北调工程2009年度文物保护工作方案。加强了财务管理和监督，完善了经费拨付办法和经费使用办法。制定了文物巡护工作暂行规定，对巡护工作各方面作了详细而具体的要求，为以后巡护工作的规范化、制度化提供了依据。为了充分展示南水北调文物保护工作成果，河南省文物局从南水北调工程中出土的37 000余件文物中精心挑选了600余件珍贵文物进行展示，先后有40多个团体单位300余人参观了陈列展览。国家文物局局长单霁翔、水利部调水局副局长尹宏伟、河南省南水北调办副主任薛显林和刘正才等领导，以及国务院南水北调办、中线建管局，河南省南水北调办、省移民办，长江水利委员会等单位领导和专家先后来参观考察，均对河南省出土的文物给予了高度评价。

（二）文物考古发掘工作

2008年，河南南水北调文物保护工作丹江口库区和总干渠发掘总面积达58 000m²，取得了丰硕成果。据初步统计，共出土文物8000余件，清理墓葬1360多座，灰坑2020多个，房基200余个，陶窑17座，灰沟150多个，水井20余眼，烧土堆积、壕沟、祭祀坑等其他遗迹现象30多个，取得了多项重要发现。胡庄墓地2座战国晚期大墓清理工作基本完成，墓葬采用卵石和木炭混合的石炭椁，一椁双棺，出土了青铜礼器、乐器、兵器、车马器、杂器、玉器、陶器、骨器等各种质地文物500余件，其中数十件铜器上发现“王后”、“王后官”和“太后”刻铭，可以确定这是一组战国晚期的韩国王陵，填补了韩国王陵的考古空白，在陵墓考古方面意义十分重大，已经入选了2008年度全国十大考古新发现25项入围名单。沟湾遗址发现了仰韶文化、屈家岭文化、石家河文化和王湾三期的文化遗存，使其成为继淅川下王岗遗址、邓州八里岗遗址发掘之后的又一重大考古发现，对研究汉水中游地区新石器时代文化的发展序列以及不同文化的分期与年代，揭示不同时期的聚落布局及其演变规律，探索当时人与自然环境的关系，特别是对探讨黄河与长江中游两地区的文化交流状况等问题，都具有十分重要的学术价值。下王岗遗址发现了龙山文化、新砦晚期、二里头文化、西周时期的文化遗存，出土了石圭、鼍甲骨、铜矛等遗物，对于楚文化的探源、中国兵器戈的起源以及玉礼器圭的起源等相关学术课题的研究均具有非常关键性的意义。

（三）文物巡护工作

南水北调中线工程总干渠安阳段文物巡护工作成效显著，发现并清理了多座北朝时期大型砖室墓，出土了彩绘陶俑、瓷器、墓志等珍贵文物400余件。其中安阳刘通墓、叔孙夫人墓和贾进墓等北齐大型砖室墓的发现，是南水北调工程文物巡护工作的重要成果，对于北齐历史、丧葬习俗、陶塑艺术、书法艺术等研究具有重要的学术价值。在南水北调中线工程总干渠河南段施工过程中，文物巡护工作既积极有效地抢救保护了文物，又有力地配合了工程建设的顺利进行，实现了工程建设和文物保护工作的双赢局面，也为河南省以后的南水北调中线工程文物巡护工作积累了宝贵的经验。

（董　睿）

湖北省文物保护工作

2008年是南水北调工程文物保护工作的关键一年。湖北省文物局积极开展南水北调工程2008年度文物保护工作，取得一系列成果。

（一）考古发掘

2008年4月，国家批准了湖北省2008年文物保护项目，涉及文物保护项目33处，湖北省文物局及时组织中国科学院古脊椎动物与古人类研究所、中国社会科学院考古研究所、南京大学、成都文物考古研究所等17家具有团体领队资质的单位，对新批准的项目和已批准的连续性文物保护项目进行了抢救性考古发掘。截至2008年底，湖北省已累计对58个文物保护项目实施抢救性考古发掘，累计完成考古发掘面积15.5万m^2，勘探面积434.5万m^2，出土重要文物约1.7万件，其中郧县李营墓群出土的神人抱鱼铜带钩、郧县乔家墓群出土的镶嵌绿松石的铜壶、丹江口龙口林场墓群出土的东汉玉璧等精美文物被评为“2008年度十大文物精品”。尤为重要的是，郧县辽瓦店子遗址在近年考古发掘工作中，出土了大批新石器时代晚期、夏、商、西周、东周、汉、唐宋等几大时期的遗迹、遗物，在鄂西北首次发现从新石器到东周时期完整的文化堆积，建立了一个全新的区域文化发展标尺，其夏、商、两周时期遗存对于相关时期考古学研究具有重要学术价值，2008年4月，该遗址被评为2007年度“全国十大考古新发现”。

这些新发现不仅有效地抢救保护了文物，又为工程建设争取了时间，实现了工程建设和文物保护工作的双赢。

（二）成果出版

2008年，湖北省文物局继续狠抓成果出版，继出版南水北调东、中线一期工程第一本考古报告《郧县老幸福院墓群》和出版《湖北省南水北调工程重要考古发掘Ⅰ》并被评为“2007年度全国十佳文博考古图书”后，湖北省文物局组织项目承担单位在全国重点核心期刊《考古》2008年第4期刊发郧县大寺遗址、丹江口金陂墓群等4篇考古发掘简报，及时公布了湖北省库区最新考古发掘资料，促进了湖北省库区学术研究的加速推进；同时结合湖北省最新考古发现情况，湖北省文物局将《湖北省南水北调工程重要考古发现Ⅱ》列入出版计划。

（三）人才培养

在积极开展文物抢救保护的同时，为进一步培养锻炼文博专业队伍，为南水北调工程文物保护提供强有力的后备军，4月~8月，湖北省文物局委托武汉大学和湖北省文物考古研究所在郧县青龙泉遗址举办为期4个月的田野考古培训班，对近30名文博骨干进行了系统的理论知识和田野操作技能的培训。培训班根据事先制定的培训方案，先后邀请了20余位知名专家、学者，采取理论知识讲授与田野发掘实践相结合、系统课程讲授与专题讲座相结合、课堂学习与自学相结合的教学方式，讲授了考古学基础知识、各时段考古和考古勘探、考古测量、考古绘图以及动物考古、体质人类学等专题知识，使学员对考古学有了基本的了解；武汉大学和湖北省文物考古研究所的专家进行田野考古发掘现场指导和训练，提高了学员的田野操作水平。

（四）课题研究

为进一步廓清南水北调湖北库区历史文化面貌，继续提升库区文物保护工作的综合研究和总体科研水平，湖北省文物局自南水北调文物保护规划阶段开始就深化课题意识，制定了10余项指导性科研课题，并于2007年9月正式启动了湖北省库区科研课题的立项工作。2008年5月，湖北省文物局聘请故宫博物院、北京大学、天津文化遗产保护中心等单位的9位专家召开南水北调工程文物保护科研课题立项评审会，对申报的科研课题进行了评审，确立了14项科研课题项目，予以公示并签订科研课题协议书后正式开展科研工作。

（五）档案管理

随着湖北省丹江口库区文物保护工作的不断推进，文物保护档案的及时整理、归档和保存显得尤为重要。为切实强化南水北调文物保护档案的管理，湖北省文物局于2008年投入经费20余万元在湖北南水北调博物馆（十堰）建立了湖北南水北调文物保护档案室，配备17组密集架和防磁柜、电脑等设备，制定了文物保护档案管理办法，并自主研发了档案信息管理系统，为文物保护档案的归档、保存、查阅提供了便利条件。目前，郧县乔家院墓群、丹江口南张家营遗址等近20个文物保护项目的档案资料已归档上架。

（六）业务管理

为强化湖北省库区文物保护管理，湖北省文物局总结三峡工程文物保护工作经验，对业务管理进行了一系列制度创新，开创了“四制一会一评”的业务管理新路子，并在文物保护工作中得到不断落实和推进。2008年，湖北省文物局先后8次组织武汉大学、湖北省文管会、湖北省文物考古研究所等单位的专家深入南水北调考古发掘现场，对考古发掘项目进行检查、评估和工作量验收，使考古发掘质量再上新台阶；监理单位中国文化遗产研究院（原中国文物研究所）对各考古发掘项目实施了全面监理，对高水平地做好田野考古发掘起到了良好的监督与促进作用；2008年12月，湖北省文物局召开了2008年度考古工作汇报会，及时总结交流考古发掘经验与成果，并对2008年度考古工作中表现突出的单位和个人进行了表彰。与此同时，自2007年湖北省出重拳侦破跨省盗掘古墓案件后，安全意识得到进一步强化，各项目承担单位、协调协作单位严格按照湖北省文物局的要求开展文物抢救保护工作，实现了湖北省库区文物保护零事故的安全年。

（杜　杰）

汉江中下游治理工程

前期工作

经国务院南水北调办同意，南水北调中线汉江中下游治理工程共分为4个单项，9个初步设计单元工程。兴隆水利枢纽工程为1个设计单元工程，初设概算投资30.49亿元（2008年三季度价格）；引江济汉工程划分为5个设计单元工程，分别为进口段工程、荆江大堤至拾桥河段工程、拾桥河至高石碑出口段工程、东荆河及田关河工程、管理及通信工程，可行性研究估算投资47.29亿元（2004年三季度价格）；部分闸站改造工程划分为2个设计单元工程，分别为泽口闸改造工程和其他闸站改造工程，可行性研究估算投资3.73亿元（2004年三季度价格）；局部航道整治工程划分为1个设计单元工程，可行性研究估算投资3.49亿元（2004年三季度价格）。

2007年，汉江中下游治理工程设计招标工作全面完成，初步设计工作全面开展，其中，兴隆枢纽初步设计工作基本完成。

2008年，汉江中下游治理建设工作全面推进，其中，国务院南水北调办组织了兴隆枢纽初步设计预审和概算评审，初步设计技术方案获国务院南水北调办批复，监理及第一批施工项目招标工作启动，各项开工准备工作基本就绪；引江济汉工程初步设计报告基本完成；部分闸站改造和局部航道整治工程初步设计工作全面推进。

（一）兴隆枢纽工程

1. 初步设计

2008年4月，国务院南水北调办委托南水北调工程设计管理中心对兴隆枢纽初步设计报告进行了预审。根据预审意见，设计单位进行了补充完善。2008年11月，兴隆水利枢纽初步设计报告的技术部分获国务院南水北调办批复。12月，南水北调工程设计管理中心对兴隆水利枢纽初步设计概算进行了评审。

根据批复的初步设计技术方案及评审的初步设计概算，兴隆水利枢纽工程设计正常蓄水位36.2m（黄海高程），正常蓄水位以下库容2.73亿m^3，总库容4.85亿m^3，电站装机容量40MW，项目总投资30.49亿元（2008年3季度价格水平，未列临时占地耕地占用税）。

2. 现场施工准备工作

施工现场准备工作就绪，进场道路全部建设完成，累计新建或改建道路13km、新建桥梁3座，左岸施工用电已经完成，施工用电线路及变压器已安装至施工现场，右岸施工用电协议已经签订，场地平整已经完成，各施工单位生活营地已经开始建设。

3. 分标规划

湖北省南水北调办组织建设管理机构和设计单位共同研究确定了兴隆枢纽的分标规划。分标规划已经省南水北调办核准，并报国务院南水北调办备案。

根据核准的分标规划，兴隆水利枢纽工程标段共划分为43个，其中监理标3个，临时工程标7个（含导流工程标4个），交通工程标5个，主体建安工程标（含安全观测）7个，金属结构设备采购标6个，机电设备采购标11个，库区综合治理工程标4个。

4. 招标投标

根据批复的兴隆枢纽初步设计技术方案，及时组织了监理招标工作，已完成主体工程监理、交通桥工程监理及移民监理监测全部监理标段的招标工作，并分别与中国水利水电建设工程咨询西北公司、深圳市东鹏工程建设监理有限公司及湖北腾升工程管理有限公司签订了监理合同。

及时组织了第一批施工项目招标工作，启动了导流明渠、围堰防渗墙1标、围堰防渗墙2标及左右岸交通桥工程共四个施工标段的招标工作，发布了招标公告并发售了招标文件。

5. 投资计划管理

兴隆水利枢纽工程总投资30.49亿元（不包括临时耕地占地税），全部由中央投资。截至2008年底，国家下达兴隆水利枢纽初步设计工作投资3200万元，而该工程初步设计工作已于2005年完成，实际完成初步设计工作投资5780万元。

（二）引江济汉工程

引江济汉工程涉及通水和通航工程，与高速公路、铁路、输油、输气管道均有交叉，十分复杂，同时承担设计任务的有3家设计单位。为了推进初步设计工作，全面完成初设报告，湖北省南水北调工程建设管理局先后四次组织召开初步设计工作协调会。同时，与湖北省交通厅共同成立了引江济汉工程建设协调工作领导小组，并召开了领导小组会。与铁路、天然气等部门进行了多次沟通和协调。2008年底，初步设计报告编制工作已经完成。

（马荣辉　武耕民）

新开工项目介绍

南阳膨胀土试验段工程

工 程 概 况

南阳膨胀土试验段工程是中线总干渠工程的一部分，位于陶岔—沙河段南阳市境内，起点位于南阳市卧龙区靳岗乡孙庄东，桩号100 + 500，终点位于南阳市卧龙区靳岗乡武庄西南，桩号102 + 550，全长2.05km。其中桩号（100 + 500）~（101 + 850）为弱膨胀土渠段，桩号（101 + 850）~（102 + 550）为中膨胀土渠段。

南阳膨胀土试验段渠道设计流量为340m^3/s，加大流量为410m^3/s，渠道设计水深7.5m，设计断面为半挖半填渠道和挖方渠道，最大挖深约19m，最大填高5.5m。

南阳膨胀土试验段布置有跨渠公路桥及生产桥各1座，无其他交叉建筑物。公路桥位置在桩号101 + 387，生产桥桩号为102 + 367。

南阳膨胀土试验段工程为一等工程，总干渠渠道及各类交叉建筑物和控制工程等主要建筑物按1级建筑物设计，附属建筑物、河道防护工程及河穿渠建筑物的上下游连接段等次要构筑物按3级建筑物设计，临时建筑物按4~5级建筑物设计。设计洪水为50年一遇，校核洪水为200年一遇。该段地震动峰值加速度为0.10g，对于边坡高度大于15m的渠道，按地震基本烈度Ⅶ度设防。

根据初步设计报告，按2007年四季度价格水平计算，工程静态总投资为13 916万元，其中工程部分静态总投资为7993万元，公路桥部分静态总投资2166万元，征地及环境部分静态总投资3757万元。工程施工总工期16个月。

工程总布置及主要建筑物

南阳膨胀土试验段起止点坐标：起点X = 3 656 807.229 7m，Y = 453 450.885 4m；终点X = 3 658 611.489 1m，Y = 454 395.551 8m。起点和终点设计水位分别为141.54m和141.458m。

南阳膨胀土试验段设有2个弯道，圆弧段桩号为（101 + 182.8）~（101 + 312.5）和（102 + 184.9）~（102 + 234.9），转弯半径均为500m，转角分别为15.32°和7.48°。

（一）渠道

根据水头优化分配结果及总干渠总体布置，试验渠段渠道纵坡为1/25 000。试验段（100 + 500）~（101 + 300）为半挖半填渠道，（101 + 300）~（102 + 500）为全挖方渠道。

（1）全挖方渠段，在总干渠加大水位加0.8m设一级马道，宽5m，以上每增高6m，增设一级马道，宽2m，渠道开口线外两侧设有防护堤、截流沟和防护林带。

（2）半填半挖渠段，堤顶高程取下列计算结果的最大值：① 渠道加大水位加1.0m；② 满足总干渠防御渠堤外侧设计洪水位加超高；③ 满足总干渠防御渠堤外侧校核洪水位加超高。堤顶宽5m。堤脚外两侧设置截流排水沟和林带。

试验段（100 + 500）~（101 + 850）段具弱膨胀性，（101 + 850）~（102 + 550）段具中等膨胀性，经边坡稳定分析，边坡系数为2.0，均可满足抗滑稳定要求。为防止边坡浅层失稳，需对渠坡进行坡面保护，其坡面保护措施最终由试验确定，现阶段暂定为，中、弱膨胀土的换土厚度分别为1.0m和0.6m。中膨胀土全开挖断面换土。弱膨胀土胀缩特性较弱，仅对一级马道以下断面采用换土处理。

渠道综合糙率取0.015，设计水深为7.5m，该试验段过水断面及一级马道以上边坡系数均为2.0，一级马道宽5m，一级以上马道宽2m，渠道底宽为22m。

渠道采用全过水断面混凝土衬砌，混凝土衬砌下铺设二布一膜复合土工膜防渗。(100+500)~(101+500)和(102+100)~(102+400)两段渠道衬砌下排水采用移动泵抽排，(101+500)~(102+100)段采用渠坡设暗管集水，逆止式集水箱自流内排方式。

总干渠运行维护道路设于右侧的一级马道（挖方段）或堤顶（半挖半填段），按沥青混凝土路面设计，路面净宽4.0m。左岸挖方段的一级马道和填方段的堤顶路面按泥结碎石路面设计。

（二）跨渠桥梁

南阳膨胀土试验段内布置公路桥1座，生产桥1座，与可研阶段座数一致。路渠交叉处为全挖方渠道，依据设计原则，结合交叉处渠道开口宽度、渠堤（或防洪堤）布置、两岸接线标高、路渠交叉形式及路网情况和相关技术要求，本渠段路渠交叉桥梁总长209.5m，路线总长762.17m。桥型均为简支箱梁，最大跨度40m，最小跨度30m。

丁洼东南跨渠公路桥位于南阳市规划的城市主干道—北环路上，规划道路红线宽度45m，与总干渠交叉桩号为101+387，桥梁全长为107.5m。荷载等级为城-A级。根据跨渠公路桥技术规定，经多次与南阳市政府部门沟通协商后，该跨渠桥桥梁总宽为30.7m。

丁洼东南跨渠公路桥位于南阳市规划的城市主干路—北环路上，交叉处道路呈直线布置，桥梁与总干渠成78°交角，桥轴线与总干渠中心线交点坐标为X=3 657 543.217 7，Y=453 940.737。北环路没有现状道路，规划道路的设计高程尚不明确，因此，桥头引道按现有地面高程落地。本线路全长540m，其中桥梁全长为107.5m。根据桥梁布置原则的要求，结合管理道路的位置，桥跨布置为(30+40+30)m较为合适。

武庄东跨渠生产桥位于武庄以东，主要是联系总干渠两岸，满足武庄等附近村庄的生产和生活需要。桥梁轴线与总干渠中心线正交，交点坐标为X=3 658 449.418 6，Y=454 309.851 9，与总干渠交叉桩号为102+367，桥梁总长102m，桥面总宽为4.7m，荷载等级为公路-Ⅱ级折减。

桥梁与总干渠正交，两头接线直接连接现有机耕道路，该线路全长222.17m，其中桥梁全长为102m。根据桥梁布置原则的要求，结合管理道路的布置，桥跨布置为(30+35+30)m较为合适。

施工组织设计

（一）施工条件

(1) 对外交通条件。膨胀土试验段位于南阳市近郊，对外交通条件好。焦枝铁路和312国道经过南阳市。

(2) 水电供应条件。膨胀土试验段附近有10kV或35kV配电网络，供电条件较好。施工用电可就近从地方10kV或35kV线路上引接。膨胀土试验段距兰营水库约3km，水库水量较丰。施工供水可采用地下水，或就近利用水库水。

(3) 主要建筑材料。工程所需土料可由大马营土料场供应，砂石料可由牡丹垛人工石料场和竹园寺砂砾料场供应。水泥、钢材、木材等可从南阳市就近采购供应。

（二）料场选择与开采

(1) 土料场。膨胀土试验段渠道所需填筑料从大马营土料场取土，总取土量19.62万m^3，占地约6.77万m^2。土料开采采用1~2m^3挖掘机，辅以100~120马力（1马力=0.735kW）推土机集料，10~15t自卸汽车运输至填筑区。

（2）砂石料场。膨胀土试验段需生产混凝土骨料（砂石净料）3.31万m^3，其中粗骨料2.35万m^3，细骨料（砂）0.96万m^3，浆砌块石料需要量0.69万m^3，垫层料需要量3.42万m^3。

选择竹园寺砂砾料场作混凝土细骨料料场，选择牡丹垛人工石料场作混凝土粗骨料料场。由于混凝土骨料用量小，而现有料场周围有中小规模采石场开采，能满足南阳膨胀土试验段对混凝土骨料的需求，因此考虑在现有料场购买混凝土骨料（总量3.31万m^3）。块石料在牡丹垛人工石料场购买。

（三）主体工程施工

1. 土石方施工

（1）土方开挖。渠道开挖采用1~2m^3挖掘机开挖，推土机配合，15t自卸汽车运输。试验段渠道建基面均预留保护层开挖。

（2）填筑。渠道填筑主要采用10~15t自卸汽车进占法卸料，100~120马力推土机铺料，采用10~15t轮胎碾碾压。渠道坡面换土回填部分碾压主要采用小型碾压设备，辅以斜坡碾进行施工。

（3）土方调配与平衡。膨胀土试验段总开挖量为150.84万m^3，填方22.57万m^3（折算成自然方26.55万m^3），按二段施工分期分别计算土方平衡。开挖料作为填土的利用方合计6.93万m^3，填筑还需集中取土19.62万m^3。弃方合计为143.91万m^3（折算成松方151.11万m^3），弃于取土场回填18.69万m^3，剩余125.22万m^3在渠道附近选定的弃土场堆弃。

2. 混凝土施工

南阳膨胀土试验段主要混凝土施工项目包括渠道衬砌和跨渠公路桥一座，混凝土总量约2.05万m^3。

由于渠坡长度和边坡不一，且有一座公路桥将试验段隔开，拟定渠坡采用机械化衬砌和拖模衬砌相结合的方式，渠底采用拖模衬砌，水平运输采用搅拌运输车。一般先衬渠坡，后衬渠底，分缝采用切缝机切缝后回填泡沫板和密封胶。

公路桥预制混凝土箱梁采用汽车式起重机吊装就位，桥墩、墩帽及桥面板等采用现浇方式，搅拌运输车运输，履带式起重机入仓。

（四）施工交通与施工总布置

1. 对外交通

根据现有对外交通条件，对外交通采用公路运输。进场公路就近与312国道相接，在相邻段工程占地范围内布置。需新建进场公路长约0.8km，路面宽7m，路基宽8.5m，采用泥结碎石路面。

2. 场内交通

试验段共布置6条场内道路，长度共计约23km，其中，新建7.4km，改扩建2.6km，利用现有道路13km。新建和改扩建的场内道路按路面宽7m，路基宽8m，采用泥结碎石路面。

3. 施工总布置

根据工程规模和施工场地条件，在渠道左侧布置施工场地。施工场地内根据工程需要布置混凝土系统、综合加工厂、汽车机械停放场、保养场、仓库、办公及生活区等。

南阳膨胀土试验段不单独设置砂石加工系统，所需混凝土粗骨料全部从牡丹垛人工料场购买，所需混凝土细骨料全部从竹园寺砂砾料料场购买。块石料（包括浆砌块石和干砌块石）及垫层料从当地购买。

混凝土系统占地面积4500m^2，配置HZS50型拌和站一座。

综合加工厂由预制构件厂、钢筋加工厂、木材加工厂及辅助设施组成，占地面积3700m^2。

施工供电从地方电网就近接线，10kV电源引线长约5km（2回），新建10/0.4kV施工变电所一座。

施工供水可采用地下水，就近打井解决。

弃土场选择在膨胀土试验段渠道两侧附近的低洼处布置，共布置3个集中弃土场，占地面积共计为27.61万m^2。其中，渠道左侧布置1个弃土场，为武庄东弃土场；渠道右侧布置2个弃土场，分别为黄土岗南弃土场和黄土岗北弃土场。

建设征地

南阳膨胀土试验段工程单元在100+500和102+550桩号处将高新区岗王村及卧龙区坡桥、大刘、雷庄3个村分割，考虑到农村居民生产安置的完整性，通过协商将高新区岗王村在试验段范围以外的干渠的永久征地范围整体纳入本试验段，试验段永久征地长度增加0.367km［桩号（100+133）~（100+500）］，永久征地范围总长度为2.417km［桩号（100+133）~（102+550）］。

工程建设征地范围包括永久征地和临时用地。工程永久征地指渠道、渠道两侧13m保护带、路渠交叉建筑物等用地；临时用地指施工工厂设施、办公生活区、机械汽车停放场、仓库、堆场、施工道路、取土（料）场、弃土（渣）场等用地。

南阳膨胀土试验段［桩号（100+133）~（102+550）］涉及南阳市卧龙区3个乡镇4个村、高新区1个乡镇1个村。涉及总占地共计1102.5亩，其中永久征地445.2亩，临时用地657.3亩；涉及机井房屋面积25.2m^2；涉及专项设施有国道1条0.18km，机耕道路6条1.365km。

水土保持

经复核，南阳膨胀土试验段工程水土流失防治责任范围面积为41.36hm^2，全部项目建设区。工程建设将损毁水土保持设施面积1.11hm^2（不含移民安置区）。试验段总开挖量为150.84万m^3，经土方平衡后，弃土弃渣量为125.22万m^3。

本项目区水土流失防治执行一级标准。防治目标包括扰动土地整治率、水土流失总治理度、土壤流失控制比、拦渣率、林草植被恢复率、林草覆盖率6项指标，即扰动土地整治率达到95%、防治责任范围内水土流失总治理度达到95%、土壤流失控制比控制在1以内，弃土弃渣拦渣率大于95%、植被恢复系数达到98%、防治责任范围内林草覆盖率达到15%~25%。

根据工程所在地的自然和社会经济条件，结合工程初步设计报告中的建设内容、分布、工程量及其施工方式、工艺等内容，本段工程水土流失防治分区划分为主体工程区、弃土弃渣场区、取料场区、生产生活区、施工道路区。

水土流失防治措施主要包括工程措施、植物措施、临时措施。工程措施工程量为土地平整219 500m^2、人工开挖排水沟7951m^3、排水沟浆砌石衬砌5012.5m^3；植物措施工程量为直播种草2.44hm^2、紫穗槐88株；临时措施工程量为土方填筑1686.48m^3、土方开挖9231.3m^3、草袋土坎填筑5040.5m^3，草袋土拆除3316m^3，排水沟水泥砂浆抹面699.2m^2、土地平整113 500m^2。

水土保持工程实施进度原则上与主体工程同步施工，同时验收，部分植物措施则可以略滞后于主体工程的施工进度。

水文气象

总干渠膨胀土南阳试验段位于南阳市北岗坡地上，地势南低北高，地面高程沿渠线自南向北由138.70m升至153.00m。

膨胀土渠段地处北亚热带北缘，受季风进退影响，四季分明。一年中春秋两季较短，冬夏历时较长。春季温度回升快，前期少雨干旱，后期间有低温阴雨；夏季受西太平洋副热带高压控制，气温高而降雨多；秋季昼暖夜凉，温差较大，并时有连绵阴雨；冬季受强大的西伯利亚和蒙古冷高压控制，干燥寒冷，雨雪稀少。据南阳站实测资料统计，试验段附近区域多年平均降水量787.4mm。

膨胀土南阳试验段位于南阳气象站附近，据南阳站实测气象资料统计，渠段附近多年平均气温14.8℃，极端最高气温41.4℃（1972年6月11日），极端最低气温-17.6℃（1969年1月31日），多年年平均地温（距地面0cm）16.9℃，降霜日数64.8天，雾日数28.4天，日照2002h，水面蒸发量近1000mm，相对湿度73.0%，多年平均气压1002hPa。全年盛行的风向为N、NE，多年年平均风速2.2m/s，最大风速16.0m/s，定时最大风速27m/s，实测最大积雪深度27.0cm，最大冻土深度12.0cm。

南阳膨胀土试验段较短，渠段内未布置排洪建筑物。

南阳膨胀土试验段附近的洪水，均由暴雨形成。洪水发生时间与暴雨一致，一般从6月中旬开始，至9月中旬结束，但主要是发生在7、8两月。该地区1919、1975、1979等年发生的特大暴雨洪水或大暴雨洪水，均是在7月或8月。11月至次年3月，不仅无洪水发生，且降水量稀少。

南阳膨胀土试验段位于岗坡上，暴雨降到坡地上产生的雨水，沿坡面形成漫流，暴雨停止后，膨胀土渠段的坡面漫流水也会很快停止。

总干渠渠道左侧地面高程由近向远逐渐降低，遇暴雨产生洪水时，渠道外侧洪水可顺地势向远离渠道方向向外漫流，对渠道不产生影响。

工 程 地 质

南阳膨胀土试验段位于南阳盆地的北部与伏牛山南缘山前岗地的交汇部位，地面高程138.7~153m，地形较开阔平坦，段内东北高，西南低，向西南倾斜。地表发育有多条干沟，宽3~15m，深0.8~2m，长短深浅不一。

南阳膨胀土试验段工程主要涉及的地层为上第三系（N）河湖相沉积黏土岩、砂质黏土岩、砂岩，第四系中更新统冲洪（al-plQ_2）积粉质黏土、黏土，第四系坡积（dlQ）粉质黏土。第四系黏性土具弱至中等膨胀性，局部具强膨胀性。N层黏土岩、砂质黏土岩具中至强膨胀性。

南阳膨胀土试验段位于秦岭褶皱系南阳凹陷的北部边缘。新构造运动表现为大面积缓慢抬升，区内未发现第四纪断层。工程区地震动峰值加速度为0.10g，地震动反应谱特征周期为0.40s，相应地震基本烈度为Ⅶ度。工程区属大陆性季风气候区，夏季炎热，冬季寒冷，年平均气温15℃左右，年降雨量约800mm，多集中在7、8、9三个月。工程区地下水主要为第四系裂隙水（上层滞水），上第三系孔隙、裂隙承压水，水量有限。第四系土体中分布的上层滞水，无统一地下水位，水位随季节变化。土体渗透系数$K=i\times10^{-5}\sim i\times10^{-9}$cm/s，具微弱透水性。2006年地下水位长期观测表明，地下水位一般埋深1~3m（高程135.3~146.93m），渠段西南端地下水位埋深较浅，据调查水位年变幅2m左右。

南阳膨胀土试验渠段内包括膨胀土均一结构类的弱膨胀土亚类（$Ⅲ_{5-1}$）2段，长1.05km；中等膨胀土均一结构类（$Ⅲ_{5-2}$）亚类1段，长0.48km；上中膨胀土、下强膨胀岩亚类（$Ⅱ_{14-8}$）1段，长0.22km；上弱膨胀土、下弱膨胀岩亚类（$Ⅱ_{14-9}$）1段，长0.3km。

（1）桩号（100+500）~（101+550）渠段，为弱膨胀土（$Ⅲ_{5-1}$）亚类，长1.05m，地面高程138~145.0m，其中桩号（100+500）~（101+300）为半填半挖渠段，渠道挖深4~9.5m，填高0~5.5m，渠坡主要由dlQ、Q_2粉质黏土组成。桩号（101+300）~（101+550）为全挖方段挖深9.5~11m。地下上层滞水水位高于渠底0~4m，低于渠水位，水量不丰，渠道开挖局部有渗水。由于渠坡不高，渠坡稳定性较好。

(2) 桩号 (101+550)~(101+850) 渠段主要为弱膨胀土下膨胀岩 ($Ⅱ_{14-1}$) 亚类，长300m；桩号 (101+550)~(101+700) 渠底板下分布强膨胀黏土岩。渠坡主要由 al-dlQ_2粉质黏土、局部黏土组成，地面高程 145.0~149.5m，渠道挖深 11.0~15.5m。地下上层滞水水位高出渠底板 7~13m，属裂隙水，水量不丰，施工期间存在渗水现象，地下水对渠坡稳定不利，渠坡稳定性一般。土体膨胀性不均一，对渠道衬砌不利。

(3) 桩号 (101+850)~(102+330) 渠段，为中膨胀土 ($Ⅲ_{5-2}$) 亚类，长480m，地面高程 149.5~152m，渠道开挖深度 15.5~18m，渠坡主要由 al-plQ_2粉质黏土、黏土、钙质结核粉质黏土组成。地下上层滞水水位高出渠底板 8~12m，赋存于土体的裂隙或钙质结核层中，属孔隙裂隙水，水量不丰，施工期间存在渠坡渗水现象，对渠坡稳定不利。由于渠坡较高，渠坡土体具中等膨胀性，且土体膨胀力较大，渠坡稳定性较差。

(4) 桩号 (102+330) ~ (102+550) 渠段属上中膨胀土、下强膨胀岩 ($Ⅱ_{14-8}$) 亚类，渠段长 220m，为挖方段，挖深 10~14.4m，渠坡主要由 al-plQ_2粉质黏土、黏土组成，底部局部可能揭露 N 层黏土岩。渠段内地下水位高于渠底板 6~10m，为上层滞水，水量不丰，局部可能会存在施工期渠坡渗水。由于渠坡较高，渠坡由中膨胀性的粉质黏土组成，渠底以下 5m 黏土岩具强膨胀性，渠坡整体稳定性较差。施工需采取保护措施。

南阳膨胀土试验段依地表至渠底以下 5m 地质结构特征，结合其水文工程地质条件分析，存在的主要工程地质问题有土（岩）的膨胀性问题和渠道边坡稳定性问题。

南阳膨胀土试验段内布置有一座公路桥和一座生产桥，公路桥为丁洼公路桥，与总干渠交叉桩号 101+387；生产桥为武庄东跨渠生产桥，与总干渠交叉桩号 102+367。工程涉及的主要地层为第四系中更新统冲洪积 (al-plQ_2) 粉质黏土、黏土，厚 12~17m；上第三系（N）河湖相黏土岩、砂质黏土岩、砂岩、砂砾岩。除了使用桩基础外，两岸还可采用条形扩大基础，但需注意土体膨胀引起的地质问题。

通过勘察，查明大马营土料场储量土料 343 万 m^3，白河竹园寺砂砾场料场砂料储量 797 万 m^3，砾料储量为 292 万 m^3，人工骨料、块石料储量 2114 万 m^3。满足设计对天然建筑材料的用量要求。

天津干线工程　天津市 1、2 段工程

天津干线工程概况

（一）工程任务

南水北调中线一期工程天津干线工程的任务主要是引调丹江口水库水解决天津市缺水问题，为天津市国民经济可持续发展提供新的水源保障。根据天津市水资源供需平衡分析，2010 水平年天津缺水 12.46 亿 m^3，分别由南水北调中线一期工程（8.6 亿 m^3）和东线一期工程（5.0 亿 m^3）供水。按照天津市水资源供需分析，考虑了当地可用水量、引滦供水量及工程布局，确定南水北调中线工程天津供水区范围为永定新河以南地区，分别是中心城区及新四区（包括市内 6 区及东丽、津南、西青、北辰 4 区）、滨海地区［塘沽区（含开发区、保税区、港口物流区）、大港区（含油田）］及静海县。

除了上述天津市供水范围外，天津干线

工程还承担沿线保定市的徐水、容城、安新、雄县、高碑店和廊坊市的固安、霸州、永清、安次等县的供水任务（供水规模为 1.2 亿 m^3/年）。

（二）工程规模

天津干线工程的设计流量为 50 ~ 18m^3/s，加大流量为 60 ~ 28m^3/s。根据天津干线沿线分水口位置、规模及其供水对象的重要性，天津干线分段工程规模见表 1。

表 1　　天津干线分段工程规模表　　m^3/s

桩　　号	设计流量	加大流量
(XW0 + 000) ~ (XW84 + 800)	50	60
(XW84 + 800) ~ (XW113 + 848)	47	57
(XW113 + 848) ~ (XW148 + 732.269)	45	55
(XW148 + 732.269) ~ (XW155 + 305)	18	28

（三）工程布置和主要建筑物

南水北调中线一期工程天津干线工程西起河北省保定市徐水县西黑山村，起点设计桩号为 XW0 + 000，东至天津市外环河西，终点设计桩号为 XW155 + 305，全长 155.305km，途经河北省保定市的徐水、容城、雄县、高碑店，廊坊市的固安、霸州、永清、安次和天津市的武清、北辰、西青，共 11 个区县，各区县境内分界桩号及界内长度见表 2。

表 2　　天津干线各区县分界桩号及长度表

省（直辖市）	市	县（区）	桩　　号	界内长度（km）		
河北省	保定市	徐水	(XW0 + 000) ~ (XW32 + 820)	32.820	75.927	131.36
		容城	(XW32 + 820) ~ (XW56 + 983)	24.163		
		高碑店	(XW56 + 983) ~ (XW57 + 142)	3.253		
			(XW57 + 225) ~ (XW58 + 548)			
			(XW60 + 368) ~ (XW60 + 842)			
			(XW60 + 930) ~ (XW60 + 996)			
			(XW62 + 123) ~ (XW63 + 354)			
		雄县	(XW57 + 142) ~ (XW57 + 225)	15.691		
			(XW58 + 548) ~ (XW60 + 368)			
			(XW60 + 842) ~ (XW60 + 930)			
			(XW60 + 996) ~ (XW62 + 123)			
			(XW63 + 354) ~ (XW75 + 927)			
	廊坊市	固安	(XW75 + 927) ~ (XW81 + 571)	5.644	55.433	
		霸州	(XW81 + 571) ~ (XW99 + 897)	32.954		
			(XW108 + 024) ~ (XW122 + 212)			
			(XW130 + 920) ~ (XW131 + 360)			
		永清	(XW99 + 897) ~ (XW108 + 024)	8.127		
		安次	(XW122 + 212) ~ (XW130 + 920)	8.708		
天津市		武清	(XW131 + 360) ~ (XW136 + 467)	5.107	23.945	
		北辰	(XW142 + 212) ~ (XW149 + 450)	7.238		
		西青	(XW136 + 467) ~ (XW142 + 212)	11.600		
			(XW149 + 450) ~ (XW155 + 305)			
合　计			155.305			

天津干线工程采用全箱涵无压接有压全自流输水方案，全长155.305km，其中，调节池以上以无压流为主，称为无压输水段，调节池以下均为有压流，称为有压输水段。总体布置叙述如下：

（1）无压输水段，桩号（XW0+000）~（XW10+530.14），长10.53km。

1）桩号（XW0+000）~（XW0+830）为西黑山进口闸枢纽。其中：桩号（XW0+000）~（XW0+118）为进口引水渠；桩号（XW0+118）~（XW0+222）为西黑山进口闸；桩号（XW0+222）~（XW0+355）为单孔矩型槽（宽6.0m），纵坡比1/800；桩号（XW0+355）~（XW0+830）为单孔6.0m×4.0m（宽×高）无压箱涵，纵坡比1/800。

2）桩号（XW0+830）~（XW1+495）为东黑山陡坡段，其中：桩号（XW0+830）~（XW0+941.305）为进口段，由进口渐变段、进口检修闸、进口连接段三部分组成，纵坡比1/800；桩号（XW0+941.305）~（XW1+447.460）为陡坡主体段，2孔3.5m矩型槽，纵坡比1/22；桩号（XW1+447.460）~（XW1+495.00）为消力池。

3）桩号（XW1+495）~（XW2+275）为2孔3.5m×4.0m（宽×高）无压箱涵，纵坡比1/600。

4）桩号（XW2+275）~（XW3+222.647）为2孔3.5m×3.5m（宽×高）无压箱涵，纵坡比1/600。

5）桩号（XW3+222.647）~（XW3+407.647）为曲水河倒虹吸，2孔3.1m×3.1m（宽×高）有压箱涵。

6）桩号（XW3+407.647）~（XW5+625）为2孔3.5m×3.5m（宽×高）无压箱涵，纵坡比1/600。

7）桩号（XW5+625）~（XW5+670）为渐变段；桩号（XW5+670）~（XW6+675）为2孔4.0m×4.0m（宽×高）无压箱涵，纵坡比1/1200；桩号（XW6+675）~（XW6+720）为渐变段。

8）桩号（XW6+720）~（XW6+960）为2孔4.4m×4.5m（宽×高）无压箱涵，纵坡比1/2200。

9）桩号（XW6+960）~（XW8+570）为中瀑河倒虹吸，2孔4.4m×4.4m（宽×高）有压箱涵。

10）桩号（XW8+570）~（XW10+584.85）为2孔4.4m×4.5m（宽×高）无压箱涵，纵坡比1/2200。

（2）桩号（XW10+530.14）~（XW10+690.5）为文村北调节池长160.36m，是连接无压输水箱涵与有压输水箱涵的建筑物，通过调节池实现无压流向有压流的转换。

（3）有压输水段，桩号（XW10+690.5）~（XW155+305.074），长144.615km。

1）桩号（XW10+690.5）~（XW148+657.141）为3孔4.4m×4.4m（宽×高）有压箱涵，其中桩号（XW131+964）~（XW132+073）为王庆坨连接井。

2）桩号（XW148+657.141）~（XW148+788.141）为分流井。

3）桩号（XW148+788.141）~（XW155+202.074）为2孔3.6m×3.6m（宽×高）有压箱涵。自分流井（桩号XW148+788.141）至天津市西河泵站为2孔有压箱涵，尺寸3.8m×3.8m（宽×高），长8.48km。该工程段属天津市配套工程，不计入南水北调中线一期工程天津干线。

4）桩号（XW155+232.074）~（XW155+305.074）为外环河出口闸。

由于天津干线全长155.3km，有压段长144.6km，考虑到箱涵属低水头建筑物，为避免由于操作尾闸或中间闸门而引起箱涵内产生水锤压力，危及箱涵安全，在纵断布置上根据地形条件并满足水力压坡线要求，采用分段阶梯状设置保水堰井，以保证在任何工况下，有压段箱涵均处于有压状态。

天津干线共与62条河渠交叉，其中，行洪排涝河渠49条，灌溉渠道13条，均采用立体交叉型式。河渠交叉建筑物中，除西黑山沟采用左岸排水涵洞即天津干线在排水沟之上穿越外，其余均为从交叉的河渠下面穿过，即采用倒虹吸方式。

天津干线与京广、京九、津霸和京沪4条铁路交叉，铁路交叉建筑物均在有压箱涵输水段内，全部采用输水箱涵主体外保护涵结构，箱涵底板与保护涵之间设减振层，以防保护涵动荷载影响输水箱涵。根据工程维护和施工的需要，箱涵主体与保护涵之间留有间隙，端部封闭。

天津干线共与107条（次）乡村及以上公路交叉，其中，高速公路5条，分别是张石高速公路、京深高速公路、津保高速公路、京沪高速公路和大广（规划）高速公路；国省干道7条，分别为京广公路（107）、津保公路、津保高速公路白沟连接线、津同公路（112）、京开公路（106）、廊大公路、京福公路（104）。张石高速公路、京广公路、京深高速公路、京开公路、廊大公路、津同公路（磨汉港）、津保高速公路等7座交叉建筑物采用管棚暗挖法施工，京沪高速公路采用管幕法结合顶进方案施工，西青道采用明挖加盖挖施工方法，其余均为破路施工方案。

天津干线主要以现浇钢筋混凝土箱涵为主，主要建筑物共有268座，分别为西黑山进口闸枢纽（含排冰闸）1座，陡坡1座，调节池1座，检修闸3座，保水堰井8座，王庆坨连接井1座，分流井1座，外环河出口闸1座，通气孔69座，分水口9处，西黑山左岸排水涵洞1座，倒虹吸61座，铁路涵4座，公路池107座。

（四）设计单元划分

根据业主单位、上级主管部门安排，为便于组织实施，在初步设计阶段将天津干线划分为6个设计单元，各设计单元界点桩号、坐标及设计水位见表3，六个设计单元各类建筑物（除箱涵外）数量及其分布见表4。

表3　天津干线设计单元界点桩号及坐标表

<table>
<tr><th rowspan="2">设计单元号</th><th rowspan="2">段　名</th><th rowspan="2">长度（m）</th><th rowspan="2" colspan="2">天津干线桩号</th><th colspan="2">坐　标</th><th colspan="2">界点水位（m）</th></tr>
<tr><th>X</th><th>Y</th><th>设计流量 60～28m³/s</th><th>加大流量 50～18m³/s</th></tr>
<tr><td rowspan="2">一</td><td rowspan="2">西黑山进口闸至有压箱涵段</td><td rowspan="2">15 200</td><td>起点</td><td>XW0 +000</td><td>4 327 378.848</td><td>115 534 093.309</td><td>65.29/65.81</td><td>65.29</td></tr>
<tr><td>终点</td><td rowspan="2">XW15 +200</td><td rowspan="2">4 327 306.876</td><td rowspan="2">116 462 338.508</td><td rowspan="2">25.27</td><td rowspan="2">21.39</td></tr>
<tr><td rowspan="2">二</td><td rowspan="2">保定市1段</td><td rowspan="2">45 642</td><td>起点</td></tr>
<tr><td>终点</td><td rowspan="2">XW60 +842</td><td rowspan="2">4 330 004.267</td><td rowspan="2">116 505 596.906</td><td rowspan="2">16.65</td><td rowspan="2">13.31</td></tr>
<tr><td rowspan="2">三</td><td rowspan="2">保定市2段</td><td rowspan="2">15 085</td><td>起点</td></tr>
<tr><td>终点</td><td rowspan="2">XW75 +927</td><td rowspan="2">4 334 900.678</td><td rowspan="2">116 519 511.797</td><td rowspan="2">13.80</td><td rowspan="2">11.50</td></tr>
<tr><td rowspan="2">四</td><td rowspan="2">廊坊市段</td><td rowspan="2">55 433</td><td>起点</td></tr>
<tr><td>终点</td><td rowspan="2">XW131 +360</td><td rowspan="2">4 335 594.062</td><td rowspan="2">117 488 185.130</td><td rowspan="2">4.64</td><td rowspan="2">5.17</td></tr>
<tr><td rowspan="2">五</td><td rowspan="2">天津市1段</td><td rowspan="2">19 661</td><td>起点</td></tr>
<tr><td>终点</td><td rowspan="2">XW151 +021.365</td><td rowspan="2">4 335 002.694</td><td rowspan="2">117 504 703.998</td><td rowspan="2">1.34</td><td rowspan="2">3.17</td></tr>
<tr><td rowspan="2">六</td><td rowspan="2">天津市2段</td><td rowspan="2">4284.074</td><td>起点</td></tr>
<tr><td>终点</td><td>XW155 +305.074</td><td>4 334 370.481</td><td>117 507 656.098</td><td>0.00</td><td>2.60</td></tr>
</table>

表 4　　天津干线各设计单元分段桩号和建筑物统计表

序号	设计单元	西黑山进口闸至有压箱涵段	保定市 1 段	保定市 2 段	廊坊市段	天津市 1 段	天津市 2 段	总计
1	起点桩号	XW0 +000	XW15 +200	XW60 +842	XW75 +927	XW131 +360	XW151 +0215	XW0 +000
2	终点桩号	XW15 +200	XW60 +842	XW75 +927	XW131 +360	XW151 +021	XW155 +305	XW155 +305
3	总干线长（km）	15.200	45.642	15.085	55.433	19.661	4.284	155.305
4	进口闸（座）	1	0	0	0	0	0	1
5	陡坡（座）	1	0	0	0	0	0	1
6	调节池（座）	1	0	0	0	0	0	1
7	水库连接井（座）	0	0	0	0	1	0	1
8	分流井（座）	0	0	0	0	1	0	1
9	保水堰井（座）	1	3	0	4	0	0	8
10	出口闸（座）	0	0	0	0	0	1	1
11	检修闸（座）	0	1	0	1	1	0	3
12	通气孔（座）	6	22	7	24	9	1	69
13	分水口门（座）	0	3	1	5	0	0	9
14	河渠交叉建筑物（座）	5	13	3	21	6	1	49
15	灌渠交叉建筑物（座）	5	3	1	3	1	0	13
16	铁路交叉建筑物（座）	0	1	0	2	1	0	4
17	公路交叉建筑物（座）	10	35	14	33	13	2	105
18	建筑物总计（座）	30	81	26	93	33	5	268

工 程 任 务

天津市南水北调中线工程的供水范围为永定新河以南地区，分别是中心城区及新四区（包括市内 6 区及东丽、津南、西青、北辰 4 区）、滨海地区［塘沽区（含开发区、保税区、港口物流区）、大港区（含油田）］及静海县。

天津干线天津市 1 段工程桩号为（XW131 +360）~（XW151 +021.365），全长 19 661.365m，段内设有子牙河北分水口，通过天津干线分流井为天津市中心城区分水。

天津干线天津市 1 段工程在子牙河北岸设有分流井，把引江水输送到西河泵站，为中心城区的三大水厂——新开河水厂、芥园水厂、凌庄水厂供水，并设子牙河分水口，可相机为海河补充生态景观水和沿河工业用水，同时把水输送到天津干线末端，为天津东南部地区供水。

天津干线天津市 2 段工程桩号为（XW151 +021.365）~（155 +305.074），供水范围为滨海地区的塘沽区、大港区、静海县以及由津滨水厂供水的东丽、津南部分地区，供水对象是供水区内的城市用水——包括城市生活、生产和城市河湖环境用水。

天津干线天津市 2 段工程的任务就是作为天津干线输水工程的组成部分，负责将南水北调中线水输送到天津干线末端的曹庄泵站，通过天津市内配套工程输水至滨海新区的塘沽、大港区和在建的津滨水厂及静海县，为城市用水提供引江输水保障。

工 程 规 模

（一）天津市1段工程

天津干线天津市1段工程段内设有为天津市中心城区供水分水口1处，因此工程规模既要包括为下段工程输水的规模，又要包括本段分水规模。

1. 分水规模

本段内在子牙河北设分流井，把水输送到西河泵站，通过西河泵站向天津市中心城区的新开河水厂、芥园水厂、凌庄水厂输水。根据《天津市城市总体规划（2005～2020年）》，中心城区芥园、凌庄、新开河三大水厂供水能力将达到225万 m^3/d。

依据《天津市南水北调中线市内配套工程规划》，三大水厂除引滦水供水外，引江水也要具备完全独立供水能力。根据天津市发改委批复的《南水北调中线一期天津市内配套工程天津干线分流井至西河泵站输水工程可行性研究报告》，南水北调中线一期工程天津干线分流井分水供西河泵站的工程规模按照芥园、凌庄、新开河三大水厂的规划供水规模设计，并计入输水管道的漏损水量和净水厂自用水量，由此分析确定天津干线子牙河北分流井的分水规模为 $27m^3/s$。

同时，考虑到海河两岸的工业取水和中心城区景观用水的需要，分流井设有向子牙河相机补水的分水口门一座，规模 $5m^3/s$，该工程结合事故退水闸一并考虑。

2. 为下段工程输水规模

为下段工程输水规模即为天津干线末端曹庄泵站的供水规模。天津干线末端的供水规模在综合考虑塘沽区、大港区、静海县和由津滨水厂供水的东丽、津南部分地区需水后确定为 $28m^3/s$。

3. 天津干线天津市1段规模

天津干线优先向中心城区供水，余水量输送到干线末端为滨海地区供水，因此在设计和校核状态下，中心城区的分水规模都按 $27m^3/s$ 考虑。

天津干线天津市1段工程规模为：桩号（XW131＋360）～（XW148＋732.269）设计流量 $45m^3/s$，加大流量 $55m^3/s$。

桩号（XW148＋732.269）～（XW151＋021.365）设计流量 $18m^3/s$，加大流量 $28m^3/s$。

（二）天津市2段工程

天津干线天津市2段工程规模在综合考虑塘沽区、大港区、静海县和由津滨水厂供水的东丽、津南部分地区需水要求后确定为 $27.60m^3/s$（塘沽区规模 $12.00m^3/s$，大港区 $5.54m^3/s$，静海县 $3.50m^3/s$，津滨水厂 $6.56m^3/s$），设计采用 $28m^3/s$。

设计水平年为2010年。本工程为城镇供水工程，年供水保证率90%，旬供水保证率为95%～97%。

供水区规划水平年城市需水总量为8.24亿 m^3，其中生活需水量1.08亿 m^3，生产需水量6.38亿 m^3，河湖环境需水量0.78亿 m^3，详见表1。

表1　供水区2010年城市需水量汇总表

亿 m^3

供水分区	生活	生产	河湖环境	需水总量
塘沽	0.50	2.90	0.31	3.71
大港	0.18	1.87	0.20	2.25
东丽	0.17	0.35	0.15	0.67
津南	0.14	0.39	0.11	0.64
静海	0.09	0.87	0.01	0.97
合计	1.08	6.38	0.78	8.24

根据《天津市南水北调中线市内配套工程规划》，天津干线天津市2段工程供水区除静海县外均为引滦引江双水源保障供水区，多年平均和90%保证率时其城市水源可供水

量分别为：

（1）塘沽区（含开发区、保税区、天津港）。塘沽区引滦引江水、地下水、海水利用各水源的配置水量多年平均分别为2.54、0.29、0.65亿m^3，总计3.48亿m^3；90%保证率时分别为2.46、0.29、0.65亿m^3，总计3.40亿m^3。

（2）大港区（含大港油田及石化企业）。大港区引滦引江水、地下水、海水利用各水源的配置水量多年平均分别为1.13、0.37、0.57亿m^3，总计2.07亿m^3；90%保证率时分别为1.11、0.37、0.57亿m^3，总计2.05亿m^3。

（3）静海县。静海县2010年城市需水量0.97亿m^3，其中0.30亿m^3由凌庄水厂供水的管道供送（供水能力为9万t/d），由本工程供南水北调中线水多年平均为0.67亿m^3，90%保证率时为0.66亿m^3。

（4）东丽、津南区部分地区。东丽、津南大部分地区由津滨水厂供水，总规模为50万t/d。

工程总体布置

（一）天津市1段工程

根据总体布置，天津市1段全长19.661km，其中桩号（XW131+360）~（XW148+657.141）为3孔4.4m×4.4m（宽×高）有压输水箱涵，长17.297km；桩号（148+657.14）~（148+788.141）为分流井，长131m；桩号（XW148+788.141）~（XW151+021.365）为2孔3.6m×3.6m（宽×高）有压输水箱涵，长2.233km。

本段控制性建筑物包括1座王庆坨连接井、1座分流井、1座检修闸及9座通气孔。

王庆坨连接井位于王庆坨镇南，天津干线桩号（XW131+978）~（132+060），长82m，其主要功能为在天津干线检修时可将箱涵内的水体排入市内配套工程，为检修创造条件。

分流井是天津干线重要的控制性建筑物，位于子牙河北岸，天津干线桩号（XW148+657.141）~（XW148+788.141），其主要功能为向西河泵站、外环河泵站和子牙河分水，泵站事故时向子牙河退水，保证上游箱涵处于有压状态。

本段内有1座检修闸，即京沪铁路南检修闸，相应天津干线桩号为（XW150+836.992）~（150+883.313），长46.321m；另外，为满足充水排水、排气、补气的要求，以及防止在闸门启闭时产生脱空、负压现象，本段内共设有9座通气孔。

本段内天津干线与7条河渠交叉，分别是南大河、清北排干、王庆坨排干、卫河、杨河村第五排干、子牙河、北排干，均为天津干线以倒虹吸型式从交叉河渠下穿过，除子牙河，卫河按大型河渠交叉建筑物单独进行设计外，其余均计入箱涵工程。

本段内天津干线与1条铁路相交叉，即京沪铁路，采用输水箱涵主体外设顶进框构式保护涵结构。

本段内天津干线共穿越13条公路（含规划公路），其中，高速公路1条，即京沪高速公路；国道3条，分别是：津同公路、京福公路、西青道；有2条为规划公路，其余7条现状为普通村道或堤顶道路。根据沿线公路的等级标准及周围地形条件，除京沪高速公路涵采用管幕法结合顶进整体框构方案，西青道公路涵采用明挖加盖挖施工方案，其余公路交叉建筑物均采用破路施工，箱涵建成后，对路面按原标准进行恢复。

天津市1段工程布置见表1。

表1　天津市1段工程建筑物布置表

名　称	建筑物代号	坐　标		中心桩号	建筑物起止桩号	建筑物长度（m）
		X	Y			
王庆坨连接井	R02	4 335 638.683	117 488 842.696	132+019	（131+978）~（132+060）	82

续表

名　称	建筑物代号	坐　标		中心桩号	建筑物起止桩号	建筑物长度（m）
		X	Y			
南大河倒虹吸	H42	4 335 734.193	117 490 250.213	133 +430	(133 +393) ~ (133 +468)	75
阙里墅至王二淀村公路涵	L090	4 335 770.110	117 490 779.511	133 +961	(133 +939) ~ (133 +984)	45
通气孔	Rt60			134 +000		
赵家柳村公路涵	L091	4 335 818.394	117 491 491.064	134 +674	(134 +652) ~ (134 +697)	45
清北排干倒虹吸	H43	4 335 845.240	117 491 886.694	135 +070	(135 +033) ~ (135 +123)	90
道沟子村公路涵	L092	4 335 862.304	117 492 323.457	135 +507	(135 +485) ~ (135 +530)	45
京沪高速公路涵	L093	4 335 870.822	117 492 674.486	135 +859	(135 +759) ~ (135 +959)	200
通气孔	Rt61			136 +000		
市区段规划公路涵（一）	L094	4 335 905.005	117 494 083.057	137 +267	(137 +193) ~ (137 +343)	150
通气孔	Rt62			138 +000		
王家封至大柳滩公路涵	L095	4 336 326.400	117 495 594.670	138 +838	(138 +772) ~ (138 +862)	90
津同公路涵（三里兴）	L096	4 336 567.690	117 496 428.381	139 +707	(139 +632) ~ (139 +782)	150
王庆坨排干倒虹吸	H44	4 336 577.250	117 496 461.412	139 +741	计入津同公路涵	0
通气孔	Rt63			140 +000		
万达公司西公路涵	L097	4 336 703.097	117 496 896.241	140 +194	(140 +172) ~ (140 +217)	45
卫河倒虹吸	Q13	4 337 081.849	117 498 204.914	141 +556	(141 +481) ~ (141 +631)	150
通气孔	Rt64			142 +000		
市区段规划公路涵（二）	L098	4 337 524.195	117 499 733.195	143 +147	(143 +072) ~ (143 +222)	150
杨河村第五排干倒虹吸	H45	4 337 528.081	117 499 746.748	143 +161	计入市区段规划公路涵（二）	0
通气孔	Rt65			144 +000		
京福公路涵	L099	4 338 337.698	117 502 429.683	145 +991	(145 +916) ~ (146 +066)	150
通气孔	Rt66			146 +119		
通气孔	Rt67			148 +000		
子牙河北分流井	Kf10	4 337 256.809	117 504 341.658	148 +732.269	(148 +657.141) ~ (148 +788.141)	131
铁锅店公路涵	L100	4 337 171.332	117 504 361.335	148 +820	计入子牙河倒虹吸	0
子牙河倒虹吸	H46	4 336 543.608	117 504 501.489	149 +463	(148 +788.141) ~ (149 +604.611)	816.47
杨柳青农场公路涵	L101	4 336 463.789	117 504 519.862	149 +545	计入子牙河倒虹吸	0
北排干倒虹吸	H47	4 336 003.774	117 504 593.265	150 +011	(149 +974) ~ (150 +049)	75
通气孔	Rt68			150 +068		
京沪（津浦）铁路涵	T4	4 335 206.860	117 504 661.293	150 +812	(150 +712.477) ~ (150 +836.992)	124.515
京沪（津浦）铁路南检修闸	Kj4	4 335 159.837	117 504 666.482	150 +859.492	(150 +836.992) ~ (150 +883.313)	46.321
西青道公路涵	L102	4 335 084.868	117 504 684.869	150 +937	(150 +883.313) ~ (151 +006.365)	123.052

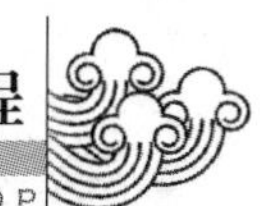

（二）天津市2段工程

天津市2段起点位于西青区西青道以南、奥森物流公司东侧，起点坐标：X =4 335 002.694，Y = 117 504 703.998，相应天津干线桩号为XW151 +021.365，之后沿春光路向南穿过阜盛道至元宝路，后折向东沿元宝路，穿过星光路、曹庄排干，至外环河西约200m处折向北，至天津干线终点，终点坐标为 X = 4 334 370.481，Y = 117 507 656.098，相应天津干线桩号为XW155 +305.074。天津市2段全长 4283.709m，其中桩号（XW151 + 21.365）~（XW155 +232.574）段为2孔3.6m×3.6m现浇钢筋混凝土箱涵，长4211.209m；桩号（155 +232.574）~（155 +305.074）段为外环河出口闸，长72.5m，为2孔3.6m×3.6m涵闸；在桩号XW151 +900处布置有一座通气孔；外环河出口闸后接市内配套泵站的前池。

本段内天津干线只与1条排沥河渠相交叉，即曹庄排干，天津干线以倒虹吸型式穿越曹庄排干。

本段内共涉及四条道路，根据《南水北调中线工程天津干线末端线路路径规划》，本段起点至阜盛道段长约630m箱涵伴行春光路布置；桩号（XW152 + 238）~（155 + 138）段长约2900m箱涵伴行元宝路布置；此外，在桩号XW151 +651和XW152 +938处分别与中北工业园阜盛道、星光路相交叉，交叉角度为正交。穿越公路段采用破路埋涵方案，箱涵建成后对道路按原标准进行恢复。

西青道至元宝路段长约1.2km天津干线东侧为规划的京沪高速铁路，相隔距离约50m。天津干线在桩号XW152 +199处与规划京沪高速铁路正线相交叉，在桩号XW153 +076处与规划京沪高速铁路西站联络线相交叉，共交叉两次。由于京沪高速铁路及其联络线在此处均为高架铁路，交叉穿越方案为京沪高速铁路上跨天津干线，铁路桥墩、承台与天津干线结构外边线的最小距离不小于5m。

本单元建筑物布置见表2。

表2　　天津市2段工程建筑物布置表

序号	天津市2段				名 称	建筑物代号	坐 标		桩号	建筑物起止桩号	建筑物长度（m）
	区县	起点桩号	止点桩号	长度（km）			X	Y			
1	天津市西青区	151 + 021.365	155 + 305.074	4.284	阜盛道公路涵	L103	4 334 376.337	117 504 773.282	151 +651	（151 +614）~（151 +689）	75
2					69号通气孔	Rt69			151 +900		
3					星光路公路涵	L104	4 333 646.881	117 505 597.174	152 +938	（152 +903.158）~（152 +978.158）	75
4					曹庄排干倒虹吸	H48	4 333 729.170	117 506 310.193	153 +655	（153 +618）~（153 +693）	75
5					外环河出口闸	K02	4 334 267.481	117 507 656.320	155 +232.574	（155 +232.574）~（155 +305.074）	72.5

注　建筑物代号L为公路交叉建筑物，R为其他建筑物，H为河渠交叉建筑物，K为控制建筑物。

天津市2段位于天津干线末端，设计流量18m^3/s，加大流量28m^3/s，根据天津干线总体设计，桩号（XW151 + 021.365）~（155 +232.574）为2孔3.6m×3.6m现浇钢筋混凝土箱涵，长4211.209m，起点设计涵内底高程 -5.151m，终点设计涵内底高程

-5.6m，设计纵坡比1/9329。

工程等别

南水北调中线一期工程为一等工程，天津干线为中线一期工程的一部分，且主要供水对象为天津，因此，天津干线为一等工程；本段工程为天津干线的一部分，因此本段工程为一等工程。

本段工程中的主要建筑物包括有压输水箱涵、王庆坨连接井、分流井、京沪铁路南检修闸、通气孔以及河渠、公路、铁路交叉建筑物均为1级建筑物；附属建筑物、防护工程及河道穿天津干线工程的上下游连接段等次要建筑物为3级建筑物；临时建筑物为4级建筑物。

设计标准

（一）防洪标准

天津干线穿越的清北排干左堤即为天津城市防洪堤西部防线的一部分。

天津市1段起点—清北排干左堤（桩号XW131+360~135+103）段共有2条交叉河渠，即南大河和清北排干，集流面积均小于20km^2，河渠交叉建筑物的防洪标准为：50年一遇洪水设计，200年一遇洪水校核；箱涵段的防洪标准和与其邻近的河渠交叉建筑物的防洪标准相同。

清北排干左堤~天津市1段终点（桩号XW135+103~151+021.365）位于天津市城市防洪堤以内，其防洪标准与天津市防洪标准一致，为200年一遇。

天津市2段位于天津市城市防洪圈以内，其防洪标准与天津市区防洪标准一致，为200年一遇。段内主要建筑物箱涵工程、曹庄排干倒虹吸、通气孔、外环河出口闸防洪标准均为200年一遇。

施工洪水按非汛期（10月至翌年5月）5年或10年一遇洪水标准，具体标准结合建筑物的施工特点和重要性确定。

（二）抗震标准

本段工程所在场区地震动峰值加速度为0.15g，相应地震基本烈度为Ⅶ度，地震动反应谱特征周期为0.4s。

本段内各类主要建筑物均采用基本烈度作为抗震设防烈度，主要建筑物抗震设防烈度为Ⅶ度，地震动峰值加速度为0.15g。

（三）公路交叉建筑物设计标准

本段内天津干线共穿越13条公路（含规划公路），其中，高速公路1条，即京沪高速公路；国道3条，分别是：津同公路、京福公路、西青道；规划公路2条，其余7条现状为普通村道或堤顶道路。公路交叉建筑物在满路本行业标准、规范的同时，应满足公路行业的设计标准和规定。

（四）铁路交叉建筑物设计标准

本段内天津干线与京沪铁路相交叉，铁路交叉建筑物设计标准在满足本行业标准、规范的同时，应满足铁路行业的设计标准和规定。

机电及金属结构

（一）水力机械

南水北调中线一期工程天津干线天津市1段桩号（131+360）~（151+021.365），全长19.66km。主要建筑物有水库连接井1座、分流井1座、检修闸1座、公路交叉建筑物13座，河渠交叉建筑物7座，通气孔9座。根据工程运行要求，需设置水位、流量监测设备及检修排水设备。

南水北调中线一期工程天津干线天津市2段桩号（151+021.365）~（155+305.074），全长4.284km。主要建筑物有公路交叉建筑物2座，河渠交叉建筑物1座，通气孔1座，外环河出口闸1座。根据工程运行要求，需配置水位及流量监测设备，设置箱涵维护检修

的排水设备。

结合天津干线工程总布置及特点，在王庆坨连接井、分流井处等处设置了MPA型压阻式液位传感器进行水位监测。在王庆坨连接井、分流井等处采用超声波流量计进行流量监测。为满足箱涵的全线排空及分段检修的需求，在王庆坨连接井、分流井等处设置附属排水设施。

结合天津干线工程总布置及特点，在外环河出口闸处设置了MPA型压阻式液位传感器进行水位监测，并在闸前箱涵平直段采用超声波流量计进行流量监测。为满足箱涵的全线排空及分段检修的需求，在外环河出口闸处设置排水钢管、电动葫芦等附属排水设施。

（二）电气设计

南水北调中线一期工程天津干线西起西黑山进口闸，东至天津市外环河出口闸，全长155.305km。天津干线沿途共设置18座控制性建筑物，3座检修性建筑物。

天津市1段，起点桩号为XW131+360，终点桩号为XW151+021.365，全长19.661km，设2座控制性建筑物，即王庆坨连接井、子牙河北分流井；设1座检修性建筑物—京沪铁路南检修闸；另包括天津分公司及天津管理所供电设计。本段内所有控制性建筑物各设1座10kV室内变电站，供电负荷等级均按二类负荷考虑，采用单回10kV架空线路供电，电源由附近35kV、110kV变电站引出的10kV架空线路T接；设置1台柴油发电机组作为应急备用电源；0.4kV侧采用单母线接线方式。

天津市2段，起点桩号为XW151+021.365，终点桩号为XW155+305.074，全长4.284km，设1座控制性建筑物，即外环河出口闸。

外环河出口闸设1座10kV室内变电站，供电负荷等级按二类负荷考虑，采用单回10kV架空线路供电，电源与从曹庄子220kV变电站引出的曹12架空线路“T”接；设置1台柴油发电机组作为应急备用电源；0.4kV侧采用单母线接线方式。

天津分公司供电负荷等级按一类负荷考虑，采用10kV双电源供电，电源引自天津市区10kV线路，0.4kV侧采用母线分段的接线方式，通过母联互为备用；设置1台柴油发电机组作为应急备用电源。

天津市段管理所供电负荷等级按二类负荷考虑，采用10kV单电源供电，电源引自附近10kV线路，0.4kV侧采用单母线接线方式，设置1台柴油发电机组作为应急备用电源。

京沪铁路南检修闸不设永久供电，当需要检修闸启闭时，采用拖车电站，可临时为检修闸用电负荷供电。

（三）金属结构

天津市1段金属结构由王庆坨连接井、子牙河北分流井和京沪铁路南检修闸等建筑物组成，共设工作闸门20扇及相应启闭设备、埋件等，金属结构总量为440.5t。

天津市2段，外环河出口闸位于天津干线末端，共2孔，孔口尺寸为3.6m×3.6m，该闸设2扇潜孔式工作闸门，闸门尺寸为3.6m×3.6m，闸门及相应启闭设备、埋件等，金属结构总量35t。

（四）消防设计

南水北调中线一期工程天津干线西起西黑山进口闸，东至天津市外环河出口闸，全长155.305km。天津干线上共设有进、出口闸各1座，检修闸3座，保水堰8座，分水口9个，另有分流井1座，王庆坨水库连接井1座。闸门启闭设备分别采用了液压式、卷扬式、螺杆式及电动葫芦4种形式。天津干线沿线设置1处天津分公司及4处管理所，包括徐水管理所、容雄管理所、霸州管理所、天津市管理所。各管理所内分别设有变电站，变电站采用三相干式变压器，并同时设置柴油发电机组作为备用。为满足工程消防要求，本阶段结合各建筑物的重要程度及特点，依据规范及有关原则进行了消防设计。

天津市1段工程，工程线路总长度19.661km，需考虑消防的建筑：管理机构天津分公司，管理用房内设生产用房、办公室用房、设备用房等用房；天津市段管理所，内设通信室、监控室、办公用房、档案资料室等房间；现地生产用房及其附属建筑包括：王庆坨水库连接井设启闭机房、电气设备用房；子牙河北分流井设启闭机房及电气设备用房。

天津市2段工程，工程线路总长度4.284km，需考虑消防的建筑为现地生产用房及其附属建筑，主要包括外环河出口闸启闭机房和现地生产用房。

施工组织设计

（一）施工条件

天津市1段工程，上游与天津干线的河北省段相连接，下游与天津市2段工程相连。工程地处冲积平原地区，地势平坦。

天津市1段工程桩号（XW131+360）~（XW148+732.269）部分设计流量45m³/s，加大流量55m³/s，为3孔4.4m×4.4m混凝土箱涵，分流井以后，即桩号（XW148+732.269）~（XW151+021.365）区间，设计流量18m³/s，加大流量28m³/s，为2孔3.6m×3.6m混凝土箱涵。天津市1段工程建筑物主体工程为1级建筑物，次要建筑物为3级建筑物，地震动峰值加速度0.15g，抗震设防烈度Ⅶ度。

天津市2段工程是天津干线工程的尾端部分。工程位于天津市西青区中北镇中北工业园园区内，起于西青区西青道以南奥森物流公司东侧，沿园区内的道路向南穿过阜盛道至元宝路，后折向东再沿元宝路，穿过曹庄排干，至外环河西约200m处折向北至天津干线终点。

天津市2段设计流量18m³/s，加大流量28m³/s。工程主要由2孔3.6m×3.6m现浇钢筋混凝土箱涵和外环河出口闸组成。外环河出口闸为开敞式。

天津市1、2段工程地处天津市，铁路、公路网络发达，交通便利。津保公路、京福公路，可作为主要对外运输道路。

天津市1、2段工程所需砂石料取自马各庄天然砂料场和西庄人工石料场。料场储量满足工程需要，质量基本符合规范要求。水泥、粉煤灰由天津廊坊、唐山供货。钢材、木材、油料等可从天津采购。以上货物货源充足，能满足工程需求。

工程施工用水采用就地打井取水，用深井水泵将水抽至临时储水箱（池），再用管道送至各用水点。地质勘探表明：水质、水量均能满足施工需要。

当地电网完善，供电比较有保证，施工用电以当地电网供电为主，另备柴油发电机做备用电源。

施工通信可以利用当地市、区的现有通信网络引线至各工区，并辅以移动通信，构成对外通信系统。

天津市区设备制造、机械加工修配能力均较强，可为本工程机械化施工提供服务。

（二）主体工程施工

1. 箱涵施工

（1）土方开挖。土方开挖采取自上而下、分段、分层依次进行，每层开挖厚度3~5m，基坑开挖要配合整体混凝土结构施工进度，顺水流方向约200m为一开挖段。

1）地表至开挖深度2m范围内土方开挖，采用推土机直接推土，运至基坑开挖范围外一侧沿线临时堆存区，表层耕植土单独堆放，以便复耕使用。

2）开挖深度2~7m范围内土方开挖采用挖掘机挖土，推土机推土至临时堆土场。

3）开挖深度7m以下范围内土方开挖，分上下两个开挖平台，每个开挖平台上各设一台反铲，将开挖土方接力倒运至地表。

需要弃掉部分的土方开挖，装8t自卸汽车，运至弃渣场，弃土运距5.64km。需要回填用的土方在沿线临时堆土场堆存。

（2）混凝土施工。本混凝土箱涵工程线路长，工程量大，需划分成若干工区，以便组织施工，根据工程结构特点、地形地貌和行政区划等情况，以及施工强度安排，每个工区长度基本为3km左右。箱涵工程为三孔或两孔并联的钢筋混凝土结构。混凝土拌和选用HZS75型拌和站。拌和站布置在各施工工区中间，向两边供应混凝土，混凝土平均运距约750m。拌和站布置在施工工区中部，向两边供应混凝土，混凝土运输考虑采用5t自卸汽车运输。混凝土搅拌车自拌和站将混凝土运至现场的混凝土泵处，卸入混凝土泵受料斗，混凝土通过泵管输送到混凝土浇筑仓内，混凝土采用ZX－50型插入式振捣器和B－11型平板式振捣器振捣。钢筋在加工厂除锈、平直、切断、弯曲成型，由载重汽车运至现场，人工绑扎。现场钢筋接头采用电弧焊接或机械连接。模板采用定型组合钢模板，人工立模。

（3）土方回填。土方回填采用推土机直接从临时堆土场推土和自卸汽车运土至开挖基坑内，在混凝土底板以上2m范围内及箱涵体周围1m范围内，采用人工摊平土料，采用2.8kW蛙式打夯机压实。其余部分采用88kW推土机摊平土料，74kW拖拉机压实土料。

2. 王庆坨连接井施工

连接井主体工程施工程序为管井降排水—土方开挖—混凝土浇筑—土方回填—金属结构和电气设备安装—启闭机房外部建筑装修。

土方开挖回填施工方法与有压箱涵土方开挖施工方法相似。

主体混凝土强度等级为C30W6F150的二级配混凝土。混凝土由HZS750型拌和站集中搅拌，混凝土水平运输采用5t自卸汽车运输，混凝土垂直运输闸室部位采用塔式起重机吊混凝土罐入仓，塔式起重机工作半径范围外的混凝土垂直运输，采用QU32型履带式起重机吊混凝土罐入仓，ZX－50型振捣器振捣混凝土。混凝土箱涵底板、闸室底板的混凝土表面和启闭机混凝土平台表面采用B－11型平板振捣器捣固，人工抹面。

3. 铁路、高速公路和主要公路的穿越施工

（1）铁路穿越施工。天津市1段工程在天津市曹庄与京沪铁路交叉，为保证铁路正常运行，不能够采取明挖法施工。根据交叉处路基情况，交叉段采用输水箱涵主体外设顶进框构式保护涵结构。

（2）穿越京沪高速公路施工。天津市1段工程在天津市武清区道沟子穿越京沪高速公路。穿越高速公路进口段采用明挖法和混凝土灌注桩支护；路基段采用管棚暗挖法施工。穿越工程的施工顺序：修建施工辅道→进口段的明挖法和支护→路基段管棚暗挖、支撑和箱涵混凝土浇筑→进口段的箱涵混凝土浇筑→施工辅道的拆除→耕种地的平整和复耕。

（3）穿越西青道施工。天津市1段工程在杨柳青电厂东穿越西青道。穿越工程采用明挖＋盖挖法。穿越工程的施工顺序：在主体混凝土箱涵两侧进行钻孔混凝土桩和水泥搅拌桩的支护帷幕→路基段在现路面上搭设4座分离式钢桁架便桥→进口段土方开挖和支撑→路基段土方开挖、支撑→浇筑路基段混凝土箱涵→浇筑进出口段的混凝土箱涵→土方回填→拆除钢桁架便桥→恢复西青道路面→土地复耕。

4. 混凝土灌注桩

子牙河北分流井采用混凝土灌注桩进行基础处理，采用BRM－08型正反循环钻机造孔，泥浆护壁。钢筋在加工厂加工成型，用载重汽车运至施工现场，现场绑扎成型。混凝土水平运输采用5t自卸汽车，水平运距

1km。混凝土垂直运输采用履带式起重机吊混凝土卧罐，混凝土浇筑机浇筑混凝土。

5. 箱涵混凝土的防腐施工

根据天津干线工程的水文地质调查资料分析，天津市1段地表水及浅层地下水中SO_4^{2-}含量为302.92～459.12mg/L，对普通水泥有硫酸盐型结晶类弱至中等腐蚀。拟对天津市1段工程的输水箱涵混凝土须进行防腐处理，采用混凝土中掺加磨细矿渣和粉煤灰措施加以解决。

6. 土石方平衡

天津市1段工程土方开挖656.97万m^3，回填用土494.59万m^3，尚需弃土72.11万m^3。弃土场主要设置在工程沿线两侧的砖厂窑坑、洼地。弃土场总占地面积20.88万m^2。

天津市2段工程土方开挖78.80万m^3，回填用土63.76万m^3，开挖回填土方平衡后，尚需弃土3.79万m^3（自然方）。弃土场设置在中北镇指定的工程尾端的出口闸场区附近。

7. 机电、金属结构安装

各座建筑物的闸门和埋件以及启闭机运至现场后进行试拼检测。合格后用20t汽车式起重机将埋件吊至门槽内，人工组装、调正后浇筑二期混凝土；平板闸门采取整体吊装，采用30t汽车式起重机吊运入门槽。闸门启闭机用20t汽车式起重机进行安装，待启闭机安装就位并调正、试车合格后，再连接闸门进行闸门启闭试验。

（三）施工总布置

1. 施工工区划分

天津市1段工程为线性输水工程，主体工程为混凝土输水箱涵，建筑物体型较为简单。但工程交叉建筑物多（工程穿越河道7次，穿越公路13次），工程量大，施工难度大，施工较为复杂。本着便于施工和管理，结合建筑物特点，并考虑交通运输、河流、材料供应、公路铁路穿越、施工干扰以及工程量及投资较均衡的原则，将天津市1段工程划分为11施工工区。

天津市2段工程是以混凝土箱涵为主的输水工程，工程规模、工程量都较大，线路长，施工场地可沿线排开，具备分段组织、同步施工条件。为便于施工组织、管理及加快工程进度，根据工程布置以及工程量较均衡等情况，将工程划分为两个施工工区，以利于合理组织施工。

2. 施工总体布置汇总

天津市1段工程施工对外交通利用现有公路，全线共布置有施工进场公路5条，改、扩建5km；场内施工主干道路总长20km，施工次干道6km。

沿线布置供水井17眼，35kV接引线路2.4km，35kV供电线路20km。

施工总建筑面积18.27万m^2，其中生产性建筑4.20万m^2，生活建筑14.07万m^2。

天津市2段工程共划分2个工区，施工对外交通利用现有公路，施工总建筑面积1.42万m^2，其中生产性建筑0.45万m^2，生活建筑0.97万m^2。生产生活占地3.52万m^2。

（四）施工总进度

天津市1、2段全长分别为19.661km、4.284km，除水库连接井、分流井、铁路和公路穿越段外，其余为线型输水工程，具备分段施工条件，各工程区施工相对独立，交叉施工少，可多个工作面同时施工。

考虑天津市段工程规模和工程量较大，大型河道倒虹吸施工导流期，公路铁路穿越次数多，总干线通水时间要求，以及天津市用水情况确定天津市1、2段施工总工期为36个月和24个月。

天津市1段工程涉及天津市的武清、北辰和西青区，涉及4个乡（镇），20个行政村，搬迁人口161人。

工程占地面积为5638.8亩，其中永久征地97.4亩，临时占地5541.4亩。拆迁房屋25 487.4m^2，搬迁村组副业1家，工业企业7家。

涉及高压输电线路15条，占压长度为

3.293km；通信线路有35条，占压长度为5.81km；各类管道9条，占压长度为2.873km。

天津市2段工程涉及西青区中北镇的4个行政村。

工程占地面积为869.69亩，其中永久占地19.19亩，临时占地850.5亩。拆迁房屋7283.85m^2。搬迁村组副业1家，工业企业4家，镇外单位1家。

涉及高压输电线路6条，占压长度为0.895km；通信线路有3条，占压长度为0.345km；广播电视线路1条，占压长度为0.115km；天然气管道2条，占压长度为1.064km。

天津干线工程基准水平年为2005年，设计水平年为2007年，人口自然增长率为9‰。

天津市1段工程设计水平年需要生产安置人口36人，采取直接经济补偿的方式在本村进行安置。规划复垦临时占地4500.4亩。

涉及的1家村组副业，采取整体搬迁的方式进行安置，安置用地采取土地置换的方式取得；7家工业企业的安置方式为：2家企业进行一次性补偿，3家原址复建，1家整体搬迁，1家部分后靠，安置用地总面积为2.22亩。

天津市2段工程设计水平年需要生产安置人口23人，采取直接经济补偿的方式在本村进行安置。规划复垦临时占地578.92亩。

1家村组副业，在本村内采取整体搬迁的方式进行安置，安置用地为2.45亩；1家单位，采取原址恢复重建的安置方式；4家工业企业的安置方式为：1家给予一次性经济补偿，3家企业采取原址恢复重建的安置方式。

水土保持

（一）水土流失防治责任范围

天津市1段工程设计单元防治责任范围为389.83hm^2，其中工程建设区373.66hm^2，直接影响区16.17hm^2。

天津市2段工程设计单元防治责任范围为74.93hm^2，其中工程建设区68.49hm^2，直接影响区6.44hm^2。

（二）水土保持措施

工程段的水土流失防治分为主体工程区、施工营区、道路区、文物发掘区和弃土弃渣区。

1. 主体工程区

主体工程区包括输水箱涵施工区和穿越建筑物区，此区水土流失防治措施主要是施工沿线的临时堆土防护。

（1）编织袋（易降解）土围挡。根据堆土的水土流失模数预测和施工临时堆土时间，汛期在临时堆土坡脚采用编织袋土埝围挡，围挡的高度设计为0.6m，埝顶宽为0.5m，埝底宽1m。

（2）堆土覆盖。为防止表土被风吹扬造成的风蚀和雨水冲刷造成的水蚀，对工程沿线3～5月施工和临近城镇的堆土使用尼龙布（易降解）覆盖。

2. 施工营区

水土保持措施主要为排水措施，通过修建排水沟将该区内的生活废水、砂石料冲洗水、机械冲洗水及场地雨洪水等，循环使用排入下游沟道，排水沟为土质梯形断面。大施工营地排水沟断面设计为底宽0.3m，深0.3m，边坡比1∶1；小施工营地排水沟断面设计为底宽0.2m，深0.2m，边坡比1∶1。

3. 道路区

路旁有临时堆土的施工主干道临时排水沟梯形断面设计为底宽0.4m，深0.4m，边坡1∶1。

施工次干道和临时辅道临时排水沟梯形断面设计为底宽0.2m，深0.2m，边坡比1∶1。

4. 文物发掘区

天津市1段2个文物发掘区为王二淀遗址发掘区和张家地遗址发掘区，发掘时开挖土方预计13 876 m^3，文物发掘土方临时放置于发掘区一侧，待发掘完成后，回填于发掘区。

发掘土层厚度一般为2.5m左右，为防止雨水冲走这些表土，在临时堆土堆背坑的三面用装土的编织袋进行围挡，表面采用尼龙布覆盖。

临时堆土堆高4m，边坡比1:1.5。编织袋围挡土埝的高度设计为0.5m，埝顶宽为1m，坡度1:1，埝底宽2m，共需土方315m³。

单独存放的表层土壤堆放表面采用尼龙布进行覆盖。

5. 弃土弃渣区

天津市1段工程共设8个弃土弃渣场，分别为王二淀村西土坑（填满）、王庆坨砖场土坑、线河砖场土坑（填满）、双口镇政府北侧土坑、红光农场废弃坑塘、李家房子村东北侧鱼池、红旗砖场土坑和出口闸北侧场区（平地堆放）。本工程总计弃土弃渣72.31万m³，其中箱涵主体工程弃土弃渣量为72.11万m³，公路铁路穿越的弃渣为0.2万m³。

天津市2段工程的弃土弃渣4.82万m³，临时放置于出口闸指定堆放区，占地10 323m²。由于这些弃土弃渣的裸露堆放容易受到降雨溅蚀和大风刮起扬尘，因此弃土弃渣堆放期间，需采用编织袋装土围挡，然后在围挡范围内弃土，编织袋围挡土埝的高度设计为0.6m，埝顶宽为0.5m，埝底宽1m。围挡长448m，编织袋土方量202m³。

（三）水土流失监测

结合本工程施工特点，对临时堆土区、开挖扰动面的水土流失量、危害和效益进行典型监测。监测内容包括监测项目工程所在地区降雨、风、地形地貌、地面组成物质及结构等，以及工程建设过程中水土流失强度、特点及其危害，植被类型及覆盖度等。

天津市1段工程设计单元共布设17个监测区，分别布设在穿京沪高速、津同公路、京福公路、京沪铁路、西青道各1个，穿卫河、子牙河各1个，临时堆土6个（每大工区1个）弃土弃渣场4个。其中桩钉监测区10个，分别布设在临时堆土6个（每大工区1个）和弃土弃渣场4个。

天津市2段工程设计单元共布设监测点6个，分别布设在穿越阜盛道、星光公路和曹庄排干各1个，临时堆土2个，弃土弃渣场1个。其中桩钉监测区3个，分别布设在临时堆土2个（每工区1个）和弃土弃渣场1个。

环境保护

天津市1、2段工程总体保护目标是不因施工活动和工程建设使项目施工区及周围环境质量明显降低，保护施工区域环境空气质量、声环境、水环境和区域人群健康，确保施工期排放的污水达标排入附近的河渠。具体保护目标为：

（1）施工排放的生产废水和生活污水应能达到《天津市地方标准——污水综合排放标准》（DB 12/356—2008）中的二级标准。

（2）尽量减轻施工对周边环境的大气污染，施工区的总体环境空气质量控制执行《环境空气质量标准》（GB 3095—1996）二级标准。

（3）采取各种措施控制噪声污染，农村地区执行《城市区域环境噪声标准》（GB 3096—1993）1类标准，铁锅店、李家房子执行2类标准。

（4）采取卫生检疫、预防接种、施工区杀虫灭鼠、饮用水净化等措施，防止传染性疾病的发生与流行，保护施工区人群的身体健康。施工工区生活饮用水应符合《生活饮用水卫生标准》（GB 5749—2006）。

天津市1、2段工程环境保护设计的主要内容包括施工期的噪声防护、大气质量保护、生产生活废污水处理、固体废弃物处置和人群健康保护等内容。

施工期环境监测计划包括饮用水水源水质监测、沿线地表水监测、废水水质监测、环境空气质量监测、噪声监测等内容。

环境保护管理与监督主要内容包括制订环境管理计划目标、设置环境保护管理机构、制订环境管理任务、开展环境监理、确定并执行环境管理计划等。

为了使环保措施得到有效实施，使环境管理工作顺利开展，应将工程的环境保护措施列入工程的招标文件中，工程的环境监理具有重要作用。

水文气象

（一）流域概况

天津市1段工程起点位于河北省霸州与天津市武清分界处，桩号XW131+360；终点位于天津市西青区西青道以南奥森物流东侧，桩号为XW151+021.365，天津市1段全长为19.661km。

天津市1段工程处于海河流域的下游，地势平坦，西北高东南低。与天津干线第五单元交叉的行洪排涝河渠共6条，自西向东分别是南大河、清北排干、王庆坨排干、杨河排干、子牙河、北排干。其中，交叉断面以上集水面积大于$20km^2$以上的河流是子牙河和王庆坨排干；其余4条河渠集水面积均小于$20km^2$，为平原排涝河道。

天津市2段工程起点位于西青道南侧，桩号为XW151+021.365，终点位于天津市外环河西侧，桩号为XW155+305.074，长度为4.284km。段内与干线交叉的河渠只有一条，为曹庄排干，其河道长度1.5km，交叉断面以上流域面积$6.45km^2$。流域内地势平坦，西北高东南低。

（二）气象

天津市1、2段工程位于海河流域中东部，属于温带大陆性季风气候区。春季受大陆变性气团的影响，气温增高，蒸发量大，多风，降雨量少；夏季太平洋副高压加强，热带海洋气团与极地大陆气团在本流域交汇，降雨量增多，气候湿润；秋季东南季风减退，极地大陆气团增加，天高气爽，降水较少；冬季受极地大陆性气团控制，多西北风，气候寒冷干燥，雨雪稀少。本项目区年平均气温12.9℃，全年1月份平均气温最低，月平均-3.0℃，极端最低气温-17.8℃，7月份气温最高，月平均26.7℃，极端最高气温为40.8℃。多年平均风速为2.3m/s。封冻期由11月至翌年2月，最大冻土深度58cm。多年平均无霜期148天。

本项目区多年平均降水量为548mm。降水量年内分配不均匀，6、7、8、9四个月为汛期，降水量占全年降水量的80%。降水量年际变化也很大。

工程地质

（一）地质概况

天津市1、2段工程位于广阔的河北冲积平原——冲海积平原当中。地面高程3.9~1m。

天津市1、2段工程勘探深度范围内均为第四系松散堆积物，自上而下为全新统上段冲积（alQ_4^3）堆积，以黄褐色、灰黄色砂壤土、壤土为主；全新统中段湖沼（$l+hQ_4^2$）堆积，由灰黑色、灰绿色、灰黄色等黏土、淤泥质黏土及壤土组成；全新统中段浅海（mQ_4^2）堆积，由灰色、浅灰色壤土组成，局部有黏土和砂壤土透镜体；全新统下段冲积（alQ_4^1）堆积：以浅黄、橘黄色壤土、黏土为主，局部夹砂壤土透镜体。

根据勘察期间沿线水质分析成果及河北省环境地质勘察院提供的水质分析成果，本设计单元施工用地下水满足规范要求。饮用水矿化度小于1g/L，以重碳酸钠钾型水为主。主要超标组分氟，超标率100%。

（二）输水线路主要工程地质问题

1. 软黏土问题

按时代和成因，天津市1、2段工程软黏土分为河漫滩相与湖沼相两种类型松散堆积物。其颜色呈灰黑、黑、灰绿及褐色，含有机质、腐植质及草炭，工程地质性质较差。

考虑到该层土的地质年代、埋藏条件、形成原因及沉积特点等因素，该层土与其他不同岩性土层的叠置关系较为复杂，局部埋置深度可能有变化，其工程地质性质较差（含水量偏高、孔隙比偏大、多呈高压缩状态等），对工程影响较大，出于安全考虑，建议加强施工地质工作，尤其是箱涵底板以下，若发现该土层，应进行钎探或圆锥动力触探（轻型），查明其性质、埋深及分布范围，建议设计采取有效的处理措施。

结合天津市1、2段工程特点，软黏土主要有以下工程地质问题：

（1）由于软黏土的抗剪强度低，由其组成的临时边坡和永久边坡在地下水作用下，易产生塑流变形，边坡土体稳定性差。

（2）软黏土属高压缩性土，土体内孔隙水不易排出，土的长期强度低，作为地基土体的黏性土，沉降变形将持续较长时间，对工程不利，因此若在地基中发现软黏土，建议将其挖除或采取降低箱涵底板高程、加固等处理措施。

2. 地基变形及不均匀沉降问题

天津市1、2段工程箱涵底板主要坐落在mQ_4^2壤土地层上，局部坐落在mQ_4^2黏土、砂壤土及$1+hQ_4^2$黏土层上，由于地基承载力偏低、不同土层工程地质性质差异较大及同一土层的不均一性，故存在地基沉降变形量相对较大和不均匀沉降等问题。

3. 临时边坡稳定及施工降水问题

天津市1、2段工程临时边坡开挖深度一般为7.0～9.0m，开挖深度较大，临时边坡稳定将成为工程施工中的一个主要问题，建议4～5m左右增设一级马道。建议坡比水上1:1.5～1:2.0，水下1:2.0～1:2.5。

在基坑开挖时，需防止边坡受水浸泡，因此施工时要注意开挖顺序，边坡堆载要留一定的安全距离，同时注意机械振动对软黏土的影响，另外软黏土边坡要采取临时支护措施，以保证边坡土体稳定。

建议工程施工时先进行降水，然后再进行基坑开挖。若进行了有效降水，边坡可适当变陡。

由于边坡土层中零星分布砂壤土或粉细砂等薄层，其渗透性较强，应注意渗透变形问题。

4. 土的腐蚀性问题

（1）土对钢筋混凝土结构中钢筋的腐蚀性评价。本工程区土层含水量均大于20%，土中的Cl^-含量高于250mg/kg，对钢筋混凝土中的钢筋具有弱腐蚀性。

（2）土对钢结构腐蚀性评价。工程区土的pH值较高，偏弱碱性，对钢结构不具有腐蚀性；利用氧化还原电位评价，为弱腐蚀性；利用电阻率评价，为强腐蚀性。

综合评价本工程区土对钢结构的腐蚀性为强腐蚀。

5. 冻土问题

工程区封冻期为每年11月至翌年2月，最大冻土深度为0.58m。本工程区冻土冻结状态持续的时间小于1年，最低月平均地面温度小于等于0℃，则冻土类型应属季节性冻土，其冻融特征为季节冻结。冬季施工应采取防冻害措施。

工程特性表

表1　天津市1段工程特性表

序号	名　称	单　位	数　量	备　注
一	水文			

续表

序号	名　称	单　位	数　量	备　注
1	交叉河渠数	条	7	其中有一条灌溉渠道
2	流域面积	km^2	240.73	
二	工程任务和规模			
1	工程任务	向天津市中心城区三大水厂及东南部、滨海地区供水、向海河相机补水		
2	线路长度	km	19 661.365	
3	向天津供水	亿 m^3/年	8.63	
4	设计流量			
	XW131+360~148+732.269	m^3/s	45	
	XW148+732.269~151+021.365	m^3/s	18	
5	设计水位			
	起点	m	3.22	
	终点	m	0.55	
6	加大流量			
	XW131+360~148+732.269	m^3/s	55	
	XW148+732.269~151+021.365	m^3/s	28	
7	加大水位			
	起点	m	4.64	
	终点	m	1.33	
三	主要建筑物			
1	钢筋混凝土箱涵			
	总长度	m	17 662.522	
	第一段长度	m	16 445.141	
	孔数-宽×高	m	3-4.4×4.4	
	第二段长度	m	1217.381	
	孔数-宽×高	m	2-3.6×3.6	
2	王庆坨连接井			
	座数	座	1	
	长度	m	82	
	面积	m^2	1200	
3	分流井			
	座数	座	1	
	长度	m	131	
	面积	m^2	3700	
4	检修闸	座	1	
	长度	m	46.321	

续表

序号	名 称	单 位	数 量	备 注
5	通气孔	座	9	
	长度	m	1.35	
6	铁路交叉建筑物			穿铁路段箱涵计入箱涵工程
	座数	座	1	
	结构型式		顶进钢筋混凝土框构保护涵	
7	公路交叉建筑物			
	座数	座	4	
	长度	m	638.052	
8	河渠交叉建筑物			
	座数	座	7	
	建筑物型式		天津干线穿越河渠的倒虹吸	
	长度	m	966.470	除子牙河、卫河倒虹吸外，其余计入箱涵工程
四	供电设施			
	输电线路	km	25.87	
	供电总容量	kVA	1405	
五	金属结构			
	闸门	扇	20	
	启闭机	台/套	20	
	金属结构总量	t	440.5	
六	施工			
1	主体工程数量			
	土方开挖	万 m^3	656.97	
	土方回填	万 m^3	494.59	
	混凝土	万 m^3	66.46	
	钢筋制作安装	万 t	5.32	
2	主要建筑材料			
	水泥	万 t	19.17	
	木材	m^3	0.65	
	钢材	万 t	5.50	
3	所需劳动力			
	总工时	万工时	1963	
	高峰人数	人	3272	
4	施工临时房屋	万 m^2	18.27	
5	施工动力			
	高峰用电	kVA	2352	

续表

序号	名称		单位	数量	备注
6	临时交通道路		km	27.67	
	施工临时占地		万 m^2	372.39	
7	施工工期		月	36	
七	占地及移民				
1	永久征地		亩	97.4	包括工程占地、居民安置、副业用地和企业安置用地
2	临时占地		亩	5638.8	
3	拆迁房屋		m^2	25 487.4	
4	搬迁人口		人	161	
5	重要专项设施				
	输变电线路		km	3.293	涉及15条输电线路
	通信线路		km	5.81	35条
	各类管道		km	2.873	9条
八	管理设施		m^2		
1	建筑物征地面积		m^2	37 991.5	
2	附属工程设施	对外交通道路	m^2	4314	
		工程标识	m^2	23.91	
3	管理机构	天津分公司	m^2	2400	
		管理所	m^2	2500	

表2　　天津市2段工程特性表

序号	名称	单位	数量	备注
一	水文			
1	交叉河渠数	条	1	
2	流域面积	km^2	6.45	
二	工程任务和规模			
1	工程任务	向天津的南部及滨海地区供水		
2	线路长度	km	4.284	
3	设计流量	m^3/s	18	
4	加大流量	m^3/s	28	
三	主要建筑物			
1	钢筋混凝土箱涵			
	孔数－宽×高	m	2－3.6×3.6	
	长度	m	4136.209	
2	外环河出口闸			
	长度	m	72.5	
	闸门孔数－宽×高	m	2－3.6×3.6	

续表

序号	名　称	单　位	数　量	备　注
3	河渠交叉建筑物			
	座数	座	1	
	建筑物型式		倒虹吸	
	长度	m	75	
四	供电设施			
	输电线路	km	3.7	
	供电总容量	kVA	63	
五	金属结构			
	闸门	扇	2	潜孔式平板工作闸
	启闭机	台/套	2	固定卷扬启闭机
	金属结构总量	t	35	
六	施工			
1	主体工程数量			
	土方开挖	万 m^3	78.51	
	土方回填	万 m^3	63.75	
	混凝土	万 m^3	8.27	
	钢筋制作安装	万 t	0.70	
2	主要建筑材料			
	水泥	万 t	3.12	
	木材	m^3	940	
	钢材	万 t	0.97	
3	所需劳动力			
	总工时	万工时	198	
	高峰人数	人	688	
4	临时占地	万 m^2	56.70	
5	施工动力			
	高峰用电	kVA	929	
6	临时交通道路	km	8.4	
7	施工工期	月	24	
七	占地及移民			
1	永久征地	亩	19.19	
2	临时占地	亩	850.50	
3	拆迁房屋	m^2	7283.85	
4	设计水平年生产安置人口	人	23	
5	重要专项设施			
	输变电线路	条	6	

续表

序号	名称		单位	数量	备注
5	通信线路		条	3	
	广播电视线路		条	1	
	各类管道		条	2	
八	管理设施		m^2		
1	建筑物征地面积		m^2	10 014	
2	附属工程设施	对外交通道路	m^2	1146	
		工程标识	m^2	4.06	
3	管理机构	天津分公司	m^2	—	
		管理所	m^2	—	

黄河北—羑河北段工程

工 程 概 况

南水北调中线一期工程总干渠黄河北—羑河北段工程［不包括潞王坟试验段，桩号（Ⅳ120 + 500）~（Ⅳ122 + 000）］，始于黄河北岸穿黄工程出口的S点，止于羑河渠倒虹吸出口下游10m，全长195.252km，其中渠道长度179.612km，建筑物长度15.640km。共有各类建筑物279座。本段设计流量为265 ~ 245m^3/s，加大流量为320 ~ 280mm^3/s，本渠段主要经焦作、新乡、鹤壁、安阳4市所辖的温县、博爱、焦作市区、修武、辉县、新乡北站区、卫辉、淇县、鹤壁市区、汤阴等10个市、县。设计单元划分情况见表1。

表1　　设计单元划分表

段号	设计单元名称	起始桩号	终止桩号	总长度（km）	渠道长度（km）	备注
1	温博段	Ⅳ0 + 000	Ⅳ27 + 798.8	26.616	25.329	大沙河倒虹吸出口
2	沁河渠道倒虹吸	Ⅳ9 + 261.3	Ⅳ10 + 444.3	1.183		沁河倒虹吸出口
3	焦作1段	Ⅳ27 + 798.8	Ⅳ41 + 311.9	13.513	11.598	李河倒虹吸出口
4	焦作2段	Ⅳ41 + 311.9	Ⅳ66 + 856.5	25.545	24.025	纸坊河倒虹吸出口
5	辉县段	Ⅳ66 + 856.5	Ⅳ115 + 807.1	47.622	43.631	孟坟河倒虹吸出口
6	石门河渠道倒虹吸	Ⅳ91 + 830.4	Ⅳ93 + 159.4	1.329		石门河倒虹吸出口导流堤末端
7	新乡和卫辉段	Ⅳ115 + 807.1	Ⅳ120 + 500	27.28	25.496	潞王坟试验段始端
		Ⅳ122 + 000	Ⅳ144 + 587.5			沧河渠倒虹吸出口导流堤末端
8	鹤壁段	Ⅳ144 + 587.5	Ⅳ175 + 435.4	30.848	29.384	行政区划边界

续表

段号	设计单元名称	起始桩号	终止桩号	总长度(km)	渠道长度(km)	备注
9	汤阴段	Ⅳ175+435.4	Ⅳ196+751.9	21.317	19.997	安阳段起点
合计				195.252	179.612	

黄河北—羑河北段总工程量为21 183.49万 m^3，其中，土石方开挖14 398.37万 m^3、土石方填筑6068.12万 m^3、混凝土及钢筋混凝土385.99万 m^3、砌石及垫层331.01万 m^3。施工总工期36个月。各设计单元主要工程量见表2，分类工程量见表3。

表2　　各设计单元主要工程量表

序号	设计单元	土方开挖(万 m^3)	石方开挖(万 m^3)	土方回填(万 m^3)	浆砌石(万 m^3)	干砌石(万 m^3)	砂石垫层(万 m^3)	混凝土(万 m^3)	钢筋(t)	钢铰线(t)
1	温博段	880.91		455.70	7.72	6.52	16.98	41.35	18 705	270
2	沁河	257.20		228.84	0.36	0.70	0.41	11.83	6673	2089
3	焦作1段	435.33		468.69	13.33	5.38	18.59	41.92	27 450	438
4	焦作2段	3394.42	555.86	255.79	20.08	11.67	8.25	47.76	23 692	1007
5	辉县段	3814.3	240.83	2095.44	25.52	25.86	61.8	96.51	48 167.48	686
6	石门河	102.66		84.91	0.34	0.06	0.28	12.54	10 192	
7	新乡和卫辉段	1133.36	192.76	690.33	9.41	6.64	13.99	46.82	22 882	409
8	鹤壁段	1757.95	570.42	1179.44	12.05	10.16	27.77	51.99	21 568	1109
9	汤阴段	267.36	795.01	608.98	7.72	5.22	14.20	35.27	14 968	122
合计		12 043.49	2354.88	6068.12	96.53	72.21	162.27	385.99	194 297	6130

表3　　分类工程量汇总表

序号	项目名称	土方开挖(万 m^3)	石方开挖(万 m^3)	土方回填(万 m^3)	浆砌石(万 m^3)	干砌石(万 m^3)	砂石垫层(万 m^3)	混凝土(万 m^3)	钢筋(t)	钢铰线(t)
一	渠道	10 081.05	2121.34	4345.97	39.72	61.97	139.64	126.91	1185	
二	河渠交叉	1550.16	271.31	1002.73	25.61	9.57	16.90	184.96	139 472	2555
三	左排	352.43	57.72	297.59	14.11	0.68	5.73	44.90	29 877	337
四	渠渠	15.20	3.92	17.87				1.12	635	3
五	分水口	23.58		6.43				0.46	416	
六	桥梁	21.06	0.45	397.68	17.08			27.64	22 713	3236
合计		12 043.49	2354.88	6068.12	96.53	72.21	162.27	385.99	194 297	6130

（一）温博段

温博段工程起点桩号Ⅳ0+000、终点桩号Ⅳ27+798.8，段中间的沁河渠道倒虹吸工程单独分段。温博段总长26.616km，渠道长25.329km，建筑物长1.287km。沿线共布置各类建筑物32座，其中河渠交叉建筑物6座、左岸排水建筑物4座、渠渠交叉建筑物2座、分水口门2座、节制闸1座、公路桥17座。渠段起点设计水位108.000m，终点设计水位105.916m。设计流量265m³/s、加大流量320m³/s。

温博段工程总占地9668.86亩，其中永久占地4830.23亩、临时占地4838.63亩；占压各类房屋20 016m²；占地范围内拆迁居民房屋涉及人口93人，均为农村人口。

（二）沁河渠道倒虹吸

沁河渠道倒虹吸工程起点桩号Ⅳ9+261.3、终点桩号Ⅳ10+444.3，建筑物总长1183m，其中管身段水平投影长1015m。进口设计水位107.568m，出口设计水位106.948m。设计流量265m³/s、加大流量320m³/s。管身为3孔一联，单孔断面尺寸6.9m×6.9m。

工程总占地1726.41亩，其中永久占地537.13亩、临时占地1189.28亩。

（三）焦作1段

焦作1段工程起点桩号Ⅳ27+798.8、终点桩号Ⅳ41+311.9，焦作1段总长13.513km，渠道长11.598km，建筑物长1.915km。沿线共布置各类建筑物18座，其中河渠交叉建筑物5座、分水口门1座、节制闸1座、退水闸1座、公路桥9座、铁路桥1座。渠段起点设计水位105.916m，终点设计水位104.686m。设计流量265m³/s、加大流量320m³/s。

焦作1段工程总占地4333.5亩，其中永久占地2442.6亩、临时占地1890.9亩；占压各类房屋567 077m²；占地范围内拆迁居民房屋涉及人口9305人，其中农村人口457人、城镇人口8848人。

（四）焦作2段

焦作2段工程起点桩号Ⅳ41+311.9、终点桩号Ⅳ66+856.5，焦作2段总长25.545km，渠道长24.025km，建筑物长1.520km。沿线共布置各类建筑物40座，其中河渠交叉建筑物3座、左岸排水建筑物3座、分水口门2座、节制闸1座、退水闸1座、公路桥18座、铁路桥12座。渠段起点设计水位104.686m，设计流量265m³/s、加大流量320m³/s；终点设计水位102.961m，设计流量260m³/s、加大流量310m³/s。

焦作2段工程总占地16 510.93亩，其中永久占地6090.09亩；占压各类房屋10 420.83m²；占地范围内拆迁居民房屋涉及人口15 178人，其中农村人口2854人、城镇人口12 324人。

（五）辉县段

辉县段工程起点桩号Ⅳ66+856.5、终点桩号Ⅳ115+807.1，段中间的石门河渠道倒虹吸工程单独分段。辉县段总长47.622krn，渠道长43.631km，建筑物长3.991km。沿线共布置各类建筑物68座，其中河渠交叉建筑物7座、左岸排水建筑物18座、渠渠交叉建筑物2座、分水口门2座、节制闸3座、退水闸3座、公路桥31座、铁路桥2座。渠段起点设计水位102.961m，终点设计水位98.939m。设计流量260m³/s、加大流量310m³/s。

辉县段工程总占地31 044.04亩，其中永久占地12 246.17亩、临时占地18 797.87亩；占压各类房屋85 131m²；占地范围内拆迁居民房屋涉及人口1270人，均为农村人口。

（六）石门河渠道倒虹吸

石门河渠道倒虹吸工程起点桩号Ⅳ91+830.4、终点桩号Ⅳ93+159.4，总长1329m，包括出口明渠长153m和建筑物长1176m（其中管身段水平投影长1015m）。进口设计水位

101.316m，出口设计水位100.716m。设计流量260m³/s、加大流量310m³/s。管身为3孔一联，单孔孔径6.9m×6.9m。

工程总占地1224.37亩，其中永久占地464.34亩、临时占地760.03亩。

（七）新乡和卫辉段

新乡和卫辉段工程被潞王坟试验段分为两段，该段设计桩号为（Ⅳ115+807.1）~（Ⅳ120+500）、（Ⅳ122+000）~（Ⅳ144+587.5），本渠段总长27.28km，渠道长25.496km，建筑物长1.784km。沿线共布置各类建筑物39座，其中河渠交叉建筑物4座、左岸排水建筑物9座、渠渠交叉建筑物2座、分水口门2座、节制闸1座、退水闸1座、公路桥20座。渠段起点设计水位98.939m，设计流量260m³/s、加大流量310m³/s；终点设计水位97.061m，设计流量250m³/s、加大流量300m³/s。

新乡和卫辉段工程总占地11 898.47亩，其中永久占地5389.4亩、临时占地6509.08亩；占压各类房屋15 677m²。

（八）鹤壁段

鹤壁段工程起点桩号Ⅳ144+587.5、终点桩号Ⅳ175+435.4，鹤壁段总长30.848km，渠道长29.384km，建筑物长1.464km。沿线共布置各类建筑物49座，其中河渠交叉建筑物4座、左岸排水建筑物14座、渠渠交叉建筑物4座、分水口门3座、节制闸1座、退水闸1座、公路桥21座、铁路桥1座。渠段起点设计水位97.061m，设计流量250m³/s、加大流量300m³/s；终点设计水位95.362m，设计流量245m³/s、加大流量280m³/s。

鹤壁段工程总占地18 056.39亩，其中永久占地6730.14亩、临时占地11 326.25亩；占压各类房屋56 047m²；占地范围内拆迁居民房屋涉及人口739人，均为农村人口。

（九）汤阴段

汤阴段工程起点桩号Ⅳ175+435.4、终点桩号Ⅳ196+751.9，汤阴段总长21.317km，渠道长19.997km，建筑物长1.320km。沿线共布置各类建筑物31座，其中河渠交叉建筑物3座、左岸排水建筑物9座、渠渠交叉建筑物4座、分水口门1座、节制闸1座、退水闸1座、公路桥11座、铁路桥1座。渠段起点设计水位95.362m，终点设计水位94.045m。设计流量245m³/s、加大流量280m³/s。

汤阴段工程总占地12 751.31亩，其中永久占地4171.57亩、临时占地8579.73亩；占压各类房屋18 556m²；占地范围内拆迁居民房屋涉及人口56人，均为农村人口。

工 程 任 务

南水北调中线一期工程从丹江口水库多年平均调水量为95亿m³，供水目标是以京津冀豫4省市受水区城市生活、工业供水为主，兼顾农业和生态环境用水，工程供水后，可以极大地缓解京津及华北平原城市的缺水矛盾，有效控制地下水超采，促进水资源的节约、保护和合理配置，支撑该地区国民经济与社会的可持续发展。黄河北—羑河北段渠道担负着黄河北向京津冀输水和河南省北部受水区的供水任务，是实现中线一期工程调水目标任务的组成部分。

工 程 规 模

（一）总干渠

黄河北—漳河南渠段长237.074km，输水流量265/320~235/265m³/s，总干渠以明渠为主，明渠与河流全部采用立交。其中，羑河北—漳河南段（即安阳段）长40.322km，新乡潞王坟试验段长1.50km，黄河北—羑河北段长196.752km，不包括新乡潞王坟1.50km，试验段长为195.252km。

总干渠规模与可调水量、水源调度方式、供水范围内需水要求有关，分段流量系根据引汉水源与当地水源（包括地表水、地下水）的联合调度计算结果确定。经调节计算分析，黄河北—漳河南段共划分为5个流量段，其中黄河北—羑河北段跨4个流量段，分段长度31～75km不等，以焦作市苏蔺、新乡市老道井、淇县三里屯等处分界，设计流量分别为265、260、250、245m^3/s，相应加大流量为320、310、300、280m^3/s。

黄河北—羑河北段起点为焦作市温县穿黄工程终点S点，设计流量为265m^3/s，加大流量为320m^3/s；终点为羑河渠道倒虹吸工程出口，设计流量为245m^3/s，加大流量为280m^3/s。分段流量规模见表1。

表1　黄河北—羑河北段分段规模表

序号	渠段起止地点	设计桩号	设计流量 (m^3/s)	加大流量 (m^3/s)
1	黄河北—焦作市苏蔺	（Ⅳ0+000）～（Ⅳ43+272）	265	320
2	焦作市苏蔺—新乡市老道井	（Ⅳ43+272）～（Ⅳ117+881.8）	260	310
3	新乡市老道井—淇县三里屯	（Ⅳ117+181.8）～（Ⅳ165+610.8）	250	300
4	淇县三里屯—安阳市南流寺	（Ⅳ165+610.8）～（Ⅳ196+752）	245	280

黄河北—羑河北段长196.752km，其中占用渠道水头的建筑物总长15.640km，明渠长181.112km，段内有各类建筑物279座（不包括新乡潞王坟试验段公路桥2座）。

经对水面线设计优化后，渠底纵比降分为1/20 000、1/22 000、1/23 000、1/28 000、1/29 000五种。按不同纵比降将渠道分成9段，以纵比降1/28 000的居多，有4段，长112.9km；其次，纵比降1/29 000的1段，长44.7km；纵比降1/23 000、1/22 000的各1段，长分别为5.4km、22.2km；纵比降最陡的1/20 000，有2段，长11.6km，处于深挖方段或石渠段。1/28 000、1/29 000两种纵比降的渠道长度占了80%。

渠道设计水深为7.0m，加大水深为7.392～7.668m，设计底宽26.0～8.0m，边坡1∶0.4～1∶3.5，其中1∶1.75边坡的长22.79km，占明渠的12.6%。渠道一级马道开口宽33.3～74.5m，最大挖深40m，最大填高13m。

（二）主要建筑物

总干渠黄河北—羑河北段沿途与90条大小河流、1座郭屯南沟排涝水的左岸排水工程、14条现有灌溉渠道、127条（不含新乡潞王坟试验段公路桥2条）等级公路和17条铁路交叉，加上控制建筑物30座（分水口门、节制闸、退水闸），该段总干渠上建筑物总计279座。

本渠段建筑物工程有河渠交叉，左岸排水、渠渠交叉、控制工程和路渠交叉工程5种类型。各类建筑物数量见表2。

表2　交叉建筑物分类数量表

序号	建筑物类型		数量（座）	备　注
1	河渠交叉		34	其中占用水头的32座
2	左岸排水		57	其中占用水头的5座
3	路渠交叉	铁路交叉	17	
		跨渠公路桥	127	不含潞王坟段桥2座
4	控制工程	节制闸	9	
		退水闸	8	
		分水口门	13	
5	渠渠交叉		14	
总　计			279	

为把优质水输往京津地区，防止总干渠全线水质遭受污染，以提高供水保证率，且便于运行管理，总干渠与沿线途径的大小河道、灌渠、铁路、公路的交叉工程全部采用立体布置，渠河分流，互不干扰。

1. 河渠交叉工程

总干渠与交叉断面以上集水面积大于等于20km^{2}的河流交叉，其建筑物称为河渠交叉工程。按照河、渠高程、水位关系，以及考虑防洪、防淤、工程造价等因素，本段河渠交叉建筑物共34座，有渠道倒虹吸、渠道暗渠、涵洞式渡槽、河道倒虹吸4种型式，前3种型式占用总干渠水头，2座河道倒虹吸不占用总干渠水头，占用总干渠水头的河渠交叉建筑物32座。其中有28座采用渠道倒虹吸、3座渠道暗渠、1座涵洞式渡槽。长度在1000m以上的有沁河、石门河2座渠道倒虹吸，长度在400~1000m之间的渠道倒虹吸有8座，300~400m之间的渠道倒虹吸有10座。

2. 左岸排水工程

总干渠与集水面积小于20km^{2}的河流交叉的建筑物称为左岸排水工程。左岸排水建筑物共57座，一般布置成河穿渠工程，将洪水排到总干渠右侧，不占用总干渠水头，但有5条河流属于坡陡峰高，洪峰流量大，且河床推移质较多，为防止淤积，采用渠穿河型式，占用总干渠水头，即午峪河、早生河、小凹沟3座采用渠道倒虹吸，辉县东河采用渠道暗渠、淤泥河采用涵洞式渡槽型式。其余52座根据其与总干渠的相对高程分为上排水和下排水，分别采用排水渡槽和排水倒虹吸2种型式，其中排水渡槽13座，排水倒虹吸39座。

3. 渠渠交叉工程

总干渠与现有灌溉渠道交叉的建筑物，称为渠渠交叉，一般当灌溉渠道设计流量大于0.8m^3/s时，则布置渠渠交叉建筑物。共布置渠渠交叉建筑物14座，分别采用灌渠渡槽、灌渠倒虹吸2种型式，从总干渠上部或下部通过，均不占用总干渠水头，其中灌渠渡槽3座、灌渠倒虹吸11座。

4. 控制工程

控制工程包括分水口门、节制闸、退水闸。

（1）分水口门。根据供水需要设置分水口门，本段共设分水口门13座，分水口门设计流量为1.0~13.0m^3/s。

（2）节制闸。为调节总干渠水位，配合退水，总干渠上必须在适当位置布置节制闸。节制闸的具体位置是根据节制闸所控制的分水口门前的水位运用要求，结合控制运行并考虑退水要求设置的。本段共布置节制闸9座。为便于管理和节省投资，节制闸一般结合河渠交叉建筑物设置。

（3）退水闸。为确保总干渠安全，满足检修要求，总干渠在重要建筑物、高填方渠段及重要城镇的上游，适当设置退水闸。本段共布置退水闸8座。

退水闸均按事故退水设计，其设计流量采用所处渠段设计流量的50%。

5. 路渠交叉工程

（1）铁路交叉。铁路交叉建筑物有17座，全部是铁路桥，不考虑水头损失。

（2）公路交叉。总干渠与已建、在建的乡级以上公路交叉均设公路桥梁。公路桥梁的设计标准根据公路等级的不同分为5级：城市A级、城市B级、公路-Ⅰ级、公路-Ⅱ级、公路-Ⅲ级（折减）。本段共设有公路桥梁127座（不含潞王坟试验段公路桥2座），其中城市A级桥9座、城市B级桥3座、公路-Ⅰ级桥24座、公路-Ⅱ级桥61座、公路-Ⅱ级（折减）桥30座。

工程总布置

黄河北—羑河北段长196.752km（含潞王坟试验段长1.5km），其中建筑物15.640km，明渠181.112km，段内有各类建筑物279座（不含潞王坟试验段2座公路桥）。

本渠段共布设各类交叉建筑物279座，建筑物分段分类数量见表1。

建筑物的工程位置和主要设计指标见表2。

表 1　　黄河北—美河北段工程设计单元建筑物分类数量表

单项工程名称	设计单元		分段设计桩号	长度（km）	其中建筑物长（km）	建筑物分类数量（座）								
	序号	设计单元名称				河渠交叉	左岸排水	渠渠交叉	铁路交叉	节制闸	退水闸	分水口门	公路交叉	合计
黄河北—美河北段工程	1	温博段	（Ⅳ0 +000）~（Ⅳ27 +798.8）	26.625 8	1.287	6	4	2		1		2	17	32
	2	沁河渠倒虹吸工程	（Ⅳ9 +261.3）~（Ⅳ10 +444.3）	1.183	1.183	1								1
	3	焦作 1 段工程	（Ⅳ27 +798.8）~（Ⅳ41 +311.9）	13.513 1	1.915	5			1	1	1	1	9	18
	4	焦作 2 段工程	（Ⅳ41 +311.9）~（Ⅳ66 +856.5）	25.544 6	1.520	3	3		12	1	1	2	18	40
	5	辉县段工程	（Ⅳ66 +856.5）~（Ⅳ115 +807.1）	48.950 6	3.991	7	18	2	2	3	3	2	31	68
	6	石门河渠倒虹吸	（Ⅳ91 +830.4）~（Ⅳ93 +159.4）	1.329	1.176	1								1
	7	膨胀岩（潞王坟）试验段工程	（Ⅳ120 +500）~（Ⅳ122 +000）	1.5									（2）	（2）
	8	新乡和卫辉段	（Ⅳ115 +807.1）~（Ⅳ120 +500）	4.692 9			3	1				1	4	9
			（Ⅳ122 +000）~（Ⅳ144 +587.5）	22.587 5	1.784	4	6	1		1	1	1	16	30
	9	鹤壁段工程	（Ⅳ144 +587.5）~（Ⅳ175 +435.4）	30.847 9	1.464	4	14	4	1	1	1	3	21	49
	10	汤阴段工程	（Ⅳ175 +435.4）~（Ⅳ196 +751.9）	21.316 5	1.319 9	3	9	4	1	1	1	1	11	31
	小计	黄河北至美河北段工程	（Ⅳ0 +000）~（Ⅳ196 +751.9）	196.751 9	15.639 9	34	57	14	17	9	8	13	127	279

注　包括潞王坟试验段工程 2 座桥，黄河北至美河北段建筑物共 281 座。

表 2　　黄河北—姜河北河渠交叉建筑物位置及主要设计指标表

序号	河名	交叉地点	建筑物型式	起点桩号	集水面积（km²）	洪峰流量（m³/s）		河底高程（m）	渠道流量（m³/s）		进口渠道水位（m）		建筑物长度（m）			分配水头（m）
						100 年一遇	300 年一遇		设计	加大	设计	加大	进口渐变段	主体长度	出口渐变段	
1	护城河	徐堡村	河倒虹	Ⅳ6 + 764. 2	31. 2	81	101	103. 5	265	320	107. 767	108. 428	65. 5	82	90. 7	
2	济河	温县徐堡	渠倒虹	Ⅳ8 + 109. 5	74. 7	156	195	103. 2	265	320	107. 720	108. 381	45	136	50	0. 12
3	沁河	博爱白马沟	渠倒虹	Ⅳ9 + 261. 3	12 870	7110	9750	107	265	320	107. 568	108. 228	60	1053	70	0. 62
4	蒋沟河	博爱东碑	渠倒虹	Ⅳ13 + 890. 6	127. 6	233	292	102. 7	265	320	106. 829	107. 483	45	147	50	0. 12
5	勒马河	东金城	河倒虹	Ⅳ18 + 229. 5	26. 9	73	91	103. 6	265	320	106. 568	107. 228	33. 0	101. 5	62. 1	
6	幸福河	博爱、杨庙	渠倒虹	Ⅳ24 + 867. 7	23. 8	66	83	106. 7	265	320	106. 339	106. 996	45	228	50	0. 15
7	大沙河	博爱、鹿村	渠倒虹	Ⅳ27 + 307. 8	400	2850	3642	109. 2	265	320	106. 116	106. 772	45	376	70	0. 20
8	白马门河	焦作府城	渠倒虹	Ⅳ31 + 399. 7	66. 6	1340	3640	103	265	320	105. 792	106. 442	45	236	55	0. 15
9	普济河	焦作新店	渠倒虹	Ⅳ33 + 799. 4	33. 8	1160	1410	103. 3	265	320	105. 571	106. 220	45	238	50	0. 15
10	闫河	焦作东干	渠倒虹	Ⅳ36 + 556. 8	36. 5	984	1270	101. 84	265	320	105. 337	105. 984	45	346	50	0. 19
11	翁涧河	焦作农科所	渠倒虹	Ⅳ39 + 376. 7	37. 8	860	1100	97. 3	265	320	105. 065	105. 709	45	311	50	0. 17
12	李河	焦作苏蔺	渠倒虹	Ⅳ40 + 912. 9	27. 5	843	1070	94. 6	265	320	104. 856	105. 498	45	304	50	0. 17
13	山门河	焦作白庄	暗渠	Ⅳ47 + 78. 7	136. 2	2310	2960	109	260	310	104. 461	105. 097	65	603	80	0. 33
14	溃城寨河	焦作韩蒋	渠倒虹	Ⅳ57 + 156. 5	72. 5	1797	2282	95. 5	260	310	103. 707	104. 310	45	336	50	0. 19
15	纸坊河	修武东丁	渠倒虹	Ⅳ66 + 515. 5	188. 2	2630	3330	104. 2	260	310	103. 111	103. 709	45	246	50	0. 15
16	峪河	辉县三河口	暗渠	Ⅳ70 + 960. 4	572. 7	3540	4940	107	260	310	102. 815	103. 412	55	483	70	0. 24
17	王村河	辉县大凹	渠倒虹	Ⅳ85 + 585. 1	24. 8	833	1070	101. 5	260	510	101. 797	102. 376	45	236	50	0. 15

续表

序号	河名	交叉地点	建筑物型式	起点桩号	集水面积（km^2）	洪峰流量（m^3/s）		河底高程（m）	渠道流量（m^3/s）		进口渠道水位（m）		建筑物长度（m）			分配水头（m）
						100年一遇	300年一遇		设计	加大	设计	加大	进口渐变段	主体长度	出口渐变段	
18	石门河	辉县小富庄	渠倒虹	Ⅳ91 +830.4	207	3260	4110	95	260	310	101.316	101.892	55	1051	70	0.60
19	黄水河	辉县大史	渠倒虹	Ⅳ93 +929.8	88.3	2000	2520	96	260	310	100.683	101.258	45	356	50	0.19
20	黄水河支	辉县郝庄	渠倒虹	Ⅳ97 +404.4	74.9	1930	2440	92.5	260	310	100.385	100.955	45	266	50	0.15
21	刘店干河	辉县金河屯	暗渠	Ⅳ100 +655.7	178.1	3510	4410	105.6	260	310	100.131	100.700	55	373	55	0.19
22	小蒲河	辉县小蒲水	渠倒虹	Ⅳ113 +232.8	36.6	951	1200	95.5	260	310	99.280	99.808	45	176	50	0.13
23	孟坟河	辉县新乡	渠倒虹	Ⅳ115 +511.1	32.2	845	1070	92.6	260	310	99.079	99.603	45	201	50	0.14
24	山庄河	卫辉山庄	渠倒虹	Ⅳ126 +303.7	25.2	787	1000	96.5	250	300	98.521	99.026	50	176	65	0.14
25	十里河	卫辉大司庄	渠倒虹	Ⅳ129 +832.7	74.2	1590	2000	94.5	250	300	98.265	98.763	50	176	65	0.14
26	香泉河	卫辉小谷驼	渠倒虹	Ⅳ139 +686.2	85.2	1630	2070	90.8	250	300	97.783	98.260	50	226	65	0.15
27	沧河	淇县马林庄	渠倒虹	Ⅳ143 +587.6	252.4	2780	3470	94.5	250	300	97.506	97.973	55	736	70	0.44
28	赵家渠	淇县新庄	渠倒虹	Ⅳ156 +681.4	40.9	1220	1510	98.5	250	300	96.629	97.055	50	196	65	0.13
29	思德河	淇县刘河	渠倒虹	Ⅳ159 +462.2	93.5	1710	2140	84.5	250	300	96.411	96.827	50	281	65	0.17
30	魏庄河	淇县三里屯	渠倒虹	Ⅳ167 +883.7	27	749	926	89.7	245	280	95.955	96.353	50	156	70	0.12
31	淇河	淇县夏庄	渠倒虹	Ⅳ169 +790.9	2088	3880	7230	86	245	280	95.776	96.174	55	366	60	0.19
32	永通河	汤阴段庄	渠倒虹	Ⅳ179 +553.1	43.6	514	652	91.5	245	280	95.213	95.624	45	241	60	0.15
33	汤河	汤阴北张贾	涵渡槽	Ⅳ194 +554.2	199	1830	2370	79.3	245	280	94.426	94.829	50	169.3	75	0.14
34	羑河	汤阴李家湾	渠倒虹	Ⅳ196 +265.9	111.8	1580	2030	81.5	245	280	94.236	94.633	50	366	60	0.19

注 河倒虹吸不占用总干渠水头。

本渠段分为9段，各段比降情况见表3。

表3　　黄河北—美河北渠道纵比降成果表

设计桩号		分段长度（km）	其中明渠长（km）	纵比降	建筑物长度（m）
起	止				
Ⅳ0+000	Ⅳ44+683.5	44.684	40.300	1/29 000	4385
Ⅳ44+683.5	Ⅳ66+856.5	22.173	20.653	1/22 000	1520
Ⅳ66+856.5	Ⅳ101+138.7	34.282	29.955	1/28 000	4327
Ⅳ101+138.7	Ⅳ109+727.5	8.589	8.316	1/20 000	273
Ⅳ109+727.5	Ⅳ119+429.0	9.702	9.135	1/28 000	567
Ⅳ119+429.0	Ⅳ122+460.3	3.031	3.031	1/20 000	0
Ⅳ122+460.3	Ⅳ170+271.9	47.812	44.564	1/28 000	3248
Ⅳ170+271.9	Ⅳ175+721.3	5.449	5.449	1/23 000	0
Ⅳ175+721.3	Ⅳ196+751.9	21.031	19.711	1/28 000	1320
合　计		196.752	181.112		15 640

南水北调中线总干渠线路长，水头小，纵坡缓的特点，以及为了施工方便，经过比较，对于大流量输配水的雨水北调中线总干渠横断面选用梯形实用经济断面。本渠段渠道横断面，在不同的地形条件下，分别采用全挖、全填、半挖半填三种不同型式，以多挖少填为主。综合该工程的具体情况进行方案比选，最终确定渠道纵横断面的设计要素。

工　程　等　别

黄河北—美河北段工程为一等工程，总干渠渠道及河渠交叉、左岸排水、渠渠交叉、铁路交叉、公路交叉建筑物和控制工程等主要建筑物按1级建筑物设计；附属建筑物与河道护岸工程，以及河穿渠工程的上下游连接段等次要构筑物按3级建筑物设计；施工导流等临时工程按4～5级建筑物设计。

设　计　标　准

（一）防洪标准

根据有关标准以及总干渠的工程等别和建筑物级别，交叉断面以上集水面积大于等于20km²河流的河渠交叉建筑物防洪标准按100年一遇洪水设计，300年一遇洪水校核；集水面积小于20km²的左岸排水建筑物防洪标准按50年一遇洪水设计，200年一遇洪水校核。总干渠与河渠交叉及左岸排水建筑物连接段，按相应建筑物防洪标准设防；施工洪水标准按非汛期（10月至翌年5月）考虑，重现期分别为5年和10年，具体标准结合各建筑物的施工特点和重要性确定。

（二）抗震设防标准

渠道和建筑物的抗震设计烈度同工程区地震基本烈度。地震动参数按国家地震局分析预报研究中心《南水北调中线工程沿线设计地震动参数区划报告（2004年4月）》成果，其中黄河北—勒马河北设计桩号（Ⅳ0+000）～（Ⅳ19+800），地震动峰值加速度0.10g，相应于地震基本烈度为Ⅶ度区；勒马河北—黄水河支流东设计桩号（Ⅳ19+800）～（Ⅳ98+440），地震动峰值加速度0.15g，相应于地震基本烈度为Ⅶ度区；黄水河支流东—美河北设计桩号（Ⅳ98+440）～（Ⅳ196+751.9），地震动峰值加速度0.20g，相应于地震基本烈度为Ⅷ度区。

本工程的渠道及主要建筑物，以其所在场地地震基本烈度作为抗震设计烈度。

根据《水工建筑物抗震设计规范》（DL 5073—2000），设计烈度为Ⅶ度或Ⅷ度的主要建筑物要进行抗震计算，设计烈度为Ⅶ度的高填方、高边坡和特殊类土或饱和砂层等不良地质段的渠道和设计烈度为Ⅷ度的渠道要进行抗震设计，对地震液化的地基需进行处理。

（三）抗冻胀设计标准

对季节冻土标准冻深大于10cm或设计冻胀量大于1cm的渠段，作抗冻胀设计。

（四）铁路、公路设计标准

总干渠与铁路、公路交叉建筑物的设计标准，除满足本行业的标准、规范要求外，还应同时满足相关行业的设计标准和规定。

机电及金属结构

（一）金属结构

本段总干渠上涉及金属结构设备的各类建筑物共计49座。其中，渠道涵洞式渡槽2座，渠道倒虹吸29座，渠道暗渠4座，分水口门13座，独立退水闸1座。共计节制闸9座，控制闸22座，检修闸39座，退水闸8座，分水口门13座。上述建筑物金属结构设备共计门槽396套，闸门292扇，启闭机230台。闸门、埋件和其他结构件重约9381.3t，启闭设备重约1902t，结构件防腐面积约138 516m^2。闸门主材除弧门、平板工作闸门和检修闸平板门主材选用Q345B外，其余闸门和埋件主材均选为Q235B。

（二）供电系统

根据本工程负荷点多、线路长、要求供电可靠性高等特点，本渠段供电系统设置3个35kV中心开关变电站，由每个中心开关变电站引出2回35kV线路沿总干渠右岸向上、下游辐射，在总干渠的各负荷点设置降压变电站向负荷供电。降压变电站35kV侧采用典型的“π”型双电源接线或“T”型接线（仅对只设置检修闸门、检修排水和地下水渗漏排水泵的建筑物采用此接线方式）。中心开关站供电末端的降压变电站母线上设有联络断路器。在正常运行时，联络断路器处于“断开”位置，两中心开关站之间彼此独立供电；当35kV输电线路发生故障或某中心开关站失去系统电源时，可通过切除故障线路或故障点、闭合联络断路器等一系列操作实现两中心开关站之间的互为备用。

在35kV专网线路覆盖地段的每个负荷点设1台35/0.4kV配电变压器，对所在负荷点供电。

本渠段需要供电的建筑物包括35个控制性建筑物、13个分水口、1个独立供电退水闸、3座独立地下水渗漏排水泵站及10个管理设施（其中包括3个管理处和7个管理所），共设置降压变电站62座。

南水北调中线工程河南省管理处（所）采用由管理处（所）附近变电所架设10kV专线供电方式。

（三）监控系统

根据南水北调中线一期工程“统一调度，分级管理，建管结合”调度运行管理体制的要求，结合本工程调水距离长、控制闸站多、控制闸站地理分布范围广的特点，为确保南水北调中线一期工程长期安全、稳定和经济运行，建立总干渠计算机监控系统。

监控系统包括计算机监控、图像监控两个子系统。

（1）计算机监控系统。计算机监控系统采用分层分布式结构，根据闸门控制方式要求不同，有双PLC冗余和单PLC两种配置原则。

（2）图像监控系统。南水北调中线工程采用“无人值班，少人值守”和分段巡检的管理模式和制度，全线建立一套远程工业电视图像监控系统，对所属的现地闸站、变电站等重要建筑物和主要运行设备实现远程实时图像监控、远程故障和意外情况告警接收处理。

（四）通信系统

根据南水北调中线工程通信系统总体规划，总干渠河南境内黄河北段（黄河北—漳河南，以下简称“本渠段”）沿总干渠布置有3个管理处，7个管理所，2个主干右岸通信节点，2个主干左岸通信节点（其中一个是相交节点），54个区段通信节点，合计68个通信站点。本渠段沿线设有分水口、节制闸、退水闸、控制闸等输水控制性建筑物和降压变电站等其他辅助生产建筑物。通信系统的任务就是为这些通信站点提供各类业务（包括语音、图像和数据等）的通信接口和高质量、高可靠的传输通道，满足调度和行政管理的通信需要，并保证各类系统安全可靠运行，使整个供水工程达到一个现代化的管理水平。建立起一个技术先进、组网灵活、安全可靠且功能完善的专用通信网络。

（五）监测自动化

南水北调中线一期工程在施工期和运行期的安全与否，将直接关系到国民经济发展和人民生命财产安全，因而对本工程进行长期的安全监测并建立一套自动、高效、先进的安全监测系统是十分必要的。

根据本工程的基本特点，安全监测系统组成分层分布式监测结构，本渠段设置渠道重点断面监测、现地站监测（设于现地闸站）以及其他建筑物监测。用于监测水位、表面变形、渗流压力、土压力和应力等与水工建筑物安全密切相关的参量。

（六）水力机械

南水北调中线一期工程总干渠黄河北—羑河北段干渠工程中，有检修抽排水任务的建筑物工程包括总干渠建筑物检修排水、左岸排水倒虹吸检修排水等项工程。另有局部渠段干渠有渗漏排水任务。河道交叉建筑物有渠道倒虹吸、暗渠、涵洞式渡槽及单列退水闸等共计38座，各工程分别有进口检修闸、跨河建筑物、出口控制闸等设施。进口检修闸门采用叠梁门，电动葫芦启闭；出口控制闸门多为弧形钢闸门和平板钢闸门，液压启闭机或卷扬式启闭机启闭。2座河道倒虹吸、41座左岸排水倒虹吸均为无控制排水。总干渠共有地下渗漏排水点17处，其中温博段2处、焦作1段13处、汤阴段2处。另有降压排水50处，其中峪河暗渠18处、刘店干河暗渠16处、赵家渠16处，均为干渠两岸对称布置，两岸分别为9、8、8处。

（七）消防

本工程消防设计应贯彻“预防为主，防消结合”和确保重点，兼顾一般、便于管理、经济实用的原则。应以易引起火灾的主要部位及电气设备、电缆和闸门液压设备以及生产控制管理中心等作为消防重点部位加以防范。

具体设计中，在确保消防需要的前提下尽可能与正常使用的通风及给水设备相结合，以减少投资费用。重点部位应采用先进技术及先进设备，做到保证安全、使用方便、经济合理。

考虑到火灾多为短时、突发性灾害，且各建筑物分布分散，又远离管理中心和城市，发生火灾时难以向外求援等特点，消防设计应满足自救为主，外援为辅的要求。

各河渠交叉建筑物消防范围包括节制闸、控制闸和事故检修闸的闸门液压启闭机操纵室及附属建筑物、管理机构设施等配套工程。分水闸的消防范围包括工作闸门启闭机操纵室及附属建筑物、管理机构设施等配套工程。

施工组织设计

（一）施工条件

由于黄河北—羑河北段渠道线路较长，沿线地质、地形、地貌及地下水埋深等自然条件变化较大，因此，针对不同的自然条件和施工特点，将本段总干渠工程划分若干个设计单元。设计单元划分原则如下：

（1）考虑建管模式（直接管理、代建制、

委托管理）的要求。

（2）本着有利于施工及施工管理原则，在可研渠道施工分段的基础上，尽可能以大的河渠交叉建筑物为界。

（3）大型河渠交叉建筑物由于工期长，是工程通水的制约因素，为争取早日开工，控制工期的大型河渠交叉建筑物单独作为一个设计单元。

（4）为有利于征地移民工作的同步开展，结合市县行政区界划分初步设计分段，设计单元尽量不跨地级市。

根据上述设计单元划分原则，针对不同的自然条件和施工特点，总干渠线路东有京广铁路，中间有焦枝铁路，公路南北纵向有107国道、京深高速公路，中间有郑焦晋高速公路、焦新高速公路，有省级公路12条，以焦作、新乡、鹤壁和安阳为中心向四周辐射的公路四通八达，市、县和城镇之间均有公路，村与村之间公路网建设进展迅速。工程施工时可充分利用这一交通网络体系，对外交通便利。主要大型建筑物及施工区的对外交通可就近连接到以上道路。

渠道沿线建筑材料市场货源充足、物资丰富。调查的主要建筑材料有：水泥、钢材、木材、炸药、油料等主要材料。主要建筑材料供应原则上采用市场采购。砂石料在质量合格的料场自建砂石料筛分加工系统供应或从社会上的石料场购买。

（二）土石方工程施工

1. 土方开挖工程

（1）渠道土方开挖。由于各段地质、地形、地貌、水文气象以及地下水埋深等自然条件有很大差异，开挖方量大，沿线分布极不均衡。因此，需要采取不同的施工工序和施工方法。本着先临建工程、后主体工程，先重点建筑物和渠段，后一般渠段和建筑物，上下渠段兼顾的原则，根据不同建筑物的特点在施工程序上分类进行安排。左岸排水工程、渠渠交叉建筑物和公路桥先于干渠施工；分水口门与总干渠则同时施工。施工方法如下：表层腐殖土采用2.75m^3铲运机进行开挖，平铺在弃土区表层，用于复耕还田。上层土用74kW推土机开挖运输，将土运至两岸弃土区或渠堤填筑区，运输距离一般为30～60m。下层土采用6～8m^3的铲运机进行开挖，并将土方运至两岸弃土区或渠堤填筑区。挖深较大时或在集中弃土段、填筑段，采用2m^3挖掘机配合15t自卸汽车将土运至弃土区，或根据土方平衡规划将土料运至其他填筑区。膨胀土等特殊土段，具膨胀潜势，易胀缩，裂隙较发育，强度低，边坡稳定性差。施工期间要特别加强施工防范，缩短施工周期，更需预留保护层，不稳定体要注意监测及采取必要加固措施。保护层开挖后要随即进行衬砌或护坡。

（2）建筑物土石方开挖。建筑物的土石方开挖主要为建筑物的基础开挖。其中倒虹吸的土方开挖工程量较大，因普遍采用非汛期施工方案，建筑物一般在非汛期内施工，土方开挖的时间性较强。建筑物的地下水位埋深较浅，基础开挖普遍存在施工期排水问题。建筑物土石方开挖一般采取自上而下分层开挖方式，层厚为3～5m。土方开挖量大的，采用2m^3挖掘机配合15t自卸汽车；小型工程一般采用1m^3挖掘机配合8t自卸汽车。建筑物的开挖弃土根据土石方平衡计算和弃土规划安排，回填用土先堆于临时堆土区，其他土方弃于永久弃土区。

2. 土方填筑工程

（1）渠道土方填筑。渠道土方填筑对土质的要求较严格，以重粉质壤土、壤土为主要填筑土料，干密度一般为1.65～1.75t/m^3，设计填筑含水量16%～19%。由于总干渠地形、地质等条件的变化，全段多为半挖半填渠道和深挖方渠段，个别为高填方，填筑强度较大。按照挖、填平衡规划取料，充分利用本渠段开挖方土料，填土不足部分调运邻段挖方，仍不足时由土料场开挖取土。取土深度一般不超过3m。土方填筑首先进行清基开挖，然后根据设计要求进行地基处理，回填过程中应本着挖填结合的原则，分层碾压夯实，填筑至设计高程后，以机械为主配人工削坡达设计断面。土方填筑应根据土料的性质分别采用不同的施工机械。黏性土、壤土回填采用13.5t凸块振动碾压实。防洪堤填筑局部采用74kW履带拖拉机碾压。铺土厚度及碾压遍数通过碾压试验确定。砂砾料、碎石垫层铺筑采用1t机动翻斗车辅助运输，人工铺筑。

（2）建筑物土方回填。建筑物的土方回填对土质的要求和压实干密度有一定的要求，同时要充分利用开挖弃料。严格按照挖、填平衡规划取料，充分利用挖方段弃料，不足部分再选用料场土料。土方回填应待混凝土强度达到设计要求后进行，管身两侧对称回填、分层人工配合机械压实；管顶0.5m以内，采用2.8kW蛙式打夯机或人工夯实，超过0.5m可以用机械压实，但机械行驶速度不宜太快，并采取措施满足填筑质量要求，避免在倒虹吸管上方停放各种重型车辆。建筑物的土方回填对于大中型工程采用$2m^3$挖掘机配合15t自卸汽车运输，小型工程采用$1m^3$挖掘机配合8t自卸汽车运输。回填土压实统一采用74kW履带拖拉机压实，边角部位用2.8kW蛙式打夯机夯实。

3. 石方工程施工

（1）渠道石方开挖。石方开挖采用分层开挖的方法，即自上而下从边坡顶部起分梯段逐层下降开挖。根据渠道沿线的地形地貌特点，石方开挖方法分为手风钻钻孔开挖和潜孔钻钻孔开挖。对挖深在1～5m的明挖石方段，采用手风钻钻孔爆破。对挖深在5m以上较厚岩体渠段，采用深孔梯段爆破，梯段高度以6～9 m左右为宜，并在周边采用预裂爆破，以尽量降低对岩体的破坏。采用$2m^3$挖掘机装15t自卸汽车运输，集中弃料。

（2）建筑物石方开挖。建筑物石方开挖采用手风钻钻孔爆破，开挖石渣采用$2m^3$挖掘机装15t自卸汽车运输，集中弃料。

4. 隧洞土石方工程施工

山门河暗渠由2条长580m的平行洞身段组成，工程采用双洞两端进洞的施工方式。洞身段施工开挖前采取排水措施，先降低地下水位，待地下水位明显降低后，在管棚超前支护下进行分部开挖，分部支护。按照“管超前、严注浆、短开挖、强支护、快封闭、勤测量”的施工原则进行施工，土洞段采用双侧壁导坑法施工。人工开挖洞身土方，卵石胶结很好，人工难以开挖，因此采用钻孔爆破的方式开挖，但装药量应控制。开挖出来的土石方由人工装斗车运离工作面至洞口，再用挖掘机装自卸汽车运至弃渣场。

（三）混凝土工程施工

1. 渠道混凝土施工

根据渠段地层情况和设计流量，渠道混凝土衬砌施工时兼有防渗、防冻和排水等诸多要求，施工工艺多，质量要求高。渠道现浇衬砌厚度为8～20cm，预制混凝土块厚度为10cm。

（1）现浇混凝土施工。渠道现浇混凝土衬砌施工前先进行排水工程施工，再进行防渗及保温处理，后进行混凝土衬砌施工。混凝土衬砌施工采用5～8t自卸汽车从HZ25移动式拌和站运送$0.65m^3$吊罐至施工现场，履带式起重机起吊入仓，分块跳仓进行浇筑，同一浇筑块连续浇筑，利用2.2kW平板式振动器振实；在岩石渠基上浇筑混凝土，应将基岩冲洗干净，清除积水，铺一层厚度2～3cm的水泥砂浆。

（2）预制混凝土块施工。预制混凝土块规格按设计要求，在混凝土预制厂集中预制养护，用时人装5t载重汽车运到现场分散铺设。混凝土块采用人工砌筑沿渠坡从低部向顶部分段施工。在同时有底层保温板和（或）复合土工膜段施工时，与底层施工相衔接，并保证保温板和复合土工膜的施工质量。

(3) 喷射混凝土衬砌施工。喷射混凝土用于石方开挖渠段施工，设计厚度10cm，采用4~5m^3/h的混凝土喷射机施工。水泥标号不低于32.5号，石料最大粒径不大于15mm，水灰比宜为0.4~0.5，砂子宜采用中、粗砂。

2. 建筑物混凝土施工

主要建筑物有河渠交叉建筑物、左岸排水建筑物、渠渠交叉建筑物、桥梁及分水口门等。从混凝土的浇筑形式上混凝土可分为现浇混凝土、预制混凝土等，从混凝土浇筑部位又可分为梁、板、墙、柱、桩等部位，混凝土施工工艺复杂，质量要求较高。

(1) 倒虹吸、暗渠混凝土工程。倒虹吸、涵洞、暗涵混凝土及钢筋混凝土工程，浇筑分期进行施工，各单项工程施工时依次为：基础垫层→底板→侧墙（闸墩）→顶板（上部结构）的顺序进行浇筑。洞身混凝土施工，以平层铺筑法入仓铺料，采用2×1m^3拌和楼或HZ20、HZ25移动式拌和站集中拌和装入吊罐，用8t自卸汽车水平运输，垂直运输。管身段混凝土输送泵；闸墩、翼墙和上部结构，用塔式起重机吊罐入仓；其他用履带起重机吊装，吊罐经泻槽入仓；各闸以及渐变段、下部垫层和底板，可采用自卸汽车直接入仓浇筑。各建筑物均采用1.1kW插入式振捣器或4.5kW平仓振捣器进行振捣、要求均匀密实。

(2) 渡槽混凝土施工。渡槽混凝土工程主要施工程序为：灌注桩钻孔→灌注桩混凝土浇筑→现浇混凝土承台（扩大基础）→现浇排架→桁架拱安装→渡槽槽板安装（现浇渡槽）→人行桥安装→现浇矩形槽及涵洞→进出口段混凝土浇筑。桁架等构件的预制在安装前完成。渡槽的基础主要分为大开挖基础和桩基础。对于大开挖基础，在基础土石方开挖完成后，进行混凝土浇筑。混凝土模板采用组合钢模板，混凝土用3m^3混凝土搅拌车从中心拌和站运至浇筑区，经混凝土输送泵入仓。

征地拆迁

南水北调中线一期工程总干渠黄河北—羑河北段工程沿线共布置各类交叉建筑物58座，其中河渠交叉建筑物34座，左岸排水55座，渠渠交叉建筑物14座，节制闸9座，退水闸8座，分水口门13座，公路桥124座，生产桥59座。总用地共计107 214.28亩，其中永久用地42 901.68亩，临时用地64 312.60亩；占压房屋总计1 446 420.04m^2，其中农村房屋218 555.45m^2，农村副业房屋76 862.69 m^2，城镇房屋810 824.76m^2，城镇副业房屋17 241.65m^2，财产户房屋22 417.87m^2，单位房屋166 730.13m^2，企业房屋132 525.61m^2。占压企业42家，单位63家，农村副业269家，城镇副业106家，各类专项线路1066条。

基准年占压居民房屋涉及人口26 641人，其中农村人口5469人、城镇人口21 172人。

水土保持

黄河北—羑河北段工程按地貌类型可分为太行山前冲积平原区和丘陵岗地区，为河南省水土流失重点治理区和监督区。工程在建设期间大面积扰动地表和排放弃土弃渣，不仅导致项目区水土流失增加，而且可能会影响防洪安全。编制水土保持设计的目的是进一步分析水土流失影响因子，因害设防，因地制宜，有针对性地采取防治措施，控制和减少水土流失量，保护沿线生态环境，保证工程安全运行。

水土保持设计的任务：对工程建设施工中直接造成的水土流失提出治理措施，保护项目区水土资源；对工程建设施工可能诱发的水土流失提出预防措施；确定水土保持措施工程量、治理进度和投资概算；拟定水土保持初步设计实施的各项保证措施及监测计划等。

环 境 保 护

黄河北—美河北段工程渠道工程和大型交叉建筑物独立施工，本渠段环境保护设计也分为大型建筑物环境保护设计和渠道（包含各种小型建筑物）环境保护设计两大部分，并分施工期和运行期两个阶段。具体设计任务为：确定本工段各工区生活污水、生产废水处理工艺流程，进行主要处理设施的初步设计以及设备的选型；确定施工期空气污染防治措施；确定施工期噪声污染防治措施；确定施工期固体废弃物防治措施；进行人群健康保护措施设计；进行主要处理构筑物、建筑物的总体布置等。

根据施工组织设计，本渠段分为10个设计单元，本次设计9个单元。工程布置98个生产生活区，其中总干渠段布置55处，大型河渠交叉建筑物布置43处。河渠交叉建筑物，施工安排人员较多，其他为渠道工程，相对人员较少。根据这些特点，设计在大型交叉建筑物及强度较高的总干渠生产生活区布设一体化生活污水净化装置，使处理后的生活污水达到一级排放标准后排放；其他营地生活污水排入化粪池，经过硝化、杀菌处理后排入附近沟渠。

砂石料冲洗废水从筛分楼出来，自流入沉砂池和细格栅，然后加絮凝剂后，进入旋流式絮凝池进行絮凝，当形成较大的矾花颗粒后，进入斜管沉淀池进行有效沉淀，沉淀池流出的废水可以循环利用，也可以排放。沉淀污泥经浓缩干化后外运至附近渣场。

混凝土拌和、养护废水采用两组间歇式自然沉淀的方式去除易沉淀的砂粒，交替使用。由于废水中pH值较高，应在沉淀池中加入适量的酸调节pH值至中性后，再进行沉淀处理。

施工机械、车辆检修冲洗废水包括含油机修水和车辆冲洗水两部分，主要污染物为石油类。采用如下处理工艺流程：含油废水先汇入隔油池，采取静置的方法，进行初级油水分离，隔油池上设置油水分离管。然后，再定时投加药剂絮凝，絮凝后进入油水分离器进行油水分离。分离后的水进入滤池过滤，然后排放或回用。滤料不再生使用，滤料堵塞严重时清理换料。

噪声防护措施主要采用设置隔音屏障、高噪声设备的减震措施以及尽量选用低噪声设备，限制高噪声设备的施工时间等。

施工期大气污染主要是二次扬尘、燃油燃煤废气对空气的污染。防护措施主要考虑通过加强施工管理，同时安装必要的除尘设施，定时对容易产生二次扬尘的施工路段、搅拌装运现场、材料堆放场等洒水抑尘等。

废弃物采取以下处置措施：在生活区设置垃圾箱；对各工地的建筑垃圾及各种杂物及时清理；对施工所产生的生产废料，要进行回收，合理处置。

施工期人群健康保护措施分为施工区和移民安置区两部分。加强对施工人员的卫生防疫工作，施工结束后，对工区进行消毒清理。在搬迁过程中需组织临时医疗网点完善医疗设施。

生态保护包括消减措施和生态恢复措施。

据工程设计，总干渠工程明渠段两侧分别划定保护区和管理区。

水 文 地 质

黄河北—美河北段按地质构造、岩层的富水性、渗透性以及含水介质等划分为四个含水层组，分别为奥陶系可溶岩岩溶裂隙含水层组、上第三系碎屑岩、碳酸岩孔隙裂隙岩溶含水层组、第四系松散岩类孔隙潜水含水层组和第四系松散岩类孔隙承压含水层组。在冲洪积、坡洪积裙和河谷平原，地下水主要赋存于第四系砾卵石、砂层及少黏性土中；在丘陵岗地，主要赋存于灰岩、泥灰岩、砂岩和砂砾岩的岩溶、裂隙、孔隙中；与工程密切相关的主要为浅层地下水，以潜水为主，局部具有承压性。

黄河北—羑河北段总干渠沿线地下水位辉县大官庄以前大部分高于渠底板，辉县大官庄东以后大部分低于渠底板；低山丘陵、岗地上第三系孔隙裂隙岩溶水和奥陶系灰岩岩溶裂隙水水位随地形而变化，地势高，水位相应较高。其富水性及水力联系受裂隙、岩溶发育程度控制，裂隙、岩溶发育地段水量丰富，地下水动态变化较大。

沿线第四系卵砾石层，多属中等至强透水性；砂层一般具中等透水性，少量颗粒较粗、砂质纯净的具强透水性。砂壤土一般为弱透水性。奥陶系灰岩、上第三系泥灰岩和砂岩，一般具弱至中等透水，上第三系砂砾岩为中等至强透水性。

黄河北—羑河北段地下水及地表水大部分属 HCO_3-Ca 型及 $HCO_3-Ca-Mg$ 型，仅在沁河、勒马河、府城（Ⅳ32 + 610）、焦泉营（Ⅳ80 + 100）、大沙窝（Ⅳ94 + 800）等处水化学类型为 $SO_4-HCO_3-Ca-Mg$ 或 $HCO_3-SO_4-Ca-Mg$ 型。矿化度一般小于1g/L，属淡水；仅老蒋沟（Ⅳ12 + 430）和大沙河（Ⅳ32 + 410）矿化度为1.0～1.3g/L，属微咸水。pH值一般为7.1～8.3，属弱碱性水。硬度一般为9.63～25.2H°，属微硬～硬水，但勒马河、大沙河、府城、温寺门、前杨树、黄下扣、李家湾等处硬度大于25.2 H°，为极硬水。

沿线环境水水质一般良好，绝大部分对混凝土都没有腐蚀性，仅老蒋沟（Ⅳ12 + 430）、勒马河（Ⅳ17 + 430）、大沙河（Ⅳ32 + 410）、新蒋沟、羑河的地下水和沁河、闫河河水对普通硅酸盐水泥具结晶类硫酸盐型腐蚀性，翁涧河河水具碳酸型腐蚀、淇河地下水（承压水）具一般酸性型腐蚀。

工 程 特 性 表

项　目　名　称		单位	数量	说　　明
一、工程规模				
1. 输水线路长度		km	195.252	
2. 引水设计流量	进口	m^3/s	265	
	出口	m^3/s	245	
3. 渠道设计水位	进口	m	108.000	
	出口	m	94.045	
二、拆迁及永久占地				
1. 拆迁涉及人口		人	26 641	
2. 安置人口		人	30 589	水平年生产安置人口
3. 拆迁房屋		万 m^2	144.64	
4. 工程永久占地		万亩	4.29	
5. 工程临时占地		万亩	6.43	
三、工程标准				
1. 工程等别			Ⅰ	
2. 建筑物级别	主要部位		1	
	次要部位		3	

续表

<table>
<tr><th colspan="3">项 目 名 称</th><th>单位</th><th>数量</th><th>说 明</th></tr>
<tr><td rowspan="4">3. 洪水标准（重现期）</td><td rowspan="2">河渠交叉建筑物</td><td>设计</td><td>a</td><td>100</td><td rowspan="2">集水面积大于等于 20km²</td></tr>
<tr><td>校核</td><td>a</td><td>300</td></tr>
<tr><td rowspan="2">左岸排水建筑物</td><td>设计</td><td>a</td><td>50</td><td rowspan="2">集水面积小于 20km²</td></tr>
<tr><td>校核</td><td>a</td><td>200</td></tr>
<tr><td rowspan="2">4. 地震设计烈度</td><td colspan="2">Ⅳ0 +000 ~ Ⅳ98 +440</td><td rowspan="2">度</td><td>Ⅶ</td><td>黄河北—黄水河支</td></tr>
<tr><td colspan="2">Ⅳ98 +440 ~ Ⅳ196. 752</td><td>Ⅷ</td><td>黄水河支—羑河北</td></tr>
<tr><td colspan="3">四、主要建筑物及设备</td><td></td><td></td><td></td></tr>
<tr><td colspan="3">1. 渠道工程</td><td></td><td></td><td></td></tr>
<tr><td colspan="3">（1）渠道长度</td><td>km</td><td>179. 612</td><td>为净渠道长</td></tr>
<tr><td colspan="3">（2）过水断面型式</td><td></td><td></td><td>梯形断面</td></tr>
<tr><td colspan="3">（3）渠底宽度</td><td>m</td><td>8. 0 ~ 26. 0</td><td></td></tr>
<tr><td colspan="3">（4）渠道设计水深</td><td>m</td><td>7</td><td></td></tr>
<tr><td colspan="3">（5）渠道纵坡</td><td></td><td>1/20 000 ~ 1/29 000</td><td></td></tr>
<tr><td colspan="3">（6）边坡系数</td><td></td><td>0. 4 ~ 3. 5</td><td></td></tr>
<tr><td colspan="3">（7）衬砌型式</td><td></td><td></td><td>全断面现浇、预制混凝土衬砌</td></tr>
<tr><td colspan="3">2. 大型河渠交叉建筑物</td><td>座</td><td>34</td><td>集水面积大于 20km²</td></tr>
<tr><td colspan="3">（1）渠道倒虹吸</td><td>座</td><td>28</td><td></td></tr>
<tr><td colspan="3">管身长</td><td>m</td><td>100 ~ 1015</td><td></td></tr>
<tr><td colspan="3">结构型式</td><td></td><td></td><td>沁河、淇河为预应力混凝土箱形断面，余为普通混凝土箱形断面，孔数 3 ~ 4，单孔断面 6. 4m × 6. 4m ~ 7m × 7. 3m（宽 × 高）</td></tr>
<tr><td colspan="3">（2）暗渠</td><td>座</td><td>3</td><td></td></tr>
<tr><td colspan="3">管身长</td><td>m</td><td>350 ~ 580</td><td></td></tr>
<tr><td colspan="3">结构型式</td><td></td><td></td><td>山门河马蹄形，2 孔 9. 15m × 9. 15m，余为箱形断面 3 孔 7m × 8. 2m ~ 7m × 8. 5m（宽 × 高）</td></tr>
<tr><td colspan="3">（3）河道倒虹吸</td><td>座</td><td>2</td><td></td></tr>
<tr><td colspan="3">管身长</td><td>m</td><td>84. 5、132. 9</td><td></td></tr>
<tr><td colspan="3">结构型式</td><td></td><td></td><td>箱形断面 2 孔，4. 3m × 4. 3m、4m × 4m</td></tr>
<tr><td colspan="3">（4）涵洞式渡槽</td><td>座</td><td>1</td><td></td></tr>
<tr><td colspan="3">槽身长</td><td>m</td><td>97. 9</td><td></td></tr>
<tr><td colspan="3">渡槽结构型式</td><td></td><td></td><td>上部两槽并列矩形槽，下部 11 箱孔涵过水</td></tr>
<tr><td colspan="3">3. 左岸排水建筑物</td><td>座</td><td>57</td><td>集水面积小于 20km²</td></tr>
<tr><td colspan="3">（1）排水倒虹吸</td><td>座</td><td>39</td><td></td></tr>
<tr><td colspan="3">管身长</td><td>m</td><td>82. 5 ~ 187</td><td></td></tr>
<tr><td colspan="3">结构型式</td><td></td><td></td><td>箱形断面，孔数 1 ~ 4，最小 2. 5m × 2. 5m，最大 4m × 4m（宽 × 高）</td></tr>
</table>

续表

项目名称	单位	数量	说明
(2) 排水渡槽	座	13	
槽身长	m	36.2～125	
结构型式			上部预应力混凝土结构，下部为墩柱或薄壁墩，采用桩基、扩大基础、沉井
(3) 渠道暗渠	座	1	
管身长	m	150	
结构型式			箱形断面，3孔，单孔7m×8.3m（宽×高）
(4) 涵洞式渡槽	座	1	
槽身长	m	28.6	
渡槽结构型式			上部两槽并列矩形槽，下部4孔箱涵过水
(5) 渠道倒虹吸	座	3	
管身长	m	116～200	
结构型式			箱形断面，3～4孔，单孔6.5m×6.5m～7.0m×7.1m
4. 渠渠交叉建筑物	座	14	
(1) 倒虹吸	座	11	
管身长	m	101～130	箱形断面，1孔，断面尺寸1.5m×1.8m～2m×2.0m（宽×高）
(2) 渡槽	座	3	
槽身长	m	69.5～82	矩形断面，0.8m×0.9m～3m×1.2m（宽×高），均1孔
5. 控制工程	座	30	
(1) 节制闸	座	9	节制闸均与大型河渠交叉建筑物结合设置
结构型式			开敞式钢筋混凝土闸
(2) 退水闸	座	8	除峪河外，其余均与河渠交叉结合布置
结构型式			开敞式平底板钢筋混凝土闸
(3) 分水工程	座	13	
结构型式			均为分水闸，穿堤箱涵
6. 公路交叉建筑物	座	127	
(1) 公路－I级	座	36	含城市－A级、城市－B级，跨总干渠主桥
结构型式			组合梁、空心板、小箱梁、下承式拱桥、连续箱梁
桥面宽度	m	9～43	单幅桥总宽，双幅桥4座，3幅桥9座、4幅桥1座
总长	m	3574.48	
(2) 公路－Ⅱ级	座	61	跨总干渠主桥
结构型式			组合梁/空心板

续表

项 目 名 称			单位	数量	说 明
桥面宽度			m	8～11.5	单幅桥面宽
总长			m	5245	
(3) 公路－II级折减			座	31	跨总干渠主桥
结构型式					组合梁/空心板
桥面宽度			m	4.5～5.0	
总长			m	963/1358	组合梁/空心板
7. 铁路交叉建筑物			座	17	
(1) 桥梁			座	17	
结构型式					预应力混凝土梁桥、钢筋混凝土箱桥
桥总长			m	2290.265	
8. 金属结构					
(1) 闸门					
1)	节制闸工作闸门	数量	扇	31	
		型式			露顶式弧形闸门
	节制闸检修闸门	数量	节	68	
		型式			露顶式叠梁钢闸门
2)	控制闸工作闸门	数量	扇	79	
		型式			露顶式弧形闸门
	控制闸检修闸门	数量	节	176	
		型式			露项式叠梁钢闸门
3)	检修闸事故闸门	数量	扇	10	
		型式			露项式平面定轮钢闸门
	检修闸检修叠梁	数量	节	326	
		型式			露项式叠梁钢闸门
4)	退水闸工作闸门	数量	扇	8	
		型式			除淇河为潜孔式，其余均为露顶式平面定轮钢闸门
	退水闸检修闸门	数量	节	32	
		型式			露项式叠梁钢闸门
5)	分水闸工作闸门	数量	扇	15	
		型式			潜孔式平面定轮钢闸门
	分水闸检修闸门	数量	扇	13	
		型式			潜孔式平面定轮钢闸门
(2) 启闭机					
1)	节制闸工作闸门启闭机	数量	台	31	
		型式			露顶弧门液压机
	节制闸检修闸门启闭机	数量	台	9	
		型式			电动葫芦

续表

项 目 名 称			单位	数量	说 明
2）	控制闸工作闸门启闭机	数量	台	79	
		型式			露顶弧门液压机
	控制闸检修闸门启闭机	数量	台	22	
		型式			电动葫芦
3）	检修闸事故闸门启闭机	数量	台	10	
		型式			平板液压机
	检修闸检修叠梁启闭机	数量	台	35	
		型式			电动葫芦
4）	退水闸工作闸门启闭机	数量	台	8	
		型式			除淇河选用平板液压机外，其余均为固定卷扬机
	退水闸检修闸门启闭机	数量	台	8	
		型式			电动葫芦
5）	分水闸工作闸门启闭机	数量	台	15	
		型式			平板液压机
	分水闸检修闸门启闭机	数量	台	13	
		型式			平板液压/电动葫芦
9. 供电设备					
（1）35kV 输电线路			km	283.77	包括架空线和电缆
（2）降压变电站数			座	62	
（3）电压			kV	35/0.4、10/0.4	
（4）供电总容量			kVA	8471	包括工程和管理设施
五、施工					
1. 工程数量					
土石方开挖			万 m^3	14 398.37	
土石回填			万 m^3	6068.12	
砌石			万 m^3	331.01	含垫层
混凝土			万 m^3	385.99	
钢筋制作安装			万 t	19.43	另钢绞线 6130t
2. 主要建筑材料					
水泥			万 t	149.09	
木材			万 m^3	2.15	
钢筋			万 t	19.14	另钢材 1.19 万 t
3. 所需劳动力					
总工时			万工时	18 291.15	
高峰人数			万人/日	8.39	

续表

项 目 名 称	单位	数量	说 明
4. 施工占地			
施工占地	万亩	6.62	
5. 对外交通			
总长	km	51.6	
6. 施工动力			
引接线路长度	km	351.7	
7. 施工工期			
总工期	月	36	

（杨 益 摘编）

陆 西线工程

THE WESTERN ROUTE PROJECT OF THE SNWDP

综　述

概　述

2008年，《南水北调西线第一期工程项目建议书》基本完成，具备提交水利部预审条件。2008年主要工作内容包括：完成新增重点课题的研究论证；修改完善已有专题报告，编制项目建议书的13个篇章；黄河水利委员会对主要成果进行咨询或预审；对关键性成果进行沟通和协调，年底完成项目建议书综合说明书，提交各项成果报告。黄委会根据任务要求，积极组织有关单位开展2008年的工作。

（1）项目总体计划进度。项目建议书的编制由黄河勘测规划设计有限公司（以下简称黄河设计公司）承担，按照2008年底提交的项目建议书的总体要求，黄河设计公司南水北调西线项目部在《南水北调西线第一期工程项目建议书阶段项目计划（2008修订）》中明确了2008年的计划目标：7月基本完成项目建议书各篇及专题报告、附件的编制，8月对主要专题进行咨询，11月完成项目建议书各篇的修改及综合说明书的编制，12月完成项目建议书印刷，上报水利部。

（2）开展补充查勘及调研。根据地质、规划、移民及环保专题报告编制中需要补充、查证的问题，规划、环评、移民等专业分别到现场进行补充查勘及调研，针对库区移民、水资源利用、生态环境保护、宗教设施分布进行调研，补充新的资料；地质、水工、施工专业针对当地建筑材料料场、引水坝址、线路区以及类型工程进行联合查勘。

（3）补充重点研究课题。委托长江勘测规划设计研究院开展《调水对金沙江、长江干流梯级发电影响分析》、四川省移民监理中心开展《西线工程建设中民族宗教设施处理综合分析》、中国水利水电科学研究院开展《考虑多种措施的黄河流域水资源配置格局研究》、四川省甘孜州南水北调西线工程办公室开展《西线第一期工程雅砻江热巴等水库移民安置方式及生活保障机制研究》，其中前两个课题已完成验收，后两个课题提出初步成果。

（4）征求各方意见和成果协调。水利部南水北调规划设计管理局（以下简称水利部调水局）正式行文四川省，对调水对生态环境影响方面的5个研究专题初步成果征求意见。四川省南水北调西线工程前期工作办公室正式回函，提出了对调水影响有关成果的意见，黄河设计公司对意见进行逐条分析研究。黄委会在郑州组织召开了青海、甘肃、宁夏、内蒙古、陕西、山西6省（区）南水北调西线一期工程受水区水资源配置规划成果协调会，对6省（区）成果进行讨论和协调，提出修改意见。

（5）对项目建议书主要专题初步成果进行咨询。2008年9～10月，项目建议书专题报告陆续完成，黄河水利委员会科学技术委员会（以下简称黄委会科技委）分5批对水文、可调水量、调水规模、工程总体布局方案研究、工程地质、施工关键技术问题研究、环境影响、移民、资金筹措及管理体制、经济评价、工程建设必要性及开发任务等11个专题成果进行咨询。

在黄河水利委员会的统一部署下，承担项目建议书编写及专题研究的单位，经过成果的编写、咨询、修改补充、校核审查等工作，完成了项目建议书综合说明书的编制，以及相关图集制作。累计完成项目建议书总报告、专题报告和附件共3大类99份报告，于2008年底前提交黄委会。

（崔　荃）

前期工作进展

（一）阶段成果咨询

2008年9月6日，黄委会科技委在郑州召开会议，对黄河设计公司承担的南水北调西线第一期工程项目建议书《可调水量分析》、《调水规模分析》等专题报告进行了技术咨询。参加咨询的有黄委会科技委部分委员、特邀专家和黄委会总工办、规划计划局、水资源与调度局、黄河设计公司等单位的代表。黄河设计公司南水北调西线项目部汇报了专题报告的主要成果，与会专家和代表对两个专题报告的有关重点和关键技术问题进行了讨论，认为专题报告基本满足本阶段设计要求，建议对生态环境保护目标、河道内生态环境用水计算方法、水质评价和预测等作进一步分析，并与环境影响评价成果相协调。

2008年9月9日，黄委会科技委在郑州召开会议，对黄河设计公司承担的南水北调西线第一期工程项目建议书《工程地质》、《工程总体布置方案》、《深埋长隧洞施工关键技术研究》、《高原寒冷地区堆石坝施工关键技术研究》等专题报告进行了技术咨询。参加咨询的有黄委会科技委部分委员、特邀专家和黄委会总工办、规划计划局、黄河设计公司等有关单位的代表。黄河设计公司南水北调西线项目部汇报了专题报告的主要成果，与会专家和代表对专题报告的有关重点和关键技术问题进行了讨论，肯定了项目建议书阶段的地质工作，对存在的问题提出了咨询意见。

2008年9月23日，黄委会科技委在郑州召开会议，对黄河设计公司承担的南水北调西线第一期工程项目建议书的《环境影响分析》、《建设征地及移民安置初步规划》、《工程资金筹措与管理体制研究》、《经济评价》等专题报告进行了技术咨询。参加咨询的有黄委会科技委部分委员和国家发展改革委经济体制研究所、水利部调水局、南水北调中线干线工程建设管理局（以下简称中线建管局）的专家，黄委会总工办、规划计划局、财务局、移民局、黄河设计公司等单位的代表。黄河设计公司南水北调西线项目部汇报了专题报告的主要成果，与会专家和代表对有关重点和关键技术问题进行了讨论，提出咨询意见。专家认为，报告资料翔实、内容全面，研究思路正确、评价方法合理，成果满足本阶段工作的要求。针对4个专题报告中存在的问题，专家们提出了进一步修改的意见及建议。

2008年10月29日，黄委会科技委在郑州召开会议，对黄河设计公司承担的南水北调西线第一期工程项目建议书《工程建设必要性及开发任务》报告进行了技术咨询。参加咨询的有黄委会科技委部分委员、特邀专家和水利部调水局、黄委会总工办、规划计划局、水资源与调度局、防汛办公室、黄河设计公司的代表。与会专家听取了黄河设计公司西线项目部对专题报告主要成果的汇报，进行了认真的讨论，认为报告基本满足本阶段工作的要求。提出要进一步充实黄河流域在国家发展中的战略地位，加强对黄河流域资源性缺水状况及其导致问题的描述，进一步分析比较缓解黄河流域缺水的对策措施，进一步论证工程建设的紧迫性等修改意见。

（二）专题研究验收

2008年3月21日，黄委会南水北调西线工程办公室在成都召开会议，对四川大学承担的《南水北调西线第一期工程对雅砻江、大渡河水力发电影响研究》课题进行审查和验收。参加会议的有水利部调水局、四川省发展改革委、四川省水利厅、四川省地方电力管理局、四川省水电设计院、成都勘测设计研究院、二滩水电开发公司、国电大渡河流域水电开发公司、长江勘测规划设计研究院、四川大学等单位的专家和代表。与会专家和代表听取了四川大学课题组的工作汇报，进行了认真的讨论，专家认为该研究成果基本合理，影响分析较为全面，可作为项目建议书编制的依据，建议对计算范围等作必要的修改和完善。根据审查意见并对照委托合同，委托单位黄河设计公司对成果予以验收。

2008年10月13日，黄河设计公司在郑州召开《南水北调西线第一期工程调水对金沙江、长江干流梯级发电影响分析》验收会。验收组听取了课题承担单位长江勘测规划设计研究院的工作汇报，经讨论，认为成果合格、结论正确，满足委托合同的要求，同意验收。

2008年10月16日，黄河设计公司在郑州召开《工程建设中民族宗教设施处理实例综合分析》验收会，与会代表听取了课题承担单位四川省移民工程建设监理有限公司的工作汇报，经过讨论，认为成果内容丰富，分析合理，结论正确，满足委托合同的要求，同意验收。

2008年12月22日，国务院南水北调工程建设委员会（以下简称国务院南水北调建委）专家委员会在北京召集有关专家，对黄河设计公司完成的《南水北调西线工程后续水源及相关设想分析》报告进行评审。专家认为：从国家的长远发展战略和水资源配置考虑，未雨绸缪、统筹安排，开展《南水北调西线工程后续水源及相关设想分析》，对南水北调西线工程后续水源及对社会上提出的远景调水设想进行分析研究，是十分必要和有意义的。该报告的思路清晰、内容翔实，满足了合同的要求，并对下一步的工作提出了建议。

（三）规划设计工作

1. 工程建设必要性和开发任务论证

（1）黄河流域水资源供需形势分析。组织协调受水区有关省（区）开展水资源供需及配置规划工作，在分析当地水资源条件（现状水平为2005年）基础上，对2020年、2030年水资源供需进行预测，说明以水资源的过度开发支撑经济社会发展的模式难以持续，提出对西线调水的紧迫性，对需调水量合理性分析，完成专题报告《黄河流域水资源供需形势分析》、《重点受水地区缺水形势分析》。

（2）西线工程的战略地位和作用分析。结合国家小康社会、和谐社会建设和区域经济协调发展的新要求，论述西北地区经济社会发展、生态环境建设的状况、与东中部地区的差距、本地区能源矿产资源优势、未来发展潜力、主要制约因素等，分析西线调水对支撑西北地区经济社会发展的地位和作用，完成专题报告《南水北调西线工程战略地位和作用研究》、《调水对黄河干流减淤作用分析》，附件《调入水量的调蓄研究》、《调水后黄河水电梯级增发电量分析》。

（3）不可替代性研究。通过对宁蒙河段输沙用水及维持河道形态的对策措施研究，其他跨流域调水工程替代西线可能性分析，从黄河流域水资源宏观配置关系及经济、社会、环境制约说明南水北调西线工程的不可替代性，主要完成专题报告《其他跨流域调水工程替代西线可能性分析》、《黄河流域节水分析》，附件《宁蒙河段淤积状况、产生原因和解决措施研究》。

（4）调入水量配置方案和调水作用分析。进一步分析具体受水地区的水资源条件、经济发展规模、节水水平、配套工程、水价、调水作用和效果等因素，论证了受水地区选择的合理性，分析各配置方案的供水、减淤、发电、生态等方面的作用，完成专题报告《调入水量配置方案研究》、《调水对黄河干流减淤作用分析》，附件《调入水量的调蓄研究》、《调水后黄河水电梯级增发电量分析》。

2. 建设规模论证

（1）水文计算分析。根据最新观测及收集的资料，对设计径流、设计洪水等成果进行补充分析；进一步论证各调水河流有关坝址悬移质及推移质设计成果；补充分析调水区与受水区年径流丰枯关系；完善调水区水情自动测报规划报告；补充调水河流径流变化趋势分析，说明调水水源的可靠性。

（2）生态环境需水量补充分析。将现状水平年调整为2005年，结合现场调研及资料综合分析，河道内生态环境用水补充了通河湖泊和湿地的分布、对水量的需求以及西线调水后可能的影响；河道外生态环境需水补充了不通河的湖泊、湿地、滩涂分布及补水需求，城市生态环境景观用水、地下水回补、水土保持等用水需求，进一步论证可调水量及调水规模。

（3）水库及输水线路运用方式分析。调整优化水库运用方式，分析不同生态需水条件下各水源水库下泄水量变化对可调水量、调水规模及主要建筑物规模的影响。补充3个比较方案：雅砻江干流调水35亿m^3、雅砻江大渡河支流调水30亿m^3；雅砻江干流调水32亿m^3、雅砻江大渡河支流调水28亿m^3。各坝址调水比例均在50%左右。完成项目建议书第四篇《建设规模》，专题报告《可调水量分析》、《调水规模分析》及调水工程方案比选模拟系统的开发报告的编制。

3. 调水工程总体布置及施工

（1）水工方案设计。根据各水库下泄过程及年径流量变化，复核调整各引水枢纽及输水线路建筑物布置及尺寸；全隧洞直接入贾曲方案，输水线路跨玛柯河取直方案的技术经济初步比较；补充完善各推荐坝址枢纽总体布置比选，重要建筑物初选等内容。完成项目建议书第五篇《工程布置及主要建筑物》，专题报告《工程总布置方案研究》，附件《坝型初步比选报告》、《输水线路跨玛柯河方式研究》、《压力洞输水方式初步研究》、《深埋长隧洞衬砌方式初步研究》、《明流输水洞洞内消能试验研究》。

（2）机电及金属结构补充深化工作。研究压力洞方案不同洞段设置闸阀的技术可行性及经济合理性，提出闸阀布置及设计图、工程量；增加38亿m^3和42亿m^3调水方案机电相关内容；深化高寒高海拔地区超长距离输电、输变电工程造价等研究调研。完成项目建议书第六篇《机电及金属结构》，专题报告《施工供电网络规划》、《工程运行管理调度自动化研究》。

（3）施工、投资估算及工程管理补充完善工作。补充第一步从雅砻江、大渡河支流调水38亿m^3入黄河，第二步从雅砻江干流调水42亿m^3的分步实施方案的施工设计；吸纳有关委托专题研究报告的研究成果，补充完善工程管理有关内容；根据水工方案布置相应修改调整施工设计；按2008年第二季度价格水平，修改调整各方案的投资估算。完成项目建议书第七篇《工程施工》、第八篇《工程管理》、第十二篇《投资估算》，专题报告《深埋长隧洞施工关键技术研究》、《高原寒冷地区堆石坝施工关键技术研究》、《全断面岩石掘进机投资分析研究》。

4. 工程建设征地移民

补充调查因方案调整增加的7座水库及输水线路的淹没影响实物指标；补充完善西线工程压覆矿产资源、移民宗教调查问卷、少数民族安置及宗教影响研究等内容；修订水库移民征地补偿投资估算；深化农村移民安置方式及生活保障机制研究、工程建设中民族宗教问题处理实例综合分析。完成项目建议书第九篇《工程建设征地移民》。

5. 环境影响分析及水土保持

（1）生态环境影响分析。补充对自然保护区影响分析；调水对金沙江、长江干流水力发电影响分析；补充研究的范围分析；更新环境现状调查及特征分析；增加调水后下游水文情势的变化；加强调水影响的分析；充实受水区环境影响分析的内容；充实生态需水量的内容；增加生态保护目标的初拟；充实和细化补偿措施；增加综合分析。

（2）社会经济的影响分析。补充社会经济现状及主要影响因素分析；对调水河流水资源开发利用的影响；对调水河流水力发电的影响；对经济发展的影响及作用；对社会发展的影响及作用；对民族文化及宗教设施的影响；缓解不利影响的措施；综合分析等。完成项目建议书第十篇《环境影响分析》，专题报告《对调水河流地区生态环境影响及对策措施分析》。

（3）水土保持。根据山地灾害勘察评估与防治技术研究报告，核对、估算水土保持规模，在概况中引用该成果。根据水土保持生态恢复措施研究，加强生态恢复措施的描述。完成项目建议书第十一篇《水土保持》。

6. 经济评价

补充分析生态供水和河道减淤效益及各类效益计算的合理性；论证从黄河干流引水口至各受水地区输水总干渠的配套投资、估算干渠以下到用户的配套工程投资；分析西线调水到用户的水价水平，用水户的承受能力及水价的可实现性；加强对调水区及受水区宏观经济影响定性、定量分析；研究不同筹融资方案的财务盈利能力及供水水价。完成项目建议书第十二篇《经济评价》，专题报告《南水北调西线第一期工程筹融资及管理体制研究》。

（四）勘测工作

1. 水文观测

四川省水文水资源勘测局、青海省水文水资源勘测局及黄委会上游水文水资源勘测局继续6个专用水文站的水文测验、资料验收等方面的工作。2008年6月完成与6个专用水文站合同的续签；2008年10月完成6个专用水文站2007年水文测验成果及报告验收。

2. 地质勘探

（1）地质勘察。完成了混凝土骨料补充勘察，结合工程方案布置，增加备选人工骨料场，并对初选料场进行复核。

（2）上杜柯试验洞。位于四川省壤塘县上杜柯乡内，长360m，由交通洞、大洞室、左支洞、右支洞、上支洞组成；共完成洞壁修整工作量232m，木支护两段十六架，大洞室开挖1800余m^3，锚杆390余根，喷混凝土40余m^3，协助取岩样10余m^3，洞口石砌拱顶7m；完成仪器钻孔9个，约105m，灌浆埋设仪器9组；完成了试验洞内现场岩体地应力测试、剪切流变试验、压缩蠕变试验、原位径向液压枕试验及大洞室的原型观（监）测、地质素描等工作。

（3）专题报告编写。增强区域地质部分成果报告的逻辑性和条理性及相关示意图；对坝址的岩石物理力学指标进行统计分析；加强活动断层的影响、施工涌（突）水、地应力、岩爆、放射性、地温等重大工程地质问题的分析；开展热巴、仁达坝址地震危险性分析，初步确定工程场地的地震动参数；增加汶川地震对西线第一期工程的影响分析。完成专题报告《工程地质》。

（五）专题研究

1.《重点受水地区缺水形势分析》专题

结合省（区）受水区规划的成果，在黄河流域不同水平年缺水量及其行业、区域分布的基础上，对重点地区缺水形势进行分析，进一步论证西线调水的必要性和紧迫性。根据国家和地方有关规划，参考青海、甘肃、宁夏、内蒙古、陕西、山西6省（区）水资源规划成果和受水区规划成果，研究能源化工基地、重要城镇、大柳树灌区等水资源利用现状和存在问题，分析未来发展规模及需水要求，分析当地水资源条件，进行现状（2005年）、2020年、2030年供需分析，提出重点地区各水平年缺水量，分析对西线调水的要求。

2.《黄河流域节水分析》专题

根据黄河流域水资源综合规划和节水型社会建设规划等成果，参考中国水利水电科学研究院承担的《西北地区节水潜力分析》课题成果，研究黄河流域尤其是上中游地区节水的潜力、投入和效果，分析节水的各种影响以及局限性，提出各水平年的可能节水量，分析不同节水水平黄河流域水资源供需分析成果。

3.《宁蒙河段输沙水量研究》专题

分析宁蒙河段来水、来沙特点及河道淤积特性，研究水沙关系及冲淤规律，提出满足宁蒙河道输沙塑槽、维持一定河槽形态需要的适宜水沙过程；完成附件《宁蒙河段淤积状况、产生原因和解决措施研究》，研究适宜水沙过程的塑造措施，包括龙羊峡、刘家峡水库运用方式的调整、内蒙古十大孔兑的治理、加高堤防等。

4.《南水北调西线第一期工程对雅砻江、大渡河水力发电影响研究》专题

由四川大学承担。根据雅砻江、大渡河水电梯级修订规划和建设现状，利用长系列径流资料和梯级补偿调节计算原理，对南水北调西线第一期工程调水前、后各梯级电站发电指标进行了分析，提出对雅砻江、大渡河已建电站，以及2010年、2020年各水平年水力发电的影响。

5.《南水北调西线第一期工程调水对金沙江、长江干流梯级发电影响分析》专题

由长江勘测规划设计研究院承担。采用了有关梯级的最新成果，采用长系列径流资料，考虑了支流电站运用对干流径流的影响，对现状、2010、2020、2030水平年调水前后梯级的动能指标进行了计算及分析。

6.《四川省民族地区水利水电工程建设中民族宗教设施处理实例综合分析》专题

由四川省移民工程建设监理有限公司承担。根据四川省藏区民族、宗教的特点，阐述宗教设施的定义、内涵、范围、科目、内容，选取有代表性的少数民族移民工程为实例，结合南水北调西线工程所涉地域进行深入细致的调查，研究分析宗教设施的民族特殊性，在现有法律、法规的框架内，在操作层面上，提出了工程建设中民族宗教设施处理中应密切注意的重点和难点问题，提出可供操作的符合民族地区特点、符合国家民族宗教政策的搬迁处理措施，提出有利于民族宗教的发展、有利于民族团结、构建和谐社会的切实可行的对策和建议。

（六）现场考察

2008年3月19日，水利部调水局尹宏伟副局长率调研组赴四川省进行少数民族移民问题的调研。调研中，与四川省移民办公室、四川省南水北调西线工程办公室及地方有关单位进行了座谈，尹宏伟副局长代表调研组介绍了南水北调西线第一期工程的概况、征地与移民的情况及问题，调研的目的及要求。四川省移民办公室介绍了四川省少数民族的特殊性，安置的特点，工作程序及处理办法，对上述民族安置措施研究及政策建议。调研组还前往宝兴河跷碛水库跷碛藏族移民安置新村实地考察。

意大利Geodata咨询公司受黄河设计公司委托，对西线深埋长隧洞工程设计、施工进行技术咨询。2008年6月11～17日，Geodata公司派出工程设计、地质及施工专家到西线工程现场进行查勘，主要考察了珠安达、洛若、仁达坝址，4号输水隧洞进、出口及隧洞线路，塔子断裂带，3、4号施工支洞及壤塘岩芯库。

2008年7月7～28日，黄河设计公司西线项目部组织到南水北调西线第一期工程进行综合勘查，涉及规划、水资源、环评、水保、移民5个专业共20多人。对调水河流下游的社会经济、水资源、地形地貌、生态环境、工程建设、移民安置等情况进行了调研，收集到各种资料140余份。

2008年8月15～23日，黄河设计公司承担的国家“十一五”科技支撑计划《西线工程对调水区生态环境影响评估及综合调控技术》项目组织对南水北调西线调水河流进行考察。对调水河流雅砻江、鲜水河及达曲、泥曲的水资源、地形地貌、生态环境等情况进行了调研，并进行了现场采样。参加考察的有水利部水利水电规划设计总院（以下简称水利部水规总院）、长江水利委员会、黄河水利委员会、中国水利水电科学研究院、中

国科学院成都地灾所、四川省水利水电设计院等项目成员。

2008年8月23日，黄河设计公司组织参加国家科技支撑计划西线超长隧洞TBM施工关键技术问题研究的中国科学院武汉岩土所、河海大学、中铁隧道局、北京振冲公司的有关专家及研究人员赴西线考察，考察组一行考察了上杜柯试验洞，珠安达、洛若、仁达坝址，锦屏电站TBM施工现场。

（崔　荃）

重点研究项目

西线超长隧洞TBM施工关键技术问题研究

西线超长隧洞TBM（全断面掘进机）施工关键技术问题研究是国家“十一五”科技支撑计划项目。课题的研究目标是：基于TBM施工的围岩评价原理与技术研究、影响超长隧洞TBM施工技术的关键因素研究和复杂赋存环境下输水隧洞变形机制与长期稳定性研究，为超长隧洞的TBM安全施工和长期稳定性评价提供关键的理论和技术支持。围绕这一总体目标，2008年进行了系统的研究工作。

完成了基于TBM施工的围岩分类的框架和分类，进行了一系列的现场调查和室内试验工作，提出了基于TBM施工的围岩分类体系；完成了适合南水北调西线工程区的探测技术和设备的调研和测试工作，进行大尺度的地下岩体精细结构识别的试验研究；完成了西线工程区地质条件的分析，认为西线的地质条件适于TBM施工；完成了西线工程区水文地质条件评价，对不同洞段进行了涌水量预测；进行了地质模型的建立和裂隙岩体介质模型与渗流参数变异性的研究；进行了高原地区影响长距离通风的关键因素研究，在试验室和计算机上进行了模拟实验研究；对西线工程隧洞TBM施工风险因子和风险发生的分布特征和规律进行了预研究，完成了长隧洞TBM施工的风险接受准则及接受等级研究；初步建立三维数字仿真模型、流变模型以及新型衬砌变形开裂计算模型，对TBM施工遇到的有关岩石力学问题进行了模拟；完成了西线典型洞段地质条件分析；基本完成TBM施工条件下围岩变形机制研究；现场试验工作基本结束。目前正在全面进行资料整理工作。

（崔　荃　曹海涛）

重要会议

南水北调西线一期工程调水影响专题研究成果专家审查会

2008年1月15～16日，水利部调水局在北京组织召开了南水北调西线一期工程调水影响专题研究成果专家审查会。参加会议的有陈志恺、王浩、李京文院士等8位专家，水利部规划设计司、水利部水规总院、长江水利委员会、黄河水利委员会、四川省水利厅、四川省南水北调西线工程前期工作办公室等单位的代表参加了会议。

专家及代表分别听取了中国社会科学院数量经济与技术经济研究所《南水北调西线一期工程对调出区社会经济影响评价》课题，国家发展改革委经济体制研究所《南水北调西线一期工程对调出区影响问题的政策建议研究》课题，长江水利委员会水文局《南水北调西线一期工程对下游水文情势影响研究》课题，四川省水利水电设计院《南水北调西线一期工程与四川调出区水资源宏观配置关系研究》课题的汇报，对课题的内容进行了审议。

专家及代表对研究的难点问题进行了交流和探讨，讨论形成了审查意见，4个课题均通过审查。4个专题的审查通过，丰富了调出区影响的研究成果，深化了研究内容，其中也反映了地方的利益及诉求，将推进南水北调西线一期工程项目建议书的编制工作。

（曹海涛）

南水北调西线一期调水影响专题研究成果修改工作协调会

2008年3月4日，水利部调水局在郑州召开了南水北调西线一期调水影响专题研究成果修改工作协调会，参加会议的单位有四川省南水北调西线工程前期工作办公室、黄委会南水北调西线工程办公室、黄河设计公司。会上，水利部调水局副局长尹宏伟介绍了南水北调工程的进展及形势，指出，这次会议的主要目的是根据2008年1月16日南水北调西线第一期调水影响专题研究成果专家审查会专家提出的意见，讨论如何落实修改成果。

与会代表对专家所提的意见进行了认真梳理，逐条分析，对共同存在的问题进行了讨论与沟通，对针对各专题的意见分别商榷，就如何修改统一了认识，落实了修改内容和办法，明确了责任和时间，为在5月份全面完成调水影响4个专题创造了条件。

南水北调西线第一期调水影响是项目建议书中的一项重要工作，水利部调水局于2005年委托四川水利水电勘测设计研究院、中国社会科学院数量经济与技术经济研究所、国家发展改革委经济体制与管理研究所、长江水利委员会水文局等单位，分别承担了《西线一期工程与四川调出区水资源宏观配置关系研究》、《对调出区社会经济影响研究》、《对调出区影响问题的政策建议研究》、《西线调水对下游水文情势影响研究》等4个课题，经过两年多的工作，这些课题已完成，并经过专家审查，进入修改阶段。

（曹海涛）

南水北调西线一期工程受水区水资源配置规划成果协调会

为了协调各个省区对西线调入水量的用水需求和配置方案，2008年6月26～28日，黄河水利委员会在郑州组织召开了西北6省（区）南水北调西线一期工程受水区水资源配置规划成果协调会，组织专家对6省（区）成果进行讨论和协调。

黄河上中游青海、甘肃、宁夏、内蒙古、陕西、山西6省（区）水利厅有关领导和项目负责人参加了会议。黄委会科技委、规划计划局、黄河设计公司、南水北调西线项目办公室等单位和部门的领导、专家，黄河设计公司南水北调西线项目组、规划院工作人员等参加了会议。

为加快南水北调西线一期工程项目建议书的编制工作，推进受水省（区）西线调入水量的配置工作，水利部办公厅在2007年12月下发了项目组编制的《南水北调西线第一期工程河道外受水区水资源配置规划工作大纲》，各省（区）开展了南水北调西线一期工程受水区水资源配置规划工作。2008年2月项目组编制了省（区）需要提出的工作附表，通过黄河水利委员会规划计划局下发各省（区）。经过近半年的工作，省（区）受水区水资源配置规划已经初步完成。

会议听取了6省（区）关于《南水北调西线一期工程河道外受水区水资源配置规划》成果的汇报，与会专家对6省（区）规划报告进行了详细讨论，对各省（区）规划成果修改完善提出了意见和建议。

（曹海涛）

南水北调西线工程工作情况座谈会

2008年11月26～27日，国务院南水北调建委专家委在北京召开“南水北调西线工程工作情况座谈会”。会议由南水北调建委专家委秘书长汪易森主持，参加会议的有孙鸿烈、刘昌明、曹楚生、张楚汉、王浩等院士和大师、专家共26人。

会议听取了黄河设计公司总工程师景来红关于西线工程情况的汇报，参会代表再次肯定了西线工程向黄河和西北地区供水的必要性和紧迫性，一致认为，西线前期工作应积极、扎实推进。

（曹海涛）

柒 配套工程

THE MATCHING PROJECTS

北京市

概述

按照北京市政府批准实施的《北京市南水北调配套工程总体规划》，2008年北京市南水北调配套工程各项工作进展顺利。完成了市内配套“三厂一线”工程（即第三水厂改扩建工程、田村山水厂改扩建工程、第九水厂改造工程和团城湖至第九水厂输水管线一期工程）的建设任务，累计完成投资约17亿元，为顺利接纳河北来水打下坚实基础；南干渠试验段工程实现开工建设，2008年累计完成投资约400万元，工程各项工作进展顺利；完成了大宁调蓄水库工程和南干渠工程项目建议书（代可研）的编制工作，并报送北京市发展改革委审批；启动了郭公庄水厂、房山丁家洼水厂、大兴黄村水厂等工程的项目建议书（代可研）的编制工作。

（张　弢　蒋春芹　万齐平　倪志华）

前期工作

（一）大宁调蓄水库工程

2008年，大宁调蓄水库工程被纳入到北京市重点建设项目绿色审批通道。大宁调蓄水库工程的规划和用地审批已完成。工程项目建议书（代可研）已编制完成并报送北京市基础设施项目立项审批单位，通过了审批单位委托的专家评估，并完成了初步设计招标。

（二）南干渠工程

2008年，南干渠工程纳入到北京市重点建设项目绿色审批通道。完成了南干渠工程项目建议书（代可研）的编制、工程规划和环评审批。其中，南干渠工程项目建议书（代可研）已报送北京市基础设施项目立项审批单位，并通过了审批单位委托的专家评估。

（三）郭公庄水厂

组织完成了郭公庄水厂项目建议书（代可研）的编制，并委托专家进行了审查；确定了北京市自来水集团作为郭公庄水厂责任主体开展后续工作。

（四）南干渠试验段工程

完成了《北京市南水北调配套工程南干渠工程浅埋暗挖试验段实施方案》的报批工作，2008年11月3日工程开工建设。

（五）其他工程

继续协调推进团城湖调节池征地拆迁工作；督促大兴黄村水厂和房山丁家洼水厂加快推进项目前期工作；启动了供水环路东干线工程项目建议书编制工作。

（张　弢　蒋春芹　万齐平　倪志华）

投资计划与工程建设

（一）已完工工程

2008年9月18日起，河北省黄壁庄等3座水库开始向北京供水。同年9月29日，改扩建后的第九水厂、第三水厂和田村山水厂开始利用河北省来水为市民供给饮用水，标志着“三厂一线”工程顺利实现预期目标。

1. 第三水厂改扩建工程

改扩建前的第三水厂是一座以地下水为水源的水厂，设计为40万m^3/d的供水能力。近年来，由于地下水水位逐年下降，地下水水质硬度增加，工程实施前，第三水厂供水量降至25万m^3/d。工程实施后，以南水北调中线来水为主要水源，将第三水厂由单纯的地下水处理厂改造为地下水和地表水综合处理厂，日供水能力恢复到40万m^3/d。工程主要建设内容包括南水北调总干渠分水口、取水泵站、4.7km的输水管道及净配水厂等。工程批复总投资2.9亿元，资金全部由建设单位自筹解决。工程于2007年4月开工建设，2008年7月完工。

2. 田村山水厂改扩建工程

田村山水厂是一座地表水厂，水源取自团城湖，日供水能力为17万m^3。该工程包括市自来水集团田村山水厂改扩建和燕山石化公司田村水厂改扩建两部分。工程实施后，通过整合现有资源，同时利用南水北调来水，将田村山水厂供水能力提高到34万m^3/d，大大提高了城市供水保障能力。工程批复总投资2.5亿元，资金全部由建设单位自筹解决。工程于2007年4月开工，2008年6月具备通水条件。

3. 第九水厂改造工程

通过对第九水厂2B系列反应沉淀池及相应的配电系统和加药系统进行改造，加强水厂水处理能力，使第九水厂的供水能力由原来的150万m^3/d增加到166万m^3/d，相当于在市区又增加一座日供水16万m^3的自来水厂，进一步提高了城市供水的安全性。工程批复总投资4498万元，资金全部由建设单位自筹解决。工程于2006年9月15日开工建设，2007年5月具备通水条件。

4. 团城湖至第九水厂输水管线一期工程

该工程起点为南水北调中线干线工程终点，即团城湖取水口，通过泵站和管线输水到第九水厂。一期工程从团城湖取水，经过京密引水渠反向输水，自龙背村沿清河北岸流至关西庄泵站，扬水后进入第九水厂，全长12.9km。工程批复总投资12.12亿元，其中北京市政府投资3.42亿元，其余资金由建设单位自筹解决。工程于2006年12月开工，2008年4月具备通水条件。

（二）在建工程

截至2008年底，南干渠试验段工程仍为在建工程。工程主要建设内容为浅埋暗挖施工洞脸1处，施工竖井2座，涵洞一衬合计单洞160m。工程批复总投资934万元，全部由市政府投资。工程于2008年11月开工，当年签订工程合同总金额752.9万元。

（张　弢　蒋春芹　万齐平　倪志华）

工　程　规　划

北京市配套工程规划主要内容包括城市供水系统格局、输水工程规划、调蓄工程规划、水厂工程规划、配水管网规划以及管理设施规划等。

（一）南水北调入京后北京城供水格局

2006年底，北京市政府专题会议审议通过了《北京市南水北调配套工程总体规划》（以下简称《规划》）。根据《规划》，南水北调来水进京后北京将形成“两大动脉、六大水厂、两个枢纽、一条环路和三大应急水源地”的供水系统格局。

（1）两大动脉：南水北调中线总干渠和密云水库至第九水厂输水干线。

（2）六大水厂：现状第九水厂、田村水厂、第八水厂、第三水厂、规划的第十水厂、郭公庄水厂。

（3）两个枢纽：团城湖调节池和大宁调压池。

（4）一条环路：形成包括南水北调中线工程进城段在内的、以五环路为环带的供水环路系统。

（5）三大应急水源地：怀柔地下水应急水源地、平谷地下水应急水源地和张坊应急供水工程，目前均已建成。

（二）输水工程规划

输水工程主要包括团城湖至第九水厂输水工程、南干渠工程和南干渠延长线工程（南干渠至第十水厂和通州水厂输水工程）。

（1）团城湖至第九水厂输水工程。工程起点为设在颐和园西南的团城湖调节池，末端为第九水厂，设计输水规模157.5万m^3/d，设计流量为18.23m^3/s。

（2）南干渠工程。工程起点位于南水北调北京段永定河倒虹吸南侧两孔箱涵的末端，沿现状大兴灌渠向南，至北天堂村村南，之后沿五环路西侧绿化带转向东，进入原规划预留位置，再沿五环路南侧向东，到达终点亦庄水厂调节池。沿途经过丰台、大兴等区，总长度27.35km，输水规模为32～35m^3/s，远期输水规模估计超过50m^3/s。

（3）南干渠延长线工程。即南干渠至第十水厂输水工程。第十水厂从南干渠取水，取水地点在亦庄调节池，输水管线沿东五环自南向北铺设，至第十水厂全长23km。

（三）调蓄工程规划

调蓄工程是供水系统的重要组成部分，其主要任务是调节来水过程，应对断水事件，减小供水风险，提高供水保证率，确保供水对象用水安全。主要包括调蓄水库规划和调节池规划。

（1）调蓄水库规划。近期改建大宁水库，远期建设张坊水库。

（2）调节池规划。根据自来水厂和输水工程的建设计划，2010年前建设团城湖调节池，2020年前建设亦庄调节池，其他调节池可结合各水厂具体情况单独进行。

（四）水厂工程规划

（1）新建及扩建水厂规划。根据2008、2010和2020年3个阶段的规划目标，2010年以前需新建郭公庄水厂、燕化水厂、房山城关水厂、良乡水厂、长辛店第二水厂和黄村水厂，扩建城子水厂，改造第三水厂；2010～2020年期间需新建门城水厂，扩建郭公庄水厂、房山城关水厂、良乡水厂、长辛店第二水厂和黄村水厂。

（2）新建水厂支线工程。需要建设上述水厂输水支线总长度为46.57km，均设水厂前置调节池，前置调节池容积按净水厂总规模12～24h的取水量考虑，调节容积共165.6万m^3。

（3）中心城现有水厂改造。2020年以前，中心城需改建水厂3座，总规模87万m^3/d。其中，2010年以前改建第三水厂，规模15万m^3/d；改建燕化田村水厂，总规模17万m^3/d。2010～2020年改建燕化田村水厂，总规模17万m^3/d；改建第八水厂，总规模38万m^3/d。

（五）配水管网规划

中心城共需敷设DN400～DN2400配水管线约670km，完成2900km中心城配水管网管线的改造工作，更换老旧闸门、消火栓和排气门28 600座。为实现南水北调来水进京后自来水替代自备井的目标，计划在2006～2020年间配水管网建设项目总长度294.2km。

（六）管理设施规划

南水北调中线工程是特大型输水工程，其运行管理十分重要。管理设施主要包括办公及生产设施、文化福利设施以及庭院和环境绿化设施3大类。办公及生产设施又包括供电系统、通信系统、调度与监控系统、工程管理信息系统、工程安全监测系统、水质及环境监测系统和水文监测预警系统的硬件建设。初定总建筑面积21 300m^2，总占地面积10 500m^2。

（张　弢　蒋春芹　万齐平　倪志华）

天　津　市

概　述

2008年，南水北调天津市内配套工程以前期工作和建设准备为主。前期工作进展顺利，并取得了阶段性成果：王庆坨水库工程项目建议书得到批复，可行性研究报告和水库规模论证专题报告编制完成；滨海新区供

水工程可行性研究报告编制完成；配套工程资金筹措方案得到市政府批准。建设管理准备有序进行，各项规章制度进一步健全，天津市南水北调办印发了《天津市南水北调配套工程建设主体资信确认管理办法》、《天津市南水北调配套工程造价管理办法》，出台了《天津市南水北调工程建设管理工作流程》，建设管理行为得到进一步规范。

（何　睦）

前期工作

天津市南水北调办按照国家确定的配套工程与主体工程同时通水、共同发挥效益的建设目标，积极组织开展配套工程前期工作。经过与天津市武清区政府和天津市有关部门反复协商，王庆坨水库工程项目建议书得到天津市发展改革委批复，并按照批复要求组织河北省水利水电第二勘测设计研究院编制完成了可行性研究报告和水库规模论证专题报告。经过与塘沽、大港、津南区政府和市有关部门多次协调，滨海新区供水工程选线规划、路径规划得到市规划局批准，并组织天津市水利勘测设计院编制完成了可行性研究报告，已经报送天津市发展改革委审查。按照市政府要求，组织天津市水利勘测设计院开展了尔王庄水库至津滨水厂供水工程可行性研究工作，完成了选线规划、规模论证、方案比选和投资估算等工作。

（何　睦）

投资计划

资金筹措与管理工作取得成效。天津市南水北调办与天津市发展改革委等市有关部门密切配合，对南水北调中线一期工程天津市投资筹措方案进行了修订完善，并获得天津市政府批复。其中，上缴国家的南水北调工程基金43.8亿元，通过从2009年开始连续3年上调供水价格筹集；天津干线工程天津段征地拆迁地方补贴资金4.76亿元，由天津市财政局在2008年列专项资金解决；市内配套工程中的城市输配水工程和自来水供水配套工程投资85.5亿元，从市财政专项资金、滨海新区筹资和银行贷款3个渠道解决；市内配套工程中的水厂及供水管网工程投资39.77亿元，由自来水企业原渠道解决。2008年累计完成投资6837万元，其中中心城区供水工程征地拆迁、施工准备及应急施工段建设投资4791万元，滨海新区供水工程、王庆坨水库工程、北塘水库工程、引滦完善配套工程、尔王庄水库至津滨水厂供水工程5个配套工程项目可行性研究经费2046万元。天津市南水北调办切实加强资金管理和使用监督，出台了《天津市南水北调工程建设财务管理办法》，严格各项资金拨付审批，特别是对征地拆迁补偿资金实行市南水北调办、工程所在地区政府、开户银行和征地拆迁监理单位四方共同监管，保证了资金规范安全使用。

（何　睦）

建设管理

天津市南水北调办印发了《天津市南水北调配套工程建设主体资信确认管理办法》、《天津市南水北调配套工程造价管理办法》，出台了《天津市南水北调工程建设管理工作流程》，对可行性研究报告初审、初步设计审批、项目报建备案、分标方案核准、招标评标监督、施工图设计文件审查、开工报告审批、项目管理预算审批、年度投资计划审批、重大设计变更审批、基本预备费使用审批、工程款支付、工程结算审批等30项工作流程进行了明确，要求配套工程项目法人单位严格按照工作流程办理备案、审查、核准事宜，使工程建设管理程序进一步规范。2008年，结合天津市城市快速路建设，完成了中心城区供水工程应急施工段建设，已建工程质量满足设计要求，没有发生安全生产事故。

（何　睦）

河　北　省

概　述

2008年，河北省南水北调配套工程前期工作取得实质性进展。河北省南水北调办围绕《河北省南水北调配套工程规划》，经过大量艰苦、认真、细致的工作和严格的审查、报批程序，2008年11月，河北省政府正式批复了《河北省南水北调配套工程规划》。河北省南水北调办根据批复的规划积极开展了配套工程可行性研究阶段的相关工作。

（韩　平）

前　期　工　作

《河北省南水北调配套工程规划》经过多次咨询、审查和广泛征求意见，反复修改完善，通过了河北省发展改革委组织的专家论证。2008年11月12日，河北省南水北调工程建设委员会召开第二次全体会议，专题研究了南水北调工程建设的有关情况，会议要求加快南水北调配套工程建设，《河北省南水北调配套工程规划》尽早列入省政府常务会议研究批复。2008年11月14日，河北省政府召开常务会议讨论并原则上同意《河北省南水北调配套工程规划》；2008年11月26日，河北省政府以《河北省人民政府关于河北省南水北调配套工程规划的批复》（冀政函［2008］118号）批复了配套工程规划报告。

根据批复的工程规划报告，南水北调中线一期工程调水规模95亿 m^3，其中分配河北省毛水量34.7亿 m^3，南水北调中线总干渠和天津干渠在河北省共设置分水口门43个，口门分水量30.39亿 m^3。根据国家确定的中线一期工程供水目标和河北省实际，《河北省南水北调配套工程规划》提出河北省供水目标包括：石家庄、邯郸、邢台、保定、廊坊、沧州、衡水7个省辖市，88个县（市），15个工业区和2个农场，共112个供水目标。

配套工程规划提出构建以“两纵、六横、十库”为骨架的供水网络体系：“两纵”为中线总干渠和东线总干渠（或引黄干渠）；“六横”为从总干渠往东输水的邯沧干渠、赞善干渠、石津干渠、沙河干渠、廊坊干渠5条跨市干渠和国家负责建设的天津干渠；“十库”为大浪淀、千顷洼、广阳（新建）、白洋淀4座平原调蓄水库和东武仕、朱庄、岗南、黄壁庄、王快、西大洋6座西部山区补偿调节水库。在这一总体框架下，再布置101条引水管道与城市供水公司的净水厂、输水管网衔接，形成河北省中南部平原四通八达、南北调剂、东西互补、地表地下联调的供水网络体系。

配套工程建设共需完成土方22 122万 m^3，砌石59.6万 m^3，混凝土及钢筋混凝土440万 m^3。估算工程总投资323.27亿元。

（韩　平）

江苏省

概述

2008年，江苏省南水北调配套工程前期工作进展顺利。江苏省南水北调办会同江苏省发展改革委、省水利厅编制并印发了《江苏省南水北调配套工程规划任务书》，江苏省南水北调配套工程规划工作全面启动。

（薛刘宇　刘丽君）

前期工作

根据国家发展改革委、水利部、国务院南水北调办联合印发的《关于加快南水北调中、东线一期工程受水区配套工程建设的通知》（发改农经［2007］2456号）和江苏省政府领导的重要批示，为保证南水北调东线工程按期发挥整体效益，依据《南水北调中、东线一期工程可行性研究总报告》和《南水北调东线工程治污规划》，结合江苏省具体情况，江苏省南水北调办会同江苏省发展改革委、江苏省水利厅等有关部门，于2008年7月启动江苏省南水北调配套工程规划工作。

江苏省南水北调配套工程规划是对总体可研的延伸、配套，是在南水北调东线一期主体工程实施的基础上，充分考虑江苏省的实际，满足送水出省和省内供水两个方面的要求而进行的，其指导思想是围绕增强水资源供给能力、提高水资源配置水平、发挥东线南水北调工程整体效益的目标，完善江苏省供水配套工程体系，提高干线口门以下输配水、节水、管水和水质保护能力，推进供水体制改革，建立、健全供水管理体制和运行机制，最终实现“准市场运作”。

2008年7月，江苏省发展改革委、江苏省水利厅、江苏省南水北调办联合下达了《江苏省南水北调配套工程规划任务书》，由江苏省水利勘测设计研究院有限公司作为规划编制总承单位，江苏省水文局、江苏省水资源服务中心、江苏省农村水利科技发展中心、江苏省苏北供水局等单位负责相关专题研究工作，沿线受水区各市水利局参与编制。到2008年底，已初步完成规划编制总体技术大纲和各专题研究技术方案，各市基础资料搜集整理工作也有序展开。

（薛刘宇　刘丽君）

山东省

概述

2002年4月，山东省水利勘测设计院根据山东省水利厅要求，编制完成了《南水北调东线工程山东省配套工程规划报告（初稿）》。2005年7月，根据《山东省水利厅关于印发水利发展“十一五”专项规划编制要求的通知》（鲁水规计函字［2005］13号）要求，由山东省水利勘测设计院在2002年配套工程规划报告初稿的基础上修改完善，编制完成了《山东省南水北调配套工程“十一五”规划报告》，作为《山东省水利发展“十一五”规划》的专项规划报告。规划报告估算总投资为161.12亿元，其中工程投资为112.68亿元，工程迁占及移民安置投资为48.44亿元。其中，胶东片投资为85.60亿元，鲁南片投资为18.75亿元，鲁北片投资为56.77亿元。

为使配套工程能够与主体工程同步设计、同步施工，充分发挥工程效益，按照规划要求，结合工程建设进展情况，2007年开展了《大型调水工程配套工程建设问题研究——山东省南水北调配套工程建设问题》调研工作。

2008年11月，根据山东省人民政府关于加快水利基础设施建设的工作部署，山东省水利厅以《关于加快水利基础设施建设前期工作的通知》（鲁水规计字［2008］163号），要求组织设计单位抓紧编制山东省南水北调地方配套工程可行性研究报告与初步设计报告。

（徐国涛）

河 南 省

前 期 工 作

2008年，根据河南省政府批复的《河南省南水北调受水区供水配套工程规划》，河南省南水北调办积极组织开展配套工程可行性研究工作。

（一）工程勘测设计

自2008年初开展南水北调配套工程可行性研究工作以来，河南省南水北调办组织河南省水利勘测设计研究有限公司、河南省水利勘测有限公司完成了大量勘测、设计工作，工程部分基本达到可行性研究阶段的深度。工程勘测方面：完成了40条输水线路1:2000带状地形图及纵断面测绘，47座典型建筑物1:500地形图测绘。工程勘察方面：完成了8条典型输水线路（长度574km）、47座典型建筑物地质勘探、32条非典型输水线路（长425km）地质测绘。工程规划设计方面：完成了线路交叉的河流设计洪水、施工洪水计算，输水管线布置、纵断面设计和典型建筑物工程设计，对单双管道输水和调蓄池设置及优化等问题进行了深入研究。

（二）严格控制配套工程用地范围基本建设

河南省政府2008年12月1日下发了《河南省人民政府关于严格控制南水北调中线工程受水区供水配套工程用地范围内基本建设和人口增长的通知》（豫政［2008］63号）。要求相关省辖市、县（市、区）政府结合当地实际，采取多种措施，切实做好宣传工作，使配套工程用地范围内的群众了解有关政策和规定。同时，河南省南水北调办积极开展调查研究和监督检查工作，及时协调解决存在的各种问题，确保工作有序推进。

（三）城市水厂和管网工程

2008年11月，河南省南水北调中线工程建设领导小组全体会议要求各受水省辖市抓紧编制供配水系统建设专项规划。为有效推进前期工作，河南省南水北调办联合河南省发展改革委、省水利厅、省建设厅、省国土资源厅、省环保局拟印发《关于开展我省南水北调受水区城市供配水规划及项目前期工作的通知》，要求受水省辖市加强规划和项目前期工作的组织领导，加快编制城市供配水工程规划，加快受水城市水厂及管网工程项目前期工作，研究规划和项目实施的保障措施。

（耿万东　张海峰）

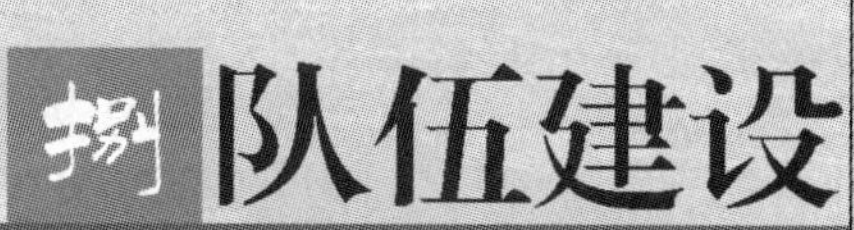

捌 队伍建设

TEAM BUILDING

国务院南水北调工程建设委员会办公室

概　述

国务院南水北调办 2008 年干部人事工作，认真贯彻落实全国组织部长会议和国务院第 32 次常务会议、国务院南水北调工程建设委员会第三次全体会议部署，深入开展学习实践科学发展观活动，紧紧围绕南水北调工程建设大局和国务院南水北调办中心工作，进一步加强领导班子建设和干部队伍建设、加强干部教育培训、积极推动国务院南水北调办机关干部交流锻炼、加强国务院南水北调办系统人事工作交流、积极推进干部人事制度改革和事业单位改革、稳步推进工资制度改革、加强干部监督管理，不断开创南水北调人事工作新局面。

（胡周汉　陈维江）

人 事 任 免

2008 年 1 月 8 日，国务院南水北调办以办任［2008］2 号文件，任命石春先为南水北调中线干线工程建设管理局局长，曹为民（排韩连峰之前）、李长春为南水北调中线干线工程建设管理局副局长。免去张野的南水北调中线干线工程建设管理局局长职务、王春林的南水北调中线干线工程建设管理局副局长职务、曹为民的南水北调中线干线工程建设管理局总工程师职务。

2008 年 1 月 8 日，国务院南水北调办党组以办党任［2008］2 号文件，任命石春先同志为中共南水北调中线干线工程建设管理局党组书记，韩连峰同志为中共南水北调中线干线工程建设管理局党组副书记，李长春同志为中共南水北调中线干线工程建设管理局党组成员。免去王春林同志的中共南水北调中线干线工程建设管理局党组书记职务、张野同志的中共南水北调中线干线工程建设管理局党组副书记职务。

2008 年 1 月 8 日，国务院南水北调办以办任［2008］3 号文件，任命王春林为国务院南水北调办综合司巡视员。

2008 年 1 月 31 日，国务院南水北调办以办任［2008］4 号文件，任命李勇为南水北调工程设计管理中心主任（试用期一年）。免去刘春生的南水北调工程设计管理中心主任职务。

2008 年 1 月 31 日，国务院南水北调办以办任［2008］5 号文件，任命苏克敬为国务院南水北调办建设管理司副司长（试用期一年），免去其综合司副巡视员职务。免去李勇的国务院南水北调办建设管理司副司长职务。

2008 年 1 月 31 日，国务院南水北调办以办任［2008］6 号文件，任命吴健为南水北调工程建设监管中心副主任（试用期一年）。

（胡周汉　陈维江）

队伍建设与组织机构

（一）队伍建设

2008 年，国务院南水北调办认真贯彻中组部组织召开的加强领导班子思想政治建设和全国干部教育培训工作会议、全国组织部长会议精神，严格干部选拔任用程序和要求，认真选拔优秀年轻干部，进一步加强了办机关干部队伍建设。编制国务院南水北调办 2008 年干部交流锻炼实施方案，组织实施了国务院南水北调办机关处级及以下干部到基层挂职锻炼，以及基层干部到国务院南水北调办交流锻炼的有关工作；协助中央组织部完成到国务院南水北调办挂职锻炼干部的考察总结工作；做好国务院南水北调办学习实践科学发展观活动的组织工作；组织完成南水北调中线京石段应急供水工程先进集体、先进工作（生产）者的评选和表彰工作。

（二）组织机构

根据南水北调工程建设需要，根据国家有关规定，进行国务院南水北调办“三定”规定的调整工作，先后发文至中央机构编制委员会办公室、水利部、国家发展和改革委员会，分别就国务院南水北调办机关后勤及离退休人员事务管理、初步设计概算审批等职能征求意见。根据工作需要调整南水北调工程设计管理中心“三定”规定，批准南水北调中线干线工程建设管理局（以下简称中线建管局）增设工程运行管理部，成立天津项目部。

（三）教育培训

2008 年，国务院南水北调办进一步加强干部教育培训力度，全面提高干部队伍素质。一是坚持和完善国务院南水北调办领导班子自学、领导班子中心组学习和脱产进修“三位一体”的理论学习机制，提高领导干部的宏观把握能力和理论政策水平。二是继续抓好《干部教育培训工作条例（试行）》和《2006 ~ 2010 年全国干部教育培训规划》、《公务员培训规定（试行）》的贯彻实施工作，采取多种方式加大干部培训力度。三是于 2008 年 4 月举办了南水北调系统人事外事工作培训班，组织各省市南水北调办、各项目法人、湖北省移民局、机关各司、各事业单位人事外事部门负责人及工作人员进行培训，讲解人事外事政策和纪律。四是分层次、按需求，在不同渠道开展干部培训工作，促进干部素质和能力的全面提高。主要内容包括：组织干部参加中央组织部、中央党校、中央国家机关党校、国家行政学院以及有关高校的政治理论、政策法规学习；组织部分科级人员参加中央国家机关工委组织的培训；组织新录用公务员参加国家公务员局组织的初任培训；结合南水北调工程建设需要组织开展工程档案管理、投资计划、资金管理、安全生产、质量管理、移民业务、工程监督等业务知识、技能培训；稳步推进公共管理硕士（MPA）专业学位等继续教育工作。

（四）人事制度改革

2008 年，国务院南水北调办积极推进人事制度改革，加快人才队伍建设。一是协调直属事业单位和项目法人严格按照人才资源规划，做好毕业生接收计划和京外调干工作。二是开展事业单位岗位设置改革等相关工作，制定了《国务院南水北调工程建设委员会办公室事业单位岗位设置管理实施意见》并报人事部批复，在此基础上对直属事业单位改革现状进行调研，研究提出有关工作意见。三是组织完成了 2007 年度的专业技术人员职称评审和管理工作。

（胡周汉　陈维江）

党的建设与精神文明建设

2008 年国务院南水北调办机关党建工作，坚持以邓小平理论、“三个代表”重要思想和科学发展观为指导，认真贯彻中央国家机关工委和国务院南水北调办党组的工作部署，充分发挥各级党组织和工青妇组织的积极性和创造性，坚持“围绕中心，服务大局”，深入开展学习实践科学发展观活动，努力推进机关党的思想、组织、作风和制度建设，推进文明机关、和谐机关建设，促进南水北调工程建设和实现“三个安全”的目标要求取得了积极成效。

（一）开展深入学习实践科学发展观活动

根据中央统一部署，在中央指导检查组的指导帮助下，国务院南水北调办从2008年9月开始，在国务院南水北调办机关、直属事业单位和中线建管局全体党员干部中紧紧围绕“提高思想认识、解决突出问题、创新体制机制、促进科学发展”和“党员干部受教育、工程建设上水平、人民群众得实惠”的目标要求，按照“坚持解放思想、突出实践特色、贯彻群众路线、正面教育为主”的原则，组织开展了深入学习实践科学发展观活动。

为认真开展好深入学习实践科学发展观活动，国务院南水北调办在中央指导检查组指导下，成立了国务院南水北调办深入学习实践科学发展观活动领导小组办公室，建立了领导责任制，由国务院南水北调办党组书记、主任张基尧同志亲自抓，全面负责，国务院南水北调办其他班子成员密切配合，制订了《国务院南水北调办深入学习实践科学发展观活动实施方案》（国调办党［2008］11号）和活动计划安排。深入学习实践科学发展观活动期间，国务院南水北调办按照计划安排集中组织开展了学习调研和分析检查阶段的系列活动，认真完成了自学交流、集中培训、解放思想大讨论、问卷调查、征求意见、交流体会、研究调查、专题民主生活会和组织生活会、形成领导班子分析检查报告等各个阶段环节的活动，按要求完成了阶段任务。深入学习实践科学发展观活动充分发挥了支部的战斗堡垒作用和党员领导干部的表率作用，思想发动深入，活动气氛浓厚，学习认真深入，检查深刻透彻，调研深入扎实，征求意见广泛，活动主题鲜明，实践特色突出，并且统筹兼顾，做到了工作学习两不误、两促进。

（二）情系地震灾区百姓，开展“送温暖，献爱心”活动

2008年5月12日，四川汶川发生了特大地震。根据中央和国家有关部门关于开展“送温暖，献爱心”活动的部署，国务院南水北调办干部职工踊跃向地震灾区捐款，先后组织4次捐款活动和一次特殊党费交纳活动。第一次是地震灾害发生后的5月13日，378名干部职工共捐资45 390元；第二次是5月16日，国务院南水北调办机关团委组织青年文明号集体向地震灾区捐款2万元；第三次是5月19日，国务院南水北调办机关工会贯彻全国总工会部署，共捐款104 950元；第四次是2008年11月，根据中央国家机关工委等五部委的号召，国务院南水北调办各级党组织再次广泛发动，共收到323人次捐资27 950元，棉衣棉被224件。4次捐助活动共捐款198 290元。5月20日，根据中组部《关于做好部分党员交纳“特殊党费”用于支援抗震救灾工作的通知》要求，机关党委及时组织了交纳“特殊党费”活动，243名党员全部交纳了“特殊党费”，共计165 175元，其中交1000元以上的有78人。此外，国务院南水北调办机关团委组织团员缴纳“特殊团费”3058元。

2008年5月，国务院南水北调办机关党委与中线建管局、河北省南水北调办联合倡议捐资30余万元人民币共同兴建的唐县封庄村“南水北调希望小学”建成并投入使用，捐资助建河北唐县封庄村“南水北调希望小学”赢得当地群众和社会的称赞，2008年10月31日，《中国水利报》用一个版的篇幅进行了专题报道。

（三）党风廉政建设

按照中央国家机关工委的部署，认真贯彻中央纪委二次全会和国务院廉政工作会议精神，落实国务院常务会议和国务院南水北调工程建设委员会第三次全体会议的具体要求，按照中央颁布的《建立健全教育、制度、监督并重的惩治和预防腐败体系实施纲要》的部署和中央《建立健全惩治和预防腐败体系2008～2012年工作规划》的要求，国务院

南水北调办党组确定了《国务院南水北调办党组建立健全惩治和预防腐败体系2008～2012年工作要点》。

一是深入开展反腐倡廉宣传教育，促进干部廉洁自律。认真组织党员干部学习《中国共产党党内监督条例（试行）》、《中国共产党纪律处分条例》、《行政机关公务员处分条例》和党员干部廉洁从政的有关规定，印发《悔恨的遗书》、《从政九要》等有典型意义的案例进行警示教育。

二是积极推进惩治和预防腐败体系建设。认真贯彻落实《中共国务院南水北调办党组关于构建教育、制度、监督并重的惩治和预防腐败体系的实施意见》，在南水北调工程建设中开展预防职务犯罪工作和治理商业贿赂专项工作。

三是认真贯彻执行党风廉政建设责任制，确保党风廉政建设责任制落到实处。在工程建设中坚持签订工程合同的同时签订廉政合同，将廉政合同摆到与工程合同同等重要的地位，积极发挥廉政合同促进工程合同执行的保障作用。

四是积极抓好《关于对党员领导干部进行诫勉谈话和函询的暂行办法》和《关于党员领导干部述职述廉的暂行规定》的贯彻落实，坚持做好领导干部个人重大事项报告、诫勉谈话和函询等制度的贯彻执行。

（四）精神文明建设

2008年，精神文明创建工作坚持实行党组统一领导、党政工团齐抓共管，有关部门各负其责、全体干部职工积极参与的领导体制和工作机制。充分发挥工、青、妇等组织的作用，积极开展群众喜闻乐见，有益身心健康，增进交流和理解的各类活动。

一是深入贯彻"人文奥运"理念，大力加强办公室工作人员文明礼仪素质教育。根据中央国家机关"迎奥运、讲文明、树新风"活动的部署和办领导要求，印发了《国务院南水北调办公室机关工作人员"迎奥运、讲文明、树新风"活动要求》，完善了南水北调办机关干部职工的文明礼仪规范。2008年10月，为宣传建设中的南水北调工程，鼓舞士气和振奋精神，活跃和丰富干部职工精神文化生活，国务院南水北调办举办了"国务院南水北调办第三届职工文化艺术展览"，国务院南水北调办机关乒乓球队、足球队、篮球队和羽毛球队长年坚持训练和比赛。2008年10月，国务院南水北调办选派司局级、处级两个代表队参加中央国家机关"公仆杯"乒乓球赛，司局级代表队由C组成功晋级B组。2008年9月，国务院南水北调办机关举办了第一届羽毛球比赛，来自办机关、直属事业单位及中线建管局共80余人参赛。2008年12月，国务院南水北调办机关工会利用工余时间举办了桥牌、五子棋、扑克牌升级、象棋等棋牌比赛。为了喜迎奥运，积极开展全民健身活动，增进干部职工的身心健康，国务院南水北调办为干部职工购置了健身器材，开展了上、下午工间操活动。机关妇委会还以"三八"妇女节为契机，组织全体女职工开展游泳、乒乓球、保龄球等健身活动，起到了愉悦身心、增进团结和友谊的积极作用。

二是以评选表彰先进为契机，整体推进各项创建工作。继续深入开展文明创建"细胞工程"，2008年度，国务院南水北调办机关评选出4个"文明处室"、5个"文明职工"和5户"文明家庭"。2008年11月，国务院南水北调办机关胡周汉、范治晖两位同志被中央国家机关评为"创建文明机关，争做人民满意公务员"活动先进个人。2008年12月，国务院南水北调办机关综合司朱涛、中线建管局于澎涛获得第八届"中央国家机关优秀青年"称号，中线建管局惠南庄泵站项目部工程管理处、漕河项目建设管理部综合处获得"中央国家机关'奉献奥运先进青年集体'"称号。2008年11月，中线河南直管部工程管理处被共青团中央命名为"2007年度全国青年文明号"；中线建管局计划合同部合同与造价管理处等两个青年集体被命名为“2007年度中央国家机关青年文明号”，中线建管局漕河项目建设管理部综合处等两个青年集体被继续认定为“2007年度中央国家机关青年文明号”。中国水利水电第三工程局丹江口工程施工局等20个青年集体被认定为“2007年度南水北调办青年文明号”。此外，2008年7月，国务院南水北调办机关工会财务在中央国家机关各部门直属机关工会财务评比中获得鼓励奖，形成了较好的创先争优氛围。

三是继续加强机关综合治理、安全保卫和维护社会稳定工作。认真开展同“法轮功”等邪教组织的斗争，维护社会稳定。配合行政部门，进一步加强机关安全工作，完善安全检查制度，不定期地对办公区域进行安全检查。加强总值班室、机要、财务等重点部门、重点岗位的安全保卫工作，全年无安全事故发生。

2008年，中央国家机关精神文明建设协调领导小组授予国务院南水北调办机关2008年度“中央国家机关文明单位”荣誉称号。国务院南水北调办机关党委副书记、文明办主任杜鸿礼同志被评为“中央国家机关精神文明建设先进工作者”。

（五）党的组织建设、统战工作和机关作风建设

2008年，国务院南水北调办继续以服务工程建设为中心，大力加强党的组织建设、统战工作和机关作风建设。

一是大力加强基层组织建设。认真贯彻落实中央关于“加强党员经常性教育”、“做好党员联系和服务群众工作”、“加强和改进流动党员管理工作和建立健全地方党委”、“部门党组（党委）抓基层党建工作责任制”等保持共产党员先进性长效机制的有关规定，加强机关党的组织建设。根据工作需要，及时成立了南水北调工程设计管理中心党支部。继续深入开展了“创建文明和谐机关，争做人民满意公务员”、“创先争优”、“创建学习型党支部”等活动。“七一”前夕，召开了纪念建党87周年暨表彰“两优一先”大会，表彰了6个先进党支部、21名优秀共产党员、8名优秀党务工作者。进一步加强出国培训团组的党组织建设，规定出国团组都要设立临时党组织，过组织生活。认真贯彻“坚持标准、保证质量、改善结构、慎重发展”的方针，积极稳妥地做好组织发展工作。2008年，国务院南水北调办直属机关5名同志发展成为预备党员，2名预备党员按期转正，5名同志被列为重点培养对象，15人向所在单位党组织递交了入党申请书。同时，积极吸收入党积极分子参加党课活动，加强对他们的党性教育。按照“党建带团建”的要求，在机关深入学习实践科学发展观活动的同时，结合共青团和青年工作实际，国务院南水北调办机关团委组织开展了“学习实践科学发展观，推动青年岗位建功”主题实践活动。

二是认真落实党员领导干部培训规划，积极做好党员教育培训。2008年，国务院南水北调办机关在抓好面上党员教育的同时，积极筹划安排，派出1名副司级党员领导干部和4名处级党员干部参加了中央国家机关党校进修班的学习，派出4名同志参加中央国家机关科级干部培训。

三是大力加强党员干部作风建设。国务院南水北调办结合机关干部职工的思想实际，协助办党组召开干部职工座谈会，听取意见建议，沟通思想，解疑释惑。组织干部职工参观考察红旗渠和听取全国抗震救灾英模事迹报告会，接受艰苦创业传统教育和抗震救灾精神教育。围绕工程建设这个中心，强调“四个一线”的工作方法，撰写了调研报告。国务院南水北调办机关党委及时对2006～2007年调研报告进行了汇编，实现了调研成果的共享。大力精简会议、文件，提高了工作效率。

四是积极做好统战工作。注重关心民主

党派人员的工作、生活和思想情况，努力团结和引导他们，鼓励和发挥他们在南水北调工程建设和和谐文明机关建设中的骨干作用。2008年初，国务院南水北调办机关党委召开民主党派和党外干部座谈会，听取党外干部对机关党建等方面的意见和建议。在学习实践科学发展观活动中，国务院南水北调办机关党委也注意听取他们的意见和建议，并选派一名无党派人士参加了中央国家机关统战部组织的短期培训。

（倪春飞）

深入学习实践科学发展观活动

按照中央要求，国务院南水北调办认真参加第一批深入学习实践科学发展观活动。2008年9月开始，国务院南水北调办在中央指导检查组指导下，成立了国务院南水北调办深入学习实践科学发展观活动领导小组办公室，建立了领导责任制，完成了学习调研、分析检查阶段的各项工作任务。

一是深入动员，充分调动党员干部参与学习实践活动的积极性和主动性。中央对学习实践科学发展观活动作出部署后，国务院南水北调办立即召开深入学习实践科学发展观活动动员大会，对开展学习实践活动进行层层动员和部署。

二是深入学习，全面开展调查研究。集中学习阶段，国务院南水北调办认真组织好学习培训，严格学习纪律和要求。通过国务院南水北调办领导带头作辅导报告，邀请中央党校专家做学习辅导讲座，扎实开展各种研讨活动，收到了较好的学习效果。围绕“优质、高效、又好又快推进南水北调工程建设”，国务院南水北调办党组成立了“以科学发展观为指导，切实做好南水北调工程建设征地移民安置工作”、“南水北调工程中的环境保护与水质保障”、“研究解决制约南水北调工程建设前期工作中的突出问题”、“认真贯彻落实科学发展观，切实抓好南水北调工程建设管理”4个专题调研组，对相关专题进行了深入调研。在国务院南水北调办党组领导同志的带领下，国务院南水北调办各司、各单位领导同志也都带着问题深入基层开展调研，共写出25篇专题调研报告，其中2篇获中央国家机关深入学习实践科学发展观活动优秀学习调研成果。在此基础上，深入开展“建设南水北调工程如何践行科学发展观”解放思想大讨论。

三是认真做好分析检查工作。紧扣科学发展主题，认真召开领导班子专题民主生活会和党员专题组织生活会。

四是紧紧抓住检查分析问题、理清科学发展思路这个重点，认真撰写领导班子分析检查报告。国务院南水北调办党组书记、主任张基尧全程主持国务院南水北调办党组分析检查报告的起草工作，多次召开党员干部和党外干部座谈会听取对办党组分析检查报告的意见，进一步修改完善，得到了干部群众的普遍认可。

五是开展深入细致的思想政治工作。国务院南水北调办党组先后多次召开干部座谈会，了解思想动态，有针对性地解疑释惑。

六是做好纪念改革开放30周年系列活动。国务院南水北调办认真组织党员干部学习胡锦涛总书记在纪念党的十一届三中全会召开30周年大会上的重要讲话。按照中央国家机关工委部署，组织撰写了纪念改革开放30周年文章《科学决策，改革创新，加快推进南水北调工程建设》，开展了“纪念改革开放30周年，我与南水北调”征文活动。

（倪春飞）

项目法人单位

南水北调中线干线工程建设管理局

组 织 机 构

截至2008年底，中线建管局设有12个职能管理部门：综合管理部、计划合同部、工程建设部、人力资源部、财务与资产管理部、工程技术部、机电物资部、移民环保局、审计稽察部、党群工作部、信息中心、工程运行管理部；4个直管建管部：河北直管建管部、惠南庄直管建管部、河南直管建管部、天津直管建管部。

2008年3月25日，中线建管局以中线局编［2008］1号文决定成立南水北调中线干线工程建设管理局天津直管项目建设管理部（简称天津直管项目建设管理部）。天津直管项目建设管理部为中线建管局派出机构，主要负责南水北调中线天津干线工程项目建设实施的组织管理工作。

2008年7月24日，中线建管局以中线局编［2008］2号文决定成立工程运行管理部，同时撤销工程建设部内设的运行筹备处，其主要职责及人员编制并入工程运行管理部。

（曹玉升）

人 事 管 理

2008年6月13日，中线建管局以中线局任［2008］2号文决定，任命苏明中为南水北调中线干线工程建设管理局财务与资产管理部部长，翟宜峰为南水北调中线干线工程建设管理局信息中心主任。

2008年6月30日，中线建管局以中线局任［2008］7号文决定，任命孙建峰为南水北调中线干线工程建设管理局工程建设部质量安全处处长。免去孙建峰的南水北调中线干线工程建设管理局工程建设部建设监理处处长职务。

2008年7月11日，中线建管局以中线局任［2008］9号文决定，韩连峰不再担任南水北调中线干线工程建设管理局党群工作部部长职务，由副部长王以亮主持党群工作部工作。免去鞠连义的南水北调中线干线工程建设管理局工程建设部副部长职务。

2008年7月29日，中线建管局以中线局任［2008］10号文决定，任命贾琦为南水北调中线干线工程建设管理局工程运行管理部副部长（主持工作）。同时，免去其南水北调中线干线工程建设管理局工程建设部副部长职务。

2008年10月16日，中线建管局以中线局任［2008］12号文决定，聘任程德虎、刘瑞源为南水北调中线干线工程建设管理局副总工程师。免去程德虎同志的南水北调中线干线工程建设管理局工程技术部部长职务，由庞敏同志主持工程技术部工作；免去刘瑞源同志的南水北调中线干线工程建设管理局穿黄工程建设管理部副部长、河南直管项目建设管理部副部长职务。

2008年11月23日，中线建管局以中线局任［2008］16号文决定，聘任郭永峰、孙建峰为南水北调中线干线工程建设管理局工程建设部副部长，董永全为南水北调中线干线工程建设管理局审计部副部长。

（曹玉升）

党建工作

2008年，中线建管局积极加强思想建设，进一步提高广大党员思想政治素质。在国务院南水北调办机关党委指导下，中线建管局机关党委组织全体干部职工学习贯彻党的十七大精神和《政府工作报告》等两会文件精神。组织举办了中线建管局部门副职以上干部理论学习班，集中学习了党的十七大精神以及十一届全国人大和政协一次会议精神，听取了中国社会科学院研究员、中央党校教授关于"2008年两会与中国宏观经济形势"和"高举中国特色社会主义伟大旗帜，夺取全面建设小康社会新胜利"的两个专题辅导报告，并结合工作实际进行认真讨论。

为加强组织建设，增强基层党组织的战斗力和凝聚力，中线建管局机关党委组织召开了以"厉行勤俭节约，反对奢侈浪费"为主题的党员干部专题组织生活会。组织全局基层党组织、广大党员和党务工作者大力开展争先创优工作，表彰了先进基层党组织、优秀共产党员和优秀党务工作者。召开机关党委会讨论，确定了2008年发展党员计划，认真做好入党积极分子的教育、培训、培养和考察工作，严格执行发展党员工作程序和新党员审批制度，确保发展党员的质量。按照中组部及国务院南水北调办机关党委的要求，进一步加强了中线建管局共产党员党费收缴、使用、管理工作。

在学习实践科学发展观活动中，紧紧围绕"党员干部受教育、工程建设上水平、人民群众得实惠"的总体要求，深入总结经验，切实查找不足，认真进行整改，注重把学习实践活动同工程建设实际紧密结合起来，着力转变不适应、不符合科学发展观要求的思想观念，着力解决影响和制约科学发展的突出问题，着力研究、解决中线干线工程建设中的重大问题，学习实践活动取得了明显成效。通过开展学习实践活动，全局党员干部进一步加强了对科学发展观科学内涵、精神实质和根本要求的理解，增强科学发展意识取得明显进步，运用科学发展观分析、研究、解决问题的能力得到进一步提高。中线建管局党组书记、局长石春先撰写了《落实科学发展观充分发挥中线建管局整体工作效能》的报告，郑征宇、曹为民、李长春、韩连峰等党员领导干部也都结合工作实际，运用科学发展观深入开展调研，写出了对工程建设具有一定指导意义的调研报告。

（刘世一）

廉政建设

2008年年初，中线建管局召开廉政工作会议，总结中线建管局2007年廉政工作，研究部署了2008年党风廉政建设和反腐败工作任务。按照会议部署，制定并下发了《南水北调中线建管局2008年党风廉政建设工作要点》，进一步细化工作安排。2008年7月，向中央国家机关纪律检查工作委员会巡视组汇报了中线建管局成立以来党风廉政建设情况，得到了巡视组领导的充分肯定。

一是扎实开展党风廉政教育，促进领导干部廉洁自律。中线建管局党组坚持中心组学习制度，充分发挥学习示范带头作用，不断完善反腐倡廉大宣教工作格局，倡导"以廉立身、以勤立业、廉洁自律、诚实守信"的理念，努力营造"奋发向上、求真务实"的廉政文化氛围。积极开展党风廉政宣传教育工作，继续推进廉洁文化进机关、进工地、进项目、进合同、进家庭，促进干部员工提高廉洁自律意识，营造"廉洁光荣、腐败可耻"的良好氛围。

二是加强制度建设，进一步完善反腐倡廉工作机制。在贯彻落实中共中央《建立健全惩治和预防腐败体系2008～2012年工作规划》和《国务院南水北调办公室党组建立健全惩治和预防腐败体系2008~2012年工作要点》的基础上，结合南水北调中线干线工程建设实际，制定印发了《南水北调中线建管局建立健全惩治和预防腐败体系2008~2012年实施意见》，为中线建管局今后五年的党风廉政建设提供了指导思想和工作思路，有效推进中线建管局党风廉政建设和反腐败工作向纵深发展。

三是综合运用党内监督、专门机关监督、群众监督和舆论监督等多种形式，不断加大对"三重一大"执行情况监督的力度。在重大事项决策、重要干部任免、重要项目安排、大额资金的使用方面，严格按照程序，由中线建管局局领导班子集体研究决定，未发现违反制度和规定的情况。此外，还同参与投标单位、施工单位签订《廉政合同》，鼓励监督中线建管局工作人员。

四是认真做好群众来信来访的调查处理工作。认真贯彻中纪委《关于依纪依法规范纪检监察信件举报工作的若干意见》的精神，做好信访举报信件的核查处理工作，加强对来信来访反映问题核查的力度，对重要线索及时核查，对实名举报实行反馈和回复制度。进一步加大信访案件交办、督办的力度，真正做到件件有着落、事事有结果。

（刘世一）

精神文明建设

2008年，中线建管局党组始终把"加强精神文明建设、创建文明单位"作为加强内部管理、促进工程建设的大事，切实加强领导，认真组织实施。新一届领导班子调整以来，为确保实现中央国家机关文明单位目标，把创建工作列入了重要工作日程，及时调整和补充了局精神文明建设领导小组成员，局长任组长、党组副书记任常务副组长，抽调人员加强日常工作，形成了以领导小组为龙头、党政工团组织密切配合、齐抓共管的创建工作组织机制，切实保证了精神文明创建工作的有序开展。2008年年初，中线建管局制定并下发了《南水北调中线建管局2008年精神文明创建工作要点》，明确了精神文明创建工作年度目标和重点环节、重点任务，对细胞工程提出了具体要求。

2008年，中线建管局积极开展丰富多彩的创建活动。一是积极组织开展向地震灾区献爱心活动。四川汶川地区发生地震后，中线建管局广大干部员工迅速行动起来，积极响应号召，党员领导干部带头，全体员工积极参与，先后4次组织开展向灾区人民捐款活动，共捐款17万余元。二是认真开展建设节约型、环保型机关活动，积极倡导干部员工充分发扬勤俭节约、艰苦奋斗的优良作风，从我做起，从身边的小事做起，厉行节约。结合中线建管局实际，制定建设节约型、环保型机关实施方案和考核标准，加大对方案实施的监督检查力度，节约型机关建设取得了初步成效。三是深入开展精神文明"细胞工程"建设，积极开展"文明部门"、"文明员工"评选和表彰奖励活动，营造了"讲业绩、比贡献、争先创优"的良好工作氛围。

（刘世一）

群团工作

2008年，中线建管局工会、共青团工作坚持以工程建设为中心，深入基层，贴近群众，贴近青年，积极开展特点突出、形式多样的群众性活动，调动了员工积极性和创造性。

一是采取自助式、赞助式和组织式相结合的方法，实现文体活动组织的多样化。为促进南水北调中线京石段应急工程通水目标顺利实现，及时将文体活动阵地前移，利用工余时间，组织员工到工地开展羽毛球、篮球比赛；为了营造决战氛围，鼓舞士气，开展了"送电影到工地"活动，选送一些健康向上、振奋士气的好影片到各项目部工地放映，使建设者受到了教育，鼓舞了干劲；为了增进交流，同河南省南水北调办共同组织了“中线文明杯”篮球赛，和国务院南水北调办、北京市南水北调办一起开展了“迎奥运义务植树”活动。此外，广泛开展了棋牌赛、登山比赛、摄影比赛等活动。活动让员工们的业余生活变得多姿多彩，让他们感受到了集体的温暖和力量，也使精神文明建设阵地得以巩固和扩大。

二是充分发挥工会、妇女组织凝聚人心的作用，不断提高广大员工的积极性。自觉依法保障员工权益，除员工法定福利外，还在政策允许的范围内，努力帮助员工解决生活中遇到的困难。走访调查困难职工，救助遭受南方冰雪灾害的困难员工，探视和慰问因病住院职工；对员工婚育进行祝贺，开展职工生日祝贺活动，下发三八妇女节、六一儿童节节日费。通过工作会议、座谈会，邀请局领导与员工代表座谈，畅通和拓展了员工与党组织及领导的沟通渠道，建立了与各建管部的联系，了解了基层员工诉求，听取了群众呼声，为他们排忧解难。在国务院南水北调办举办的活动中，中线建管局5名员工被评为“优秀工会工作者”和“优秀工会积极分子”；在国务院南水北调办机关纪念三八国际劳动妇女节表彰会上，中线建管局3名女员工被评为“三八红旗手”和“优秀妇女工作者”。

三是扎实有序地开展共青团工作，充分发挥共青团组织的生力军作用。鼓励和指导团支部开展适合青年的各项活动，鼓励青年勇挑重担，及时把他们中的佼佼者提拔到重要岗位，使他们的聪明才智得以充分发挥。积极开展“号手工程”、“榜样工程”等评先创优活动，引导青年建功立业。2008年，中线建管局团委获得“中央国家机关五四红旗团委创建单位”称号，4个处室获得“中央国家机关青年文明号”称号，4个处室获得“南水北调办青年文明号”称号，2个处室获得中央国家机关“奉献奥运先进青年集体”称号，1个处室获得“全国青年文明号”称号，1个处室获得“全国青年安全生产示范岗”称号，1名同志荣获“中央国家机关优秀青年”称号。

（刘世一）

南水北调中线水源有限责任公司

机 构 设 置

南水北调中线水源有限责任公司（以下简称中线水源公司）于2004年8月由水利部组建，内设综合部（党委办公室）、工程部、计划部、财务部、环境与移民部5个部门，作为南水北调中线水源工程建设的项目法人，在国务院南水北调办的领导和监督下，负责丹江口大坝加高和水库移民等的工程建设管理工作。

（刘兆增）

人 事 管 理

（一）干部任免

2008年10月，水利部以《关于钮新强免职的通知》（部任［2008］39号）文件，免去钮新强的南水北调中线水源有限责任公司董事长职务。2008年11月，水利部长江水利委员会决定，南水北调中线水源有限责任公司的董事会工作暂由副董事长贺平主持。

（二）人才队伍建设

（1）坚持党委中心组学习制度，制定和

落实了2008年中心组学习计划，并与周五的员工集中学习相结合。全年共学习13次，重点学习了党的十七大及两会报告和科学发展观4个读本、中央领导同志关于科学发展观的重要讲话和论述、水利部陈雷部长关于学习实践科学发展观的重要讲话和水利部长江水利委员会的专题报告等，学习了党风廉政建设、警示教育、《劳动合同法实施条例》等相关内容，传达落实了国务院南水北调工程建设委员会第三次全体会议和水利部、国务院南水北调办、水利部长江水利委员会等重要会议精神，完成了上级党组织布置的各项学习任务。

（2）制定实施《2008年员工培训计划》。中线水源公司在2008年举办了安全管理、档案管理培训班和多期专题讲座，并选派员工56人次参加上级和地方行业组织的业务培训。

（3）组织考察调研，加强实践锻炼。2008年，中线水源公司组织员工到东线水源、小浪底、万家寨、澧水等水电项目进行实地考察调研。通过考察调研、专题审查、技术攻关和课题研究等积累员工实践经验，拓宽工作思路，提高发现、分析和解决问题的能力。

（刘兆增）

党的建设和精神文明建设

（一）党建工作

2008年10月，中线水源公司按照党中央、水利部和水利部长江水利委员会的统一部署，启动了深入学习实践科学发展观活动，圆满完成了学习、调研、分析、检查阶段各环节的任务。积极做好党建工作，在2008年发展了2名新党员。

（二）党风廉政建设

2008年，中线水源公司认真贯彻落实党风廉政建设责任制，着力构建教育、制度、监督并重的惩防体系，围绕重点领域、抓住关键环节，做到事前预防、事中监督、事后检查，杜绝腐败现象的发生。

中线水源公司召开廉政建设和反腐败工作专题会，分析党风廉政建设和反腐败工作形势，部署党风廉政建设和反腐败工作。在做好各项基础工作的同时，充分利用各种学习机会，宣传党风廉政的方针、政策，先后学习了第十七届中央纪委二次会议精神、水利部长江水利委员会2008年反腐倡廉工作会议精神；重大节日前，公司会召开专门会议，主要领导会对节日期间党风廉政工作提出具体要求。公司还认真组织学习了中共中央关于《建立健全惩治和预防腐败体系2008～2012年工作规划》方案和水利部长江水利委员会贯彻落实中共中央《建立健全惩治和预防腐败体系2008～2012年工作规划》工作方案。

大力开展党风廉政建设宣传教育工作。中线水源公司经常组织员工收看警示教育专题片，对员工进行廉洁从政教育。先后组织收看了《廉洁治家警示录》、《高速腐败——人生路上亮红灯》、《秉公用权——廉洁从政警示录》等专题片。公司还利用板报刊登廉政格言、廉政漫画等大家喜闻乐见的形式，开展廉政宣传教育。

中线水源公司党政主要领导与班子成员及副处级以上领导干部层层签订廉政建设责任书，坚持半年一检查，年底进行全面考核，开展了处级领导干部收入申报工作。会同丹江口市检察院对丹江口大坝加高工程的设计、施工、监理单位的预防职务犯罪工作情况进行了一次联合检查。重点是执行廉政合同以及财务收支、物资采购、质量监督等方面的情况。通过检查没有发现违反廉政合同的现象。

（三）精神文明建设

2008年，中线水源公司坚持两个文明建设一起抓，以创建南水北调工程“文明工地”和“青年文明号”活动为载体，有计划、有步骤地推进文明创建活动。2008年，丹江口大坝加高右岸土建及金属结构设备安装项目被国务院南水北调办授予“文明工地”称号，水电三局丹江口施工局和葛洲坝项目部拌和班被授予“青年文明号”称号；中线水源公司荣获“2006～2007年度南水北调工程文明建设管理单位”称号。

（四）群团工作

中线水源公司积极响应水利部长江水利委员会的号召，组织开展了支援地震灾区的爱心捐款和交纳特殊党费活动，共捐款23 630元，交纳特殊党费20 600元，选派了4名驾驶员赶赴四川抗震救灾。组织了第四届“水源杯”篮球友谊赛和迎奥运系列活动，丰富了员工业余生活。

（五）制度建设

中线水源公司自成立以来，一直致力于加强制度建设，现已建立了与工程建设和公司内部管理相适应的规章制度体系，包括综合管理、计划合同管理、财务资金管理、工程建设管理、环境与移民管理等方面共80余项制度并汇编成册，基本涵盖工程建设和公司管理的各个方面。2008年，依据《劳动合同法》新制定了《公司员工管理办法》等制度，修订了《公司绩效考核办法》等制度。

（刘兆增　班静东）

南水北调东线江苏水源有限责任公司

组　织　机　构

南水北调东线江苏水源有限责任公司（以下简称江苏水源公司）于2004年5月经江苏省政府正式批复成立，作为南水北调东线江苏境内工程的项目法人。江苏水源公司根据有关规定和公司章程，设立了董事会、监事会，实行董事会领导下的总经理负责制。内设综合部、计划发展部、工程建设部、财务审计部、资产运营部等5个职能部门，成立了工会，并成立了精神文明建设领导小组、质量管理领导小组、安全生产领导小组、防汛领导小组、信访工作领导小组等临时机构。

（林　亮）

人事外事管理

2008年，江苏水源公司认真做好人事管理和外事工作。一是积极争取调增了工资基数和工资总额，并委托江苏鼎信咨询公司研究提出了公司员工薪酬制度；二是完善并办理了公司补充医疗保险和补充养老保险（企业年金），员工医疗和养老有了进一步保障；三是录用了5名新进人员，签订了全日制劳动合同，并办理了人事档案、养老保险、医疗保险等接转手续；四是加强了外事管理，统计分析了过去3年公司出国人员情况，向外事管理部门作了情况汇报，2008年安排一名职工参加国务院南水北调办组织的赴德国考察培训；五是根据工作需要，补充了公司中层干部，聘任王丽慧为计划发展部副主任、王亦斌为工程建设部副主任。

（林　亮）

党的建设与精神文明建设

2008年，江苏水源公司在党建工作、党风廉政建设、精神文明建设、群团工作、文化建设等方面取得了一定成绩。

一是组织江苏水源公司员工开展了理论学习活动，重点开展学习实践科学发展观、党的十七届三中全会和江苏省委十一届五中全会的活动；加强党支部建设，经组织培养并报江苏省水利厅机关党委批准，江苏水源公司3名同志列为入党积极分子培养，参加了江苏省级机关工委举办的入党积极分子培训班；组织支部全体党员认真传达学习中组部和江苏省委组织部及江苏省国资委有关四川抗震救灾工作的文件精神，组织全体党员自愿交纳“特殊党费”22 800元，支援灾区的抗震救灾工作。组织全体员工主动捐款及捐赠过冬棉被，向地震灾区奉献了爱心。

二是加强工会建设，积极开展建设“职工之家”活动。以江苏水源公司搬迁到新办公楼办公契机，建立了活动室，配置了文体器械。组织部分员工参加了江苏省国资委全民健身羽毛球比赛，获得道德风尚奖；在涉及江苏水源公司员工工资、年金、福利等切身利益规章制度制订时，实行民主，多次召开全体员工会议讨论修改，维护了员工民主权利；组织女职工三八妇女节开展活动和春节职工家属团拜活动，组织全体员工进行了体检，做好员工年休假安排，从多渠道筹集增加员工的福利待遇。江苏水源公司工会被江苏省水利厅首次评为“全省水利系统先进职工之家”。

三是积极组织参与江苏省重点工程劳动竞赛评选活动，江都站改造工程建设处被江苏省总工会评为“江苏省重点工程劳动竞赛先进集体”，许宗喜、沈朝晖被江苏省总工会评为“江苏省重点工程劳动竞赛功臣个人”，宝应站工程管理项目部、淮阴三站项目部土建一队被江苏省总工会评为江苏省“工人先锋号”。

四是组织江都站改造工程建设处、淮安市淮安四站输水河道建设处、淮阴三站工程建设处申报“国家南水北调系统青年文明号”，被国务院南水北调办评为“全国南水北调青年文明号”；积极组织参与江苏省水利系统文明单位评选活动。

五是会同派驻组加强现场机构党风廉政建设，年初及时与各现场建设单位负责人签订了党风廉政责任状，平时积极配合组织廉政文化进工地和廉政文化示范点活动，江都站改造工程被定为“全省水利系统廉政文化示范点”。

六是加强江苏水源公司自身建设，被江苏省水利厅评为“2007～2008年度江苏省水利系统文明单位”，被江苏省国资委、科技厅等评为“江苏省第二批创新型试点企业”。

（吴丹华）

制　度　建　设

2008年，江苏水源公司十分重视规章制度建设，进一步修订完善规章制度，严格按制度加强管理，做到“用制度管人、按规章办事”。在2008年初确定的部门目标管理制度基础上，制订了部门目标考核办法，建立了部门月度工作任务报送制和年度工作目标考评制，实现目标管理；制定了员工薪酬绩效管理制度、员工异动管理及职级管理办法、总经理奖励基金管理办法，实行奖励激励机制；制定了车辆使用管理办法，规范公司车辆管理；修订完善了安全生产、合同管理、财务管理等建设管理办法，进一步规范工程建设管理。

（余　真）

档　案　管　理

2008年，江苏水源公司进一步建立健全了南水北调江苏省境内工程档案管理规章制度和档案管理责任人员网络。江苏水源公司始终坚持高标准、严要求抓好档案工作。一是加强公司文书档案管理，围绕档案达标要求，对公司2005年以来文书档案进一步复查，按照规定标准归档上架，并完成了238卷财务档案的归档工作。二是加强项目档案管理，举办了江苏省境内在建工程项目档案专项验收培训班，组织在建工程档案人员学习档案管理的法律法规，围绕总体验收方案，制订了《南水北调江苏境内工程2008年度档案验收工作方案》。为进一步加强项目档案管理，组织修订了《南水北调东线一期江苏境内工程建设项目档案管理实施办法》。根据工程进展情况，完成了江都站改造工程江都东西闸之间河道疏浚工程和淮安四站输水河道工程档案专项验收。三是做好公司人事档案整编工作。根据中组部和国家档案局有关人事档案的规章制度，已完成江苏水源公司员工人事档案清理整编工作。

（余　真）

有关省（直辖市）南水北调工程建设管理机构

北　京　市

机　构　设　置

北京市南水北调办是北京市政府2004年批准成立的正局级临时机构，为北京市南水北调建委的办事机构，2008年北京市机构编制委员会办公室发文同意北京市南水北调办增设征地拆迁协调处，至此北京市南水北调办共有内设处室5个，分别为综合处、投资计划处、财务处、工程管理处和征地拆迁协调处。

（高国军　马翔宇）

人　事　管　理

（一）人事任免

2008年9月，北京市政府第十一次常务会议决定，刘光明同志任北京市南水北调办副主任（京政任［2008］125号）。11月，北京市政府第十六次常务会议决定，免去焦志忠同志的北京市南水北调办主任职务（京政任［2008］161号）。11月，北京市委决定，聂玉藻同志任中共北京市南水北调办党组书记（兼）（京委［2008］420号）。11月，北京市政府第十八次常务会议决定，孙国升同志任北京市南水北调办主任，何凤慈同志任北京市南水北调办副主任，免去何凤慈同志北京市南水北调办副巡视员职务（京政任［2008］177号）。

（二）人事管理

北京市南水北调办坚持把加强领导班子自身思想政治建设、作风建设、廉政建设和能力建设放在突出位置，同时积极加强各下属单位建设，领导班子和领导干部的思想政治素质有了明显提高，党风廉政意识进一步增强，领导作风和工作作风显著提高。提拔晋升“靠得住、有本事、作风硬、信得过”的优秀干部，2008年共提拔正、副处级干部4人，程序规范、透明、公开，得到了北京市委组织部的认可。全面实行任前公示制、试用期制等，在干部选拔中，注重扩大民主，落实群众对干部工作的知情权、参与权、选择权和监督权。

（高国军　马翔宇）

教　育　培　训

北京市南水北调办高度重视干部培训工作，从加强党的执政能力建设、建设学习型机关的高度，把干部培训作为一项事关全局、事关根本、事关长远的战略举措，摆上了重要议事日程。

针对机关公务员处级以上干部多且都是从各单位转任或调任至北京市南水北调办、培训经历不一的特点，对处级干部进行任职培训。积极安排局级干部参加北京市委组织部的政治理论培训。2008年在工程建设极为紧张的情况下，共选送参加北京市委党校、行政学院培训4人；组织新录用公务员参加初任培训，培养新公务员对党、国家和人民的忠诚和奉献精神，了解公务员的权利义务、掌握作为公务员的行为规范，培养公务员的角色意识，掌握从事本职工作的必备技能，为建设高素质专业化的公务员队伍、提高政府部门绩效奠定良好基础，2008年3名新公务员参加了初任培训。按照干部教育培训科学化、规范化、制度化的要求，加强干部教育培训信息化建设，建立了干部教育培训档案和信息库，及时将干部培训经历、培训成绩、年度培训任务完成情况以及教育培训中的表现等详细情况录入信息库，积极组织处级以上干部参加北京市委组织部在线学习，严格督促检查，2008年北京市南水北调办局级处级干部均按要求完成40学时以上的在线学习。同时，紧抓各下属单位的教育培训工作，组织干部职工积极参加北京市人事局、国务院南水北调办及中线建管局组织的各类培训，各事业单位职工均完成每年72学时的继续教育任务。

（高国军　马翔宇）

党建工作

2008年，根据党中央的部署要求和北京市委《全市第一批开展深入学习实践科学发展观活动工作实施方案》，北京市南水北调办开展了深入学习实践科学发展观活动工作。全面贯彻党的十七大精神，高举中国特色社会主义伟大旗帜，以邓小平理论和“三个代表”重要思想为指导，以“坚持科学发展，建设人文北京、科技北京、绿色北京”为主题，以“科技创新保质量、机制创新保效率、管理创新保安全”为主线，组织广大党员特别是各级领导班子和党员领导干部深入学习实践科学发展观，紧紧围绕“党员干部受教育、科学发展上水平、人民群众得实惠”，进一步解放思想、实事求是、改革创新，切实增强贯彻落实科学发展观的自觉性和坚定性，着力转变不适应、不符合科学发展要求的思想观念，着力解决影响和制约科学发展的突出问题以及党员干部党性、党风、党纪方面群众反映强烈的突出问题，着力构建有利于科学发展的体制机制，提高领导科学发展、促进社会和谐的能力，使南水北调工程更加符合科学发展观的要求。活动从2008年10月开始，通过学习调研、分析检查、整改落实、群众评议等阶段，力求达到提高思想认识、解决突出问题、创新体制机制、促进科学发展的目的。

（李闽峰　马翔宇）

党风廉政建设

2008年，为了更好地服务于南水北调工程建设，最终完成工程目标，北京市南水北调办始终坚持党风廉政建设，坚持标本兼治、综合治理、惩防并举、创新机制，扎实推进惩治和预防腐败体系建设，完善制度建设，促进效能提升。

一是建立和完善建设管理制度。结合《中华人民共和国招投标法》等法律法规以及国务院南水北调办的制度，针对可能在招投标中出现不法营私、拖欠工程款以及农民工工资等问题，完善了工程建设管理制度，设立了施工合同备案制度和信用制度，完善了工程款支付和工资支付制度。

二是加大对招投标工作的监督管理力度。针对干线工程以及北京市政府投资建设的配套工程建设的组织实施方式、发包方式、计价规范做出了特殊规定；建立了专业化、社会化的招标代理制度，加强了对招标代理公司首建招标代理公司的监督；严格遵守和执行《南水北调工程评标专家和评标专家库管理办法》，每次抽取评标专家时，均派出行政监督和纪律监督对抽取人进行监督；健全和规范有形建筑市场，严禁领导干部干预、插手招标投标活动。

三是建立健全对拆迁工作的监管制度。建立健全征地拆迁信息系统，增强拆迁工作的透明度；加强拆迁资金的监管，制定了拆迁资金的管理规范，对拆迁行为加强监管，要求拆迁实施主体要严格落实备案制度、拆迁资金管理制度，同时要求建立对领导干部干预、插手拆迁工作的监督检查机制；在加强对拆迁补偿资金的监管的同时，健全对被拆迁居民的保障机制，加强拆迁许可管理，健全拆迁公示和听证制度，严格拆迁行政裁决程序。

四是建立健全对内部工作人员的监管制度。制定《北京市南水北调工程建设委员会办公室党风廉政建设和行政效能监察制度》共14项。严肃查处行政不作为、乱作为，促进依法行政，制定了《北京市南水北调工程建设委员会办公室违反党风廉政建设责任制行为责任追究办法（试行）》，明确过错责任追究的范围，对违反者规定了诫勉谈话、调整其职务或辞退、免职、撤职以及党纪处分等9种责任追究方式。

为加强对权力的制约和监督，防止少数人说了算和决策失误，制定了《北京市南水北调工程建设委员会办公室重大决策制度》、《北京市南水北调工程建设委员会办公室重大项目安排制度》、《北京市南水北调工程建设委员会办公室关于大额资金使用管理办法》以及《北京市南水北调工程建设委员会办公室财务管理制度》等，为促进决策的科学化、民主化和制度化提供了制度保证。

在提拔处级以上干部时，严格做到对提拔任用的全过程和工作过程中的一些重要情况及时进行客观、真实地记录，提拔任用前要征求市纪委组的意见。

（刘为凤　刘　畅）

天　津　市

组　织　机　构

2008年，天津市南水北调办成立天津市南水北调办团支部和工会小组，积极开展丰富多彩、健康有益、积极向上的活动，活跃了机关文化氛围，增强了凝聚力，鼓舞了职工干劲。

（何　睦）

党的建设和精神文明建设

天津市南水北调办坚持“两手抓、两手硬”，结合南水北调工程建设实际，在天津市水利局党委的领导下，依托办公室党支部和各参建单位党组织，不断加强党的建设和精神文明建设。2008年上半年，按照天津市委、市政府的部署，积极组织进行了“解放思想、干事创业、科学发展”大讨论活动。2008年下半年，深入开展了学习实践科学发展观活动。党的建设和精神文明建设成效明显，基层党组织的战斗堡垒作用和党员的先锋模范作用得到进一步发挥，党员干部贯彻落实科学发展观的自觉性得到提高，全体参建者的政治素质和业务素质不断增强。2008年，天津市南水北调办党支部按照“坚持标准、保证质量、慎重发展、改善结构”的原则做好党员发展工作，完成了1名临时党员的转正和1名入党发展对象的推荐工作。

（何　睦）

廉　政　建　设

天津市南水北调办坚持廉政先行，以落

实建立健全预防和惩治腐败体系实施纲要为主线，全面加强党风廉政建设，打造廉洁工程。按照天津市水利局党委、纪委的要求，把各种形式的主题教育与日常教育相结合，建立覆盖全部参建单位的廉政工作网络，严格落实廉政责任，筑牢拒腐防变的思想防线。以预防商业贿赂和职务犯罪为重点，认真落实领导干部廉洁自律各项规定，对工程建设的各个重点环节进行全方位监督，规范行政行为，严防发生违规违纪事件。充分发挥与天津市检察院建立的联席会议制度和南水北调工程预防职务犯罪工作领导小组的作用，积极开展预防职务犯罪和治理商业贿赂活动，确保了干部安全。

（何　睦）

河　北　省

人　事　管　理

2008年，河北省南水北调办认真做好人事管理工作，按照公务员招录的有关规定和程序，招录了3名公务员到机关工作，按照有关规定办理了2名复员军人的安置手续。为提高办公室机关公务员的知识和技能，组织了2次机关公务员的业务知识培训，有效提高了公务员的综合素质。

（蔡顺富）

党　建　工　作

2008年，河北省南水北调办认真做好党建工作，组织开展了“学习贯彻党的十七大精神，解放思想大讨论”、“学习实践科学发展观”等政治学习活动，组织了“博爱一日捐”和为汶川地震灾区捐款活动。坚持抓好党员发展工作，严格按照“坚持标准，保证质量，慎重发展，改善结构”的原则，积极组织加强党员队伍建设，在2008年发展了3名新党员。

（蔡顺富）

纪　检　监　察　工　作

2008年，河北省南水北调办坚持以正面教育、自我教育为主，认真做好纪检监察工作，引导广大职工牢固树立正确的人生观、价值观和权力观，切实做到立党为公、执政为民、廉洁从政。积极开展廉政文化建设和反腐倡廉教育活动，组织办公室全体人员参加河北省法律知识考试，促进了党员干部廉洁从政，促进了反腐倡廉工作深入开展。

（蔡顺富）

江　苏　省

人　事　任　免

2008年11月12日，中共江苏省委组织部以苏组干［2008］245号文件，任命张劲松同志为江苏省水利厅党组成员。

（王　军　袁连冲）

队 伍 建 设

2008年，江苏省南水北调办按照江苏省水利厅党组的要求，加强干部队伍建设，做好干部教育培训工作。定期组织干部职工参加政治学习和业务学习。认真组织开展深入学习实践科学发展观活动，制定了实施办法，抓好各阶段的工作推进，重点做好问题查找、原因分析和落实整改阶段的工作，保证活动取得实实在在的成效。组织干部参加省级机关处以上干部菜单式选学培训。做好人事和干部管理方面的相关工作，协调办理出国学习和考察人员的相关手续。

（王　军　袁连冲）

党 建 工 作

2008年，江苏省南水北调办党建工作坚持以邓小平理论和“三个代表”重要思想为指导，全面落实科学发展观，深入学习贯彻党的十七届三中全会精神，认真组织党员参加政治学习，开好支部民主生活会，组织党员学习十七届三中全会、省委十一届五次全会精神，做好支部组织工作，有3名同志作为入党积极分子进行培养。积极组织支部党员参加厅机关党委组织的“五个一”工程活动，党支部被授予“优秀组织奖”。四川汶川地震后，党支部积极组织党员干部及时捐款、交纳特殊党费和捐过冬衣被。组织全体党员过好党内生活，积极营造良好的工作氛围，凝心聚力推进江苏省南水北调工程建设。

（王　军　袁连冲）

党风廉政建设

2008年，江苏省南水北调办紧紧围绕“三个安全”目标，认真贯彻执行党风廉政建设的各项规定，实行工程建设和党风廉政建设“双合同制”。以落实党风廉政建设责任制为龙头，以加强思想教育为基础，以完善制度建设为抓手，切实加强党风廉政建设各项工作，推动了工程顺利建设。江苏省南水北调办和江苏水源公司与各截污导流工程项目法人、调水工程现场管理单位主要负责人，签订党风廉政建设责任状，各单位主要负责人与中层干部和领导班子成员签订党风廉政建设承诺书，年终对责任状和承诺书的履行情况进行认真考核，并严格与评先和奖惩挂钩。坚持把思想教育作为重点，组织党员干部学习中纪委、省纪委和省水利厅纪检监察工作会议精神，组织开展警示教育和廉政文化进工地活动，引导大家树立正确的世界观、人生观和价值观，警醒大家要算清人生几笔账，坚决不做违法、违纪的事。对审计和稽查中发现的薄弱环节进行认真梳理，及时修改完善相关制度，用制度来规范和约束具体的管理行为。充分发挥纪检监察工作派驻制度的优势，全力配合和支持派驻纪检组工作，确保派驻纪检组对南水北调工程实施全过程的严密监督，为实现工程“三个安全”提供了保证。

（王　军　袁连冲）

山 东 省

组 织 机 构

（一）山东省南水北调工程建设管理局

2003年8月山东省机构编制委员会批准设立了山东省南水北调工程建设管理局（以下简称山东省南水北调建管局），为山东省指挥部的办事机构，承担山东省指挥部的日常工作，为厅级财政拨款事业单位。2007年7月，经山东省委、省政府同意，山东省南水北调建管局列为参照公务员法管理的行政支持类事业单位。局机关内设办公室、建设管理处、政策法规处、水源保护处、计划财务处5个处室。

（二）南水北调东线山东干线有限责任公司

南水北调东线山东干线有限责任公司（以下简称山东干线公司）设董事会和监事会，实行董事长领导下的总经理负责制。山东干线公司下设综合部、工程部、征地移民部、调度运行部、财务部、计划合同部、技术部、总经济师办公室、韩庄运河段工程建管局、穿黄河工程南区建管局、济平干渠工程管理局、济南至引黄济青段建管局、南四湖至东平湖段建管局等13个部门。

2008年，山东省南水北调建管局印发了《山东干线公司各部门、单位职能》，对山东干线公司各部（办、局）的职能进行了界定，为定岗、定员、定编打下了基础。

（三）地方办事机构

随着工程建设的开展，山东省、县级办事机构也逐渐完善，南水北调工程沿线枣庄、济宁、泰安、济南、聊城、德州、淄博等市相继成立了领导机构，其中济宁、枣庄、泰安、济南、淄博、德州等市成立了市南水北调建管局，梁山、东平、宁阳等县成立了相应的县一级办事机构。各级办事机构的建立，为山东省南水北调工程建设提供了强有力的组织保证。

（张凌东）

人　事　管　理

（一）人才培养

2008年，山东省南水北调建管局严格执行干部考察、任免程序，推行干部任前公示制，积极做好干部公开选拔和竞争上岗工作，建立良性培养用人机制。经选拔培养，山东干线公司已有11名部门负责人、5名主任助理、32名科级干部通过竞争上岗走上领导岗位。

（二）人才引进

截至2008年底，山东省南水北调建管局通过公开招聘，共引进工程建设管理各类人才89名，其中包括山东省有突出贡献的中青年专家2人，享受国务院特殊津贴人员2人，厅级拔尖人才1人，山东省水利系统“3131人才培养工程”水利专家1人，学术带头人1人，中青年科技骨干7人，高级研究人员（教授、研究员、高级工程师）63人，博士5人，硕士33人，大学学历85人。

（三）教育培训

2008年，山东省南水北调建管局参加各类培训的职工达300余人次，进一步提高了在职职工的专业技术水平，培训效果显著。

另外，为进一步完善激励机制，制定印发了《山东干线公司机关管理和技术岗位薪酬管理办法》、《山东干线公司专业技术职务竞聘管理暂行办法》。加强了外事管理，办理了赴荷兰、日本等团组及随国调办赴德国的出国审批申报、安全教育、政治审查等工作。

（张凌东）

党　建　工　作

（一）学习实践科学发展观活动

按照山东省委和水利厅党组的统一安排，山东省南水北调建管局党委深入研究部署，紧密结合实际，狠抓活动落实，突出实践特色，认真做好学习实践各项工作，迅速掀起了学习实践活动热潮，取得了重要的阶段性成果。

（二）加强组织建设

根据工作需要，山东省南水北调建管局

新成立了1个党支部，2个临时党支部，选举充实了各支部支委会成员。扎实开展了党费按新标准收缴、党内统计和党员纳新工作，有3名预备党员转为正式党员，2名积极分子列为发展对象，3名同志列为积极分子。坚持集中学习日制度，坚持山东省南水北调建管局局领导亲自讲课，全年集中组织政治和业务学习13次。组织开展了“为党旗添光彩，为南水北调工程建设又好又快发展做贡献”主题党日活动，到孟良崮战役纪念馆举行新党员入党宣誓仪式和党员重温入党誓词活动。

（三）抗震救灾

四川汶川“5·12”特大地震发生后，山东省南水北调建管局广大党员干部和职工积极行动，共捐款29.9万元、过冬衣被140余件。按照山东省水利厅的统一安排，山东省南水北调建管局派人到四川灾区搜集资料、查勘现场，完成了《四川省北川羌族自治县灾后重建水利规划报告》的编制工作。

（四）廉政建设

为贯彻落实中央《建立健全惩治和预防腐败体系2008～2012年工作规划》和山东省委《山东省建立健全惩治和预防腐败体系2008～2012年实施办法》，山东省南水北调建管局制定出台了《关于建立完善党风廉政建设和反腐败斗争长效机制的工作指导意见》。严格落实党风廉政建设责任制，山东省南水北调建管局党委书记与局领导班子成员、局领导与各处室各单位负责同志签订了廉政承诺书。组织开展了“争做廉政勤政楷模，促进南水北调工作全面提速”主题教育活动，认真组织清理、纠正个人“小灵通”捆绑单位办公电话活动，组织全体党员干部进行《建立健全惩治和预防腐败体系2008～2012年工作规划》知识问答活动等；坚持每月结合政治学习日开展廉政教育；不断深化正反面典型教育，组织赴革命圣地进行爱国主义和革命传统教育，制作并向中层以上领导干部发放了廉政警示牌，进行了警示教育。着力抓好领导干部述职述廉、民主评议、诫勉谈话等制度执行情况的监督检查；严格执行“三谈两述”和函询制度，建立起中层领导干部任前和对重点岗位人员廉政提醒谈话制度，对23名重要岗位和新任中层以上党员领导干部进行了提醒谈话；重新修订了《南水北调东线山东段工程建设廉政协议书》，进一步规范了“工程合同”与“廉政协议”同签制度，已开工的160余个工程建设项目（合同标段），廉政协议签订率达到了100%；对人员招聘、固定资产采购等工作进行了监督，初步实现由事后监督向事前预防、过程监控转变。坚持党风廉政建设理论研究，撰写的《构建反腐倡廉长效机制，为南水北调工程建设保驾护航》论文，获得了山东省纪检监察系统优秀论文奖。

（程　栋）

群团工作

2008年，山东省南水北调建管局召开了第一次团员大会，选出了第一届委员会，成立了3个团支部。在开展“争创青年文明号”活动中，山东省水业发展研究院、济平干渠31标段项目部被国务院南水北调办授予“青年文明号”荣誉称号。同时，工会工作不断强化，为新职工90个人办理了入会手续，发放了工会会员证。工会、团委共同组织了迎国庆乒乓球比赛、篮球友好邀请赛和职工联欢会，组建了篮球队和乒乓球队，活跃了职工生活，增强了凝聚力。

（武　健）

河 南 省

组 织 机 构

截至2008年底，河南省南水北调办（南水北调建管局）下设综合处、投资计划处、经济与财务处、环境与移民处、建设管理处、监督处6个处和南阳、平顶山、郑州、新乡、安阳5个南水北调工程建设管理处，内设监察审计室，受国务院南水北调办委托代管南水北调工程河南质量监督站。

（郭 强 吕秀荣）

人 事 工 作

2008年，河南省南水北调办人事工作坚持以邓小平理论和“三个代表”重要思想为指导，深入贯彻落实科学发展观，紧紧围绕中心，服务大局，服务一线，开拓进取，务求实效，为建设一流工程、廉政工程、生态工程、利民工程、和谐工程提供人才和智力保障。

2008年，河南省委、省政府任命王树山同志为河南省南水北调中线工程建设领导小组办公室主任、河南省人民政府移民办公室主任、省水利厅党组副书记、省水利厅副厅长，任命王小平同志为河南省南水北调中线工程建设领导小组办公室副主任、省水利厅党组成员。另外，选调处级干部1名，选调博士生2名。

（郭 强 吕秀荣）

制 度 建 设

2008年，河南省南水北调办建立健全了《河南省南水北调中线工程建设领导小组办公室领导干部廉洁从政若干规定》、《河南省南水北调中线工程建设领导小组办公室领导干部廉政警示教育制度》、《河南省南水北调中线工程建设项目监管机制》、《河南省南水北调中线工程建设领导小组办公室建设项目审计办法》、《河南省南水北调中线工程建设领导小组办公室工程建设项目招标投标审计办法》、《河南省南水北调中线工程建设领导小组办公室竣工决算审计暂行办法》、《河南省南水北调中线工程建设领导小组办公室直属单位负责人经济责任审计暂行办法》、《河南省南水北调中线工程建设领导小组办公室委托社会中介机构审计业务管理办法》、《河南省南水北调中线工程建设领导小组办公室人事干部工作守则》、《河南省南水北调中线工程建设领导小组办公室人事工作议事规则》、《河南省南水北调中线工程建设领导小组办公室信访工作制度》、《河南省南水北调中线工程建设领导小组办公室工作人员考勤管理办法》、《河南省南水北调中线工程建设领导小组办公室工作人员因公出国（境）管理办法》等13项制度。修订完善了《河南省南水北调中线工程建设领导小组办公室内部审计工作规定》、《河南省南水北调中线工程建设领导小组办公室内部审计质量控制规范》等2项制度。

（郭 强 吕秀荣）

湖 北 省

概 述

据鄂政办发［2007］59号文件，湖北省南水北调工程建设管理局机关列入参照《中华人民共和国公务员法》管理范围。2008年度，湖北省南水北调工程建设管理局完成了对本单位中符合登记条件的工作人员进行人员登记、确定职务与级别、套改工资等工作。

（陈应新）

CHINA SOUTH-TO-NORTH WATER DIVERSION PROJECT CONSTRUCTION YEARBOOK

玖 统计资料

THE STATISTICAL INFORMATION

在建工程基建投资统计

概　述

继2007年建设高峰后，2008年南水北调东、中线一期工程多项工程主体完工，因此完成建设投资略有回落。至2008年底，东线一期工程有11个设计单元工程土建主体完工，2008年完工6个（淮阴三站工程、淮安四站工程、淮安四站输水河道工程、蔺家坝泵站工程、万年闸泵站工程、台儿庄泵站工程）。中线一期工程有12个设计单元工程土建主体完工，2008年完工8个（西四环暗涵工程，北京市穿五棵松地铁工程，北京段铁路交叉工程，惠南庄—大宁段、卢沟桥暗涵及团城湖明渠工程，惠南庄泵站工程，北拒马河暗渠工程，漕河段工程，石家庄至北拒马河总干渠、连接段工程），其他工程正在加紧建设中。

截至2008年底，南水北调工程在建单项工程14项（共含49个设计单元工程），分别是东线一期工程中的济平干渠工程、骆马湖至南四湖江苏境内工程、韩庄运河段工程、长江至骆马湖（2003年度）工程、三阳河潼河宝应站工程、南四湖水资源控制和水质监测工程、东线穿黄河工程、济南—引黄济青段济南市区段输水工程，中线一期工程中的京石段应急供水工程、黄河北至漳河南段工程、天津干线工程、穿黄工程、丹江口大坝加高工程、陶岔渠首至沙河南段工程。

截至2008年底，南水北调工程（含初步设计和文物保护）累计安排投资456.7亿元，累计完成投资251.9亿元。在建设计单元工程总投资为376.9亿元，累计完成投资241.5亿元（不含初步设计和文物保护）。累计完成土石方29 052万 m^3，累计完成混凝土浇筑734万 m^3。其中，2008年完成投资51.1亿元，完成土石方4312万 m^3，完成混凝土浇筑153万 m^3。

截至2008年底南水北调东、中线一期工程整体投资情况如图1所示。

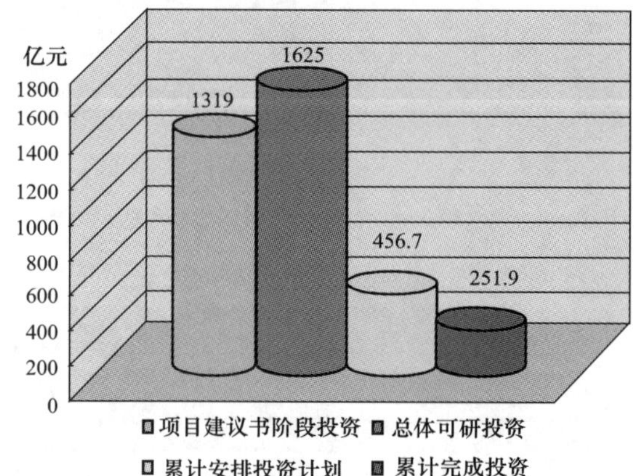

图1　南水北调东、中线一期工程整体投资情况

（马永征）

累计投资安排及完成情况

截至2008年底，南水北调工程累计安排主体工程项目投资计划478.9亿元，占工程总体可研静态投资的29%。其中安排工程建设投资计划463.7亿元，初步设计工作投资11.7亿元，文物保护工作投资3.5亿元。按投资来源分：中央预算内投资129.5亿元，中央预算内专项资金106.5亿元，南水北调基金79亿元，银行贷款163.9亿元。

截至2008年底，南水北调工程累计完成投资251.9亿元，其中主体工程建设累计完成投资241.5亿元，初步设计累计完成投资7.2亿元，文物保护工作累计完成投资3.2亿元。

其中：中央预算内投资完成 73.0 亿元，中央预算内专项资金（国债）完成 100.6 亿元，基金（地方）完成 42.5 亿元，贷款完成 25.4 亿元。

东线一期工程累计完成投资 53.3 亿元，占东线一期在建设计单元项目总投资的 65%，其中：中央预算内投资完成 15.6 亿元，中央预算内专项资金（国债）完成 14.3 亿元，基金（地方）完成 11.2 亿元，贷款完成 12.2 亿元。

中线一期工程累计完成投资 188.2 亿元，占中线一期在建设计单元项目总投资的 64%，其中：中央预算内投资完成 57.4 亿元，中央预算内专项资金（国债）完成 86.3 亿元，基金（地方）完成 31.3 亿元，贷款完成 13.2 亿元。

南水北调工程建设投资安排和完成情况对比如图 2 所示。

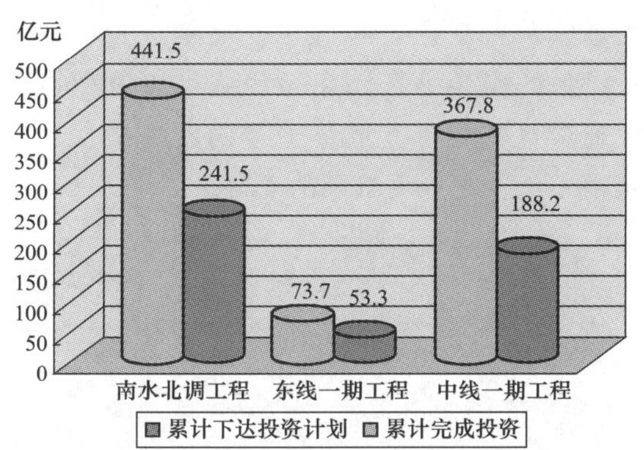

图 2　工程建设投资安排和完成情况对比图

（马永征）

2008 年投资安排及完成情况

2008 年南水北调下达工程建设投资计划 155.1 亿元，完成投资 51.1 亿元。其中：东线一期下达工程建设投资计划 28.0 亿元，完成投资 15.5 亿元；中线一期下达工程建设投资计划 127.1 亿元，完成投资 35.6 亿元。

2008 年南水北调工程建设下达投资和完成投资对比情况如图 3 所示。

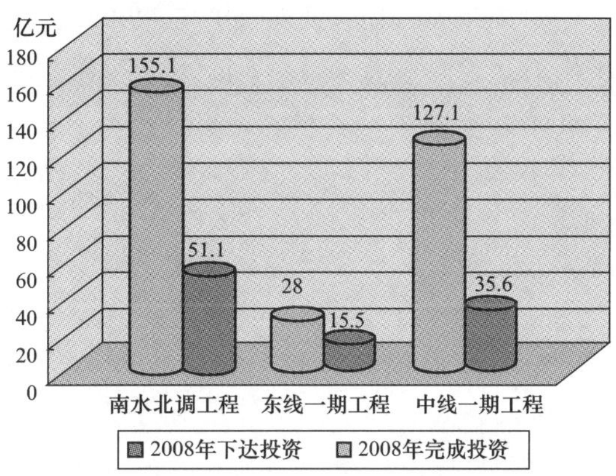

图 3　2008 年工程建设安排投资和完成投资情况对比图

（马永征）

东线一期在建工程建设进展情况

（一）淮阴三站工程

淮阴三站工程（见图 4）于 2005 年 9 月开工建设，总投资 2.39 亿元。工程投资计划已经全部下达。截至 2008 年底，累计完成投资 2.32 亿元，占工程总投资的 96.8%。累计完成土石方 244.4 万 m^3，完成混凝土浇筑 2.5 万 m^3。泵站主体控制楼顺利封顶；厂房砌体基本实施完成；继续开挖上下游引河土方，铺设混凝土格栅护坡；继续浇筑混凝土护坡护底，灌砌石护坡护底基本完成；两台贯流泵设备进场，进入安装阶段，正在进行导水锥施工。

图 4　淮阴三站工程

（二）淮安四站工程

淮安四站工程（见图5）于2005年10月开工建设，总投资1.57亿元。工程投资计划已经全部下达。截至2008年底，累计完成投资1.57亿元，占工程总投资的100%。累计完成土石方156.2万m^3，完成混凝土浇筑2.5万m^3。新河东闸、鸭洲生产桥、河道工程已于2007年完工验收。新河东闸至二站电缆沟清理修复，敷设电力电缆；中心路南老排水沟清理；消防泵及消防火灾自动报警系统联动调试。清污机安装结束，变电所改造完成。

图5　淮安四站工程

（三）淮安四站输水河道工程

淮安四站输水河道工程（见图6）于2005年9月开工建设，总投资2.83亿元。工程投资计划已经全部下达。截至2008年底，累计完成投资2.82亿元，占工程总投资的99.7%。累计完成土石方413.8万m^3，完成混凝土浇筑2.4万m^3。新河段工程已全部完成；洼地影响工程及新河沿线口门封闭工程已通过完工验收；运西河6+000~新河1+005段工程全部完成；北运西闸基本完成。水土保持工程中，新河、运西河段苗木栽植、镇湖闸闸区、林集桥头绿化已基本完成，新河、运西河草坪已全部完成，环保设施及管理房建设正在实施。

（四）江都站改造工程

江都站改造工程（见图7）于2005年12

图6　淮安四站输水河道工程

月开工建设，总投资2.53亿元。工程投资计划已经全部下达。截至2008年底，累计完成投资1.74亿元，占工程总投资的68.8%。累计完成土石方66.2万m^3，完成混凝土浇筑2.5万m^3。江都西闸除险加固改造单位工程完工验收。完成三站翼墙搅拌桩施工，继续进行三站进水流道改造、混凝土表面防碳化处理以及自动化工程施工。继续进行变电所主设备的安装、自动化工程施工以及变电所装饰项目的施工。继续进行四站控制楼主体结构施工，开始主机泵的安装。

图7　江都站改造工程

（五）三阳河、潼河、宝应站工程

三阳河、潼河、宝应站工程于2002年12月开工建设，总投资9.18亿元。2005年工程投资计划全部下达，2005年9月工程基本完成。截至2007年底，累计完成投资9.18亿元，占工程总投资的100%。累计完成土石方

2719万m^3，完成混凝土浇筑13.4万m^3。河道工程（44km）已全部完成单位工程并验收，工程质量均被评为优良等级；桥梁工程（21座）已全部贯通，完成交工验收工作；潼河影响工程中三横南节制闸、三横北套闸基本完成，三阳河沿线影响建筑物计35座已全部通过水下验收，影响工程中顺河桥梁主体工程基本结束；宝应站工程房屋建筑装饰、机电设备安装、自动化系统安装调试等工作均已完成，并顺利通过试运行验收；工程的征地补偿调增经费兑付工作基本结束。

（六）刘山泵站工程

刘山泵站工程（见图8）于2004年10月开工建设，总投资2.41亿元。截至2008年底，累计下达投资计划2.41亿元，累计完成投资2.407亿元，占工程总投资的99.9%。累计完成土石方200万m^3，完成混凝土浇筑4.7万m^3。主厂房、控制室室内、外装修均已完成。管理所房屋工程土建已基本结束，正在进行外墙真实漆及内外装修工作。绿化工程苗木已基本栽植完成，喷泉水池、园路、木亭等土建施工基本结束。主机电设备、辅机系统、液压启闭机、高低压开关柜、清污机、电缆桥架、柴油发电机组、泵站主变压器、GIS组合开关、自动化控制设备均已安装调试结束，正在根据试运行验收意见进行部分设备整改。

图8　刘山泵站工程

（七）解台泵站工程

解台泵站工程（见图9）于2004年10月开工建设，总投资1.88亿元。截至2008年底，累计下达投资计划1.88亿元，累计完成投资1.87亿元，占工程总投资的99.6%。累计完成土石方117万m^3，完成混凝土浇筑3.9万m^3。截至2008年底，泵站上、下游围堰已拆除，新开导流河段回填土已完成，导流闸排架拆除，解台站节制闸工程已正常投入使用；5台套机组联合试运行已完成并通过专家组验收；上、下游水文亭已完成具备使用条件；管理所房屋装潢已经完工。

图9　解台泵站工程

（八）蔺家坝泵站工程

蔺家坝泵站工程（见图10）于2005年11月开工建设，总投资1.81亿元。截至2008年底，累计下达投资计划1.81亿元，累计完成投资2.03亿元，占工程总投资的111.9%。累计完成土石方120.1万m^3，完成混凝土浇筑3.4万m^3。先期实施的顺堤河改道工程于2006年3月完成投入使用；泵站主体工程站身基坑开挖、进水池底板、出水池挡墙浇筑基本完成；防洪闸基础处理（水泥土搅拌桩及水泥土换填）和导流墙钻孔灌注桩基础基本完成；清污机桥土建部分全部完成；水泵模型装置试验基本完成。正在进行主体工程尾工、房屋装修施工、管理设施施工以及水土保持和堤顶道路招标准备工作。

图 10　蔺家坝泵站工程

（九）骆马湖水资源控制工程

骆马湖水资源控制工程（见图 11）总投资 0.29 亿元。截至 2008 年底，累计完成投资 0.25 亿元，占总投资的 87%。累计完成土石方 15.2 万 m^3，完成混凝土浇筑 0.84 万 m^3。骆马湖水资源控制工程控制闸启闭机房、桥头堡建筑工程等已完工。正在进行原临时性水资源控制设施浮箱门的外部淤泥清除，并做好了加固改造的准备工作、完成分流岛及引河护砌工程混凝土浇筑。

图 11　骆马湖水资源控制工程

（十）南四湖水资源控制工程姚楼河闸工程

南四湖水资源控制工程姚楼河闸工程（见图 12）总投资 2232 万元，施工总工期为 12 个月，江苏境内核定投资 1116 万元。截至 2008 年底，江苏已完成 236 万元投资，土方 1.88 万 m^3。已完成导流明渠开挖、围堰填筑和整固防护、基坑明水抽排、混凝土拌和系统安装调试、左岸滩地施工作业场地土方回填平整；基本完成基坑淤泥清除；正在进行基坑和取土区经常性降排水、基础水泥土搅拌桩施工、凿桩头等。

图 12　姚楼河闸工程

（十一）南四湖水资源控制工程杨官屯河闸工程

南四湖水资源控制工程杨官屯河闸工程总投资 3014 万元，施工总工期为 12 个月，江苏境内核定投资 1507 万元。截至 2008 年底，江苏完成投资 102.5 万元。已完成取土区界沟的开挖和地上附着物的推铲，完成部分临建工程的建设场地的平整，完成部分临时房屋搭建，修筑取土区内施工运输道路，完成部分 10kV 配电线路架设。

（十二）济平干渠工程

济平干渠工程（见图 13）于 2002 年 12 月开工建设，总投资 13.06 亿元。截至 2008 年底，投资计划已全部下达，累计完成投资 12.55 亿元，占总投资的 96%。累计完成土石方 1947 万 m^3，完成混凝土浇筑 55.3 万 m^3。工程共计完成桥梁 130 座，倒虹吸 39 座，水闸 33 座，渡槽 7 座，排涝站 2 座，跌水 1 座，完成植树 33.2 万株。工程迁占及地面附着物补偿工作全部完成，征地手续已经国土资源部批复。工程于 2006 年 12 月 30 日进行了项目法人组织的验收工作，正在做完工验收准备工作。

图 13　建成后的济平干渠东平段

（十三）韩庄、万年闸泵站工程

韩庄、万年闸泵站工程于 2004 年 11 月开工建设，总投资 4.97 亿元。截至 2008 年底，累计下达投资计划 4.8 亿元，累计完成投资 2.40 亿元，占工程总投资的 48.3%。累计完成土石方 208 万 m^3，完成混凝土浇筑 4.93 万 m^3。

韩庄泵站工程（见图 14）主副厂房基础开挖和引水渠（枣庄段）渠道及引水渠渠道开挖已基本完成；主副厂房、引水渠及引水渠左右侧大堤填筑完成；出水渠左侧大堤办公区临建建设和主场区内排水沟的开挖已完成。

图 14　韩庄泵站工程

万年闸泵站工程（见图 15）一标进水渠段引水渠、进水闸、引水渠交通桥、生产桥、跌水等主体工程基本完成。二标主副厂房段泵站主体土建工程基本完成，主副厂房内装修完成、外装修即将结束。设备、电气安装工程中水泵及电机已全部安装完五台套，进、出口闸门及启闭机、液压启闭机安预装基本完成，多声道超声波流量计、变电站 110kV 变压器、高压开关设备全部安装完成。完成了 10kV 厂内电气设备及启闭机电气设备安装及调试工作。

图 15　万年闸泵站闸室

（十四）台儿庄泵站工程

台儿庄泵站工程（见图 16）总投资 2.66 亿元。截至 2008 年底，累计下达投资计划 2.45 亿元，累计完成投资 1.98 亿元，占工程总投资的 74.4%。累计完成土石方 97.2 万 m^3，完成混凝土浇筑 5.3 万 m^3。工程主泵房、副厂房完成外墙氟碳漆，玻璃幕墙全部完成，室内装饰工程部分完成；完成场区南侧防洪堤部分混凝土砌块的铺设及护坡埂格混凝土的浇筑；完成场区电缆沟混凝土施工；管理设施场地平整部分完成；完成水泵制造 5 台，主电机制造 5 台，完成 3 台水泵电机安装工作。变压器、高压开关、compass 设备安装完成；高低压柜安装完成。

（十五）二级坝泵站工程

二级坝泵站工程于 2007 年 3 月开工建设，总投资 2.52 亿元。截至 2008 年底，累计下达投资计划 2.0 亿元，累计完成投资 1.02 亿元，占工程总投资的 40.5%。累计完成土石方 130.3 万 m^3，完成混凝土浇筑 0.51 万 m^3。二级坝泵站工程仅引水渠工程开工，主要是引

图 16　台儿庄泵站清污机闸

水渠开挖、站区平台回填和预制混凝土板块。签订了水泵机组采购合同，已预付了工程款，模型试验已做，现正在设计制作。

(十六) 东线穿黄河工程

东线穿黄河工程（见图 17）于 2008 年 3 月开工建设，总投资 6.13 亿元。截至 2008 年底，累计下达投资计划 4 亿元，累计完成投资 1.34 亿元，占工程总投资的 21.9%。累计完成土石方 109.7 万 m^3。东线穿黄河工程已进入正式现场实施阶段。完成了各施工标段项目部生产、生活设施建设、边界沟开挖、临时排水沟开挖、施工临时道路的修筑、施工用电线路架设；完成了混凝土集中拌和站、制砂系统安装及 Ⅰ 标出湖闸拌和站安装；完成了出口斜井段土石方开挖、施工降水、仪表安设等。

图 17　穿黄河北区隧洞出口

(十七) 济南市区段工程

济南市区段工程（见图 18）于 2008 年 11 月 12 日举行开工仪式，批复投资 27.32 亿元。截至 2008 年底，共下达投资计划 21 亿元，工程累计完成投资 9.75 亿元，完成土方 54.52 万 m^3，混凝土 2.72 万 m^3。济南市区段工程进入正式实施阶段。委托济南市小清河建管部门实施的 5 个节点工程和铁路部门实施的两座穿铁路涵工程均正在全面施工。

图 18　济南市区段结合小清河治理工程

(马永征)

中线一期在建工程建设进展情况

(一) 丹江口大坝加高工程

丹江口大坝加高工程（见图 19）于 2005 年 9 月开工建设，总投资 24.25 亿元。截至 2008 年底，累计下达投资计划 19.66 亿元，累计完成投资 14.20 亿元，占工程总投资的 65.4%。累计完成土石方 419 万 m^3，完成混凝土浇筑 92.4 万 m^3。截至 2008 年 12 月底，左岸标段 23 个坝段，右岸 22 个坝段加高至新坝顶高程。下游贴坡部位、右 1 ~ 右 9 坝段、3 左坝段、3 右坝段、2 号坝段、4 ~ 7 号坝段、深孔 8 ~ 13 号坝段、厂房坝段 25 ~ 31 号坝段、左联 32 ~ 43 号坝段老坝体坝顶裂缝已检查、处理完成。

(二) 穿黄工程

穿黄工程（见图 20）于 2005 年 9 月开工建设，总投资 31.37 亿元。截至 2008 年底，累计下达投资计划 19.3 亿元，累计完成投资

图 19　丹江口大坝右岸土石坝施工形象

11.66 亿元，占工程总投资的 37%。累计完成土石方 1784 万 m^3，完成混凝土浇筑 19 万 m^3。两岸竖井已完成施工，南岸明渠已开挖至渠底高程；老蟒河倒虹吸已全部完成，并通过现场验收，实现河道过流；新蟒河倒虹吸 23 节管身已全部完成，主河道已恢复过流。

图 20　中线穿黄工程盾构

（三）安阳段工程

安阳段工程（见图 21）于 2006 年 9 月开工建设，总投资 20.62 亿元。截至 2008 年底，累计下达投资计划 12.5 亿元，累计完成投资 10.94 亿元，占工程总投资的 53.1%。累计完成土石方 1960 万 m^3，混凝土浇筑 26.6 万 m^3。截至 2008 年底，3 座河渠交叉建筑物主体完工，管身段回填完成；16 座左岸排水建筑物已开工建设 15 座，7 座主体工程全部完成，5 座管身段已完成，2 座正在进行混凝土浇筑；8 座灌渠倒虹吸全部开工建设，4 座主体工程全部完成。25 座公路桥开工建设 20 座。渠道施工基本全线展开。

图 21　安阳段工程 8 标洪河屯沟倒虹吸

（四）古运河枢纽工程

古运河枢纽工程于 2005 年 6 月开工建设，总投资 1.85 亿元，投资计划已全部下达。截至 2008 年底，累计完成投资 1.33 亿元，占工程总投资的 76%。累计完成土石方 134 万 m^3，完成混凝土浇筑 7.1 万 m^3。截至 2008 年底工程出口段防浪墙混凝土浇筑全部完成；出口闸和出口渐变段左右两侧土方回填、出口段右侧防洪堤下部表层、下部防渗槽土方与垃圾开挖、出口段右侧边坡土方开挖工程均已完成。

（五）滹沱河倒虹吸工程

滹沱河倒虹吸工程于 2003 年 12 月开工建设，总投资 5.47 亿元，投资计划已全部下达。截至 2008 年底，累计完成投资 4.50 亿元，占工程总投资的 82%，累计完成土石方 583 万 m^3，完成混凝土浇筑 23.4 万 m^3。主体工程已全部完工。

（六）唐河倒虹吸工程

唐河倒虹吸工程（见图 22）于 2004 年 9 月开工建设，总投资 2.21 亿元，投资计划已全部下达。截至 2008 年底，累计完成投资 1.85 亿元，占工程总投资的 84%。累计完成土石方 273 万 m^3，占合同量的 109%，完成混凝土浇筑 10.8 万 m^3。主体工程已完工。

图 22　唐河倒虹吸工程

（七）漕河渡槽段工程

漕河渡槽段工程（见图 23）包括吴庄隧洞、漕河渡槽、岗头隧洞等工程，于 2005 年 6 月开工建设，总投资 8.84 亿元投资计划已全部下达。截至 2008 年底，累计完成投资 7.06 亿元，占工程总投资的 80%。累计完成土石方 389 万 m^3，完成混凝土浇筑 36.5 万 m^3。漕河渡槽主体工程全部完工，金属结构安装完成，电气设备安装工程基本完成。土渠、石渠段工程及岗头隧洞工程全部完成。

图 23　漕河渡槽出口通水

（八）釜山隧洞工程

釜山隧洞工程于 2004 年 9 月开工建设，总投资 2.02 亿元，投资计划已全部下达。截至 2008 年底，累计完成投资 1.48 亿元，占工程总投资的 73%。累计完成土石方 73 万 m^3，完成混凝土浇筑 7.2 万 m^3。工程已经基本完工。

（九）京石段河北其他工程

京石段河北其他工程总投资 97.3 亿元，投资计划已全部下达。截至 2008 年底，累计完成投资 77.01 亿元，占工程总投资的 80%。累计完成土石方 12 746 万 m^3，完成混凝土浇筑 283 万 m^3。河北段其他工程渠道开挖成型 196.5km，边坡衬砌 393.1km，全断面成型 196.5km，渠道工程已经全部完成。交通桥共 131 座，已开工 131 座，主体完工 125 座。其中，蒲阳河倒虹吸工程如图 24 所示。

图 24　蒲阳河倒虹吸工程

（十）北拒马河工程

北拒马河工程总投资 1.41 亿元，投资计划已全部下达。截至 2008 年底，累计完成投资 0.90 亿元，占工程总投资的 64%。累计完成土石方 121 万 m^3，完成混凝土浇筑 6.2 万 m^3。暗渠主体全长 1686m，累计完成 1686m，主体施工全部完成。退水渠明渠、退水渠暗涵、格栅石笼、浆砌石、节制闸闸室混凝土全部浇筑完成。金属结构及机电设备已全部安装调试完毕。

（十一）惠南庄泵站工程

惠南庄泵站工程总投资 7.75 亿元，投资计划已全部下达。截至 2008 年底，累计完成投资 4.0 亿元，占工程总投资的 52%。累计完成土石方 146 万 m^3，占合同量的 110%；完成混凝土浇筑 15.6 万 m^3，占合同量的 105%。工程主体结构全部完成，正在进行装修工程及安装消防工程的施工。

（十二）永定河倒虹吸工程

永定河倒虹吸工程于2003年12月开工建设，总投资2.92亿元。2005年投资计划全部下达，2005年12月主体工程基本完工。截至2008年底，累计完成投资2.92亿元，占工程总投资的100%。累计完成土石方270万m^3，完成混凝土浇筑14.1万m^3。主体工程已全部竣工。

（十三）西四环暗涵工程

西四环暗涵工程（见图25）于2005年5月开工建设，总投资11亿元，投资计划已全部下达，截至2008年底，累计完成投资9.35亿元，占工程总投资的85%。累计完成土石方107万m^3，完成混凝土浇筑24.9万m^3。主体工程及安装工程全部完成。

图25　西四环暗涵工程进口井调压塔与零标相接处

（十四）京石段北京其他工程

京石段北京其他工程包括隧洞工程、PCCP管道工程、大宁调压池工程、卢沟桥暗涵、团城湖明渠工程等，总投资37.76亿元，投资计划已全部下达。截至2008年底，累计完成投资29.24亿元，占工程总投资的77%；累计完成土石方2891万m^3，完成混凝土浇筑45.6万m^3。主体工程已全部完成。

（十五）调度中心土建工程

调度中心土建工程总投资2.27亿元，投资计划已全部下达。截至2008年底，累计完成投资2.02亿元，占工程总投资的89%。

（十六）北京市穿五棵松地铁工程

北京市穿五棵松地铁工程于2007年5月开工建设，总投资0.54亿元，投资计划已全部下达。截至2008年底，累计完成投资0.43亿元，占工程总投资的81%；累计完成土石方1万m^3，完成混凝土浇筑0.4万m^3。2007年11月23日，穿五棵松地铁工程贯通。工程已完工。

（十七）北京段铁路交叉工程

北京段铁路交叉工程于2007年6月开工建设，总投资1.75亿元，投资计划已全部下达。截至2008年底，累计完成投资1.63亿元，占工程总投资的93%；累计完成土石方11.9万m^3，完成混凝土浇筑2.8万m^3。工程已完工。

（十八）京石段生产桥

京石段生产桥工程（见图26）是京石段应急供水工程中的新增项目，工程总投资3.4亿元，截至2008年底累计下达投资计划3.4亿元，累计完成投资2.15亿元，占总投资的79%；工程完成土方158万m^3，混凝土8.0万m^3，生产桥共109座，至2008年底已全部开工，主体完工107座。

图26　京石段生产桥工程

（十九）京石段临时通水措施

京石段临时通水工程总投资11 161万元，已下达9062万元，完成投资9700万元，占总投资的87%。截至2008年底，黄壁庄水库向北京输水 7304 万 m^3。

（二十）潞王坟试验段工程

潞王坟试验段工程（见图 27）于 2007 年 9 月开工建设，总投资 2.68 亿元投资计划已全部下达。截至 2008 年底，累计完成投资 1.68 亿元，占工程总投资的 63%。累计完成土石方 222 万 m^3，浇筑混凝土 0.26 万 m^3。试验区试验断面开挖和地质复核工作已完成；试验区试验处理措施施工及混凝土浇筑作业已全部完成；非试验区土石方开挖正在进行。

图 27　潞王坟试验段工程框格护坡

（二十一）南阳膨胀土试验段工程

南阳膨胀土试验段工程于 2008 年 11 月开工建设，总投资 18 506 万元。截至 2008 年底，累计完成投资 3946 万元，占总投资的 21%。完成土方 36 万 m^3。主要进行开工前的准备工作，完成了管理制度编制，质量保证体系、安全保证体系的建立；测量基准点的建立和复核，渠道原始地形断面测量；施工组织设计的编制；机械进场，原材料的市场调查；临时道路、施工营区等临时工程及配套设施的建设；渠道永久占地和临时占地的地表附属物清除；试验区监测设施钻孔机埋设；碾压试验和临时蓄水池开挖正在进行。

（二十二）天津市 1 段工程

天津市 1 段工程全长 19.661km。工程主要为 C30 钢筋混凝土输水箱涵，总投资 12.8 亿元，截至 2008 年底累计下达投资计划 7.2 亿元，累计完成投资 1.76 亿元，占总投资的 14%。累计完成工程土方 1 万 m^3。截至 2008 年底主要进行四通——平和临时设施修建，各标段未发生实际工程量。

（二十三）天津市 2 段工程

天津市 2 段工程总投资 1.94 亿元，截至 2008 年底，累计下达投资计划 0.8 亿元，累计完成投资 0.29 亿元，占总投资的 15%。

（二十四）南水北调中线干线工程自动化调度与运行管理决策支持系统（京石应急段）

南水北调中线干线工程自动化调度与运行管理决策支持系统（京石应急段）工程总投资 5.71 亿元，累计下达投资计划 3.56 亿元。累计完成投资 5010 万元，占总投资的 9%。总调中心通信、网络、电源等设备将陆续进场安装；河北分公司实体环境建设也已积极开展；通信管道及光缆工程已完成大部分合同工程量；水质监测系统集成逐步推进，惠南庄水质自动监测站已投入运行并在临时通水期间为水质监测提供了可靠保障；为临时通水期间提供了有效的水位流量监测手段。

（马永征）

拾 大事记

MAJOR EVENTS

一　月

8 日　国家科学技术奖励大会在北京市召开，山东省南水北调建管局组织完成的“大型渠道混凝土机械化衬砌成型技术与设备”项目荣获国家科技进步二等奖。

9 日　国务院召开第 204 次常务会议，研究确定南水北调中、东线一期工程可研阶段增加投资筹资方案，并对南水北调工作提出要求。

9～11 日　南水北调工程验收工作暨培训会议在北京市召开，邀请专家就《南水北调工程验收管理规定》、《南水北调工程验收工作导则》、《南水北调工程验收安全评估导则》等有关文件进行详细解读。

16 日　国务院南水北调办主任张基尧、副主任张野考察南水北调东线淮阴三站、淮安四站、江都站改造和江都市截污导流工程建设工地。

17～18 日　2008 年南水北调工程建设工作会议在南京市召开。

24 日　国务院南水北调办召开 2008 年度总结表彰大会，传达贯彻国务院常务会议精神，总结 2007 年度工作，部署 2008 年度工作任务。

26 日　南水北调中线工程丹江口库区移民试点工作座谈会在郑州市召开。

28 日　国务院南水北调办就做好防范应对强降温降雪天气有关工作发出紧急通知，要求各项目法人、各建设管理机构切实做好防范应对工作，确保南水北调工程安全生产。

28 日　国务院南水北调办印发《关于进一步开展南水北调工程安全生产隐患排查治理工作的通知》。

二　月

4 日　国家文物局、国务院南水北调办联合印发《南水北调东、中线一期工程文物保护管理办法》。

13 日　国家文物局、国务院南水北调办联合印发《南水北调工程建设文物保护资金管理办法》。

三　月

4～5 日　南水北调工程 2008 年度安全生产工作暨文明工地表彰会议在湖北省丹江口市召开。

4～7 日　国务院南水北调办会同国家发展改革委、国土资源部、水利部、国家林业局赴河南、湖北两省专题调研丹江口库区移民规划和试点工作有关问题。

15 日　南水北调中线穿黄工程上游线隧洞盾构机开始掘进。

18 日　2008 年南水北调工程稽察专家培训会在北京市召开。

26 日　南水北调中线京石段应急工程临时通水工作领导小组第一次会议在北京市召开。

26 日　南水北调工程建设年鉴编纂工作会议在江苏省扬州市召开。

四　月

8 日　南水北调工程考古发掘项目“湖北省郧县辽瓦店子遗址”入选 2007 年度全国十大考古新发现。

8～11 日　国务院南水北调建委会专家委组织召开《南水北调京石段应急供水工程 2008 年临时通水运行实施方案（送审稿）》评审会。

14 日　南四湖水资源控制工程协调会议在北京市召开。

23～25 日　国务院南水北调办主任张基尧，副主任李津成、张野考察南水北调中线京石段河北省境内工程。

五　月

10～12日　中共中央政治局常委、国务院总理温家宝在河南省视察工作，听取河南省南水北调办主任王树山关于南水北调中线河南段工作的汇报，就做好南水北调工程建设做出重要指示，要求把南水北调工程建成一流工程、生态工程、廉政工程、利民工程。

15日　南水北调中线京石段应急供水工程临时通水验收会议在北京召开。

19日　国务院南水北调办主任张基尧在北京市会见荷兰交通、公共工程与水管理部副部长 Tineke Huizinga 女士一行。

20日　南水北调中线京石段应急供水工程通过国务院南水北调办组织的临时通水验收。至此，中线先期开工建设的京石段应急供水工程具备临时通水条件。

20～21日　河南省人民政府在河南省淅川县召开河南省南水北调中线工程水源地水质保护工作会议，学习贯彻温家宝总理在河南省视察时关于南水北调工作的重要讲话精神，总结中线工程水质保护工作的成效和经验，部署下步工作。

27日　南水北调中线京石段应急工程临时通水工作领导小组第二次会议在北京市召开。

28日　天津市人民政府批准《南水北调中线天津干线（天津段）两侧水源保护区划定方案》，在南水北调中线沿线四省市中率先发布其境内工程段两侧一、二级水源保护区范围，明确规定水源保护区范围内的禁止行为。

30日　国务院南水北调办印发《南水北调工程建设安全生产目标考核管理办法》。

六　月

3～6日　国务院南水北调办组成两个检查组分别对南水北调中线河南省境内安阳段工程、中线穿黄工程和丹江口大坝加高工程进行安全度汛和安全生产工作检查。

11～12日　南水北调工程初步设计工作座谈会在北京市召开。

13日　国务院南水北调办、交通运输部、国家发展改革委、财政部联合印发《关于南水北调工程跨渠桥梁建设与管理有关意见的函》。

18日　国务院南水北调建委印发《南水北调工程投资静态控制和动态管理规定》，以加强南水北调工程投资管理，严格控制工程成本，建立工程投资约束激励机制。

20日　南水北调中线水源地——丹江口大坝加高工程圆满完成第三个枯水施工期（时间为2007年5月～2008年6月）施工任务，如期实现工程建设的阶段性目标。

23日　国务院南水北调办就贯彻落实《国务院办公厅关于做好强降雨防范工作的通知》精神，进一步做好南水北调工程强降雨防范和安全度汛工作向各项目法人发出通知。

23～30日　南水北调东线第一期工程菏泽市东鱼河截污导流工程、嘉祥县截污导流工程、金乡县截污导流工程、曲阜市截污导流工程、滕州市北沙河截污导流工程等11项截污导流工程分别开工建设。

24日　南水北调工程征地移民工作会议在河南省郑州市召开。

24～26日　国务院南水北调办主任张基尧、副主任张野考察南水北调中线穿黄工程。

25～27日　国家发展改革委、环保部、交通运输部和国务院南水北调办组成联合调研组，赴江苏省宿迁、淮安市调研南水北调航运船舶码头污染治理工作。

27日　中共中央政治局常委李长春到中国人民军事博物馆参观南水北调中线工程渠首、水源地河南省南阳市生态文明建设大型图片展。

七 月

1日 国务院南水北调办印发《关于进一步规范南水北调工程施工招标标段划分的指导意见》。

7~8日 全国人大常委会执法检查组检查南水北调东线山东段工程贯彻《环境影响评价法》情况。

8日 国务院南水北调办在北京市召开中线京石段工程建设协调会议，传达贯彻中央有关社会稳定、奥运安保的会议精神，研究部署京石段工程建设和沿线维稳安保工作。

21日 国务院南水北调办主任张基尧向国务院副总理、国务院南水北调建委主任李克强汇报南水北调工程建设有关工作。

28~31日 2008年南水北调工程建设稽察工作座谈会在北京召开。

29日 国务院南水北调办与水利部在北京共同组织召开南水北调中线京石段应急供水工程通水第二次协调会议。

八 月

4日 南水北调东线一期解台泵站通过项目法人组织的试运行验收。

4~11日 国务院南水北调办组织召开"南水北调工程若干关键技术研究与应用"课题阶段成果汇报会，邀请有关专家和科技部代表对课题计划执行情况进行检查。

10日 江苏省辖淮河流域暨南水北调东线水污染防治工作会议在南京市召开。

15日 陕西省人民政府正式出台《陕西省丹江口库区及上游水土保持工程管理办法》。

21日 江苏水源公司与江苏省灌溉总渠管理处在南京市签订南水北调东线一期淮安四站工程委托管理合同。

26日 南水北调东线宝应站工程通过江苏水源公司主持的合同项目完成验收。

27日 南水北调中线京石段应急供水工程临时通水工作领导小组第三次会议在北京市召开。

九 月

9月 山东省发展改革委批复鱼台县等7项截污导流工程可行性研究报告。

1~2日 水利部部长陈雷考察南水北调中线水源工程。

1日 丹江口水利枢纽工程开工50周年纪念大会在湖北省丹江口市举行。

3日 国务院南水北调办、国家发展改革委、交通运输部、环境保护部、住房城乡建设部联合印发《关于加强南水北调东线京杭运河段航运水污染综合治理工作的通知》。

3日 南水北调东线江都四站更新改造工程开工建设。

5日 国务院南水北调办印发《南水北调工程建设资金管理办法》。

9日 南水北调东线淮安四站工程通过试运行验收，标志着淮安四站工程具备投入运行条件。

10日 国务院南水北调办邀请国办秘书局、人力资源和社会保障部、水利部、国土资源部、国务院法制办召开南水北调征地移民社会保障政策问题座谈会。

11日 南水北调东线一期南四湖水资源控制工程建设协调领导小组第五次会议在北京市召开。

16日 河北省人民政府办公厅印发《关于做好向北京应急供水工作的通知》。

18日 全国人大环资委听取国务院南水北调办关于南水北调工程水污染防治工作情况的汇报。

18日 河北省黄壁庄水库提闸放水，经石津灌渠进入南水北调中线京石段应急供水工程总干渠，标志着向北京市应急供水工作启动。

21日　国务院南水北调办主任张基尧、副主任张野在河北省考察南水北调中线京石段应急供水工程。

23日　国务院南水北调办印发《南水北调东、中线一期工程建设安全事故应急预案编制导则》。

23日　国务院南水北调办在湖北省召开丹江口库区移民实施工作计划会，研究确定库区移民实施工作计划总体安排。

24～27日　由国务院南水北调办、财政部、环境保护部和国土资源部组成的联合调研组，赴湖北省十堰和河南南阳就南水北调中线工程水源区生态补偿、《丹江口库区及上游水污染防治和水土保持规划》工业点源治理及黄姜清洁生产科技攻关等情况进行了实地调研。

26日　南水北调中线总干渠膨胀土试验段工程（南阳段）开工建设。

27日　河北省公安厅、河北省南水北调办印发《关于加强南水北调中线京石段工程供水安全管理的通告》。

28日　南水北调中线京石段应急供水工程建成通水仪式在北拒马河暗渠工程现场举行。

十　月

8日　国务院南水北调办在北京市召开深入学习实践科学发展观活动动员大会。

13日　国务院南水北调办印发《南水北调工程项目管理预算编制办法（暂行）》、《南水北调工程价差报告编制办法（暂行）》。

14日　南水北调东线一期刘山泵站工程通过试运行验收。

16日　南水北调中线京石段应急供水工程临时通水工作领导小组第四次会议在北京市召开。

17日　国务院南水北调办下发《关于开展丹江口库区移民安置试点工作的通知》，试点任务包括河南、湖北两省移民2.3万人。

20～22日　由国务院南水北调办、水利部、住房和城乡建设部、环境保护部和交通运输部组成的联合调研组，赴江苏省徐州市调研南水北调东线治污考核和航运水污染综合治理工作。

21日　国务院第32次常务会议审议批准南水北调中、东线一期工程可行性研究总报告。会议要求认真总结南水北调工程开工以来的经验，坚持“三先三后”原则，确保工程建设质量，控制好工程建设投资，努力加快工程建设，使南水北调工程经得起历史和人民的检验。

22日　山东省辖淮河流域及南水北调沿线黄河以南段水污染防治工作调度会在山东省枣庄市召开。

22～23日　国务院南水北调办在北京市召开丹江口库区移民初步设计工作协调会。

24日　全国人大常委会法制工作委员会发出《对国务院南水北调工程建设委员会办公室关于商请对水污染防治法中饮用水水源保护有关规定进行法律解释的函的意见》。

25日　南水北调东线江苏省徐州市截污导流工程开工建设，标志着江苏省实现东线截污导流工程全部开工建设的目标，也标志着江苏省控制单元治污方案确定的5类102项治污项目全面开工建设。

27日　河南省人民政府印发《关于南水北调中线工程丹江口水库移民安置优惠政策的通知》。

28日　国务院南水北调办印发《南水北调工程建设期完工项目运行管理与维修养护办法》。

31日　国务院南水北调工程建设委员会第三次全体会议在北京市召开。中共中央政治局常委、国务院副总理、国务院南水北调工程建设委员会主任李克强主持会议并作重要讲话，中共中央政治局委员、国务院副总理、国务院南水北调工程建设委员会副主任回良玉出席会议。李克强强调，建设南水北调工程是党中央、国务院统筹我国经济社会发展全局作出的重大战略决策，事关我国经济社会发展大局。国务院有关部门和工程沿线省市要以科学发展观为指导，加强领导，精心组织，团结共建，密切配合，加快南水北调工程建设。

十 一 月

5 日　南水北调工程建设投资管理座谈会在江苏省南京市召开。

7 日　河南省南水北调丹江口库区移民安置动员大会在郑州市召开。

12 日　南水北调东线一期济南市区段工程开工建设。

12 日　国务院南水北调办主任张基尧调研南水北调东线穿黄河工程。

14 日　国务院南水北调办印发《关于进一步加强南水北调工程施工单位信用管理的意见》。

14 日　河北省人民政府常务会议审议通过《河北省南水北调配套工程规划》。

17 日　南水北调中线一期天津干线工程开工建设，标志着南水北调中线工程进入全面开工建设的新阶段。

19 日　江苏省截污导流工程建设管理工作会议在南京召开。

24～29 日　国务院南水北调办、国家发展改革委、监察部、环境保护部、住房和城乡建设部、水利部联合对南水北调东线江苏、山东两省治污工作阶段性目标进行考核。

24 日　湖北省人民政府办公厅印发《关于做好南水北调中线工程丹江口库区移民试点工作的通知》。

25 日　湖北省在武汉市召开丹江口库区移民试点工作动员会议，标志着南水北调中线水源地丹江口库区移民试点工作全面启动。

25～27 日　国务院南水北调办主任张基尧赴湖北省丹江口库区移民试点市县考察工作。

28 日　南水北调中线北京段工程建设总结表彰大会在北京市举行。

十 二 月

1 日　河南省人民政府印发《关于严格控制南水北调中线工程受水区供水配套工程用地范围内基本建设和人口增长的通知》。

10 日　国务院南水北调办召开会议传达贯彻中央经济工作会议精神，部署南水北调近期有关工作。

13 日　南水北调东线蔺家坝泵站工程通过江苏水源公司组织的试运行验收，标志着江苏省南水北调工程具备调水出省的工程条件。

15～16 日　2009 年南水北调工程建设工作会议在山东省济南市召开。

16 日　国务院南水北调办主任张基尧到山东省水利勘测设计院调研并看望一线设计人员。

16 日　南水北调东线二级坝泵站工程建设专题会议在山东省济南市召开。

17 日　南水北调系统廉政建设工作会议在山东省济南市召开。

19 日　丹江口库区及上游水污染防治和水土保持部际联席会议第二次全体会议在北京市召开。

21～27 日　国务院南水北调办会同人力资源和社会保障部、水利部、国家林业局、国务院法制办组成全国落实水库移民政策第五督查组，赴河北、河南两省进行专题督查。

22 日　财政部以《财政部关于下达 2008 年三江源等生态保护区转移支付资金的通知》下达丹江口库区及上游 40 个县等国家重点生态保护区转移支付资金，其中丹江口库区及上游地区转移支付资金为 14 亿多元，标志着在全国重点流域中国家对南水北调工程中线水源区率先实施生态补偿。

22日　南水北调中线干线在建工程质量管理现场会在河北省召开。

25日　国务院南水北调办主任张基尧、副主任张野考察南水北调中线穿黄工程，并慰问一线建设者。

26日　河南省召开南水北调中线工程黄河北连线建设誓师动员大会，动员全省各级地方政府和社会各界关心支持南水北调工程建设，激励广大工程建设者在南水北调工程建设中建功立业。中线黄河北——羑河北工程同日开工建设，标志着河南省南水北调黄河以北干线工程已进入全面实施阶段。

30日　南水北调东线南四湖水资源控制工程山东省内建设用地全部交付使用。

31日　南水北调东线济宁市截污导流工程开工建设，标志着南水北调东线山东段截污导流工程全面开工，也标志着南水北调东线治污规划26项截污导流工程（其中山东省21项，江苏省5项）已全面开工。

Contents

Chapter One Important Event Records

Important Events ………… 48

Chapter Two Policies, Laws and Regulations · Important Files

Chapter Three General Management

Chapter Four The Eastern Route Project of the SNWDP

Chapter Five The Middle Route Project of the SNWDP

Chapter Six The Western Route Project of the SNWDP

Chapter Seven The Matching Projects

Chapter Eight Team Building

Chapter Nine The Statistical Information

Chapter Ten Major Events

《中国南水北调工程建设年鉴 2009》编辑出版工作人员

终　　审　杨元峰

复　　审　杨伟国　姜　萍

责任编辑　姜　萍　韩世韬　安小丹

美术设计　王红柳

版式设计　张秋雁

责任校对　黄　蓓　刘振英

出版印制　蔺义舟

CHINA SOUTH-TO-NORTH WATER DIVERSION PROJECT CONSTRUCTION YEARBOOK

长江水利委员会
长江勘测规划设计研究院

✦ 南水北调中线总干渠工程设计方案 ✦

✦ 陶岔渠首枢纽工程设计方案 ✦

长江勘测规划设计研究院（简称长江设计院）隶属于水利部长江水利委员会，是从事工程勘察、规划、设计、科研、咨询、建设监理及管理和总承包业务的科技型企业，综合实力一直位于全国勘察设计单位百强前列，首批获得国家工程设计综合甲级资质，是国家商务部指定的援外工程勘察设计委托单位。

长江设计院拥有中国工程院院士2人，全国工程勘察设计大师4人，国家“新世纪百千万人才工程”1人，水利部“5151人才工程”1人；突出贡献中青年专家2人，享受国务院政府特殊津贴专家65人；教授级高工130余人，高级工程师700余人；各类注册工程师逾千人；各类专业技术人员1900余人。具有工程设计综合甲

级、工程勘察综合甲级等十多项高等级资质。单位分布在湖北、湖南、河南、重庆、上海、广东、西藏等7省市区，总部位于武汉。

长江设计院奉行“以科学管理、持续改进，奉献优质产品；用先进技术、诚信服务，超越顾客希望”的质量方针，拥有完善的质量管理体系。

五十余年来，长江设计院完成了以长江流域综合规划为代表的大量河流湖泊综合规划和专业规划，承担了以三峡工程、南水北调中线工程为代表的一大批大型水利水电工程勘察设计，足迹遍布国内20多个省、市、自治区和全球20多个国家和地区。同时，在工程总承包、工程建设监理以及病险工程治理、输变电工程、风电工程、交通市政工程、建筑工程、环境工程勘察设计等业务领域取得显著业绩。

长江设计院作为南水北调中线工程前期工作的技术总负责单位，圆满完成《南水北调中线工程规划（2001年修订）》、《南水北调中线一期工程项目建议书》、《南水北调中线一期工程总干渠总体设计》、《南水北调中线一期工程可行性研究总报告》的编制，为工程的顺利实施奠定了基础。此外，长江设计院还承担了南水北调中线一期丹江口大坝加高工程、陶岔渠首枢纽工程、总干渠陶岔-沙河南段工程、穿黄工程、总干渠膨胀土试验段工程、穿漳河工程、兴隆水利枢纽等单项工程勘察设计工作以及总干渠供水调度方案研究及编制工作及有关总体协调方面的技术服务工作，为南水北调中线工程建设提供了良好的技术保障。

长江设计院先后荣获2项国家科技进步特等奖，6项国家科技进步一、二等奖，1项国家技术发明二等奖、6项国家优秀工程勘察设计金奖，共获得省部级以上科技奖励120余项，拥有国家授权专利26项。

在这个人才辈出、群英荟萃的团队中，先后诞生全国劳动模范4人，全国五一劳动奖章9人，获得省部级劳模、先进工作者、五一劳动奖章共30余人次。2003年，长江设计院以其卓越的业绩荣获全国五一劳动奖状。

长江水利委员会长江勘测规划设计研究院
地址：中国武汉市解放大道1863号
电话：+86 027 82927717　　传真：+86 02782829235
网址：www.cjwsjy.com.cn　　邮箱：jjc@cjwsjy.com.cn

丹江口大坝加高工程设计方案

中水北方勘测设计研究有限责任公司

China Water Resources Beifang Investigation, Design and Research Co. Ltd.

公司总经理张和平

公司党委书记何志华

中水北方勘测设计研究有限责任公司，是我国水利水电行业中享有盛誉的甲级勘测设计科研单位。它的前身是具有五十多年历史的原水利部天津水利水电勘测设计研究院，2003年1月由部属事业性质整体转制，成为以水利水电勘测、设计、科研、工程监理为主，跨地区、跨行业、跨国经营的综合性科技型企业。公司率先在全国水利行业通过ISO：9001质量体系认证并得到国际承认，并较早取得独立开展对外经济技术合作业务资格。

公司现有1048名员工中，有中国工程院院士1人，中国工程设计大师3人；国家级中青年突出贡献专家2人，天津市授衔专家2人，享受政府特殊津贴的专家33人；国家一级注册结构师14人，一级注册建筑师5人；教授级高级工程师78人，中高级技术人员500人。

目前公司持有水利、电力、建筑、水运、公路、市政、农林等七个行业的从业资质。主要业务范围是：工程勘察、设计、流域规划、水资源调查与评价、编制开发建设项目水土保持方案、科研试验、环境影响评价、航空摄影测量与遥感、基础工程施工、桩基与混凝土构筑物检测、建设监理、工程咨询、工程总承包、技术开发和科技成果转让。可为国内外业主提供水利、水电工程规划、设计、监理、咨询、科研和城市建设等多层次全方位的服务。公司下设勘察院、航测遥感院、工程技术研究院、建筑设计院、规划设计处、水工设计处、机电设计处、施工设计处、国际工程处、监理公司等。

公司办公大楼

南水北调东线穿黄工程开工典礼

由公司承担规划、勘察设计的主要项目

大型流域规划：海河流域防洪规划和水资源规划、广州市防洪规划、重庆市水资源规划、海南北部水资源规划及全国水资源和水利资源规划等。

大型枢纽工程：三门峡水利枢纽泄流工程二期改建工程、潘家口水利枢纽、万家寨水利枢纽、沙坡头水利枢纽、戈兰滩水电站、岳城水库加固工程、板桥水库复建工程、独流减河防潮闸加固工程、永定新河屈家店节制闸改建工程、旅顺羊头洼海港工程等。

大型调水工程：引滦入津工程、万家寨引黄入晋工程、南水北调东线和中线工程、引黄入卫工程。

河道整治工程：长江干堤（安庆市）、广州海珠区珠江堤岸、漳卫新河、独流减河、永定河、永定新河、卫运河、蓟运河。

国外工程：马来西亚槟城供水工程，刚果（布）英布鲁水电站枢纽，巴基斯坦尼拉姆·吉拉姆、高摩赞、汗华、杜伯华水电站，斐济南德瑞瓦图水电站，乌兹别克斯坦安吉然水电站，利比亚房建，赤道几内亚市政，阿富汗帕尔旺水利工程修复等。

在南水北调工程中，从20世纪50年代初提出“南水北调”的设想，形成南水北调东线、中线、西线与长江、黄河、淮河和海河四大江河相互联接的“四横三纵”的工程总体布局后，公司就参与了南水北调工程的研究，完成了南水北调东线穿黄河工程各阶段的勘测设计工作和同台测试的各项工作，解决了南水北调工程穿越黄河、水泵选型等多项关键技术难题。作为总承单位之一，提出南水北调工程总体规划、东线第一期工程总体设计方案、项目建议书、可行性研究总报告等几十项成果并通过各级审批。此外，还参与南水北调中线工程的勘测设计、设计复核、质量检测、安全监测、监理等多项工作。

公司连续多次被评为“中国勘察设计综合实力百强单位”、“天津市文明单位”、“天津市优秀企业”、“全国水利文明单位”，累计荣获部级以上科技奖励百余项，其中国家级奖励35项，国家级金奖、一等奖10项，多项成果达到国际领先水平。

南水北调东线穿黄隧洞斜坡段开挖全貌

TBM盾构机顺利通过山西引黄西平沟渡槽

水泵模型同台测试试验台

万家寨（国家优秀设计金奖）

潘家口（国家优秀设计金奖）

石漫滩（国家优秀设计金奖）

引滦入津（国家优秀工程设计金奖）

中国水利电力对外公司

CHINA INTERNATIONAL WATER & ELECTRIC CORP.

已完工的京石段S3标段

中国水利电力对外公司是一个跨国经营的大型国有企业，是国务院最早批准成立从事国际承包工程业务的外经公司之一，从事海外水利电力工程建设已有54年历史，一直是中国从事海外工程建设的骨干力量。截至2009年6月底，公司已在60多个国家和地区完成各类工程项目700余个，累计签约达70亿美元，为中国企业"走出去"作出了贡献。

作为中国水利电力企业"走出去"的排头兵，中国水利电力对外公司已连续20年跻身全球225家最大国际承包商排名，连续9年跻身全球200家最大国际工程咨询设计公司排名。公司连续13年入选中国对外承包工程企业30强，连续5年入选"中国承包商和工程设计企业双60强"，为"中国建筑业企业100强"和"中国服务业企业500强"企业。公司为两届"中国对外承包工程优秀企业奖"得主，"中水电（CWE）"品牌连续两年被联合国世界生产力科学联盟评为"世界市场中国承包商十大年度品牌"。

中国水利电力对外公司为首批参与南水北调工程建设的施工单位。2004～2006年，公司相继完成了南水北调东线济平干渠27标段的工程施工和7标段、14 标段的部分施工，所建工程于2005年底按时完工通水。2004年和2005年，工程现场连续两年遭遇大水洪涝，尽管工程降排水难度大、困难多，但因为管理措施到位，技术合理，降排水问题得以圆满解决。在衬砌技术方面，由于合理组织，严格管理，工程质量符合要求。

公司于2005年底中标南水北调中线河北段S3标段项目，合同额9002万元；2006年初中标南水北调中线河北段S7标段项目，合同额7600万元；2006年底中标南水北调

辉县主干渠机械开挖作业场面

已完工的京石段S3标段

辉县主干渠机械开挖作业场面

中线河南段HNJ-2006/AY/SG-007 标段项目，合同额10865万元。2009年4月，公司再接再厉，再次中标南水北调中线一期总干渠黄河北—羑河北辉县段第四施工标段项目，合同额2.39亿元。至此，中国水利电力对外公司共计参与了南水北调工程7个标段的施工建设，总合同额近5.3亿元。

随着南水北调中线工程施工项目全面开工，公司在大型渠道机械化衬砌方面实现了一系列技术创新，走在了国际前列。S3标段的渠道衬砌单边坡宽达 25m以上，衬砌机工作跨度达28m以上（最大可达33m），在国际上名列前茅，为中国第一。公司在衬砌机械的功能设计、现场应用、衬砌工艺、整体调转等方面攻克了大量技术难关，完成了系统的技术创新，真正做到了大型渠道的机械化衬砌。该施工技术的成功应用，对于今后南水北调工程乃至其他输水渠道的建设都具有重要借鉴意义。

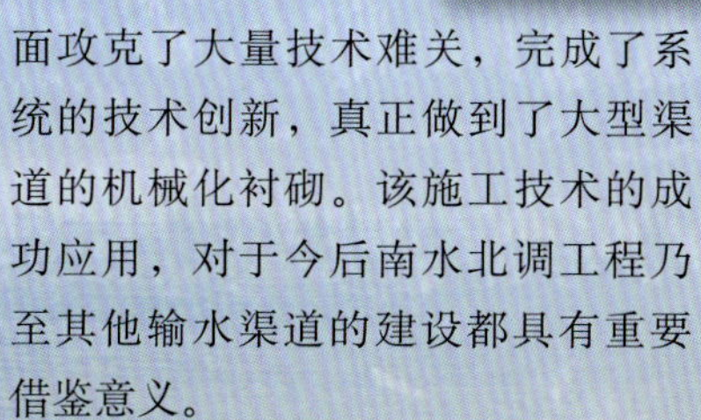

地　　址：北京市西城区六铺炕街3号中水电大厦
邮政信箱：北京777信箱
邮　　编：100120
电　　话：+86 10 5930 2288
传　　真：+86 10 5930 2900
网　　址：http://www.cwe.com.cn

天津市水利工程有限公司

天津市水利工程有限公司始建于1976年，是一家集水利水电工程、市政公用工程、工业与民用建筑工程、管道工程、航道工程等为一体的建筑施工企业，具有水利水电施工总承包一级、市政公用工程施工总承包一级、房屋建筑工程施工总承包一级、管道工程专业承包一级、港口与航道总承包二级等资质。

公司注册资金1.006亿元，通过了ISO：9001质量管理体系、ISO：14001环境管理体系、OHSAS18001职业健康安全管理体系认证。

公司成立三十多年来，承揽工程遍及北京、河北、山东、江苏、广西、浙江、新疆、福建、内蒙古等十几个省（市、自治区），先后参建了多项国家级和市级重点工程：引滦入津工程、南水北调工程、天津市引滦水源保护工程、天津海河堤岸改造工程等，多项工程获得省、部级优质工程奖，引滦入津工程被水利电力部评为“优质工程项目”、引滦水源保护工程荣获“海河杯”、海河堤岸基础设施项目堤岸结构工程和景观工程分别荣获“结构海河杯”和“金奖海河杯”，多项工程荣获“市级文明工地”。2005年公司走出国门，承揽了斯里兰卡、尼日利亚等国的水利和道路工程，翻开了进军国际市场的新篇章。

公司坚持“诚信、服务”积极进取，努力探索企业发展的新途径，赢得了经济效益和社会效益的双丰收，公司多次荣获“全国优秀水利企业”、“全国水利系统优秀质量管理单位”、“天津市五一劳动奖状”、“天津市优秀企业”、“全国用户满意企业”、“守合同、重信用”等称号。资信等级连年被中国联合资信评估有限公司评为AAA级。

公司始终坚持以人为本的方针，经过多年管理实践，在人才的引进、培养和使用上形成了一套较为完备科学的体系。为了给全体员工搭建一个良好的职业发展通

董事长兼党委书记马文义

公司承建的海河改造景观工程夜景

工民建工程宜兴埠管理处全景

南水北调工程S49标工程近照

道，每年都要投入一定比例的资金用于员工各种技术、管理技能培训。三年来，公司培养各类中高级专业技术人员79名，一二级注册建造师65名，6名职工经过深造获取研究生学历。254名职工取得国家劳动和社会保障部的中高级工种证书，每年公司职工都有20余篇论文发表在各级专业技术刊物上。

公司2000年改制为有限责任公司，向建立“产权明晰，政企分开，责任明确，管理科学”的现代企业制度迈出了第一步。此后，公司为适应市场的需求，持续改革创新。2009年3月公司与天津市水利局脱钩，由天津市国有资产监督管理委员会直接监管。运行近一年以来生产经营态势良好，面对更加激烈的市场竞争，公司全体职工戮力同心迎难而上。以学习实践科学发展观为理论依据和思想指引，抓住国家对水利工程加大投入的有力时机，苦干实干创造新的辉煌。站在新的起点上我们继续践行“拼搏进取、争创一流，以造福人民为己任”的企业精神，秉承“诚信负责”的经营理念，铸造精品工程，为用户提供满意服务。

天津市水利工程有限公司愿与各界朋友真诚合作，共创伟业。

【企业精神】：拼搏进取、争创一流，以造福人民为己任。

【管理方针】：科学管理、诚实守信、筑造精品工程。

全员参与、预防污染、保障健康安全。

遵规守法、持续改进、追求顾客满意。

【经营理念】：规范管理、勇于创新、诚信负责、追求卓越。

地址：天津市河西区珠江道29号
邮编：300222
电话：022-88181910
传真：022-28345376

国务院南水北调办主任张基尧与公司董事长马文义以及南水北调工程参建员工亲切握手

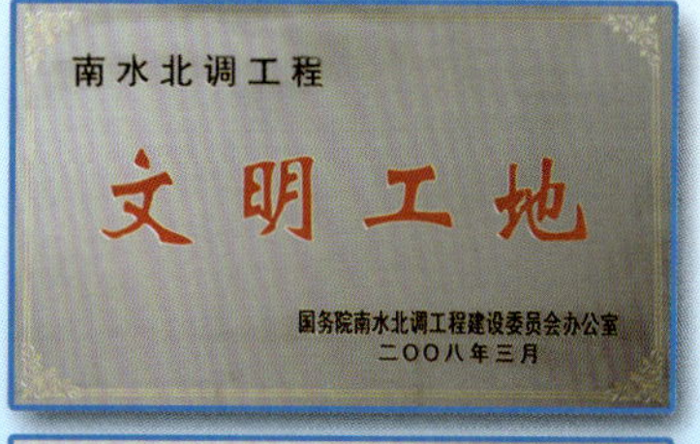

神龙2号挖泥船侧照

宁河北水源地穿河埋管工程

新建州河暗渠箱涵工程

葛洲坝集团基础工程有限公司
Gezhouba Group Foundation Engineering Co., Ltd.

荣誉证书

葛洲坝集团基础工程有限公司南水北调崇青隧洞工程项目部：

荣获南水北调北京段工程优秀建设集体奖，

特发此证。

南水北调崇青隧洞获奖证书

安阳一标渠道衬砌施工现场

葛洲坝集团基础工程有限公司（以下简称“公司”）是一家以基础处理为核心能力、以承建水利水电等综合工程为主的大型施工企业，具有国家水利水电工程施工总承包一级资质、土石方工程专业承包一级资质、地基与基础工程专业承包一级资质、房屋建筑总承包三级资质和地质灾害治理工程施工甲级资质。公司分别于1997年、2004年和2006年通过了ISO：9000质量管理体系认证、OHSMS18000职业健康安全管理体系认证和ISO：14000环境管理体系认证，拥有湖北省建筑施工安全许可证书。先后被授予湖北省“文明单位”、“守合同重信用企业”称号，被湖北省水利厅授予“水利水电建设施工A级信用等级企业”，被湖北省工商局授予“企业年检免检企业”，并被中国建设银行和中国农业银行评定为AAA信用等级。公司创立于1974年，先后在葛洲坝、三峡、隔河岩、水布垭、冶勒、向家坝、溪洛渡、龙滩、下坂地水电站，以及湖北荆襄高速公路、江西景婺黄（常）高速公路等国家重点工程项目的施工中创“优质工程”、“安全工程”等近百项。公司注重科技发展，已掌握和创新了国内基础施工技术数十余项，是中国施工企业管理协会授予的“技术创新先进企业”。公司编制了“混凝土防渗墙墙下帷幕灌浆预埋灌浆管工法”等三项国家级工法和“砂砾石地层循环钻灌施工工法”等六项省级工法，并有多项记录入选《中国企业新记录》。

在南水北调工程建设中，公司分别承建了南水北调中线一期工程总干渠安阳段第一施工标段、黄河北—羑河北段温博段第二施工段、京石段应急供水工程漕河渡槽基础桩基工程、京石段应急供水工程(北京段)渠道及崇青隧洞土建工程、西四环渠道及暗涵工程施工第九标段以及汉江兴隆水利枢纽围堰防渗墙Ⅱ标工程等。其中安阳段第一施工标段施工轴线总长6266m，属Ⅰ类水利工程，包括4座左岸排水建筑物，5座公路交叉建筑物及渠道工程的施工，主要工程量包括土石方开挖157万m^3，土方填筑155万m^3，混凝土浇筑6.3万m^3，浆砌石2.39万m^3，钢筋制作安装1600t。自2007年

安阳一标渠道填筑施工场景

安阳一标已完工倒虹吸进口

公司地址：湖北宜昌市西坝建设路
电　　话：(0717) 6271853　　6714380
传　　真：(0717) 6271252
企业网址：www.gzbjc.com

安阳一标倒虹吸开挖施工场景

安阳一标建设者风采

安阳一标倒虹吸模板支护

1月开工以来，工程进度、质量安全和文明施工始终位居同期施工的各标段前列，受到河南省南水北调中线工程建设管理局的好评。南水北调中线一期工程总干渠温博段第二施工标段，施工轴线11.46km，有各种建筑物15座，主要工程量包括土方开挖359.7万m^3、土石方填筑118.6万m^3、混凝土及钢筋混凝土11.91万m^3、砌石5.70万m^3、钢筋制作安装0.37万t，以及机电设备安装、金属结构设备安装等，目前各项施工顺利进展。

南水北调中线京石段应急供水工程(北京段)渠道及崇青隧洞土建工程（下称“崇青隧洞工程”）被列为北京市2007年度南水北调工程的“折了”工程之　，主要施工项目包括隧洞进出口及在线道路段土石方明挖、隧洞石方洞挖及锚喷支护、PCCP管道安装后混凝土衬砌施工和顶拱回填灌浆。工程于2006年6月19日开工，2007年11月26日完工，成为南水北调（北京段）PCCP项目率先完工的工程。2008年11月，崇青隧洞工程成为北京段第一家通过单位工程验收的项目，质量等级为优良。公司在隧洞混凝土衬砌施工中，首创洞穿内径4m的PCCP管和以PCCP管道做内模进行隧洞混凝土衬砌，该项成果被列入北京市南水北调工程十大创新成果之一。2008年11月28日，公司南水北调崇青隧洞项目部被北京市政府评为“南水北调北京段工程优秀建设集体”。南水北调漕河渡槽工程是南水北调中线京石段应急供水工程的重要组成部分，是目前国内最大、亚洲第二大的渡槽，单跨槽身重量达3400t。公司承建的漕河渡槽工程获南水北调工程建设委员会办公室领导的好评。

南水北调中线汉江兴隆水利枢纽是南水北调中线工程汉江中下游四项治理工程之一，公司承建的枢纽围堰防渗墙Ⅱ标项目，主要工程量包括塑性混凝土防渗墙9.81万m^2，土方填筑1.58万m^3等，其防渗墙平均月施工强度达9000m^2。2009年7月25日，公司完成左岸防渗墙施工，创单元工程质量合格率100%，优良率100%，并在5～7月份施工中连续三个月获得业主综合评比流动红旗。

公司作为“基础处理核心能力国内一流、综合施工能力较强”的现代化施工企业，始终以“干一项工程，树一座丰碑，交一批朋友，拓　片市场，育　批人才“为经营理念，并愿与各界同仁携起手来，共同迈向成功，铸造辉煌！

崇青隧洞工程进口段全景

漕河渡槽桩基工程静荷载试验

河南水利建筑工程有限公司

HENAN WATER CONSERVANCY CONSTRUCTION ENGINEERING CO.,LTD.

董事长、总经理克金良

河南水利建筑工程有限公司原名河南省水利建筑安装工程公司，是1992年在原省水利厅工程承包公司和水利一局建筑工程处基础上组合成立的国有企业。2002年完成企业改制，更名为河南水利建筑工程有限公司。公司改制后，在省水利厅党组的关怀下，在省水利一局党委的领导下，不断加强党建工作，建立了完善的现代企业制度，成为自主经营、自负盈亏、产权多元化的施工企业。公司注册资本1.1亿元，年施工产值10亿元。经建设部等行业主管部门认定的企业资质有房屋建筑工程施工总承包一级、水利水电工程施工总承包一级、市政公用工程施工总承包贰级、园林绿化工程施工总承包贰级、公路工程施工总承包贰级，以及建筑装饰装修工程、地基与基础工程、建筑防水工程、起重设备安装工程、预应力等专业承包资质。

公司始终秉承“创新进取、质量兴业”的发展方针，以“精心施工、质量第一、信守合同、用户至上”为宗旨，不断健全各项保证体系和管理制度。先后通过了多项认证，进入了更加规范化、制度化、科学化的可持续发展轨道。从原来的国有企业通过改制成为多元化的股份制企业，公司焕发了勃勃生机，成为我省水利建筑施工行业的骨干企业。自1996年以来，公司多次被评为“全国优秀水利企业”、“河南省先进建筑施工企业”、“河南省优秀水利施工企业”、“河南省建设工程质量管理先进企业”、“河南省建筑安全先进企业”、“河南省信用示范单位”、“河南省信誉AAA等级”、“郑州市守合同重信用企业”、“郑州市建筑企业AAA级信誉等级企业”；所承建工程多次获得中国水利工程优质（大禹）奖、河南省建设工程“中州杯”奖、“河南省优质结构工程”、郑州市建设工程“商鼎杯”奖等荣誉。

公司在取得良好经济效益的同时，始终不忘自己肩负的社会责任，并积极投入到社会公益事业中去，为地方经济建设做出了应有的贡献。去年“5.12”大地震发生后，我们公司按照省委、省政府的要求，积极投入

荣誉证书

河南水利建筑工程有限公司郭克伟QC小组：

荣获2007年度河南省工程建设优秀QC小组一等奖，特此表彰。

二〇〇七年四月

荣誉证书

河南水利建筑工程有限公司
南水北调工程控制测量QC小组：

荣获2007年度河南省工程建设优秀QC小组二等奖，特此表彰。

二〇〇七年四月

荣誉证书

河南水利建筑工程有限公司
护坡混凝土衬砌施工QC小组：

荣获2008年度河南省工程建设优秀QC小组二等奖，特此表彰。

二〇〇八年五月

河南省副省长刘满仓到辉县七标工地视察

国务院南水北调办 稽查专家组李国安组长在安阳九标工地现场检查

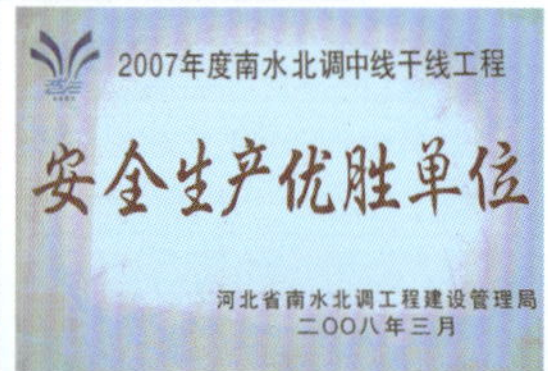

2007年度南水北调中线干线工程

安全生产优胜单位

河北省南水北调工程建设管理局
二〇〇八年三月

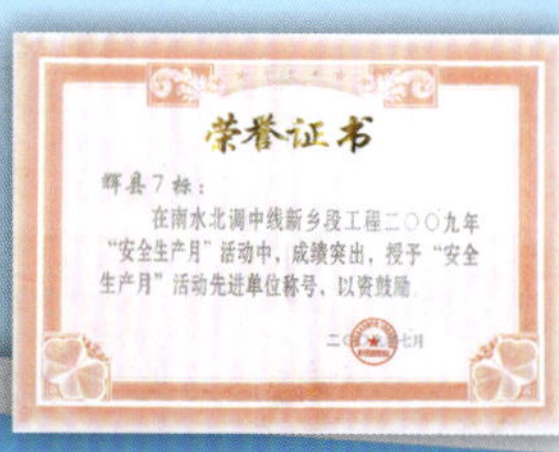

荣誉证书

辉县7标：

在南水北调中线新乡段工程二〇〇九年“安全生产月”活动中，成绩突出，授予“安全生产月”活动先进单位称号，以资鼓励。

安阳九标倒虹吸工程

安阳九标渠道抹面工

到抗震救灾工作中去，为灾区人民送去了温暖和关怀，我们的工作也得到了相关部门的肯定，被省建设厅评为“援建四川灾区活动板房先进单位”，被郑州市政府评为“郑州市抗震救灾先进集体”、“郑州市援川过渡安置房建设先进单位”。

随着南水北调工程建设步伐的加快，公司积极参与南水北调中线工程项目的投标建设，先后取得了南水北调中线京石段应急供水工程渠道项目S32标段、南水北调中线一期工程安阳段第九施工标段、南水北调中线一期工程总干渠黄河北-姜河北辉县段第七施工标段等大中型工程项目的施工建设任务。

南水北调中线京石段应急供水工程渠道项目S32标段，位于保定市顺平县境内，桩号（349+439）～（352+600），全长3207m，2006年3月开工，2008年8月竣工。主要工作内容包括渠道工程、常庄北沟排水涵洞、白云庄北沟排水渡槽、白云庄桥、白云庄北桥，合同额6186万元。该工程在施工期间曾获得“2007年度安全生产优胜单位”称号。

南水北调中线一期工程安阳段第九施工标段，位于安阳县境内，桩号Ⅳ（AY）35+866.9～Ⅳ（AY）40+322.1，长40322.1m，其中渠道长39358.7m。共有各类建筑物58座，其中河渠交叉3座，渠渠交叉9座，左岸排水16座，铁路桥1座，分水闸2座，公路交叉建筑物25座，节制闸1座，退水闸1座。合同额8686万元。2007年1月15日开工，目前正在施工。

南水北调中线一期工程总干渠辉县段第七施工标段，位于辉县境内，桩号（Ⅳ108+000）～（Ⅳ115+900），长度7.90km，有各种建筑物16座，包括有河渠交叉建筑2座，节制闸、退水闸各1座，左岸排水建筑2座，分水闸1座，公路桥7座，生产桥2座。主要工程量为土方开挖431万m^3；土方回填75万m^3；混凝土浇筑16.1万m^3；钢筋制安9134t。合同额3.4亿元，2009年4月1日开工，目前正在施工。该工程在2009年季度考核综合评比中连续荣获综合考评第一名，并在南水北调中线新乡段工程2009年“安全生产月”活动中荣获先进单位，“河南省南水北调工程建设先进施工单位”称号。

成绩只能说明过去，未来任重而道远。面对新的形势和任务，我们深知肩上的责任重大。在南水北调工程下一阶段的建设中，我们将在各级领导的关心和支持下，及时查找不足，虚心向兄弟单位学习先进经验和做法，以饱满的热情、昂扬的斗志、务实的作风，坚定不移地完成好年度施工任务，为南水北调工程及中国水利事业的发展贡献力量！向国家和社会交上一份满意的历史答卷！

河南省郑州市政六街27号

电话：0371-63311570

传真：0371-65727017

邮编：450008

http://www.hnsj1992.com.cn/

E-mail：hnsj797@sina.com

s32标351+440下游通水景观

安阳九标保温板铺设工程

河南省副省长刘满仓到辉县七标工地视察

CHINA SOUTH-TO-NORTH WATER DIVERSION PROJECT CONSTRUCTION YEARBOOK